普通高等教育新工科人才培养规划教材

计算机绘图及 BIM 技术应用

李兴田　张丽萍　主编
程耀东　主审

中国铁道出版社有限公司
CHINA RAILWAY PUBLISHING HOUSE CO., LTD.

内容简介

本书系统介绍了 AutoCAD 2018 和 Revit 2018 的使用方法和技巧。全书共两篇，分 15 章，其中第 1~7 章介绍 AutoCAD 2018 的使用和操作，第 8~15 章介绍 BIM 的概念及 Revit 2018 建模。主要内容包括：AutoCAD 二维绘图初步、平面图形的绘制、图形注释、三维绘图初步、组合体建模、Visual LISP 及用户自定义基础；BIM 概述、初识 Revit 2018、标高和轴网、墙体的创建、门窗、屋顶和楼板、房屋建筑模型创建实例和 Dynamo 可视化编程。

本书结构紧凑，内容简明扼要，语言通俗易懂，层次循序渐进，例题讲解详实，具有很强的实用性。本书适合作为高等工科院校计算机绘图及 BIM 入门的教材，也可作为高职高专教材，亦可作为广大工程技术人员的参考书。

图书在版编目(CIP)数据

计算机绘图及 BIM 技术应用/李兴田，张丽萍主编. —北京：中国铁道出版社有限公司，2019.7（2025.1重印）

普通高等教育新工科人才培养规划教材

ISBN 978-7-113-25749-1

Ⅰ.①计… Ⅱ.①李… ②张… Ⅲ.①工程制图-计算机制图-应用软件-高等学校-教材 Ⅳ.①TB237

中国版本图书馆 CIP 数据核字(2019)第 081815 号

书　　名：计算机绘图及 BIM 技术应用
作　　者：李兴田　张丽萍

策　　划：曾露平
责任编辑：曾露平
封面制作：刘　颖
责任校对：张玉华
责任印制：赵星辰

出版发行：中国铁道出版社有限公司(100054，北京市西城区右安门西街 8 号)
网　　址：https://www.tdpress.com/51eds
印　　刷：河北宝昌佳彩印刷有限公司
版　　次：2019 年 7 月第 1 版　2025 年 1 月第 7 次印刷
开　　本：787 mm×1 092 mm　1/16　印张：28　字数：699 千
书　　号：ISBN 978-7-113-25749-1
定　　价：68.00 元

前 言

随着计算机和图形技术的飞速发展，CAD技术已经将计算机图形和工程设计紧密地结合在一起。它使众多的工程师放下了图板，将工程设计图纸变成了数字化的数据。同时把工程师们从繁琐的手工劳动中解脱出来，不但减轻了劳动强度，也大大提高了工作效率。

作为工程项目参与者之间信息交换的主要媒介，CAD文件由于其信息交流方式过于单一，使得一些问题集中凸显。为了使工程设计中建筑信息的传递多元化，同时保证其生命周期内的各种决策有一个可靠的基础，BIM技术应运而生。近些年来，由于在建筑信息化、数据化等方面的优势，BIM技术逐渐变得流行，它不但提高了建筑行业各参与方的工作质量和效率，也促进了建筑各环节的信息整合度，从根本上促进了建筑行业向前发展，成为建筑领域的一大革新。

作为行业中的代表性软件，AutoCAD和Revit分别在各自的领域内占有重要的地位，是实现CAD和BIM技术理念的重要工具。为了让读者全面掌握AutoCAD 2018和Revit 2018的方法、技能，提高读者的图形表达、创新设计、自主学习和研究的能力，本书以新的教学大纲、国家标准图例规范为准，根据多年的教学方法和改革经验，结合全国图学大赛、大学生创新创业等经验，按照循序渐进的原则组织并编写而成。

本书尽力从实用性出发，结合具体实例，给出详细的题解步骤，通过完整的作图和建模过程讲述相关命令的使用和操作，旨在导引入门、重在启发，使学生在掌握软件基本操作的基础上，逐步深入应用，全面提高学生对知识的综合应用能力。全书共分两部分：第一部分介绍AutoCAD 2018的二维绘图和编辑命令、图形注释、三维造型和Visual LISP二次开发等；第二部分介绍BIM概述和Revit建模操作，包括标高轴网、墙体、屋顶楼板、门窗、楼梯的创建，以及Dynamo可视化编程语言的介绍等。

本书适合作为高等工科院校计算机绘图及BIM入门的教材，也可供从事计算机绘图相关工作的技术人员参考。

本书由兰州交通大学李兴田、张丽萍主编，程耀东主审。本书的出版得到了兰州交通大学“百人计划”、兰州交通大学土木工程学院“BIM教学团队”项目的资助；同时，兰州交通大学图学教研室的赵红、金栋、马驰、杜骞、王堃、王玲、孙寿榜等在本书的编写中给予了很大帮助，在此表示诚挚的感谢。

限于编者的学识水平，书中难免有不当甚至错误之处，敬请读者、同行不吝指正。

编　者

2019年3月于兰州

目　　录

第一篇　AutoCAD 2018 的使用和操作

第二篇 BIM简介与Revit 2018入门

第一篇　AutoCAD 2018 的使用和操作

初识AutoCAD 2018

AutoCAD 是由美国 Autodesk 公司推出的集二维绘图、三维设计、参数化设计及协同设计等功能为一体的计算机辅助绘图软件包。

AutoCAD 自 1982 年推出以来，经历多次版本更新和性能完善，现在已经发展到 AutoCAD 2018 版。

AutoCAD 不仅在土木建筑、机械、电子、园林和市政等工程设计领域得到了广泛的应用，而且在地理、气象、广告等方面也得到了广泛的应用，目前已经成为计算机 CAD 系统中应用最为广泛的图形软件之一。

AutoCAD 不仅是一个图形软件，它也是一个具有开放性的工程设计开发平台。用户可以在该平台上进行二次开发，形成各个行业更加专业化的应用产品。国内一些著名二次开发软件，如适用于机械的 CAXA、适用于土木建筑的天正系列等，都是在 AutoCAD 的基础上进行二次开发的产品。

本章将介绍该软件相关的基本知识。

1.1　AutoCAD 2018 的获取和安装

1. AutoCAD 2018 软件包的获取

为了获取 AutoCAD 2018 软件包，请读者访问下列 Autodesk 公司的官方主页并下载试用版。

https://www.autodesk.com.cn/

https://www.autodesk.com/

如果用户要进行正规的产品设计并展开相关的商业活动，请购买正版软件。

2. AutoCAD 2018 的安装

在 Windows 系统中安装 AutoCAD 2018 比较简单，用户只需要指定软件的安装路径并选定需要的功能，即可逐步完成安装。

关于详细的安装步骤，此处从略。读者可从搜索引擎获取帮助。

[illegible]. AutoCAD 2018 的系统要求

表 1-1 列出了 AutoCAD 2018 对系统的具体要求。为了获取良好的用户体验,建议读者尽量选用 64 位操作系统及较高参数的硬件配置。

表 1-1 AutoCAD 2018 的系统要求

操作系统	Microsoft ® Windows ® 7 SP1(64 位)及以上
CPU 类型	32 位:1 千兆赫(GHz)或更高频率的 32 位(x86)处理器 64 位:1 千兆赫(GHz)或更高频率的 64 位(x64)处理器
内存	32 位:2 GB(建议使用 4 GB) 64 位:4 GB(建议使用 8 GB)
显示器分辨率	传统显示器: 1360 × 768 真彩色显示器(建议使用 1920 × 1080) 高分辨率和 4K 显示器: 在 Windows 10 64 位系统(配支持的显卡)上支持高达 3840 × 2160 的分辨率
显卡	支持 1360 × 768 分辨率、真彩色功能和 DirectX ® 9 的 Windows 显示适配器。建议使用与 DirectX 11 兼容的显卡
浏览器	Windows Internet Explorer ® 11 或更高版本
. NET Framework	. NET Framework 版本 4. 6

1. 2 AutoCAD 2018 的启动和退出

1. AutoCAD 2018 的启动方法

安装 AutoCAD 2018 后,可用下列方法之一来启动:

● 单击【开始】按钮,弹出如图 1 - 1 所示的【开始】菜单,展开"AutoCAD 2018 - 简体中文"文件夹并单击【AutoCAD 2018 - 简体中文】;

图 1 - 1 开始菜单

● 双击如图 1 -2 所示的桌面图标。

软件启动后,其初始界面如图 1 -3 所示。其中包括【快速入门】、【最近使用的文档】、【通知】和【连接】四部分。

AutoCAD 2018 在初始的开启状态下,并未创建任何图形文件。由图 1 -3 可见,软件界面顶部的工具按钮处于灰显状态,所以不能进行绘图操作。

为了绘制图形,则需要新建图形文件。关于图形文件的创建和保存等操作,将在后面的内容中介绍。

图 1 -2　AutoCAD 2018 桌面图标

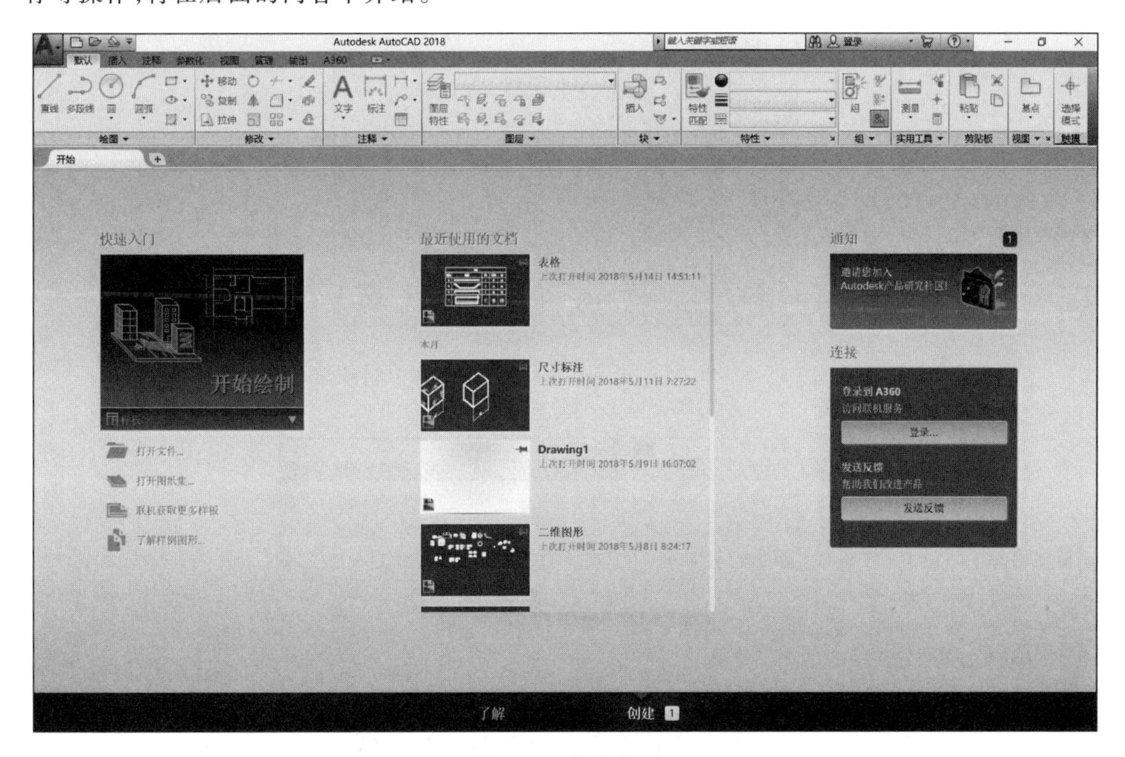

图 1 -3　初始界面

2. AutoCAD 2018 **的退出**

要退出 AutoCAD 2018,有下列几种方法:

● 如图 1 -4 所示,单击 AutoCAD 2018 界面左上角的应用程序按钮,在弹出的系统菜单中单击【退出 Autodesk AutoCAD 2018】按钮,如图 1 -5 所示;

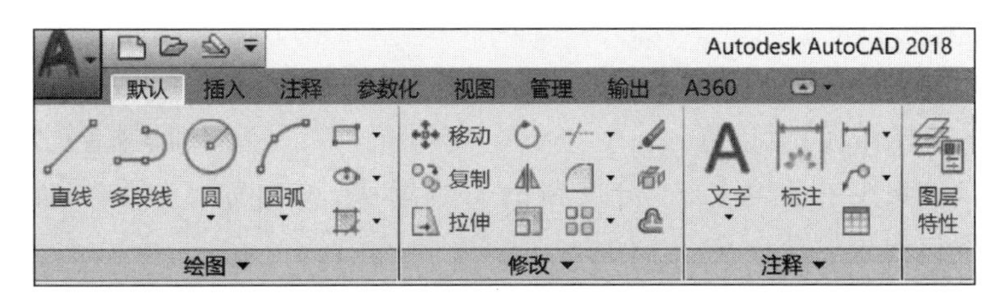

图 1 -4　单击应用程序按钮

● 单击如图 1 -6 中右上角的【关闭】按钮;

● 按【Alt + F4】组合键。

当用户要退出软件时，AutoCAD 2018 一般会提示用户是否保存还未保存的图形文件。此时，我们应仔细阅读系统提示，避免图形文件的覆盖或丢失等重大操作失误。

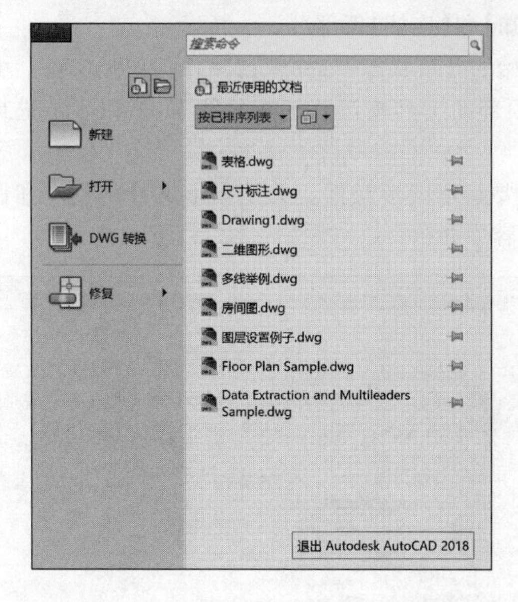

图 1－5　单击【退出 Autodesk AutoCAD 2018】按钮

图 1－6　单击【关闭】按钮

1.3　图形文件的基本操作

在开始用 AutoCAD 2018 绘图之前，我们先了解一下图形文件的新建、打开和保存。

1. 新建文件

启动 AutoCAD 2018 后，在初始界面下无法绘图。为了绘制图样，首先要创建新的图形文件。方法如下：

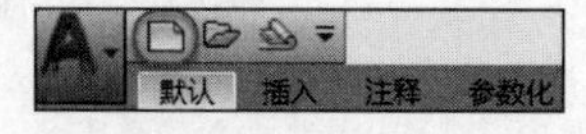

图 1－7　单击【新建】按钮

- 单击图 1－7 中快速访问工具栏上的【新建】按钮，弹出如图 1－8 所示的【选择样板】对话框；
- 单击图 1－8 中右下角【打开】按钮的右侧箭头，弹出如图 1－9所示的下拉列表；
- 选择【无样板打开－公制(M)】。

这时，AutoCAD 2018 将创建名为【Drawing1. dwg】的图形文件，如图 1－10 所示。

创建新的图形文件，相当于提供了一张绘图纸。此时，用户可以在图 1－10 所示的环境中进行绘图操作。

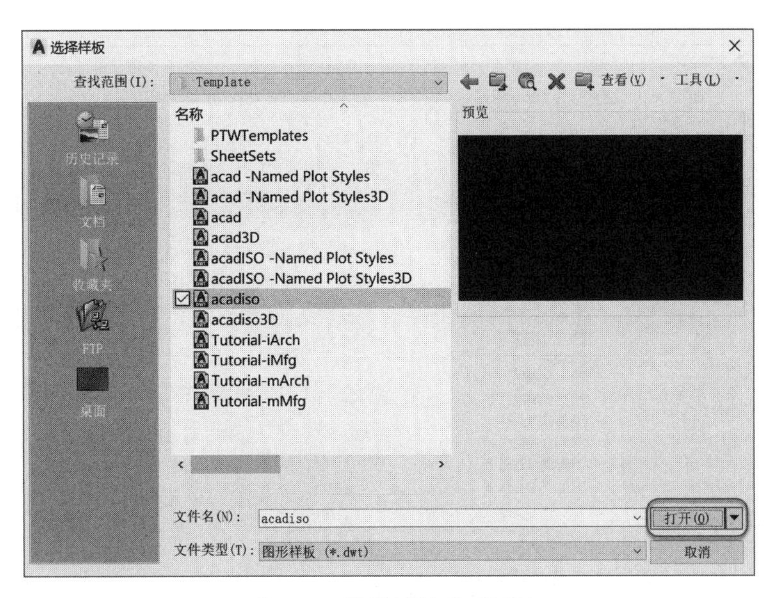

图 1－8　【选择样板】对话框

图 1－9　【打开】下拉列表

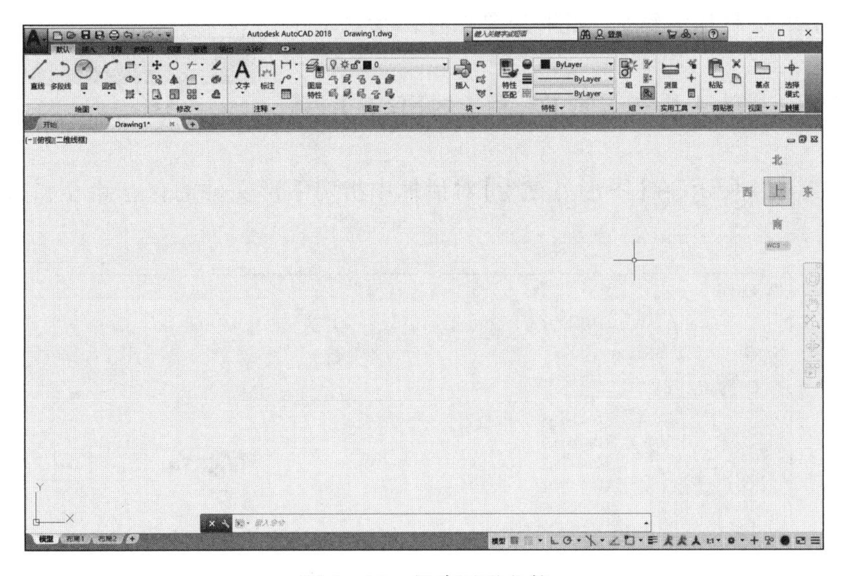

图 1－10　新建图形文件

2. 打开文件

要打开已经存在的图形文件，可以按照下面的步骤来实现。

图 1－11　单击【打开】按钮

- 单击图 1－11 中快速访问工具栏上的【打开】按钮；
- 弹出图 1－12 所示的【选择文件】对话框后，在文件列表中选择要打开的文件并单击【打开】按钮。

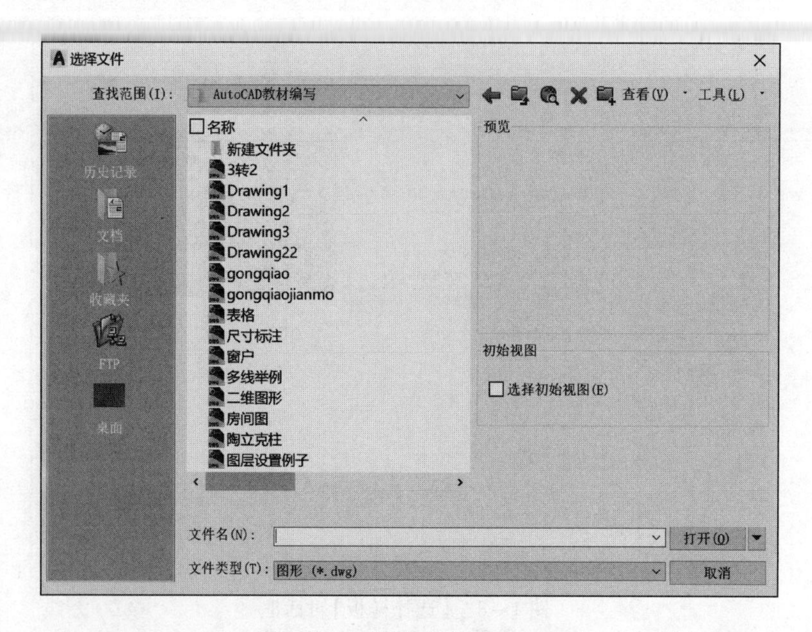

图 1－12 【选择文件】对话框

3. **保存文件**

完成图形的绘制和编辑后，如果需要保存图形文件，方法如下：

图 1－13 单击【保存】按钮

• 单击图 1－13 中快速访问工具栏上的【保存】按钮；

• 如图 1－14 所示，在【图形另存为】对话框中指定图形文件的保存路径和类型后，单击【保存】按钮。

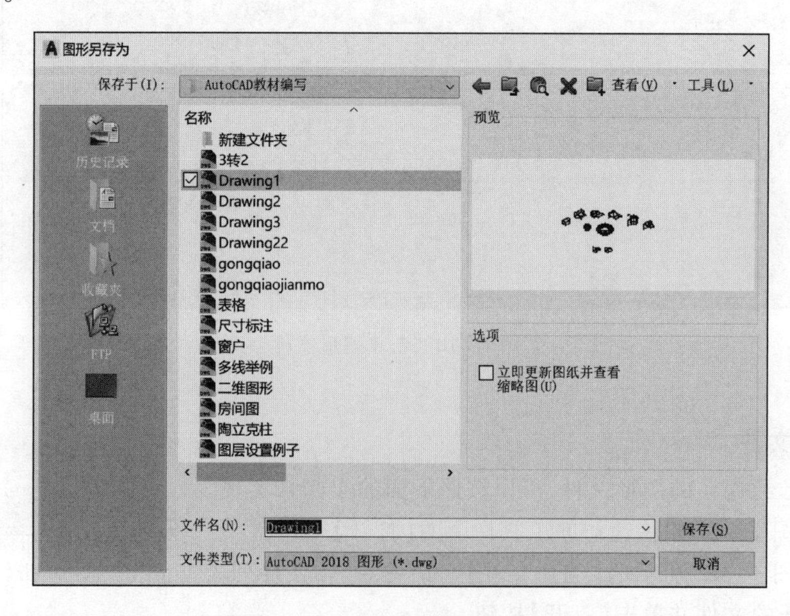

图 1－14 【图形另存为】对话框

注意:如果图形已经被保存过,当单击图 1 - 13 所示的【保存】按钮时,系统不再弹出图 1 - 14 所示的【图形另存为】对话框,而是自动保存并更新已经存在的图形文件。

多数情况下 AutoCAD 图形文件的保存格式为“ * . dwg”。

为了使保存之后的图形能被较低版本的软件打开,可在图 1 - 14 中的【文件类型】下拉列表中选择对应的软件版本并进行保存。

1.4　AutoCAD 2018 绘图界面

利用 AutoCAD 2018 绘图时,其界面各元素分布如图 1 - 15 所示。

按照默认设置打开 AutoCAD 2018 时,其绘图界面的主题颜色和绘图区的背景色并非图 1 - 15所示(为了清楚地标注绘图界面各部分的名称,已将界面的主题色和绘图区的颜色改成了浅色)。

如果要调整默认的暗黑主题和绘图区的颜色,可以按照下面的方法进行设置:

- 单击界面左上角的应用程序按钮,弹出如图 1 - 16 所示的菜单,单击【选项】按钮;

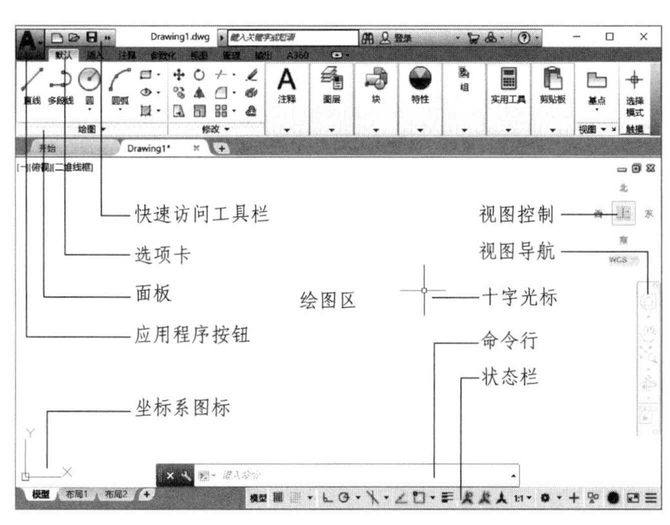

图 1 - 15　AutoCAD 2018 绘图界面

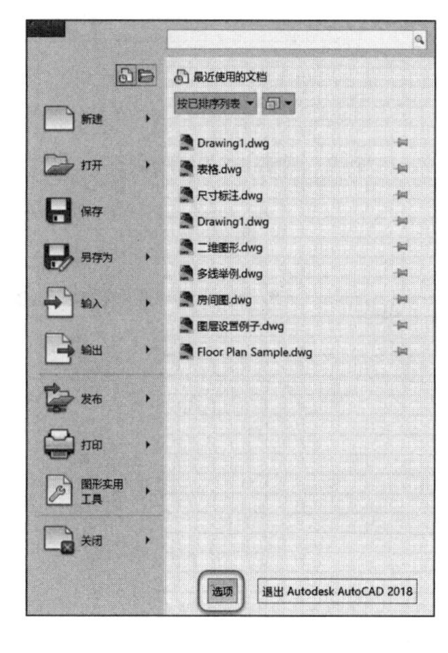

图 1 - 16　系统菜单

- 在图 1 - 17 所示的【选项】对话框中,选择【配色方案】为“明”,使软件界面的主题颜色变为浅色。

- 单击图 1 - 17 中的【颜色 . . . 】按钮,弹出图 1 - 18 所示的【图形窗口颜色】对话框,将【颜色】切换为“白”。单击【应用并关闭】按钮,回到图 1 - 17 所示的对话框并单击【确定】按钮,完成设置。

经过以上设置后,绘图界面的主题颜色变为浅色,绘图区的背景色变为白色。

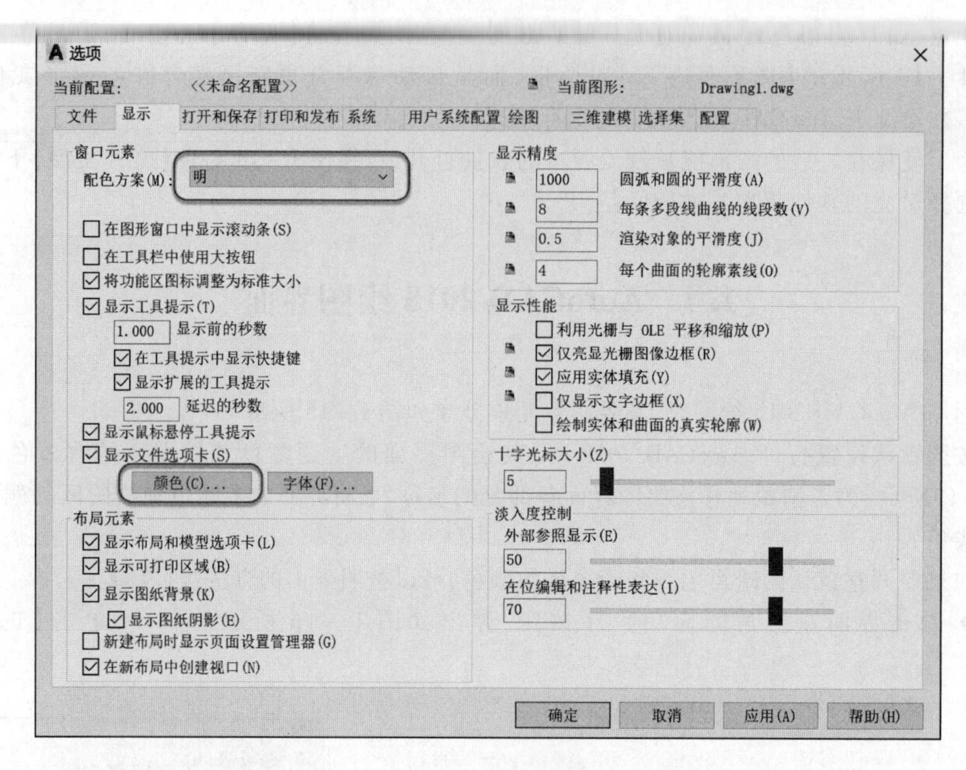

图1－17 【选项】对话框

当然,读者也可根据自己的喜好,设定软件界面的主题颜色和绘图区的背景色。

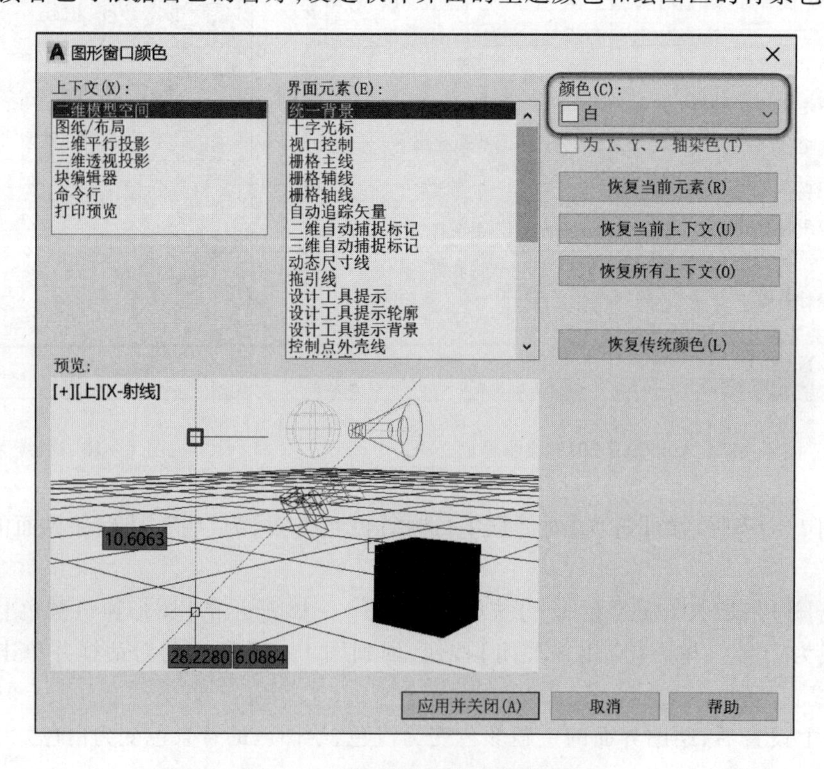

图1－18 【图形窗口颜色】对话框

1.5　AutoCAD 2018 帮助文件的使用

AutoCAD 2018 中的绘图命令数量很多，每个命令对应不同的操作方法和步骤。要完全掌握所有命令的用法是不现实的，这就要求用户学会通过系统帮助文件获取相关命令的用法和操作步骤。

为了打开 AutoCAD 2018 的帮助文档，请单击图 1－19 中的“帮助”按钮。当弹出图 1－20 所示的“帮助文档”窗口后，可在搜索框中输入命令关键词并按【Enter】键进行搜索。

图 1－19　单击【帮助】按钮

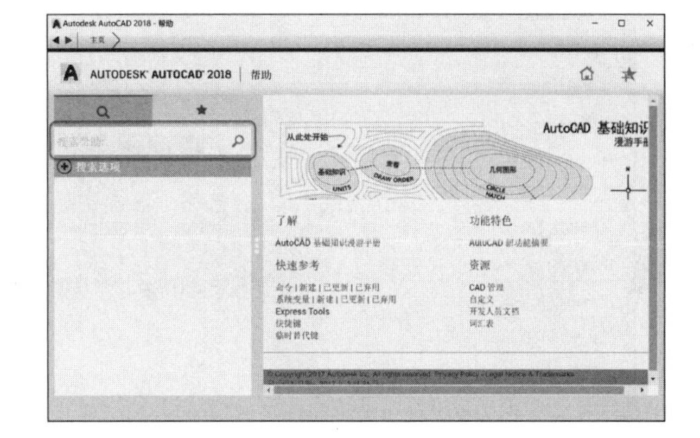

图 1－20　“帮助文档”窗口

例如，在图 1－20 所示的搜索框中键入“直线”并按【Enter】键，“帮助文档”窗口中将显示与输入的关键词相匹配的帮助信息列表，如图 1－21 所示。

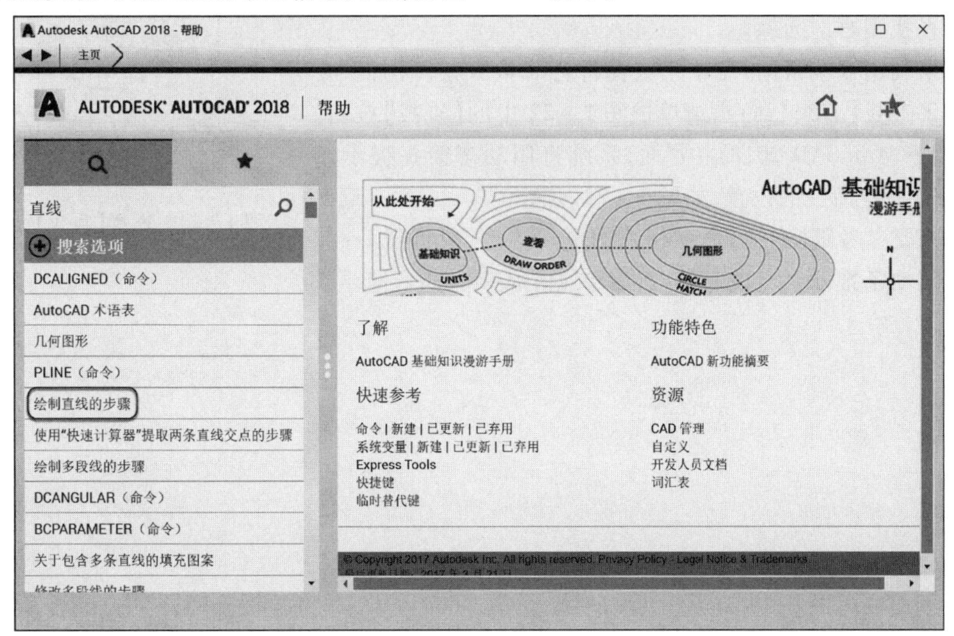

图 1－21　搜索“直线”

要了解直线的绘制方法，请单击图 1－21 中左侧帮助信息列表中的"绘制直线的步骤"，系统将在帮助文档窗口的右侧列出相关帮助信息，如图 1－22 所示。用户可通过阅读该帮助信息，了解并掌握直线的绘制方法。

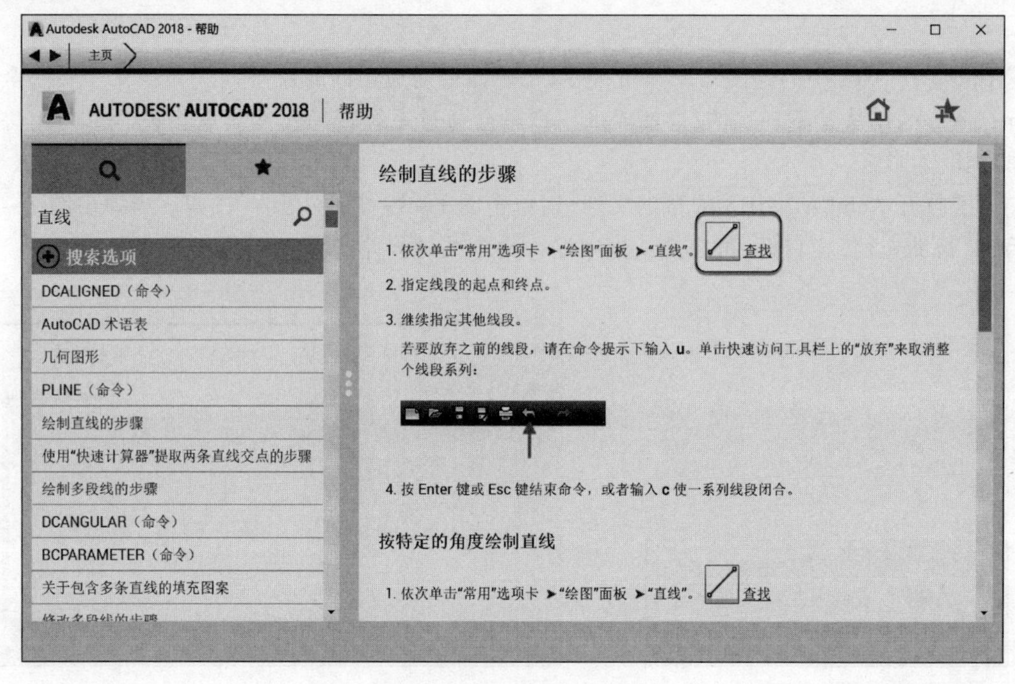

图 1－22 "直线"帮助文档

对初学者来说，经常需要在功能区的选项卡之间进行切换来查找某个绘图命令。对于常见的命令按钮，我们可以轻易地找到其所在的位置，但是对一些利用率较低的命令，经常会出现查找困难的问题。

如果利用系统帮助，命令的查找将会非常方便。例如，要在功能区查找【直线】命令，请单击图 1－22 中的【查找】按钮。此时，观察 AutoCAD 2018 主界面，系统将用动态箭头提示用户【直线】命令所在的位置，如图 1－23 所示。

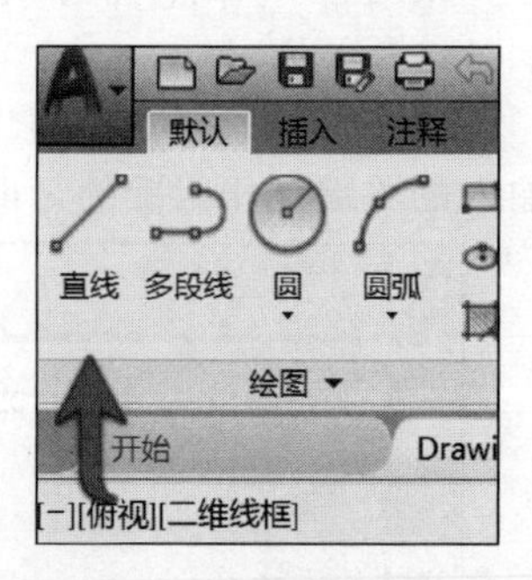

图 1－23 查找【直线】命令

如果要参考跟【直线】命令相关的更多内容，请将图 1－22 中右侧滚动条拖动至窗口底部，然后单击相应链接进行查看。

第2章 二维绘图初步

二维绘图是工程图样绘制和三维建模的基础。只有熟练掌握了二维绘图基础，才能进一步学习复杂图形的绘制。

二维绘图前，首先应选择合适的工作空间。

为了方便用户的绘图操作，AutoCAD 预先定义了三种工作空间，每种工作空间仅显示与任务目标相关的菜单、工具栏和选项板。这三种工作空间分别为：

- 草图与注释：仅提供与二维绘图相关的菜单、工具栏和选项板；
- 三维基础：提供包含三维绘图常用命令的菜单、工具栏和选项板；
- 三维建模：提供与三维建模相关的菜单、工具栏和选项板。

简单地讲，AutoCAD 通过定义工作空间的方式，使用户能更加方便地使用软件。如，有些命令适合二维绘图，有些命令更适合三维建模。如果将这些命令不加区分地置于面板之上，则给用户的拣选造成不便。所以，AutoCAD 将绘图命令进行归纳并分类，将二维绘图命令置于【草图与注释】工作空间，将三维建模命令置于【三维基础】和【三维建模】工作空间，极大地方便了用户的操作。

使用 AutoCAD 时，用户可根据任务目标，随时切换工作空间。方法如下：

- 如图 2－1 所示，在状态栏中单击“切换工作空间”按钮；
- 如图 2－2 所示，在弹出的菜单中选择工作空间的名称。

由于本章主要讲述二维绘图，所以请读者选择【草图与注释】选项。

图 2－1　单击“切换工作空间”按钮

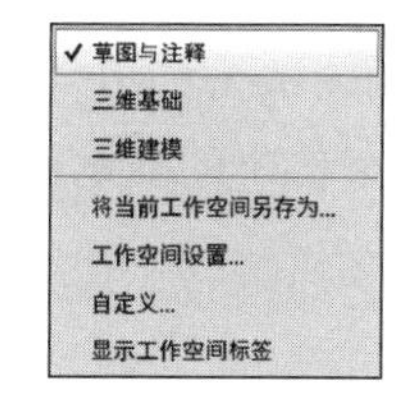

图 2－2　选择【草图与注释】选项

选择了适用于二维绘图的【草图与注释】工作空间后，AutoCAD 的界面如图 2－3 所示。由图可知，软件界面的功能区仅显示了二维绘图相关的命令。

本章将基于该工作空间，逐步讨论一些常见的绘图和编辑命令。

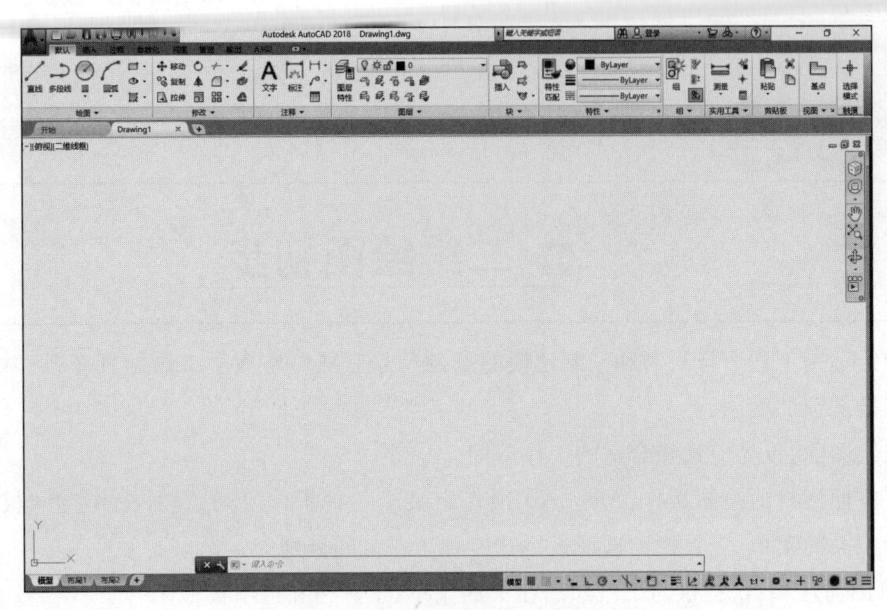

图 2－3 【草图与注释】工作空间

2.1 直线的绘制

直线是工程图样中最常见的图形。为了绘制直线，首先应向 AutoCAD 系统发出绘制直线的指令，然后在系统提示的引导下，分步输入直线两个端点的坐标，完成直线的绘制。

【例题】绘制一条任意位置和长度的直线。

【绘图步骤】

步骤 01 用下列方法之一执行【直线】命令：

- 依次单击【默认】选项卡→【绘图】面板→【直线】按钮，如图 2－4 所示；
- 在图 2－5 所示的命令行中输入 Line 并按【Enter】键。

启动【直线】命令的目的是向 AutoCAD 发出绘制直线的指令。当 AutoCAD 接收到指令后，将在图 2－5 所示的命令行中给出一系列提示，引导用户输入直线两个端点的坐标并完成绘图。其实，在 AutoCAD 中，所有命令都按照这种模式执行。所以，在绘图过程中，读者应时刻关注命令行给出的提示信息。

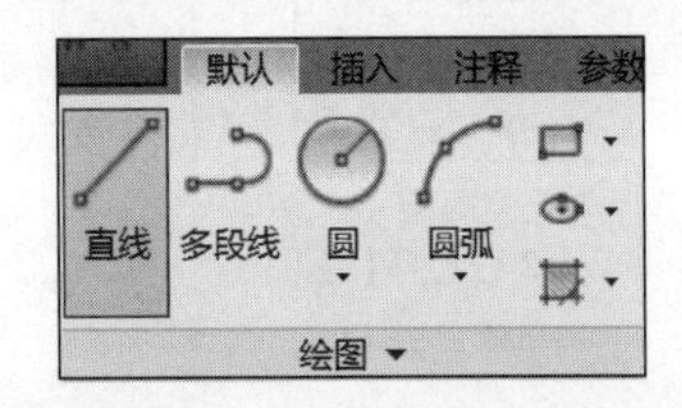

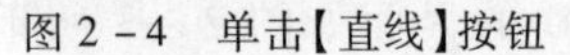

图 2－4 单击【直线】按钮

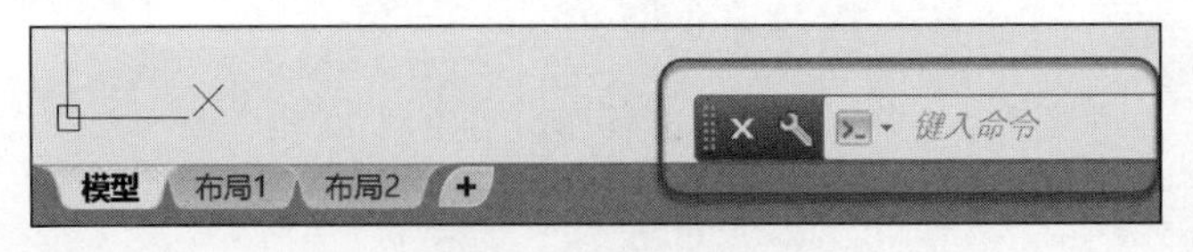

图 2－5 命令行

当 AutoCAD 接收到绘制直线的指令后，将在命令行出现下列提示：

步骤 02 指定第一个点：

该提示引导用户输入直线的第一个端点。

题目要求绘制一条任意位置和长度的直线，所以，请读者将鼠标移至绘图区的任意位置并单击一次鼠标左键,输入直线第一个端点的坐标。

注意:点的坐标输入方法较多,在绘图区单击鼠标左键仅是其中之一。关于更多的坐标输入方法,将在后续内容中展开讨论。

输入第一个端点的坐标后,再次移动鼠标,绘图区将出现一条跟随鼠标位置随时变化的"橡皮筋",同时在命令行出现提示:

步骤 03　指定下一点或 [放弃(U)]:

该提示引导用户输入直线的第二个端点。

请读者在绘图区的任意位置再次单击一次鼠标左键,输入直线的第二个端点。

此时观察绘图区,软件已经在输入的两点之间画了一条直线段。这时在命令行出现下一步提示:

步骤 04　指定下一点或 [放弃(U)]:

按【Enter】键,完成直线绘制。结果如图 2-6 所示。

注意:如果在该提示下再次输入不同位置的点,则绘图区将出现三点连线形成的折线。

有关【直线】命令的其他操作,请读者自行尝试。

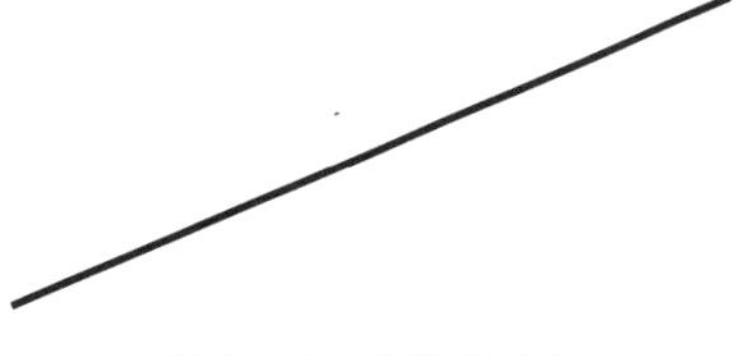

图 2-6　直线的绘制

2.2　图形的选择和删除

绘图中,经常需要删除多余或错误的图线。为了删除图形对象,首先应向 AutoCAD 发送删除图形的指令,然后选择要删除的图形对象并按【Enter】键。

【例题 1】删除上例中绘制的直线。

【绘图步骤】

步骤 01　用下列方法之一执行【删除】命令:

- 依次单击【默认】选项卡→【修改】面板→【删除】按钮,如图 2-7 所示;
- 在命令行输入 Erase 并按【Enter】键。

收到删除指令后,系统将在命令行给出下面的提示来引导用户选择要删除的图形对象。

步骤 02　选择对象:

提示用户选择要删除的图形对象。

观察鼠标光标,已经由原来的十字光标变成了呈小方框显示的拾取框。选择对象时,请将该拾取框移至直线上并单击一次鼠标左键,如图 2-8 所示。

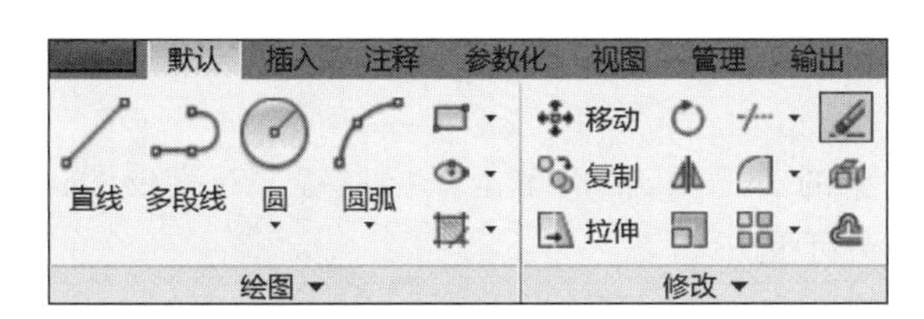

图 2-7　单击【删除】按钮

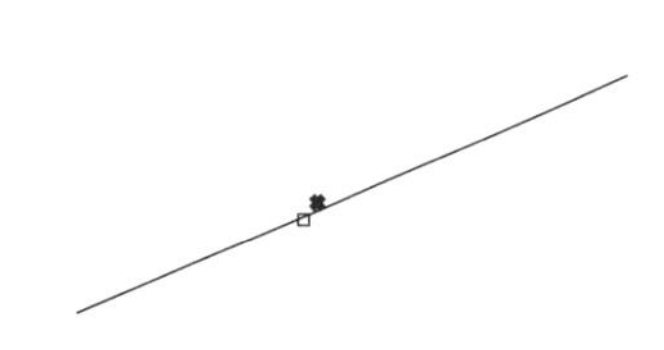

图 2-8　选择直线

选择直线后,系统继续给出提示:

步骤 03　选择对象:

因为已经选中了要删除的直线,所以,在该提示下按【Enter】键就能完成删除操作。

提示 还有一种删除方法是,将鼠标移至直线上并单击一次鼠标左键,然后按 Delete 键。

上例中,要删除的直线只有一条,操作过程也较为简单。如果要删除多条图线,那么在选择时应考虑合适的选择方法和技巧。AutoCAD 提供了多种选择方法,包括鼠标单击、窗口、窗交和栏选等。

下面举例说明各种选择方法的操作和应用。

【例题 2】用不同的选择方式选择并删除图 2 - 9 中的多条直线。

【绘图步骤】

首先启动【直线】命令,绘制图 2 - 9 所示的连续折线。

下面将采用不同的选择方式选择并删除部分图形对象,请读者对这些选择方式进行比较区分。

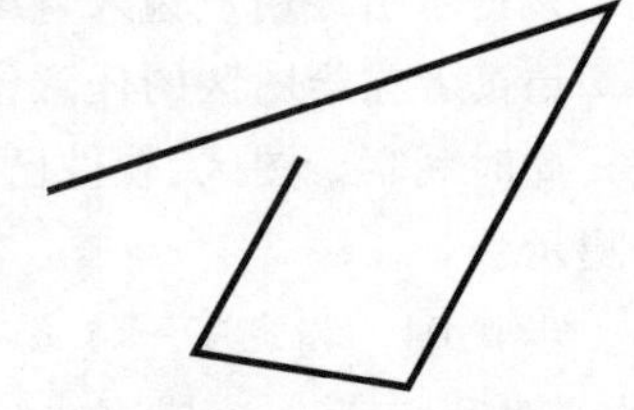

图 2 - 9　多条直线段

方式 1　鼠标单击选择

步骤 01　在命令行输入 Erase 并按【Enter】键。

步骤 02　选择对象:

首先,将拾取框移至其中一条直线上并单击一次鼠标左键。然后在其他未被选中的直线上重复鼠标单击动作,直到拾取完毕。

步骤 03　选择对象:

按【Enter】键,删除选中的图线。

显然,这种方法适合图形对象数量较少的情况。因为当图形对象数量较多时,单击选择的效率很低。

为了反复练习各种选择方法,请读者撤销本次删除,将图形还原到图 2 - 9 所示的状态。具体做法是,单击软件界面左上角快速访问工具栏中的【放弃】按钮,如图 2 - 10 所示。

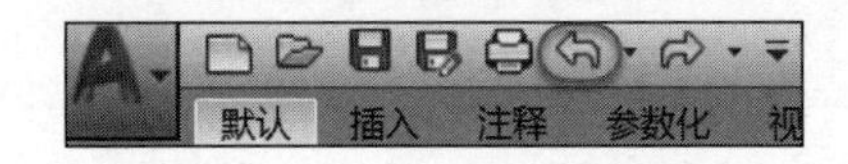

图 2 - 10　单击【放弃】按钮

方式 2　窗口选择

窗口选择是一种通过定义实线矩形窗口选择对象的方法。利用该方法选择对象时,从左向右拉出实线矩形窗口,只有被该窗口完全包围的对象才能被选中。

步骤 01　在命令行输入 Erase 并按【Enter】键。

步骤 02　选择对象:

鼠标移至图形对象的左上角,然后单击鼠标左键,如图 2 - 11 所示。

步骤 03　选择对象:

如图 2 - 11 所示,移动鼠标至图形对象的右下角,再次单击鼠标左键。观察绘图区,只有被矩形窗口完全包围的图线变为灰显,才处于选中状态。

步骤 04　选择对象:

按【Enter】键,删除选中的图线。

这个例子说明,用户可通过窗口选择的方法一次选中多条图线。相比鼠标点选多条图线,这种选择方法更加快捷。

方式 3　窗交选择

窗交选择对象的选择方向正好与窗口选择相反。它通过定义虚线矩形窗口来选择对象，利用该方法选择对象时，从右向左拉出实线矩形窗口。只要和该窗口有交集，则图形对象就被选中。

步骤 01　在命令行输入 Erase 并按【Enter】键。

步骤 02　选择对象：

鼠标移至图形对象的右下角，然后单击鼠标左键，如图 2－12 所示。

步骤 03　选择对象：

如图 2－12 所示，移动鼠标至图形对象的左上角，再次单击鼠标左键。观察图形对象可知，只要和矩形窗口有交集，图线就被选中。

步骤 04　选择对象：

按【Enter】键，删除选中的图线。

相比而言，如果要无差别选择图形对象，窗交选择的方法比较适合；如果在选取时需要过滤某些图形对象，则窗口选择可能更加适合。

方式 4　栏选

栏选指的是在选择图形对象时，用鼠标拖拽出任意折线，凡是和折线相交的图形对象均被选中。这种选择方式具有较高的灵活性，在图线修剪等操作中非常方便。

步骤 01　在命令行输入 Erase，并按【Enter】键。

步骤 02　选择对象：

输入 F 并按【Enter】键。

步骤 03　指定第一个栏选点或拾取/拖动光标：

按下鼠标左键并沿着图 2－13 所示的轨迹平移。只要和轨迹线相交，图线就被选中。

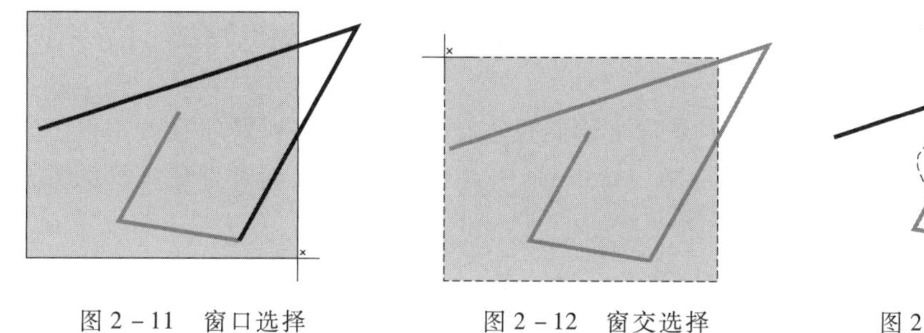

图 2－11　窗口选择　　图 2－12　窗交选择　　图 2－13　栏选选择

步骤 04　选择对象：

按【Enter】键，删除选中的图线。

2.3　点的坐标

AutoCAD 中的图形定位，主要由坐标系来确定。二维绘图中，我们一般使用默认的世界坐标系统，其坐标系图标位于绘图区的左下角，X 轴水平向右，Y 轴竖直向上。

由于每个平面图形或者工程图样的情况各不相同，所以在绘图时应选取更加方便的坐标输入方式。

点的坐标输入方式很多,包括鼠标单击、直角坐标、极坐标和直接输入距离等。前面已经讨论了鼠标单击输入的方式,下面讨论其他几种坐标输入方式。

1. 绝对直角坐标

当已知点坐标的 X 和 Y 分量时,应使用绝对坐标。

【例题 1】如图 2－14 所示,绘制角点位于(90,90)、长 200、宽 100 的长方形。

【绘图步骤】

根据已知条件可得到各个顶点的坐标,所以在命令行提示下顺次输入顶点坐标就能完成长方形的绘制。

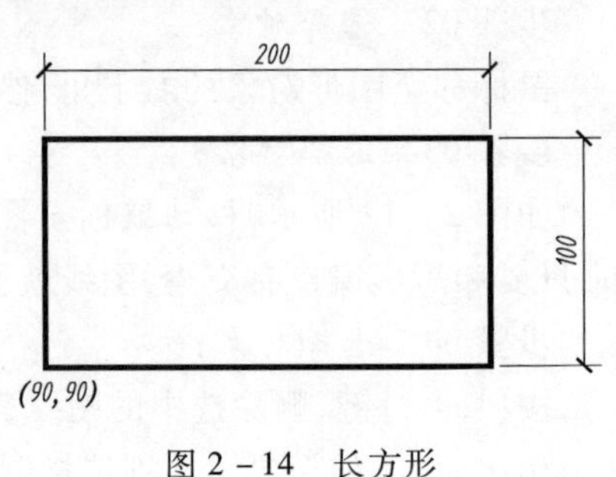

图 2－14 长方形

步骤 01 在命令行输入 Line 并按【Enter】键。

步骤 02 指定第一个点:

输入(90,90)并按【Enter】键。

注意:此处的一组圆括号是为了表述方便,不用在命令行输入;坐标分量之间的逗号应在英文输入状态下键入,否则将被视为无效输入。

步骤 03 指定下一点或 [放弃(U)]:

输入(290,90)并按【Enter】键。

步骤 04 指定下一点或 [放弃(U)]:

输入(290,190)并按【Enter】键。

步骤 05 指定下一点或 [闭合(C)/放弃(U)]:

输入(90,190)并按【Enter】键。

步骤 06 指定下一点或 [闭合(C)/放弃(U)]:

输入 C 并按【Enter】键,完成长方形的绘制。

注意:【闭合】选项可将同一绘图命令下绘制的直线首尾相接,形成闭合线框;【放弃】用来撤销上一步的绘图操作。

长方形是非常简单的二维图形,但是这个绘制过程让不少读者感到繁琐且效率低下。其实,这种感受是非常准确的。客观地讲,在 AutoCAD 中,很少采用输入绝对直角坐标的方式绘制较为复杂的图形。

2. 相对直角坐标

点坐标的 X 和 Y 分量未知,但是知道该点与前一点的位置关系,则应使用相对直角坐标。

【例题 2】如图 2－14 所示,绘制长 200、宽 100 且位置任意的长方形。

【绘图步骤】

由于长方形的位置任意,所以第一个顶点可通过鼠标单击输入。当输入长方形的第二个顶点时,虽不能确定其坐标分量的值,但是能确定该点与前一点的位置关系,也就是两点之间的坐标差,其格式为:(@ ΔX,ΔY)。这就是相对直角坐标。

步骤 01 在命令行输入 Line 并按【Enter】键。

步骤 02 指定第一个点:

在绘图区单击一次鼠标左键输入长方形左下角顶点的坐标。

步骤 03 指定下一点或 [放弃(U)]:

输入(@200,0)并按【Enter】键。

注意:200 指的是该点与前一点的 X 坐标之差;0 是该点与前一点的 Y 坐标之差。

步骤 04　指定下一点或 [放弃(U)]:

输入(@0,100)并按【Enter】键。

步骤 05　指定下一点或 [闭合(C)/放弃(U)]:

输入(@-200,0)并按【Enter】键。

步骤 06　指定下一点或 [闭合(C)/放弃(U)]:

输入 C 并按【Enter】键,完成长方形的绘制。

读者可以看到,都是绘制长方形,采用相对直角坐标的方式并没有简化绘图过程,只是简化了坐标值的计算。坐标的输入方式是基础,希望读者能反复练习并掌握。

3. 相对极坐标

类似地,极坐标也包括绝对极坐标和相对极坐标。由于点到坐标系原点距离的不可知性,绝对极坐标很少用到,故此处略去。下面主要讨论相对极坐标的形成和使用方法。

如果极坐标的坐标分量未知,但知道该点与前一点的位置关系,则可使用相对极坐标,其格式为:$(@\rho<\theta)$。其中 ρ 是两点之间的距离,θ 是两点的连线和极轴(X 轴正向)的夹角(逆时针为正)。

【例题 3】如图 2-14 所示,绘制长 200、宽 100 且位置任意的长方形。

【绘图步骤】

步骤 01　在命令行输入 Line 并按【Enter】键。

步骤 02　指定第一个点:

在绘图区单击一次鼠标左键输入长方形左下角顶点的坐标。

步骤 03　指定下一点或 [放弃(U)]:

输入(@200<0)并按【Enter】键。

注意:200 指的是该点和前一点连线的距离,0 是两点连线和 X 轴之间的夹角。

步骤 04　指定下一点或 [放弃(U)]:

输入(@100<90)并按【Enter】键。

步骤 05　指定下一点或 [闭合(C)/放弃(U)]:

输入(@200<180)并按【Enter】键。

步骤 06　指定下一点或 [闭合(C)/放弃(U)]:

输入 C 并按【Enter】键,完成长方形的绘制。

其实,无论相对直角坐标,还是相对极坐标,都指的是:将坐标系平移至前一点,要输入的点在该坐标系内的坐标就是相对坐标。不过在绘图中,为了和绝对坐标进行区分,键入时前面应加上“@”符号。

4. 直接输入距离

【例题 4】如图 2-14 所示,绘制长 200、宽 100 且位置任意的长方形。

【绘图步骤】

在图 2-14 中,长方形的长、宽分别平行于 X、Y 轴。在 AutoCAD 中,要绘制平行于坐标轴的直线,应利用状态栏中的【正交】功能。

【正交】功能将鼠标光标完全限定在水平或竖直方向上,方便水平或竖直直线的绘制。

步骤 01　可用下列方法之一开启【正交】功能:

- 如图 2 - 15 所示,单击状态栏中的【正交】按钮;
- 按【F8】功能键;
- 在命令行输入 Ortho 并按【Enter】键,接着在命令行提示下输入 ON 并按【Enter】键。

图 2 - 15　单击【正交】按钮

注意:当状态栏中按钮上的图标变为蓝色,说明对应的功能处于开启状态。如果灰显,说明该功能是关闭的。

步骤 02　在命令行输入 Line 并按【Enter】键。

步骤 03　指定第一个点:

在绘图区单击一次鼠标左键输入长方形左下角顶点的坐标。

步骤 04　指定下一点或 [放弃(U)]:

向右移动鼠标,当给出直线的绘制方向后,在命令行输入 200 并按【Enter】键。

步骤 05　指定下一点或 [放弃(U)]:

向上移动鼠标并指定方向后,在命令行输入 100 并按【Enter】键。

步骤 06　指定下一点或 [闭合(C)/放弃(U)]:

向左移动鼠标并指定方向后,在命令行输入 200 并按【Enter】键。

步骤 07　指定下一点或 [闭合(C)/放弃(U)]:

输入 C 并按【Enter】键,完成长方形的绘制。

比较而言,这种方法只需输入少量的数据就能完成图形的绘制,所以更加快捷和方便。

2.4　栅格和捕捉

栅格相当于木模测绘中的坐标纸,它按照相等的间距以点或线的形式出现在绘图区。用户可以通过栅格的数目确定距离,达到精确绘图的目的。

可用下列方法之一在绘图区显示栅格:

- 单击状态栏中的【显示图形栅格】按钮,如图 2 - 16 所示;
- 按【F7】功能键;
- 在命令行输入 Grid 并按【Enter】键,接着在命令行提示下输入 ON 并按【Enter】键。

图 2 - 16　单击【显示图形栅格】按钮

栅格功能开启后,绘图区的栅格如图 2 - 17 所示。

栅格仅在视觉上显示了一定的距离。为了在绘图中准确地输入距离,还应开启【捕捉】功能。

捕捉用于控制光标移动的距离。当打开捕捉后,在绘图状态下的鼠标只能停留在图 2 - 17 所示栅格线的交点处,从而方便了点的精确输入和图形对齐。

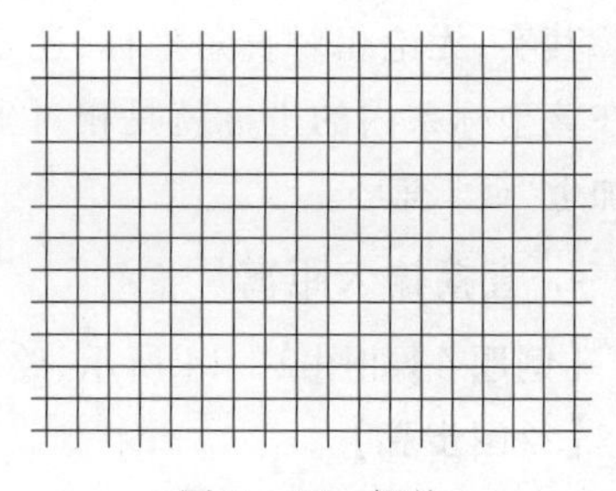
图 2 - 17　栅格

下面是打开【捕捉】功能的几种方法:

• 单击状态栏中的【捕捉模式】按钮，如图 2－18 所示；

图 2－18　单击【捕捉模式】按钮

• 按【F9】功能键；

• 在命令行输入 Snap 并按【Enter】键，在系统提示下输入 ON 并按【Enter】键。

【例题 1】绘制图 2－19 所示的图形。

【绘图步骤】

步骤 01　如图 2－16、图 2－18 所示，单击【显示图形栅格】和【捕捉模式】按钮，打开栅格和捕捉；

移动鼠标，此时光标只能停留在栅格线的交点处，捕捉并输入交点就非常方便。

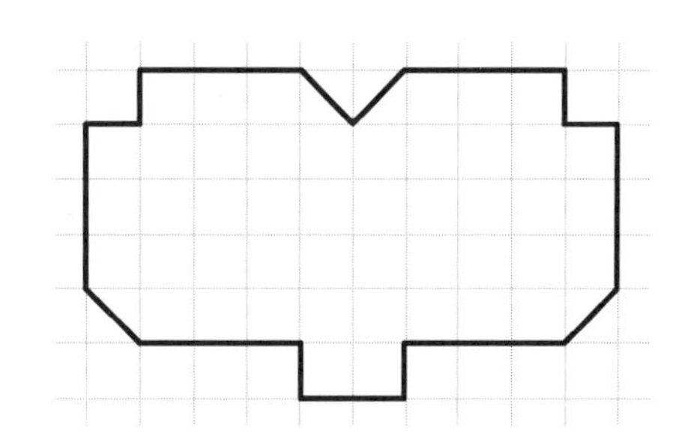

图 2－19　利用栅格和捕捉绘图

步骤 02　在命令行输入 Line，并按【Enter】键。

步骤 03　指定第一个点：

在栅格线的任意交点处单击鼠标左键，输入第一个点。

步骤 04　指定下一点或［放弃(U)］：

在此及以后的提示下，按图 2－19 所示的二维图形的顶点顺次捕捉并单击，输入其他顶点的坐标。

步骤 05　指定下一点或［放弃(U)］：

输入完成后按【Enter】键。

显然，当图形中的绝大多数顶点都位于栅格点上，则用这种方法进行绘图极为方便。

仔细观察，绘图区的图形并不够明显和清晰，这是因为默认情况下图线线宽为细线。关于图线线宽设置操作，将在后面的内容里展开讨论。

为了更好地观察到所绘图形，我们再次单击【显示图形栅格】按钮，关闭栅格显示并查看图形绘制是否正确。

经常出现的问题是：虽然关闭了栅格，但捕捉仍处于打开状态。这使得绘图中的鼠标处于“跳跃”状态，可能造成使用上的不便。所以，建议同时关闭栅格和捕捉功能。

当需要按照给定的尺寸进行绘图时，默认的栅格和捕捉间距未必方便画图。这时，用户可根据具体问题，对栅格和捕捉间距进行调整。其方法如下：

• 将鼠标移至状态栏中的【显示图形栅格】按钮上并单击右键，弹出如图 2－20 所示的【网格设置...】快捷菜单；

图 2－20　【网格设置...】快捷菜单

• 单击该快捷菜单，弹出如图 2－21 所示的【草图设置】对话框，在相应的编辑框内键入新的间距值；

• 单击【确定】按钮完成设置。

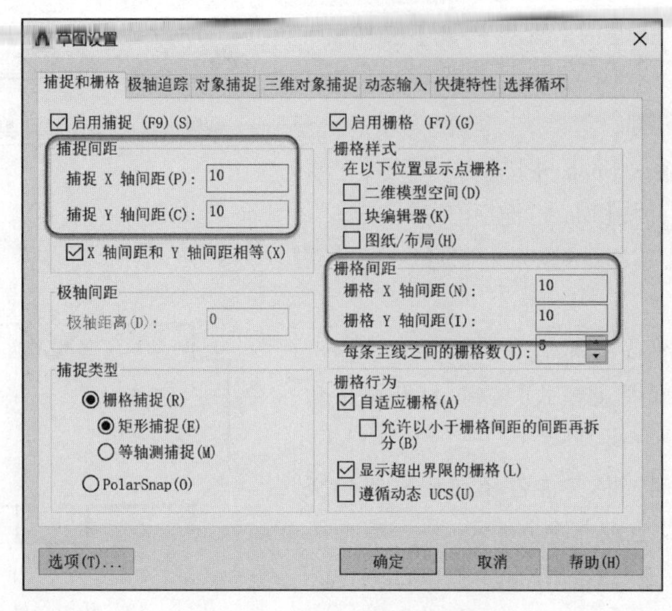

图 2－21 【草图设置】对话框

注意：一般情况下，为了方便捕捉栅格点，应将栅格和捕捉间距设置为相等的数值。

2.5 对象捕捉和镜像

利用 AutoCAD 提供的对象捕捉功能能够自动捕捉到图形对象的特征点（如直线的端点、中点、两直线的交点等），这将极大地方便精确绘图。

为了在绘图中能实时捕捉并输入这些特殊点，应进行如下两步设置：

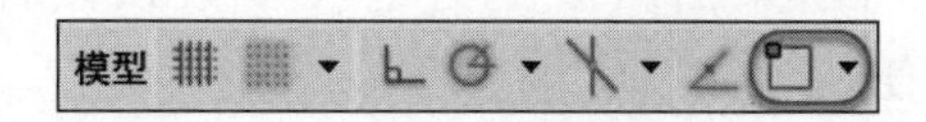

图 2－22 单击【对象捕捉】右侧的三角形按钮

1. 设置要捕捉的特征点

- 单击如图 2－22 所示状态栏中【对象捕捉】右侧的三角形按钮，弹出如图 2－23 所示的快捷菜单。
- 在图 2－23 中单击要捕捉的特征点，使其前面出现"√"。设置完成后，将鼠标移至绘图区的任意位置并单击，关闭该快捷菜单。

图 2－23 【对象捕捉】快捷菜单

2. 打开【对象捕捉】功能，在绘图过程中随时捕捉已设置的特征点

用下列方法之一可开启【对象捕捉】功能：

- 单击如图 2－22 所示状态栏中的【对象捕捉】按钮，使图标变为蓝色；
- 按【F3】功能键进行对象捕捉的开/关切换。

按照上述步骤设置后，在绘图过程中，当鼠标移至特征点附近时，系统将自动捕捉这些点并显示图 2－23 中对应特征点左侧的形状符号，提示用户输入。

注意：绘图过程中，可能要经常调整需要捕捉的特征点。在设置这些特征点之前,需要确定哪些点是必须的,哪些点是不需要的。这样不仅能提高捕捉效率,还能避免捕捉失误。

【例题】绘制图 2－24 所示的图形。

【绘图步骤】

观察图 2－24,其中大部分顶点位于栅格点上,所以打开栅格和捕捉更便于绘图。由于绘图中要捕捉正方形边上的中点,所以在绘图前应设置并打开【对象捕捉】。

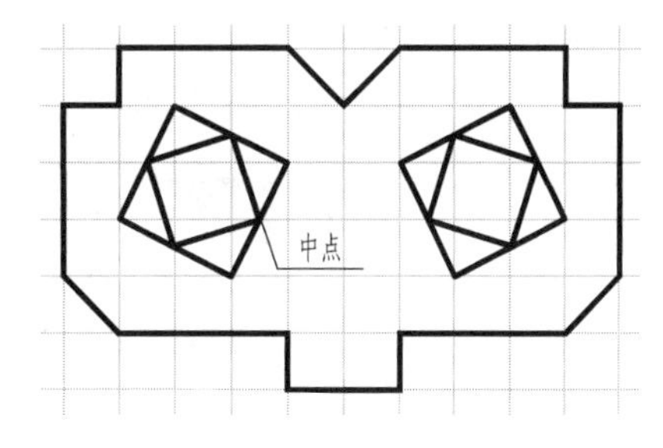

图 2－24　用对象捕捉和镜像绘制图形

该二维图左右对称,绘制时只需画左边一半,右边一半利用【镜像】命令快速完成。下面是具体步骤:

步骤 01　如图 2－16、图 2－18 所示,单击【显示图形栅格】和【捕捉模式】按钮,打开栅格和捕捉;

步骤 02　单击图 2－22 中【对象捕捉】右侧的三角形按钮,弹出如图 2－23 所示的快捷菜单;

步骤 03　在图 2－23 中单击“端点”和“中点”,使其前面出现“√”。设置完成后,将鼠标移至绘图区的任意位置并单击,关闭该快捷菜单;

步骤 04　单击图 2－22 中的【对象捕捉】按钮;

至此,我们已经完成了绘图前的准备工作。接下来是绘图过程:

步骤 05　执行【直线】命令,捕捉栅格线的交点并绘制图线如图 2－25 所示;

步骤 06　再次单击【显示图形栅格】和【捕捉模式】按钮,关闭栅格和捕捉功能;

当栅格和捕捉处于开启状态时,无法捕捉到图形对象的特征点,所以应关闭它们。读者可自行测试它们之间的冲突关系。

步骤 07　在命令行输入 Line 并按【Enter】键。

步骤 08　指定下一点或 [放弃(U)]:

如图 2－26 所示,移动鼠标至正方形边的中点附近,当出现中点符号(也就是黄色三角形)时,单击鼠标左键输入。

步骤 09　指定下一点或 [放弃(U)]:

重复上一步的操作,连续捕捉输入四个中点并按【Enter】键,完成内部小正方形的绘制,如图 2－27 所示。

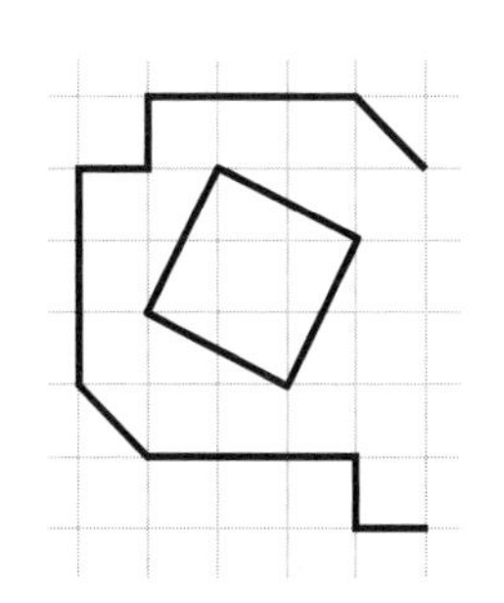
图 2－25　绘制左半边图形

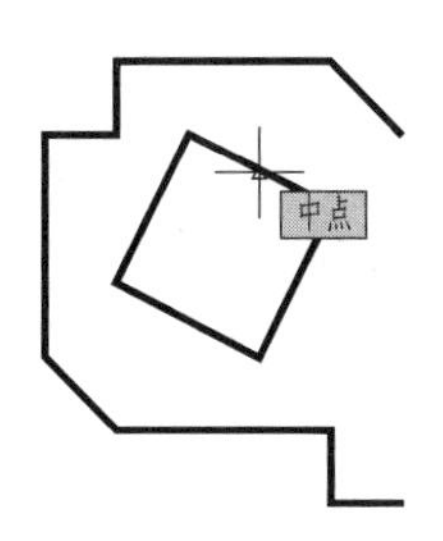

图 2－26　捕捉中点

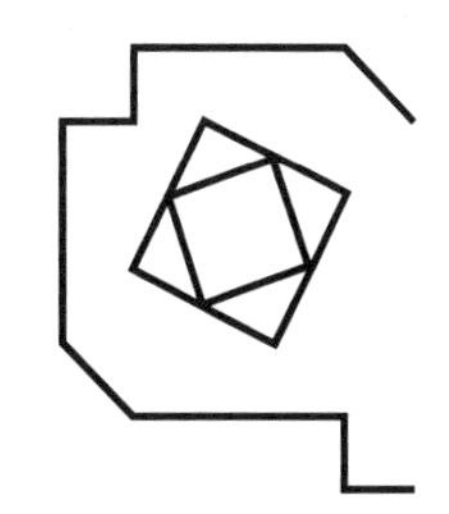
图 2－27　绘制小正方形

左半边完成后，利用【镜像】命令完成右半边的绘制。下面是详细的操作步骤：

步骤10　用下列方法之一执行【镜像】命令；

- 依次单击【默认】选项卡→【修改】面板→【镜像】按钮，如图2－28所示；
- 在命令行输入 Mirror 并按【Enter】键。

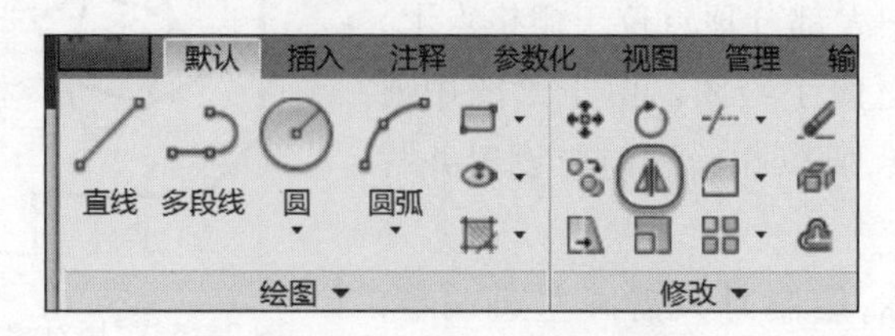

图2－28　单击【镜像】按钮

步骤11　选择对象：

在该提示下选择左半边图形并按【Enter】键。由于图线较多，这里可用窗口或窗交的方式进行选择。

步骤12　指定镜像线的第一点：

如图2－29(a)所示，捕捉端点并单击，输入镜像线上的第一个点。

步骤13　指定镜像线的第二点：

如图2－29(b)所示，捕捉端点并单击，输入镜像线上的第二个点。

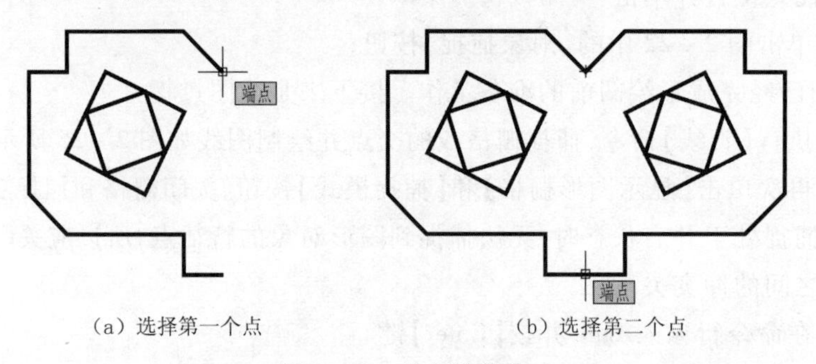

(a) 选择第一个点　　(b) 选择第二个点

图2－29　选择镜像线

步骤14　要删除源对象吗？[是(Y)/否(N)]　<否>：

按【Enter】键，完成图形绘制。

2.6　圆和长方形

圆和长方形都是最基本的二维图元，只需要较少的参数就能确定其形状大小。

1. 圆的绘制

输入圆心和半径，这是最简单和直接的画圆方式。下面是绘图步骤：

步骤01　用下列方法之一执行画圆命令：

- 依次单击【默认】选项卡→【绘图】面板→【圆】按钮，如图2－30所示；
- 在命令行输入 Circle 并按【Enter】键。

步骤02　指定圆的圆心或［三点(3P)/两点(2P)/切点、切点、半径(T)］：

在绘图区单击一次鼠标左键，输入圆心坐标。

这个提示告诉大家,AutoCAD 提供的画圆方式较多,包括:用不在同一直线上的三个点画圆、用直径的两个端点画圆、用相切关系和半径画圆。具体绘图时,应选择最容易实现的画圆方式。

步骤 03　指定圆的半径或 [直径(D)]:

接着移动鼠标,绘图区将出现随鼠标位置而变化的圆。在任意位置单击后,就确定了一个位置和大小均任意的圆,如图 2-31 所示。

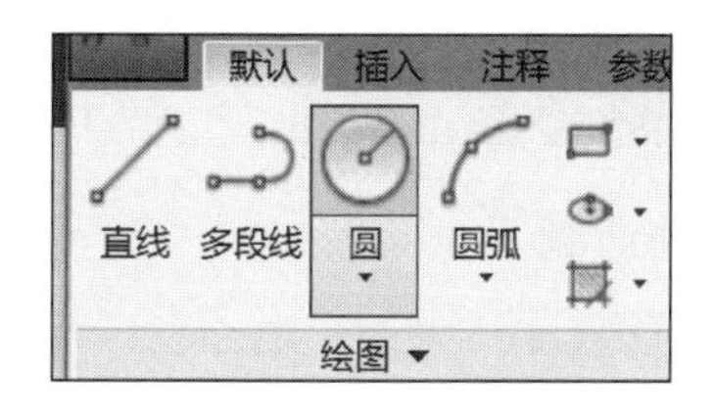

图 2-30　单击【圆】按钮

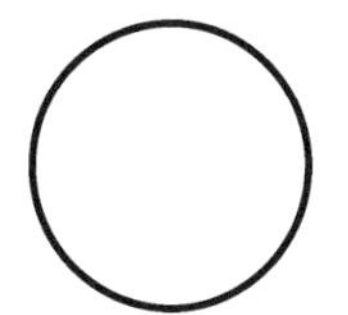
图 2-31　绘制圆

在该提示下,也可以输入任意的半径值完成绘制。

下面是画圆的一些例子,请读者认真练习、仔细体会。

【例题 1】绘制图 2-32 所示的二维图形。其中 A、B、C 三个圆心坐标分别为:$A(1.5,6.5)$、$B(4.0,6.5)$、$C(2.5,4.5)$,小圆半径为 0.5,大圆半径为 1.0。

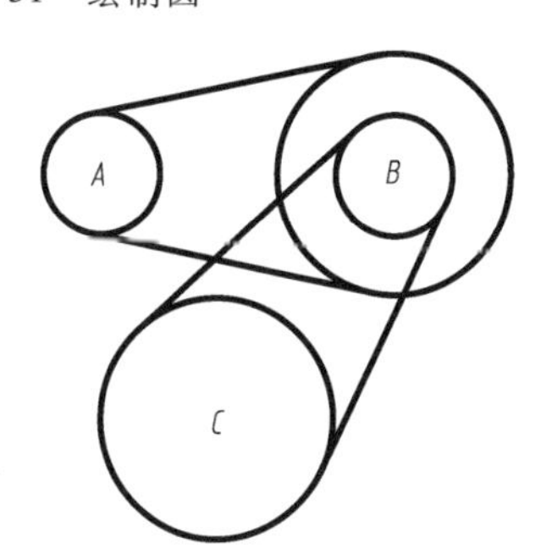

图 2-32　包含多个圆的二维图形

【绘图步骤】

步骤 01　在命令行输入 Circle 并按【Enter】键。

步骤 02　指定圆的圆心或 [三点(3P)/两点(2P)/切点、切点、半径(T)]:

输入圆心坐标(1.5,6.5)并按【Enter】键。

步骤 03　指定圆的半径或 [直径(D)]:

输入 0.5 并按【Enter】键,完成左上角小圆的绘制。

已经完成了小圆的绘制,但是该圆半径过小,在绘图区很难找到。为了方便下一步绘图,必须调整该圆的位置和大小,使其处于利于绘图的状态。下面是详细的调整过程:

步骤 04　命令行输入 Zoom 并按【Enter】键;

步骤 05　指定窗口的角点,输入比例因子 (nX 或 nXP),或者[全部(A)/中心(C)/动态(D)/范围(E)/上一个(P)/比例(S)/窗口(W)/对象(O)] <实时>:

输入 A 并按【Enter】键,这时所有的图形对象将在绘图区显示出来。

经过仔细观察,小圆出现在绘图区的左下角,如图 2-33 所示。

步骤 06　将鼠标移至圆上,然后向前滚动鼠标中键,则小圆将随之变大,效果如图 2-34 所示。

图 2-33　小半径圆

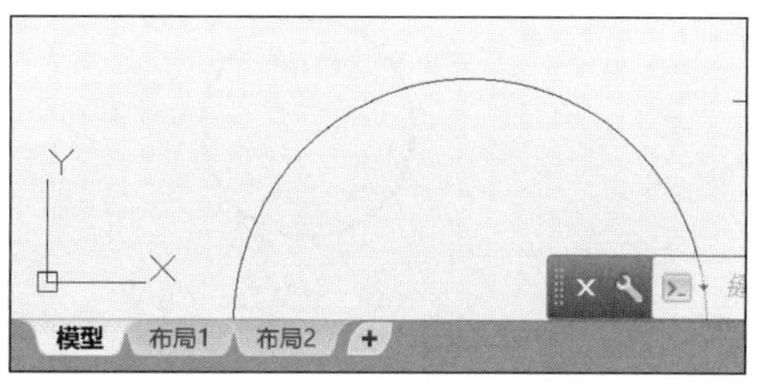

图 2-34　放大后的小圆

步骤 07　如图 2 – 35 所示,将鼠标移至圆内,然后按着鼠标中键并平移,将放大后的小圆移至绘图区的中心。

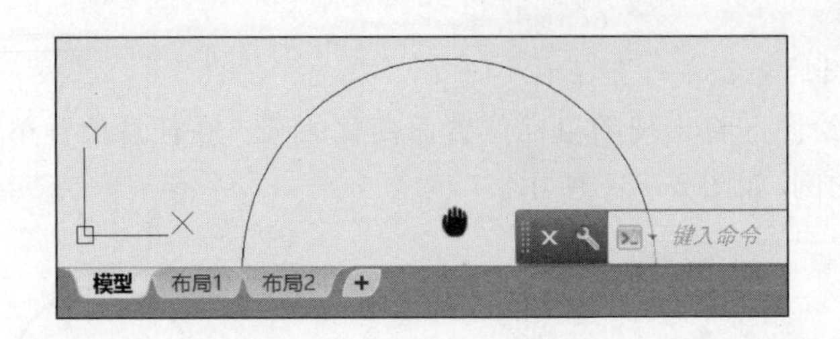

图 2 – 35　平移放大后的小圆

到此为止,我们完成了小圆位置和大小的调整。

如果需要,读者可进一步通过滚动鼠标中键来缩放图形,通过按下鼠标中键并平移来移动其位置。

步骤 08　反复执行第 1 ~ 3 步,绘制出其他三个圆。

下面通过设置并打开【对象捕捉】,完成切线的绘制。

步骤 09　单击图 2 – 22 中【对象捕捉】右侧的三角形按钮,弹出图 2 – 23 所示的快捷菜单;

步骤 10　在图 2 – 23 中选择切点,使其前面出现"√"。设置完成后,将鼠标移至绘图区的任意位置并单击,关闭该快捷菜单;

注意:为了避免捕捉到不需要的特征点而影响绘图效率,请在图 2 – 23 中仅勾选"切点"。

步骤 11　单击如图 2 – 22 所示状态栏中的【对象捕捉】按钮,使图标的颜色变成蓝色;

步骤 12　在命令行输入 Line,并按【Enter】键。

步骤 13　指定下一点或 [放弃(U)]:

如图 2 – 36(a)所示,将鼠标移至圆周上的切点附近,当出现黄色的切点符号时,单击左键输入即可。

步骤 14　指定下一点或 [放弃(U)]:

如图 2 – 36(b)所示,重复上一步的操作输入第二个切点,完成第一条切线的绘制。

步骤 15　重复第 12 ~ 14 步,完成其他三条切线的绘制。

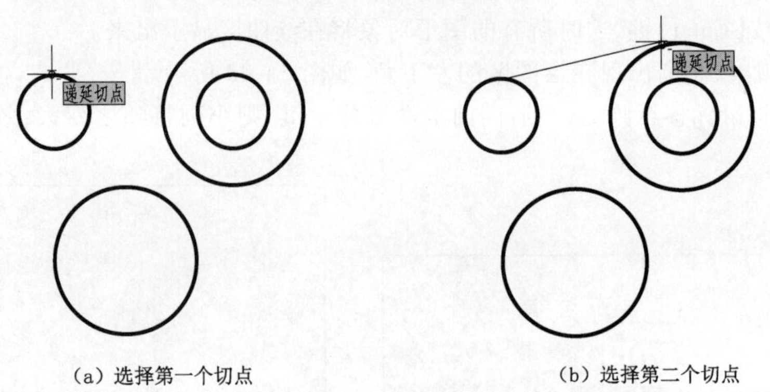

(a) 选择第一个切点　　(b) 选择第二个切点

图 2 – 36　绘制切线

注意：我们在捕捉并输入切点时，切点的位置只需要“大致”正确即可。其实，在 AutoCAD 中系统将根据用户的输入判断参与相切的两个圆，然后根据其几何数据计算准确的切线并进行绘制。

除了能够用圆心、半径绘制圆以外，还能通过相切、相切、半径的方式画圆。请看下面的例子。

【例题 2】绘制如图 2－37 所示的二维图。

【绘图步骤】

步骤 01　打开【正交】功能，绘制水平和竖直方向的两条直线；

步骤 02　在命令行输入 Circle 并按【Enter】键。

步骤 03　指定圆的圆心或 [三点(3P)/两点(2P)/切点、切点、半径(T)]：

输入 T 并按【Enter】键。

步骤 04　指定对象与圆的第一个切点：

如图 2－38(a)所示，将鼠标移至竖直直线上，当出现黄色的切点符号时单击鼠标左键，输入第一个切点。

步骤 05　指定对象与圆的第二个切点：

用同样的方法输入第二个切点，如图 2－38(b)所示。

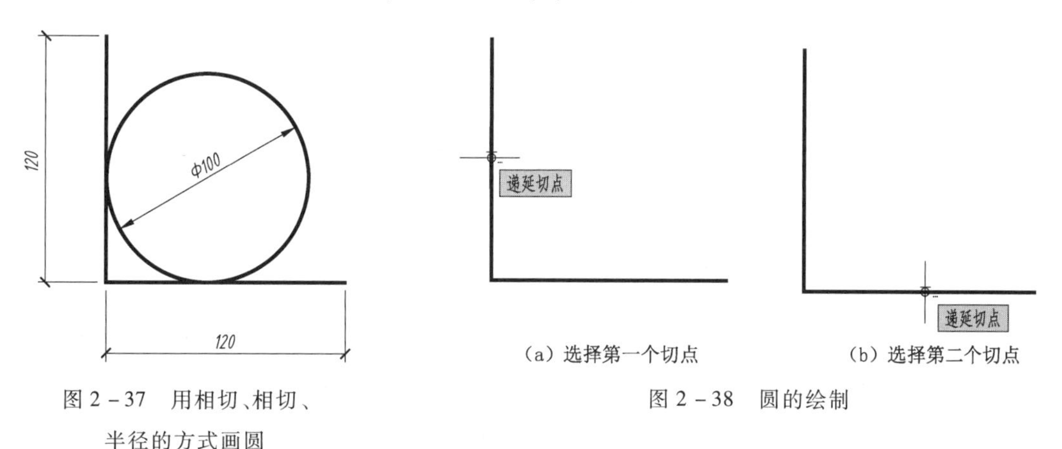

(a) 选择第一个切点　(b) 选择第二个切点

图 2－37　用相切、相切、半径的方式画圆

图 2－38　圆的绘制

步骤 06　指定圆的半径：

输入半径 50 并按【Enter】键，完成绘图。

2. **长方形的绘制**

【例题 3】如图 2－14 所示，绘制长 200、宽 100 且位置任意的长方形。

【绘图步骤】

前面的例子都是通过【直线】命令来绘制长方形。其实，AutoCAD 提供了【长方形】命令。下面是该命令的使用方法：

步骤 01　用下列方法之一执行画长方形的命令：

- 依次单击【默认】选项卡→【绘图】面板→【长方形】按钮，如图 2－39 所示；

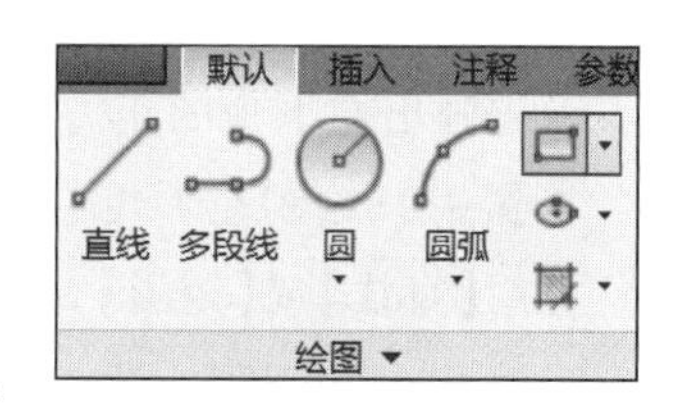

图 2－39　单击【长方形】按钮

• 在命令行输入 Rectang 并按【Enter】键。

步骤 02　指定第一个角点或 [倒角(C)/标高(E)/圆角(F)/厚度(T)/宽度(W)]:

用鼠标在绘图区的任意位置单击一次,输入长方形第一个角点的坐标。

步骤 03　指定另一个角点或 [面积(A)/尺寸(D)/旋转(R)]:

输入(@200,100)并按【Enter】键,完成长方形的绘制。

除此以外,还能通过输入长方形长和宽的方式完成绘图,步骤如下:

步骤 01　在命令行输入 Rectang 并按【Enter】键。

步骤 02　指定第一个角点或 [倒角(C)/标高(E)/圆角(F)/厚度(T)/宽度(W)]:

用鼠标在绘图区的任意位置单击一次,输入长方形第一个角点的坐标。

注意:如果要绘制带有圆角的长方形,则应在此处输入 F 并按【Enter】键。这种方法比绘制长方形并倒圆角具有更高的效率。

步骤 03　指定另一个角点或 [面积(A)/尺寸(D)/旋转(R)]:

输入 D 并按【Enter】键。

步骤 04　指定矩形的长度:

输入 200 并按【Enter】键。

步骤 05　指定矩形的宽度:

输入 100 并按【Enter】键。

步骤 06　指定另一个角点或 [面积(A)/尺寸(D)/旋转(R)]:

将鼠标移至第一个角点的右上角,在任意位置单击,完成绘图。

相比而言,第一种方法更加快捷方便。

2.7 阵　　列

阵列包括矩形阵列、环形阵列和路径阵列。矩形阵列按照行、列进行复制;环形阵列沿圆周进行复制;路径阵列是指沿选定的路径进行复制。

1. 矩形阵列

矩形阵列是指将某个图形按照给定的行距、列距沿 X、Y 轴方向复制得到多个相同图形对象的过程。

【例题】绘制图 2-40 所示的二维图形。

【绘图步骤】

首先画出左下角的正方形,然后用【阵列】命令绘制其他正方形。

步骤 01　绘制左下角边长为 20 的正方形;

可用【直线】或【矩形】命令绘制该正方形,详细做法请参考前述内容。

步骤 02　用下列方法之一执行【矩形阵列】命令:

• 依次单击【默认】选项卡→【修改】面板→【矩形阵列】按钮,如图 2-41 所示;
• 在命令行输入 Arrayrect 并按【Enter】键。

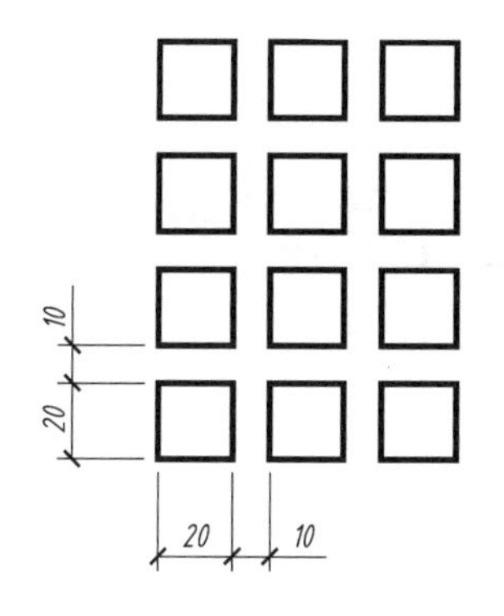

图 2 - 40　用矩形阵列绘制二维图

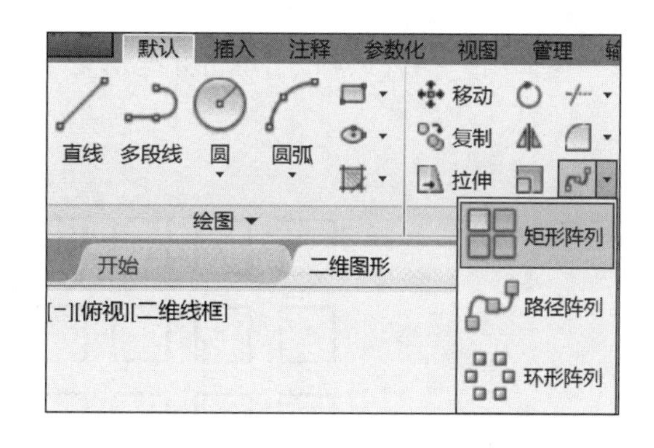

图 2 - 41　单击【矩形阵列】按钮

步骤 03　选择对象：

在该提示下，选择正方形并按【Enter】键。

选择对象结束后，在 AutoCAD 界面的功能区出现如图 2 - 42 所示的【阵列创建】选项卡，同时在绘图区出现默认参数下的阵列结果，如图 2 - 43 所示。

默认　插入　注释　参数化　视图　管理　输出　A360　阵列创建

类型	列		行		层级		特性		关闭	触摸
矩形	列数:	4	行数:	3	级别:	1	关联	基点	关闭阵列	选择模式
	介于:	30	介于:	30	介于:	1				
	总计:	90	总计:	60	总计:	1				

图 2 - 42　【阵列创建】选项卡

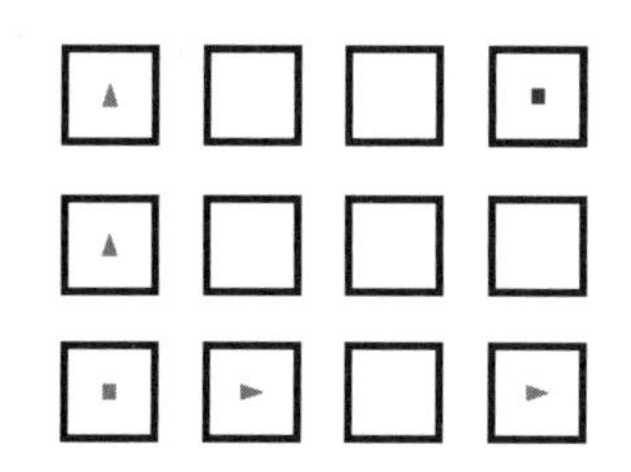

图 2 - 43　默认参数下的阵列

步骤 04　调整阵列参数：

由图 2 - 40 可知，阵列数为 4 行 3 列，其中行、列间距都是 30。如图 2 - 44 所示，填入正确的阵列参数，单击【关闭阵列】按钮完成阵列。

类型	列		行		层级		特性		关闭	触摸
矩形	列数:	3	行数:	4	级别:	1	关联	基点	关闭阵列	选择模式
	介于:	30　列距	介于:	30　行距	介于:	1				
	总计:	60	总计:	90	总计:	1				

图 2 - 44　矩形阵列参数

注意：除了能在图 2 - 42 的选项卡中调整阵列参数外，还可在图 2 - 43 所示的图形中对行、列数进行调整，做法如下：

- 将鼠标移至图2－45(a)中右上角的夹点上；
- 如图2－45(b)所示，单击并拖动夹点，完成行、列数目的调整。

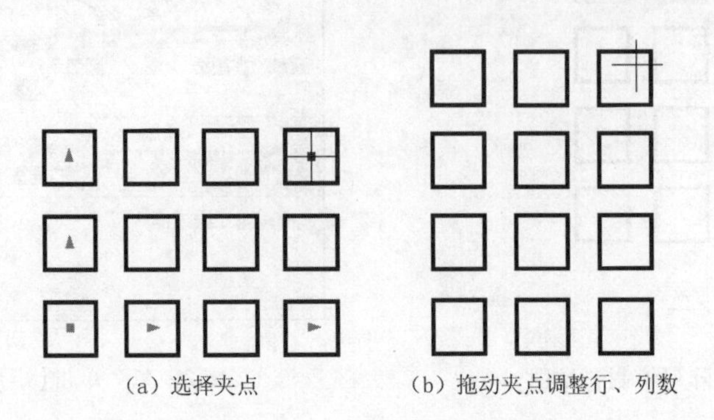

(a) 选择夹点　　(b) 拖动夹点调整行、列数

图2－45　阵列参数调整

2. 环形阵列

【例题4】绘制如图2－46所示的二维图形。

【绘图步骤】

首先绘制直径为121的大圆及其顶部的一个小圆，然后将小圆绕大圆圆心进行环形阵列。

步骤01　绘制大圆、水平和竖直两条直线以及顶部的一个小圆。

步骤02　用下列方法之一执行【环形阵列】命令：

- 依次单击【默认】选项卡→【修改】面板→【环形阵列】按钮，如图2－47所示；
- 在命令行输入Arraypolar并按【Enter】键。

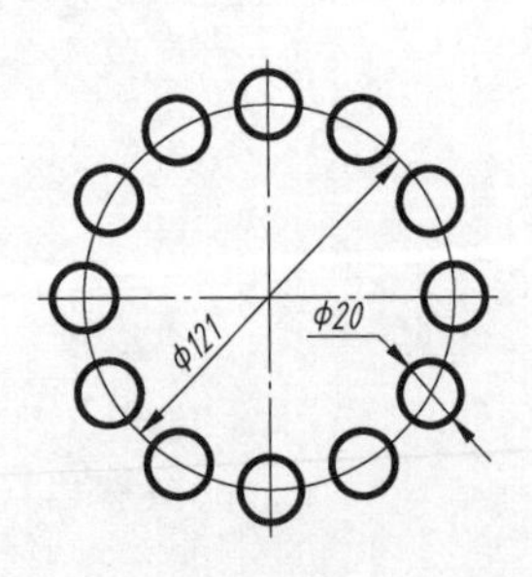

图2－46　用环形阵列绘制二维图

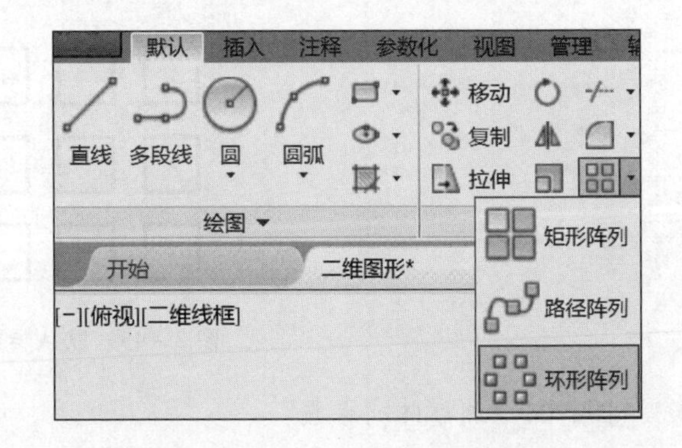

图2－47　单击【环形阵列】按钮

步骤03　选择对象：

选择顶部小圆并按【Enter】键。

步骤04　指定阵列的中心点或 [基点(B)/旋转轴(A)]：

设置并打开对象捕捉，将鼠标移至大圆圆周上，当大圆圆心处出现黄色小圆时，单击鼠标左键输入阵列中心点。

确定阵列中心后，在AutoCAD界面的功能区出现如图2－48所示的【阵列创建】对话框，同时在绘图区出现默认参数下的阵列结果，如图2－49所示。

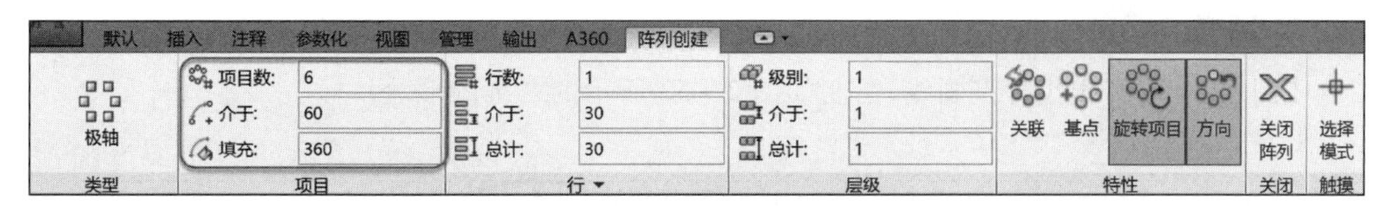

图 2－48　【阵列创建】选项卡

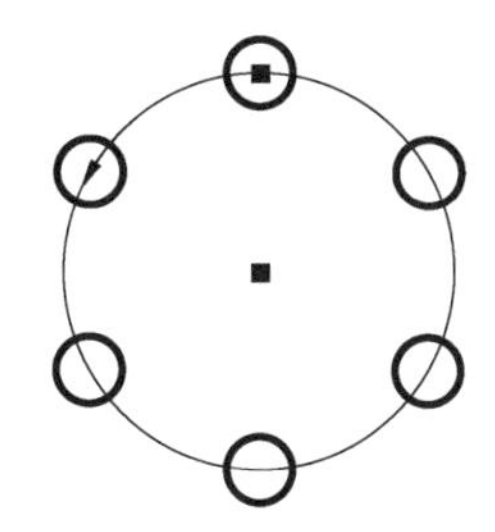

图 2－49　默认参数下的阵列

步骤 05　调整阵列参数：

由图 2－46 可知，12 个小圆均匀分布在大圆圆周上。所以，在图 2－50 所示的对话框中，将项目数调整为 12 并单击【关闭阵列】按钮，完成图形绘制。

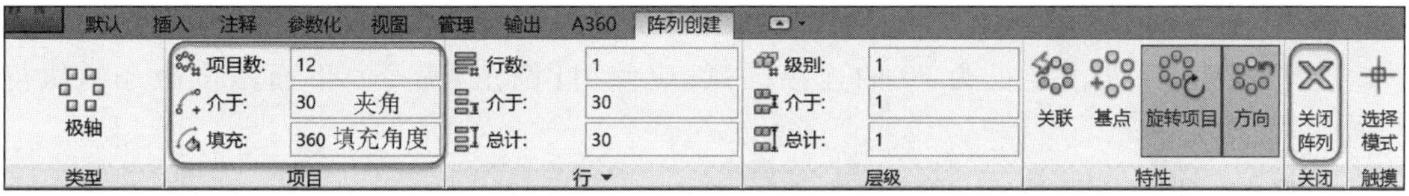

图 2－50　环形阵列参数

3. 路径阵列

如图 2－51 所示，可将半径为 10 的小圆沿曲线路径进行阵列。这部分内容不再展开讲述，请读者利用 AutoCAD 的帮助文件完成学习并自行尝试。

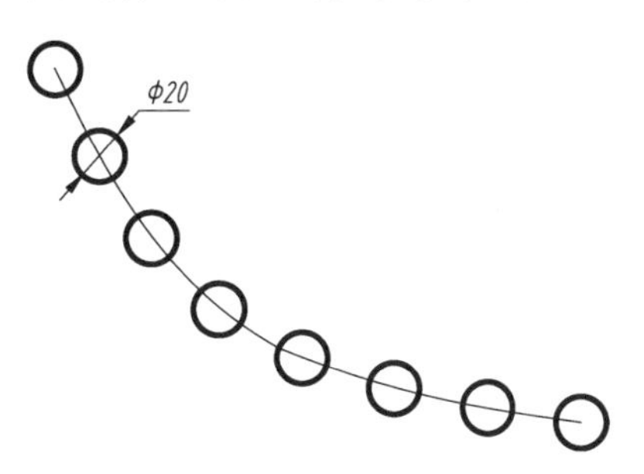

图 2－51　用路径阵列绘制二维图

2.8　圆角和剪切

圆角指的是用相切圆弧连接两个图形对象。剪切是指删除图形对象的部分，使之与其他图形刚好相交。

1. 圆角

【例题1】用实线代替点画线,绘制如图2-52所示的二维图形。

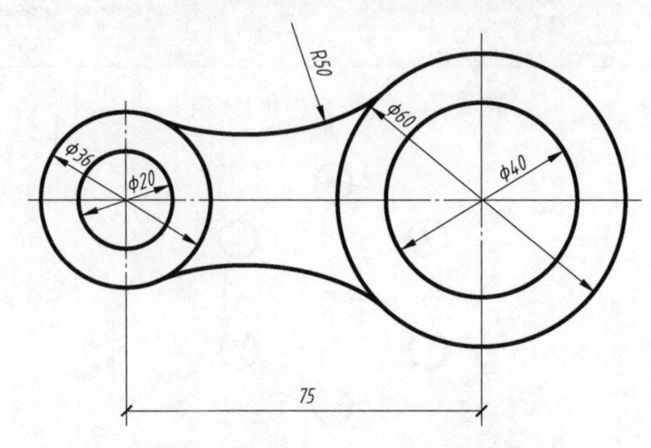

图2-52 用圆角命令绘制相切圆弧

【绘图步骤】

步骤01 首先绘制左侧两个同心圆;

输入第二个圆的圆心坐标时,应设置捕捉“圆心”并打开【对象捕捉】,提高绘图效率。

步骤02 用同样的方法绘制右侧两个同心圆;

为了绘制上下两段半径为50的连接圆弧,应使用【圆角】命令。下面是该命令的执行过程:

步骤03 用下列方法之一执行【圆角】命令:

- 依次单击【默认】选项卡→【修改】面板→【圆角】按钮,如图2-53所示;
- 在命令行输入Fillet并按【Enter】键。

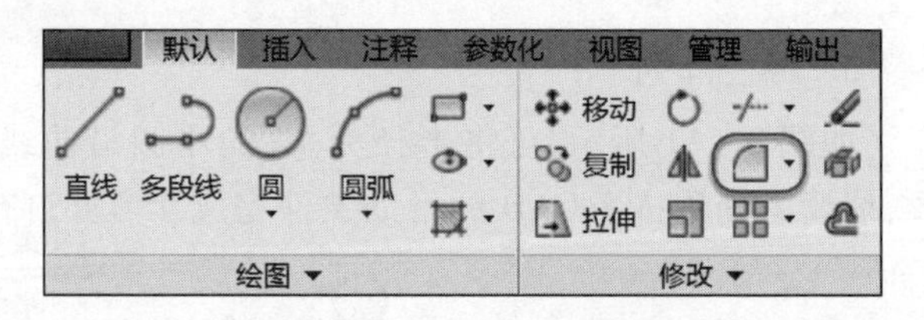

图2-53 单击【圆角】按钮

步骤04 选择第一个对象或[放弃(U)/多段线(P)/半径(R)/修剪(T)/多个(M)]:

圆角的目的是用圆弧光滑连接两个图形对象,所以首先应指定连接圆弧的半径。在该提示下输入R并按【Enter】键。

步骤05 指定圆角半径:

输入50并按【Enter】键。

因为圆角跟两个相切的图形对象相关,所以接下来系统将引导用户在两个相切的图形对象上指定两个切点。

步骤06 选择第一个对象或[放弃(U)/多段线(P)/半径(R)/修剪(T)/多个(M)]:

将鼠标移至左侧大圆圆周上切点所在的大约位置,当出现“递延切点”的捕捉提示文本时,单击鼠标左键输入第一个切点。

步骤07 选择第二个对象,或按住Shift键选择对象以应用角点或[半径(R)]:

用同样的方法在右侧大圆周上捕捉输入第二个切点。

步骤08 重复第3~7步,绘制下面的一段圆弧,完成二维图形的绘制。

2. 修剪

【例题 2】用实线代替点画线，绘制如图 2－52 所示的二维图形。

除了上例中的画法，该图形中上下两段半径为 50 的圆弧还能这样绘制：先画出半径为 50 的圆，然后剪掉多余圆弧，留下连接圆弧。同时镜像生成另一段圆弧。

【绘图步骤】

步骤 01 绘制左侧两个同心圆；

步骤 02 绘制右侧两个同心圆；

步骤 03 启动【圆】命令，用“相切、相切、半径”的方式绘制半径为 50 的圆；

具体画法不再展开谈论，如有操作困难，请查看前述内容。

下面利用【修剪】命令删除上半段圆弧，保留下半段圆弧。详细的操作过程如下：

步骤 04 用下列方法之一执行【修剪】命令：

- 依次单击【默认】选项卡→【修改】面板→【修剪】按钮，如图 2－54 所示；
- 在命令行输入 Trim 并按【Enter】键。

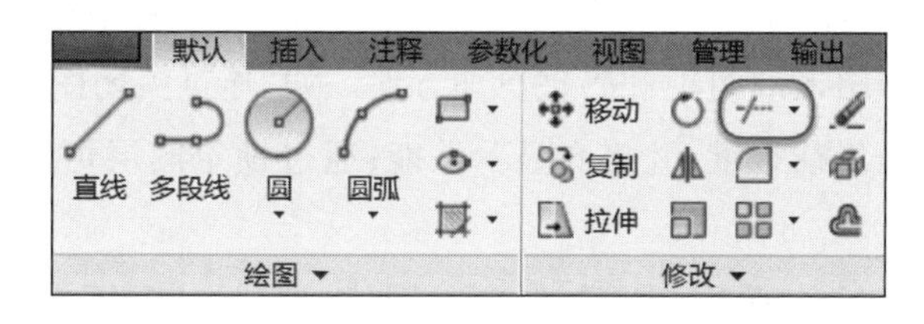

图 2－54 单击【修剪】按钮

步骤 05 选择剪切边…选择对象或 <全部选择>：

此处提示选择剪切边界。两个切点所在的大圆将半径为 50 的圆分为上、下两段，所以在选择剪切边界时，只需用“窗交”的方式，如图 2－55(a)所示，选择左右两个大圆即可。

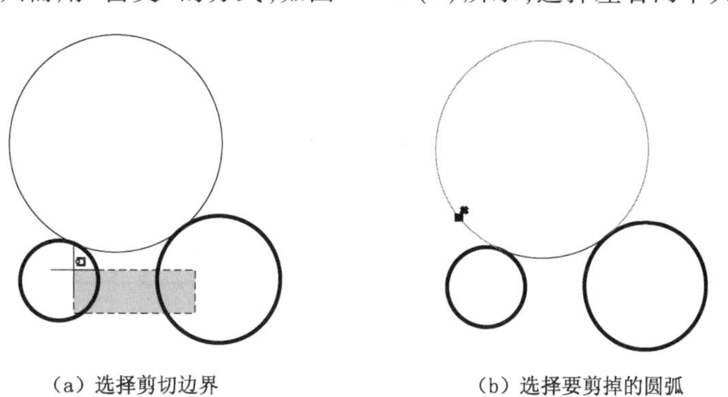

(a) 选择剪切边界 (b) 选择要剪掉的圆弧

图 2－55 剪切圆弧

注意：选择剪切边界时，应选择相关的图形对象，不要尝试选择切点。

步骤 06 选择要修剪的对象，或按住 Shift 键选择要延伸的对象，或［栏选(F)/窗交(C)/投影(P)/边(E)/删除(R)/放弃(U)］：

此处提示选择要剪掉的图形对象。如图 2－55(a)所示，将鼠标移至要剪掉的上段圆弧上，单击鼠标左键完成剪切删除。

到此为止，完成了上段圆弧的绘制，如图 2－55(b)所示。

步骤 07 用镜像命令完成下段圆弧的绘制。

平面图形的绘制

本章讨论较为复杂的二维平面图形的绘制和编辑。

3.1 图　层

在 AutoCAD 中,数量众多的图形对象是通过图层来组织和管理的。在绘图中,可将图线归类置于不同的图层,使图形的组织和管理更加方便。如:通过关闭图层可以隐藏不需要看到的图线,降低图形的视觉复杂程度,并提高显示性能;通过锁定图层可以防止这些图层上的对象被意外修改等。

一般来讲,图样中包括各种不同线型、线宽的图线。默认状态下,AutoCAD 仅提供了一个图层,无法有效完成图线的绘制、组织和管理。所以,复杂平面图形的绘制中,图层就显得非常重要。

图层相当于大小确定而透明的图纸。如此,保持不同类型图线之间的位置关系不变,将图形中相同线型的图线绘制在同一图层上,然后将这些图层叠合在一起,就组成了完整的平面图形。

下面举例说明创建和使用图层的具体方法。

【例题】绘制图 3－1 所示的二维图形。

【绘图步骤】

由图可知,该二维图包括三种图线:粗实线、中粗虚线和细点画线。如果将相同线型、线宽的图线绘制在同一图层上,则应创建三个图层。下面是图层创建的方法和过程:

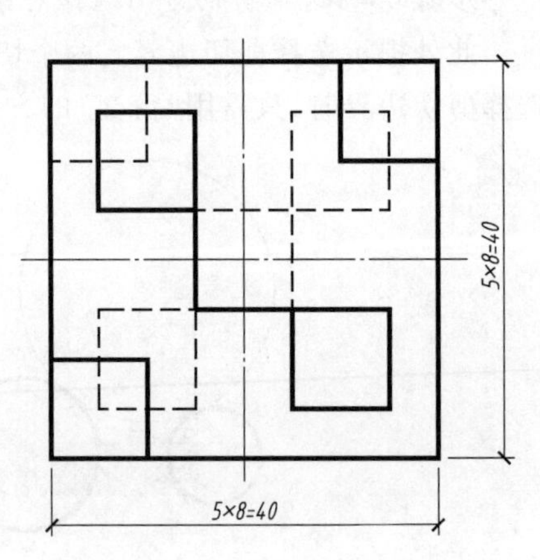

图 3－1　创建图层并绘制图形

(1)创建新图层

步骤 01　用下列方法之一执行创建新图层的命令:

• 如图 3－2 所示,依次单击【默认】选项卡→【图层】面板→【图层特性】按钮;

• 在命令行输入“Layer”并按【Enter】键。

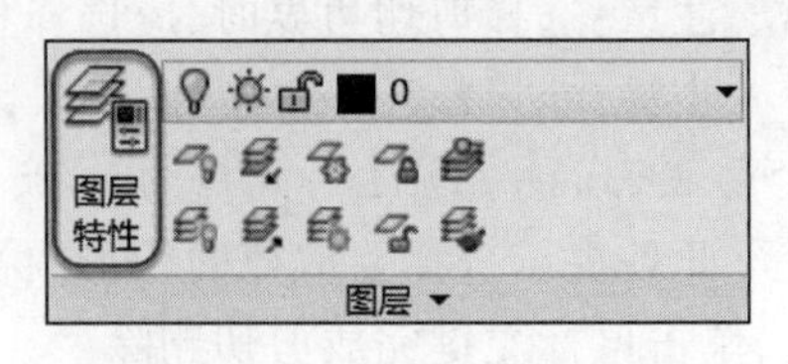

图 3－2　单击【图层特性】按钮

命令执行后,系统将弹出图 3－3 所示的【图层特性管理器】对话框(如果对话框中的内容显示不完整,读者可将鼠标移至其右下角进行拖动调整)。

在该对话框中，高亮显示的一行是 AutoCAD 中默认的当前图层，又称“0”层。也就是说，只要打开 AutoCAD，其中就包含了这个图层。从另一个角度理解：AutoCAD 为了方便用户绘图，在软件打开之际，自动为用户准备了一张图纸。

由于复杂图形的绘制中经常需要一些辅助线来帮助绘图。所以，我们经常保持“0”层的原状并在其上绘制辅助线。

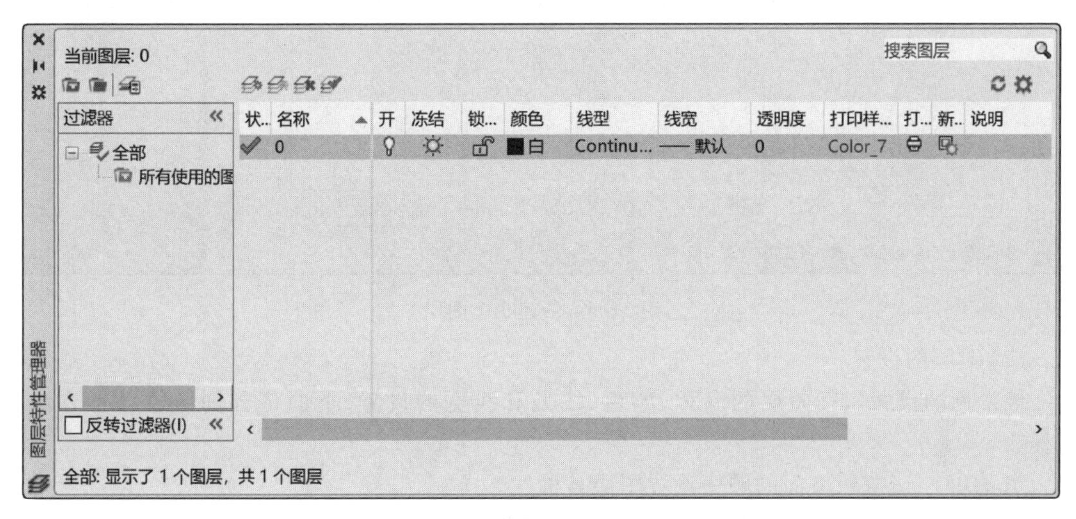

图 3－3　【图层特性管理器】对话框

步骤 02　如图 3－4 所示，单击【新建图层】按钮 3 次，创建 3 个新的图层，结果如图 3－5 所示。

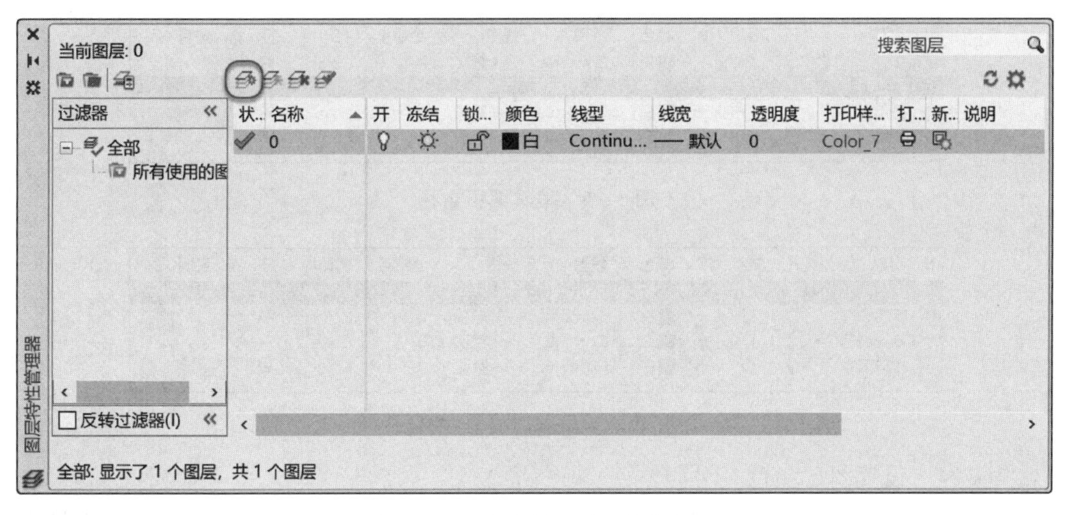

图 3－4　单击【新建图层】按钮

图层创建后，应完成图层特性的设置，包括图层的线型、线宽和颜色。也就是说，为了在某个图层上绘制蓝色、中粗的虚线，必须（考虑到对初学者养成良好的操作习惯，我们强烈建议这样做）将该图层的颜色、线型、线宽分别设置为蓝色、虚线和中等宽度。

下面是图层设置的具体过程。

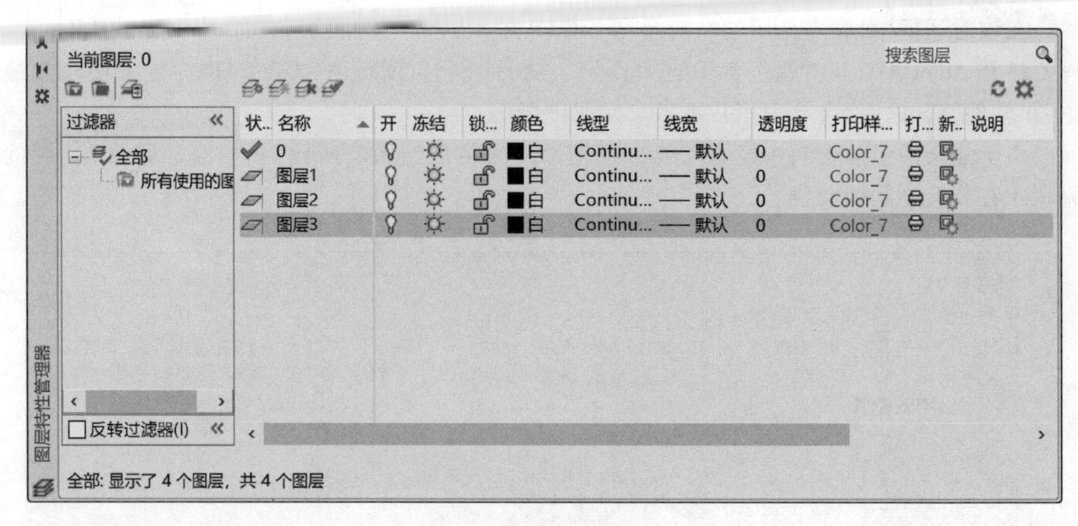

图3－5　新建3个图层

(2)图层的设置

最常见的设置包括图层的名称、颜色、线型和线宽的设置，下面将分别详述设置方法和过程。

步骤03　请按照下面的顺序设置图层名称：

- 将鼠标移至图层所在行并单击，则该行高亮显示；
- 如图3－6所示，用鼠标单击图层名称，重新键入图层名；
- 将鼠标移至对话框空白处单击，完成图层名称的修改。

重复图层名称的设置过程，完成新建图层名的修改，结果如图3－7所示。

图3－6　编辑图层名称

状..	名称	开	冻结	锁...	颜色	线型	线宽	透明度	打印样...	打...	新..	说明
	0				白	Continu...	—— 默认	0	Color_7			
	粗实线层				白	Continu...	—— 默认	0	Color_7			
	点画线层				白	Continu...	—— 默认	0	Color_7			
	虚线层				白	Continu...	—— 默认	0	Color_7			

图3－7　修改后的图层名称

步骤04　设置图层颜色。

将鼠标移至跟图层对应的“颜色”列小方块上并单击左键，弹出如图3－8所示的【颜色选择】对话框。在该对话框内选择目标颜色后单击【确定】按钮，完成设置。

请读者用相同的方法给3个新建的图层设置不同的颜色。

步骤05　设置图层线型。

为了正确表达工程图样，线型的设置非常关键。下面以虚线层线型的设置为例，说明其设置方法。

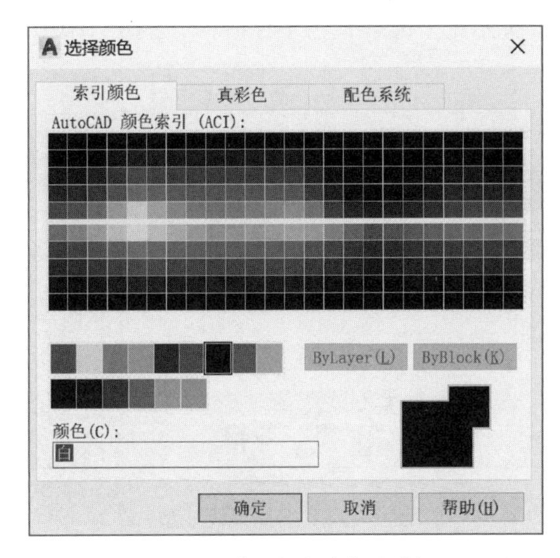

图 3－8　【选择颜色】对话框

• 如图 3－9 所示，将鼠标移至虚线层的“线型”列并单击线型名称，弹出如图 3－10 所示的【选择线型】对话框；

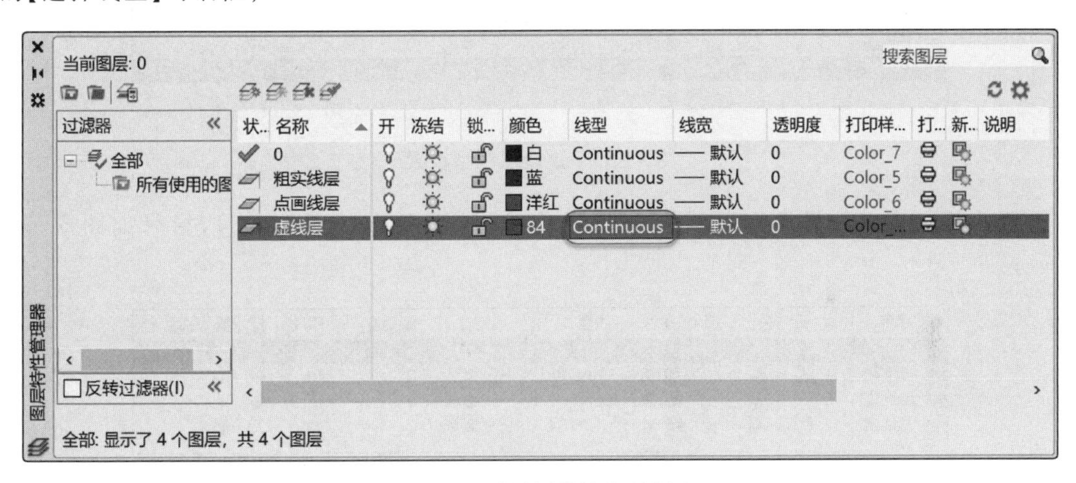

图 3－9　【图层特性】对话框

• 由于该对话框中没有虚线线型可选，所以单击【加载...】选项，弹出如图 3－11 所示的【加载或重载线型】对话框，从中选择线型名为“HIDDEN”的虚线线型并单击【确定】按钮；

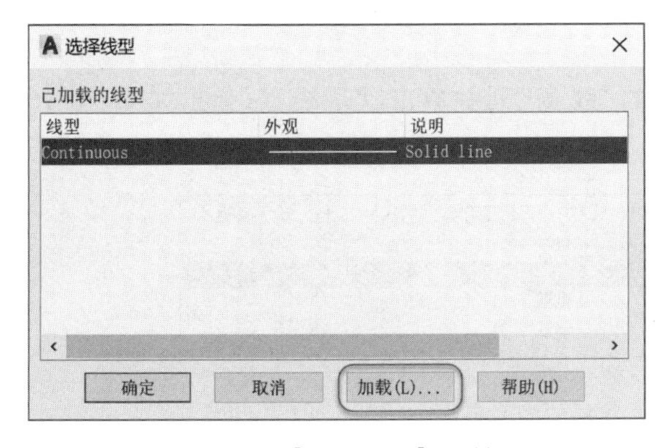

图 3－10　【选择线型】对话框

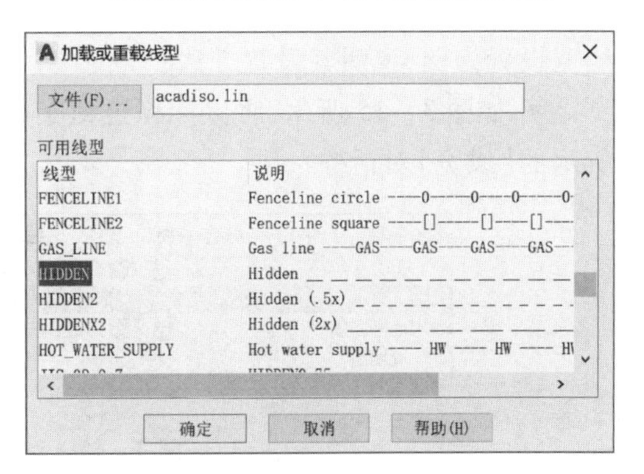

图 3－11　【加载或重载线型】对话框

• 而后回到图 3 - 12 所示的【选择线型】对话框，选择“HIDDEN” 线型并单击【确定】按钮；

选择线型
已加载的线型
线型
外观
说明
Continuous
Solid line
HIDDEN
Hidden
确定
取消
加载(L)...
帮助(H)

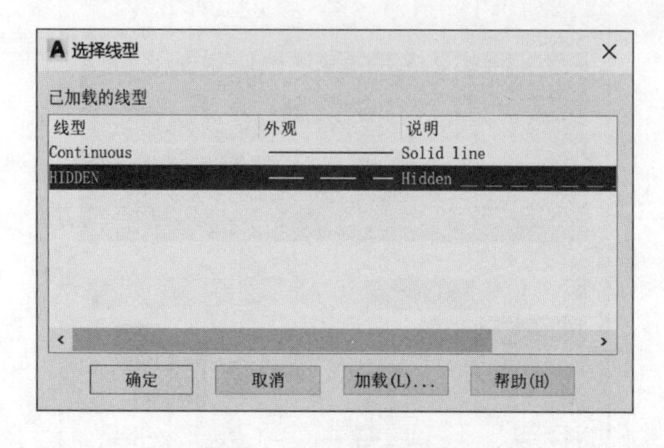

图 3 - 12　选择虚线线型

• 设置结果如图 3 - 13 所示。前后比较发现，虚线层的线型名称发生了变化。

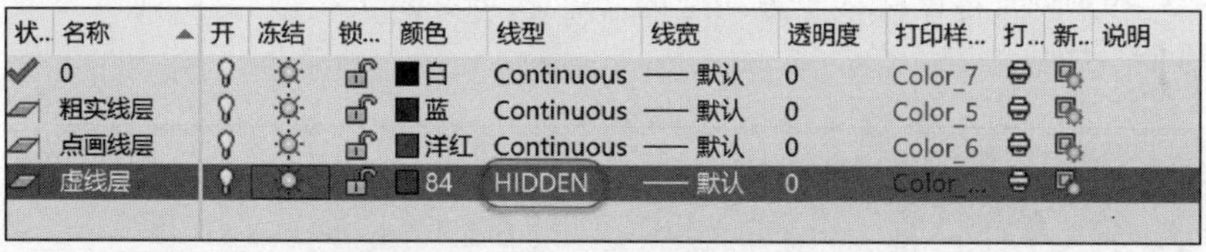

状.. 名称 开 冻结 锁... 颜色 线型 线宽 透明度 打印样... 打... 新.. 说明
0 白 Continuous 默认 0 Color_7
粗实线层 蓝 Continuous 默认 0 Color_5
点画线层 洋红 Continuous 默认 0 Color_6
虚线层 84 HIDDEN 默认 0 Color_...

图 3 - 13　虚线层线型设置

• 用相同的方法设置点画线层的线型(点画线线型选“CENTER”)，结果如图 3 - 14 所示。

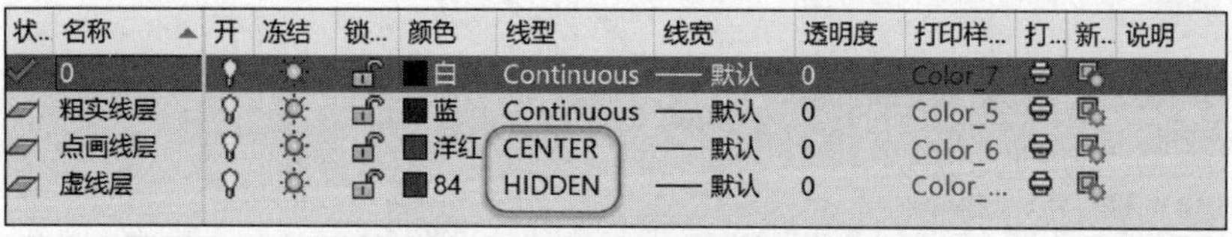

状.. 名称 开 冻结 锁... 颜色 线型 线宽 透明度 打印样... 打... 新.. 说明
0 白 Continuous 默认 0 Color_7
粗实线层 蓝 Continuous 默认 0 Color_5
点画线层 洋红 CENTER 默认 0 Color_6
虚线层 84 HIDDEN 默认 0 Color_...

图 3 - 14　所有图层线型设置

步骤 06　设置图层线宽。

工程图样中，可见的轮廓线用粗实线来表达，所以线宽设置非常必要。下面以粗实线层的线宽设置为例，说明其设置方法：

• 如图 3 - 15 所示，将鼠标移至粗实线层的“线宽”列并单击默认线宽，弹出如图 3 - 16 所示的【线宽】对话框；

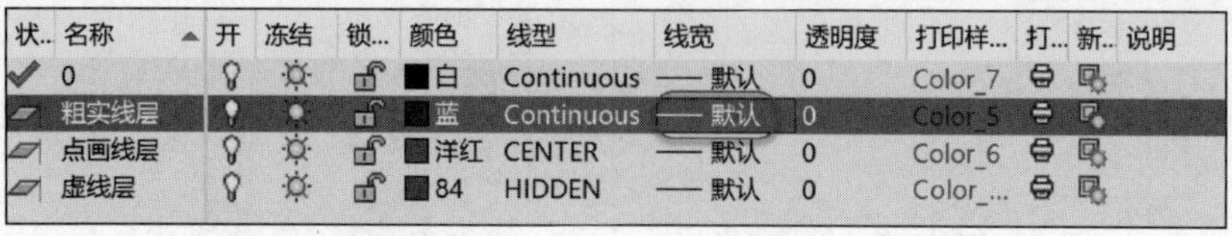

状.. 名称 开 冻结 锁... 颜色 线型 线宽 透明度 打印样... 打... 新.. 说明
0 白 Continuous 默认 0 Color_7
粗实线层 蓝 Continuous 默认 0 Color_5
点画线层 洋红 CENTER 默认 0 Color_6
虚线层 84 HIDDEN 默认 0 Color_...

图 3 - 15　选择粗实线层的线宽名称

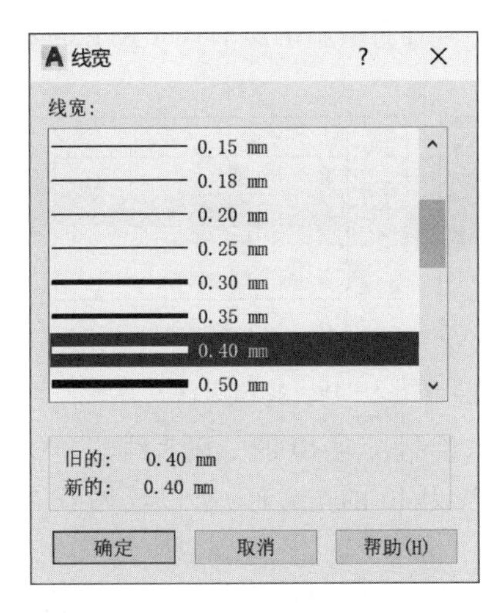

图 3－16　【线宽】对话框

- 在【线宽】对话框中,选择相应线宽并单击【确定】按钮;
- 粗实线层设置线宽后的结果如图 3－17 所示;
- 用同样的方法对虚线层进行设置,最终所有图层的设置情况如图 3－18 所示。

状..	名称	开	冻结	锁...	颜色	线型	线宽	透明度	打印样...	打...	新..	说明
	0				白	Continuous	默认	0	Color_7			
	粗实线层				蓝	Continuous	0.40...	0	Color_5			
	点画线层				洋红	Continuous	默认	0	Color_6			
	虚线层				84	HIDDEN	默认	0	Color_...			

图 3－17　粗实线层的线宽设置

状..	名称	开	冻结	锁...	颜色	线型	线宽	透明度	打印样...	打...	新..	说明
	0				白	Continuous	默认	0	Color_7			
	粗实线层				蓝	Continuous	0.40...	0	Color_5			
	点画线层				洋红	Continuous	默认	0	Color_6			
	虚线层				84	HIDDEN	0.30...	0	Color_...			

图 3－18　所有图层的线宽设置

到此为止,我们对新建图层的图名、线型、线宽和颜色分别进行了设置。按照预想,在粗实线层、虚线层、点画线层上绘制的图线分别是蓝色的粗实线、绿色中粗的虚线、洋红色细的点画线。

但是,在默认情况下,为了显示效率,AutoCAD 并没有显示图线的线宽。要在绘图中直观地看到线宽,必须开启线宽显示功能。

还有,当图形的尺寸太大或者太小,图层中预设的虚线、点画线等线型并不能正确显示。所以,为了正确表达图样,我们还需要解决这两个问题,下面是详细的设置过程。

(3)开启线宽显示

我们尝试在粗实线层上绘制一段直线,观察其线宽显示是否正确。

步骤 07　将粗实线层设置为当前层。

如图 3－19(a)所示,依次单击【默认】选项卡→【图层】面板→图层下拉列表,弹出图 3－19(b)所示的图层下拉列表,在该列表中选择【粗实线层】后,结果如图 3－19(c)所示。

将粗实线层设置为当前层,则后面绘制的所有图形对象都将出现在粗实线层上,且图线为蓝色的粗实线。

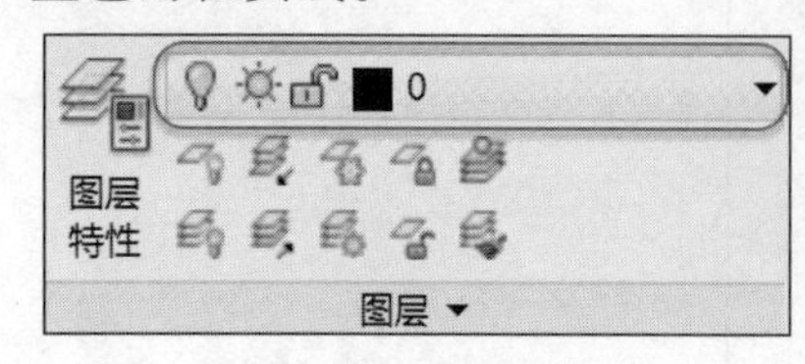

(a)选择图层下拉列表

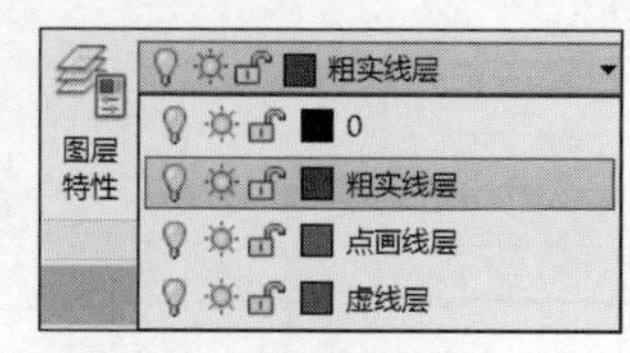

(b)选择粗实线层

(c)将粗实线层置为当前

图3-19 将图层置为当前

步骤08 如图3-20所示,绘制长为40的一段直线。

因为要绘制的二维图是边长为40的正方形,所以绘制长为40的一段直线方便观察和进行针对性的调整。

依据粗实线层的特性,该图层上绘制的图线应该是蓝色的粗实线。观察绘图区,该段直线的线宽并未正确显示。

图3-20 长为40的直线

步骤09 打开线宽显示。

如图3-21所示,将鼠标移至状态栏最右侧的【自定义】按钮上并单击,弹出如图3-21所示的自定义快捷菜单,选择【线宽】后将鼠标移至绘图区单击一次,退出快捷菜单。

图3-21 选择【线宽】

这时，在状态栏中出现了如图 3－22 所示的【显示/隐藏线宽】按钮，用鼠标单击一次，打开线宽显示。观察绘图区的直线，其宽度明显增大。

图 3－22　单击【显示/隐藏线宽】按钮

(4)调整线型比例

步骤 10　绘制不同类型的图线并观察线型显示是否正确。

将虚线层设置为当前层并绘制长为 40 的一段直线；用同样的方法将点画线层设置为当前层并绘制同样长度的直线段，结果如图 3－23 所示。

在图 3－23 中，从上到下分别为粗实线层、虚线层、点画线层上的直线。默认情况下，图层及其上图线的特性应该保持一致，所以这三条线应分别为粗实线、中粗虚线、细点画线。显然，最后一段直线的线型显示不正确。

下面通过调整线型比例，使最后的一段直线显示为点画线。方法如下：

步骤 11　为了便于观察和调整，用鼠标中键将图形放大到填满绘图区。

步骤 12　在命令行输入 Ltscale 并按【Enter】键，在后面的提示下输入 0.1 并按【Enter】键，结果如图 3－24 所示。

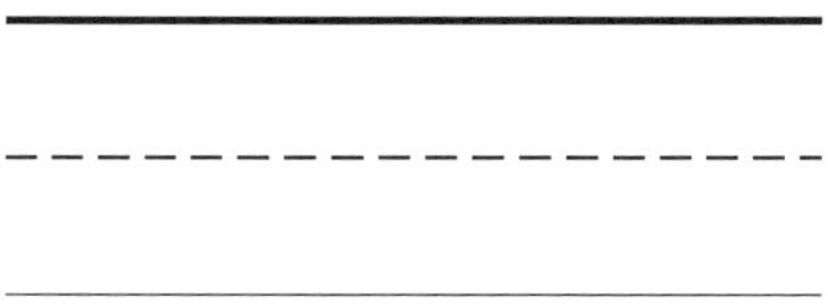

图 3－23　不同类型的图线

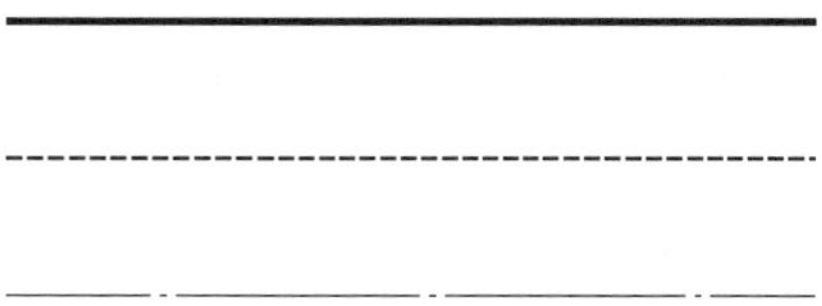

图 3－24　调整线型比例后的效果

此时，所有图线的线型显示均符合设置预期。

上面输入的线型比例因子 0.1 只是经验值。在具体绘图中，需要经过反复调整才能得到满意的结果。总的来说，线型比例因子越小，相同长度的虚线短划的重复将会越多。

到目前为止，我们真正完成了绘图前的准备工作。由于这些准备工作对绘图非常重要，所以请读者反复练习，并掌握设置方法。

(5)绘制二维图

图 3－1 的尺寸非常规整，每个顶点刚好位于二维栅格线上。所以，利用栅格和捕捉功能，将大大提高绘图效率。

步骤 13　设置栅格和捕捉间距，并打开【栅格】和【捕捉】功能。

如图 3－25 所示，在状态栏中右击【显示图形栅格】并选择快捷菜单【网格设置…】，弹出图3－26所示的对话框，在该对话框中将栅格和捕捉间距均设为 5，然后单击【确定】按钮，关闭对话框。

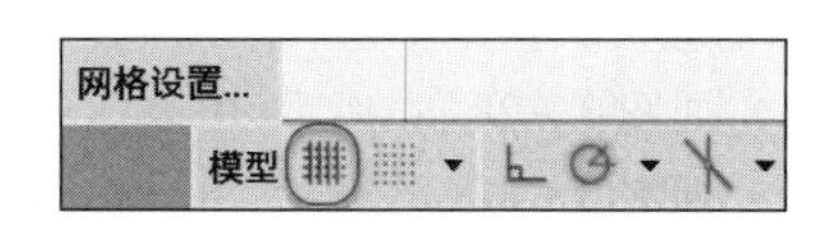

图 3－25　选择【网格设置...】

最后，在状态栏中分别单击【显示图形栅格】和【捕捉模式】按钮，打开栅格和捕捉功能。

绘图时，只需恰当地切换图层、捕捉栅格点并绘制直线即可。

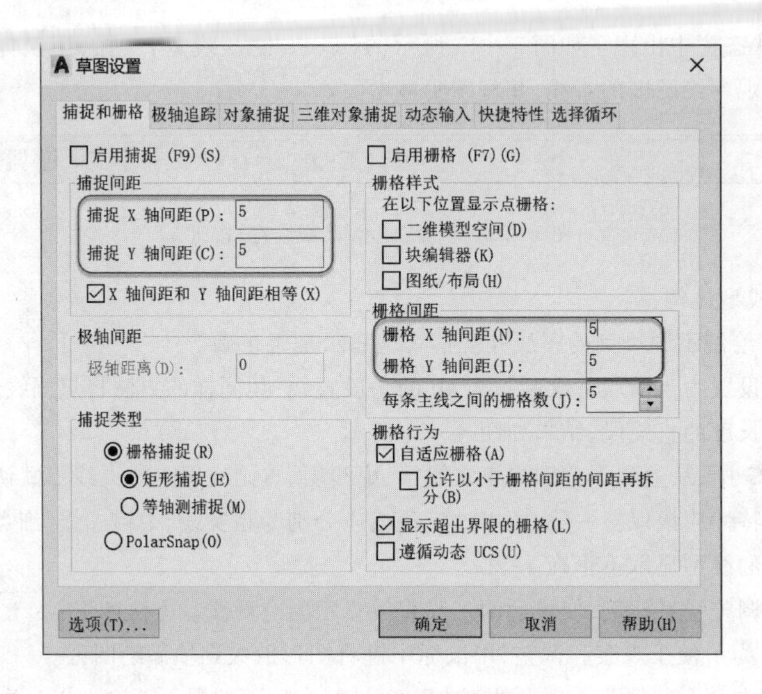

图 3－26　设置栅格和捕捉间距

步骤 14　将粗实线层设置为当前层，如图 3－27(a)所示，绘制所有的粗实线；然后将当前图层切换为虚线层，绘制所有的虚线，结果如图 3－27(b)所示；最后将点画线层置为当前，补画所有点画线，如图 3－27(c)所示。

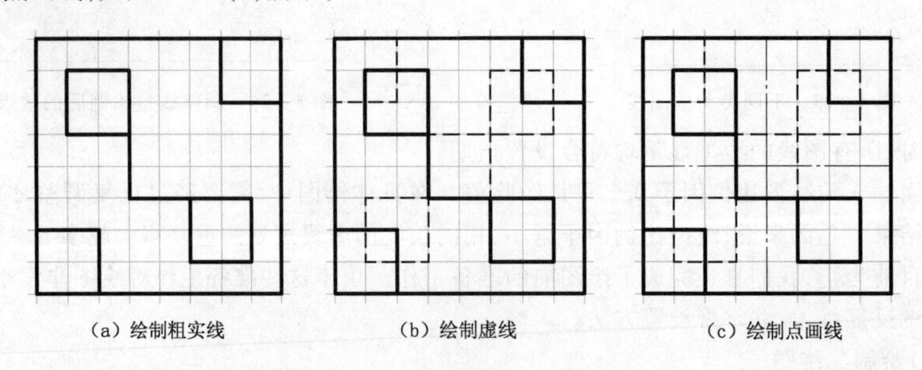

(a) 绘制粗实线　　(b) 绘制虚线　　(c) 绘制点画线

图 3－27　绘制二维图

步骤 15　调整点画线的长度。

绘制工程图样时，要求点画线超出图形轮廓 2～3mm。为了方便调整，请先打开【正交】模式，然后利用夹点编辑模式来调整点画线的长度。下面是详细的做法：

- 如图 3－28(a)所示，用鼠标单击水平点画线，出现了 3 个蓝色的夹点；
- 如图 3－28(b)所示，将鼠标移至左侧夹点上单击并向左移动鼠标，当直线发生向左的长度变化时，输入 2 并按【Enter】键，结果如图 3－28(c)所示；
- 按下 ESC 键，退出夹点编辑模式；
- 用同样的方法完成其余部分的调整。

到此为止，图形绘制完毕。

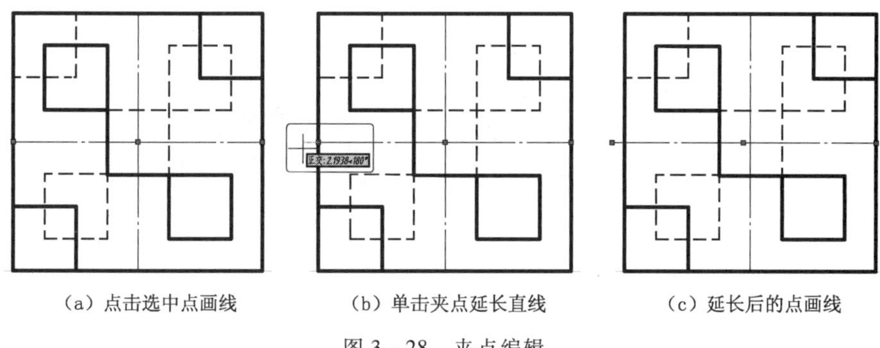

（a）点击选中点画线　　（b）单击夹点延长直线　　（c）延长后的点画线

图 3 - 28　夹点编辑

从这个例子中，读者体会到了图层在线型表达上的方便之处。除此之外，图层还能控制显示图形对象，方便进一步编辑和修改。如图 3 - 29 所示，通过图中 3 列图标，还能对图层实施开/关、冻结/解冻、锁定/解锁操作。

- 开/关：图层打开时，图层上的对象可见；图层关闭时，图层上的对象不可见。
- 冻结/解冻：类似于图层关闭和打开。但是，在处理具有大量图层的图形时，冻结不需要的图层可以提高图形显示和重新生成的速度。
- 锁定/解锁：锁定选定图层来防止这些图层上的图形对象被意外修改。

请读者结合上例尝试相关操作。

状..	名称	开	冻结	锁定	颜色	线型	线宽	透明度	打印样...	打...	新..	说
✓	0				白	Continuous	—— 默认	0	Color_7			
	粗实线层				蓝	Continuous	—— 0.40...	0	Color_5			
	点画线层				洋红	CENTER	—— 默认	0	Color_6			
	虚线层				84	HIDDEN	—— 0.30...	0	Color_...			

图 3 - 29　图层管理

3.2　常见的绘图和修改命令

下面是平面图绘制中常用的二维绘图和修改命令。

1. 复制

AutoCAD 中，经常利用【复制】命令绘制形状和大小相同的图形对象。

【例题 1】绘制图 3 - 30 所示宽、高相等的长方体的二投影图。

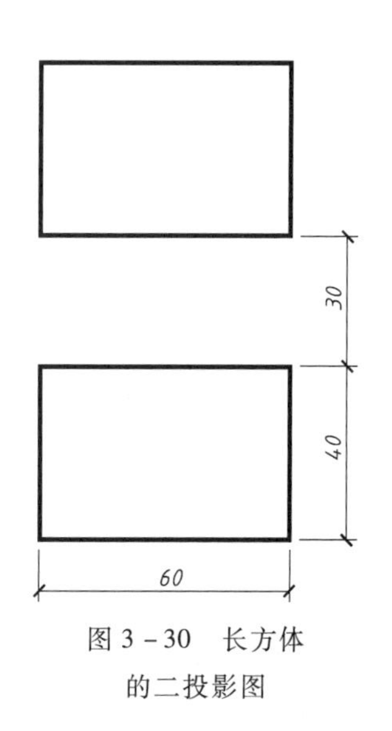

图 3 - 30　长方体的二投影图

【绘图步骤】

步骤 01　打开【正交】模式，执行【直线】命令，绘制位于下方的长方体的水平投影；

下面利用【复制】命令绘制长方体的正面投影，具体操作如下。

步骤 02　用下列方法之一执行【复制】命令：

- 依次单击【默认】选项卡→【修改】面板→【复制】按钮，

如图 3－31 所示；

- 在命令行输入“Copy”并按【Enter】键。

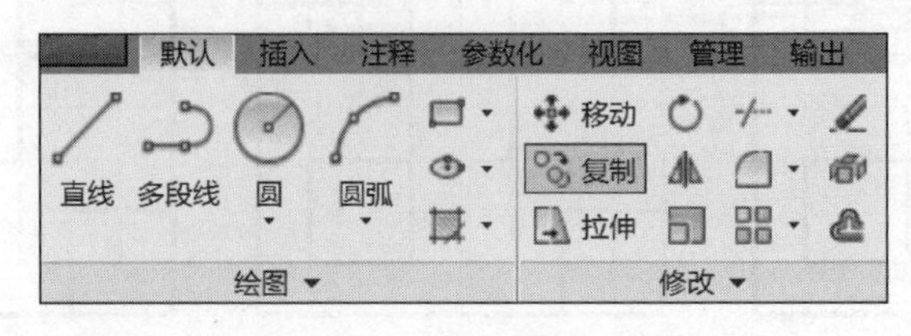

图 3－31　单击【复制】按钮

步骤 03　选择对象：

在该提示下，如图 3－32(a) 所示，用窗口方式选择已绘制的长方形并按【Enter】键。

步骤 04　指定基点或 [位移(D)/模式(O)] <位移>：

如图 3－32(b) 所示，用鼠标单击长方形的右下角顶点。

注意：理论上，复制的基准点可任意指定。但在实际绘图中，为了能快速确定并输入目标对象的位置，一般会选择便于位置控制的点作为基准点。

步骤 05　指定第二个点或 [阵列(A)] <使用第一个点作为位移>：

如图 3－32(c) 所示，向上移动鼠标给出正确的复制方向后，在命令行输入 70，然后按【Enter】键两次。

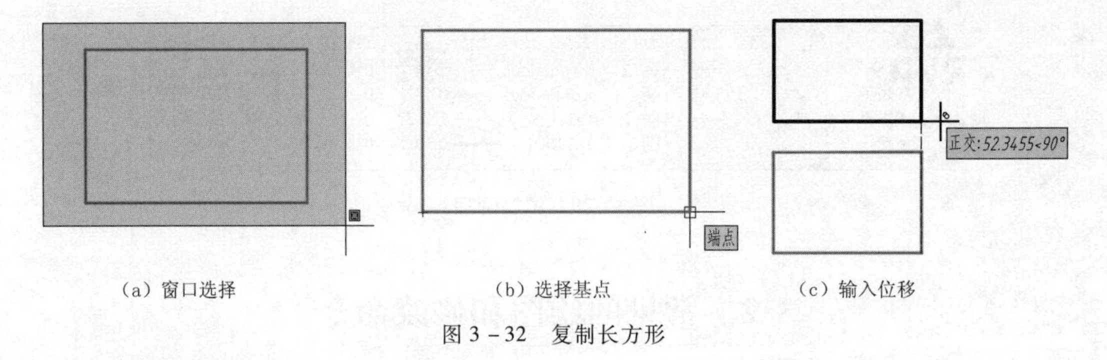

(a) 窗口选择　(b) 选择基点　(c) 输入位移

图 3－32　复制长方形

2. 极轴追踪

极轴追踪常用于绘制倾斜一定角度的直线。

【例题 2】绘制图 3－33 所示的半圆形二维图。

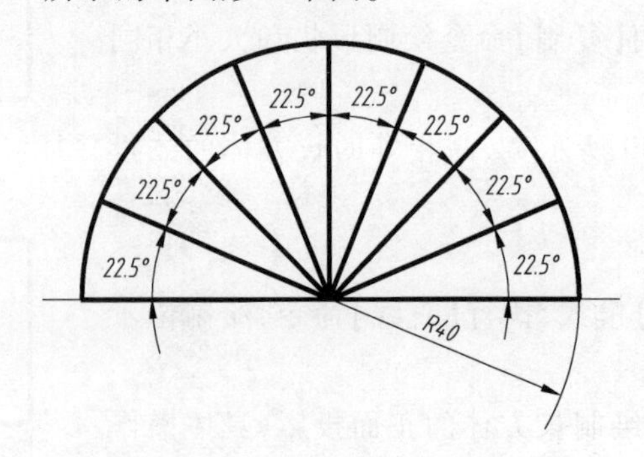

图 3－33　半圆形二维图

【绘图步骤】

步骤 01　首先在绘图区的任意位置绘制半径为 40 的圆。

步骤 02　打开【正交】和【对象捕捉】，执行【直线】命令，捕捉圆心并绘制一条水平线。

步骤 03　用夹点编辑方式调整上一步绘制的直线长度，结果如图 3－34 所示。

由图 3－33 可知，应该保留上半圆，删除下半圆。接着用【修剪】命令删除下半圆，步骤如下：

步骤 04　在命令行输入 Trim 并按【Enter】键。

步骤 05　选择剪切边... 选择对象或 <全部选择>:

选择直线并按【Enter】键。

步骤 06　选择要修剪的对象，或按住 Shift 键选择要延伸的对象，或 [栏选(F)/窗交(C)/投影(P)/边(E)/删除(R)/放弃(U)]:

将鼠标移至直线下面的半圆弧上并单击，完成剪切删除，结果如图 3－35 所示。

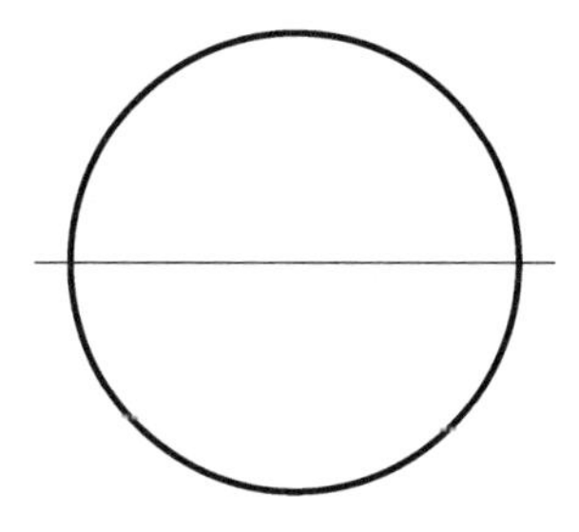

图 3－34　绘制圆和直线

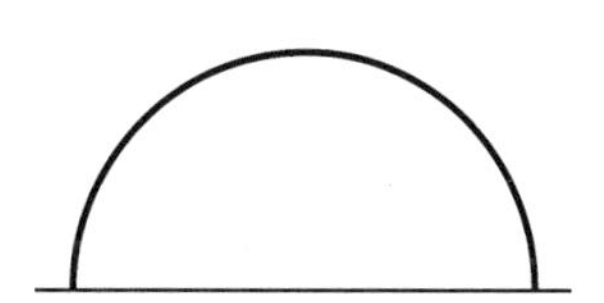

图 3－35　剪切后的图形

最后利用【极轴追踪】绘制相互之间夹角均为 22.5°的系列直线，详细步骤如下：

步骤 07　如图 3－36 所示，将鼠标移至状态栏的【极轴追踪】按钮上并单击右键，弹出图 3－37所示的快捷菜单，然后选择【正在追踪设置...】选项。

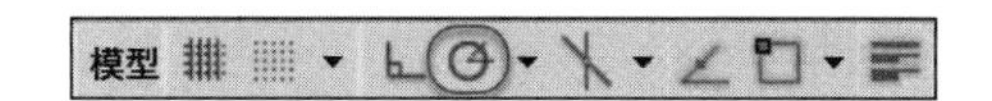

图 3－36　右击【极轴追踪】按钮

步骤 08　如图 3－38 所示，在弹出的对话框中，打开【增量角】的下拉列表并选择 22.5°，然后单击【确定】按钮并关闭对话框。

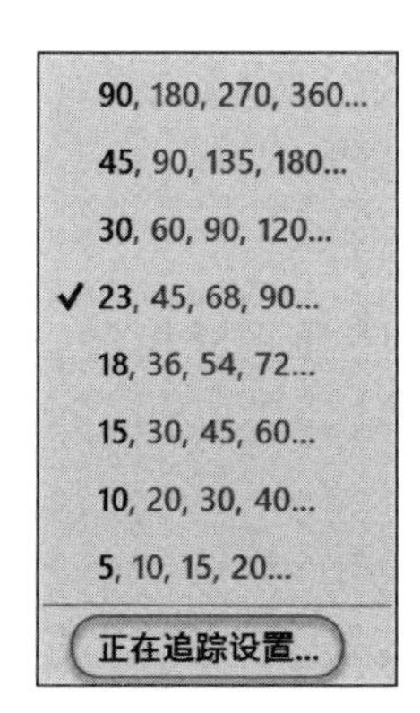

图 3－37　选择【正在追踪设置...】选项

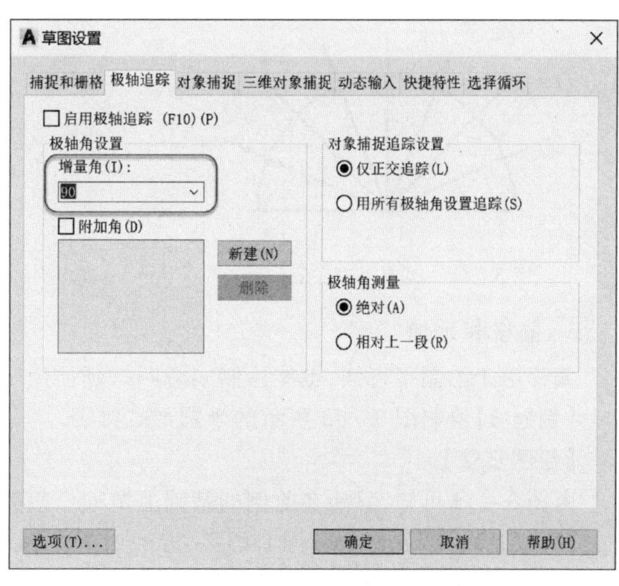

图 3－38　【草图设置】对话框

步骤09　再次回到状态栏中,用鼠标左键单击【极轴追踪】选项,使其图标变为蓝色。

设置极轴追踪的角度并打开【极轴追踪】功能后,绘制直线时,随着鼠标的移动,AutoCAD将实时追踪倾斜22.5°整数倍的直线,大大方便了用户的输入。

步骤10　执行【直线】命令,捕捉圆心作为第一个端点,然后移动鼠标,直到出现图3-39所示的追踪路径时,单击鼠标左键完成直线绘制。

步骤11　反复执行【直线】命令,利用极轴追踪绘制右侧斜线,如图3-40所示。

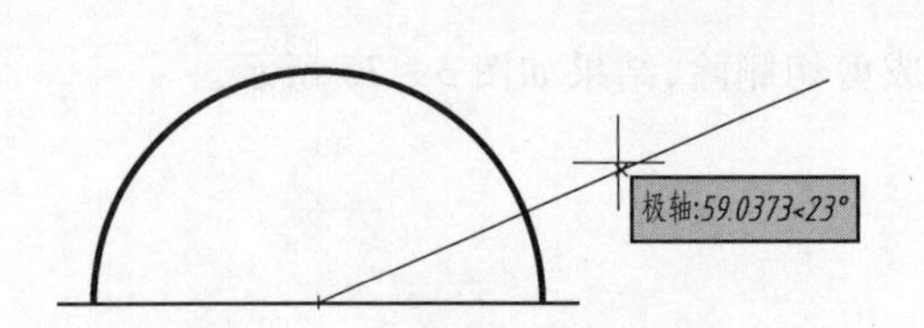

图3-39　用极轴追踪绘制直线

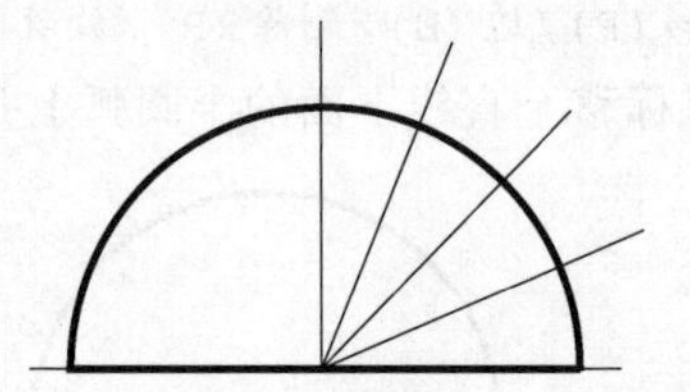

图3-40　用极轴追踪绘制其他倾斜直线

步骤12　执行【镜像】命令绘制左侧斜线,结果如图3-41所示。

目前为止,基本完成了二维图的绘制。最后,利用【修剪】命令将圆弧以外的直线剪切删除。

步骤13　在命令行输入Trim并按【Enter】键。

步骤14　选择剪切边... 选择对象或 <全部选择>:

选择圆弧并按【Enter】键。

步骤15　选择要修剪的对象,或按住 Shift 键选择要延伸的对象,或[栏选(F)/窗交(C)/投影(P)/边(E)/删除(R)/放弃(U)]:

输入F并按【Enter】键。

步骤16　指定第一个栏选点或拾取/拖动光标:

如图3-42所示,按下鼠标左键并移动,使鼠标移动的轨迹线和要删除的所有线段相交。选择完毕后按【Enter】键,完成图形修剪。

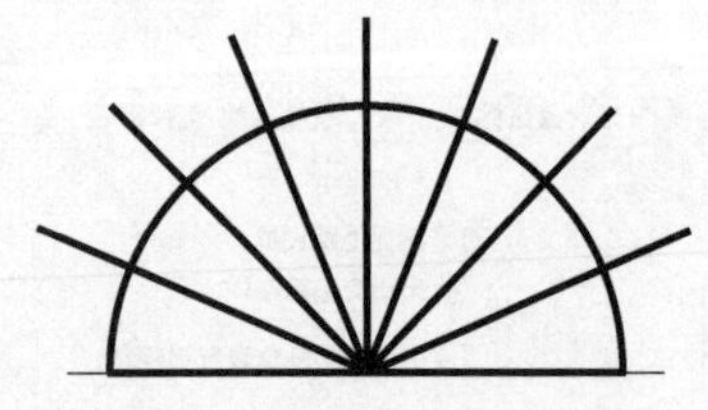

图3-41　镜像生成左侧图线

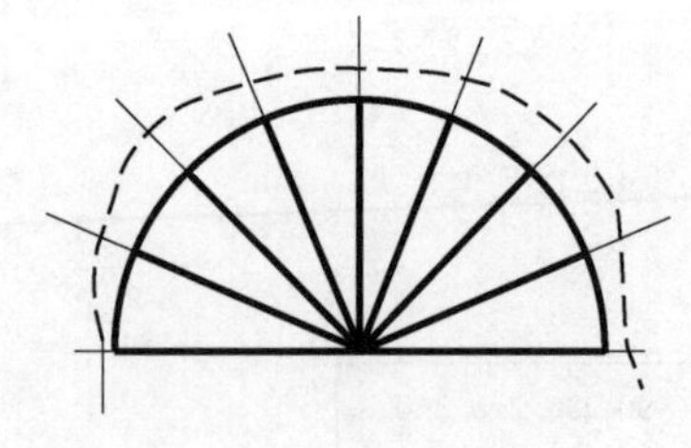

图3-42　多余的图线

3. 偏移和延伸

偏移用于绘制平行线,也能绘制同心圆。延伸用于将图线延长到和目标图线相交。

【例题3】绘制图3-43所示的半圆形二维图。

【绘图步骤】

由图3-43可知,只要在前例的基础上增加一些图线就能完成对该图的表达。

首先用【偏移】命令绘制同心圆弧,方法如下:

步骤01　用下列方法之一执行【偏移】命令:

- 依次单击【默认】选项卡→【修改】面板→【偏移】按钮,如图3-44所示;

- 在命令行输入 Offset 并按【Enter】键。

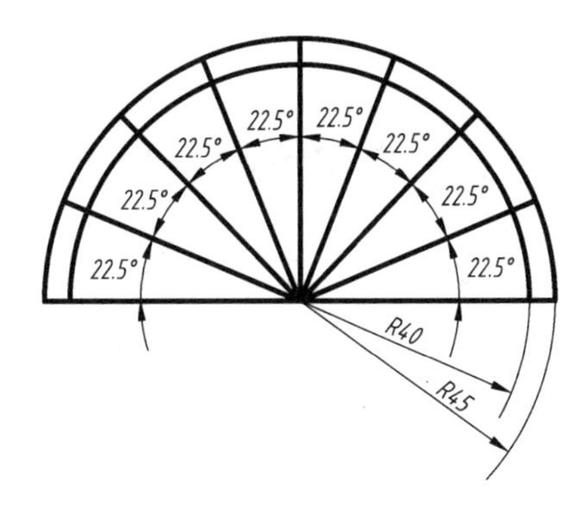

图 3－43　半圆形二维图

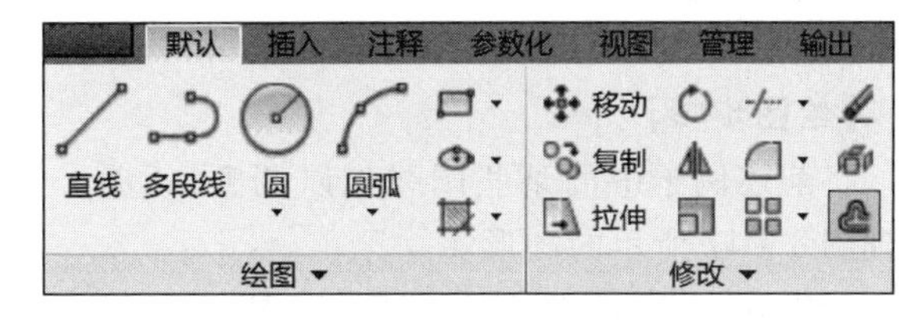

图 3－44　单击【偏移】按钮

步骤 02　指定偏移距离或 [通过(T)/删除(E)/图层(L)]：

输入同心圆弧之间的距离 5 并按【Enter】键。

步骤 03　指选择要偏移的对象,或 [退出(E)/放弃(U)] <退出>：

将鼠标移至圆弧上并单击。

步骤 04　指定要偏移的那一侧上的点,或 [退出(E)/多个(M)/放弃(U)] <退出>：

向圆弧外移动鼠标,当出现要绘制的圆弧时,单击鼠标左键进行确认。最后按【Enter】键退出命令,结果如图 3－45(a)所示。

最后,利用【延伸】命令将圆周内的径向直线向外侧圆弧延伸即可。

步骤 05　用下列方法之一执行【延伸】命令：

- 依次单击【默认】选项卡→【修改】面板→【延伸】按钮,如图 3－45(b)所示；
- 在命令行输入 Extend 并按【Enter】键。

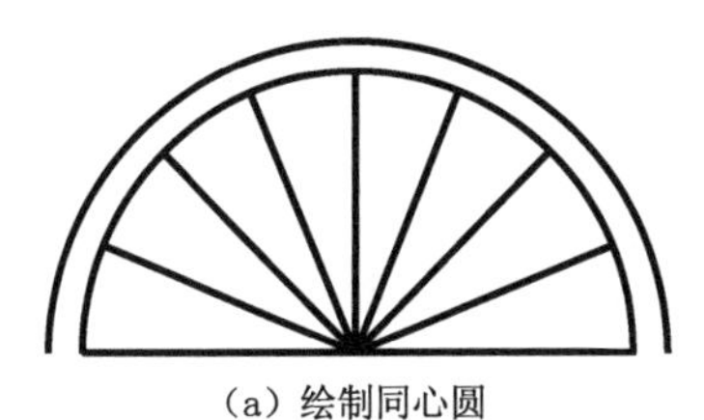

(a) 绘制同心圆

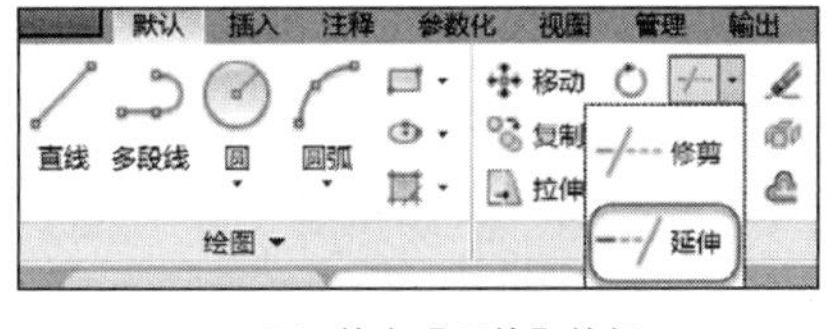

(b) 单击【延伸】按钮

图 3－45　绘制同心圆并延伸直线

步骤 06　选择边界的边... 选择对象或 <全部选择>：

因为要将直线延伸到和外侧圆弧相交,所以在该提示下,用鼠标单击外侧圆弧,作为延伸到的边界线。

步骤 07　选择要延伸的对象,或按住 Shift 键选择要修剪的对象,或 [栏选(F)/窗交(C)/投影(P)/边(E)/放弃(U)]：

输入 F 并按【Enter】键。

步骤 08　指定第一个栏选点或拾取/拖动光标：

如图 3－46 所示,按下鼠标左键并移动,使鼠标移动

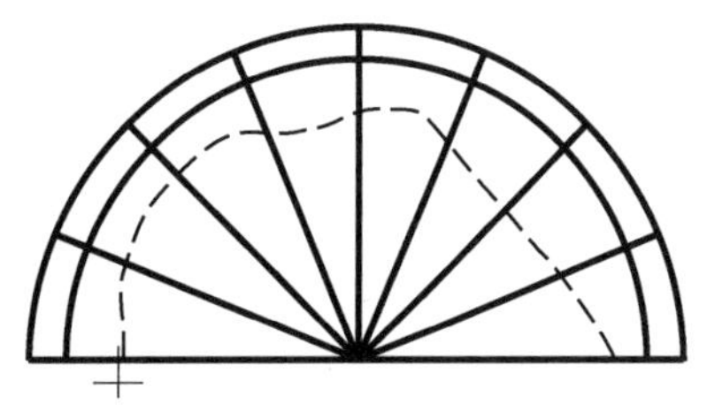

图 3－46　延伸图线

的轨迹线和要延长的所有线段相交。直线延伸后按【Enter】键,完成二维图的绘制。

4. 特性修改

用户可通过特性面板来控制或改变图形对象的几何尺寸和显示特征。

【例题4】绘制图3-47所示的半圆形二维图。

【绘图步骤】

将前述例子中的某些图线加以调整,就能得到图3-47所示的图形。

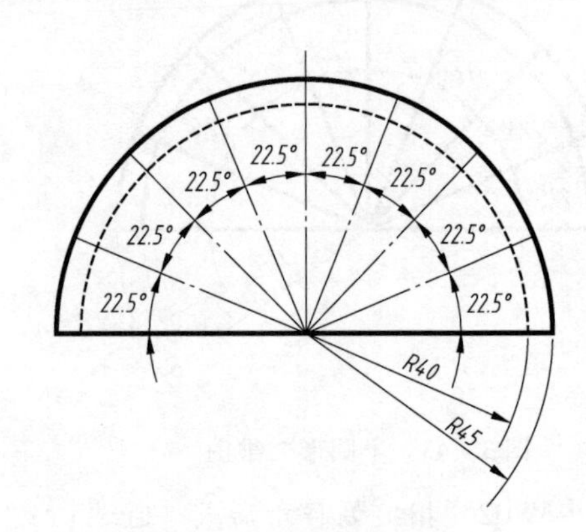

图3-47 半圆形二维图

步骤01 鼠标单击内侧圆弧,然后选择图3-48所示【特性】面板上的【线型】下拉列表。

步骤02 下拉列表展开后如图3-49所示。由于该列表中并未出现虚线线型,所以单击【其他...】选项。

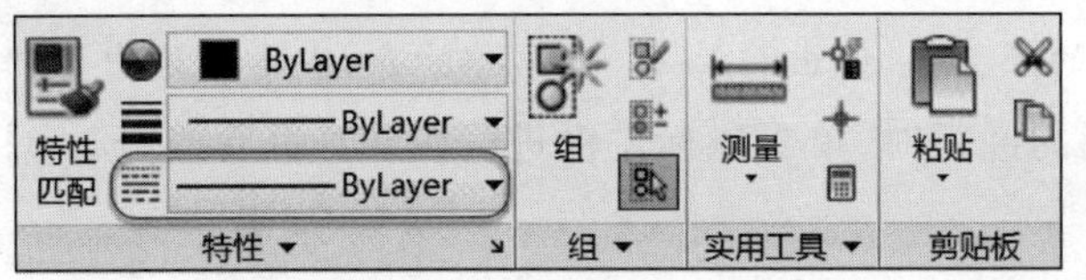

图3-48 单击【线型】下拉列表

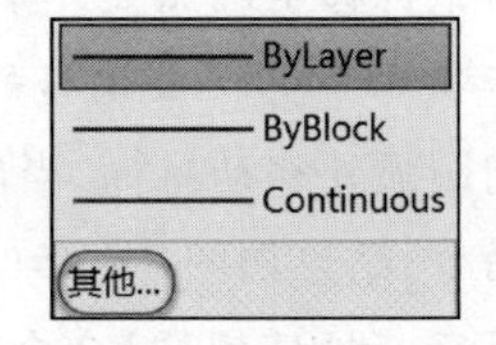

图3-49 线型下拉列表

步骤03 在弹出的图3-50所示的【线型管理器】对话框中,单击【加载...】按钮。

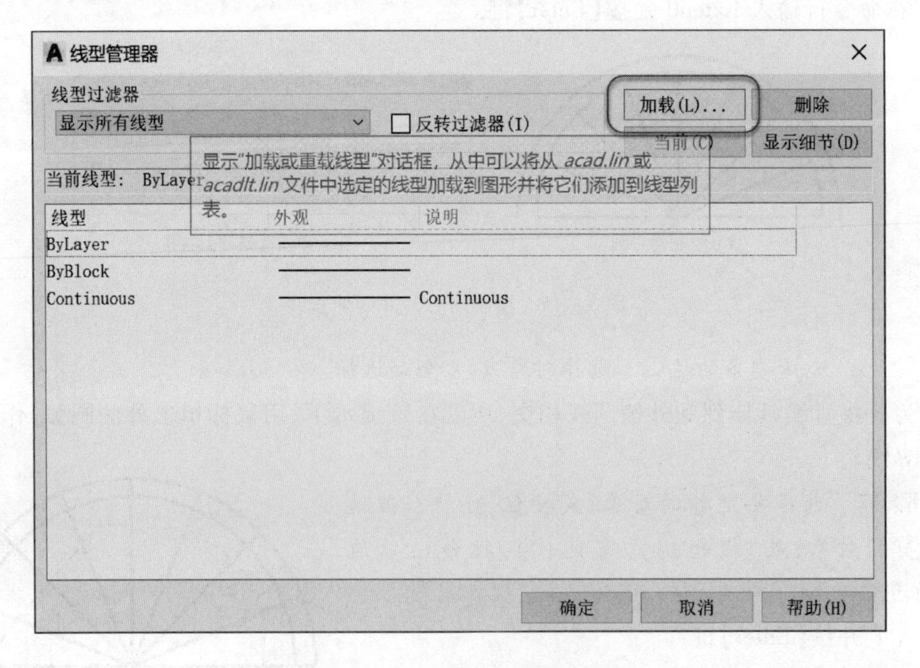

图3-50 【线型管理器】对话框

步骤 04　在图 3－51 所示的【加载或重载线型】对话框中，选择“HIDDEN”“Center”线型并单击【确定】按钮，完成线型加载。

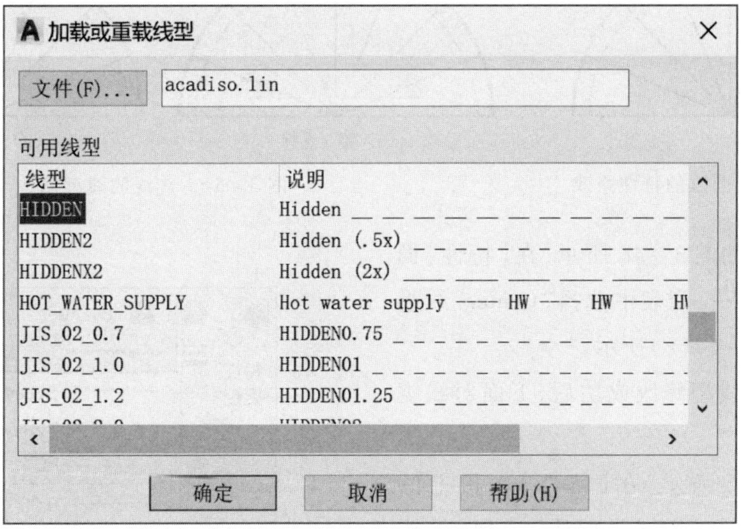

图 3－51　【加载或重载线型】对话框

步骤 05　再次回到图 3－52 所示的【线型管理器】对话框，选择“HIDDEN”线型并单击【确定】按钮，则内侧圆弧变为虚线，如图 3－53 所示。

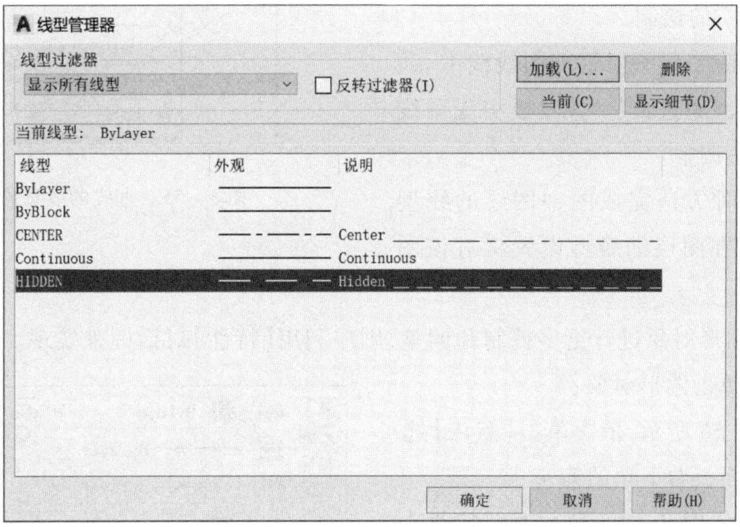

图 3－52　【线型管理器】对话框

注意：如果特性修改后，圆弧仍为实线，则应调整线型比例因子。

下面用类似的方法将圆弧内部的直线修改为细点画线。

步骤 06　如图 3－54(a)所示，用窗交方式选择圆弧内部的直线。

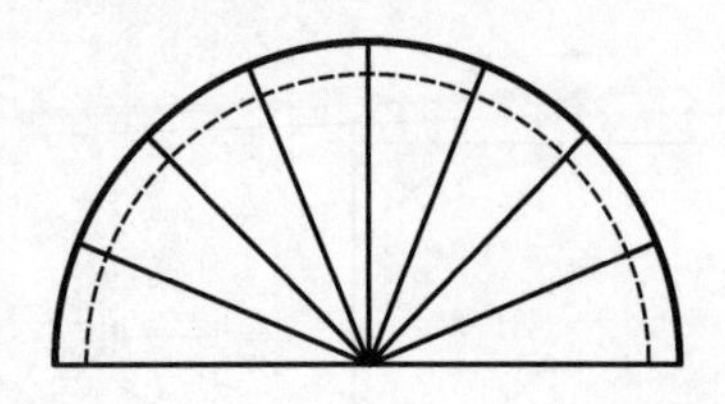

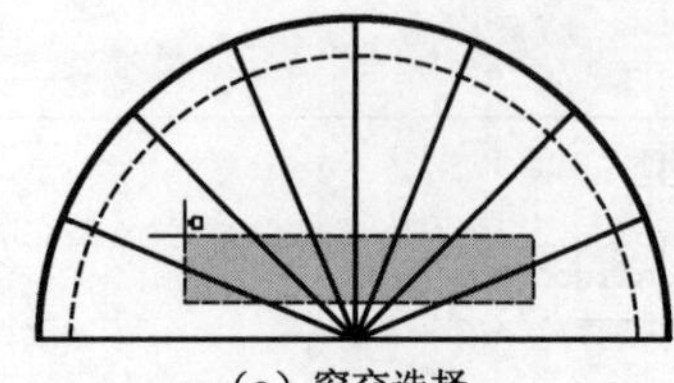

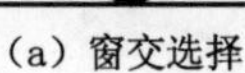

(a) 窗交选择

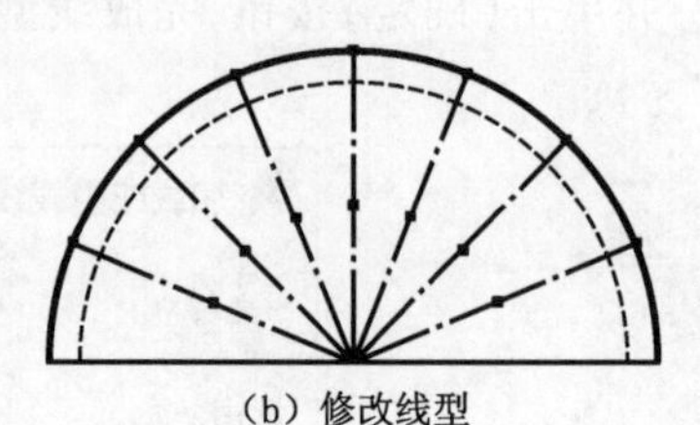

(b) 修改线型

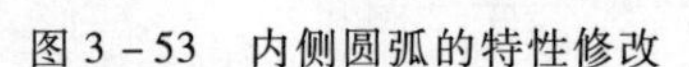

图 3－53　内侧圆弧的特性修改

图 3－54　直线的线型修改

步骤 07　如图 3－48 所示，在【特性】面板上的【线型】下拉列表中选择“Center”线型后，结果如图 3－54(b)所示。

步骤 08　线型修改成功后，下面对线宽加以调整。

如图 3－55 所示，在【特性】面板上的【线宽】下拉列表中选择“默认”选项，将线宽改为细线，然后按下 Esc 键退出编辑模式。

步骤 09　利用夹点编辑的方法调整竖向点画线的长度，使其超出图形轮廓 2～3mm，完成二维图的绘制。

由此可见，除了用图层管理图线线型、线宽和颜色外，还能通过【特性】面板实现图线显示特性的快速调整。

注意：用这种方法完成图中图线的线型调整后，图线所在图层的线型设置将对该图线失效。

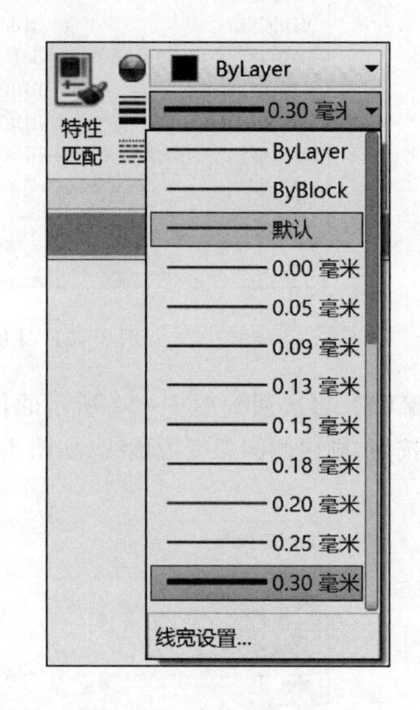

图 3－55　直线的线宽修改

如果要对图形对象进行更多控制和调整，则应利用【特性】对话框来实现。方法如下：

- 用鼠标单击图形对象；
- 如图 3－56 所示，依次单击【默认】选项卡→【特性】面板右下角的箭头；
- 在弹出的图 3－57 所示的【特性】对话框中，可以修改其颜色、图层、线型等多种特性；
- 修改完成后，关闭对话框。

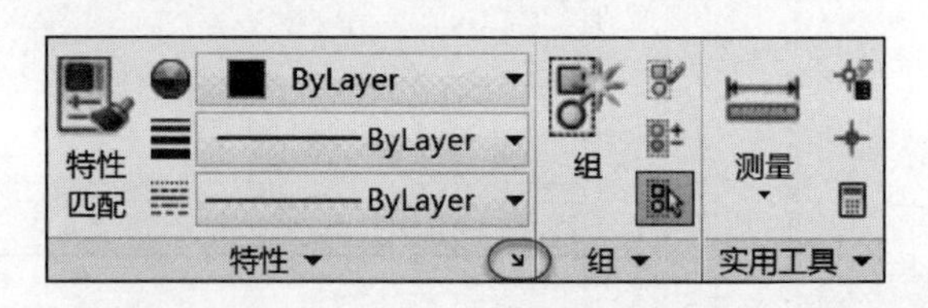

图 3－56　单击【特性】面板右下角的箭头

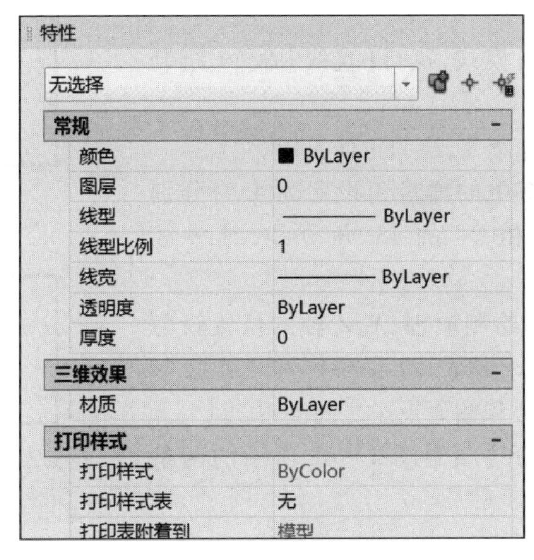

图 3－57　【特性】对话框

5. **特性匹配**

本质上，特性匹配属于特性修改。不过该方法在使用上非常便捷，所以单独列出，方便读者查阅。

【**例题 5**】如图 3－58 所示，将圆弧内的粗实线改成细点画线。

【**绘图步骤**】

步骤 01　如图 3－59 所示，依次单击【默认】选项卡→【特性】面板→【特性匹配】按钮。

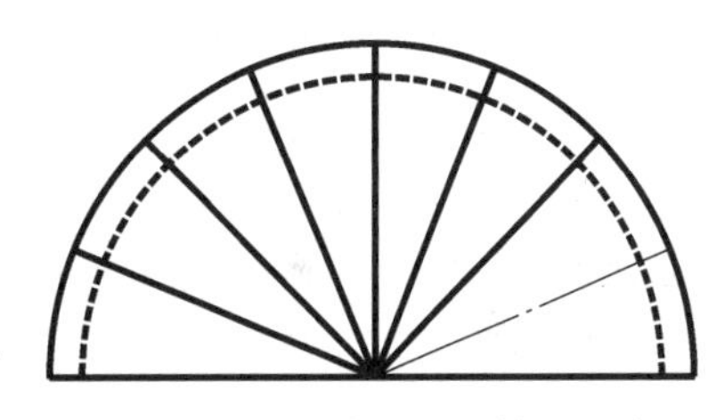

图 3－58　用特性匹配修改图线

步骤 02　选择源对象：

在此提示下，用鼠标单击选择右侧的点画线。系统将以该段直线为准，把后面选择的目标对象的颜色、线型等统一到该直线上。

步骤 03　选择目标对象或 [设置(S)]：

如图 3－60 所示，用窗交的方式选择要改变的图形对象并按【Enter】键。

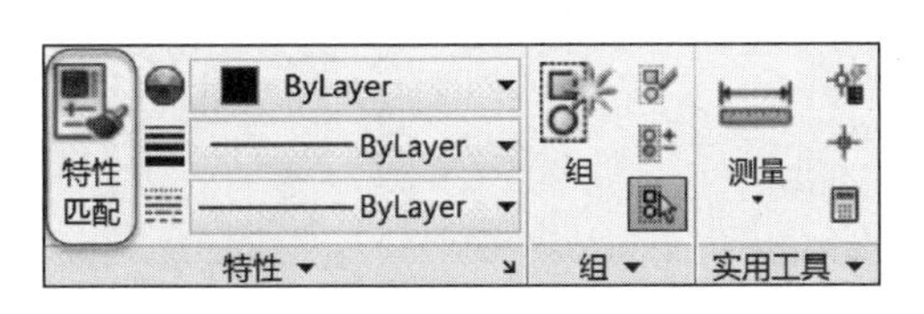

图 3－59　单击【特性匹配】按钮

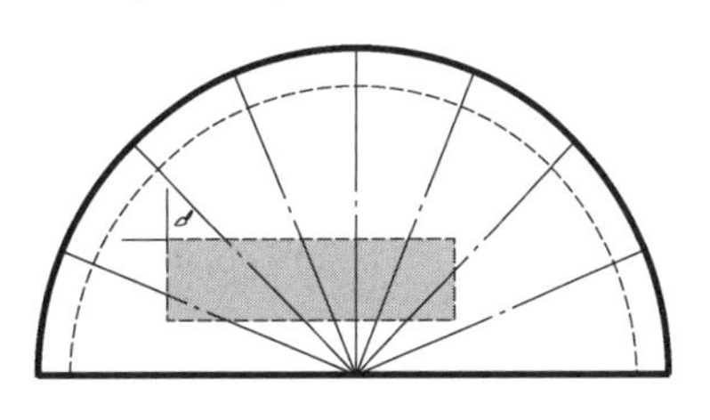

图 3－60　窗交选择

6. **对象捕捉追踪**

对象捕捉追踪可让用户沿着基于对象捕捉点的对齐路径进行追踪。也就是说，首先移动鼠标至对象的特征点并稍作停留，然后沿着出现的对齐路径进行追踪输入。

【**例题 6**】如图 3－61 所示，已知宽、高相等的长方体的两个投影，按照“长对正、高平齐、宽相等”投影规律绘制其侧面投影。

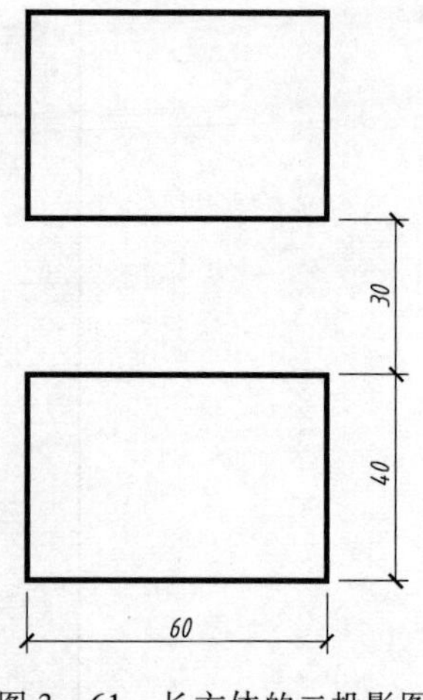

图 3－61 长方体的二投影图

【作图步骤】

步骤 01 打开【正交】模式，执行【直线】命令，绘制水平投影。

步骤 02 执行【复制】命令，绘制正面投影。

步骤 03 将极轴追踪中的增量角设置为 45°，分别绘制 X、Z 轴和用于“宽相等”的 45° 角分线，结果如图 3－62所示。

根据组合体投影图的绘制原理，X、Z 轴的位置较为灵活。简单地讲，只要将 X 轴置于水平投影和正面投影之间，将 Z 轴置于正面投影和侧面投影之间即可。

步骤 04 利用“高平齐”绘制图 3－63 所示的两条辅助线；

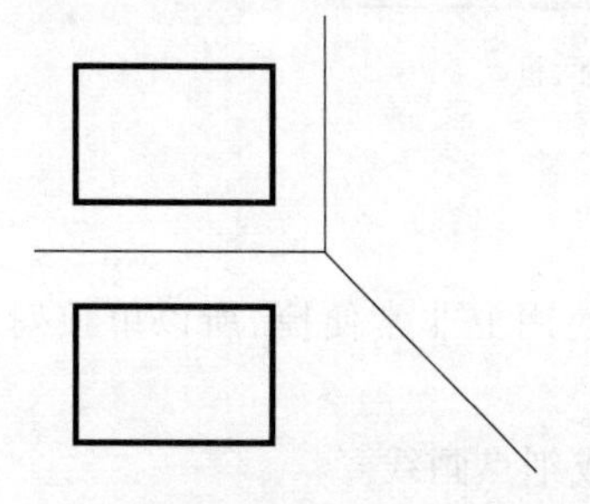

图 3－62 绘制 X、Z 轴和 45°角分线

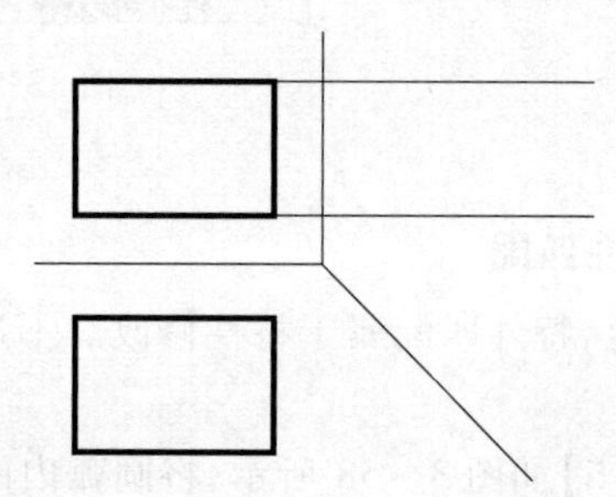

图 3－63 利用“高平齐”绘制直线

接着打开对象捕捉追踪，按照“宽相等”的规律绘制其他必要的辅助线。

步骤 05 用鼠标右键单击状态栏中的【对象捕捉】按钮，在弹出的快捷菜单中选择【对象捕捉设置...】，之后将弹出图 3－64 所示的【草图设置】对话框。勾选【启用对象捕捉追踪】并单击【确定】按钮，关闭该对话框，开启对象捕捉追踪功能。

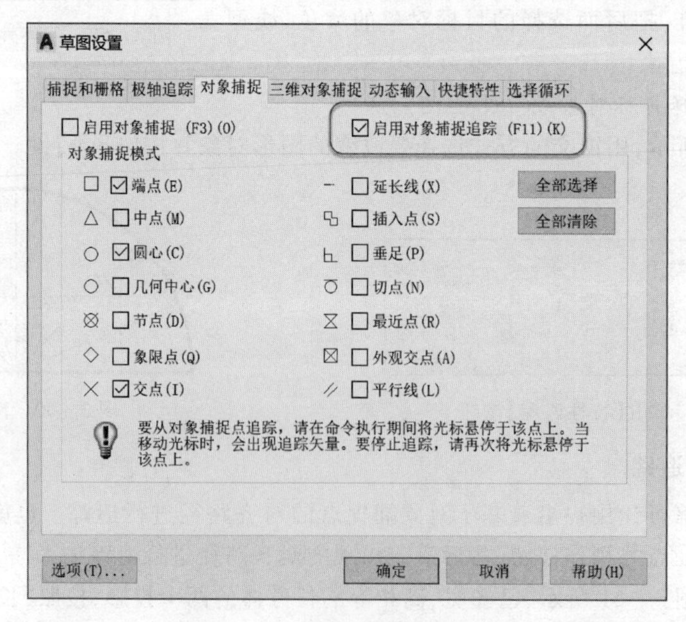

图 3－64 【草图设置】对话框

对象捕捉追踪的原理是:在捕捉图形对象特征点的基础上实施追踪。所以,为了使用对象捕捉追踪功能,就必须打开【对象捕捉】和【对象捕捉追踪】功能。

在默认情况下,AutoCAD 中的【对象捕捉追踪】和【正交】处于开启状态。用户真正需要做的,就是打开【对象捕捉】功能。

步骤 06　执行【直线】命令,在水平投影中捕捉端点并单击一次,如图 3－65(a)所示。

步骤 07　在图 3－65(a)所示的端点上稍作停留后,将鼠标向右移动,此时系统沿水平方向自动追踪到与 45°角分线的交点处,如图 3－65(b)所示。当出现黄色的交点符号时,用鼠标单击输入即可。

步骤 08　如图 3－65(c)所示,向上追踪交点并输入,绘制竖向辅助线。

步骤 09　利用“宽相等”绘制另一部分图线,如图 3－65(d)所示。

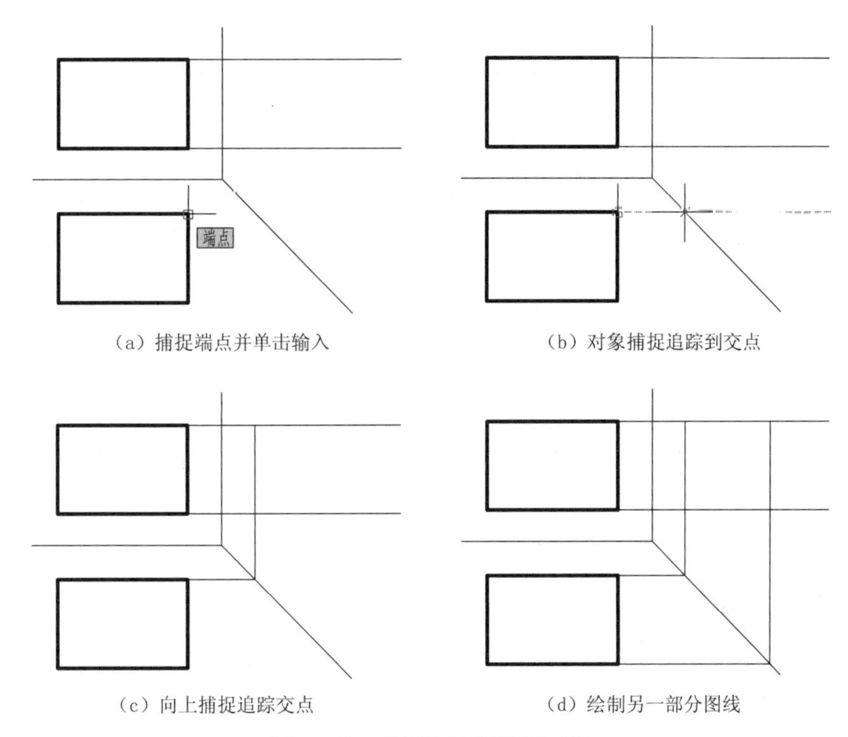

(a) 捕捉端点并单击输入　(b) 对象捕捉追踪到交点

(c) 向上捕捉追踪交点　(d) 绘制另一部分图线

图 3－65　绘制“宽相等”辅助线

步骤 10　在辅助线的基础上捕捉其角点并绘制侧面投影长方形,如图 3－66 所示。

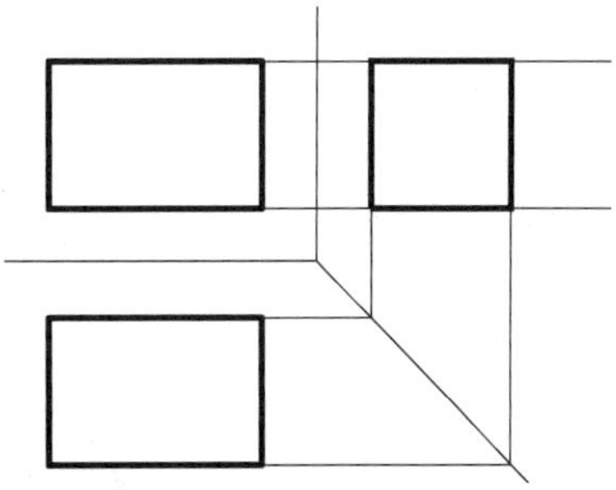

图 3－66　绘制侧面投影

由于投影图的绘制中经常用到这种辅助图线的画法,所以请读者务必熟练掌握。对象捕捉追踪的概念较为抽象,初次接触会感觉无序和混乱。下面是对象捕捉追踪的另一个例子,请读者练习并体会其方便之处。

【例题 7】如图 3－67 所示,已知长方体的三个投影,试补画用于“宽相等”的角分线。

【绘图步骤】

如果要对已有的三投影图做修改,快速补画用于“宽相等”的角分线将使后续的绘图过程更加方便。

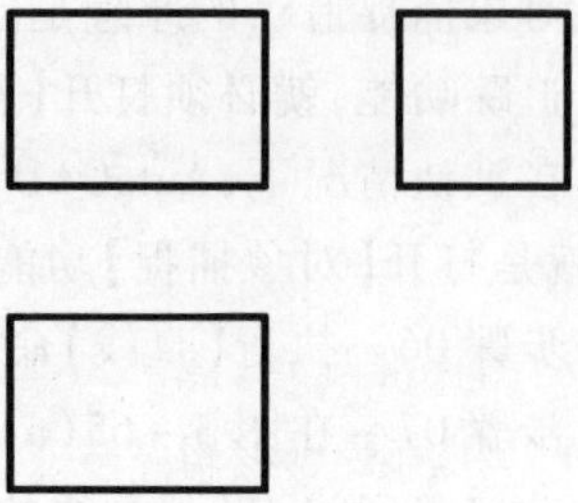

步骤 01　打开【对象捕捉】功能。

步骤 02　执行【直线】命令。

步骤 03　如图 3－68(a)所示,在水平投影中,将鼠标移至该端点上,出现黄色方框后移开鼠标。

步骤 04　如图 3－68(b)所示,在侧面投影中,将鼠标移至该端点上,出现黄色方框后移开鼠标。

步骤 05　如图 3－68(c)所示,移动鼠标,直到出现两个方向的追踪路径并出现交点符号时,单击鼠标左键输入角分线的第一个端点。

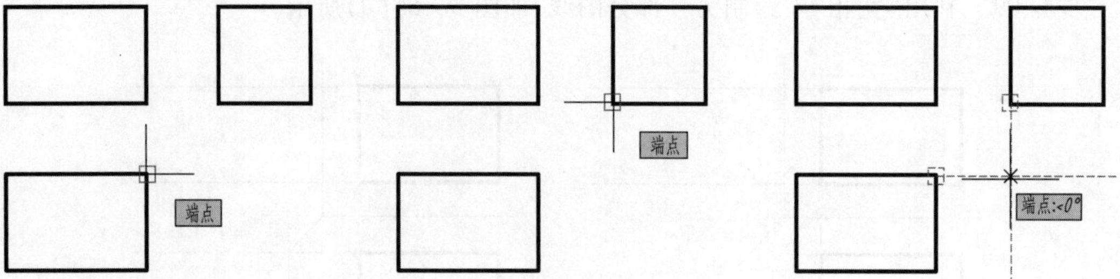

图 3－67　长方体的三投影图

(a) 捕捉水平投影中的端点　(b) 捕捉侧面投影中的端点　(c) 对象捕捉追踪

图 3－68　对象捕捉追踪绘制直线

步骤 06　如图 3－69(a)所示,用同样的方法捕捉输入角分线的第二个端点。图线绘制完成后,结果如图 3－69(b)所示。

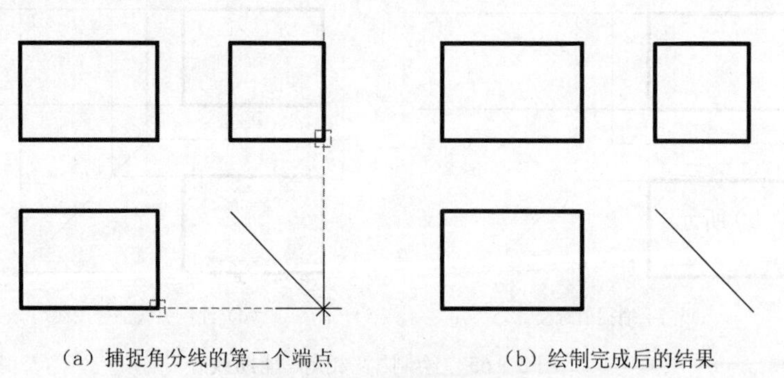

(a) 捕捉角分线的第二个端点　(b) 绘制完成后的结果

图 3－69　角分线的绘制

7. 打断

打断用于删除指定的两点之间的图线。

【例题 8】如图 3－70 所示,按照给定的尺寸绘制圆筒的二投影图。

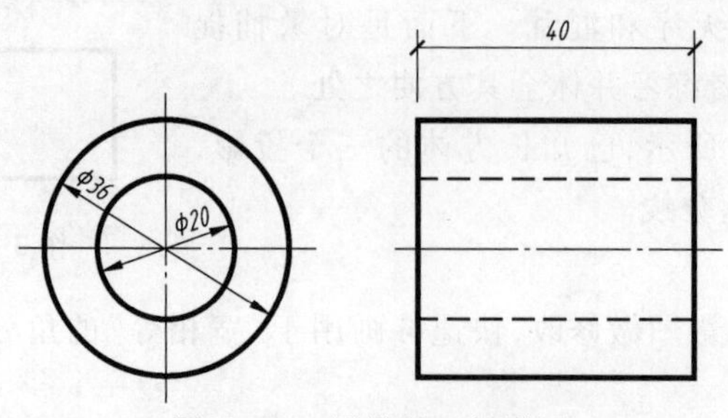

图 3－70　圆筒的二投影图

【绘图步骤】

步骤 01　打开【对象捕捉】功能并绘制左侧的同心圆。

步骤 02　根据“高平齐”，绘制圆筒的侧面投影。

步骤 03　补画点画线，结果如图 3－71 所示。

制图标准规定，点画线不能超出图形轮廓太长，一般为 2～3mm。为了调整点画线的长度，可以利用夹点编辑方法，或者用【打断】命令。

之前的篇幅中已经讨论过前者，下面主要讨论【打断】命令的用法。

步骤 04　用下列方法之一执行【打断】命令：

- 依次单击【默认】选项卡→【修改】面板→【打断】按钮，如图 3－72 所示；
- 在命令行输入 Break 并按【Enter】键。

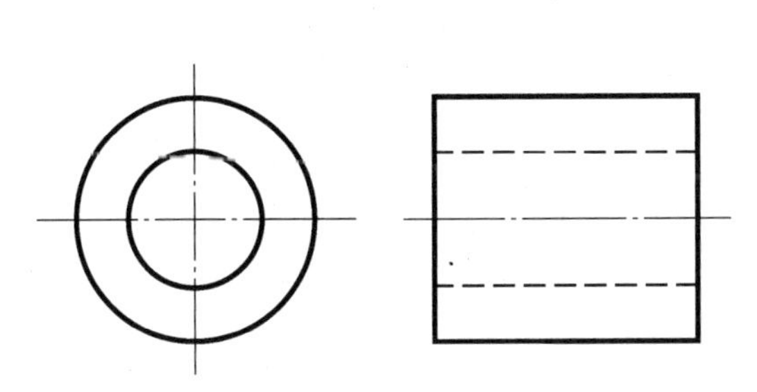

图 3－71　圆筒草图

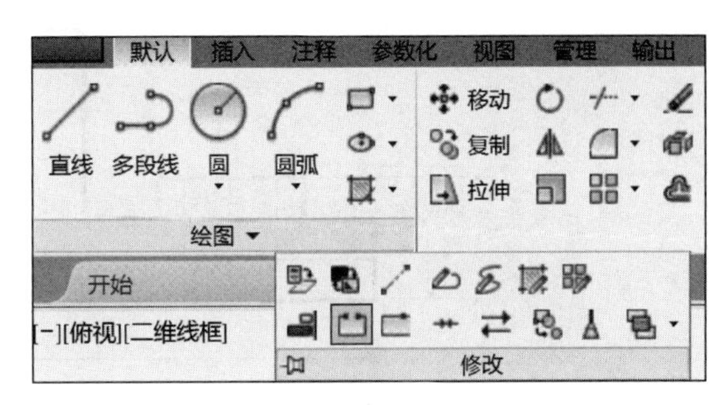

图 3－72　单击【打断】按钮

步骤 05　选择对象：

在该提示下，如图 3－73(a)所示，在侧面投影的点画线上距离图形轮廓约 2～3mm 处单击鼠标，输入第一个打断位置点。

步骤 06　指定第二个打断点 或 [第一点(F)]：

如图 3－73(b)所示，在点画线右侧端点以右的任意位置单击，输入第二个打断点，则两点之间的图线被删除。

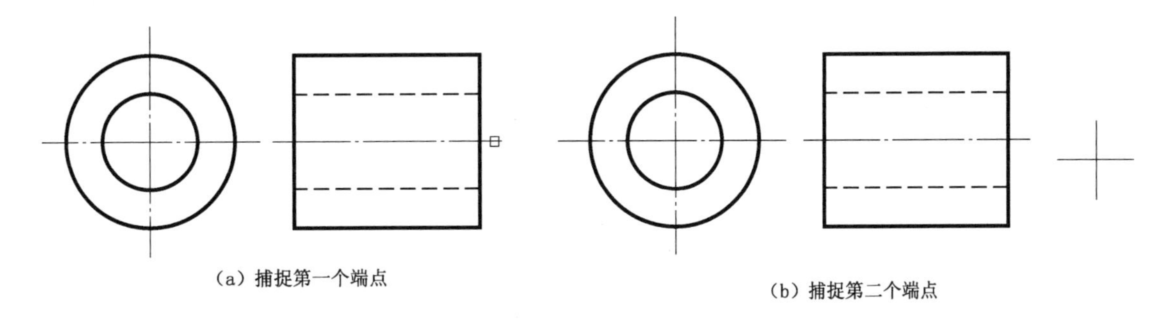

(a) 捕捉第一个端点

(b) 捕捉第二个端点

图 3－73　打断直线

步骤 07　用相同的办法打断其他位置的点画线，完成点画线的编辑。

对称线和中心线的绘制方法较多，但是多数情况下都需要进行二次编辑，而且绘图效率较低。其实，AutoCAD 提供了一种更快捷的方法，也就是中心线的标注，我们将在第 4 章展开讨论。

3.3 投影图的绘制

组合体的三投影图不但包括各种线型的绘制，还要求各投影之间满足投影关系。所以和单个二维图形的绘制相比，投影图的绘制更加复杂。

下面举例讲述组合体投影图的画法。

【例题】绘制图 3－74 所示组合体的三投影图。

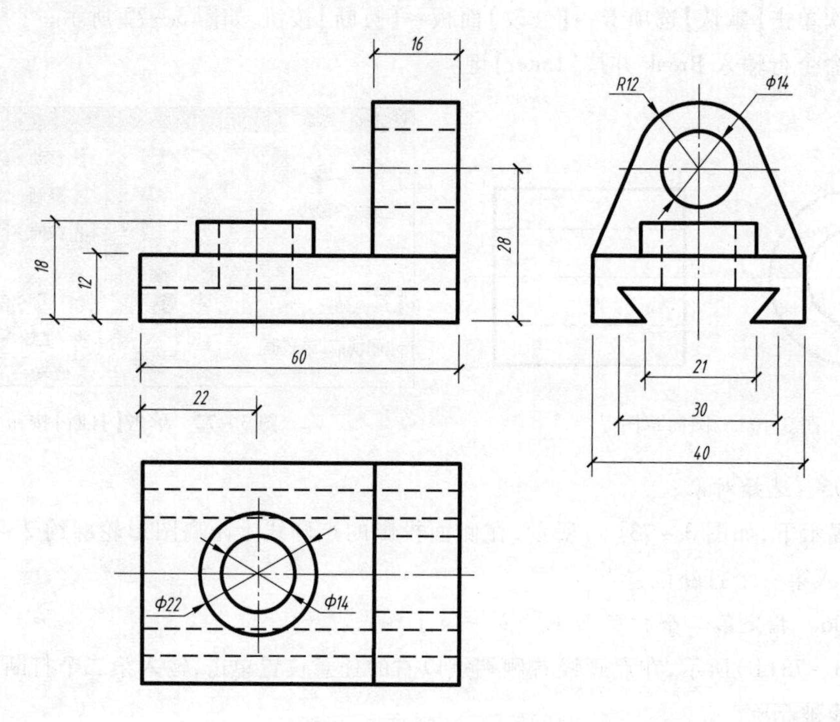

图 3－74　组合体的三投影图

【绘图步骤】

步骤 01　准备绘图环境；

- 启动 AutoCAD，按照图 3－75 所示，创建并设置图层特性（颜色可任意选择）；

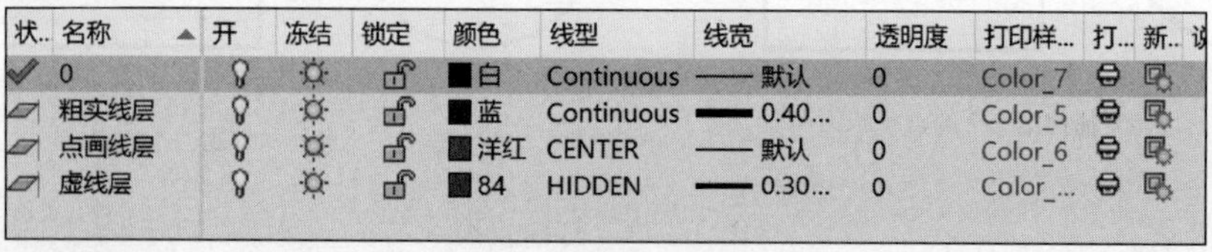

状...	名称	开	冻结	锁定	颜色	线型	线宽	透明度	打印样...	打...	新...	说
✔	0				白	Continuous	—— 默认	0	Color_7			
	粗实线层				蓝	Continuous	—— 0.40...	0	Color_5			
	点画线层				洋红	CENTER	—— 默认	0	Color_6			
	虚线层				84	HIDDEN	—— 0.30...	0	Color_...			

图 3－75　图层特性

- 尝试在每个图层上绘制长为 60 的直线段，观察并调整线型比例因子；
- 打开线宽显示；
- 确认线型比例适当、线宽显示正确的情况下删除绘制的图线。

详细步骤不再列出，如有疑问，请读者参考图层设置的相关内容。

步骤 02　将 0 层设置为当前层，打开【正交】模式，执行【直线】命令，绘制水平投影中 60 × 40 的长方形外轮廓。

步骤 03　利用【复制】命令将长方形向其正上方 70 处(这个数值可以任意，只要有足够的空间容纳尺寸标注并使投影图之间的距离较为适当)进行复制，得到如图 3 – 76 所示的二维图。

图 3 – 76　二投影的外轮廓

步骤 04　绘制占位线；

用【复制】命令，按照图 3 – 74 给定的尺寸，以图 3 – 76 中每个投影图最下面的水平直线为复制对象，连续复制图线，如图3 – 77(a)所示。

同时在水平投影中绘制同心圆，依据“长对正”向上绘制图线，如图 3 – 77(b)所示。

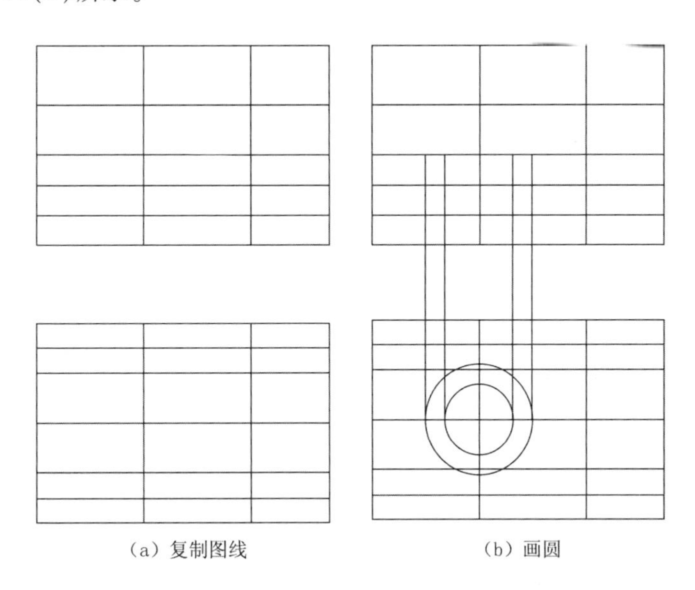

(a) 复制图线　　(b) 画圆

图 3 – 77　绘制占位线并画圆

步骤 05　修剪多余的图线并调整其余图线的线型特性；

首先，如图 3 – 78(a)所示，准确选择剪切边界后，剪掉多余的图线(这里需要重复多次剪切，才能得到该图的效果。希望初学者能对照图 3 – 74，在仔细分析的基础上作出有效剪切)；

然后对照图 3 – 74，通过将图线置于不同的图层，实现图线线型特性的调整，结果如图 3 – 78(b)所示。

步骤 06　如图 3 – 79 所示，首先绘制 X、Z 轴及用于宽相等的 45°线；接着依据“高平齐”，从正面投影向右绘制水平方向的图线；最后按照“宽相等”绘制侧面投影中的竖向占位线。

注意：为了方便绘图，请打开【极轴】和【对象捕捉】功能。

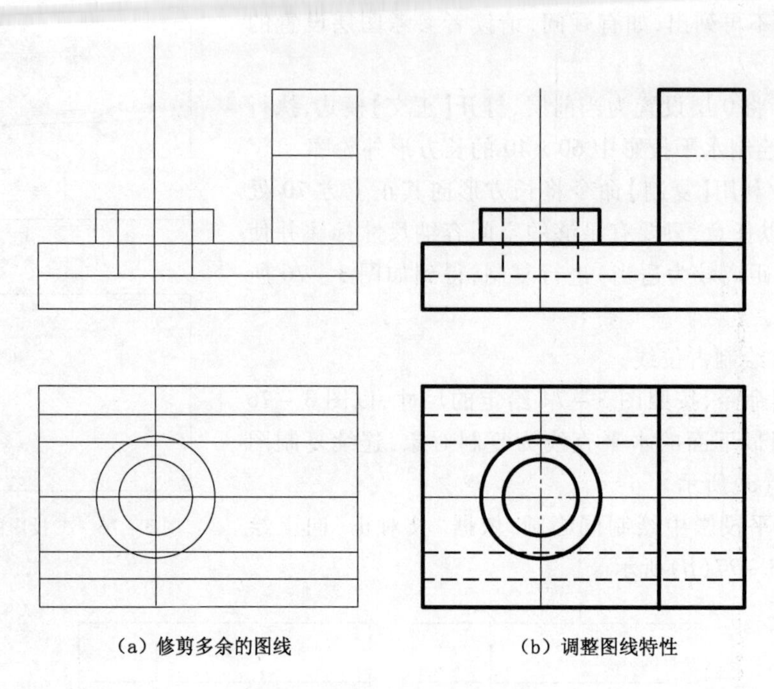

(a) 修剪多余的图线　　(b) 调整图线特性

图 3-78　编辑并调整图线特性

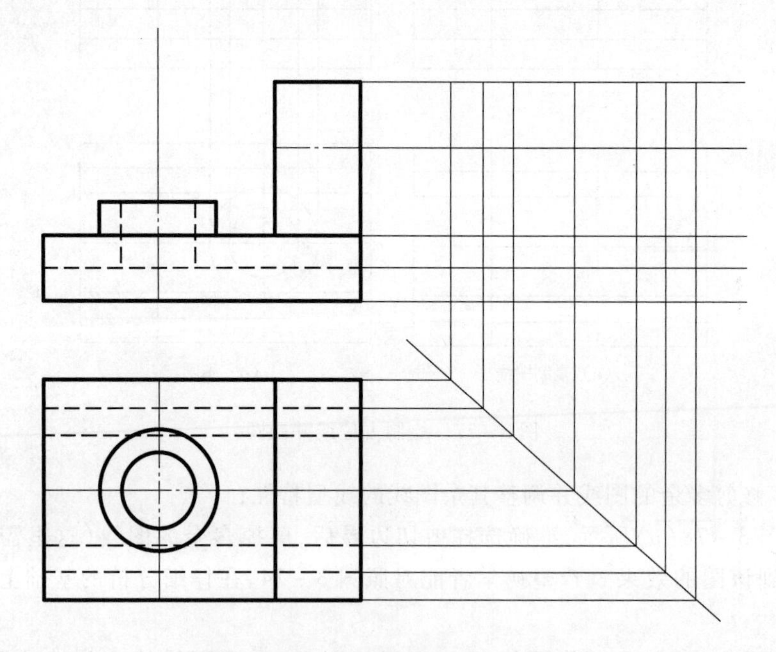

图 3-79　绘制侧面投影中的占位线

步骤 07　将粗实线层设置为当前层，在图 3-79 所示的侧面投影的占位线上“描出”部分投影线；然后将点画线层设置为当前层，补画两条点画线。最终结果如图 3-80 所示。

步骤 08　关闭 0 层，将正面投影中圈起来的部分复制到侧面投影，剪切掉侧面投影中的下半段圆弧，结果如图 3-81 所示。

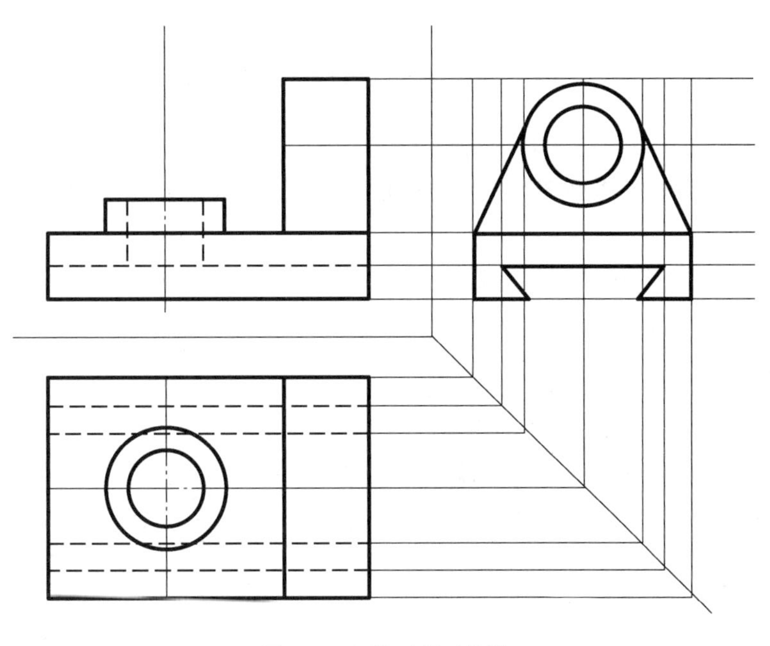

图 3－80　补画侧面投影

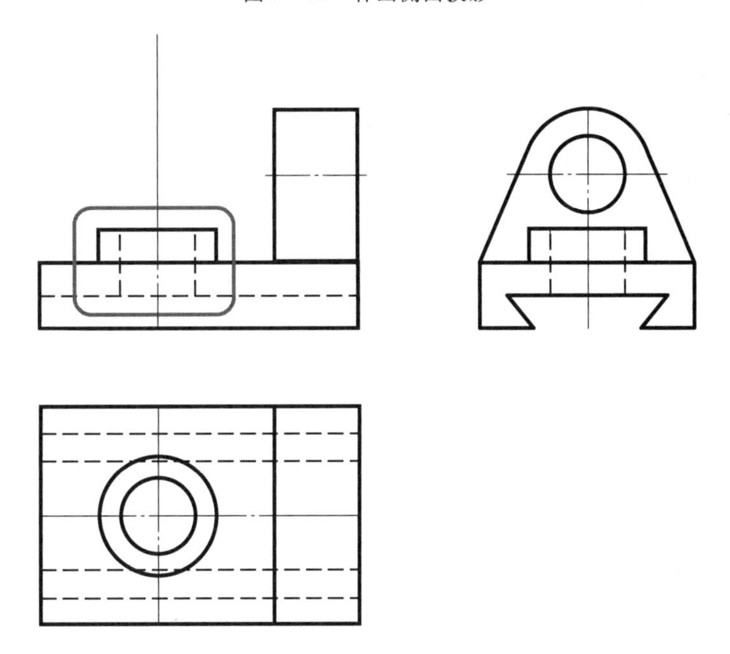

图 3－81　关闭 0 层

步骤 09　由侧面投影中的小圆按照“高平齐”绘制正面投影中的两段虚线，然后将其复制到水平投影中。最后调整点画线的长度，完成三投影图的绘制。

本例中，绘图步骤的描述中省略了很多细节性的操作。如果读者对其中的方法或思路存有疑问，请及时查阅前面讲过的内容，否则会造成问题的积累和学习上的被动。

在绘制图形时，可能方法各异，绘图过程也尽不相同。我们要做的，就是在熟练掌握基本操作的基础上，反复绘制练习，找到最快捷方便的绘图方法。

3.4 建筑平面图的绘制

在房屋建筑平面图中，多数图线是对墙体轮廓的表达。为了方便绘制墙体的投影，经常使用【多线】命令来绘图。

多线指的是由多条互相平行的直线组成的图形对象。也就是说，用【多线】命令画图时，一次可以绘制互相平行的两条或多条直线。

1. 多线的简单应用

下面举例详细讲述多线样式的创建和应用。

【例题 1】用多线绘制图 3-82 所示墙体的投影图。

【绘图步骤】

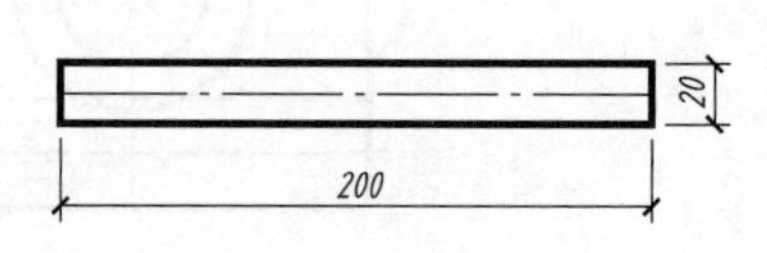

图 3-82 墙体投影

步骤 01 先画一条长度为 200 的水平点画线。

步骤 02 命令行输入 ML 并按【Enter】键。

步骤 03 指定起点或 [对正(J)/比例(S)/样式(ST)]:

在该提示下输入 S 并按【Enter】键。

步骤 04 输入多线比例:

输入 20 并按【Enter】键。默认的多线样式中，两条互相平行的直线之间的距离为 1.0。为了绘制距离为 20 的平行线，应将多线的比例设为 20。

步骤 05 指定起点或 [对正(J)/比例(S)/样式(ST)]:

输入 J 并按【Enter】键。

步骤 06 输入对正类型 [上(T)/无(Z)/下(B)] <无>:

输入 Z 并按【Enter】键。默认的“上对正”方式是将多线中的一条直线和鼠标给出的绘图轨迹线重合。如果要使两条平行线沿绘图轨迹线对称绘制，则应选择“居中”对齐，也就是“无”对齐方式。

步骤 07 指定起点或 [对正(J)/比例(S)/样式(ST)]:

捕捉点画线的左端点并单击，输入多线的起始点。

步骤 08 指定下一点:

捕捉并单击点画线的右端点，然后按【Enter】键，结果如图 3-83 所示。

由图 3-83 可知，默认情况下，多线端部处于打开状态。要让绘制的多线端部闭合，就应创建端部封闭的多线样式，然后将其设置为当前样式，再进行绘制。下面是详细的操作步骤。

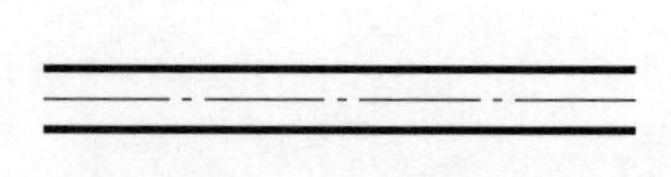

图 3-83 用多线绘制墙线

步骤 09 命令行输入 MLstyle 并按【Enter】键，弹出如图 3-84 所示的【多线样式】设置对话框。

步骤 10 单击【新建...】按钮后，弹出如图 3-85 所示的对话框。填写要创建的多线样式名后，单击【继续】按钮。

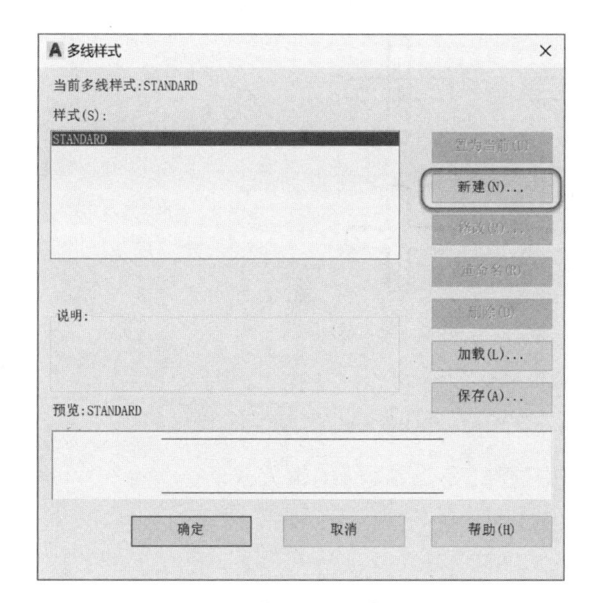

图 3－84　【多线样式】对话框

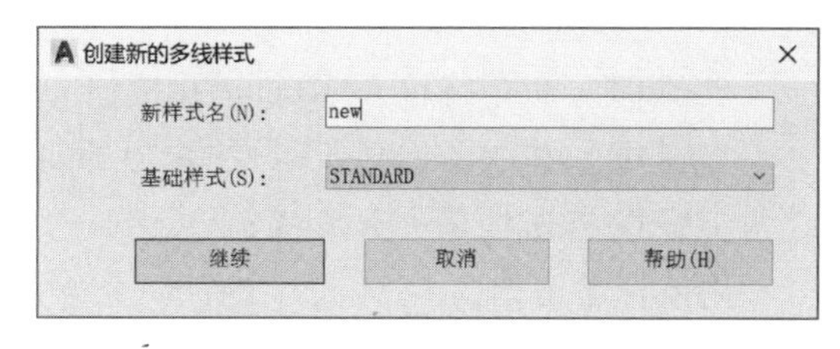

图 3－85　【创建新的多线样式】对话框

步骤 11　如图 3－86 所示，在弹出的对话框中，选中两个复选框后单击【确定】按钮，使绘制出的多线端部处于封闭状态。

步骤 12　回到【多线样式】对话框后，选中“NEW”样式，单击【置为当前】按钮，如图 3－87所示。将新建的多线样式设置为当前样式。

步骤 13　在命令行输入 ML，重新绘制多线，得到墙体的投影。

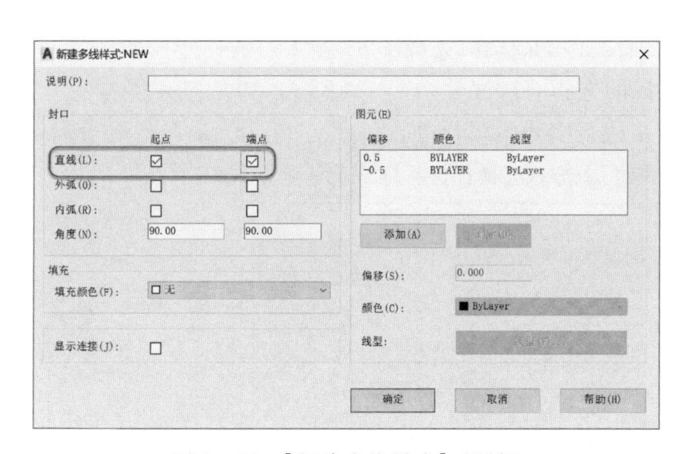

图 3－86　【新建多线样式】对话框

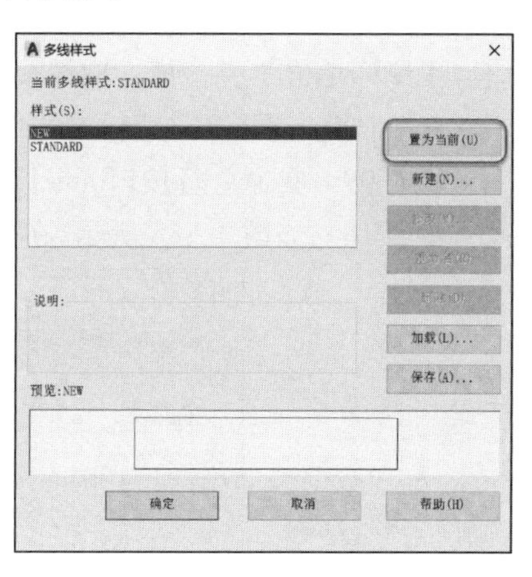

图 3－87　将新建的样式置为当前样式

2. 多线的编辑

在房建图中，墙体的投影远比上例来得复杂。为了方便墙体投影图的绘制，AutoCAD 提供了多种多线的编辑方式。下面是一个多线编辑的例子。

【例题 2】如图 3－88 所示，上面一行的每个图形中有两条多线，请尝试编辑，使其变成下面一行对应的样子。

【绘图步骤】

首先设置多线样式并按照图 3－88 上面一行提供的样子绘制 3 组多线。然后按照下面的步骤完成多线编辑。

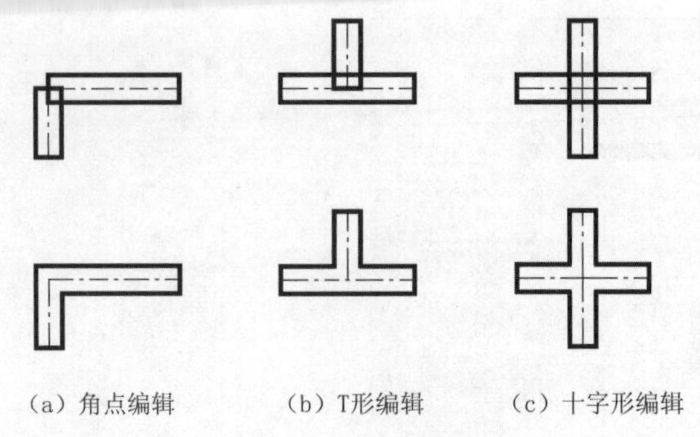

图 3－88 编辑多线

步骤 01 命令行输入 MLedit 并按【Enter】键。

步骤 02 如图 3－89 所示,在弹出的对话框中选择【角点结合】编辑方式。

步骤 03 选择第一条多线:

用鼠标单击图 3－88(a)中的任一条多线。

步骤 04 选择第二条多线:

用鼠标单击另一条多线,然后按【Enter】键,完成图 3－88(a)所示的角点编辑。

步骤 05 在命令行按【Enter】键,继续执行多线编辑命令。

步骤 06 在弹出的对话框中选择【T 形打开】编辑方式,如图 3－89 所示。

步骤 07 选择第一条多线:

用鼠标单击图 3－88(b)中多线 T 字接头的竖线。

步骤 08 选择第二条多线:

用鼠标单击 T 字一横方向的多线,然后按【Enter】键,完成图 3－87(b)的 T 形编辑。

注意:在【T 形打开】编辑方式中,多线的选择有顺序性。

步骤 09 在命令行按【Enter】键,继续执行多线编辑命令。

步骤 10 如图 3－88 所示,在弹出的对话框中选择【十字打开】编辑方式。

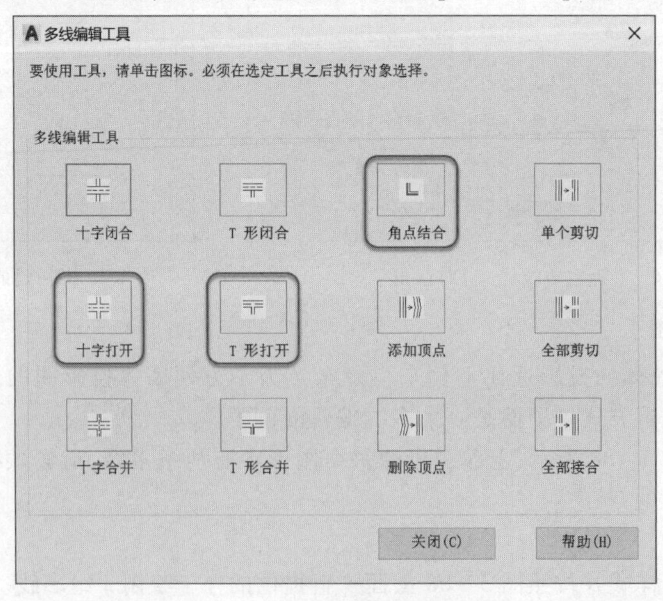

图 3－89 【多线编辑工具】对话框

步骤 11　选择第一条多线：

用鼠标单击图 3－88(c)中任一条多线。

步骤 12　选择第二条多线：

用鼠标单击另一条多线，然后按【Enter】键，完成图 3－88(c)的十字形编辑。

3. 房建平面图的绘制

【例题 3】用多线绘制如图 3－90 所示的房建平面图。

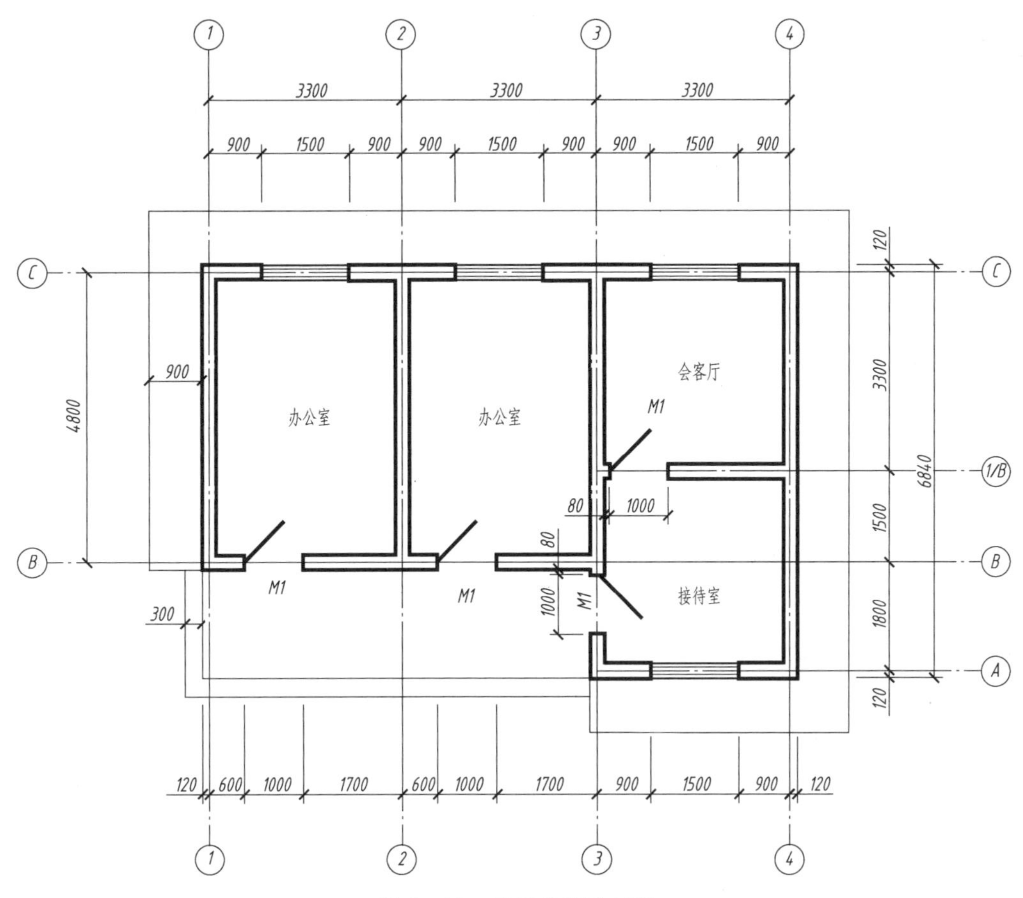

图 3－90　房屋建筑平面图

【绘图步骤】

我们的绘图思路是：先绘制墙轴线，然后用【多线】命令绘制墙体投影线，再采用合适的方式编辑已有的多线，最后补画台阶和散水的轮廓线。

步骤 01　将点画线层设置为当前层，绘制墙体轴线如图 3－91 所示。

步骤 02　设置端部封闭的多线样式并置为当前。

步骤 03　沿墙体轴线对称绘制长为 900、比例为 240 的多线，如图 3－92 所示。

步骤 04　打开【正交】和【对象捕捉】功能，执行【多线】命令。如图 3－93 所示，将鼠标移至第一条多线的右端点并稍作停留，当出现黄色的中点符号后，向右移动鼠标，键入 1500 并按【Enter】键，该点将作为第二条多线的起始点。然后键入 1800 并按【Enter】键，完成第二条直线的绘制，结果如图 3－94 所示。

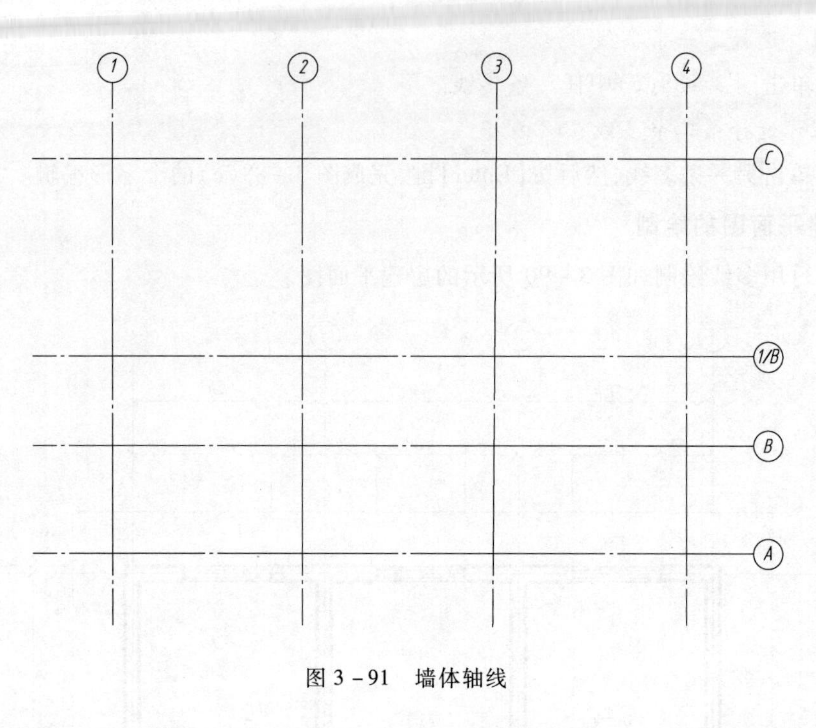

图 3－91　墙体轴线

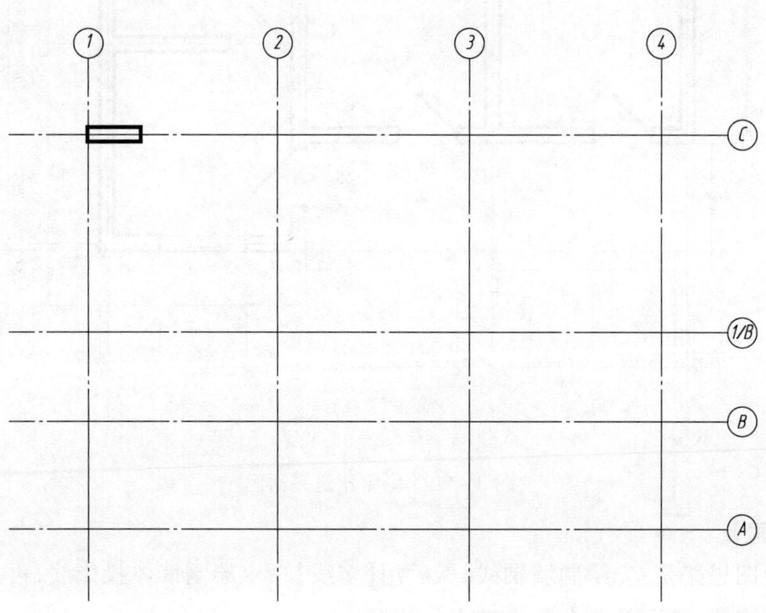

图 3－92　绘制第一条多线

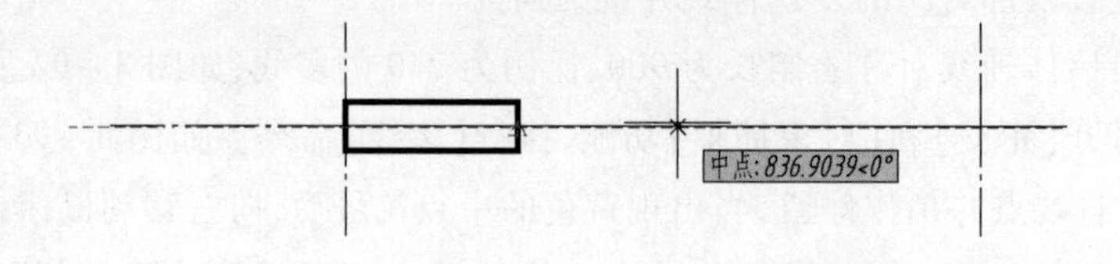

图 3－93　对象捕捉追踪第二条多线的起始点

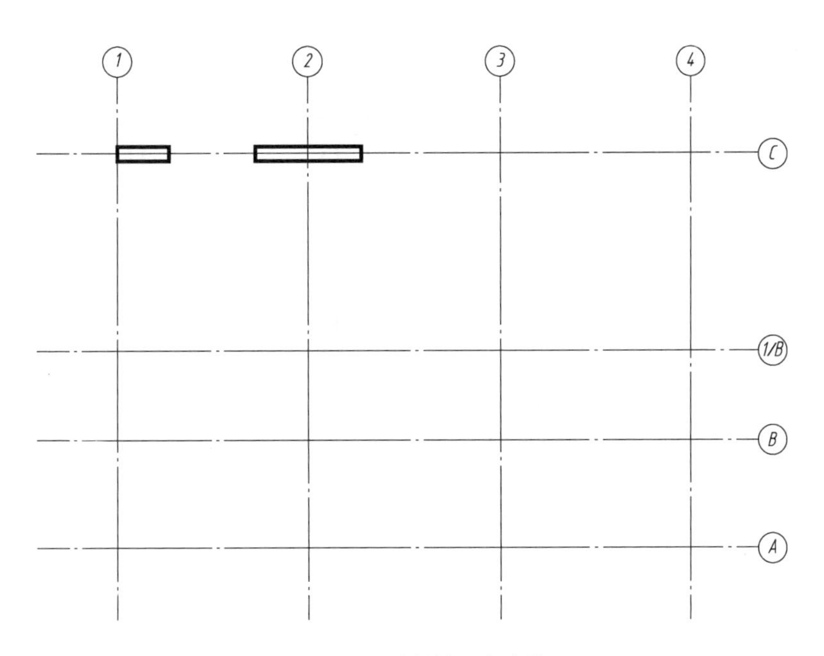

图3－94　绘制第二条多线

步骤05　绘制其他的墙体投影线如图3－95所示；详细的步骤和尺寸不再列出，请读者仔细阅读投影图并计算相关尺寸。

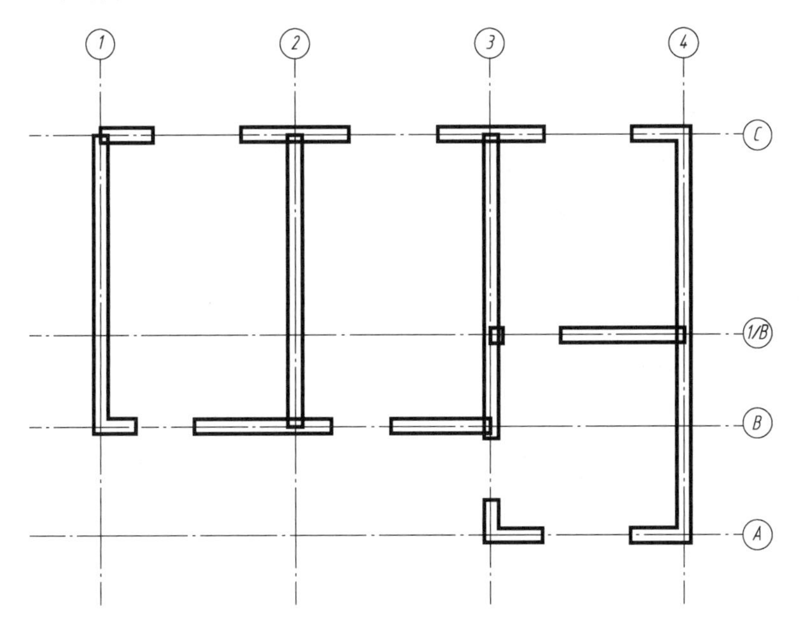

图3－95　绘制其他墙体投影线

步骤06　选择合适的多线编辑方式对图3－95中的多线进行编辑，结果如图3－96所示。

步骤07　绘制门、窗、台阶和散水的轮廓投影。

具体过程省略，请读者继续完成平面图的绘制。

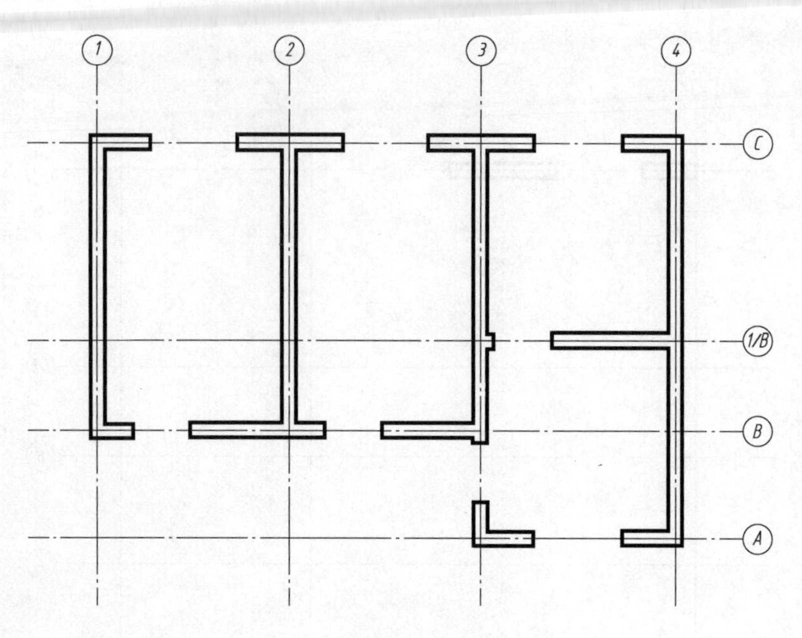

图3－96　编辑多线

3.5　图案填充

图案填充是指用材料图例符号填充被剖切到的截面。在工程制图中，图案填充就是绘制剖面线的过程。

规范规定：在不需要指明材料时，可用等间距、同方向的45°细实线对剖切到的截面进行填充。同一物体的剖面线画法应该一致，相邻不同物体的剖面线必须以不同方向或不同间距进行绘制。

【**例题**】绘制图3－97所示的投影图。

【**绘图步骤**】

按照给定的尺寸绘制二维图，然后用【图案填充】命令绘制剖面线即可。

步骤01　创建必要的图层，绘制水平和正面投影图。

步骤02　将细实线层设置为当前层，准备绘制剖面线。

步骤03　用下列方法之一执行【图案填充】命令。

- 依次单击【默认】选项卡→【绘图】面板→【图案填充】按钮，如图3－98所示；
- 在命令行输入Hatch并按【Enter】键。

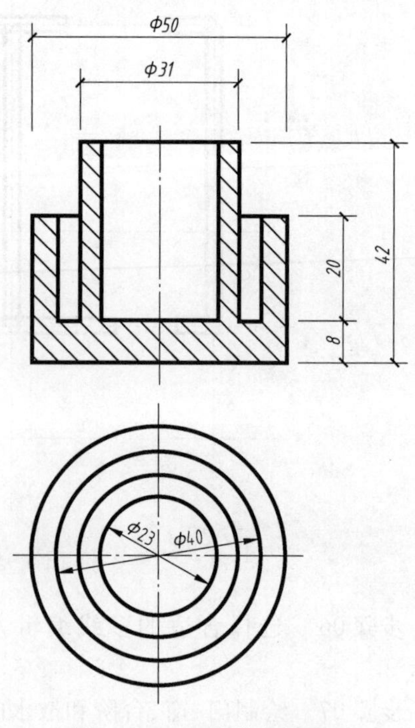

图3－97　组合体的投影图

步骤04　命令启动后，在软件界面的功能区出现了【图案填充创建】选项卡，在【图案】面板中选择“ANSI31”，如图 3－99 所示。

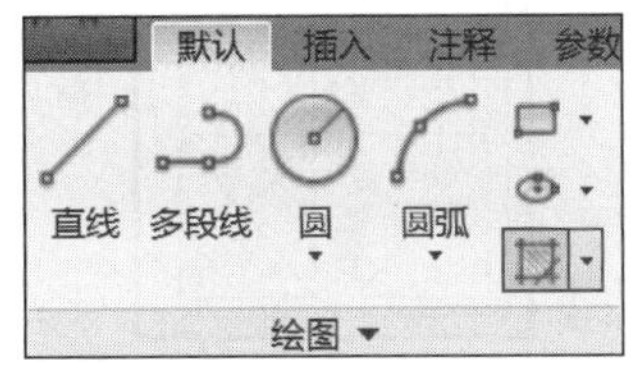

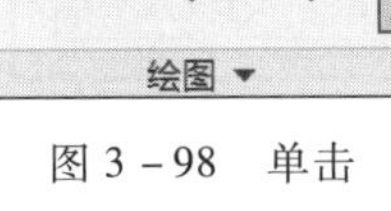

图 3－98　单击【图案填充】按钮

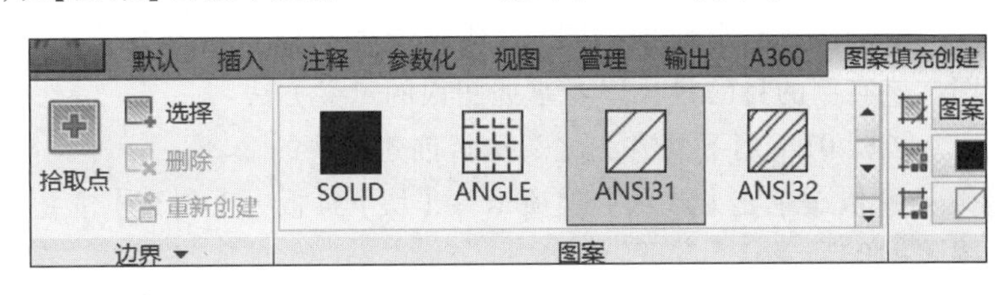

图 3－99　选择图案

观察命令行，有提示如下：

步骤 05　拾取内部点或 [选择对象(S)/放弃(U)/设置(T)]：

将鼠标移至要填充的范围内，单击左键并按【Enter】键，完成图案填充。

注意：如果在填充前已经绘制了点画线，则填充范围就被分为两部分。在图案填充时，应该用鼠标在两部分内分别单击，以确定全部的填充范围。

在图 3－100 中，剖面线的方向与题目要求的方向并不一致。所以，接下来需要编辑已有填充，使其满足要求。

步骤 06　用鼠标单击剖面线，在软件界面的功能区出现如图 3－101 所示的【图案填充编辑器】选项卡，将【特性】面板中的【角度】改为 90 并按【Enter】键，完成剖面线角度的调整。

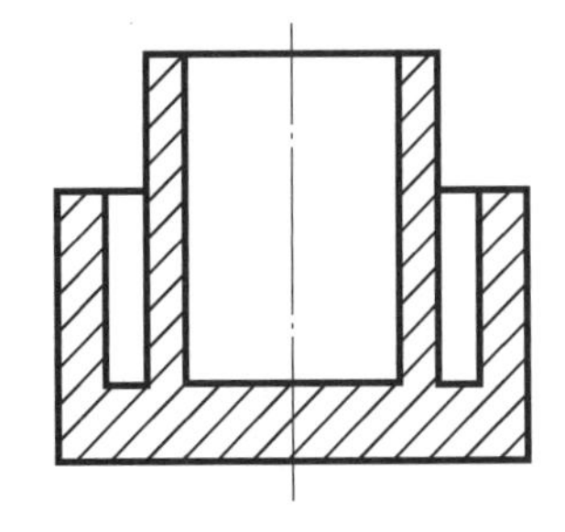

图 3－100　剖面线的绘制

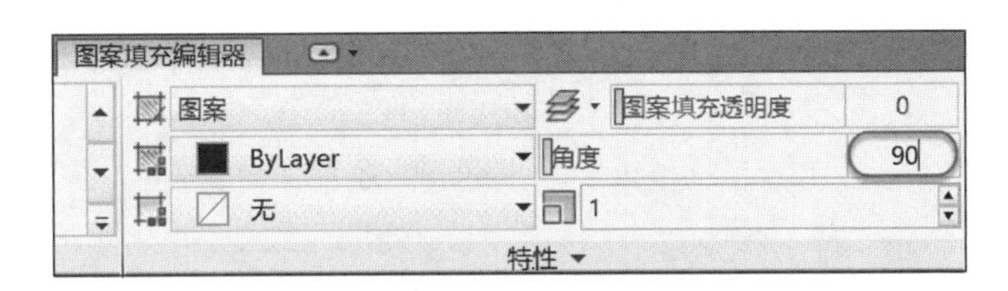

图 3－101　编辑剖面线

步骤 07　最后单击右侧的【关闭图案填充编辑器】按钮，退出图案填充的编辑状态。

到此为止，完成了剖面图的绘制。

注意：在图案填充中，经常需要调整剖面线的间距，使图样更加协调。

为了调整剖面线的间距(尤其是混凝土符号的填充)，请用鼠标单击已填充的剖面线，当界面功能区出现如图 3－101 所示的选项卡时，更改【特性】面板上的比例值即可。

具体来说，比例值越大，图线越稀疏，反之越密。

3.6　图　　块

图块是一组图形实体的总称。通过将一部分图形实体定义为图块，可实现在图形内部或图形文件之间的重复使用。

1. 创建简单图块

【例题 1】由图 3－102 所示的图形定义一个图块。

【绘图步骤】

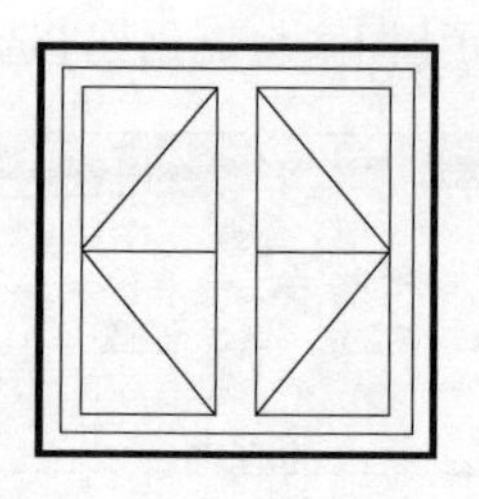
图3－102　窗户立面图

由于没有给定详细的尺寸，请读者根据样式绘制窗户的示意图。该实例的目的是让读者掌握图块的定义方法。

步骤01　用下列方法之一执行创建图块的命令：

- 依次单击【默认】选项卡→【块】面板→【创建】按钮，如图3－103所示；
- 在命令行输入Block并按【Enter】键。

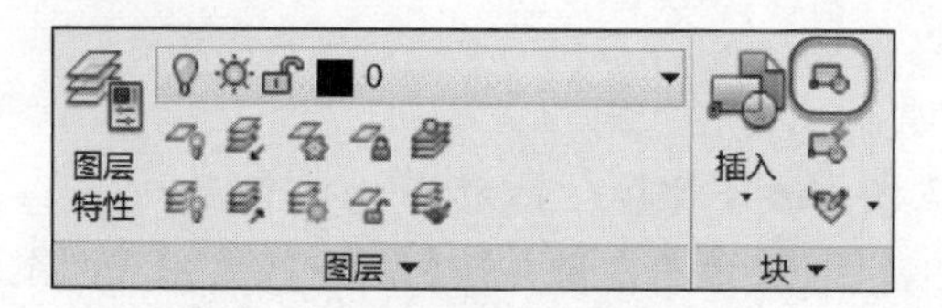

图3－103　单击【创建】按钮

步骤02　如图3－104所示，在弹出的【块定义】对话框中，首先键入图块的名称“new”，然后单击【拾取点】按钮返回绘图界面。

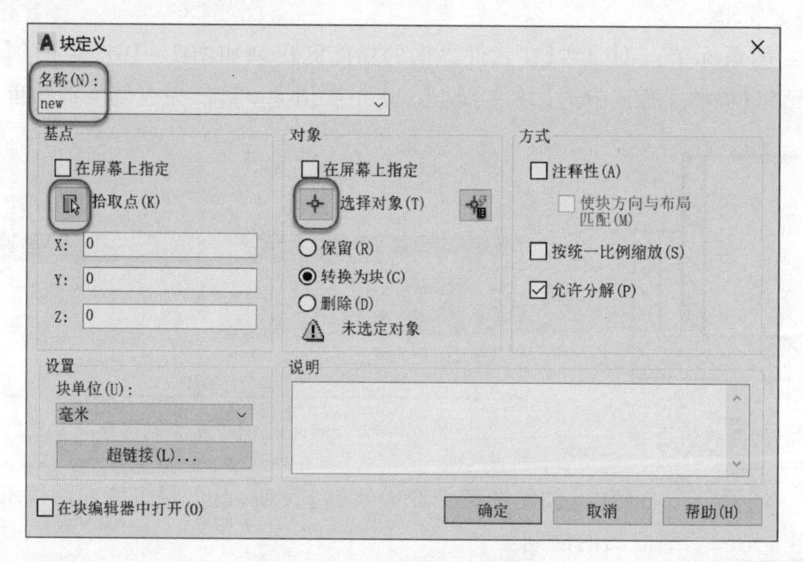

图3－104　【块定义】对话框

步骤03　如图3－105所示，用鼠标单击窗户的左下角点，指定图块插入时的基准点。之后，系统将再次弹出如图3－104所示的对话框。

注意：定义图块的基点后，图块插入时，鼠标光标将停留在基点处。所以，为了方便后期使用图块，在定义时应选择合适的点作为插入时的基准点。

步骤04　在图3－104所示的对话框中，单击【选择对象】按钮。

步骤05　回到绘图界面后，如图3－106所示，选择窗户立面图并按【Enter】键。

步骤06　当再次弹出图3－104的对话框时，单击【确定】按钮完成图块的定义。

完成以上步骤，就完成了图块的定义。这时，图块被保存在内存中，在当前图形文件内可供随时插入。

按图3－104中的【对象】一栏的设置，图块定义时，原图将被转化为一个图块。如果不想转化为图块，可选择其他选项并完成图块定义。

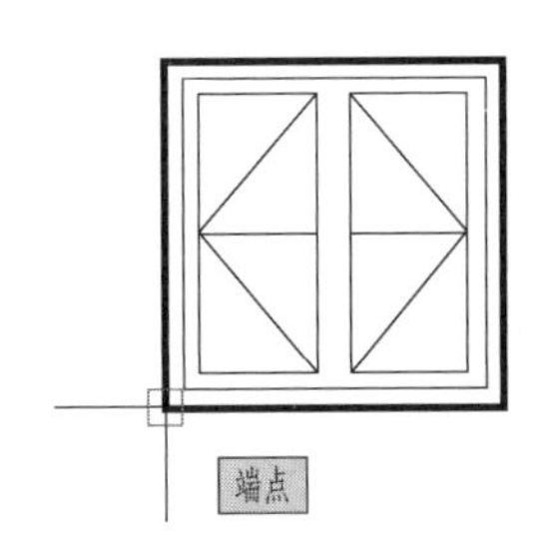

图 3－105　选择基点

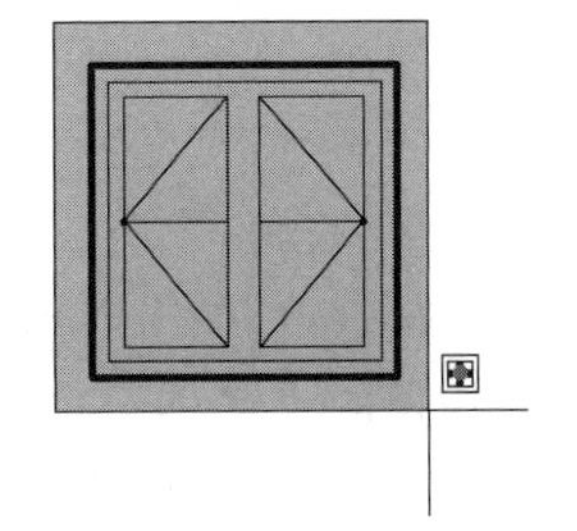

图 3－106　选择图形对象

2. **图块的插入**

【**例题 2**】在绘图区插入若干个上例中定义的图块。

【**绘图步骤**】

步骤 01　依次单击【默认】选项卡→【块】面板→【插入】按钮,在下拉列表中选择已定义的图块“new”,如图 3－107 所示。

步骤 02　如图 3－108 所示,当绘图区出现跟随鼠标移动的图块时,选择合适的插入点并单击鼠标左键,完成图块插入。

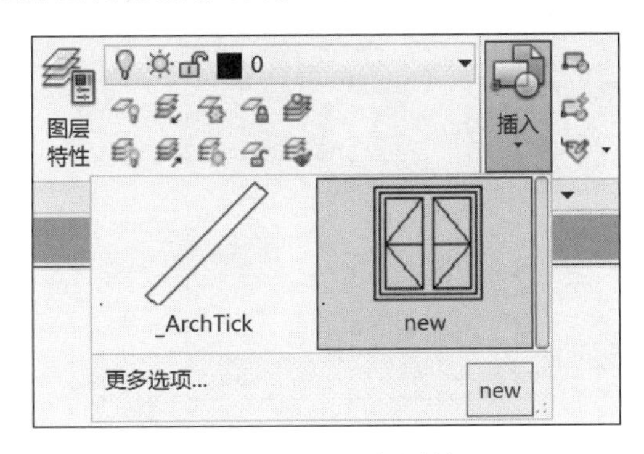

图 3－107　选择图块

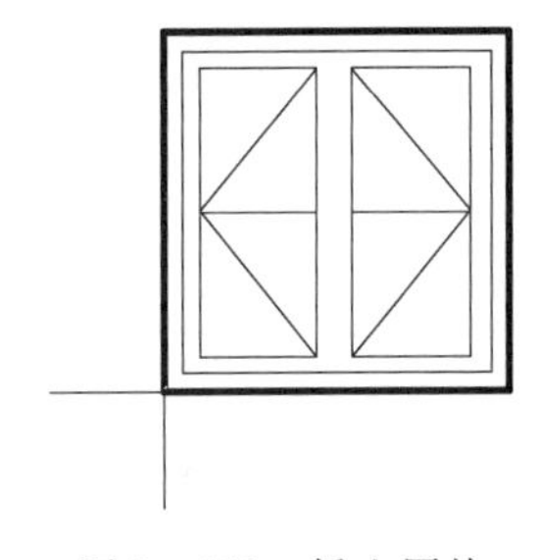

图 3－108　插入图块

步骤 03　反复执行上述操作,插入多个图块。

3. **属性块的定义**

【**例题 3**】由图 3－109 所示的标高符号,定义一个能在插入时输入标高数字的图块。

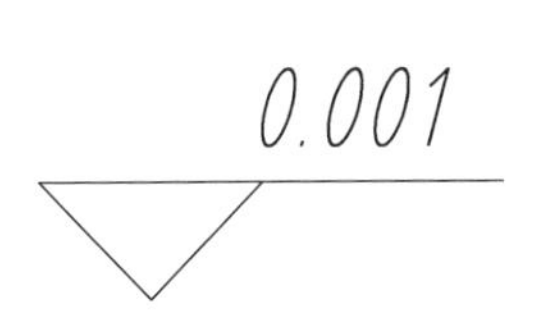

图 3－109　标高符号

【**绘图步骤**】

题目要求的图块,指的是带有属性的图块。属性块定义时,首先应绘制二维图形对象,然后在图形对象上定义块属性,最后将图形对象及定义的块属性一起定义为图块。下面是具体操作步骤:

步骤 01　绘制标高符号的二维图。

步骤 02　依次单击【默认】选项卡→【块】面板→【定义属性】按钮,如图 3－110 所示。

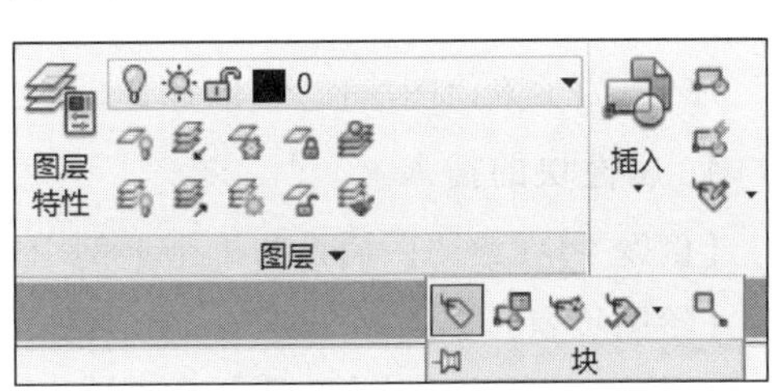

图 3－110　单击【定义属性】按钮

步骤 03　在图 3－111 所示的对话框中,需要特别注意并输入以下内容:

- 标记:属性定义完成后,编辑框内的内容将显示在图形对象上；

- 提示：当插入图块时，系统将编辑框内的提示信息输出到属性编辑框，提示用户输入属性值；
- 默认：默认的属性值，插入图块时将根据用户的输入来显示；
- 对正：指属性值的位置对齐方式；
- 文字样式：指属性值采用的文字样式。

在标高图块的属性定义中，请读者按照图3－111中的信息填入，然后单击【确定】按钮，回到绘图界面。

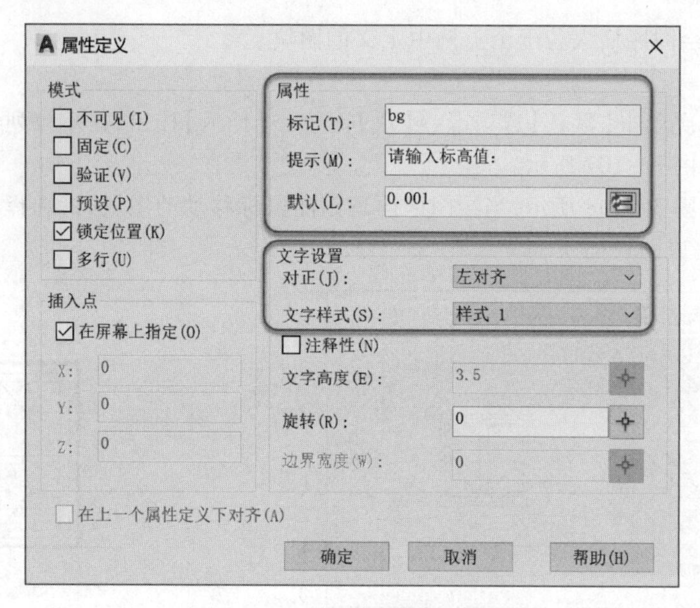

图3－111 【属性定义】对话框

步骤04 如图3－112所示，当属性标记跟随鼠标在绘图区出现时，请选择合适的位置并单击一次鼠标左键，指定属性值文本的起始点。

到此为止，我们已经完成了前两步工作，即绘制二维图和定义块属性。接下来，如果将这两部分一起定义为图块，就完成了带有属性的图块的定义。

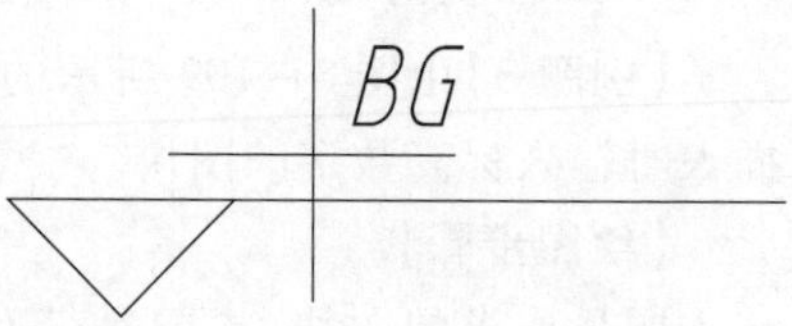

步骤05 将图3－112所示的图形和属性一起，定义成名为“标高”的图块。

操作方法和简单图块的定义是一致的，此处不再赘述。

图3－112 确定属性的起始位置

注意：为了方便图块插入，应该选择直角三角形的直角顶点作为插入时的基准点。

4. 属性块的插入

【例题4】在绘图区插入若干个上例中定义的属性块。

【绘图步骤】

步骤01 依次单击【默认】选项卡→【块】面板→【插入】按钮，在下拉列表中选择已定义的图块【标高】，如图3－113所示。

步骤 02　如图 3－114 所示，当绘图区出现跟随鼠标移动的标高图块时，请选择合适的插入点并单击鼠标左键；

步骤 03　在图 3－115 所示的对话框中输入新的标高值并单击【确定】按钮，完成属性块的插入。

步骤 04　反复执行上述步骤，实现多个标高块的插入。

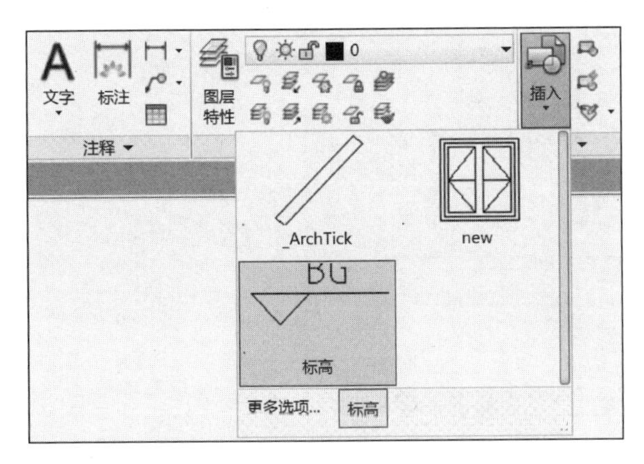

图 3－113　选择【标高】图块

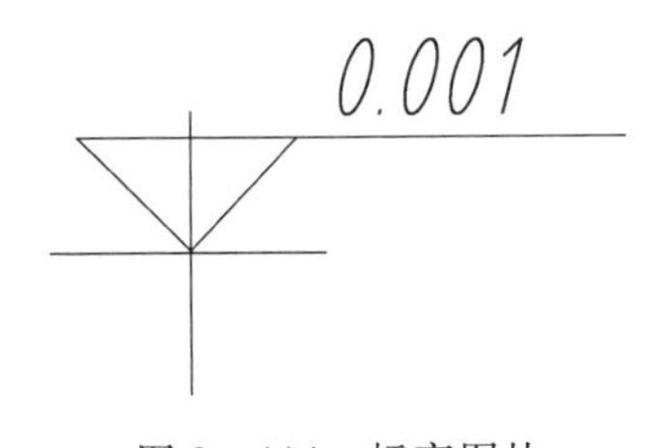

图 3－114　标高图块

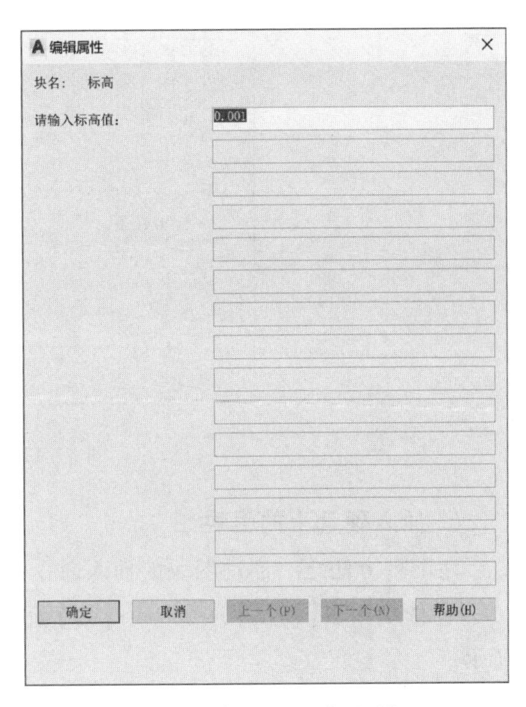

图 3－115　【编辑属性】对话框

5. 将图块写入硬盘

按照前述方法定义图块时，图块将驻留在内存中。当软件退出后，图块定义的相关数据也会消失。

为了方便在不同图形文件之间共享图块，在其定义时，应将图块写入硬盘。

【例题 5】将图 3－116 所示的图形定义成图块并写入硬盘。

【绘图步骤】

首先按照图 3－116 所示的图形绘制窗户示意图，为后面的图块定义做好准备。

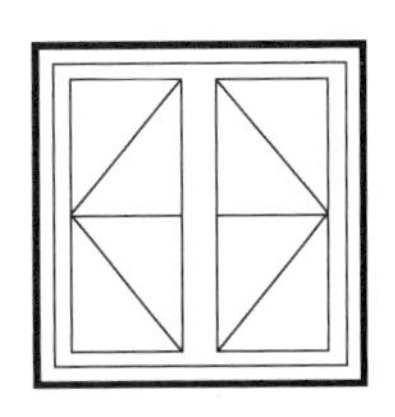

图 3－116　窗户示意图

步骤 01　命令行输入 Wblock 并按【Enter】键。

步骤 02　弹出图 3－117 所示的对话框后，请按下面的步骤完成图块的定义和存盘：

- 单击【拾取点】按钮，返回绘图区拾取图形的左下角点作为插入点；
- 单击【选择对象】按钮，返回绘图区选择二维图并按【Enter】键；
- 给出保存路径和文件名；
- 单击【确定】按钮，完成图块的定义。

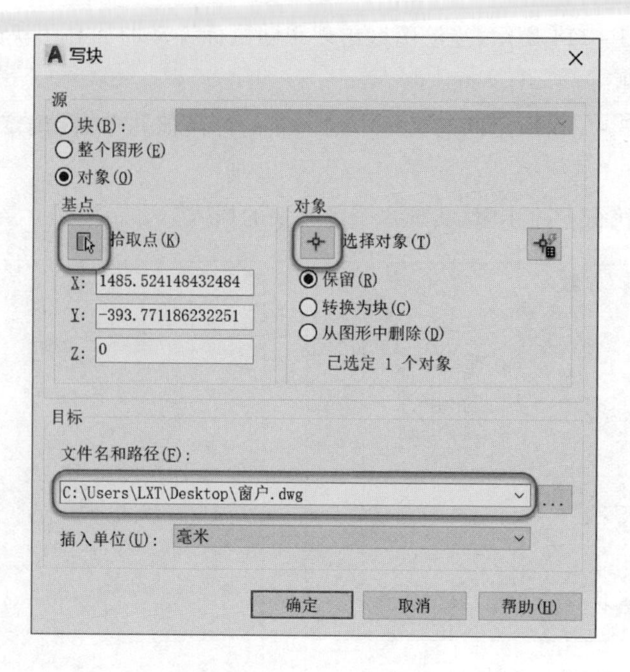

图3-117 【写块】对话框

6. 插入硬盘上的图块

用下列方法之一启动图块的插入命令：

- 依次单击【默认】选项卡→【块】面板→【插入】→【更多选项...】按钮，如图3-118所示；
- 在命令行输入Insert并按【Enter】键。

当弹出图3-118所示的对话框时，单击【浏览...】选项，在硬盘中选择要插入的图块并单击【确定】按钮，回到绘图区并选择插入点，完成图块插入。

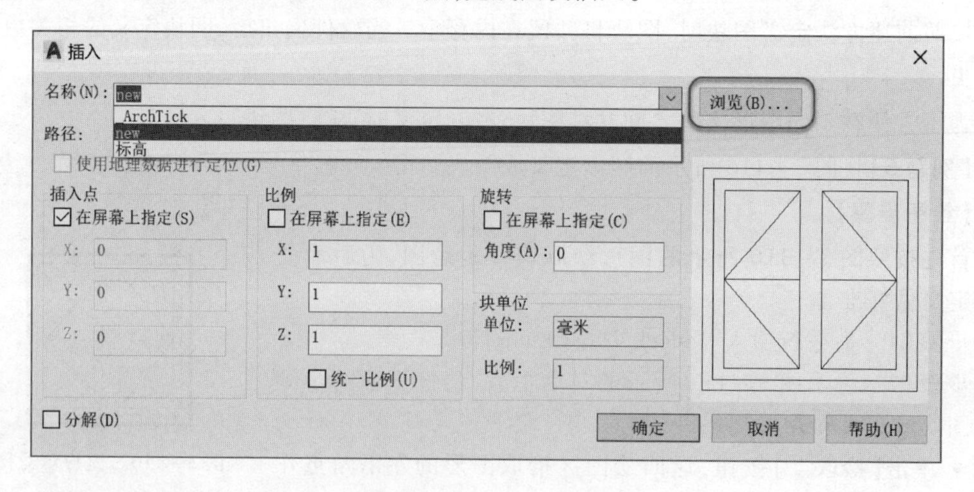

图3-118 【插入】对话框

7. 编辑图块的属性值

当需要更改已插入的图块属性值时，应依次单击【默认】选项卡→【块】面板→【单个】按钮，如图 3－119 所示。

选择要修改的图块后，弹出图 3－120 所示的对话框，用户可通过该对话框中的选项来修改属性值的内容和特性。详细内容从略，请读者自行操作。

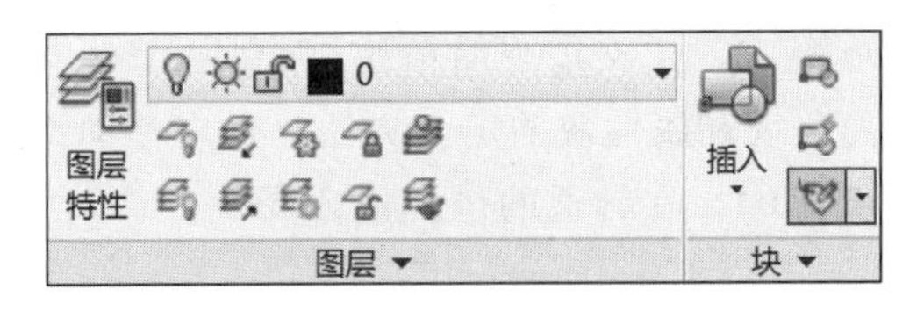

图 3－119　单击【单个】按钮

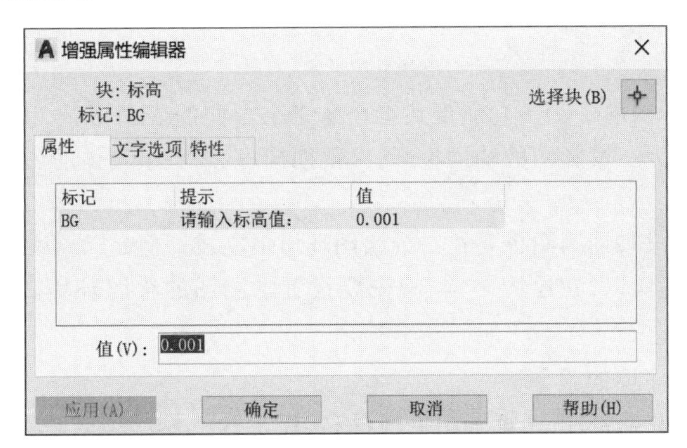

图 3－120　【增强属性编辑器】对话框

8. 图块的应用

【例题 6】绘制图 3－121 所示的房建立面图。

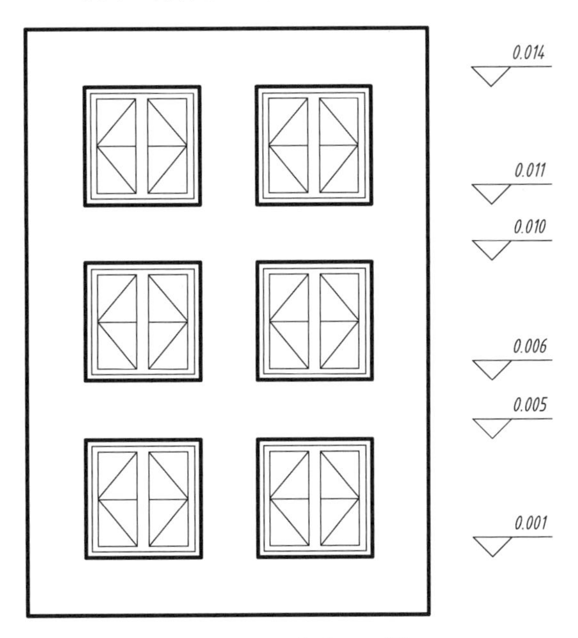

图 3－121　房建立面图

【绘图步骤】

该立面图没有给出详细的绘图尺寸。请读者自拟尺寸，完成图形绘制。

步骤 01　绘制房屋外轮廓线、一个窗户立面图和一个标高符号。

步骤 02　绘制并确定图块的插入点，为图块插入做好准备。

因为没有详细的尺寸，读者可自行绘制直线来定义若干插入点，以便后面连续插入图块。

步骤 03　定义窗户简单块、标高属性块；

简单块和属性块的定义方法已经在前面讲述，请读者自行查看。

步骤 04　在合适的位置插入图块。

3.7　轴测图的绘制

轴测图也是投影图的一种。它能反映组合体三个方向的表面形状，富有立体感。在工程中，经常将轴测图作为三投影图的辅助投影，以帮助构思、想象组合体的形状，提高投影图的阅读效率。

跟二维投影图一样，轴测图也要在二维绘图环境下完成。但是，默认的二维绘图环境并不适合轴测图的绘制。所以，在绘图之前，首先要设置轴测图的绘图环境。下面是详细的设置方法。

1. 轴测图绘图环境的设置

- 将鼠标移至状态栏中的【显示图形栅格】按钮上并单击右键，弹出如图 3－122 所示的【网格设置...】快捷菜单；
- 单击该菜单后，弹出如图 3－123 所示的【草图设置】对话框，选择【等轴测捕捉】单选按钮并单击【确定】按钮。

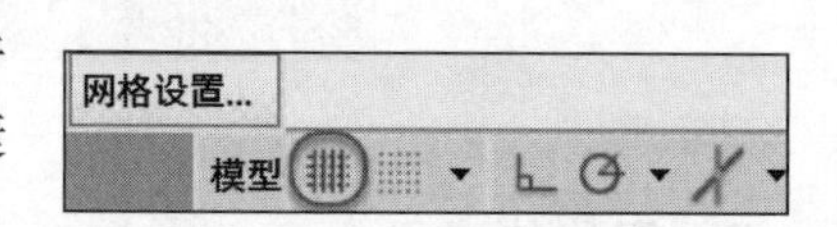

图 3－122　选择【网格设置...】快捷菜单

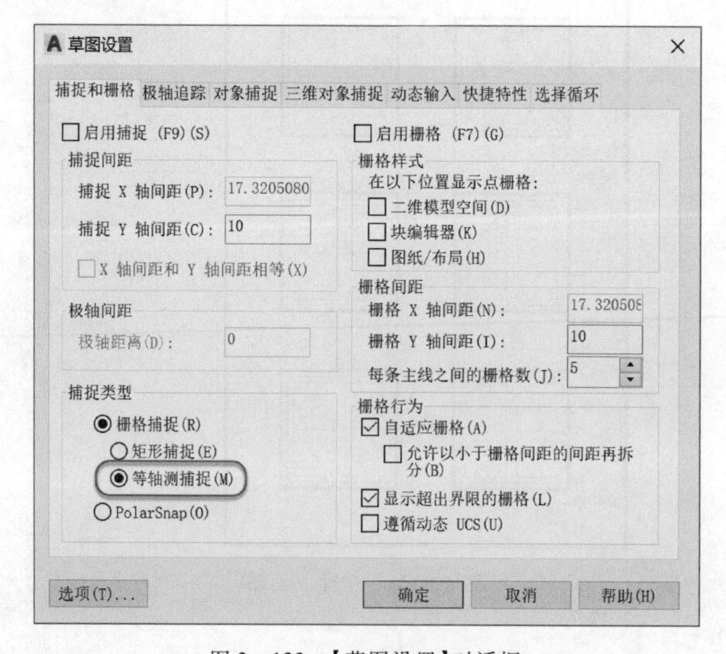

图 3－123　【草图设置】对话框

选择【等轴测捕捉】后，相当于在绘图区创建了正等测轴测轴。观察鼠标，其光标已经由十字形变为沿轴测轴方向的交叉形状。

虽然已经建立了轴测轴，但鼠标光标仍可沿任意方向移动，沿轴测轴方向绘图仍十分不便。

- 打开【正交】功能。

正交打开后，鼠标光标只能沿轴测轴的方向移动，沿轴测轴方向画线将非常方便。

轴测图有三个可见的表面。绘图中，鼠标只能沿着某个轴测面内的两个坐标轴的方向移动。为了沿第三个轴测轴的方向绘制直线，就需要进行轴测面间的切换，方法是：按下 F5 功能键。

每按一次 F5 键，就意味着在左轴测面、右轴测面和顶轴测面之间的一次切换。在绘图中，如果按一次 F5 并未切换到目标面，则需要再按一次。

下面举例说明轴测图的绘制过程。

2. 长方体轴测图的绘制

【例题 1】绘制图 3-124 所示的长方体的轴测图。

【绘图步骤】

长方体有三个可见的表面，其中左侧的表面位于左轴测面内，右侧的表面位于右轴测面内，上表面位于顶轴测面内。

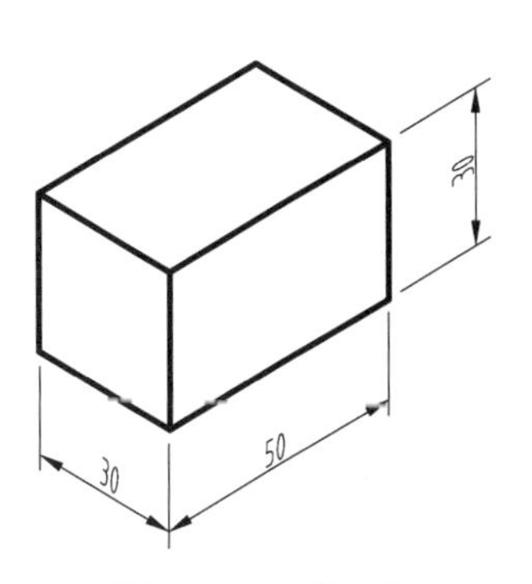

图 3-124　长方体

步骤 01　设置【等轴测捕捉】并打开【正交】模式，绘制右轴测面内的 4 条直线。

步骤 02　命令行输入 Line 并按【Enter】键。

步骤 03　指定第一个点：

用鼠标单击输入任意一点。

步骤 04　指定下一点或 [放弃(U)]：

沿轴测轴 X 轴方向移动鼠标，先指定直线的绘制方向，然后输入 50 并按【Enter】键。

步骤 05　指定下一点或 [放弃(U)]：

沿轴测轴 Z 轴向上移动鼠标，给出直线的绘制方向，然后输入 30 并按【Enter】键。

步骤 06　指定下一点或 [闭合(C)/放弃(U)]：

沿轴测轴 X 轴方向移动鼠标，给出直线的绘制方向，然后输入 50 并按【Enter】键。

步骤 07　指定下一点或 [闭合(C)/放弃(U)]：

沿轴测轴 Z 轴向下移动鼠标，给出直线的绘制方向，然后输入 30 并按【Enter】键。右侧表面绘制结束。

步骤 08　重复画线命令，绘制左侧表面。

当鼠标不能沿着某个轴测轴的方向移动时，请按一次 F5 键。如果切换未成功，则需再按一次。

步骤 09　利用【复制】命令复制两条直线段，完成顶面的绘制。

注意：轴测图中绘制平行线时，一定要用【复制】命令。如果使用【偏移】命令，其结果和预期偏差较大。

3. 圆柱体轴测图的绘制

【例题 2】绘制图 3-125 所示的圆柱体的轴测图。

【绘图步骤】

圆柱体底面圆的正等测轴测投影图是椭圆，所以该例中要用【椭圆】命令完成底面圆的轴测图的绘制。

绘图之前，请按照前面讲述的方法设置轴测图的绘图环境。

步骤 01　用下列方法之一执行【椭圆】命令：

- 依次单击【默认】选项卡→【绘图】面板→【椭圆】按钮,如图 3－126 所示;
- 在命令行输入 Ellipse 并按【Enter】键。

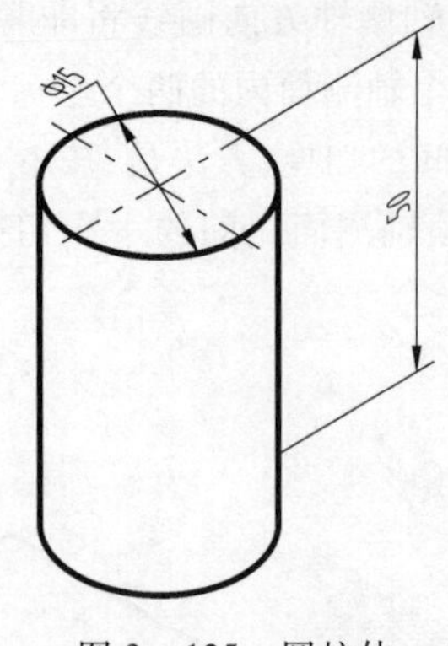

图 3－125 圆柱体

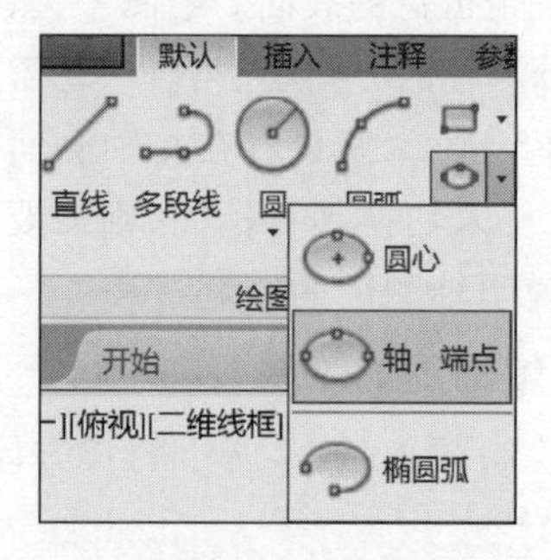

图 3－126 单击【椭圆】按钮

步骤 02 指定椭圆轴的端点或 [圆弧(A)/中心点(C)/等轴测圆(I)]:

输入 I 并按【Enter】键。

等轴测圆就是绘制在三个轴测面内的椭圆。和绘制椭圆不同,画等轴测圆时,只需输入圆心、半径即可。

步骤 03 指定等轴测圆的圆心:

用鼠标单击绘图区任意一点输入底面等轴测圆的圆心。

步骤 04 指定等轴测圆的半径或 [直径(D)]:

观察鼠标是否在顶轴测面内。如果不在,请按一次或两次 F5 键。确定轴测面后,输入 7.5 并按【Enter】键。

步骤 05 向上复制椭圆,得到圆柱体另一底面的轴测投影。

步骤 06 设置并打开【对象捕捉】功能,捕捉轴测圆上的【象限点】,绘制圆柱体左右两条轮廓线,完成圆柱体轴测图的绘制。

4. 组合体轴测图的绘制

【例题 3】绘制图 3－127 所示组合体的轴测图。

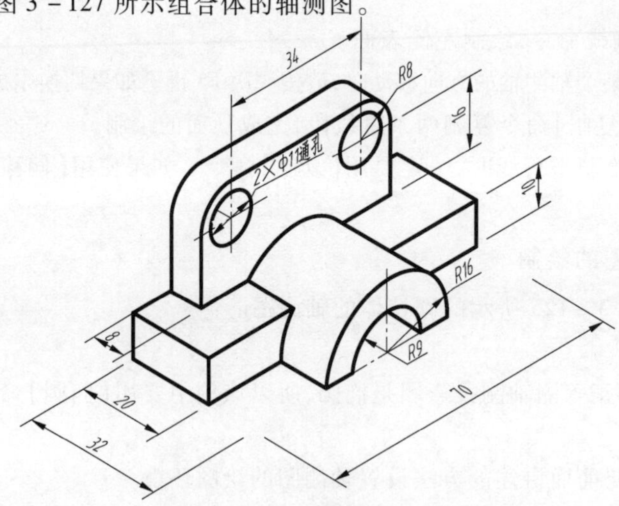

图 3－127 组合体的轴测图

【绘图步骤】

该组合体包括两个长方体和一个半圆柱体。绘图时，我们一般按照由下向上、由后到前的顺序绘制，使绘图过程易于观察。

步骤 01　设置轴测图的绘图环境。

步骤 02　绘制底部的长方体如图 3－128 所示。

步骤 03　绘制上方的长方体如图 3－129 所示。

步骤 04　如图 3－130 所示，复制长方体的两条棱线，它们的交点就是圆柱底面圆的圆心。

步骤 05　如图 3－131 所示，绘制两个轴测圆，沿轴测轴 X 轴的方向进行复制并修剪。

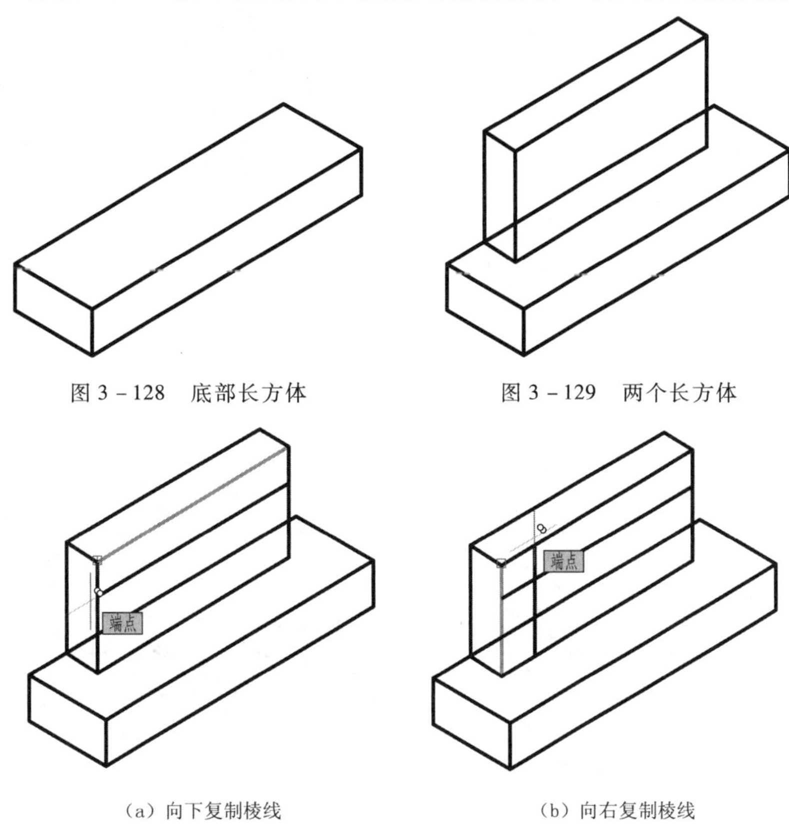

图 3－128　底部长方体

图 3－129　两个长方体

(a) 向下复制棱线

(b) 向右复制棱线

图 3－130　复制长方体的棱线

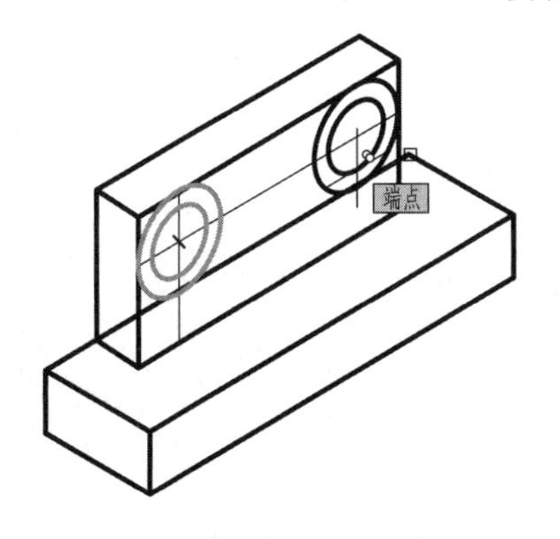

(a) 绘制轴测圆并向右复制

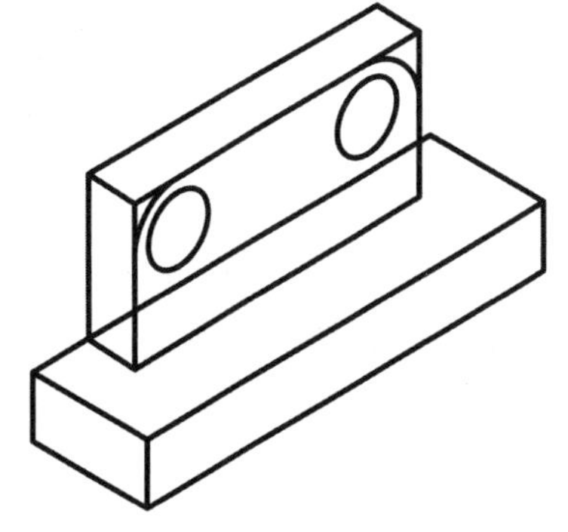

(b) 修剪轴测圆

图 3－131　绘制轴测圆

步骤 06　如图 3－132(a)所示，沿轴测轴 Y 轴方向复制两段圆弧并修剪多余的图线，结果如图 3－132(b)所示。

步骤 07　捕捉切点并绘制长方体右上角圆角处的切线。

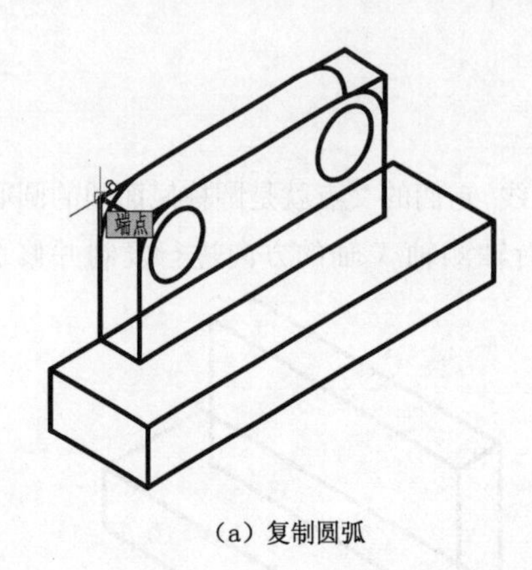

(a) 复制圆弧

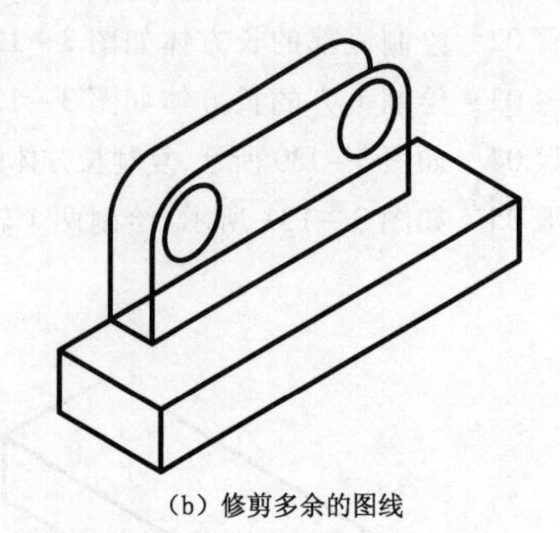

(b) 修剪多余的图线

图 3－132　绘制圆角及其切线

步骤 08　如图 3－133(a)所示，在底部长方体的右轴测面内绘制半圆柱体横截面的等轴测圆。然后剪切下半部分圆弧，结果如图 3－133(b)所示。

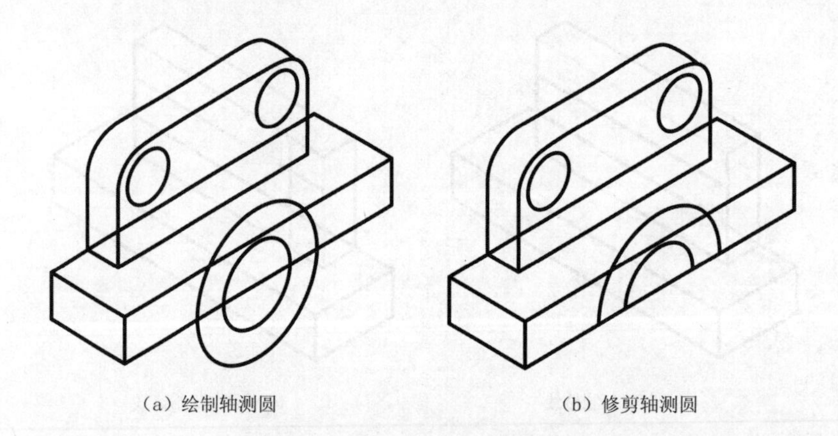

(a) 绘制轴测圆　　(b) 修剪轴测圆

图 3－133　绘制轴测圆并修剪多余的图线

步骤 09　如图 3－134 所示，将上步绘制的椭圆弧向前、后各复制一份，连线、剪切并删除多余的图线，完成组合体轴测图的绘制。

此处省去了详细的过程描述，请读者自行思考并尝试操作，完成组合体轴测图的绘制。

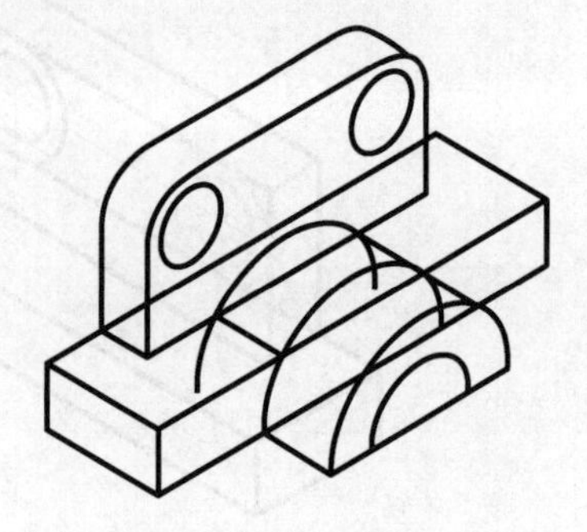

图 3－134　绘制半圆柱的轴测图

图 形 注 释

图形注释包括文字注写、尺寸标注和表格插入等。

4.1 文字标注

文字是 AutoCAD 中重要的图形元素之一。通过文字的注释,使图形更加易读。下面将讨论文字标注的方法、文字样式的设置以及文字的编辑等。

如果文字内容比较简单,则用【单行文字】命令进行注写。

【例题 1】在绘图区的任意位置注写文字“Hello,AutoCAD!”。

【绘图步骤】

步骤 01　用下列方法之一执行【单行文字】注写命令:

- 依次单击【默认】选项卡→【注释】面板→【单行文字】按钮,如图 4-1 所示;
- 在命令行输入 DText 并按【Enter】键。

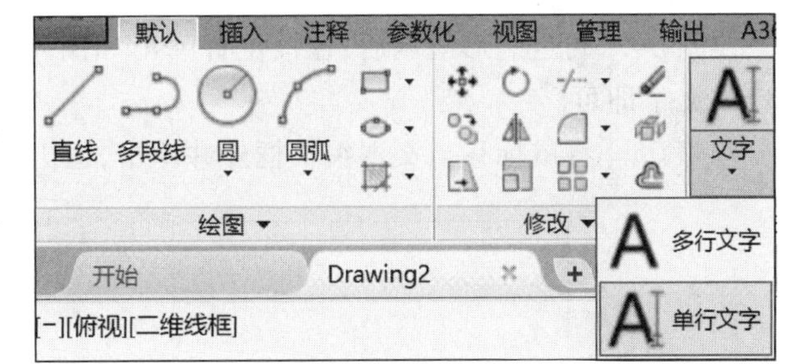

图 4-1　单击【单行文字】按钮

命令启动后,按下列提示输入文本的样式参数并完成文本注写。

步骤 02　*指定文字的起点或[对正(J)/样式(S)]:*

用鼠标在绘图区任意单击一次,输入文字注写的起始位置。

步骤 03　*指定高度:*

文字高度确定了文字的大小。在工程图样绘制中,请大家按照国标要求的字高系列进行注写。这里我们输入 5 并按【Enter】键。

步骤 04　*指定文字的旋转角度:*

文字的旋转角度指的是文字的排列方向和 X 轴正向的夹角,逆时针为正。多数情况下,图纸上的文本从左到右排列,和 X 轴正向的夹角为 0。所以在该提示下输入 0 并按【Enter】键。

步骤 05　当绘图区出现闪烁的光标时,键入文本“Hello,AutoCAD!”,然后按【Enter】键两次跳出命令,完成文本标注,结果如图 4-2 所示。

Hello,AutoCAD!

图 4-2　单行文本

如果文字内容较多,则用【多行文字】命令注写,以便对其进行格式化排版。

【例题 2】在绘图区的任意位置注写如图 4－3 所示的段落文字。

【绘图步骤】

步骤 01　用下列方法之一执行【多行文字】注写命令:

- 依次单击【默认】选项卡→【注释】面板→【多行文字】按钮,如图 4－4 所示;
- 在命令行输入 MText 并按【Enter】键。

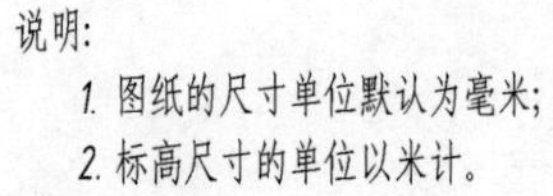

说明:
1. 图纸的尺寸单位默认为毫米;
2. 标高尺寸的单位以米计。

图 4－3　段落文字

文字
标注
修改
注释
多行文字
单行文字

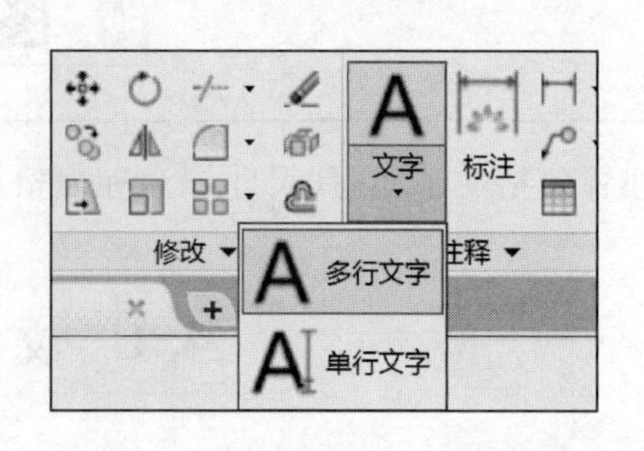

图 4－4　单击【多行文字】按钮

命令执行后,将会提示用户指定一个矩形区域来注写段落文字。

步骤 02　指定第一角点:

用鼠标在绘图区任意位置单击一次,输入矩形区域左上角的顶点。

步骤 03　指定对角点或 [高度(H)/对正(J)/行距(L)/旋转(R)/样式(S)/宽度(W)/栏(C)]:

向右下方移动鼠标,确定足够大小的矩形区域后用鼠标再次单击,输入矩形区域的对角点,如图 4－5(a)所示。

步骤 04　确定矩形区域后,在该位置弹出如图 4－5(b)所示的本文编辑框。这时,键入相应的文字即可。

步骤 05　将鼠标移至文本编辑框外并单击,退出文字注写命令。

abc
L

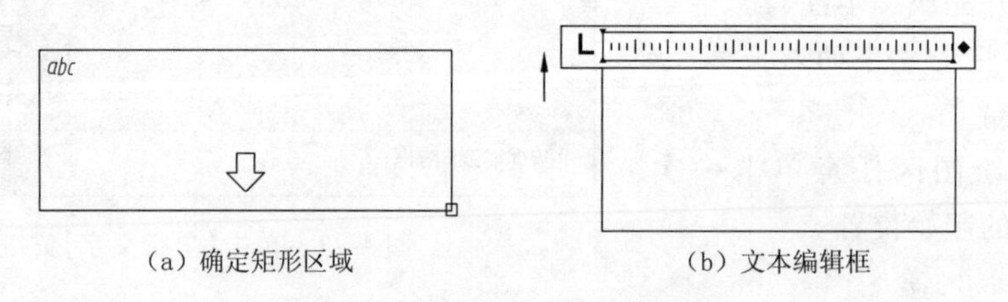

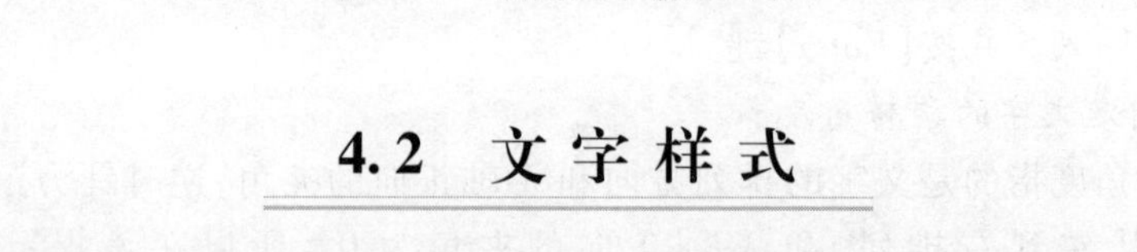

(a) 确定矩形区域　　(b) 文本编辑框

图 4－5　确定文本输入区域

4.2　文字样式

为了方便工程图样的交流和阅读,国家标准对文本标注做了详细的规定,其中包括文本字体、大小和字头朝向等。

在默认情况下,AutoCAD 提供的样式不能满足标注要求。所以在文本注写前,都应创建新的文字样式并将其设为当前样式,然后进行文字注写。

【例题】创建小字体为 gbenor. shx、大字体为 gbcbig. shx、字高为 3.5 的文字样式。

【绘图步骤】

步骤 01　用下列方法之一执行文字样式的创建命令：

- 依次单击【默认】选项卡→【注释】面板→【文字样式】按钮，如图 4 －6 所示；
- 在命令行输入 Style 并按【Enter】键。

图 4 －6　单击【文字样式】按钮

步骤 02　命令执行后，弹出如图 4 －7 所示的对话框，其中左侧是已经存在的样式列表。单击【新建 ... 】按钮，出现图 4 －8 所示的对话框，在编辑框键入新的样式名并单击【确定】按钮。

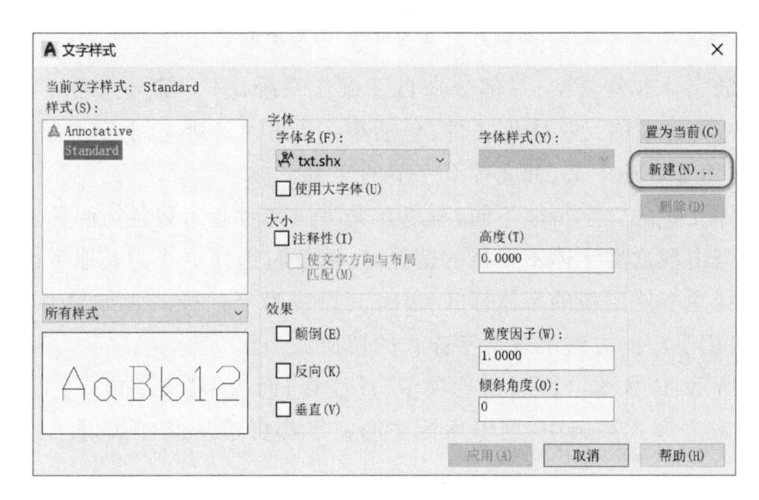

图 4 －7　【文字样式】对话框

图 4 －8　【新建文字样式】对话框

步骤 03　返回到图 4 －9 所示的对话框，按照图中标注的顺序完成新字体样式的创建。具体过程说明如下：

- 在【SHX 字体】下拉列表中选择 gbenor. shx 选项，指定小字体；

- 选中【使用大字体】复选按钮，则右侧【大字体】下拉列表才可用；
- 在【大字体】下拉列表中选择 gbcbig. shx 选项；
- 在【高度】编辑框中输入 3.5，指定该样式的文字字高；
- 单击【应用】按钮将该样式设置为当前样式；
- 单击【关闭】按钮完成新样式的创建。

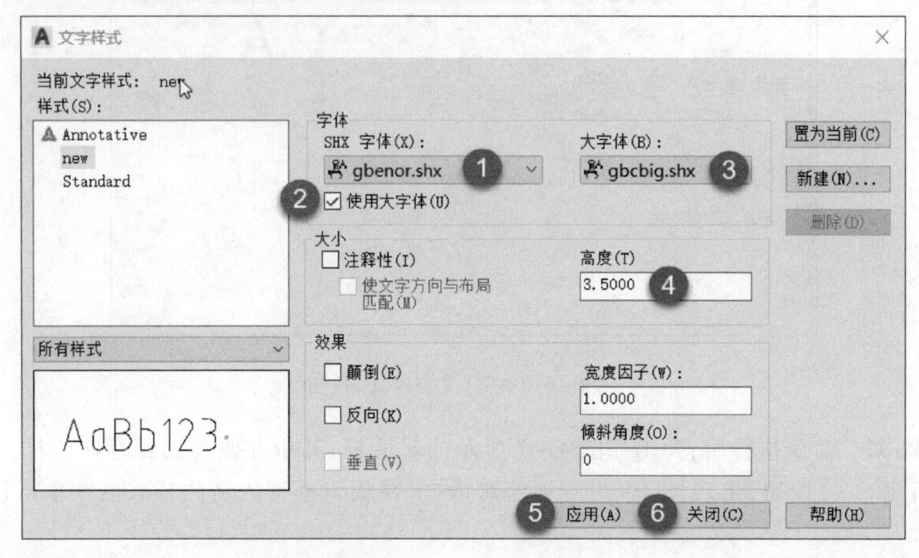

图 4－9 【文字样式】对话框

AutoCAD 中的字体非常复杂，一部分来自于操作系统，另一部分来自于系统自定义。系统自定义的 .SHX 文件被称为字体形文件，包括小字形和大字形。小字形字体一般用来表达西文，大字形字体用于表达中文、韩文等双字节的文字。

因为每种字体支持的文字特征不同，所以在文字注写时会出现各类问题。比如，注写中文时显示为问号。当出现这类字体不支持的情况时，请及时选择更换为其他字体。

为了在文本标注中使用新的字体样式，需将其设置为当前样式。如果在样式创建时并未将其置为当前，可用下面的方法实现文字样式的切换：

如图 4－10 所示，依次单击【默认】选项卡→【注释】面板→【文字样式】下拉列表并选择字体样式。一旦有文字样式被选中，则以后标注的文字都将遵从此样式，直到下次切换为别的样式。

图 4－10 切换字体样式

4.3 特殊文本的输入

图形标注中,可能需要输入一些特殊的文字,如希腊字母、英文、数学符号和公式等。由于这些特殊的文本不能用键盘直接输入,所以下面将讨论一些常用的输入方法。

1. 利用【多行文字】命令注写

执行【多行文字】命令,指定输入区域并弹出文本编辑框时,在软件界面的功能区出现【文字编辑器】选项卡。如图 4-11 所示,单击【符号】下拉列表。

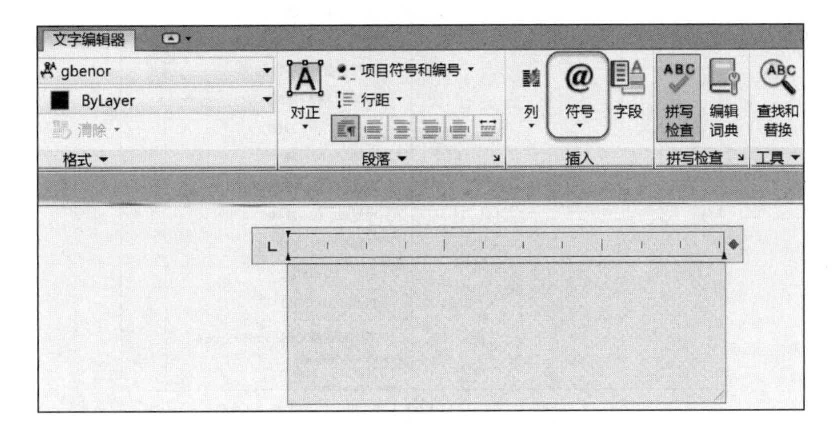

图 4-11 单击【符号】下拉列表

在图 4-12 所示的下拉列表中,列出了一些常用的符号。用鼠标左键单击对应行,就能输入相应的符号。图 4-13 是一些例子,请读者尝试输入。

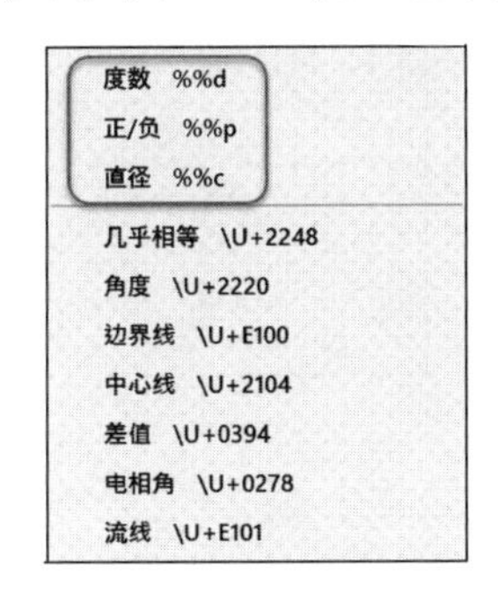

图 4-12 常见的符号

图 4-13 特殊符号的输入

当需要输入其他更多符号时,在图 4-14 中选择【其他...】选项,弹出图 4-15 所示的对话框,其中:

- 用鼠标单击要输入的字符,使其放大显示;
- 单击【选择】按钮选中该符号;
- 单击【复制】按钮将该符号复制到粘贴板。

再次回到图 4-16 所示的文本编辑框中,单击鼠标右键,在弹出的快捷菜单中选择【粘贴】输入字符。

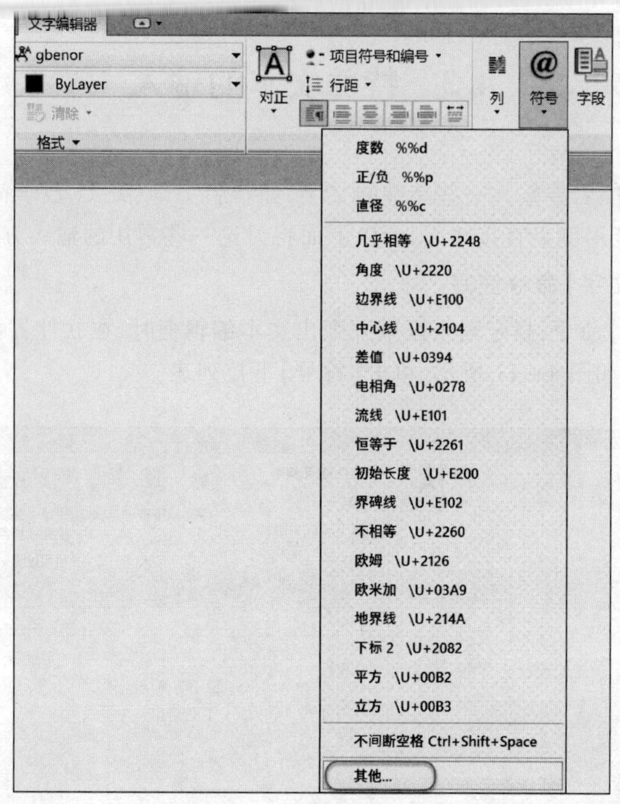

图 4－14 选择【其他...】

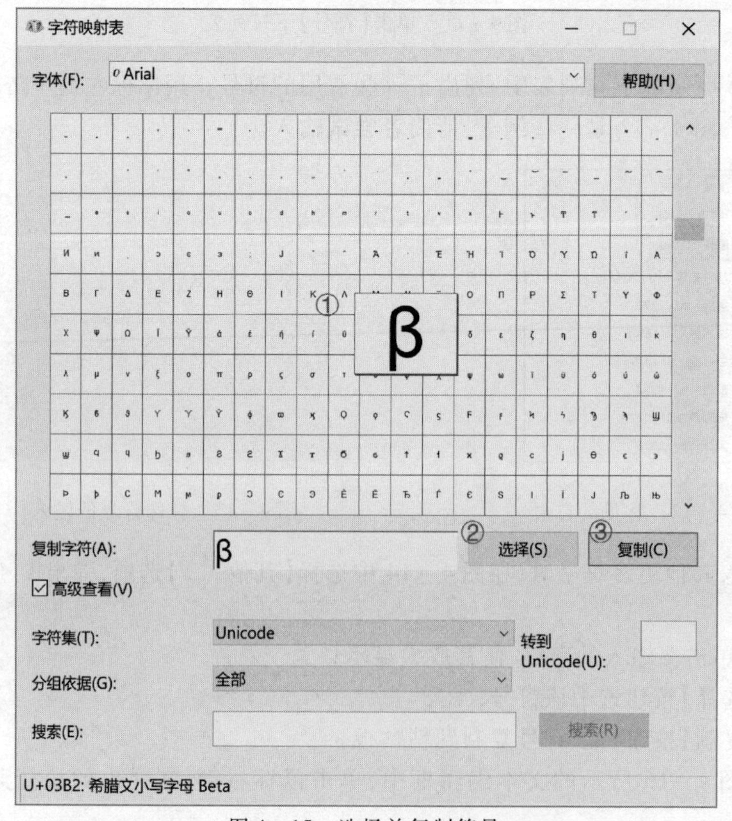

图 4－15 选择并复制符号

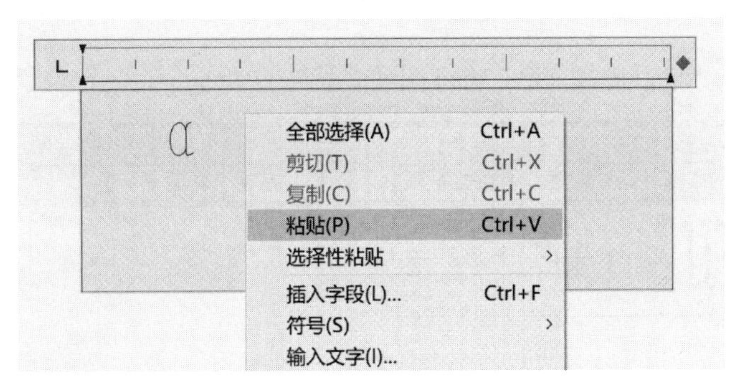

图 4－16　粘贴符号

2. 利用输入法软键盘输入特殊符号

多数输入法都提供了虚拟键盘。读者可通过 PC 软键盘和其他字符键盘之间的切换，进行常规和特殊字符的输入。

如果需要输入一些特殊符号，不妨采用该法，可能更加快捷方便。

关于虚拟键盘的调用及操作等详细步骤，此处省略。读者可通过搜索引擎获取相关的操作方法并进行输入尝试。

3. 公式的注写

AutoCAD 没有提供公式编辑功能。如果要在图样中输入公式，首先应确保计算机中已经安装了公式编辑器，然后通过插入对象的方式编辑并输入公式。下面是操作方法：

图 4－17　单击【插入对象】按钮

- 依次单击【插入】选项卡→【数据】面板→【OLE 对象】按钮，如图 4－17 所示；
- 弹出如图 4－18 所示的【插入对象】对话框后，在【对象类型】中选择公式编辑器并单击【确定】按钮；

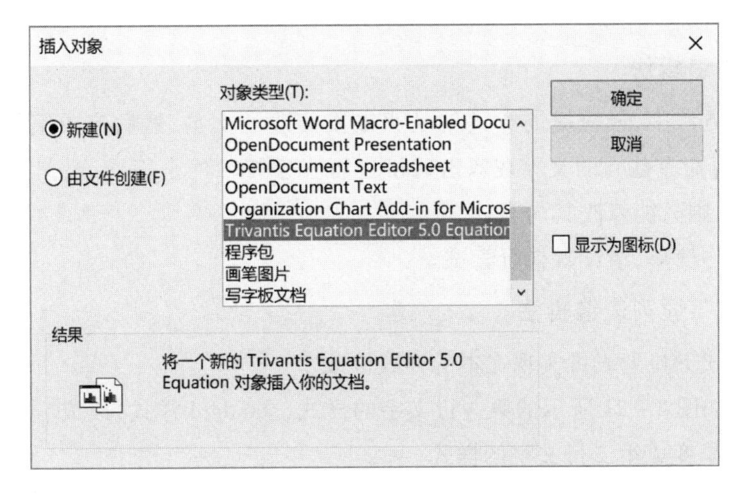

图 4－18　【插入对象】对话框

● 弹出的公式编辑器的工作界面如图 4 - 19 所示,读者可在其编辑区输入公式;

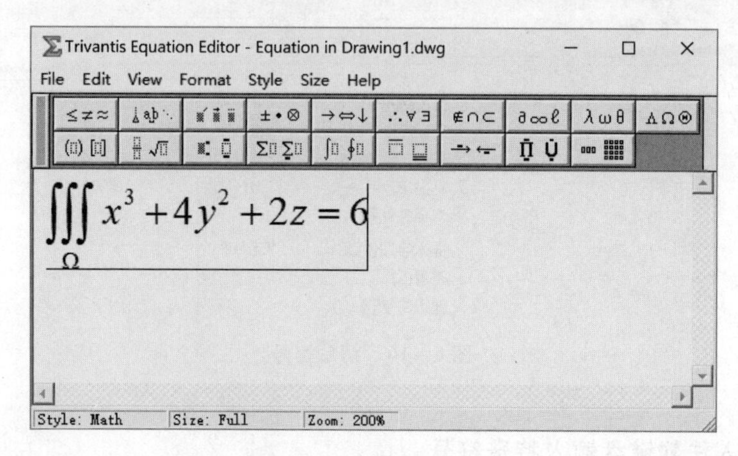

图 4 - 19 公式编辑器

● 退出公式编辑器,则公式显示如图 4 - 20 所示。

图 4 - 20 中,公式有一个外边框。在默认情况下,该边框仅会显示,不会被打印。如果读者要更改边框的显示状态,应调整系统变量 OLEFRAME的值。

$$\iiint_{\Omega} x^3 + 4y^2 + 2z = 6$$

图 4 - 20 绘图区显示的公式

● 当 OLEFRAME 为 0 时,不显示也不打印边框;

● 当 OLEFRAME 为 1 时,显示并打印边框;

● 当 OLEFRAME 为 2 时,显示但不打印边框。

如果要编辑已输入的公式,请用鼠标双击公式外边框。当弹出公式编辑器的工作界面后进行编辑,然后关闭公式编辑器,自动完成内容更新。

4.4 文本的编辑

1. 鼠标双击编辑法

文本编辑的方法中,最快捷的方式就是双击要修改的文本,然后完成编辑即可。具体来说,由【多行文字】命令注写的文本在双击后可进行文字特征的全面修改;但是用【单行文字】命令注写的文本,则只能修改其内容。

这种方法操作简单,请读者自行尝试。

2. 文字样式下拉列表编辑法

通过文字样式下拉列表可实现文本的样式修改。

【例题 1】将如图 4 - 21 所示的第一行文字的样式(standard 样式)改成“new”样式(之前创建的样式),也就是变成第二行文字的样式。

【绘图步骤】

步骤 01 如图 4 - 22 所示,单击第一行文字;

文字样式-宋体　　文字样式-宋体

文字样式-gbenor　　文字样式-gbenor

图　4 - 21 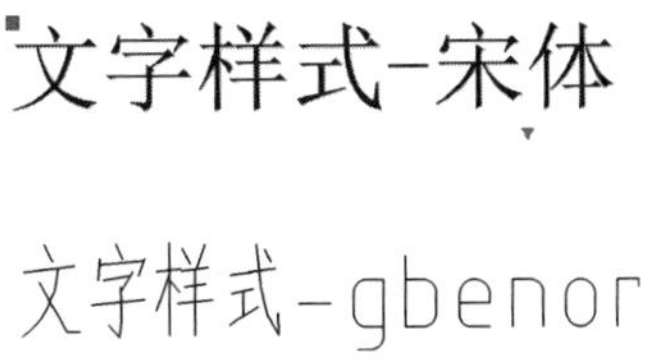　　图 4 - 22　选中第一行文字

步骤 02　依次单击【默认】选项卡→【注释】面板→【文字样式】下拉列表，如图 4 - 23(a)所示；

步骤 03　在图 4 - 23(b)所示的样式列表框中选择【new】样式；

步骤 04　按 Esc 键，退出编辑模式，完成文字样式的更改，结果如图 4 - 24 所示。

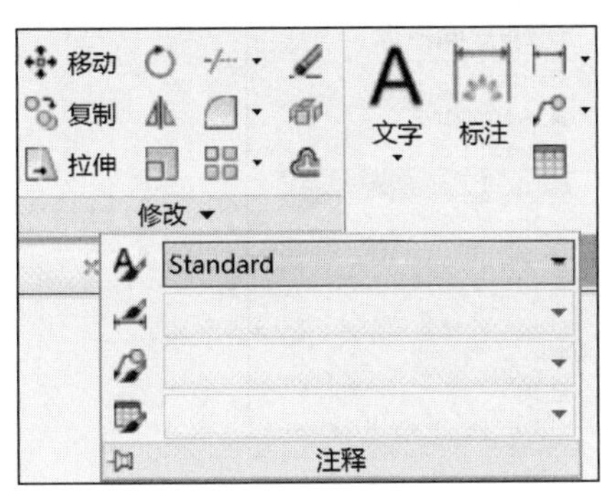

(a)　单击【文字样式】下拉列表

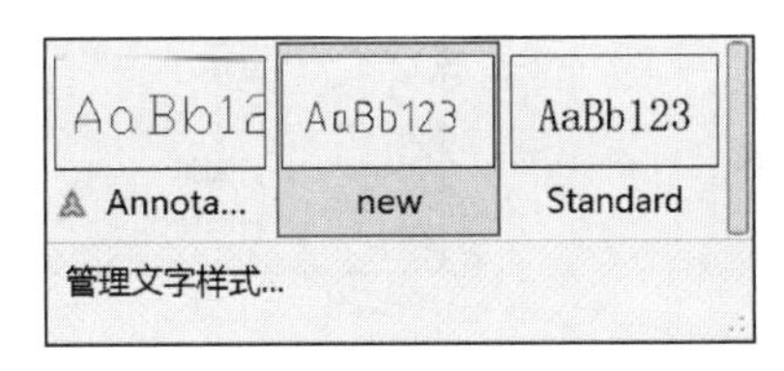

(b) 选择【new】样式

图 4 - 23　文字样式切换

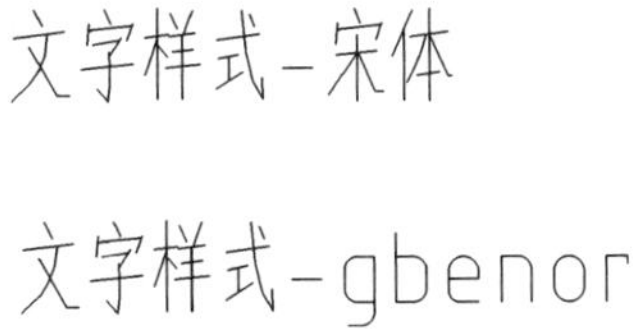

文字样式-宋体

文字样式-gbenor

图 4 - 24　修改文字样式

3. 特性修改法

【例题 2】将图 4 - 21 所示的第一行文字的样式改成“new”样式，也就是变成第二行文字的样式。

【绘图步骤】

步骤 01　单击第一行文字。

步骤 02　依次单击【默认】选项卡→【特性】面板右下角的小箭头，如图 4 - 25 所示。

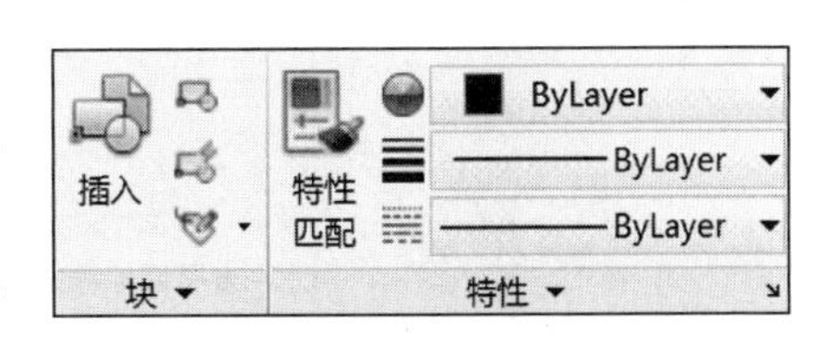

图 4 - 25　单击【特性】按钮

步骤 03　在图 4 - 26 所示的【特性】对话框中，选择【样式】下拉列表中的【new】样式。

步骤 04　按 Esc 键，退出编辑模式，完成修改。

由图 4 - 26 可知，通过【特性】对话框，用户可修改文本的图层、颜色、字高、旋转等多种显示特征。

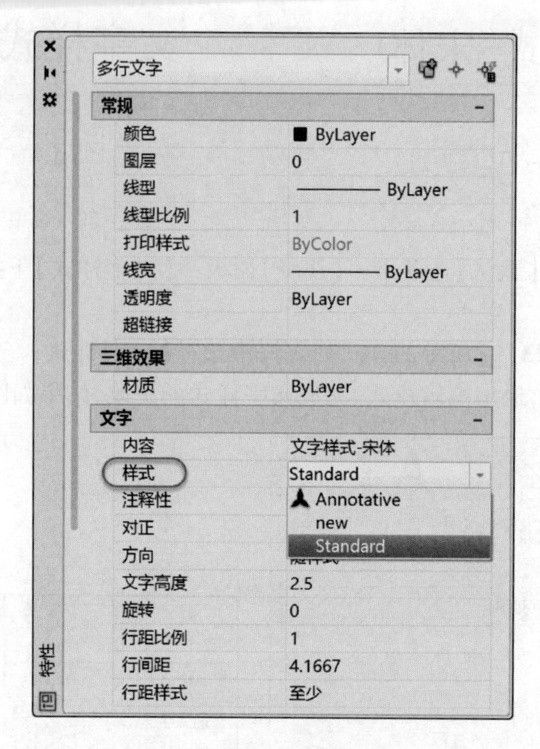

图 4 - 26 【特性】对话框

4. **特性匹配法**

【**例题 3**】将图 4 - 21 所示的第一行文字的样式改成“new”样式,也就是变成第二行文字的样式。

【**绘图步骤**】

步骤 01 依次单击【默认】选项卡→【特性】面板→【特性匹配】按钮,如图 4 - 27 所示。

图 4 - 27 单击【特性匹配】按钮

步骤 02 选择源对象:

如图 4 - 28(a)所示,单击目标样式文字,也就是第二行文字。

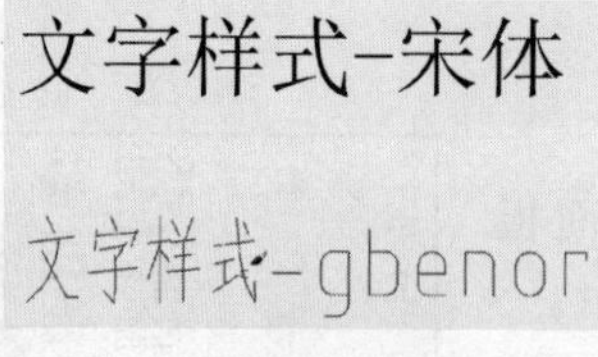

(a) 选择目标样式 (b) 选择要修改的文本

图 4 - 28 文字样式匹配

步骤 03 选择目标对象或 [设置(S)]:

如图 4 - 28(b)所示,单击要修改的文字,也就是第一行文字,完成文字样式的修改。

4.5　尺寸标注的相关规定

工程图样的尺寸不仅反映了工程物体的形状、大小和相对位置等，还是施工建造的重要依据。所以，正确、清晰地完成图形的尺寸标注非常重要。

1. 尺寸标注的规定

如图4－29所示，图样上的尺寸，一般应包括尺寸界线、尺寸线、尺寸起止符号和尺寸数字。其中：

- 尺寸界线　应该用细实线绘制，一端离开图样轮廓线不应小于2 mm，另一端宜超出尺寸线2～3 mm。
- 尺寸线　应该用细实线绘制，到图样轮廓线的距离不应小于10 mm，相邻两条尺寸线的距离宜为7～10 mm。
- 尺寸起止符号　用中粗斜短线绘制，其倾斜方向应与尺寸界线成顺时针45°，长度宜为2～3 mm。半径、直径、角度与弧长的尺寸起止符号，宜用箭头表示。
- 尺寸数字　图纸上的尺寸数字字高为3.5 mm，其下边缘到尺寸线的距离宜为0.5～1 mm，字头方向向上或者朝左。

为了便于记忆和设置，可以将尺寸标注中的规定简化为图4－30。

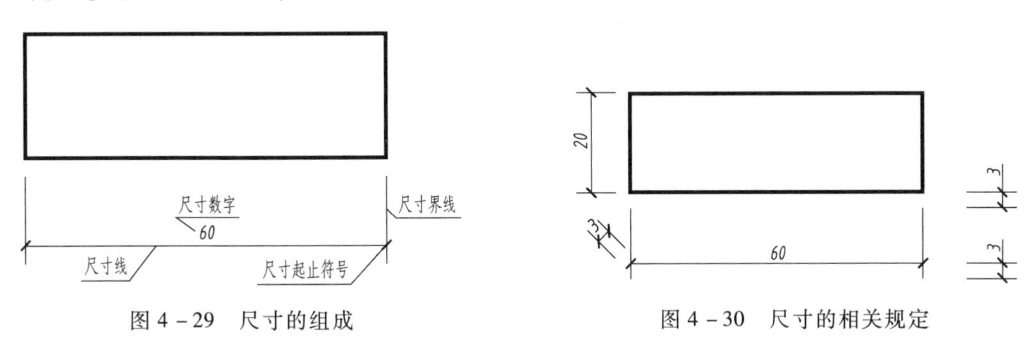

图4－29　尺寸的组成　　　图4－30　尺寸的相关规定

2. 尺寸标注的一般方法

【例题】绘制长60 mm、宽20 mm的长方形并标注其长度尺寸。

【绘图步骤】

步骤01　绘制长方形。

步骤02　用下列方法之一执行尺寸标注命令：

- 依次单击【默认】选项卡→【注释】面板→【线性】按钮，如图4－31所示；
- 在命令行输入Dimlinear并按【Enter】键。

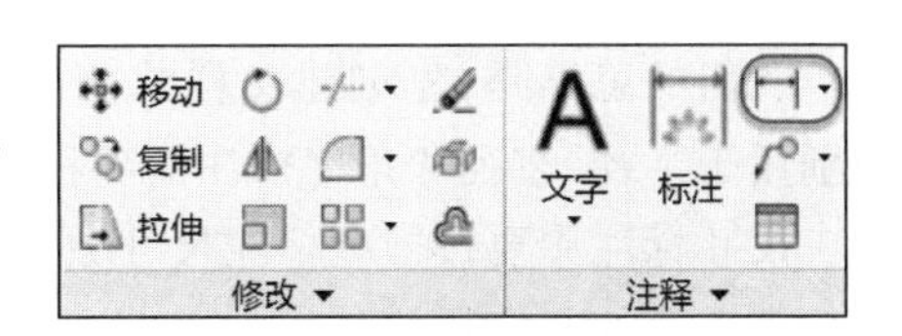

图4－31　单击【线性】按钮

步骤03　指定第一个尺寸界线原点或 <选择对象>：

如图4－32(a)所示，捕捉端点作为第一条尺寸界线的引出点。

步骤04　指定第二条尺寸界线原点：

如图 4－32(b)所示,捕捉端点作为第二条尺寸界线的引出点。

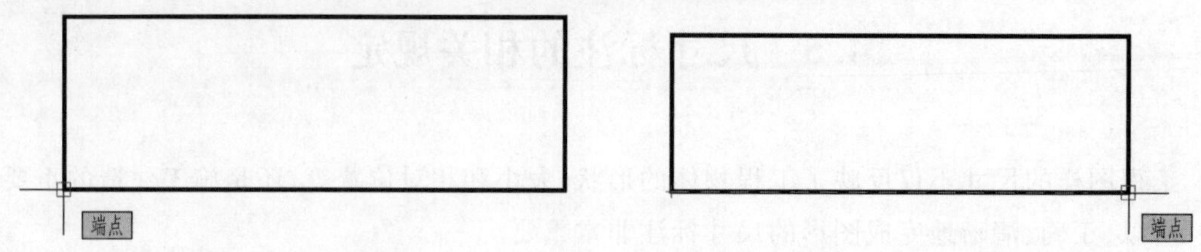

(a) 捕捉第一条尺寸界线的引出点　　(b) 捕捉第二条尺寸界线的引出点

图 4－32　确定尺寸界线的引出点

步骤 05　指定尺寸线位置或[多行文字(M)/文字(T)/角度(A)/水平(H)/垂直(V)/旋转(R)]:

移动鼠标至适当的位置并单击左键,完成尺寸标注,如图 4－33所示。

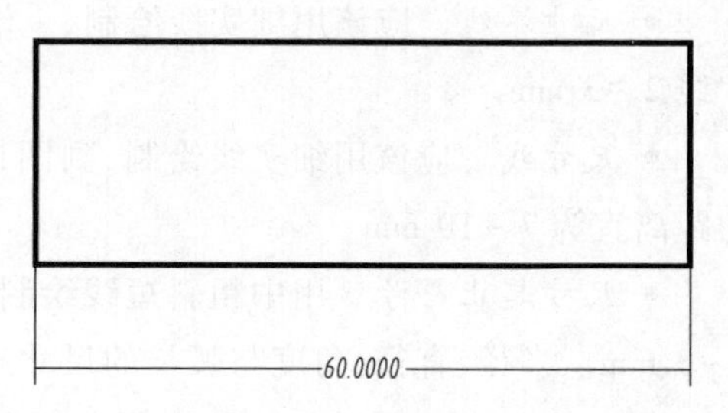

图 4－33　标注长度尺寸

由此可见,在 AutoCAD 中进行尺寸标注时,系统将自动绘制尺寸界线、尺寸线和尺寸起止符号并测量得到尺寸数字。

观察图 4－33,默认情况下的标注不符合规范的相关规定。所以在标注各类尺寸前,应创建符合规范要求的尺寸标注样式。

4.6　尺寸标注的样式设置

尺寸标注的样式设置主要包括对尺寸界线、尺寸线、尺寸起止符号和尺寸数字的设置。

图样中,常见的尺寸标注类型包括:线性标注、角度标注、半径标注和直径标注等。为了完成图样的全部尺寸标注,应针对以上类型的尺寸标注设置对应的标注样式。

如果对每种尺寸标注类型设置样式并在标注过程中切换使用的话,这将使尺寸标注的工作变得非常繁琐。

为了简化工作,我们的方法是:创建父子样式的管理模式。

在父子样式中,父样式通用,子样式专用。进行尺寸标注时,只需将父样式设置为当前样式,则 AutoCAD 根据用户的操作自动判断并选择父、子样式进行标注。

【例题】创建父子样式的尺寸标注样式。

【绘图步骤】

我们的思路是,先创建父样式用于通用标注,再创建分别用于半径、直径和角度标注的各种子样式。

尺寸标注中要按规范标注尺寸数字,所以首先建立尺寸数字需要的文字样式。

步骤 01　创建小字体为 gbenor. shx、大字体为gbcbig. shx、字高为 3. 5 mm 的文字样式并命名为“new”。

步骤 02　用下列方法之一执行【标注样式】命令:

- 依次单击【默认】选项卡→【注释】面板→【标注样式】

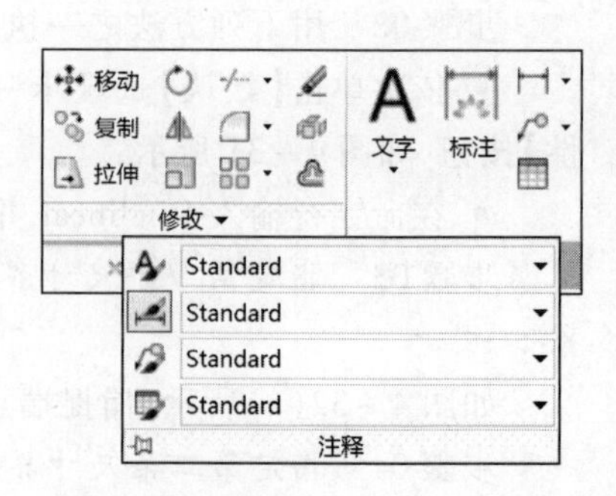

图 4－34　单击【标注样式】按钮

按钮，如图 4 - 34 所示；

- 在命令行输入 Dimstyle 并按【Enter】键。

步骤 03　在如图 4 - 35 所示的对话框中，单击【新建...】按钮。

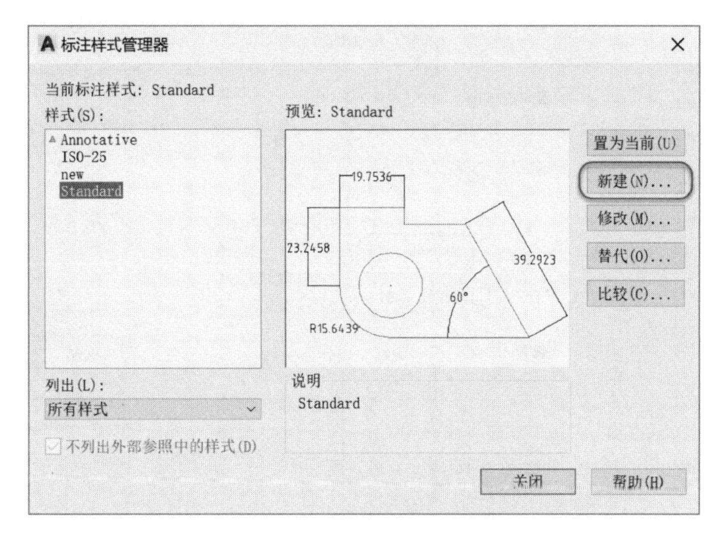

图 4 - 35　【标注样式管理器】对话框

步骤 04　如图 4 - 36 所示，在【新样式名】编辑框中填入样式名“新标注样式”并单击【继续】按钮；

注意：

- 新样式将从基础样式继承所有的参数值；
- 父样式用于所有标注。

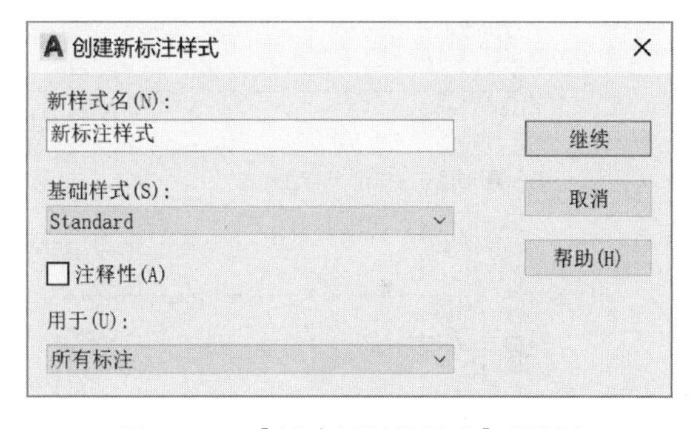

图 4 - 36　【创建新标注样式】对话框

步骤 05　按下面的顺序分别设置尺寸线、尺寸界线、尺寸起止符号和尺寸数字等。

- 尺寸线：如图 4 - 37(a)所示，【基线间距】设为 10，则标注中相邻两条尺寸线之间的距离为 10；
- 尺寸界线：【超出尺寸线】和【起点偏移量】均设为 3，其他不变，如图 4 - 37(a)所示；
- 尺寸起止符号：【箭头】设为建筑标记，【箭头大小】设为 2，如图 4 - 37(b)所示；

注意：【箭头大小】为 2 时，45°中粗斜短线的长度为 3。

- 尺寸数字：选择【new】文字样式，【从尺寸线偏移】设为 0.5，【对齐方式】选择【ISO 标准】，如图 4 - 37(c)所示。

注意：【从尺寸线偏移】用来设定文字下边缘到尺寸线的距离；【ISO 标准】指的是：当文字在尺寸界线之间时，文字与尺寸线对齐，当文字在尺寸界线外面时，文字水平书写。

- 主单位：如图 4 - 37(d)所示，【精度】设置为 0，则尺寸标注时，线性和角度标注中的尺寸数字都精确到个位。

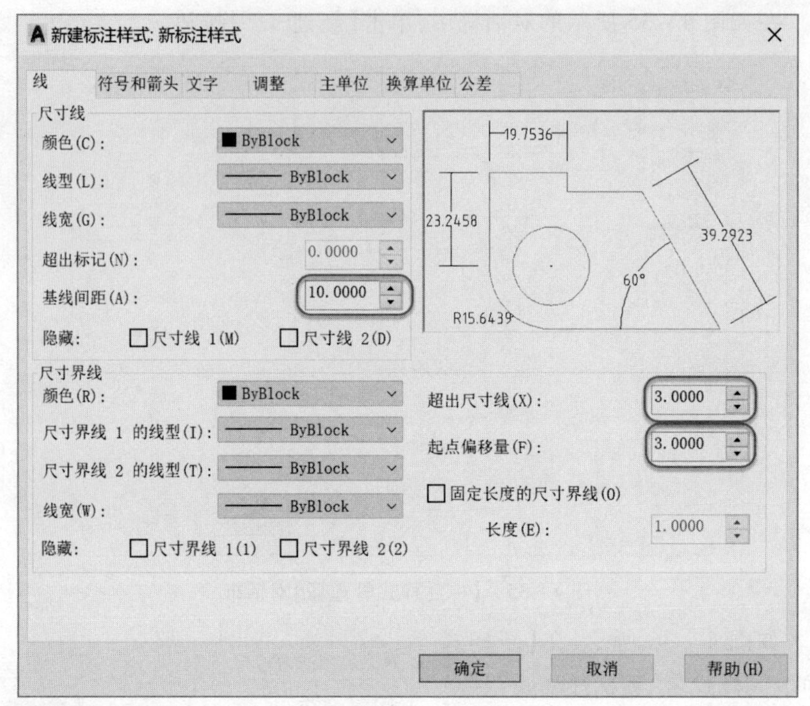

(a) 设置尺寸(界)线

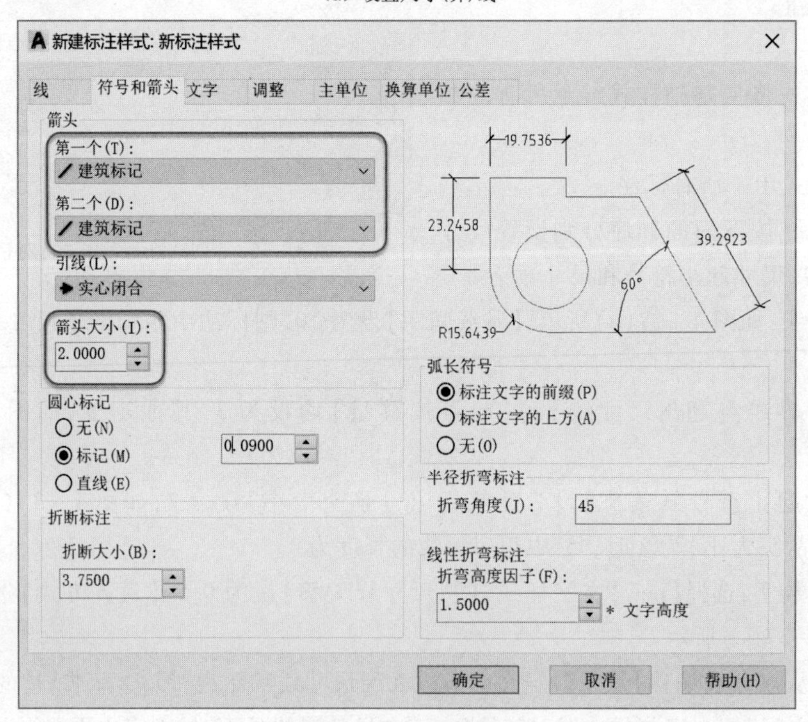

(b) 设置尺寸起止符号

图 4－37 创建父样式

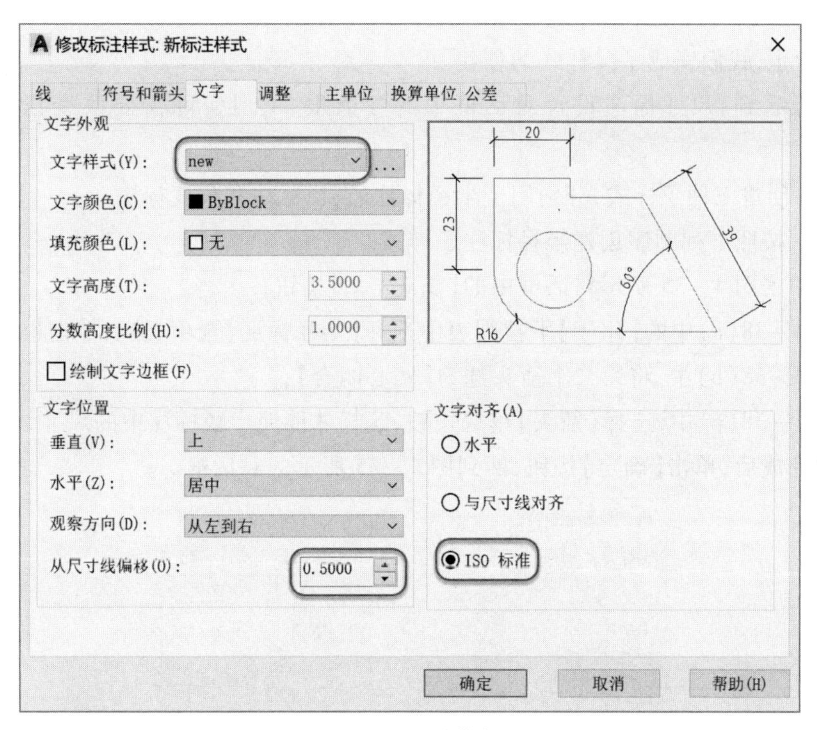

（c）设置尺寸数字

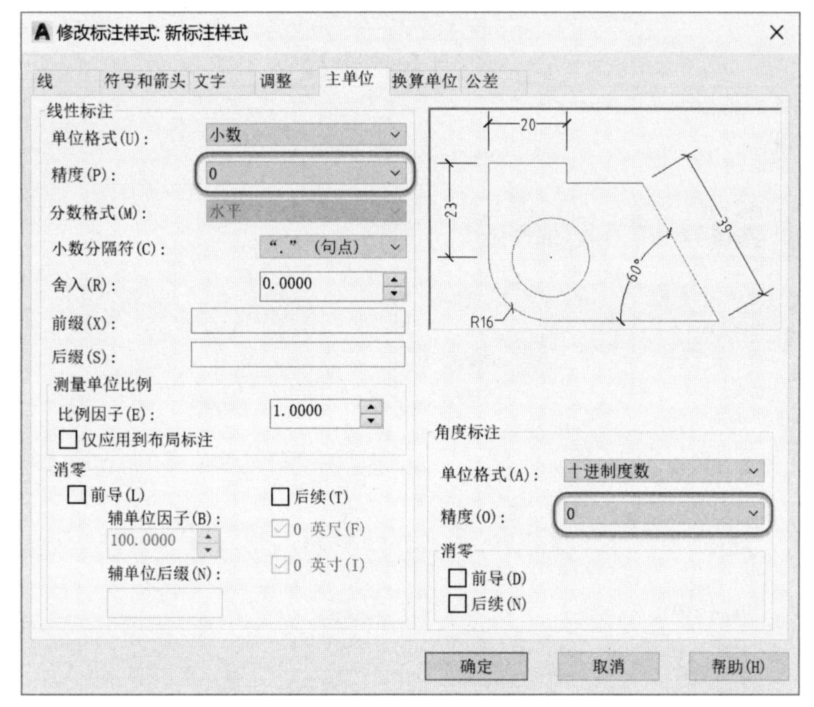

（d）设置尺寸数字的有效位数

图 4－37　创建父样式(续)

设置完成后，单击【确定】按钮回到图4-35所示的对话框，这时在其左侧列表中出现了名为"新标注样式"的尺寸标注样式。

到目前为止，我们完成了父样式的创建。

读者已经看到，尺寸标注设置对话框中的参数很多，但实际需要改变设置的参数并不多。

接下来将创建三种子样式，分别用于半径标注、直径标注和角度标注。

步骤06　按照下列顺序创建半径标注子样式。

- 再次单击图4-35所示对话框中的【新建...】按钮；
- 在图4-38(a)中的【用于】下拉列表中选择【半径标注】选项，然后单击【继续】按钮；
- 在图4-38(b)中，将第二个箭头选为【实心闭合】；
- 在图4-38(c)中，选择【箭头】单选按钮，这样才能使半径标注中的尺寸线正确显示；
- 设置完成后，单击【确定】按钮，回到图4-35所示的对话框。

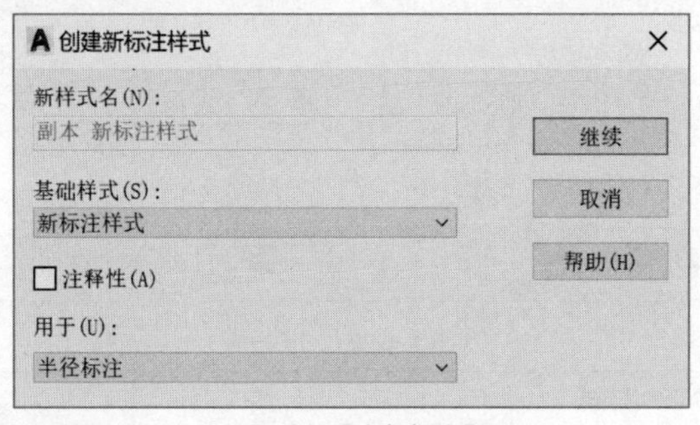

(a) 选择【半径标注】

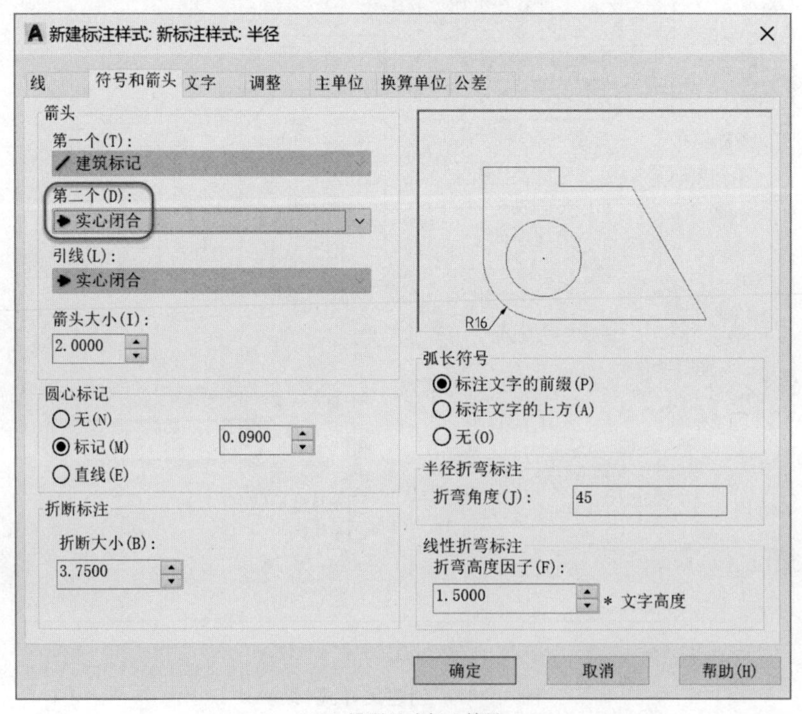

(b) 设置尺寸起止符号

图4-38　创建半径标注子样式

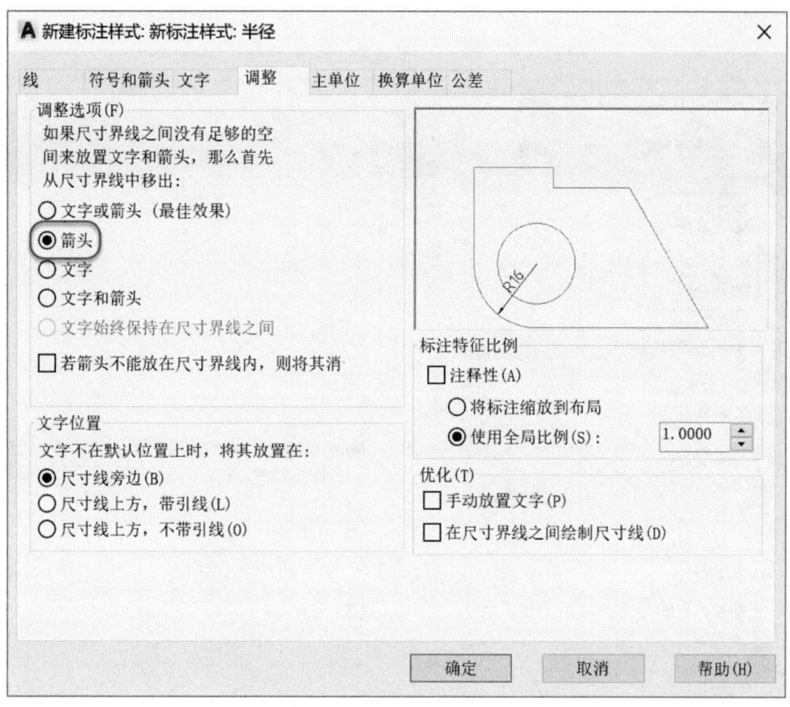

（c）选择【箭头】选项

图 4－38　创建半径标注子样式(续)

步骤 07　按照下列顺序创建直径标注子样式。

- 单击图 4－35 所示对话框中的【新建...】按钮；
- 在图 4－39(a)中的【用于】下拉列表中选择【直径标注】选项，然后单击【继续】按钮；
- 在图 4－39(b)中，将两个尺寸起止符号选为【实心闭合】；
- 在图 4－39(c)中，选择【箭头】单选按钮，这样才能使直径标注中的尺寸线正确显示；

注意：为了使直径标注中尺寸数字的位置随鼠标而定，应选中【手动放置文字】复选框。

- 设置完成后，单击【确定】按钮，回到如图 4－35 所示的对话框。

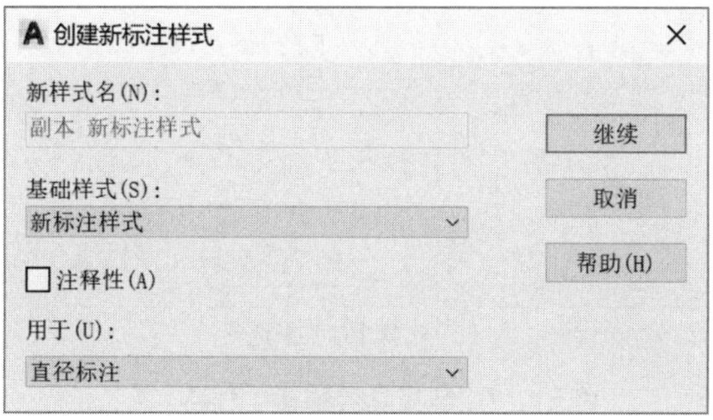

创建新标注样式
新样式名(N)：
副本 新标注样式
继续
基础样式(S)：
新标注样式
取消
帮助(H)
注释性(A)
用于(U)：
直径标注

（a）选择【直径标注】

图 4－39　创建直径标注子样式

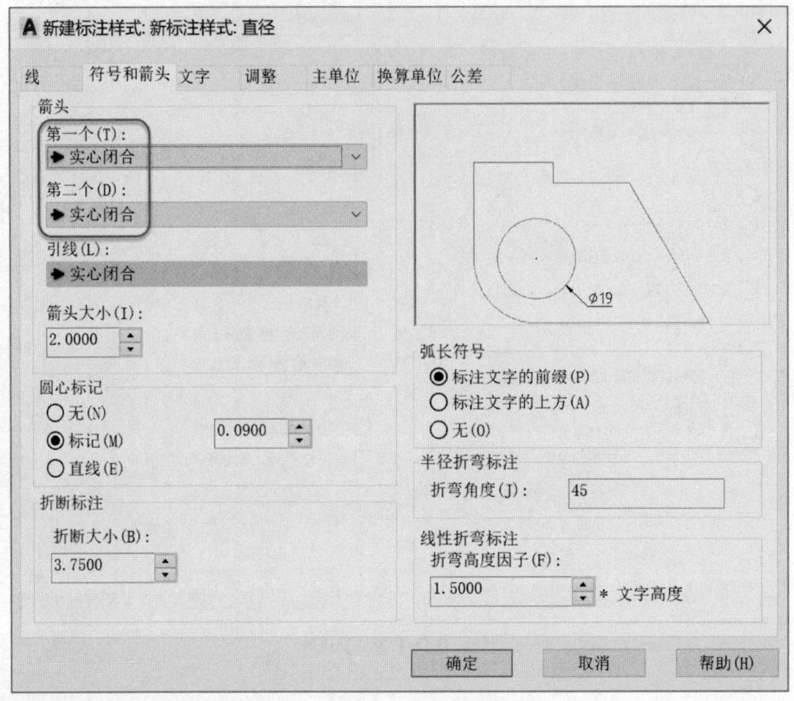

（b）设置尺寸起止符号

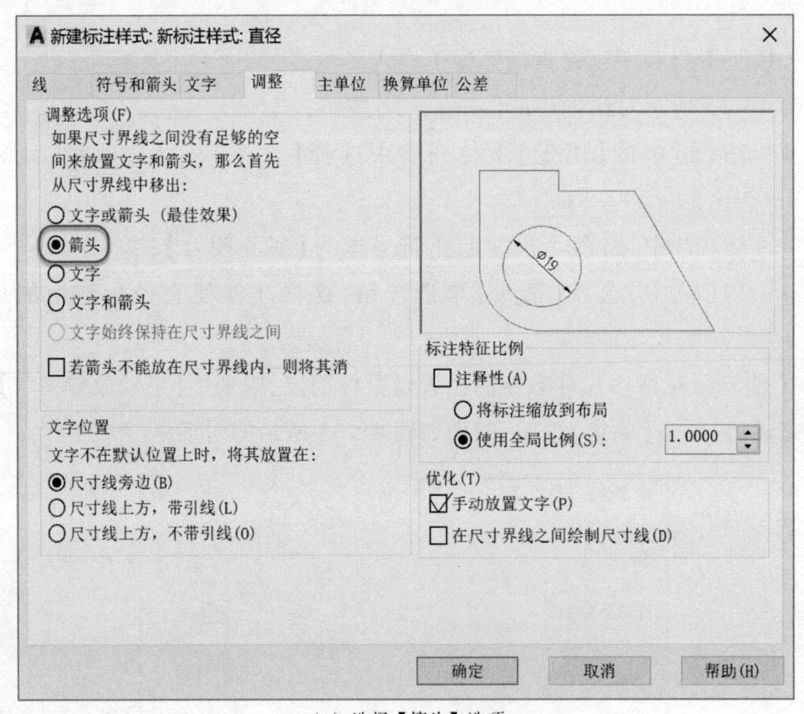

（c）选择【箭头】选项

图 4－39　创建直径标注子样式(续)

步骤 08　按照下列顺序创建角度标注子样式。

- 再次单击图 4－35 所示对话框中的【新建...】按钮；
- 在图 4－40 中的【用于】下拉列表中选择【角度标注】选项，然后单击【继续】按钮；
- 在图 4－41(a)中，将两个尺寸起止符号选为【实心闭合】；
- 在图 4－41(b)中，【垂直】选择【外部】使尺寸数字标注在尺寸线的外面；【文字对齐】选择【水平】使尺寸数字水平注写；
- 设置完成后，单击【确定】按钮，回到如图 4－42 所示的对话框。

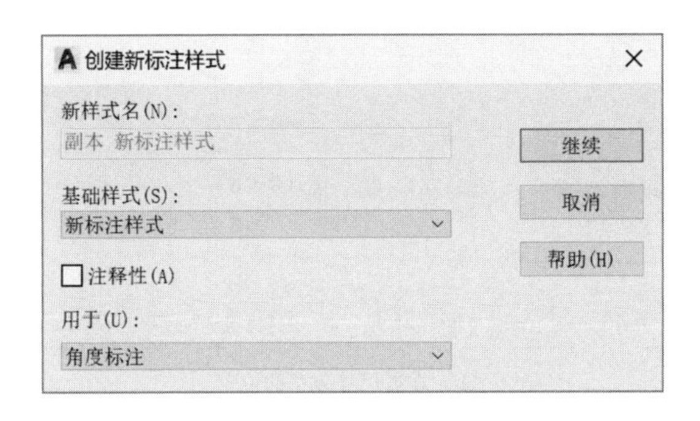

图 4－40　选择【角度标注】

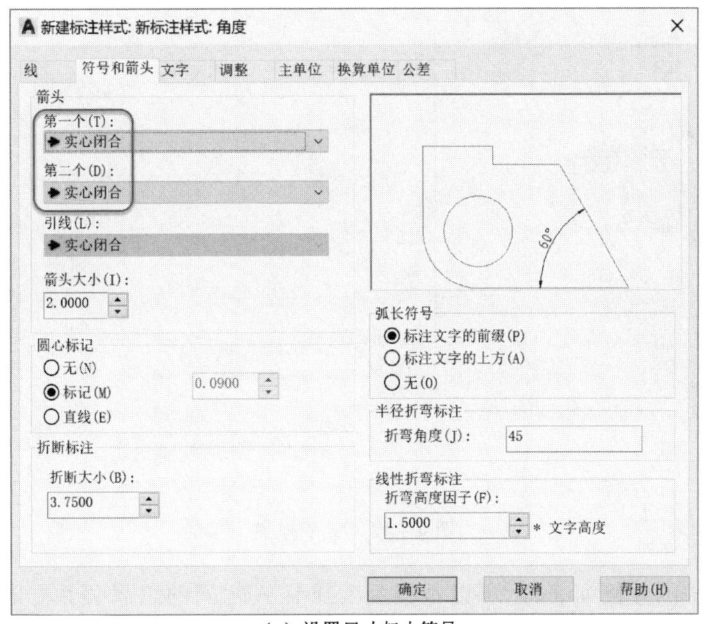

(a) 设置尺寸起止符号

图 4－41　创建角度标注子样式

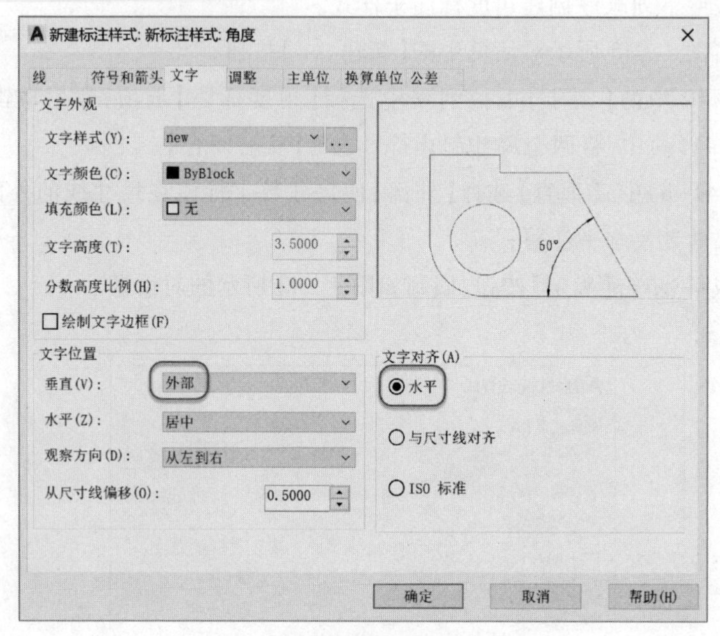

(b) 设置尺寸数字的位置

图 4-41 创建角度标注子样式(续)

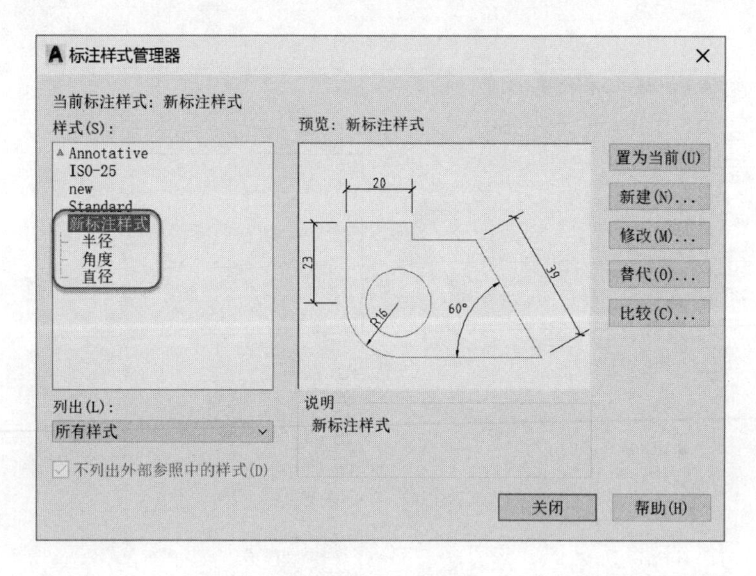

图 4-42 父子样式

由图 4-42 中的左侧列表框,可以观察到父子样式之间的隶属关系。顺次单击【置为当前】和【关闭】按钮后,“新标注样式”将被选中为当前标注样式。

此后的尺寸标注中,系统将首先尝试查找对应的子样式,如果找到,就用子样式完成标注;否则,用父样式完成标注。

4.7　常见类型的尺寸标注

常见的尺寸标注包括线性标注、半径标注、直径标注和角度标注。

【**例题**】创建父、子样式的标注样式,完成图 4 - 43 所示二维图的尺寸标注。

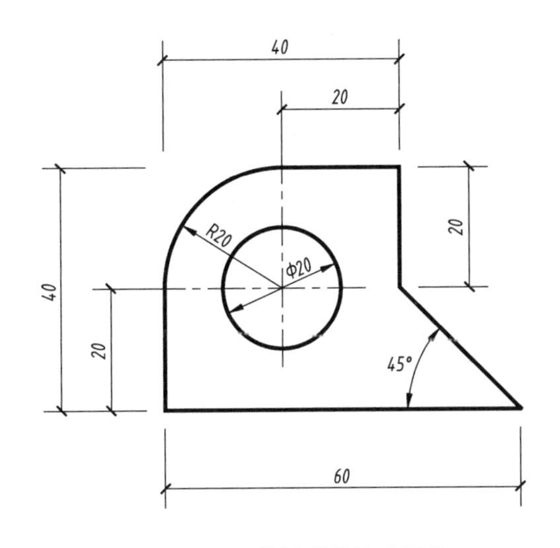

图 4 - 43　二维图形的尺寸标注

【**绘图步骤**】

步骤 01　绘制二维图。

步骤 02　创建小字体为 gbenor. shx、大字体为 gbcbig. shx、字高为 3. 5 的文字样式并命名为“new”。

步骤 03　创建名为“新标注样式”的父子样式并置为当前。

步骤 04　按照下面的顺序标注一个线性尺寸:

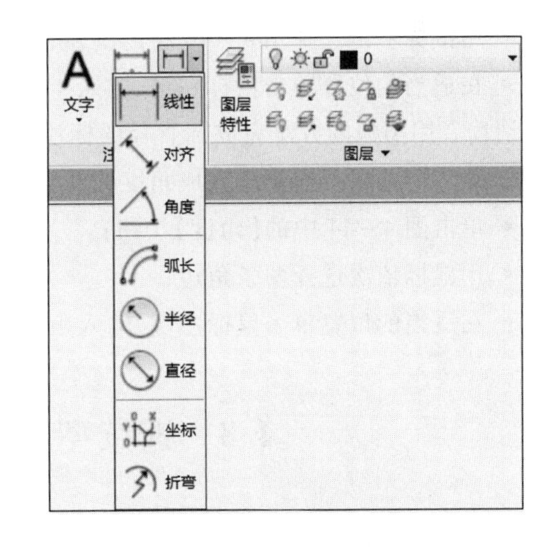

图 4 - 44　选择【线性】按钮

- 打开对象捕捉;
- 依次单击【默认】选项卡→【注释】面板→【线性】按钮,如图 4 - 44 所示;
- 如图 4 - 45(a)所示,用鼠标捕捉并单击端点,作为第一条尺寸界线的起始点;
- 将鼠标向上移动,直到出现对齐路径,如图 4 - 45(b)所示;
- 如图 4 - 45(c)所示,移动鼠标至端点,直到出现端点符号;

• 向左移动鼠标，当水平、竖直方向的追踪路径相交时，单击鼠标左键并输入交点，作为第二条尺寸界线的起始点，如图 4－45（d）所示；

• 移动鼠标至适当的位置并单击，完成尺寸标注，如图 4－45（e）所示。

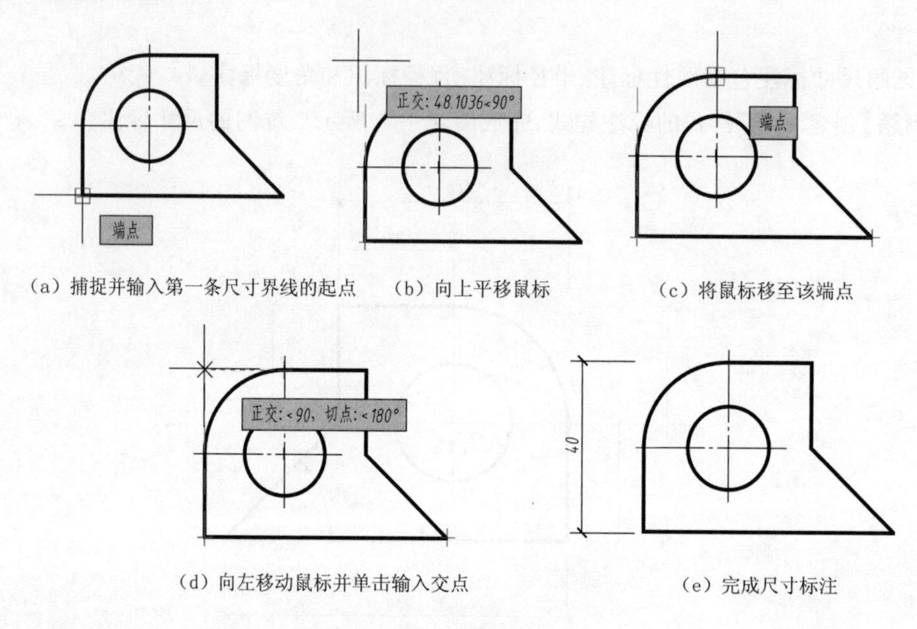

（a）捕捉并输入第一条尺寸界线的起点　（b）向上平移鼠标　（c）将鼠标移至该端点

（d）向左移动鼠标并单击输入交点　（e）完成尺寸标注

图 4－45　线性尺寸标注

步骤 05　用同样的标注命令完成所有的线性尺寸标注。

步骤 06　按照下面顺序完成径向尺寸标注：

• 单击图 4－44 中的【半径】按钮；

• 用鼠标单击选择图 4－46 中的圆弧；

• 在适当的位置单击鼠标左键，输入半径尺寸的位置。

请读者用类似的方法完成圆直径的标注。

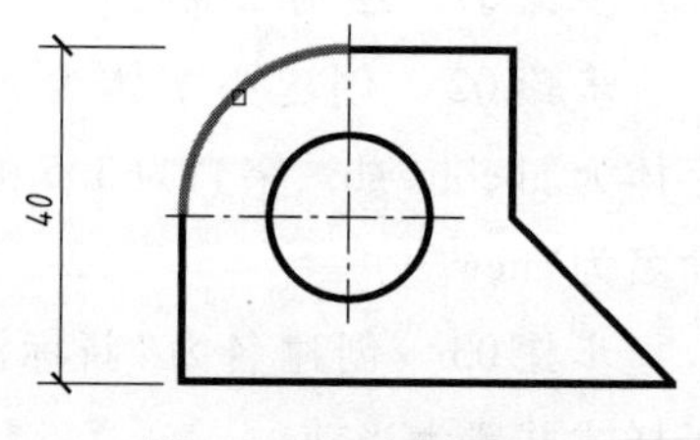

图 4－46　选择圆弧

步骤 07　按照下面顺序完成角度标注：

• 单击图 4－44 中的【角度】按钮；

• 用鼠标依次选择两条角边；

• 在适当的位置单击鼠标左键，输入角度尺寸的位置。

4.8　连续型、基线型尺寸标注

如果在图样中需要进行连续标注，如图 4－47 所示，则应使用【连续】标注命令。

【例题 1】请完成图 4－47 所示的尺寸标注。

【绘图步骤】

步骤 01　首先用【线性】命令标注左侧起第一个尺寸，如图 4－48 所示。

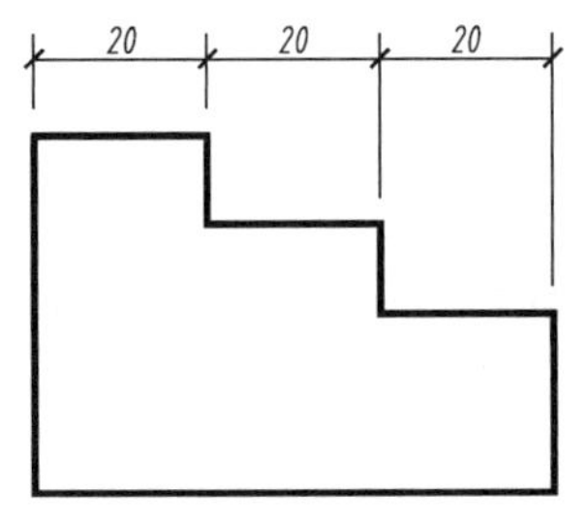

图 4－47　连续标注

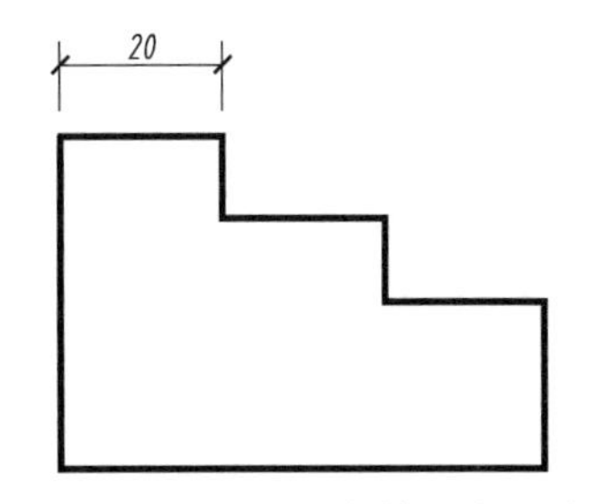

图 4－48　标注左侧第一个尺寸

步骤 02　依次单击【注释】选项卡→【标注】面板→【连续】按钮，如图 4－49 所示。

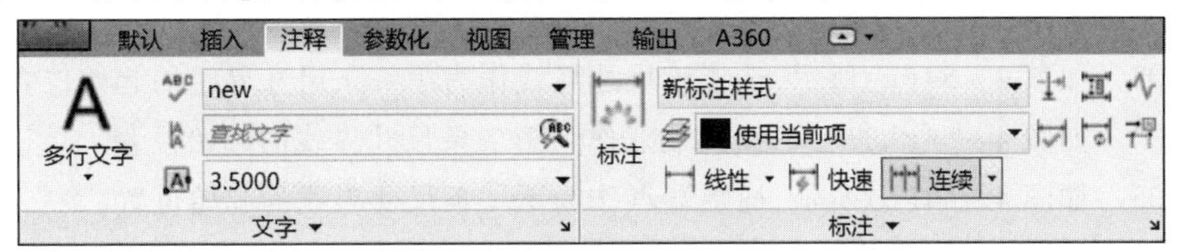

图 4－49　单击【连续】按钮

步骤 03　如图 4－50(a)所示，选择该尺寸界线作为第一条尺寸界线的起始位置。

步骤 04　如图 4－50(b)所示，捕捉端点作为第二条尺寸界线的起始位置。

步骤 05　如图 4－50(c)所示，捕捉端点作为下一条尺寸界线的起始位置。

步骤 06　按【Enter】键，完成标注。

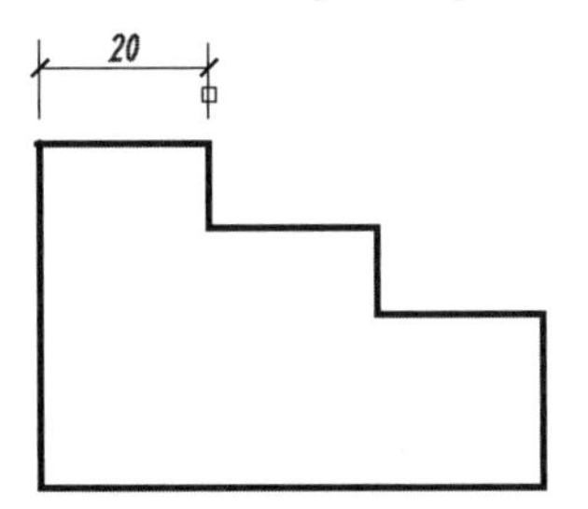

(a) 选择第一条尺寸界线的起始位置

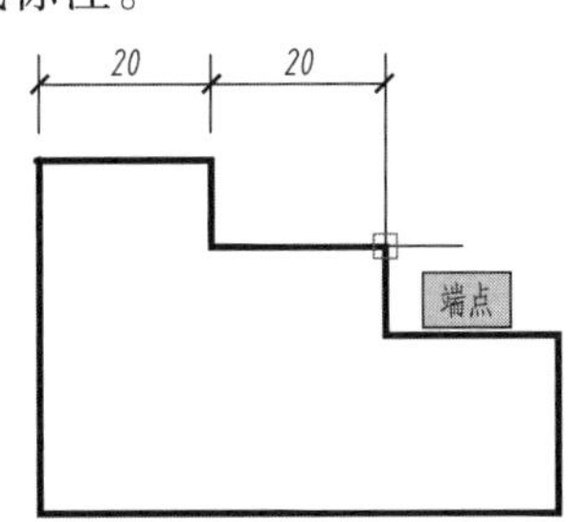

(b) 选择第二条尺寸界线的起始位置

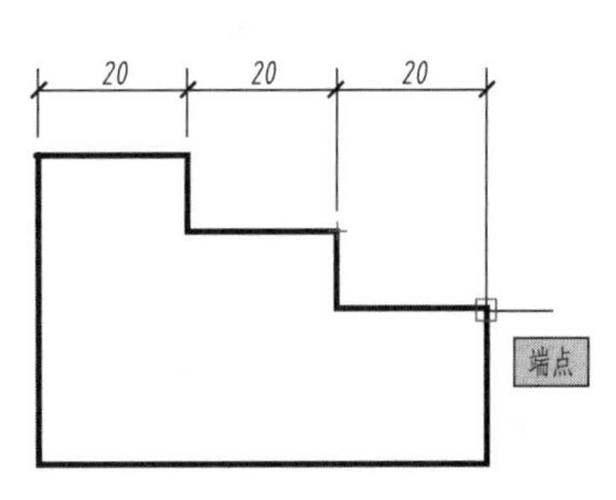

(c) 选择下一尺寸界线的起始位置

图 4－50　连续标注

如果要按照如图 4－51 的样式进行标注，则应使用【基线】标注命令。

【例题 2】请完成图 4－51 所示的尺寸标注。

【绘图步骤】

步骤 01　首先用【线性】命令标注内部的小尺寸，如图 4－52 所示。

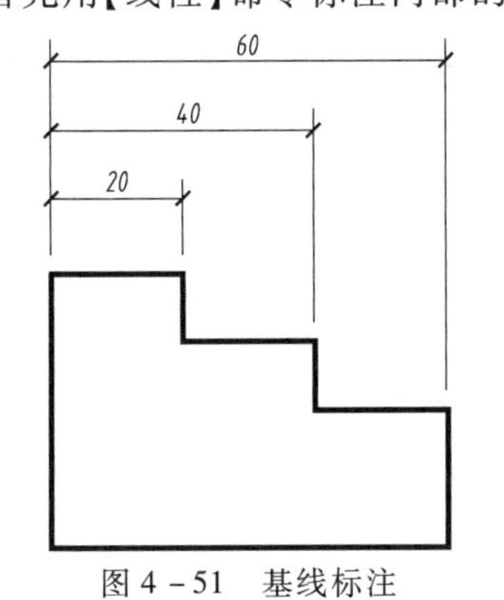

图 4－51　基线标注

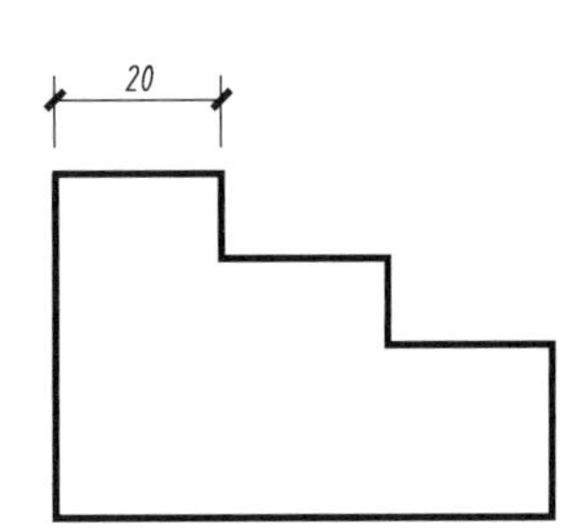

图 4－52　标注小尺寸

步骤 02　依次单击【注释】选项卡→【标注】面板→【基线】按钮，如图 4－53 所示。

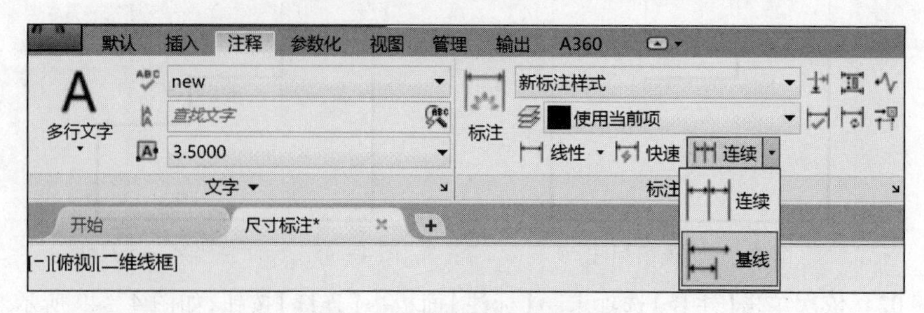

图 4－53　选择【基线】按钮

步骤 03　如图 4－54(a)所示，选择该尺寸界线作为第一条尺寸界线的起始位置。

步骤 04　如图 4－54(b)所示，捕捉端点作为第二条尺寸界线的起始位置。

步骤 05　如图 4－54(c)所示，捕捉端点作为下一条尺寸界线的起始位置。

步骤 06　按【Enter】键，完成标注。

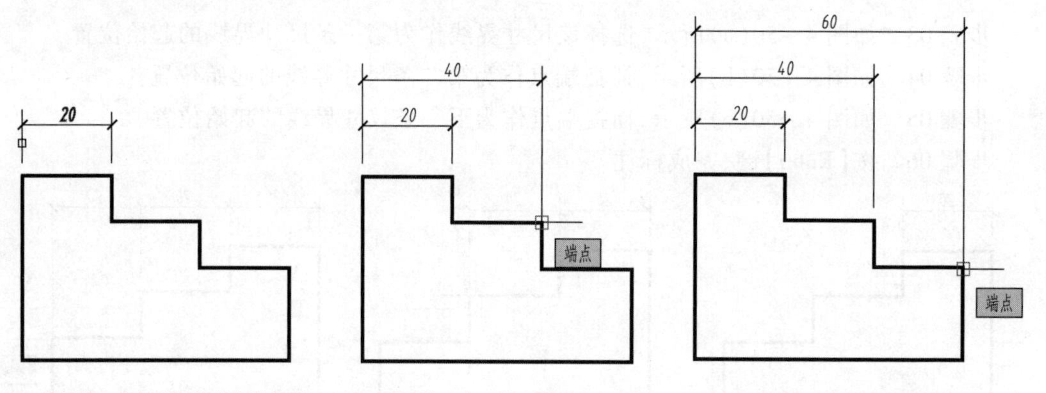

（a）选择第一条尺寸界线的起始位置　（b）选择第二条尺寸界线的起始位置　（c）选择下一尺寸界线的起始位置

图 4－54　基线标注

由上面两个例子可知，在进行连续型和基线型的尺寸标注之前，至少要标注一个基础尺寸。否则，这两个命令无法继续执行。

如前述所，我们已经知道了常见的尺寸标注命令的用法。在实际图样的标注中，每标注一个尺寸，都要启动相应的命令，这自然降低了尺寸标注的效率。为此，AutoCAD 提供了一个【标注】命令，可实现执行一次，多次标注。

为了执行【标注】命令，请依次单击【默认】选项卡→【注释】面板→【标注】按钮，如图 4－55所示。该命令的用法比较简单，请读者自行尝试。

图 4－55　单击【标注】按钮

4.9　中心线的标注

二维绘图时,经常要给圆弧、圆、对称图形等添加对称线。如果用【直线】命令直接添加,绘图效率较低。为了快速添加对称线,应使用下面的方法进行绘制。

【例题 1】给图 4-56 所示的墙体添加中心线。

【绘图步骤】

步骤 01　首先绘制墙体投影线。

步骤 02　依次单击【注释】选项卡→【中心线】面板→【中心线】按钮,如图 4-57 所示。

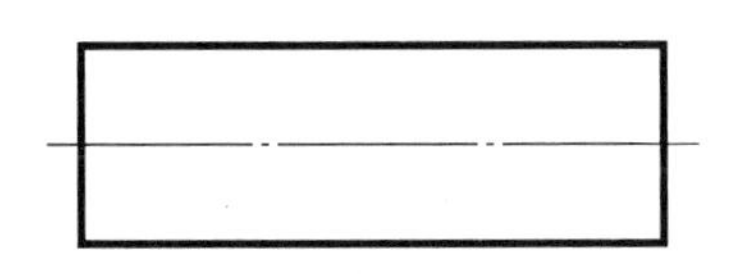

图 4-56　给墙体投影添加中心线

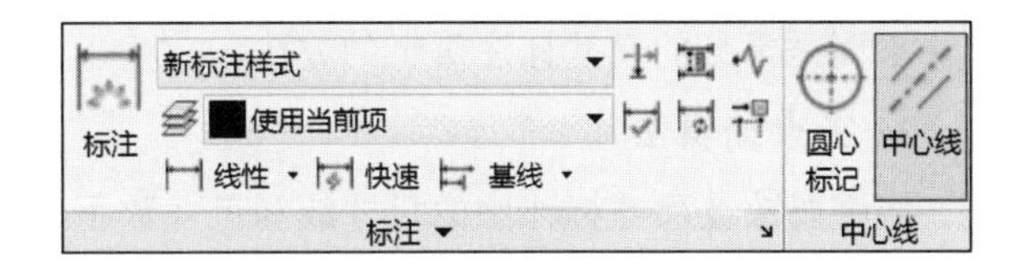

图 4-57　单击【中心线】按钮

步骤 03　依次单击墙体上、下两条投影线完成图线绘制。

【例题 2】在图 4-58 所示的图形中添加点画线。

【绘图步骤】

步骤 01　首先绘制二维图形(在尺寸标注中已经绘制)。

步骤 02　依次单击【注释】选项卡→【中心线】面板→【圆心标记】按钮,如图 4-59 所示。

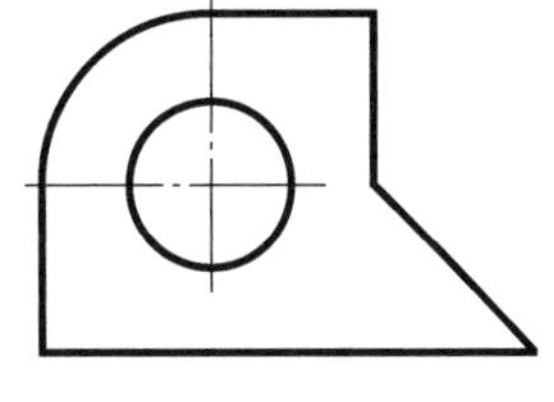

图 4-58　给圆弧添加点画线

步骤 03　用鼠标单击外侧圆弧并按【Enter】键,结果如图 4-60 所示。

图 4-59　单击【圆心标记】按钮

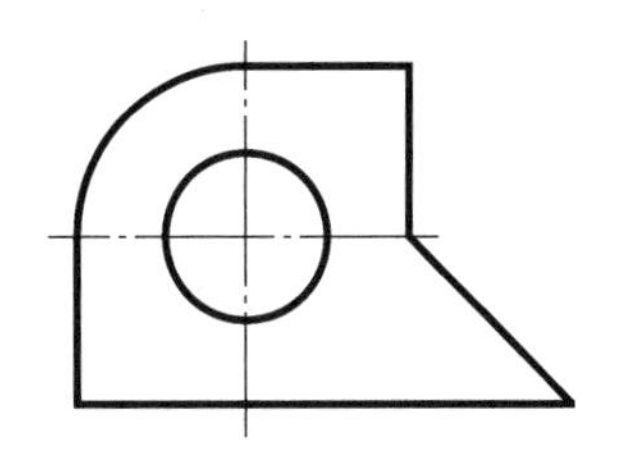

图 4-60　添加点画线

步骤 04　由于点画线较长,不符合规范要求。所以,应按照下面的顺序做出修改:

- 如图 4-61(a)所示,用鼠标单击选中点画线;
- 用鼠标单击图 4-61(b)中的夹点并向上移动;
- 如图 4-61(c)所示,用鼠标单击交点完成长度调整;
- 用同样的方法处理水平方向的点画线。

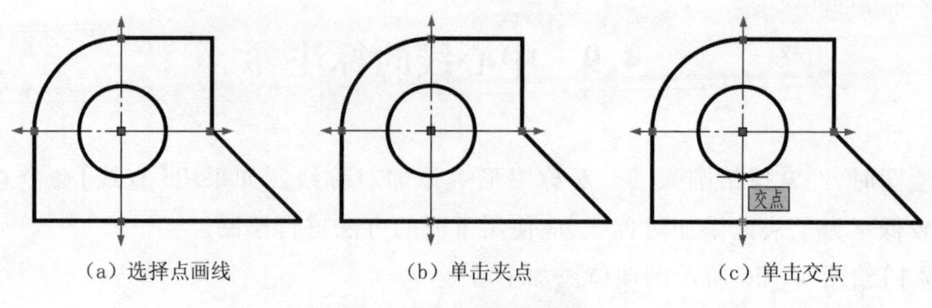

（a）选择点画线　　（b）单击夹点　　（c）单击交点

图 4-61　编辑点画线

4.10　尺寸标注的编辑

下面是常见的尺寸标注编辑的方法。

1. 夹点编辑法

当需要改变尺寸标注中的尺寸线和尺寸数字的位置时,夹点编辑非常方便。

将鼠标移至某个尺寸标注上并单击,则出现蓝色的夹点,如图 4-62 所示。下面是一些可用的编辑方法:

• 如果单击任意一个夹点并上下移动鼠标,可改变尺寸线的位置。

• 如果单击尺寸数字上的夹点,然后左右移动,可改变尺寸数字的位置。

• 如果将鼠标移至尺寸数字所在位置的夹点上,则弹出图 4-63(a)所示的快捷菜单。用户可选中某个编辑项进行编辑;

• 如果将鼠标移至尺寸起止符号所在位置的夹点上,则弹出图 4-63(b)所示的快捷菜单。用户可选中某个编辑项进行编辑。

详细的操作过程不再展开,请读者自行尝试。

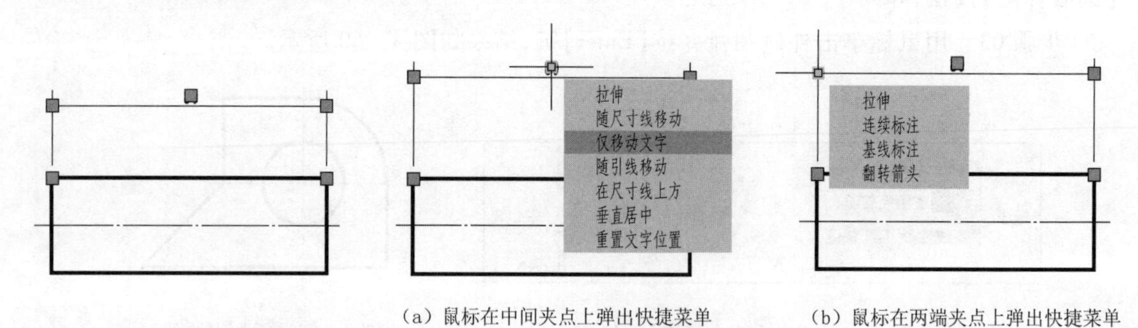

（a）鼠标在中间夹点上弹出快捷菜单　　（b）鼠标在两端夹点上弹出快捷菜单

图 4-62　夹点编辑　　图 4-63　快捷菜单

2. 鼠标双击编辑法

如果仅仅需要改变尺寸数字,则采用鼠标双击编辑的方法非常快捷。操作过程如下:

• 用鼠标双击某个尺寸后,在软件界面的功能区将出现如图 4-64 所示的【文本编辑器】,同时尺寸数字进入图 4-65 所示的可编辑状态;

• 删除原尺寸数字,键入替换文本;

- 用鼠标在编辑框外任意位置单击并按【Enter】键，完成文本的替换。

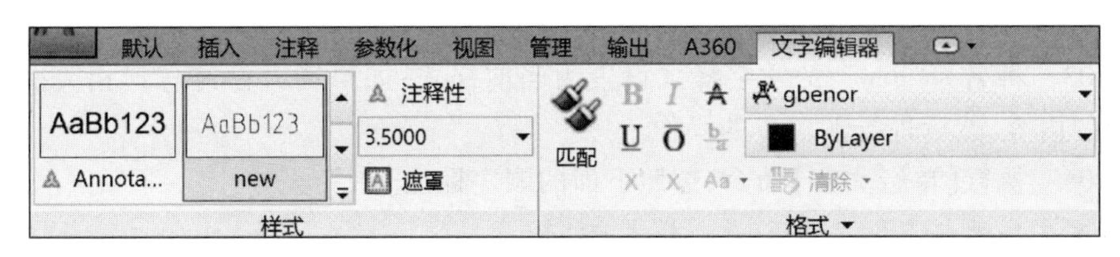

图 4-64　【文本编辑器】选项卡

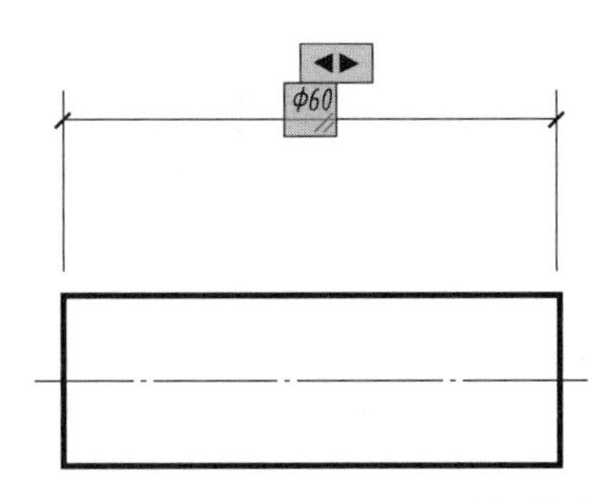

图 4-65　尺寸数字处于可编辑状态

3. DIMEDIT **命令**

如果要对尺寸界线倾斜某一角度（经常出现在轴测图的尺寸标注中），应使用 DIMEDIT 命令。用法如下：

- 命令行输入 DIMEDIT 并按【Enter】键；
- 输入标注编辑类型 [默认(H)/新建(N)/旋转(R)/倾斜(O)] <默认>：

在该提示下输入 O 并按【Enter】键。

- 选择对象：

选择要修改的尺寸标注。

- 输入倾斜角度（按【Enter】表示无）：

输入要倾斜的角度并按【Enter】键。

这里仅简单罗列了该命令的一些选项，关于其具体使用，请参阅后续内容。

尺寸标注下拉列表编辑法、特性修改法及特性匹配法的应用操作和文本编辑法相同。请读者参考文本编辑法，然后将其推广至尺寸标注的编辑。

4.11　轴测图的标注

1. **轴测面内的文本标注**

轴测图的标注关键是轴测面上文本的标注。

【例题 1】绘制任意大小的长方体轴测图，并在右轴测面内标注如图 4-66所示的文字。

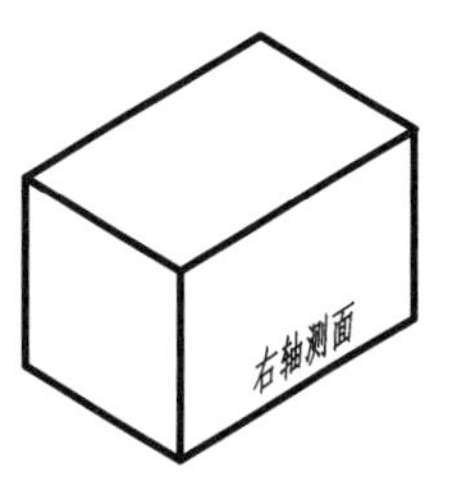

图 4-66　右轴测面内标注文字

【绘图步骤】

步骤 01　绘制长方体的轴测图。

步骤 02　创建小字体为 gbenor. shx、大字体为 gbcbig. shx、字高为 3.5 的文字样式并命名为“new”。

步骤 03　将名为“new” 的文字样式设置为当前样式；如果读者已经忘记相关操作，请先回顾前面的内容，然后进行下一步的操作。

步骤 04　执行【单行文字】命令，按照下面的顺序标注文字：

- 指定文字的起点或 [对正(J)/样式(S)]：

用鼠标单击输入文字的起始位置。

- 指定文字的旋转角度 <30>：

文字的旋转角度指的是文字的排列方向和 X 轴正向的夹角，逆时针为正。在图 4－66 的右轴测面内标注文本时，其排列方向和 X 轴正向的夹角为 30°。所以在该提示下输入 30 并按【Enter】键即可。

- 当绘图区出现闪烁的光标时，键入文本并按两次【Enter】键。结果如图 4－67 所示。

注意：在图 4－67 中，文字字头的朝向和文字排列方向相互垂直。

对照图 4－66，文字字头的正确朝向是向上。如果将默认情况下的字头朝向和正确朝向画出来，它们之间的位置关系如图 4－68 所示。

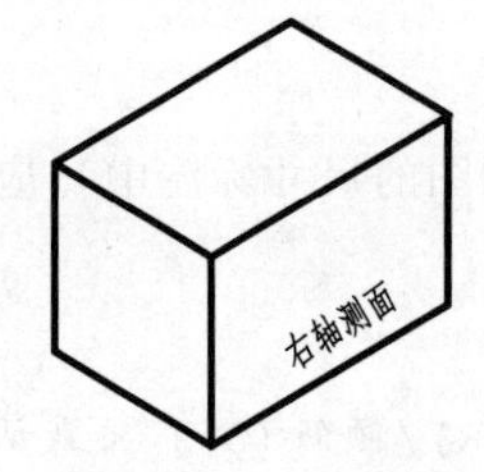

图 4－67　文本标注

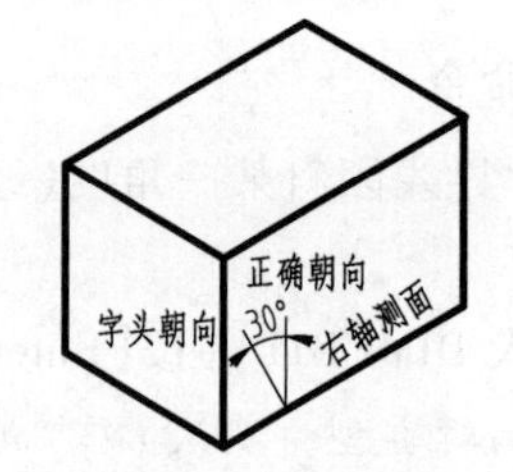

图 4－68　文字字头朝向

如果我们面向屏幕，则字头的正确朝向应该以默认字头朝向为准向右偏 30°。

为此，我们将改变“new”文字样式，然后再次标注。

步骤 05　如图 4－69 所示，打开【文字样式】对话框，将“new”文字样式中的【倾斜角度】设为 30。

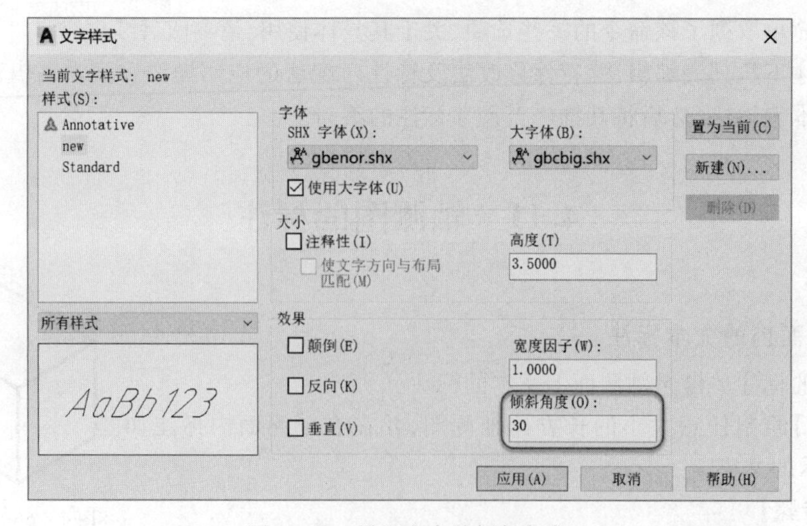

图 4－69　设置文字的倾斜角度

步骤 06　再次执行【单行文字】命令,重复步骤 04 完成标注。

总之,轴测面内注写文本时,只要将默认情况下的字头朝向和正确朝向画出来,就能确定文本样式中的倾斜角度应该设置为多少。一般情况下,字头左偏时应设为 -30°,右偏时应设为 30°。

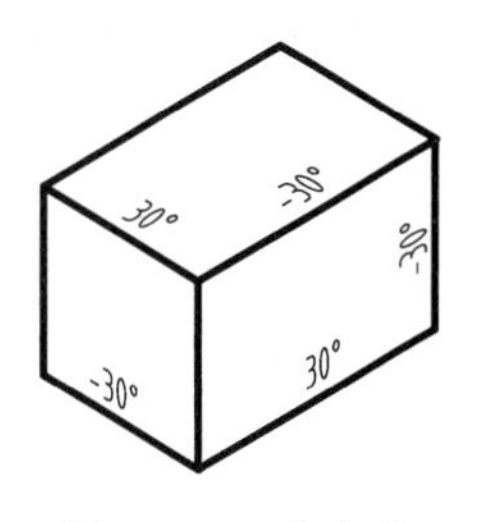

图 4-70　文字的倾斜角度

当然,文字标注位置不同,其排列方向就不同,倾斜角度也不同,具体情况如图 4-70 所示。但不管哪个排列方向,倾斜角度要么是 30°,要么是 -30°。

由此,我们的做法是:如图 4-71 所示,创建两种倾斜角度的文字样式。

文本标注时,应在两种样式之间进行切换,完成标注。当然,如果不想作出更多分析,可用两样式之一进行标注,然后用文本样式下拉列表编辑法进行样式调整即可。

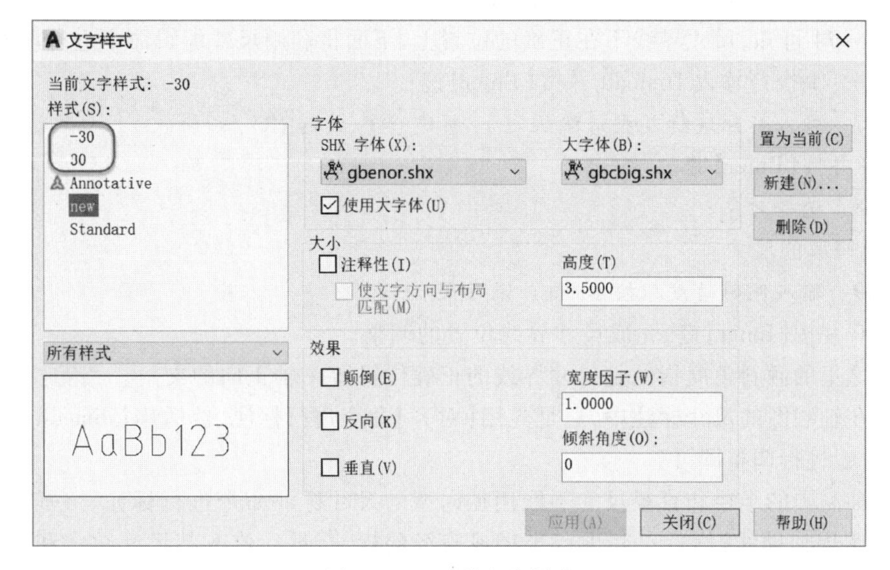

图 4-71　两种文字样式

2. 轴测面内的尺寸标注

【例题 2】绘制任意大小长方体的轴测图并在右轴测面内标注尺寸,如图 4-72 所示。

【绘图步骤】

步骤 01　绘制长方体的轴测图。

步骤 02　如图 4-71 所示,创建名为“30”和“-30”的两种文字样式,它们的倾斜角度分别为 30°和 -30°。

步骤 03　创建名为“30”和“-30”的两种标注样式。

其中“30”的标注样式应选择“30”的文字样式;“-30”的标注样式应选择“-30”的文字样式。

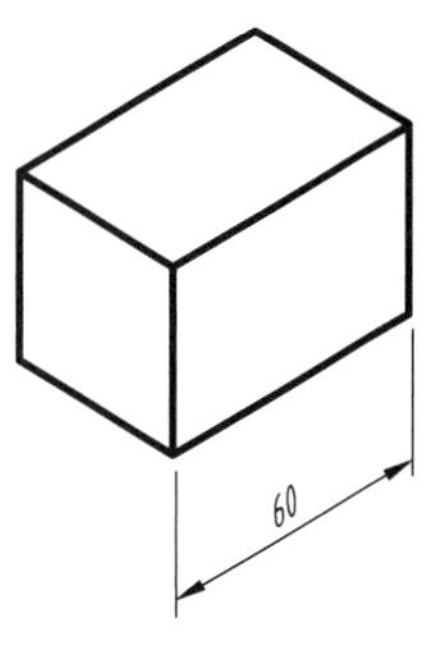

图 4-72　轴测图的尺寸标注

步骤 04　将名为“30”的标注样式置为当前;

以上各步中,文字的倾斜角度最重要,其他参数可按照前面讲述的内容来填入。

步骤 05　如图 4-73 所示,依次单击【默认】选项卡→【注释】面板→【对齐】按钮,然后在

右轴测面内进行标注,结果如图 4-74 所示;

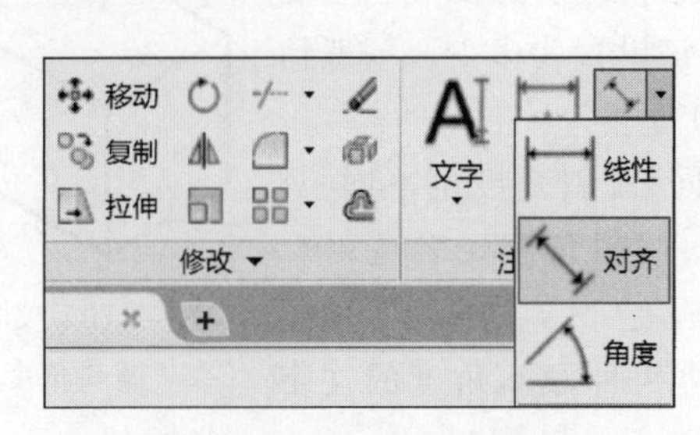

图 4-73 单击【对齐】按钮

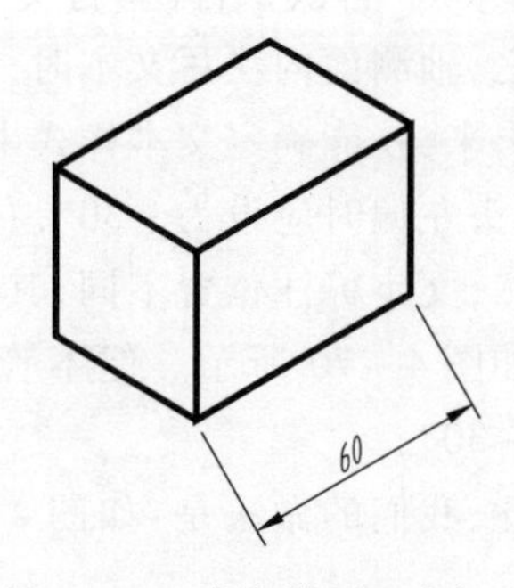

图 4-74 在右轴测面内标注

注意:【线性】用于标注两点之间的坐标差;【对齐】用于标注两点之间的距离。轴测图的标注中,多数尺寸需要使用【对齐】命令进行标注。

由图 4-74 可知,尺寸界线不在正确的位置上,下面将利用尺寸编辑命令进行调整。

步骤 06　命令行输入 Dimedit 并按【Enter】键;

步骤 07　输入标注编辑类型 [默认(H)/新建(N)/旋转(R)/倾斜(O)] <默认>:

输入 O 并按【Enter】键。

步骤 08　选择对象:

选择要修改的尺寸。

步骤 09　输入倾斜角度 (按 ENTER 表示无):

输入 90 并按【Enter】键,完成尺寸界线位置的调整。

注意:这里的倾斜角度指的是尺寸界线的正确位置和 X 轴正向的夹角。

总之,在轴测图的尺寸标注中,总是先用【对齐】命令进行标注,然后用【dimedit】命令对尺寸界线的位置进行调整即可。

注意:轴测圆的半径和直径尺寸不能用径向型的尺寸标注命令进行标注。一般采用的办法是:先作圆周辅助线,然后对其进行半径或直径的标注,最后修改其尺寸数字和放置位置。因为该标注过程属于"拼凑",所以较为繁琐。请读者按照该思路自行尝试。

4.12 表　格

表格可以将一些图形信息清晰、简洁地归纳并集中,方便图纸的阅读者进行查看和参考。下面主要讨论表格的插入、表格样式的设置和表格的编辑。

1. 表格的插入

可用下列方法之一执行表格的插入命令:

- 依次单击【默认】选项卡→【注释】面板→【表格】按钮,如图 4-75 所示;
- 在命令行输入 Table 并按【Enter】键。

命令启动后,弹出如图 4-76 所示的对话框。在该对话框中,填入表格行列数,然后单击【确定】按钮。

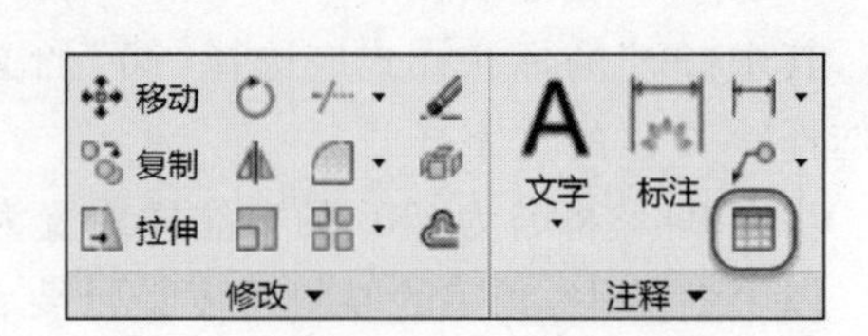

图 4-75 单击【表格】按钮

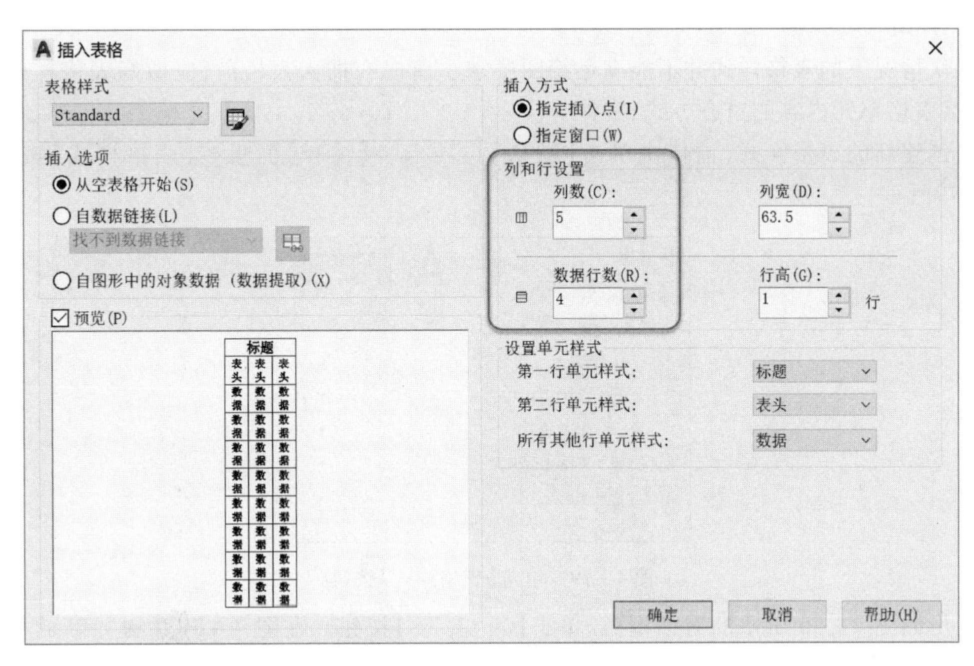

图 4－76　【插入表格】对话框

当绘图区出现跟随鼠标移动的表格时，在适当位置单击鼠标左键，结果如图 4－77 所示。

如果用鼠标双击单元格，则单元格进入编辑状态。这时，用户可根据图 4－78 键入其中的内容。

如果要在表格中显示图形，则应在单元格的位置绘制图形并调整单元格的行高和列宽。关于详细的调整方法，将在后续的内容中进行讨论。

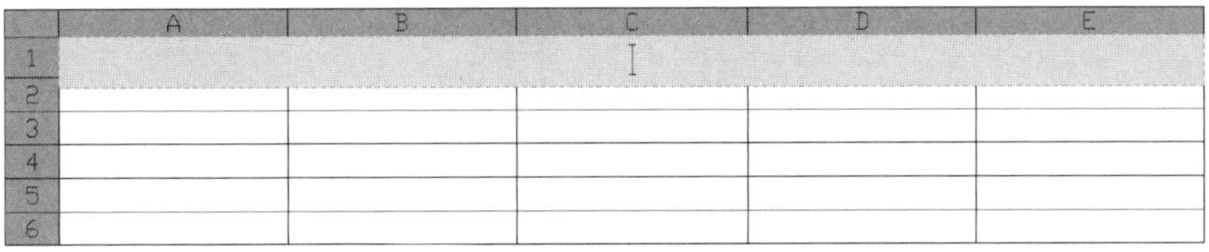

	A	B	C	D	E
1					
2					
3					
4					
5					
6					

图 4－77　表格

钢筋表				
钢筋编号	钢筋简图	根数	单位重量	总量
①		2	80	
②		2	90	
③		2	85	
④		12	150	

图 4－78　钢筋表

注意：图 4－76 中的行数是指除了标题和表头以外的数据的行数，所以在插入表格时，其实际的行数比所填数据多两行。

2. 表格样式设置

默认情况下的表格样式并不能满足绘图要求。所以在插入表格前，应做好表格样式的设置，包括表格单元内容的对齐方式、字体等。

要创建新的表格样式，请依次单击【默认】选项卡→【注释】面板→【表格样式】按钮，如图 4 – 79所示。

图 4 – 79　单击【表格样式】按钮

弹出如图 4 – 80 所示的对话框后，单击【新建 ...】按钮。在图 4 – 81 中键入新的样式名并单击【继续】按钮。

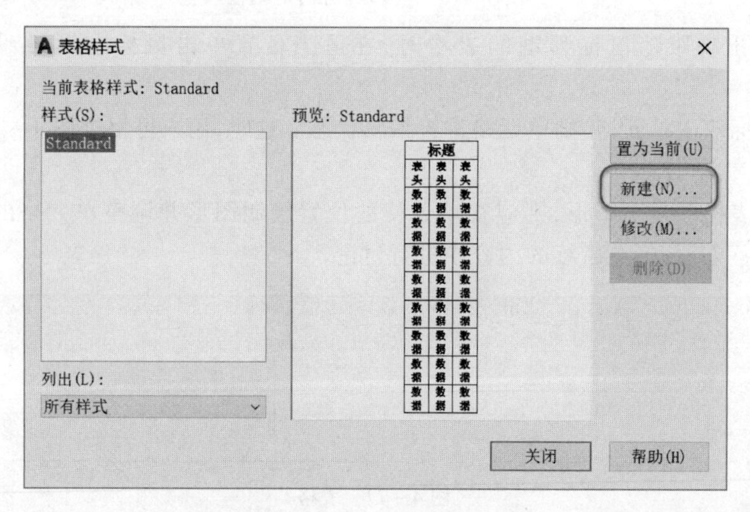

图 4 – 80　【表格样式】对话框

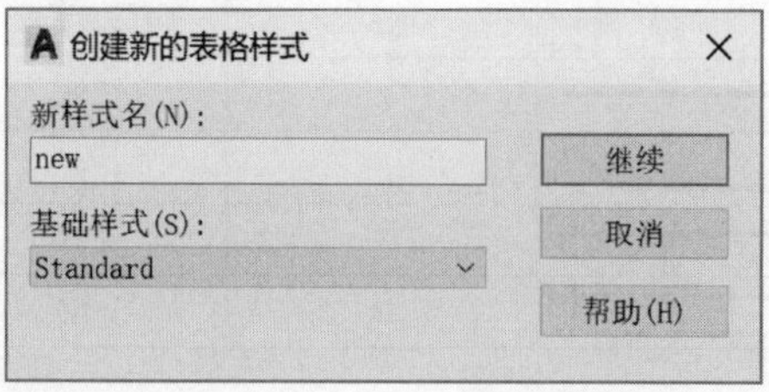

创建新的表格样式
新样式名(N):
new
基础样式(S):
Standard
继续
取消
帮助(H)

图 4 – 81　【创建新的表格样式】对话框

在图 4 – 82 中选择单元格内文字的对齐方式为【正中】；同时创建符合规范的文本样式，并在图 4 – 83 中选中该样式。至此，完成表格样式的设置。

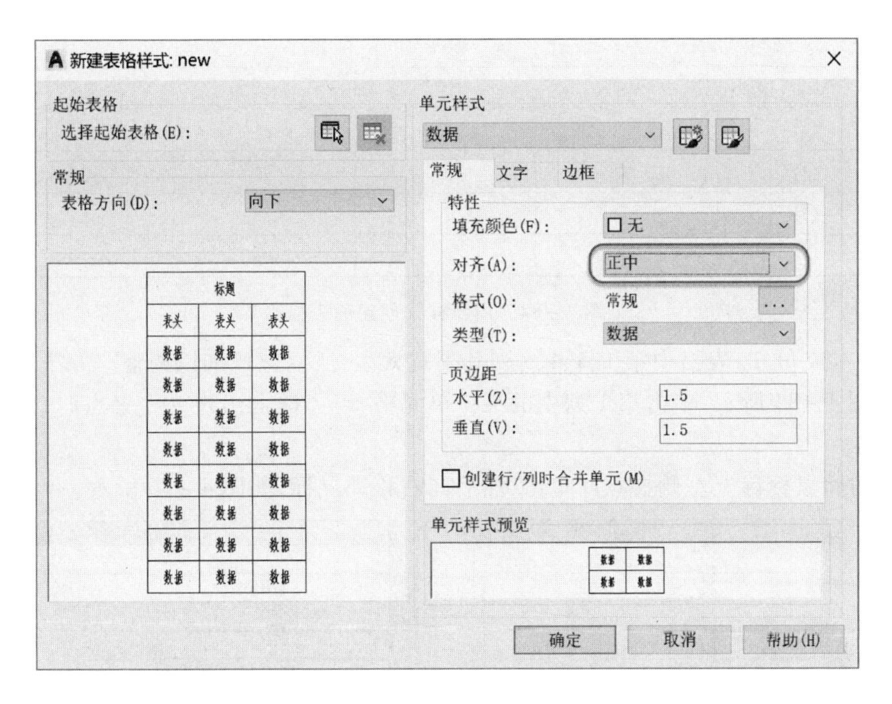

图 4 – 82　选择文本的对齐方式

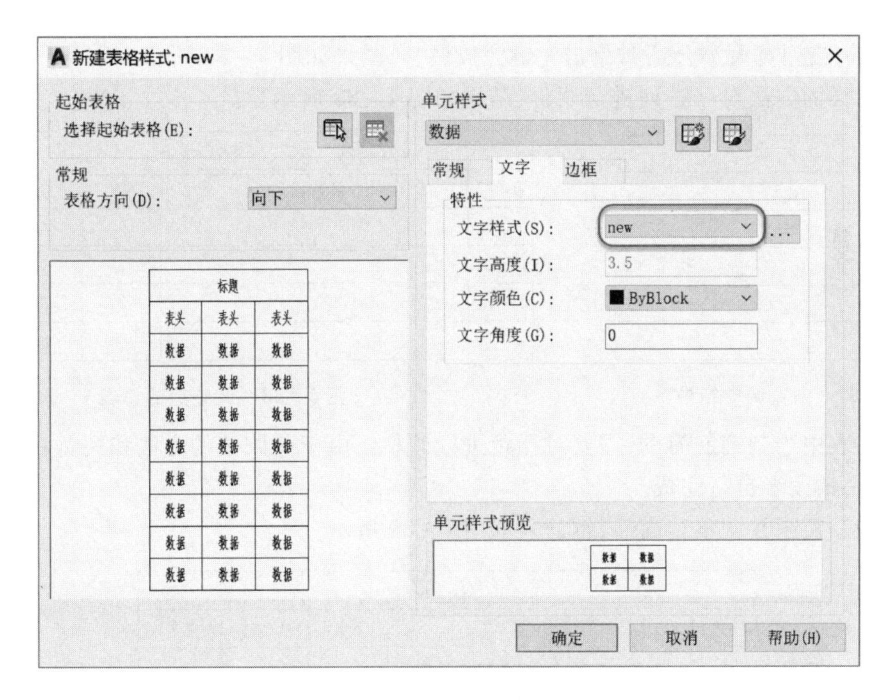

图 4 – 83　选择文字样式

3. 表格的编辑

将新创建的表格样式设置为当前样式，然后插入 4 行 5 列的表格。根据图 4 – 78 所示的内容进行简单填充，其效果如图 4 – 84 所示。

钢筋表				
钢筋编号	钢筋简图	根数	单位重量	总量
①		2	80	
②		2	90	
③		2	85	
④		12	150	

图 4-84　用新样式创建的表格

由图 4-84 可知，表格中第 1、3、4、5 列其列宽太大，所以应该加以调整。方法如下：

- 如图 4-85 所示，单击第 1 列中的某一单元格，当边框上出现 4 个夹点时，单元格处于被选中状态。
- 这时将鼠标移至左侧夹点并单击，然后向右移动鼠标，如图 4-86 所示。

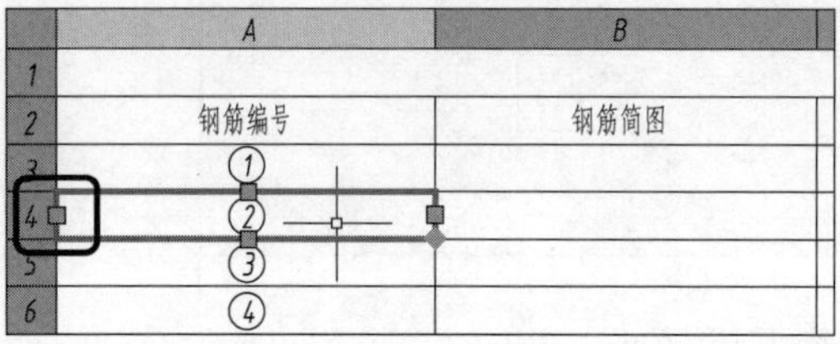

图 4-85　选中表格单元

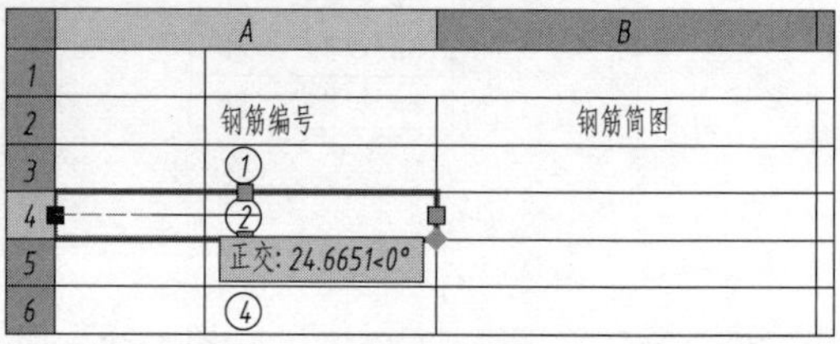

图 4-86　调整列宽

- 最后，当列宽大小合适时单击左键完成调整，结果如图 4-87 所示。

按照同样的方法对后三列进行调整，结果如图 4-88 所示。

钢筋编号	钢筋简图
①	
②	
③	
④	

图 4-87　列宽调整结果

钢筋表				
钢筋编号	钢筋简图	根数	单位重量	总量
①		2	80	
②		2	90	
③		2	85	
④		12	150	

图 4-88　调整后的总表

为了在表中绘制钢筋简图，需要对行距进行调整。由于其调整的方法和列宽相同，所以此处不再列出，请读者自行完成。

绘制钢筋简图并调整行高后，钢筋表如图 4-89 所示。

钢筋表				
钢筋编号	钢筋简图	根数	单位重量	总量
①		2	80	
②		2	90	
③		2	85	
④		12	150	

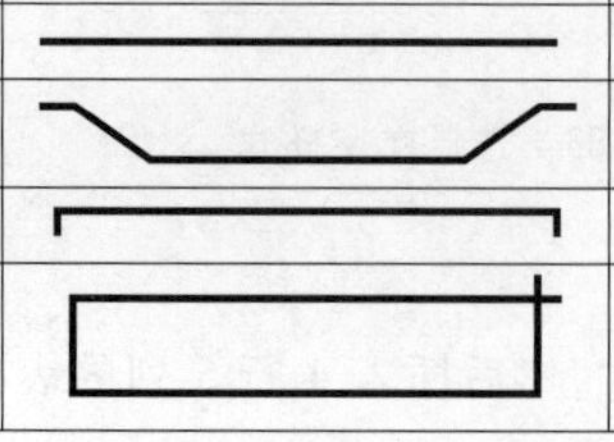

图 4-89　调整行高后的钢筋表

最后,在单元格内计算并填入钢筋总重量。

由图 4－89 可知,钢筋表的最后一列需要填入钢筋的总重量,也就是第 3 列和第 4 列的乘积。

如果双击键入,则工作量较大。

为了简化工作,AutoCAD 提供了类似 Excel 中键入计算公式的功能。也就是在单元格内输入计算式,通过拖动鼠标来自动计算并填入数据,大大提高了使用表格的效率。

如图 4－90 所示,双击该单元格,输入计算式并按【Enter】键。

如图 4－91 所示,用鼠标单击该单元格。当外框出现蓝色夹点时,用鼠标单击单元格右下角的菱形符号并向下移动,然后捕捉最后一个单元格的右下角点并单击,完成数据的自动计算和填入。计算结果如图 4－92 所示。

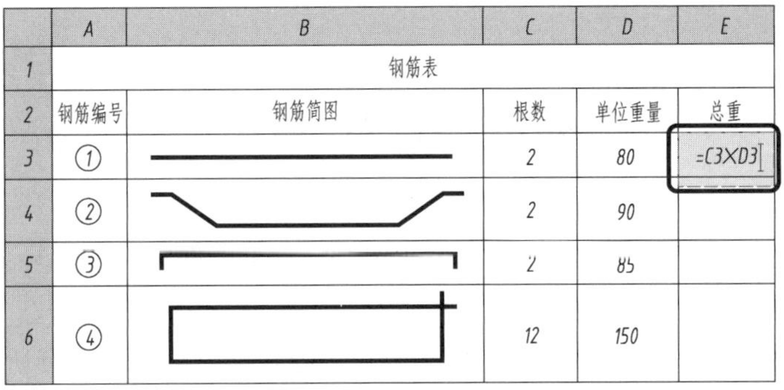

	A	B	C	D	E
1	钢筋表				
2	钢筋编号	钢筋简图	根数	单位重量	总重
3	①		2	80	=C3×D3
4	②		2	90	
5	③		2	85	
6	④		12	150	

图 4－90　输入计算式

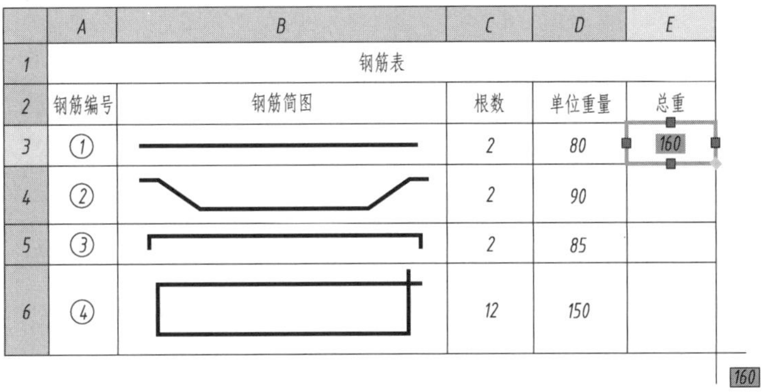

	A	B	C	D	E
1	钢筋表				
2	钢筋编号	钢筋简图	根数	单位重量	总重
3	①		2	80	160
4	②		2	90	
5	③		2	85	
6	④		12	150	

160

图 4－91　选中单元格

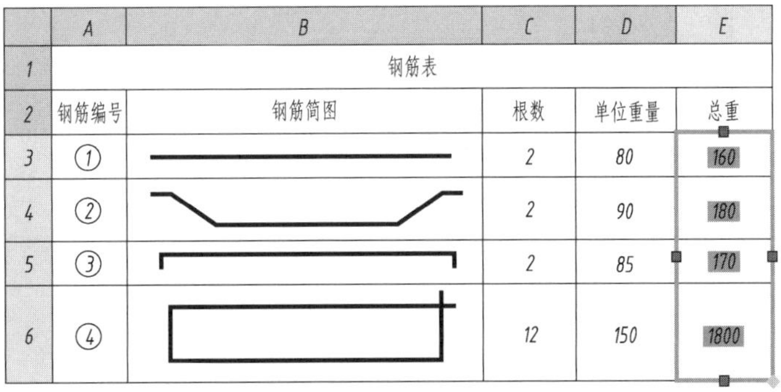

	A	B	C	D	E
1	钢筋表				
2	钢筋编号	钢筋简图	根数	单位重量	总重
3	①		2	80	160
4	②		2	90	180
5	③		2	85	170
6	④		12	150	1800

图 4－92　自动计算并填入

退出表格编辑，最终的钢筋表如图 4－93 所示。

钢筋表				
钢筋编号	钢筋简图	根数	单位重量	总重
①		2	80	160
②		2	90	180
③		2	85	170
④		12	150	1800

图 4－93　钢筋表

4.13　注 释（性）

文字标注、尺寸标注和图案填充等图形对象包括两种：不带注释性的和带有注释性的。

不带注释性的文字标注、尺寸标注和图案填充已经在前面的篇幅中有所讨论，所以本节主要讨论带有注释性的文字标注、尺寸标注和图案填充的用法。

为了解决出图打印中文字、尺寸数字等的大小比例问题，AutoCAD 引入了一项新的功能——注释性。

为了更好地解释这个功能，让我们先看看出图打印的一般操作。

1. 绘图并打印的一般过程

第一步：在模型空间绘制图形。

为了绘图方便，请在如图 4－94 所示的模型空间中按 1∶1 绘制墩顶垫石横桥向构造图。当然，作为练习，读者可按 1∶1 绘制任意二维图并按照后续步骤进行练习。

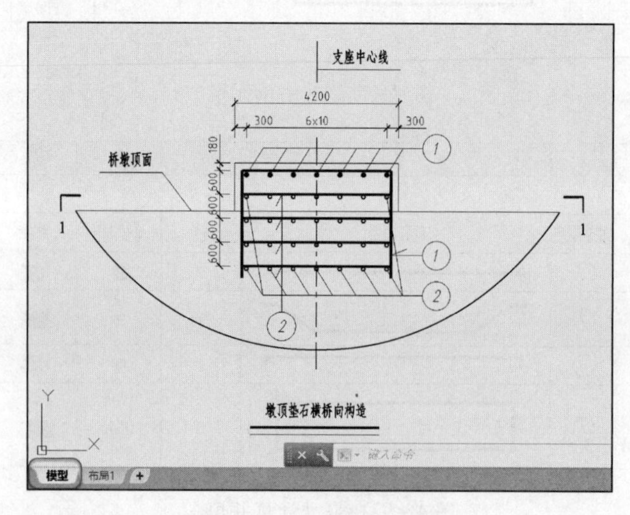

图 4－94　在模型空间绘图

绘图结束后，可测得垫石沿两个方向的最大尺寸为 15000，如果要在 A3 幅面（420 × 297）内打印出图，则出图比例可选为 1 ∶ 40。

考虑到图纸打印后文字的大小应符合规范，在绘图时已将文字样式中的字高设为 280。如果按 1 ∶ 40 出图打印，则图纸上文字的高度应为 7（此处仅为举例方便，具体请参考相关规范）。

第二步：设置图纸空间，以便图纸布局。

模型空间是三维空间，而图纸空间是二维空间。

绘图结束后，为了方便打印垫石构造图，需要在图纸空间对其布局。单击图 4 – 94 中左下角【布局 1】选项卡，系统便切换到图纸空间。此时，绘图区出现白色的图纸背景和系统自动创建的一个视口，如图 4 – 95 所示。

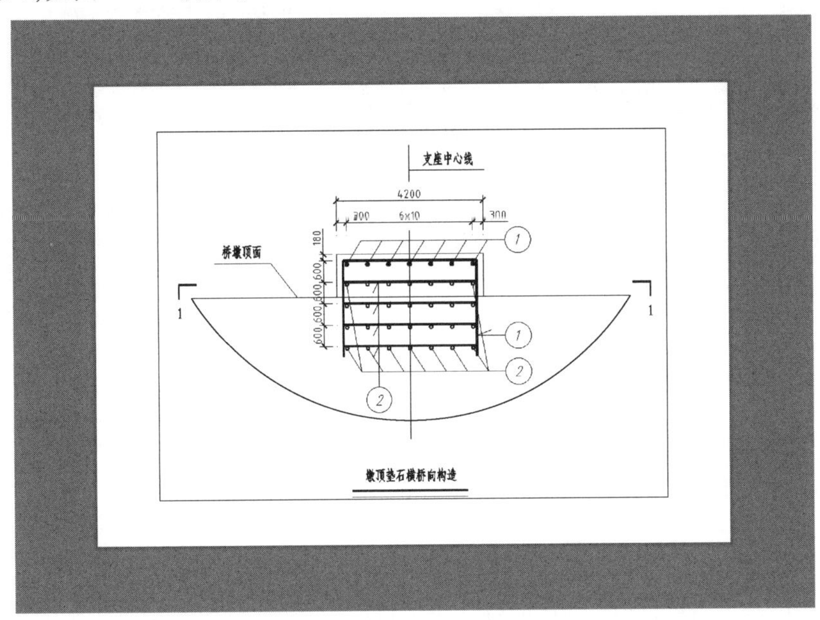

图 4 – 95　图纸背景

由于单个视口不能满足图纸布局的需求，所以在进入图纸空间前应作出必要的设置和调整。方法如下：

用下列方法之一执行【选项】命令：

- 依次单击【视图】选项卡→【界面】面板→【选项】按钮，如图 4 – 96 所示；
- 在命令行输入 Options 并按【Enter】键。

图 4 – 96　单击小箭头

弹出如图 4 – 97 所示的【选项】对话框后，在【布局元素】编组框中仅勾选【显示布局和模型选项卡】，然后单击【确定】按钮返回程序主界面。

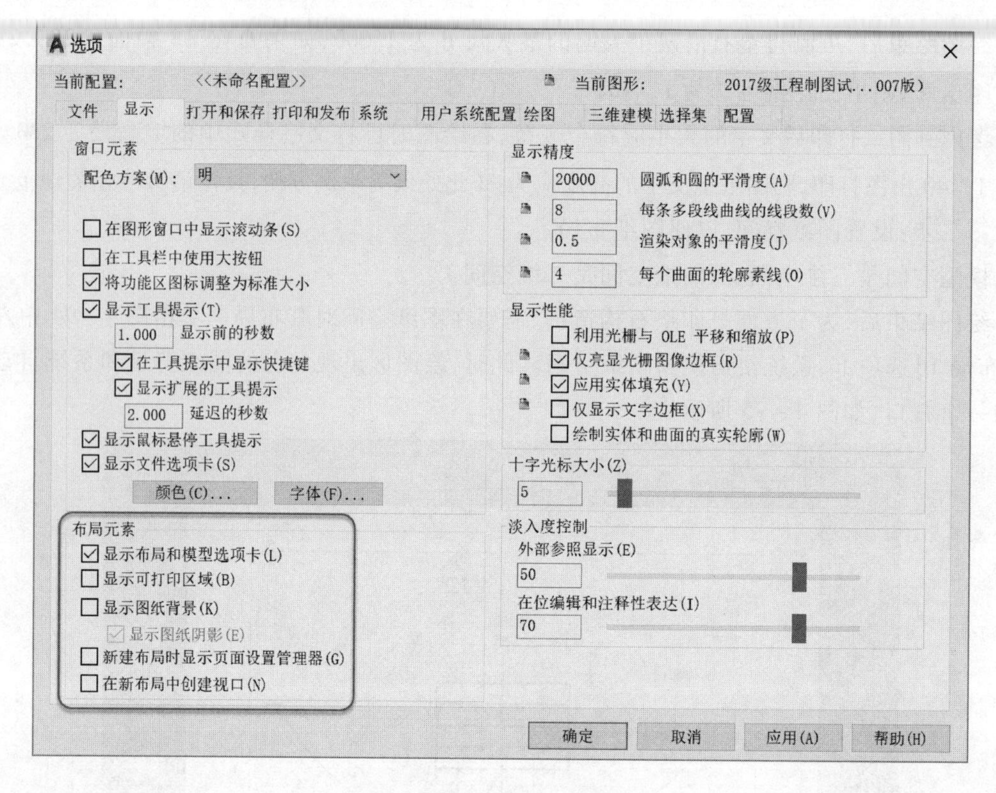

图 4－97　设置【布局元素】

此时，图纸背景消失，只剩下单个视口。为了删除该视口，请用鼠标左键单击视口外框线并按下 Delete 键。删除默认创建的视口后，图纸空间呈空白状态。

第三步：创建视口并布局图形。

在命令行输入 Mview 并按【Enter】键，单击任意位置指定视口的左下角点，然后用相对直角坐标输入视口右上角坐标（@420,297）完成视口的创建，结果如图 4－98 所示。

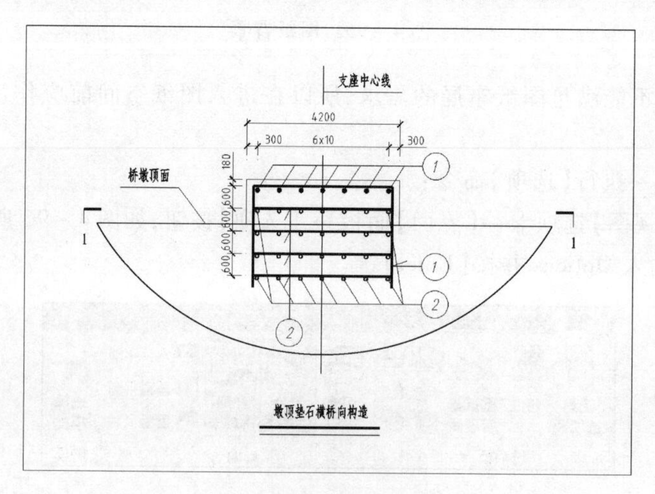

图 4－98　创建视口

为了保证出图比例为 1∶40，单击视口矩形框并打开【特性】对话框，如图 4－99所示，将【标准比例】的值改为 1∶40。

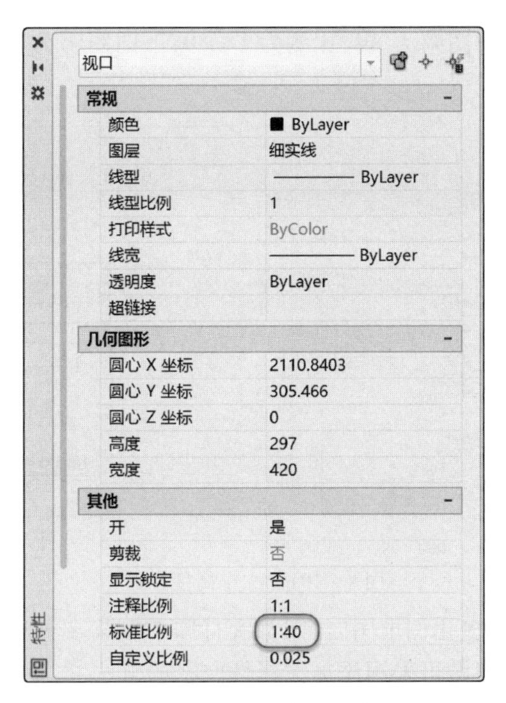

图 4 - 99　设置视口比例

第四步:打印出图即可。

2. 出现的问题

前面的操作均在 A3 幅面内完成。

如果要在 A4 幅面内布局该图并进行打印,则出图比例应选为 1 : 50。

如果将采用不同比例且不同幅面的图纸放在一起,则情况如图 4 - 100 所示。其中,左图图幅为 A4,比例为 1 : 50;右图图幅为 A3,比例为 1 : 40。

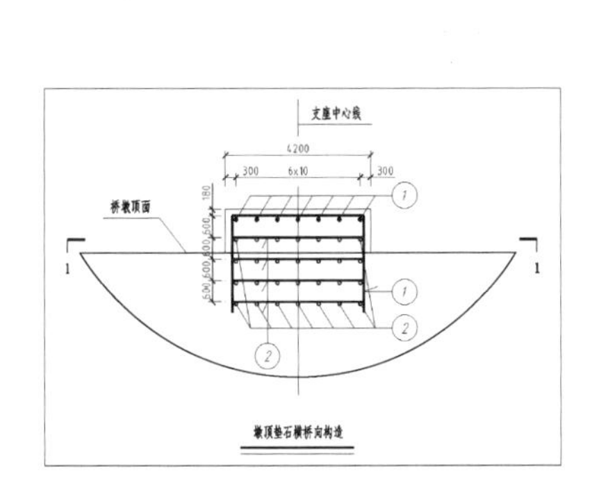

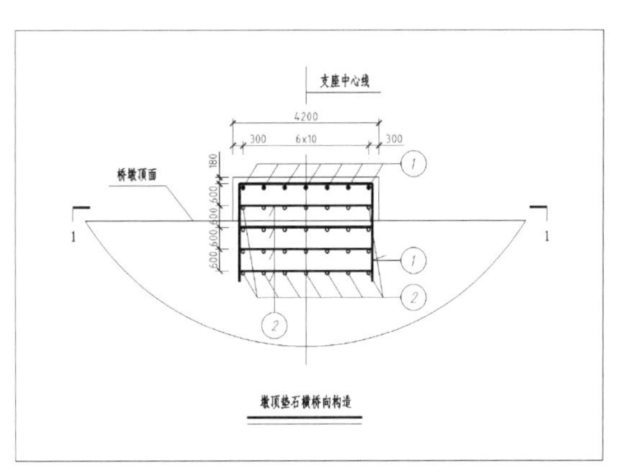

图 4 - 100　不同幅面和比例时的图纸

工程图纸中,相同规格的文字在图纸上的大小应相同。图 4 - 100 中,可以明显地看到,两图中的文字大小并不相同,这便是问题所在。

对此,我们可以想到一种解决办法:将模型空间中文字的高度由 280 改为 350。此时,按 1 : 50的比例在 A4 幅面内重新布局,则图纸上的文字高度就为 7(350/50),从而保证同规格的文字在图纸上的大小相同。

如图 4－101 所示,上图图幅为 A4,比例为 1∶50;下图图幅为 A3,比例为 1∶40。由图可知,汉字的高度是相同的。

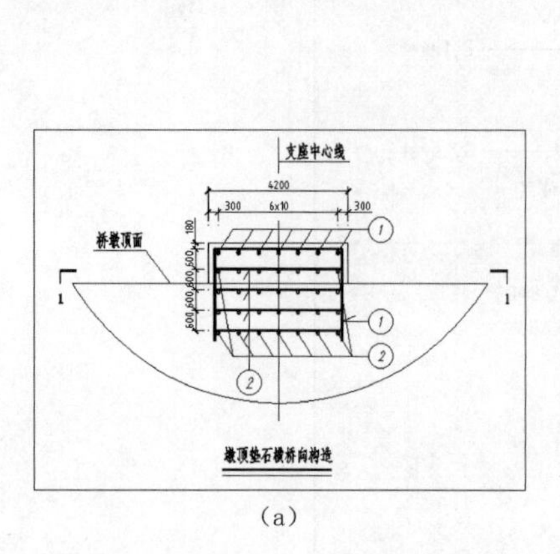

(a)

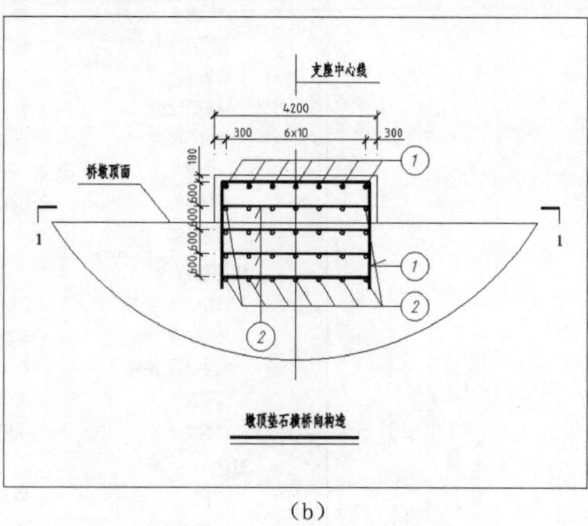

(b)

图 4－101　文字高度相同

显然,用这种方法进行多比例出图时,则每次打印前都需要调整文本的高度,从而造成极大的不便。为了解决这个问题可采用添加注释性文字的方法。

3. 注释性文字样式的创建

在 AutoCAD 中,注写文字前应创建文字样式。注释性文字样式的创建和普通文字样式的创建基本相同,不同之处是应首先选中【注释性】复选框,然后在【图纸文字高度】编辑框中输入(打印后)图纸上文字的高度,如图 4－102 所示。

一旦创建了注释性文字样式,则样式名前将出现注释性符号,如图 4－102 中的左侧列表所示。

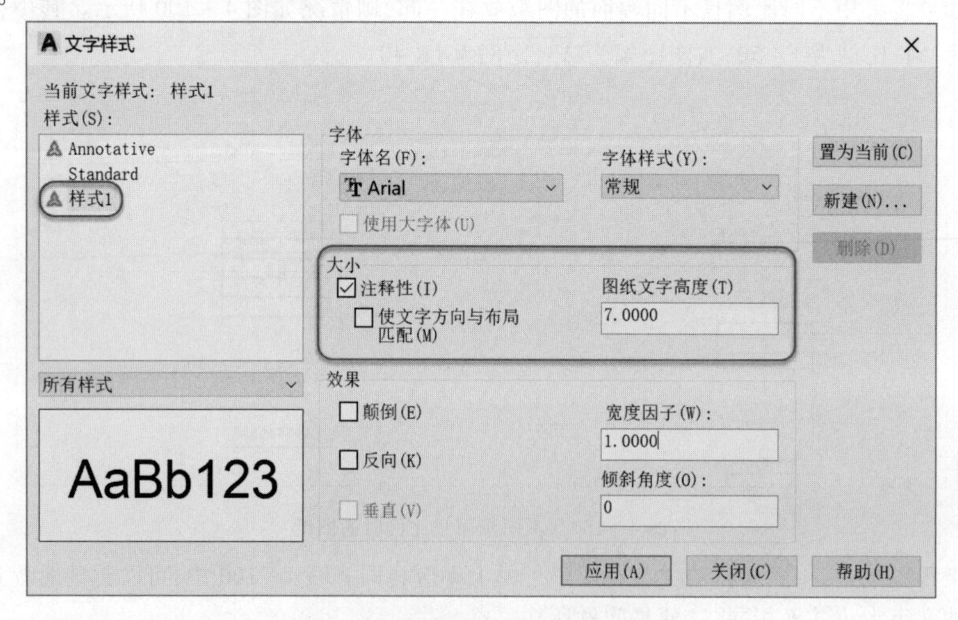

图 4－102　注释性文字样式的创建

4. 注释性文字的注写

注释性文字和普通文字的标注命令是相同的。当添加注释性文字后,将鼠标移至文字上,将出现如图 4－103 所示的注释性符号。

如图 4－104 所示,如果将状态栏中的【注释比例】设置为 1∶2,则图 4－103 中的文字将变为原来的两倍(注意:是放大而非缩小)。

由于注释比例的这一特征,如果先将【注释比例】设置为 1∶2,然后在视口中将出图比例设置为 1∶2,则注释性文字的打印高度就是文字样式创建时设置的【图纸文字高度】。

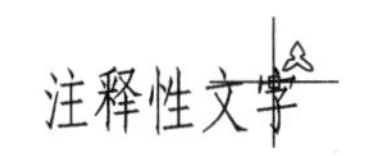

图 4－103　注释性文字

图 4－104　选择注释比例

5. 注释性文字的应用

【例题 1】等比例绘制图 4－94 所示的二维图并在 A3、A4 幅面内进行布局。要求:A4 幅面的出图比例为 1∶50,A3 幅面的出图比例为 1∶40,汉字的打印高度均为 7。

【绘图步骤】

步骤 01　在模型空间等比例绘制图 4－94 所示的二维图。

步骤 02　创建注释性文字样式并将【图纸文字高度】设为 7,同时将该样式设置为当前样式。

步骤 03　注写注释性文字“支座中心线”“桥墩顶面”和“墩顶垫石横桥向构造”。

步骤 04　如图 4－97 所示设置图纸空间,使其不再显示图纸背景。

在模型空间完成准备工作后,下面将在图纸空间完成图形布局。首先在 A4 幅面内进行布局,步骤如下:

步骤 05　将状态栏中的【注释比例】设置为 1∶50。

步骤 06　单击绘图区下部的【布局 1】,进入图纸空间。

步骤 07　利用 Mview 创建 A4 幅面大小的视口并将【标准比例】设为 1∶50。

下面在 A3 幅面内进行布局:

步骤 08　单击绘图区下部的【模型】选项卡,进入模型空间。

步骤 09　将状态栏中的【注释比例】设置为 1∶40。

步骤 10　单击绘图区下部的【布局 1】,再次进入图纸空间。

步骤 11　利用 Mview 创建 A3 幅面大小的视口并将【标准比例】设为 1∶40。

完成图纸布局后,结果如图 4－105 所示。显然,(a)、(b)两幅图中文字的大小是相同的。

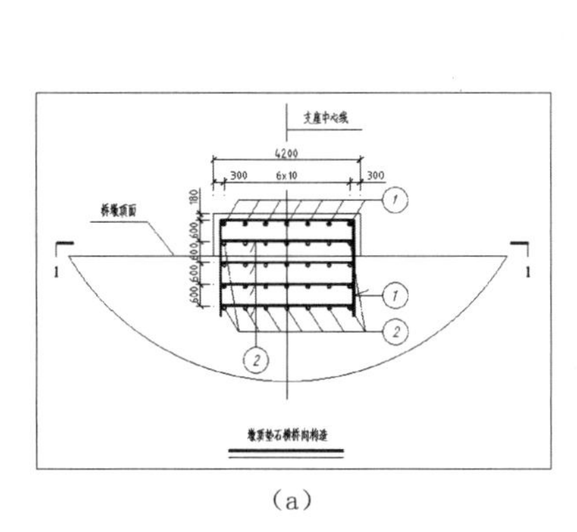

(a)

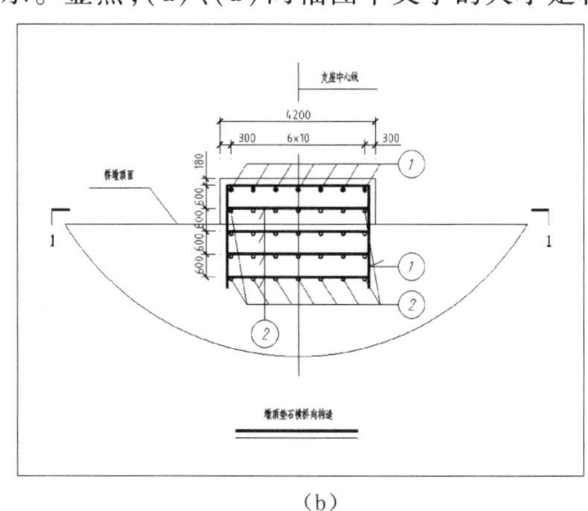

(b)

图 4－105　注释性文字的应用

6. **两个与注释性相关的命令**

为了更好地使用注释性，我们还需要知道图 4－106 中两个和注释性相关的命令。

- 注释可见性：控制是否显示所有的注释性对象，或仅显示符合当前注释比例的注释性对象，请看下面这个例子。

图 4－106 和注释性相关的命令

【例题 2】给图 4－107 所示的注释性文字设置不同的显示比例并控制其可见性。

注释性文字1　　注释性文字2

图 4－107 注释性文字

【绘图步骤】

注写注释性文字后，文字将以当前的注释比例显示出来。为了使其支持更多的注释比例，应用 Objectscale 命令完成比例添加。步骤如下：

步骤 01　在命令提示行输入 Objectscale 并按【Enter】键。

步骤 02　选择注释性对象：

在此提示下选择左侧的文字并按【Enter】键，系统将弹出如图 4－108 所示的【注释对象比例】对话框。

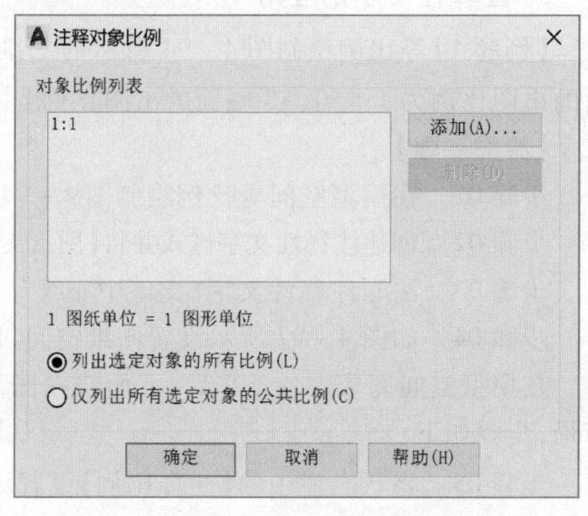

图 4－108 【注释对象比例】对话框

步骤 03　单击【添加...】按钮，系统将弹出如图 4－109 所示的【将比例添加到对象】对话框，然后在比例列表中选择 1∶2 并单击【确定】按钮。

步骤 04　回到图 4－110 所示的对话框后再次单击【确定】按钮，完成显示比例的添加。

由图 4－110 可见，左侧注释性文字所支持的显示比例有两个，分别为 1∶1 和 1∶2。此时将鼠标移至文字上，则出现图 4－111 所示的注释性图标，说明该文字对象支持多个显示比例。

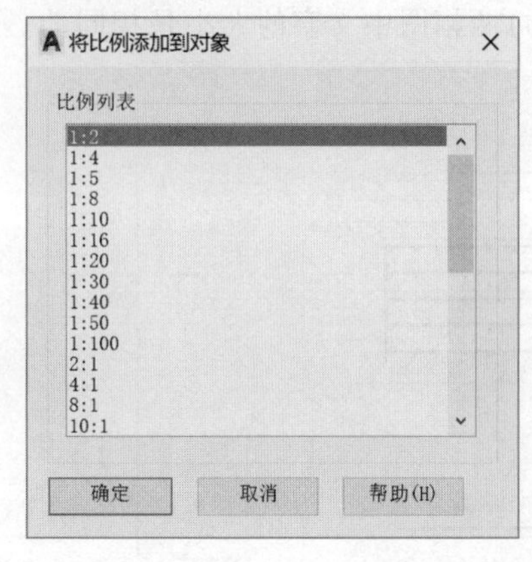

图 4－109 【将比例添加到对象】对话框

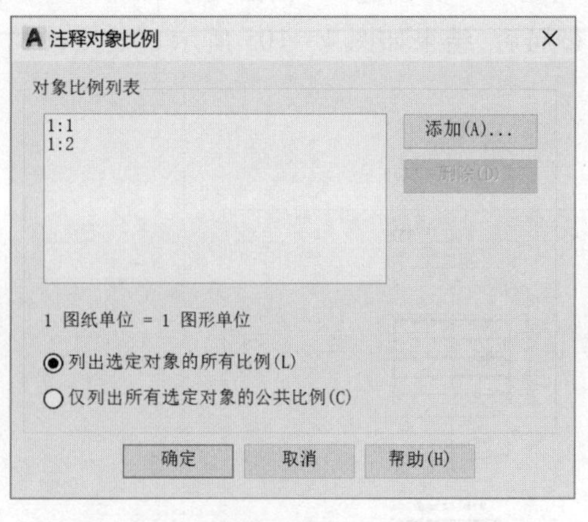

图 4－110 【注释对象比例】对话框

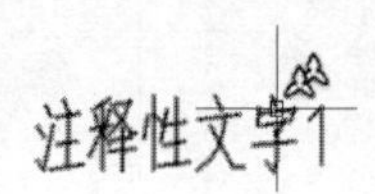

图 4－111

步骤 05　用同样的方法给右侧的文字添加 1∶4 的显示比例。此时，右侧文字支持的显示比例也有两个，分别为 1∶1 和 1∶4。

步骤 06　关闭图 4－106 中的【注释可见性】按钮。当【注释可见性】按钮被关闭时，如果用户选择不同的注释比例，则模型空间仅显示支持该比例的注释性文字。

步骤 07　选择 1∶1 的注释比例时，左右两部分文字均有显示，结果如图 4－112 所示。

图 4－112　注释比例为 1∶1

步骤 08　选择 1∶2 的注释比例时，仅显示左侧文字，且字高为原来的两倍，结果如图 4－113(a)所示。如果选择 1∶4，则仅显示右侧文字，且字高为原来的 4 倍，结果如图 4－113(b)所示。

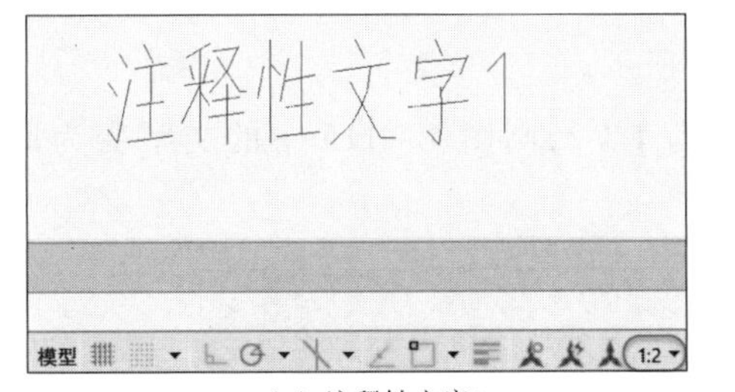

(a) 注释性文字1

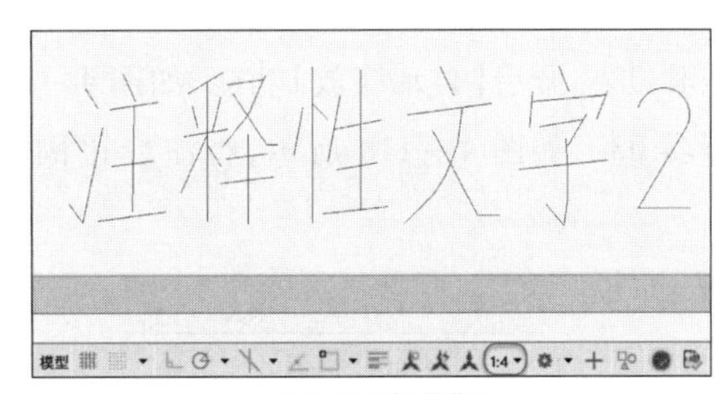

(b) 注释性文字2

图 4－113　不同注释比例时文字的显示情况

步骤 09　打开图 4－106 中的【注释可见性】按钮。

当【注释可见性】按钮处于开启状态时，系统总会显示所有的注释性文字。如果用户选择不同的注释比例，则模型空间将以当前的注释比例显示支持该比例的注释性文字，而其他注释性文字则用 1∶1 的比例进行显示。

步骤 10　如图 4－114(a)所示，当选择注释比例为 1∶2 时，左侧文字放大两倍，右侧文字的大小不变；当选择注释比例为 1∶4 时，左侧文字大小不变，右侧文字放大 4 倍，结果如图 4－114(b)所示。

(a) 注释性文字1

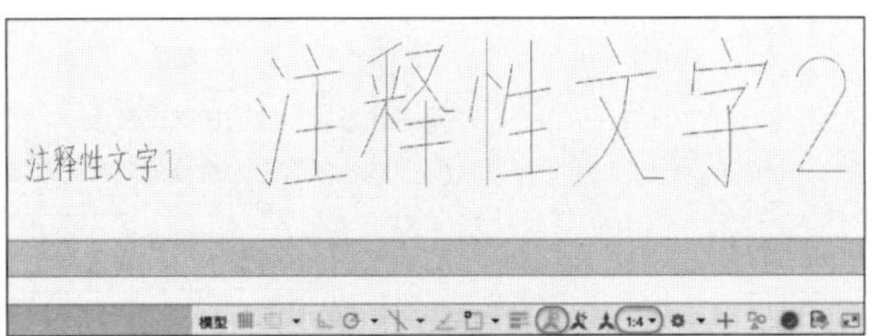

(b) 注释性文字2

图 4－114　【注释可见性】开启，不同注释比例时文字的显示

• 自动缩放:当注释比例发生更改时,自动将注释比例添加到所有注释性对象。为了说明【自动缩放】的作用,下面给出一个例子。

【例题 3】创建注释性文字并通过【自动缩放】向其添加注释性比例。

【绘图步骤】

步骤 01 如图 4 – 115 所示,将注释比例设为 1 : 1 并创建注释性文字,这时,如果用 Objectscale命令查看,则该段文字仅支持 1 : 1 的注释比例,如图 4 – 116 所示。

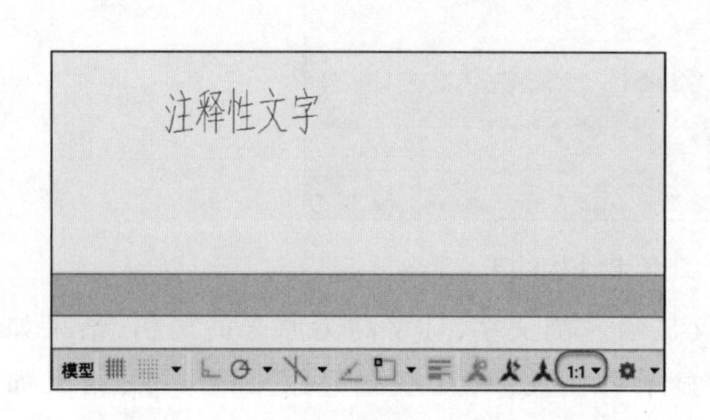

图 4 – 115 注释性文字

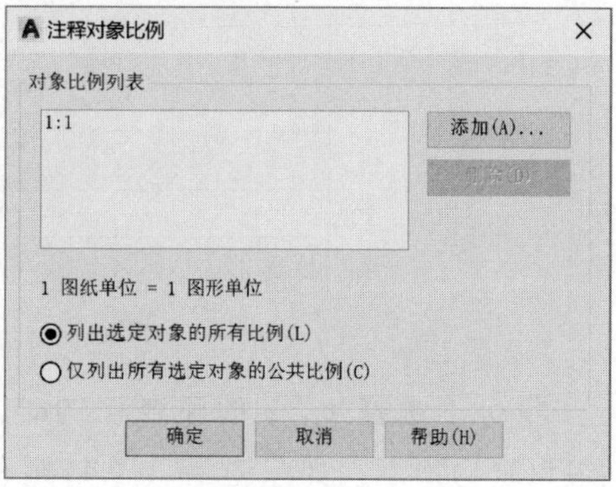

注释对象比例
对象比例列表
1:1
添加(A)...
删除(D)
1 图纸单位 = 1 图形单位
列出选定对象的所有比例(L)
仅列出所有选定对象的公共比例(C)
确定 取消 帮助(H)

图 4 – 116 【注释对象比例】对话框

步骤 02 开启【自动缩放】功能,如图 4 – 117 所示。

步骤 03 如图 4 – 118 所示,将注释比例改为 1 : 2,则图 4 – 115 中的文字变为原来的两倍。

图 4 – 117 打开【自动缩放】

图 4 – 118 更改注释比例

再次输入 Objectscale 命令查看,则该段文字已经支持 1 : 1 和 1 : 2 两种注释比例,如图 4 – 119所示。

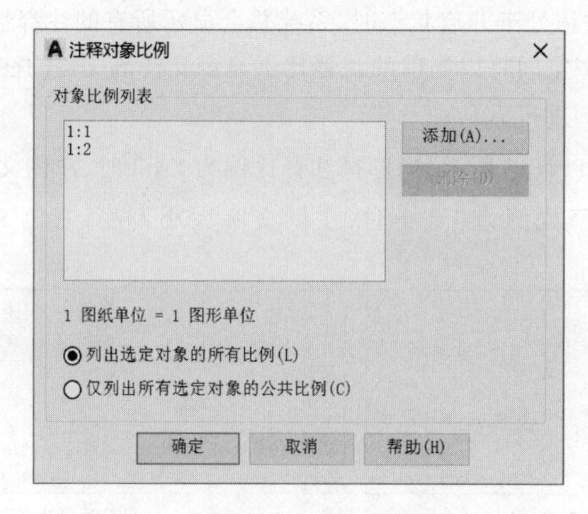

图 4 – 119 更新后的【注释对象比例】对话框

7. **注释性尺寸标注和图案填充**

注释性尺寸标注可使尺寸起止符号和尺寸数字依照当前的注释比例进行缩放，从而实现其打印高度保持不变。

在创建注释性尺寸标注时，只需勾选【注释性】即可，如图4－120所示。

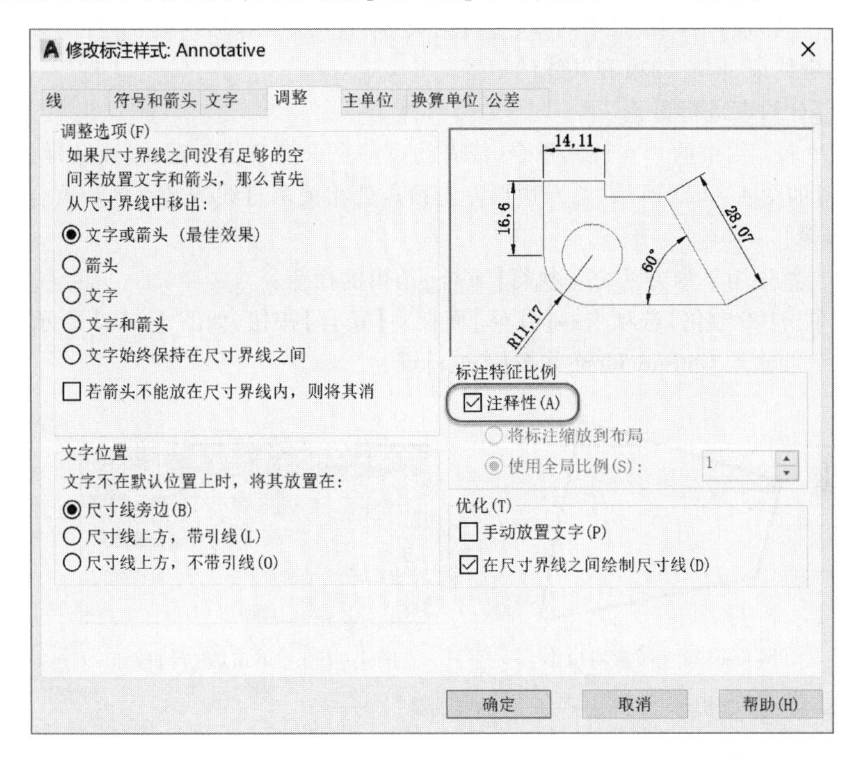

图4－120 【修改标注样式】对话框

注释性图案填充可保证不同比例出图时填充线的间距保持不变。利用注释性图案填充时，应如图4－121所示，选中【注释性】后再进行填充。

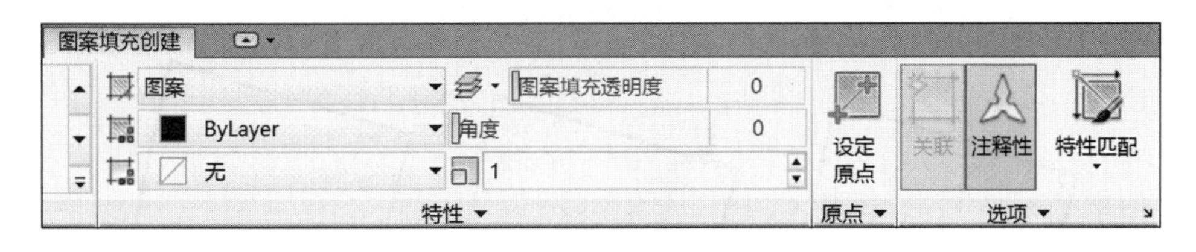

图4－121 【图案填充创建】选项卡

4.14 参数化绘图

目前为止，所有的绘图方法都采用固定值来定义几何元素的位置和大小，当图形尺寸有变动时，必须删除原图进行重画，这将导致工作量的增加。如果所绘的结构形状基本相同，仅尺寸不同，则可用约束的关联和限制来进行参数化绘图。

AutoCAD 提供了两种约束：

- 几何约束　控制图形对象彼此之间的相对关系；
- 标注约束　控制图形对象本身的距离、长度、角度和半径等。

1. **几何约束**

几何约束包括重合约束、水平约束、竖直约束、垂直约束、对称约束、平行约束、相切约束、相等约束、固定约束、同心约束和共线约束等。

下面对部分约束进行讨论。

- 重合约束　约束两个点使其重合，或者约束一个点使其位于图线（或其延长线）上。

【**例题 1**】如图 4－122 所示，给四边形左上顶点处相关两直线的端点施加重合约束。

【**绘图步骤**】

步骤 01　首先用下列方法之一执行【重合】约束的命令：

- 依次单击【参数化】选项卡→【几何】面板→【重合】按钮，如图 4－123 所示；
- 在命令行输入 GcCoincident 并按【Enter】键。

图 4－122　任意四边形

图 4－123　单击【重合】按钮

命令启动后，命令提示行将出现下面的提示：

步骤 02　选择第一个点或 [对象(O)/自动约束(A)] <对象>：

在该提示下，请选择一个点作为基准点。将拾取框移至左侧直线上靠近端点的位置，当出现图 4－124(a)中的几何符号时，单击鼠标左键拾取即可。

步骤 03　选择第二个点或 [对象(O)] <对象>：

如图 4－124(b)所示，拾取上方直线的左侧端点作为第二个点。

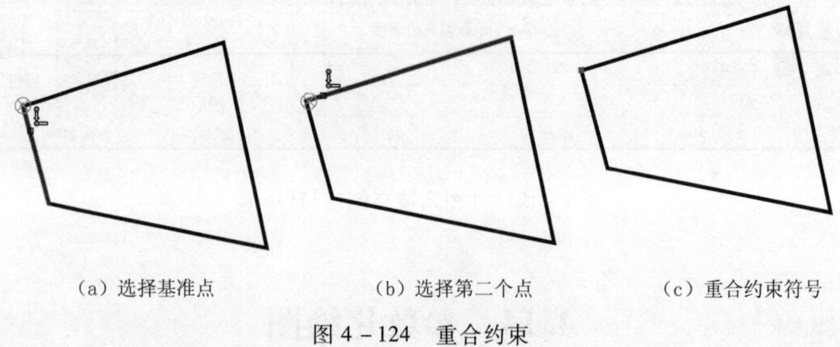

(a) 选择基准点　　(b) 选择第二个点　　(c) 重合约束符号

图 4－124　重合约束

约束实施后，将在约束点处出现如图 4－124(c)所示的蓝色小方块，当鼠标停留在该小方块上时，将出现如图 4－125(a)所示的重合约束图标，如果继续移动鼠标至该图标上，则跟重合约束相关的两条直线高亮显示，同时将出现约束种类提示，如图 4－125(b)所示。

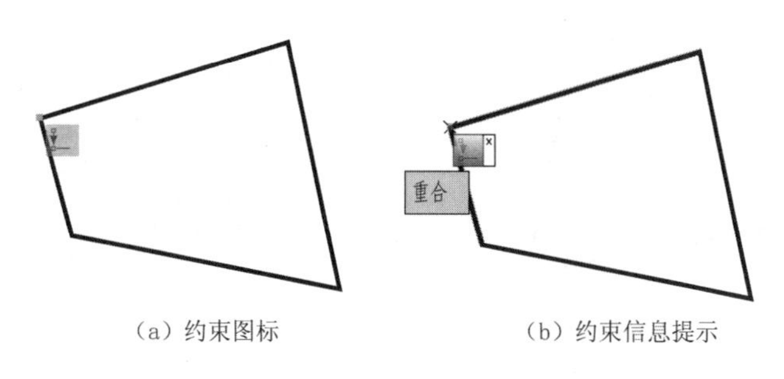

（a）约束图标　　（b）约束信息提示

图 4－125　重合约束提示

如果对约束相关的两条直线同时进行复制、镜像等操作，重合约束关系保持不变，但是当对其中一条进行修剪、延伸等操作后，约束将自动消失。

需要注意的是，重合约束时，第一个点将作为基准点，约束时其位置不变，第二个点将平移至第一个点的位置，同时两点保持重合的关系。

如果要对四边形所有相邻两边位置重合的端点施加重合约束，则应按照下面的操作进行。

【例题 2】给图 4－122 中四边形四个顶点处相邻两直线重合的端点施加重合约束。

【绘图步骤】

步骤 01　先启动【重合】约束命令。

步骤 02　选择第一个点或 [对象(O)/自动约束(A)] <对象>:

在该提示下，请输入 A 并按【Enter】键。

步骤 03　选择对象：

用窗口选择方式选中四条直线并按【Enter】键，完成约束施加，结果如图 4－126 所示。

施加约束后，如果通过夹点方式编辑其中任意一条直线，其他直线的位置和长度都将受到影响。但是，四条直线的连接顺序不会发生变化。

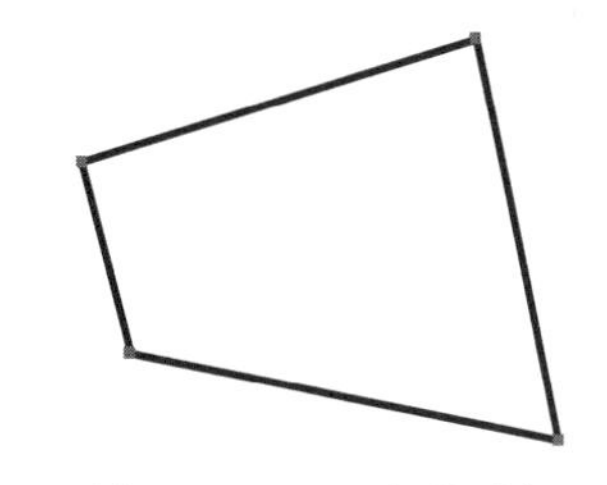

图 4－126　四边形顶点处的重合约束

- 水平约束和竖直约束　水平约束用来使直线或两点的连线与当前用户坐标系的 X 轴平行；竖直约束用来使直线或两点的连线与当前用户坐标系的 Y 轴平行。

【例题 3】如图 4－127 所示，给四边形施加约束，使其成为一个矩形。

【绘图步骤】

我们的思路是：先在顶点处施加重合约束，然后对上下两条边施加水平约束，给左右两条边施加竖直约束。

前面的例子中已经说明重合约束的施加方法，此处不再重复讲述，下面仅列出水平和竖直约束的施加过程。

步骤 01　用下列方法之一执行【水平】约束的命令：

- 依次单击【参数化】选项卡→【几何】面板→【水平】按钮，如图 4－128 所示；
- 在命令行输入 GcHorizontal 并按【Enter】键。

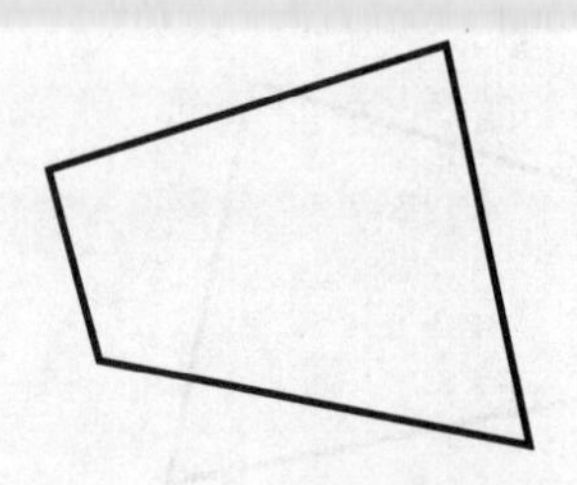

图 4-127　任意四边形

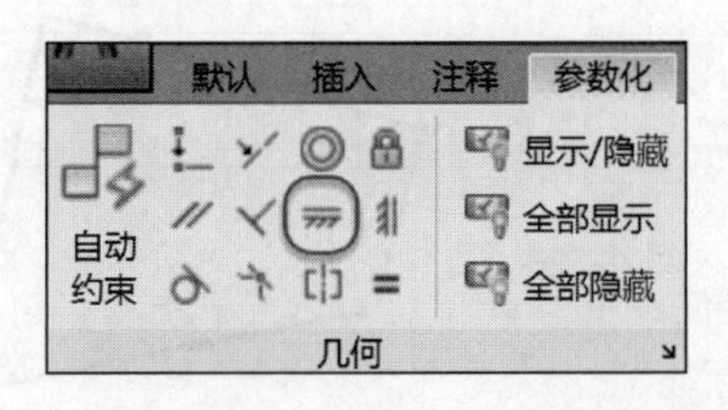

图 4-128　单击【水平】按钮

命令启动后，命令提示行将出现下面的提示：

步骤 02　选择对象或 [两点(2P)] <两点>：

选择上面一条边并按【Enter】键，则约束结果如图 4-129 所示。

施加约束后，在直线的上方出现了水平约束的图标。当鼠标停留在该图标上时，水平线将高亮显示，以此来说明该约束和所施加对象之间的关系。

注意：在选择上面一条边的时候，如果选取位置在中点以左的范围内，则以直线的左端点为准对直线的位置进行调整；否则，将以其右端点为准对直线的位置进行调整。

步骤 03　用同样的方法对下面一条直线施加水平约束，结果如图 4-130 所示。

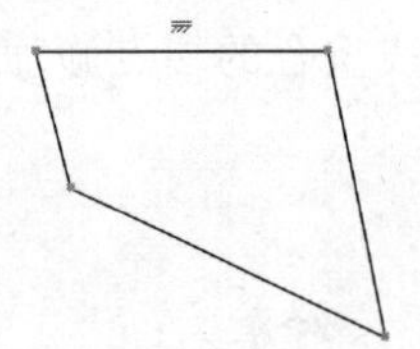

图 4-129　对上面一条边施加水平约束

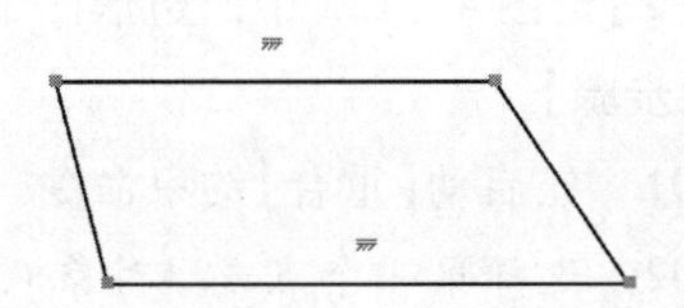

图 4-130　施加水平约束后的四边形

接着对左右两边施加竖直约束：

步骤 04　用下列方法之一执行【竖直】约束命令：

- 依次单击【参数化】选项卡→【几何】面板→【竖直】按钮，如图 4-131 所示；
- 在命令行输入 GcVertical 并按【Enter】键。

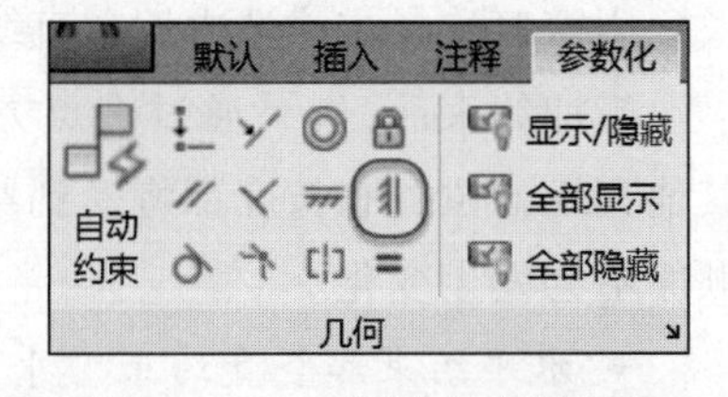

图 4-131　单击【竖直】按钮

步骤 05　选择对象或 [两点(2P)] <两点>：

选择左侧边并按【Enter】键，则结果如图 4-132(a)所示。

步骤 06　用同样的方法对右侧边施加竖直约束，则结果如图 4-132(b)所示。

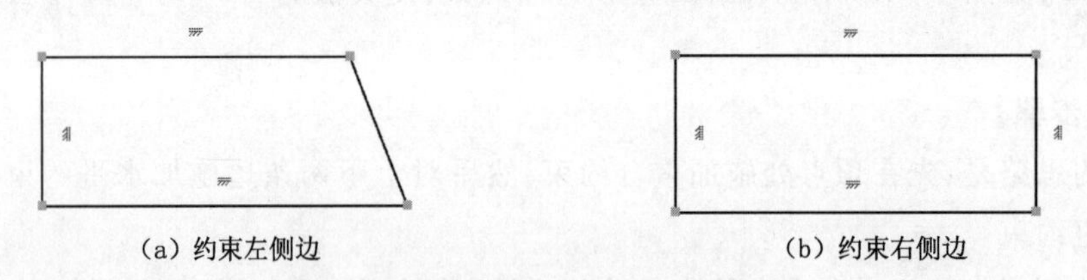

(a) 约束左侧边　　(b) 约束右侧边

图 4-132　竖直约束后的四边形

- 垂直约束　用来使选中的两条直线彼此垂直。

【**例题 4**】给图 4-127 所示的四边形施加约束，使其成为一个矩形。

【**绘图步骤**】

上例已经给出了一种约束的施加方法，下面将利用垂直约束给出另一种方法。

步骤 01　先在顶点处施加重合约束。

步骤 02　给上、下边施加水平约束，结果如图 4－133 所示。

如果让左右边同时垂直于下面的一条边，则四边形将变为长方形。下面是垂直约束的施加过程：

步骤 03　用下列方法之一执行【垂直】约束命令：

- 依次单击【参数化】选项卡→【几何】面板→【垂直】按钮，如图 4－134 所示；
- 在命令行输入 GcPerpendicular 并按【Enter】键。

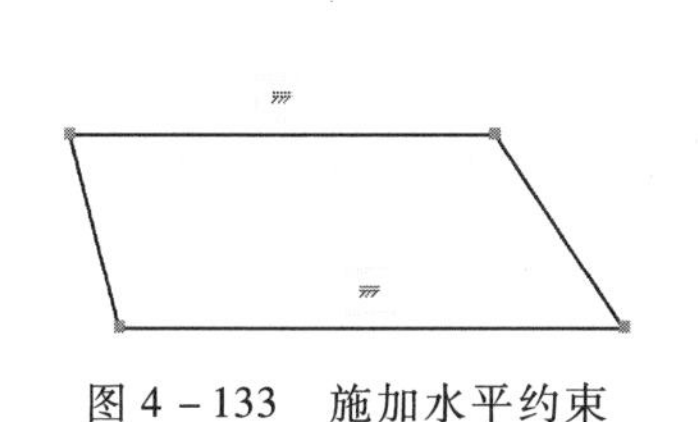

图 4－133　施加水平约束

图 4－134　单击【垂直】按钮

步骤 04　选择第一个对象：

如图 4－135(a)所示，选择下面的一条边。

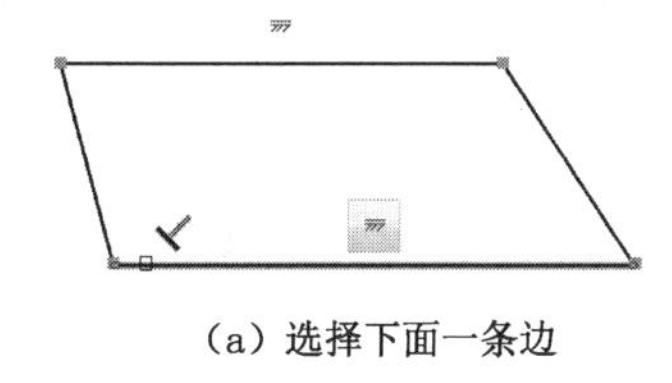

(a) 选择下面一条边

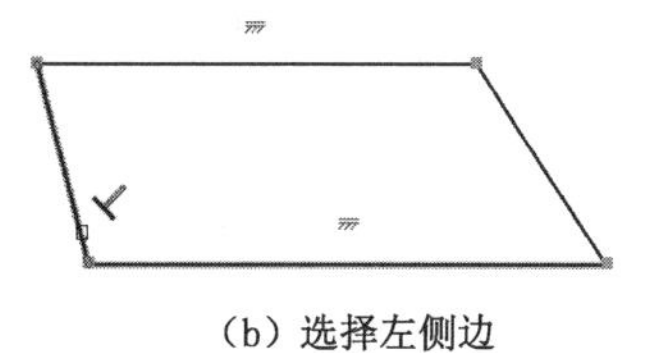

(b) 选择左侧边

图 4－135　施加垂直约束

步骤 05　选择第二个对象：

如图 4－135(b)所示，选择左侧边。

约束施加后，结果如图 4－136(a)所示。当鼠标移至垂直约束图标上，则左侧边和下边两条直线高亮显示，说明垂直约束的施加对象是这两条直线，如图 4－136(b)所示。

注意：垂直约束的施加中，总是以第一个对象的位置为准，使第二个对象和第一个对象垂直。

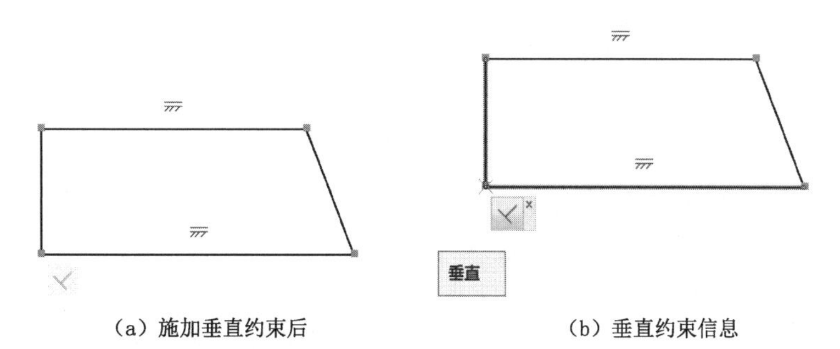

(a) 施加垂直约束后　　(b) 垂直约束信息

图 4－136　垂直约束

步骤 06　用同样的方法给右侧边和下边施加垂直约束，最后结果如图 4－137 所示。

- 平行约束　使两条直线互相平行。

【例题 5】给图 4－127 所示的四边形施加约束，使其成为一个矩形。

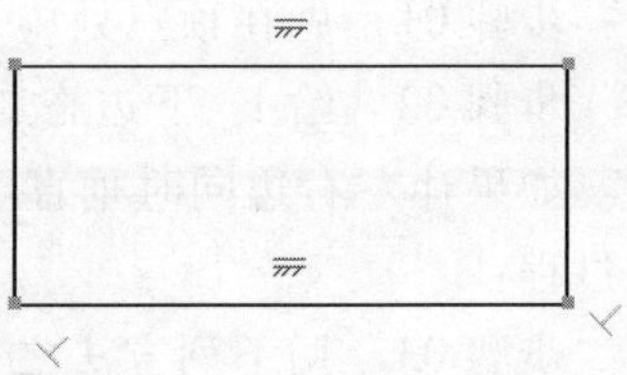

图 4－137　约束后的四边形

【绘图步骤】

步骤 01　先在顶点处施加重合约束；

步骤 02　给上边施加水平约束；

步骤 03　以上边为准，使左侧边垂直于上边。施加垂直约束后，结果如图 4－138 所示；如果使下边平行于上边，右侧边平行于左侧边，则四边形最终呈现为矩形。下面是平行约束的施加过程。

步骤 04　用下列方法之一执行【平行】约束命令：

- 依次单击【参数化】选项卡→【几何】面板→【平行】按钮，如图 4－139 所示；
- 在命令行输入 GcParallel 并按【Enter】键。

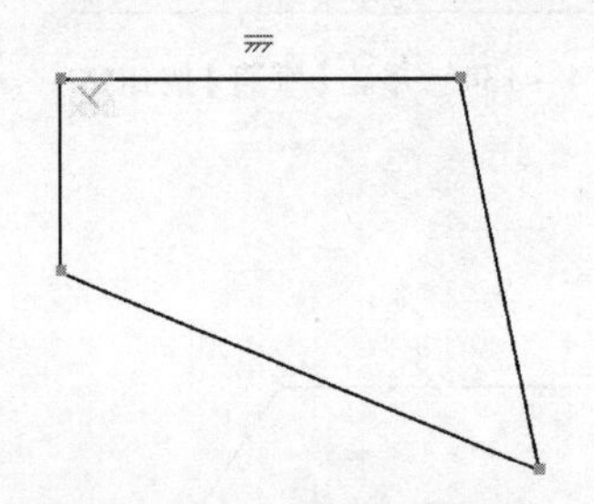

图 4－138　约束后的四边形

图 4－139　单击【平行】按钮

步骤 05　选择第一个对象：

选择上面一条边作为基准边。

步骤 06　选择第二个对象：

选择下面一条边，约束施加后，结果如图 4－140(a)所示。

施加平行约束后，相关两条直线附近均出现了平行约束图标。将鼠标移至其中任一图标上时，两条平行线高亮显示，同时给出约束名称提示，如图 4－140(b)所示。

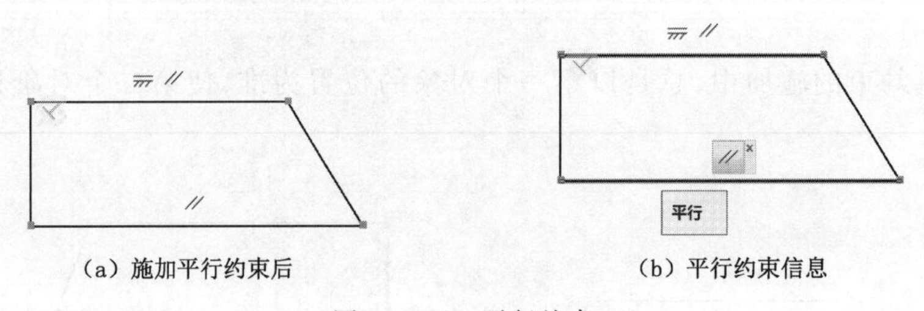

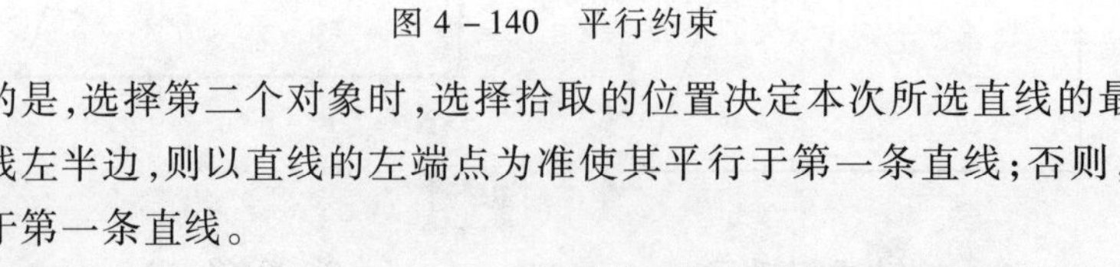

(a) 施加平行约束后　　(b) 平行约束信息

图 4－140　平行约束

需要注意的是，选择第二个对象时，选择拾取的位置决定本次所选直线的最终位置。如果选取位置在直线左半边，则以直线的左端点为准使其平行于第一条直线；否则，将以其右端点为准使其平行于第一条直线。

步骤 07　用同样的方法使右侧边平行于左侧边，完成约束施加，结果从略。

- 相等和相切约束　相等约束可使两直线的长度相等，或者使两圆的半径相等；相切约束使对象保持相切的关系。

下面举例来说明几种约束的用法。

【例题 6】绘制图 4－141 所示任意尺寸的等边三角形及内切圆。

【绘图步骤】

首先绘制需要的几何元素，然后通过各种约束使其满足几何关系即可。

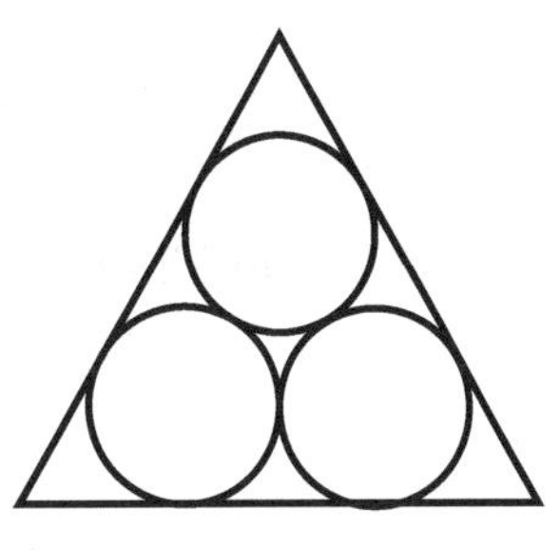

图 4－141　二维图形

步骤 01　如图 4－142 所示，绘制两种任意位置和尺寸的几何元素，即三角形和圆。

步骤 02　在三角形的顶点处施加重合约束，结果如图 4－143所示。

步骤 03　给三角形的底边施加水平约束，结果如图 4－144 所示；

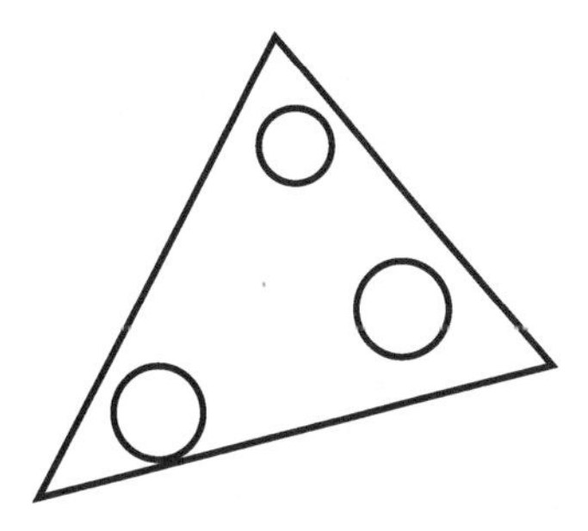

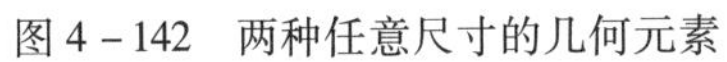

图 4－142　两种任意尺寸的几何元素

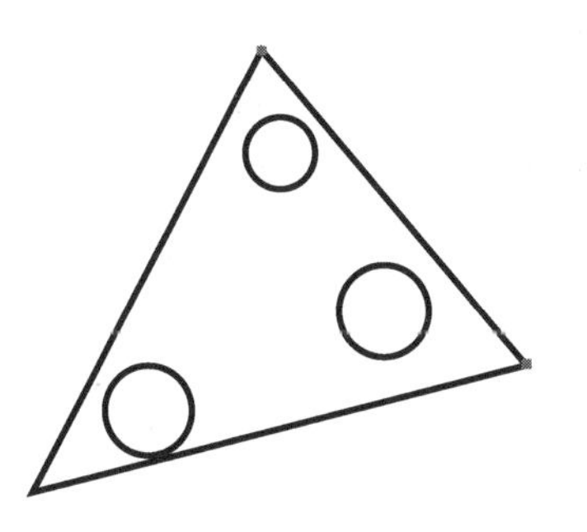

图 4－143　施加重合约束

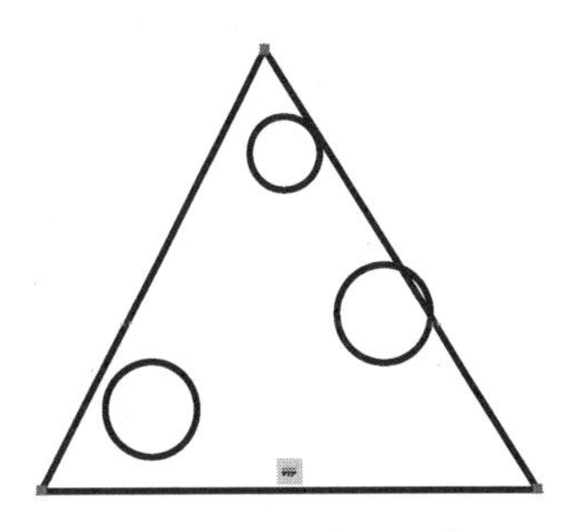

图 4－144　水平约束

如果使三角形的三边长度相等，则三角形就变为等边三角形。为此，我们给三边施加相等约束，下面是具体过程。

步骤 04　用下列方法之一执行【相等】约束命令：

- 依次单击【参数化】选项卡→【几何】面板→【相等】按钮，如图 4－145 所示；
- 在命令行输入 GcEqual 并按【Enter】键。

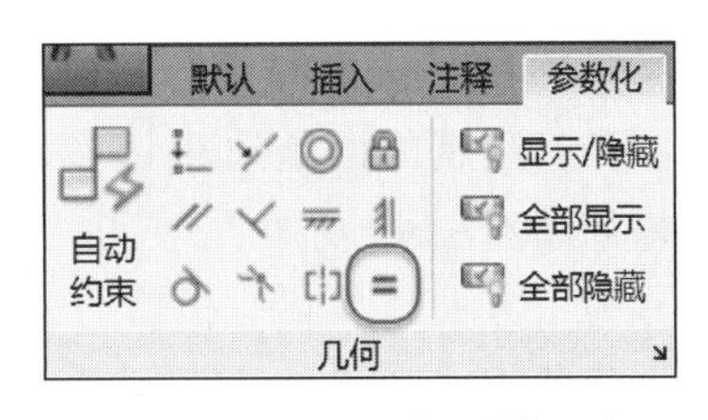

图 4－145　选择【相等】约束

步骤 05　选择第一个对象或 [多个(M)]：

输入 M 并按【Enter】键，顺序选择三角形的三条边并按【Enter】键，约束结果如图 4－146(a)所示。

施加相等约束后，将在三角形的三条边上出现相等约束的图标。将鼠标移动至其中任意一个图标上，则相关直线高亮显示，同时出现约束名称的信息提示，如图 4－146(b)所示。

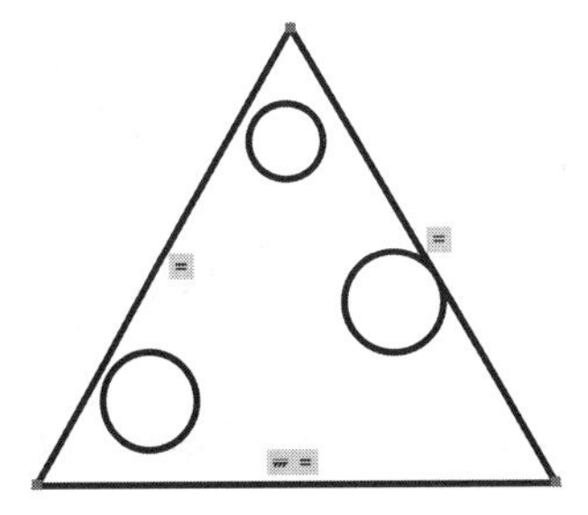

(a) 施加相等约束后

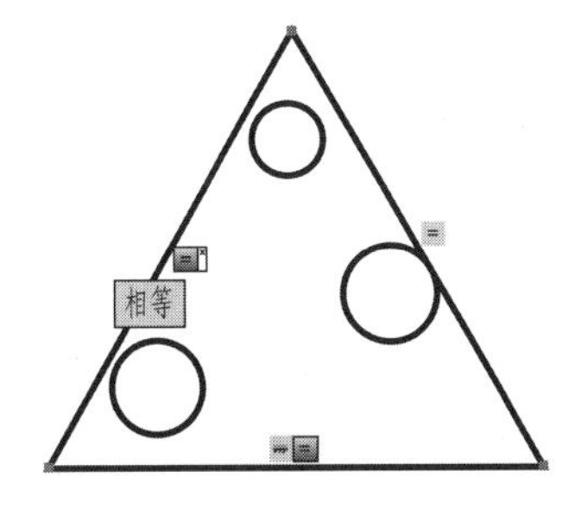

(b) 相等约束信息

图 4－146　相等约束

注意:相等约束时,其他被选中的对象总是以第一个被选中对象的长度或者直径为准进行缩放。

下面开始调整圆的位置,使其和三角形的三边相切及两两相外切。下面是相切约束的施加过程:

步骤 06　用下列方法之一执行【相切】约束命令:

- 依次单击【参数化】选项卡→【几何】面板→【相切】按钮,如图 4 - 147 所示;
- 在命令行输入 GcTangent 并按【Enter】键。

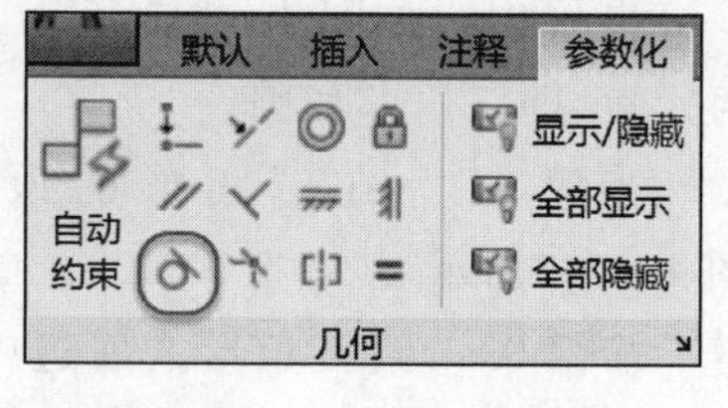

图 4 - 147　选择【相切】约束

步骤 07　选择第一个对象:

如图 4 - 148(a)所示,选择三角形的左侧边。

步骤 08　选择第二个对象:

如图 4 - 148(b)所示,选择左下角的圆。施加相切约束时,第一个对象的位置保持不变,第二个对象将平移至跟第一个对象相切的位置。约束施加后,将在切点附近出现相切约束图标,当鼠标移至图标上,相切的直线和圆高亮显示,同时给出约束名称信息提示,如图 4 - 148(c)所示。

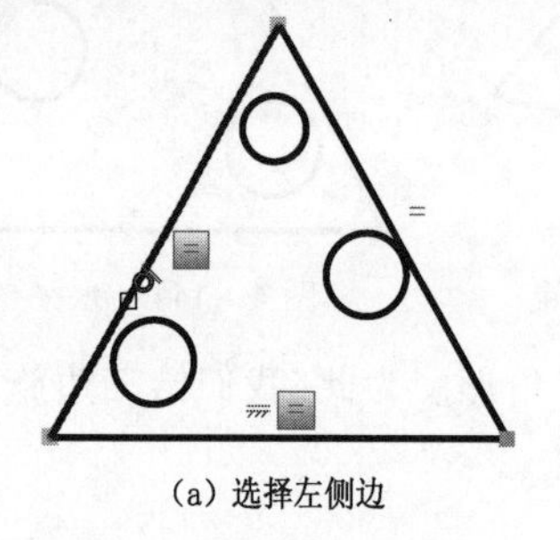

(a) 选择左侧边

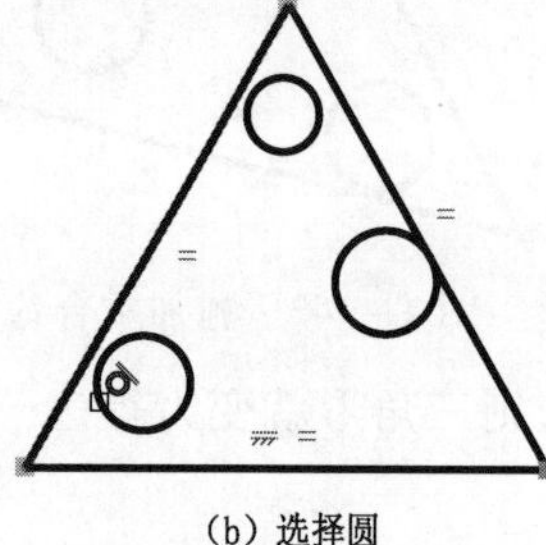

(b) 选择圆

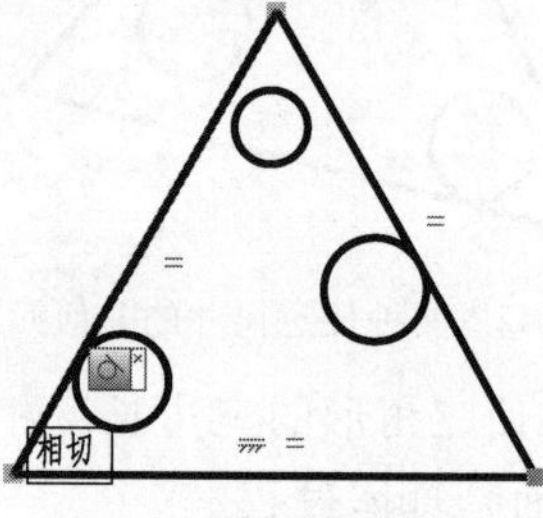

(c) 施加相切约束后

图 4 - 148　相切约束

步骤 09　按照同样的方法给 3 个圆施加其他相切约束,使每个圆和其附近的两条边相切。具体过程不再详述,施加约束后的结果如图 4 - 149 所示。

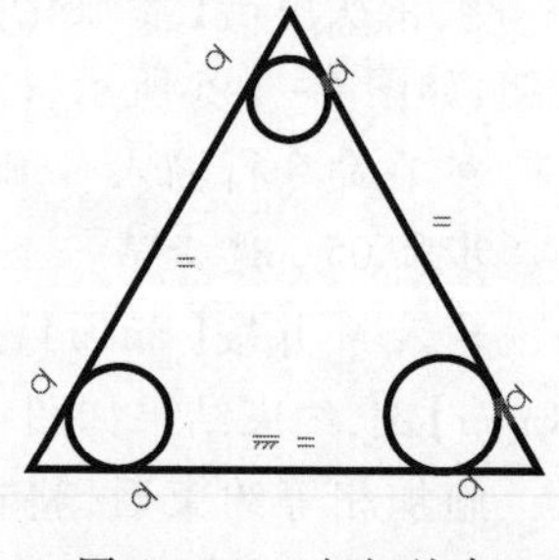

图 4 - 149　相切约束

为了方便施加其他相切约束,下面将图形缩小。

步骤 10　如图 4 - 150(a)所示,选中三角形的右侧边和底边,单击最右的夹点并移动,当图形中的 3 个圆接近相切时再次单击鼠标左键,如图 4 - 150(b)所示。完成图形缩放后结果如图 4 - 150(c)所示。

其实,这一步的操作不是必须,具体情况请读者自行尝试。

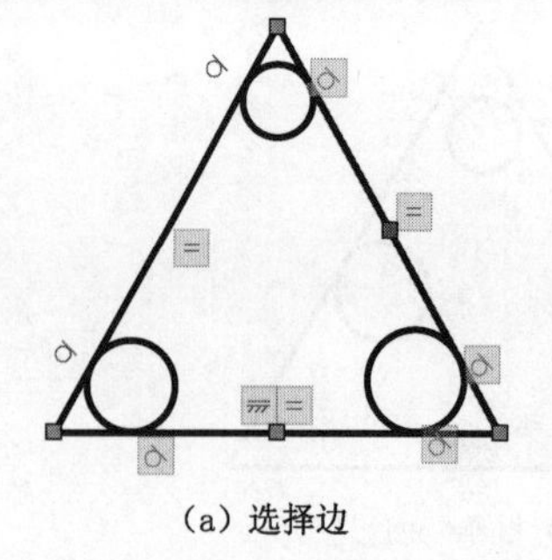

(a) 选择边

(b) 选择夹点并移动鼠标

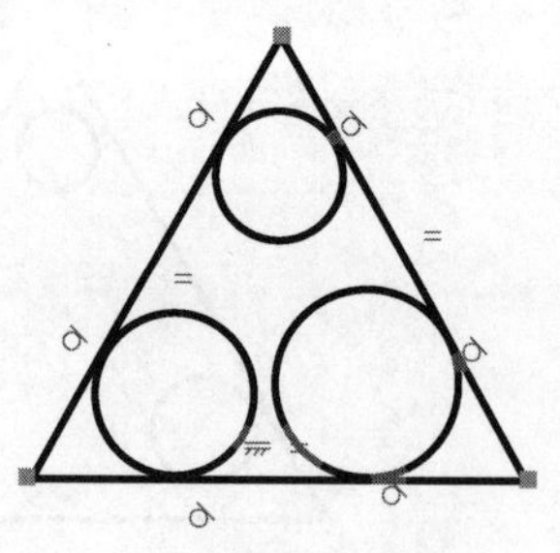

(c) 缩小后的图形

图 4 - 150　缩小图形

步骤 11　给左侧的圆施加约束，使其和另外两个圆相外切，结果如图 4－151(a)所示。

步骤 12　给右侧的圆施加约束，使其和顶部的圆相外切，结果如图 4－151(b)所示。

由于被约束的图形中有很多约束图标，这些符号将较大地影响图形的阅读。所以，约束绘制结束后，应隐藏所有约束图标。下面是具体方法。

步骤 13　依次单击【参数化】选项卡→【几何】面板→【全部隐藏】按钮，如图 4－152 所示，隐藏所有的约束图标。

如果要显示所有的约束图标，请单击【全部显示】按钮即可。

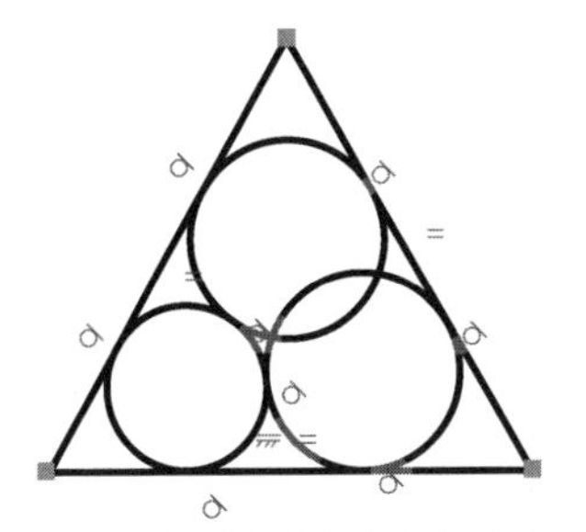

(a) 给左侧的圆施加相切约束

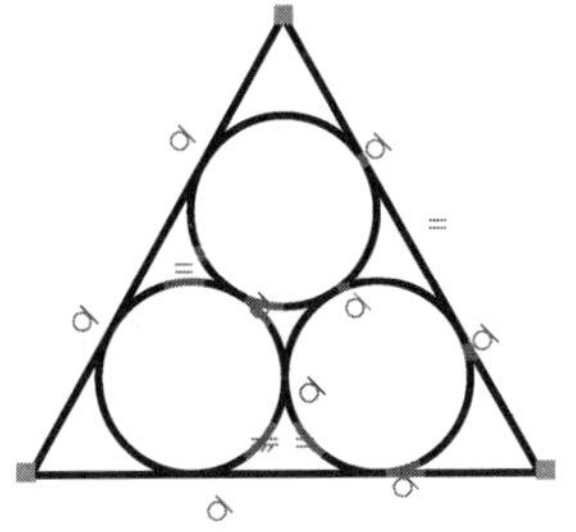

(b) 给右侧的圆施加相切约束

图 4－151　施加相切约束

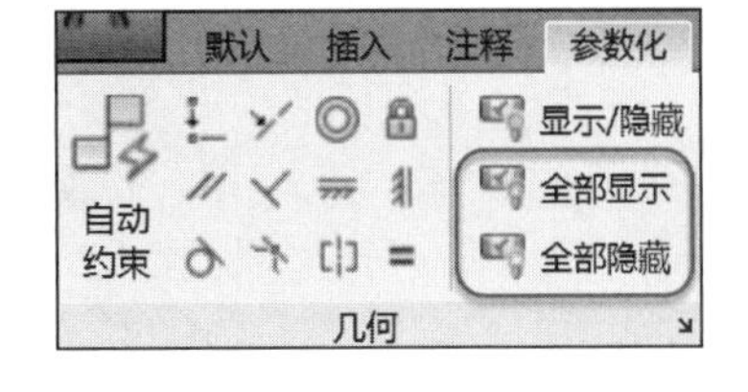

图 4－152　单击【全部隐藏】按钮

- 对称约束　使两个对象或者两个点关于选定直线保持对称。

【例题 7】绘制任意三角形并施加约束，使其成为底边水平放置的等腰三角形。

【绘图步骤】

步骤 01　如图 4－153 所示，绘制任意三角形。

步骤 02　在三角形的顶点处施加重合约束。

步骤 03　给底边施加水平约束并添加一条对称线，结果如图 4－154 所示。最后给左、右两条边施加对称约束，步骤如下。

步骤 04　用下列方法之一执行【对称】约束命令：

- 依次单击【参数化】选项卡→【几何】面板→【对称】按钮，如图 4－155 所示；
- 在命令行输入 GcSymmetric 并按【Enter】键。

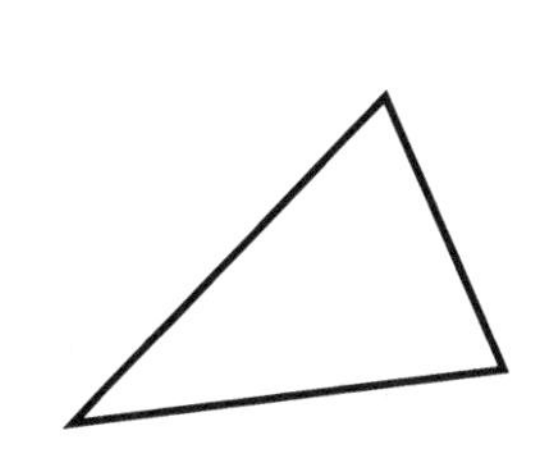

图 4－153　任意的三角形

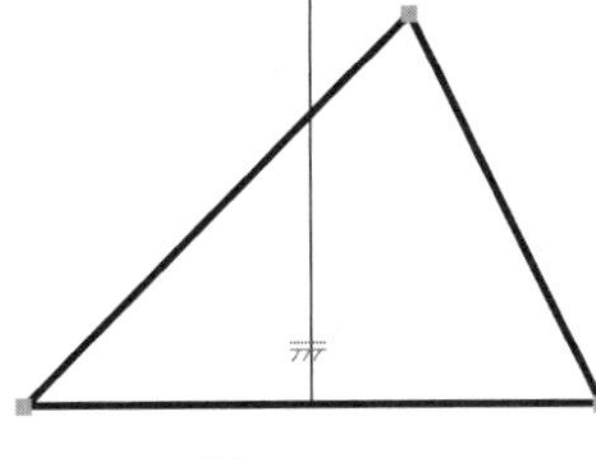

图　4－154

图 4－155　选择【对称】约束

步骤 05　选择第一个对象或［两点(2P)］<两点>：

如图 4－156(a)所示，选择三角形的左侧边。

步骤 06　选择第二个对象：

如图 4－156(b)所示，选择三角形的右侧边。

步骤 07　选择对称直线：

如图 4－156 (c)所示，选择对称线。

约束后，结果如图 4－156(d)所示。对称约束时，以所选第一条边的位置为准，使第二条直线关于对称线和第一条直线形成对称关系。

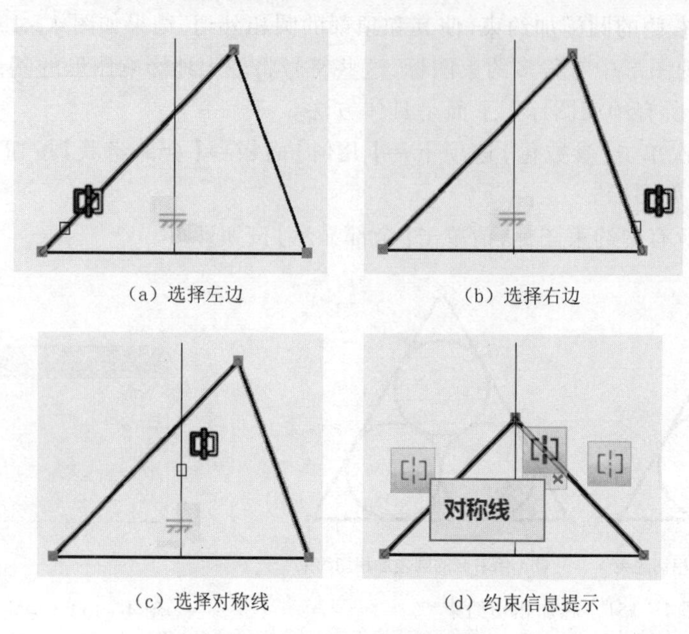

(a) 选择左边　(b) 选择右边

(c) 选择对称线　(d) 约束信息提示

图 4－156　施加对称约束

2. 标注约束

标注约束包括线性约束、对齐约束、半径约束、直径约束和角度约束。

标注约束和普通标注看起来没有什么区别,但实际上,用户可以通过更改标注约束中的尺寸数字来调整图形的大小。所以,标注约束是通过标注驱动图形对象,而普通标注是通过对象来驱动尺寸标注。

为了方便使用,AutoCAD 提供了两种形式的标注约束:动态约束和注释性约束。

默认情况下,标注约束是动态的。动态约束使用系统预先定义的标注样式来显示,无论图形对象放大或者缩小,其大小保持不变。

如果要标注和普通标注一样,具有能放大缩小且能进行样式设置的标注约束,则应选择注释性约束。

注意:动态约束不能被打印显示,而注释性约束可被打印显示。

用户在进行标注约束之前,首先应选定标注约束的形式。方法是,首先单击【参数化】选项卡,然后展开【标注】面板,选择标注约束的形式,如图 4－157 所示。

标注约束时,应如图 4－158 所示,选择相应的命令完成线性、对齐、半径、直径和角度的标注。

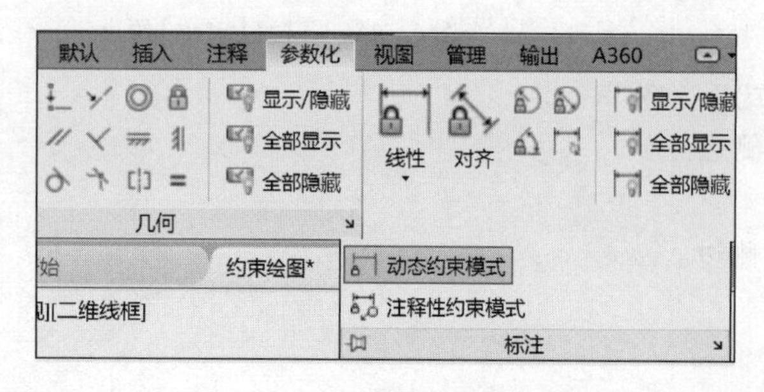

图 4－157　选择标注约束的形式

图 4－158　标注约束命令

下面将分别讨论动态约束和注释性约束的用法。

- 动态约束

【例题 8】绘制长方形并施加动态标注约束。

【绘图步骤】

步骤 01　绘制任意的长方形；

这里使用【长方形】命令完成绘图。如果用【直线】命令绘制长方形，则通过尺寸驱动长方形的大小时，将出现图线首尾不闭合的情况，请读者自行测试。

步骤 02　如图 4－157 所示，选择【动态约束模式】功能。

在默认情况下，标注模式即为【动态约束模式】。

步骤 03　用下列方法之一启动【线性】标注命令：

- 依次单击【参数化】选项卡→【标注】面板→【线性】按钮，如图 4－159 所示；
- 在命令行输入 DcLinear 并按【Enter】键。

图 4－159　选择【线性】标注约束

步骤 04　指定第一个约束点或［对象(O)］＜对象＞：

如图 4－160(a)所示，选择长方形下边的左端点。

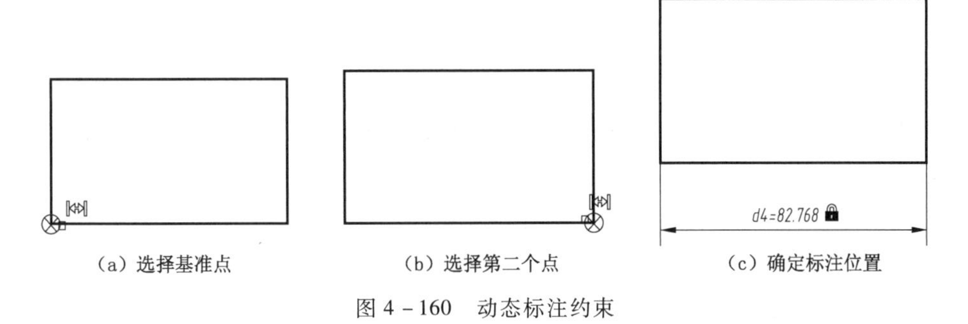

(a) 选择基准点　(b) 选择第二个点　(c) 确定标注位置

图 4－160　动态标注约束

步骤 05　指定第二个约束点：

如图 4－160(b)所示，选择长方形下边的右端点。

步骤 06　指定尺寸线位置：

移动鼠标，在合适的位置单击一次，指定尺寸约束的位置。如果不需要改变尺寸大小，则按【Enter】键即可；如果要改变默认的尺寸数字大小，则键入新值并按【Enter】键，结果如图 4－160(c)所示。

用尺寸驱动长方形的大小时，做法如下：

步骤 07　用鼠标双击尺寸数字，当尺寸数字可编辑时，键入新值并按【Enter】键，结果如图 4－161 所示。

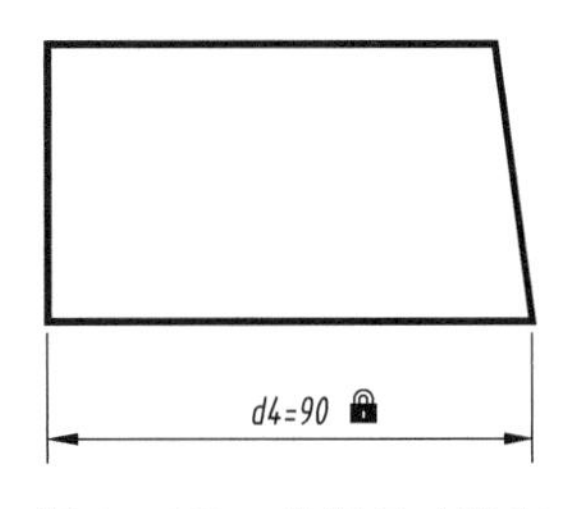

图 4－161　编辑尺寸数字

注意：利用标注约束驱动对象大小时，对象总是以第一个选取点为基准进行缩放。

在图 4－161 中，无论图形对象放大或者缩小，动态约束中尺寸数字的大小保持不变。

如果要利用当前尺寸标注样式进行标注约束，或者要对标注约束输出打印，则注释性约束是合适的选择。

- 注释性约束

【例题9】绘制长方形并施加注释性标注约束。

【绘图步骤】

步骤01　绘制任意的长方形。

步骤02　创建符合规范的尺寸标注样式并置为当前；如果已经忘记尺寸标注样式的创建方法，请参阅前面讲述的内容。

步骤03　如图4－157所示，选择【注释性约束模式】功能。

步骤04　标注长方形的长度，结果如图4－162所示。

在图4－162中，尺寸数字前面的字符似乎有些多余。如果不想输出打印，则应将其隐藏，方法如下：

步骤05　如图4－163所示，单击“标注设置”按钮↘；

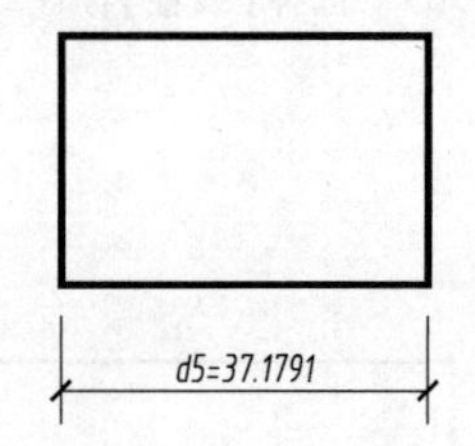

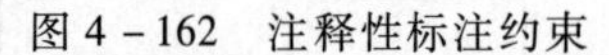

图4－162　注释性标注约束

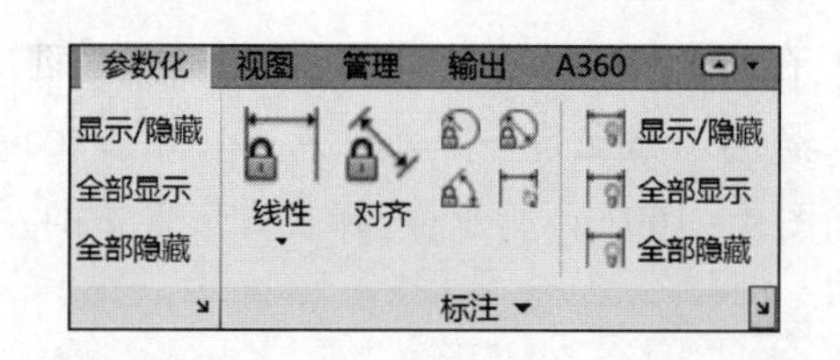

图4－163　单击“标注设置”按钮↘

步骤06　在图4－164所示的对话框中，从【标注名称格式】下拉列表中选择【值】并单击【确定】按钮，则调整后的结果如图4－165所示。

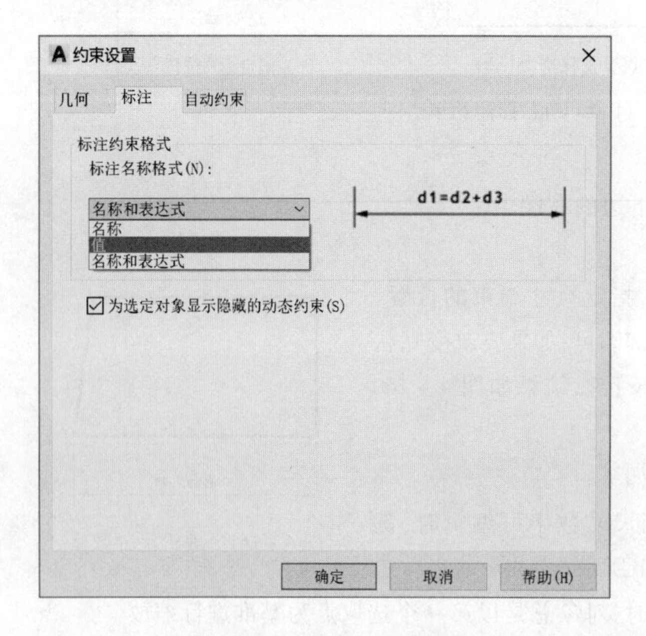

图4－164　设置标注名称格式

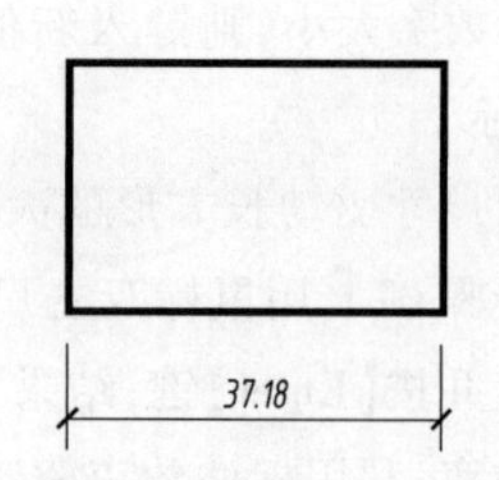

图4－165　调整后的注释性标注约束

参数化绘图中,参数之间经常通过简单的数学运算符或者数学函数相关联。表 4－1 和表 4－2列出了 AutoCAD 2018 支持的可用于标注约束的运算符和函数。

表 4－1　数学运算符

运算符	说明	运算符	说明
+	加	/	除
-	减或取负值	^	求幂
%	浮点模数	( )	圆括号或表达式分隔符
*	乘	.	小数分隔符

表 4－2　数学函数

函数	语法	函数	语法
余弦	cos(表达式)	舍入到最接近的整数	round(表达式)
正弦	sin(表达式)	截取小数	trunc(表达式)
正切	tan(表达式)	下舍入	floor(表达式)
反余弦	acos(表达式)	上舍入	ceil(表达式)
反正弦	asin(表达式)	绝对值	abs(表达式)
反正切	atan(表达式)	阵列中的最大元素	max(表达式 1;表达式 2)
双曲余弦	cosh(表达式)	阵列中的最小元素	min(表达式 1;表达式 2)
双曲正弦	sinh(表达式)	将度转换为弧度	d2r(表达式)
双曲正切	tanh(表达式)	将弧度转换为度	r2d(表达式)
反双曲余弦	acosh(表达式)	对数,基数为 e	ln(表达式)
反双曲正弦	asinh(表达式)	对数,基数为 10	log(表达式)
反双曲正切	atanh(表达式)	指数函数,底数为 a	exp(表达式)
平方根	sqrt(表达式)	指数函数,底数为 10	exp10(表达式)
符号函数 (－1,0,1)	sign(表达式)	幂函数	pow(表达式 1;表达式 2)

【例题 10】绘制图 4－166 所示的图形,使长方形和圆的面积相等且中心重合。

【绘图步骤】

步骤 01　如图 4－167 所示,绘制任意位置、尺寸的长方形和圆。

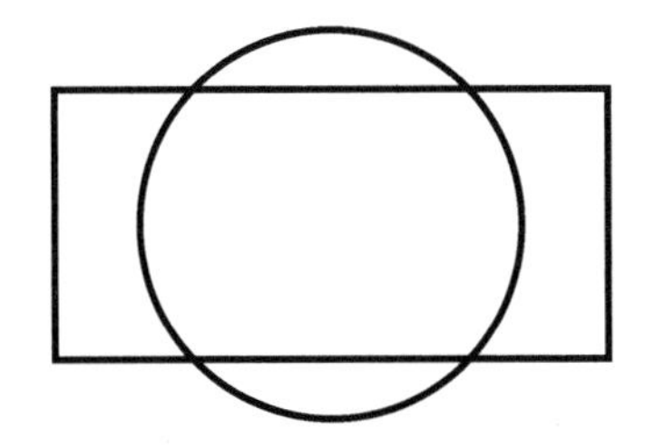

图 4－166　长方形和圆

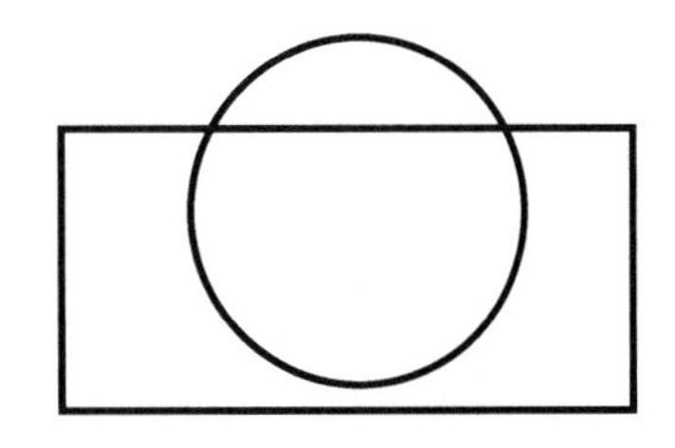

图 4－167　任意尺寸的图形

步骤 02　创建尺寸标注样式并置为当前。

步骤 03　如图 4－168 所示,选择【注释性约束模式】选项。

步骤 04　创建细实线图层并置为当前,如图 4－169 所示,标注长方形的长度尺寸约束。

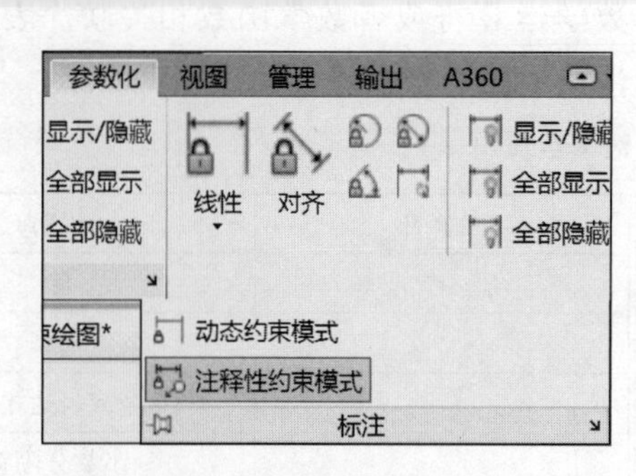

图 4－168 选择【注释性约束模式】

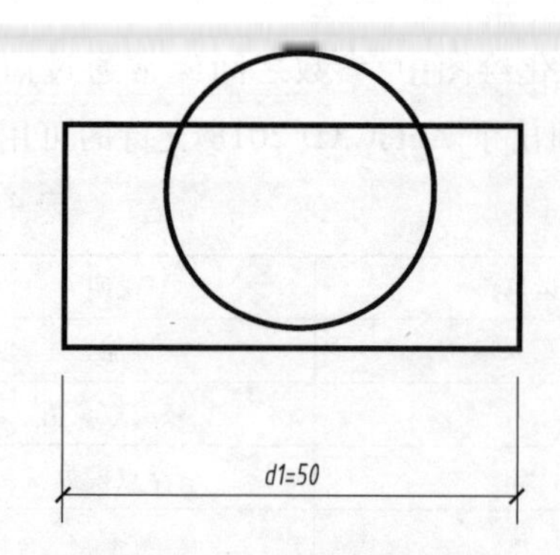

图 4－169 标注长度约束

为了阅读和使用方便，我们将图 4－169 中的参数名 d1 改为 Length。方法如下：

如图 4－170 所示，单击【参数管理器】按钮，弹出如图 4－171 所示的【参数管理器】对话框，双击参数名 d1 并键入 Length 完成修改。

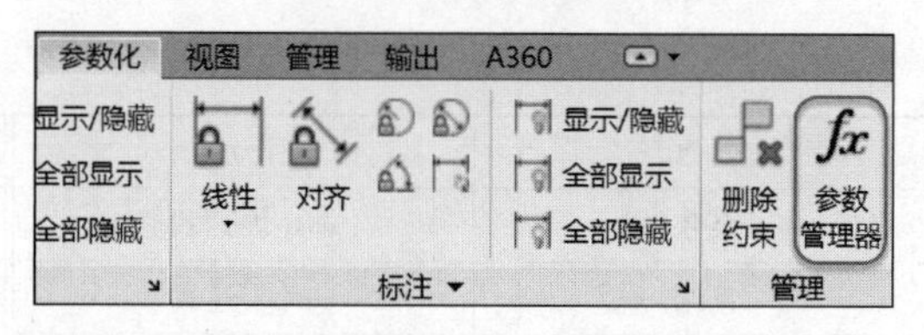

图 4－170 单击【参数管理器】

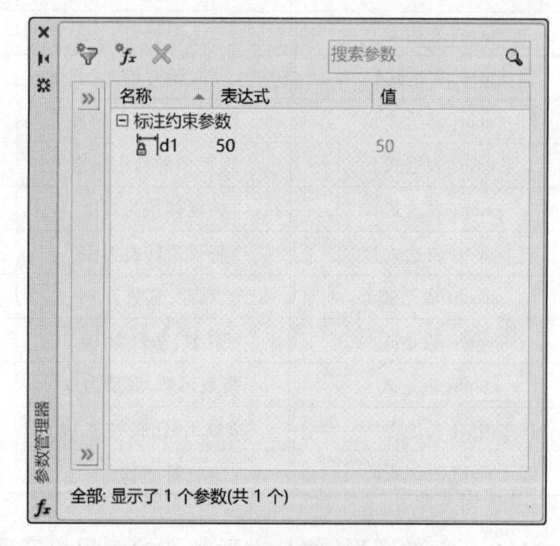

图 4－171 【参数管理器】对话框

步骤 05 标注长方形的宽度尺寸约束并将参数名改为 Width，结果如图 4－172 所示。

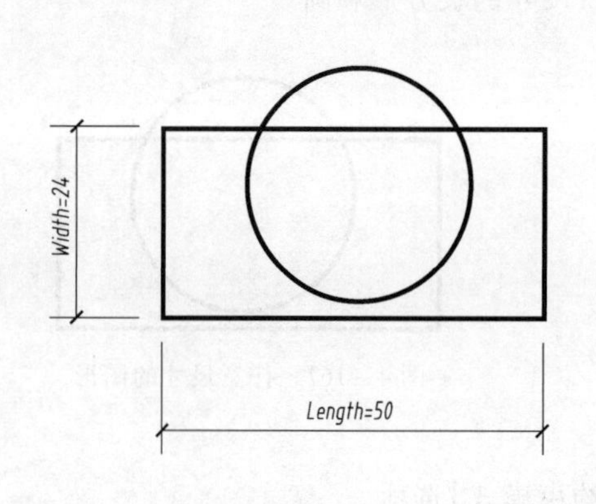

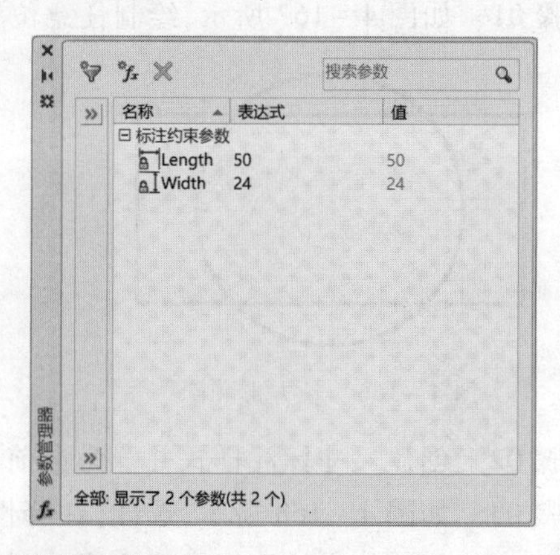

图 4－172 长方形的标注约束

注意：参数名对大小写不敏感。为了方便阅读，建议读者统一参数名的书写风格。

为了保证两个基本图形的中心重合，我们将约束圆心到长方形两邻边的距离各为长、宽的一半。下面是详细的作图过程。

步骤 06　如图 4－173(a)、(b)所示，选择直线的端点和圆心进行标注约束，结果如图 4－173(c)所示。

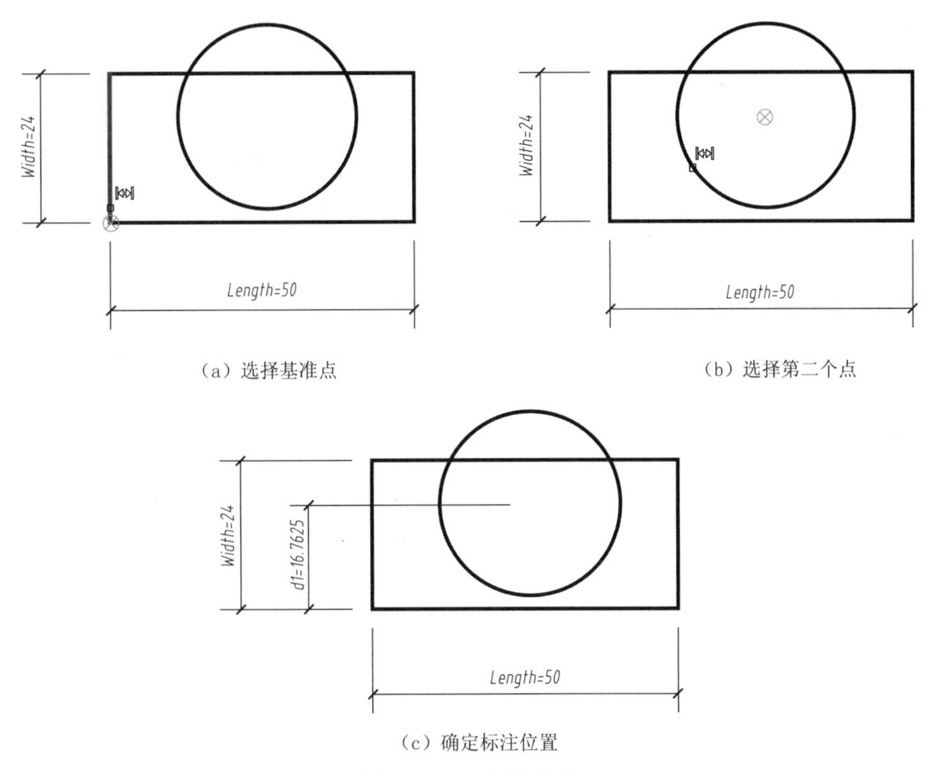

(a) 选择基准点　　(b) 选择第二个点

(c) 确定标注位置

图 4－173　标注约束

打开【参数管理器】对话框，双击 d1 的值并将其改为表达式 Width/2.0，如图 4－174 所示。此时，圆的位置已经发生了变化。

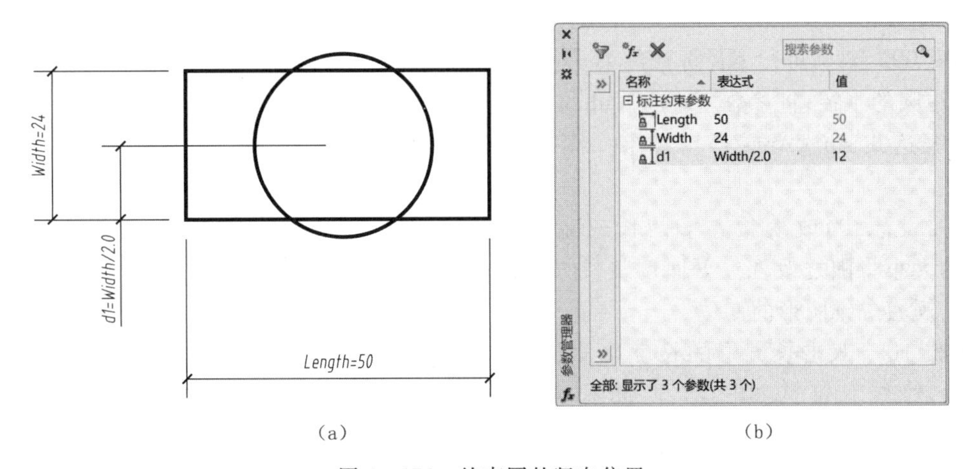

(a)　　(b)

图 4－174　约束圆的竖向位置

步骤 07　用同样的方法约束圆的左右位置，结果如图 4－175 所示。

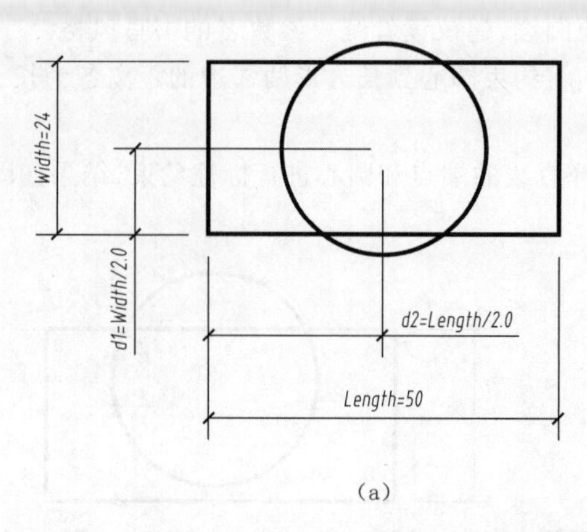

(a)

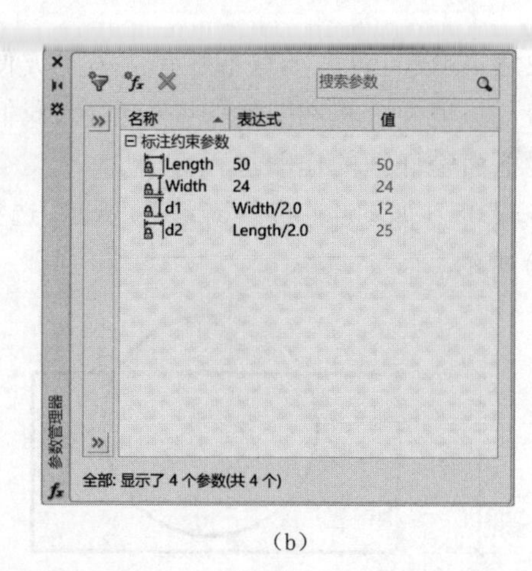

(b)

图 4 – 175　约束圆的左右位置

最后,通过表达式完成圆的半径约束,详细过程如下。

步骤 08　创建用户自定义参数来计算圆的面积。

打开【参数管理器】对话框,单击【创建新的用户参数】创建新参数,将参数名改为 Area,参数值改为表达式 Length * Width,如图 4 – 176 所示。

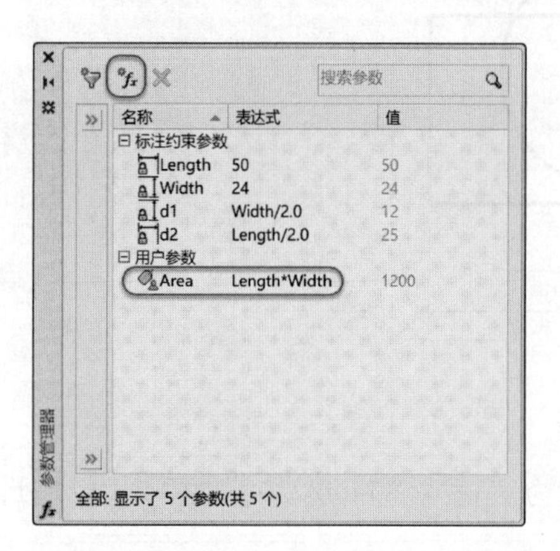

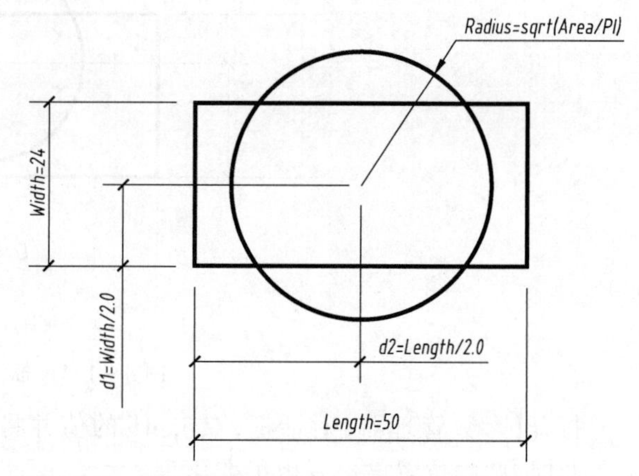

图 4 – 176　新建自定义参数

步骤 09　对圆进行半径标注约束。

标注圆的半径,将参数名改成 Radius,将参数值改为表达式 sqrt(Area/PI),结果如图 4 – 177 所示。

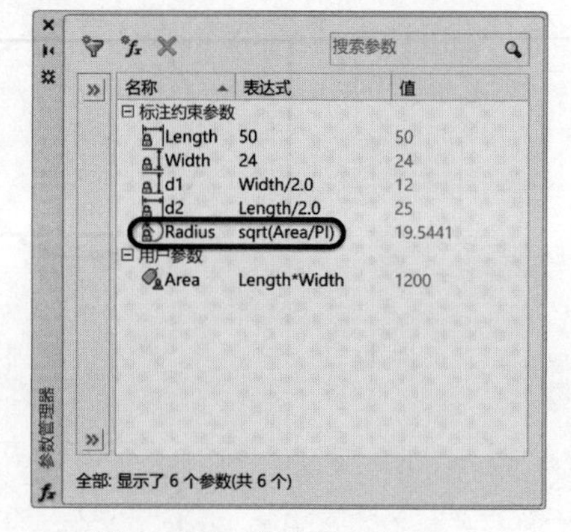

图 4 – 177　半径标注约束

按照设想,当改变长方形的长或宽的尺寸时,圆的大小将随之改变。下面调整长方形的长度尺寸,观察二维图形的变化。

步骤 10　双击长方形的长度尺寸数字,在可编辑状态下键入 80,结果如图 4 – 178 所示。

显然,结果和预期不符。原因是:通过尺寸约束可以驱动图形对象的大小,但是为了整体联动,还需要必要的几何约束。

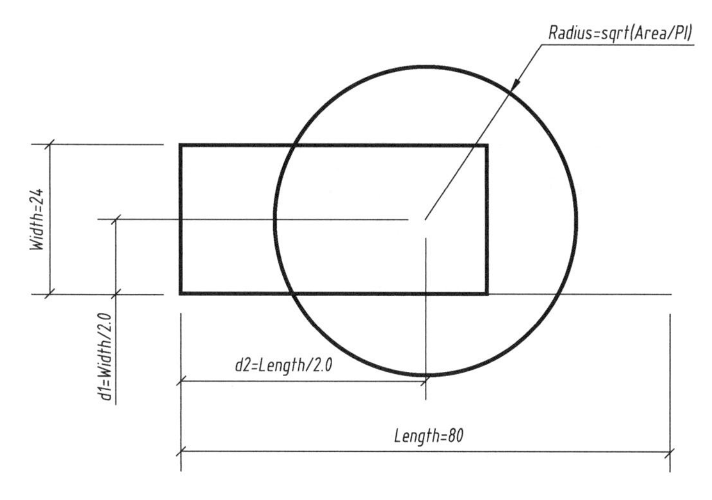

图 4－178　调整长方形的长度尺寸

步骤 11　在长方形的顶点处施加重合约束；

步骤 12　再次调整长方形的长度尺寸，则长方形和圆的面积同时变大，它们之间的相对位置也保持不变，如图 4－179 所示。

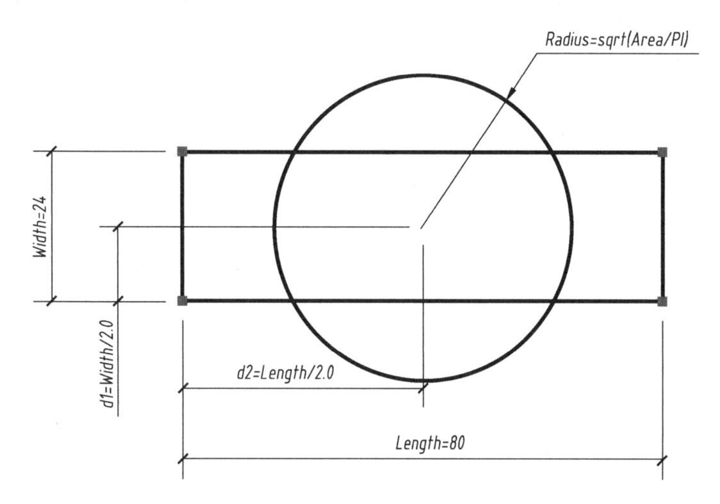

图 4－179　施加重合约束后，再次调整长方形的长度尺寸

为了出图打印，还需做两方面的调整。

步骤 13　如图 4－180 所示，单击【全部隐藏】选项，隐藏所有几何约束图标；然后单击【约束设置】按钮，打开图 4－181 所示的【约束设置】对话框并在下拉列表中选择【值】选项。

图 4－180　选择【全部隐藏】按钮

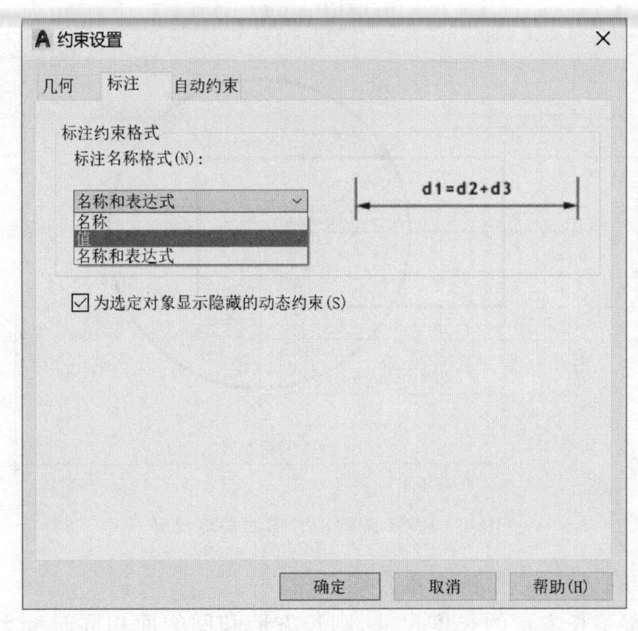

图 4－181 【约束设置】对话框

步骤 14 如果尺寸数字的位置不当,则应通过夹点编辑方式加以调整,结果如图 4－182 所示。

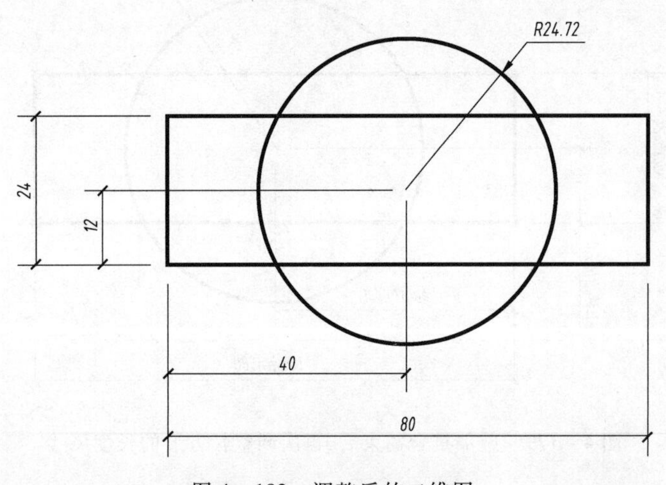

图 4－182 调整后的二维图

注意:如果读者对普通标注的掌握更加熟练,则可先对图形对象进行一般意义上的尺寸标注,然后将其转换为标注约束。用到的命令如图 4－183 所示。

图 4－183 【转换】命令

三维绘图初步

本章主要讲述 AutoCAD 三维绘图的基础知识，包括基本体的创建和用户坐标系的建立。

为了方便三维建模，一般设置 AutoCAD 的工作空间为【三维建模】。方法如下：

- 状态栏选择【切换工作空间】按钮，如图 5－1 所示；
- 如图 5－2 所示，在弹出的菜单中选择【三维建模】选项；

设置后的 AutoCAD 工作界面如图 5－3 所示。【三维建模】和【草图与注释】的工作界面类似，主要的不同在于窗口顶部的功能区。

图 5－1　选择【切换工作空间】按钮

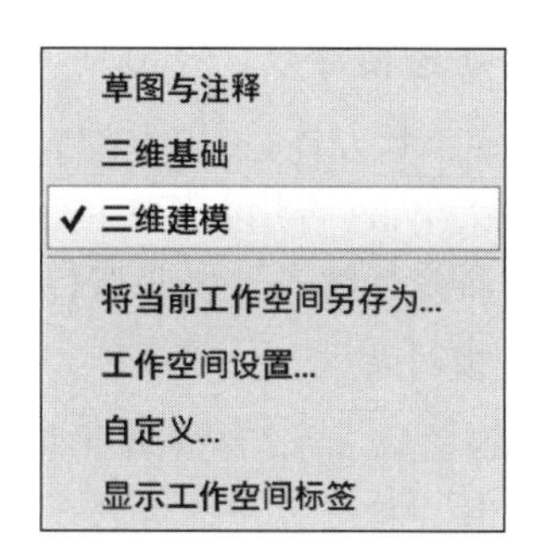

图 5－2　选择【三维建模】选项

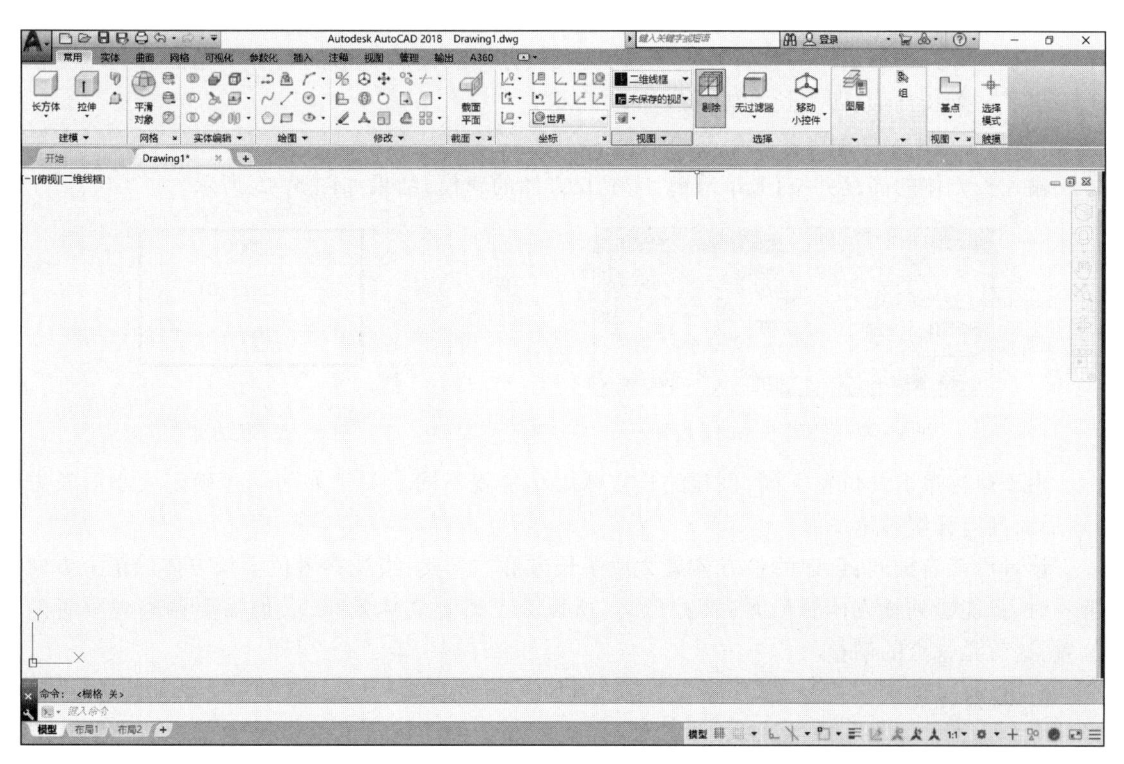

图 5－3　【三维建模】工作界面

5.1 基本体的创建

在工程设计和建模中,常见的是组合体,即由一些基本体按照特定的组合方式组合而成的复杂立体。在进行组合体建模之前,首先要掌握基本体的建模方法。

在 AutoCAD 中,提供了多种预定义的基本体,包括长方体、楔体、棱锥体、圆柱体、圆锥体、球体、圆环体和多段体。

5.1.1 长方体

在 AutoCAD 三维建模中,*XOY* 面是默认的造型基准面。也就是说,当创建长方体或圆柱体时,其底面位于该造型基准面内。

指定长方体的底面,再输入其高度,就能完成长方体的建模。下面是详细的建模过程。

1. 启动建模命令

为了建模长方体,可用下列方法之一执行长方体的建模命令:

- 依次单击【常用】选项卡→【建模】面板→【长方体】按钮,如图 5-4 所示;
- 在命令行输入 Box 并按【Enter】键。

2. 建模过程

命令启动后,请读者按照下列步骤完成任意尺寸长方体的建模:

步骤 01　指定第一个角点或 [中心(C)]:

在绘图区的任意位置单击一次鼠标左键,输入长方体底面长方形的第一个角点。

步骤 02　用指定其他角点或 [立方体(C)/长度(L)]:

移动鼠标并选择适当的位置再次单击,输入长方体底面长方形的另一个角点。此时屏幕上出现了一个长方形,即为长方体的底面。

步骤 03　用指定高度或 [两点(2P)]:

输入长方体的高度并按【Enter】键,完成长方体的建模,结果如图 5-5 所示。

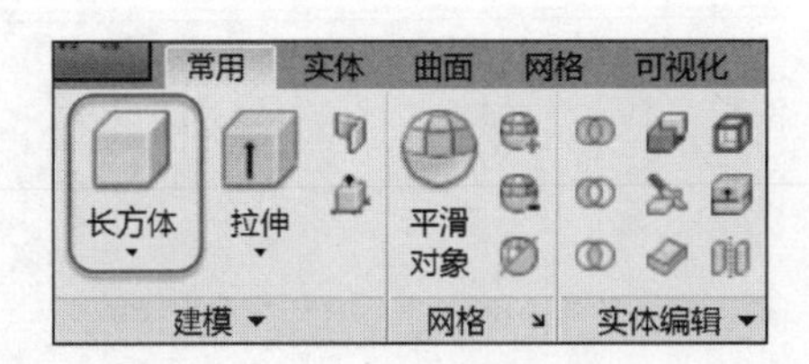

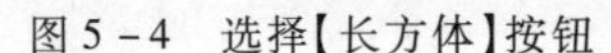

图 5-4　选择【长方体】按钮

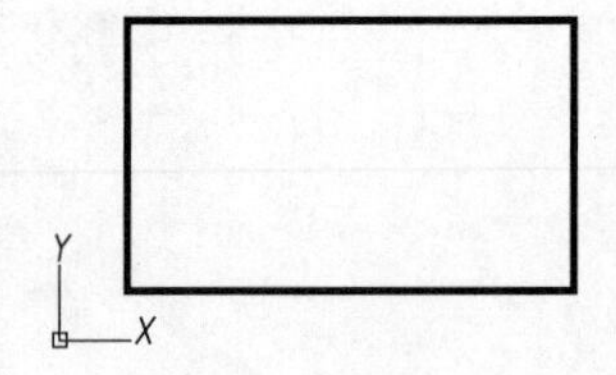

图 5-5　长方体

由于鼠标单击的位置不同,创建的长方体大小也就不同。关于如何创建确定大小的长方体,后面会有详细讨论。

读者可能有疑问:创建的长方体怎么成了长方形?其实,当观察者位于长方体的正上方向下看时,只能看到长方体的顶面(长方形)。所以为了得到立体效果,我们需要调整观察者的位置,这就是视点的调整。

3. 调整视点

在三维坐标系中,坐标轴的方向这样判断:伸出右手,让四指沿着从 *X* 到 *Y* 的方向旋转并握手,则竖起的大拇指指向 *Z* 轴正方向。

在默认情况下，长方体底面位于 *XOY* 平面内，高度沿着 *Z* 轴方向。当前坐标系中，*Z* 轴正方向垂直于屏幕并指向用户。所以，当我们沿着 *Z* 轴向其负方向观察长方体时，得到的结果就如图 5－5 所示。

为了得到立体效果，可保持长方体的位置不动，通过改变观察者的观察角度获得想要的效果。在 AutoCAD 中，这种操作被称为视点的调整。

如图 5－6 所示，在功能区选择【常用】选项卡，再选择【视图】面板中【三维导航】下拉列表中的【西南等轴测】选项。此时，长方体如图 5－7 所示。

按照“上为北”来看，*Y* 轴负方向指向“南”，*X* 轴负方向指向“西”，则【西南等轴测】是指观察者位于立体的西南方位并沿着和 *XOY* 平面有一定倾角的方向去观察。此时，观察者能看到长方体的三个表面，立体效果非常明显。

图 5－6　选择【西南等轴测】

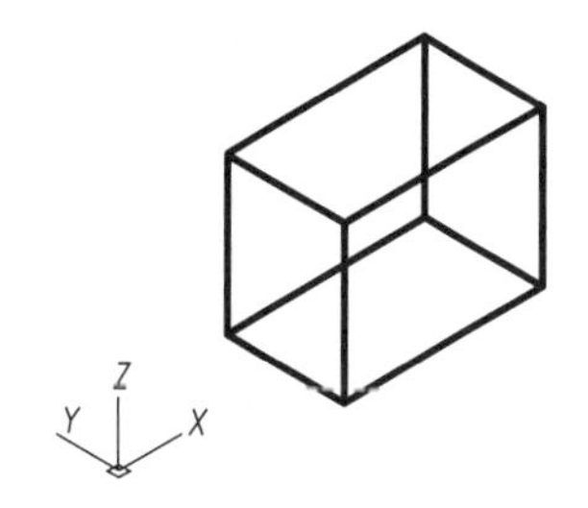

图 5－7　具有立体感的长方体

4. 视觉样式

图 5－7 中的长方体显示清晰，富有立体感。如果用来显示基本体，这种视觉样式在观感上还算不错。但是，当组合体较为复杂时，线框视觉样式下的图线数量多，图线交错、混乱，不易阅读。不但如此，在建模过程中，还会严重影响建模效率。为此，AutoCAD 提供了多种不同的视觉样式供用户选择，其中包括二维线框、概念、隐藏、真实、着色、灰度和勾画等。

图 5－8　选择【视觉样式】

如图 5－8 所示，在功能区选择【常用】选项卡，再分别选择【视图】面板中【视觉样式】下拉列表中的【概念】、【隐藏】和【勾画】选项。此时，长方体的视觉效果分别如图 5－9(a)、(b)、(c)所示。其中，图 5－9(a)隐藏了不可见的轮廓线并对立体进行填充，这种显示效果更接近于现实世界中的长方体，所以在建模中也更为常用。

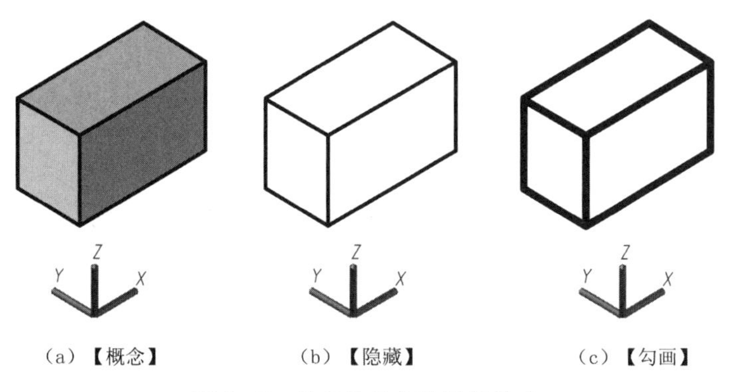

(a)【概念】　(b)【隐藏】　(c)【勾画】

图 5－9　长方体的各种视觉样式

5. 动态观察

在三维建模中，经常需要从任意角度实时观察模型创建是否正确。为此，AutoCAD 提供了【动态观察】命令。如图 5－10 所示，该命令位于绘图区右侧的导航栏上。

下面是利用【动态观察】命令对物体进行任意角度观察的步骤：

- 单击图 5－10 所示导航栏上的【动态观察】按钮；
- 将鼠标移到长方体上，按鼠标左键并移动，如图 5－11 所示。

除此之外，还有一种执行【动态观察】更快捷的方法：首先按 Shift 键，然后按鼠标中键并移动。请读者自行尝试。

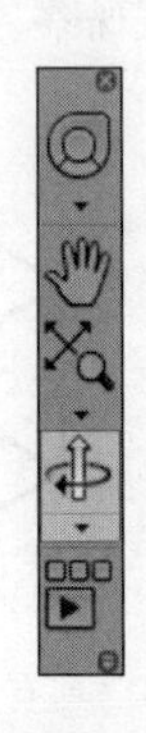

图 5－10 选择【动态观察】

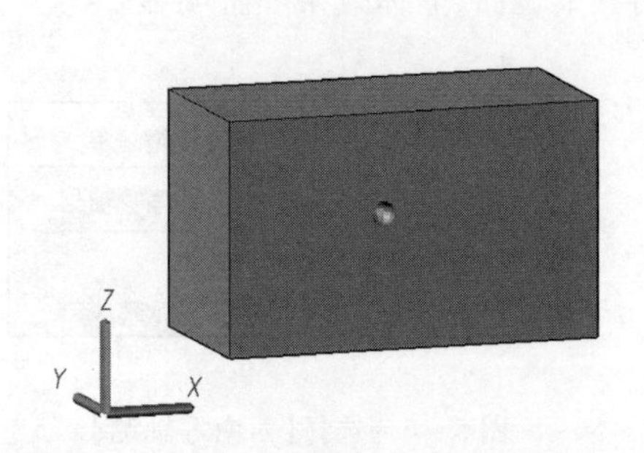

图 5－11 旋转后的长方体

对长方体进行任意角度的旋转后，如果想让其复位，请将视图调整为【俯视】，同时将视觉样式切换为【二维线框】并缩小图形，这时长方体又变成如图 5－5 所示的情况。

在以上操作中，长方体的形状和实际大小从未发生变化，我们所做的仅仅是改变了观察角度和视觉样式，让虚拟的立体更接近现实。由于这种操作在三维建模中具有普遍性，所以请读者多加练习。

6. 绘制确定大小的长方体

在前述例子中，长方体的大小任意，这在工程上不具有特定意义。工程设计中的组合体或基本体都有确定尺寸，所以，按照设计尺寸进行建模才具有普遍意义。

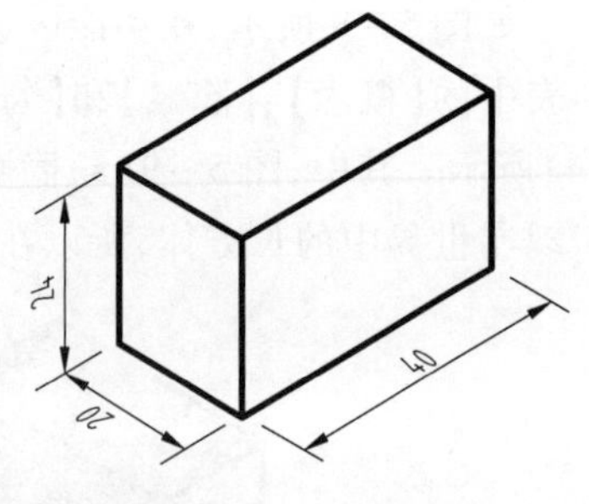

图 5－12 长方体建模

【例题 1】创建图 5－12 所示的长方体并选择合适的视图和视觉样式。

【绘图步骤】

步骤 01 用下列方法之一执行【长方体】命令：

- 依次单击【常用】选项卡→【建模】面板→【长方体】按钮，如图 5－4 所示；
- 在命令行输入 Box，并按【Enter】键。

步骤 02 指定第一个角点或 [中心(C)]：

这里需指定长方体底面长方形的一个角点。因为题目并未要求长方体的空间位置，所以请读者在绘图区的任意位置单击鼠标左键。

由于 AutoCAD 三维建模中的造型基准面是 *XOY*，因此，当鼠标在绘图区任意位置单击时，单击输入的点就在 *XOY* 面内。

步骤 03　指定其他角点或 [立方体(C)/长度(L)]:

在此提示下,输入 L 并按【Enter】键,系统会引导用户输入长、宽、高并完成长方体的绘制。

为了建模方便,我们统一规定:立体的长、宽、高分别对应 X、Y、Z 方向。为此,请打开状态栏上的【正交】按钮。

步骤 04　指定长度:

移动鼠标给出方向,然后输入 40 并按【Enter】键。

注意:长、宽、高的值可正可负。如果输入正值,则沿着鼠标所指的方向生成;如果输入负值,则沿鼠标所指的反向生成。

步骤 05　指定宽度:

移动鼠标给出方向,输入 20 并按【Enter】键。

步骤 06　指定高度或 [两点(2P)]:

移动鼠标给出方向,输入 24 并按【Enter】键。

到此为止,已经完成了长方体的绘制。如果没有其他操作的话,此时绘图区的长方体看起来还是长方形。

为了使长方体有立体感,接着应该选择合适的视图和视觉样式。

步骤 07　依次选择【常用】选项卡→【视图】面板中→【视觉样式】下拉列表中的【概念】选项。

步骤 08　依次选择【常用】选项卡→【视图】面板中→【三维导航】下拉列表中的【西南等轴测】选项。

完成上述步骤,长方体如图 5－13 所示。

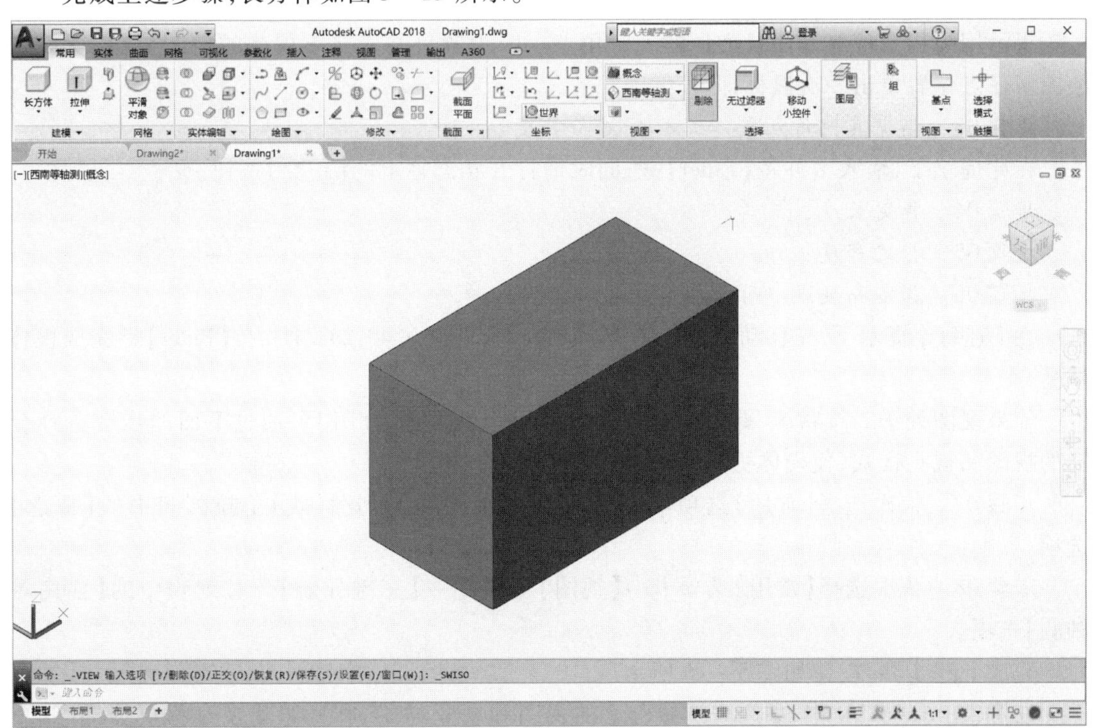

图 5－13　长方体

5.1.2　楔体

楔体其实就是三棱柱。楔体的绘制过程和长方体一样，输入长、宽、高三个方向的尺寸即可。需要读者注意的是，楔体的斜面具有方向性，其倾斜方向指向 X 轴正向。

【例题 2】创建图 5 - 14 所示的楔体并选择合适的视图和视觉样式。

【绘图步骤】

步骤 01　用下列方法之一执行【楔体】命令：

- 依次单击【常用】选项卡→【建模】面板→【楔体】选项，如图 5 - 15 所示；
- 在命令行输入 Wedge，并按【Enter】键。

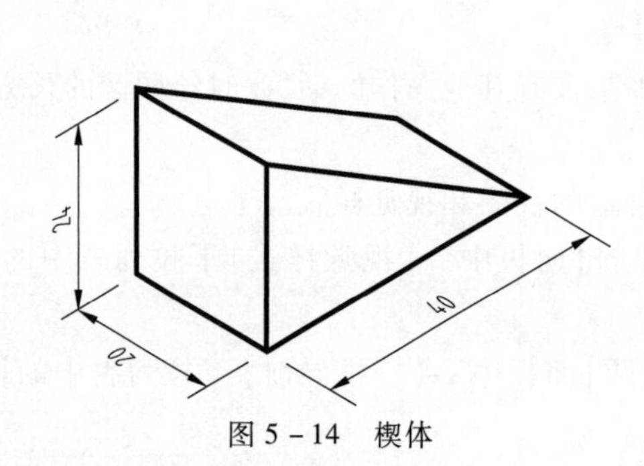

图 5 - 14　楔体

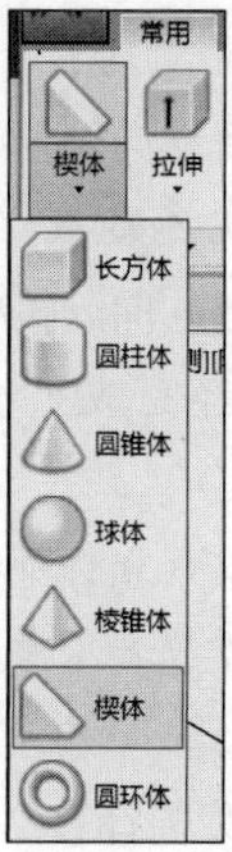

图 5 - 15　选择【楔体】选项

步骤 02　指定第一个角点或 [中心(C)]：

提示用户指定楔体底面长方形的一个角点。因为题目并未要求楔体的空间位置，所以在绘图区任意位置单击一次鼠标即可。

步骤 03　指定其他角点或 [立方体(C)/长度(L)]：

在此提示下，输入 L 并按【Enter】键，同时请打开状态栏上的【正交】按钮。

步骤 04　指定长度：

步骤 05　指定宽度：

步骤 06　指定高度或 [两点(2P)]：

在上述每个提示下，先移动鼠标给定方向，然后分别输入 40，20，24 并按【Enter】键完成楔体建模。

如果视图处于二维状态，此时的楔体看起来还是长方形。我们可通过下面的步骤选择合适的视图和视觉样式，使楔体更具立体感。

步骤 07　依次选择【常用】选项卡→【视图】面板中→【视觉样式】下拉列表中的【概念】选项。

步骤 08　依次选择【常用】选项卡→【视图】面板中→【三维导航】下拉列表中的【西南等轴测】选项。

完成上述步骤，楔体如图 5 - 16 所示。

注意：在 AutoCAD 中，如果先选择合适的视图和视觉样式，则后续建模过程更加动态、直观。请读者将上例中的步骤 07 和 08 调换至步骤 01 之前，再次创建楔体模型并观察。

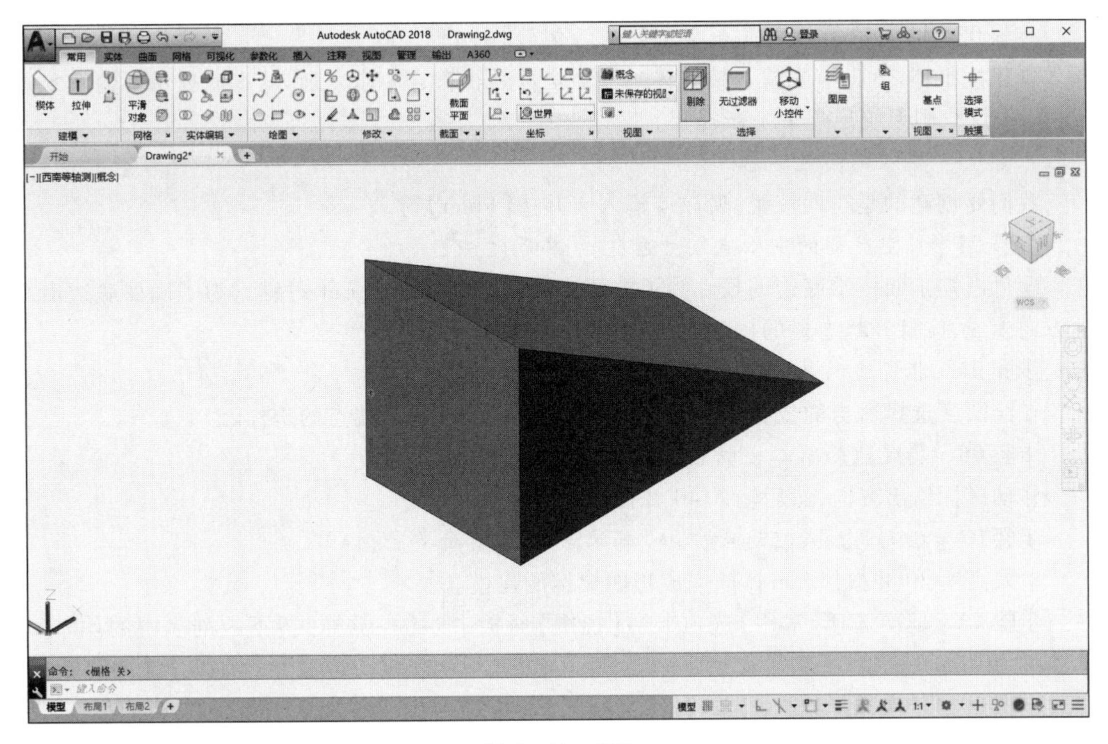

图 5－16　楔体

5.1.3　棱锥体

在 AutoCAD 中，预定义的【棱锥体】命令用于创建棱锥或棱台，其中棱锥或棱台的棱面数介于 3～32 之间。

【例题 3】创建图 5－17 所示的正四棱锥，使其底面一边平行于 X 轴。

【绘图步骤】

步骤 01　用下列方法之一执行【棱锥体】命令：

- 依次单击【常用】选项卡→【建模】面板→【棱锥体】选项，如图 5－18 所示；
- 在命令行输入 Pyramid，并按【Enter】键。

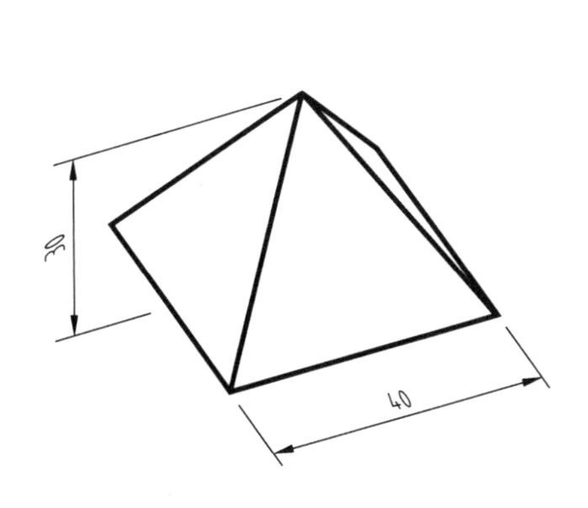

图 5－17　正四棱锥

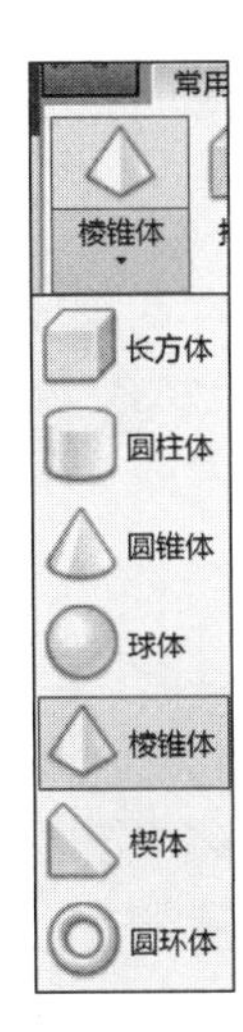

图 5－18　选择【棱锥体】选项

步骤 02　指定底面的中心点或 [边(E)/侧面(S)]:

创建棱锥体之前,应先检查棱锥体的棱面个数是否符合要求。所以,在此提示下输入 S 并按【Enter】键,则系统出现下一步提示。

步骤 03　输入侧面数 <3>:

我们要创建的是正四棱锥,所以应输入 4 并按【Enter】键。

步骤 04　指定底面的中心点或 [边(E)/侧面(S)]:

题目已知正四棱锥底边的长。为了方便建模,输入 E 并按【Enter】键。为了确保底边沿 X 轴方向生成,应打开状态栏的【正交】按钮。

步骤 05　指定边的第一个端点:

在绘图区选择适当的位置单击一次鼠标左键,输入第一个端点的坐标。

步骤 06　指定边的第二个端点:

移动鼠标给出方向,然后输入 40 并按【Enter】键。

步骤 07　指定高度或 [两点(2P)/轴端点(A)/顶面半径(T)]:

输入高度 30 并按【Enter】键,完成正四棱锥的建模。

步骤 08　依次选择【常用】选项卡→【视图】面板中→【视觉样式】下拉列表中的【概念】选项。

步骤 09　依次选择【常用】选项卡→【视图】面板中→【三维导航】下拉列表中的【西南等轴测】选项。

完成以上步骤,正四棱锥如图 5－19 所示。由于观察角度的原因,正四棱锥的前后棱线位置重合,立体感较差。为此,请读者先按 Shift 键,然后按鼠标中键并移动,进一步观察棱锥的空间效果。

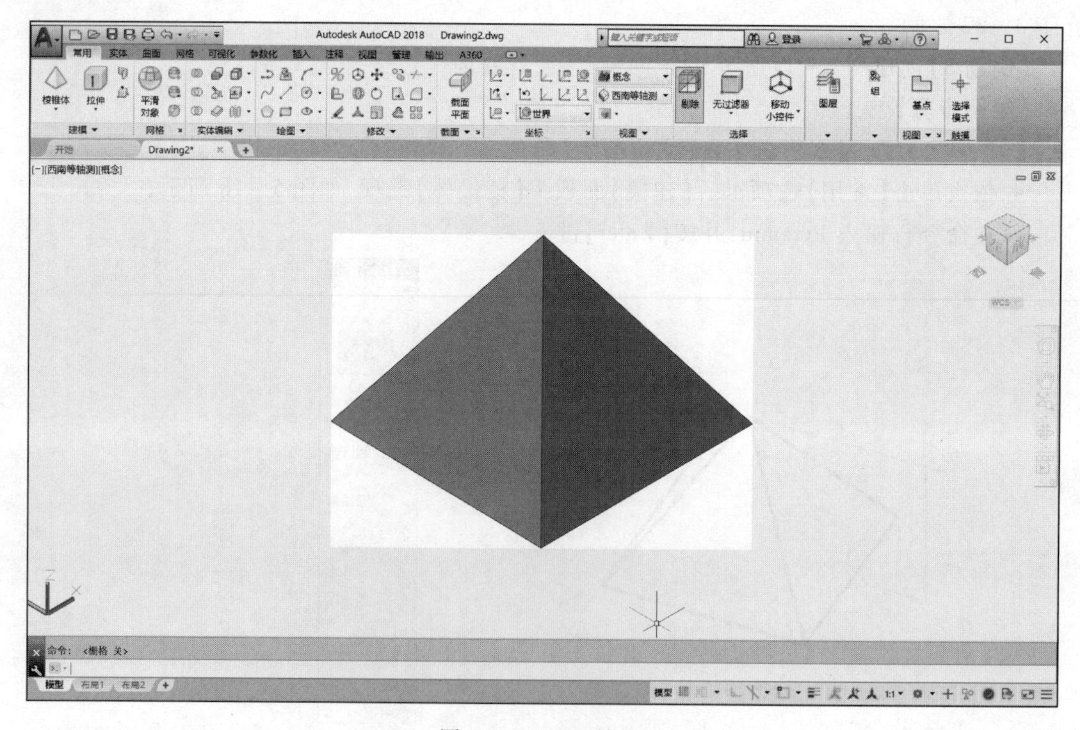

图 5－19　正四棱锥

除了通过创建底边完成棱锥的建模外，系统还提供了通过输入底面外接或内切圆半径的方式来创建棱锥，此处不再赘述。读者在建模过程中应综合考虑已知条件，选取最有利于建模的方法。

5.1.4　圆柱体

AutoCAD 中的【圆柱体】命令可用于圆柱体和底面为椭圆的柱体的建模。

【例题 4】绘制图 5－20 所示的圆柱体，并选择合适的系统变量值使其平滑着色。

【绘图步骤】

步骤 01　用下列方法之一执行【圆柱体】命令：

- 依次单击【常用】选项卡→【建模】面板→【圆柱体】选项，如图 5－21 所示；
- 在命令行输入 Cylinder，并按【Enter】键。

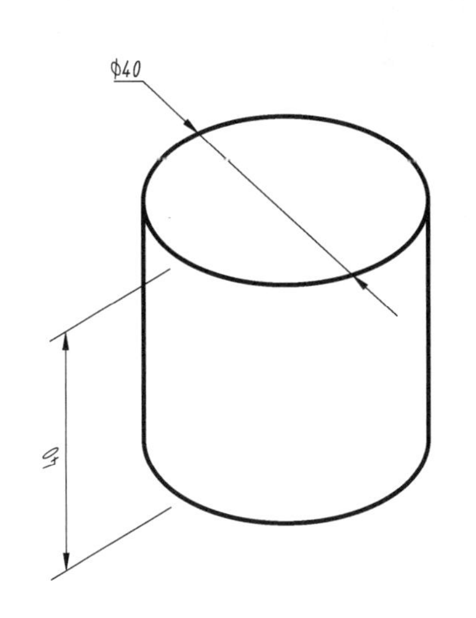

图 5－20　圆柱体

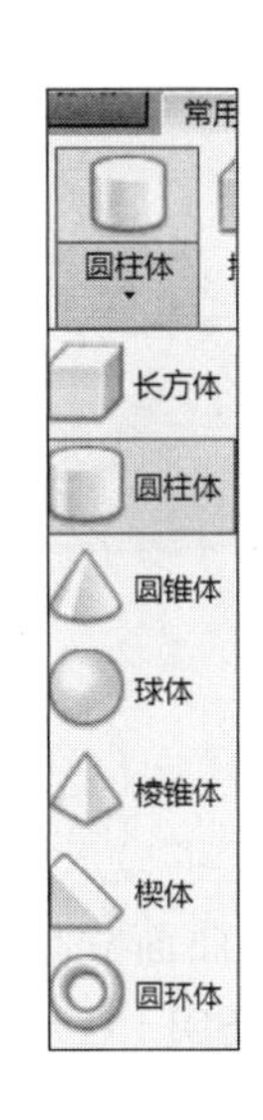

图 5－21　选择【圆柱体】选项

步骤 02　指定底面的中心点或 [三点(3P)/两点(2P)/切点、切点、半径(T)/椭圆(E)]：

该提示和绘制二维圆时的命令提示几乎一样，目的是使用户在确定圆柱底面圆时更加方便。在没有要求圆柱体空间位置的情况下，我们选取任意位置单击鼠标左键，输入底面圆的圆心坐标。

注意：如果要创建底面为椭圆的柱体，此时应选择输入 E 并按【Enter】键。

步骤 03　指定底面半径或 [直径(D)]：

输入半径 20 并按【Enter】键。

步骤 04　指定高度或 [两点(2P)/轴端点(A)]：

输入圆柱体的高度 40 并按【Enter】键，完成圆柱体的绘制。

步骤 05　依次选择【常用】选项卡→【视图】面板中→【视觉样式】下拉列表中的【概念】选项。

步骤 06　依次选择【常用】选项卡→【视图】面板中→【三维导航】下拉列表中的【西南等轴测】选项。

完成的圆柱体如图 5－22 所示。

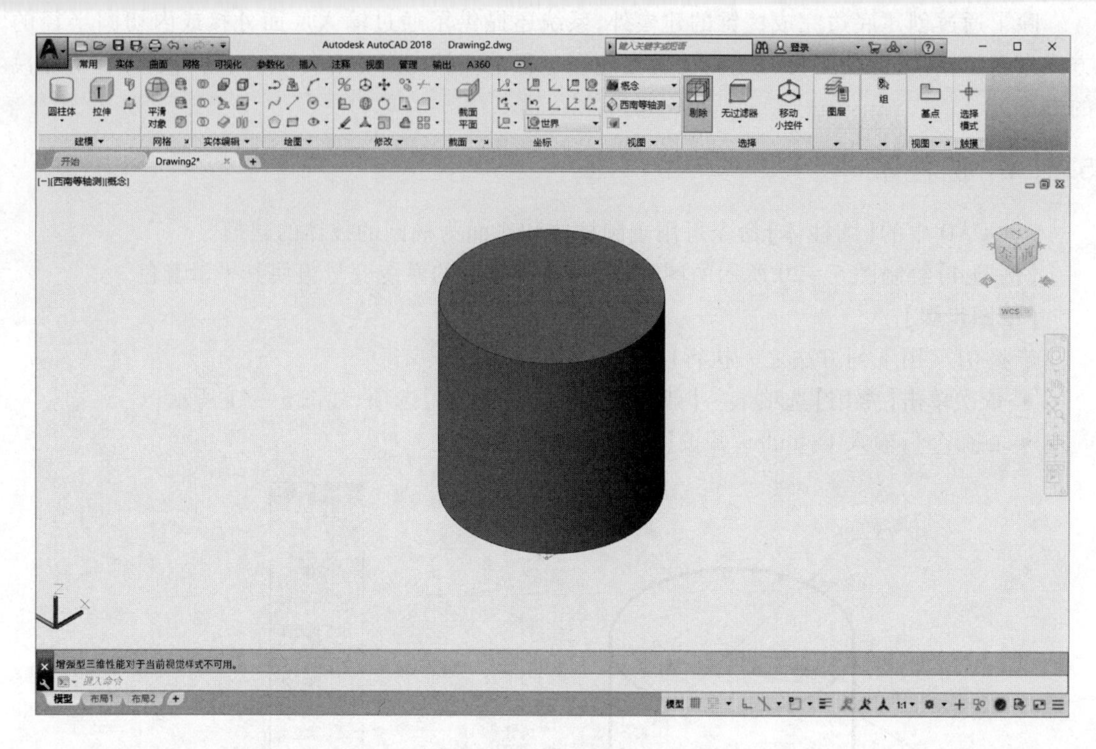

图 5 – 22 圆柱体

经过以上步骤,圆柱体已经平滑着色,满足题目要求。

如果在建模中出现了显示问题,还请读者注意以下两个系统变量:

• ISOLINES 控制曲面立体的表面线框密度,在视觉样式为线框时才能观察到显示效果的改变。图 5 – 23 为 ISOLINES 的值不同时立体的显示效果:

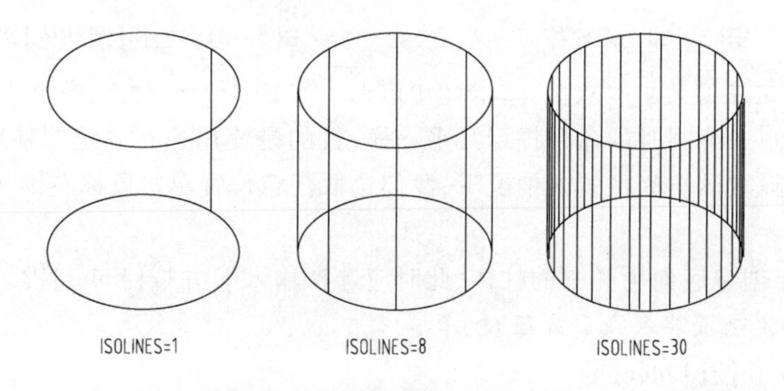

图 5 – 23 圆柱体的线框模型

当需要调整曲面立体表面的线框密度时,在命令行输入 ISOLINES 并按【Enter】键,再次输入新的变量值并按【Enter】键,但此时的线框密度并未立即改变。为了观察改变后的效果,还需在命令行输入 Regen 并按【Enter】键。

ISOLINES 系统变量的有效取值范围为:0 ~ 2 047。

• FACETRES 调整着色和渲染对象的平滑度,在视觉样式为概念、着色等时可观察到效果改变。图 5 – 24 为 FACETRES 取值不同时立体的显示效果:

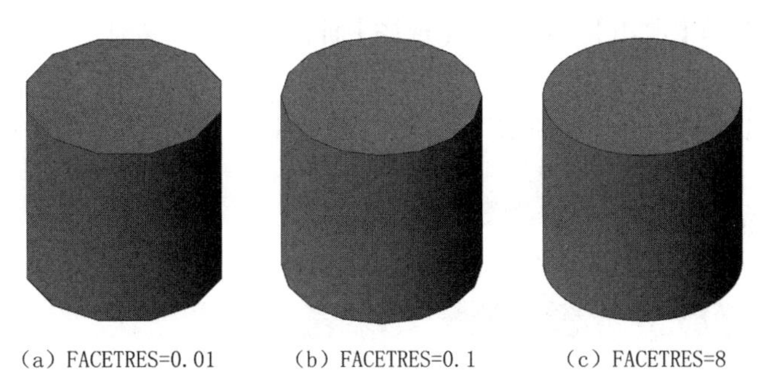

图 5－24　圆柱体的着色模型

如果要调整立体的显示平滑度,在命令行输入 FACETRES 并按【Enter】键,再次输入新的变量值并按【Enter】键即可。

FACETRES 系统变量的有效取值范围为 0.01～10。

5.1.5　圆锥体

【圆锥体】命令用于创建底面为圆或椭圆的锥体、台体。

【例题 5】创建图 5－25 所示的圆锥体。

【绘图步骤】

步骤 01　用下列方法之一执行【圆锥体】命令:

- 依次单击【常用】选项卡→【建模】面板→【圆锥体】选项,如图 5－26 所示;
- 在命令行输入 Cone,并按【Enter】键。

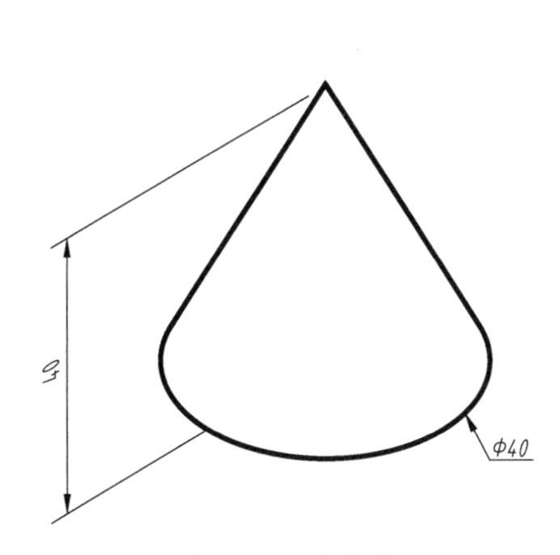

图 5－25　圆锥体

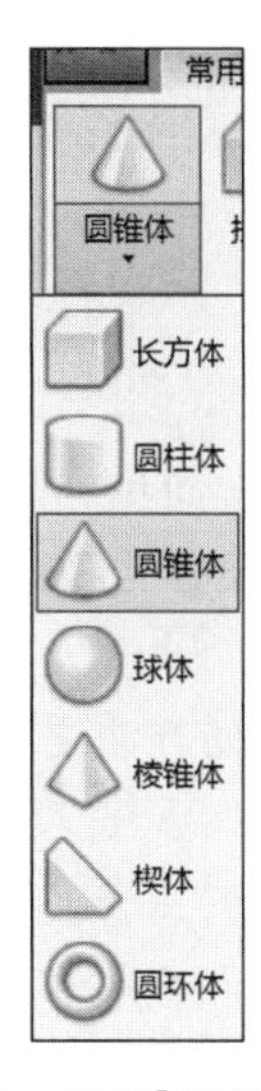

图 5－26　选择【圆锥体】选项

步骤 02　指定底面的中心点或 [三点(3P)/两点(2P)/切点、切点、半径(T)/椭圆(E)]:

选取任意位置单击鼠标左键,输入底面圆的圆心坐标。

步骤 03　指定底面半径或 [直径(D)]:

输入半径 20 并按【Enter】键。

步骤 04　指定高度或 [两点(2P)/轴端点(A)]:

输入圆锥体的高度 40 并按【Enter】键,完成圆锥体的绘制。

步骤 05　依次选择【常用】选项卡→【视图】面板中→【视觉样式】下拉列表中的【概念】选项。

步骤 06　依次选择【常用】选项卡→【视图】面板中→【三维导航】下拉列表中的【西南等轴测】选项。

完成的圆锥体如图 5－27 所示。

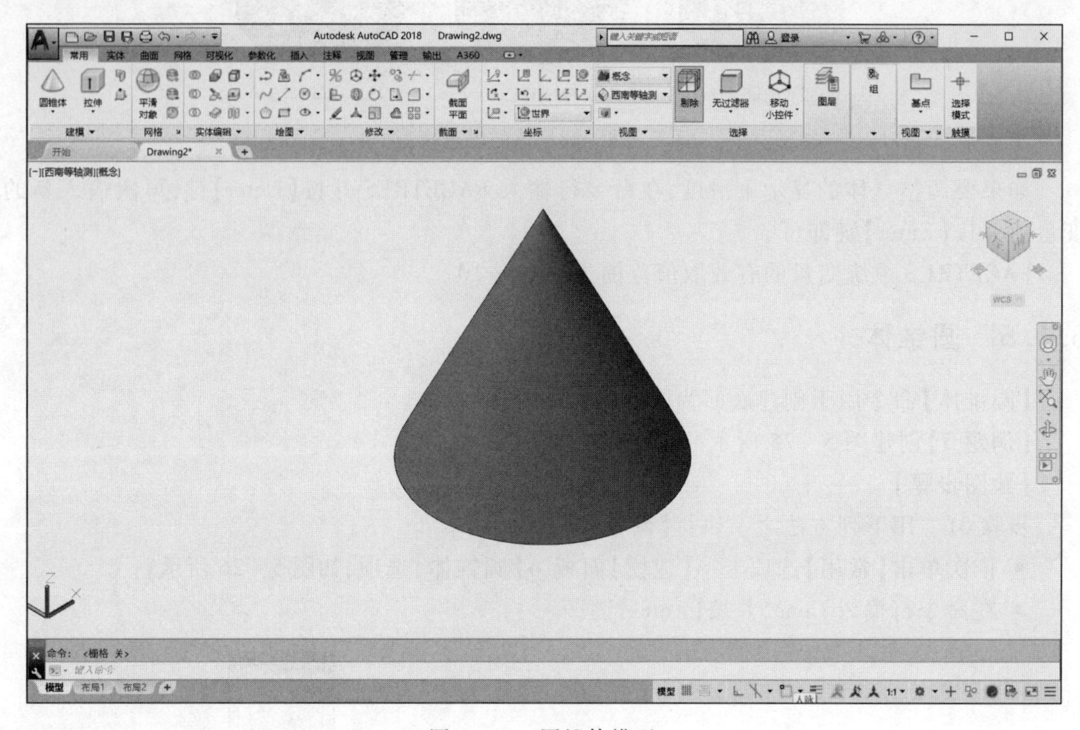

图 5－27　圆锥体模型

5.1.6　球体

球体的创建非常简单，只需输入球体中心的坐标和球半径。

【例题 6】创建半径为 20、位置任意的球体。

【绘图步骤】

步骤 01　用下列方法之一执行【球体】命令：

- 依次单击【常用】选项卡→【建模】面板→【球体】选项，如图 5－28 所示；
- 在命令行输入 Sphere，并按【Enter】键。

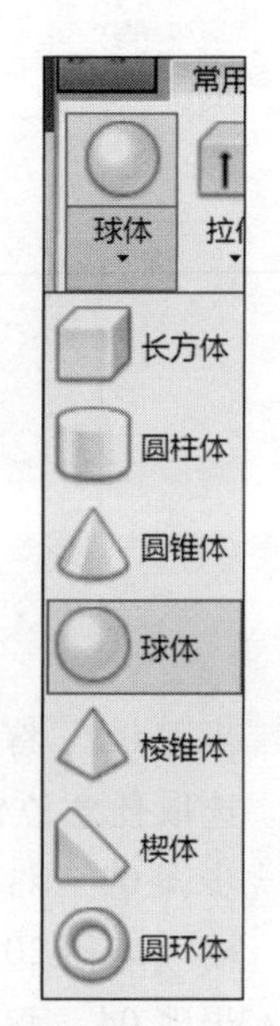

图 5－28　选择【球体】选项

步骤 02　指定中心点或 [三点(3P)/两点(2P)/切点、切点、半径(T)]：

选取任意位置单击，输入球体的中心坐标。

步骤 03　指定半径或 [直径(D)]：

输入半径 20 并按【Enter】键。

步骤 04　依次选择【常用】选项卡→【视图】面板中→【视觉样式】下拉列表中的【二维线框】选项。

步骤 05　依次选择【常用】选项卡→【视图】面板中→【三维导航】下拉列表中的【西南等轴测】选项。

完成的球体如图 5 – 29 所示。

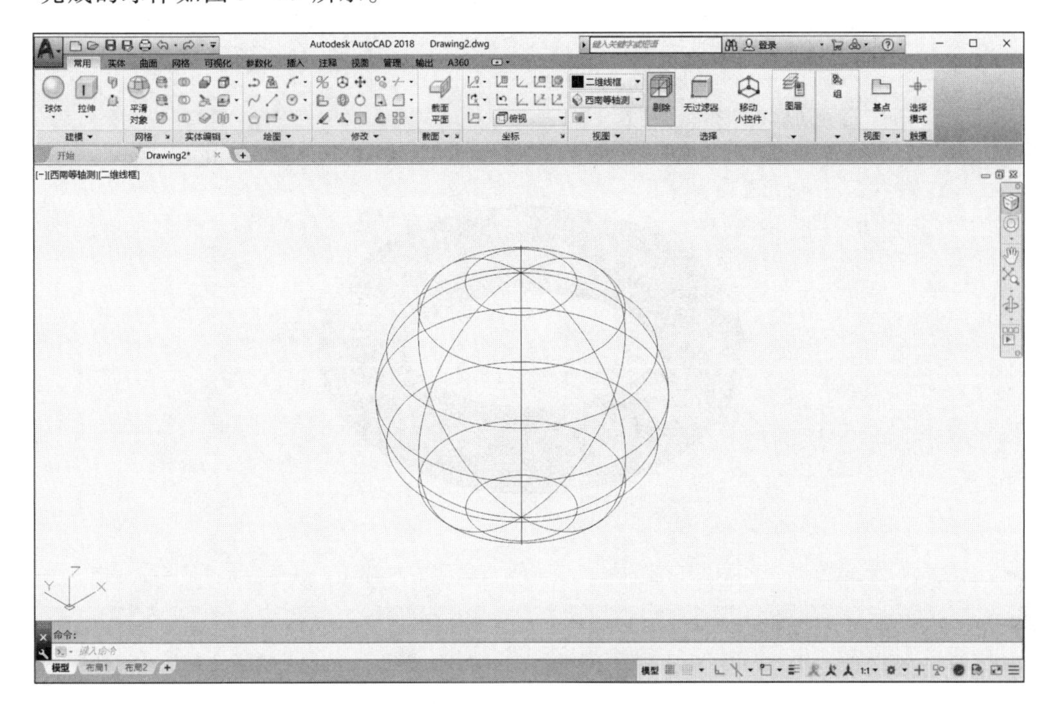

图 5 – 29 球体模型

5.1.7 圆环体

圆环体需要三个建模参数:环体中心坐标、环体半径和圆管半径。

【例题 7】创建空间位置任意、环体半径为 40、圆管半径为 20 的圆环体。

【绘图步骤】

步骤 01 用下列方法之一执行【圆环体】命令:

- 依次单击【常用】选项卡→【建模】面板→【圆环体】选项,如图 5 – 30 所示;
- 在命令行输入 Torus,并按【Enter】键。

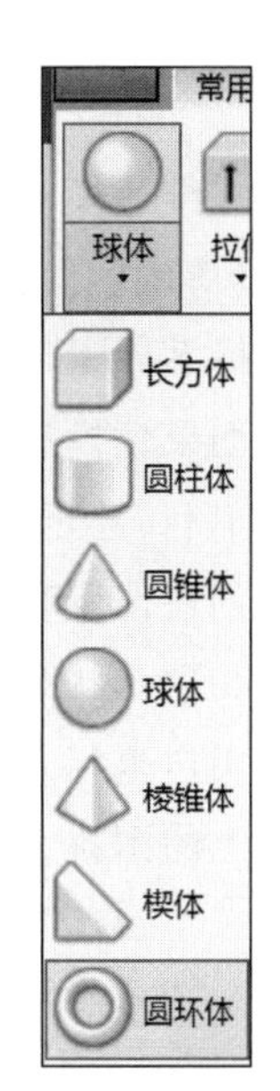

图 5 – 30 选择【圆环体】选项

步骤 02 指定中心点或 [三点(3P)/两点(2P)/切点、切点、半径(T)]:
选取任意位置单击鼠标左键,输入圆环体的中心坐标。

步骤 03 指定半径或 [直径(D)] :
输入圆环体半径 40 并按【Enter】键。

步骤 04 指定圆管半径或 [两点(2P)/直径(D)]:
输入圆管半径 20 并按【Enter】键。

步骤 05 依次选择【常用】选项卡→【视图】面板→【视觉样式】下拉列表中的【概念】选项。

步骤 06 依次选择【常用】选项卡→【视图】面板→【三维导航】下拉列表中的【西南等轴测】选项。

完成的圆环体如图 5 – 31 所示。

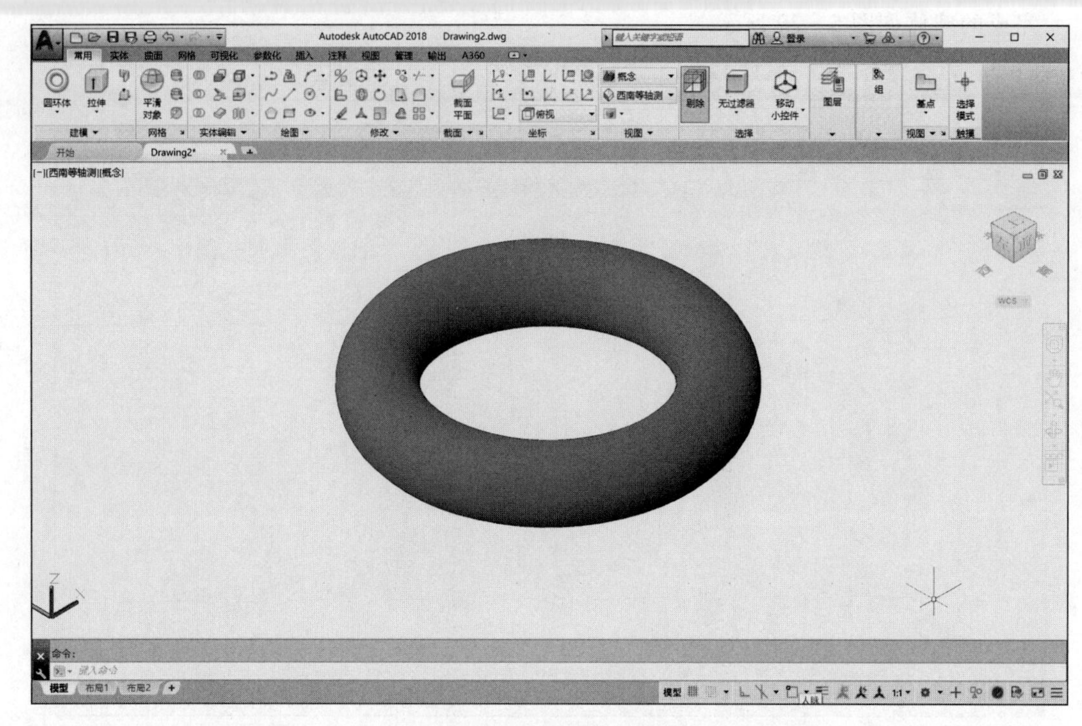

图 5－31 圆环体模型

5.2 用户坐标系的建立

三维建模时,常用三维直角坐标系确定空间几何元素的位置。当用户将【视图】调整为【西南等轴测】时,原坐标系图标变为三维直角坐标系图标,如图 5－32 所示,该坐标系又称通用坐标系或世界坐标系。

如果建模过程中始终保持该坐标系的位置和方向不变,则对后续建模不利,甚至造成效率低下和建模困难。为此,AutoCAD 允许用户随时创建位置和方向可任意指定的用户坐标系,从而方便模型创建。

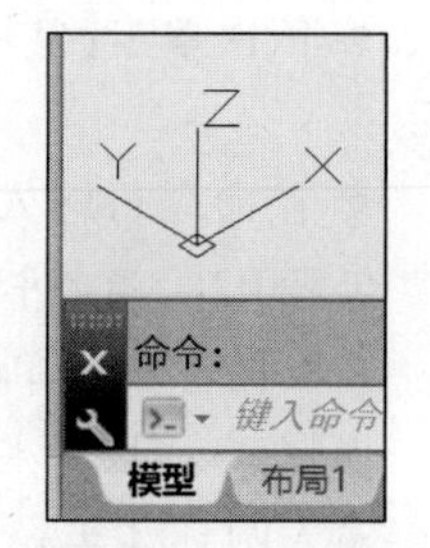

图 5－32　世界坐标系

在默认状态下,AutoCAD 中的【动态 UCS】命令处于运行状态,当创建用户坐标系时,系统会自动捕捉立体表面并对齐。为了避免造成操作上的困扰,在创建用户坐标系之前,请关闭【动态 UCS】命令,做法如下:

- 单击状态栏中的【自定义】按钮,如图 5－33(a)所示;
- 在弹出的菜单中选择【动态 UCS】,也就是在该选项前面打上对勾,如图 5－33(b)所示,使【动态 UCS】按钮在状态栏中得以显示;
- 单击状态栏中的【动态 UCS】按钮,如图 5－33(c)所示,使该按钮处于灰显状态。

完成上述操作后,【动态 UCS】命令处于关闭状态。

下面是创建用户坐标系时常用的一些操作方法。

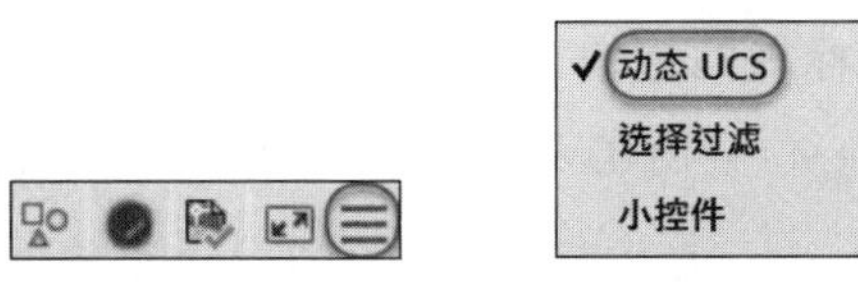

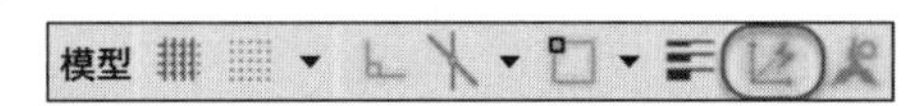

(a) 选择状态栏【自定义】菜单　(b) 选择【动态UCS】选项　(c) 选择【动态UCS】按钮

图 5-33　选择【动态 UCS】

1. 保持原坐标系的方向不变，在新的位置创建用户坐标系

【例题 1】在图 5-34 的长方体左、前、上顶点处创建用户坐标系，使其和通用坐标系坐标轴的方向一致。

【操作步骤】

步骤 01　用下列方法之一执行用户坐标系的创建命令：

- 依次单击【常用】选项卡→【坐标】面板→【原点】选项，如图 5-35 所示；
- 在命令行输入 UCS，并按【Enter】键。

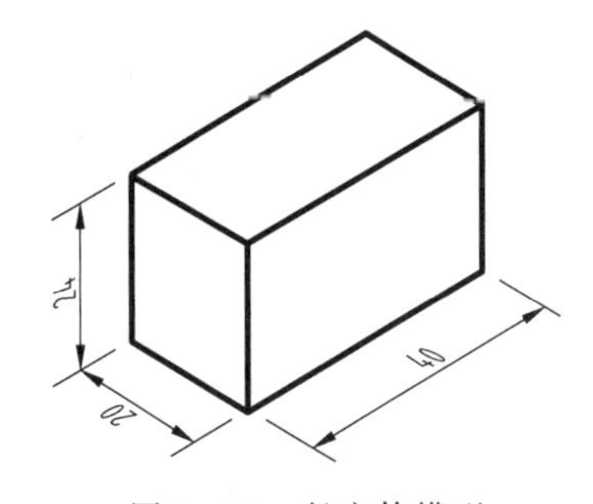

图 5-34　长方体模型

图 5-35　选择【原点】选项

步骤 02　指定 UCS 的原点或 [面(F)/命名(NA)/对象(OB)/上一个(P)/视图(V)/世界(W)/X/Y/Z/Z 轴(ZA)] <世界>:

打开状态栏的【对象捕捉】按钮，用鼠标捕捉长方体左、前、上顶点。

步骤 03　指定 X 轴上的点或 <接受>:

在该提示下直接按【Enter】键，表示接受已经输入的坐标位置，完成用户坐标系的建立。结果如图 5-36 所示。

如果要在图 5-34 所示长方体的正前方 20 处创建和通用坐标系坐标轴方向一致的用户坐标系，则做法如下：

- 先将坐标系移至长方体左上角的顶点处；
- 再次移动坐标系，当命令行提示输入新原点坐标时，键入(20, -20, -12)并按【Enter】键两次，结果如图 5-37 所示。

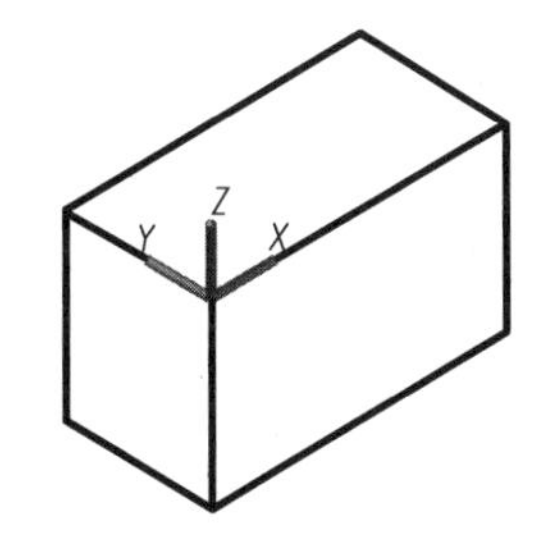

图 5-36　在顶点处创建用户坐标系

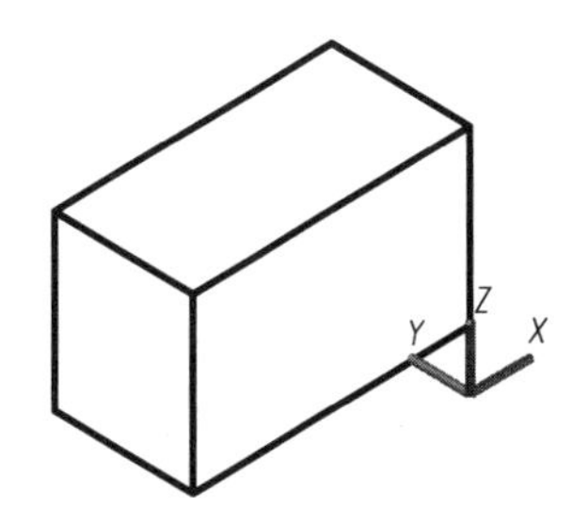

图 5-37　在正前方 20 处创建用户坐标系

2. 在新的位置创建用户坐标系并调整坐标轴的方向

【例题 2】在图 5 – 34 所示长方体前表面中心位置创建 X 轴向右、Y 轴向上、Z 轴指向用户的用户坐标系。

【操作步骤】

为了便于理解和操作，我们将创建过程进行分解：首先将坐标系移至长方体前、上棱线的中点；再将坐标系移至长方体前表面的中心位置；最后将坐标系绕 X 轴旋转 90°。

步骤 01　在命令行输入 UCS，并按【Enter】键。

步骤 02　指定 UCS 的原点或 [面 (F)/命名 (NA)/对象 (OB)/上一个 (P)/视图 (V)/世界 (W)/X/Y/Z/Z 轴 (ZA)] <世界>:

打开状态栏的【对象捕捉】按钮，用鼠标捕捉长方体前、上棱线的中点。

步骤 03　指定 X 轴上的点或 <接受>:

在该提示下直接按【Enter】键。

步骤 04　在命令行输入 UCS，并按【Enter】键。

步骤 05　指定 UCS 的原点或 [面 (F)/命名 (NA)/对象 (OB)/上一个 (P)/视图 (V)/世界 (W)/X/Y/Z/Z 轴 (ZA)] <世界>:

输入坐标(0,0,－12)并按【Enter】键，使坐标系显示在前表面中心点。

步骤 06　指定 X 轴上的点或 <接受>:

在该提示下直接按【Enter】键。

步骤 07　在命令行输入 UCS，并按【Enter】键。

步骤 08　指定 UCS 的原点或 [面 (F)/命名 (NA)/对象 (OB)/上一个 (P)/视图 (V)/世界 (W)/X/Y/Z/Z 轴 (ZA)] <世界>:

输入 X 并按【Enter】键。

这样做的目的是让坐标系绕 X 轴进行旋转。坐标系的旋转规则：大拇指指向旋转轴正方向，握手时，其他四指的旋转方向就是坐标系的旋转正方向。如果此时将坐标系绕 X 轴旋转 90°，则位置刚好符合要求。

步骤 09　指定绕 X 轴的旋转角度：

输入 90 并按【Enter】键，完成坐标系的旋转，结果如图 5 – 38 所示。

3. 在斜面上创建新的用户坐标系

要基于斜面进行建模时，在斜面上创建用户坐标系将便于模型的创建和对齐操作。

下面是两种在斜面上创建用户坐标系的方法：

【例题 3】在图 5 – 39 所示楔体的斜面上创建用户坐标系。

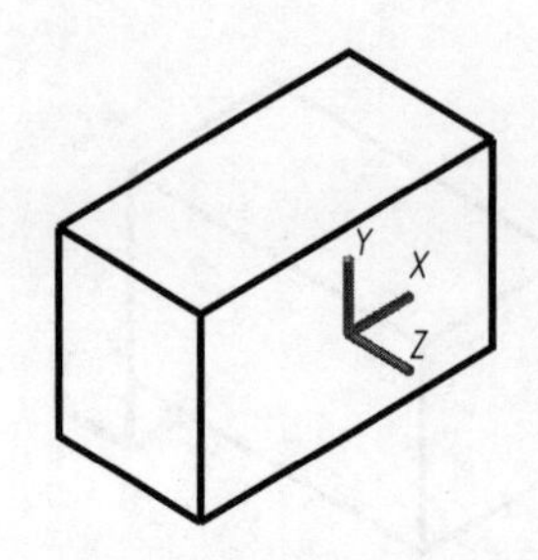

图 5 – 38　在正前表面内创建用户坐标系

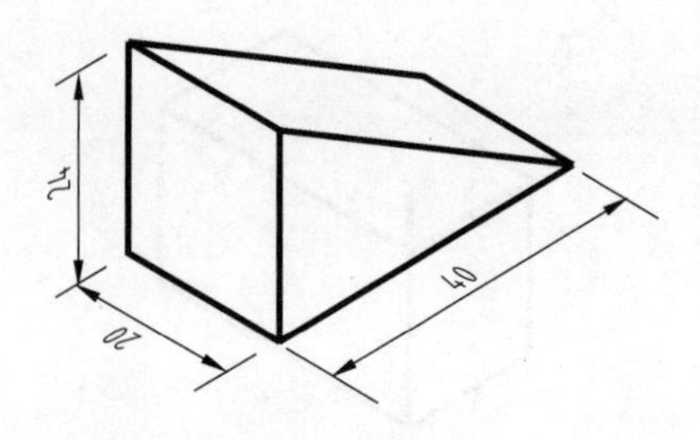

图 5 – 39　在斜面上创建用户坐标系

【操作步骤】

步骤 01 在命令行输入 UCS 并按【Enter】键。

步骤 02 指定 UCS 的原点或 [面(F)/命名(NA)/对象(OB)/上一个(P)/视图(V)/世界(W)/X/Y/Z/Z 轴(ZA)] <世界>:

打开状态栏的【对象捕捉】按钮,捕捉如图 5-40(a)中的点 1 作为用户坐标系的原点。

步骤 03 指定 X 轴上的点或 <接受>:

捕捉如图 5-40(a)中的点 2 作为 *X* 轴正向上的点。

步骤 04 指定 XY 平面上的点或 <接受>:

捕捉如图 5-40(a)中的点 3 作为 *Y* 轴正向上的点,新的用户坐标系如图 5-40(b)所示。

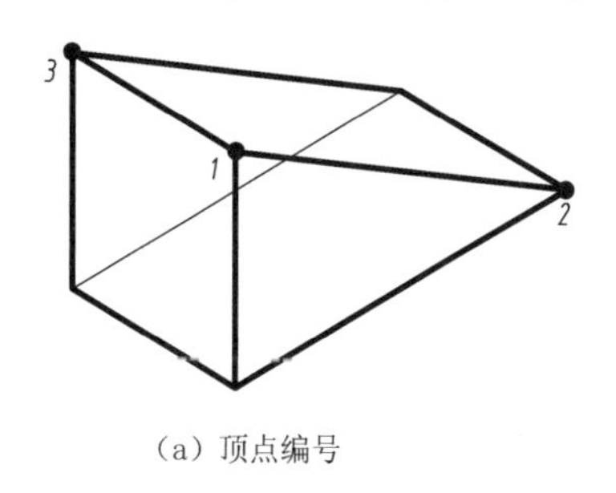

(a) 顶点编号

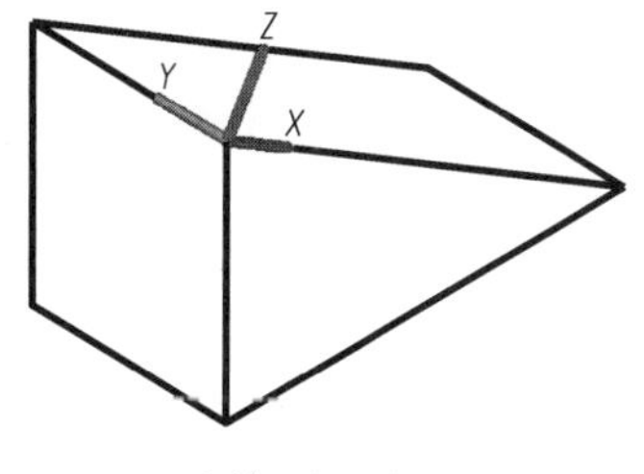

(b) 在斜面上创建用户坐标系

图 5-40 斜面上创建用户坐标系

除了上面的常规做法,还有一种更加快捷的方式,就是利用【动态 UCS】创建用户坐标系,做法如下:

- 单击状态栏中的【动态 UCS】按钮,如图 5-33(c)所示,使该按钮处于亮显状态;
- 在命令行输入 UCS,并按【Enter】键;
- 将鼠标移至斜面上,当斜面如图 5-41 所示高亮显示时,捕捉端点并按【Enter】键即可。

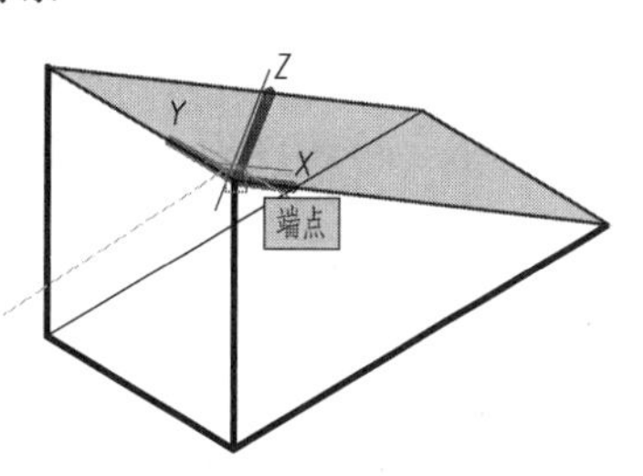

图 5-41 利用【动态 UCS】创建用户坐标系

组合体建模

组合体建模中,除了需要熟练掌握基本体的创建方法外,还要读者掌握布尔运算、实体剖切和其他三维操作。

6.1 布尔运算

布尔运算包括【并集】、【差集】和【交集】。其中:

- 【并集】可以将两个或多个三维实体合并为一个三维实体;
- 【差集】通过从一个立体中减去另一个立体来创建新的三维实体;
- 【交集】保留两个或两个以上现有三维实体的公共部分创建三维实体。

下面是组合体建模的一个实例,请读者在建模过程中体会布尔运算的操作方法和运算结果。

【例题 1】请试着创建图 6-1 所示的组合体。

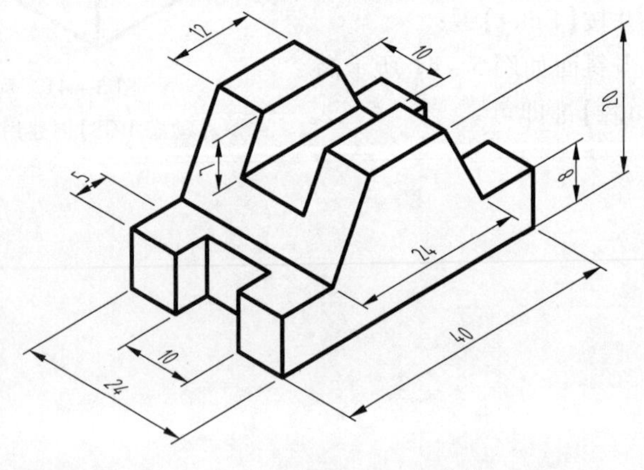

图 6-1　组合体

【绘图步骤】

组合体由基本体按照一定的组合方式组合而成。所以,在组合体建模前,首先要对其进行形体分析,也就是将组合体分解为若干个简单的基本体。

观察图 6-1 的组合体,可将其分解为上、下两部分。下部分可再次分为图 6-2(a)所示的三个长方体;上部分可分为图 6-2(b)所示的若干长方体和楔体。

在三维建模中,依据形体分析的结果,逐步创建基本体 1~7,同时结合布尔运算并加以组合,则组合体得以构建,下面是具体步骤。

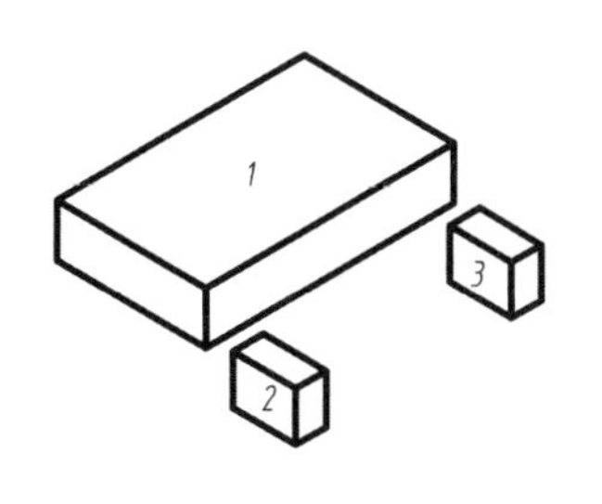

（a）下部结构

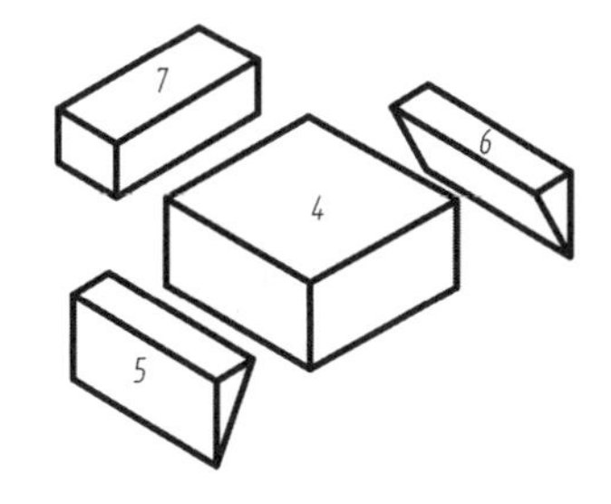

（b）上部结构

图 6－2　组合体的形体分析

1. 绘制 1 号长方体、设置视点、选择合适的视觉样式

步骤 01　在命令行输入 Box 并按【Enter】键。

步骤 02　指定第一个角点或 [中心(C)]:

题目并未要求组合体的空间位置，所以在绘图区的任意位置单击一次鼠标左键，输入底面长方形的一个角点。

步骤 03　指定其他角点或 [立方体(C)/长度(L)]:

打开状态栏中的【正交】按钮，输入 L 并按【Enter】键。

步骤 04　指定长度:

移动鼠标指定方向，输入 40 并按【Enter】键。

步骤 05　指定宽度:

移动鼠标指定方向，输入 24 并按【Enter】键。

步骤 06　指定高度或 [两点(2P)]:

移动鼠标指定方向，输入 8 并按【Enter】键，完成长方体的绘制。

步骤 07　依次选择【常用】选项卡→【视图】面板中→【视觉样式】下拉列表中的【概念】选项。

步骤 08　依次选择【常用】选项卡→【视图】面板中→【三维导航】下拉列表中的【西南等轴测】选项。

注意：在组合体建模中，在完成第一个基本体的创建后，要及时调整视点和视觉样式，以方便后面模型的创建和观察。

2. 创建用户坐标系

为了方便建模，在 2 号长方体的顶点处（指的是在组合体中的位置）创建用户坐标系。

步骤 09　在命令行输入 UCS 并按【Enter】键。

步骤 10　指定 UCS 的原点或 [面(F)/命名(NA)/对象(OB)/上一个(P)/视图(V)/世界(W)/X/Y/Z/Z 轴(ZA)] <世界>:

状态栏中，关闭【动态 UCS】按钮、打开【对象捕捉】按钮，然后用鼠标捕捉 1 号长方体左、前、上顶点。

步骤 11　指定 X 轴上的点或 <接受>:

在该提示下直接按【Enter】键。此时坐标系图标如图 6－3 所示。

下面将继续移动并创建新的用户坐标系，使坐标系图标位于 2 号长方体的顶点处。

步骤 12　在命令行输入 UCS,并按【Enter】键。

步骤 13　指定 UCS 的原点或 [面(F)/命名(NA)/对象(OB)/上一个(P)/视图(V)/世界(W)/X/Y/Z/Z 轴(ZA)] <世界>:

输入坐标(0,7,0)并按【Enter】键。也就是让坐标系沿着 Y 轴正向移动 7。

步骤 14　指定 X 轴上的点或 <接受>:

按【Enter】键,此时坐标系图标如图 6-4 所示。

3. 绘制 2、3 号长方体

步骤 15　在当前用户坐标系中创建 2 号长方体。

此时绘制 2 号长方体,其第一个角点的坐标为(0,0,0)。当系统提示输入长、宽、高尺寸时,在确保【正交】打开的状态下,首先用鼠标指定要生成的方向,然后输入对应数值并按【Enter】键。具体过程不再赘述。

步骤 16　通过复制生成 3 号长方体。

将 2 号长方体进行复制,得到 3 号长方体,结果如图 6-5 所示。

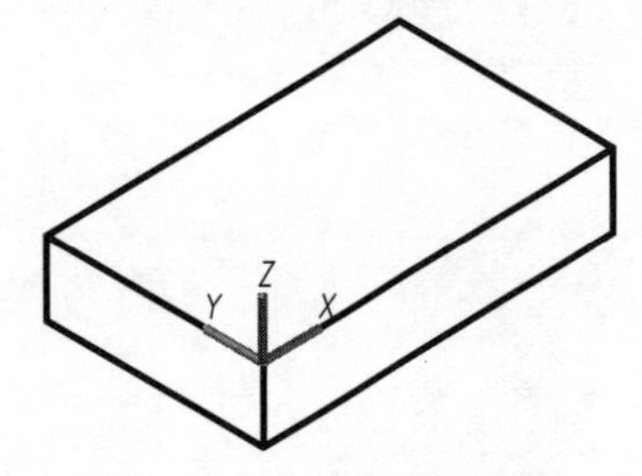

图 6-3　新用户坐标系

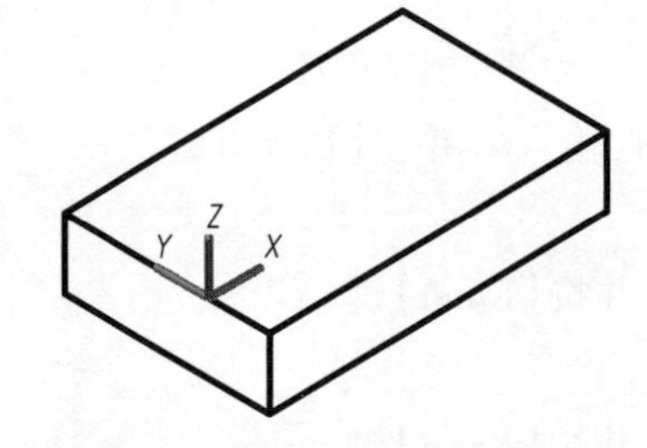

图 6-4　方便建模的用户坐标系

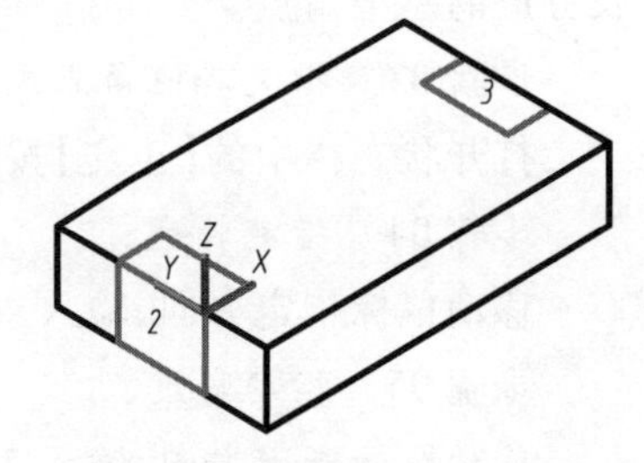

图 6-5　组合体下部结构建模

4. 通过布尔运算生成下部结构

如图 6-5 所示,如果将 2、3 号长方体从 1 号长方体中减去,则在其相应位置出现缺口,从而得到组合体的下部结构。为此,AutoCAD 提供了【差集】命令。

步骤 17　用下列方法之一执行布尔运算之【差集】命令:

- 依次单击【常用】选项卡→【实体编辑】面板→【差集】按钮,如图 6-6 所示;
- 在命令行输入 SUBTRACT,并按【Enter】键。

步骤 18　选择要从中减去的实体、曲面和面域...

用鼠标选取 1 号长方体并按【Enter】键。

步骤 19　选择要减去的实体、曲面和面域...

用鼠标选取 2 号和 3 号长方体并按【Enter】键。这时,组合体的下部结构如图 6-7 所示。

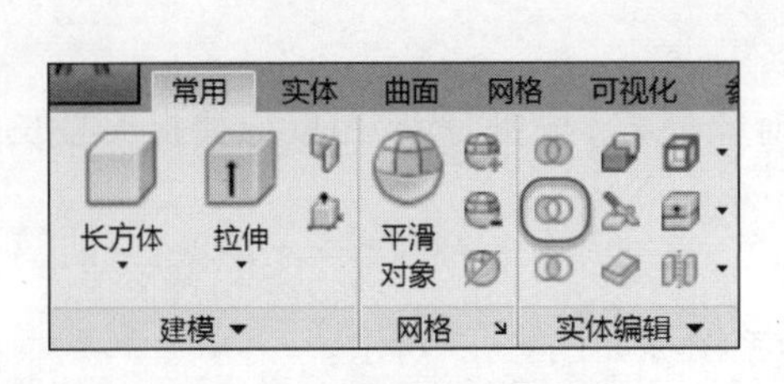

图 6-6　选择【差集】按钮

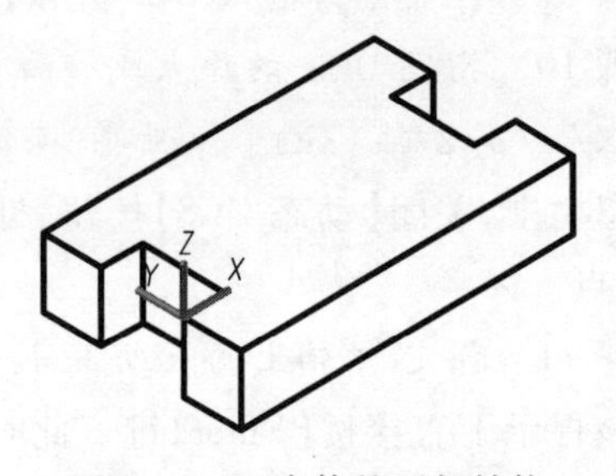

图 6-7　组合体的下部结构

注意：差集运算中，在要减去的实体的位置将出现缺口或空洞，从而形成更为复杂的立体；被减和要减去的实体数目均可大于 1。

5. 继续创建新的用户坐标系

组合体建模过程中，为了建模方便，需要实时创建和调整用户坐标系。所以，UCS 命令在三维建模中的使用频率很高。

下面将继续移动坐标系，使其处于方便建模的位置。

步骤 20　在命令行输入 UCS，并按【Enter】键。

步骤 21　指定 UCS 的原点或 [面(F)/命名(NA)/对象(OB)/上一个(P)/视图(V)/世界(W)/X/Y/Z/Z 轴(ZA)] <世界>:

用鼠标捕捉 1 号长方体前、上棱线的中点。

步骤 22　指定 X 轴上的点或 <接受>:

在该提示下直接按【Enter】键。坐标系如图 6-8(a)所示。

如果按照下面的步骤继续移动坐标系，则建模中坐标的输入将更加方便。当然，此时不再移动坐标系也能完成建模，只需在输入第一个角点坐标时，按照长方体顶点的实际坐标输入即可。至于采用何种方式，请读者定夺。

步骤 23　命令行输入 UCS，并按【Enter】键。

步骤 24　指定 UCS 的原点或 [面(F)/命名(NA)/对象(OB)/上一个(P)/视图(V)/世界(W)/X/Y/Z/Z 轴(ZA)] <世界>:

输入 4 号长方体左下角顶点在当前用户坐标系中的坐标(-12,0,0)并按【Enter】键。

步骤 25　指定 X 轴上的点或 <接受>:

在该提示下直接按【Enter】键。坐标系如图 6-8(b)所示。

6. 按照已知尺寸创建 4 号长方体

7. 在 4 号长方体的左、前、上顶点处创建用户坐标系

根据前面的内容，请读者独自完成上面两步的操作，结果如图 6-9 所示。

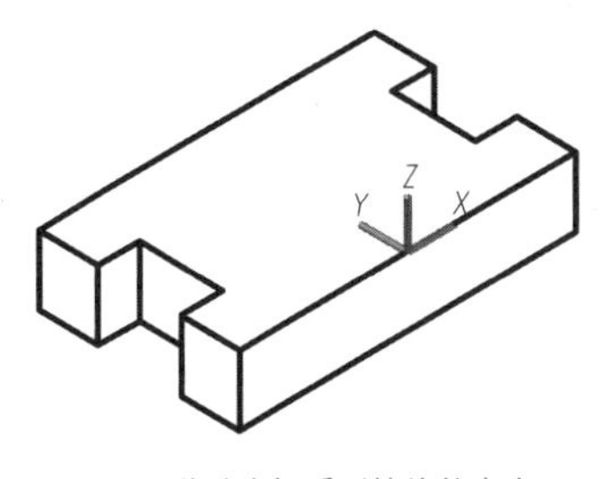

(a) 移动坐标系至棱线的中点

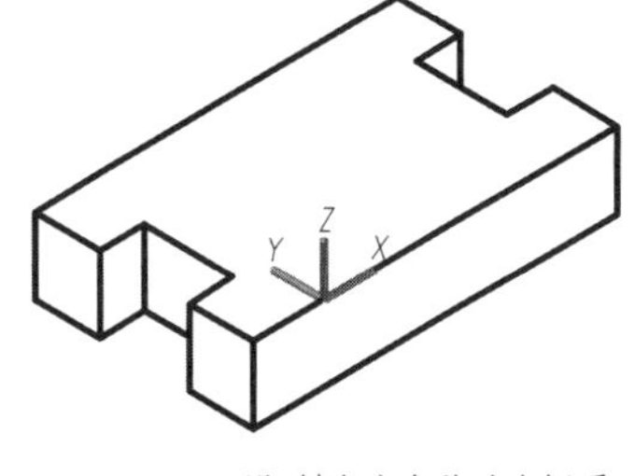

(b) 沿X轴负方向移动坐标系

图 6-8　创建新的用户坐标系

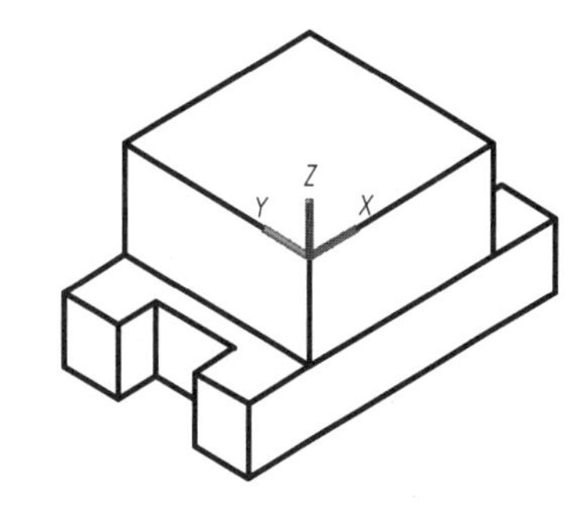

图 6-9　完成 4 号立体建模

8. 创建 5、6 号楔体

步骤 26　在命令行输入 Wedge，并按【Enter】键。

步骤 27　指定第一个角点或 [中心(C)]:

输入(0,0,0)并按【Enter】键。

步骤28　指定其他角点或 [立方体(C)/长度(L)]:

在此提示下,输入L并按【Enter】键,同时请打开状态栏上的【正交】按钮。

步骤29　指定长度:

步骤30　指定宽度:

步骤31　指定高度或 [两点(2P)]:

在上述每个提示下,先移动鼠标给定方向,然后分别输入6,24,12并按【Enter】键,完成5号楔体绘制,结果如图6-10(a)所示。

由于6号和5号楔体为对称关系,所以,可利用二维【镜像】命令生成6号楔体。建模中,可选择4号长方体顶面长方形两对边的中点作为镜像线上的点,如图6-10(b)所示。

5、6号楔体创建完成后,组合体如图6-10(c)所示。

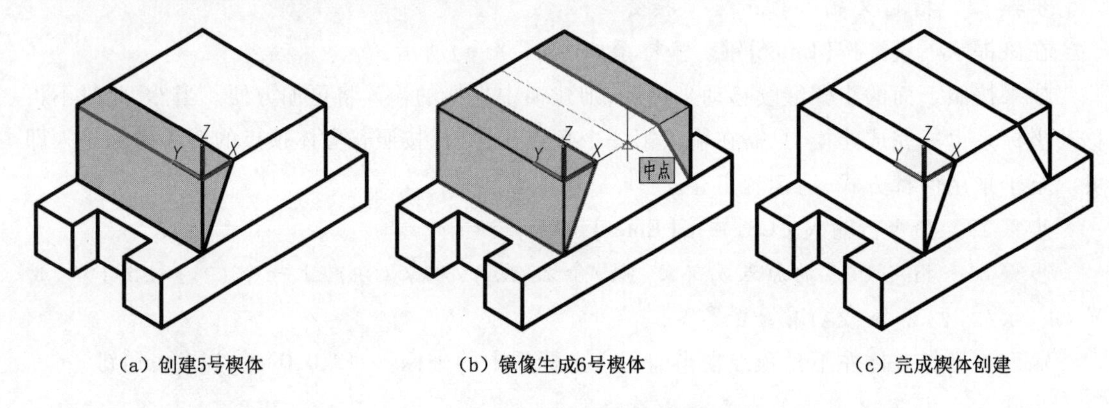

(a) 创建5号楔体　　(b) 镜像生成6号楔体　　(c) 完成楔体创建

图6-10　创建5、6号楔体

9. 建立新的用户坐标系,绘制7号长方体

步骤32　将当前坐标系沿着Y轴向前移动7,创建新的用户坐标系,如图6-11(a)所示;

步骤33　创建7号长方体,如图6-11(b)所示。

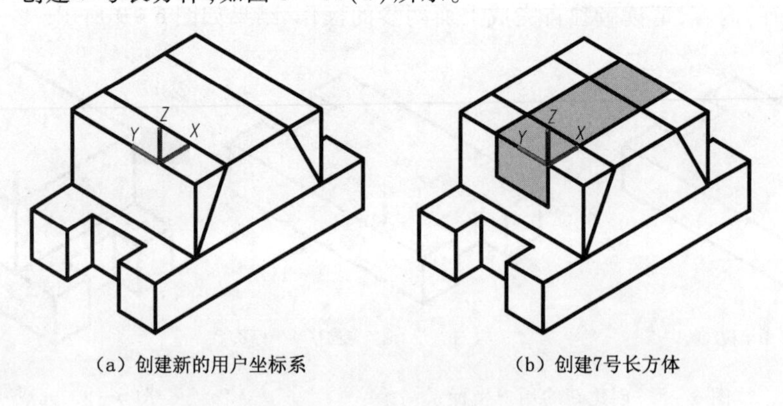

(a) 创建新的用户坐标系　　(b) 创建7号长方体

图6-11　7号长方体的创建

10. 利用布尔运算,完成组合体建模

首先用【差集】运算生成组合体的上部结构:

步骤 34　命令行输入 SUBTRACT，并按【Enter】键。

步骤 35　选择要从中减去的实体、曲面和面域...

用鼠标选取 4 号长方体并按【Enter】键。

步骤 36　选择要减去的实体、曲面和面域...

用鼠标选取 5、6 和 7 号立体并按【Enter】键。这时，组合体如图 6－12 所示。

然后用【并集】完成组合体整体建模：

步骤 37　用下列方法之一执行布尔运算之【并集】命令：

- 依次单击【常用】选项卡→【实体编辑】面板→【并集】按钮，如图 6－13 所示；
- 在命令行输入 UNION，并按【Enter】键。

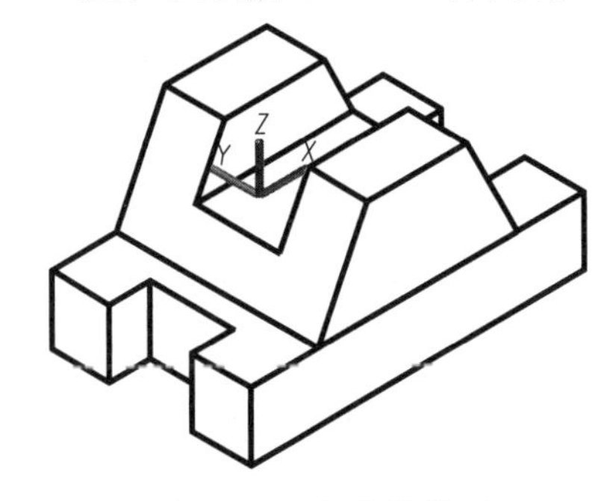

图 6－12　组合体模型

图 6－13　选择【并集】按钮

步骤 38　选择对象：

在该提示下，依次选取组合体的上、下两部分并按【Enter】键。

至此，组合体建模完成。请读者观察图 6－14 和图 6－12 的不同：在执行【并集】命令之前，组合体上、下两部分独立存在，它们之间有分隔线；执行【并集】命令后，两部分立体合二为一，成为一个完整的立体。

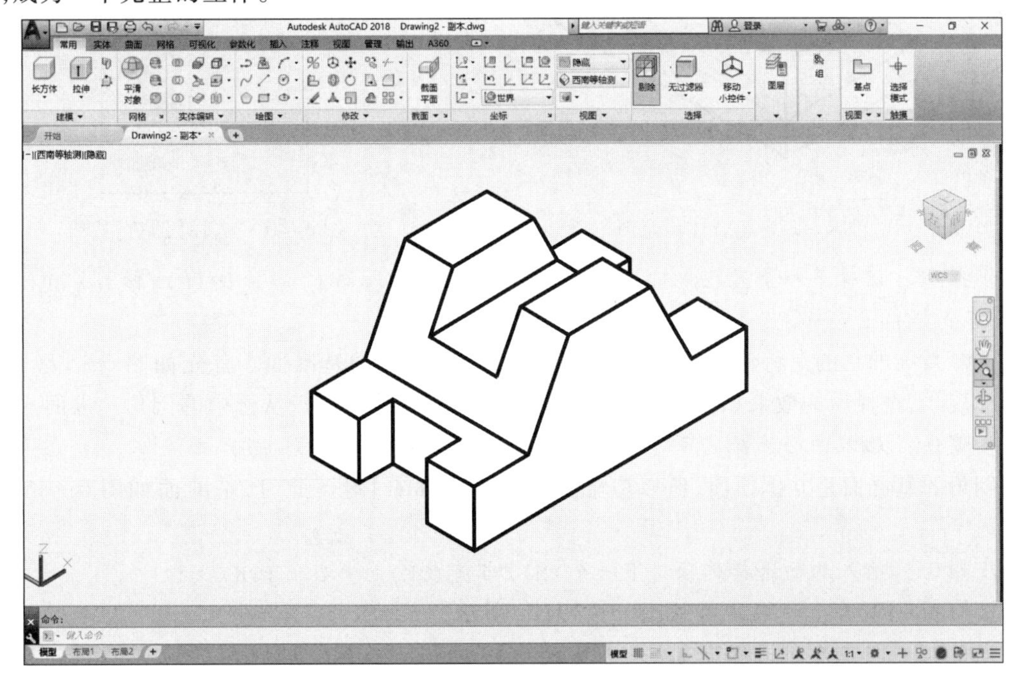

图 6－14　组合体

最后，将坐标系切换为世界坐标系，方便观察模型：

步骤39 命令行输入UCS，并按【Enter】键。

步骤40 指定UCS的原点或[面(F)/命名(NA)/对象(OB)/上一个(P)/视图(V)/世界(W)/X/Y/Z/Z轴(ZA)] <世界>:

按【Enter】键，这时，坐标系图标回到屏幕左下角，方便模型的三维观察。

6.2 倒角、圆角和剖切

【倒角】、【圆角】和【剖切】是三维建模中很常见的三维操作命令，下面通过实例说明这些命令的用法和操作步骤。

1. 倒角

【例题1】绘制图6－15所示的组合体。

【绘图步骤】

该组合体由长方体从其顶面向其他四个侧面倒角而成，绘图步骤如下：

步骤01 绘制长、宽、高分别为40、24、8的长方体并切换视点和视觉样式。

步骤02 用下列方法之一执行【倒角】命令：

- 依次单击【常用】选项卡→【修改】面板→【倒角】按钮，如图6－16所示；
- 在命令行输入Chamfer，并按【Enter】键。

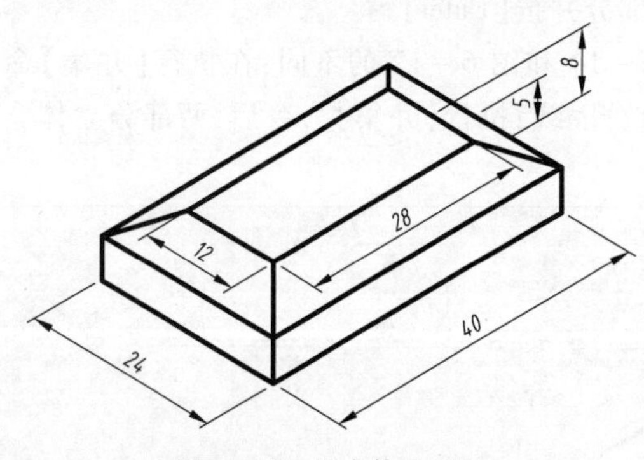

图6－15 组合体示意图

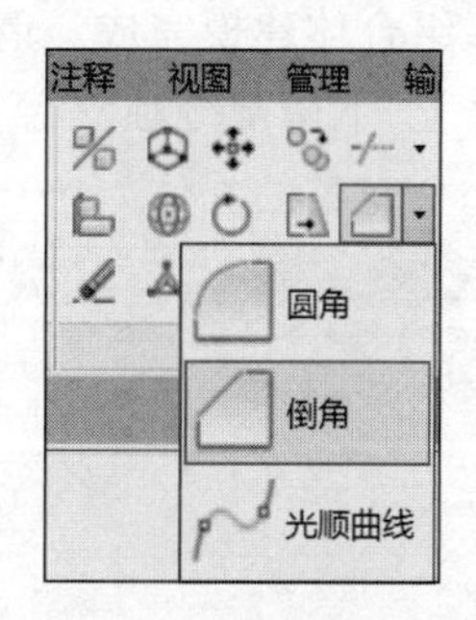

图6－16 选择【倒角】按钮

步骤03 选择第一条直线或[放弃(U)/多段线(P)/距离(D)/角度(A)/修剪(T)/方式(E)/多个(M)]:

选择直线的目的是将包含该直线的立体表面用于倒角的基准面。首先如图6－17(a)所示选择棱线，选择后的效果如图6－17(b)所示，蓝色高亮线框是默认选中的倒角基准面。

步骤04 输入曲面选择选项[下一个(N)/当前(OK)] <当前(OK)>:

倒角的基准面是立体顶面，所以应输入N并按【Enter】键。此时，基准面如图6－17(c)所示。

步骤05 输入曲面选择选项[下一个(N)/当前(OK)] <当前(OK)>:

按【Enter】键确认该基准面，如图6－17(d)所示。

步骤06 指定基面倒角距离或[表达式(E)]:

输入基准面内的倒角距离6(=[24－12]/2)并按【Enter】键。

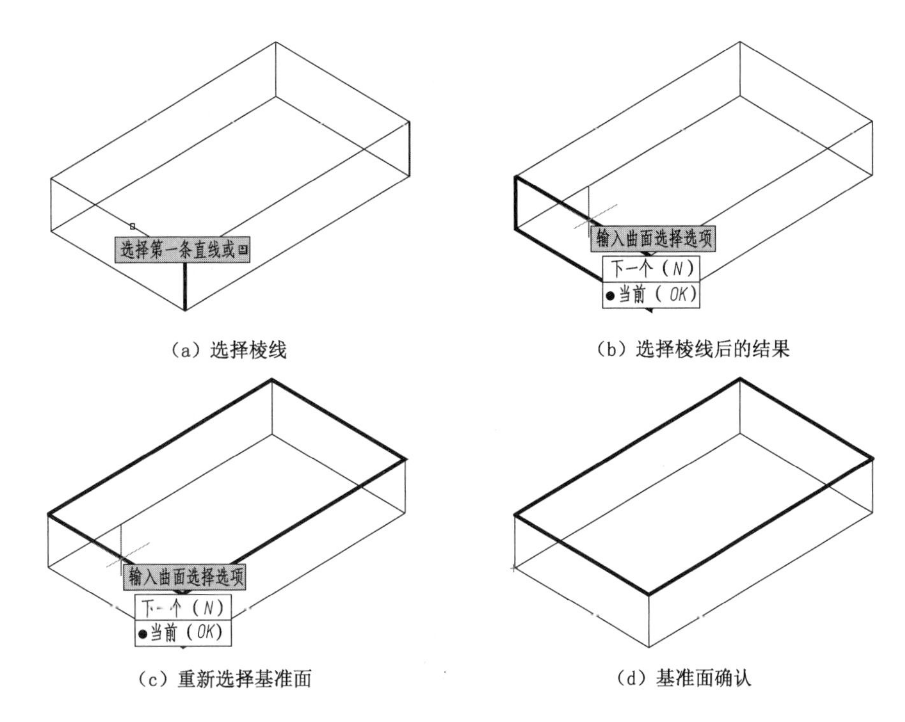

（a）选择棱线　（b）选择棱线后的结果

（c）重新选择基准面　（d）基准面确认

图 6－17　基准面的选择

步骤 07　指定其他曲面倒角距离或 [表达式(E)]：

输入其他面内的倒角距离 3（=8－5）并按【Enter】键。

步骤 08　选择边或 [环(L)]：

鼠标选择基准面的任意一边。

如果在选择后按【Enter】键，则系统仅对该条棱线进行倒角处理。

步骤 09　选择边或 [环(L)]：

题目要求以基准面为准，向其他四个侧面倒角，所以此处应选择基准面的四条边。为了更高的选择效率，在此提示下输入 L 并按【Enter】键。

步骤 10　选择环边或 [边(E)]：

鼠标选择基准面的其他三边中的任意一边。

步骤 11　选择环边或 [边(E)]：

按【Enter】键，结果如图 6－18 所示。

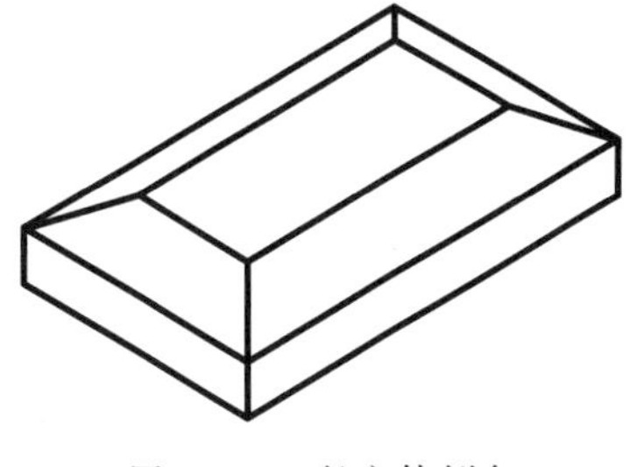

图 6－18　长方体倒角

2. 圆角

【例题 2】绘制如图 6－19 所示的组合体。

【绘图步骤】

对长方体前面两条竖直方向的棱线进行圆角处理，即可得到该组合体。

步骤 01　绘制长、宽、高分别为 40、24、8 的长方体并切换视点和视觉样式。

步骤 02　用下列方法之一执行【圆角】命令：

- 依次单击【常用】选项卡→【修改】面板→【圆角】按钮，如图 6－20 所示；
- 在命令行输入 Fillet，并按【Enter】键。

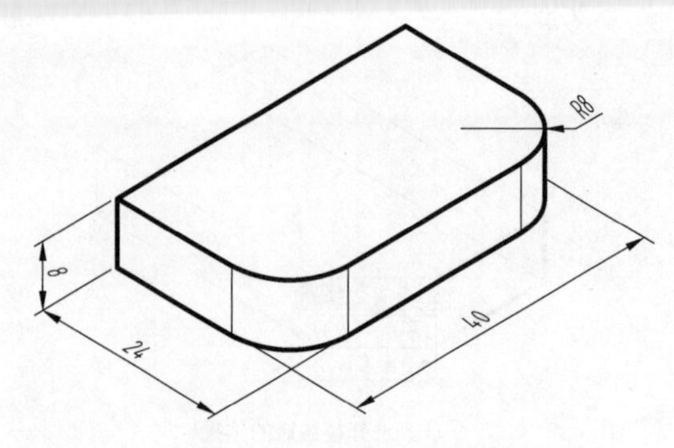

图 6-19 组合体示意图

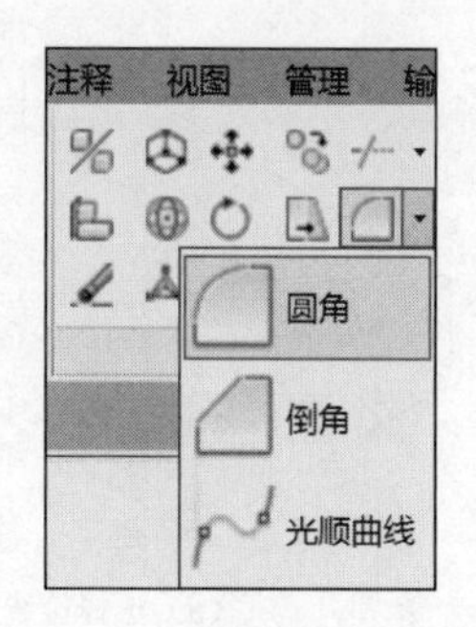

图 6-20 选择【圆角】按钮

步骤 03 选择第一个对象或 [放弃(U)/多段线(P)/半径(R)/修剪(T)/多个(M)]:
如图 6-21(a)所示,选择长方体的棱线。

步骤 04 输入圆角半径或 [表达式(E)]:
输入圆角半径 8 并按【Enter】键。

步骤 05 选择边或 [链(C)/环(L)/半径(R)]:
如图 6-21(b)所示,选取右侧棱线并按【Enter】键,完成立体倒圆角。

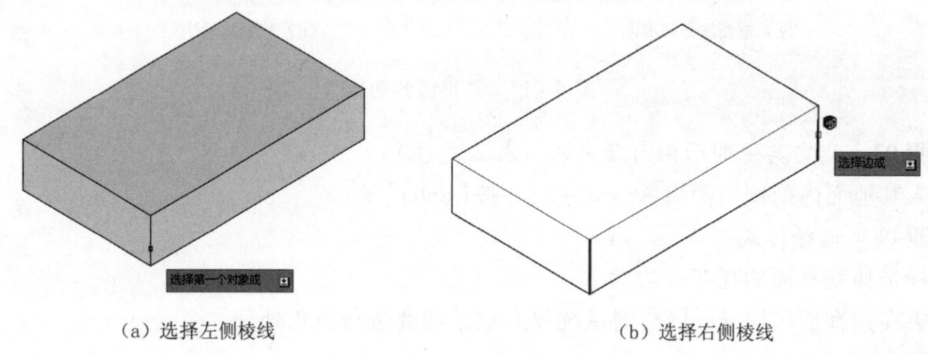

(a) 选择左侧棱线　　(b) 选择右侧棱线

图 6-21 选取棱线

3. 立体剖切

在三维建模中,可用坐标面或空间任意位置的平面对立体进行剖切,从而完成形体创建。

【例题 3】对上例中的立体沿着其左右对称面进行剖切。

【绘图步骤】

如果将坐标系移至立体长边中点处,则可利用坐标面完成剖切。

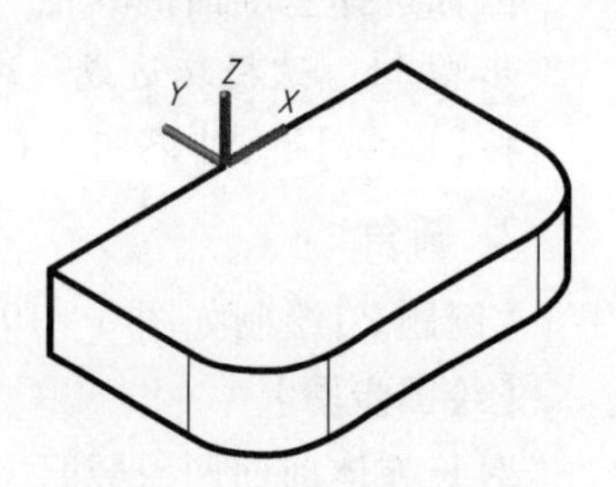

图 6-22 创建用户坐标系

步骤 01 将坐标系移至长边中点处,如图 6-22 所示。

步骤 02 用下列方法之一启动【剖切】命令:

- 依次单击【常用】选项卡→【修改】面板→【圆角】按钮,如图 6-23 所示;
- 在命令行输入 Slice,并按【Enter】键。

步骤 03 选择要剖切的对象:
选择立体并按【Enter】键。

步骤 04 指定切面的起点或 [平面对象(O)/曲面(S)/z 轴(Z)/视图(V)/xy(XY)/yz

(YZ)/zx(ZX)/三点(3)] <三点>:

该步的目的是指定一个剖切平面。为了绘图方便,我们用 *YOZ* 坐标面进行截切。根据系统提示,此处应输入 *YZ* 并按【Enter】键。

步骤05　指定 YZ 平面上的点 <0,0,0>:

坐标系原点是 *YOZ* 平面内的点,所以按【Enter】键确认即可。

步骤06　在所需的侧面上指定点或 [保留两个侧面(B)] <保留两个侧面>:

按【Enter】键即可。此时,立体被 *YOZ* 面剖分为两部分,如图6-24所示。

图6-23　选择【剖切】按钮

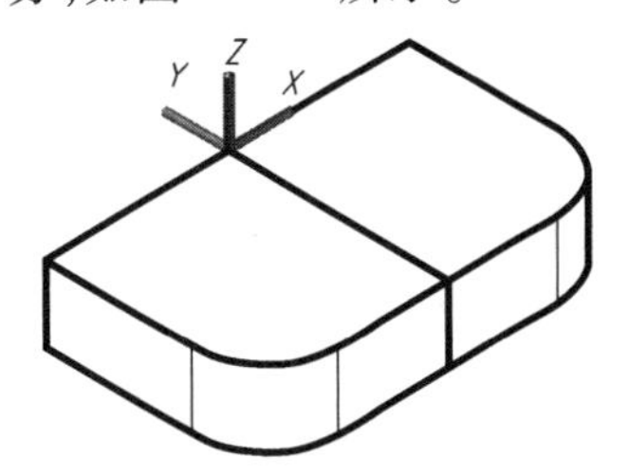

图6-24　被剖切后的立体

4. **组合体建模**

【例题4】请试着创建图6-25所示的组合体。

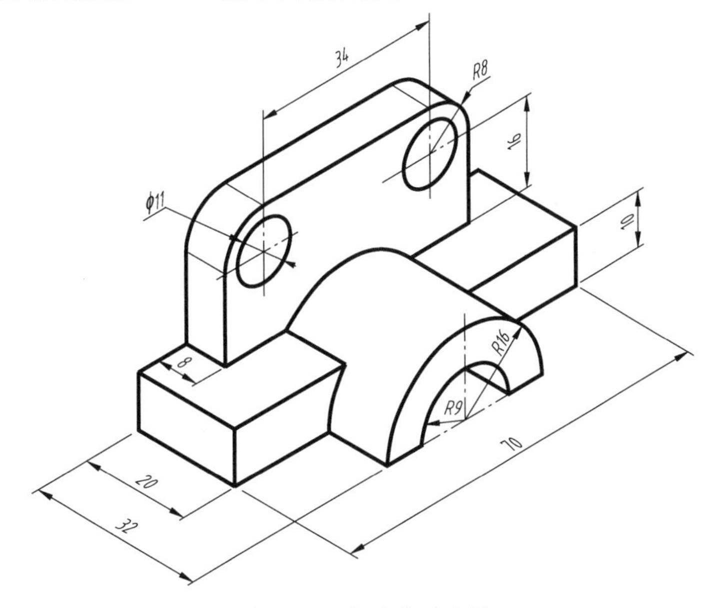

图6-25　组合体示意图

【绘图步骤】

首先对组合体进行如图6-26所示的形体分析:1号立体是组合体底部长方体;2号立体是叠加在1号立体上的带有圆角的长方体;3号立体为半圆柱筒。

1号立体:绘制长方体即可;

2号立体:先绘制长方体,接着对其进行倒圆角,最后在圆角处绘制圆柱体并执行布尔运算;

3号立体:绘制两个圆柱体后执行布尔运算。

三维建模时,为了更好地观察模型,一般遵循从下到上、由后到前的建模顺序。也就是按照 1 ~ 3 的顺序进行建模操作。

下面的建模步骤给出了较为详细的建模思路，但省略了具体的操作过程。如果读者在建模中遇到命令操作有关问题，请翻阅前面的内容加以参考。

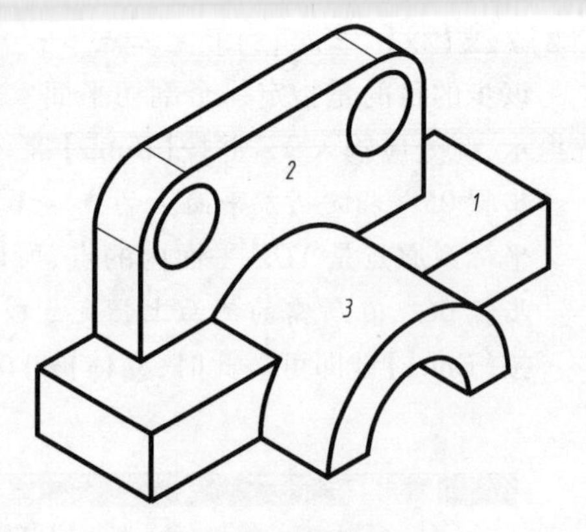

图 6 - 26 形体分析

步骤 01 创建 1 号长方体并切换视点和视觉样式。

步骤 02 创建新的用户坐标系；

首先将坐标系移至 1 号长方体的左、后、上顶点处，如图 6 - 27(a)所示；接着沿 *X* 轴正向移动 10 个单位，使坐标系原点刚好位于 2 号长方体的底面顶点处，如图 6 - 27(b)所示。

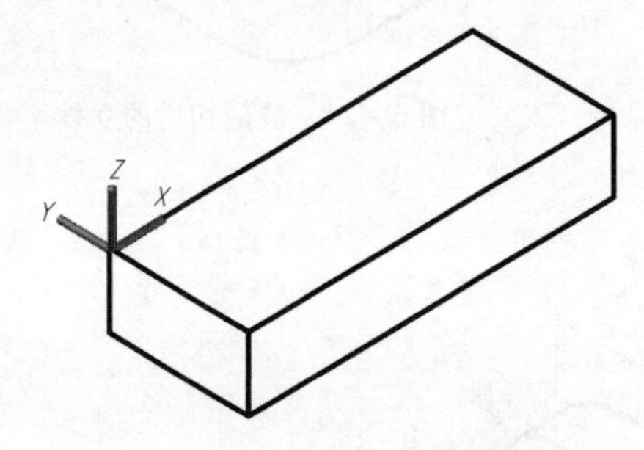

(a) 移动坐标系至1号立体的顶点

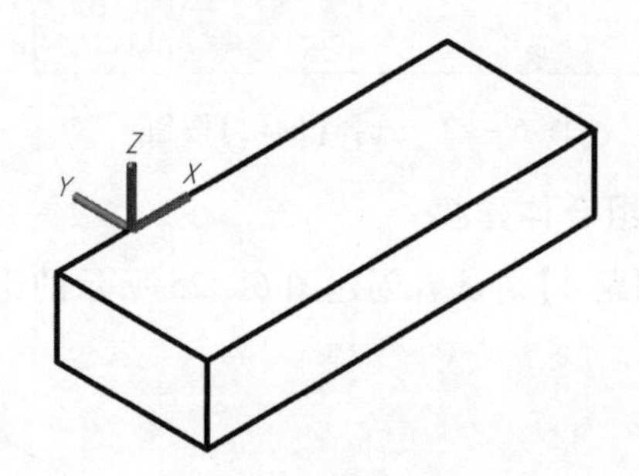

(b) 移动坐标系至2号长方体的顶点

图 6 - 27 创建用户坐标系

步骤 03 创建 2 号长方体，如图 6 - 28(a)所示。

步骤 04 对长方体的顶部进行倒圆角，如图 6 - 28(b)所示。

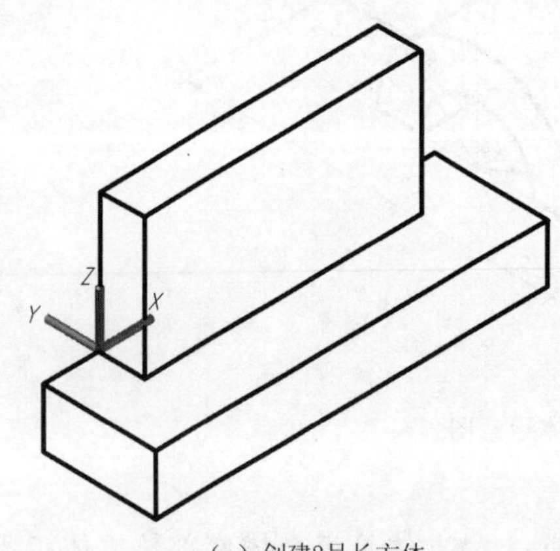

(a) 创建2号长方体

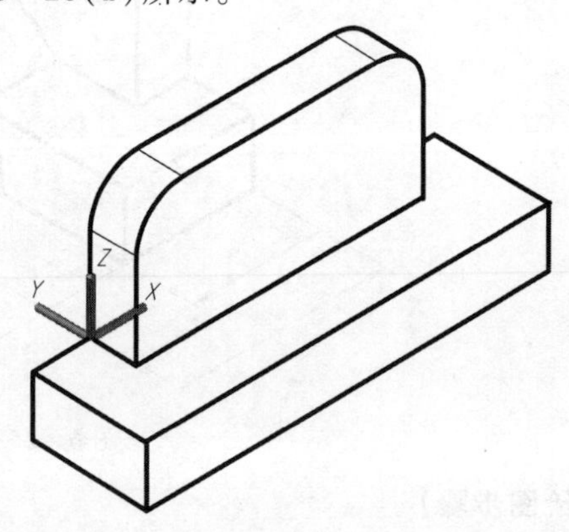

(b) 对2号长方体进行倒圆角

图 6 - 28 创建 2 号长方体并倒圆角

步骤 05 移动坐标系至圆角圆心处；先将坐标系平移至圆角圆心，然后将坐标系绕 *X* 轴旋转 90°，如图 6 - 29 所示。

注意：在默认情况下，圆柱体的底面位于 *XOY* 平面内。所以，为了正确建模，必须让 *XOY* 位于 2 号立体的前表面内。

步骤 06 绘制 2 号立体圆角处的圆柱体；

首先绘制左侧圆柱体，然后对其进行复制，得到右侧圆柱体，结果如图 6－30 所示。

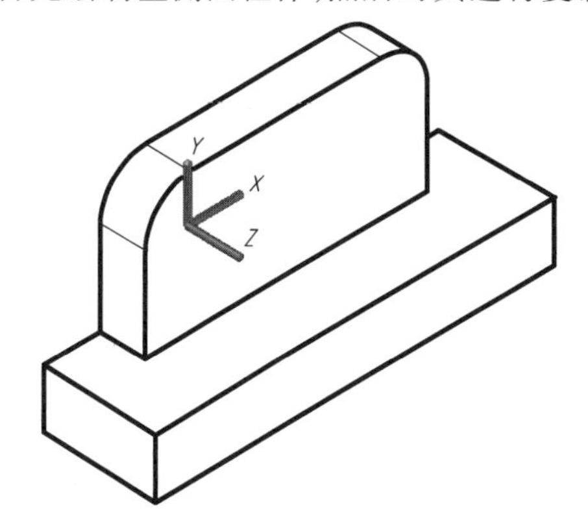

图 6－29 将坐标系移至 2 号立体的圆角圆心处

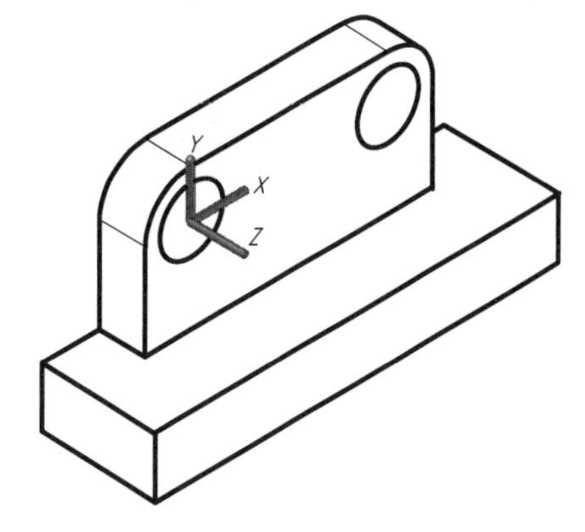

图 6－30 绘制圆柱体

步骤 07 布尔运算；

利用【差集】命令，从 2 号长方体中减去两个圆柱体，从而生成圆柱孔。

步骤 08 创建新的用户坐标系；

先将坐标系移动至 1 号长方体底面可见长边的中点处，然后再沿着 *Z* 轴正方向平移 12，如图 6－31 所示。此时，*XOY* 面和圆柱体的底面共面，从而方便圆柱筒的创建。

步骤 09 绘制底面半径分别为 16 和 9、高为 32 的圆柱体，如图 6－32 所示；

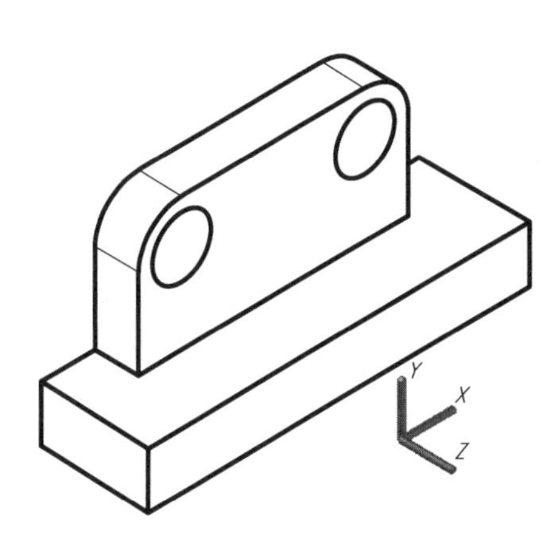

图 6－31 新的用户坐标系

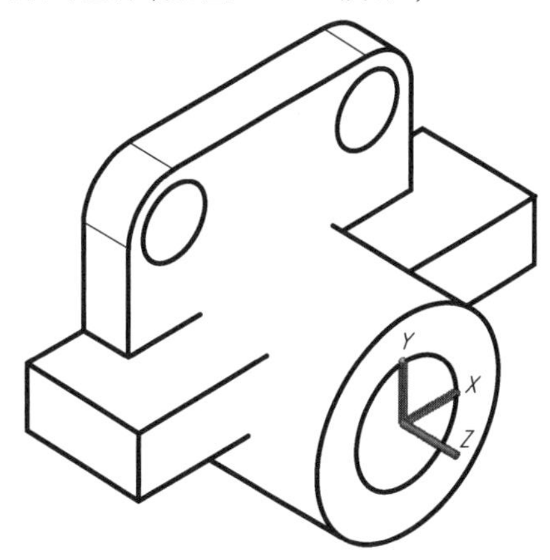

图 6－32 执行布尔运算

步骤 10 布尔运算；

由于底部是小圆柱孔，在进行【差集】运算时，被减数包括 1 号长方体和大圆柱体。【差集】运算结束后，参与运算的 1 号长方体和大圆柱体相互融合，同时在小圆柱体的位置出现圆柱孔。

最后对所有形体执行【并集】运算。执行该操作后，所有基本体组合为一个整体，同时在组合体表面能观察到可见的交线，结果如图 6－33 所示。如果跟图 6－32 进行比对，会显示组合体表面的交线。

步骤 11 以 *XOZ* 面为切平面，对组合体进行剖切并删除剖切平面下面的部分实体，最终完成组合体建模。

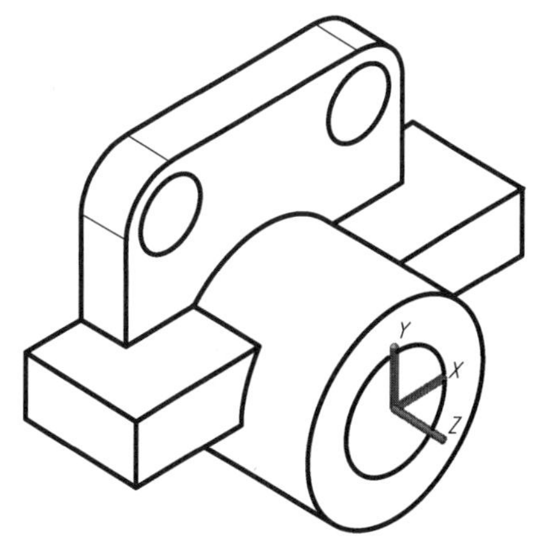

图 6－33 创建圆柱体

6.3 面域及拉伸

1. 面域

面域是由直线、圆弧、圆、椭圆弧、椭圆和样条曲线等组成的二维闭合线框创建的封闭区域。

例如，圆仅代表二维曲线信息，但是用【面域】命令将圆创建成面域后，圆就变成圆形平面。

跟实体一样，多个面域也能通过布尔运算形成更加复杂形状的面域，这就为复杂组合体的建模提供了新的方法和思路。

【例题 1】绘制半径为 6 的圆并创建成面域。

【绘图步骤】

步骤 01　绘制半径为 6 的圆。

步骤 02　用下列方法之一执行【面域】命令：

- 依次单击【常用】选项卡→【绘图】面板→【面域】按钮，如图 6-34 所示；
- 在命令行输入 Region，并按【Enter】键。

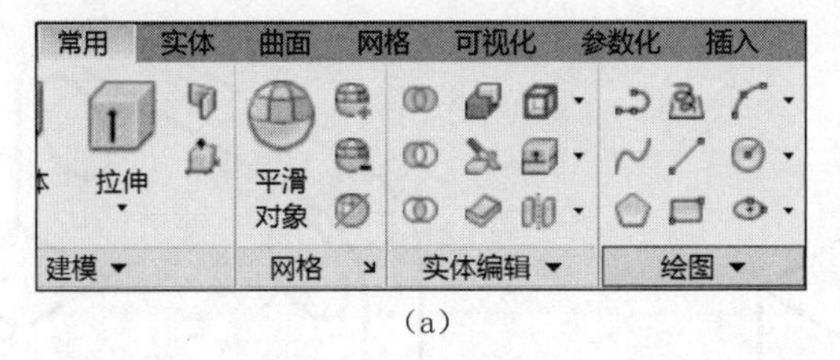

(a)

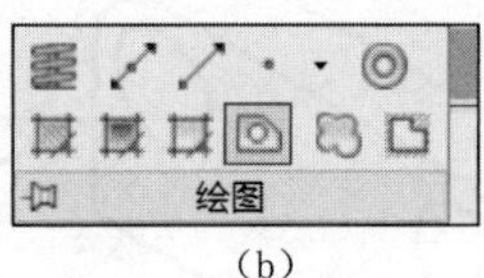

(b)

图 6-34　选择【面域】按钮

步骤 03　选择对象：

选择绘制的圆并按【Enter】键，面域创建完成。

面域创建已经完成，但是当视觉样式为【二维线框】时看不到任何变化。如果将视觉样式切换为【概念】，就能明显观察到创建面域前后的改变。对此，请读者自己尝试操作。

面域创建中，需要注意系统变量 DELOBJ 对创建结果的影响：

- DELOBJ = 3，将闭合线框转换为面域；
- DELOBJ = 0，基于闭合线框转换创建面域，同时保留原线框。

在默认情况下，该系统变量的值为 3。

15
φ12
R15
30

图 6-35　二维线框图

【例题 2】绘制如图 6-35 所示的二维线框并将其转换为面域。

【绘图步骤】

步骤 01　按照图示尺寸绘制二维图。

步骤 02　命令行输入 Region，并按【Enter】键。

步骤 03　选择对象：

选择所有图线并按【Enter】键。由于【面域】命令自动提取封闭线框并创建面域，所以当前的面域个数为2。

要让圆面所在位置出现圆孔，此处应利用布尔运算的【差集】进行操作。

步骤04　命令行输入Subtract，并按【Enter】键。

步骤05　选择要从中减去的实体、曲面和面域...

用鼠标选取最大的面域并按【Enter】键。

步骤06　选择要减去的实体、曲面和面域...

用鼠标选取圆面并按【Enter】键，完成组合面域的创建，效果如图6－36所示。

2. 拉伸

将面域沿着其垂线方向，或者特定路径拉伸后，可以得到立体。拉伸和面域相结合，能创建出横截面比较复杂但沿纵向没有变化的组合体。

【例题3】绘制如图6－37所示的立体。

【绘图步骤】

步骤01　按照上例的步骤绘制二维线框并将其转换为面域，如图6－36所示。

步骤02　依次选择【常用】选项卡→【视图】面板中→【视觉样式】下拉列表中的【概念】选项。

步骤03　依次选择【常用】选项卡→【视图】面板中→【三维导航】下拉列表中的【西南等轴测】选项。

步骤04　用下列方法之一执行【拉伸】命令：

- 依次单击【常用】选项卡→【建模】面板→【拉伸】按钮，如图6－38所示；
- 在命令行输入Extrude，并按【Enter】键。

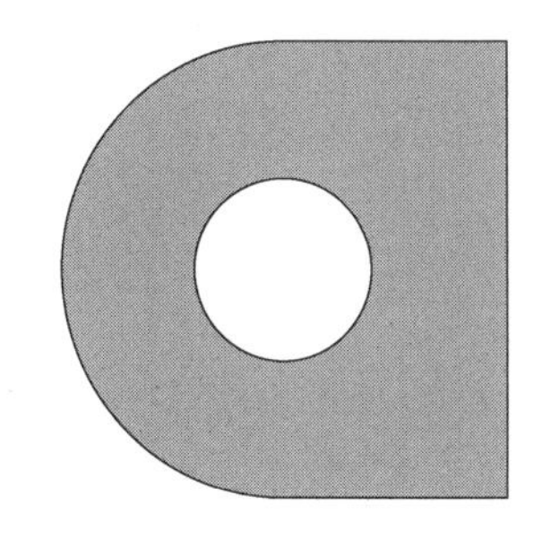

图6－36　面域

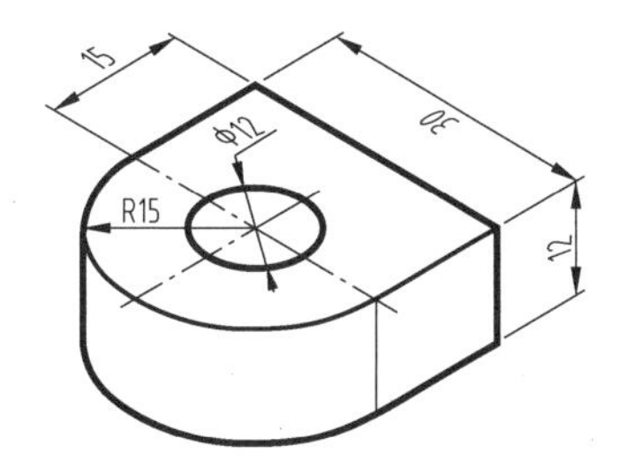

图6－37　立体示意图

图6－38　选择【拉伸】按钮

步骤05　选择要拉伸的对象或［模式(MO)］：

选择面域并按【Enter】键。

步骤06　指定拉伸的高度或［方向(D)/路径(P)/倾斜角(T)/表达式(E)］：

输入拉伸高度12并按【Enter】键，完成立体的创建。

3. 组合体建模

【例题4】绘制如图6－39所示的组合体。

【绘图步骤】

如图6－40所示，立体可分为左、右两部分：左侧三棱柱(2号立体)通过创建三角形面域然后拉伸完成建模；右侧立体(1号立体)通过绘制前表面、创建面域并拉伸形成实体。最后用【并集】相加，形成完整的组合体。

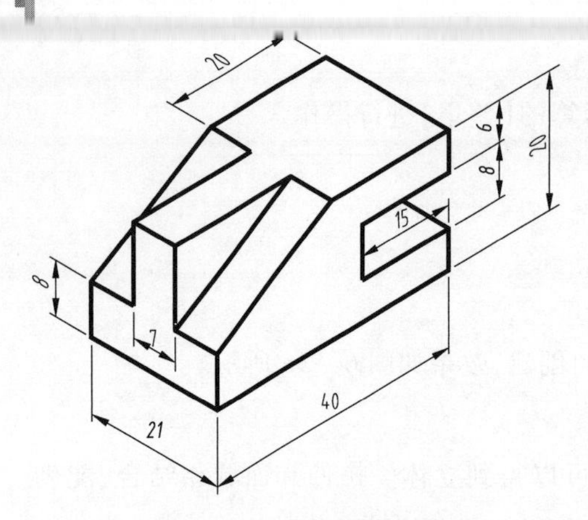

图 6-39 组合体示意图

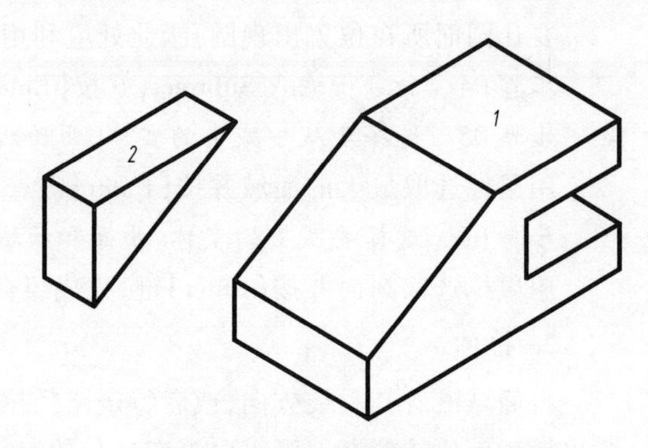

图 6-40 组合体形体分析

步骤 01 依次选择【常用】选项卡→【视图】面板中→【三维导航】下拉列表中的【西南等轴测】选项。

为了绘制组合体前表面,请将坐标系绕 X 旋转 90°,使 XOY 面呈竖向放置。

步骤 02 输入 UCS 并按【Enter】键。

步骤 03 指定 UCS 的原点或 [面(F)/命名(NA)/对象(OB)/上一个(P)/视图(V)/世界(W)/X/Y/Z/Z 轴(ZA)] <世界>:

输入 X 并按【Enter】键。

步骤 04 指定绕 X 轴的旋转角度:

输入 90 并按【Enter】键,XOY 面竖直放置。

接下来,在 XOY 面内绘制 1 号立体的前表面并转换成面域。步骤如下:

步骤 05 在 XOY 面内绘制如图 6-41 所示的立体前表面。

步骤 06 命令行输入 Region,并按【Enter】键。

步骤 07 选择对象:

选择闭合线框并按【Enter】键,完成面域创建。

接着将生成的面域沿 Z 轴拉伸,生成 1 号立体。步骤如下:

步骤 08 命令行输入 Extrude,并按【Enter】键。

步骤 09 选择要拉伸的对象或 [模式(MO)]:

选择面域并按【Enter】键。

步骤 10 指定拉伸的高度或 [方向(D)/路径(P)/倾斜角(T)/表达式(E)]:

输入拉伸高度 21 并按【Enter】键,完成 1 号立体建模,如图 6-42 所示。

图 6-41 立体前表面

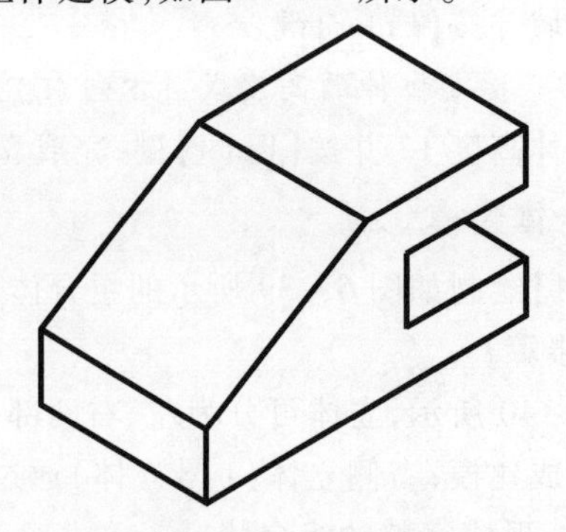

图 6-42 1 号立体

2 号立体的创建过程同 1 号立体,相关过程是:移动坐标系—创建面域—拉伸。下面是具体步骤:

步骤 11　如图 6 - 43(a),将坐标系移动至棱线中点;

步骤 12　如图 6 - 43(b)所示,将坐标系移动至三棱柱顶点;

步骤 13　如图 6 - 44 所示,首先在 *XOY* 面内绘制三角形并创建面域,接着沿 *Z* 轴正向拉伸完成 2 号立体创建。此处不再列出详细步骤,读者如有疑问,请参考前面的步骤。

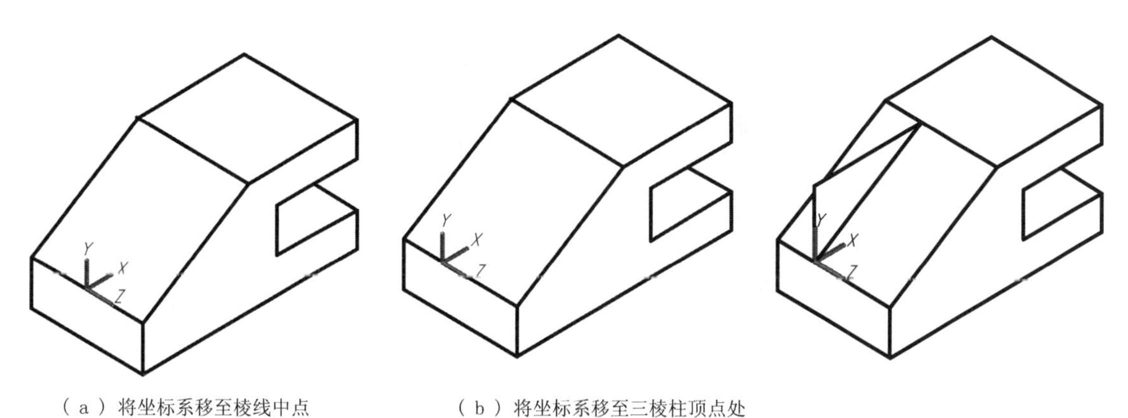

(a)将坐标系移至棱线中点　(b)将坐标系移至三棱柱顶点处

图 6 - 43　坐标系的创建　　图 6 - 44　绘制三角形并创建面域

步骤 14　用【并集】命令将两部分合并,得到组合体的完整模型。

6.4　旋转、放样和扫掠

1. 旋转

旋转指的是通过绕旋转轴扫掠二维对象来创建三维实体或曲面的方法。

【例题 1】根据给定的尺寸,绘制如图 6 - 45 所示陶立克柱的实体模型。

读图 6 - 45,陶立克柱可分为三部分:顶部柱帽、柱身和底部基座。其中柱帽和基座形状相同、位置对称,可通过绘制 1/2 断面图并旋转而得;柱身可由断面图拉伸得到。下面是具体步骤。

【绘图步骤】

步骤 01　绘制如图 6 - 46 所示的 1/2 断面并转换为面域;

下面将利用【旋转】命令生成陶立克柱的柱帽模型。

步骤 02　用下列方法之一执行【旋转】命令:

- 依次单击【常用】选项卡→【建模】面板→【旋转】按钮,如图 6 - 47 所示;
- 在命令行输入 Revolve,并按【Enter】键。

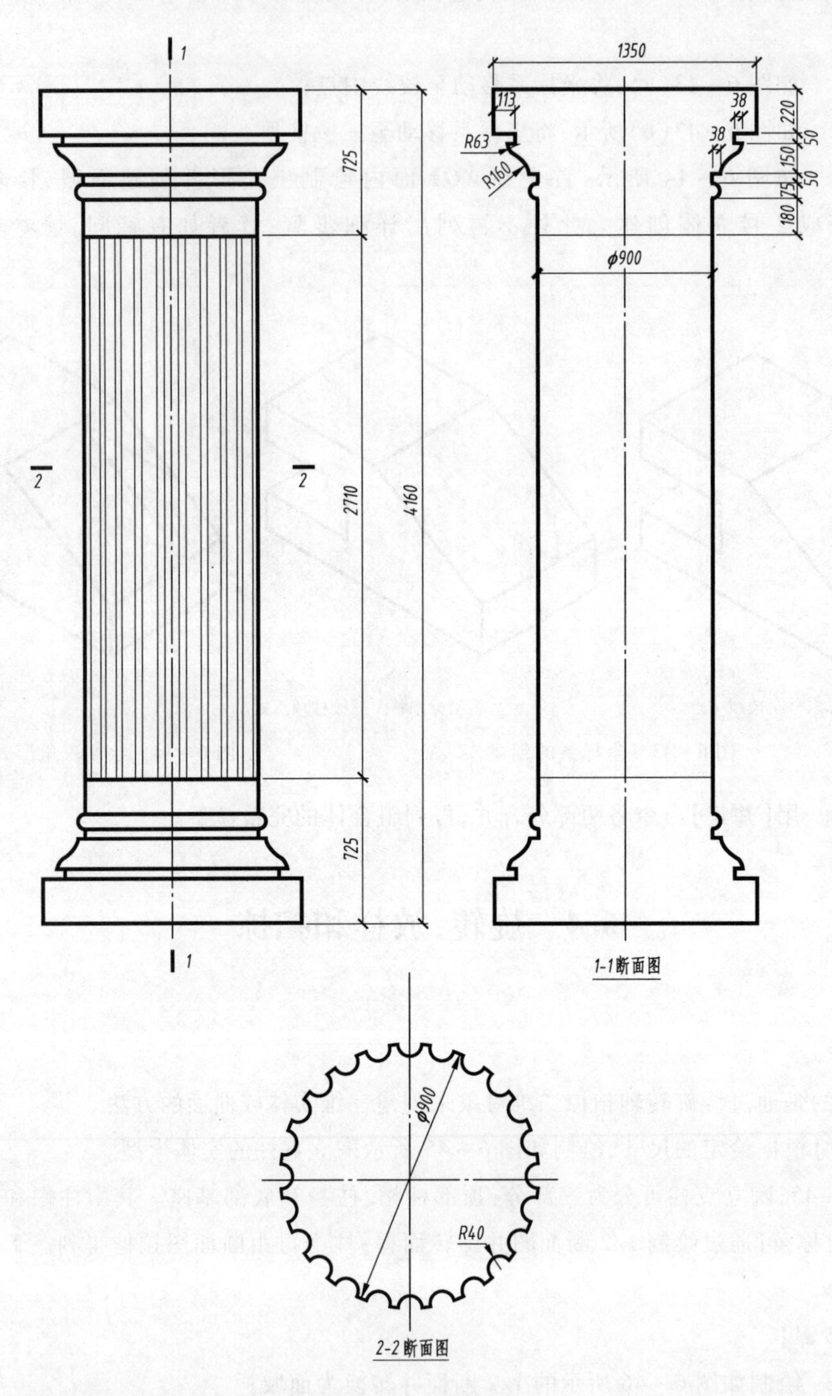
1
1350
113
38
220
R63
38
50
150
725
R160
50
75
180
ϕ900
2
2
2710
4160
725
1
1-1断面图
ϕ900
R40
2-2断面图

图 6－45 陶立克柱

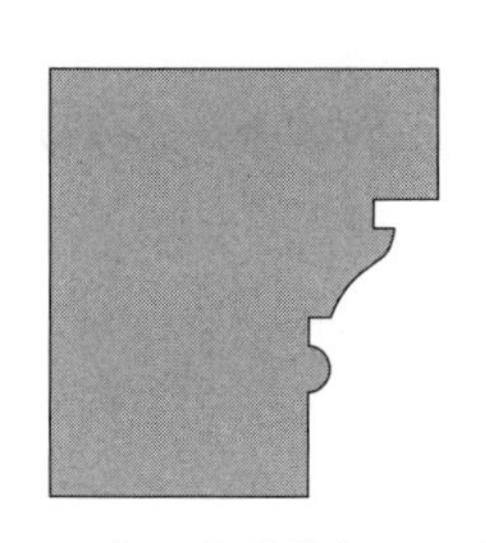

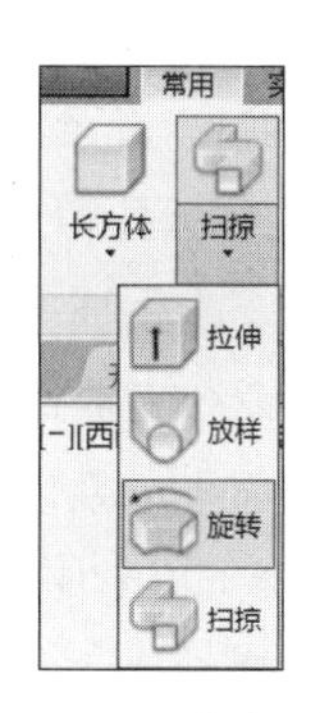

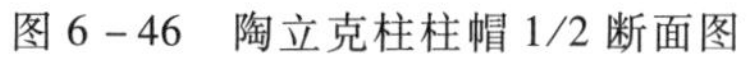

图 6 - 46　陶立克柱柱帽 1/2 断面图　　图 6 - 47　选择【旋转】按钮

步骤 03　选择要旋转的对象或 [模式(MO)]:

选择已创建的面域并按【Enter】键。

步骤 04　指定轴起点或根据以下选项之一定义轴 [对象(O)/X/Y/Z] <对象>:

如图 6 - 48(a)所示,选取旋转轴上的第一个点。

步骤 05　指定轴端点:

如图 6 - 48(b)所示,选取旋转轴上的第二个点。

步骤 06　指定旋转角度或 [起点角度(ST)/反转(R)/表达式(EX)] <360>:

在该提示下直接按【Enter】键,让断面绕指定轴旋转 360°,完成柱帽的创建。为了方便观察,请将视点切换为【西南等轴测】,此时模型如图 6 - 49 所示。

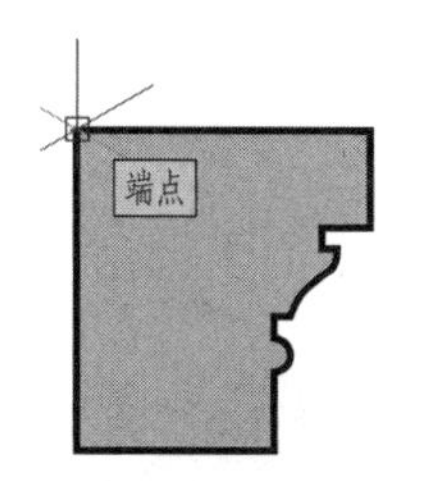

（a）选取旋转轴上的第一个点

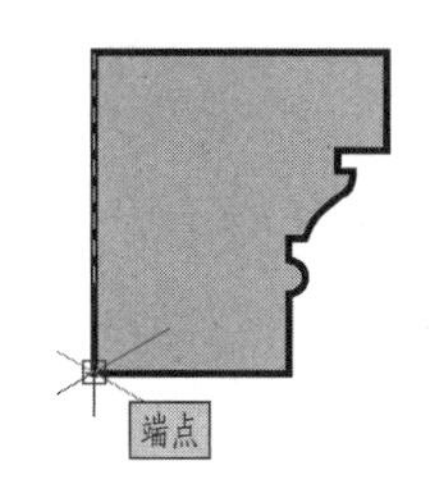

（b）选取旋转轴上的第二个点

图 6 - 48　选取旋转轴

图 6 - 49　柱帽模型图

接着,按如下步骤移动坐标系并创建柱身:

步骤 07　移动坐标系至柱帽底面圆心并使 *XOY* 坐标面和底面共面。

步骤 08　在当前坐标系的 *XOY* 面内绘制图 6 - 50 所示的柱身断面图(2 - 2 断面图)并转换成面域,结果如图 6 - 51 所示。

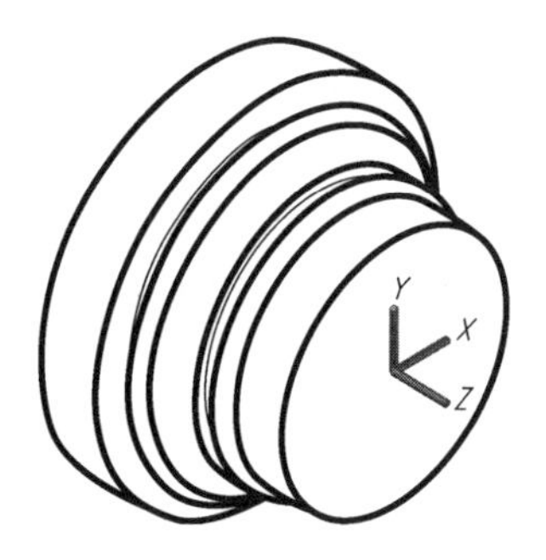

图 6 - 50　移动坐标系至底面圆心

图 6 - 51　绘制 2 - 2 断面并创建面域

提示:在当前坐标系的 *XOY* 面内绘制二维图时,由于图线交叉重叠,必然造成阵列、剪切等操作的不便。所以,读者可将当前坐标系平行移动到空间其他任意位置,完成断面绘制并生成面域后,再将面域移至柱帽底面内。

步骤 09　将上一步生成的面域拉伸,形成柱身模型,如图 6 - 52 所示;最后,移动坐标系并利用【三维镜像】命令完成底部基座的创建。

步骤 10　将当前坐标系沿 *Z* 轴正向移动 1350,即柱身高度的一半;

这样做的目的是:以 *XOY* 为镜像面,将柱帽镜像生成基座。

步骤 11　用下列方法之一执行【三维镜像】命令:

- 依次单击【常用】选项卡→【修改】面板→【三维镜像】按钮,如图 6 - 53 所示;
- 在命令行输入 Mirror3D,并按【Enter】键。

步骤 12　选择对象:

选择柱帽并按【Enter】键。

步骤 13　指定镜像平面 (三点) 的第一个点或[对象(O)/最近的(L)/Z 轴(Z)/视图(V)/XY 平面(XY)/YZ 平面(YZ)/ZX 平面(ZX)/三点(3)] <三点>:

输入 *XY* 并按【Enter】键,用以指定 *XOY* 为镜像面。

步骤 14　指定 XY 平面上的点 <0,0,0>:

按【Enter】键,因为坐标系原点就是 *XOY* 面内的点。

步骤 15　是否删除源对象?[是(Y)/否(N)] <否>:

按【Enter】键,不用删除柱帽。

完成以上步骤,陶立克柱的模型如图 6 - 54 所示。

图 6 - 52　柱身模型

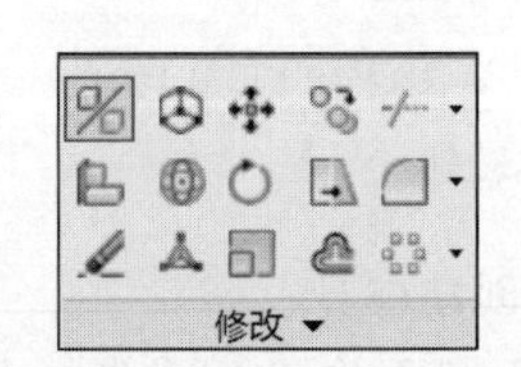

图 6 - 53　选择【三维镜像】按钮

图 6 - 54　陶立克柱的完整模型

2. 放样

放样是指通过指定一系列横截面来创建三维实体的方法。放样中,必须至少指定两个横截面。

【例题 2】根据图 6 - 55 中给定的尺寸,创建栏杆柱模型。

利用【放样】命令时,需要按照顺序依次指定横截面线框。所以,我们首先按照空间位置绘制栏杆柱顶面、大小发生变化处的横截面和底面的线框。

【绘图步骤】

步骤 01　依次选择【常用】选项卡→【视图】面板中→【三维导航】下拉列表中的【西南等轴测】选项。

步骤02　由下向上,用【长方形】命令依次绘制栏杆柱顶面(250×220)、中间面积变化处的横截面(250×220、210×180、250×220)和底面(250×220)的长方形线框,结果如图6-56所示;

注意:横截面必须是一个图形对象(如多段线、面域等)。也就是说,由4条线段围成的闭合线框并不能作为放样中的横截面。

步骤03　用下列方法之一执行【放样】命令:

- 依次单击【常用】选项卡→【建模】面板→【放样】按钮,如图6-57所示;
- 在命令行输入Loft,并按【Enter】键。

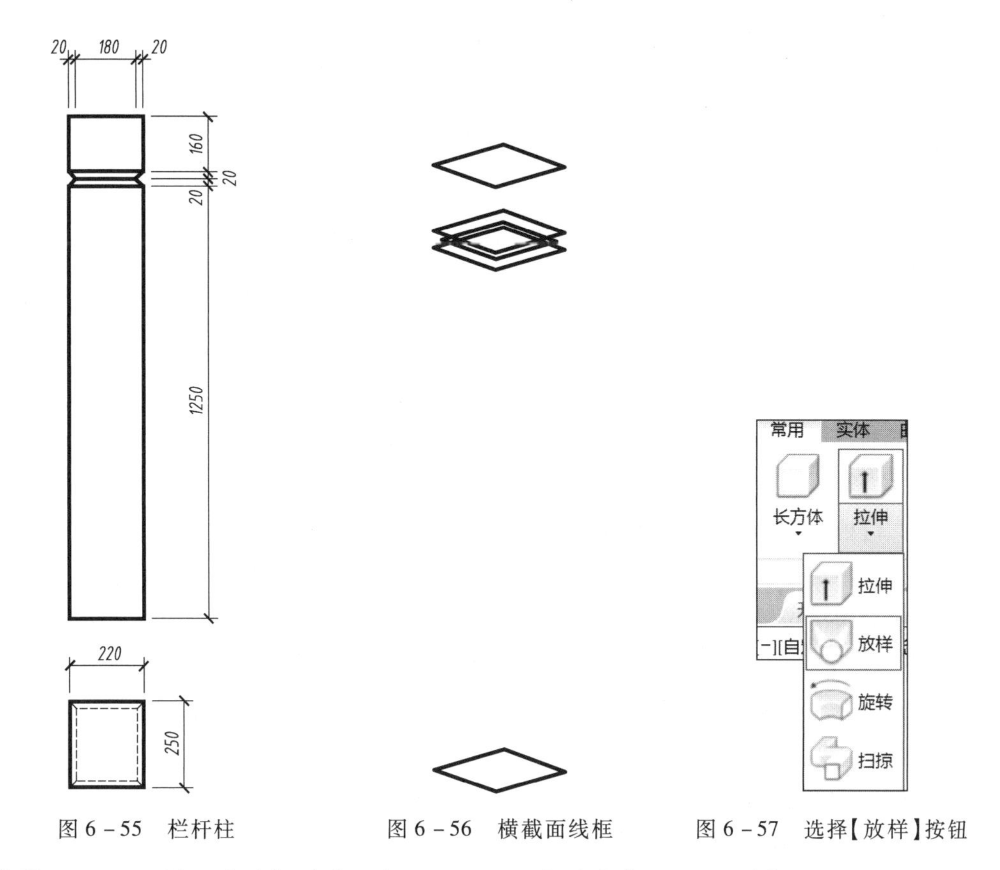

图6-55　栏杆柱　　图6-56　横截面线框　　图6-57　选择【放样】按钮

步骤04　按放样次序选择横截面或 [点(PO)/合并多条边(J)/模式(MO)]:

在该提示下按照由下向上的顺序依次选择5个横截面线框并按【Enter】键,则绘图区的栏杆柱模型如图6-58所示。

步骤05　输入选项 [导向(G)/路径(P)/仅横截面(C)/设置(S)] <仅横截面>:

在默认形况下,AutoCAD将根据给定的横截面平滑拟合成曲面体。为了得到平面体的栏杆柱,需要对系统默认的拟合方式进行调整。

在该提示下输入S并按【Enter】键,弹出如图6-59(b)所示的对话框,选择【直纹】单选按钮,然后单击【确定】按钮,完成栏杆柱的建模,如图6-59(a)。

提示:为了快速完成横截面的绘制,可先画底面矩形,然后复制,最后用【偏移】命令生成中间最小的横截面。

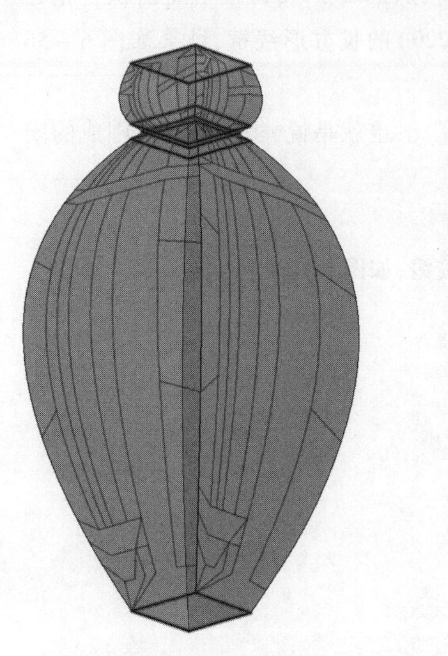

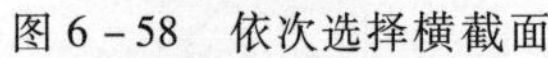

图 6－58　依次选择横截面

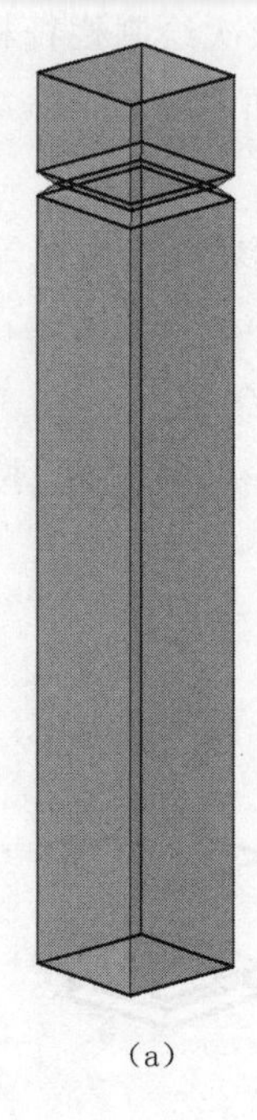

(a)

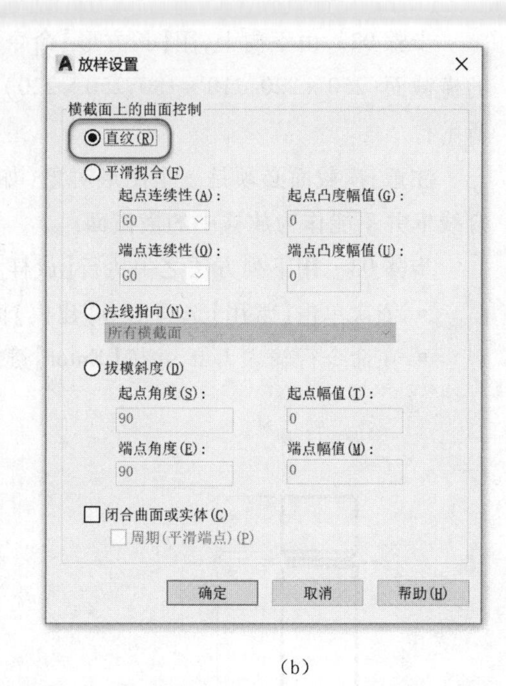

(b)

图 6－59　选择【直纹】单选按钮

3. **扫掠**

扫掠指的是通过沿开放或闭合路径扫掠二维对象来创建三维实体的方法。在默认情况下,二维对象所在的平面垂直于扫掠路径。

【**例题 3**】根据图 6－60 中给定的尺寸,创建拱桥模型。

拱桥模型中的各部件均为横截面为圆的杆件。建模中,首先绘制轴线(路径)模型,接着将指定尺寸的圆沿轴线模型中各轴线扫掠即可。

【**绘图步骤**】

步骤 01　依次选择【常用】选项卡→【视图】面板中→【三维导航】下拉列表中的【西南等轴测】选项。

步骤 02　利用【UCS】命令,将坐标系绕 *X* 轴旋转 90°。

步骤 03　在 *XOY* 平面内:根据图 6－61(a)给定的尺寸,通过指定点 1、2 和 3 完成拱圈轴线的绘制;利用【极轴追踪】绘制互相夹角为 22.5°的斜线,最终效果如图 6－61(b)所示。

步骤 04　利用【UCS】命令,将当前坐标系绕 *X* 轴旋转 10°;这样便能在 *XOY* 面内绘制半径较大的外拱圈。

步骤 05　在 *XOY* 平面内:根据图 6－60 给定的尺寸,通过三点完成外拱圈轴线的绘制;利用【极轴追踪】绘制互相夹角为 22.5°的斜线,最终效果如图 6－62(a)所示。

步骤 06　利用【UCS】命令,将当前坐标系绕 *X* 轴旋转－10°;该操作用来还原坐标系的空间位置,接下来以 *XOY* 为镜像面完成拱桥拱圈轴线模型的绘制。

步骤 07　将图 6－62(a)所示的轴线模型旋转到图 6－62(b)所示的利于选取的视角,然后执行【三维镜像】完成拱桥三拱圈的创建。

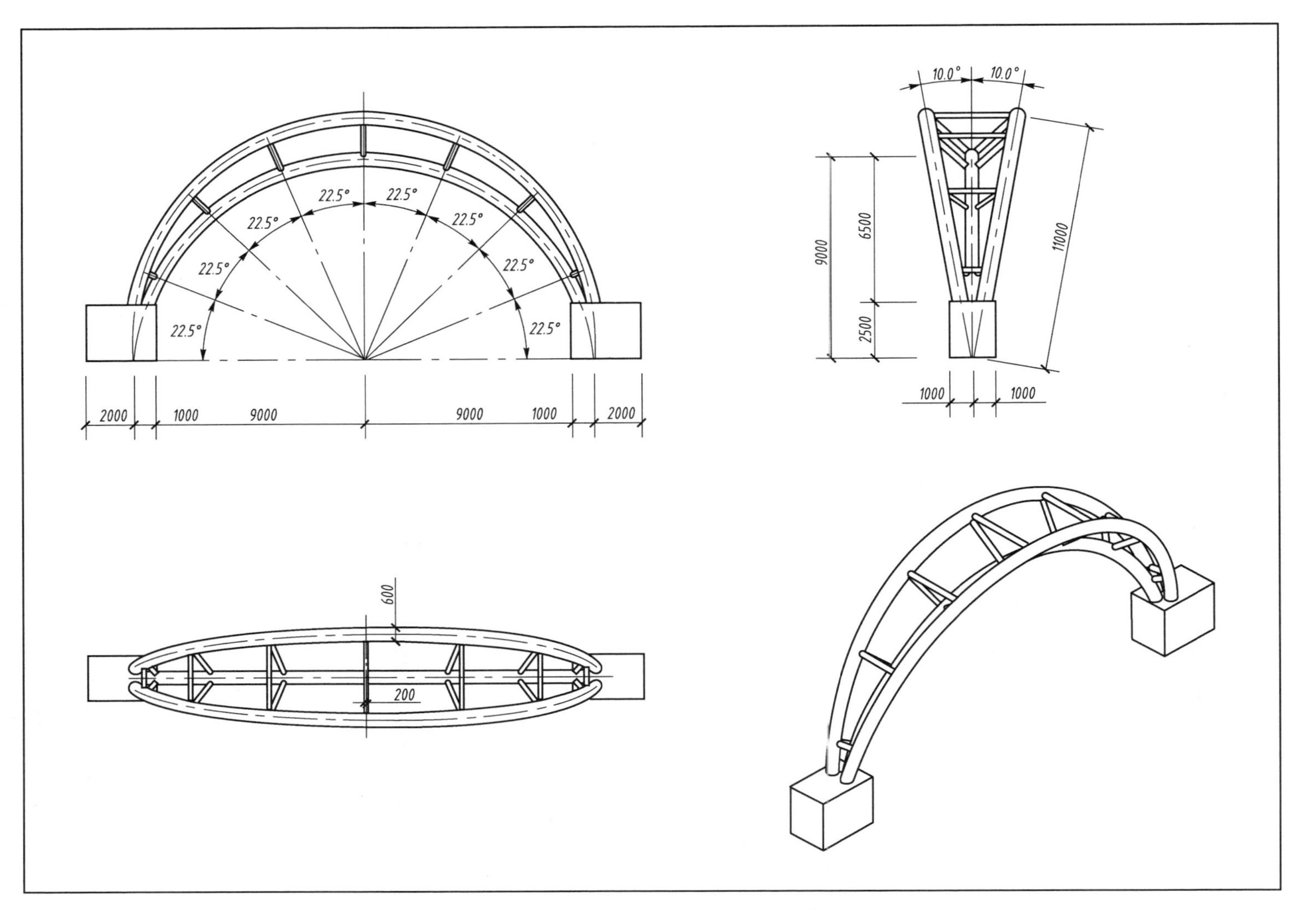
22.5°
22.5°
22.5°
22.5°
22.5°
22.5°
22.5°
22.5°
2000
1000
9000
9000
1000
2000
10.0°
10.0°
9000
6500
2500
11000
1000
1000
600
200

图6-60　拱桥

步骤08　旋转模型的观察角度,绘制拱圈之间的横向连接。最终的轴线模型如图6-63所示。

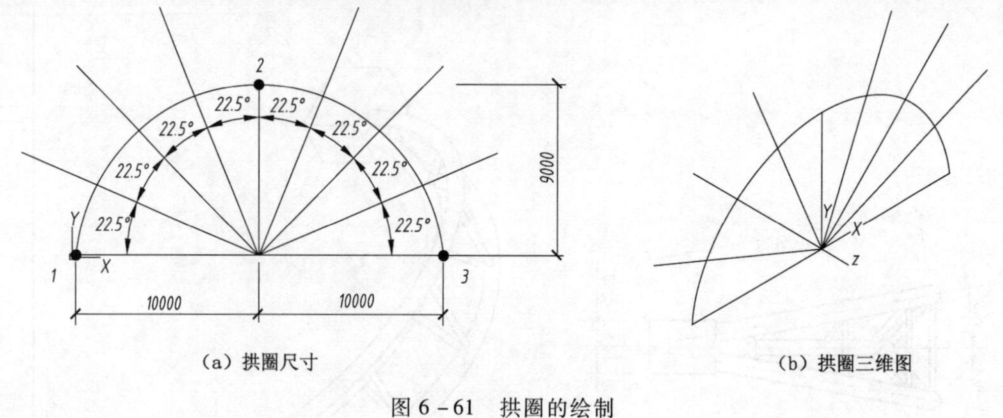

(a) 拱圈尺寸　　(b) 拱圈三维图

图6-61　拱圈的绘制

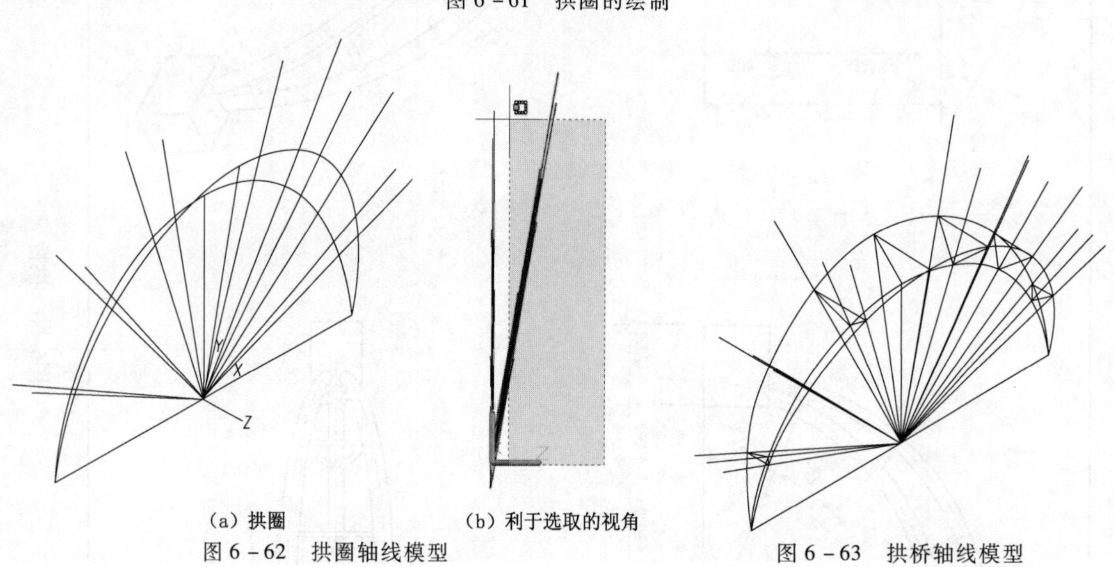

(a) 拱圈　　(b) 利于选取的视角

图6-62　拱圈轴线模型

图6-63　拱桥轴线模型

经过以上步骤,拱桥的轴线模型创建完成。下面将利用【扫掠】命令创建拱桥三维实体模型。

根据图6-60中的水平投影图可知,拱桥拱圈横截面圆的半径为300,横向连接横截面圆的半径为100。所以,首先在绘图区绘制两个半径分别为300和100的圆,并将系统变量DELOBJ的值设为0,然后完成扫掠建模。

步骤09　在绘图区绘制两个半径分别为300和100的圆。

步骤10　将系统变量DELOBJ的值设为0。因将系统变量DELOBJ的值设为3时,扫掠一次后原横截面圆被删除,后面的操作不方便;将系统变量DELOBJ的值为0时,扫掠一次后原横截面圆被保留,方便重复扫掠操作。

步骤11　用下列方法之一执行【扫掠】命令:

- 依次单击【常用】选项卡→【建模】面板→【扫掠】按钮,如图6-64所示;
- 在命令行输入Sweep,并按【Enter】键。

步骤12　选择要扫掠的对象或 [模式(MO)]:

选择大圆并按【Enter】键。

步骤 13　选择扫掠路径或［对齐(A)/基点(B)/比例(S)/扭曲(T)］:

选择外拱圈,完成一次扫掠。

步骤 14　重复步骤 11－13,完成所有拱圈及横向连接的扫掠建模操作。此时,拱桥模型如图 6－65 所示。

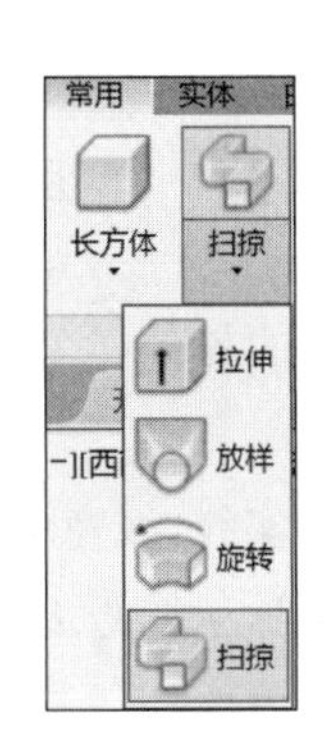

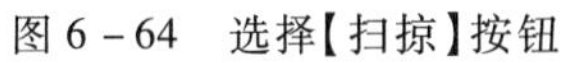
图 6－64　选择【扫掠】按钮

图 6－65　拱桥实体模型

步骤 15　移动坐标系,完成左右两边桥台的创建,从而完成拱桥实体建模。

6.5　由三维实体转换得到三投影图

AutoCAD 不但能创建实体模型,还能由实体获得其三投影图。

1. 提取实体的一个投影图

【例题 1】根据图 6－25 中给定的尺寸,创建组合体模型并提取其水平投影。

【绘图步骤】

步骤 01　完成实体建模,限于篇幅,详细步骤不再列出。

步骤 02　如图 6－66(a)所示,单击状态栏上的【布局 1】选项卡,将 AutoCAD 切换到图纸空间,这时在图纸空间出现图 6－66(b)所示的一个视口。

步骤 03　将鼠标移至视口内并双击,则空间切换为模型空间,这时用户可对模型进行三维交互操作。

步骤 04　将视点切换为【俯视】,并将组合体移至视口中心位置,如图 6－67 所示。

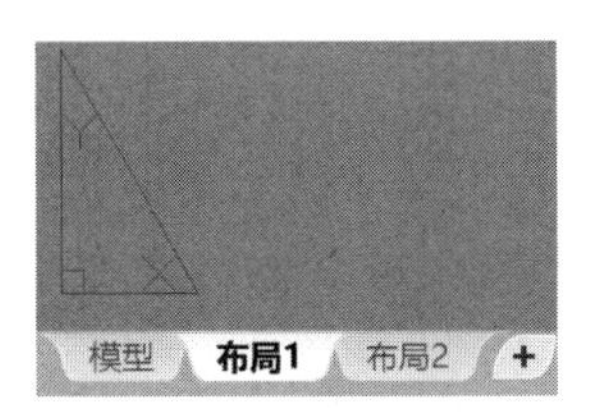

(a) 单击【布局1】选项卡

(b) 视口

图 6－66　图纸空间

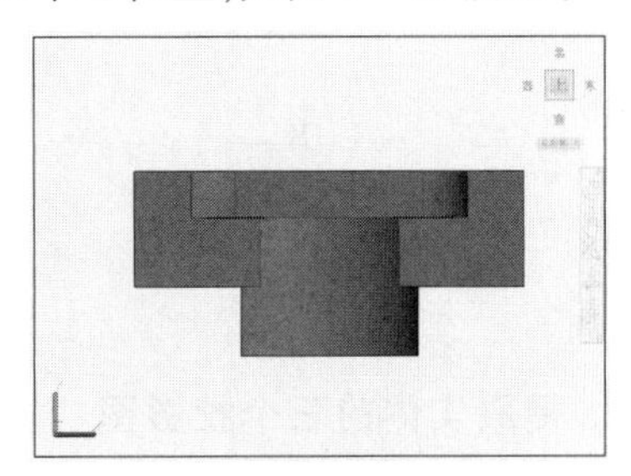

图 6－67　调整后的组合体

设置好组合体的放置位置后,下面可通过命令生成组合体的轮廓线,得到组合体的投影图。

步骤05 用下列方法之一执行【实体轮廓】命令:

图6-68 选择【实体轮廓】按钮

- 依次单击【常用】选项卡→【建模】面板→【实体轮廓】按钮,如图6-68所示;
- 在命令行输入Solprof,并按【Enter】键。

步骤06 选择对象:

选择该组合体并按【Enter】键。

步骤07 是否在单独的图层中显示隐藏的轮廓线?[是(Y)/否(N)] <是>:

按【Enter】键,这就意味着系统将创建新的图层来放置组合体的轮廓线。具体来说,系统将会创建两个图层:

PV-XXX:这种图层用于放置可见的轮廓线,该图层的线型应为实线,线宽为粗实线宽度;

PH-XXX:这种图层用于放置不可见的轮廓线,该图层的线型应为虚线,线宽为中粗。

步骤08 是否将轮廓线投影到平面?[是(Y)/否(N)] <是>:

该提示下按【Enter】键,确认生成二维投影线。

步骤09 是否删除相切的边?[是(Y)/否(N)] <是>:

在工程图样中,一般不会保留相切处切线的轮廓,所以按【Enter】键删除。

步骤10 打开图层特性对话框,将PH打头的图层的线型改为虚线;

在默认情况下,PH打头的图层其线型为实线。所以为了正确表达组合体的投影图,该图层的线型应设置为虚线。

步骤11 关闭实体所在图层,结果如图6-69所示。

提取组合体的投影后,由于组合体的水平投影和实体在当前视角下重合,所以在视口中无法观察到投影图。正确的做法是:将组合体所在的图层关闭,则视口中只显示投影图。

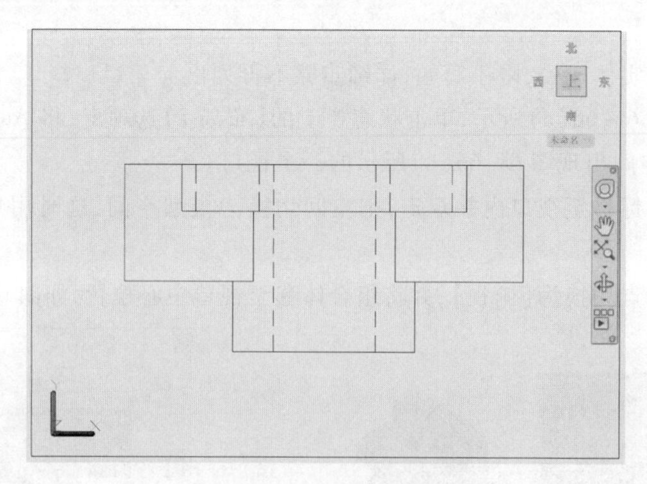

图6-69 组合体的投影图

2. 提取实体的三个投影图

【例题2】根据图6-25中给定的尺寸,创建组合体模型并提取其三投影图。

【绘图步骤】

步骤01　完成实体建模。

步骤02　删除默认的单个视口。如图6-11(a)所示,单击状态栏上的【布局1】选项卡,将AutoCAD切换到图纸空间,利用【删除】命令选择图6-66(b)所示的视口边框并删除该视口。

水平投影、正面投影和侧面投影各占一个视口,轴测图占用一个视口。所以,我们需要在图纸空间创建四个视口,做法如下。

步骤03　在命令行输入Vports并按【Enter】键,弹出图6-70所示的对话框。在该对话框中选择左侧的【四个:相等】并单击【确定】按钮。

接下来需要指定两个对角点,用来确定四个视口在图纸空间内的范围。

步骤04　指定第一个角点或[布满(F)]<布满>:

单击鼠标左键指定第一个角点。

步骤05　指定对角点:

单击鼠标左键指定对角点,完成视口创建,结果如图6-71所示。

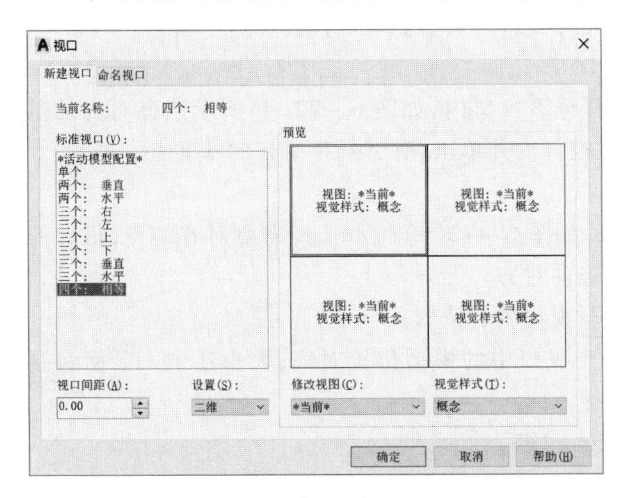

图6-70　【视口】对话框

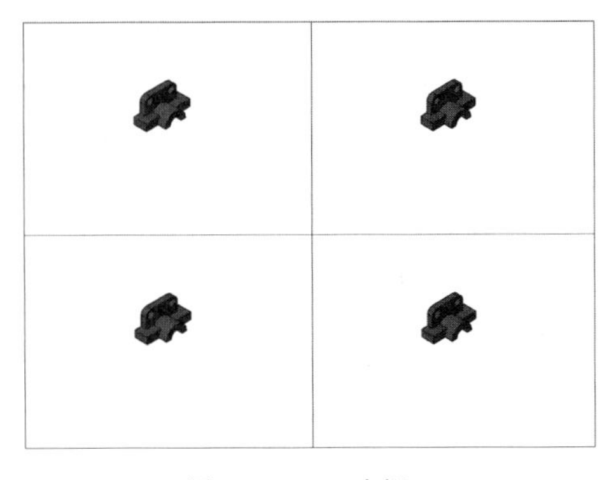

图6-71　四个视口

视口创建完成后,还需要针对每个视口中的模型调整视点,使其看起来像"投影"。下面三步将完成视点的调整。

步骤06　将鼠标移至左上角的视口内并双击,并将视点切换为【前视】模式。

步骤07　将鼠标移至右上角的视口内并单击,并将视点切换为【左视】模式。

步骤08　将鼠标移至左下角的视口内并单击,并将视点切换为【俯视】模式。视点调整后的效果如图6-72(a)所示。

在工程图样中,基本投影图应满足"长对正、高平齐、宽相等"的投影规律。观察图6-72(a)所示,视口中的组合体并不能满足对齐关系,所以在提取轮廓投影之前应调整视口比例以满足位置关系。

步骤09　在命令行输入MVsetup并按【Enter】键。

步骤10　输入选项[对齐(A)/创建(C)/缩放视口(S)/选项(O)/标题栏(T)/放弃(U)]:

输入S并按【Enter】键。

步骤11　选择要缩放的视口...

在图6－72(b)中选择四个视口并按【Enter】键。

步骤12　设置视口缩放比例因子。交互(I)/<统一(U)>:

在该提示下按【Enter】键,统一调整视口的缩放比例因子。

步骤13　设置图纸空间单位与模型空间单位的比例... 输入图纸空间单位的数目 <1.0>:

按【Enter】键,默认将图纸空间的单位设置为1。

步骤14　输入模型空间单位的数目 <1.0>:

注意:此处输入的值越大,视口中的模型越小。在具体模型的转换中,可以输入任意值进行反复调整,直到模型和视口的大小相匹配。

根据经验,这里输入0.8并按【Enter】键,结果如图6－72(c)所示。此时模型大小适当,但是左侧两个模型不满足竖向对齐的关系。下面是调整过程:

步骤15　在命令行输入MVsetup并按【Enter】键。

步骤16　输入选项 [对齐(A)/创建(C)/缩放视口(S)/选项(O)/标题栏(T)/放弃(U)]:

输入A并按【Enter】键。

步骤17　输入选项 [角度(A)/水平(H)/垂直对齐(V)/旋转视图(R)/放弃(U)]:

需要将左侧两个模型沿竖向对齐,所以此处输入V并按【Enter】键。

步骤18　指定基点:

如果左下角的视口高亮显示,则将鼠标移至该视口内,如图6－72(d)所示选择对齐的基准点;如果视口未高亮显示,则将鼠标移至该视口内并单击,然后选择对齐的基准点。

步骤19　指定视口中平移的目标点:

将鼠标移至左上角的视口内并单击,然后如图6－72(e)所示选择需要对齐的点,最后按下ESC退出命令。执行该步后,上下模型沿竖向对齐。

步骤20　单击右下角的视口,将模型移至视口中心位置。

调整之后的视口如图6－72(f)所示,四个视口中的模型位置对齐,大小适中。下面将基于四个视口,提取组合体的三面投影及轴测图。

步骤21　在命令行输入Solprof,并按【Enter】键。

步骤22　选择对象:

单击左下角的视口,选择其中的模型并按【Enter】键。

步骤23　是否在单独的图层中显示隐藏的轮廓线? [是(Y)/否(N)] <是>:

步骤24　是否将轮廓线投影到平面? [是(Y)/否(N)] <是>:

步骤25　是否删除相切的边? [是(Y)/否(N)] <是>:

以上三个提示下均按【Enter】键。

步骤26　针对其他三个视口及其中的模型重复第22~26步,完成轮廓投影的提取。

注意:针对每个视口,进行第22~26步的操作后,系统将会自动创建两个分别以PH和PV开头的图层。为了方便后续的操作,在每个视口中提取立体的轮廓投影后,建议读者及时对这两个图层重新命名,以便区分这些图层和各个视口的对应关系。

步骤27　打开图层特性对话框,将PH打头的所有图层的线型设为虚线。

步骤28　关闭实体所在的图层和右下角的视口对应的以PH打头的图层,结果如图6－73所示。

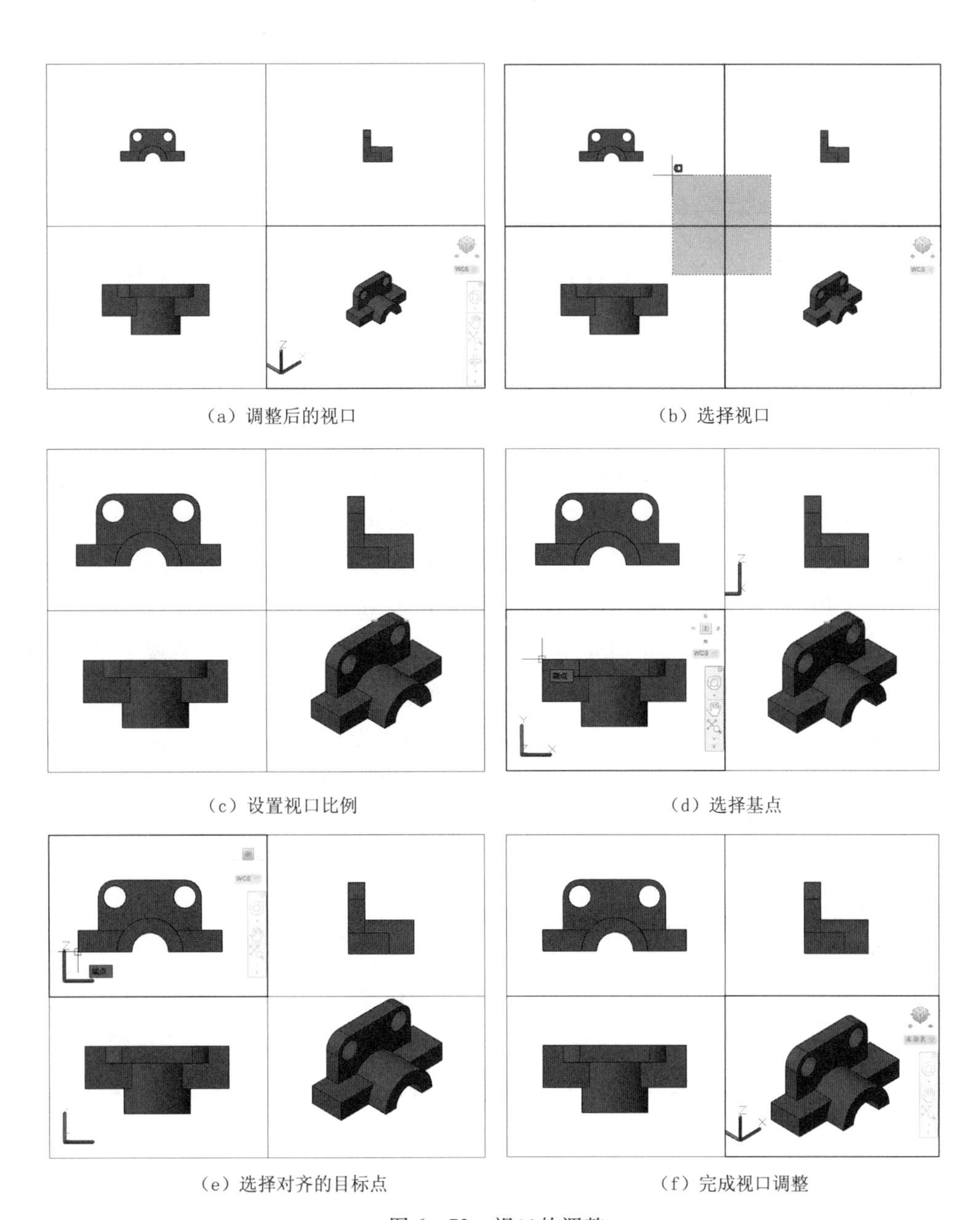

（a）调整后的视口　（b）选择视口

（c）设置视口比例　（d）选择基点

（e）选择对齐的目标点　（f）完成视口调整

图 6 - 72　视口的调整

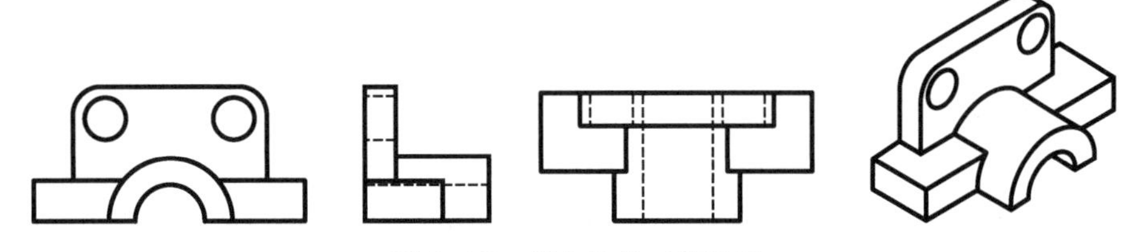

图 6 - 73　组合体的三投影图

步骤 29　新建图层，补充点画线并完成尺寸标注。

Visual LISP及用户自定义基础

LISP 是 List Processor(表处理程序)的缩写,主要用于人工智能(AI)领域。

AutoLISP 是人工智能语言 Common LISP 的简化版本,作为通用 LISP 语言的一个小子集,AutoLISP 严格遵循其语法和惯例,但又添加了许多针对 AutoCAD 的功能。Autodesk 公司引入 AutoLISP 作为应用程序编程接口(API),用于扩展和自定义 AutoCAD 功能。借助 AutoLISP,用户可以用适合编写图形应用程序的强大的高级语言来编写宏程序和函数,并开发各种软件包。AutoLISP 易于使用,并且非常灵活,多年来一直是自定义 AutoCAD 的标准。

从 AutoCAD R14 开始,Visual LISP 被引入到 AutoCAD 中,它增强并扩展了 AutoLISP 语言,可以通过 Microsoft ActiveX Automation 接口与对象交互,并扩展了 AutoLISP 响应事件的能力。作为开发工具,Visual LISP 提供了一个完整的集成开发环境(IDE),包括编译器、调试器和其他工具,可以提高自定义 AutoCAD 的效率。另外,Visual LISP 对运行环境没有特殊的要求,在 AutoCAD 系统下即可完成对 Visual LISP 的加载和运行。

7.1 Visual LISP 程序的加载和运行

在编程语言中,源代码的运行方式大体分为两种:一是用编译器将程序代码编译链接成可执行程序;二是利用解释器边解释边执行。不管用哪种语言编程,其编译或解释执行的过程总是直截了当的。

Visual LISP 程序的运行方式属于上述第二种,不过由于其较为繁琐的运行过程,我们还需要作出详细说明。

下面是 Visual LISP 程序运行的两种方法:

1. 命令行加载执行

这是一条 Visual LISP 语句:

```
(setq a ( + 3 5))
```

该语句的目的是计算 3 +5 并将计算结果赋值给整型变量 a。其中,setq 是赋值函数,a 是变量,(+ 3 5)是数学表达式。

Visual LISP 中,赋值之前不需要变量类型申明。也就是说,AutoCAD 将根据用户的代码自动判断变量的类型并进行赋值操作。

在编写数学表达式时,必须将数学运算符置于表达式的最前面,后面顺序出现参与运算的参数或表达式，而且各元素之间要用空格隔开。

Visual LISP 中的语句都要用括号括住。当表达式较为复杂时，括号的数量也较多，在程序书写时应当特别注意。

在“了解”简单的语法规则后，下面将尝试运行该语句。

如图 7 - 1 所示，在命令行输入该语句并按【Enter】键，则程序运行结束。

为了观察运行结果，需要用鼠标将命令行窗口放大，结果如图 7 - 2 所示。显然，在命令行窗口的第二行，AutoCAD 打印输出了计算结果。

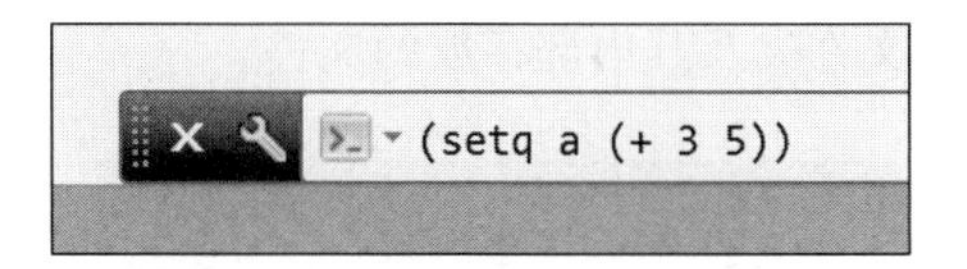

图 7 - 1　从命令行运行语句

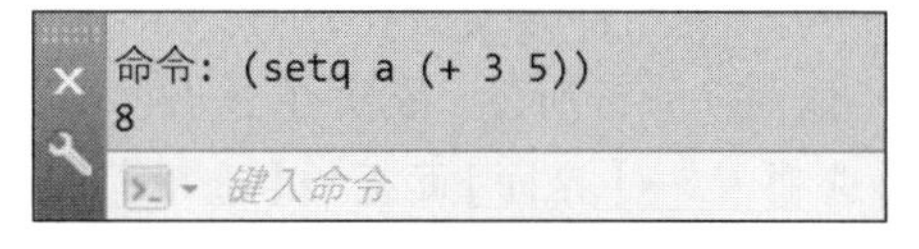

图 7 - 2　程序运行结果

如果将上述语句进行封装，使其成为自定义函数的函数体，则代码如下：

```
(defun plus35 ()
     (setq a ( + 3 5) )
)
```

其中，defun 用来定义函数，plus35 是函数名。

为了运行测试该自定义函数，将函数代码复制到命令行并按下【Enter】键，结果如图 7 - 3 所示。

由此可知，系统返回了函数名而非函数体的计算结果。到此为止，AutoCAD 虽然已经知道了一个名为 plus35 的用户自定义函数（这就是程序的加载），但是并没有运行它。

为了运行这个自定义函数，应该用括号将函数名括起来后输入命令行并按下【Enter】键，结果如图 7 - 4 所示。

图 7 - 3　函数的加载

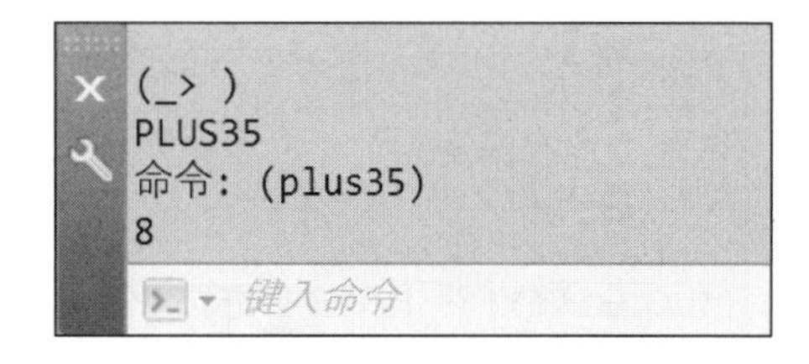

图 7 - 4　函数运行结果

这种运行方法直截了当，对于简单语句的测试非常方便。但是，当程序较长或者需要反复使用时，这种运行方法就显出了自身的弊端，造成各种不便。

更多的时候，我们采用下面的运行方法。

2. 使用 Load 函数加载

首先，编写需要的程序代码并保存成后缀名为 lsp 的文件。

读者可用 AutoCAD 自身提供的 Visual LISP 编辑器来编写程序，不过在 Win10 系统中，该编辑器的体验并不好。所以，我们推荐使用 NotePad + + 。

请读者复制前面的自定义函数并将其保存为 first. lsp 文件。

其次，在命令行输入下面的语句来加载自定义函数。

```
(load "first.lsp")
```

输入上面的语句并按【Enter】键,系统将给出出错信息提示。原因很简单:AutoCAD 根本找不到 first. lsp 文件。

为此,我们需要创建一个 AutoCAD 能找到的文件夹,并将 first. lsp 放入其中。方法如下:

- 在 AutoCAD 安装目录下创建名为 VLISP 的文件夹并将 first. lsp 放入其中。

在笔者的系统中,VLISP 文件夹的存放路径为:D:\Autodesk\AutoCAD 2018\Vlisp。其实,文件夹的名称和存放位置可以任意。

- 设置文件搜索路径,确保 AutoCAD 能够找到该文件夹及其内部存放的文件。

如图 7-5 所示,依次单击【视图】选项卡→【界面】面板→【选项】按钮;弹出图 7-6 所示的对话框后,展开树形列表中的【支持文件搜索路径】,顺次单击【添加...】、【浏览...】按钮,浏览 D:\Autodesk\AutoCAD 2018\Vlisp 并确定;接着连续单击【上移】按钮使该路径处于顶部位置;最后单击【确定】按钮关闭对话框,结果如图 7-7 所示。

图 7-5 单击【选项】按钮

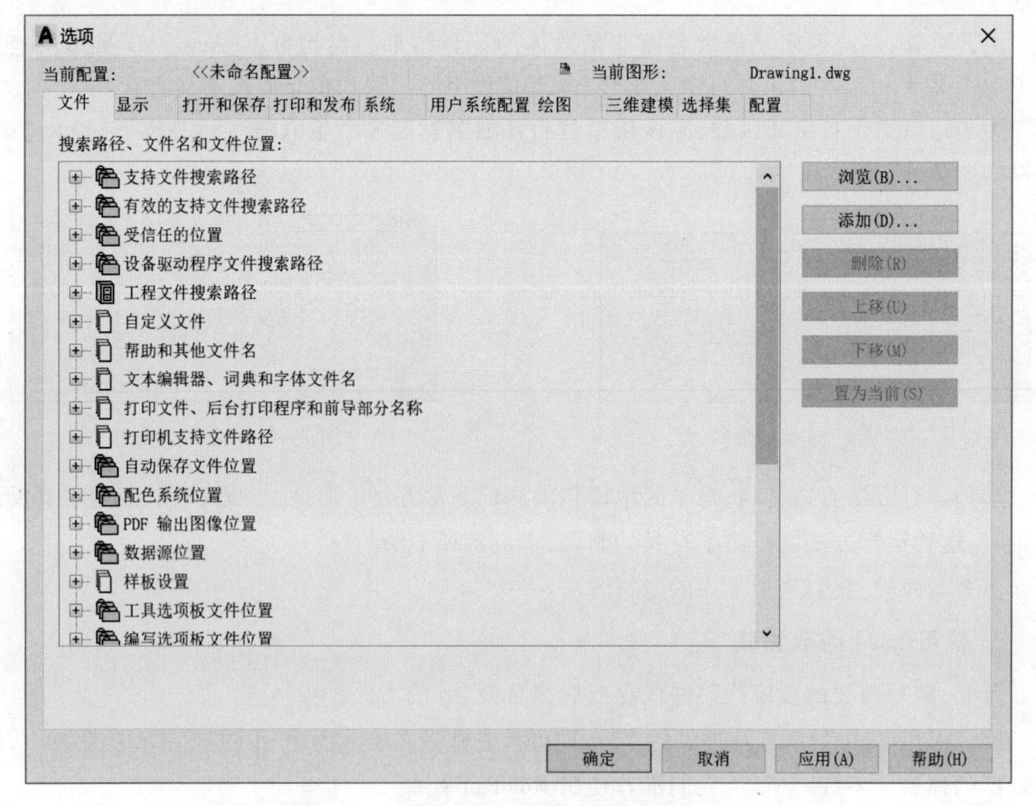

图 7-6 【选项】对话框

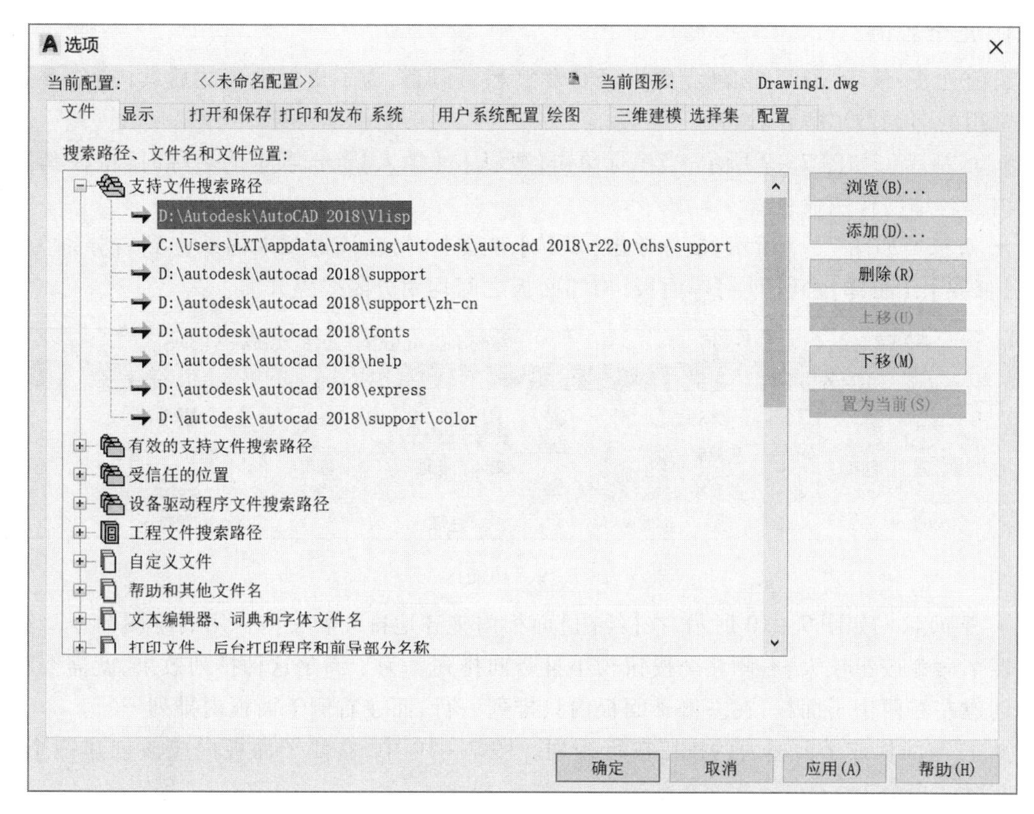

图 7－7　支持文件搜索路径设置

到此为止,我们已经创建了 AutoCAD 能找到的文件路径并将程序文件置于其中。下面将再次加载程序文件。

如图 7－8 所示,在命令行输入程序文件加载语句并按【Enter】键,系统返回自定义函数名 plus35,说明程序加载成功。

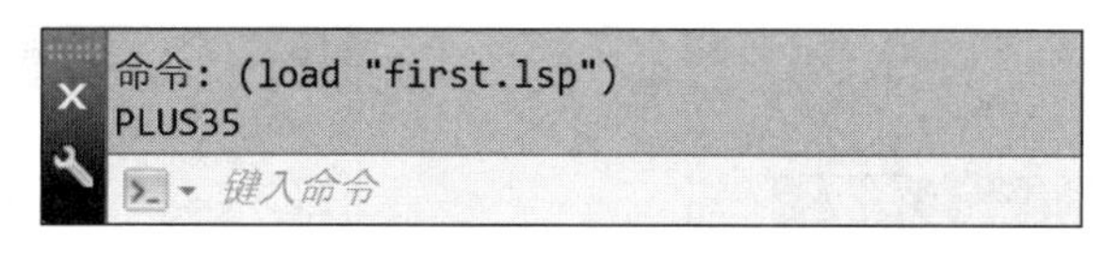

图 7－8　加载程序

相比而言,当程序文件较大时,这种加载运行方法更加方便。

7.2　用户自定义

传统绘图中,用户已经习惯于软件良好的交互操作。一些常用的命令都被安排在软件功能区,这对用户的使用也更具引导性。

如果用 Visual LISP 编写了很多实用性的扩展小程序,但是在程序使用时要求用户记住并输入很多函数名,这种体验显然是很糟糕的。

如果能将扩展小程序对应的命令放置于软件功能区,这将极大地方便用户的使用。下面将对此展开讨论。

1. **几个名词**

目前为止,读者可能对软件界面已经非常熟悉。但是,为了更好地表述后续内容,下面对几个常用的名词做出解释。

• 选项卡　如图 7 - 9 所示,当鼠标单击【默认】、【插入】等选项卡的名称时,将在其下方出现内部容纳的作图命令。

• 面板　如图 7 - 9 所示,鼠标单击【默认】选项卡时,在该选项卡内从左到右分别为【绘图】、【修改】、【注释】和【图层】等面板,相邻面板之间均用分隔线隔开。

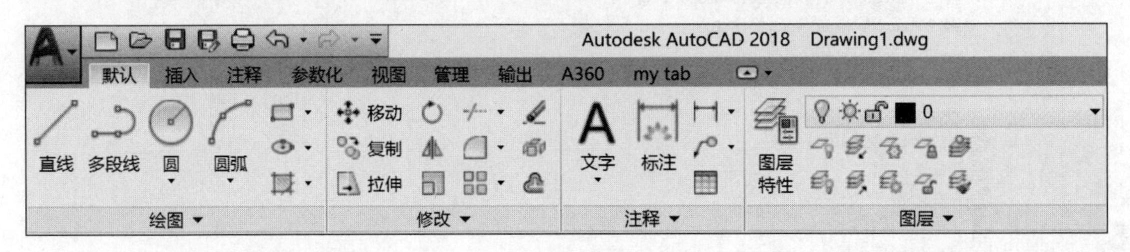

图 7 - 9　功能区

• 子面板　如图 7 - 10 所示,在【绘图】面板内整齐地排列着一些常用的绘图命令。其中左起四个命令按钮较大,右侧三个按钮较小且竖向排列。为了满足这种排列效果,就需要在面板内创建左右两个子面板,在左侧子面板内只排列一行,而在右侧子面板内排列三行。

• 行　面板或子面板内的按钮按行排列。图 7 - 10 中,右侧子面板内应该创建三个行,每行布置一个命令。

• 分隔符　用于在功能区面板的行中创建相关命令、控件、子面板和其他项目的视觉编组。

• 滑出式面板　单击图 7 - 10 中的【绘图】面板名,展开后的结果如图 7 - 11 所示,其中下面的区域在默认情况下是隐藏的,只有单击面板名称右侧向下箭头时才可以展开,因此称为滑出式面板。

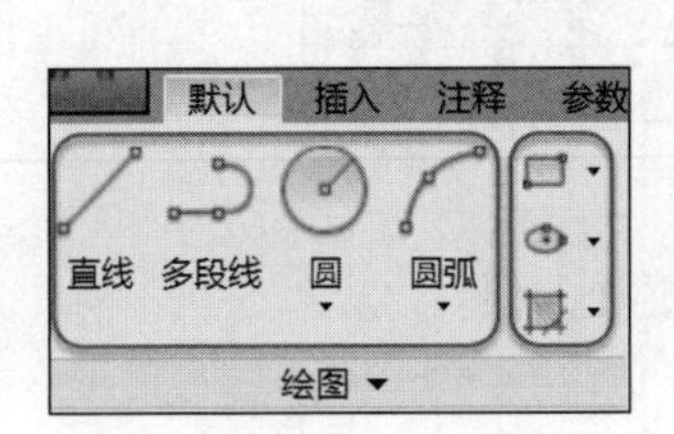

图 7 - 10　【绘图】面板

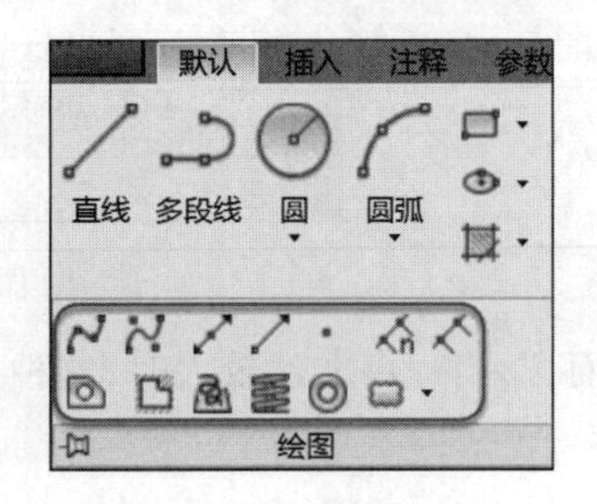

图 7 - 11　滑出式面板

2. **创建用户界面自定义文件**

用户界面自定义文件给用户的定制提供了框架。一旦创建了用户界面自定义文件,则可向定制框架加入想要的内容并加载即可。

下面是创建用户界面自定义文件的步骤:

步骤 01　用下列方法之一执行【用户界面】命令:

• 依次单击【管理】选项卡→【自定义设置】面板→【用户界面】按钮,如图 7 - 12 所示;

• 在命令行输入 CUI,并按【Enter】键。

图 7－12　单击【用户界面】按钮

步骤 02　弹出图 7－13 所示的对话框后，依次单击【传输】选项卡→【新建】按钮→【保存】按钮，将自定义文件命名为 myCUI. cuix 并保存至 D：\Autodesk\AutoCAD 2018\VLISP。

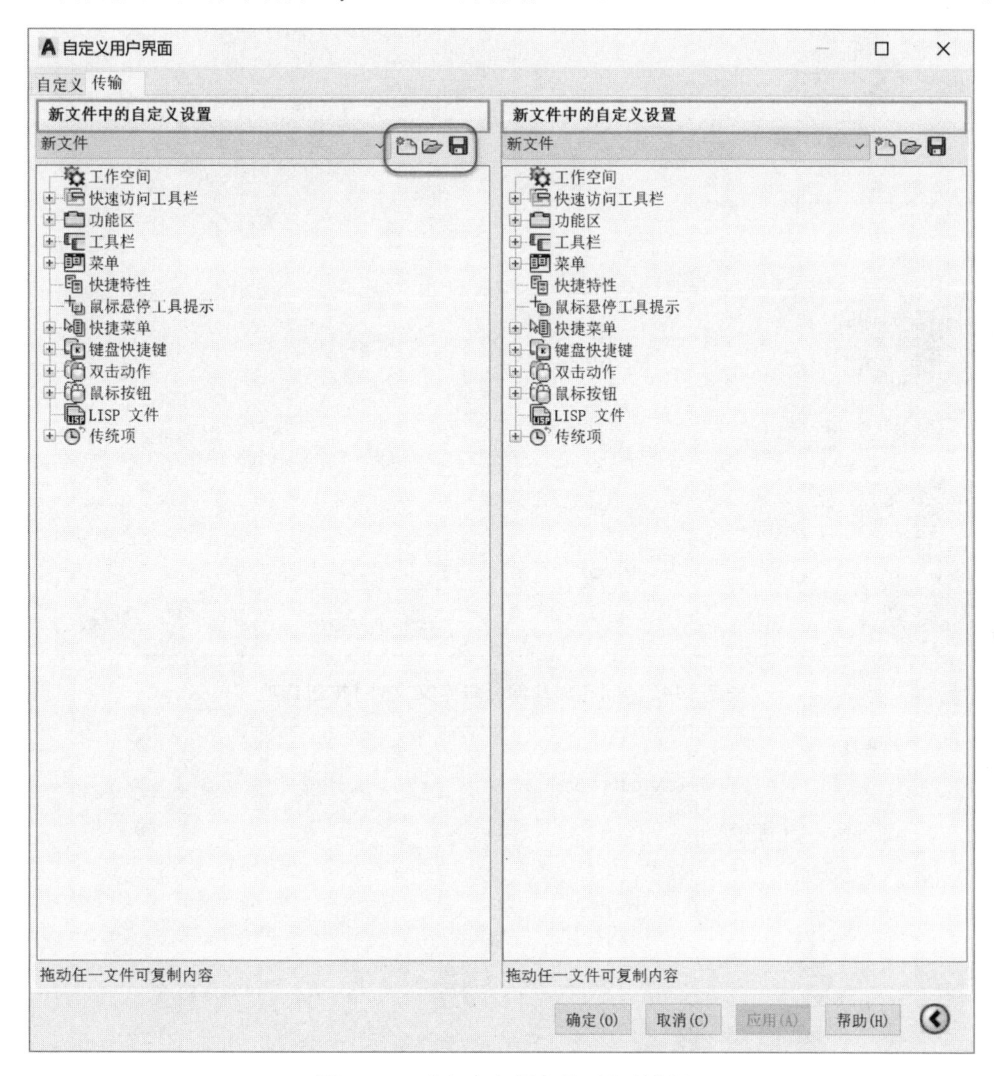

图 7－13　【自定义用户界面】对话框

为了使用自定义文件，必须先要加载该文件。

步骤 03　在【自定义用户界面】对话框中，单击【自定义】选项卡，然后将鼠标移至【局部自定义文件】并单击右键，在弹出的快捷菜单中选择【加载部分自定义文件】选项，如图 7－14 所示。

步骤 04　当弹出如图 7－15 所示的文件加载对话框时，从路径 D：\Autodesk\AutoCAD 2018\Vlisp 中选择 myCUI. cuix 并单击【打开】按钮，完成文件加载。

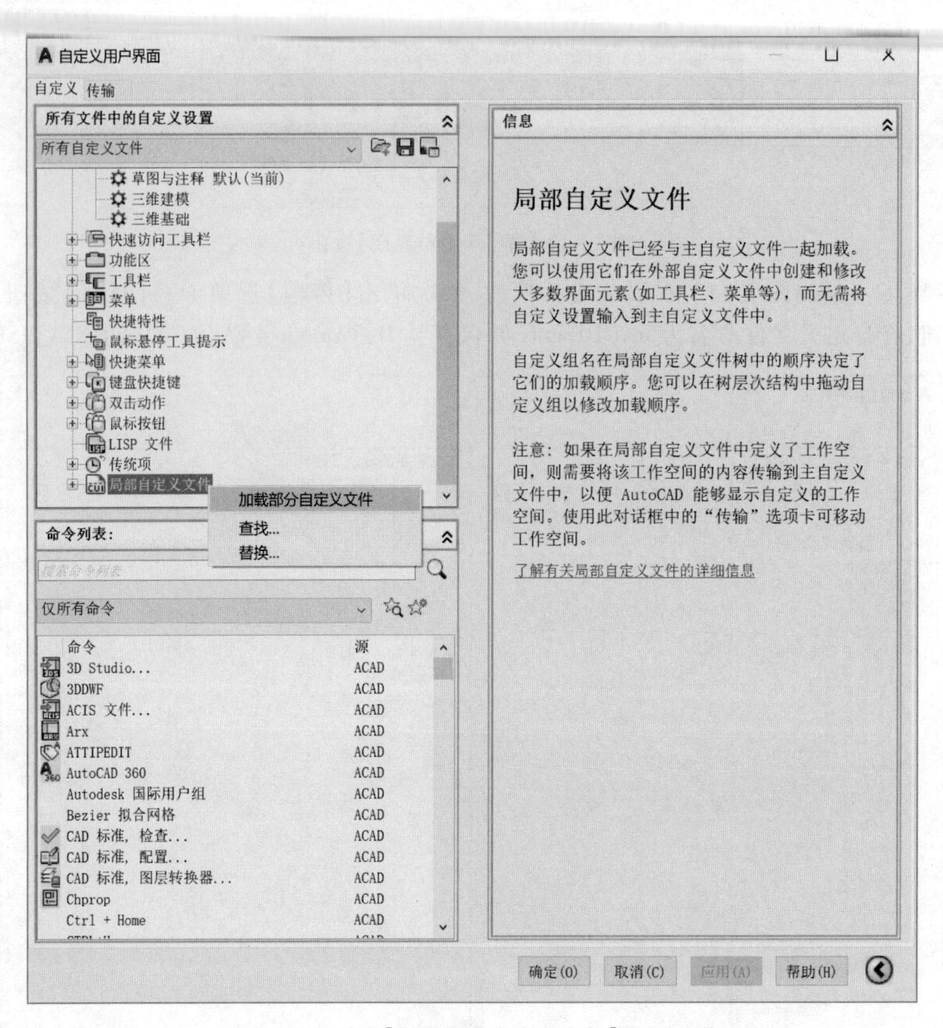

图 7－14 单击【加载部分自定义文件】按钮选项

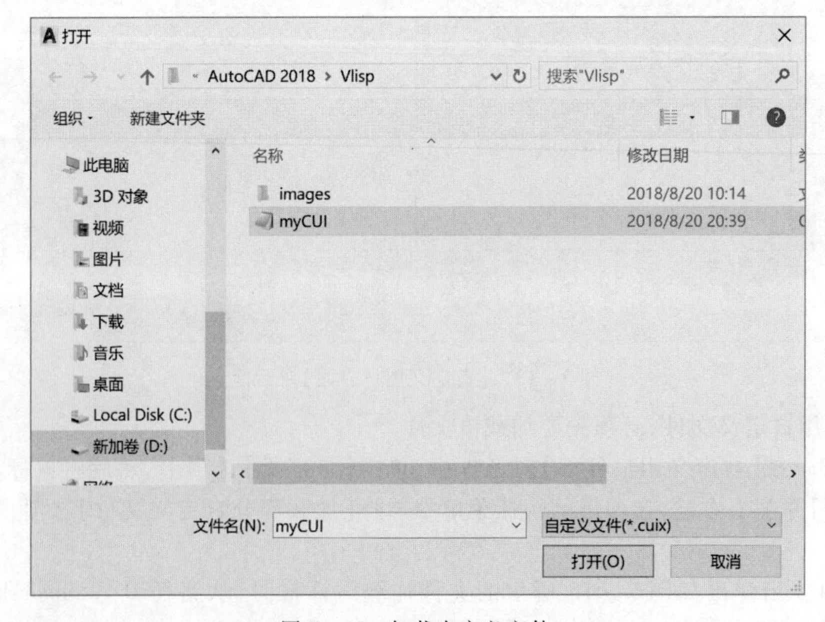

图 7－15 加载自定义文件

步骤 05　再次回到【自定义用户界面】对话框中，其左侧部分已经显示为加载的用户自定义文件，结果如图 7－16 所示。

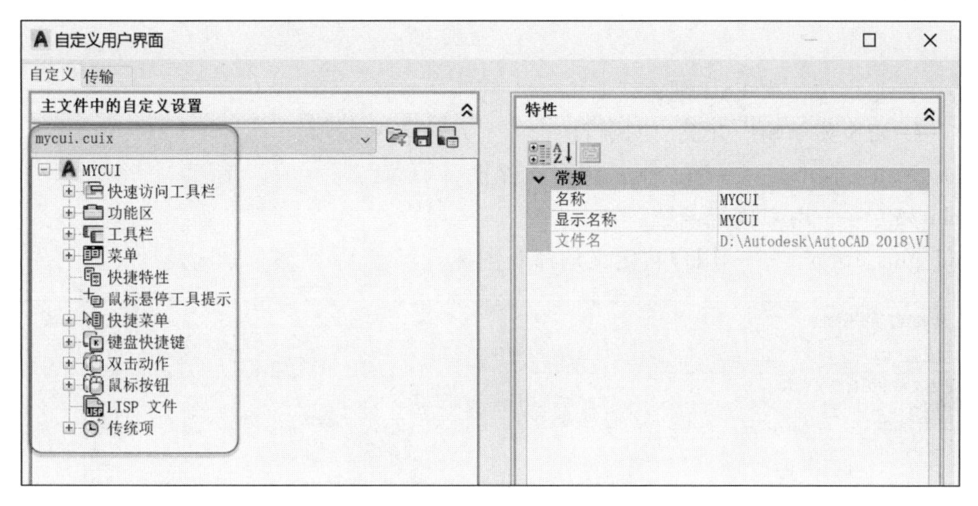

图 7－16　用户自定义文件

3. 创建新命令

为了将用户自定义函数 plus35 作为新命令放置在用户自定义界面上，我们还需要创建一个新的命令。步骤如下：

步骤 01　打开【自定义用户界面】对话框，单击【创建新命令】按钮，如图 7－17 所示；

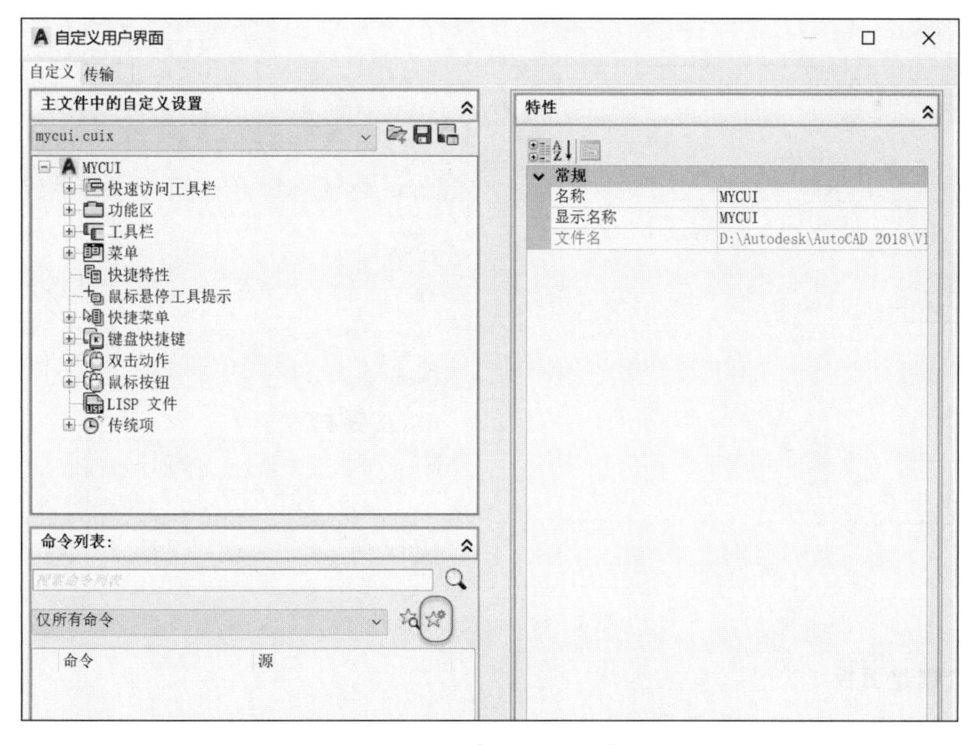

图 7－17　单击【创建新命令】按钮

步骤 02　此时在【命令列表】中出现了新建的命令，如图 7－18 所示。下面是命令属性的设置：

```
名称:plus35
宏:  ^C^C^P(load "first.lsp")  (plus35)
图像:RCDATA_16_SELADD
```

其中:

^C ——是指按一次 ESC 键;

^P ——切换菜单响应开关,使执行的命令显示或者不显示;

(load "first. lsp") ——用来加载程序文件;

(plus35) ——用来执行函数;

Add_plus_16. png ——用户自定义的命令图标。

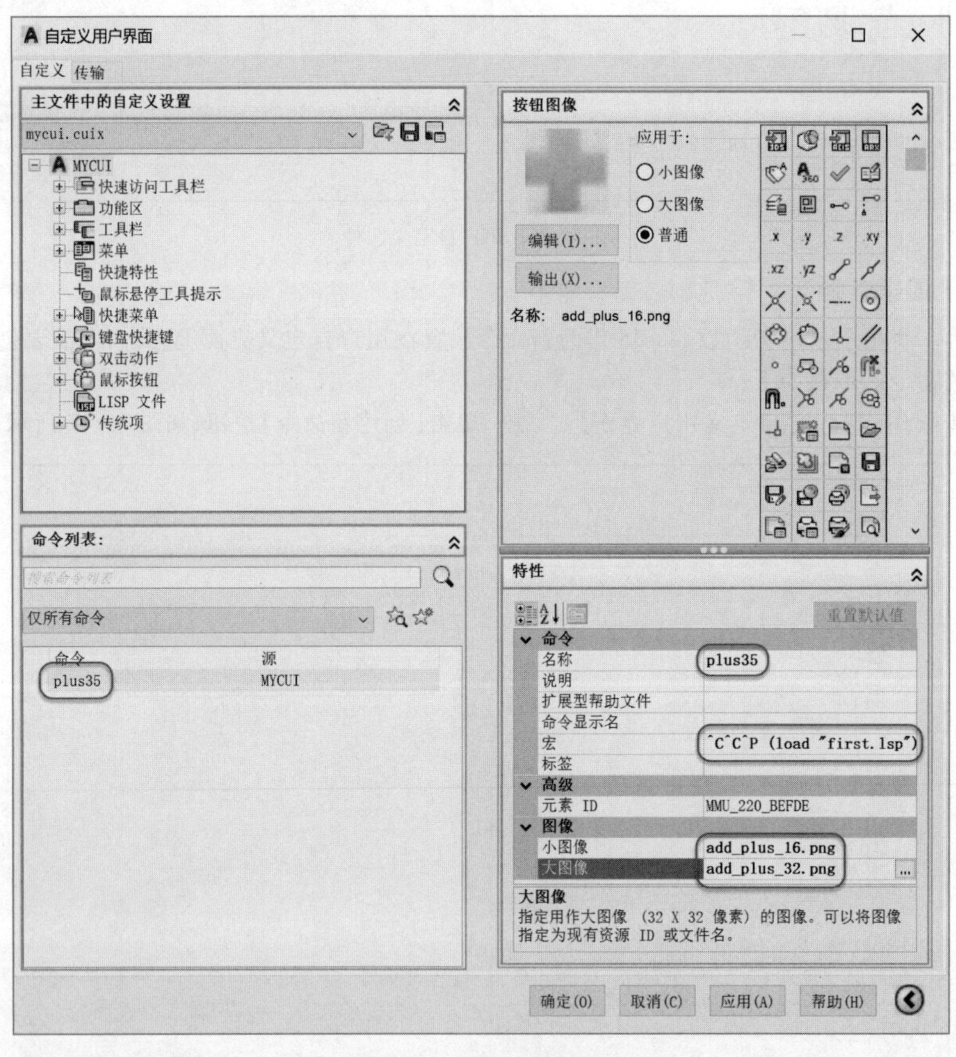

图 7-18 设置命令属性

4. 创建面板

命令在面板上体现出来就是一个按钮。为了在面板上放置一个按钮,首先应创建一个面板。下面是创建过程:

步骤 01 打开【自定义用户界面】,在下拉列表中选择 myCUI. cuix,如图 7-19 所示。

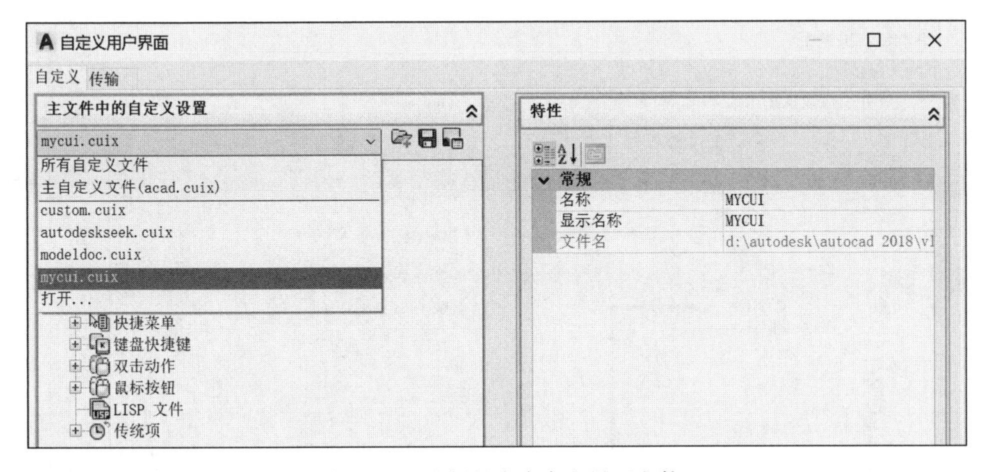

图 7－19 选择用户自定义界面文件

步骤 02 展开树形目录中的【功能区】，将鼠标移至【面板】并单击右键，弹出如图 7－20 所示的快捷菜单，再单击【新建面板】菜单项。

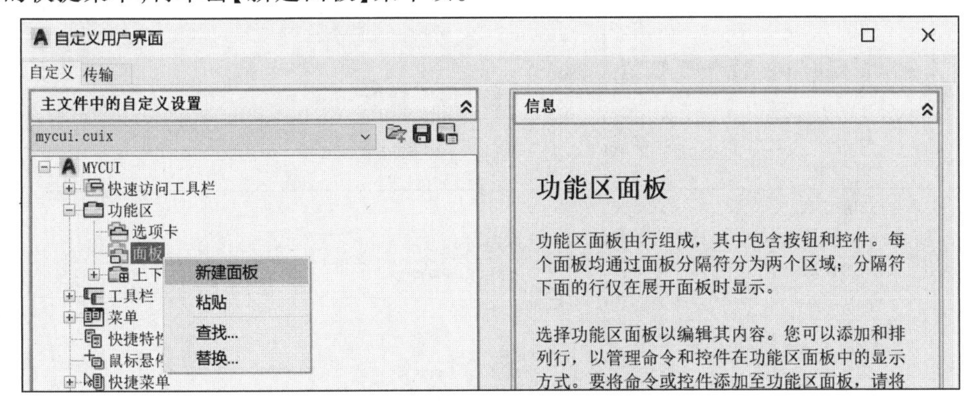

图 7－20 单击【新建面板】按钮

步骤 03 如图 7－21 所示，出现新面板后，将其命名为【自定义面板】。

注意：该面板名称将出现在用户界面上，所以命名时注意其合理性。

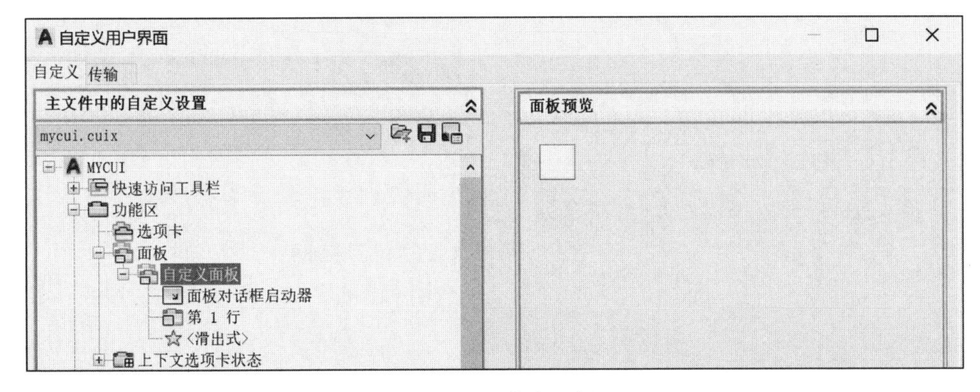

图 7－21 命名面板

步骤 04 新创建的面板为空面板，我们可将新建的命令置于该面板上。

如图 7－22 所示，用鼠标拖拽（按下鼠标并移动）plus35 到【第 1 行】。然后单击图 7－23 中【第 1 行】下方的【plus35】，并将【特性】中的【按钮样式】设置为【带文字的大图像（竖直）】。

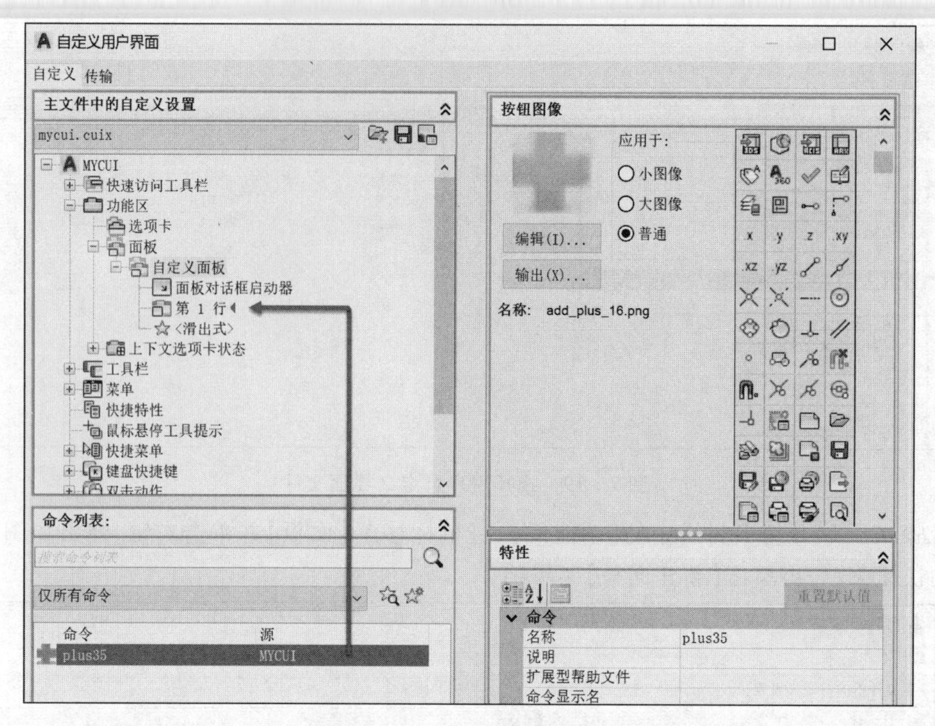

图 7-22　拖拽命令到面板

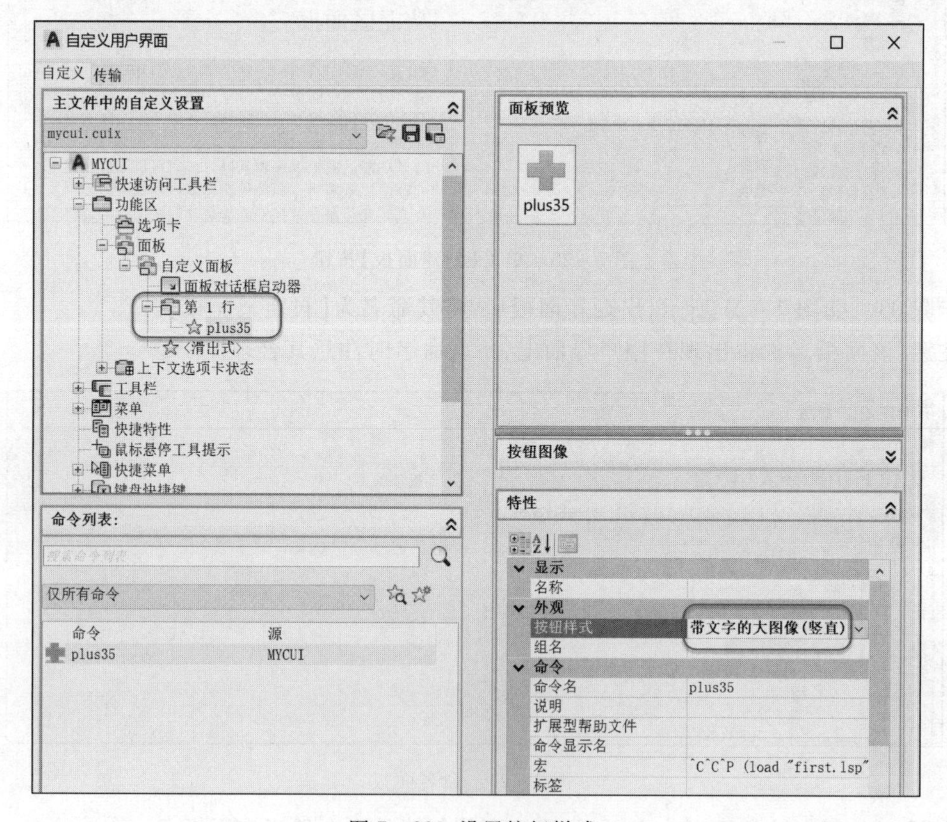

图 7-23　设置按钮样式

目前为止,已经将命令置于新建面板上。为了显示面板,还需要创建一个选项卡。如果读者被如此多的操作弄糊涂了,那建议回到前面阅读用户界面相关的几个名词。

5. **创建选项卡**

选项卡用来放置面板。下面是创建过程：

步骤 01　如图 7－24 所示，鼠标右键单击【选项卡】按钮，在弹出的快捷菜单中选择【新建选项卡】选项。

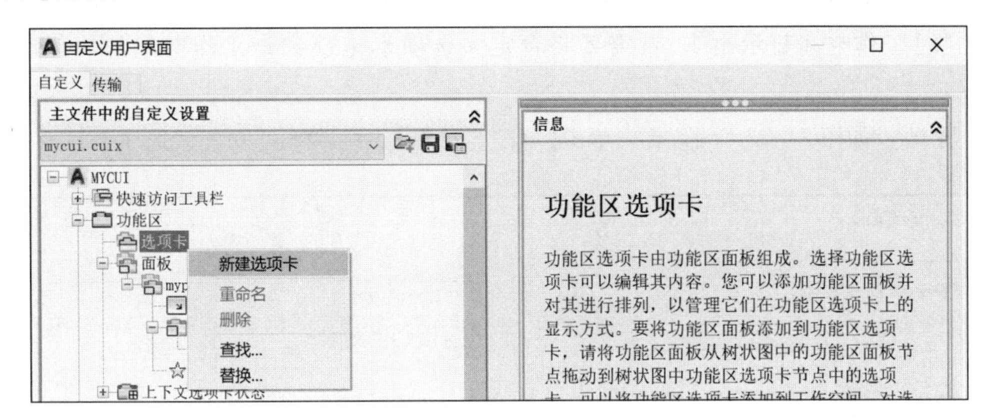

图 7－24　选择【新建选项卡】选项

步骤 02　将新建选项卡命名为【自定义选项卡】，如图 7－25 所示。

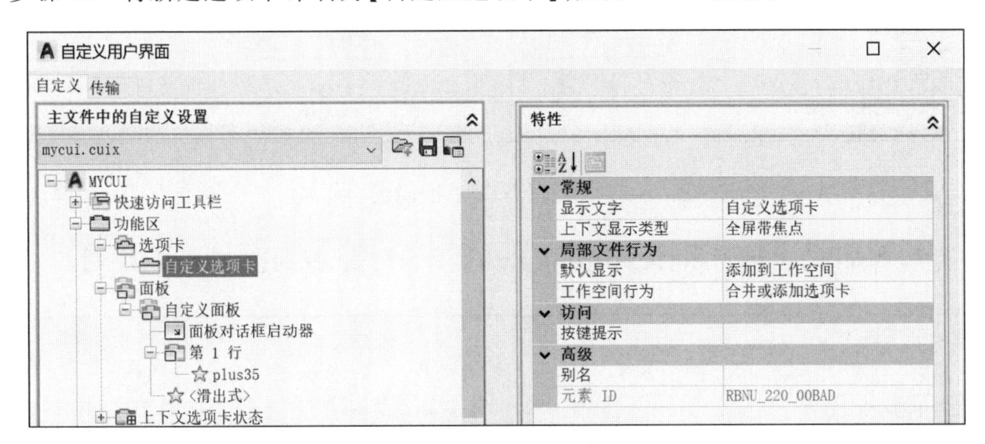

图 7－25　命名新建选项卡

步骤 03　将【自定义面板】拖拽至【自定义选项卡】，如图 7－26 所示。

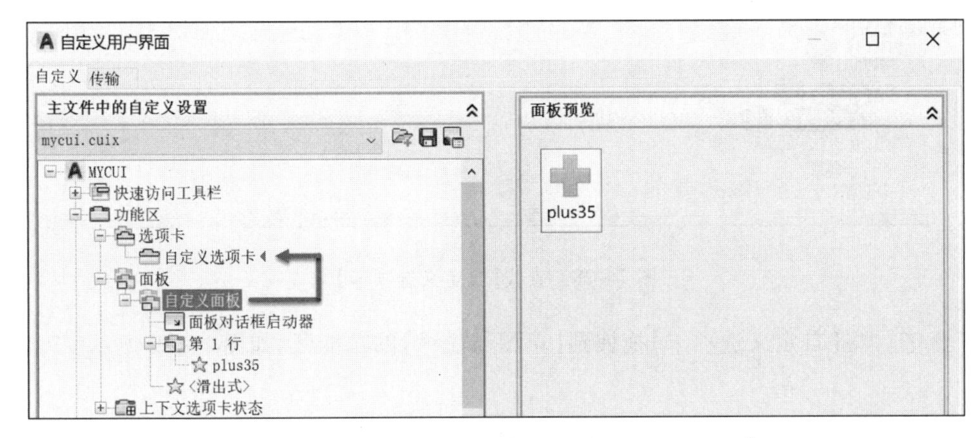

图 7－26　将【自定义面板】拖拽至【自定义选项卡】

经过以上步骤,我们已经将含有命令的面板置于新建选项卡上。为了在软件界面上显示自定义选项卡,还需要指定该选项卡的位置。

6. 设置选项卡的位置

在默认情况下,AutoCAD的工作空间为【草图与注释】。为了将自定义选项卡在【草图与注释】工作空间显示出来,则需要将自定义选项卡拖拽到该工作空间的功能区。步骤如下:

步骤01　如图7-27所示,首先单击【草图与注释】,然后单击【功能区选项卡】。

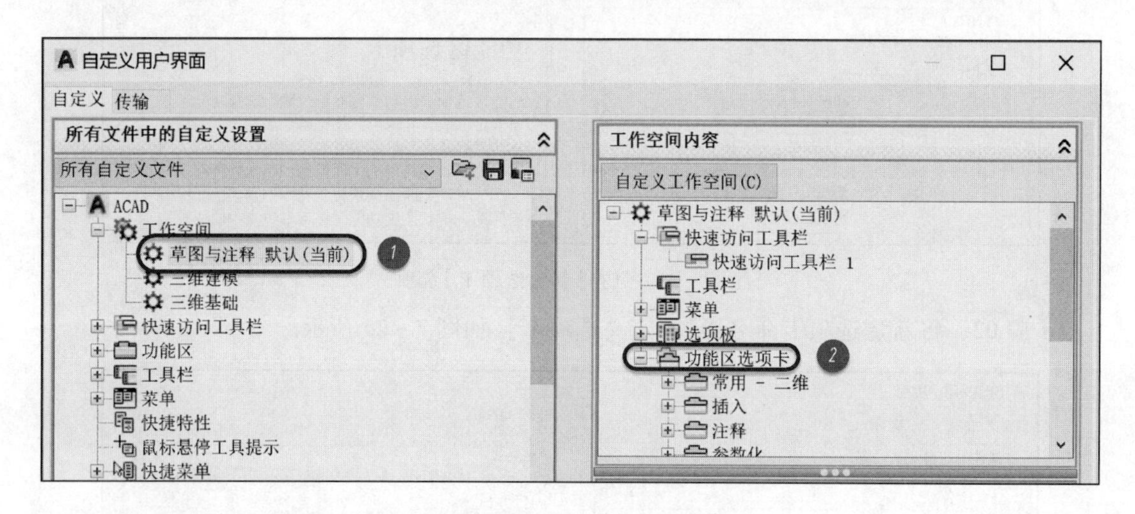

图7-27　查找【草图与注释】的功能区

步骤02　如图7-28所示,按照顺序展开树形目录列表,找到【自定义选项卡】。

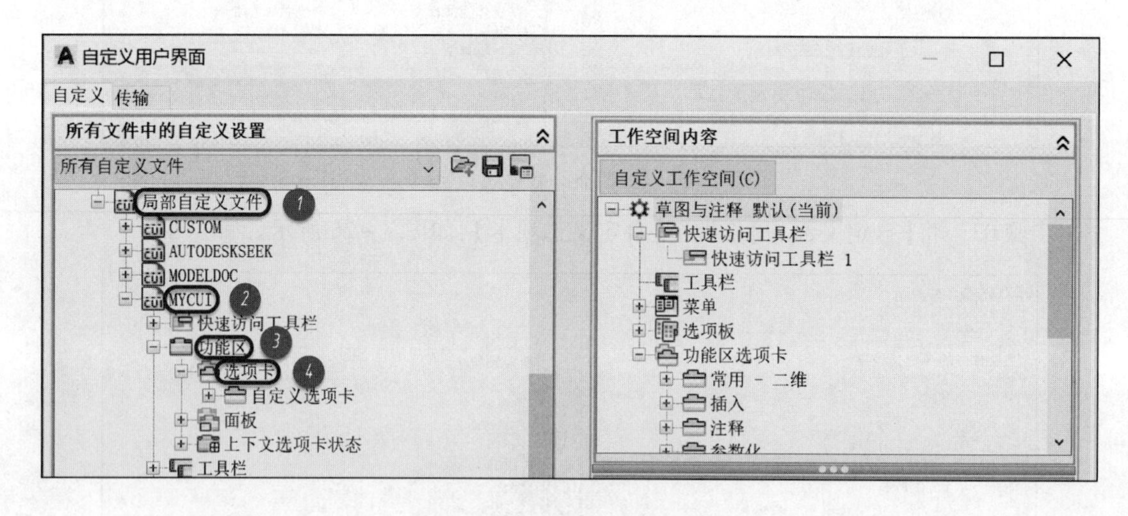

图7-28　查找【自定义选项卡】

步骤03　将【自定义选项卡】拖拽到【草图与注释】的功能区,如图7-29所示。

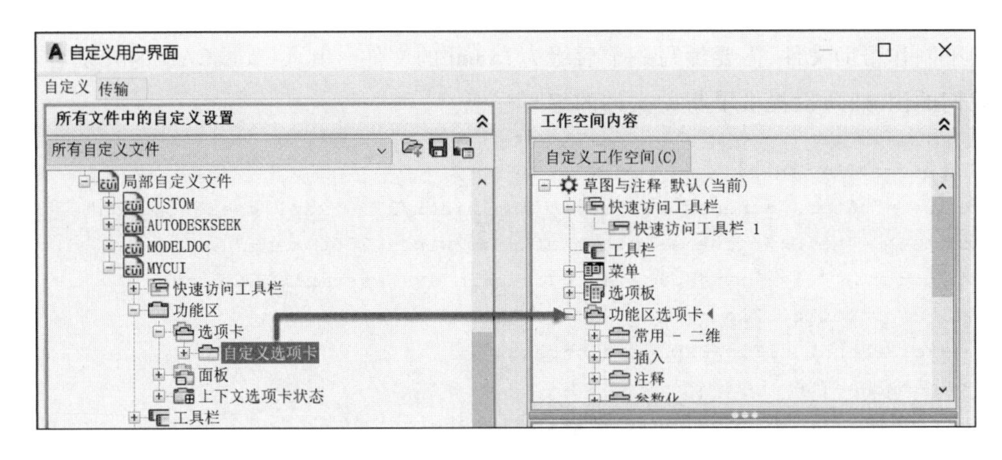

图 7 - 29　将【自定义选项卡】拖拽到【草图与注释】的功能区

步骤 04　最后单击【确定】按钮，退出【自定义用户界面】对话框，完成了用户界面的自定义。

稍作等待后，用户自定义结果加载显示完毕，结果如图 7 - 30 所示。由图可知，自定义选项卡、自定义面板和自定义命令都按照我们的预想得以显示。

用鼠标单击自定义按钮，然后观察命令行窗口，则证明程序的加载和运行都是正确的。

图 7 - 30　用户自定义界面

当自定义命令较为复杂时，鼠标帮助文件将会非常重要。如图 7 - 31 所示，将鼠标悬停在自定义按钮上，弹出了简单的鼠标帮助文件。该帮助文件非常简单，以至于只有一个函数名。为了给出详细的帮助信息，我们需要定义帮助文件。

图 7 - 31　帮助信息

7. **帮助文件**

为了制作帮助文件,需要编写一个后缀为 . xaml 的文件。其实,AutoCAD 的开发者早就想到了我们的困难,所以提供了帮助文件的编写框架:

```
<ResourceDictionary
 xmlns = "http://schemas.microsoft.com/winfx/2006/xaml/presentation"
 xmlns:x = "http://schemas.microsoft.com/winfx/2006/xaml"
 xmlns:src = "clr-namespace:Autodesk.Windows;assembly = AdWindows" >
  <src:RibbonToolTip x:Key = "MYEH_CMD_0001" >
  <src:RibbonToolTip.ExpandedContent >
  <StackPanel >
    <TextBlock TextAlignment = "left" LineHeight = "30" >
```

该命令用来计算 3 +5 的值,详细代码如下:

```
</TextBlock >
<Image Source = "images/help.jpg" Width = "Auto" Height = "Auto" >
</Image >
 </StackPanel >
 </src:RibbonToolTip.ExpandedContent >
 </src:RibbonToolTip >
</ResourceDictionary >
```

其中:

x:Key——用来定义帮助文件的编号;

<StackPanel> </StackPanel>——定义了一个面板,用来放置帮助文件中文本和图片信息;

<TextBlock> </TextBlock>——定义了一个行高为 30、文本左对齐的文本块;

<Image> </Image>——用来放置名为 help. jpg 的图片。

制作帮助文件时,只需要用文本和图片替换相应的内容即可。下面是详细的步骤:

步骤 01　将上述代码命名为 myhelp. xaml 并保存至路径 D:\Autodesk\AutoCAD 2018\Vlisp。

步骤 02　制作帮助文件需要的图片 help. jpg 并保存至路径 D:\Autodesk\AutoCAD 2018\Vlisp\images。

步骤 03　打开【自定义用户界面】对话框,按照图 7 - 32 所示的顺序操作。

步骤 04　弹出图 7 - 33 所示的文件加载对话框后,选择 myhelp. xaml 并单击【打开】按钮。

步骤 05　帮助文件加载后,将弹出图 7 - 34 所示的对话框,从中选择帮助文件的编号后,单击【确定】按钮退出对话框。

图 7－32　设置帮助文件

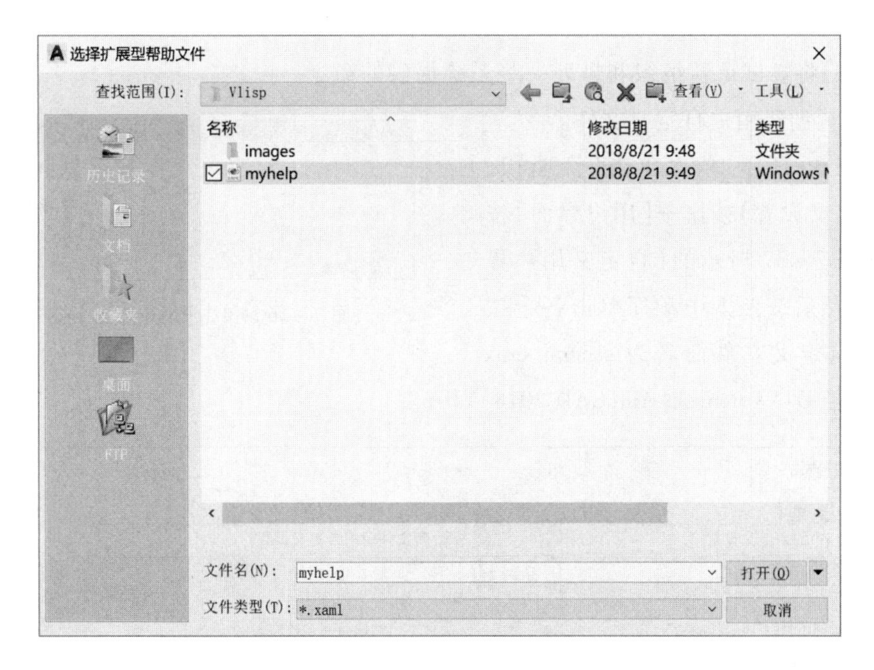

图 7－33　加载帮助文件

步骤 06　回到【自定义用户界面】对话框，单击【确定】按钮完成帮助文件的加载。

步骤 07　回到软件主界面，将鼠标悬停在自定义命令上方，则帮助信息提示如图 7 – 35 所示。

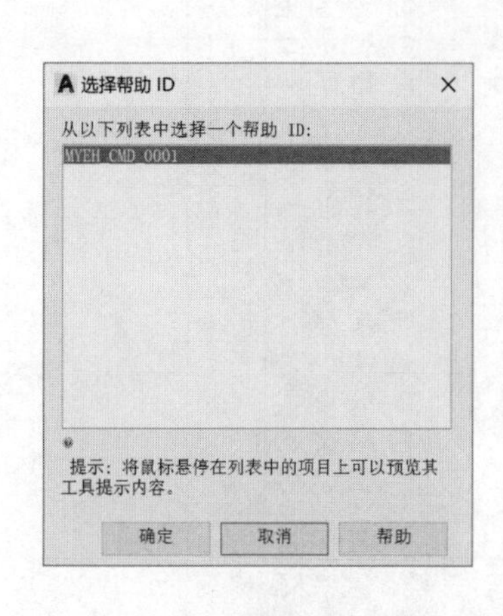

图 7 – 34　帮助文件编号

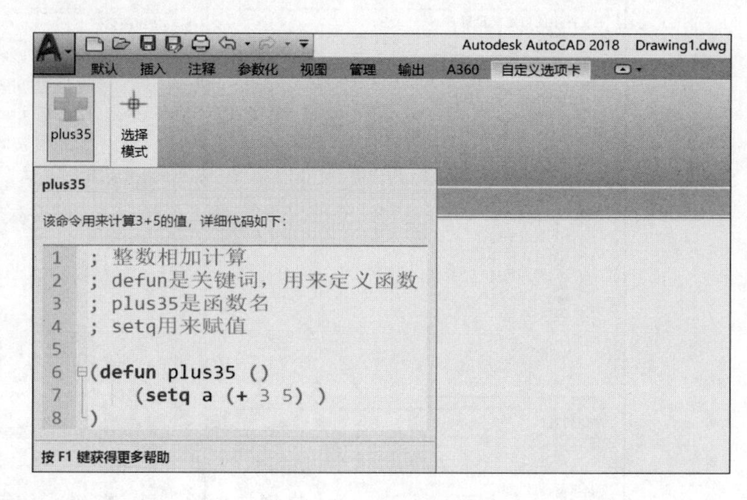

图 7 – 35　帮助信息提示

8. 用户自定义的一点补充

前述内容可以帮助读者将自定义功能显示在用户界面上。但是当功能按钮较多时，就需要一定的布局方法来布置每个按钮的位置。

AutoCAD 中的命令很多，其中一些是使用频率较高的。为了更高的工作效率，我们可以将这些按钮在软件界面上重新组织和安排。

下面我们将尝试重新组织和排列一些系统提供的命令。

步骤 01　创建用户自定义文件。

如图 7 – 36 所示，依次单击【管理】选项卡→【自定义设置】按钮→【用户界面】按钮，打开如图 7 – 37 所示的【自定义用户界面】对话框，然后按照图中顺序单击各个按钮，将用户自定义文件命名为 second. cuix 并保存至路径 D:\Autodesk\AutoCAD 2018\Vlisp。

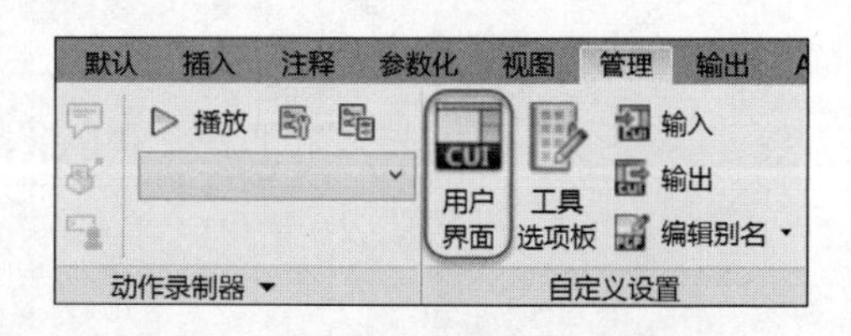

图 7 – 36　单击【用户界面】按钮

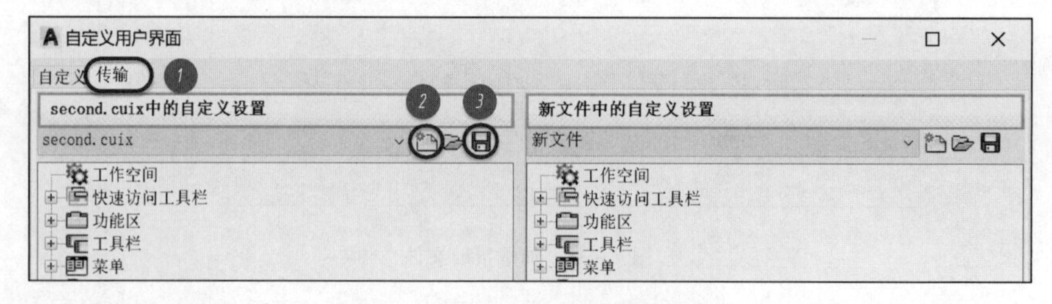

图 7 – 37　【自定义用户界面】对话框

步骤02 加载用户自定义文件。

单击图7－37中的【自定义】选项卡，将鼠标移至树形列表中的【局部自定义文件】并单击右键，在弹出的快捷菜单中选择【加载部分自定义文件】选项，如图7－38所示。

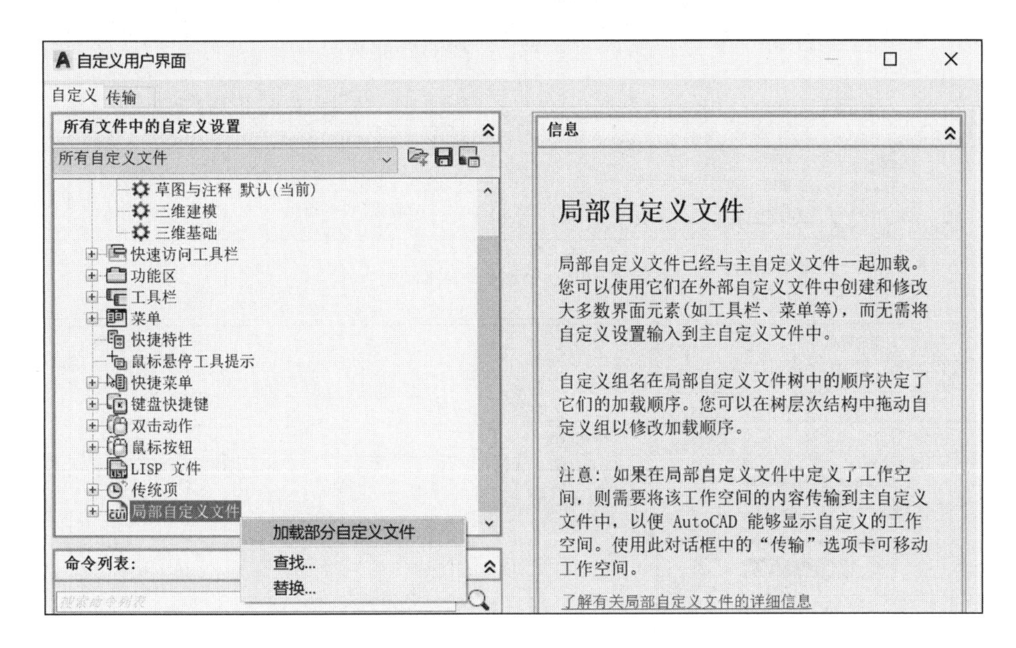

图7－38 单击【加载部分自定义文件】选项

弹出如图7－39所示的文件加载对话框后双击second.cuix完成加载。此时，【自定义用户界面】对话框的树形列表中将显示用户自定义文件的框架结构。

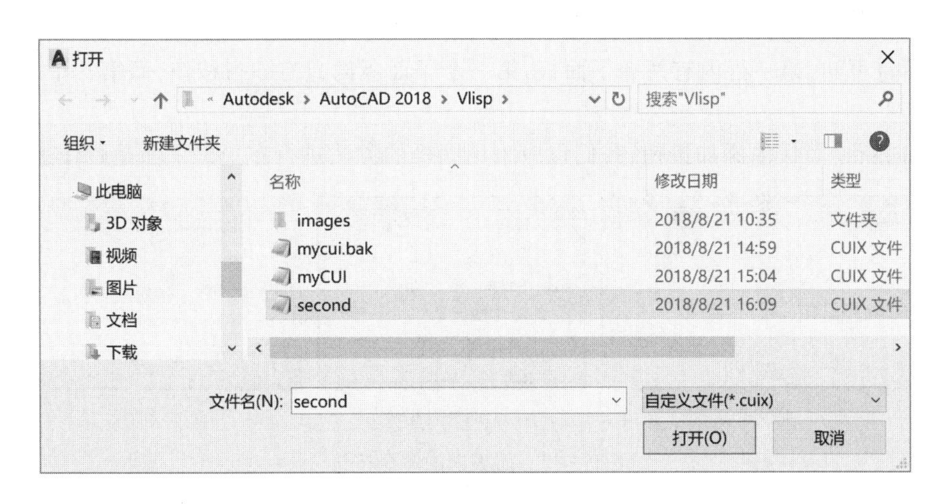

图7－39 加载自定义文件

步骤03 创建新面板。

如图7－40所示，在用户自定义文件框架中右键单击【面板】按钮，在快捷菜单中选择【新建面板】选项，将新面板命名为【常用绘图命令】后，结果如图7－41所示。

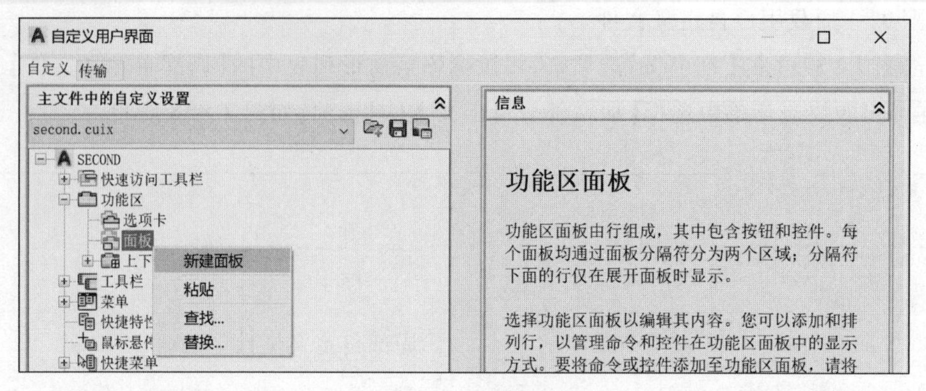

图 7－40 单击【新建面板】

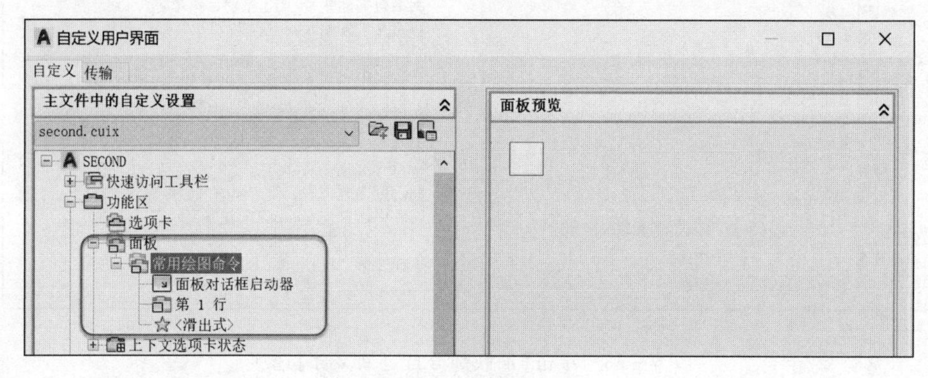

图 7－41 创建新面板

步骤 04 向【常用绘图命令】面板添加命令按钮。

首先来看已有面板内命令按钮的排列方式。当【绘图】面板未展开时，其结构如图 7－42(a)所示；当【绘图】面板展开后，结构如图 7－42(b)所示，面板内布置有两行按钮；由图 7－42(c)可知，第一行内有两个子面板，第一个子面板内只有一行按钮，而第二个子面板内有三行按钮。

为了向新建面板内添加按钮，我们也应采用同样的方法进行布局。下面是具体过程：

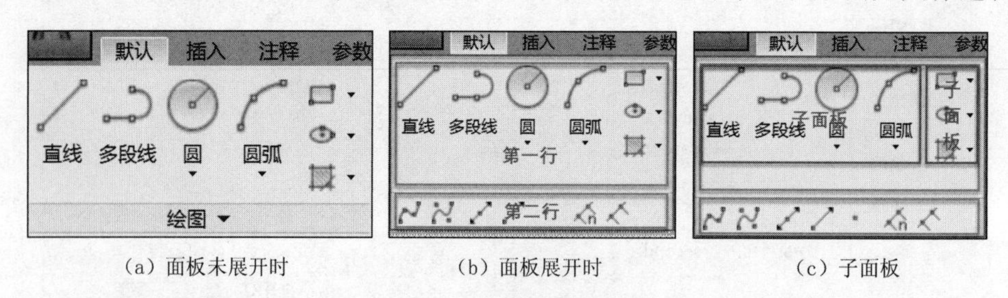

(a) 面板未展开时 (b) 面板展开时 (c) 子面板

图 7－42 面板内的命令按钮

首先，在【常用绘图命令】面板内新建一行。

如图 7－43(a)所示，在默认情况下，新建面板内只有一行；为了新建一行，如图 7－43(b)所示，用鼠标右键单击【常用绘图命令】面板并选择【新建行】选项；结果如图 7－43(c)所示。

此时，在【常用绘图命令】面板内一共有两行。两行之间有【滑出式】选项说明其后第二行内的按钮在默认情况下处于隐藏状态。

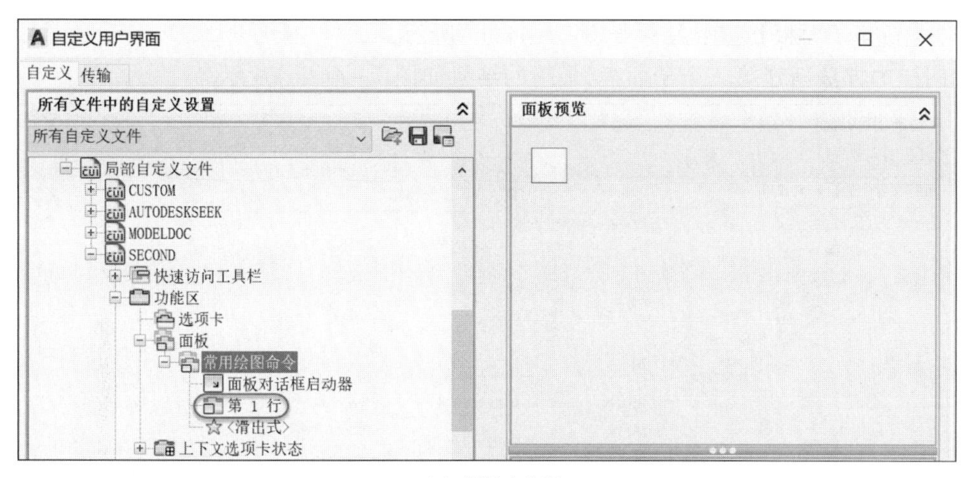

（a）面板内的行

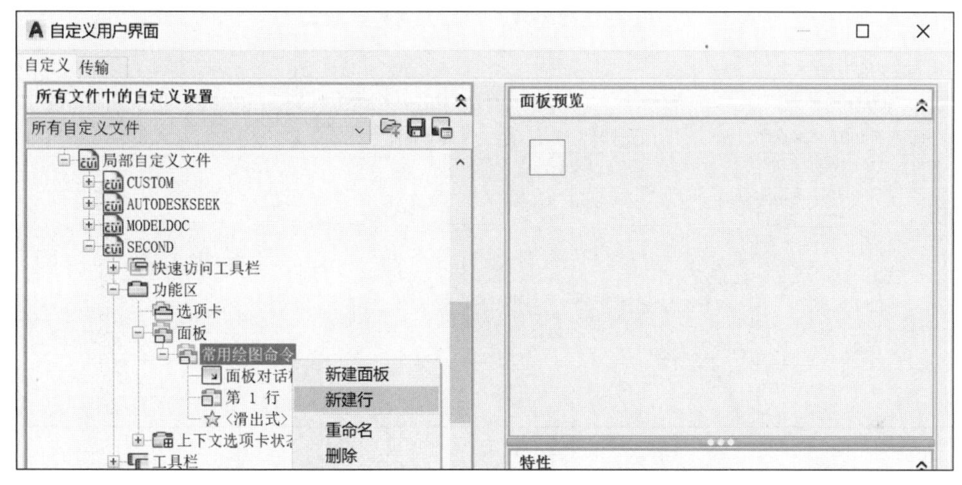

（b）在面板内新建行

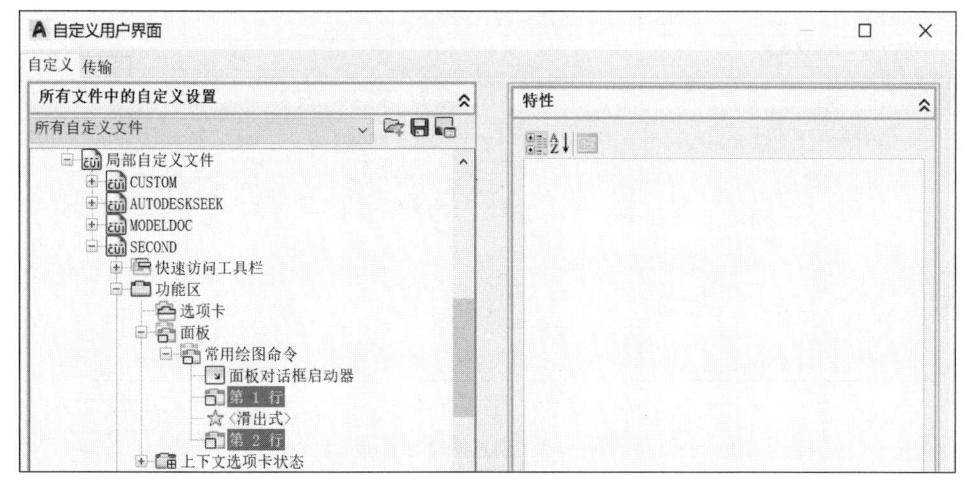

（c）面板内有两行

图 7－43　在面板内添加新行

其次，在第 1 行内创建两个子面板。

为了在第 1 行内创建两个子面板，用鼠标右键单击图 7－44（a）中的【第 1 行】，在快捷菜单中选择【新建子面板】选项，结果如图 7－44(b)所示。

用同样的方法新建第二个子面板，最终的结果如图 7－44(c)所示。

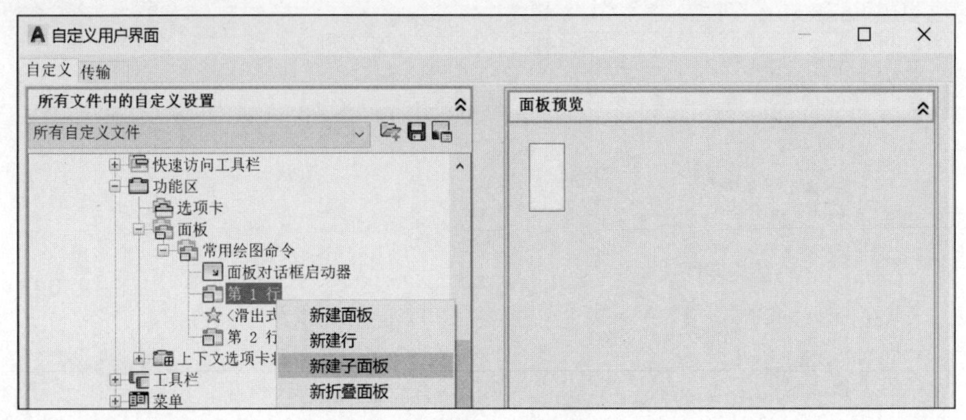

(a) 选择【新建子面板】

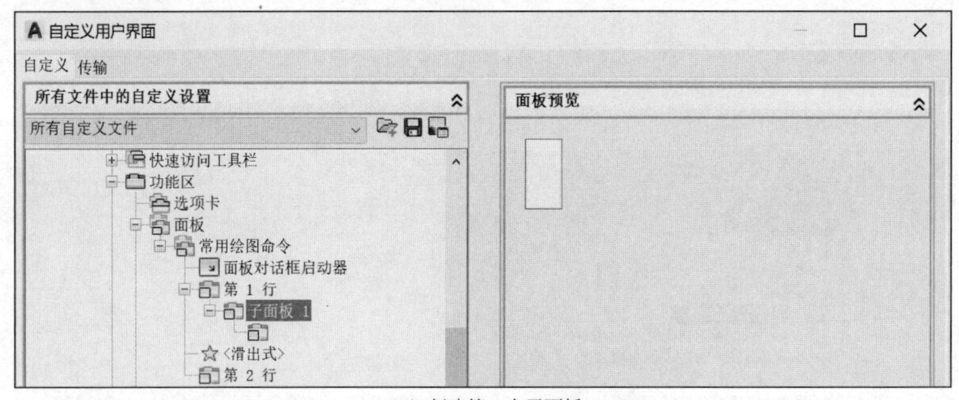

(b) 创建第一个子面板

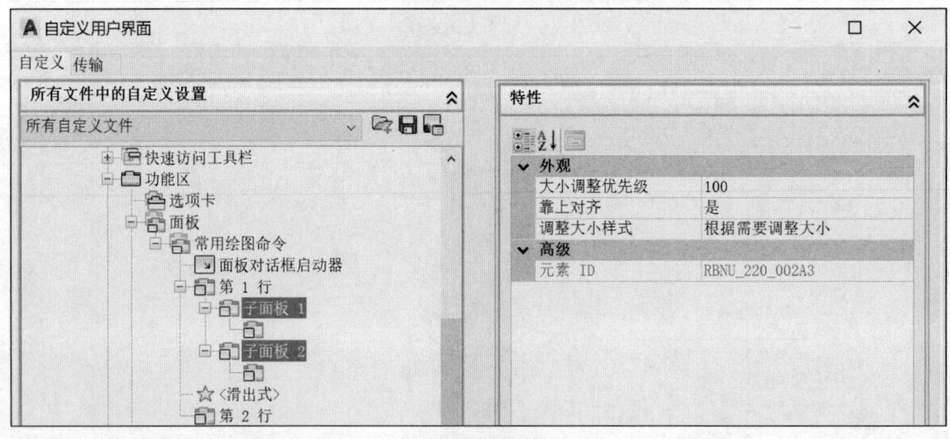

(c) 两个子面板

图 7－44　创建两个子面板

最后，在第二个子面板内创建 3 行。

做法比较简单，这里仅列出图 7－45 所示的结果。

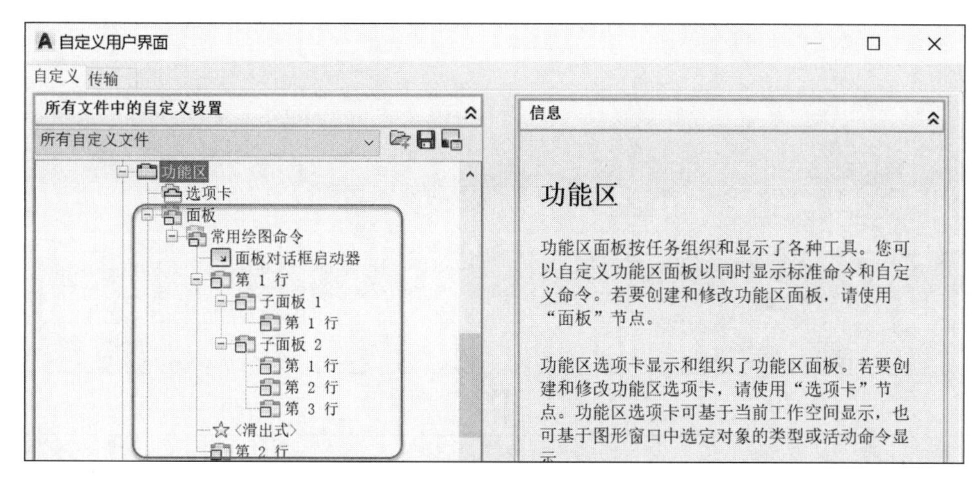

图 7－45　创建三行

一旦做好了布局，接下来将需要的命令按钮拖拽至合适的位置即可。具体做法是：

向子面板 1 的第 1 行放入 3 个按钮；向子面板 2 的每一行放入 1 个按钮；向【常用绘图命令】面板的第 2 行放入 3 个按钮。

此处省略详细的制作过程，仅列出最后的结果如图 7－46 所示。

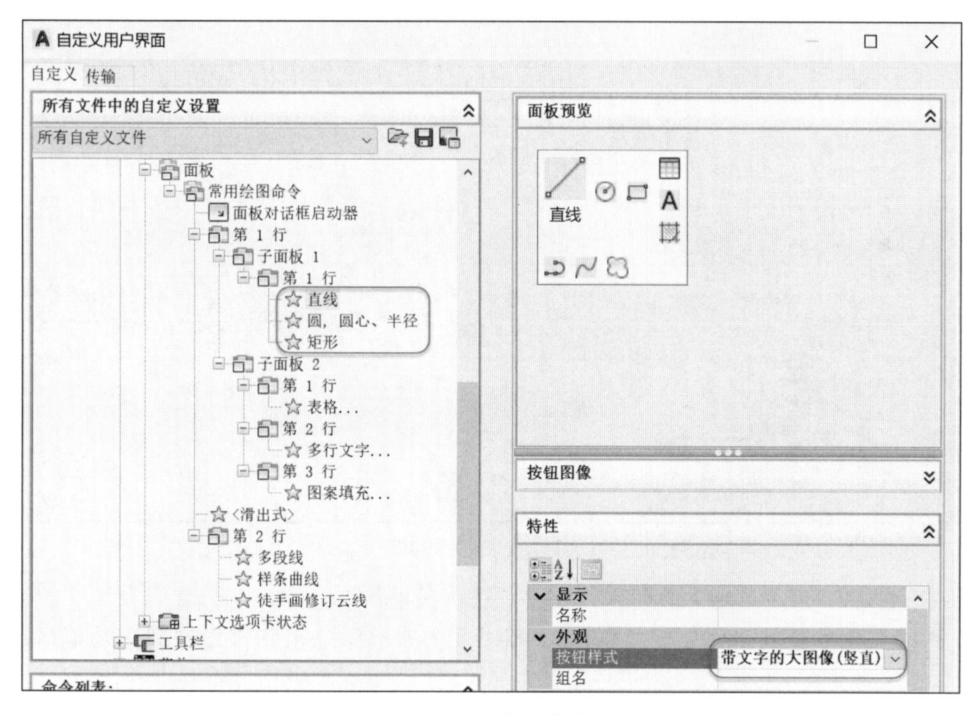

图 7－46　添加命令按钮

注意：为了取得良好的布局效果，请将前 3 个按钮的【按钮样式】设置为【带文字的大图像（竖直）】。

步骤 05　创建新的选项卡以便放置面板。

如图 7－47(a)所示，用鼠标右键单击【选项卡】按钮，选择快捷菜单中的【新建选项卡】选项，将新的选项卡命名为【常用命令】，如图 7－47(b)所示。

最后，用鼠标拖拽【常用绘图命令】面板至【常用命令】选项卡，结果如图 7－47(c)所示。

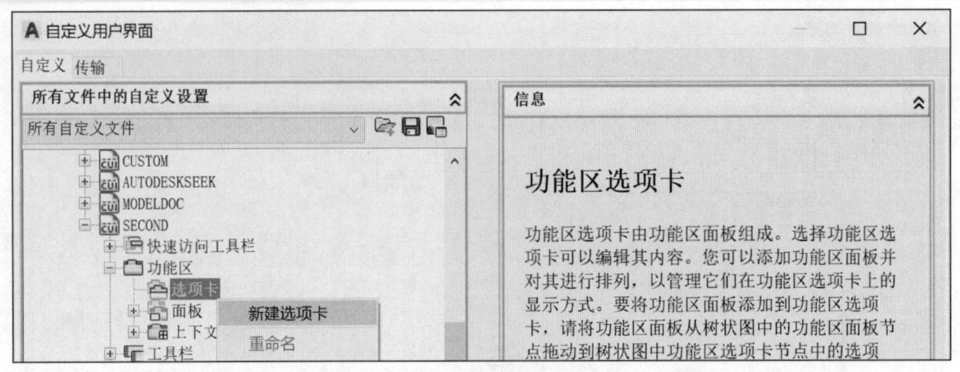

（a）单击【新建选项卡】

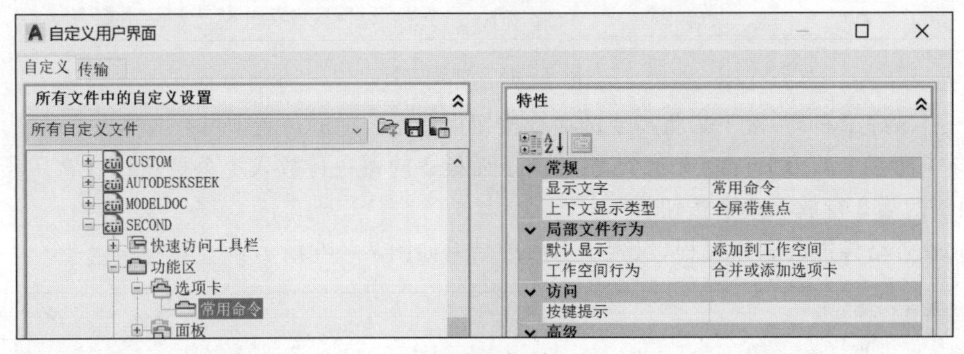

（b）命名选项卡

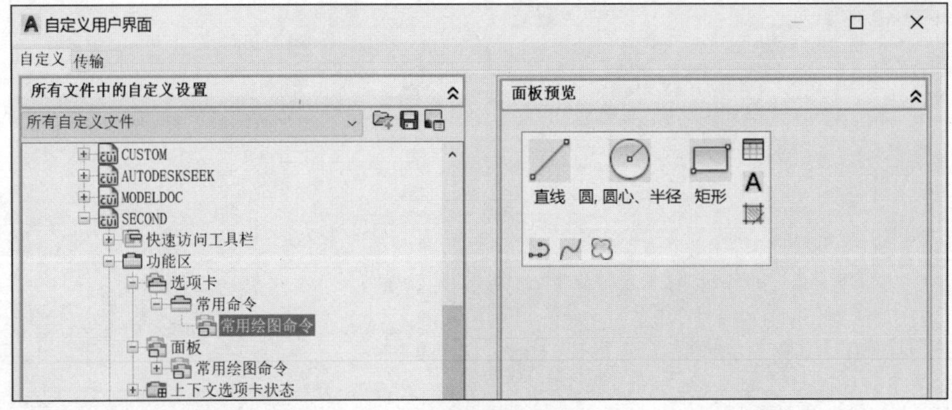

（c）向选项卡添加面板

图 7－47　创建新选项卡

步骤 06　创建新的工作空间并将【常用命令】选项卡添加至新工作空间里功能区的选项卡上。

如图 7－48(a)所示，用鼠标右键单击【工作空间】按钮，然后在快捷菜单中选择【新建工作空间】选项，重新命名后，结果如图 7－48(b)所示。

如图 7－48(c)所示，将【常用命令】选项卡拖拽至新工作空间里功能区的选项卡上。

步骤 07　切换工作空间，观察定制结果。

如图 7－49 所示，切换工作空间后，自定义工作空间的用户界面如图 7－50 所示。将面板完全展开后，则结果如图 7－51 所示。

（a）选择【新建工作空间】

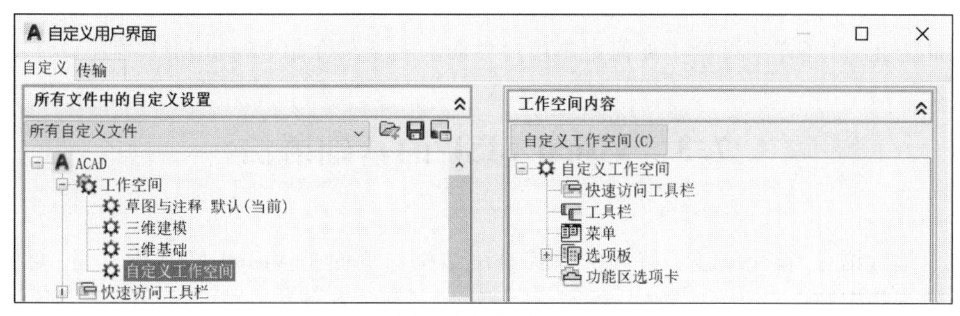

（b）命名新建工作空间

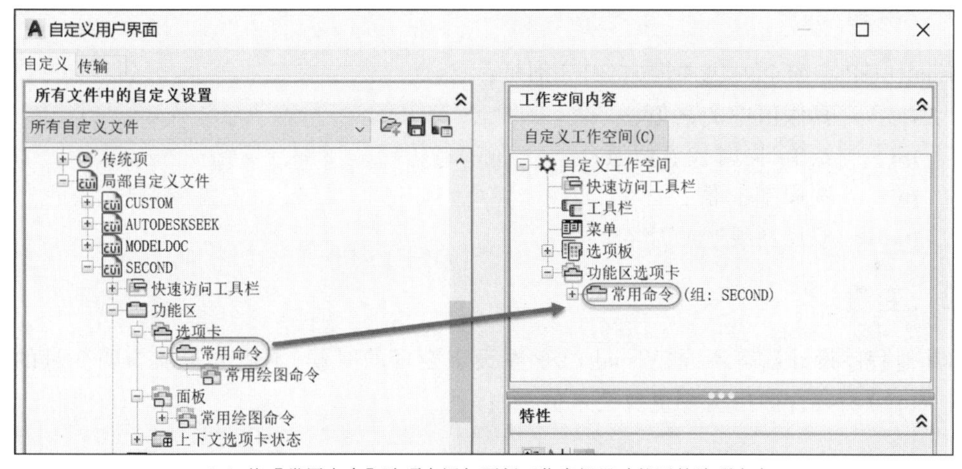

（c）将【常用命令】选项卡添加至新工作空间里功能区的选项卡上

图 7－48　创建新的工作空间

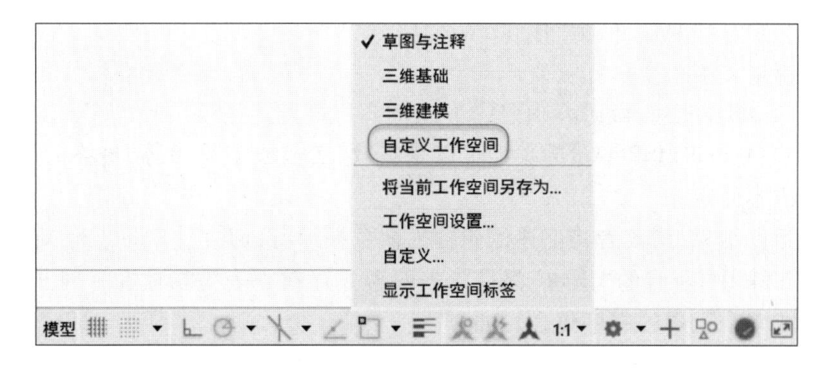

图 7－49　切换工作空间

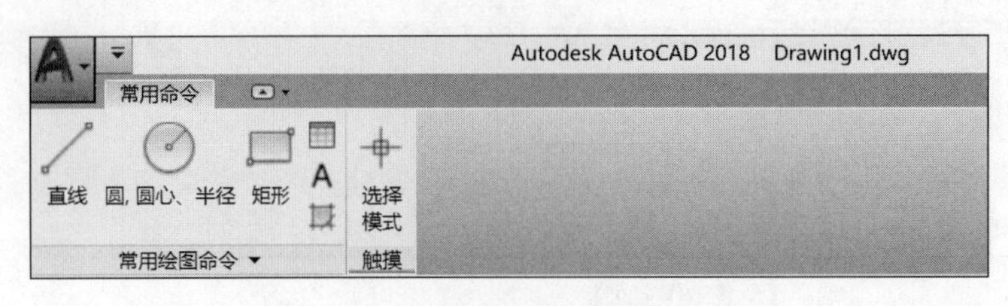

图 7-50 自定义工作空间

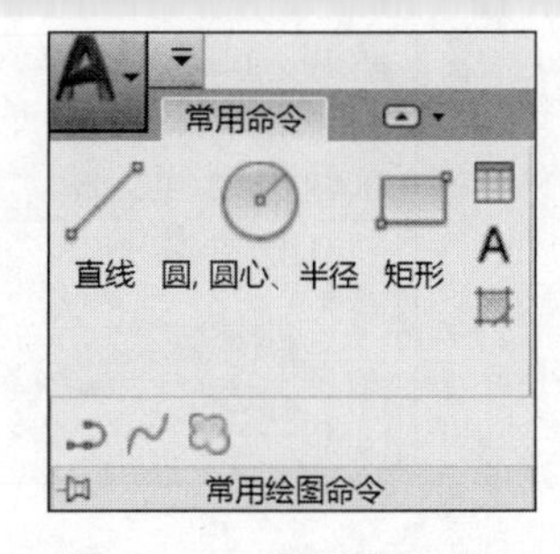

图 7-51 展开后的面板

到此为止,已经详细讨论了如何定制用户界面。接下来介绍 Visual LISP 程序设计本身。

7.3 Visual LISP 的基础语法

对于编程语言,首先应该了解和掌握其语法结构。下面是 Visual LISP 中常量、变量与表达式的常见规定。

7.3.1 常量

Visual LISP 有四个内建常量,它们分别是:

t 真假值中的真值;

nil 空值,同时代表假值;

pi 圆周率 π 值;

pause 双反斜线"\\"字符。

7.3.2 变量

和其他程序设计语言不同,Visual LISP 在设定变量的时候,不需要提前申明变量的类型,而是用 setq( )函数直接指定变量及变量值,如:

```
(setq a 12)
(setq b 22.5)
(setq c "Hello,Word!")
```

第一行代码定义 a 为整型变量,值为 12;第二行代码定义 b 为实型变量,值为 22.5;第三行代码定义 c 为字符型变量,值为"Hello,Word!"。

也可以一次定义多个变量并赋值:

```
(setq a 12 b 22.5 c "Hello,Word!")
```

由上述可知:Visual LISP 变量的类型可以是整数、实数或字符串等,最终的类型完全是由用户所指定的内容而定。

为了测试运行结果,请读者将上述语句输入命令提示窗口并按【Enter】键,观察运行情况。

在 Visual LISP 中,所有的"语句"都是以表的形式存在。表是指放在一对相匹配的左、右括号中的一个或多个元素的有序集合。如:

```
(setq x (+ y z))
```

该语句令变量 x = y + z,这是一个完整、有效的表。表中每一个元素之间要用空格隔开,同时,表也是可以任意嵌套的。

提示：如果需要在 AutoCAD 的命令提示窗口中查询变量的值，则在变量名前加上一个惊叹号“!”，如：

```
Command: (setq a 12 b 22.5 c "Hello,Word!")
"Hello,Word!"
Command:!a
12
Command:!b
22.5
Command:!c
"Hello,Word!"
```

注意：为了表述方便，我们使用 Command：来代表命令行。读者在进行语句测试时，只需输入冒号以后的内容并按【Enter】键即可。

7.3.3　表达式

Visual LISP 中，表达式采用了运算符前置的写法。

```
Command:  (+ 2 3)
5
Command:  (- 2 3)
 -1
Command:  (* 2 3)
6
Command:  (/ 2 3)
0
Command:  (- (+ 32 25) (* 7 8))
1
```

Visual LISP 程序中，成对的括号较多，编写程序时要特别注意括号的匹配，对于较复杂的表达式，应该先写括号，然后填入需要的表元素，例如表达式(32 +25) - (7 * 8)可以这样写：

第一步：()

第二步：(- () ())

第三步：(- (+ 32 25) (* 7 8))

最后完成表达式的编写。

注意：在 Visual LISP 中，(/ 2 3)的值为 0，(/ 2,0 3)和(/ 2 3.0) 的值为 0.666667。也就是说，当参与计算的参数均为整数，则计算结果也为整数；如果有一个参数为实数，则计算结果也为实数。

7.3.4　自定义函数

在程序设计中，由于语言的内置函数并不能完全满足使用的要求，这时就需要自定义函数。

下面是一个自定义函数，用来计算两个数的和。

```
(defun plus (a b)
    (setq c (+ a b))
)
```

和前面定义的 plus35 函数有所不同，plus 函数的后面出现了两个参数 a 和 b。函数调用时，函数名后面紧跟的两个参数值将分别被自动赋值给 a 和 b，然后相加并将和赋值给 c。

将上面的程序代码输入命令行，加载成功后，系统返回自定义函数名 plus。

为了运行该函数，应该在命令行按照下面的格式输入：

```
Command:  (plus 3 5 )
```

则返回计算结果为8。

函数运行结束后,通过下面的语句来查询a、b和c的值:

```
Command: !a
Command: !b
Command: !c
```

系统返回的结果是:a、b的值为nil(空值),而c的值为8。

这就说明,函数运行时,a的值为3,b的值为5;而函数运行结束后,系统自动释放了参数a、b占用的存储空间,其值变为空。c的值非空,说明c一直占有存储空间。我们将c称为全局变量。

如果要让c和a、b一样,运行后即释放存储空间,则函数应变为:

```
(defun plus32 (a b / c)
    (setq c (+ a b))
)
```

加载运行该函数,然后查询变量的值,发现其值均为空。斜杠之后的变量c被定义为局部变量,函数运行结束后马上释放其存储空间。

注意:斜杠前后一定要有空格。

为了节约存储空间,一般情况下应将中间变量申明为局部变量。作为初学者,程序调试期间可用全局变量,一旦运行稳定,再将中间变量申明为局部变量。

7.3.5 常用的几个函数

- getint函数:用来获得一个整型数。用法如下:

```
(getint)
```

执行该语句,发现命令行没有任何响应。但实际上,命令行已经在等待用户输入一个整型值。如果输入一个任意整数,则命令行返回该整数值,函数成功调用。

为了良好的交互性,一般应在函数中加入提示性的字符:

```
(getint "\n请输入一个整型数:")
```

执行该语句,命令行将出现中文提示性字符。请读者自行测试。

- getreal函数:用来获得一个实型数。用法如下:

```
(getreal "\n请输入一个实型数:")
```

- getstring函数:用来获得一个字符串。用法如下:

```
(getstring "\n请输入一个字符串:")
```

- getdist函数:用来获得距离值。可以直接输入距离值,或者用鼠标在绘图区单击输入两个点,计算两点之间的距离并返回。用法如下:

```
(getdist "\n请输入距离大小:")
```

- getangle函数:用来获得角度值。可以直接输入角度值,或者用鼠标在绘图区单击输入两个点,计算两点连线和X轴正向的夹角并返回其弧度值。用法如下:

```
(getangle "\n请输入倾斜角度:")
```

- getpoint函数:用来获得点的坐标。可以直接输入坐标分量,或者用鼠标在绘图区单击输入。用法如下:

```
(getpoint "\n请输入点的坐标:")
```

- princ函数:用来输出信息。用法如下:

```
(princ "计算结束!")
```

7.3.6 用 Visual LISP 调用 AutoCAD 的系统函数

Command 函数可用来调用 AutoCAD 的函数。如果要调用直线命令在两点之间绘制一条直线,则方法如下:

```
(command "line" point1 point2 "")
```

显然,command 函数后分别是:命令名、第一个点的坐标、第二个点的坐标和一对双引号。也就是说,用 command 函数时,后面的命令名要用双引号引起来。直线命令启动后,除非用户明确按【Enter】键,否则将连续绘制直线。为了在绘制一段线后结束绘图,在 command 函数的最后加上一对双引号,其作用相当于按下【Enter】键。

根据前面的表述,为了连接(50,50,0)和(200,200,0)并绘制一条直线,则语句是:

```
(command "line" (50 50 0) (200 200 0) "")
```

将该语句输入命令行,则出现错误信息提示。原因是:AutoCAD 在解释执行程序中的括号时,总会将后面紧跟的第一个参数解释为函数名,而 50 和 200 显然不是。为了解决这个问题,下面给出两种方法:

```
(command "line" '(50 50 0) '(200 200 0) "")
(command "line" (list 50 50 0) (list 200 200 0) "")
```

第一种方法中使用了单引号。单引号也是函数,其作用是将后面紧跟的语句保持原样,不解释执行。此时,AutoCAD 就不再将 50 和 200 当作函数,程序能够正确执行。

第二种方法利用 list 函数将后面的参数形成坐标序列,使程序能够正确执行。

程序虽能正确执行,但是这种写法比较啰嗦,可读性很差。为了良好的可读性,我们作出如下调整:

```
(setq point1 (list 50 50 0))
(setq point2 (list 200 200 0))
(command "line" point1 point2 "")
```

其中,第一行用 list 函数生成坐标序列并赋值给变量 point1,第二行将坐标序列赋值给变量 point2,第三行完成绘图。

这段程序的可读性非常好,但是其扩展性很差。为了更具通用性,我们将其修改为自定义函数:

```
(defun DrawLine ()
    (setq point1 (list 50 50 0))
    (setq point2 (list 200 200 0))
    (command "line" point1 point2 "")
)
```

为了能通过鼠标在客户区获取任意点的坐标来绘图,我们将函数内的第二、三行语句加以修改:

```
(defun DrawLine ()
    (setq point1 (getpoint "\n 请输入直线第一个端点的坐标:"))
    (setq point2 (getpoint "\n 请输入直线第二个端点的坐标:"))
    (command "line" point1 point2 "")
)
```

加载运行该函数,然后根据提示信息完成绘图。如果读者观察仔细,就会发现缺少橡皮筋而绘制直线的体验并不好。为了解决这个问题,我们继续修改函数体:

```
(defun DrawLine ()
    (setq point1 (getpoint "\n 请输入直线第一个端点的坐标:"))
    (setq point2 (getpoint point1 "\n 请输入直线第二个端点的坐标:"))
    (command "line" point1 point2 "")
)
```

第三行语句的作用是:获取第二个端点的坐标时,将以第一个端点为准,跟随鼠标的位置生成一条橡皮筋,从而得到更加友好的交互体验。

加载并运行该函数,结果如图 7-52 所示。

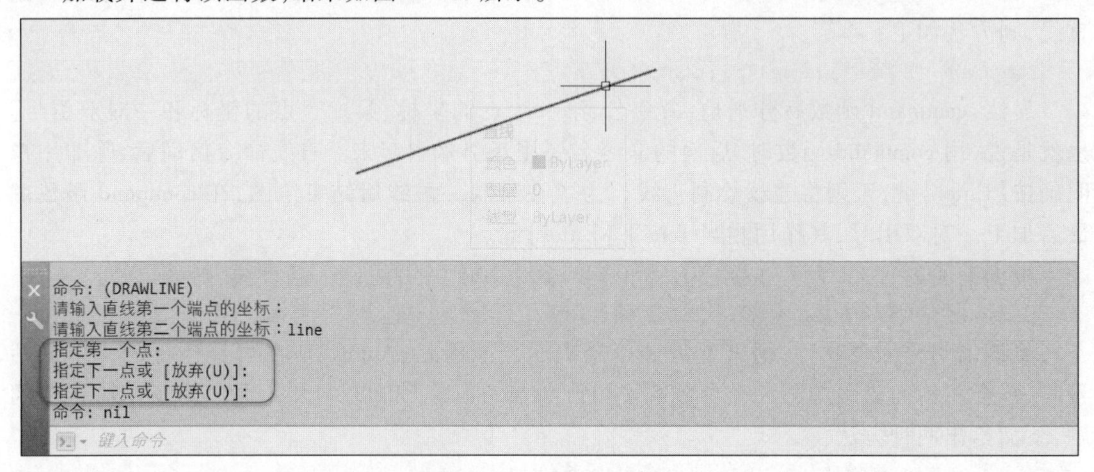

图 7-52 函数运行过程

由图可知,执行自定义函数后,除了给出程序中的信息提示外,还出现了三行其他提示信息。这些多余的信息,恰好是利用系统命令 Line 绘图时会出现的提示,对自定义函数来讲,显然是多余的。所以,还应关闭系统命令响应:

```
(defun DrawLine ()
    (setvar "cmdecho" 0)
    (setq point1 (getpoint"\n 请输入直线第一个端点的坐标:"))
    (setq point2 (getpoint point1"\n 请输入直线第二个端点的坐标:"))
    (command "line" point1 point2 "")
)
```

其中 cmdecho 是系统变量,用来控制系统命令提示是否显示;setvar 函数用来设置系统变量的值。

当再次加载运行时,多余的信息不再出现,函数运行过程的提示信息如图 7-53 所示。

其实变量 cmdecho 的值在默认情况下为 1,而上述程序直接将其更改为 0,这显然不是良好的程序编写习惯。记住:在二次开发中,保持系统的默认状态是二次开发人员的义务。

既要保证系统的原貌,还要执行自定义扩展。开发者应该采用更加优雅的处理方式:

```
(defun DrawLine ()
    (setq oce (getvar "cmdecho"))        ;获取系统变量 cmdecho 的当前值
    (setvar "cmdecho" 0)                 ;设置系统变量 cmdecho 的值为 0,关闭系统命
                                          令响应
    (setq point1 (getpoint"\n 请输入直线第一个端点的坐标:"))
                                         ;获取第一个点的坐标
    (setq point2 (getpoint point1"\n 请输入直线第二个端点的坐标:"))
                                         ;获取第二个点的坐标
    (command "line" point1 point2 "")   ;调用系统命令 Line 绘图
    (setvar "cmdecho" oce)               ;还原系统变量 cmdecho 的值
)
```

其中:分号后面的语句为程序注释,将被语言解释器忽略;getvar 函数用来获取系统变量的值。

加载运行函数,命令行提示如图 7-54 所示。

命令: (DRAWLINE)
请输入直线第一个端点的坐标:
请输入直线第二个端点的坐标:nil
键入命令

图 7-53　函数运行过程提示信息

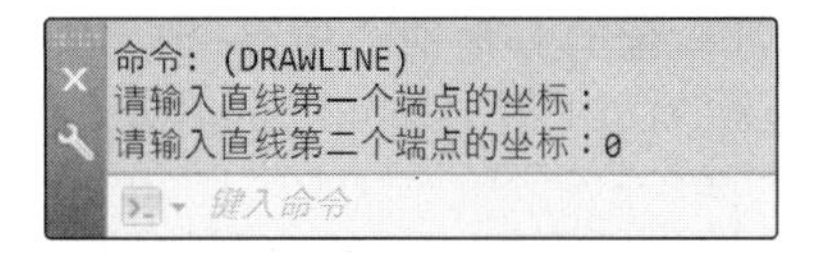

图 7-54　命令行提示信息

由于最后一行设置了系统变量的值,所以导致命令行提示中出现了表达式的值 0。为了避免最后一行的值响应,请在程序最后再加一行语句,则完整的函数为:

```
(defun DrawLine ()
    (setq oce (getvar "cmdecho"))        ;获取系统变量 cmdecho 的当前值
    (setvar "cmdecho" 0)                 ;设置系统变量 cmdecho 的值为 0,关闭系统命
                                          令响应
    (setq point1 (getpoint "\n 请输入直线第一个端点的坐标:"))
                                         ;获取第一个点的坐标
    (setq point2 (getpoint point1 "\n 请输入直线第二个端点的坐标:"))
                                         ;获取第二个点的坐标
    (command "line" point1 point2 "")    ;调用系统命令 Line 绘图
    (setvar "cmdecho" oce)               ;还原系统变量 cmdecho 的值
    (princ)                              ;关闭最后一行的值响应
)
```

到目前为止,绘制直线的通用程序编写完毕。读者可用该函数替换前面的函数 plus35 并通过自定义用户界面来执行。

下面将讨论如何绘制矩形。

如图 7-55(a)所示,绘制矩形需要 4 个顶点的坐标。但仔细分析后,其实只要给出矩形两个对角点的坐标,则其他两个顶点的坐标便处于已知状态,如图 7-55(b)所示。

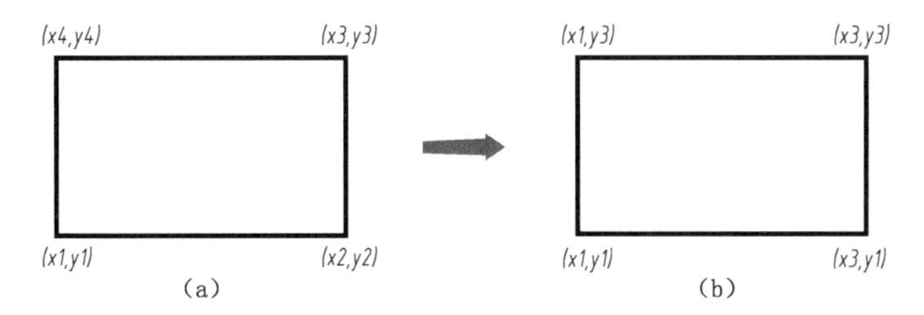

图 7-55　矩形顶点坐标

现在的问题是:知道点的坐标序列,如何获得其中的坐标分量?

首先给变量赋值:

```
(setq point1 (list 50 81 32))
```

为了得到坐标序列中的第一个元素,应使用 car 函数,用法如下:

```
(car point1)
```

要取得坐标序列中的第二个元素,应使用 cadr 函数,用法为:

```
(cadr point1)
```

而第三个元素的获取应使用 caddr 函数,用法如下:

```
(caddr point1)
```

由此可知,如果获取矩形第一个点的坐标序列并赋值给 point1,获取其对角点的坐标序列赋值给 point3,则另外两个顶点的坐标序列为:

```
((car point3) (cadr point1) 0))
((car point1) (cadr point3) 0))
```

将其赋值给其他两个顶点,则相应的语句为:

```
(setq point2 (list (car point3) (cadr point1) 0))
(setq point4 (list (car point1) (cadr point3) 0))
```

同时,为了更加友好的使用体验,在获取对角点时应用 getcorner 而非 getpoint 函数,其用法如下:

```
(setq point3 (getcorner point1"\n 请输入对角点的坐标:"))
```

将 DrawLine 函数修改后,得到绘制矩形的函数为:

```
(defun DrawRectangle ()
    (setq oce (getvar "cmdecho"))                   ;获取系统变量 cmdecho 的当前值
    (setvar "cmdecho" 0)                            ;设置系统变量 cmdecho 的值为 0,关闭
                                                     系统命令响应
    (setq point1 (getpoint"\n 请输入矩形第一个顶点的坐标:"))
                                                    ;获取矩形第一个点的坐标
    (setq point3 (getcorner point1"\n 请输入对角点的坐标:"))
                                                    ;获取对角点的坐标
    (setq point2 (list (car point3) (cadr point1) 0))
                                                    ;第二个顶点的坐标
    (setq point4 (list (car point1) (cadr point3) 0))
                                                    ;第四个顶点的坐标
    (command "line" point1 point2 point3 point4 "close")
                                                    ;调用系统命令 Line 绘图
    (setvar "cmdecho" oce)                          ;还原系统变量 cmdecho 的值
    (princ)                                         ;关闭最后一行的值响应
)
```

加载运行该函数,指定矩形两个对角点即可完成图形的绘制。

7.3.7 流程控制语句

程序设计中,流程语句用来实现程序逻辑的控制。下面是一些常见的流程语句的用法。

1. 判断语句

if 函数是常用的判断分支语句,它的结构如下:

```
(if ()        ;判断
    ()        ;条件成立时执行
    ()        ;条件不成立时执行
)
```

需要注意的是,在这种结构的 if 语句中,条件判断后的执行语句只能是一条。如果有多条执行语句,则应使用 progn 函数将多条语句进行合并,结构如下:

```
(if ()          ;判断
    (progn      ;条件成立时执行
      ()
    )
    (progn      ;条件不成立时执行
      ()
    )
)
```

为了说明该选择语句的用法,请看下面两个例子。

如果要输入任意的成绩,用程序判断是否达到及格,则可利用上述 if 结构,填入判断和执行语句后,代码如下:

```
(defun grade()
    (setq num (getreal "\n 请输入考试成绩:"))
    (if (> num 60)
          (princ "及格!" )          ;条件成立时执行
          (princ "不及格!" )        ;条件不成立时执行
    )
    (princ)
)
```

如果要在判断分数后执行更多的语句,则代码应为:

```
(defun grade()
    (setq num (getreal "\n 请输入考试成绩:"))
    (if (> num 60)
          (progn                            ;条件成立时执行
            (princ "成绩及格。\n" )
            (princ "请您继续努力!" )
          )
          (princ"不及格!" )                 ;条件不成立时执行
    )
    (princ)
)
```

总的来说,If 函数适合简单条件的判断。当需要判断的语句较多时,我们应该使用 cond 函数,其语法结构如下:

```
(cond
    (() ())         ;情况一
    (() ())         ;情况二
    (() ())         ;情况三
    (t  ())         ;上述情况外
)
```

同样地,条件判断后如果有多条执行语句,则应使用 progn 函数将多条语句进行合并,结构如下:

```
(cond
    (()  (progn       ;情况一
         ()           ;情况一成立时执行
    ))
    (()  (progn       ;情况二
         ()           ;情况二成立时执行
    ))
    (()  (progn       ;情况三
         ()           ;情况三成立时执行
    ))
    (t  (progn        ;上述情况外
         ()           ;上述情况外执行
    ))
)
```

在上例的基础上,如果需要判断成绩所在的区间,则使用 cond 函数就非常方便。将条件判断语句和执行语句填入 cond 函数的语法结构,代码如下:

```
(defun grade()
    (setq num (getreal "\n 请输入考试成绩:"))
    (cond
      ((< num 60) (princ "E"))
      ((< num 70) (princ "D"))
      ((< num 80) (princ "C"))
      ((< num 90) (princ"B"))
      (    t       (princ "A"))
    )
    (princ)
)
```

请读者加载并执行该函数,观察函数执行情况。

2. 循环语句

循环语句用来重复执行程序代码。Visual LISP有两个循环函数:repeat和while。

如果是确定次数的循环,则repeat语句非常方便,其语法结构如下:

```
(repeat  n    ;n 为循环次数
    ( )        ;循环语句一
    ( )        ;循环语句二...
)
```

如果需要从1加到100,可以用repeat函数来实现:

```
(defun addnum()
   (setq sum 0)
   (setq i 0)
   (repeat  100
       (setq i (+ i 1))
       (setq sum (+ sum i) )
   )
   (princ sum)
   (princ)
)
```

While函数会一直循环下去,直到条件不成立为止。其语法结构如下:

```
(while  ( )     ;条件判断语句
    ( )          ;循环语句一
    ( )          ;循环语句二...
)
```

如果将1累加到100用while函数来实现的话,则代码如下:

```
(defun addnum()
    (setq sum 0)
    (setq i 0)
    (while (< i 100)
       (setq i (+ i 1))
       (setq sum (+ sum i) )
    )
    (princ sum)
    (princ)
)
```

7.3.8 数据文件

对于程序设计来说,数据文件相当重要。当程序中需要输入大量数据时,可以借助于数据文件保存数据,数据可由程序自动生成或人工录入,从而节省时间,避免数据录入错误。Visual Lisp中数据文件的操作比较简单,下面给出数据文件的通用操作方法。

为了读取数据文件中的数据，首先要用 open 函数打开数据文件并指定文件所在的路径和文件的读取模式，用法如下：

```
(setq fp (open "D:/Autodesk/AutoCAD 2018/Vlisp/point.txt" "r"))
```

其中文件的读取模式有：r——读出；w——写入；a——添加。

为了说明数据读取和写入的具体方法，先在 point. txt 文件中存入以下数据并保存：

```
(0 0)
(200 0)
(200 100)
(0 100)
```

为了逐行读取 point. txt 文件中的坐标，可用 read - line 函数：

```
(setq pt1 (read-line fp))
```

在命令行执行上述语句后，结果如图 7 - 56 所示。

```
命令: (setq fp (open "D:/Autodesk/AutoCAD 2018/Vlisp/point.txt" "r"))
#<file "D:/Autodesk/AutoCAD 2018/Vlisp/point.txt">
命令: (setq pt1 (read-line fp))
"(0 0)"
键入命令
```

图 7 - 56　命令行执行文件读取语句

由图 7 - 56 可知，read - line 函数读取数据后，自动给数据添加了一对双引号。为了去掉数据外面的双引号，还需要用 read 函数执行一次：

```
(setq pt1 (read pt1))
```

当结束数据的读取或写入操作时，应及时关闭数据文件。相关的语句如下：

```
(close fp)
```

下面是一个数据文件操作的例子。该例的目的是读取 point 数据文件中的数据并绘制首尾相接的封闭线段，程序如下：

```
(defun DrawMLine()
    (setq oce (getvar "cmdecho"))                       ;保存系统变量的值
    (setvar "cmdecho" 0)                                ;改变系统变量的值
    (setq fp (open "D:/Autodesk/AutoCAD 2018/Vlisp/point.txt" "r"))
                                                        ;打开数据文件
    (setq pt1 (read-line fp))                           ;读出第一行数据
    (setq pt1 (read pt1))                               ;去掉数据双引号
    (setq pt11 pt1)                                     ;备份数据,用于闭合图形
    (while (/= (setq pt2 (read-line fp)) nil)           ;循环读取,直到数据文件结尾
        (setq pt2 (read pt2))                           ;当 read-line 返回 nil 时,说明
                                                         已经读到文件末尾
        (command "line" pt1 pt2 "")
        (setq pt1 pt2)
    )
    (command "line" pt1 pt11 "")                        ;最后闭合折线
    (command "zoom" "e")                                ;满屏显示
    (close fp)                                          ;关闭文件
    (setvar "cmdecho" oce)                              ;恢复变量的值
    (princ)
)
```

加载运行后，结果如图 7 - 57 所示。

图 7－57　读取数据文件并绘图

如果要向数据文件写入数据,其做法和读取文件的方法类似,不过将读取语句替换为写入语句即可。

如图 7－58 所示,已知一个四边形,请用鼠标拾取的方式将顶点坐标写入数据文件。

根据前面的内容,可编写以下程序:

```
(defun WriteCoordOfPoint()
      (setq oce (getvar "cmdecho"))          ;保存系统变量的值
      (setvar "cmdecho" 0)                   ;改变系统变量的值
      (setq fp (open "D:/Autodesk/AutoCAD 2018/Vlisp/coord.txt" "w"))
                                             ;新建并打开数据文件
      (while (/= (setq point (getpoint "\n 请拾取点或[按【Enter】键结束拾取]:")) nil)
          (princ point fp)                   ;将数据写入文件
          (princ "\n"  fp)                   ;按【Enter】键换行
      )
      (close fp)                             ;关闭文件
      (setvar "cmdecho" oce)                 ;恢复变量的值
      (princ)
)
```

加载运行后,用鼠标拾取四边形的四个顶点,则数据文件中的数据如图 7－59 所示。

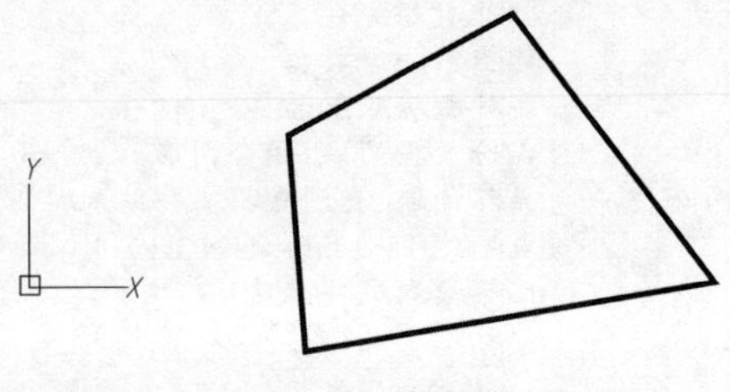

图 7－58　四边形

coord - 记事本

文件(F) 编辑(E) 格式(O) 查看(V) 帮助(H)

(303.641 33.3146 0.0)
(394.945 33.3146 0.0)
(394.945 -25.5556 0.0)
(303.641 -25.5556 0.0)
(1.2515 -1.13379 0.0)

图 7－59　四边形顶点坐标

7.3.9　ActiveX 对象的控制和访问

Visual LISP 可通过群码来控制图形对象,但是群码数目繁多、对象数据更新不方便、处理速度慢。

而 AutoCAD ActiveX 可以使用户能够在 AutoCAD 的内部以编程的方式操控图形对象。借助于 Visual LISP 增加的用于 ActiveX 对象控制和访问的函数,用户可直接操控 ActiveX 对象,执行速度得到很大的提高。

下面分别就 ActiveX 对象控制和访问的常见用法加以讨论。

1. ActiveX **对象属性数据的获取**

在 AutoCAD 的绘图区绘制端点坐标分别为(90,90)和(200,200)的一段直线。

为了获取该直线的详细数据,首先应调用 vl - load - com 函数来初始化 ActiveX 环境,用法如下:

```
(vl - load - com)
```

接着用 entsel 函数交互选择直线对象并将返回结果赋值给变量 info:

```
(setq info (entsel))
```

选择直线后,系统将返回下列数据:

```
(<图元名: 2ca7f741870 > (134.494 135.086 0.0))
```

其中 <图元名: 2ca7f741870 > 为直线的名称,(134. 494 135. 086 0. 0)为拾取点的坐标。为了操控该直线,必须要获取直线的名称,方法如下:

```
(setq objname (car info))
```

语句执行后,系统将返回直线的名称: <图元名: 2ca7f741870 >。

由于当前得到的直线对象是普通类型的图形对象,为了对其进一步操作,应将其转换为 ActiveX 对象,转换语句为:

```
(setq xobj (vlax - ename - > vla - object objname))
```

经过转换后,系统将返回直线 ActiveX 对象的名称:# < VLA - OBJECT IAcadLine 000002ca6e7dae18 >。

要得到直线的详细数据,请使用函数 vlax - dump - object,用法如下:

```
(vlax - dump - object xobj)
```

函数执行后,系统返回如下信息:

```
;IAcadLine: AutoCAD Line 接口
;特性值:
;   Angle (RO) = 0.785398
;   Application (RO) = #< VLA - OBJECT IAcadApplication 00007ff73af951a8 >
;   Delta (RO) = (110.0 110.0 0.0)
;   Document (RO) = #< VLA - OBJECT IAcadDocument 000002ca7f0ebf48 >
;   EndPoint = (200.0 200.0 0.0)
;   EntityTransparency = "ByLayer"
;   Handle (RO) = "7F"
;   HasExtensionDictionary (RO) = 0
;   Hyperlinks (RO) = #< VLA - OBJECT IAcadHyperlinks 000002ca6e3ccac8 >
;   Layer = "0"
;   Length (RO) = 155.563
;   Linetype = "ByLayer"
;   LinetypeScale = 1.0
;   Lineweight = -1
;   Material = "ByLayer"
;   Normal = (0.0 0.0 1.0)
;   ObjectID (RO) = 42
;   ObjectName (RO) = "AcDbLine"
;   OwnerID (RO) = 43
;   PlotStyleName = "ByLayer"
;   StartPoint = (90.0 90.0 0.0)
;   Thickness = 0.0
;   TrueColor = #< VLA - OBJECT IAcadAcCmColor 000002ca6e3cb4a0 >
;   Visible = -1
```

快速阅读上面的信息，读者就能获得该直线的一些特征值：起点坐标、终点坐标、坐标差、倾角、所属图层、长度、线型比例等。

为了获取直线起始端点的坐标，应该用如下语句：

```
(setq xarray (vla-get-startpoint xobj))
```

其返回值为：#<variant 8197 ... >，这是 ActiveX 对象所用的 variant 数组。要获取 variant 数组中的值，还应将 variant 数组转换为安全数组：

```
(setq safearray (vlax-variant-value xarray))
```

然后得到坐标列表：

```
(setq startpoint (vlax-safearray->list safearray))
```

执行该语句后，函数返回直线起始点的坐标列表。

为了方便阅读，下面列出完整的代码：

```
(defun GetLineInfo ()
    (vl-load-com)                                  ;初始化 ActiveX 环境
    (setq oce (getvar "cmdecho"))                  ;保存系统变量的值
    (setvar "cmdecho" 0)                           ;改变系统变量的值
    (setq info (entsel "\n 请选择一条直线:"))      ;设置选择集
    (setq objname (car info))                      ;取得对象名称
    (setq xobj (vlax-ename->vla-object objname))
                                                   ;将对象转换为 ActiveX 类型的对象
    ; (vlax-dump-object xobj)                      ;列出直线的详细数据
    (setq xarray (vla-get-startpoint xobj))        ;取得直线的起始点坐标
    (setq safearray (vlax-variant-value xarray))
                                                   ;将 variant 变量转换为安全数组
    (setq startpoint (vlax-safearray->list safearray))
                                                   ;取得安全数组的内容
    (princ startpoint)                             (princ "\n 直线的端点坐标是:")
    (setvar "cmdecho" oce)                         ;还原系统变量 cmdecho 的值
    (princ)                                        ;关闭最后一行的值响应
)
```

请读者加载该函数并观察运行结果。

2. ActiveX 对象属性数据的更新

对图形对象常见的操作除了获取其数据信息，还有更改其数据信息。有了前面的基础，数据信息的更改就比较简单。

请读者在绘图区绘制任意一段直线，然后编程将其起始点的坐标修改为输入的新坐标。

直线的选择、对象类型的转换和前例没有任何区别。这里新增的内容是点坐标的输入及其类型的转换、以及直线端点坐标的更新。

为了获得新的坐标点，应利用下面的语句：

```
(setq newpoint (getpoint "\n 请输入端点坐标:"))
```

由于默认的坐标列表并不能在 ActiveX 类型对象的操控函数中使用，所以应将其转换为 variant 变量。转换语句为：

```
(setq newpoint (vlax-3d-point newpoint))
```

最后用函数 vla-put-startpoint 更新坐标即可：

```
(vla-put-startpoint xobj newpoint)
```

下面是完整的程序代码，请读者加载并尝试运行。

```
(defun SetLineInfo ()
    (vl-load-com)                                    ;初始化 ActiveX 环境
    (setq oce (getvar "cmdecho"))                    ;保存系统变量的值
    (setvar "cmdecho" 0)                             ;改变系统变量的值
    (setq info (entsel "\n 请选择一条直线:"))        ;设置选择集
    (setq newpoint (getpoint "\n 请输入端点坐标:"))  ;请求输入直线端点的坐标
    (setq newpoint (vlax-3d-point newpoint))         ;将坐标列表转换为 variant 变量
    (setq objname (car info))                        ;取得对象名称
    (setq xobj (vlax-ename->vla-object objname))     ;将对象转换为 ActiveX 类型的对象
    (vla-put-startpoint xobj newpoint)               ;更新坐标
    (setvar "cmdecho" oce)                           ;还原系统变量 cmdecho 的值
    (princ)                                          ;关闭最后一行的值响应
)
```

3. 图形对象的创建

图形对象数据的获取和更新是常见的操作。从工程使用的角度讲,通过编程创建新的图形对象是非常重要的。

下面通过例子来讨论如何通过 ActiveX 创建图形对象。

已知圆心和半径,请编程绘制圆。

visual LISP 绘制圆的常用语句是

```
(command "circle" (list 0 0 0) 50)
```

但是通过 ActiveX 创建圆的方法却截然不同,下面是创建的思路和具体方法。

在 AutoCAD 中,ActiveX 模型对象的层次结构如图 7-60 所示。

也就是说,为了在绘图区创建图形对象,应逐步获取 AutoCAD 应用程序对象实例、当前图形文件对象和模型空间对象。在这之后,用户才被准许进入模型空间进行绘图。

为了获取 AutoCAD 应用程序对象实例,应使用下面的语句:

```
(setq acadobj (vlax-get-acad-object))
```

接着获取当前图形文件对象:

```
(setq dwgobj (vla-get-ActiveDocument acadobj))
```

最后获得模型空间对象:

```
(setq mspace (vla-get-ModelSpace dwgobj))
```

这时,才能向绘图区添加图形对象。下面是创建圆的伪代码:

```
(vla-addcircle mspace 圆心 半径)
```

由于默认的坐标列表并不被 ActiveX 接口函数接受,所以在使用坐标前应将其转换为系统期待的格式。方法如下:

```
(vlax-3d-point newpoint)
```

结合前面讨论,最后给出完整的创建圆的代码:

```
(defun DrawCircle ()
    (vl-load-com)                                    ;初始化 ActiveX 环境
    (setq oce (getvar "cmdecho"))                    ;保存系统变量的值
    (setvar "cmdecho" 0)                             ;改变系统变量的值
    (setq acadobj (vlax-get-acad-object))            ;获取 AutoCAD 的对象模型
    (setq dwgobj (vla-get-ActiveDocument acadobj))   ;获取当前图形文件
    (setq mspace (vla-get-ModelSpace dwgobj))        ;获取模型空间
    (setq newpoint (getpoint "\n 请输入圆心坐标:"))  ;请求输入圆心坐标
    (setq newdis (getreal "\n 请输入圆的半径:"))     ;请求输入圆半径
    (setq newpoint (vlax-3d-point newpoint))         ;将坐标列表转换为 variant 变量
    (vla-addcircle mspace newpoint newdis)           ;创建圆
    (setvar "cmdecho" oce)                           ;还原系统变量 cmdecho 的值
    (princ)                                          ;关闭最后一行的值响应
)
```

只要掌握了图形对象的创建、属性数据的提取和更新等通用操作后，读者便能对其自行修改，开发、扩展自己的应用程序。

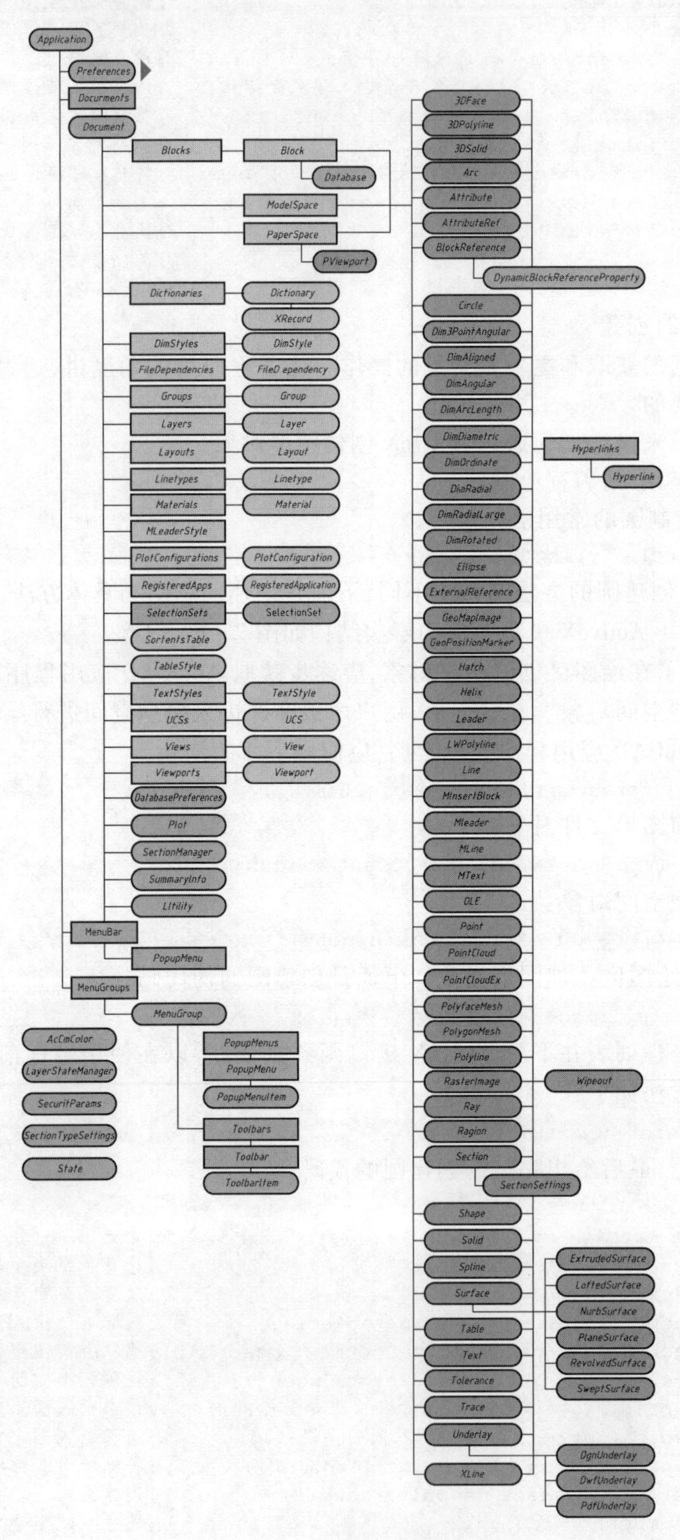

图 7－60　对象模型层次关系

4. 图层的创建

二维绘图之前,一般都要创建若干图层。在设置好图层的颜色、线型和线宽等属性后,才开始绘图工作。

用键鼠完成这种重复性的工作,效率普遍较为低下。显然,编写程序脚本使工作自动化是首选方式。

创建图层前,首先应获取应用程序的对象实例、当前图形文件对象等。

接着应获得图层集合对象:

```
(setq layersobj (vla-get-layers dwgobj))
```

其中 dwgobj 为当前图形文件。

然后可用下列语句添加新的图层并顺序指定图层的颜色、线型和线宽:

```
(setq layer1 (vla-add layersobj "粗实线"))
(vla-put-color layer1 2)
(vla-put-linetype layer1 "continuous")
(vla-put-lineweight layer1 acLnWt035)
```

其中,vla-add 函数创建了名为“粗实线”的图层,vla-put-xxx 函数顺序指定了图层的颜色、线型和线宽。

需要注意的是,线宽 acLnWt035 表明其宽度为 0.35。其实,acLnWt035 只是线宽枚举类型的众多值之一。

各种线宽枚举类型的值包括:acLnWtByLayer、acLnWtByBlock、acLnWtByLwDefault、acLnWt000、acLnWt005、acLnWt009、acLnWt013、acLnWt015、acLnWt018、acLnWt020、acLnWt025、acLnWt030、acLnWt035、acLnWt040、acLnWt050、acLnWt053、acLnWt060、acLnWt070、acLnWt080、acLnWt090、acLnWt100、acLnWt106、acLnWt120、acLnWt140、acLnWt158、acLnWt200、acLnWt211,如图 7-61 所示。

设置图层线型时,如果图 7-62 所示的【选择线型】对话框中已经有需要的线型,则使用函数 vla-put-linetype 加载线型时不会有任何问题。

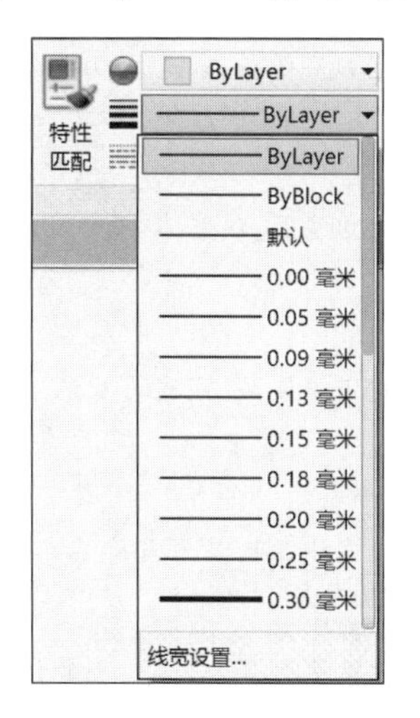

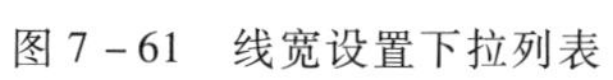
图 7-61 线宽设置下拉列表

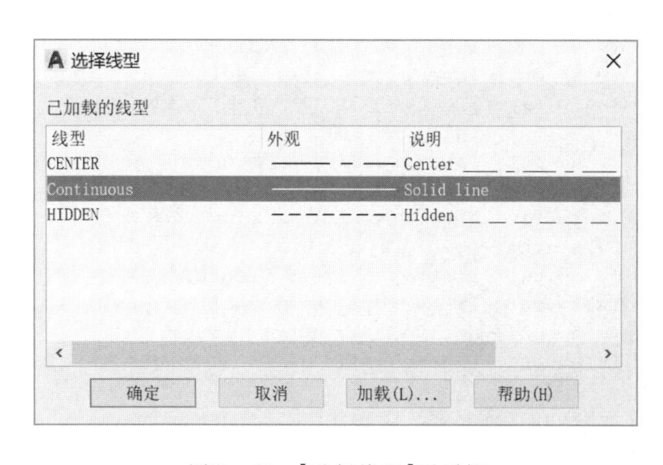

图 7-62 【选择线型】对话框

但是当图 7-62 所示的对话框中没有需要的线型时,线型设置将会失败。为了正确加载,首先应从线型库中加载需要的线型,然后将其设置到图层。方法如下:

```
(vla - Load (vla - get - Linetypes dwgobj) "hidden" "acad.lin")
```

其中,函数 vla - get - Linetypes 用来获得图 7 - 62 所示的【选择线型】对话框中的现有线型集合;vla - Load 函数用来从线型库中加载需要的线型。

综合以上内容,如果在首次打开 AutoCAD 时需要创建 3 个图层,其属性分别为:

粗实线层:颜色为黄色,线型为实线,线宽为 0.35;

虚 线 层:颜色为绿色,线型为虚线,线宽为 0.30;

点画线层:颜色为青色,线型为点画线,线宽为默认。

则完整的代码如下:

```
(defun CreatLayers ()
  (vl - load - com)                                    ;初始化 ActiveX 环境
  (setq oce (getvar "cmdecho"))                        ;保存系统变量的值
  (setvar "cmdecho" 0)                                 ;改变系统变量的值
  (setq acadobj (vlax - get - acad - object))          ;获取 AutoCAD 的对象模型
  (setq dwgobj (vla - get - ActiveDocument acadobj))   ;获取当前图形文件
  (setq mspace (vla - get - ModelSpace dwgobj))        ;获取模型空间
  (setq layersobj (vla - get - layers dwgobj))         ;获取图层集合
  (setq found1 :vlax - false found2 :vlax - false)     ;查看线型选择对话框中是否有虚
                                                        线和点画线
  (vlax - for entry (vla - get - Linetypes dwgobj)
      (if (= (vla - get - Name entry) "hidden")
            (setq found1 :vlax - true)
      )
         (if (= (vla - get - Name entry) "center")
            (setq found2 :vlax - true)
      )
  )
  (if (= found1 :vlax - false)                         ;如果没有虚线和点画线,就从线型
                                                        库中加载
       (vla - Load (vla - get - Linetypes dwgobj) "hidden" "acad.lin")
  )
  (if (= found2 :vlax - false)
       (vla - Load (vla - get - Linetypes dwgobj) "center" "acad.lin")
  )
  (setq layer1 (vla - add layersobj "粗实线层"))        ;创建粗实线层,线宽为 0.35
  (vla - put - color layer1 2)
  (vla - put - linetype layer1 "continuous")
  (vla - put - lineweight layer1 acLnWt035)
  (setq layer2 (vla - add layersobj "虚线层"))          ;创建虚线层,线宽为 0.3
  (vla - put - color layer2 3)
  (vla - put - linetype layer2 "hidden")
  (vla - put - lineweight layer2 acLnWt030)
  (setq layer3 (vla - add layersobj "点画线层"))        ;创建点画线层,线宽为默认
  (vla - put - color layer3 4)
  (vla - put - linetype layer3 "center")
  (vla - put - lineweight layer3 acLnWtByLwDefault)
  (vla - put - ActiveLayer dwgobj layer1)              ;将粗实线层设置为当前层
  (vla - put - LineWeightDisplay (vla - get - Preferences dwgobj) :vlax - true)
                                                       ;打开线宽显示
  (setvar "cmdecho" oce)                               ;还原系统变量 cmdecho 的值
  (princ)                                              ;关闭最后一行的值响应
)
```

打开 AutoCAD,加载运行该函数,则运行结果如图 7 - 63 所示。

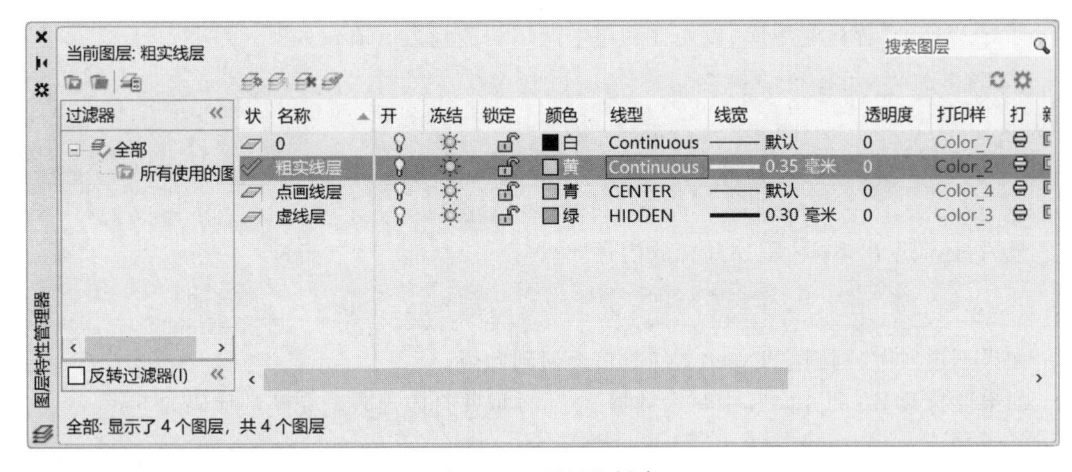

图7-63　图层的创建

注意:该函数仅仅给出了创建图层的一般流程,程序中没有任何容错代码。如果已经存在相同名称的图层,则程序运行时将会出错。

为了编写健壮的代码,读者必须添加足够的容错语句。

5. 和Excel的数据交换

ActiveX函数接口可以使AutoCAD和Excel、word之间进行数据交换,这种编程方式可以极大地提高编程的效率和程序的延展性。

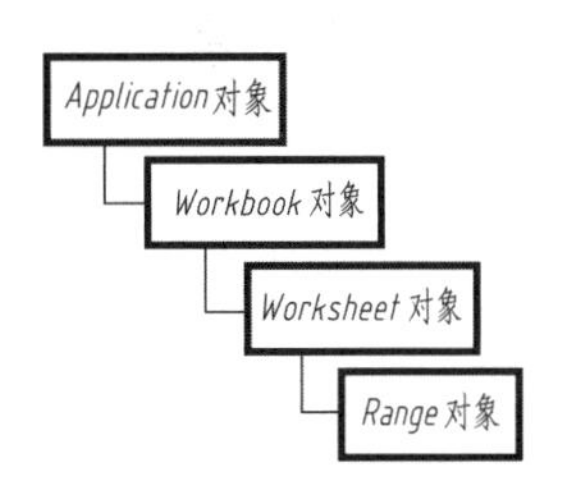

图7-64　对象模型层次关系图

为了更好地编写程序,先看如图7-64所示的Excel对象模型层次关系图。

从实际应用来看,当打开Excel时,就生成了一个应用程序(Application)对象的实例。如果在菜单中选择【文件】→【新建】选项,创建了一个新的工作簿后,就相当于在工作簿集合中添加了一个工作簿(workbook)对象,同时系统在默认的工作表集合中添加了一个工作表(worksheet)对象。

在实际应用中,工作表对应一张完整的表格。而这个表格是由每一个单元格(range)组成。多个单元格又可以组成一个更大的表格区域(range)。因此,range可以代表行、列、单元格(cell)等。

这就说明,为了操控Excel内部的单元格,必须先要按顺序获得一系列对象的句柄:

```
(setq XLobj (vlax-create-object "Excel.Application"))
(setq wb-obj (vlax-invoke-method
      (vlax-get-property XLobj 'WorkBooks)
'Add))
(setq sheetobj (MX-get-activesheet wb-obj))
(setq cells (MX-get-cells sheetobj))
```

其中,函数vlax-create-object用来创建应用程序对象的实例;函数vlax-invoke-method通过启动Add方法向工作簿集合添加一个新的工作簿;函数MX-get-activesheet用来获得当前的工作表对象;函数MX-get-cells用于获得单元格对象。

当然,为了实例化应用程序,我们还需指定Excel应用程序的安装目录:

```
(setq exlib
        "C:\\Program Files (x86)
            \\Microsoft Office
            \\root
            \\Office16
            \\EXCEL.EXE"
)
```

并导入 Excel 程序资源库，以便在程序中调用相关函数。语句如下：

```
(vlax - import - type - library
              :tlb - filename  exlib
              :methods - prefix  "MX - "
              :properties - prefix  "MX - "
              :constants - prefix  "MX - "
)
```

最后，还应退出 Excel 程序并释放内存：

```
          (vlax - invoke - method XLobj 'quit)
(vlax - release - object XLobj)
```

如果不这样做，则删除 Excel 文件时将会遇到麻烦。

如果要打开 Excel 并向其中写入数据，然后读取并打印出来。完整的代码如下：

```
(defun WriteToExcel()
   (vl - load - com)                                    ;初始化 ActiveX 环境
   (setq exlib                                          ;添入 EXCEL 应用程序资源库
        "C:\\Program Files (x86)
            \\Microsoft Office
            \\root
            \\Office16
            \\EXCEL.EXE"
   )
   (if (null MX - acos)                                 ;并指定函数前缀
        (vlax - import - type - library                 ;判断 EXCEL 资源库是否已被加载
            :tlb - filenameexlib
            :methods - prefix"MX - "
            :properties - prefix"MX - "
            :constants - prefix"MX - "
        )
   )
   (setq XLobj (vlax - create - object "Excel.Application"))
                                                        ;创建应用程序对象
   (setq wb - obj  (vlax - invoke - method              ;创建工作簿
        (vlax - get - property XLobj 'WorkBooks)
   'Add))
   (setq sheetobj (MX - get - activesheet wb - obj)) ;创建工作表
   (setq cells (MX - get - cells sheetobj))             ;获取单元格对象
   (setq ceobj -1 -1 (vlax - variant - value            ;创建单元格(1,1)对象,并写入文字
        (MX - get - item cells 1 1)
   ))
   (MX - put - value2 ceobj -1 -1 "行列 11")
   (setq ceobj -1 -2 (vlax - variant - value            ;创建单元格(1,2)对象,并写入文字
   (MX - get - item cells 1 2)
   ))
   (MX - put - value2 ceobj -1 -2 "行列 12")
   (setq ceobj -1 -3 (vlax - variant - value            ;创建单元格(1,3)对象,并写入文字
   (MX - get - item cells 1 3)
   ))
   (MX - put - value2 ceobj -1 -3 "行列 13 ")
   (setq cell -1 -1 (vlax - variant - value (MX - get - value ceobj -1 -1)))
                                                        ;取出单元格中的内容
   (princ "\nCELL -1 -1 = ")(princ cell -1 -1)
   (setq cell -1 -2 (vlax - variant - value (MX - get - value ceobj -1 -2)))
   (princ "\nCELL -1 -2 = ")(princ cell -1 -2)
   (setq cell -1 -3 (vlax - variant - value (MX - get - value ceobj -1 -3)))
   (princ "\nCELL -1 -3 = ")(princ cell -1 -3)
   (setq filename "C:\\Users\\LXT\\Desktop\\test.xlsx")
                                                        ;将 EXCEL 目前的文件保存为 xltest1.xls
   (vlax - invoke - method wb - obj "Saveas" filename nil nil nil nil nil nil)
   (vlax - invoke - method XLobj 'quit)                 ;退出 EXCEL
   (vlax - release - object XLobj)
   (setq XLobj nil)
   (princ)
)
```

其中部分语句看起来足够简单,此处不再详细说明。请读者打开 AutoCAD 并加载运行,则程序将在桌面上自动生成一个 Excel 文件。打开该文件,其内容如图 7－65 所示。

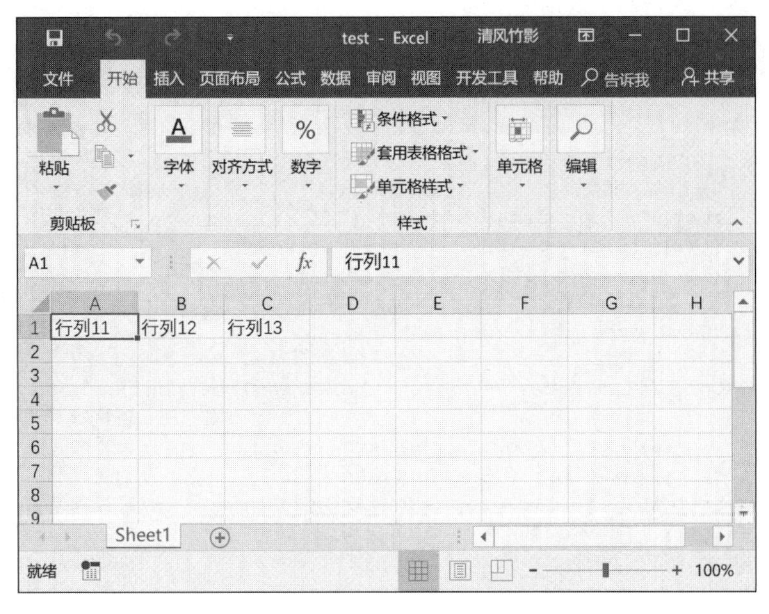

图 7－65　Excel 文件中的内容

6. 将数据写入 word 文档

和 Excel 一样,word 也有其对象模型层次关系表,如图 7－66 所示。

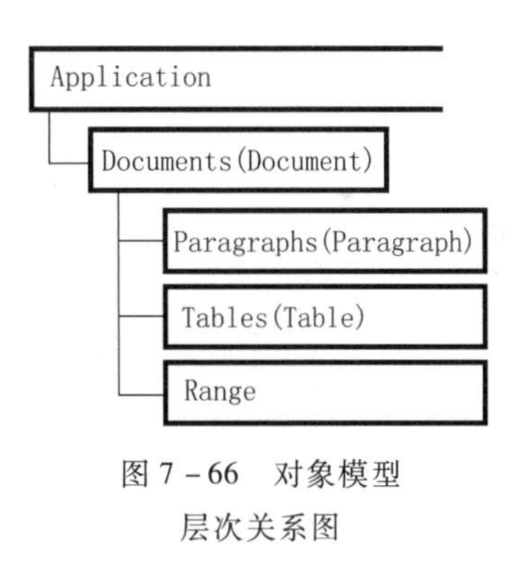

图 7－66　对象模型层次关系图

其中,Application 对象代表 Word 应用程序,是所有其他 Word 对象的最顶层对象。Application 对象包含可返回最高级对象的属性和方法,通过使用这些属性和方法可以控制整个 Word 环境。在程序中必须要通过这个对象启动 Word,才可以实现对 Word 程序的控制;进而可以打开 Word 文档,实现对其他对象的控制。

Document 对象代表一篇 Word 文档,这个对象是 Word 程序设计的重点。Document 对象是 Documents 集合中的一个元素,Documents 集合包含 Word 当前打开的所有 Document 对象。在应用程序中当打开一个已有的 Word 文档或者建立一个新的 Word 文档时,就建立了一个新的 Document 对象并将其加入 Documents 集合。因此,一般都可以通过 Documents 集合对象来访问具体的 Document 对象。

Paragraph 对象代表一个段落。

Range 对象代表文档中的一个连续范围,每一个 Range 对象由一个起始和一个终止字符位置定义。

为了在 AutoCAD 中操控 word,其做法和思路与对 excel 的操控是一样的。在指定资源路径并完成资源加载后,要顺序获取各种对象并写入内容,然后退出程序并释放内存空间。

下面是向 Word 中写入一句话的完整程序代码:

```
(defun WriteToWord ()
    (vl - load - com)                                          ;初始化 ActiveX 环境
    (setq mwlib "C:\\Program Files (x86)                      ;设置资源路径
                     \\Microsoft Office
                     \\root
                     \\Office16
                     \\MSWORD.olb")
    (if mwlib                                                  ;加载资源库
      (vlax - import - type - library
        :tlb - filename          mwlib
          :methods - prefix       "MW - "
          :properties - prefix     "MW - "
          :constants - prefix      "MW - "
      )
      (alert "Word typelib 文件不存在")
    )
    (setq WORDobj (vlax - create - object "WORD.Application"))
                                                               ;创建应用程序对象
    (setq docs (vlax - get - property WORDobj 'documents)) ;获得文件集合对象
    (setq docobj (vlax - invoke - method docs 'Add))          ;新建文档
    (setq pgobj (MW - get - paragraphs docobj))               ;获得段落集合对象
    (setq lastpgobj (MW - get - last pgobj))                  ;获得最后一段的对象集合
    (setq range (MW - get - range lastpgobj))                 ;获得最后一段的范围
    (MW - put - bold range 1)                                  ;设置字体为粗体
    (MW - insertafter range "这里是 AutoCAD。")               ;插入文字
    (setq filename "C:\\Users\\LXT\\Desktop\\test.doc")     ;设置保留路径
    (vlax - invoke - method docobj "Saveas" filename nil nil nil nil nil nil)
                                                               ;保存文件
    (vlax - invoke - method WORDobj 'quit)                    ;退出并释放内存
    (vlax - release - object WORDobj)
    (setq WORDobj nil)
    (princ)
)
```

请读者加载并运行,结果如图 7 – 67 所示。

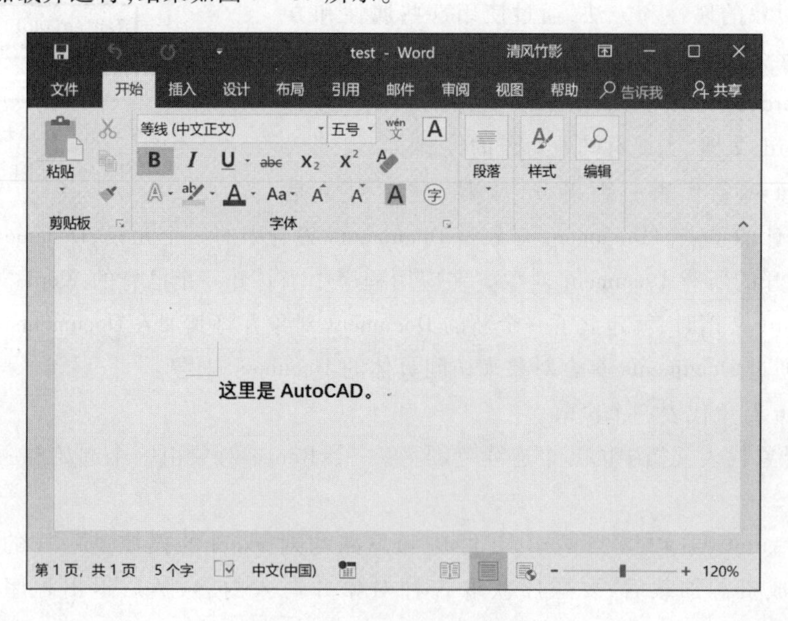

图 7 – 67　向 word 写入文本

7.4　对话框控制语言(DCL)

Visual LISP 只能提供程序逻辑业务,如果需要表现层,则对话框控制语言(DCL)是必须的。通过对话框控制语言,我们可以创建用于人机交互的对话框,大大增加交互的友好性。

接下来的篇幅中,首先将讨论对话框的描述方法,然后讲述如何用 Visual LISP 编程驱动对话框工作。

DCL 的基本语法格式如下:

```
dcl_demo : dialog                  //定义了一个名为"dcl_demo" 的对话框
{
        label = "我的对话框";      //对话框标题栏
        … …
        ok_cancel;                 // "确定"和"取消"按钮
}
```

其中,对话框的名称和组件名 dialog 之间有一个冒号,前后各有一空格;定义对话框内部控件时,要用大括号括住定义语句,而且每个语句之后必须加一个分号作为结尾;跟 Visual LISP 的注释不同,DCL 程序内部的注释以双斜线开头。

这种用语言描述的对话框不能直观地观察到对话框的布局结构。为了观察和了解对话框的外观样式,我们一般采用以下步骤:

步骤 01　编写文件并保存

打开 Visual LISP 编辑器,键入以下代码并保存(文件名和路径任意)。

```
dcl_demo : dialog
{
        label = "自定义对话框";
        ok_cancel;
}
```

步骤 02　预览对话框

依次单击 Visual LISP 编辑器顶部菜单栏中的【工具】→【界面工具】→【预览编辑中的 DCL】按钮,弹出图 7-68 所示的对话框。在该对话框中输入要预览的对话框名称,然后单击【确定】按钮。

此时,系统将界面切回 AutoCAD 主界面并显示用户定义的对话框,如图 7-69 所示。

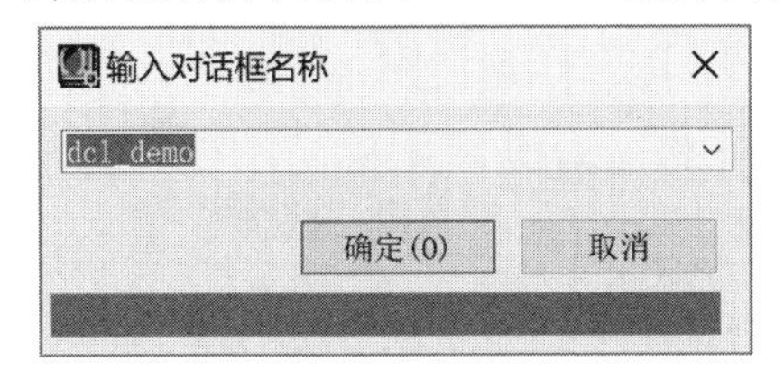

图 7-68　输入对话框名称

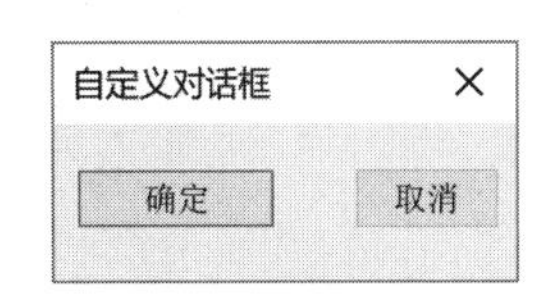

图 7-69　自定义对话框

预览结束后,单击对话框上的【确定】按钮,可再次返回 Visual LISP 编辑器进行调整和编辑。

到目前为止,我们只能观察对话框的样式。至于如何用程序驱动对话框工作,之后会进行讨论。

下面是程序中常用的一些对话框组件，请读者键入预览并进行测试。

1. 单选钮

单选按钮的 DCL 程序如下：

```
dcl_demo : dialog
{
      label = "示例对话框";
      : radio_button                        //定义一个单选按钮
           {
                key = "myradio";      //单选按钮的引用名称
                label = "单选按钮!";   //单选按钮的说明文字
           }
      ok_cancel;
}
```

运行程序，结果如图 7－70 所示。

2. 复选钮

复选钮的 DCL 程序如下：

```
dcl_demo : dialog
{
      label = "示例对话框";
      :toggle                               //定义一个复选按钮
           {
                key = " mytoggle ";   //复选按钮的引用名称
                label = "复选按钮!";   //复选按钮的说明文字
           }
      ok_cancel;
}
```

运行程序，结果如图 7－71 所示。

图 7－70　单选按钮示例

图 7－71　复选按钮示例

3. 按钮

按钮的 DCL 程序如下：

```
dcl_demo : dialog
{
      label = "示例对话框";
      :button                              //定义一个按钮
           {
                key = " mybutton ";  //按钮的引用名称
                label = "按钮";       //按钮的说明性文字
           }
      ok_cancel;
}
```

运行程序，结果如图 7－72 所示。

4. 编辑框

编辑框的程序如下：

```
dcl_demo : dialog
{
      label = "示例对话框";
      :edit_box                             //定义一个按钮
            {
              key = " myeditbox ";  //按钮的引用名称
              label = "编辑框:";     //按钮的说明性文字
            }
       ok_cancel;
}
```

运行程序,结果如图 7 - 73 所示。

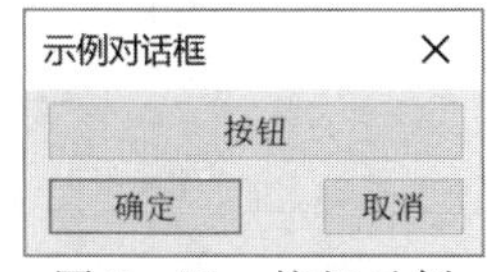

图 7 - 72　按钮示例

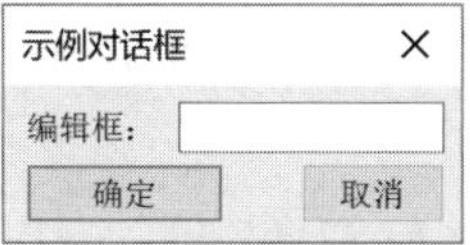

图 7 - 73　编辑框示例

5. **标签栏**

标签栏的程序为:

```
dcl_demo : dialog
{
      label = "示例对话框";                         //对话框标题栏上的内容
      :text                                         //定义一个标签
           {
              key = " mytext ";                     //标签的引用名称
              label = "标签栏,用作文字性说明!";     //标签的说明性文字
           }
       ok_cancel;
}
```

运行程序,结果如图 7 - 74 所示。

6. **滚动条**

滚动条的程序如下:

```
dcl_demo : dialog
{
     label = "示例对话框";
     :slider                             //定义一个滚动条
             {
             key = " myslider ";     //滚动条的引用名称
              layout = horizontal; //滚动条是水平放置的
              max_value = 100;       //滚动条的最大值为 100
              min_value = 1;         //滚动条的最小值为 1
              value = 50;            //滚动条的初始值为 50
             }
      ok_cancel;
}
```

运行程序,结果如图 7 - 75 所示。

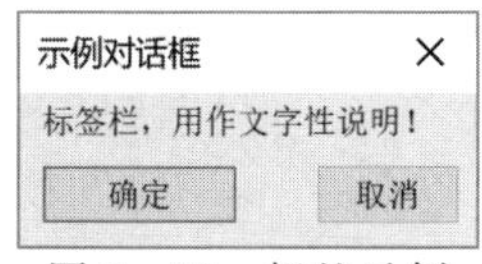

图 7 - 74　标签示例

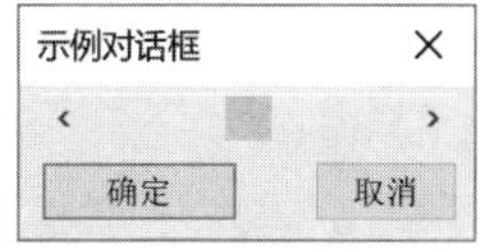

图 7 - 75　滚动条示例

7. **下拉列表框**

下拉列表框的程序如下:

```
dcl_demo : dialog
{
     label = "示例对话框";
     : popup_list                                //定义下拉列表框
        {
          key = "mypopup";                       //下拉列表框的引用名称
          label = "在下拉列表框中选择:";          //下拉列表框的说明性文字
          list = "选项 1 \n 选项 2 \n 选项 3";    //下拉列表框的内容
          edit_width = 12;                       //下拉列表框的宽度
        }
     ok_cancel;
}
```

运行程序,结果如图7-76所示。

8. 列表框

列表框的程序如下:

```
dcl_demo : dialog
{
     label = "示例对话框";
     : list_box                                  //定义列表框
        {
          key = "mylist";                        //列表框的引用名称
          label = "列表框:";                     //列表框的说明性文字
          list = "选项 1 \n 选项 2 \n 选项 3";   //列表框中的内容
          height = 12;                           //列表框的高度
        }
      ok_cancel;
}
```

运行程序,结果如图7-77所示。

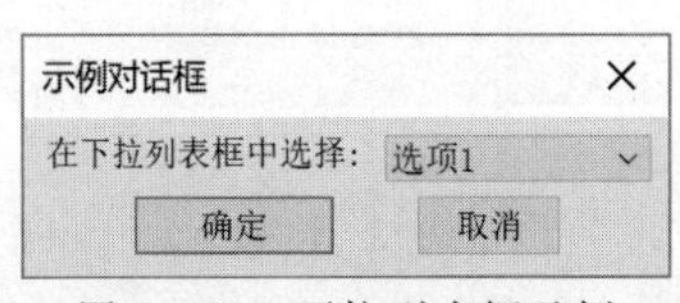

图7-76　下拉列表框示例

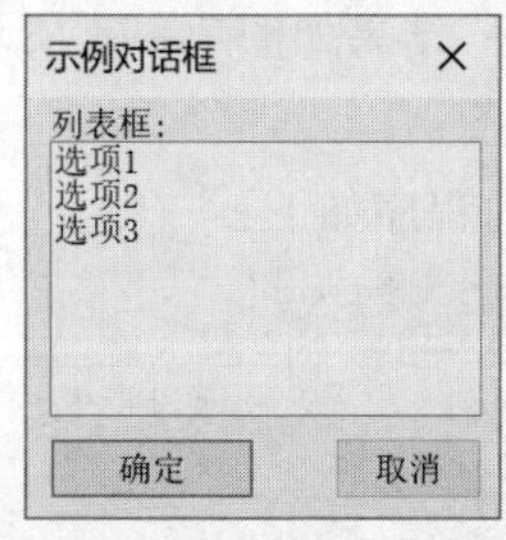

图7-77　列表框示例

到目前为止,读者仅能看到对话框的外观样式。为了将对话框用于程序中,还需要编写对话框的驱动程序。

下面以单选按钮为例来讲述对话框驱动程序的编写思路。

【例题1】编写如图7-78所示的对话框及其驱动程序,并将用户的选择输出到命令行。

该对话框中共有4个单选按钮且成一组分布。为了方便书写对话框程序,我们先给出对话框框架,然后添加对话框组件。步骤如下:

步骤01　首先编写对话框外部框架:

```
dcl_demo : dialog
{
     label = "示例对话框";
     ok_only;
}
```

运行代码,结果如图7-79所示。

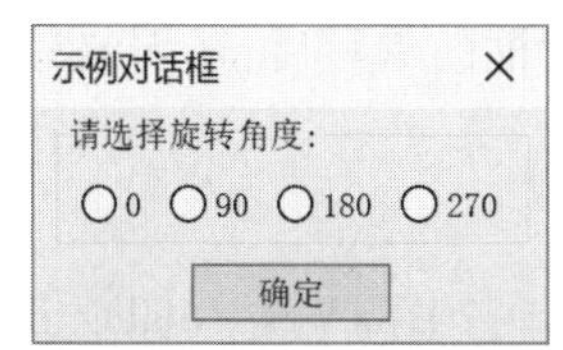

图 7－78　单选按钮应用

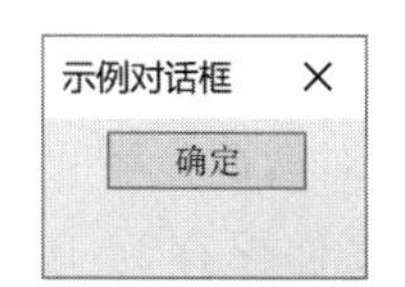

图 7－79　对话框框架

步骤 02　在对话框中添加编组框,代码如下:

```
dcl_demo : dialog
{
     label = "示例对话框";
     : boxed_radio_row
         {
           key = "rot_angle";
           label = "请选择旋转角度:";
         }
     ok_only;
}
```

boxed_radio_row 说明要定义的组件为编组框,该编组框的名称由 key 属性确定,而 label 属性定义了编组框的文字性说明。

运行代码,结果如图 7－80 所示。

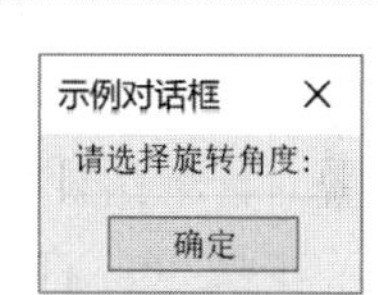

图 7－80　编组框的定义

编组框的作用就是将同种类型的组件进行编组,使其在外观上更易识别。按照题目的要求,接着应该在编组框内连续定义 4 个单选按钮。

步骤 03　定义 4 个单选按钮,代码为:

```
dcl_demo : dialog
{
     label = "示例对话框";
      : boxed_radio_row
      {
         key = "rot_angle";
         label = "请选择旋转角度:";

         : radio_button
           {
             key = "angle0";
             label = "0";
           }
         : radio_button
           {
             key = "angle90";
             label = "90";
           }
         : radio_button
           {
             key = "angle180";
             label = "180";
           }
         : radio_button
           {
             key = "angle270";
             label = "270";
           }
      }
     ok_only;
}
```

如此,便得到题目要求的对话框样式。完成对话框的编写后,还需编写其驱动程序。下面是具体步骤:

步骤 04　保存对话框程序并加载。

将上述 DCL 文件保存为 D:/Autodesk/AutoCAD 2018/Vlisp/dialog. dcl 后,再利用函数 load_dialog 进行加载,方法如下:

```
(load_dialog "dialog.dcl")
```

为了方便编程和提高代码的可读性,一般将加载语句写成:

```
(setq dcl_id  (load_dialog "dialog.dcl"))
```

如此,对话框文件加载后,程序将文件识别码赋值给变量 dcl_id。

步骤 05　打开对话框。

用函数 new_dialog 打开对话框,用法如下:

```
(new_dialog "dcl_demo" dcl_id)
```

其中,dcl_demo 为对话框的名称,dcl_id 为对话框文件的识别码。

按照顺序,对话框一旦打开,就应该将其显示出来。但是在一般情况下,显示之前还需要设置对话框组件的一些状态。

步骤 06　将第 1 个单选按钮设置为选中状态。

一般情况下,应该给单选按钮组一个默认值。这个例子中,我们将第 1 个单选按钮设置为选中状态。为此,应用 set_tile 函数来完成设置:

```
(set_tile "angle0" "1")
```

其中,angle0 为第 1 个单选按钮的名称,1 表示该按钮处于选中状态。

函数 set_tile 仅在外观上使单选按钮呈现选中状态,为了在程序中使用该状态,还需要用变量同步记录单选按钮对应的值:

```
(setq r_ang 0)
```

其中,r_ang 为自定义变量,用来记录 dangq 选中的单选按钮的值。

步骤 07　设置用户鼠标动作。

当用户单击任意一个单选按钮时,程序都应响应用户的选择并将被选中按钮的值记录下来。为此,需要设置鼠标动作响应函数。

函数 action_tile 用来设置对话框组件的鼠标动作,其使用方法如下:

```
(action_tile "rot_angle" "自定义动作函数")
```

其中,rot_angle 为编组组件的名称,第二个参数为自定义动作函数。通过 action_tile 函数设置后,一旦用户用鼠标单击了编组组件中的任意一个单选按钮,AutoCAD 系统都将第一时间调用自定义动作函数。

为了正确记录当前被选中的单选按钮的值,我们将自定义动作函数,定义如下:

```
(defun choose(ang)
  (cond
     ((= ang "angle0")   (setq r_ang 0))
     ((= ang "angle90")  (setq r_ang 90))
     ((= ang "angle180") (setq r_ang 180))
     ((= ang "angle270") (setq r_ang 270))
  )
)
```

然后将此函数加入对话框组件的动作设置语句：

```
(action_tile "rot_angle" "(choose $value)")
```

这时，当用户单击任意一个单选按钮时，AutoCAD 自动将该按钮的名称赋值给变量 $value，同时调用 choose 函数。

由 choose 函数的结构可知，用户的选择不同，变量 r_ang 将记录对应的角度值。

注意：$value 是系统变量，不需要单独定义。

除此以外，还需要设置【确定】按钮的动作函数。一般来讲，用户单击【确定】按钮后，对话框自然销毁，所以，其动作函数的设置如下：

```
(action_tile "accept" "(done_dialog)")
```

其中，accept 为【确定】按钮的名称，done_dialog 函数用来结束对话框的显示。

步骤 08　显示对话框。

为了显示打开的对话框，应使用函数 start_dialog，其用法如下：

```
(start_dialog)
```

步骤 09　完整的驱动程序。

为了便于读者阅读，下面给出完整的对话框驱动程序：

```
(defun myradio()
    (setq dcl_id  (load_dialog "dialog.dcl"))         ;加载对话框文件，将返回文件识别
                                                       码的值赋予 dcl_id
    (if(not (new_dialog "dcl_demo" dcl_id)) (exit));检查打开对话框是否成功
    (defun choose(ang)                                 ;回调函数
      (cond
        ((= ang "angle0"  ) (setq r_ang 0  ))
        ((= ang "angle90" ) (setq r_ang 90 ))
        ((= ang "angle180") (setq r_ang 180))
        ((= ang "angle270") (setq r_ang 270))
      )
    )
    (set_tile "angle0" "1")                            ;设定第一个单选按钮处于选中状态
    (setq r_ang 0)                                     ;将 r_ang 的初始值设为 0
    (action_tile "rot_angle" "(choose $value)")        ;用户选择的时候进行判断，返回所
                                                       选的值
    (action_tile "accept" "(done_dialog)")             ;如果单击确定按钮，则销毁对话框
    (start_dialog)                                     ;显示对话框
    (princ "\n 当前角度为  ")                          ;将所选的数值进行输出
    (princ r_ang)
    (princ "度!")
    (unload_dialog dcl_id)                             ;卸载对话框文件
    (princ)
)
```

将该函数保存为 D:/Autodesk/AutoCAD 2018/Vlisp/first.lsp，以便后期加载运行。

步骤 10　加载并运行。

在命令行输入下面的语句进行加载并运行：

```
(load"first.lsp")
(myradio)
```

结果如图 7 - 81 所示。

【例题2】创建如图7-82所示的对话框并输出用户输入的内容。

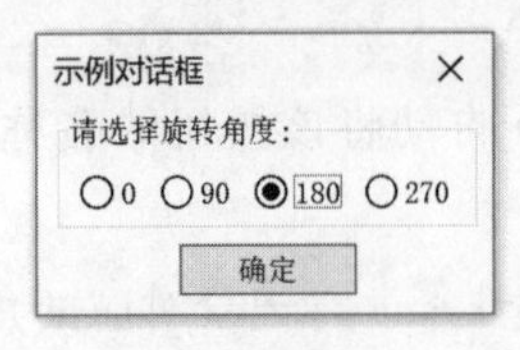


```
您选择了  180  度!
命令: (myradio)
键入命令
```

图7-81　程序运行结果

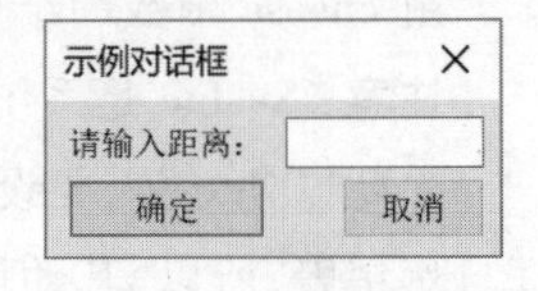

图7-82　编辑框的应用

步骤01　编写对话框描述文件并保存;

```
dcl_demo : dialog
{
      label = "示例对话框";
      :edit_box
             {
               key = "text";
               label = "请输入距离:";
             }
      ok_cancel;
}
```

步骤02　编写对话框驱动程序。

```
(defun puttext()
  (setq dcl_id (load_dialog "dialog.dcl"))          ;加载对话框文件,将文件识别码的值
                                                      赋予 dcl_id
  (if(not (new_dialog "dcl_demo" dcl_id)) (exit))   ;检查对话框的创建是否成功
  (mode_tile "text" 2)                               ;使编辑框具有焦点
  (action_tile "text" "(setq thetext $value)")       ;设置编辑框的动作函数
  (setq oke (start_dialog))                          ;开始接受用户的输入,如果用户单击
                                                      "确定",则 oke =1
  ;将所输入的内容进行输出
  (if (= oke 1) (progn (princ "\n 距离为:")  (princ thetext)))
  (unload_dialog dcl_id)                             ;卸载对话框文件
  (princ)
)
```

读者可能注意到,驱动程序的框架基本相同,不同的仅仅是针对不同组件的代码设置。其中函数 mode_tile 用来设定组件的当前状态,当组件名后的参数为2时,则该组件处于激活状态并能进行输入操作。action_tile 函数的作用是,当用户单击【确定】按钮后,自动获取编辑框内的内容并将其赋值给变量 thetext。

对于其他的组件,限于篇幅,就不再一一展开。请读者参阅相关技术资料。

第二篇　BIM 简介与 Revit 2018 入门

BIM概述

8.1　什么是 BIM

BIM——Building Information Modeling，即建筑信息模型。

BIM 是指基于最先进的三维数字设计解决方案所构建的“可视化”的数字建筑模型，为设计师、建筑师、水电暖铺设工程师、开发商乃至最终用户等各环节人员提供“模拟和分析”的科学协作平台，帮助他们利用三维数字模型对项目进行设计、建造及运营管理。

对于设计师、建筑师和工程师而言，应用 BIM 不仅要求将设计工具实现从二维到三维的转变，更需要在设计阶段贯彻协同设计、绿色设计和可持续设计理念。其最终目的是使得整个工程项目在设计、施工和使用等各个阶段都能够有效地实现节省能源、节约成本、降低污染和提高效率。

1. 美国国家 BIM 标准

2007 年底，NBIMS - US V1（美国国家 BIM 标准第一版）正式颁布，该标准对 Building Information Model（BIM）和 Building Information Modeling（BIM）都给出了定义。

其中对前者的定义为：“Building Information Model 是设施的物理和功能特性的一种数字化表达。因此，它从设施的生命周期开始就作为其形成可靠决策的基础信息共享知识资源”。该定义十分简洁，强调了 Building Information Model 是一种数字化表达，是支持决策的共享知识资源。

对后者的定义为：“Building Information Modeling 是一个建立设施电子模型的行为，其目标为可视化、工程分析、冲突分析、规范标准检查、工程造价、竣工的产品、预算编制和许多其他用途”。该定义明确了 Building Information Modeling 是一个建立电子模型的行为，强调了其过程的动态性，以及目标具有的多样性。

2. 我国《建筑信息模型应用统一标准》

根据我国 2016 年颁布的《建筑信息模型应用统一标准》（GB/T 51212—2016），“BIM”可以指“Building Information Modeling”“Building Information Model”“Building Information Management”三个相互独立又彼此关联的概念。Building Information Model 是建设工程(如建筑、桥梁、道路)及其设施的物理和功能特性的数字化表达,可以作为该工程项目相关信息的共享知识资源,为项目全生命期内的各种决策提供可靠的信息支持。Building Information Modeling 是创建和利用工程项目数据在其全生命期内进行设计、施工和运营的业务过程,允许所有项目相关方通过不同技术平台之间的数据互用在同一时间利用相同的信息。Building Information Management 是使用模型内的信息支持工程项目全生命期信息共享的业务流程的组织和控制,其效益包括集中和可视化沟通、更早进行多方案比较、可持续性分析、高效设计、多专业集成、施工现场控制、竣工资料记录等。在本标准中,将建筑信息模型的创建、使用和管理统称为“建筑信息模型应用”,简称“模型应用”。

值得注意的是,在我国的标准中,并未对两种 BIM 的英文表达进行区分,这使得 BIM 的定义更为全面,表达更为清晰化,方便广大相关从业者对 BIM 的理解。

8.2 BIM 的特点

BIM 本身有以下特点。

1. 可视化

对于建筑行业来说,BIM 为复杂的建筑结构和不可见的建筑内部结构提供了可视化的思路,让人们能够直观的看到立体的三维实物。如图 8-1 所示,借助计算机技术及相关建模软件,设计师将要建造的建筑物首先创建成真实的模型,展示给设计、施工和管理等相关各方,这样,就能够在完全可视化的状态下方便相关各方进行项目设计、建造、运维过程中的沟通、讨论、决策。同时 BIM 的可视化能够让相关各方同建筑构件之间形成互动和即时反馈。

图 8-1 BIM 的可视化

现代建筑设计的趋势必然是从现有的 323 模式即“三维(大脑中的想法)”——→“二维(设计图纸)”——→“三维(真实建筑)”逐步过渡到 333 模式即“三维(大脑中的想法)”——→“三维建筑信息模型”——→“三维(真实建筑)”。

2. 协调性

设计、施工及管理等各方的协调是建筑业中常见的问题之一。在传统的二维设计过程中,建筑结构中各构件之间也常常会出现位置上的冲突，由于结构复杂，往往直到施工过程中才会发现，从而造成返工及资源的浪费，如图8－2所示。

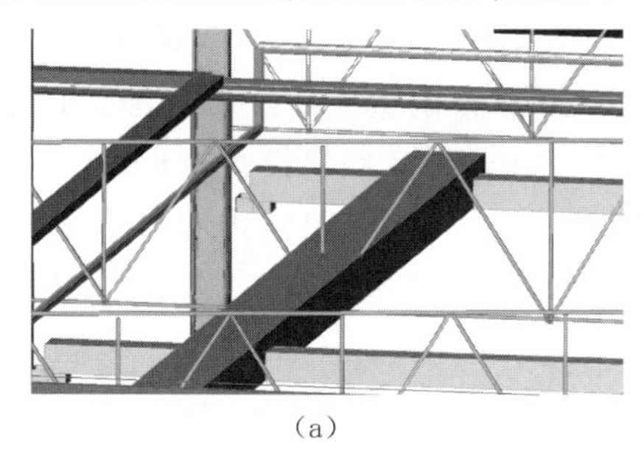

(a)

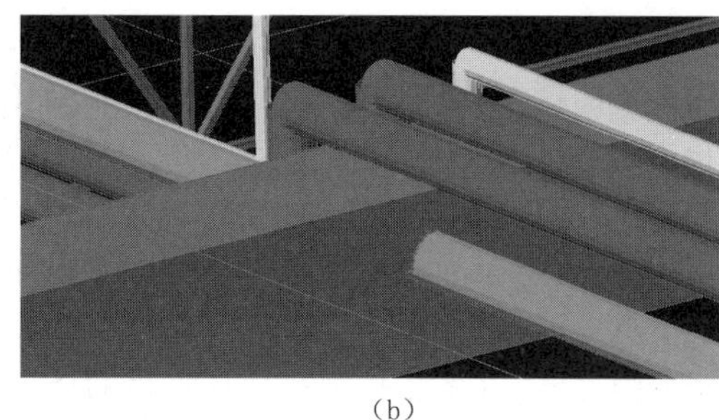

(b)

图8－2　建筑构件的冲突

BIM的协调性服务不仅可以减少各方在发现问题后不断协商所占用的时间，通过使用BIM技术，建立建筑物的BIM模型，还可以在建造前期完成建筑、结构、设备平面图布置及楼层高度的检查及协调、预制件布置与其他设计布置之间的协调等等，预防相关问题的出现。

3. **模拟性**

在工程设计过程中，BIM可以进行各种模拟实验，例如节能模拟、日照模拟、热能传导模拟等；在招投标和施工阶段可以基于三维模型加项目的发展时间进行4D模拟，以确定合理的施工方案，也可以基于3D模型的造价控制进行5D模拟，以实现成本控制；在后期运营阶段可以模拟日常紧急情况的处理方式，例如地震逃生模拟，火警疏散模拟等。

4. **优化性**

基于BIM的基础，可以对整个设计、施工、运营的过程进行更好的优化。由于BIM提供的建筑模型本身就包括了建筑物实际存在的所有信息，包括几何信息、物理信息、规则信息等，还提供了建筑变化的即时实际状况。那么只需要相关从业人员将这些信息同业主需求或是己方需求有机结合，就能够分析出设计变更对各方收益的影响，从而方便各方进行决策的进行。

8.3　BIM的发展前景

BIM的核心是通过建立虚拟的建筑工程三维模型，利用数字化技术，为这个模型提供完整的、与实际情况一致的建筑工程信息库。该信息库不仅包含描述建筑物构件的几何信息、专业属性及状态信息，还包含了非构件对象（如空间、运动行为）的状态信息。借助这个包含建筑工程信息的三维模型，大大提高了建筑工程的信息集成化程度，从而为建筑工程项目的相关利益方提供了一个工程信息交换和共享的平台。

1. **国内BIM标准的研究与制定**

近年来，我国针对BIM标准化进行了一系列的研究工作。

2007年，中国建筑标准设计研究院提出了《建筑对象数字化定义》（JG/T 198—2007）标准，其非等效采用了国际上的IFC标准《工业基础类IFC平台规范》，并对IFC标准进行了简化。2008年，由中国建筑科学研究院、中国标准化研究院等单位共同起草了《工业基础类平台规范》（GB/T 25507—2010），等同采用IFC（ISO/PAS 16739：2005），在技术内容上与其完全保持一致，并根据我国国家标准的制定要求，在编写格式上做了一些改动。2010年清华大学软件学院BIM

课题组提出了中国建筑信息模型标准框架(China Building Information Model Standards,CBIMS),框架中技术规范主要包括3个方面的内容:数据交换格式标准IFC、信息分类及数据字典IFD和流程规则IDM,BIM标准框架主要包括标准规范、使用指南和标准资源三大部分。

经过多年的探索、研究,我国在2016年颁布了《建筑信息模型应用统一标准》,以下简称《标准》(GB/T 51212—2016)。《标准》充分考虑了我国国情和工程建设行业现阶段特点,创新性地提出了我国建筑信息模型(BIM)应用的一种实践方法(P-BIM),内容科学合理,具有基础性和开创性,对促进我国建筑信息模型应用和发展具有重要指导作用。《标准》是我国第一部建筑信息模型应用的工程建设标准,提出了建筑信息模型应用的基本要求,是建筑信息模型应用的基础标准,可作为我国建筑信息模型应用及相关标准研究和编制的依据。《标准》的实施将为国家建筑业信息化能力提升奠定基础。

2. BIM在未来的主要应用

BIM在未来将有以下用途:

①模型维护:即利用BIM平台汇总各项目团队所有建筑工程信息,并且将得到的信息结合三维模型进行整理和储存,与项目各相关利益方即时共享。

②场地分析:通过BIM结合地理信息系统(GIS),可以对场地及拟建的建筑物空间数据进行建模,以帮助项目在规划阶段评估场地,从而做出场地规划、组织关系、建筑布局等关键决策。

③建筑策划:项目团队在建筑规划阶段,可以借助BIM及相关分析数据,分析最佳方案,满足业主的要求和当地相关的法律法规。

④方案论证:在方案论证阶段,项目投资方可以使用BIM来评估设计方案的布局、视野、照明、安全、人体工程学、声学、纹理、色彩及规范的遵守情况。通过数据对比和模拟分析,找出不同解决方案的优缺点,从而减少决策时间。

⑤可视化设计:三维可视化设计软件让业主和设计师之间能够更好的交流,更重要的是通过工具的提升,使设计师能使用三维的方式来完成建筑设计。

⑥协同设计:BIM为协同设计提供底层支撑,结合建筑全生命周期,让规划、设计、施工、运营等各方能够集体参与。

⑦性能化分析:利用BIM技术,将带有信息的模型直接导入相关的性能化分析软件,就可以得到相应的分析结果,自动分析大大降低了性能化分析的周期,提高了设计质量。

⑧工程量统计:通过BIM获得准确的工程量统计可以用于前期设计过程中的成本估算、在业主预算范围内不同设计方案的探索或者不同设计方案建造成本的比较,以及施工开始前的工程量预算和施工完成后的工程量决算。

⑨管线综合:通过搭建各专业的BIM模型,能基本避免施工中可能遇到的碰撞冲突,显著减少由此产生的变更。

⑩施工进度模拟:通过将BIM与施工进度计划相链接,将空间信息与时间信息整合在一个可视的4D+3D+Time模型中,可以直观、精确地反映整个建筑的施工过程,从而对投标单位的施工经验和实力做出更准确的评估。

⑪施工组织模拟:通过BIM可以对项目的重点或难点部分进行可建性模拟,对施工安装方案进行分析优化,以提高施工效率和施工方案的安全性。

⑫施工现场配合:BIM提供了一个三维的交流环境,是一个便于施工现场各方交流的沟通平台,可以让项目各方人员方便地协调项目方案,及时排除风险隐患,减少由此产生的变更,从

而缩短施工时间。

⑬竣工模型交付:BIM能将建筑物空间信息和设备参数信息有机地整合起来,实现包括隐蔽工程资料在内的竣工信息集成,为后续的物业管理和扩建、拆除施工带来便利。

⑭维护计划:BIM模型可以结合运营维护管理系统合理制定维护计划,分配专人专项维护工作,以降低建筑物在使用过程中出现突发状况的概率。

⑮空间管理:BIM可以用于有效管理建筑设施及资产等资源,处理空间变更请求,分析现有空间使用情况,合理分配建筑物空间,确保空间资源的最大利用率。

⑯建筑系统分析:BIM结合专业的建筑物系统分析软件,避免了重复建立模型和采集系统参数,验证建筑物是否按照特定的设计规定和可持续标准建造,以提高整个建筑的性能。

⑰灾害应急模拟:利用BIM及相应灾害分析模拟软件,可以在灾害发生前,模拟灾害发生的过程,制定避免灾害发生的措施,以及发生灾害后人员疏散、救援支持的应急预案。

8.4 常用的BIM软件

时至今日,建筑业依靠一个软件解决所有问题的时代已经一去不复返了。换句话说,BIM不是一款软件的事,也不是一类软件的事,要充分发挥BIM的价值,涉及常用的BIM软件数量会有十几个,甚至几十个。

1. BIM建模软件

(1)BIM核心建模软件

用于BIM技术建模的软件英文通常叫"BIM Authoring Software",是BIM的基础,因此称之为"BIM核心建模软件"。

①Autodesk公司的Revit建筑、结构和机电系列,以及在民用建筑市场借助旗下的AutoCAD都有相当不错的市场表现。

②Bentley建筑、结构和设备系列,Bentley产品在工厂设计(石油、化工、电力、医药等)和基础设施(道路、桥梁、市政、水利等)领域有无可争辩的优势。

③Nemetschek公司的ArchiCAD/AllPLAN/VectorWorks三款软件,在中国由于其专业配套的功能(仅限于建筑专业)与多专业一体的设计院体制不匹配,因而很难实现业务突破。

④Dassault公司的CATIA是全球最高端的机械设计制造软件,在航空、航天、汽车等领域具有接近垄断的市场地位,而与工程建设行业的项目特点和人员特点的对接问题则是其不足之处。

(2)BIM方案设计软件

BIM方案设计软件用在设计初期,其主要功能是把业主设计任务书里面基于数字的项目要求转化成基于几何形体的建筑方案,用于沟通方案和研究论证。BIM方案设计软件可以帮助设计师验证设计方案和业主设计任务书中的项目要求相匹配,并继续验证满足业主要求的情况。目前主要的BIM方案软件有Onuma Planning System和Affinity等。

(3)和BIM接口的几何造型软件

在设计初期阶段,遇到形体、体量研究或者复杂建筑造型的情况时,使用几何造型软件会比直接使用BIM核心建模软件更方便、效率更高,甚至可以实现BIM核心建模软件无法实现的功能。目前常用的几何造型软件有 Sketchup、Rhino 和 FoimZ 等。

2. 围绕核心模型的应用软件

(1)BIM 可持续(绿色)分析软件

可持续或者绿色分析软件可以使用 BIM 模型的信息对项目进行日照、风环境、热工、景观可视度、噪声等方面的分析,主要软件有国外的 Echo - tect、IES、Green Building Studio 以及国内的 PKPM 等。

(2)BIM 机电分析软件

国内针对水暖电等设备和电气分析的软件产品有鸿业、博超等,国外产品有 Designmaster、IES Virtual Environment、Trane Trace 等。

(3)BIM 结构分析软件

目前结构分析软件和 BIM 核心建模软件基本上可以实现双向信息交换,即结构分析软件可以使用 BIM 模型信息进行结构分析,分析结果对结构的调整又可以及时反馈到 BIM 核心建模软件中,自动更新 BIM 模型。ETABS、STAAD、Robot 等国外软件以及 PKPM 等国内软件都可以跟 BIM 核心建模软件配合使用。

(4)BIM 可视化软件

可视化软件减少了可视化建模的工作量,提高了模型的精度,并能够快速产生可视化效果。常用的可视化软件包括 3DS Max、ArtlantiS、Ac - cuRender 和 Lightscape 等。

(5)BIM 深化设计软件

Tekla Structure(Xsteel)可以使用 BIM 核心建模软件的数据,对钢结构进行面向加工、安装的详细设计,生成钢结构施工图(加工图、深化图、详图)、材料表、数控机床加工代码等。

(6)BIM 模型综合碰撞检查软件

模型综合碰撞检查软件的基本功能包括集成各种三维软件创建的模型,进行 3D 协调、4D 计划、可视化、动态模拟等,属于项目评估、审核软件的一种。常见的模型综合碰撞检查软件有 Autodesk Navisworks、Bentley Projectwise Navigator 和 Solibri Model Checker 等。

(7)BIM 造价管理软件

造价管理软件利用 BIM 模型提供的信息进行工程量统计和造价分析,由于 BIM 模型结构化数据的支持,基于 BIM 技术的造价管理软件可以根据工程施工计划动态提供造价管理需要的数据,即 BIM 技术的 5D 应用。国外的 BIM 造价管理有 Innovaya 和 Solibri,鲁班是国内 BIM 造价管理软件的代表。

(8)BIM 运营管理软件

BIM 模型应用的重要目标之一是为建筑物的运营管理阶段服务,美国运营管理软件 ArchiBUS 是最有市场影响的软件之一。

(9)二维绘图软件

从 BIM 技术的发展目标来看,二维施工图是 BIM 模型中的一个表现形式和一个输出功能,不再需要有专门的二维绘图软件与之配合,但在目前情况下,施工图仍然是工程建设行业设计、施工、运营所依据的法律文件,因此二维绘图软件仍然是不可或缺的施工图生产工具。最有影响的二维绘图软件即 Autodesk 的 AutoCAD 和 Bentley 的 Microstation。

初识Revit 2018

9.1 Revit 2018 的安装、启动和退出

1. Revit 2018 的安装

首先下载 Revit 2018 软件安装包。

下载地址为：https://www.autodesk.com.cn/products/revit/overview。下载后按照安装提示逐步完成安装即可。

由于安装包的体积较大，所以安装过程费时较长，需要耐心等待。

为了得到较好的软件使用体验，Autodesk 官方推荐了表 9－1 所示的硬件配置，请读者在安装软件时予以参考。

表 9－1 推荐的硬件配置

操作系统	Microsoft Windows 7 SP1 及以上的 64 位操作系统
CPU 类型	尽量选用高频的支持 SSE2 技术的多核 Intel Xeon 处理器 / Intel 的 I 系列处理器 / AMD 同等级别处理器
内存	8 GB RAM
视频显示	1680×1050 真彩色显示器
视频适配器	支持 DirectX 11 和 Shader Model 5 的显卡
磁盘空间	5 GB 可用磁盘空间
浏览器	Microsoft Internet Explorer 7.0（或更高版本）

2. Revit 2018 的启动

软件安装后，可用下列方法之一启动 Revit 2018。

- 单击操作系统的【开始】菜单，弹出图 9－1 所示的系统菜单，选择并单击【Autodesk】文件夹，在展开的菜单列表中单击【Revit 2018】按钮；
- 双击如图 9－2 所示的软件桌面图标。

图 9 - 1 单击【Revit 2018】

图 9 - 2 Revit 2018 桌面图标

软件启动后,将弹出图 9 - 3 所示的初始界面,其中包括【项目】、【族】和【资源】三部分。

在初始界面状态下,功能区的命令按钮全部处于灰显,用户无法进行绘图和建模操作。

图 9 - 3 Revit 2018 初始界面

3. Revit 2018 **的退出**

如果要退出软件,有下列几种方法:

- 如图 9 - 4 所示,单击软件右上角的【关闭】按钮;
- 单击软件左上角的系统图标(即 R),弹出图 9 - 5 所示的系统菜单后,选择【关闭】即可;
- 单击软件左上角的【文件】菜单,弹出图 9 - 6 所示的面板后,单击【退出 Revit】按钮。

软件退出时,系统将提示用户保存项目文件。此时,应仔细阅读提示信息,避免项目文件被覆盖或丢失。

图 9－4　单击【关闭】按钮

图 9－5　单击【关闭】按钮

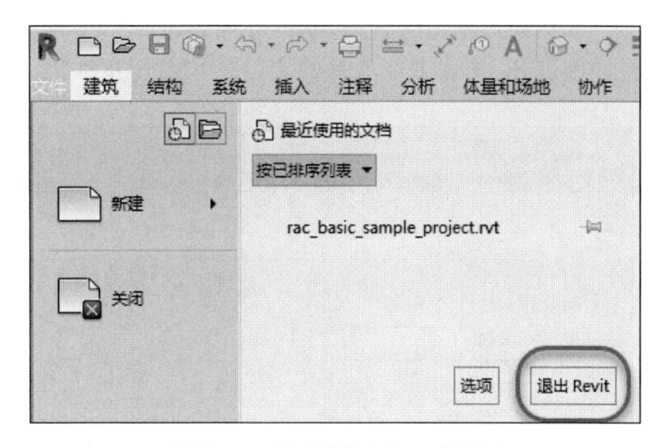

图 9－6　单击【退出 Revit】按钮

9.2　项目文件的基本操作

1. 新建项目文件

Revit 2018 启动后，默认显示的是系统界面，功能区的所有命令按钮均为灰显。

如果要进行绘图和建模，首先应创建项目文件。方法有：

- 在初始启动界面上，选择并单击【新建...】选项，如图 9－7 所示；
- 单击快速访问工具栏上的【新建】按钮，如图 9－8 所示；
- 依次选择【文件】菜单 →【新建】菜单项→【项目】选项，如图 9－9 所示。

图 9－7　选择【新建...】选项

图 9－8　单击【新建】按钮

图 9－9　选择【项目】选项

选择任一方法新建项目时，系统将弹出图 9－10 所示的【新建项目】对话框。接着在【样板文件】下拉列表中选择【建筑样板】选项，在【新建】编组框中选择【项目】选项，然后单击【确定】按钮，完成项目文件的新建。

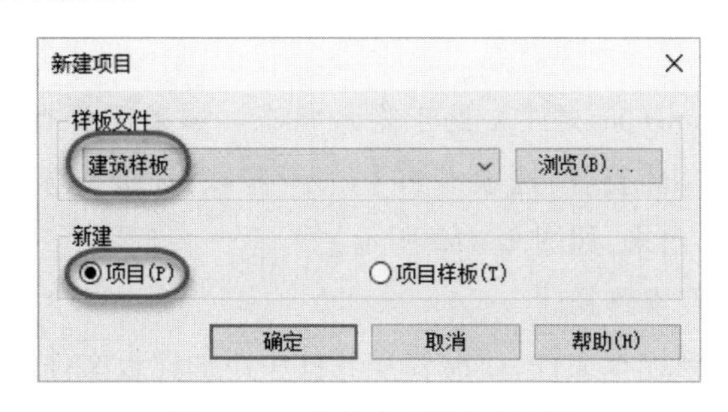

图 9－10　【新建项目】对话框

成功新建项目文件后,软件界面如图 9-11 所示。对界面组成部分的功能和用法,此处不再详细展开,请读者在软件的实际操作中逐步深入了解并熟练掌握。

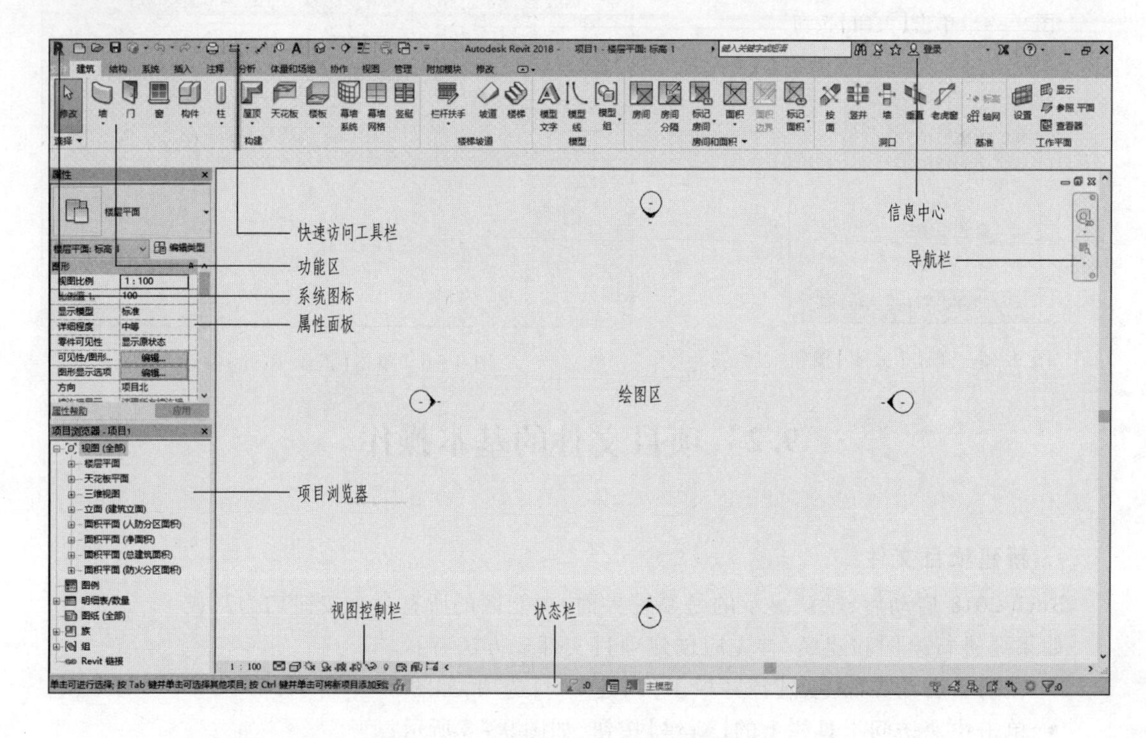

图 9-11　新建项目文件后的软件界面

注意:如果新建项目的时候没有出现样板文件的选项(也就是图 9-7 中的构造样板、建筑样板等),说明系统中并未安装。读者应去官网下载样板文件并完成安装。

2. 安装样板文件

样板文件是系统文件,对初学者来说尤其重要。下面是样板文件安装和设置的详细过程。

首先,下载样板文件安装包。

请读者打开下面的网址并下载样板文件安装包:

https://knowledge.autodesk.com/zh-hans/support/revit-products/downloads/caas/downloads/downloads/CHS/content/autodesk-revit-2018-content.html?v=2018

其次,安装样板文件。

在 Win10 系统中,样板文件将被安装在 C:\ProgramData\Autodesk\RVT 2018 路径中。

在默认情况下,ProgramData 文件夹处于隐藏状态。如果需要查看该文件夹中的文件列表,请打开系统盘,依次单击【查看】选项卡→【显示/隐藏】面板并选中【隐藏的项目】复选框,则隐藏的文件夹将被显示出来,如图 9-12 所示。

最后,添加样板文件搜索路径。

为了使 Revit 能搜索到样板文件,还需要在软件中添加样板文件的搜索路径。方法如下:

- 如图 9-13 所示,选择【文件】菜单,在弹出的菜单列表中单击【选项】按钮;

图 9－12 选中【隐藏的项目】复选框

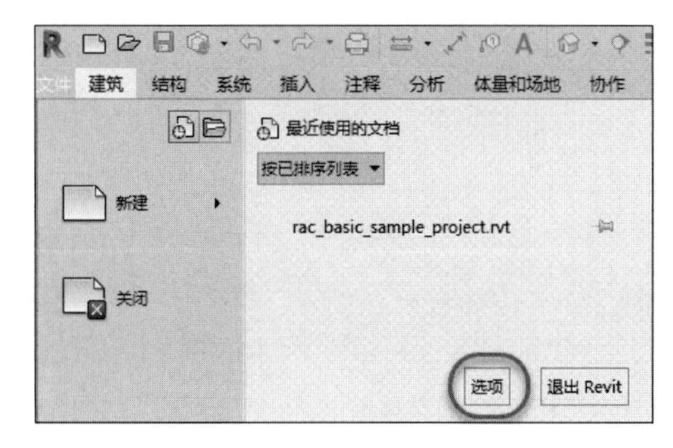

图 9－13　单击【选项】按钮

- 弹出图 9－14 所示的【选项】对话框后，依次单击【文件位置】→【＋】按钮；

图 9－14　【选项】对话框

• 在图 9－15 所示的对话框中，浏览下面的路径并选择添加样板文件：

C:\ProgramData\Autodesk\RVT 2018\Templates\China

添加样板文件的搜索路径后，图 9－14 中表头名为【名称】和【路径】的下方将出现新添加的样板文件。

成功安装样板文件后，再次新建项目时，【样板文件】下拉列表中将出现如图 9－16 所示的各种样板文件选项。

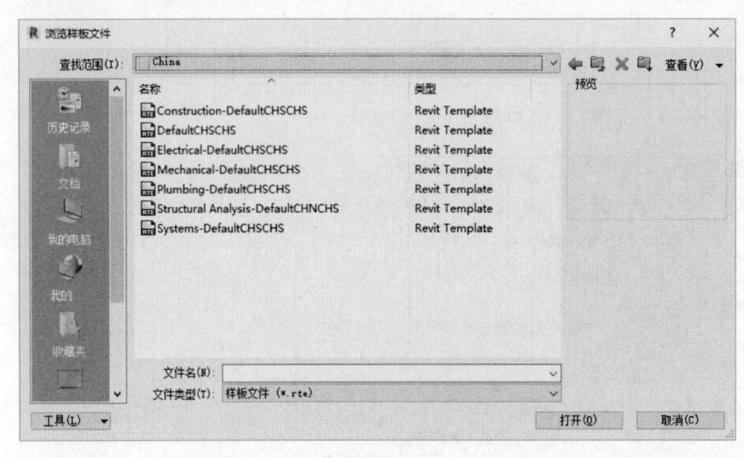

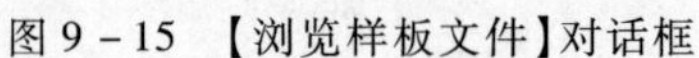
图 9－15 【浏览样板文件】对话框

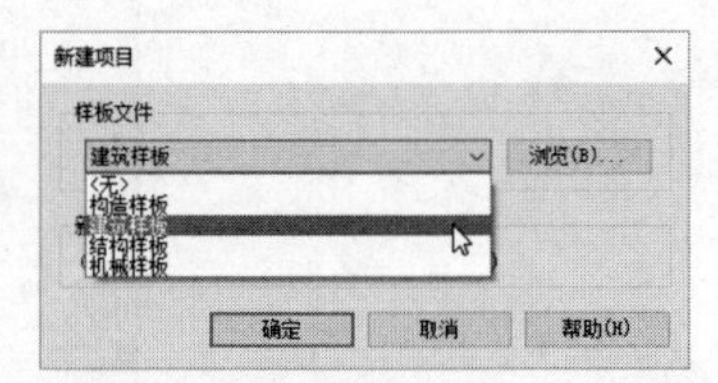

图 9－16 【新建项目】对话框

第10章 标高和轴网

标高是建筑物在三维空间进行定位的重要依据。标高定义了楼层高度，用于反映建筑构件在竖直方向的定位情况。

下面通过实例来说明创建标高的具体方法和过程。

10.1 标高的创建

10.1.1 标高的创建方法

为了说明标高的创建方法，下面将在新建项目的基础上创建一个新的标高。步骤如下：

步骤 01　新建项目。

如图 10－1 所示，单击快速访问工具栏上的【新建】按钮。弹出图 10－2 所示的【新建项目】对话框后，在【样板文件】下拉列表中选择【建筑样板】选项，在【新建】编组框中选中【项目】选项，然后单击【确定】按钮，完成项目的创建。

图 10－1　单击【新建】按钮

创建新项目后，软件的用户界面如图 10－3 所示。在默认情况下，绘图区显示的是楼层平面图。

由建筑制图可知，房屋建筑立面图和剖面图中能够清晰地反映各层楼的标高。因此，创建标高前，首先应将视图切换至立面图，然后进行标高的创建。

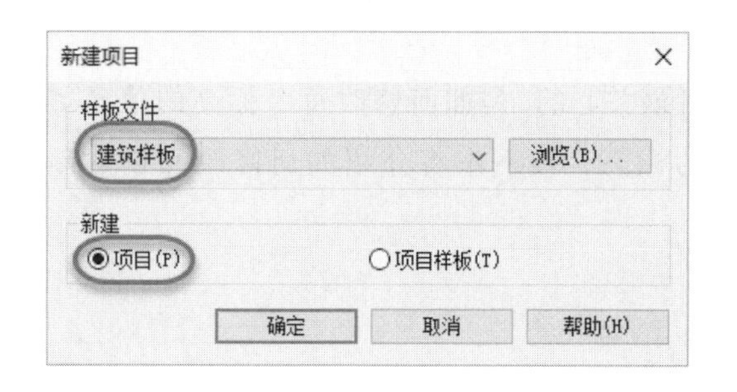

图 10－2　【新建项目】对话框

步骤 02　将视图切换至立面图。

如图 10－4 所示，在界面左侧的【项目浏览器】面板中，展开树形目录【立面(建筑立面)】并双击【东】选项。

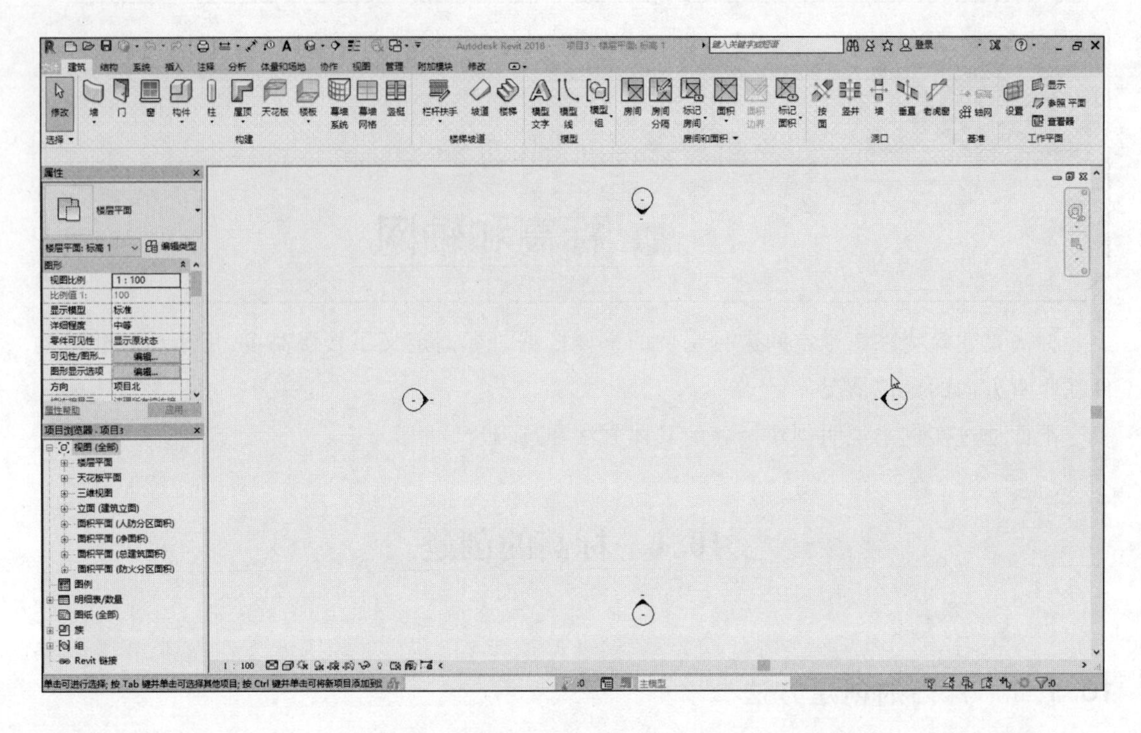

图 10－3 软件界面

这时，系统将视图切换至东立面图，同时在绘图区出现了由样板文件产生的两个默认标高，如图 10－5 所示。

如果用鼠标单击【标高 2】，则标高显示如图 10－6 所示。显然，标高高亮显示的同时，在其周围出现了许多符号。关于这些符号的具体用法，后面将进行详细的说明。

读者最关心的，是如何修改每个标高的值及如何创建新的标高。接下来将介绍如何修改和创建新的标高。

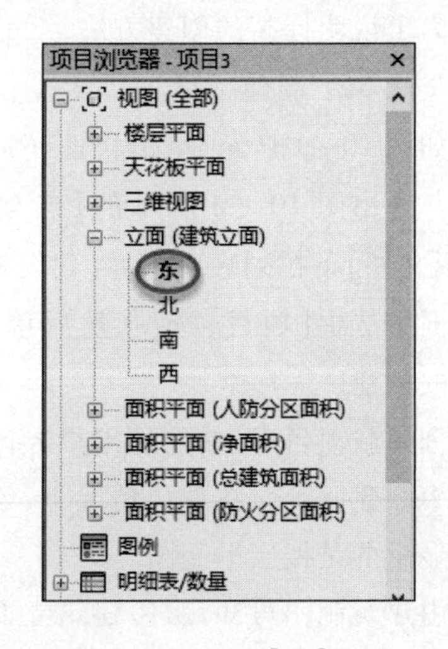

图 10－4 双击【东】选项

图 10－5 默认标高

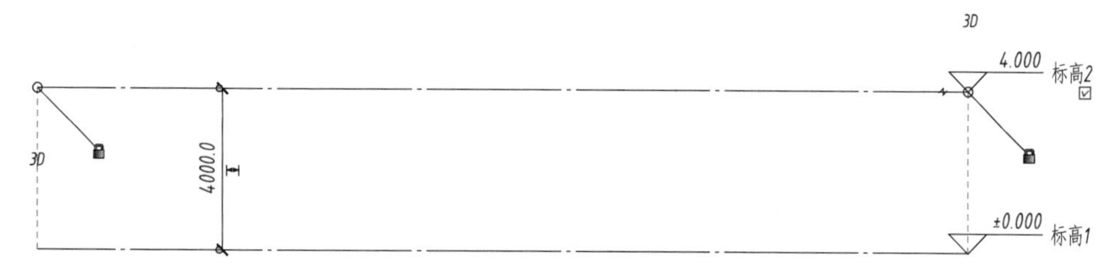

图 10－6　选中【标高 2】

步骤 03　修改标高值。

如果建筑物二层楼板的标高是 5.7，则需要将【标高 2】的值加以修改。可用的方法有：

● 用鼠标左键单击【标高 2】，将出现如图 10－7(a)所示的临时尺寸标注。然后将鼠标移至尺寸数字上并单击，当尺寸数字变成可编辑状态时，键入 5.7 并按【Enter】键，如图 10－7(b)所示。则调整后的结果如图 10－8 所示。

● 如图 10－9(a)所示，用鼠标左键双击【标高 2】上的标高数字，待其进入可编辑状态时，键入 5.700 并按【Enter】键，如图 10－9(b)所示，从而完成标高值的修改。

● 将鼠标移至【标高 2】上，按下鼠标左键并沿着图 10－10 中所示的虚线（也就是竖直方向）向上平移，当临时尺寸数字变为 5700 时，释放鼠标左键完成标高值的调整。

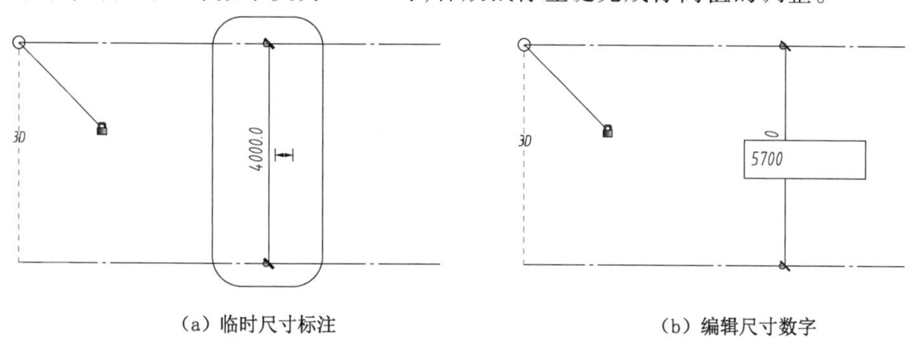

(a) 临时尺寸标注　　(b) 编辑尺寸数字

图 10－7　修改标高的值（方法一）

图 10－8　修改后的标高

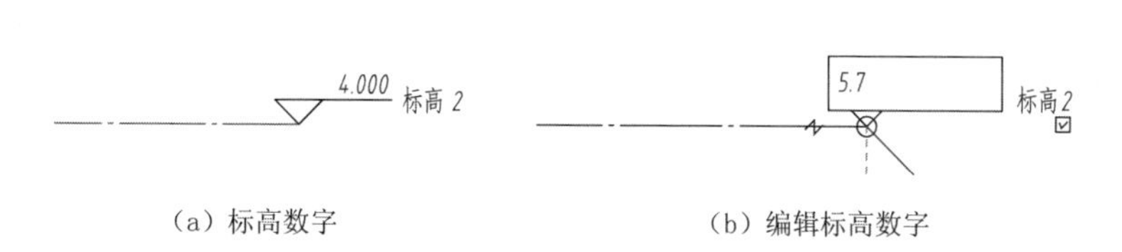

(a) 标高数字　　(b) 编辑标高数字

图 10－9　修改标高的值（方法二）

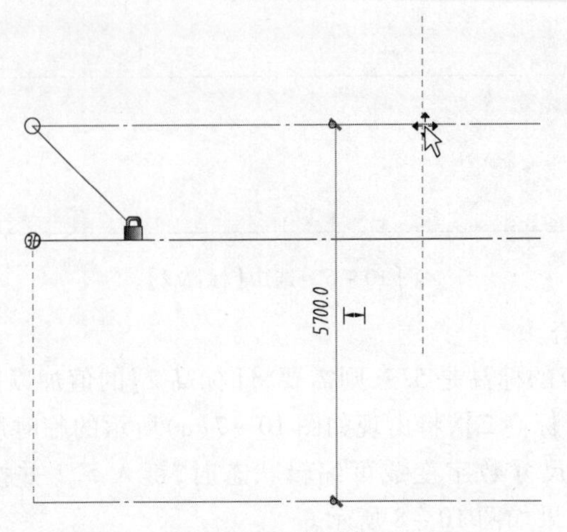

图 10－10　修改标高的值(方法三)

步骤 04　增加新标高。

如果建筑物的层数为 2 且层高相同,则还需增加一个新的标高。

为了方便操作,请将鼠标移至绘图区,然后按鼠标中键并向下移动,直到有足够的空间新建标高。

如图 10－11 所示,依次单击【建筑】选项卡→【基准】面板→【标高】按钮,当移动鼠标时,绘图区将出现跟随鼠标位置变化的临时尺寸标注,如图 10－12 所示。

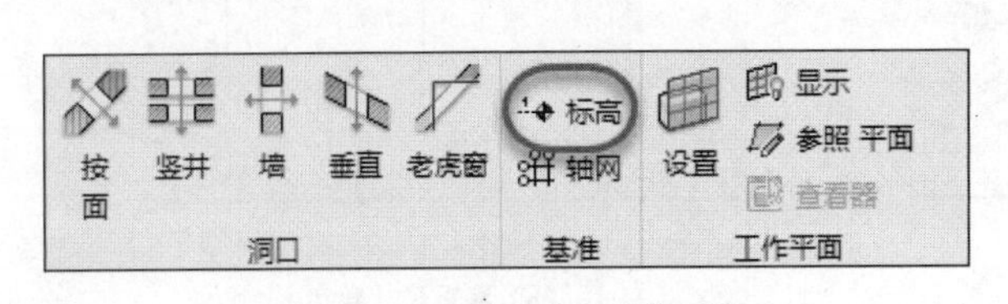

图 10－11　单击【标高】按钮

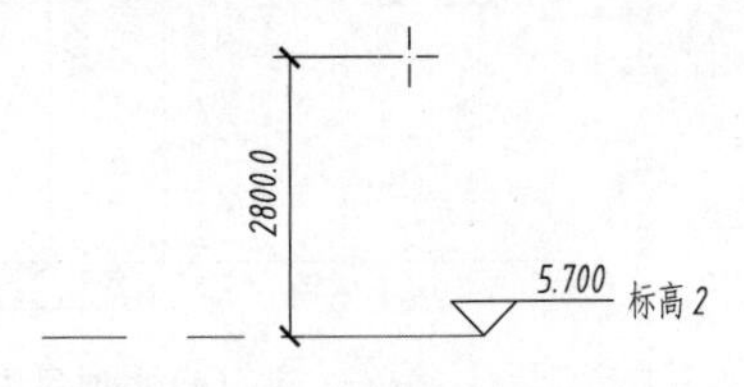

图 10－12　临时尺寸标注

为使新建标高和原有标高保持对齐关系,请将鼠标移至【标高 2】左端点的正上方,当出现图 10－13(a)中所示的虚线对齐线,且临时尺寸数字变为5 700时,单击鼠标左键,输入新建标高的起点。

接着水平向右移动鼠标至【标高 2】右端点的正上方,当出现图 10－13(b)中所示的对齐线时,再次单击鼠标左键,输入新建标高的终点。

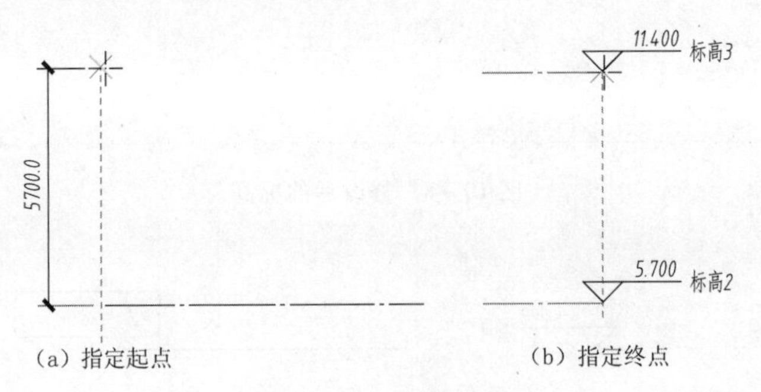

(a) 指定起点　　(b) 指定终点

图 10－13　新建标高

最后按【Enter】键,完成标高的创建,结果如图 10－14 所示。

到此为止,读者已经知道了用【标高】命令创建新标高的过程。但是,当楼层较高,需要添加的标高数量也较多时,则可使用【复制】或【阵列】命令进行创建,后面将详细介绍。

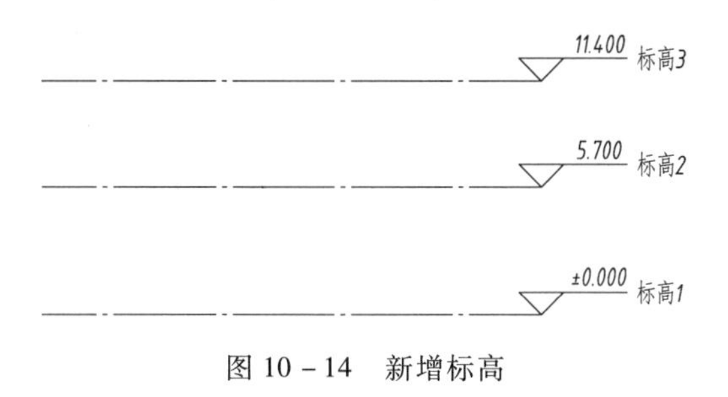

图 10－14　新增标高

10.1.2　标头符号

在用其他方法创建标高之前,让我们先认识一下标高中各种符号的意义和用法。

用鼠标单击任意标高,在其端部附近将会出现各种符号,如图 10－15 所示。其中包括:

1. 显示/隐藏编号

默认情况下,仅在标高右端显示标高编号、标高符号及标高值,如图 10－15 所示。

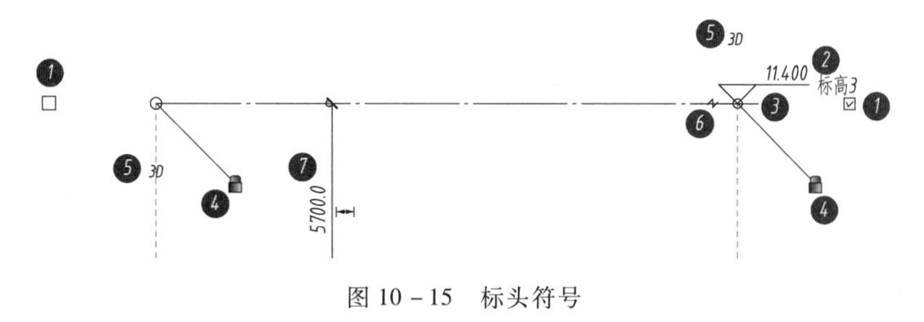

图 10－15　标头符号

如果要在左端显示这些信息,用鼠标单击该标高,当左端点附近出现蓝色的复选框时,用鼠标单击一次,信息显示如图 10－16 所示。

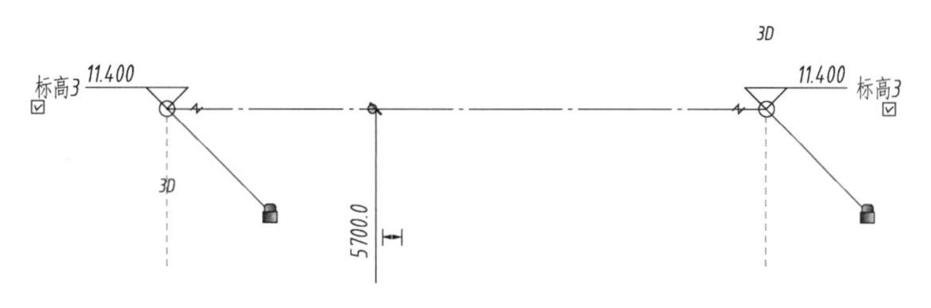

图 10－16　显示标高编号、标高符号等信息

如果再次单击该复选框,标高编号、标高符号及标高值将被隐藏。

2. 标高名称

在默认情况下,系统将标高按照创建的先后顺序进行命名:标高 1、标高 2、标高 3、……。

如果读者要按照 F1、F2、F3 的顺序自定义标高名,可用鼠标双击标高名称,待其进入可编辑状态,然后键入新的名称(如 F1)并按【Enter】键。此时,系统将弹出图 10－17 所示的信息提示窗口。单击【是】按钮后,回到系统界面。

在【项目浏览器】中,展开树形目录【楼层平面】,发现【标高 1】已被重新命名为【F1】,如图 10－18所示。

图 10－17　信息提示框

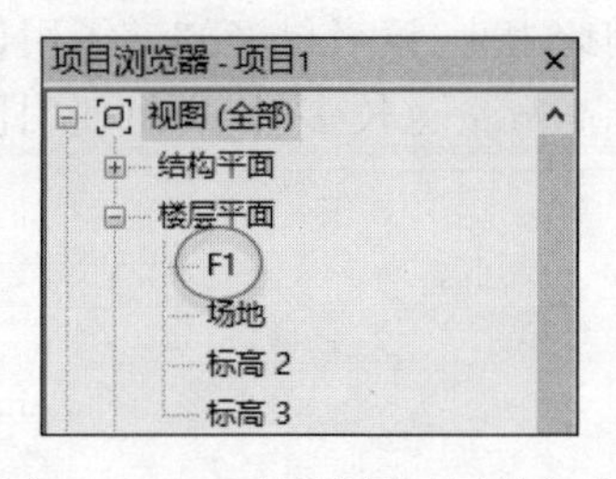

图 10－18　更新楼层平面的名称

用同样的方法完成其余两个标高的重命名,结果如图 10－19 所示。

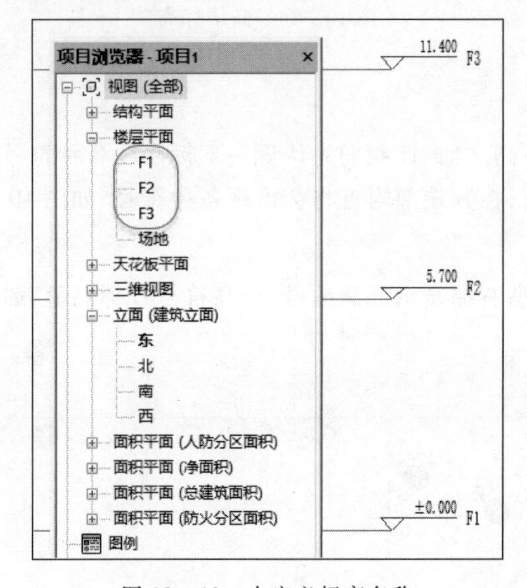

图 10－19　自定义标高名称

3. 标高值

在前面的篇幅中,标高值的修改和显示方法已经有充分的讨论,此处不再赘述,请读者自行查阅。

需要注意的是,如图 10－20 所示,当室外地坪标高和一楼室内地面标高的高差过小时,标头距离太近,易造成阅读不便。为此,可对标头的类型进行调整,方法如下:

用鼠标单击选中【室外地坪】标高,然后在【属性】面板的【类型选择器】下拉列表中选择【下标头】,如图 10－21 所示,调整后的标高如图 10－22 所示。

显然,经过调整后的标头其文字间距变大,具有更好的可读性。

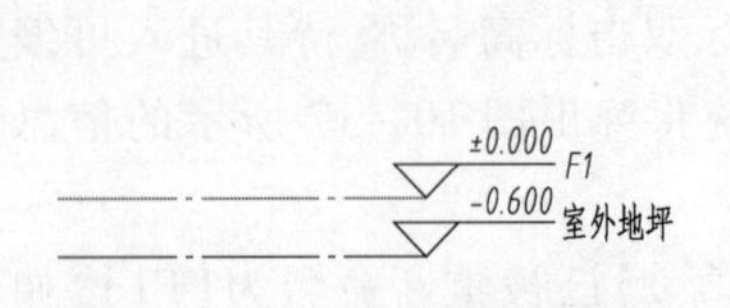

图 10－20　标头类型(调整前)

属性

标高 下标头
搜索
标高
上标头
下标头
正负零标高

图 10－21　选择【下标头】

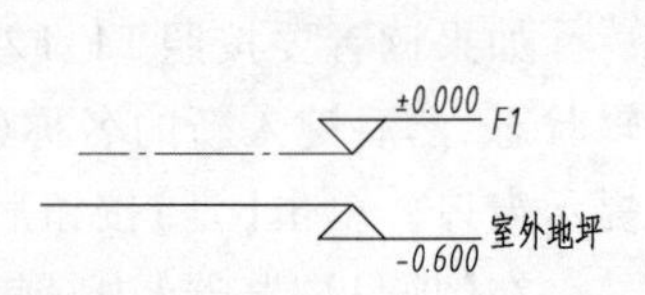

图 10－22　标头类型(调整后)

4. **对齐约束**

如图 10－15 所示,当标高端点对齐时,如果单击任意标高(如 F3),则标高端部将出现一个对齐锁。如果将鼠标移至该标高右端点处的小圆圈上,按下鼠标左键并向右移动,则所有标高将向右伸长,结果如图 10－23 所示。

如果想要拖拽标高端点时不影响其他标高,则应将其端部的对齐锁解锁,方法是用鼠标单击一次对齐锁图标。

如图 10－24 所示,解锁【F3】标高右端的对齐锁后,再次单击并拖动其右端点处的小圆圈,则其他标高不会受到影响。

由于标高的两端均有对齐锁,所以两端的对齐方式是相互独立的。请读者自行尝试。

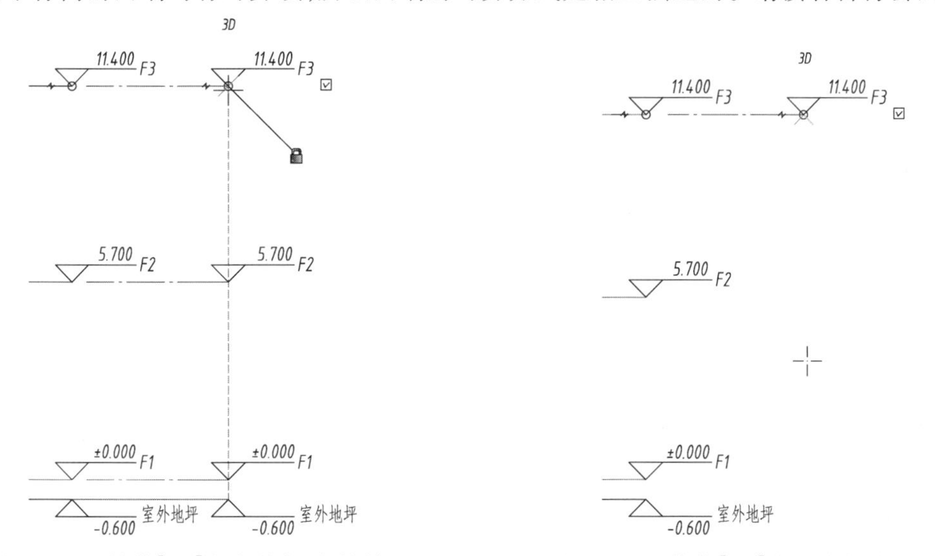

图 10－23　拖拽【F3】的右端点(解锁前)　　图 10－24　拖拽【F3】的右端点(解锁后)

5. **3D/2D 切换**

3D 状态下,任意视图中对象的添加或修改都将影响到其他视图;但是在 2D 状态下,这些调整只会影响当前视图。

如图 10－25(a)所示,在 3D 状态且端部解锁的情况下,将【F3】标高向右延长。然后在【项目浏览器】中双击【西】打开西立面图,结果如图 10－25(b)所示。这就说明,3D 状态下,在任意视图中添加或修改的对象都将影响到其他视图。

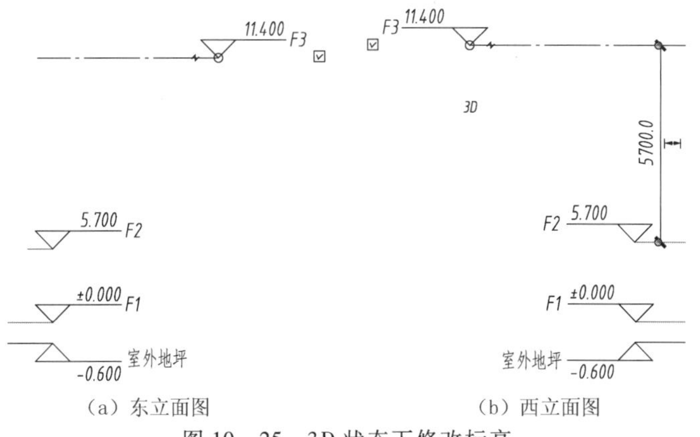

(a) 东立面图　　(b) 西立面图

图 10－25　3D 状态下修改标高

如图 10－26(a)所示,在 2D 状态且端部解锁的情况下,将【F3】标高向右延长。然后在【项目浏览器】中双击【西】打开西立面图,结果如图 10－26(b)所示。显然,东立面图中的修改并没有影响到西立面图。

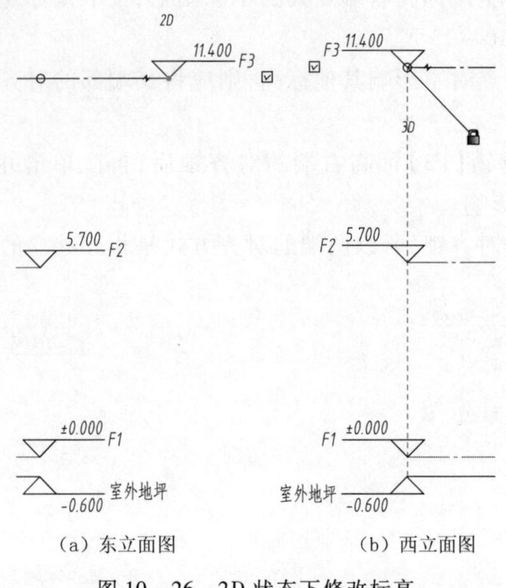

(a) 东立面图　　(b) 西立面图

图 10－26　2D 状态下修改标高

6. 弯头

默认情况下,标高的标头是直线。需要添加弯头时,用鼠标单击标高,当标头出现【弯头】符号时,用鼠标单击【弯头】,如图 10－27(a)所示,此时,标高弯头将变为如图 10－27(b)所示的折弯显示。

由图 10－27(b)可知,弯头上出现了两个蓝色的可供拖拽的实心圆。用鼠标单击并移动这两个圆,可实现弯头尺寸的手工调整。

如果要回到直线状态,只需将外侧小圆拖拽到内侧小圆上。

7. 临时尺寸标注

如图 10－28(a)所示,临时尺寸标注中,尺寸线左侧为层高值,右侧为尺寸转换符号。该符号用于将该临时尺寸标注转换为永久尺寸标注。用鼠标单击图 10－28(a)中尺寸线右侧的尺寸转换符号后,该临时尺寸将变成图 10－28(b)所示的永久尺寸。

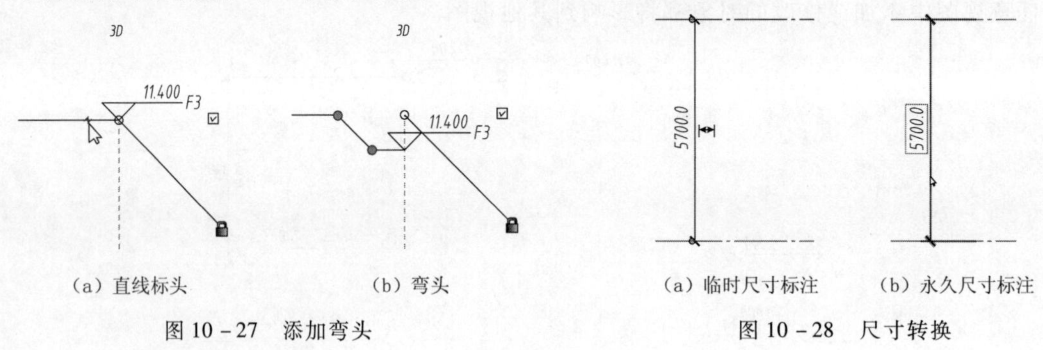

(a) 直线标头　　(b) 弯头

图 10－27　添加弯头

(a) 临时尺寸标注　　(b) 永久尺寸标注

图 10－28　尺寸转换

10.1.3　标高的复制

如果项目中已经存在标高,则可用【复制】命令得到新标高。

为了便于说明,我们将已有层高修改为 3.6 m,然后用【复制】命令创建【F4】标高。步骤如下:

步骤 01　首先选中要复制的标高对象;

用鼠标单击【F3】标高。

步骤 02　复制选中的标高;

如图 10－29 所示,依次单击【修改 | 标高】选项卡 →【修改】面板 →【复制】按钮,将鼠标移至【F3】标高线上,当出现 × 符号时单击一次。

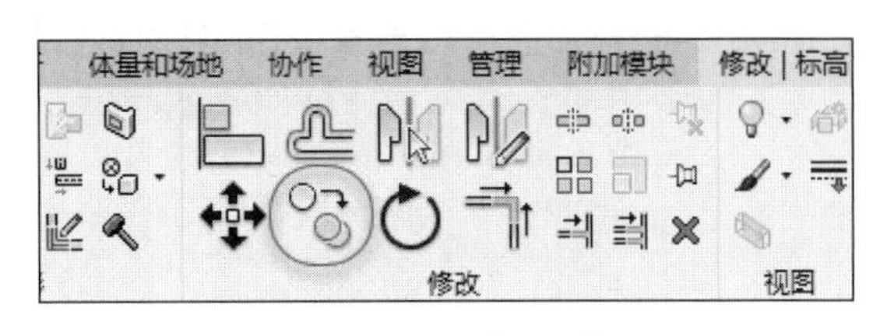

图 10－29　单击【复制】按钮

然后竖直向上移动鼠标,如图 10－30 所示。当临时尺寸的值变为 3600 时,再次单击鼠标左键,完成标高复制,结果如图 10－31 所示。

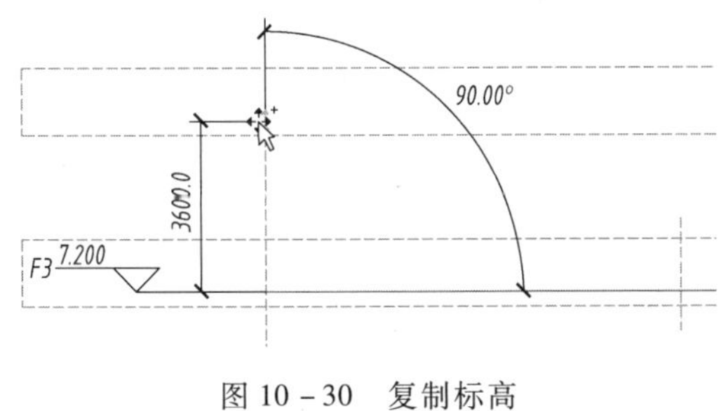

图 10－30　复制标高

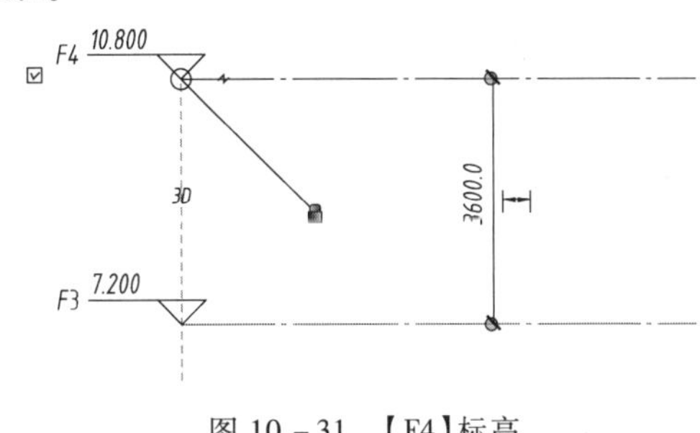

图 10－31　【F4】标高

步骤 03　观察复制结果。

用鼠标在绘图区任意位置单击一次,取消【F4】的选中状态。这时,读者会发现【F3】显示为蓝色,而【F4】显示为黑色。

同时,在【项目浏览器】中打开树形目录【楼层平面】,发现【F4】并不在其中,如图 10－32 所示。

这就说明,用【复制】命令创建标高后,系统不会自动创建与其对应的楼层平面视图。

步骤 04　创建与新建标高对应的楼层平面视图。

如图 10－33 所示,依次单击【视图】选项卡→【创建】面板 →【平面视图】下拉列表,选中【楼层平面】。

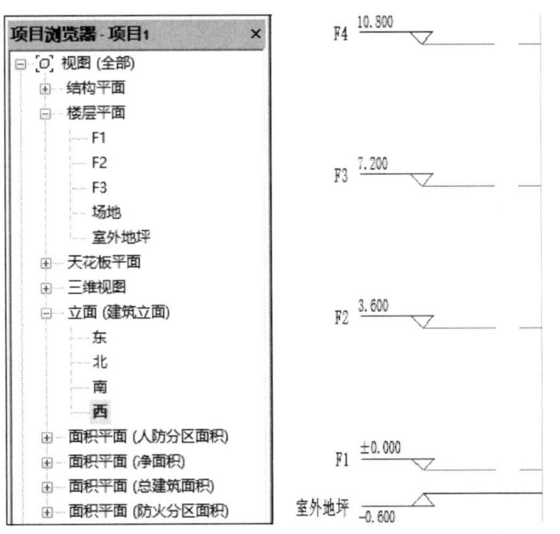

图 10－32　查看【楼层平面】目录

当系统弹出图 10－34 所示的【新建楼层平面】对话框时，选中【F4】并单击【确定】按钮，完成楼层平面的新建。

此时，【项目浏览器】面板和绘图区的情况如图 10－35 所示。

如果要继续创建标高，请双击【项目浏览器】面板中的【东】即可。

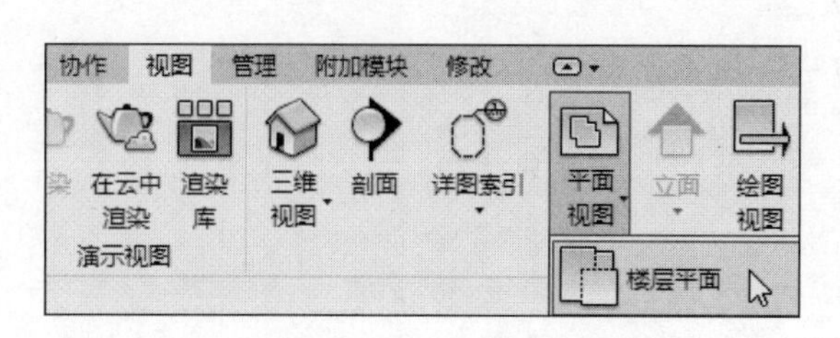

图 10－33 选中【楼层平面】

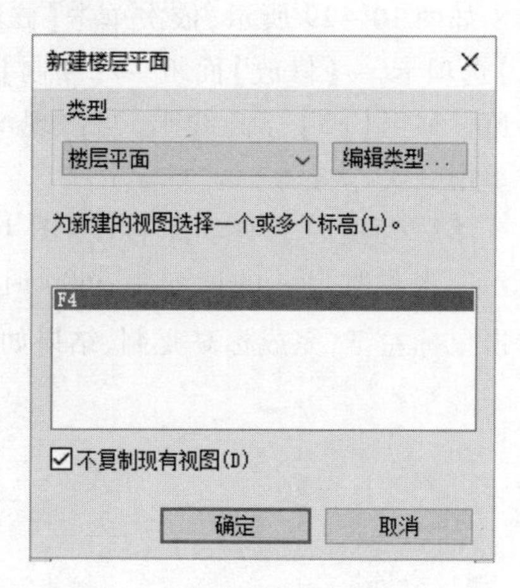

图 10－34 【新建楼层平面】对话框

注意：启动【复制】命令后，将在功能区的下方出现【选项栏】，如图 10－36 所示。

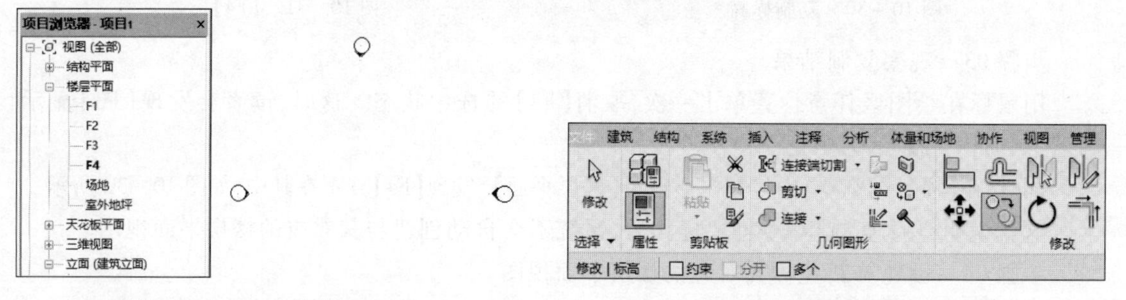

图 10－35 新建的楼层平面

图 10－36 【复制】命令选项栏

当选中【约束】复选框时，就相当于打开 AutoCAD 中的【正交】功能，只能沿竖直方向复制，同时标高的两端将被对齐约束。

如果选中【多个】复选框，则可实现启动一次命令，进行多次复制。

在前述复制操作中，先选中标高，然后启动【复制】命令完成标高的创建。其实，互换顺序也可实现标高的创建。互换之后的操作顺序和 AutoCAD 中【复制】命令的操作相同，此处不再赘述，请读者自行练习。

10.1.4 标高的阵列

标高较多时，【阵列】命令能显著提升标高创建的效率。

如果房屋的层数为 20，层高为 3.6 m，用【标高】和【复制】命令进行创建，则绘图效率低下。为此，系统提供了另外一个命令【阵列】。

只要存在一个标高，用户可利用【阵列】命令沿阵列路径快速复制出多个标高。在前面的例子中，我们已经创建了 4 个标高。所以，20 层的楼房中，还需创建 17 个标高，即

F5 ~ F21。

下面是详细的创建步骤：

步骤 01　启动【阵列】命令。

如图 10 - 37 所示，依次单击【修改】选项卡→【修改】面板 →【阵列】按钮，启动【阵列】命令。

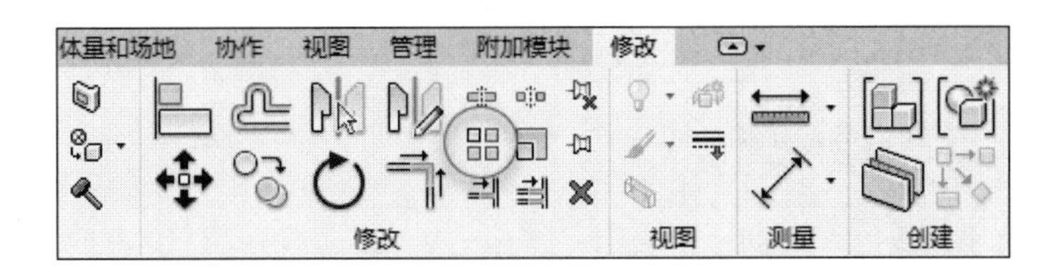

图 10 - 37　单击【阵列】命令

步骤 02　选择要阵列的标高。

用鼠标单击标高【F4】并按【Enter】键。

步骤 03　确定阵列数目。

选择要阵列的标高后，在功能区下方出现了如图 10 - 38 所示的【选项栏】。

由于绘图区已经有 F1 ~ F4 标高，所以还需创建 17 个标高。【阵列】命令中，需要阵列的标高数为：新创建标高数 + 1。

因此，在【选项栏】中的【项目数】编辑框中应输入 18，如图 10 - 38 所示。

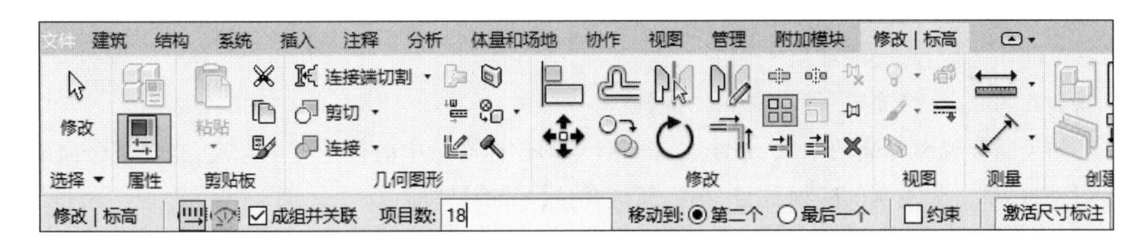

图 10 - 38　【阵列】选项栏

步骤 04　执行【阵列】命令的其他步骤，完成标高的创建。

回到绘图区，将鼠标移至【F4】标高上，当出现如图 10 - 39所示的“ × ”符号时，单击鼠标左键。

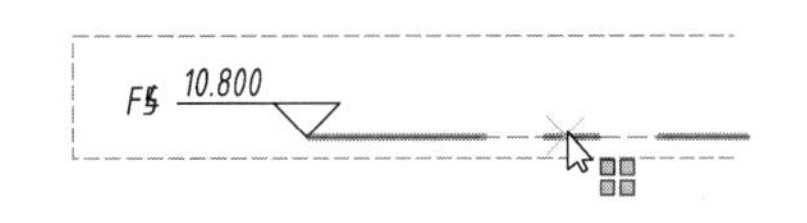

图 10 - 39　选择基准点

然后沿竖直方向向上移动鼠标，当临时尺寸标注中的尺寸数字值变为图 10 - 40 所示的 3 600 时，再次单击一次鼠标左键。

此时，绘图区将出现如图 10 - 41 所示的编辑框。如果该数目符合要求，则按【Enter】键确认；如果还需调整楼层数目，可重新键入需要的标高数，然后按【Enter】键。

阵列后的标高如图 10 - 42 所示。

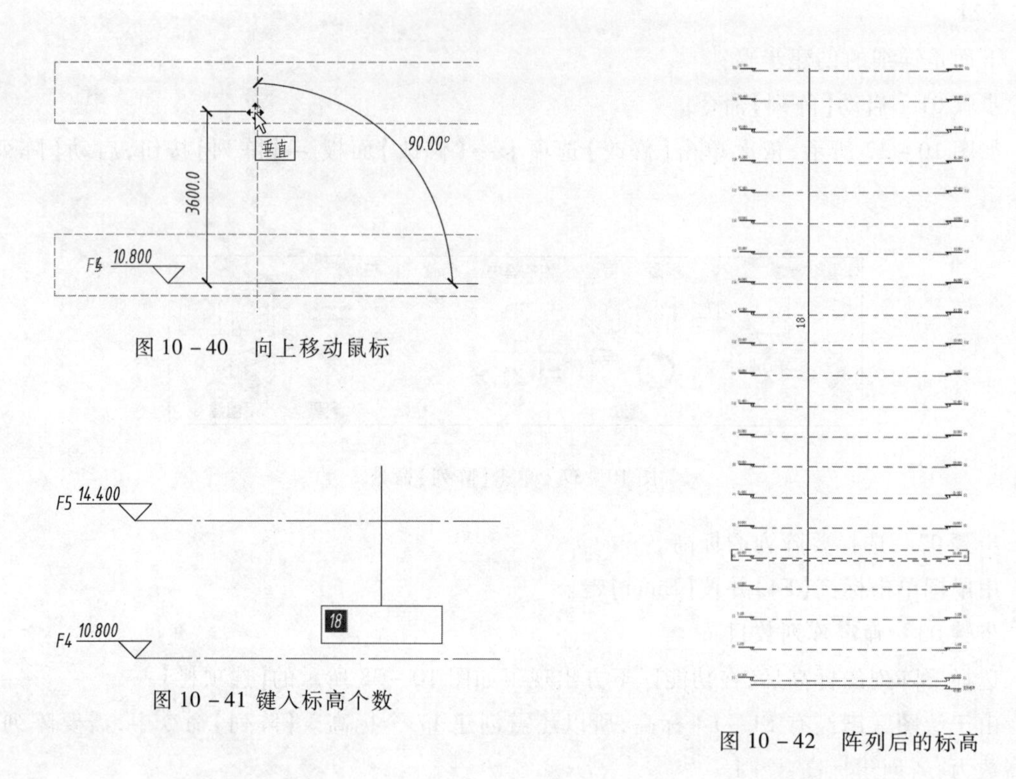

图 10－40　向上移动鼠标

图 10－41 键入标高个数

图 10－42　阵列后的标高

步骤 05　创建楼层平面图。

和【复制】命令一样，阵列完成后，系统并未自动创建和新建标高对应的楼层平面。请读者参考前面的内容，完成楼层平面的创建。

到此为止，已经完成了所有标高的创建。

如果需要调整标高的个数，请单击阵列后新创建标高组中的任意一个标高，当出现竖向的阵列线时，单击其左侧的阵列数目，键入新值并按【Enter】键即可。

注意：使用【阵列】命令时，【选项栏】如图 10－43 所示。

修改 | 模型组　☑成组并关联　项目数: 2　移动到: ◉第二个 ○最后一个　☐约束

图 10－43　【阵列】选项栏

当选中【成组并关联】复选框后，阵列得到的标高被自动组织为一个整体，用户只能调整标高的个数。如果该复选框处于关闭状态，则阵列后均为单独的对象，用户可对其进行任意调整。

【项目数】指的是要阵列的个数，其中包括源对象。

【移动到】意味着当选中【第二个】时，用户应指定层高；如果选中【最后一个】，则需指定要阵列的所有标高的总高度。

选中【约束】复选框，就相当于打开 AutoCAD 中的【正交】功能，只能沿竖直方向复制，同时标高的两端将被对齐约束。

10.2　轴网的创建

读者一定知道房屋建筑施工图中的定位轴线。把房屋建筑平面图中的定位轴线独立出来，其组成的网状结构就是轴网。建筑物的主要支撑构件均按照轴网定位排列。

创建轴网前，让我们先了解一下制图标准中对轴网绘制的一些规定：定位轴线应用细点画线绘制，端部编号应写在轴线端部直径为 8 ~ 10 mm 的圆内。横向编号应用阿拉伯数字，按照从左至右的顺序编写；竖向编号应用大写拉丁字母，按照从下至上的顺序编写。

Revit 中，轴网由定位轴线和轴线编号组成。下面举例说明轴网的创建过程。

【例题】某建筑共 20 层，首层地面标高为 ±0.000，1 ~ 3 层层高为 4.5 m，轴网布置如图 10 – 44(a)所示，4 ~ 20 层层高为 3.6 m，轴网布置如图 10 – 44(b)所示。

建模顺序是：先绘制标高，再创建轴网。有了标高及其对应的平面视图，就能在平面视图上创建轴网。

【绘图步骤】

步骤 01　新建【建筑样板】项目；

步骤 02　在【项目浏览器】中，展开树形目录【立面(建筑立面)】，然后双击【东】立面视图，则绘图区如图 10 – 45 所示。

步骤 03　将【标高 2】的值改为 4.500。

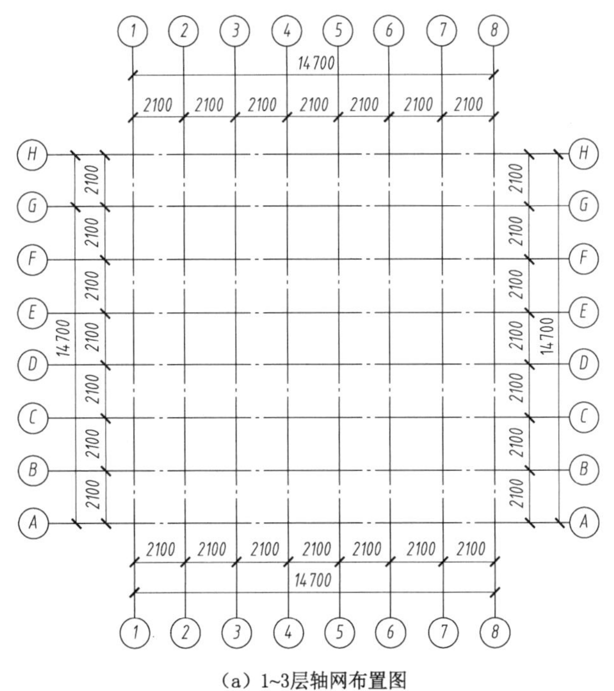

(a) 1~3层轴网布置图

图 10 – 44　房屋轴线及其编号

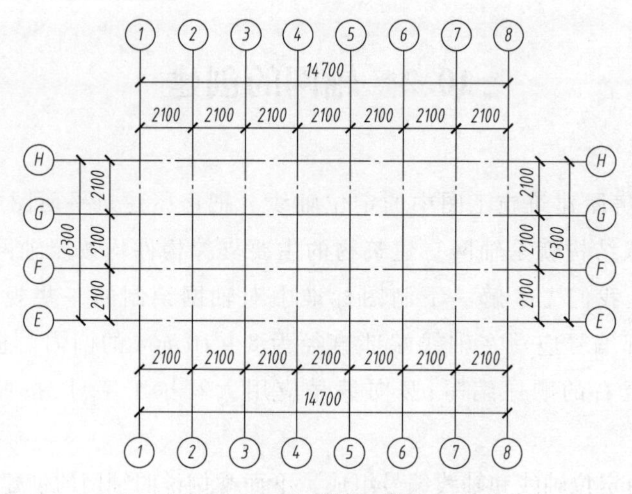

（b）4~20层轴网布置图

图 10－45　房屋轴线及其编号（续）

步骤 04　将【标高 2】向上阵列 3 个，层高设置为 4.500，生成【标高 3】和【标高 4】，结果如图 10－46 所示。

步骤 05　将【标高 4】向上阵列 18 个，层高设置为 3.600，生成【标高 5】~【标高 21】，如图 10－47 所示。

标高创建完毕，展开【项目浏览器】面板，其树形目录【楼层平面】中并没有出现和标高对应的平面视图。

4.000 标高2

±0.000 标高1

图 10－45　绘图区

步骤 06　创建和新建标高对应的平面视图。

依次单击【视图】选项卡→【创建】面板→【平面视图】下拉列表中的【楼层平面】，弹出图 10－48所示的【新建楼层平面】对话框，选中所有标高并单击【确定】按钮，完成视图创建。

这时，在【项目浏览器】的树形目录【楼层平面】中将会出现和每个标高对应的平面视图。

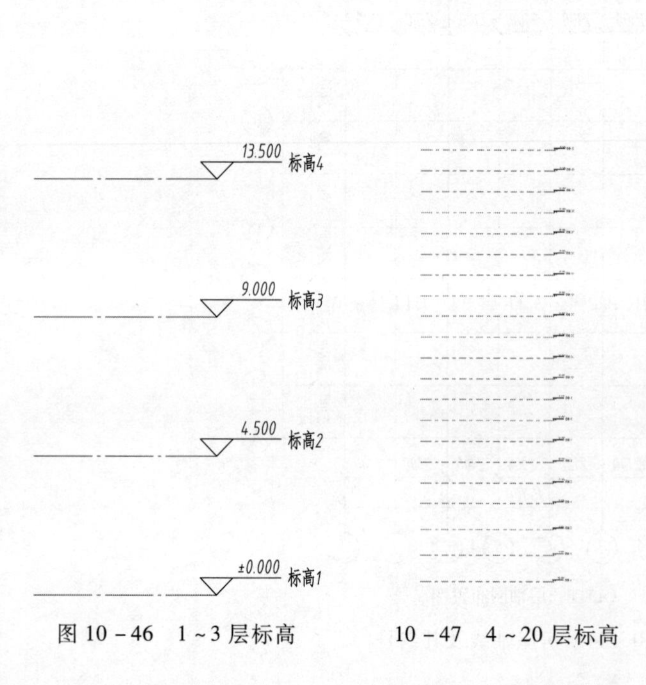

图 10－46　1~3 层标高　　　10－47　4~20 层标高

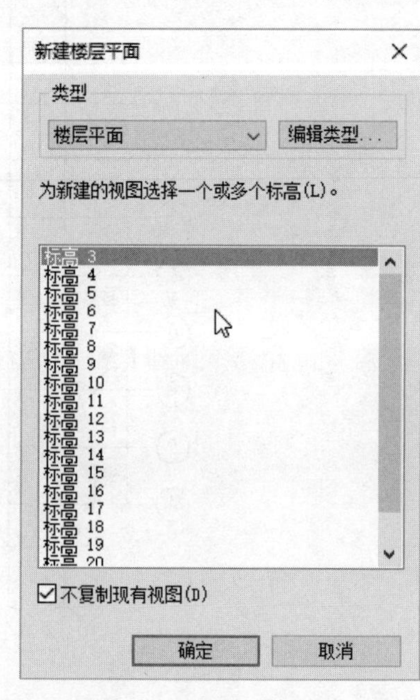

图 10－48　【新建楼层平面】对话框

到目前为止,我们已经完成了所有标高的创建。下面开始绘制轴网。

步骤 07　创建轴线【A】。

为了创建轴线,首先应将视图切换至平面视图。

在【项目浏览器】的树形目录【楼层平面】中,用鼠标双击【标高 1】,系统已将视图切换至【标高 1】平面视图。

然后依次单击【建筑】选项卡 →【基准】面板→【轴网】按钮,在绘图区的适当位置用鼠标单击一次,输入轴线的左端点;然后向右移动鼠标,在合适的位置再次单击,输入轴线的右端点,结果如图 10 – 49 所示。

图 10 – 49　第一条轴线

注意:为了使轴线水平放置,移动鼠标时请按下【Shift】键。

用鼠标单击前面绘制的轴线,如图 10 – 50 所示。可见其端部符号和标高中的符号相同,此处不再赘述。

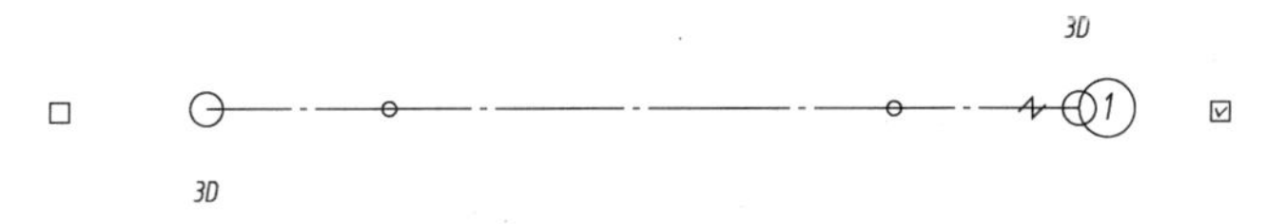

图 10 – 50　选中轴线

默认情况下,第一条轴线的编号为 1。为了修改编号名称,请将鼠标移至轴线端部,当出现如图 10 – 51 所示的蓝色方框时,双击并键入 A 即可。

图 10 – 51　轴线编号的修改

步骤 08　创建轴线【B】~【H】。

为了快速得到水平方向的其他轴线,应利用【阵列】命令进行创建。

依次单击【修改】选项卡→【修改】面板→【阵列】按钮,然后用鼠标单击轴线【A】并按【Enter】键。

这时,将在功能区的下方出现如图 10 – 52 所示的选项栏。在该选项栏中,应指定阵列方式为【线性】、阵列个数为 8。

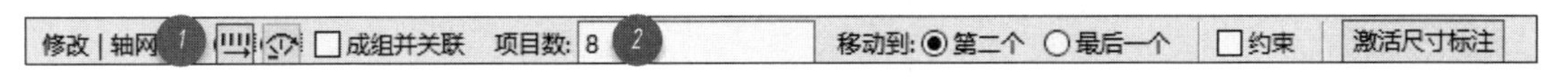

图 10 – 52　选项栏

然后将鼠标移至轴线【A】上,当出现" ×"符号时,用鼠标单击一次输入阵列基准点,如图 10 – 53所示。

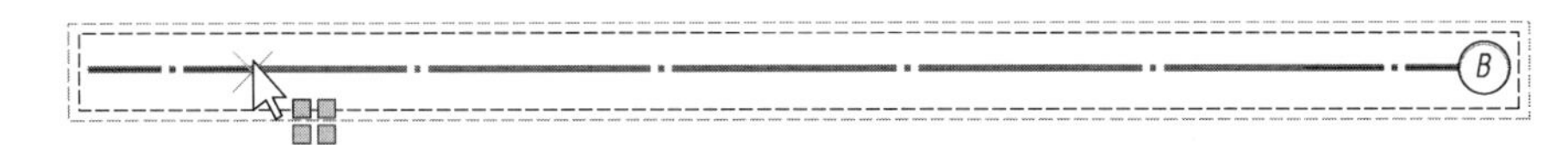

图 10 – 53　选择基准点

如图 10 – 54 所示,接着竖直向上移动鼠标,当临时尺寸数字变为 2 100 时,再次单击鼠标左键,完成水平方向所有轴线的创建,结果如图 10 – 55 所示。

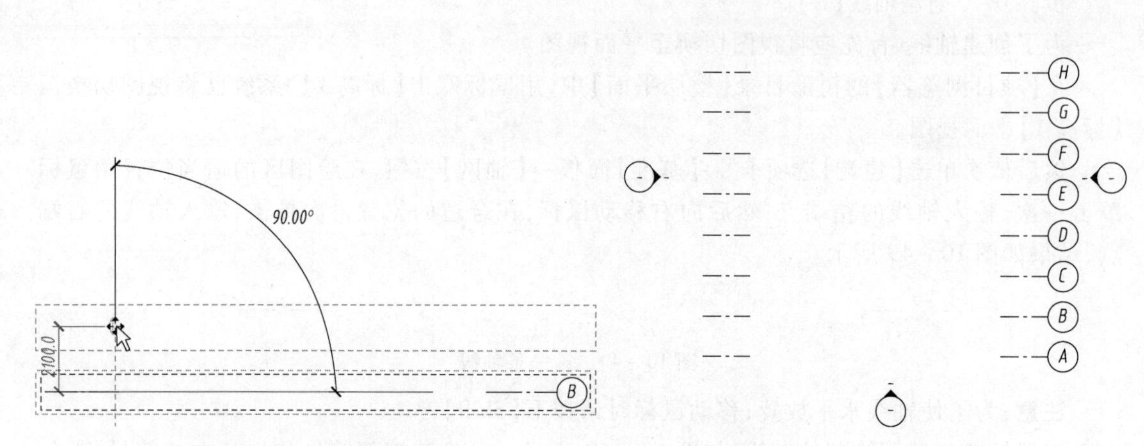

图 10－54　确定轴线间距　　　　　　图 10－55　水平方向的轴线

要让轴网左端出现编号且中间呈连接状态，应对轴网的类型属性进行设置。

步骤 09　设置轴网的类型属性。

单击任意一条轴线，然后在图 10－56 所示的【属性】面板中单击【编辑类型】按钮。

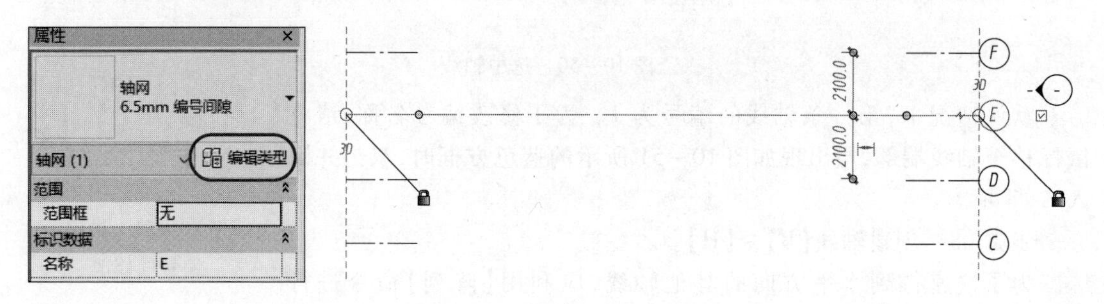

图 10－56　轴网的属性面板

在弹出图 10－57 所示的【类型属性】对话框中，将【轴线中段】设置为【连续】，同时选中【平面视图轴号端点 1(默认)】后的复选框。

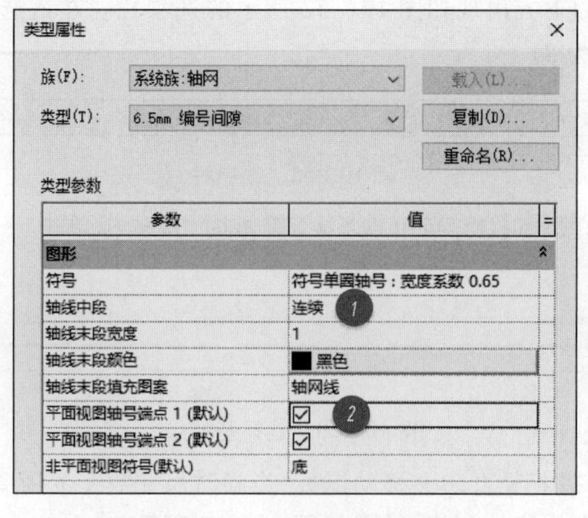

图 10－57　【类型属性】对话框

单击【确定】按钮，结果如图 10－58 所示。

图 10－58　修改后的轴网

步骤 10　创建轴线【1】。

和【步骤 07】的方法一样，启动轴网创建命令，由下至上绘制 1 号轴线。

如果轴线的编号不是 1，则双击轴线编号并改为 1 即可。

步骤 11　创建轴线【2】～【8】。

同样地，用【阵列】命令完成 2～8 号轴线的绘制。

创建结束后，用鼠标拖拽调整各元素的长度和位置，结果如图 10－59 所示。

步骤 12　将视图切换至建筑立面。

展开【项目浏览器】中的树形日录【立面（建筑立面）】且双击【东】立面图，结果如图 10－60 所示。由图可知，轴线【A】～【H】出现在各个标高范围内。这就说明：每个楼层平面中的轴网是相同的。

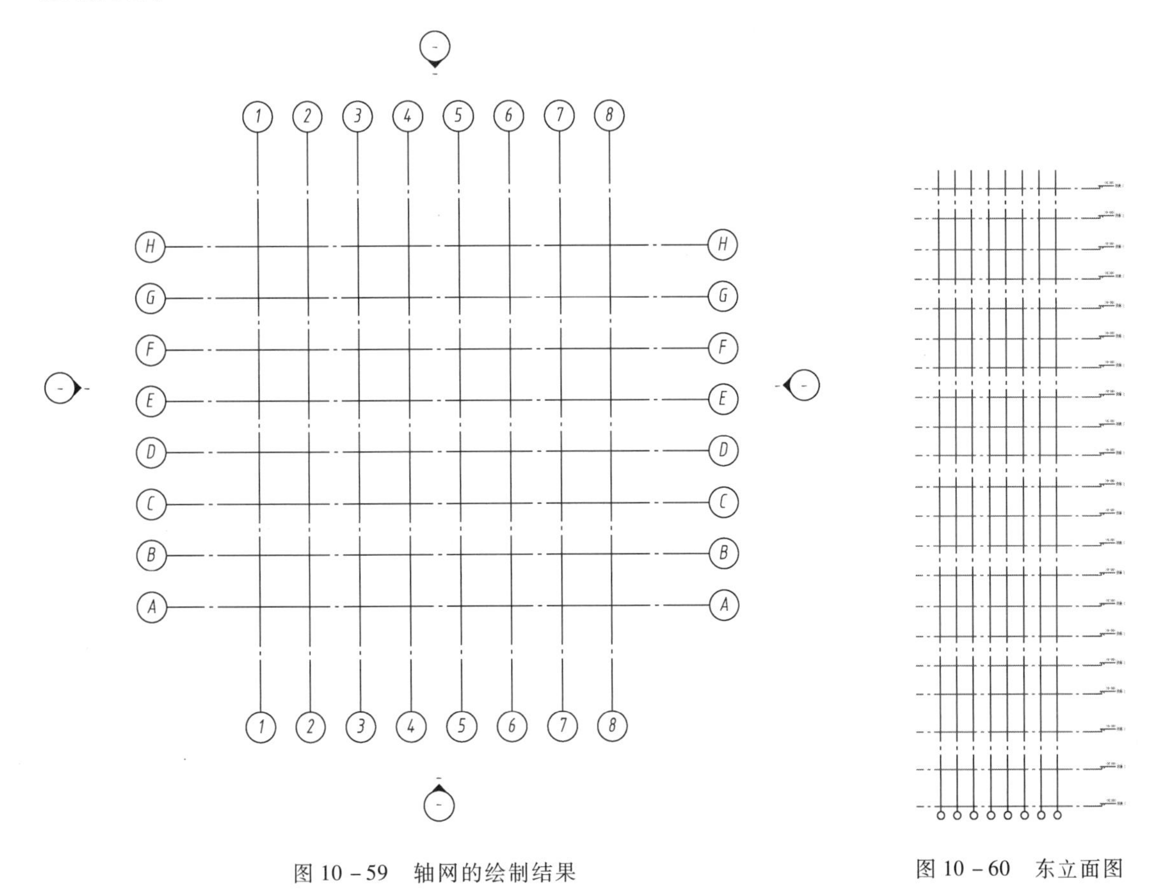

图 10－59　轴网的绘制结果

图 10－60　东立面图

为了验证上述说法，展开【项目浏览器】中的树形目录【楼层平面】，用鼠标双击任意平面视图，可见其中的轴网都是一样的。

根据要求，1～3层的轴网布置相同且数量较多，4～20层的轴网较少。要达到这个目的，还需对已有的轴网进行调整。下面是具体的调整过程。

步骤13　调整轴线【A】～【D】的显示范围。

由图10－45可知，轴线【A】～【D】的显示范围应该是【标高1】～【标高4】。

为了调整轴线【A】的范围，先用鼠标单击选中，然后单击对齐锁进行解锁，最后将鼠标移至轴线端部的小圆圈后，单击并向下拖动，如图10－61所示。

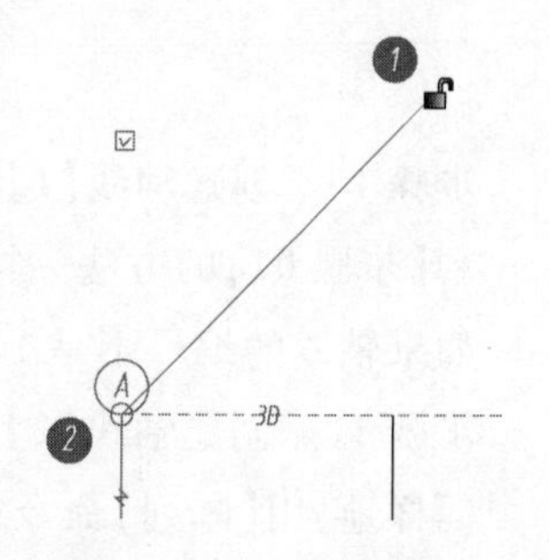

图10－61　解锁并拖拽

根据要求，将轴线【A】的上端点移至【标高4】至【标高5】之间即可，如图10－62所示。

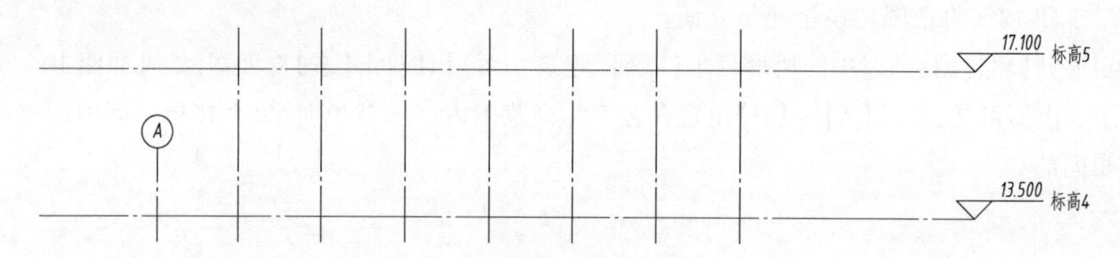

图10－62　轴线【A】上端点的位置

用同样的方法调整轴线【B】～【D】，结果如图10－63所示。

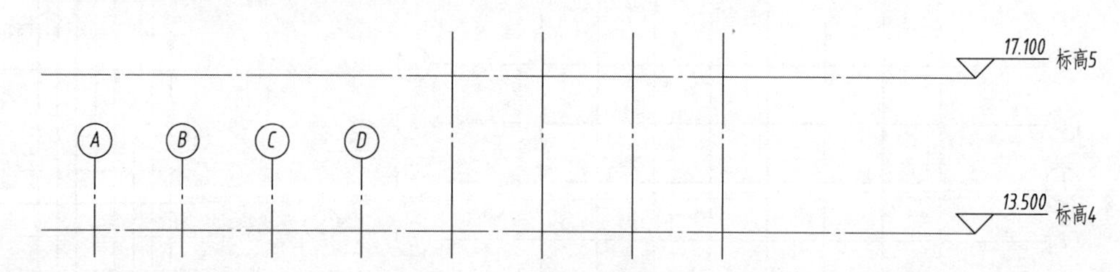

图10－63　调整后的轴线【A】～【D】

此时，展开【项目浏览器】中的树形目录【楼层平面】，用鼠标双击【标高4】，结果如图10－59所示；用鼠标双击【标高5】，结果如图10－64所示。

显然，1～3层的轴网调整结束。而4～20层的轴网中，轴线1～8的长度太长，还需要进一步调整。

步骤14　调整轴线【1】的长度。

展开【项目浏览器】中的树形目录【楼层平面】且双击【标高5】。

回到绘图区，先用鼠标单击选中1号轴线，然后如图10－65(a)所示单击轴线端部的【3D】符号，当空间状态由3D切换至2D时，这时所作的修改才不会影响其他任何视图。

如图10－65(b)所示，用鼠标单击实心小圆并向上移动，缩短后的1号轴线如图10－66所示。

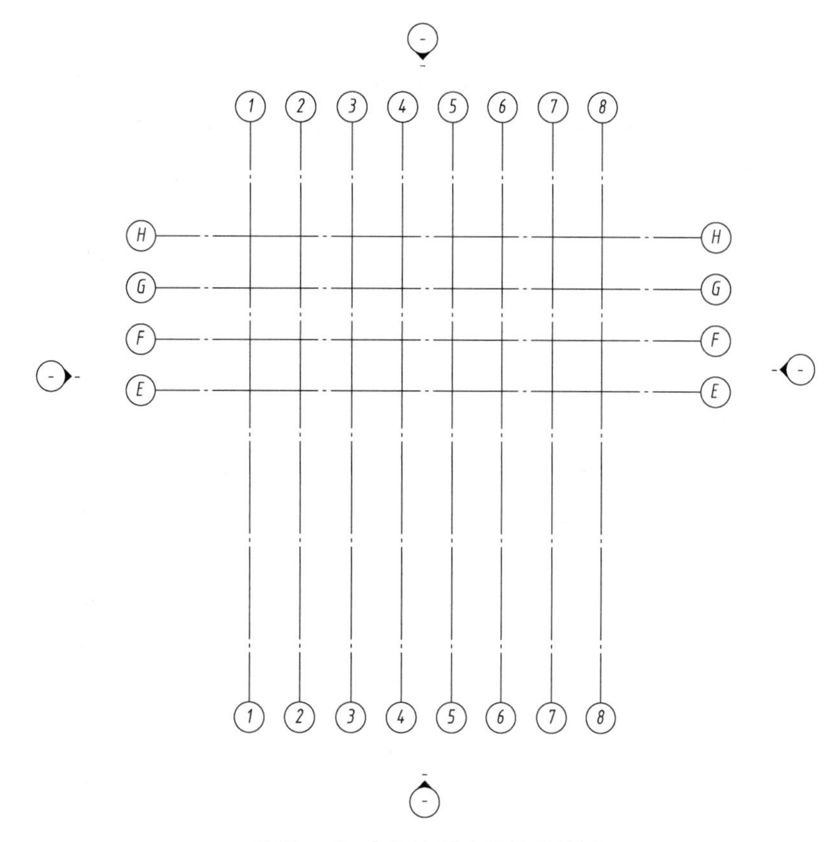

图 10－64　【标高 5】中显示的轴网

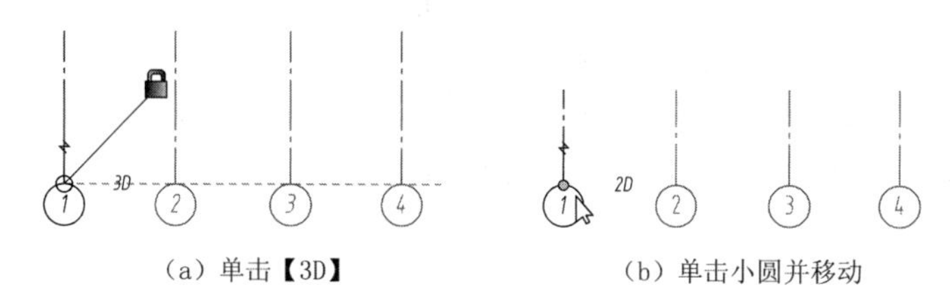

（a）单击【3D】　　（b）单击小圆并移动

图 10－65　调整轴线【1】

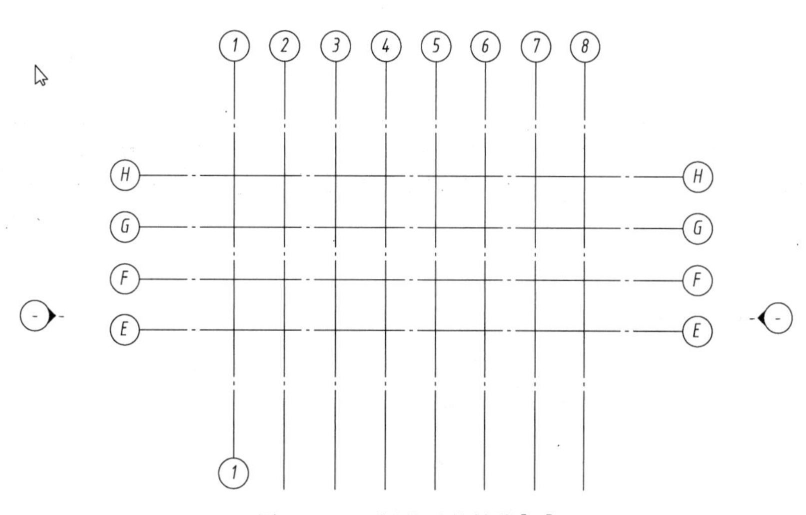

图 10－66　调整后的轴线【1】

步骤15 调整2~8号轴线的长度。

为了做出快速调整，请首先将2~8号轴线端部的【3D】均切换为【2D】，然后选中其中一条轴线，用鼠标单击其端部的实心小圆并向上移动，使其和1号轴线端部对齐，结果如图10－67所示。

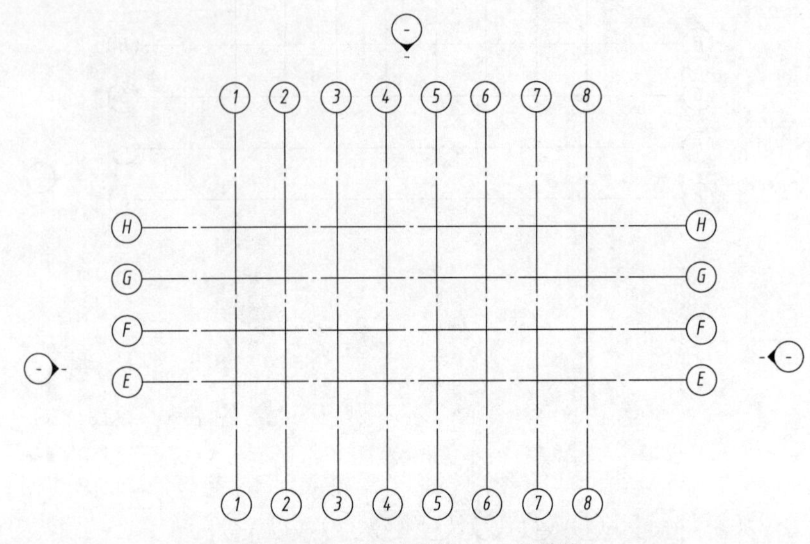

图10－67 调整后的1~8号轴线

因为前两步的调整均在2D空间完成，所以图10－67所示的情况仅影响到【标高5】平面视图，请读者自行验证。

为了使【标高5】~【标高21】平面视图中的轴网布置一致，还需要进行下面的操作。

步骤16 设置【标高5】中轴网的影响范围。

如图10－68所示，在【标高5】中用鼠标框选1~8号轴线，然后依次单击【修改|轴网】选项卡→【基准】面板→【影响范围】按钮，如图10－69所示。

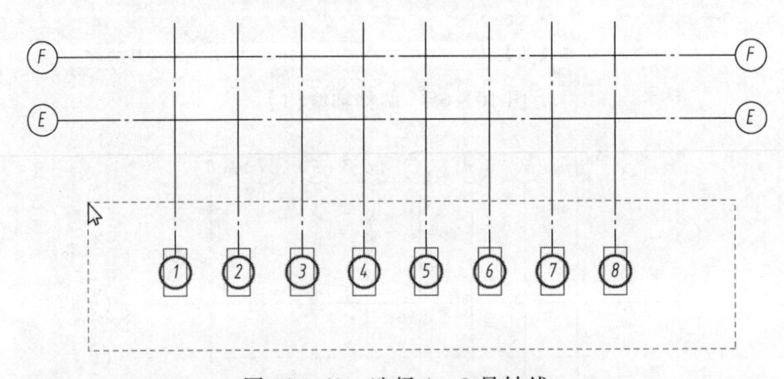

图10－68 选择1~8号轴线

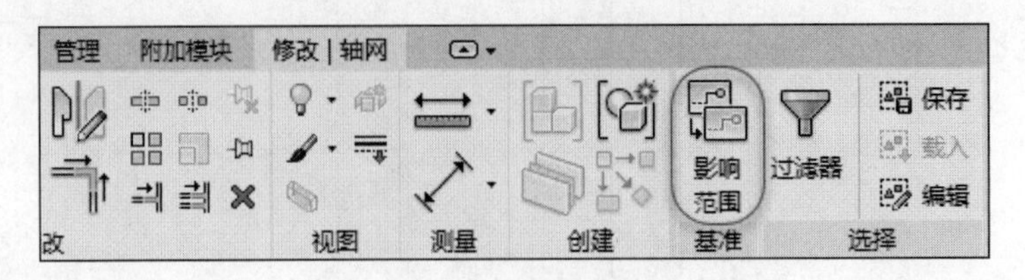

图10－69 单击【影响范围】

当弹出图 10 – 70 所示的【影响基准范围】对话框后，在列表中选择标高 6 ~ 21 并单击【确定】按钮即可。

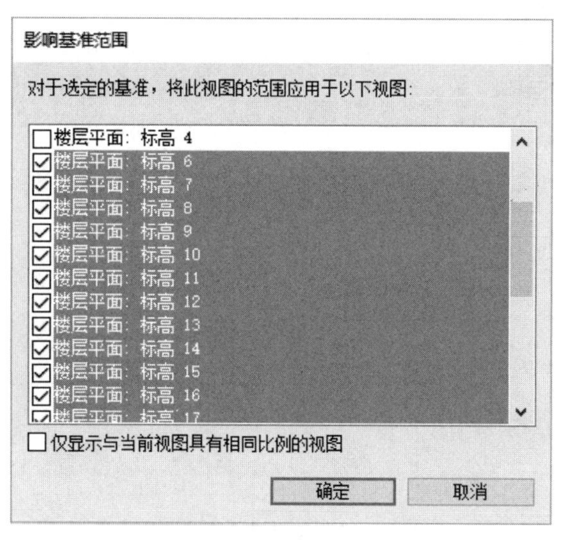

图 10 – 70　【影响基准范围】对话框

注意：选择时，首先单击【标高 6】，然后按下 shift 并单击【标高 21】，最后用鼠标单击选中行前的复选框即可。

到此为止，我们完成了各个楼层轴网的布置。

最后，完成轴网的尺寸标注。

步骤 17　对 1 ~ 3 层的轴网进行尺寸标注。

展开【项目浏览器】中的树形目录【楼层平面】且双击【标高 1】。依次单击【注释】选项卡→【尺寸标注】面板→【对齐】按钮，如图 10 – 71 所示。

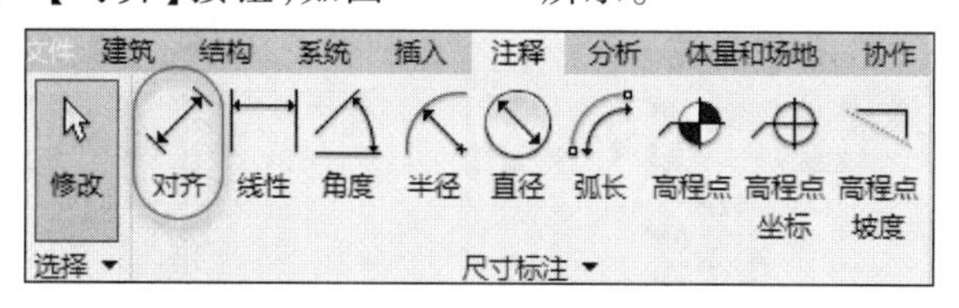

图 10 – 71　单击【对齐】按钮

启动标注命令后，依次用鼠标单击要标注的轴线即可完成轴网的尺寸标注。需要结束时，在任意空白处单击一次鼠标即可。

标注结束后，已经出现的尺寸仅显示在【标高 1】中。为了在 1 ~ 3 层出现同样的标注，应利用【复制】命令向其他楼层进行复制。方法如下：

用鼠标框选绘图区的所有对象，然后依次单击【修改 | 选择多个】选项卡→【选择】面板→【过滤器】按钮，如图 10 – 72 所示。

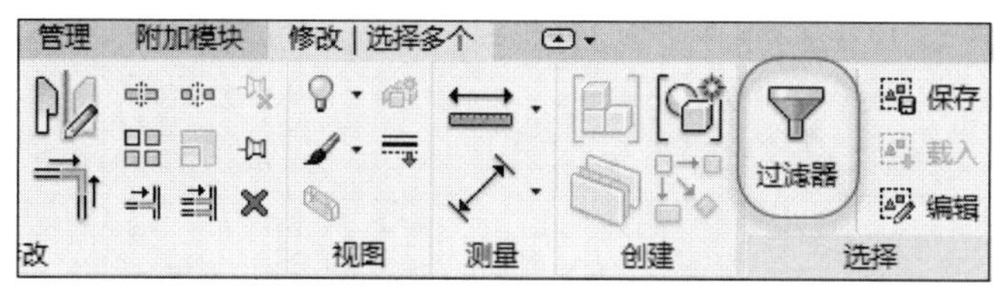

图 10 – 72　单击【过滤器】按钮

在弹出图 10－73 所示的【过滤器】对话框中，取消【轴网】的选择并单击【确定】按钮。

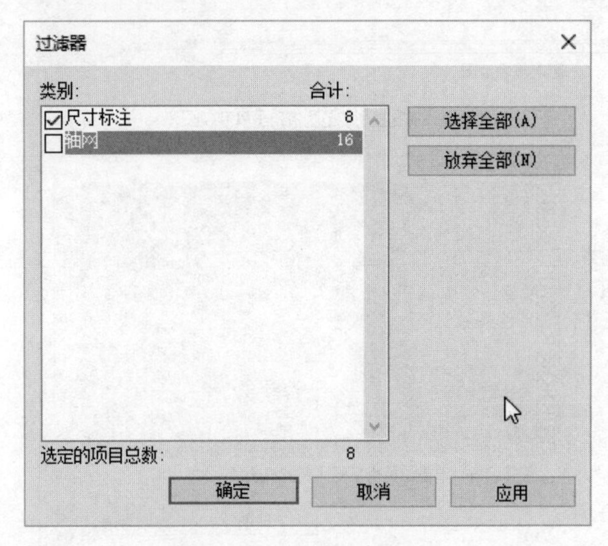

图 10－73 【过滤器】对话框

选中要复制的尺寸标注后，如图 10－74 所示，依次单击【修改 | 选择多个】选项卡→【剪贴板】面板→【粘贴】下拉列表中的【与选定的视图对齐】按钮。

当弹出图 10－75 所示的【选择视图】对话框后，选择标高 1～4 并单击【确定】按钮完成复制。

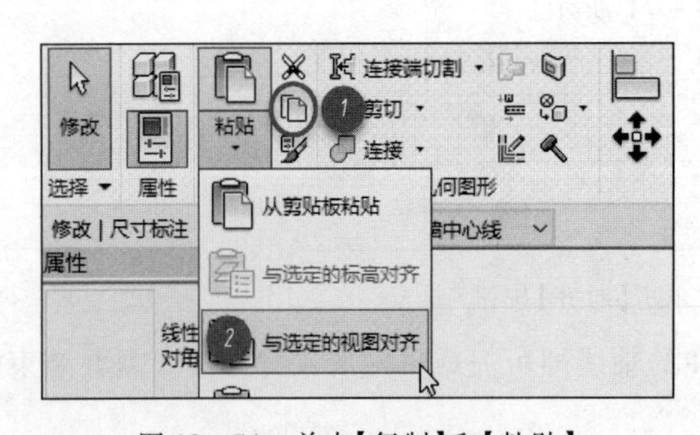

图 10－74 单击【复制】和【粘贴】

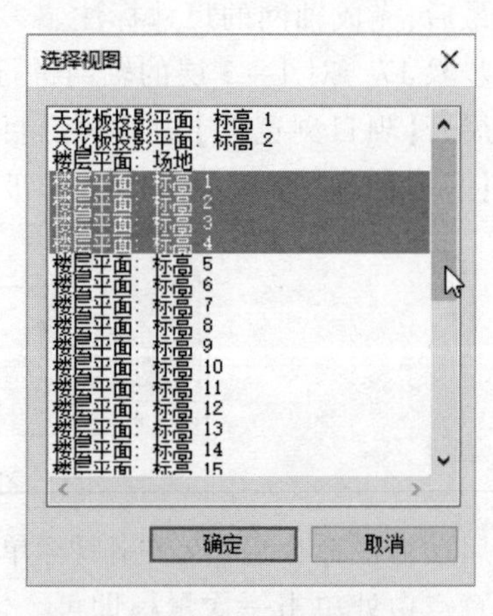

图 10－75 【选择视图】对话框

步骤 18 对 4～20 层的轴网进行尺寸标注。

展开【项目浏览器】中的树形目录【楼层平面】且双击【标高 5】。完成尺寸标注后，用相同的方法将其复制到标高 6～21 即可。

此处省略了详细的作图过程，请读者自行完成。

墙体的创建

墙体是房屋建筑中用于承重、围护和分隔空间的重要构件，同时也是门窗、墙饰等设备的载体，在整个建筑中起到非常重要的作用。

下面从简单到复杂，讨论墙体的创建方法。

11.1 简单墙体的创建

【例题1】在一楼绘制一段墙体并观察其三维效果。

为了便于绘制墙体，应将视图切换到平面视图，然后根据轴网完成定位和绘图。

【绘图步骤】

步骤01　在前例的基础上，展开【项目浏览器】中的树形目录【楼层平面】，用鼠标双击【标高1】。

回到平面视图后，就可以利用轴网进行墙体的定位和绘制。

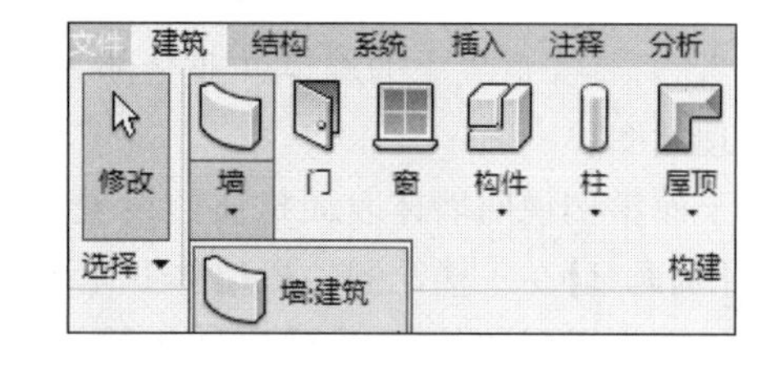

图11－1　单击【墙:建筑】选项

步骤02　依次单击【建筑】选项卡→【构件】面板→【墙】下拉列表中的【墙:建筑】选项，如图11－1所示。

步骤03　如图11－2所示，在选项栏中将【高度】设置为【标高2】。

修改｜放置 墙　高度:　标高 2　4500.0　定位线: 墙中心线　☑链　偏移: 0.0

图11－2　选项栏

由于当前的视图平面为【标高1】，当【高度】被设置为【标高2】时，之后创建的墙体将出现在【标高1】和【标高2】之间。

如果需要更高的墙体，可以将选项栏中的【高度】设置为其他标高。

步骤04　将鼠标移至绘图区，捕捉轴网交点并单击，输入墙体的起点；然后向右移动鼠标，在另一交点处单击一次，输入墙体的终点，如图11－3所示。

步骤05　绘制结束后，连续两次按下【ESC】键退出绘图状态。

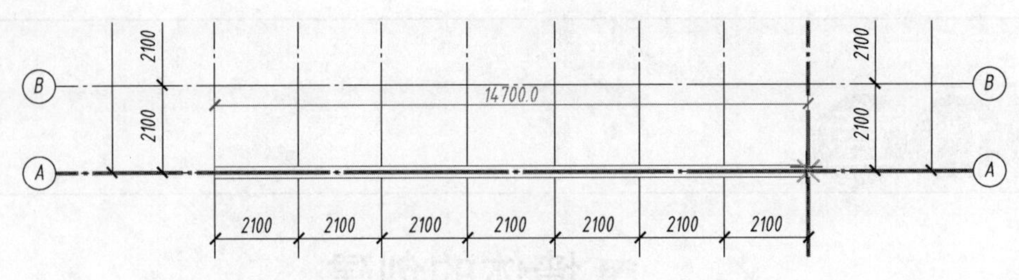

图 11－3 绘制墙体

步骤 06 用鼠标单击墙体,【属性】面板中显示该段墙体的厚度为 200,如图 11－4 所示。

步骤 07 为了观察所绘墙体的三维效果,请展开【项目浏览器】面板中的树形目录【三维视图】,用鼠标双击【(三维)】,结果如图 11－5 所示。

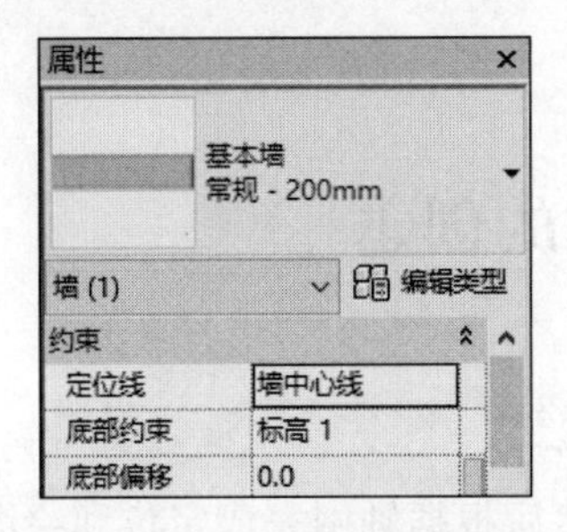

图 11－4 【属性】面板图

图 11－5 墙体的三维视图

当然,真实世界中的墙体并非全部为灰色。为了使绘制的墙体更加真实,可在墙体表面设置纹理贴图。

下面举例说明墙体表面材质的设置方法。

【例题 2】在一楼绘制一段墙体并附着材质,使纹理和面积相匹配。

跟上例不同的是,此次绘制墙体前,应先编辑墙体类型并添加材质贴图。在创建过程中,只需要在上例步骤 3 和 4 之间添加以下操作:

步骤 01 如图 11－6 所示,单击【属性】面板中的【编辑类型】按钮。

步骤 02 复制系统提供的墙体类型。

如图 11－7 所示,在弹出的【类型属性】对话框中,单击【复制...】按钮,输入新的墙体类型名称【外墙－200mm－自定义材质】并单击【确定】按钮。

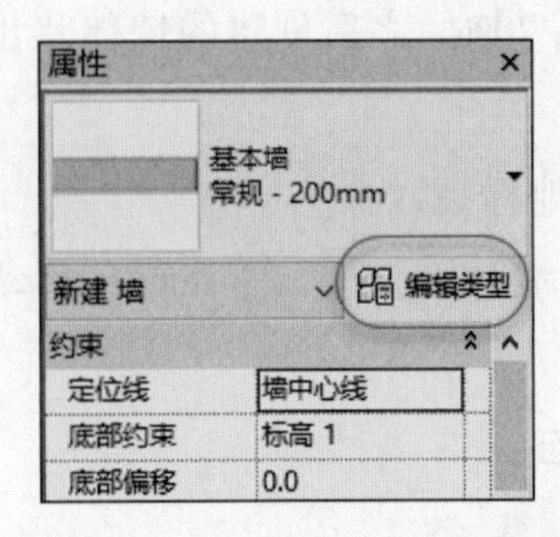

图 11－6 单击【编辑类型】按钮

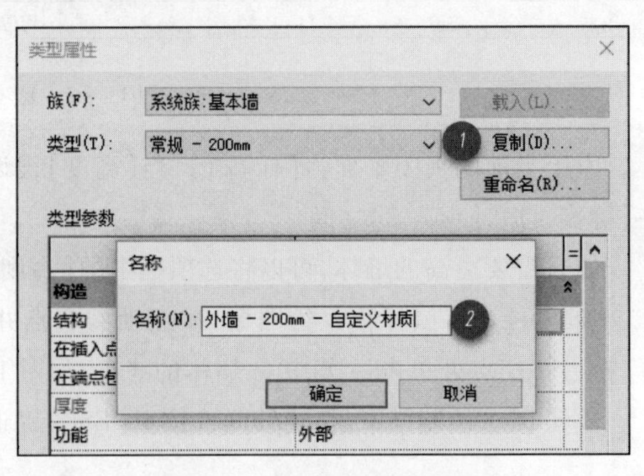

图 11－7 【类型属性】对话框

这样做的目的是，将系统提供的墙体类型原样复制，使墙体属性的编辑和修改等操作不会影响到默认类型。

步骤 03　回到图 11－8 所示的【类型属性】对话框，单击【编辑...】按钮。

步骤 04　在图 11－9 所示的【编辑部件】对话框中，单击【 <按类别> 】按钮。当其右侧出现按钮时，再单击该按钮一次。

步骤 05　在图 11－10 所示的对话框中，单击【新建材质】按钮。

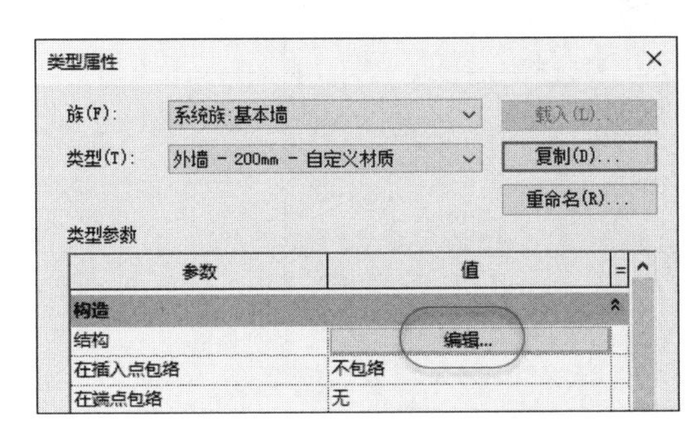

图 11－8　单击【编辑...】按钮

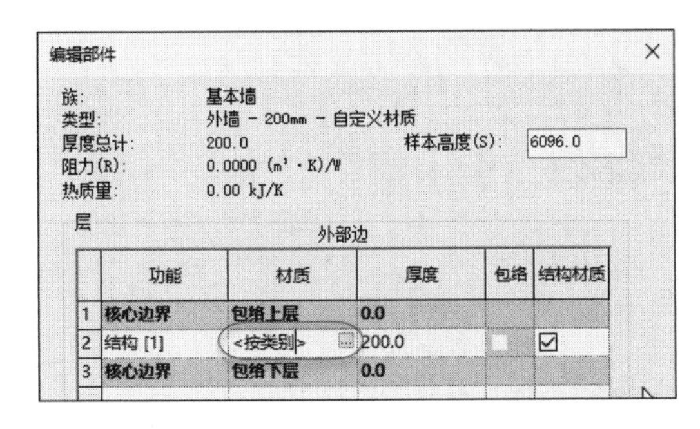

图 11－9　【编辑部件】对话框

图 11－10　创建新材质

步骤 06　如图 11－11 所示，在【名称】编辑框中输入新的材质名【材质自定义】。

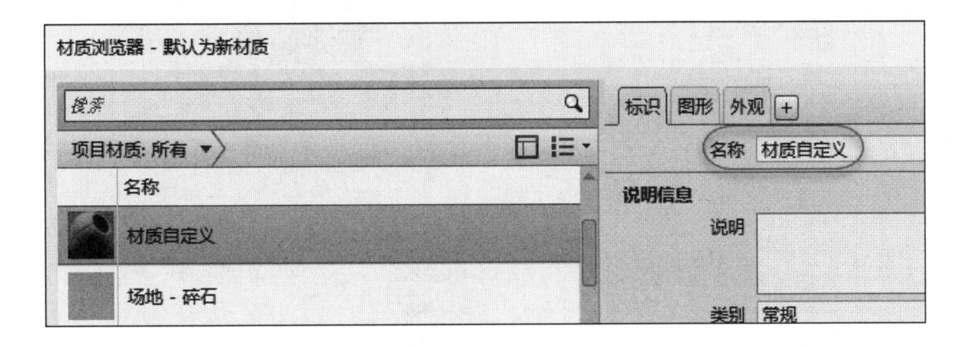

图 11－11　命名新材质

步骤 07　如图 11－12 所示，单击【打开/关闭资源浏览器】按钮，在搜索框中输入“砌块”进行搜索，当列表中显示【砌块】时，用鼠标双击完成贴图图片的选择。

最后单击【资源浏览器】对话框右上角的【关闭】按钮。

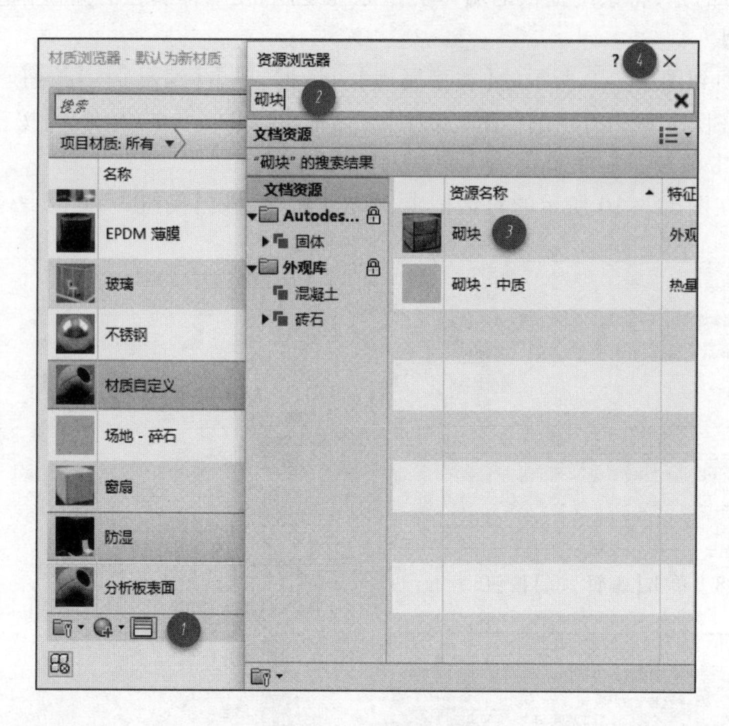

图 11 – 12 设置材质属性

步骤 08 新建材质如图 11 – 13 所示。

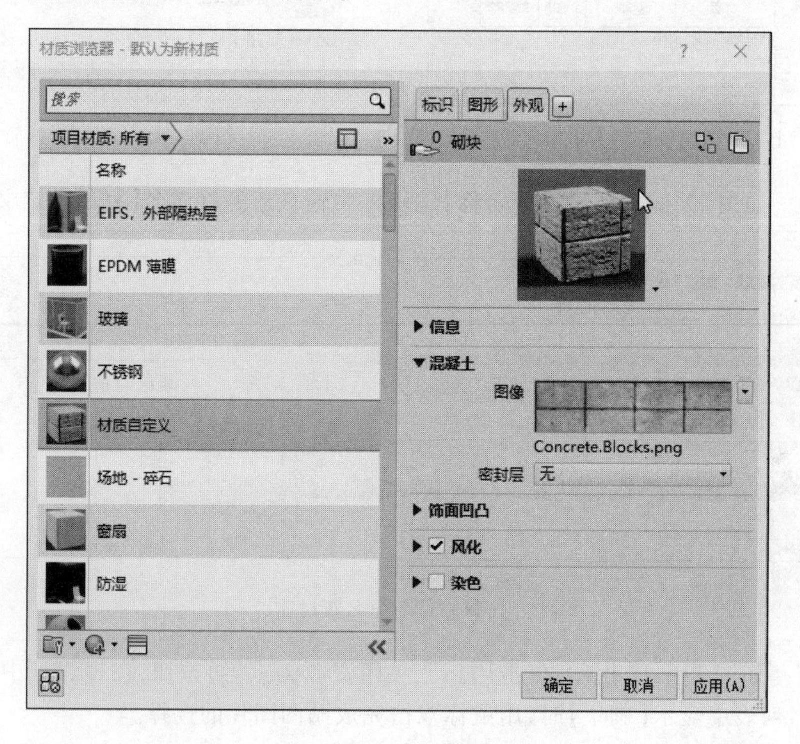

图 11 – 13 新建材质

完成墙体材质的创建后，再次绘制墙体时，材质将自动显示在墙体表面。

墙体创建结束，为了正确显示材质，还需调整视觉样式，方法如下：

如图 11－14 所示，单击视图控制栏中的【视觉样式】按钮，在弹出的菜单中选择【真实】选项。

最终的墙体效果如图 11－15 所示。

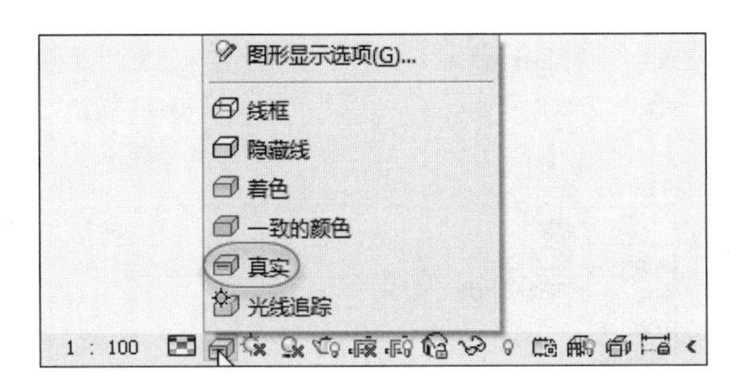

图 11－14　单击【真实】按钮

图 11－15　带有材质贴图的墙体

上述示例中的墙体结构非常简单，而真实世界中的墙体结构却并非如此。下面举例说明复合墙体的创建方法。

11.2　复合墙体的创建

如图 11－16 所示，外墙结构包括墙体中心200 mm厚的砖砌块、墙体内侧 20 mm 厚的抹灰层以及墙体外侧 30 mm 的饰面砖。

为了完成墙体的创建，首先应定义该类墙体的结构厚度、做法和材质参数等，然后完成模型的创建。

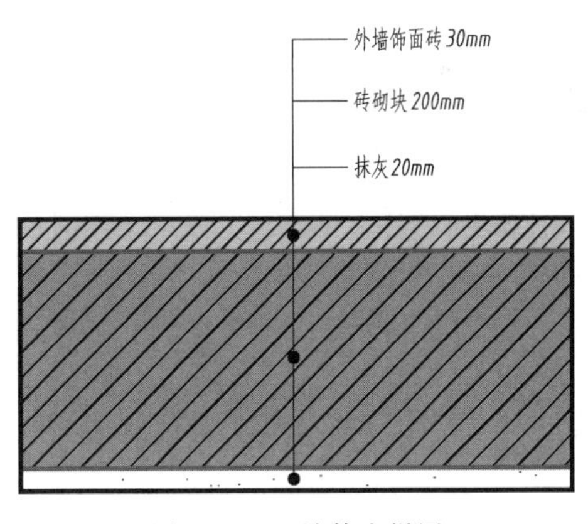

图 11－16　墙体大样图

【例题】在一楼创建如图 11－16 所示结构的一段墙体。

【绘图步骤】

步骤 01　展开【项目浏览器】中的树形目录【楼层平面】且双击【标高 1】。

步骤 02　依次单击【建筑】选项卡→【构件】面板→【墙】下拉列表中的【墙：建筑】选项，如图 11－1 所示。

步骤 03　如图 11－2 所示，在选项栏中将【高度】设置为【标高 2】。

步骤 04　选择墙体的基本类型并完成复制。

如图 11－17 所示，在【属性】面板中，选择【常规－200 mm】墙体类型，然后单击【编辑类型】按钮。

弹出图 11－18 所示的【类型属性】对话框后，单击【复制 ... 】按钮并在新对话框中键入新的墙体类型的名称【外墙－砖砌块－200 mm】并单击【确定】按钮返回【类型属性】对话框。

复制完成后，用户就能在原类型的基础上对墙体类型进行必要的调整和修改。

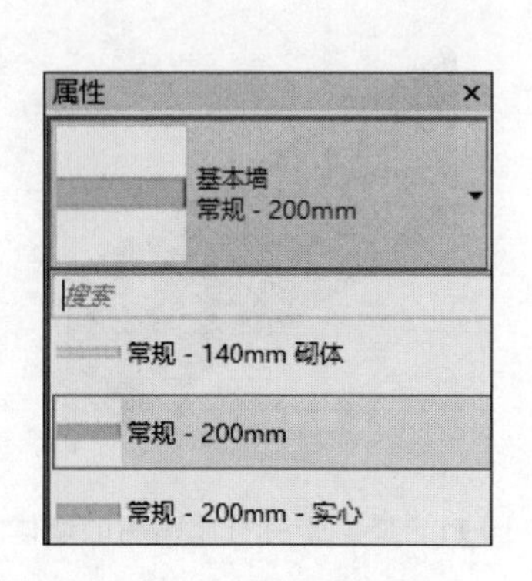

图 11－17　选择墙体基本类型

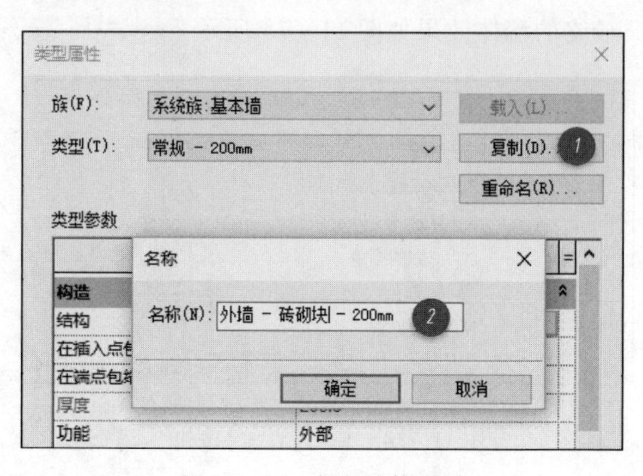

图 11－18　复制墙体类型

步骤 05　创建新的结构层。

图 11－16 所示的墙体共有 3 层，所以还应在默认结构的基础上创建两个结构层。

如图 11－19 所示，单击【编辑 ... 】按钮，弹出【编辑部件】对话框后，单击【插入】按钮两次，创建两个新的结构层，结果如图 11－20 所示。

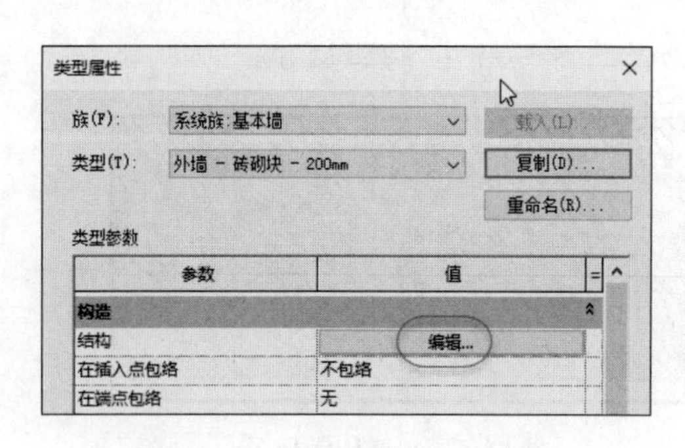

图 11－19　单击【编辑 ... 】按钮

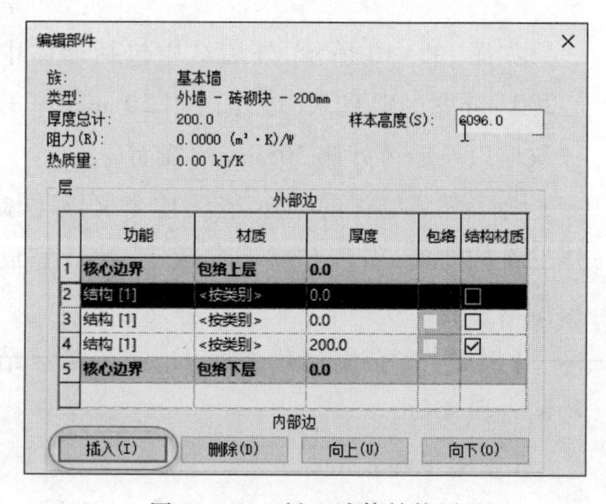

图 11－20　插入墙体结构层

步骤 06　调整墙体的结构层。

如图 11－21 所示，选中列表中的第二行，然后单击【向上】按钮，则该层将位于墙体外侧。然后用相同的方法将图 11－21 中的第三行调整到墙体内侧，结果如图 11－22 所示。

其中第 1、3 和 5 行分别代表外墙饰面砖、砖砌块和外墙抹灰层。

下面将对各个结构层的功能、材质和厚度进行设置。

步骤 07　设置各个结构层的厚度和功能属性。

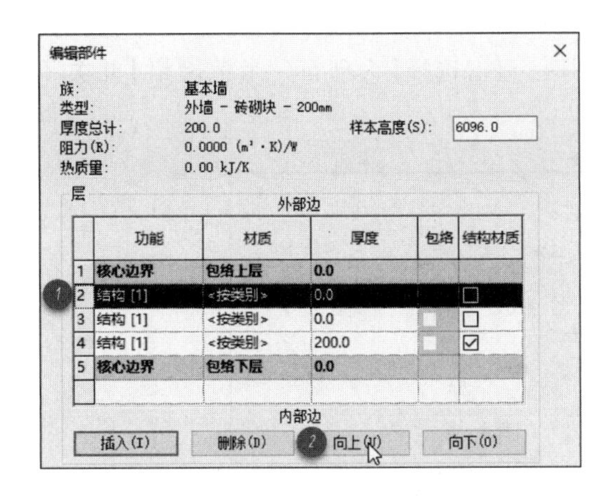

图 11－21　调整墙体结构层的位置

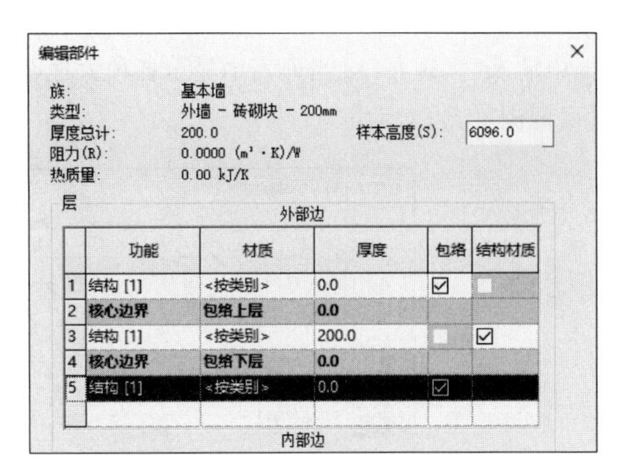

图 11－22　调整后的墙体结构

如图 11－23 所示，将外墙饰面砖的功能设置为【面层 1[4]】，厚度设为 30；将外墙抹灰层的功能设置为【面层 2[5]】，厚度设为 20。

注意：系统提供了 6 种墙体结构层功能：结构[1]、衬底[2]、保温层/空气层[3]、面层 1[4]、面层 2[5]和涂膜层。功能名称后面方括号中的数字越小，说明该层的优先级越大。即当墙体相互连接的时候，系统将试图连接功能相同的结构层。优先级越大，该结构层将越先被连接。

步骤 08　设置各个结构层的材质属性。

首先，设置外墙饰面砖的材质属性。

如图 11－24 所示，单击【材质设置】按钮，弹出图 11－25 所示的【材质浏览器】对话框。

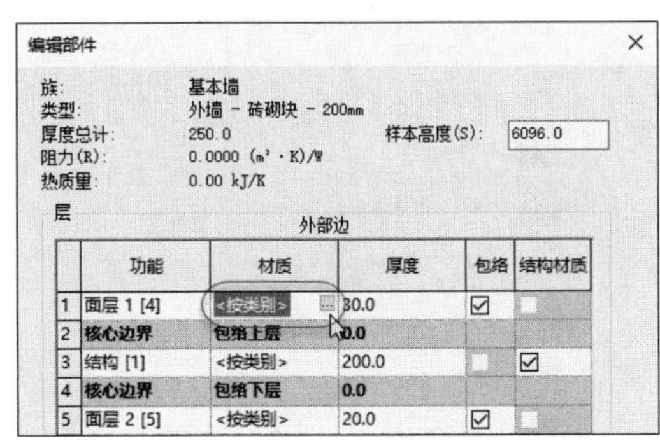

图 11－23　设置墙体功能层及其厚度

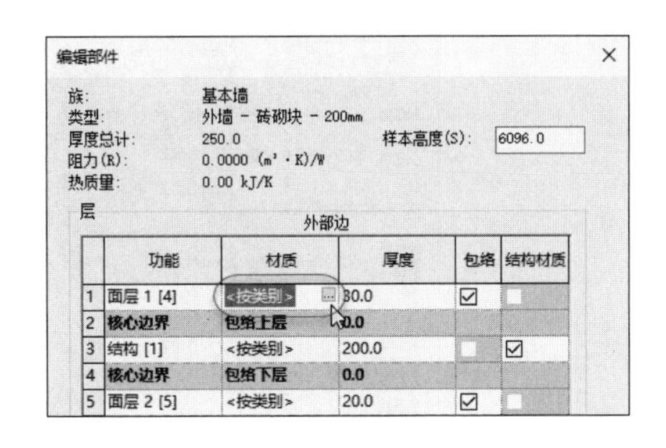

图 11－24　单击【材质设置】按钮

在该对话框中，首先单击【新建材质】选项，然后选择【标识】选项卡，在【名称】编辑框中键入新的材质名【饰面砖材质】。

最后单击【确定】按钮，返回【材质浏览器】对话框。

创建材质并命名后，接着应设置贴图。

如图 11－26 所示，在【材质浏览器】对话框中，选中【饰面砖材质】按钮，然后单击【打开/

关闭资源浏览器】按钮，在弹出的【资源浏览器】对话框中选择【外观库】选项，并在顶部的搜索框中输入“大理石”。当列表中显示各种大理石贴图时，双击选择【大理石－米色网格】并关闭【资源浏览器】对话框。

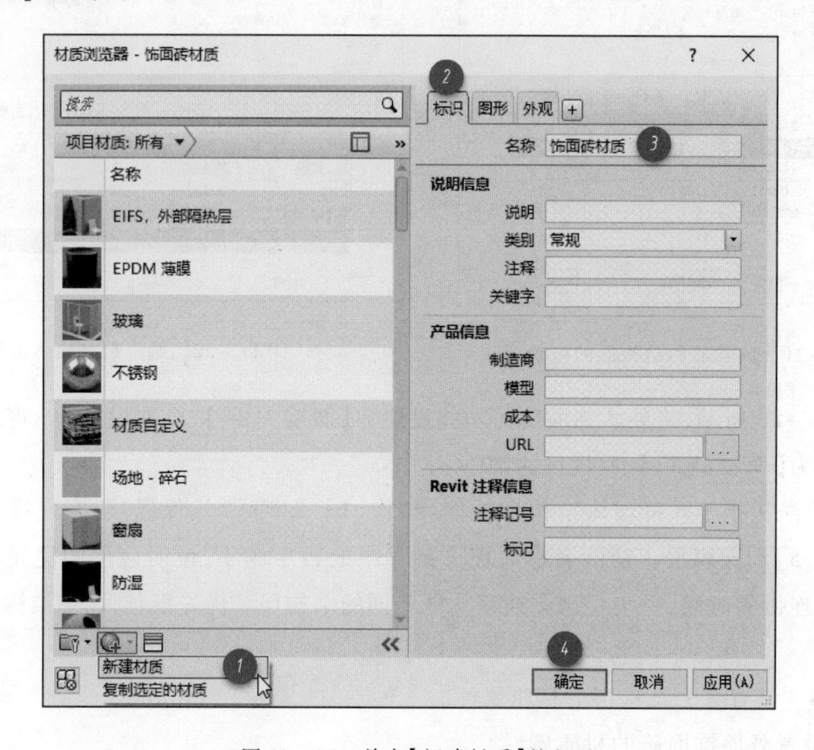

图 11－25　单击【新建材质】按钮

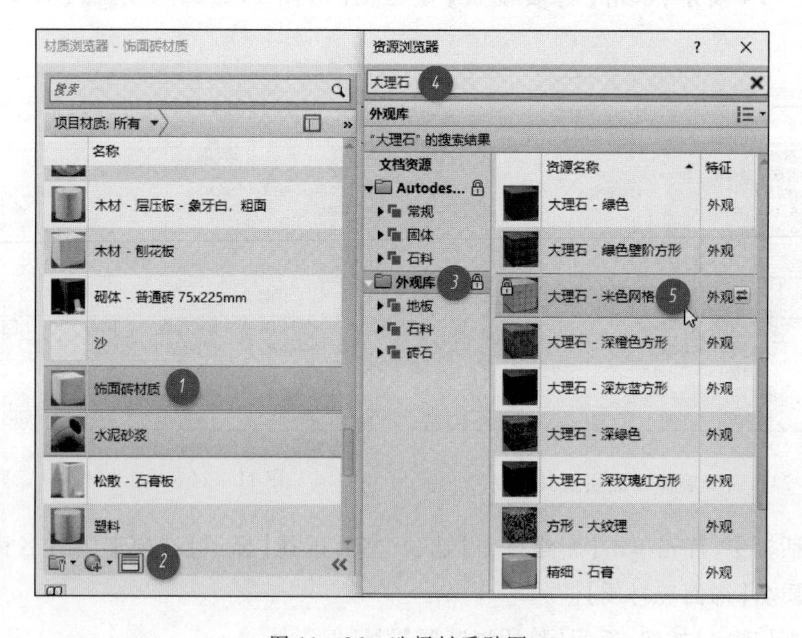

图 11－26　选择材质贴图

材质贴图设置结束后，结果如图 11－27 所示。

图 11－27　饰面砖的贴图设置

下面将设置外墙饰面砖的剖面填充图案。

如图 11－28 所示，单击选中【饰面砖材质】，在【截面填充图案】中，单击【填充图案】右侧的矩形区域。

在弹出的【填充样式】对话框中，选中单选【绘图】按钮。

在样式列表中，选中填充样式为【上对角线－1.5mm】后，单击【确定】按钮，返回【材质浏览器】对话框并单击【确定】按钮，完成外墙饰面砖的材质设定。

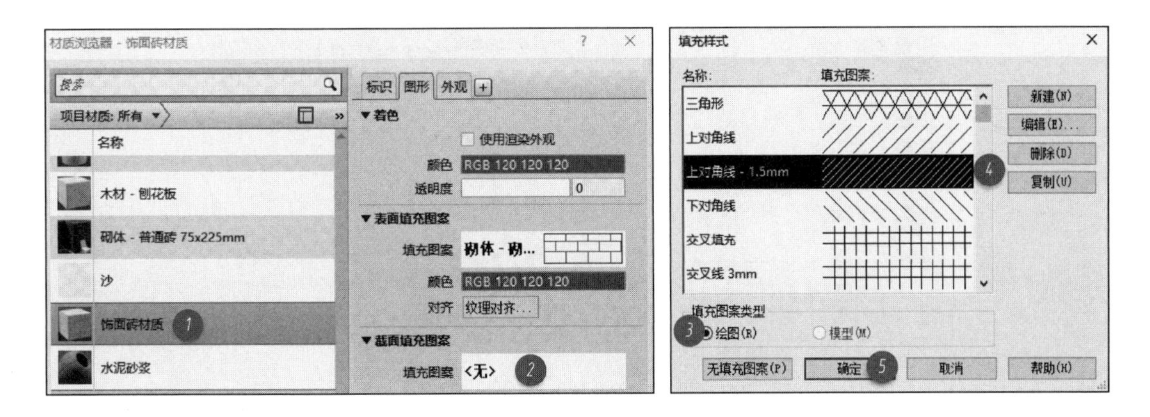

图 11－28　设置剖面填图案

接着，设置墙体核心层(也就是砖砌块层)的材质属性。

如图 11 - 29 所示，单击【材质设置】按钮，弹出【材质浏览器】对话框，选中材质列表中的【砌体 - 普通转 75 ×225 mm】并单击【确定】按钮完成设置。

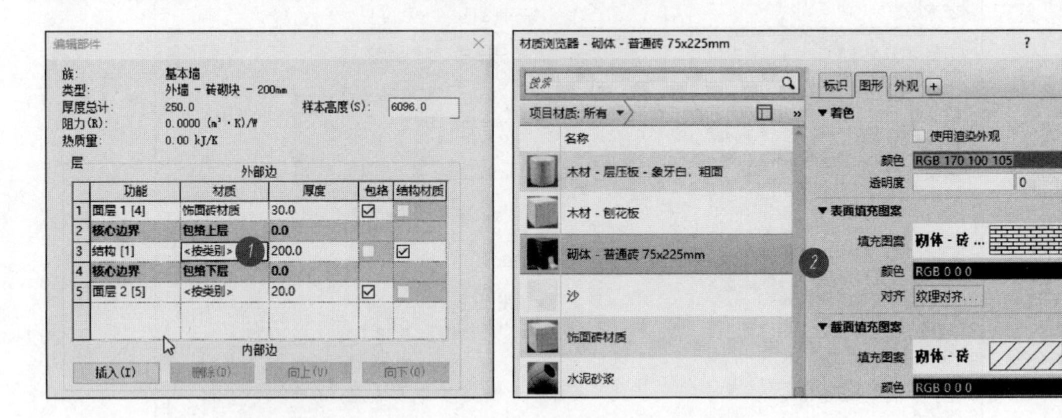

图 11 - 29　设置砖砌块层的材质

最后，设置外墙抹灰层的材质。

和饰面砖材质的设置方法相同，首先创建新材质并命名为【抹灰】。如图 11 - 30 所示，将【着色】栏的【颜色】设置为白色，并将【截面填充图案】中的【填充图案】设置为【松散 - 砂浆/粉刷】，如图 11 - 31 所示。

图 11 - 30　设置抹灰层的材质属性

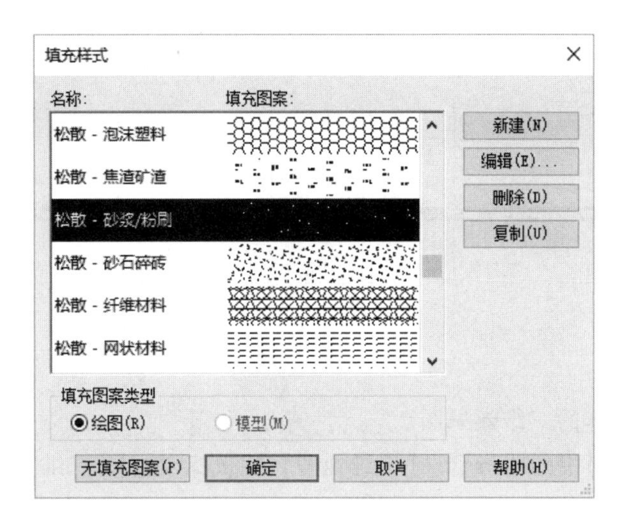

图 11 - 31　选择填充图案

步骤 09　观察墙体结构大样图。

完成各个结构层的设置后,单击【类型属性】对话框底部的【预览】按钮,则墙体结构大样图如图 11 - 32 所示。

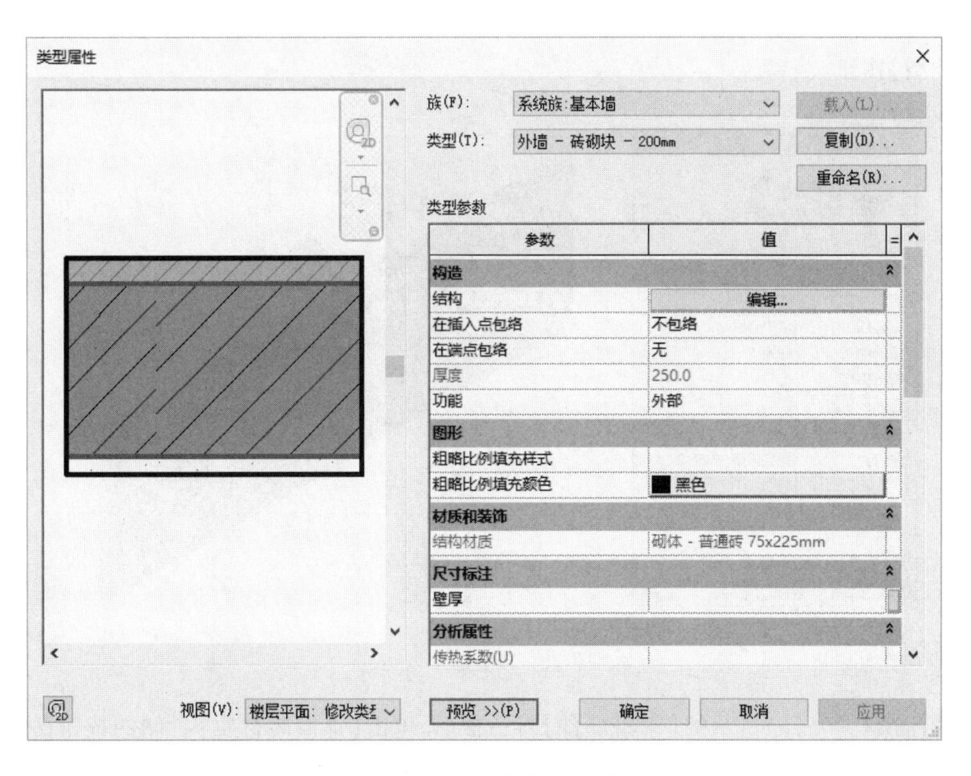

图 11 - 32　墙体结构大样

步骤 10　绘制墙体。

绘制一段墙体如图 11 - 33 所示。具体步骤不再列出,请读者自行完成。

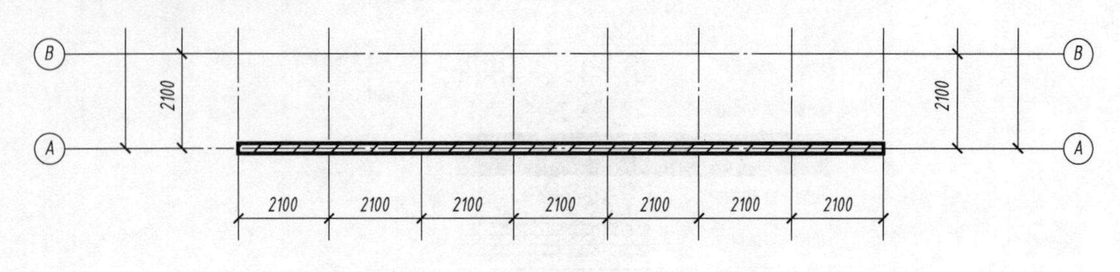

图 11 - 33　绘制墙体

步骤 11　观察墙体的三维效果图。

展开【项目浏览器】中的树形目录【三维视图】,用鼠标双击【(三维)】,可观察到墙体的三维效果。

根据前面的设置,墙体外侧表面应该张贴有米色网格状的大理石。如果看不到墙面贴图,可能的原因有两种:墙体内外侧的朝向不正确、贴图大小不匹配。如果是第一种情况,只需要用鼠标选中墙体,然后按一次空格键即可;如果是第二种情况,则解决方法如下。

步骤 12　调整贴图,使其匹配墙体面积。

回到绘图区,单击墙体使其处于选中状态,如图 11 - 34 所示。然后单击【属性】面板中的【编辑类型】按钮。

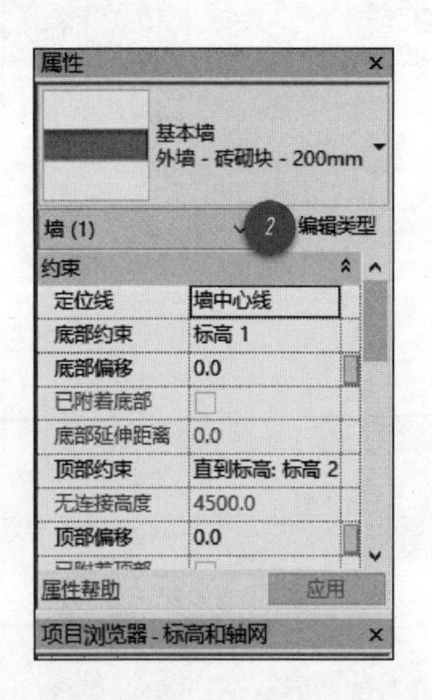

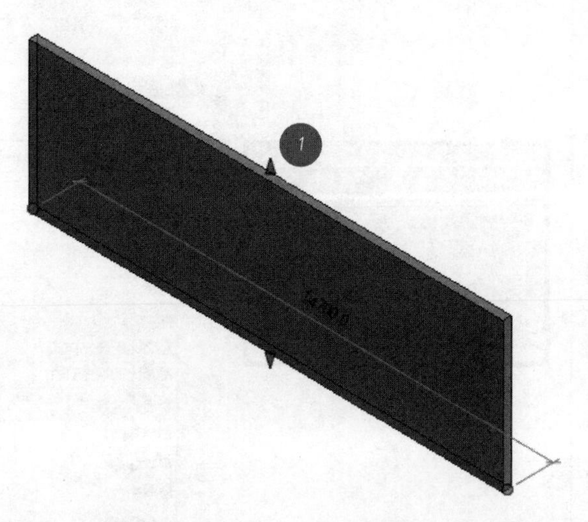

图 11 - 34　选中墙体

弹出图 11 - 35(a)所示的【编辑部件】对话框后,单击【饰面砖材质】右侧的按钮,弹出【材质浏览器】对话框[图 11 - 35(b)]。然后选择【外观】选项卡,并单击【图像】右侧的图片区域。

在图 11 - 36 所示的【纹理编辑器】对话框中,将【样例尺寸】编辑框中的数字调大。然后退出所有对话框并返回绘图区,则调整后的墙体效果如图 11 - 37 所示。

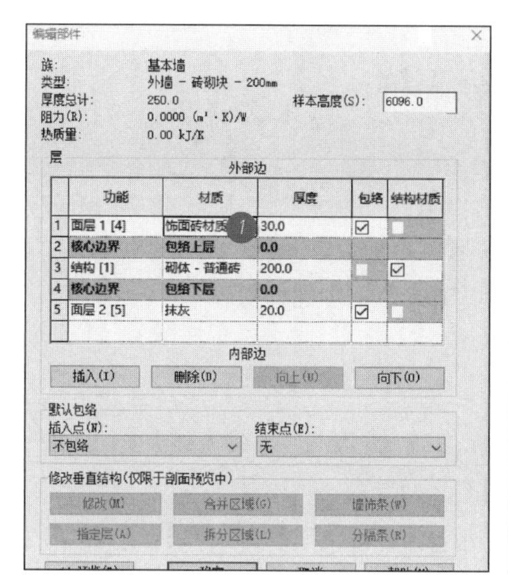

图 11－35　打开纹理编辑器

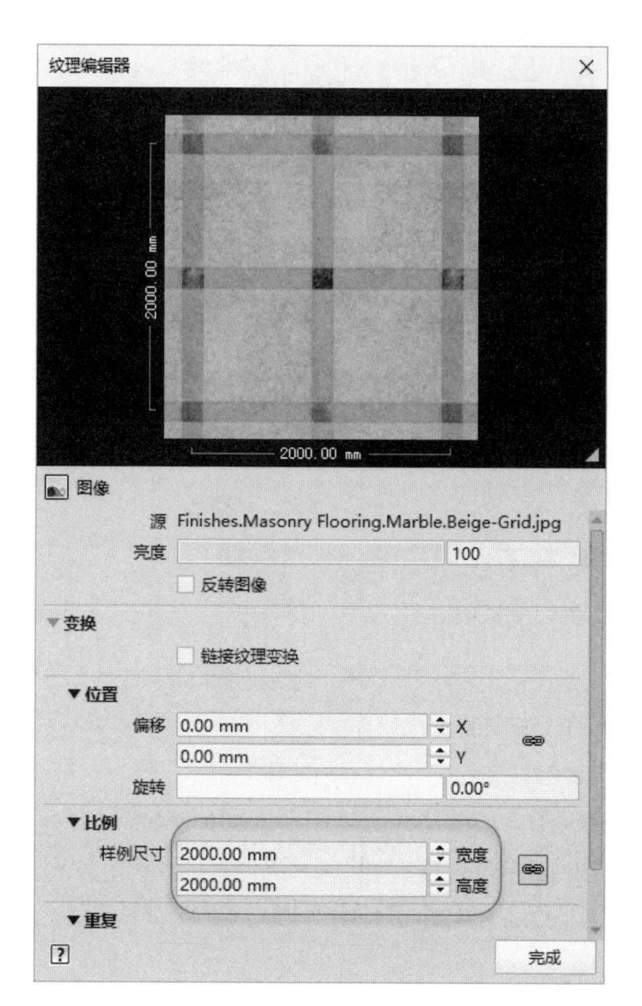

图 11－36　设置【样例尺寸】

图 11－37　调整后墙体的三维效果

11.3 墙饰条和分隔缝

墙饰条和分隔缝用来装饰墙体,使墙体在观感上不再单一。

【例题 1】利用系统提供的轮廓族,为前面所创建的墙体添加墙饰条。

利用轮廓族创建墙饰条时,首先应载入族,然后用墙饰条命令创建即可。

【绘图步骤】

步骤 01 打开【载入族】对话框。

如图 11-38 所示,依次单击【插入】选项卡→【从库中载入】面板→【载入族】按钮。在弹出的对话框中,按照图 11-39 所示的路径查询并导入族。

如果图 11-39 所示的路径存在并能显示各种族,请读者直接跳至【步骤 03】。否则,请按照下面的步骤顺序执行相应的操作。

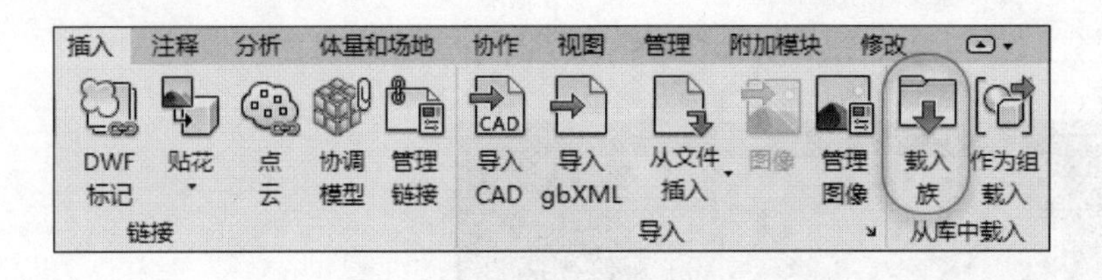

图 11-38 单击【载入族】按钮

图 11-39 族载入路径

步骤 02 下载并安装系统族库。

如果图 11-39 所示的路径不存在,说明还未安装系统族库。

请读者打开下面的网址并下载族库安装包:

https://knowledge.autodesk.com/zh-hans/support/revit-products/downloads/caas/downloads/downloads/CHS/content/autodesk-revit-2018-content.html?v=2018

下载结束后,提取族库并将其安装至 C:\ProgramData\Autodesk\RVT 2018 路径中。

步骤 03 载入族库文件。

重复第一步,如图 11-40 选择并双击族库文件,完成文件导入。

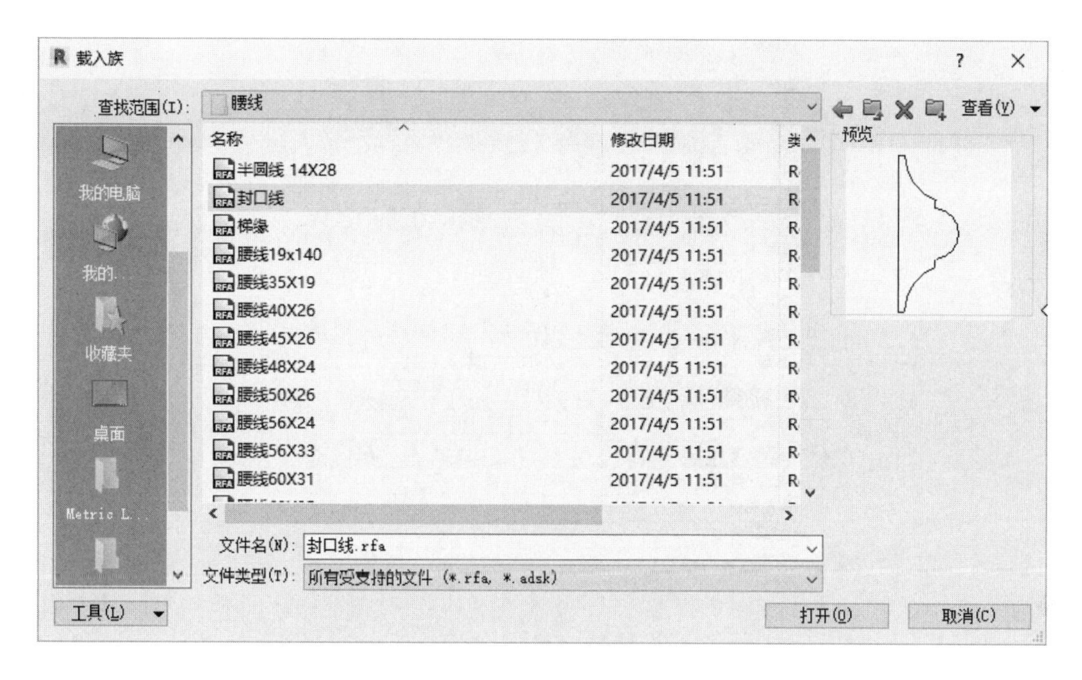

图 11－40　双击载入族的库族文件

步骤 04　启动创建墙饰条的命令。

如图 11－41 所示，依次单击【建筑】选项卡→【构件】面板→【墙】下拉列表中的【墙：饰条】按钮。

步骤 05　设置用于创建墙饰条的族属性。

如图 11－42 所示，在【属性】面板中单击【编辑类型】按钮，弹出图 11－43 所示的【类型属性】对话框。

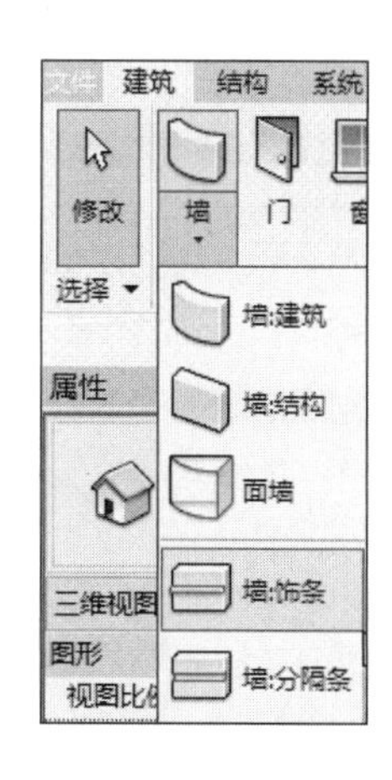

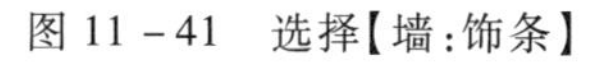
图 11－41　选择【墙：饰条】

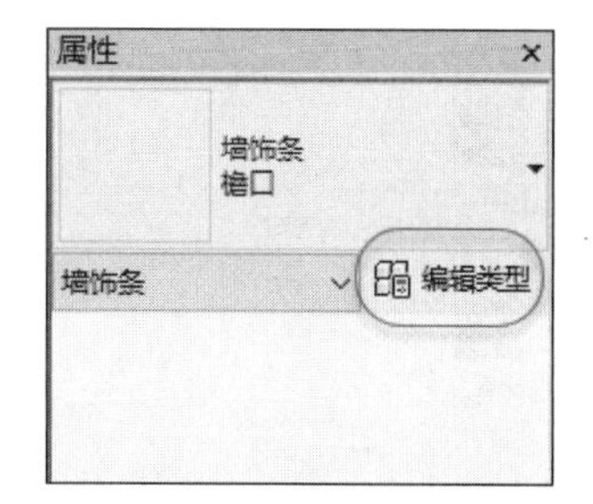

图 11－42　单击【编辑类型】按钮

在【轮廓】中选择【封口线：130x52】，同时用图 11－44 所示的方法将【材质】设置为【涂料－黄色】，最后请关闭所有对话框。

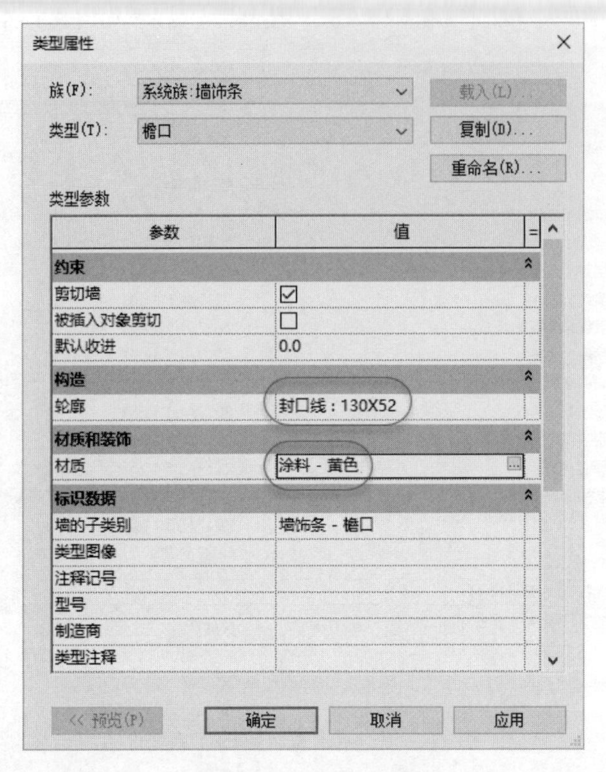

图 11－43　族属性设置

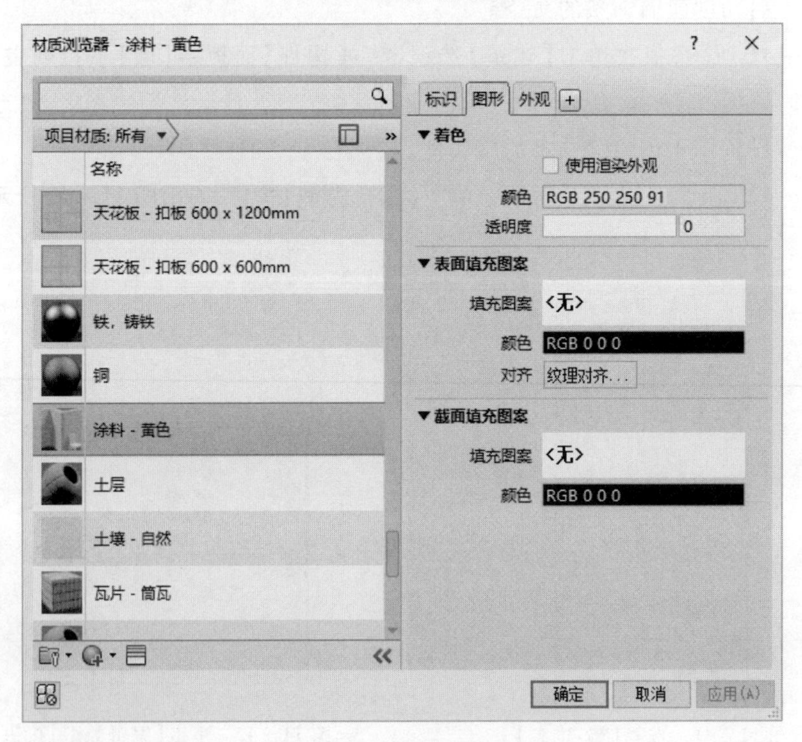

图 11－44　设置族的材质

步骤 06　为了更好的视觉效果，请将模型轮廓线设置为细线。方法如下：如图 11－45 所示，依次单击【视图】选项卡→【图形】面板→【细线】按钮。

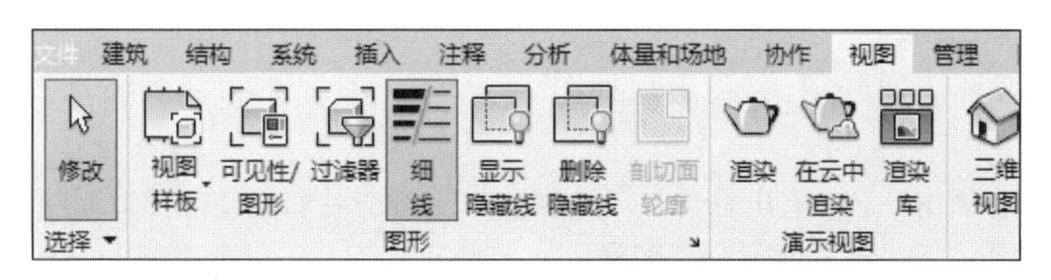

图 11－45　单击【细线】按钮

步骤 07　创建墙饰条。

将鼠标移至绘图区中的墙体顶部，当出现图 11－46 所示的墙饰条轮廓线时，单击鼠标完成创建。创建结束后，按下两次 ESC 键退出创建命令，则墙饰条的三维效果如图 11－47 所示。

如果在有转角的墙体上创建墙饰条，则墙饰条在转角处将会自动连接，效果如图 11－48 所示。具体情况请读者自行尝试。

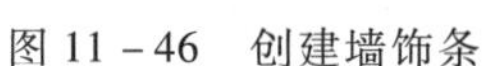

图 11－46　创建墙饰条

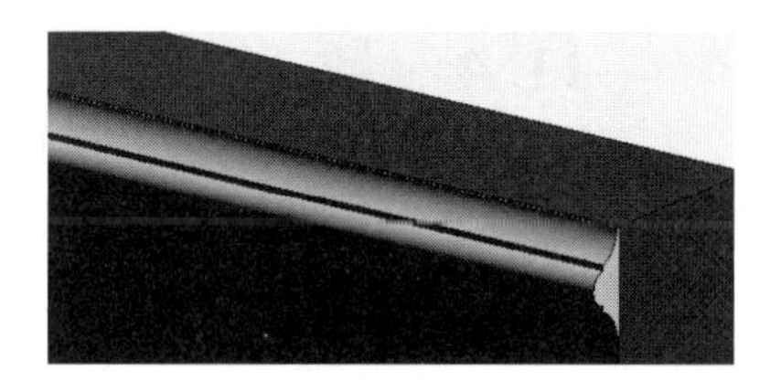

图 11－47　墙饰条的效果

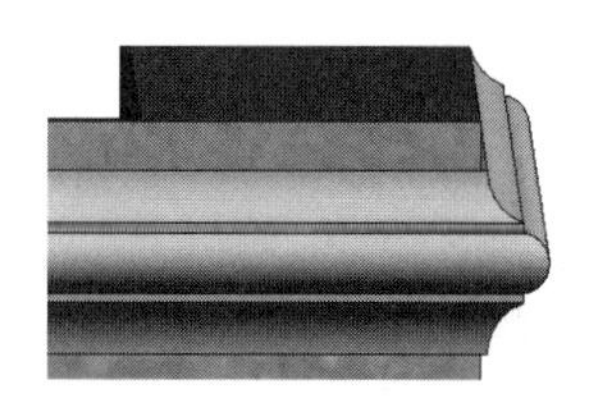

图 11－48　墙饰条的连接

【例题 2】为前面所创建的墙体添加分隔缝。

分隔缝的做法和上述方法基本相同。首先应载入对应的族文件，然后启动命令完成绘制即可。

【绘图步骤】

步骤 01　载入对应的族文件。

步骤 02　启动分隔缝的绘制命令。

如图 11－49(a)所示，依次单击【建筑】选项卡→【构件】面板→【墙】下拉列表中的【墙：分隔条】按钮。

如图 11－49(b)所示，在【属性】面板中，单击【编辑类型】按钮。弹出图 11－49(c)所示的对话框后，在【轮廓】右侧的下拉列表中选择需要的分隔缝族。

最后关闭所有对话框，返回绘图区。

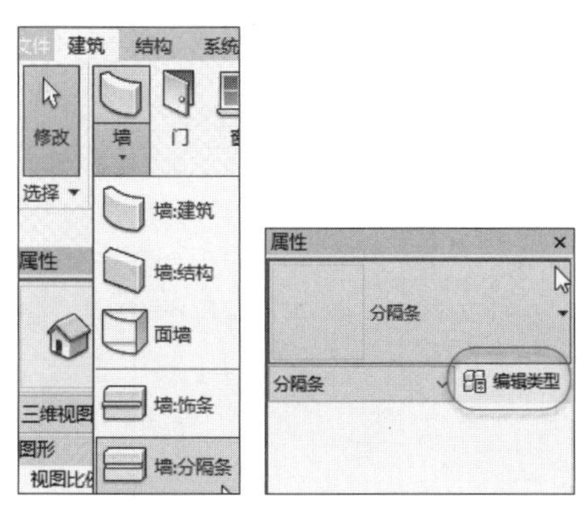

(a) 单击【墙:分隔条】

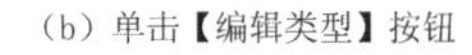

(b) 单击【编辑类型】按钮

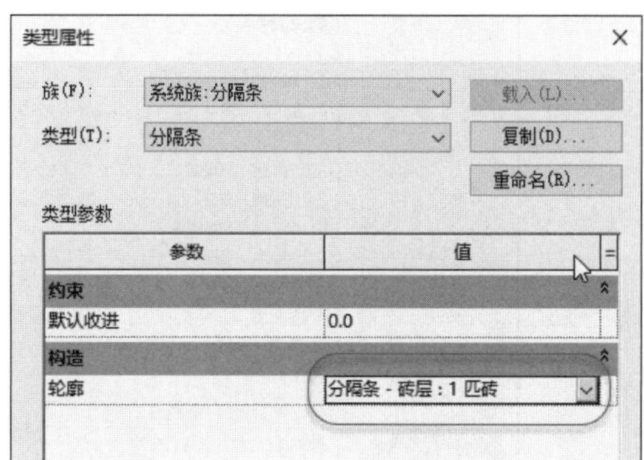

(c) 选择分隔缝的类型

图 11－49　分隔缝的设置

步骤 03　绘制分隔缝。

将鼠标移至墙体表面并定位，当出现如图 11－50(a)所示的分隔缝轮廓线时，单击鼠标完成创建。

最后在空白处单击一次，退出命令。分隔缝的三维效果如图 11－50(b)所示。

(a) 创建分隔缝

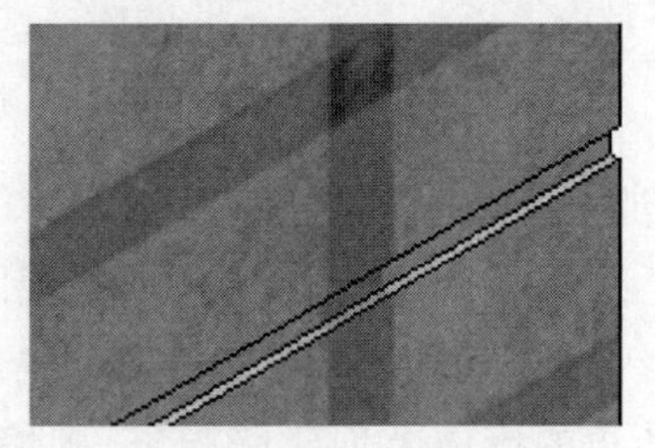
(b) 分隔缝的三维效果图

图 11－50　分隔缝的创建

11.4　散　水

散水是用来排水的构件，可以减少墙身和基础被水浸泡的可能，进而保护墙身和基础，从而延长建筑物的寿命。

Revit 中，散水属于墙饰条。本质上讲，散水和墙饰条的创建方法相同。

这里将散水的创建独立出来，是为了说明如何利用自定义族来创建散水。

创建自定义散水时，首先要定义散水的横截面并将其保存为族文件，然后将其载入系统并完成散水实体模型的创建。步骤如下：

图 11－51　单击【族】选项

步骤 01　打开族的创建环境。

如图 11－51 所示，依次单击系统菜单【文件】→【新建】→【族】选项，弹出图 11－52 所示的选择族样板文件对话框后，选择【公制轮廓】族样板文件并单击【打开】按钮。

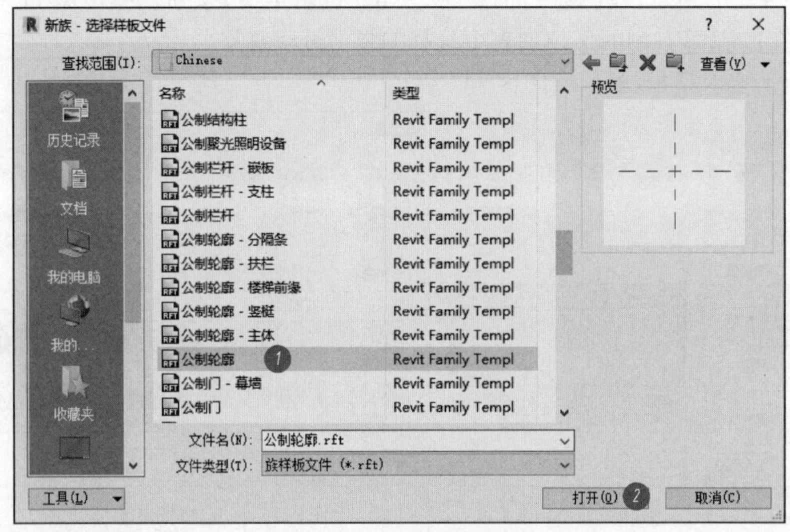

图 11－52　选择族样板文件

步骤 02　设置族类别。

如图 11－53 所示，单击【族类别和族参数】按钮，弹出图 11－54 所示的【族类别和族参数】对话框。将其中的【轮廓用途】设置为【墙饰条】。

注意：这样设置后，在创建散水时，应通过【墙饰条】命令完成散水建模。

步骤 03　绘制散水横截面。

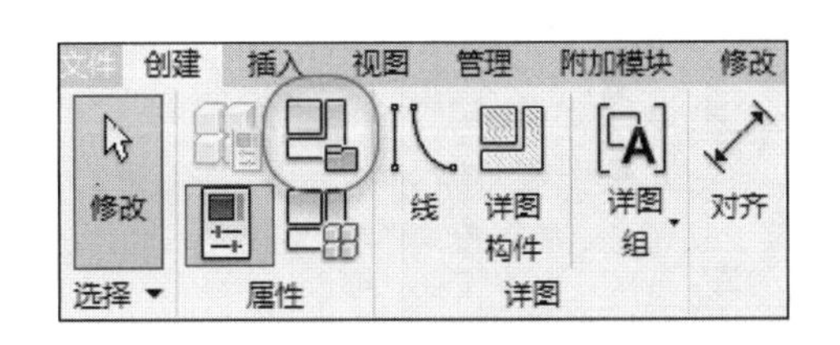

图 11－53　单击【族类别和族参数】按钮

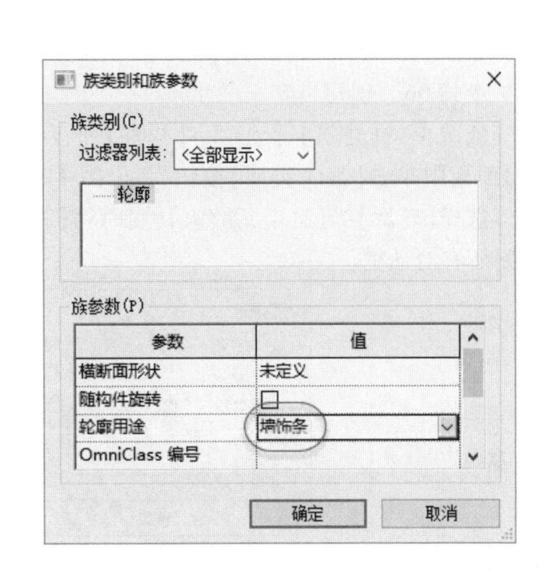

图 11－54　【族类别和族参数】对话框

回到绘图区，可以看到两条正交放置的虚线如图 11－55 所示。

注意：竖直的虚线代表所选墙面。实际建模时，系统将此处绘制的横截面轮廓沿竖向虚线跟所选墙面对齐后进行拉伸。

绘制横截面时，如图 11－56 所示，依次单击【创建】选项卡→【详图】面板→【线】按钮，按照图 11－57 所示的尺寸绘制散水横截面。

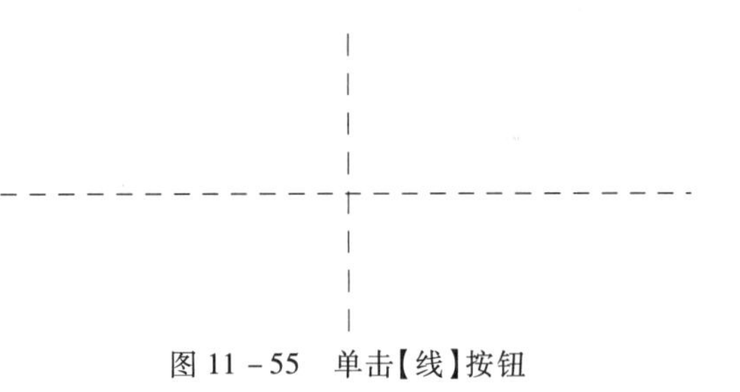

图 11－55　单击【线】按钮

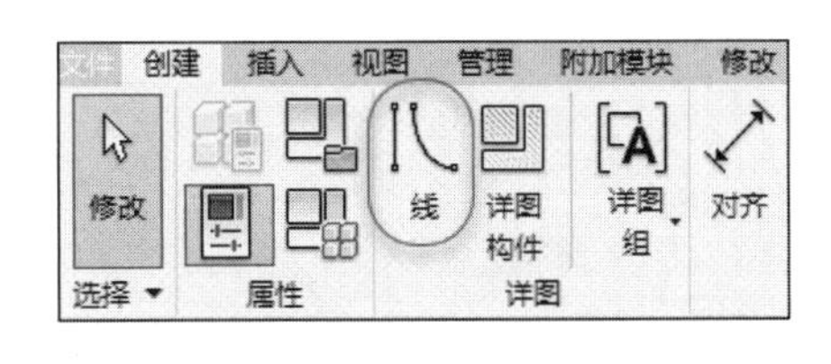

图 11－56　族创建基准线

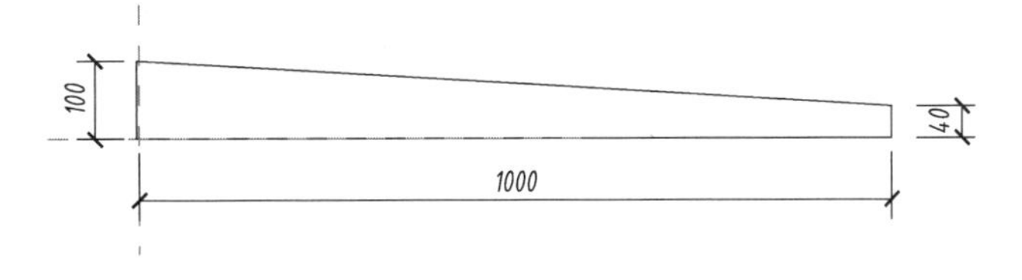

图 11－57　散水横截面

步骤 04　单击【保存】按钮，将散水横截面按任意路径保存为族文件。

步骤 05　将族载入到项目中。

为了使用前面创建的族，应将其载入当前项目。方法是：

如图 11－58 所示，依次单击【修改】选项卡→【族编辑器】面板→【载入到项目】按钮。

系统自动回到当前项目中时，在【项目浏览器】中展开【三维视图】并双击【（三维）】选项，将视图切换至三维视图。

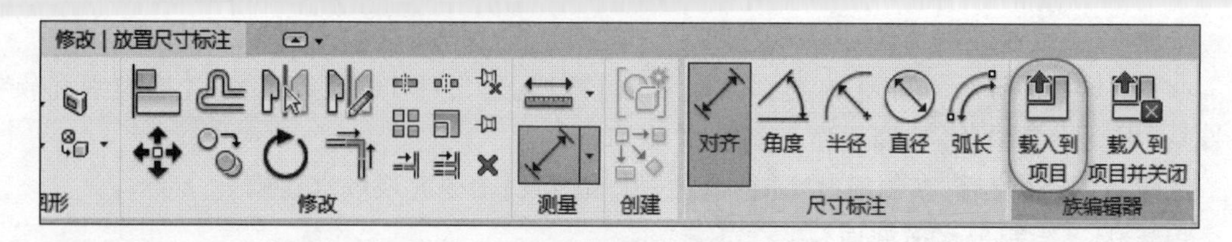

图 11－58　单击【载入到项目】按钮

步骤 06　创建自定义散水。

依次单击【建筑】选项卡→【构件】面板→【墙】下拉列表中的【墙:饰条】按钮。然后在【属性】面板中单击【编辑类型】按钮,弹出图 11－59 所示的【类型属性】对话框。

选择【轮廓】为【自定义散水】,同时将【材质】设置为【涂料－黄色】(为了方便观察)。最后关闭所有对话框。

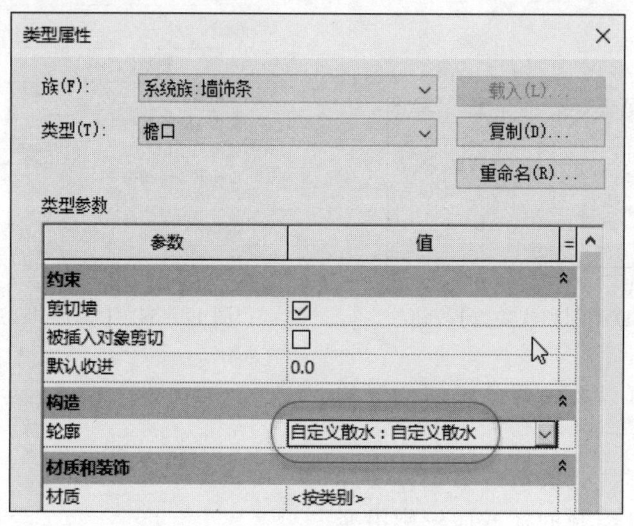

图 11－59　选择【自定义散水】选项

回到绘图区,将鼠标移至外墙面的底部,当出现图 11－60(a)所示的散水轮廓时,单击鼠标完成创建,效果如图 11－60(b)所示。

如果连续在相邻墙面创建散水,则相邻墙面的转角处将自动连接,效果如图 11－60(c)所示。

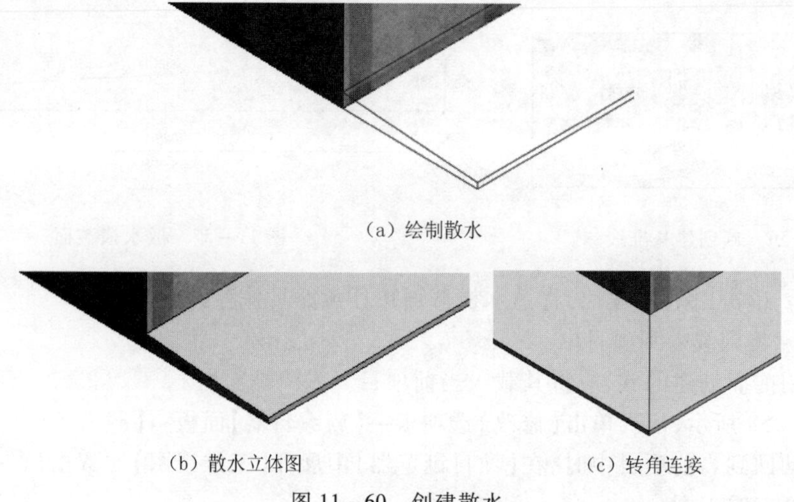

(a) 绘制散水

(b) 散水立体图　　(c) 转角连接

图 11－60　创建散水

步骤 07　转角处不能自动连接的情况。

如果散水不是在同一次命令下创建的,则相邻墙面的转角处将不会自动连接。可能会出现如图 11 - 61 所示的错误结果。

为了解决这个问题,需要对转角处进行修改。方法如下:

如图 11 - 62 所示,依次单击【修改 | 墙饰条】选项卡→【墙饰条】面板→【修改转角】按钮。然后用鼠标拾取要编辑的散水横截面,如图 11 - 63(a)所示。修改后的散水如图 11 - 63(b)所示。

图 11 - 61　转角未连接

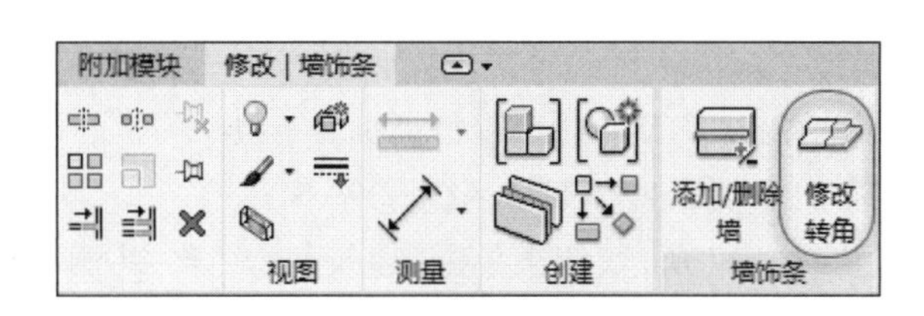

图 11 - 62　单击【修改转角】按钮

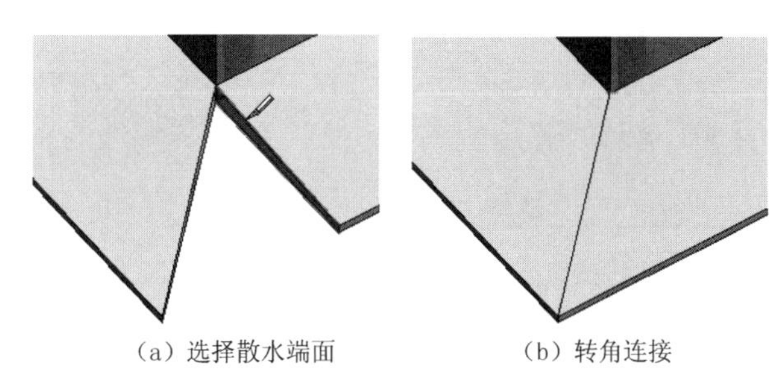

(a) 选择散水端面　(b) 转角连接

图 11 - 63　创建散水

11.5　墙洞的创建

11.5.1　简单墙洞的创建

为了有较好的可视效果,首先在一楼绘制一段东立面墙,如图 11 - 64 所示。

当墙体上需要开洞口时,可采用下面两种方法来实现。

如图 11 - 65 所示,在【项目浏览器】中,展开树形目录【立面(建筑立面)】并双击【东】,则墙体的东立面图如图 11 - 66 所示。

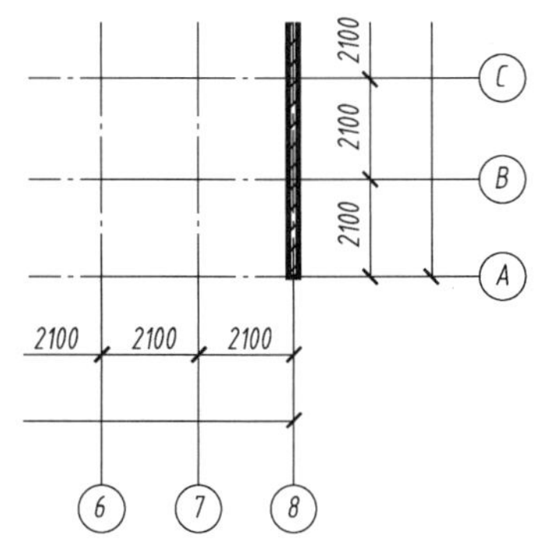

图 11 - 64　东立面墙

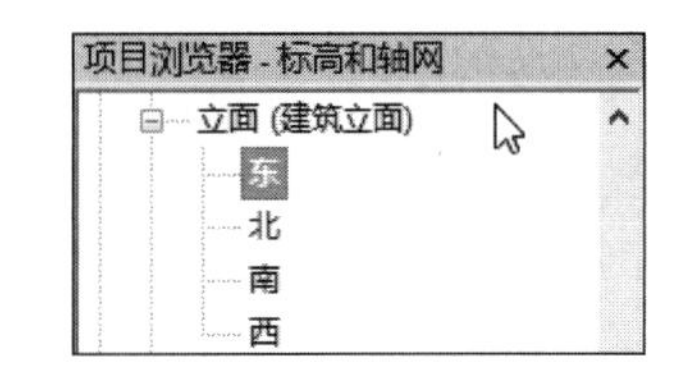

图 11 - 65　双击【东】

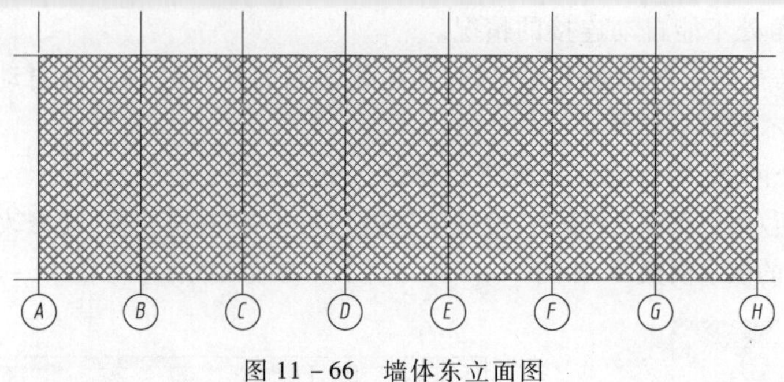

图 11－66　墙体东立面图

下面是形状简单的墙体洞口的创建方法：

步骤 01　启动墙体洞口的创建命令。

如图 11－67 所示，依次单击【建筑】选项卡→【洞口】面板→【墙】按钮。

命令启动后，用鼠标单击要创建洞口的墙体，这时在光标附近出现了一个小矩形框，如图 11－68所示。

图 11－67　单击【墙】按钮

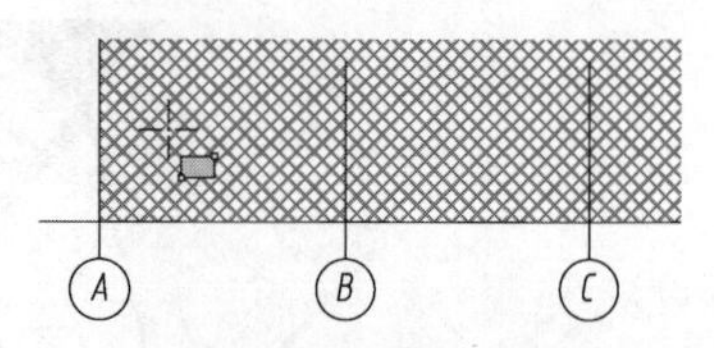

图 11－68 选中墙体

步骤 02　创建洞口。

将鼠标移至墙体上，单击鼠标左键输入洞口的第一个角点，然后移动鼠标并在适当的位置再次单击一次，输入洞口的第二个角点，创建完毕，结果如图 11－69 所示。

步骤 03　调整洞口的位置和尺寸。

为了精确确定洞口的位置及其尺寸，可用鼠标单击图 11－69 中的临时尺寸数字，当出现如图 11－70 所示的编辑框时，输入需要的数值并按【Enter】键，即可完成洞口的调整。

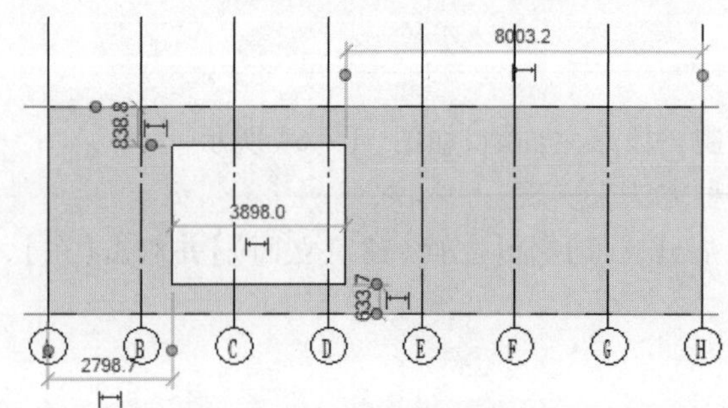

图 11－69　创建洞口

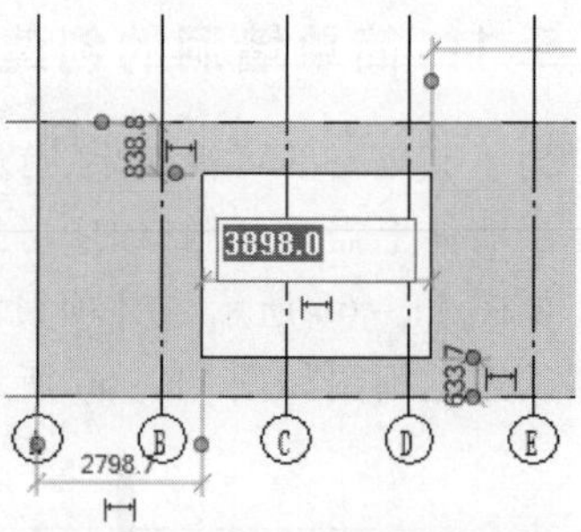

图 11－70　编辑洞口尺寸

开口后的墙体如图 11－71 所示。

步骤 04　复制洞口。

如果需要相同大小的洞口，可用【复制】命令进行创建。

启动【复制】命令后，如图 11－72(a)所示，选择洞口并按【Enter】键。在洞口上用鼠标单击拾取一个基准点后，如图 11－72(b)所示，向右移动鼠标并在合适的位置单击一次完成复制。

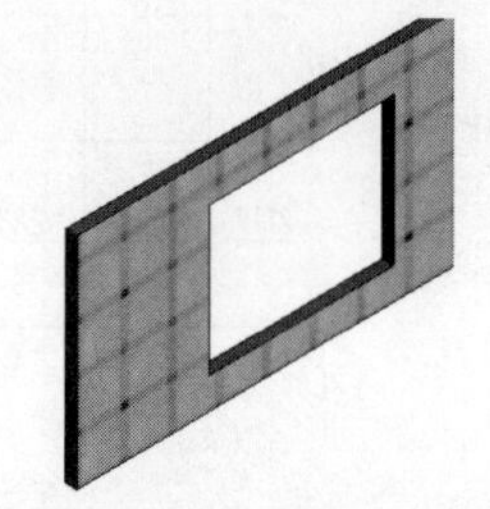

图 11－71　洞口立体图

切换视图进行观察，结果如图 11－73 所示。

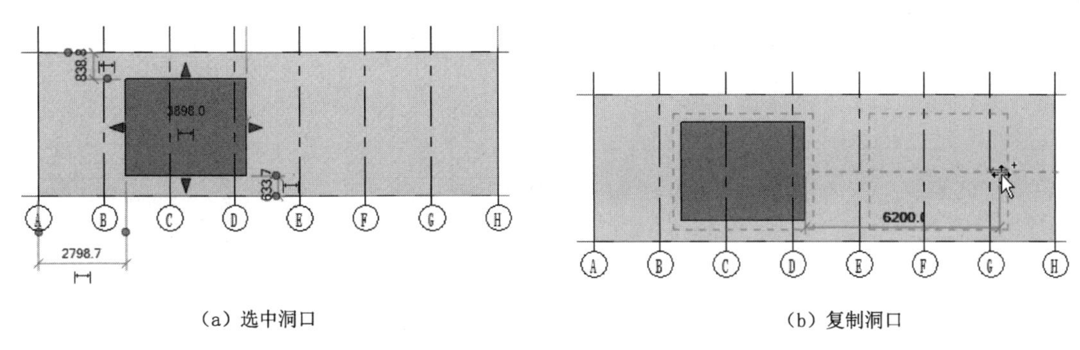

（a）选中洞口　　（b）复制洞口

图 11－72　复制洞口

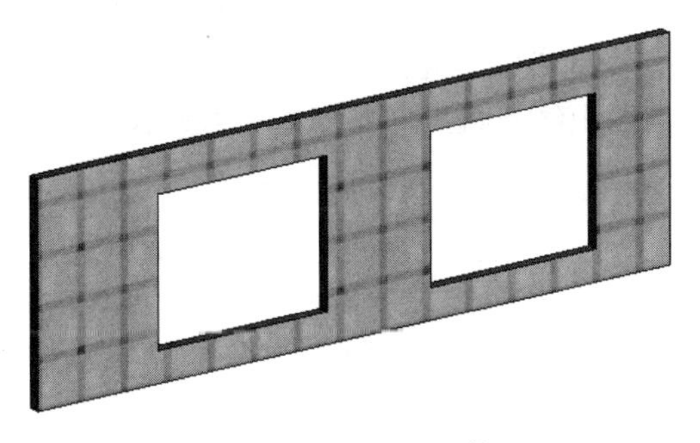

图 11－73　洞口的立体图

11.5.2　复杂墙洞的创建

当墙体洞口的形状较复杂时，可用下面的方法完成洞口创建。

步骤 01　将视图切换到东立面图。

步骤 02　如图 11－74 所示，在绘图区用鼠标左键选中墙体，然后依次单击【修改｜墙】选项卡→【模式】面板→【编辑轮廓】按钮。

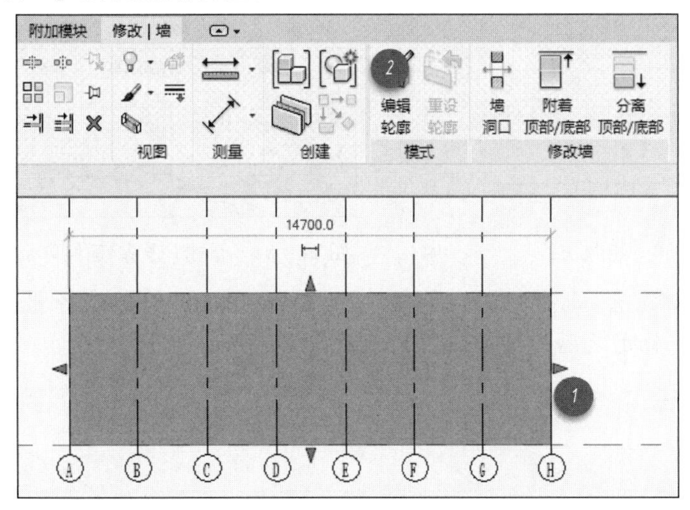

图 11－74　选中墙体并单击【编辑轮廓】按钮

进入编辑模式后，墙体立面如图 11－75 所示。

步骤 03　如图 11－76 所示，依次单击【修改｜编辑轮廓】选项卡→【绘制】面板→【矩形】按钮，在立面图中绘制矩形，如图 11－77 所示。

注意:这里没有给定洞口的位置和大小尺寸。作为练习,请读者自行拟定尺寸并完成绘制。

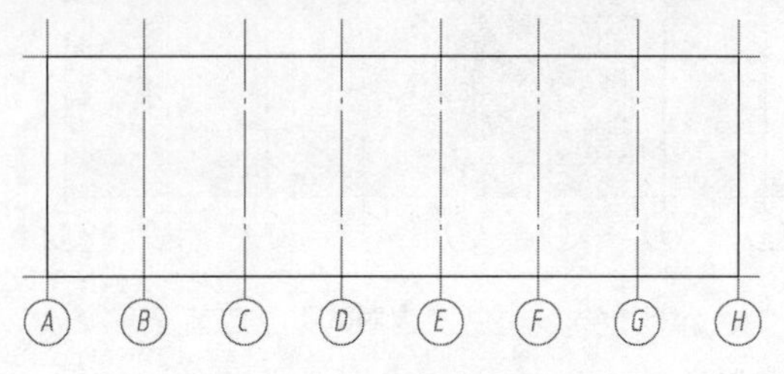

图 11－75　墙体编辑模式

图 11－76　单击【矩形】命令

步骤 04　如图 11－78 所示,依次单击【修改 | 编辑轮廓】选项卡→【绘制】面板→【起点－终点－半径弧】按钮,在立面图中绘制圆弧,如图 11－79 所示。

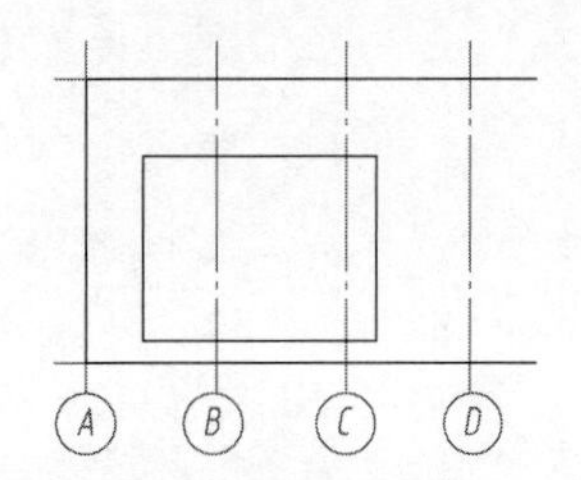

图 11－77　绘制矩形

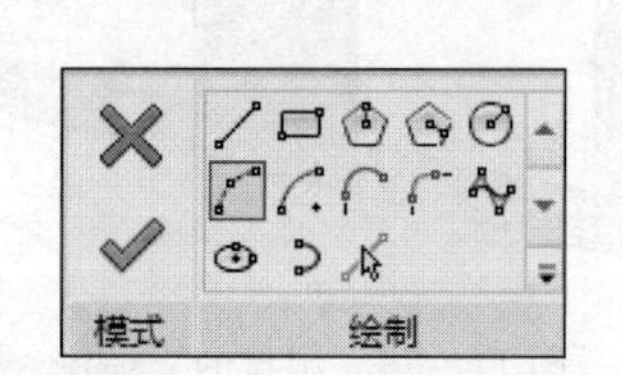

图 11－78　单击【起点－终点－半径弧】命令

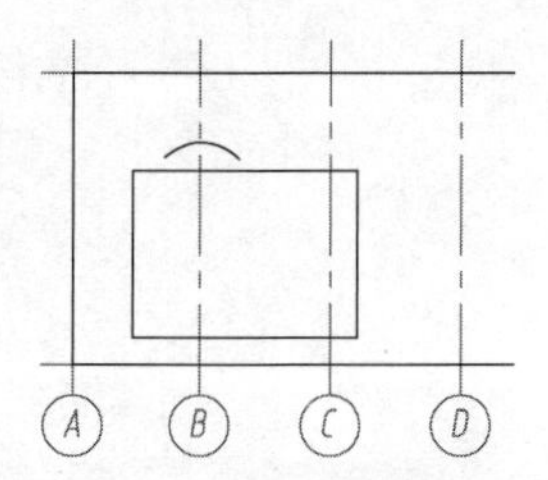

图 11－79　绘制圆弧

步骤 05　用同样的方法启动【线】命令,拾取矩形左上角点后,移动鼠标到圆弧左端并捕捉切点。切线绘制结束后,结果如图 11－80 所示。

步骤 06　修剪切线。

如图 11－81 所示,依次单击【修改 | 编辑轮廓】选项卡→【修改】面板→【修剪/延伸单个图元】按钮。

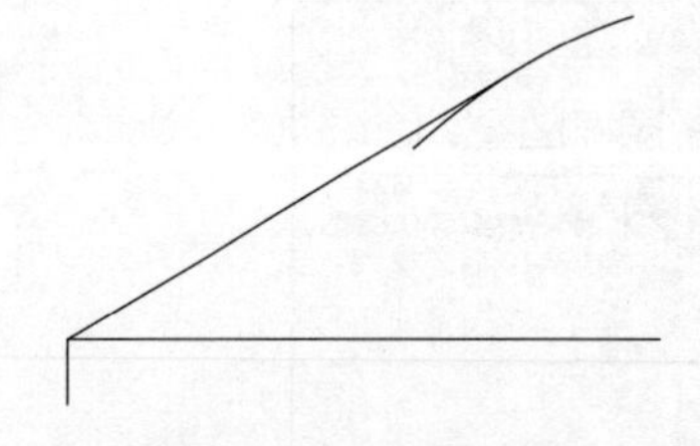

图 11－80　绘制切线

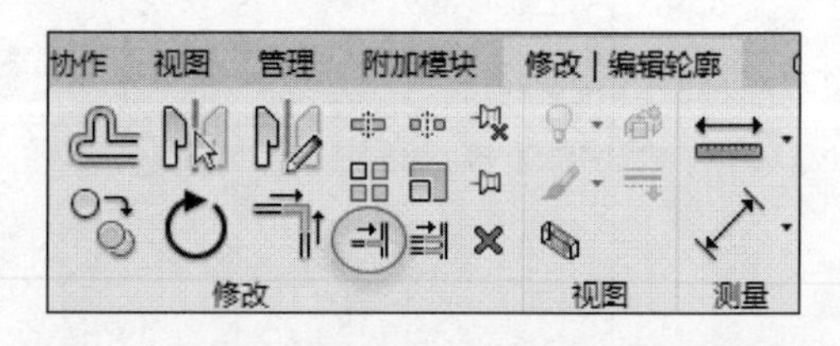

图 11－81　单击【修剪/延伸单个图元】按钮

启动命令后,首先选择剪切边界,如图 11－82(a)所示,然后选择要保留的圆弧段,如图 11－82(b)所示,修剪之后的结果如图 11－82(c)所示。

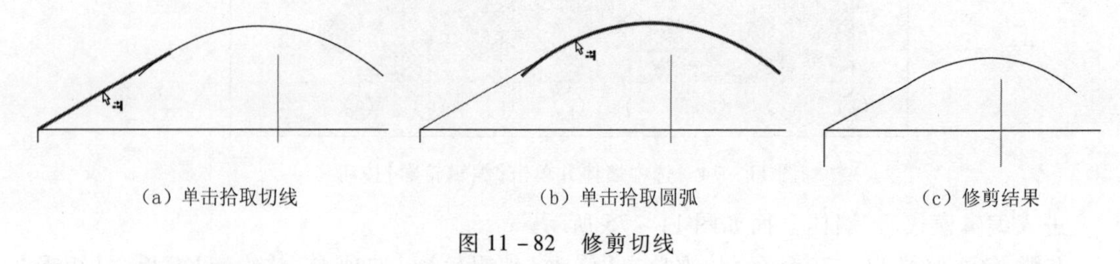

(a) 单击拾取切线　　(b) 单击拾取圆弧　　(c) 修剪结果

图 11－82　修剪切线

步骤 07　镜像图元。

如图 11－83 所示，用窗口的方式选择直线段和圆弧，然后依次单击【修改 | 编辑轮廓】选项卡→【修改】面板→【镜像－绘制轴】按钮，如图 11－84 所示。

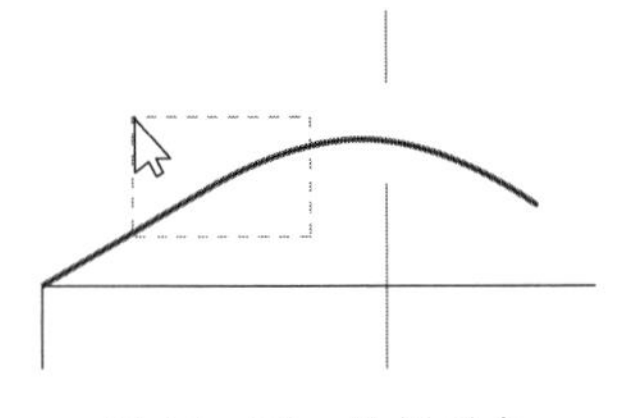

图 11－83　选择对象

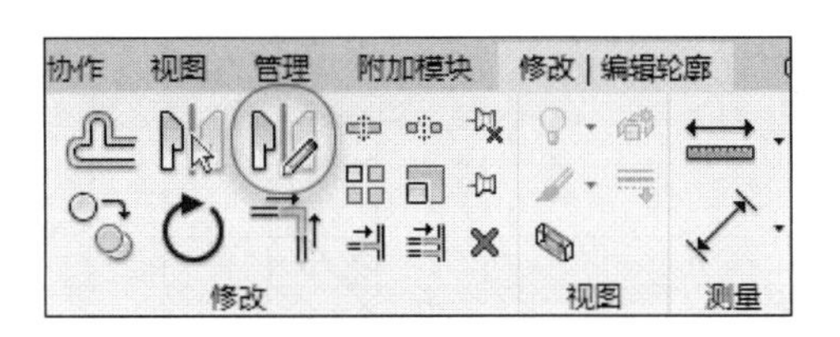

图 11－84　单击【镜像－绘制轴】按钮

为了指定镜像线，如图 11－85(a) 所示，请用鼠标拾取矩形上下边的中点。镜像结束后，结果如图 11－85(b) 所示。

步骤 08　添加和删除图线，完成洞口绘制。

用直线连接圆弧的端点，结果如图 11－85(c) 所示。

最后删除矩形的上边线，形成洞口的最终形状如图 11－85(d) 所示。

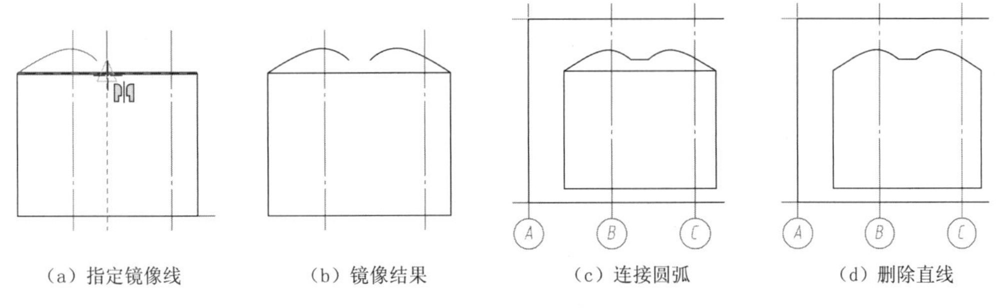

(a) 指定镜像线　(b) 镜像结果　(c) 连接圆弧　(d) 删除直线

图 11－85　绘制洞口

步骤 09　如图 11－86 所示，依次单击【修改 | 编辑轮廓】选项卡→【模式】面板→【完成编辑模式】按钮，完成墙体轮廓编辑。

步骤 10　将视图切换到三维空间，则墙体洞口的效果如图 11－87 所示。

图 11－86　单击【完成编辑模式】按钮

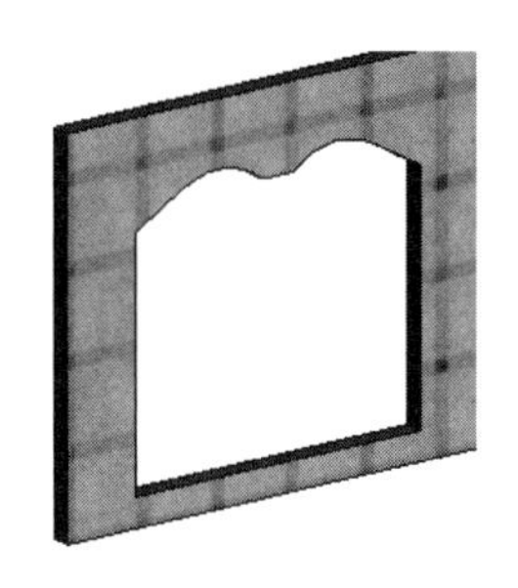

图 11－87　洞口立体图

11.6　幕　　墙

幕墙是建筑物的外墙围护，不承受主体结构荷载。由于其像幕布一样挂上去，也称为悬挂墙、幕墙。

【例题 1】在建筑东立面图中创建如图 11－88 所示的幕墙（网格尺寸自拟）。

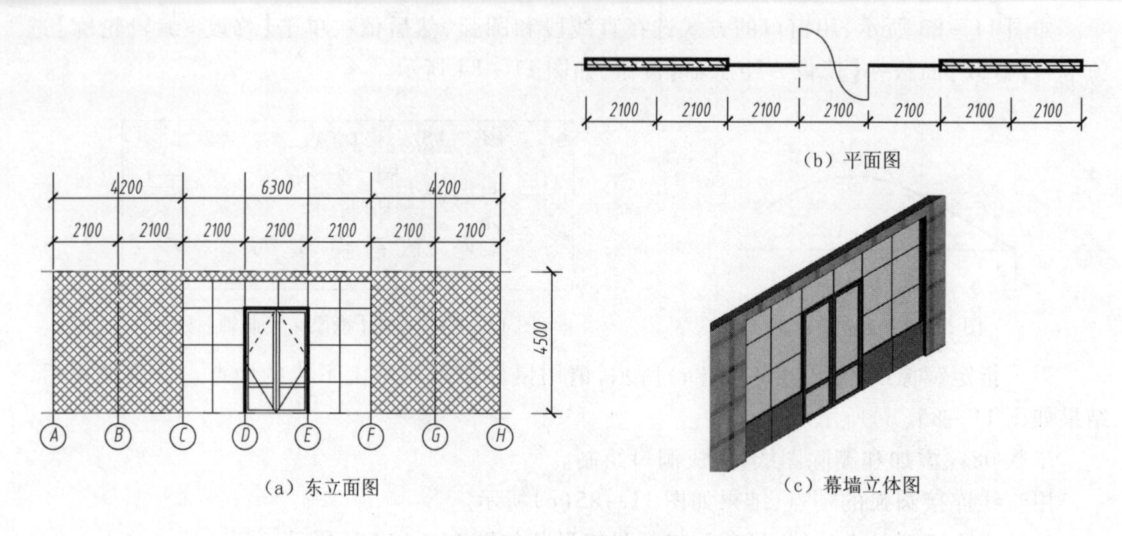

图 11－88 幕墙示例

建模之前，应理顺建模思路：首先创建实体墙，然后插入玻璃幕墙，接着在幕墙上创建网格，并对网格进行编辑，最后形成门洞和实体幕墙。

【绘图步骤】

步骤 01 在【项目浏览器】中展开树形目录【楼层平面】，双击【标高 1】进入平面视图。

步骤 02 在建筑的一层创建 200 厚的东立面墙。

关于墙体的创建及其材质的设置在前面的篇幅中已经有所讲述，请读者自行参阅，此处不再详述。下面开始创建幕墙。

步骤 03 创建幕墙。

如图 11－89 所示，依次单击【建筑】选项卡→【构建】面板→【墙】下拉列表中的【墙：建筑】按钮，然后在【属性】面板中选择【幕墙】选项，如图 11－90 所示。

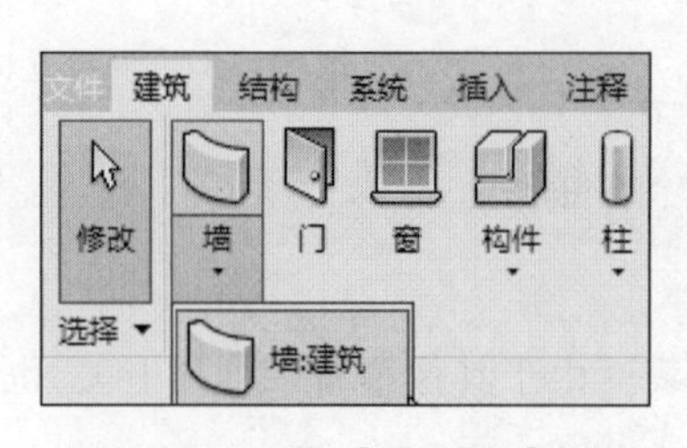

图 11－89 单击【墙：建筑】按钮

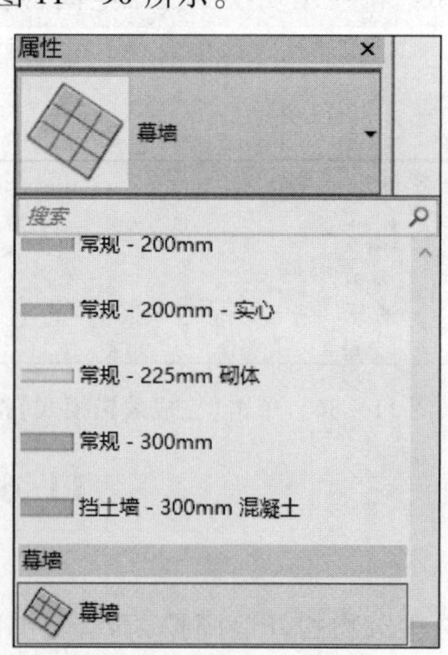

图 11－90 选择【幕墙】

回到绘图区，在 C ~ F 轴线之间绘制幕墙，如图 11－91 所示。绘制结束后，系统弹出一个警告窗口，通知用户有两面墙处于重叠状态。

为了处理幕墙所在位置的实体墙，应用剪切命令进行修剪。

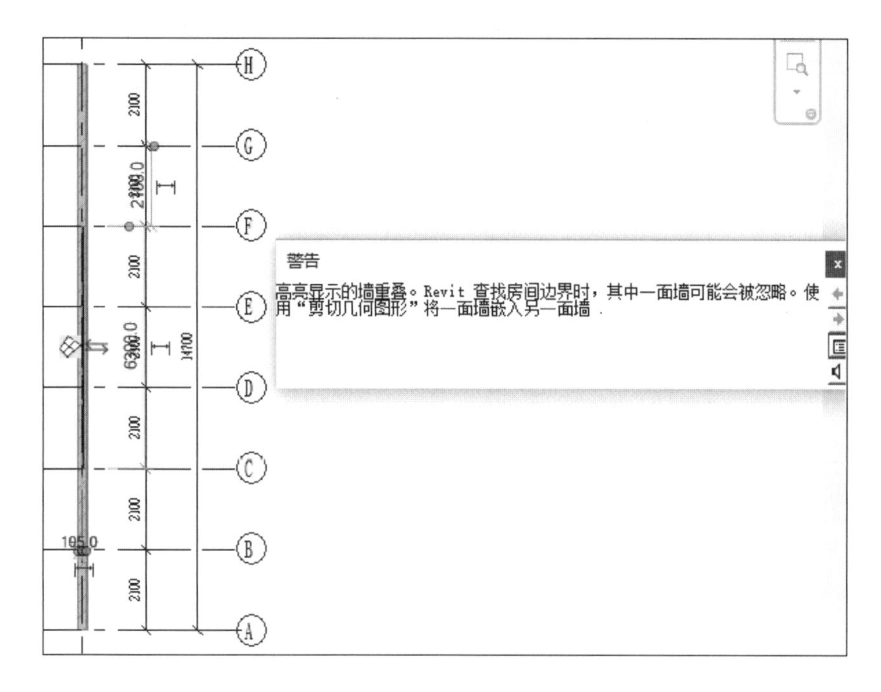

图 11－91　创建幕墙

步骤 04　修剪实体墙。

如图 11－92 所示，依次单击【修改】选项卡→【几何图形】面板→【剪切】按钮。

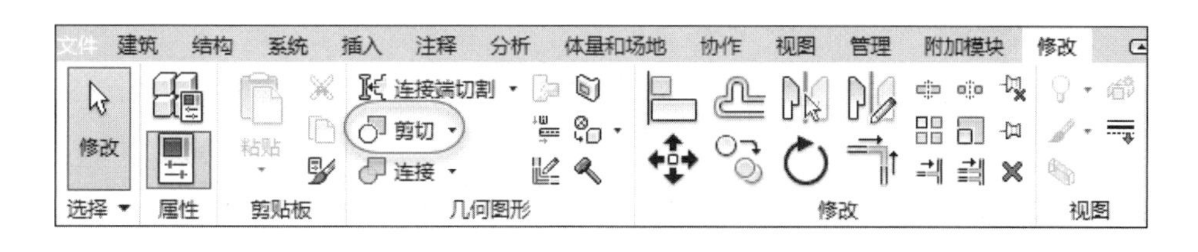

图 11－92　单击【剪切】按钮

命令启动后，首先如图 11－93(a)所示选择实体墙，然后如图 11－93(b)所示选择幕墙，修剪结果如图 11－93(c)所示。

步骤 05　创建幕墙网格。

在【项目浏览器】中展开【立面(建筑立面)】，双击【东】按钮，则东立面图如图 11－94 所示，中间空白部分为幕墙。读者也可切换至三维空间查看效果。

如图 11－95 所示，依次单击【修改】选项卡→【构建】面板→【幕墙网格】按钮。

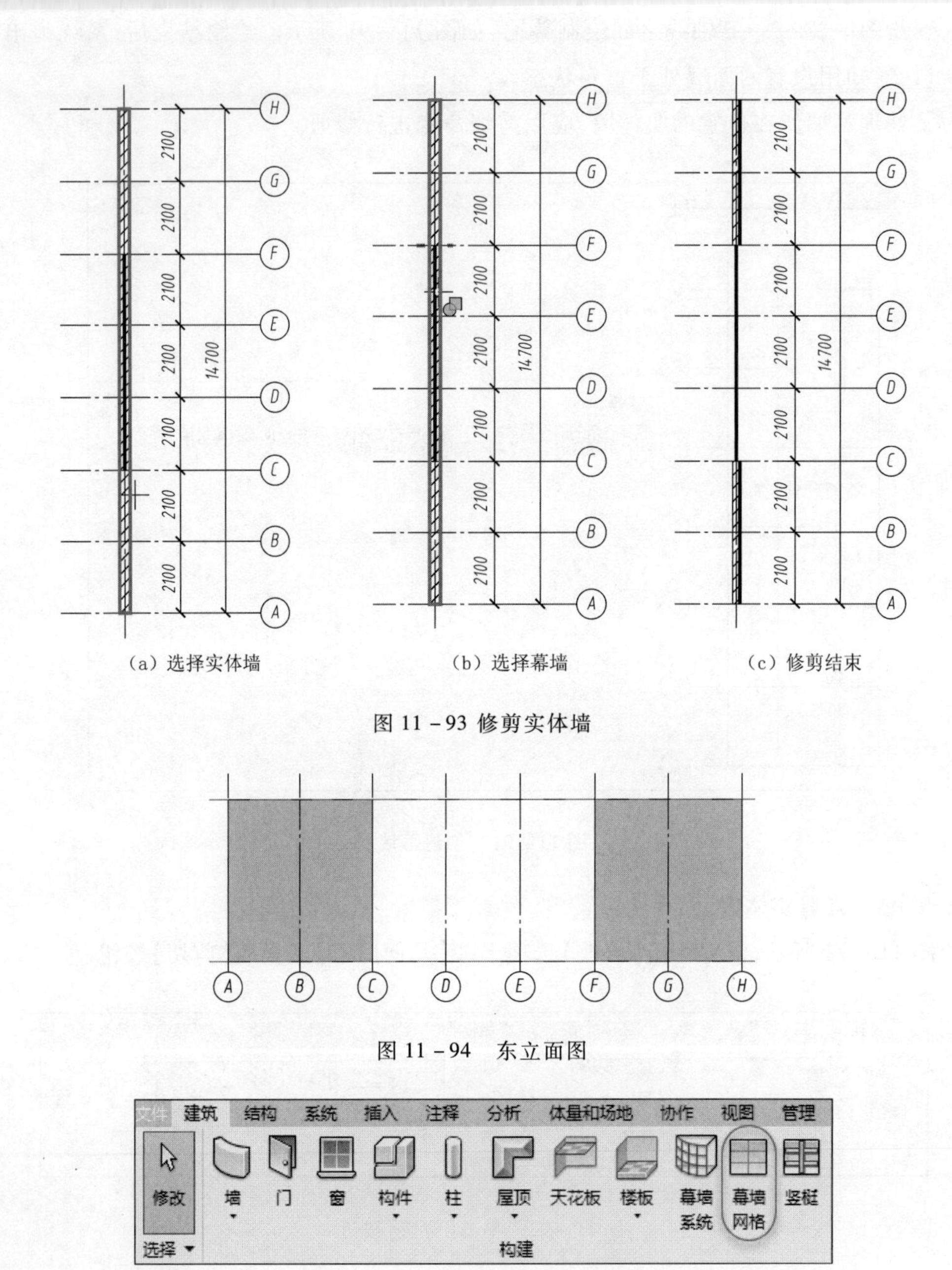

图 11－93 修剪实体墙

图 11－94 东立面图

图 11－95 单击【幕墙网格】按钮

为了创建网格，如图 11－96 所示，将鼠标移至幕墙边缘轮廓线上，当出现一条虚线时，用鼠标单击一次，则系统将创建垂直于该边缘轮廓线的网格线。

其他网格线的创建方法相同。请读者按照图 11－97 中的编号顺序完成其他网格线的创建。

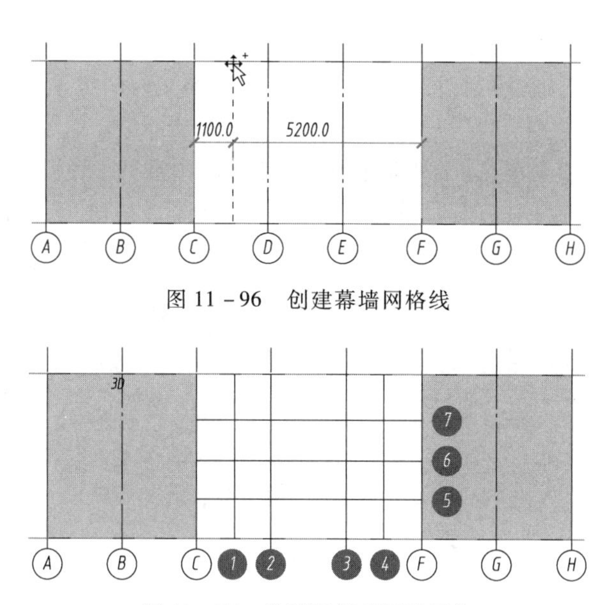

图 11－96　创建幕墙网格线

图 11－97　按顺序创建幕墙网格

步骤 06　修改幕墙网格，形成门洞外轮廓。

在幕墙中间创建门洞时，应将门洞范围内的两段网格线删除。

如图 11－98(a)所示，用鼠标单击第三条水平方向的网格线；然后依次单击【修改 | 幕墙网格】选项卡→【幕墙网格】面板→【添加/删除线段】按钮，如图 11－98(b)所示；接着用鼠标单击所选网格线上要删除的线段，结果如图 11－98(c)所示。

完成修剪后的结果如图 11－98(d)所示。

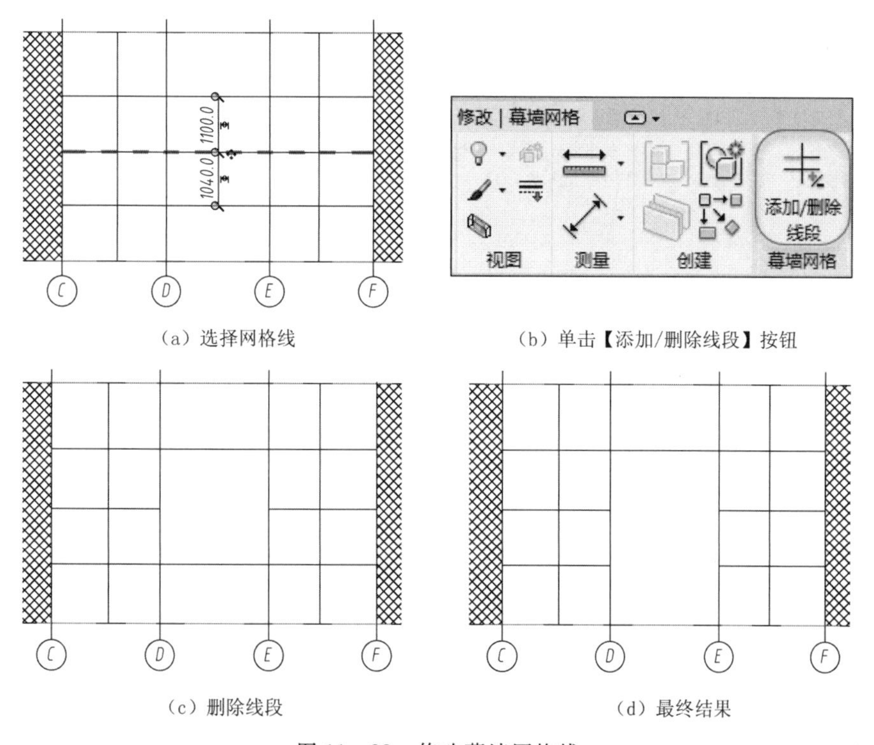

(a) 选择网格线　　(b) 单击【添加/删除线段】按钮

(c) 删除线段　　(d) 最终结果

图 11－98　修改幕墙网格线

步骤 07　载入幕墙门窗嵌板族文件。

为了在幕墙中创建门窗，可通过载入幕墙门窗嵌板族文件的方法来实现。首先应载入族文件，方法如下：

如图 11－99 所示，依次单击【插入】选项卡→【从库中载入】面板→【载入族】按钮，弹出图 11－100所示的【载入族】对话框后，按照图 11－101 所示的路径选择【门嵌板_70－100 系列双扇地弹铝门】并双击载入。

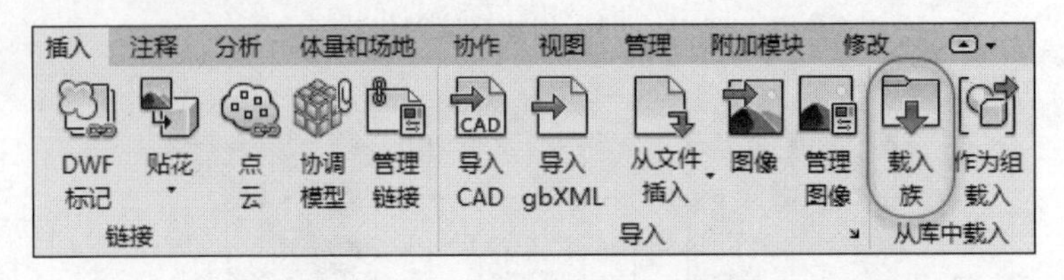

图 11－99　单击【载入族】按钮

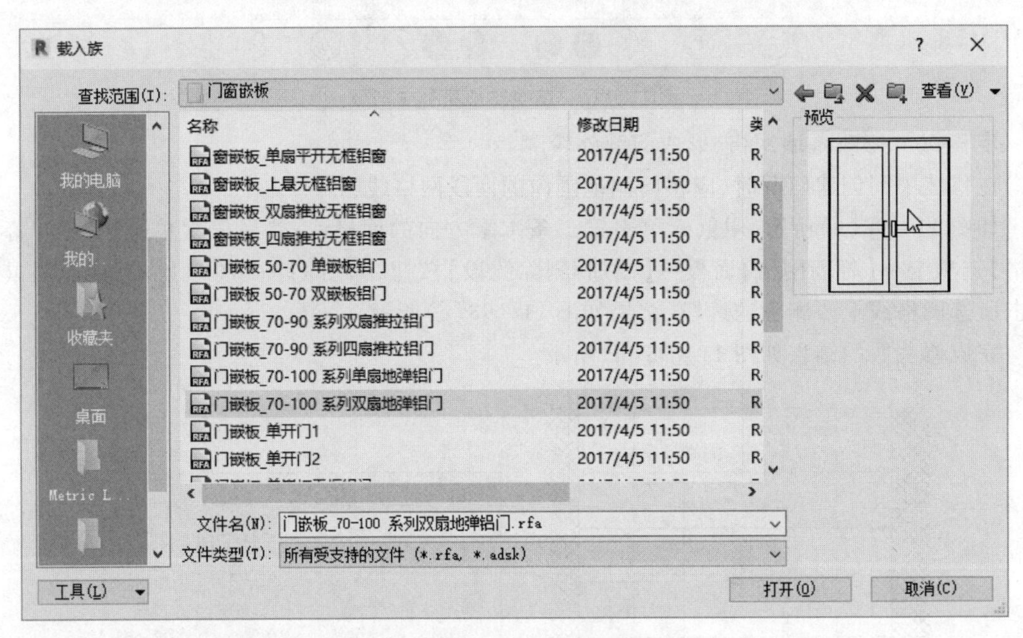

图 11－100　【载入族】对话框

图 11－101　族文件路径

步骤 08　创建门并设置其材质。

如图 11－102(a)所示，将鼠标移至门洞边缘的任意网格线上，当其虚显时，连续按下【TAB】键，直到门洞的所有边框均呈虚线显示，如图 11－102(b)所示。

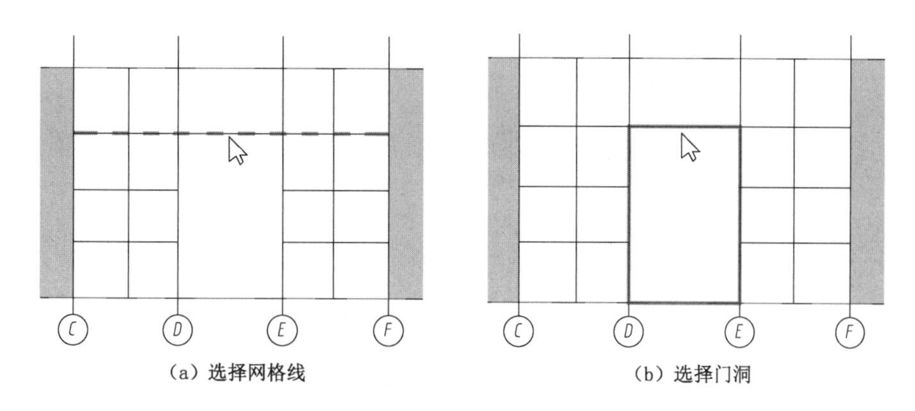

(a) 选择网格线　　(b) 选择门洞

图 11－102　选择门洞

然后用鼠标单击选中门洞，将【属性】面板中的类型名设置为【门嵌板_70－100 系列双扇地弹铝门 70 系列有横档】，如图 11－103 所示。之后单击【编辑类型】按钮，在弹出的对话框中将【门嵌板框架材质】设置为【窗扇】，单击【确定】按钮关闭对话框。

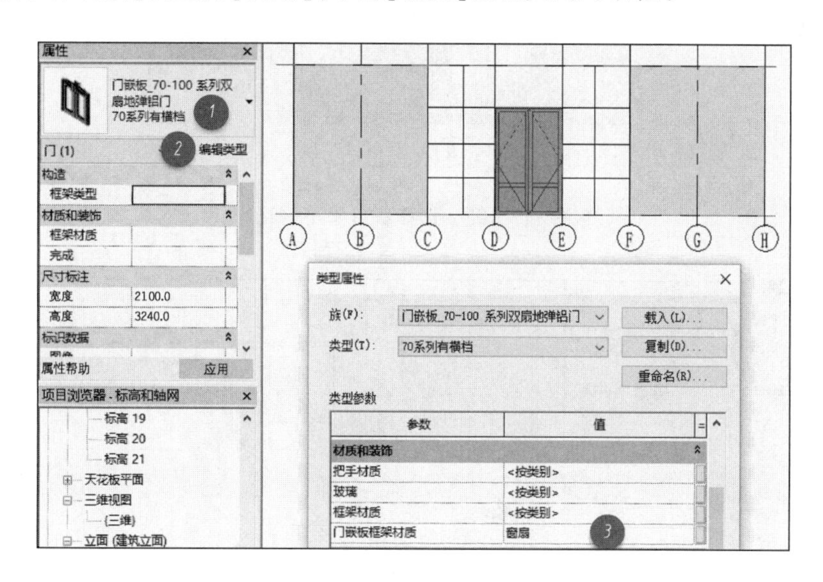

图 11－103　设置门的参数

步骤 09　设置幕墙嵌板的材质。

具体做法是，选择幕墙下边缘的 4 块嵌板，然后设置其材质。

将鼠标移至嵌板的任意一条边缘线上，当其虚显时，连续按下 TAB 键，直到该嵌板的所有边框均呈虚线显示。此时，单击鼠标右键，弹出图 11－104 所示的快捷菜单时，依次选择【选择嵌板】→【沿着水平网格】选项，则选择结果如图 11－105 所示。

为了从选择集中去掉门洞网格，请按下 shift 键的同时用鼠标单击门洞。

选择结束后，在【属性】面板中将类型名称设置为【系统嵌板实体】，然后单击【编辑类型】按钮，在弹出的对话框中将【材质】设置为【胶合板面层】，如图 11－106 所示。

最后单击【确定】按钮关闭对话框，完成幕墙嵌板的设置。

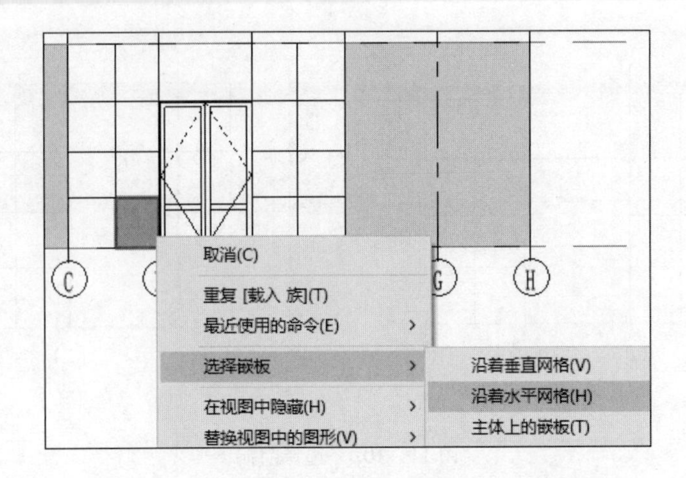

图 11－104　选择嵌板

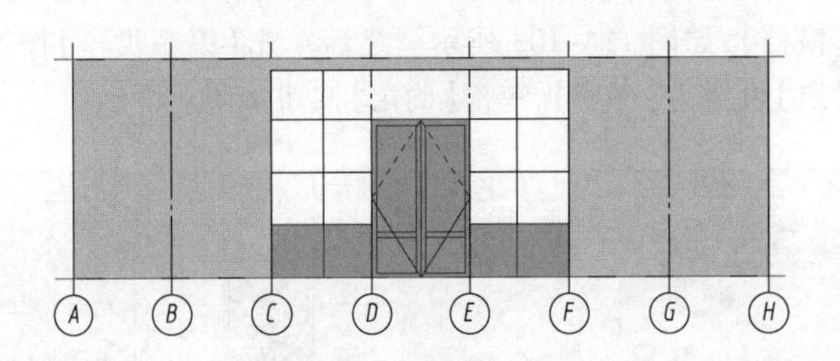

图 11－105　选择所有水平网格

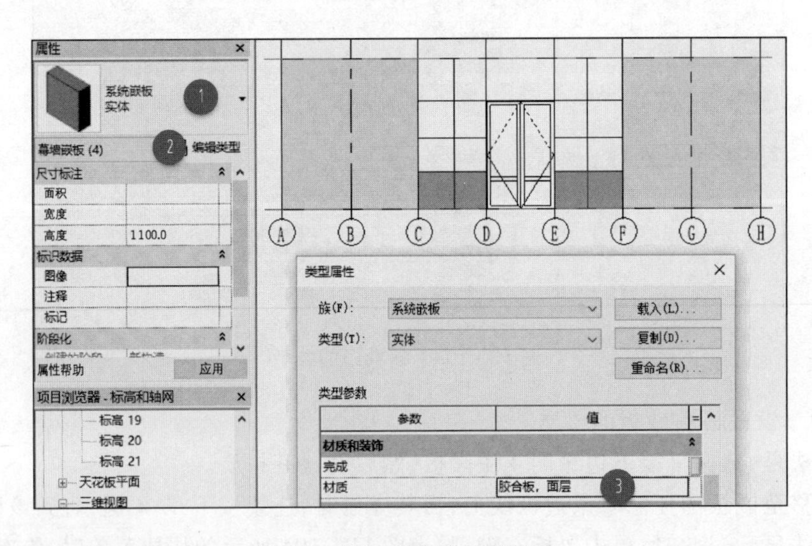

图 11－106　设置嵌板的材质

切换到三维视图，幕墙如图 11－107 所示。

步骤 10　调整幕墙的尺寸。

如图 11－108 所示，用鼠标单击幕墙，在幕墙的四周将出现 4 个箭头。用鼠标单击上面的箭头并向下拖动一段距离完成幕墙尺寸调整，结果如图 11－88(c)所示。

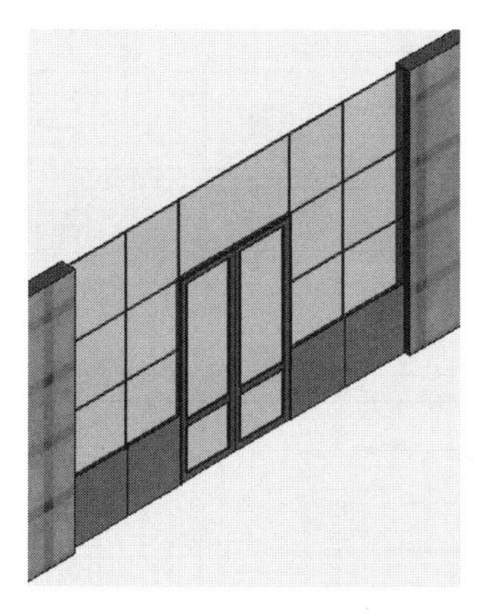

图 11－107　幕墙的立体图

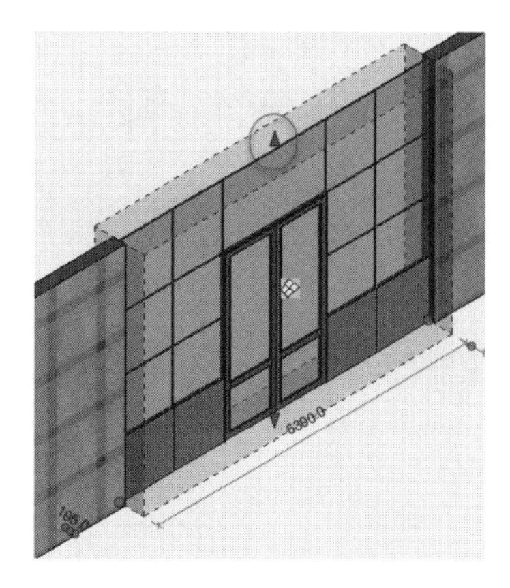

图 11－108　选择幕墙

当幕墙面积足够大时，幕墙上一定要有龙骨来支撑幕墙嵌板，这些龙骨就是竖挺。竖挺的创建方法比较简单，下面举例说明。

【例题 2】在建筑的一层创建图 11－109 所示的幕墙并添加竖挺。

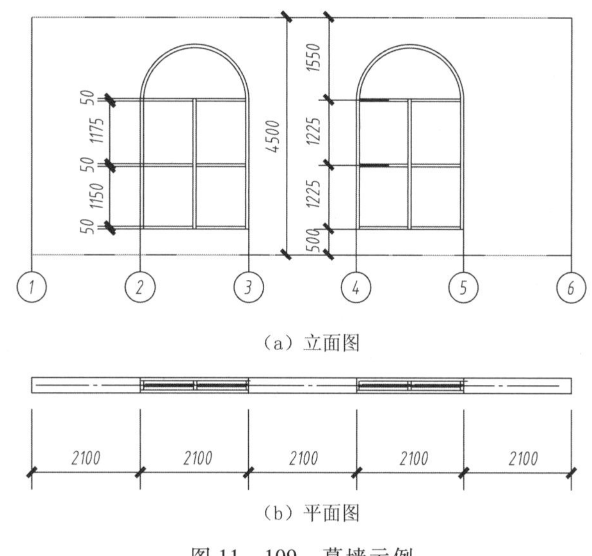

（a）立面图

（b）平面图

图 11－109　幕墙示例

这个例子中，如果将幕墙创建成窗洞的形状，同时添加竖挺，则形成了窗户。

【绘图步骤】

步骤 01　将视图切换到【标高 1】，按照示例要求绘制建筑南立面墙。

步骤 02　在南立面墙内创建两个 2100×2450 的幕墙。

启动墙体创建命令并在属性类型中选择【幕墙】。

如图 11－110 所示，在选项栏中设定幕墙的【高度】状态为【未连接】、高度值为 2450。

在【属性】面板中，将【底部约束】设为【标高 1】，【底部偏移】设置为 500，使幕墙在离标高 1 平面以上 500 处开始绘制。

设置结束后，在平面图中创建两块幕墙，如图 11－110 所示。图 11－111 所示为幕墙的立面图。

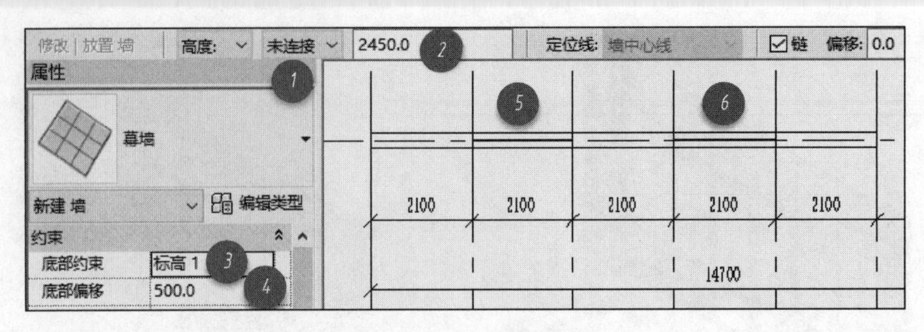

图 11－110 创建幕墙

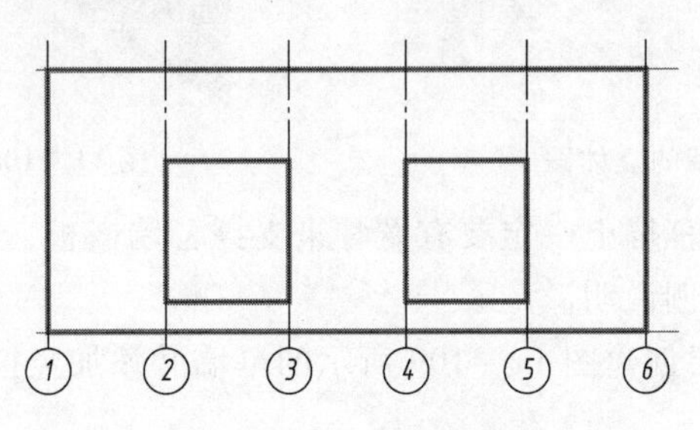

图 11－111 幕墙立面图

步骤 03 修改幕墙立面图。

如图 11－112 所示，用鼠标选中幕墙后，依次单击【修改 | 墙】选项卡→【模式】面板→【编辑轮廓】按钮。

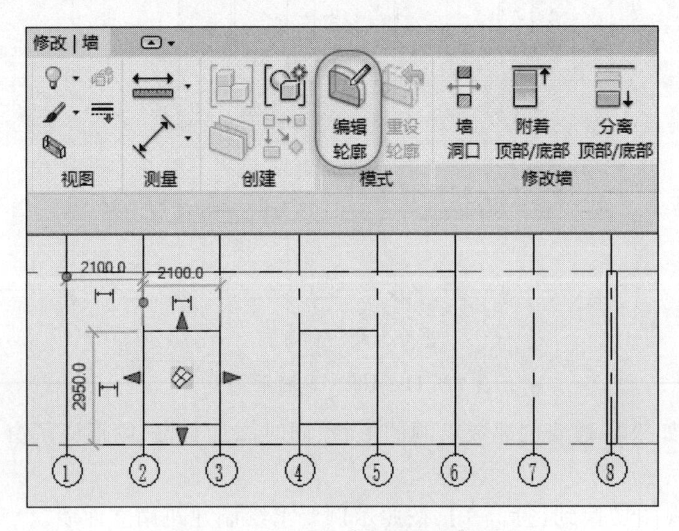

图 11－112 单击【编辑轮廓】按钮

进入轮廓编辑模式后，依次单击【修改 | 墙 > 编辑轮廓】选项卡→【绘制】面板→【圆心－端点弧】按钮，如图 11－113 所示。

图 11－113 单击【圆心－端点弧】按钮

如图 11 - 114(a)所示,首先拾取幕墙上边线的中点并单击输入圆心;然后如图 11 - 114(b)所示,拾取端点并单击;最后如图 11 - 114(c)所示,拾取并输入另一个端点。

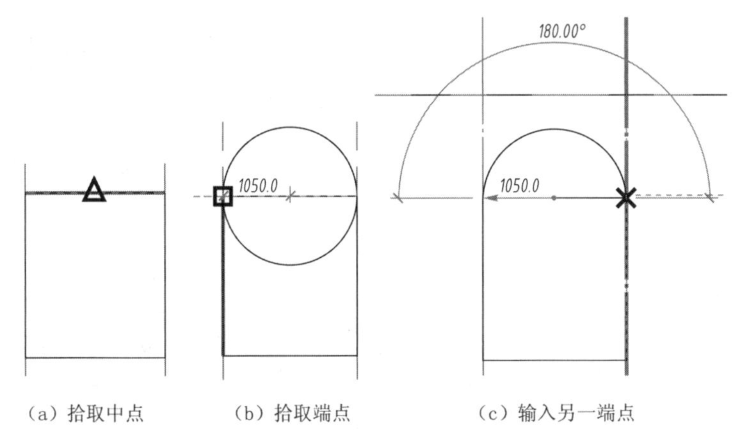

图 11 - 114　绘制圆弧

圆弧绘制结束后,连续两次按下【ESC】键,结束绘制命令。

接着将鼠标移至原幕墙上边线并单击,然后按下 DEL 键。删除之后,幕墙轮廓线变为上端为圆弧且四周封闭的形状。

最后,依次单击【修改 | 编辑轮廓】选项卡→【模式】面板→【完成编辑模式】按钮完成左侧幕墙的轮廓编辑,如图 11 - 115 所示。

用同样的方法完成右侧幕墙轮廓的编辑,结果如图 11 - 116 所示。

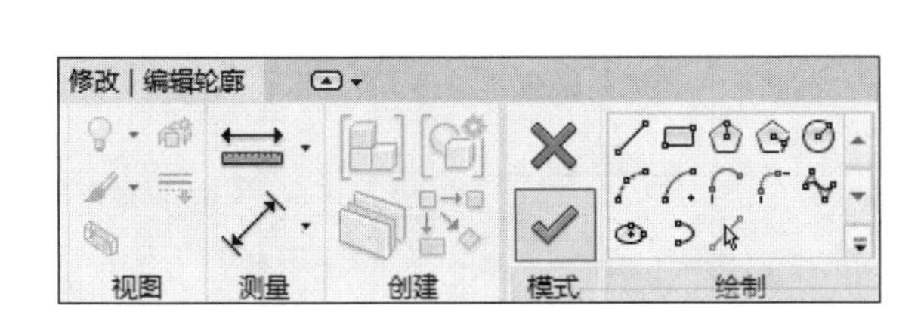

图 11 - 115　单击【完成编辑模式】按钮

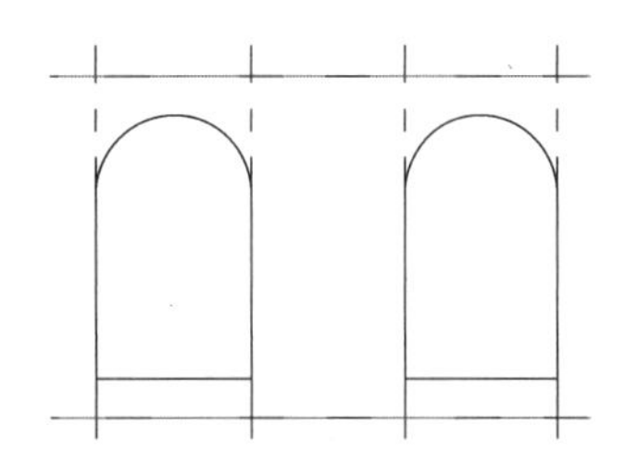

图 11 - 116　修改后的幕墙轮廓

当然,读者也可利用【复制】命令进行快速创建,详细步骤从略。

步骤 04　添加幕墙网格。

如图 11 - 117 所示,依次单击【建筑】选项卡→【构建】面板→【幕墙网格】按钮,按照图 11 - 118(a)所示创建幕墙网格。

将幕墙顶部两段网格线删除后,结果如图 11 - 118(b)所示。

详细步骤从略,读者可参阅[例题 1]中的方法。

图 11 - 117　单击【幕墙网格】按钮

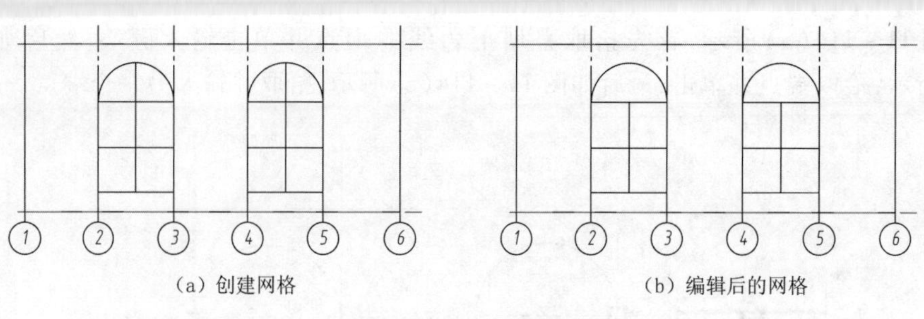

图 11－118 绘制圆弧

步骤 05 添加竖挺。

如图 11－119 所示,依次单击【建筑】选项卡→【构建】面板→【竖挺】按钮;接着如图 11－120所示,依次单击【修改 | 放置 竖挺】选项卡→【放置】面板 →【全部网格线】按钮。

图 11－119 单击【竖挺】按钮

返回绘图区,用鼠标单击选中所有网格,如图 11－121(a)所示。这时,系统将在所有网格处自动创建竖挺如图 11－121(b)所示。

右侧幕墙竖挺的创建方法是相同的,请读者自行完成。

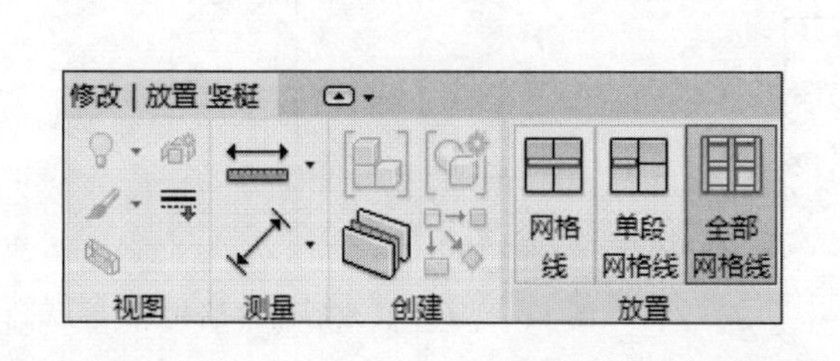

图 11－120 单击【全部网格线】

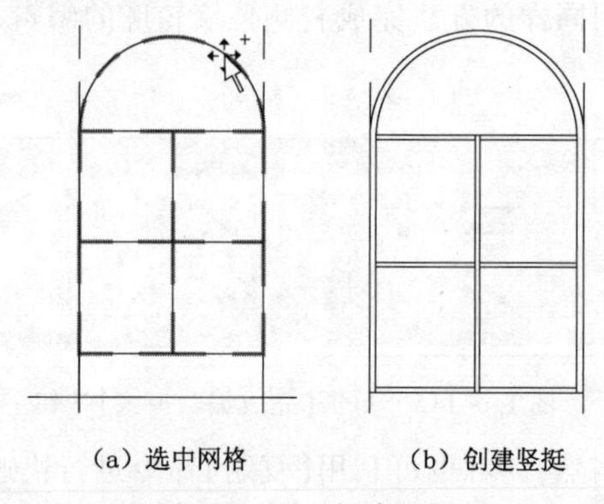

图 11－121 创建竖挺

步骤 06 设置竖挺的材质。

如图 11－122 所示,用鼠标框选绘图区的幕墙,然后如图 11－123 所示依次单击【修改 | 选择多个】选项卡→【选择】面板→【过滤器】按钮。

图 11－122 框选对象

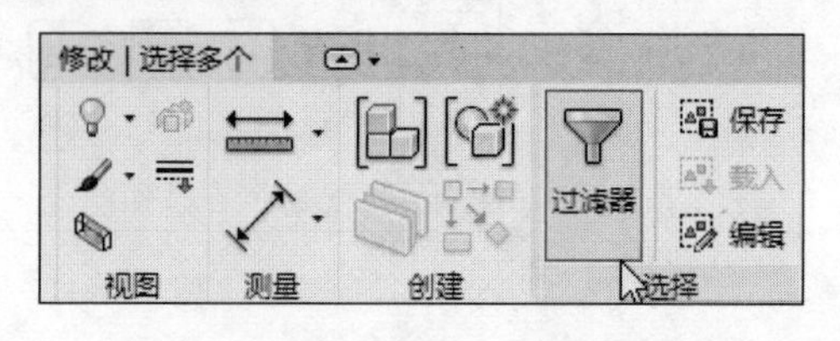

图 11－123 单击【过滤器】按钮

弹出图 11－124 所示的【过滤器】对话框后，选中【幕墙竖挺】前的复选框并单击【确定】按钮。

接着单击【属性】面板中的【编辑类型】按钮，如图 11－125 所示，弹出图 11－126 所示的对话框。将【材质】设置为【门－嵌板】并关闭所有对话框。

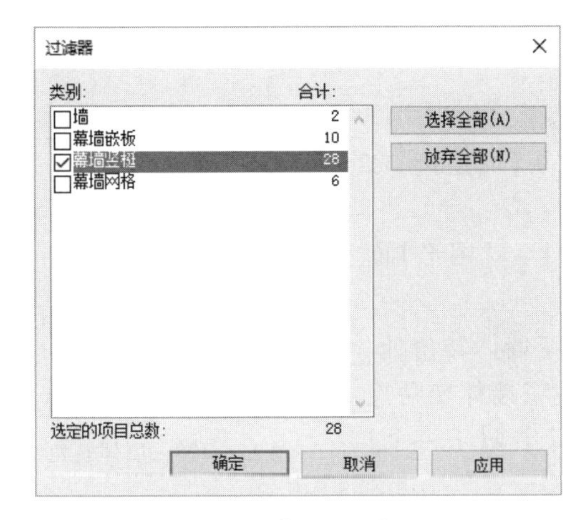

图 11－124　【过滤器】对话框

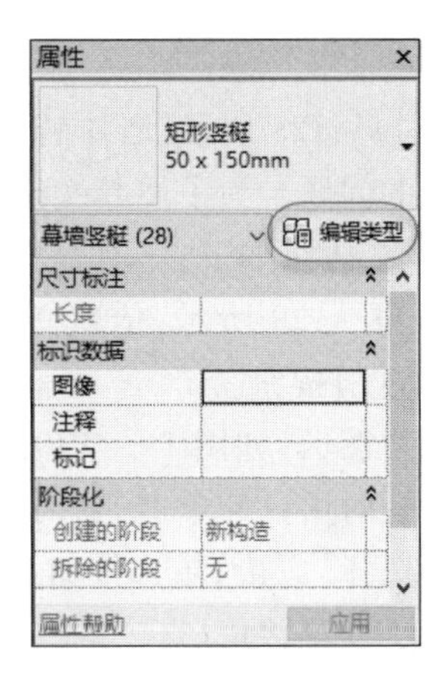

图 11－125　单击【编辑类型】对话框

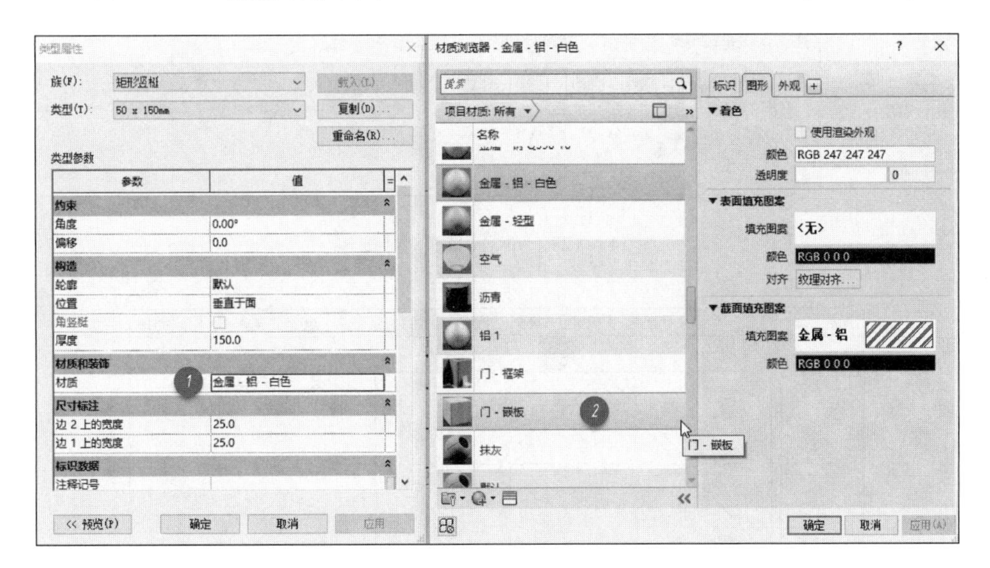

图 11－126　设置材质

墙体材质的设置从略。幕墙完成后的立体图如图 11－127 所示。

图 11－127　幕墙立体图

11.7 墙体的编辑

11.7.1 墙体连接

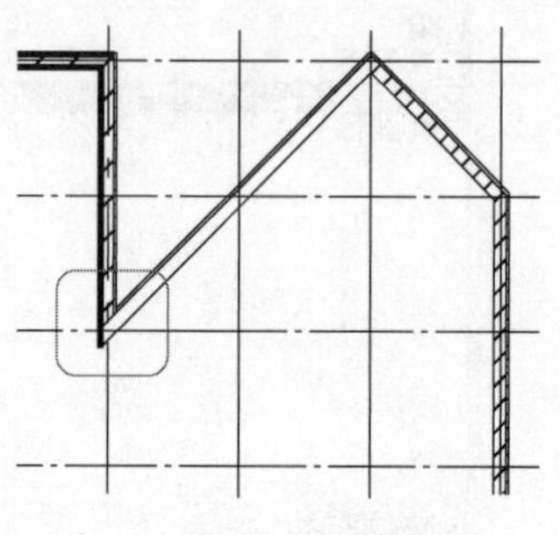
图 11－128 墙体转角

如图 11－128 所示，墙体转角为尖角，这在施工或使用中都存在很大的问题。为了使其变得更加平滑，应利用【墙连接】命令进行修改，方法如下：

如图 11－129 所示，依次单击【修改】选项卡→【图形】面板→【墙连接】按钮。

返回绘图区，如图 11－130 所示，将鼠标移至墙体转角处，当出现方框时用鼠标单击，这时在选项栏中出现了墙体转角连接方式。选择【方接】单选按钮后，可单击【上一个】或【下一个】按钮进一步设置转角形式。

设置完成后，按下两次 ESC 键即可。

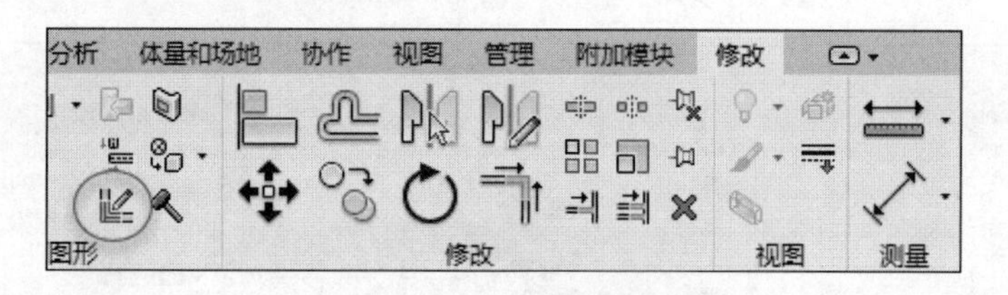

图 11－129 单击【墙连接】按钮

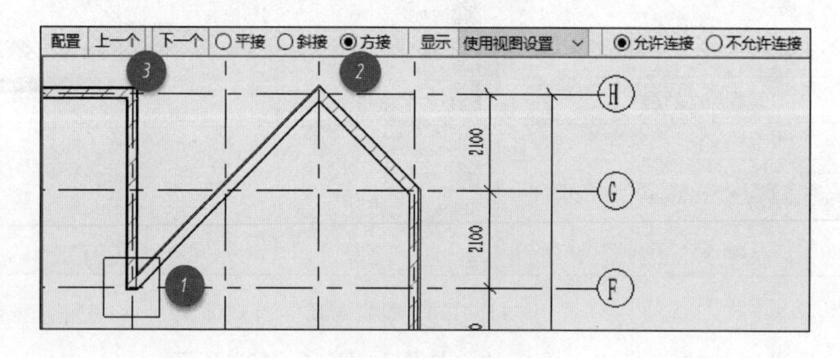

图 11－130 转角编辑

11.7.2 墙体的修剪与延伸

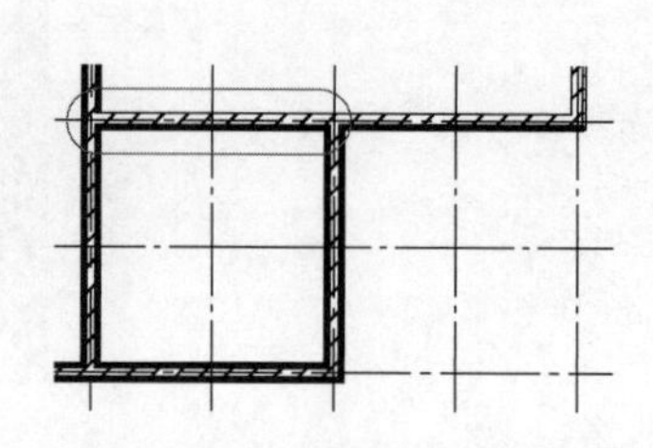
图 11－131 需要修剪的墙段

类似于 AutoCAD 中二维图形绘制常用的修剪和延伸命令，在 Revit 中，系统也提供了修剪和延伸命令，这些命令完全适用于三维墙体的编辑。

图 11－131 中标识的是一段需要修剪的墙体。为了完成剪切删除，请依次单击【修改】选项卡→【修改】面板→【修剪/延伸单个图元】按钮，如图 11－132 所示。

命令启动后，首先选择剪切边界如图 11 - 133(a)所示，然后选择要保留的墙段，如图 11 - 133(b)所示。修剪结束后，结果如图 11 - 133(c)所示。

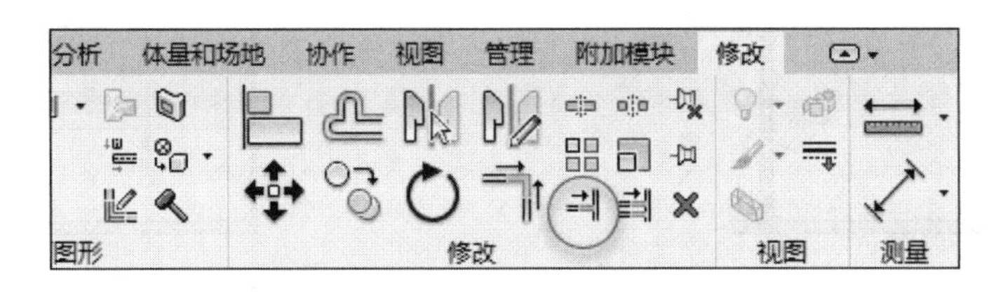

图 11 - 132　单击【修剪/延伸单个图元】按钮

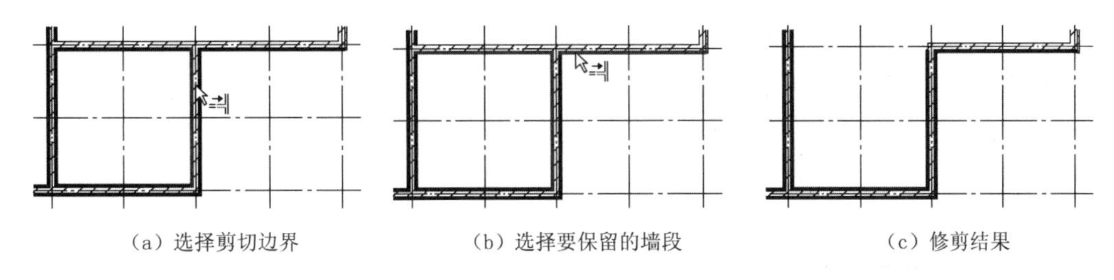

图 11 - 133　修剪墙体

图 11 - 134(a)中，当需要将墙体延伸使其形成封闭空间时，使用同样的命令即可。单击【修剪/延伸单个图元】按钮，如图 11 - 134(a)所示选择要延伸到的边界，然后选择要延伸的墙段，如图 11 - 134(b)所示。最后的结果如图 11 - 131 所示。

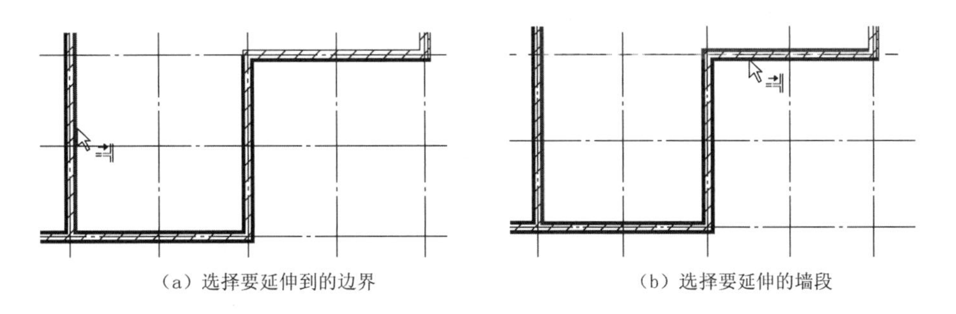

图 11 - 134　延伸墙体

除此之外，Revit 也提供了将两面墙延长形成墙角的命令。如图 11 - 135 所示，依次单击【修改】选项卡→【修改】面板→【修剪/延伸为角】按钮，然后顺序选择图 11 - 136(a)中的两面墙，则修改结果如图 11 - 136(b)所示。

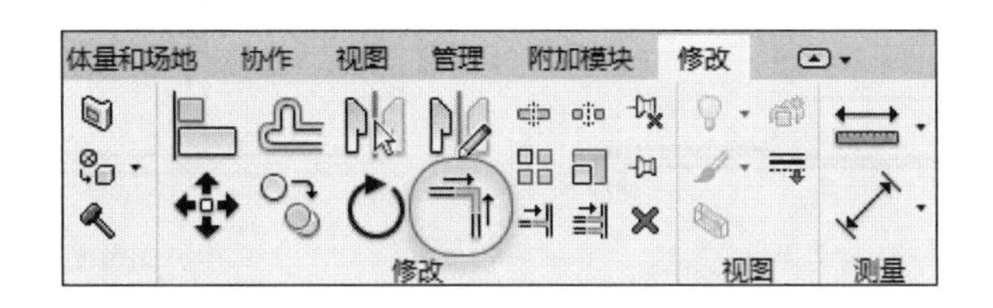

图 11 - 135　单击【修剪/延伸为角】按钮

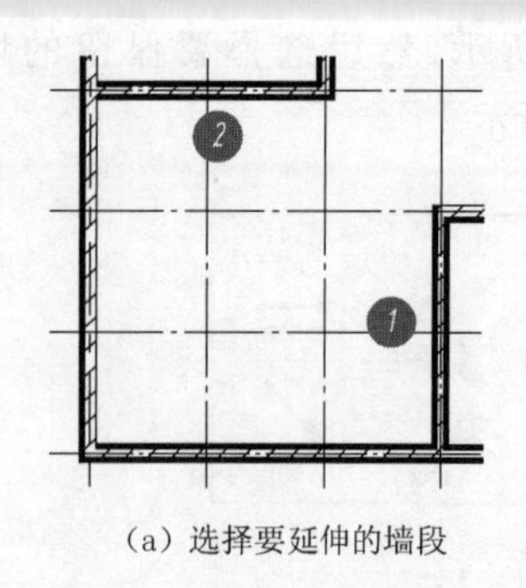

(a) 选择要延伸的墙段

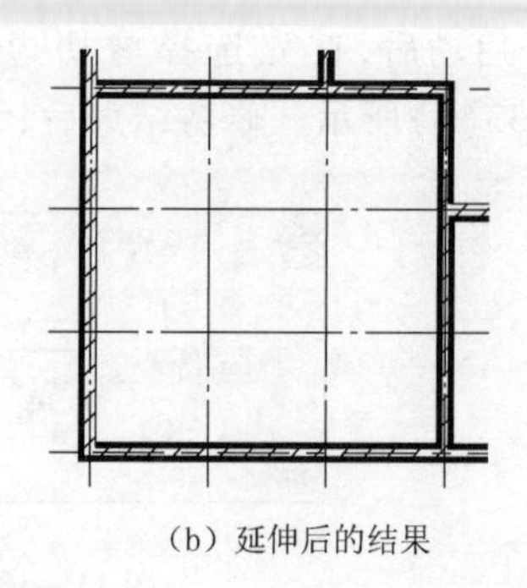

(b) 延伸后的结果

图 11 - 136　延伸墙体为墙角

11.7.3　墙体的复制、平移和打断

下面是复制、平移和打断命令的用法。

要复制图 11 - 137(a)中的墙体时,请先用鼠标单击选中,如图 11 - 137(b)所示。然后依次单击【修改】选项卡→【修改】面板→【复制】按钮,如图 11 - 137(c)所示。

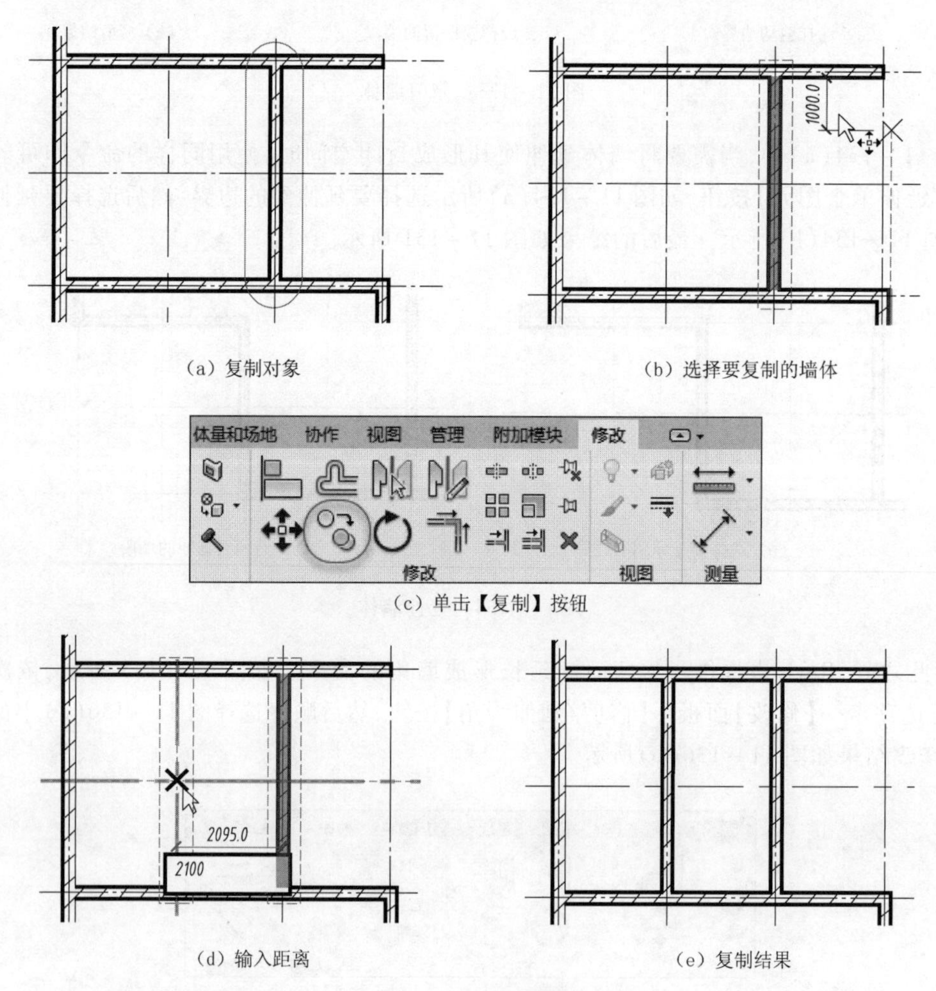

(a) 复制对象

(b) 选择要复制的墙体

(c) 单击【复制】按钮

(d) 输入距离

(e) 复制结果

图 11 - 137　复制墙体

命令启动后，再次用鼠标单击要复制的墙体并向左拖动，如图 11－137(d)所示。当给出复制的方向后，键入位移大小并按【Enter】键，则结果如图 11－137(e)所示。

平移命令的用法和复制是一样的，只要给出方向并输入移动距离即可，如图 11－138 所示。此处不再详述，请读者自行尝试。

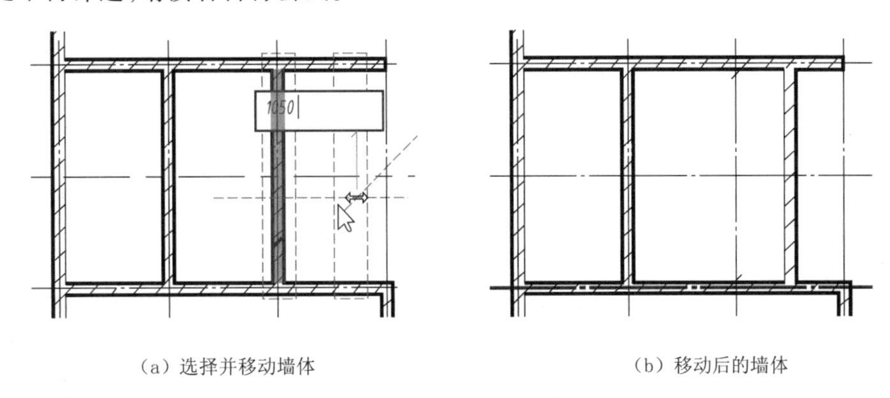

(a) 选择并移动墙体　　(b) 移动后的墙体

图 11－138　平移墙体

打断命令用于将两段墙体之间的墙体断开。如图 11－139(a)所示，为了断开图中的一段墙体，应依次单击【修改】选项卡→【修改】面板→【拆分】按钮，启动断开命令，如图 11－139(b)所示。

然后将鼠标移至墙体相交处，当鼠标光标变为一把刻刀且出现断开符号时，用鼠标单击一次，如图 11－139(c)所示。

用同样的方法在另一相交的位置进行打断，则结果如图 11－139(d)所示。此时，可用鼠标单击断开的部分并按下【DEL】键，完成打断并删除。

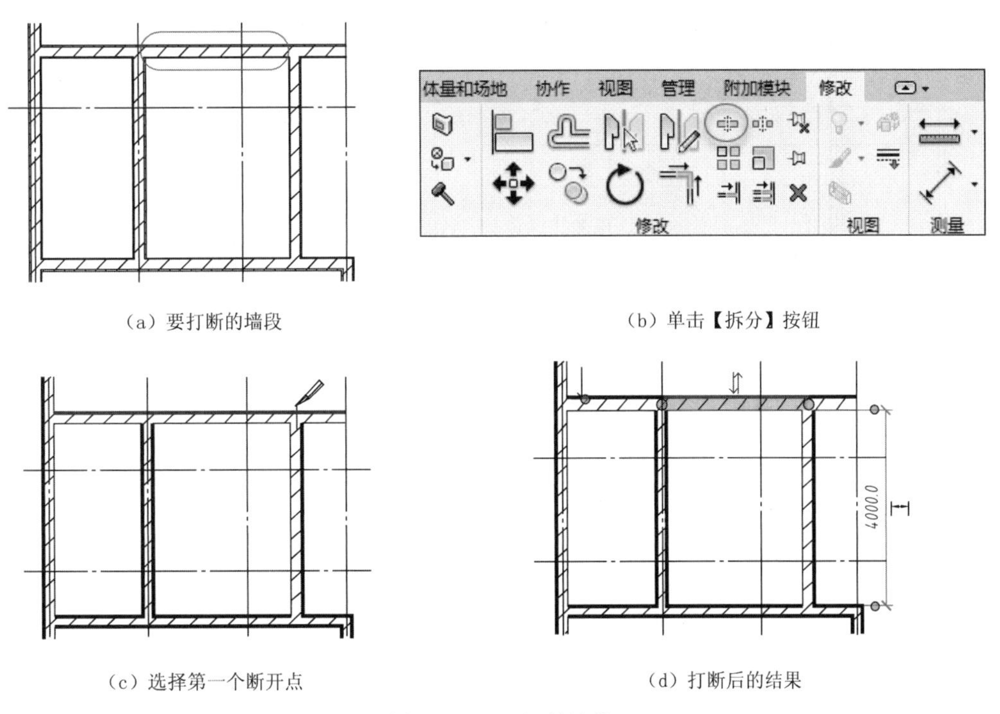

(a) 要打断的墙段　　(b) 单击【拆分】按钮

(c) 选择第一个断开点　　(d) 打断后的结果

图 11－139　打断墙体

11.7.4 利用临时尺寸调整墙体位置

本节的最后讨论如何通过临时尺寸调正墙体的位置。

如图 11 - 140(a)所示,如果需要调整该墙体的空间位置,可用调整临时尺寸值的方法来实现。

首先选中该墙体,如图 11 - 140(b)所示,当出现临时尺寸标注时,在尺寸界限上出现了一个实心小圆点。用鼠标单击该原点,可将尺寸界限重定位。

单击尺寸界限上的实心小圆点,将两条尺寸界限定位于墙体内侧面,如图 11 - 140(c)所示。然后单击尺寸数字,当其处于可编辑状态时,键入新的数值并按【Enter】键,调整后的结果如图 11 - 140(d)所示。

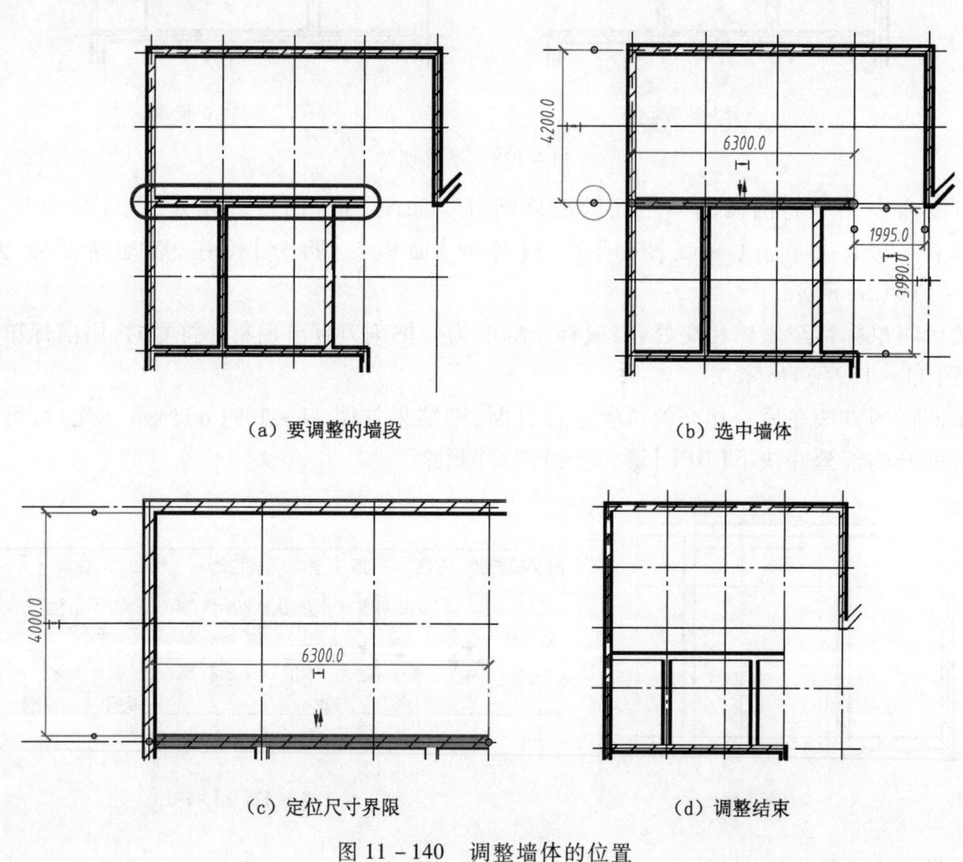

(a) 要调整的墙段　(b) 选中墙体

(c) 定位尺寸界限　(d) 调整结束

图 11 - 140　调整墙体的位置

门　窗

门窗是房屋建筑中非常重要的部件，本章将讨论如何创建门窗。

12.1　利用门窗族创建门窗

利用系统自带的样式创建门窗时，只需选择门窗类型，然后在墙体的合适位置插入即可。

12.1.1　门的创建

如图 12－1 所示，依次单击【建筑】选项卡→【构建】面板→【门】按钮，在图 12－2(a)所示的【属性】面板中选择门的类型，可直接在其上方列表中选择已有的门类型，也可通过单击【编辑类型】→【载入】→【建筑】→【门】打开选择门类型对话框，如图 12－2(b)所示，切换门的类型。门的类型很多，读者可以根据需要选择合适的门。门的类型选择好后，将鼠标移至墙体上，则出现如图 12－3 所示的门符号。

图 12－1　单击【门】按钮

当确定门的位置后，单击鼠标就可以完成门的创建，结果如图 12－4 所示。

(a) 属性区域

名称	修改日期	类型
卷帘门	2018/11/27 8:39	文件夹
门构件	2018/11/27 8:32	文件夹
普通门	2018/11/27 8:39	文件夹
其它	2018/11/27 8:38	文件夹
装饰门	2018/11/27 8:32	文件夹

(b)) 门类型

图 12－2　选择门类型

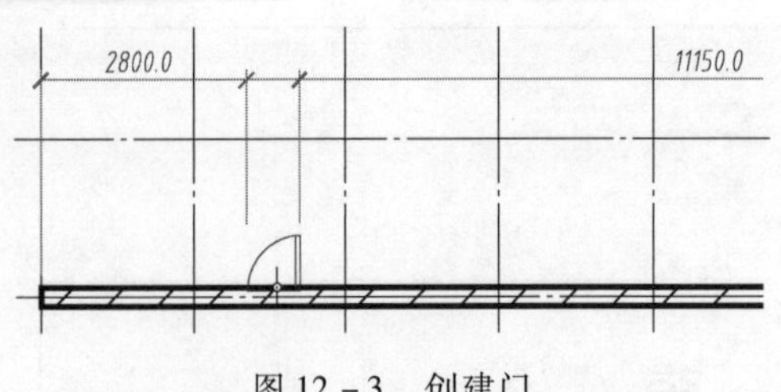

图 12-3 创建门

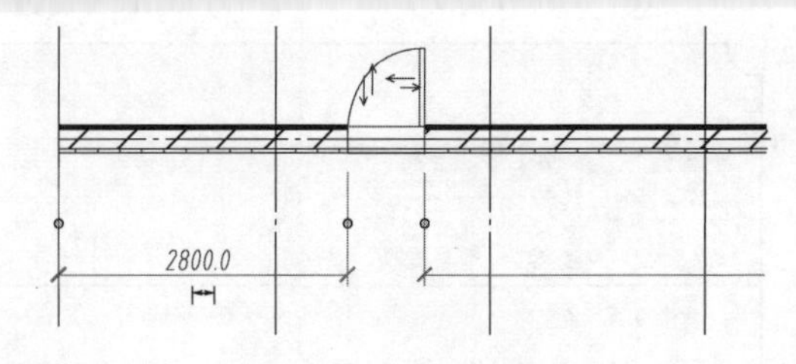

图 12-4 门的平面图

将视图切换到三维,则门的三维效果如图 12-5 所示。

门被创建后,用户还能调整其安放位置和开启方向。如图 12-6 所示,用鼠标单击选中已经创建的门,则门附近出现了临时尺寸标注和开启方向的控制按钮(方向相反的一对箭头)。

图 12-5 门的立体图

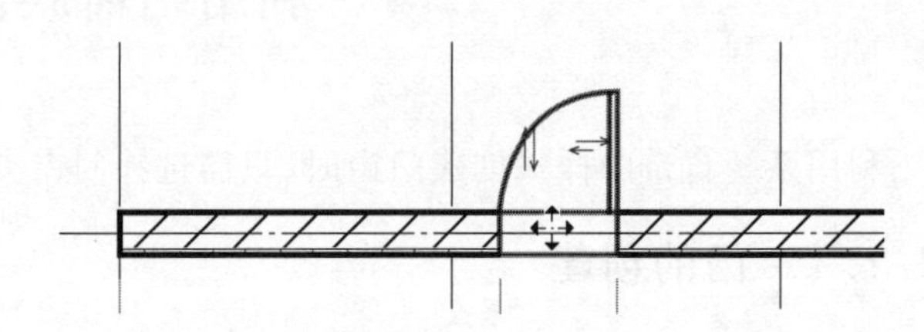

图 12-6 门的编辑

单击临时尺寸标注中的尺寸数字,然后键入新值并按【Enter】键,可实现门安放位置的调整。单击门开启方向的控制按钮,可实现门开启方向的调整。

12.1.2 窗的创建

窗户的创建方法和门的创建是类似的。如图 12-7 所示,依次单击【建筑】选项卡→【构建】面板→【窗】按钮,在图 12-8 所示的【属性】面板中选择窗的类型并将【底高度】(窗户的位置高度)设置为 800,然后将鼠标移至墙体上并单击,完成窗户的创建。其立体图如图 12-9 所示。

图 12-7 单击【窗】按钮

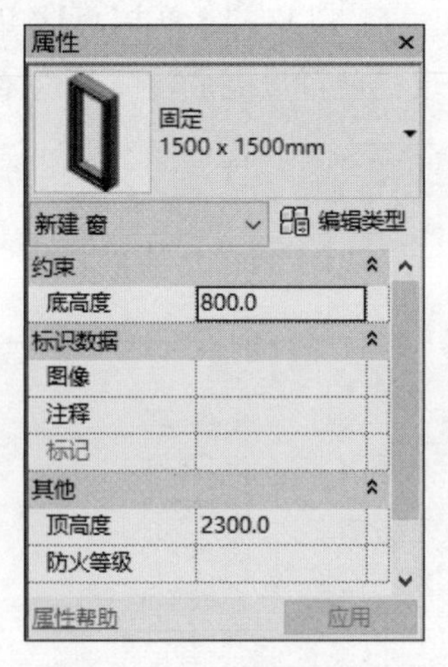

图 12-8 选择窗户类型

图 12-9 窗户的立体图

12.2　自定义窗户

除了使用系统自带门窗族创建门窗，还可利用族模板创建符合工程需求的特殊门窗族并载入项目，完成门窗的创建。

为了说明窗户族的创建和使用，下面给出一个三扇窗的创建示例。

【例题】请创建图12－10所示的三扇窗的族文件并在项目中创建该类型的窗户。其中，窗户的窗框断面尺寸为60×60，窗扇的边框断面尺寸为40×40，玻璃厚度为6。

【绘图步骤】

步骤01　选择族样板文件。

如图12－11所示，依次单击【文件】→【新建】→【族】，在图12－12所示的对话框中选择【基于墙的公制常规模型】选项并单击【打开】按钮。这时，绘图区将出现如图12－13所示族样板的平面图。

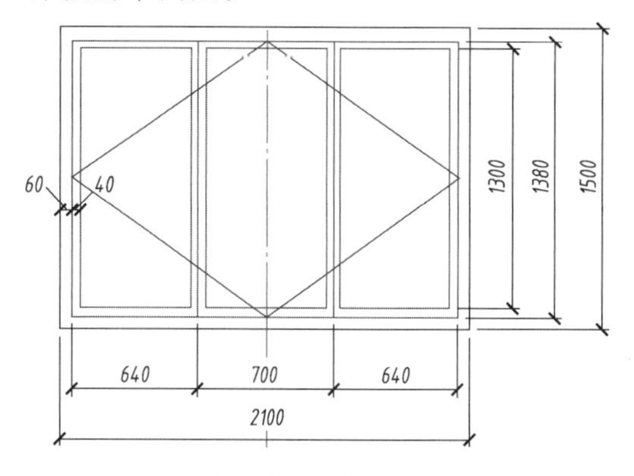

图12－10　窗户立面图

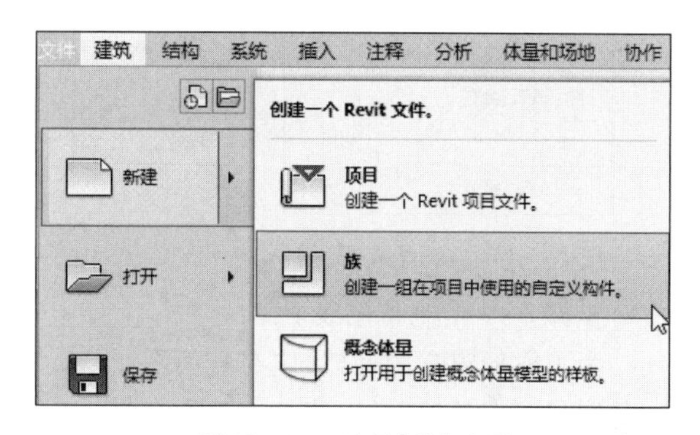

图12－11　选择【族】选项

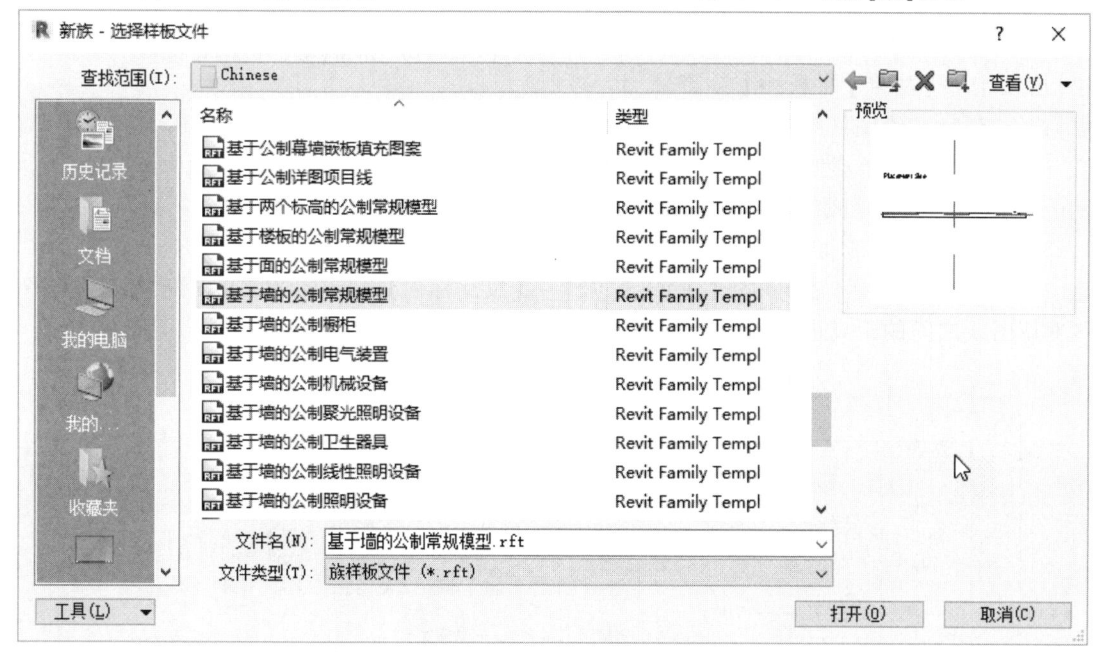

图12－12　选择样板文件

步骤02　切换视图，准备绘制辅助线。

由于创建过程中的大部分工作都在立面图中完成，所以首先将其切换到立面视图。

如图12－14所示，在【项目浏览器】中，展开树形目录【立面（立面1）】并双击【放置边】，则绘图区如图12－15所示。

其中长方形代表墙基准，虚线代表左右位置的基准。

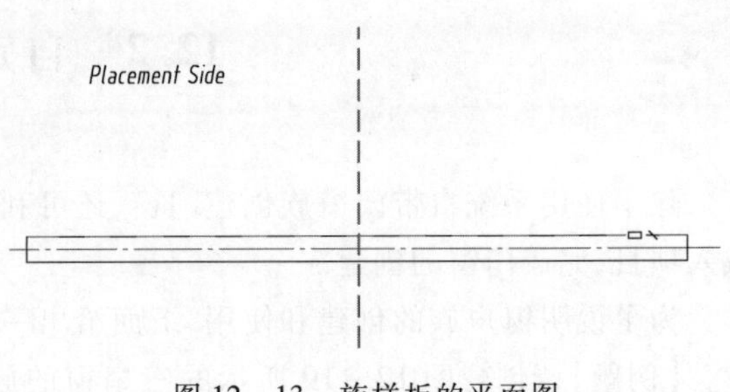

图12－13　族样板的平面图

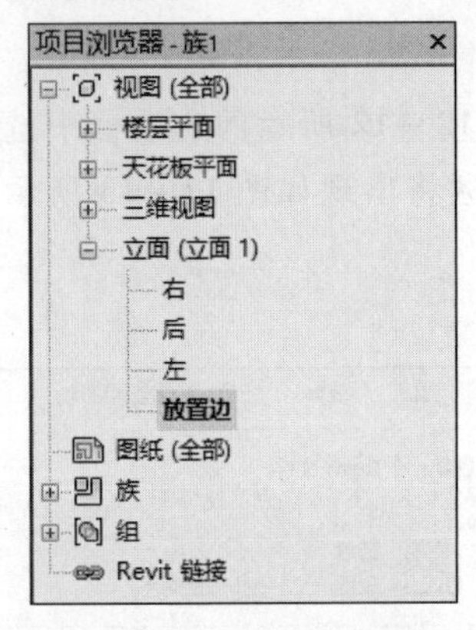

图12－14　双击【放置边】

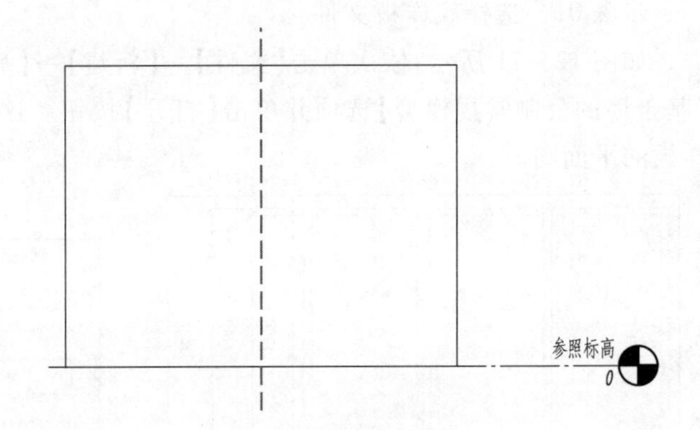

图12－15　族样板的立面图

步骤03　绘制草图线。

为了方便窗户的创建，应在立面图中绘制足够多的辅助线，使其能表达出窗户的大概轮廓。

如图12－16所示，依次单击【创建】选项卡→【基准】面板→【参照平面】按钮，然后在绘图区绘制如图12－17所示的草图线。

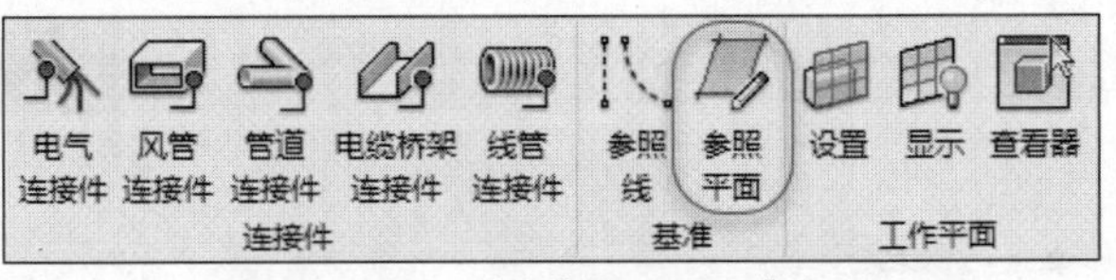

图12－16　单击【参照平面】按钮

其中外部的4条虚线代表窗户外轮廓，内部的2条虚线是窗户分割线。

步骤04　调整草图线的位置并进行约束。

为按要求作图，应将草图线调整到合适的位置。

如图12－18所示，依次单击【注释】选项卡→【尺寸标注】面板→【对齐】按钮，然后在绘图区对草图线之间的距离进行如图12－19所示的标注。

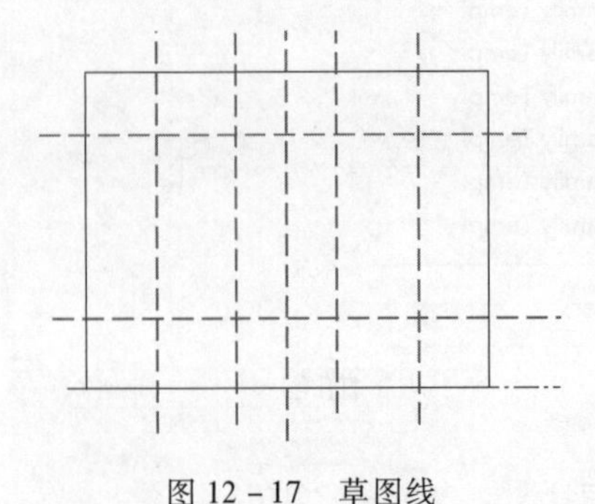
图12－17　草图线

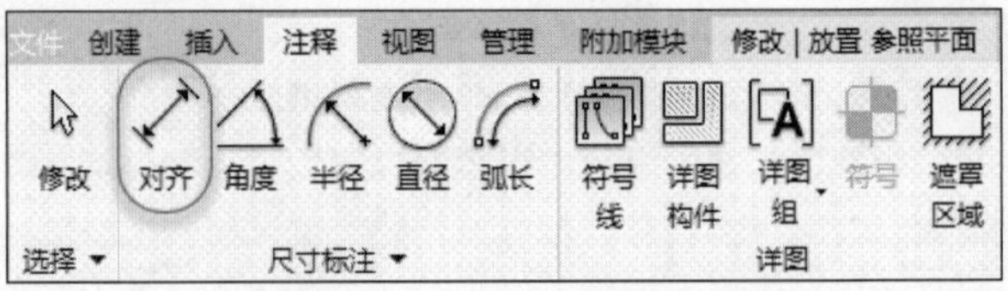

图12－18　单击【对齐】按钮

由于草图线的位置是大约指定的，所以标注中的尺寸数字也是任意的。读者可选中要调整的尺寸标注，然后单击尺寸数字，键入新值完成调整。最终的结果如图 12－20 所示。

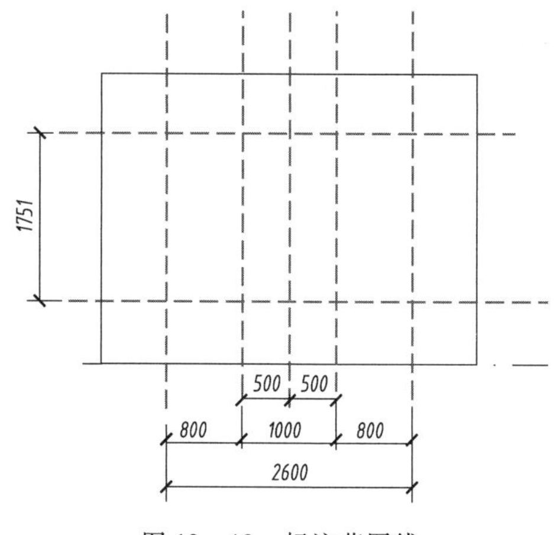

图 12－19　标注草图线

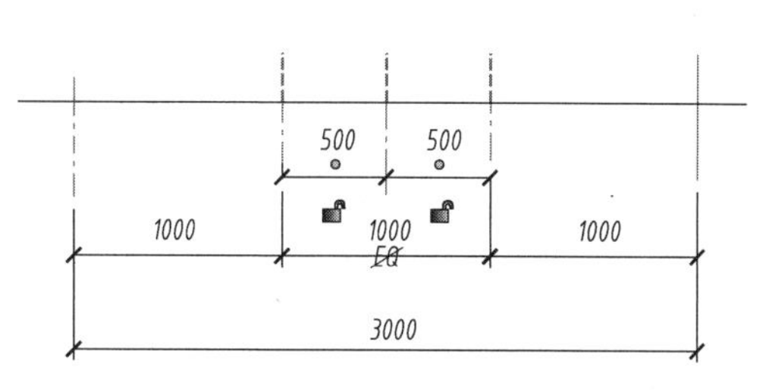

图 12－20　选中标注

为了保证窗扇的宽度总是相等的，还需对标注进行约束。如图 12－20 所示，选中需要约束的尺寸，然后单击尺寸附近的【EQ】按钮，当尺寸数字变为 EQ 时，说明约束成功。

按照同样的方法完成其他尺寸的约束，结果如图 12－21 所示。

步骤 05　指定族的类别及类型参数。

族相当于 AutoCAD 中制作的图块。在用户利用族创建门窗时，系统可根据用户新指定的参数值调整门窗的尺寸大小。

为了能正确地载入和使用族文件，在族创建时，必须指定其类别：门族或者窗族。

首先设置窗户的宽度和高度为窗户族的类型参数。

如图 12－22 所示，选中窗户的宽度尺寸，然后依次单击【修改 | 尺寸标注】选项卡→【标签尺寸标注】面板→【创建参数】按钮，如图 12－23 所示。

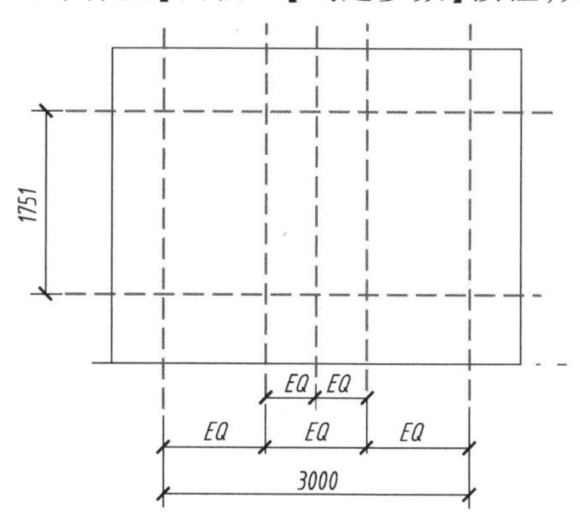

图 12－21　标注约束

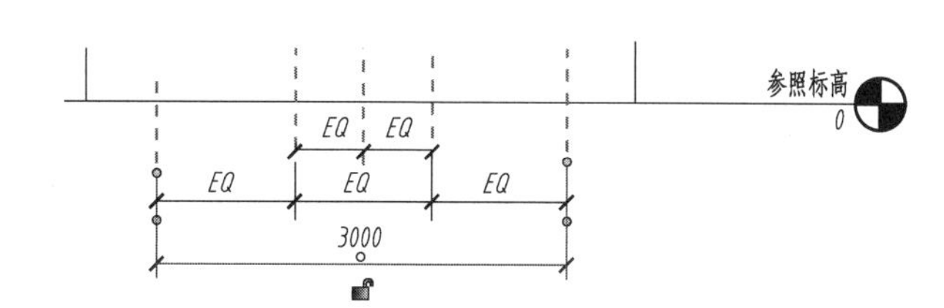

图 12－22　选中窗户的宽度尺寸

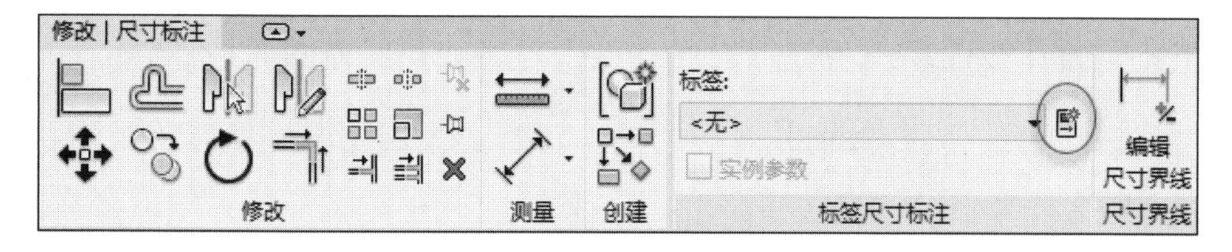

图 12－23　单击【创建参数】按钮

当出现图 12－24 所示的【参数属性】对话框时，在【名称】编辑框中输入参数名【窗户宽度】并单击【确定】按钮。这时，绘图区中参数的设置结果如图 12－25 所示。

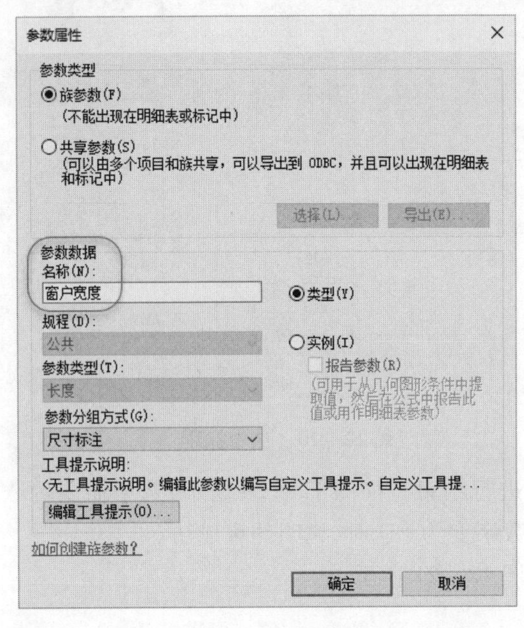

图 12－24 输入参数名称

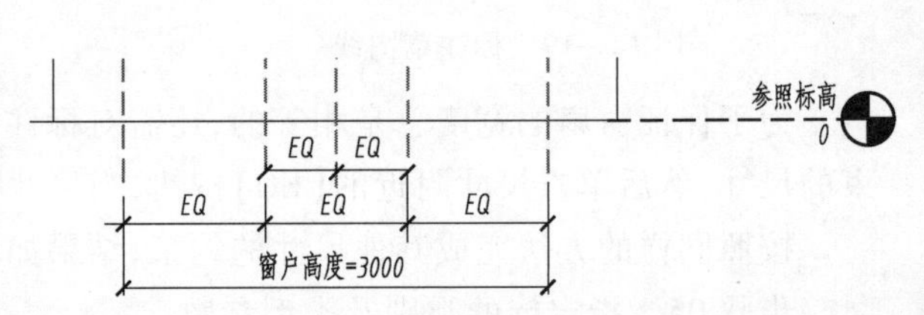

图 12－25 参数设置结果

用同样的方法完成窗户高度参数的设置，结果如图 12－26 所示。

到目前为止，窗户的宽度和高度值均不符合要求。所以，还需要对默认的尺寸进行调整。如图 12－27 所示，依次单击【修改】选项卡→【属性】面板→【族类型】按钮，然后在弹出的如图 12－28所示的对话框中输入示例所要求的窗户的宽度和高度值并单击【确定】按钮。调整后的结果如图 12－29 所示。

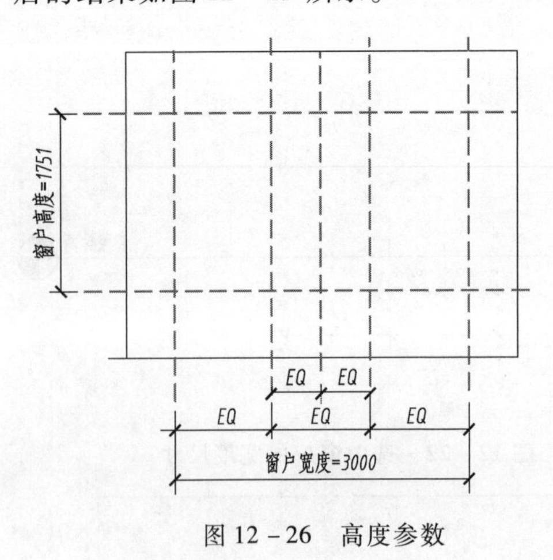

图 12－26 高度参数

图 12－27 单击【族类型】按钮

图 12－28 设置参数值

参数设置后，还需要指定族的类别。如图 12－30 所示，依次单击【修改】选项卡→【属性】面板→【族类别和族参数】按钮，弹出如图 12－31 所示的【族类别和族参数】对话框，选中【族类别】列表中的【窗】选项并单击【确定】按钮。

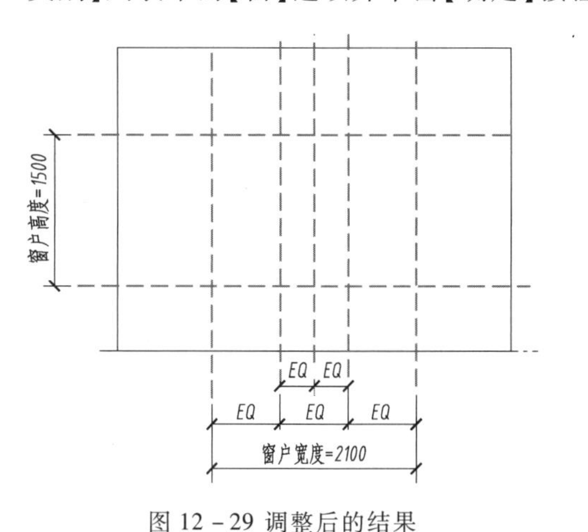

图 12－29 调整后的结果

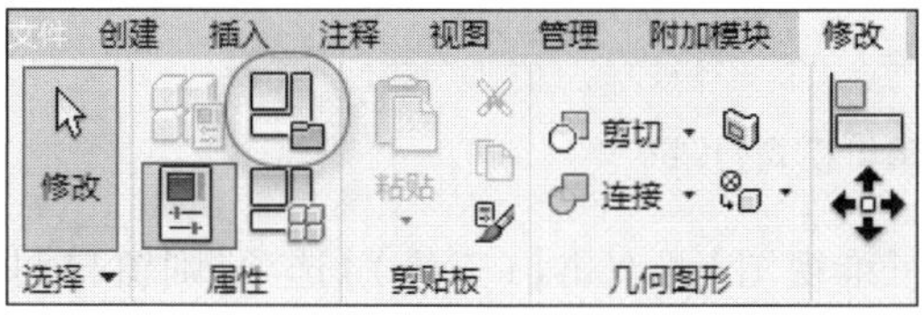

图 12－30 单击【族类别和族参数】按钮

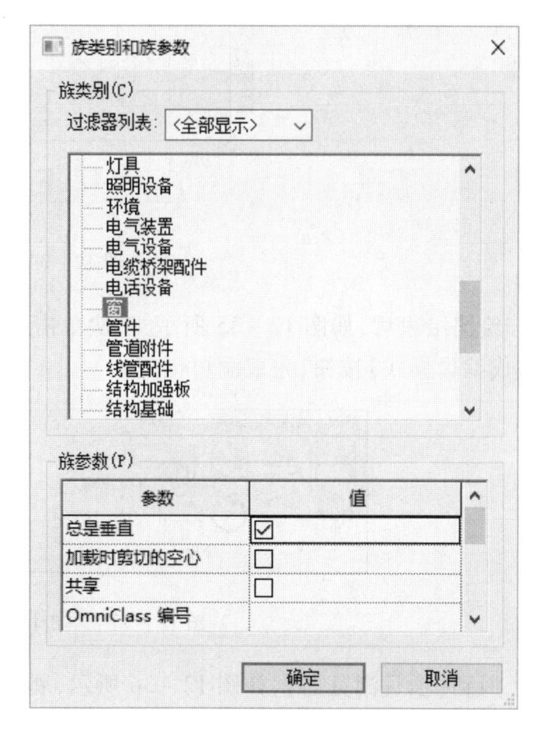

图 12－31 指定族类别

步骤 06　创建窗户洞口。

创建窗户模型前,先在墙上创建窗户洞口。

如图 12－32 所示,依次单击【创建】选项卡→【模型】面板→【洞口】按钮,然后选择【绘制】面板中的【矩形】按钮,如图 12－33 所示。

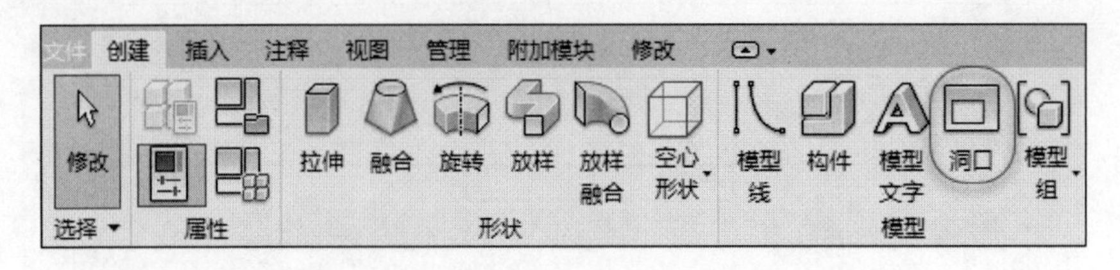

图 12－32　选择【洞口】按钮

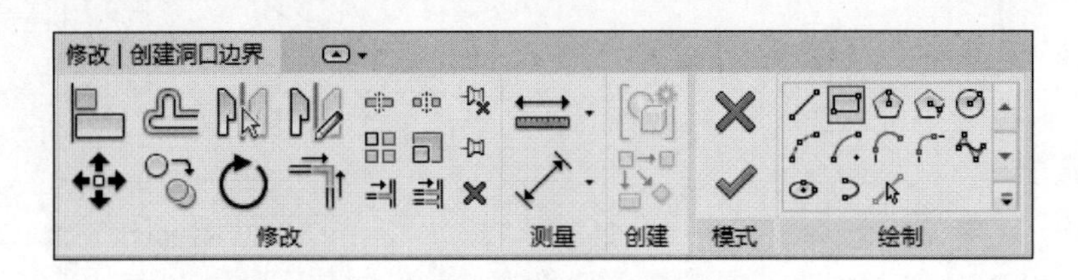

图 12－33　选择【矩形】按钮

启动【矩形】命令后,在绘图区沿着草图线绘制窗洞轮廓线,如图 12－34 所示。

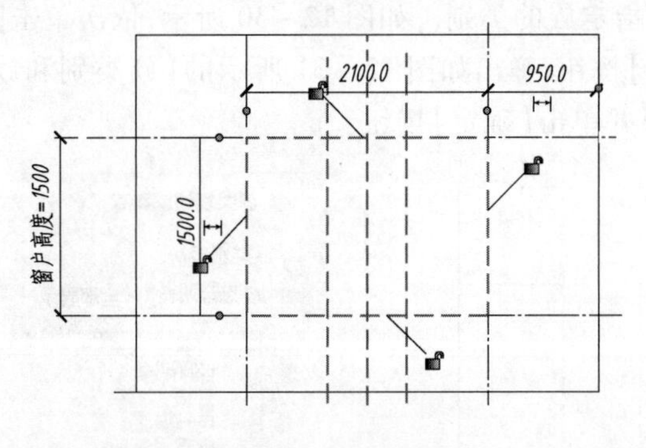

图 12－34　绘制矩形

绘图结束后,如图 12－35 所示,依次单击【修改 | 创建洞口边界】选项卡→【模式】面板→【完成编辑模式】按钮,完成洞口创建。

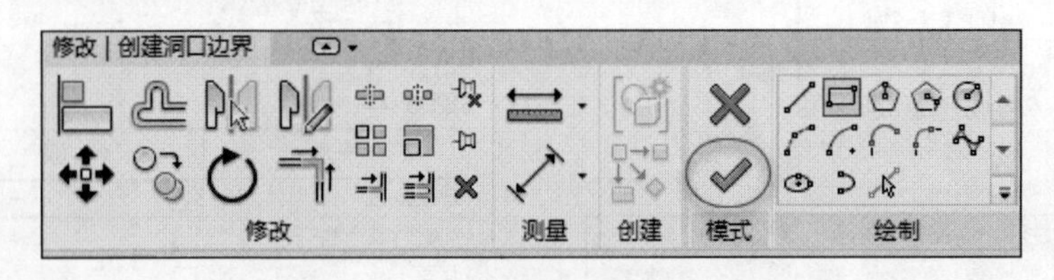

图 12－35　单击【完成编辑模式】按钮

回到【项目浏览器】,如图 12－36 所示,展开【三维视图】并双击【(三维)】选项,则窗户洞口的立体图如图 12－37 所示。

步骤 07　创建窗户边框。

创建窗户边框时，可用拉伸封闭区域的方式实现。也就是说，首先在立面图中绘制两个大小不同的长方形，然后将中间连通的面域沿垂直于墙面的方向拉伸即可。

如图 12－38 所示，依次单击【创建】选项卡→【形状】面板→【拉伸】按钮，然后在图 12－39所示的【属性】面板中指定边框沿墙厚方向的距离为 60。

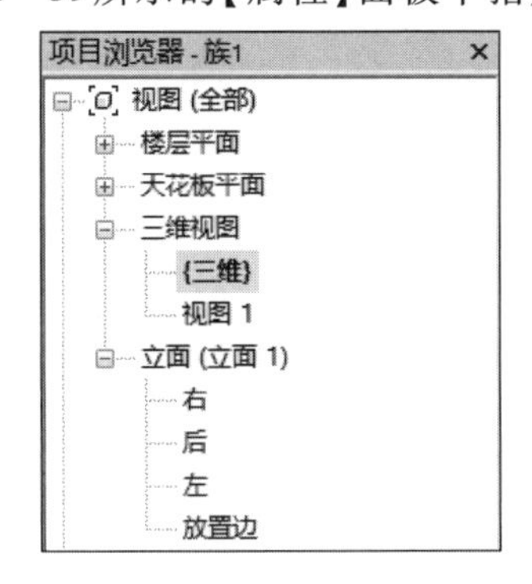

图 12－36　双击【(三维)】

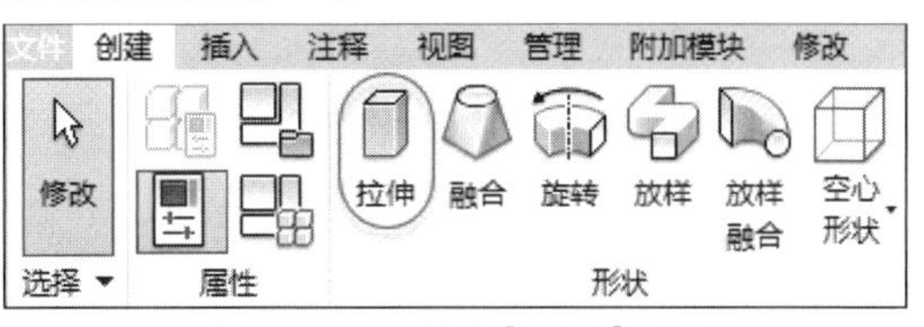

图 12－38　单击【拉伸】按钮

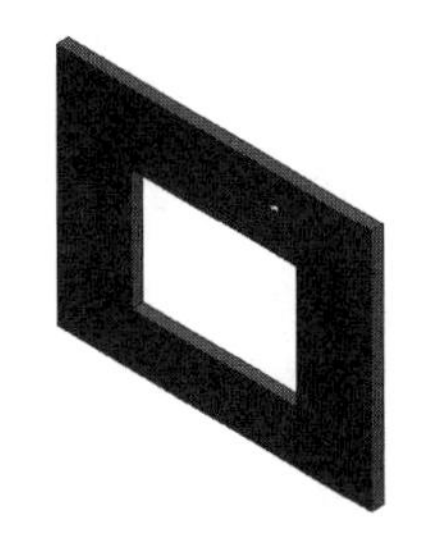

图 12－37　窗户立体图

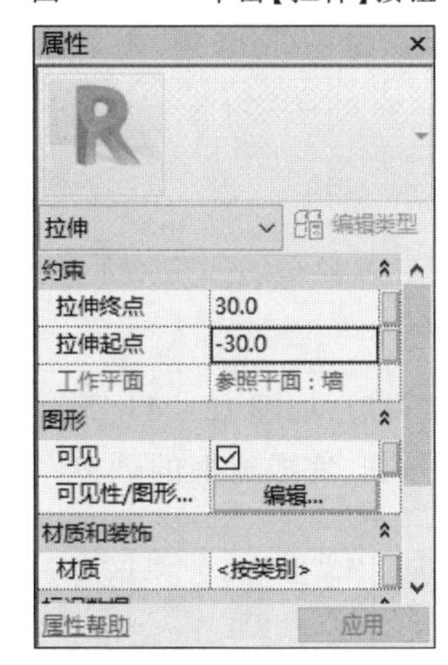

图 12－39　设置窗户边框横截面尺寸

由于要创建的窗框沿墙体中轴面对称，所以拉伸的起点和终点均以墙体中轴面为基准，一面为 30，另一面为 －30。

接着依次单击【修改 | 创建拉伸】选项卡→【绘图】面板→【矩形】按钮，如图 12－40 所示。在绘图区沿着窗户洞口绘制矩形如图 12－41 所示。

图 12－40　单击【矩形】按钮

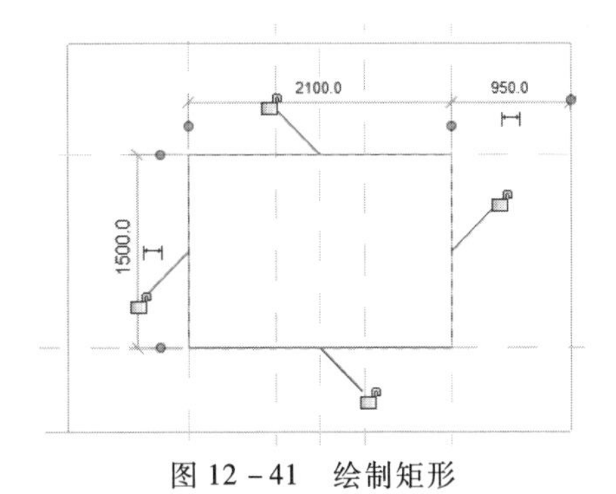

图 12－41　绘制矩形

为了形成窗框形状的封闭区域，还应在矩形内部绘制一个稍小的矩形。如图 12－42 所示，将选项栏中的【偏移】设置为－60 并按【Enter】键，然后捕捉绘图区矩形的对角点再次绘制矩形，如图 12－43 所示。

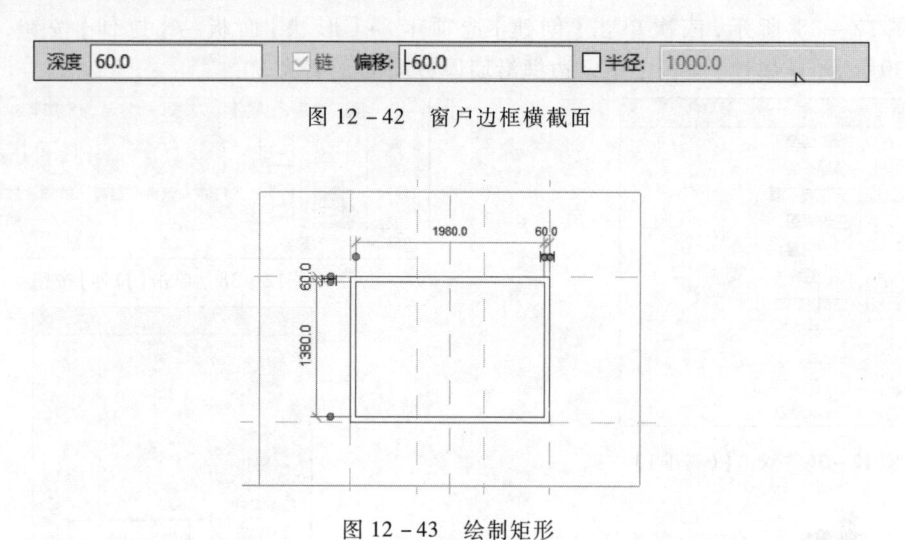

图 12－42 窗户边框横截面

图 12－43 绘制矩形

绘制结束后，如图 12－44 所示，依次单击【修改 | 创建拉伸】选项卡→【模式】面板→【完成编辑模式】按钮，完成窗框的创建。

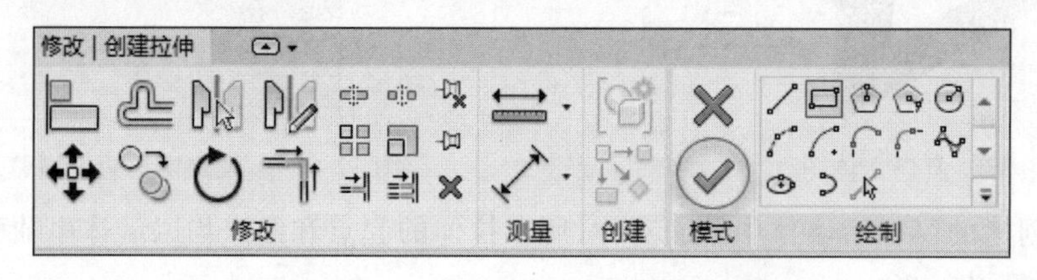

图 12－44 单击【完成编辑模式】按钮

此时，窗框立面图如图 12－45 所示，其立体图如图 12－46 所示。

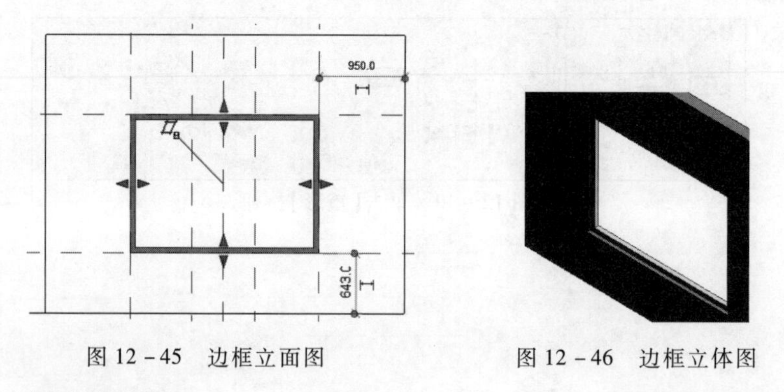

图 12－45 边框立面图　　图 12－46 边框立体图

步骤 08 创建窗扇边框。

用同样的方法创建左侧窗扇边框，如图 12－47 所示。接着选中左侧窗扇边框，用【镜像】命令完成右侧窗扇边框的复制，结果如图 12－48 所示。

最后绘制中间的窗扇边框如图 12－49 所示。

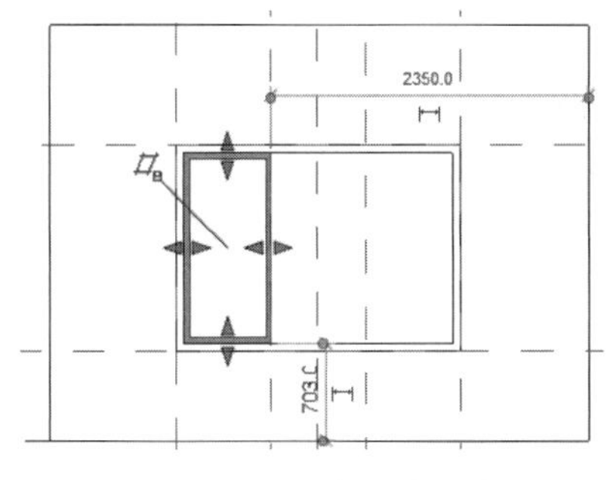

图 12－47　左侧窗扇边框

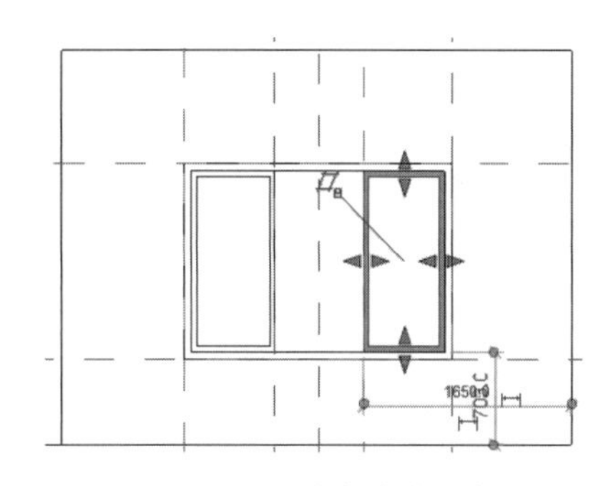

图 12－48　右侧窗扇边框

步骤 09　创建玻璃并设定材质。

和创建边框的方法一样，创建如图 12－50 所示的三面玻璃。

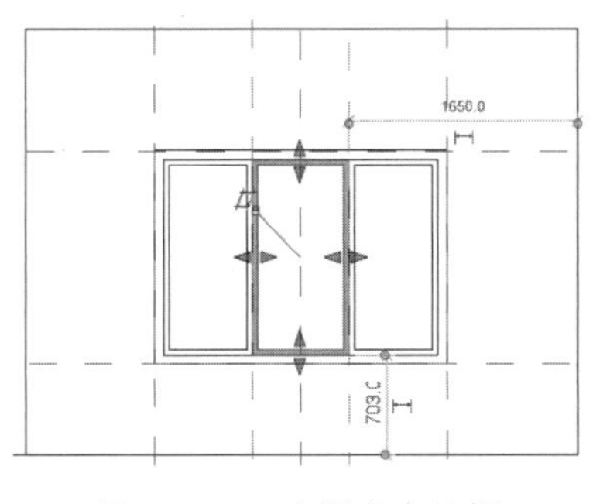

图 12－49　中间窗扇边框

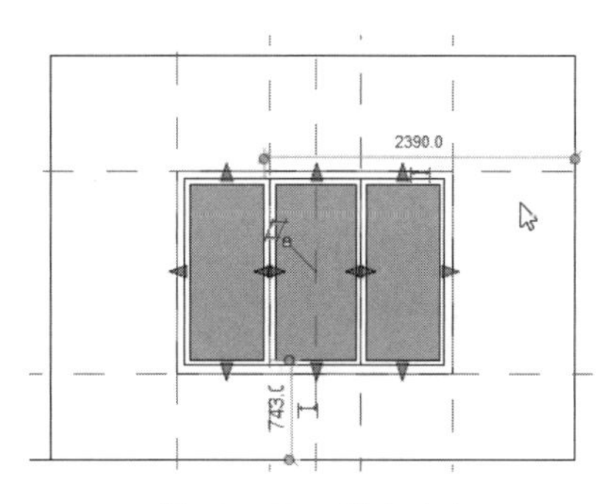

图 12－50　创建玻璃

如图 12－51 所示，可在【属性】面板中指定玻璃的材质，切换到三维视图，窗户的立体效果如图 12－52 所示。

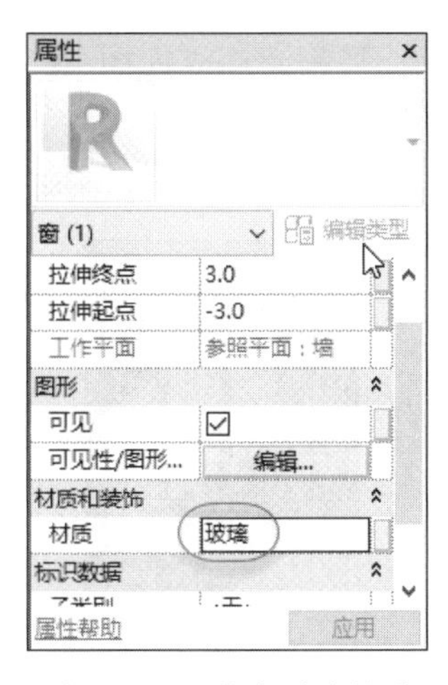

图 12－51　指定玻璃材质

图 12－52　窗户的立体图

步骤 10　绘制窗户开启线。

如果需要在立面图中表达窗户的开启方式，在族文件定义时，应在其立面图中绘制窗户开启线。

如图 12－53 所示，依次单击【注释】选项卡→【详图】面板→【符号线】按钮，在窗户立面图中绘制如图 12－54 所示的窗户开启线。

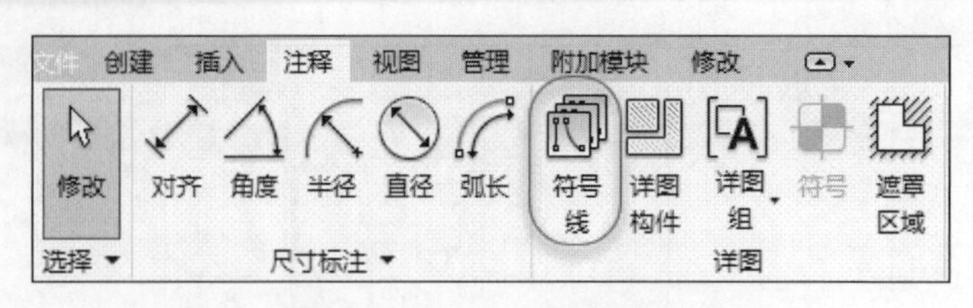

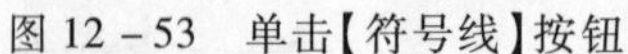
图 12 - 53 单击【符号线】按钮

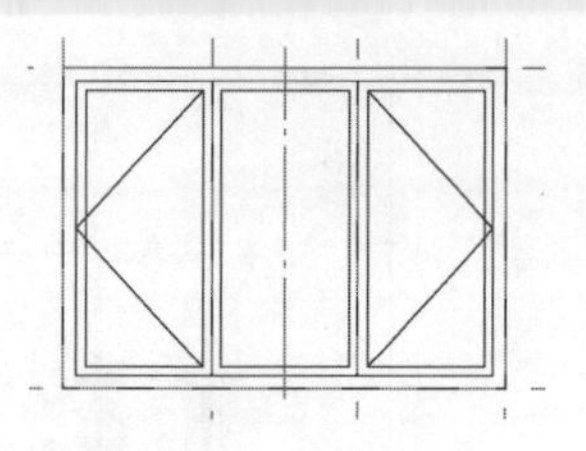
图 12 - 54 窗户开启线

步骤 11 保存族文件并载入项目。

完成族文件的创建后，将其命名为【自定义窗户】并保存到自定义族文件路径下，如图 12 - 55所示。然后依次单击【修改 | 放置 符号线】选项卡→【族编辑器】面板→【载入到项目】按钮，如图 12 - 56 所示。

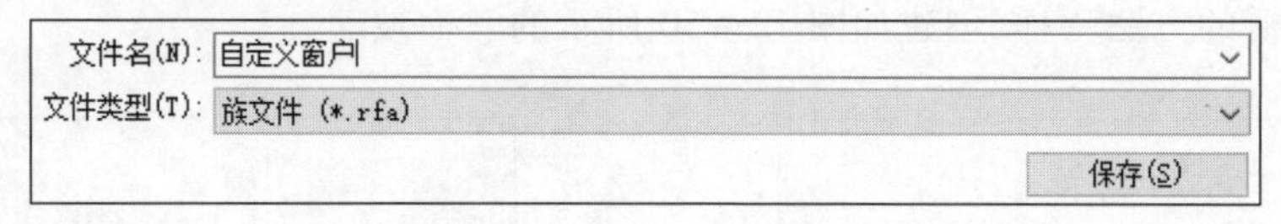

图 12 - 55 保存族文件

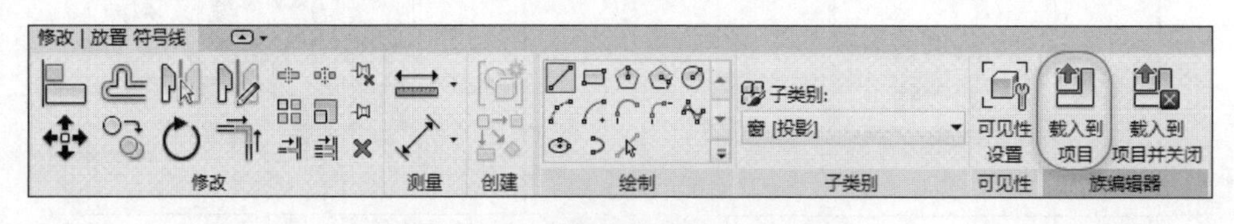

图 12 - 56 单击【载入到项目】按钮

步骤 12 在项目中创建窗户。

回到项目中，在【属性】对话框中指定窗户底部边缘到参考标高的距离后，如图 12 - 57 所示，将鼠标移至墙体并单击，创建如图 12 - 58 所示的窗户。

切换到三维视图，窗户的立体效果如图 12 - 59 所示。切换到南立面图，窗户的立面效果如图 12 - 60 所示。

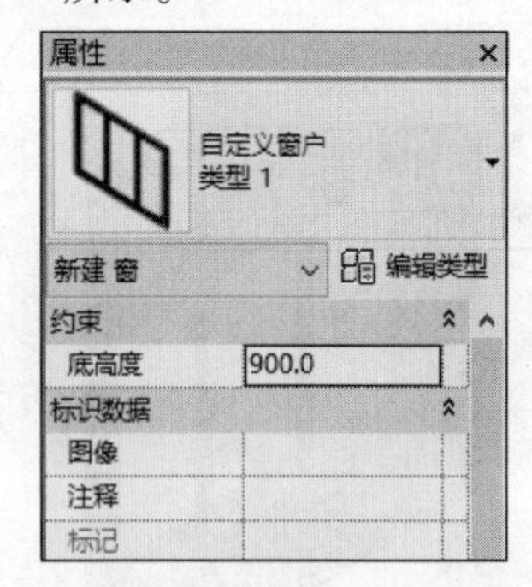

图 12 - 57 设置窗户的位置高度

图 12 - 59 窗户立体图

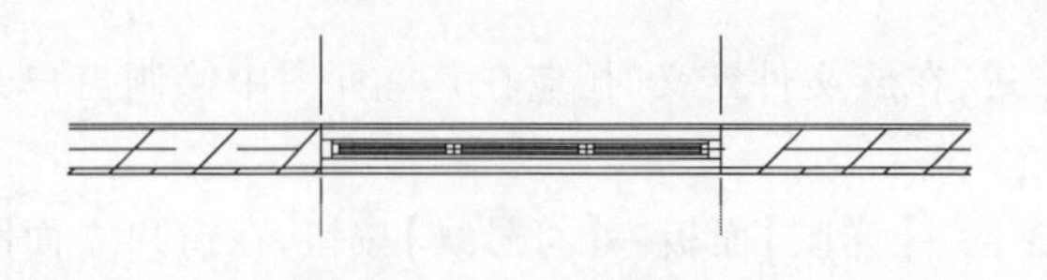
图 12 - 58 创建窗户

图 12 - 60 窗户立面图

后面几步中，由于相关操作已经在前面做过多次，所以省略详细的描述。如果必要，请参阅前面的相关章节。

12.3　自定义门

门族和窗族创建的过程基本相同。

图 12－61 是单扇单开门的立面图，请尝试创建门族并在项目中创建门。其中：门框横截面尺寸为 100×25，门扇横截面尺寸为 900×30。

下面是创建过程。

步骤 01～05　同窗户族的创建过程。

注意：① 此时的草图线用来表达门的轮廓，所以在绘制时要考虑方便后期绘图；

② 在指定门族类别时应选择【门】。

操作结束后，结果如图 12－62 所示。

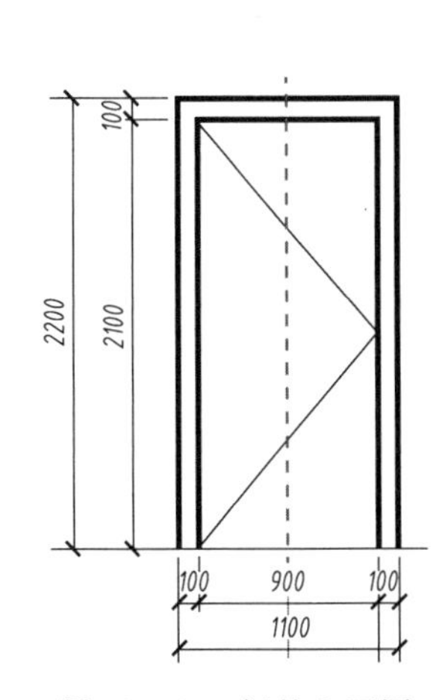

图 12－61　门的立面图

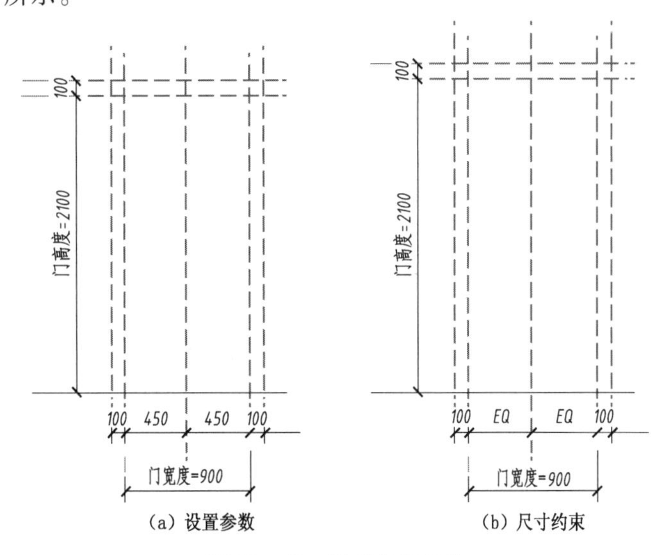

图 12－62　设置类型参数

步骤 06　创建门洞口。

如图 12－63 所示，依次单击【创建】选项卡→【模型】面板→【洞口】按钮，然后选择【绘制】面板中的【矩形】按钮，如图 12－64 所示。

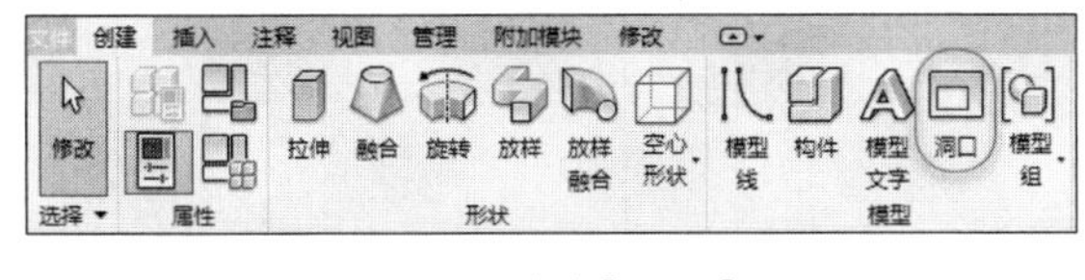

图 12－63　单击【洞口】按钮

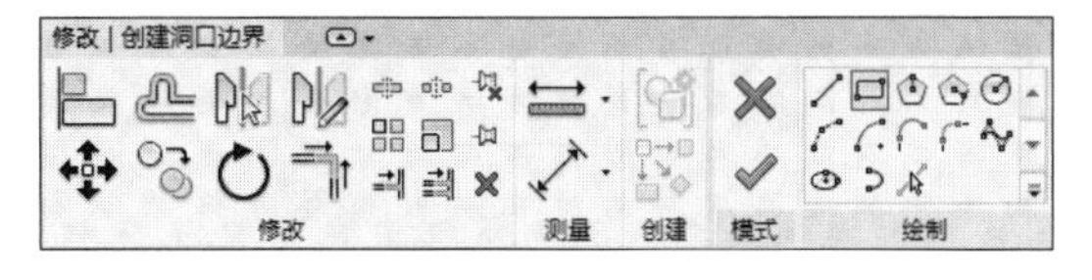

图 12－64　单击【矩形】按钮

启动【矩形】命令后，在绘图区沿着草图线绘制门洞轮廓线，如图 12－65 所示。

绘图结束后，如图 12－66 所示，依次单击【修改 | 创建洞口边界】选项卡→【模式】面板→【完成编辑模式】按钮，完成洞口创建，结果如图 12－67 所示。

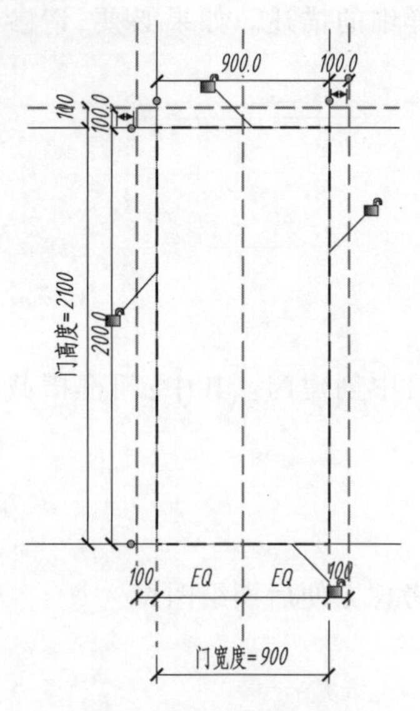

图 12－65　绘制矩形

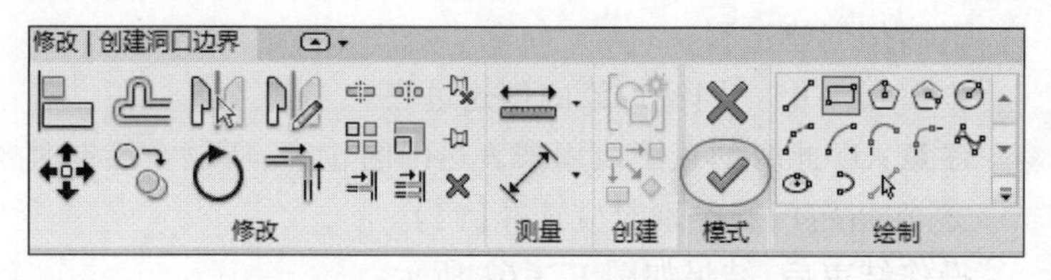

图 12－66　单击【完成编辑模式】按钮

步骤 07　创建门框。

如图 12－68 所示，依次单击【创建】选项卡→【形状】面板→【拉伸】按钮，然后在如图 12－69 所示的【属性】面板中指定门框沿墙厚方向的距离为 25。

图 12－67　门洞立体图

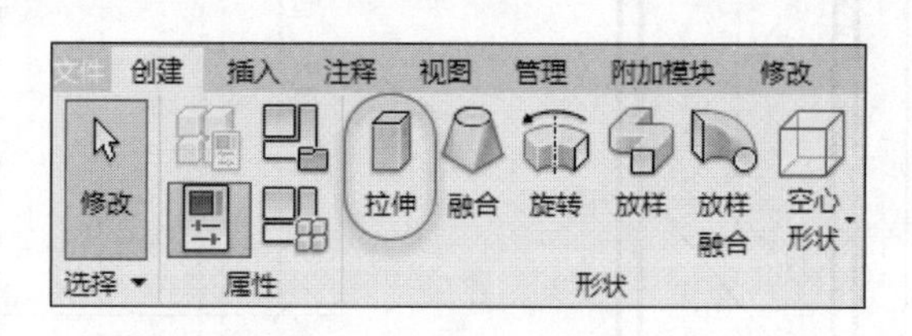

图 12－68　单击【拉伸】按钮

接着依次单击【修改 | 创建拉伸】选项卡→【绘图】面板→【矩形】按钮，在绘图区沿着草图线绘制门框外轮廓，如图 12－70 所示。

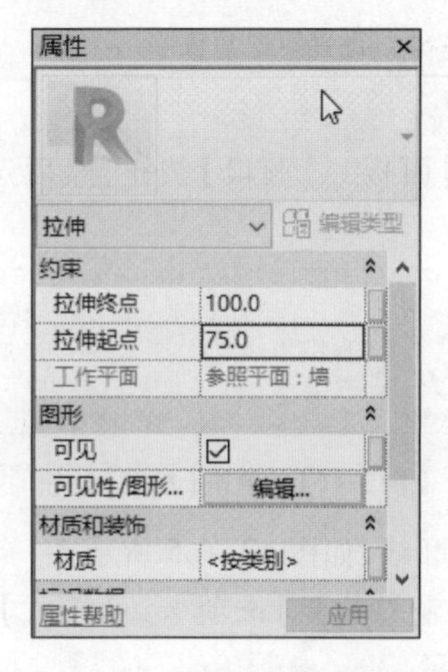

图 12－69　设置门框横截面尺寸

图 12－70　创建门框

绘制结束后，如图 12－71 所示，依次单击【修改 | 创建拉伸】选项卡→【模式】面板→【完成编辑模式】按钮，完成门框的创建。此时，门框立体图如图 12－72 所示。

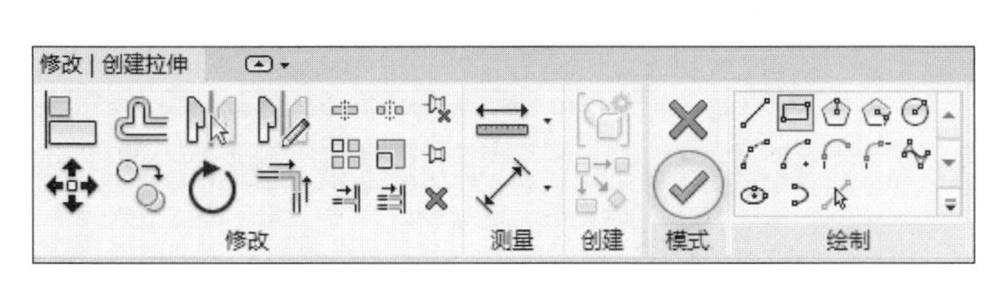

图 12－71　单击【完成编辑模式】按钮

图 12－72　门框立体图

如图 12－73(a)所示，在【项目浏览器】中，展开【立面(立面 1)】树形目录，双击【右】，则门族右侧立面图如图 12－73(b)所示。

选中左侧门框，镜像生成右侧门框，如图 12－73(c)所示。

切换视图，门框的立体图，如图 12－73(d)所示。

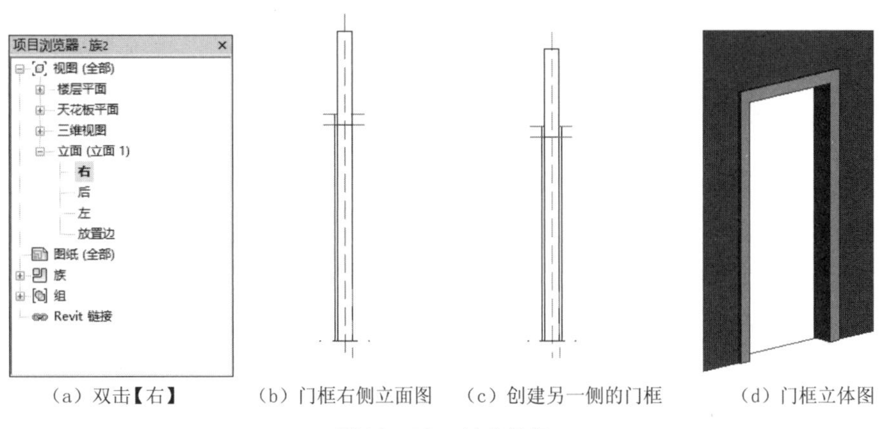

（a）双击【右】　（b）门框右侧立面图　（c）创建另一侧的门框　（d）门框立体图

图 12－73　创建门框

步骤 08　创建门扇。

用拉伸的方法创建门扇，如图 12－74 和 12－75 所示。

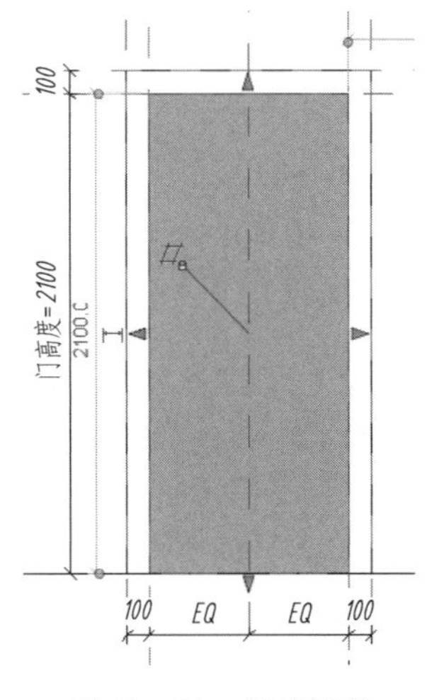

图 12－74　创建门扇

图 12－75　门的立体图

步骤 09　绘制平面图中门的开启线。

如图 12－76 所示，在【项目浏览器】中，展开【楼层平面】树形目录并双击【参照标高】。

依次单击【注释】选项卡→【详图】面板→【符号线】按钮，如图 12－77 所示。然后在门族平面图中绘制如图 12－78 所示的门的开启线。

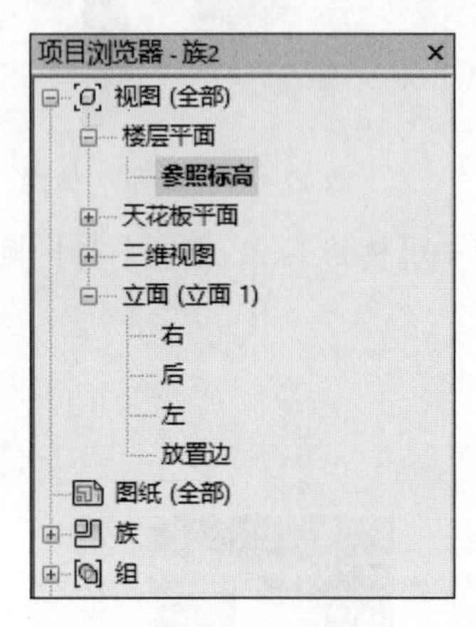

图 12－76　双击【参照标高】

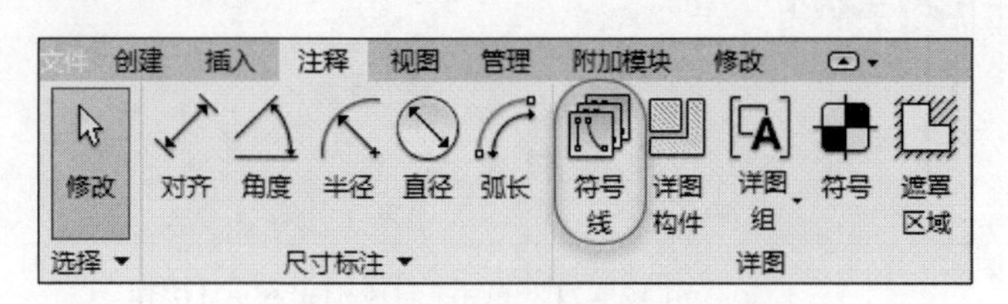

图 12－77　单击【符号线】按钮

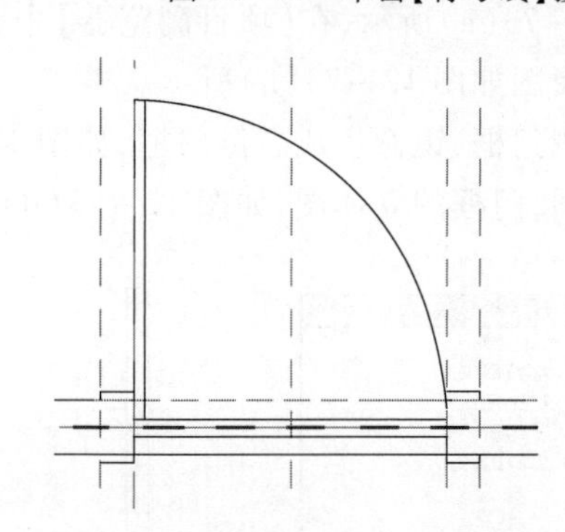

图 12－78　绘制平面图中门的开启线

步骤 10　添加翻转控件。

翻转控件就是控制门开启方向的按钮。如图 12－79 所示，依次单击【创建】选项卡→【控件】面板→【控件】按钮。再依次单击【修改 | 放置控制点】选项卡→【控制点类型】面板→【双向垂直】按钮，如图 12－80 所示。

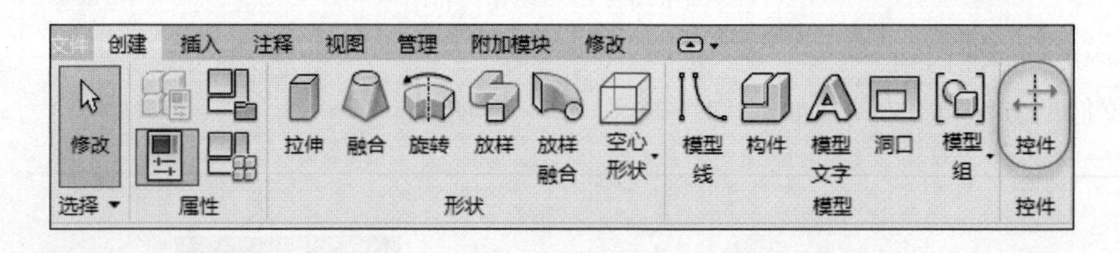

图 12－79　单击【控件】按钮

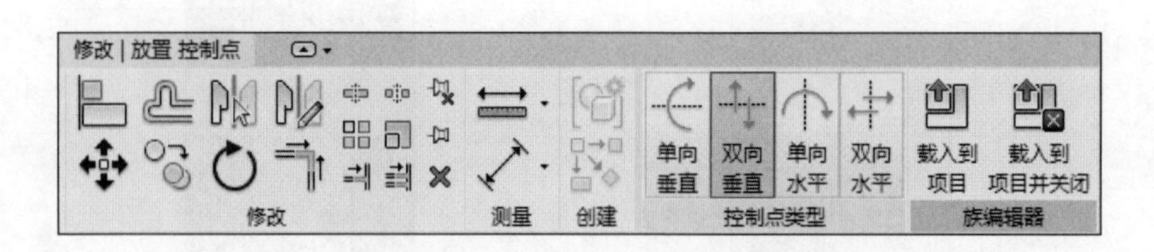

图 12－80　单击【双向垂直】按钮

返回绘图区，在门开启线的附近用鼠标左键单击，绘制翻转控件，如图 12－81 所示。

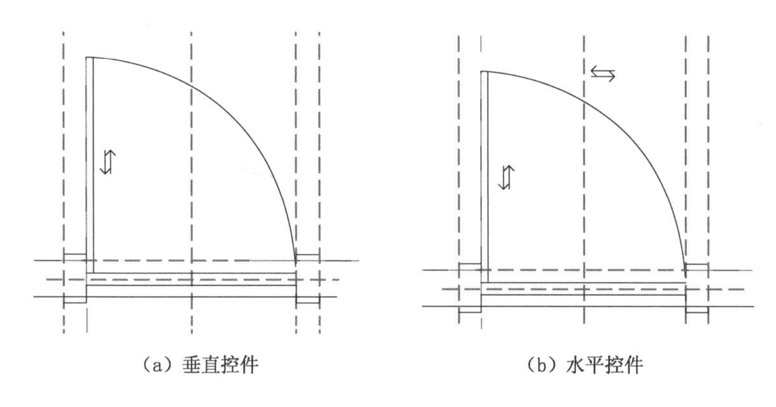

（a）垂直控件　　（b）水平控件

图 12 - 81　绘制控件

步骤 11　绘制立面图中门的开启线。

绘制立面图中门的开启线和平面图中开启线的绘制相同，如图 12 - 82 所示。

注意：平面和立面图中，开启线的指示方向应该保持一致。

步骤 12　保存族文件并载入项目。

如图 12 - 83 所示，将门族文件命名为【自定义门】并保存到任意文件路径下，然后将其载入项目。

步骤 13　创建门。

返回项目中，将鼠标移至墙体上单击，则门的平面图和立体图分别如图 12 - 84 和图 12 - 85 所示。

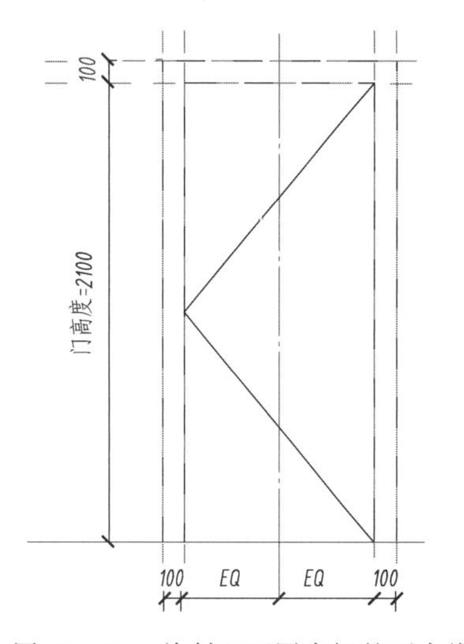

图 12 - 82　绘制立面图中门的开启线

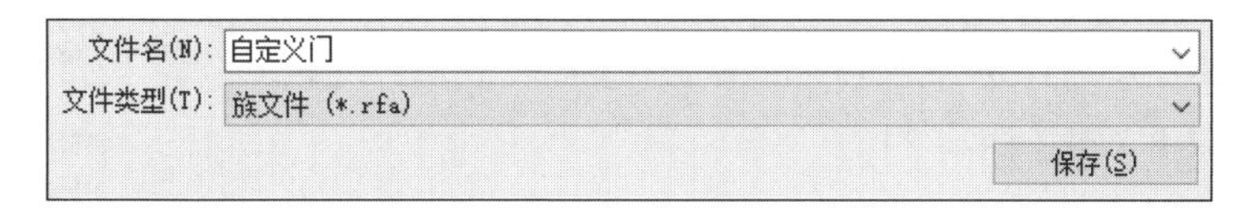

图 12 - 83　保存族文件

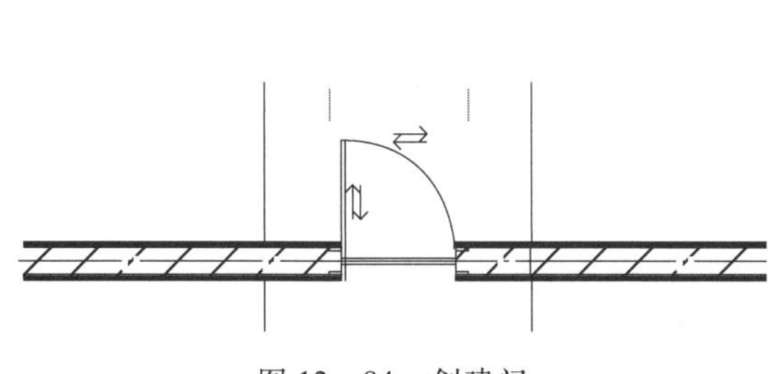

图 12 - 84　创建门

图 12 - 85　门的立体图

屋顶和楼板

屋顶是房屋最上层起覆盖作用的围护结构,用以防风、雪、雨、日晒等对室内的侵袭。屋顶又是房屋上层的承重结构,用于承受自重和作用于屋顶上的各种荷载,同时对房屋上部还起着水平支撑作用。

常见的屋顶有平屋顶和坡屋顶。

楼板是房屋建筑中沿高度方向水平分隔空间的承重构件,承受并传递荷载,同时对整座建筑物起水平支撑作用。

楼板一般包括四部分:面层、附加层、结构层和顶棚层。

本章将讨论屋顶和楼板的创建方法。

13.1 简单坡屋顶的创建

创建坡屋顶时,可先绘制屋顶外轮廓,然后放坡形成屋顶。

如果以【标高 1】平面视图为准绘制了墙体,需要在【标高 2】视图平面内绘制屋顶,做法如下:

步骤 01 如图 13 - 1 所示,在【项目浏览器】面板中,展开【楼层平面】树形目录并双击【标高 2】。

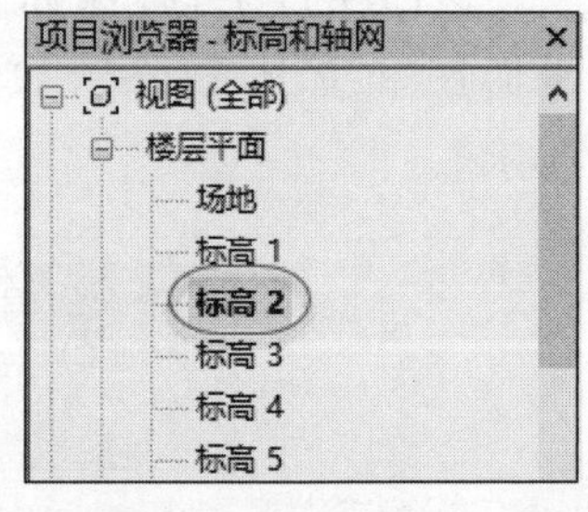

图 13 - 1 双击【标高 2】

步骤 02 如图 13 - 2 所示,依次单击【建筑】选项卡→【构建】面板→【屋顶】下拉列表中的【迹线屋顶】按钮。

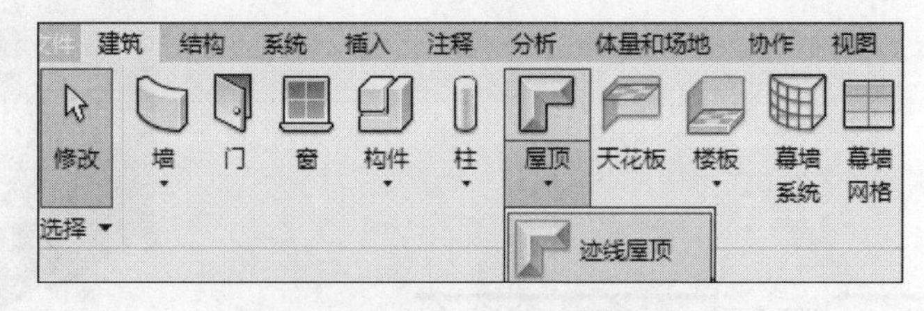

图 13 - 2 单击【迹线屋顶】按钮

步骤 03 在图 13 - 3 所示的选项栏中,设置【悬挑】为 500。

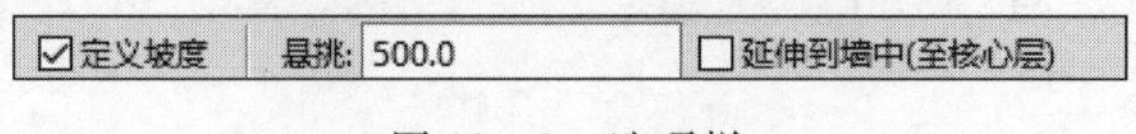

图 13 - 3 选项栏

步骤 04 如图 13 - 4(a)所示,将鼠标移至墙体外表面,当墙体高亮显示时,按下 TAB 键。

当四周的墙体均高亮显示时，用鼠标左键单击，如图 13－4(b)所示。则系统自动识别墙体并绘制了屋顶的外轮廓线如图 13－4(c)所示。

图中的三角形为坡度符号。默认情况下，其坡度为 30°。读者可单击图 13－4(c)中的坡度值进行调整。

屋顶迹线边上有坡度符号时，系统将按照默认的坡度值沿着垂直于轮廓线的方向进行放坡。

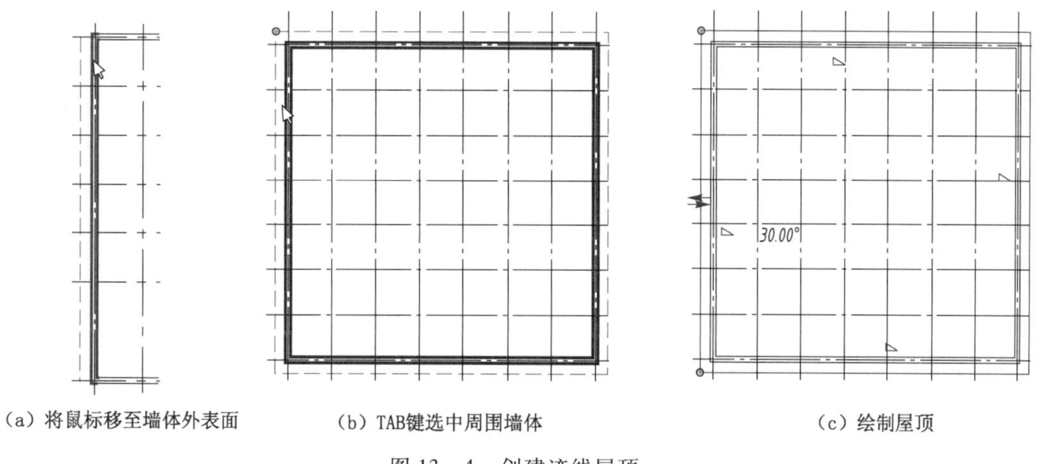

图 13－4　创建迹线屋顶

步骤 05　如图 13－5 所示，依次单击【修改 | 创建屋顶迹线】选项卡→【模式】面板→【完成编辑模式】按钮，完成屋顶创建。

创建后的屋顶平面图如图 13－6 所示。

步骤 06　将视图切换到三维空间，则结果如图 13－7 所示。

图 13－5　单击【完成编辑模式】按钮

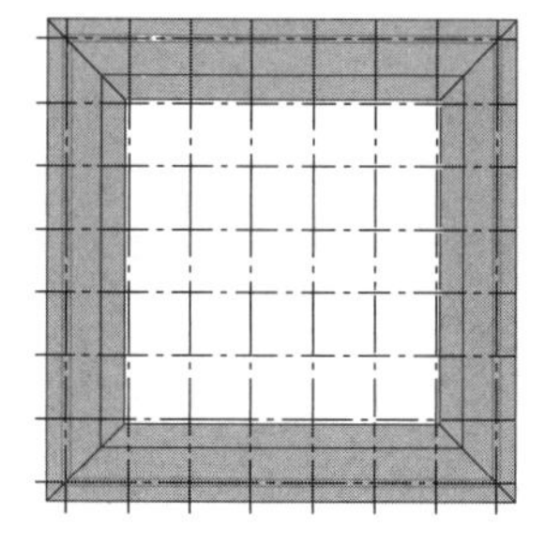

图 13－6　完成屋顶创建

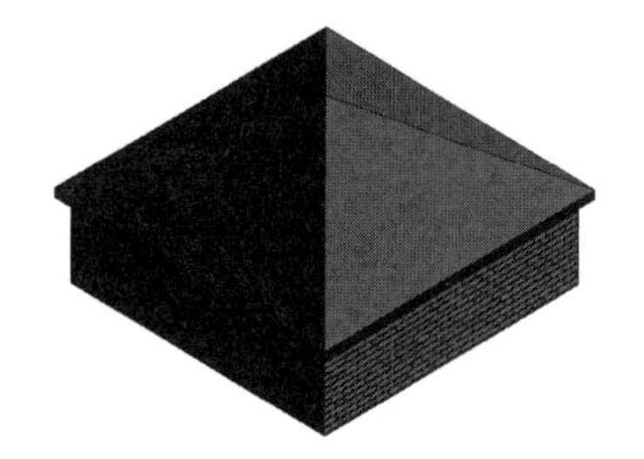

图 13－7　屋顶立体图

13.2　复杂坡屋顶的创建

如图 13－8 所示，当房屋周围的墙体呈 L 状分布时，应先按照系统默认的放坡方式创建屋顶，然后对其进行编辑，使其符合建模要求。

下面是创建和编辑的过程。

步骤01　如图13－9所示，在【项目浏览器】面板中，展开【楼层平面】树形目录并双击【标高2】。

步骤02　观察如图13－10所示的【属性】面板，可知当前的屋顶厚度为400。

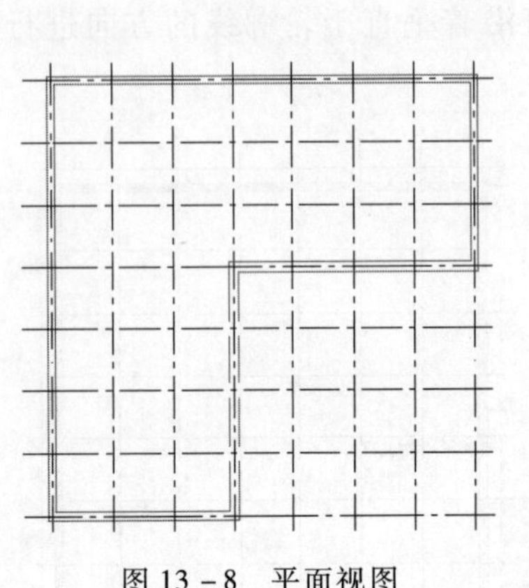

图13－8　平面视图

图13－9　双击【标高2】

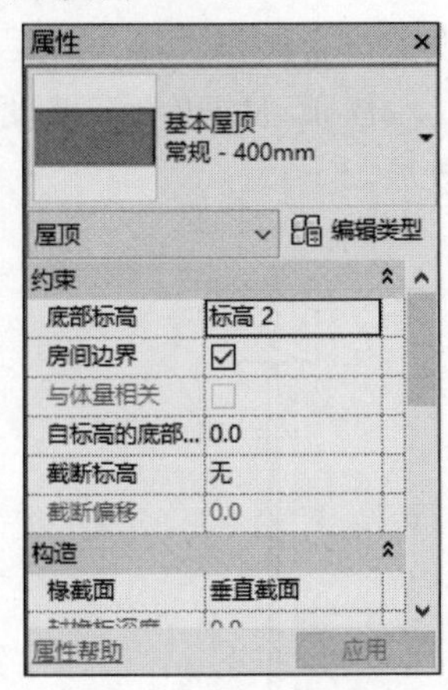

图13－10　【属性】面板

步骤03　如图13－11所示，设置【悬挑】为500。

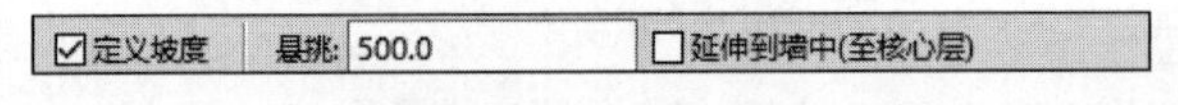

图13－11　选项栏

步骤04　如图13－12(a)所示，将鼠标移至墙体外表面，当墙体高亮显示时，按下TAB键。当四周的墙体均高亮显示时，用鼠标左键单击，如图13－12(b)所示。则系统自动识别墙体并绘制屋顶的外轮廓线如图13－12(c)所示。

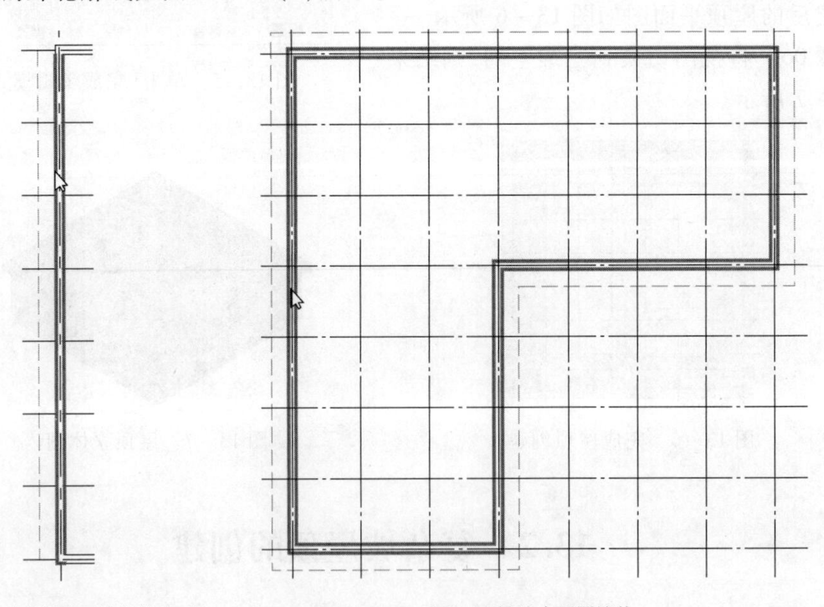

(a) 将鼠标移至墙体外表面　　(b) TAB键选中周围墙体

图13－12　创建屋顶

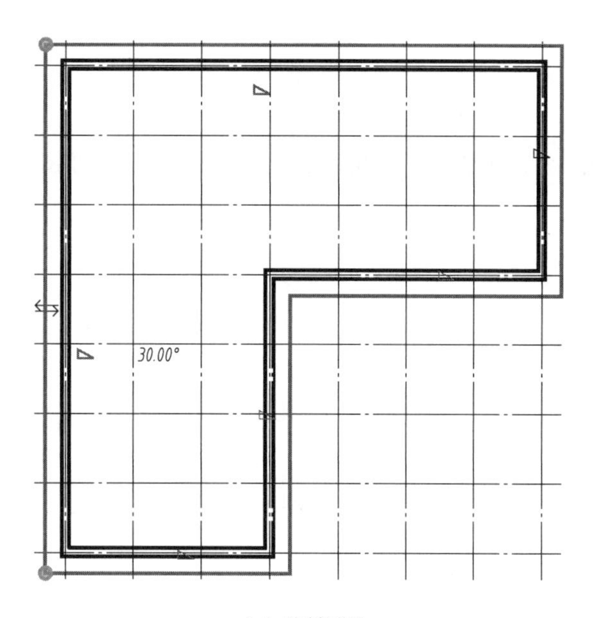

（c）绘制屋顶

图 13 – 12　创建屋顶（续）

步骤 05　如图 13 – 13 所示，依次单击【修改 | 创建屋顶迹线】选项卡→【模式】面板→【完成编辑模式】按钮，完成屋顶创建。

图 13 – 13　单击【完成编辑模式】按钮

创建后的屋顶平面图如图 13 – 14 所示。读者可能已经发现，屋顶平面图并不符合屋顶的投影特征。原因是屋顶并没有完全在系统设定的可视范围内。

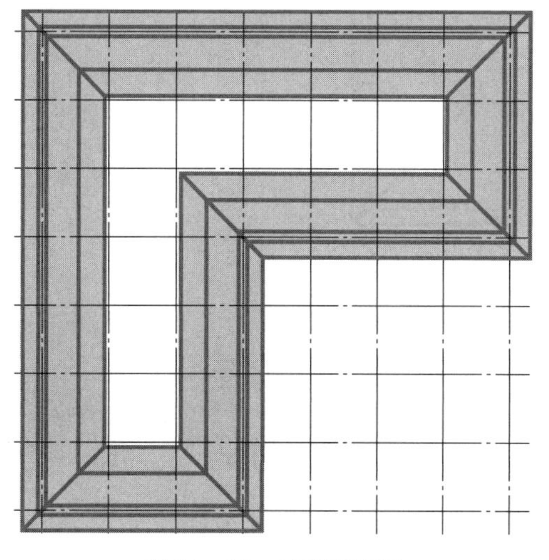

图 13 – 14　屋顶平面图

为此,需要重新调整楼层平面的可视范围。

步骤 06　在绘图区的空白处任意单击一次,然后单击【属性】面板中的【编辑...】按钮,如图 13－15 所示。

在弹出的对话框中,将【顶部】和【剖切面】的偏移设为 2700,如图 13－16 所示。

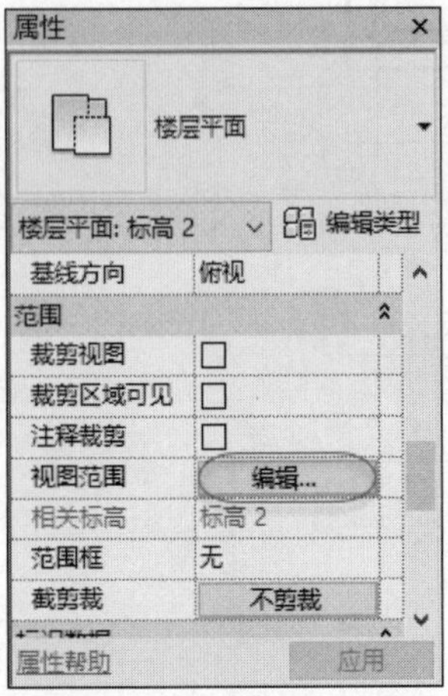

图 13－15　单击【编辑...】按钮

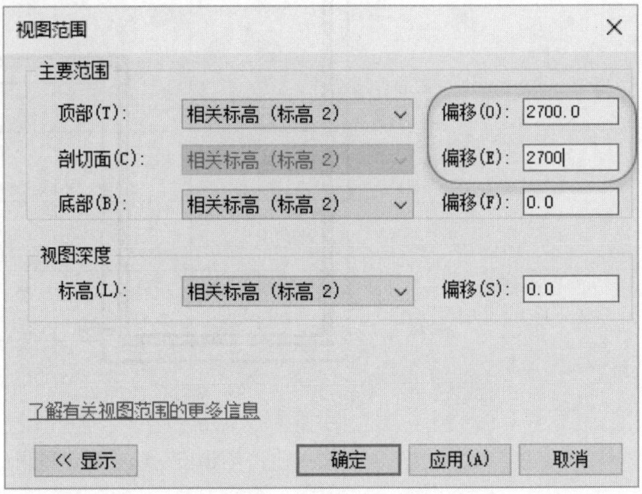

图 13－16　【视图范围】对话框

注意:该取值至少为屋顶高度值。为了获取屋顶高度值,可将视图切换到任意一个立面图,然后用测量或标注的方法获得。

步骤 07　调整视图范围后的平面图如图 13－17 所示。

如果将视图切换为三维状态,则屋顶的立体图如图 13－18 所示。如果不需要在端墙的位置放坡,则应编辑屋顶迹线,取消坡度。

步骤 08　将视图切换至【标高 2】并选中屋顶,然后如图 13－19 所示,依次单击【修改 | 屋顶】选项卡→【模式】面板→【编辑迹线】按钮。

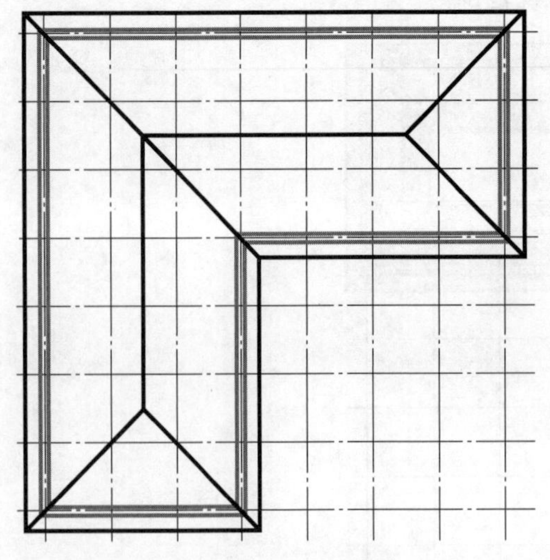

图 13－17　调整视图范围后的平面图

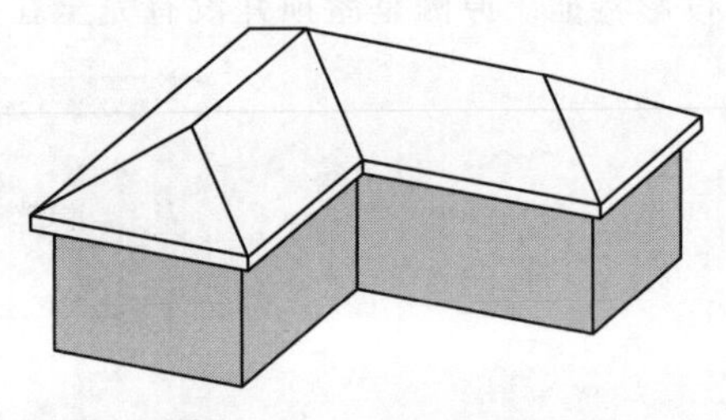

图 13－18　屋顶立体图

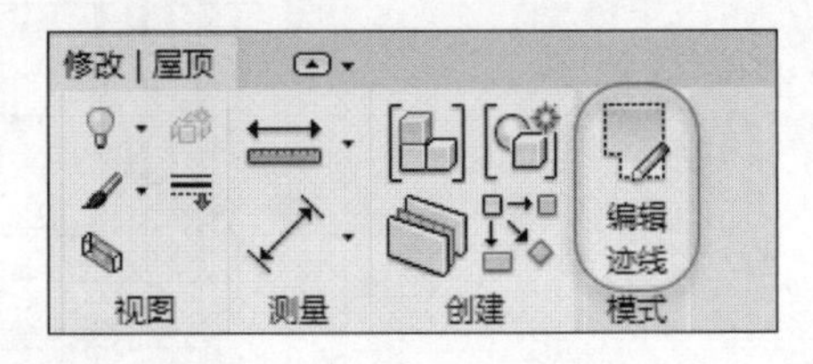

图 13－19　单击【编辑迹线】按钮

返回绘图区,用鼠标单击选中右侧竖向的轮廓线,如图 13－20 所示。然后在选项栏中取消勾选【定义坡度】,如图 13－21 所示。

经此操作后,系统将不再沿着垂直于该迹线的方向放坡。

2100
30.00°
2100
2100
500.0
00
1m

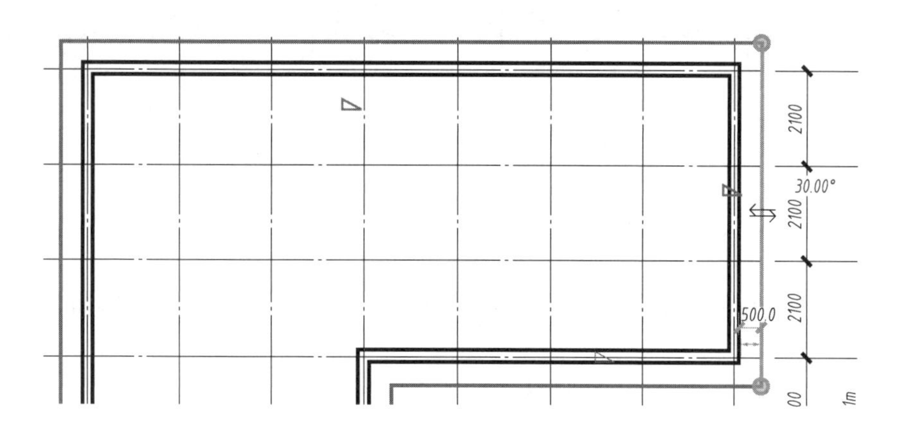

图 13－20　选中右边的轮廓线

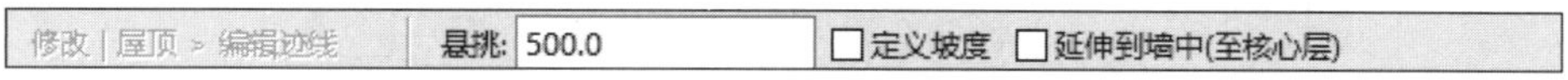

修改 | 屋顶 > 编辑迹线
悬挑: 500.0
定义坡度
延伸到墙中(至核心层)

图 13－21　取消勾选【定义坡度】

步骤 09　用同样的方法取消另一端墙处的坡度定义,则两个端墙处的坡度符号消失,结果如图 13－22 所示。

步骤 10　如图 13－23 所示,依次单击【修改 | 编辑迹线】选项卡→【模式】面板→【完成编辑模式】按钮,完成屋顶的编辑。编辑后的屋顶立体图如图 13－24 所示。

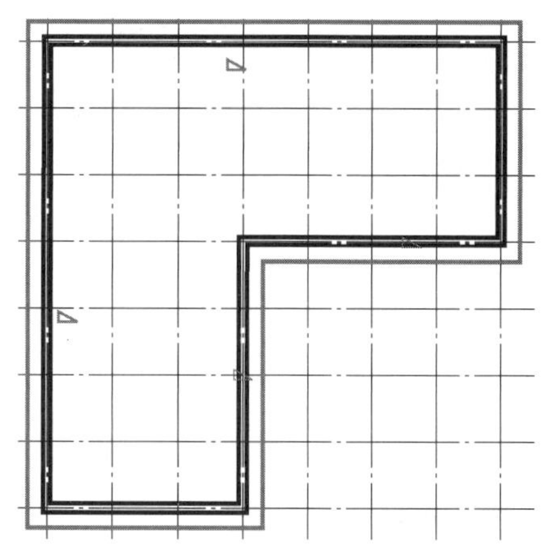

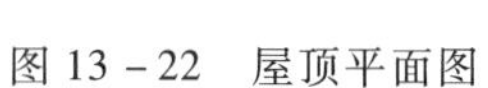

图 13－22　屋顶平面图

修改 | 屋顶 > 编辑迹线
边界线
坡度箭头
视图
测量
创建
模式
绘制

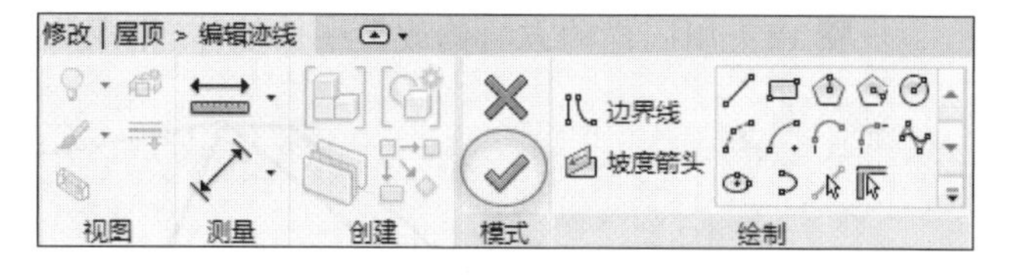

图 13－23　单击【完成编辑模式】按钮

创建好屋顶后,墙面和屋顶并未结合在一起。为了解决这个问题,还需要对墙体进行修改,使其高度变大且刚好和屋顶相连。

步骤 11　如图 13－25 所示,单击选中端墙。

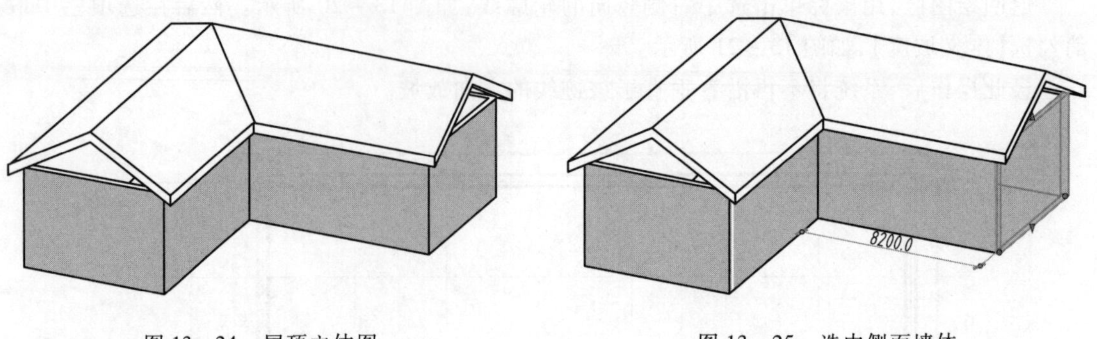

图 13－24　屋顶立体图　　　　图 13－25　选中侧面墙体

然后依次单击【修改 | 墙】选项卡→【修改墙】面板→【附着顶部/底部】按钮，如图 13－26 所示。

如图 13－27 所示，选中屋顶完成墙体编辑，结果如图 13－28 所示。

图 13－26　单击【附着顶部/底部】按钮

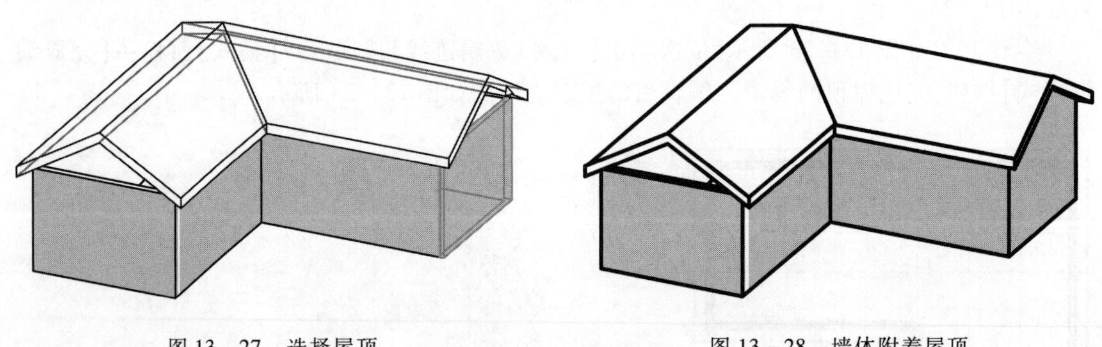

图 13－27　选择屋顶　　　　图 13－28　墙体附着屋顶

步骤 12　用同样的方法修改另一面墙体，结果如图 13－29 所示。

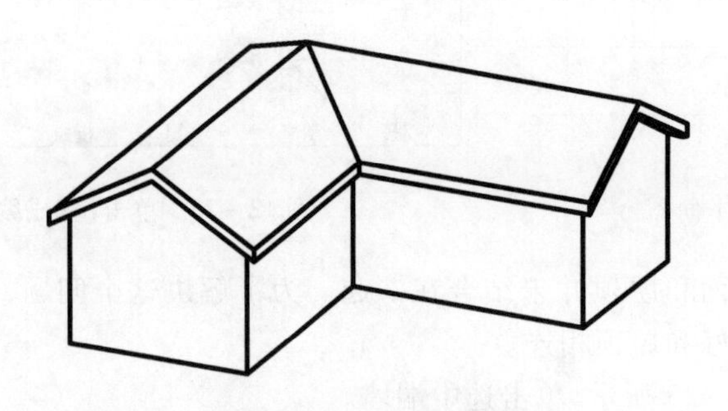

图 13－29　房屋立体图

13.3　带有老虎窗的坡屋顶

老虎窗是设置在屋顶,用来采光和通风的结构。下面的例子中,将在一个人字形屋顶上设置两个老虎窗。

步骤 01　启动创建屋顶的命令并设置绘制参数。

依次单击【建筑】选项卡→【构建】面板→【屋顶】下拉列表中的【迹线屋顶】按钮,如图 13－30所示。

此时,选项栏中【悬挑】的值为 0,如图 13－31 所示。

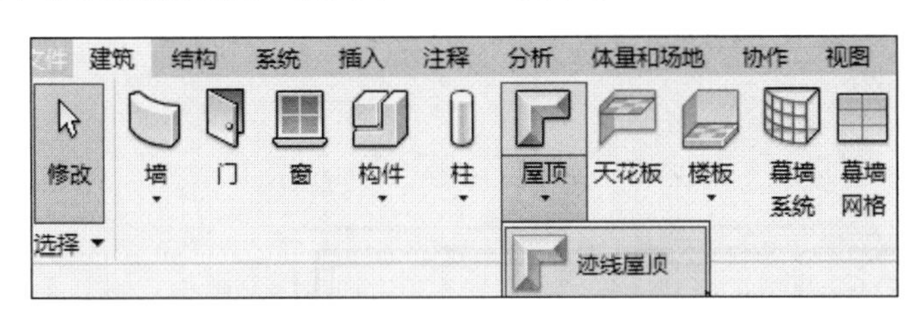

图 13－30　单击【迹线屋顶】按钮

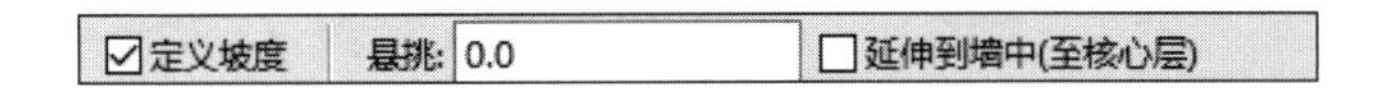

图 13－31　选项栏

接着如图 13－32 所示,依次单击【修改 | 创建屋顶迹线】选项卡→【绘制】面板→【直线】按钮,并将选项栏中的【偏移】设置为 500,如图 13－33 所示。这时,屋顶悬挑值为 500。

图 13－32　单击【直线】按钮

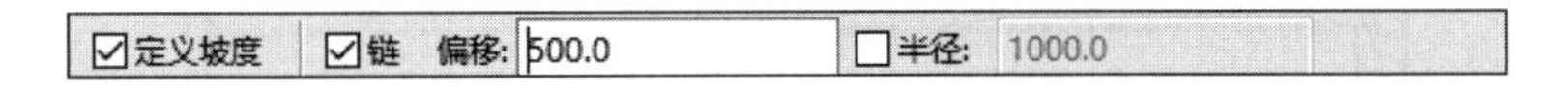

图 13－33　设置悬挑宽度

步骤 02　绘制人字形屋顶。

如图 13－34 所示,沿墙体轴线绘制屋顶轮廓。

绘制结束后,选中左、右两条迹线,在选项栏中取消勾选【定义坡度】,结果如图 13－35 所示。

切换视角,屋顶的立体图如图 13－36 所示。

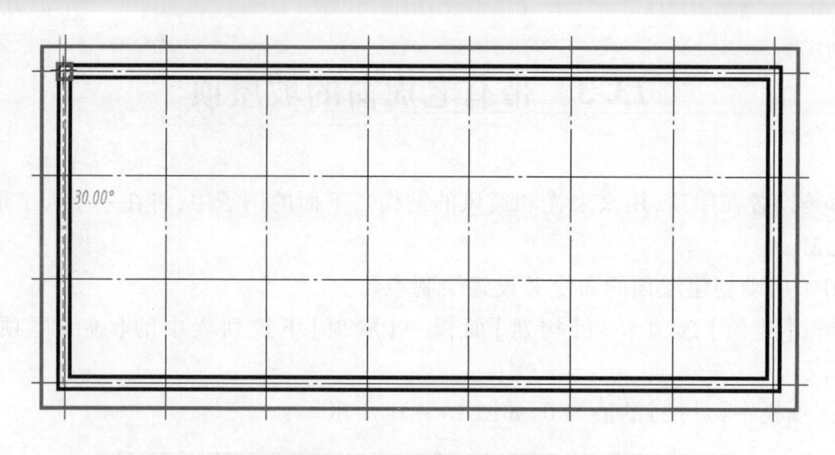

图 13－34　绘制屋顶轮廓

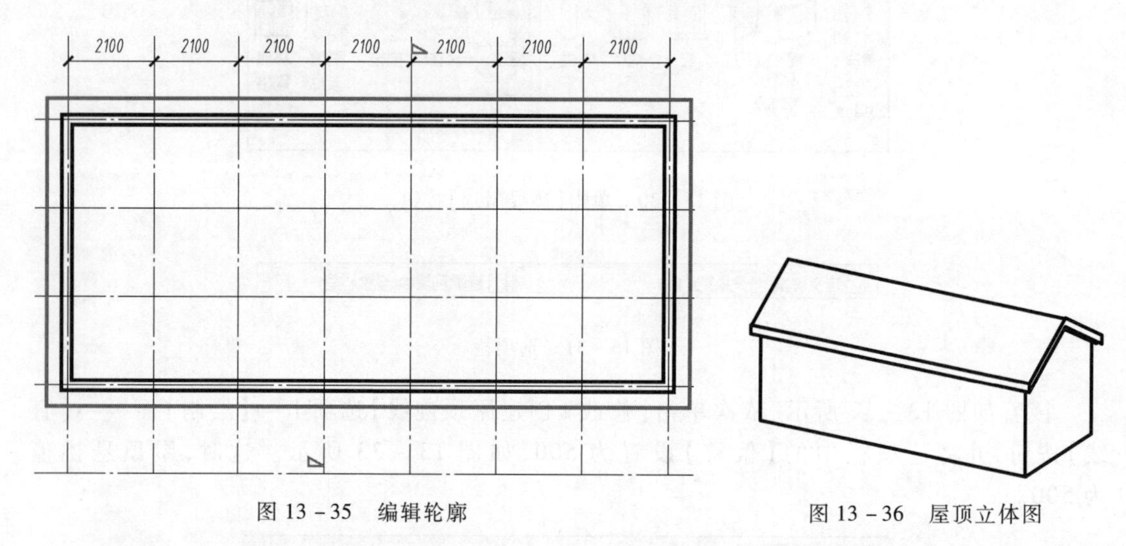

图 13－35　编辑轮廓　　　　图 13－36　屋顶立体图

步骤 03　编辑屋顶迹线并绘制老虎窗。

将视图切换到平面视图，选中屋顶并依次单击【修改 | 屋顶】选项卡→【模式】面板→【编辑迹线】按钮。

选中下面的一条水平迹线并删除，然后按照图 13－37 所示，重新绘制 7 段迹线。

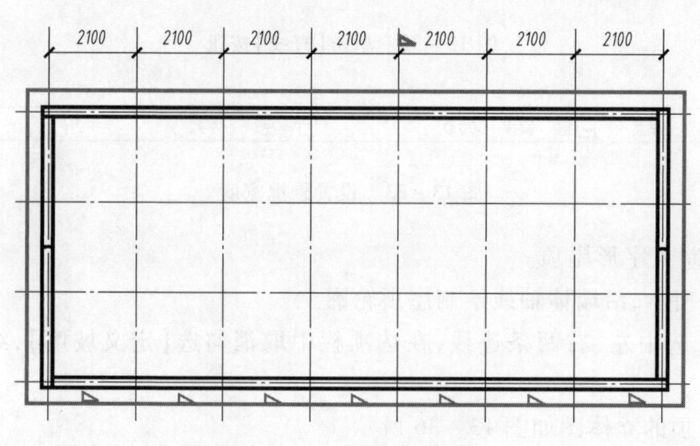

图 13－37　绘制屋顶迹线

由于需要在第 2、3 段，第 5、6 段绘制老虎窗，所以请选中上述 4 段迹线，并在选项栏中取消勾选【定义坡度】，结果如图 13－38 所示。

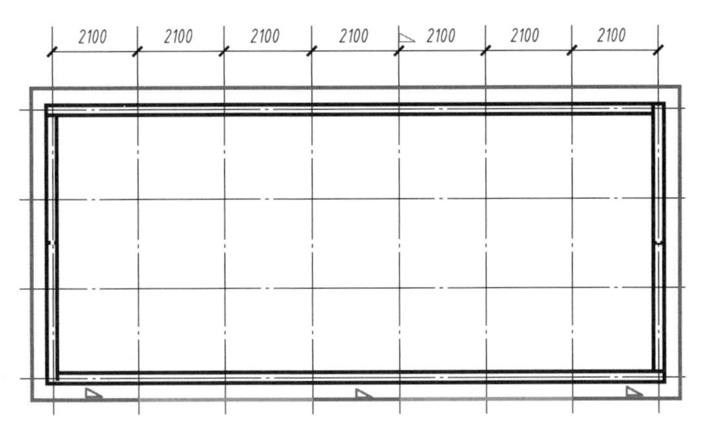

图 13－38　编辑屋顶迹线

为了绘制老虎窗，如图 13－39 所示，依次单击【修改｜编辑迹线】选项卡→【绘制】面板→【坡度箭头】按钮，按照图 13－40 中箭头的起点和终点方向沿迹线绘制 4 个坡度箭头。

图 13－39　单击【坡度箭头】按钮

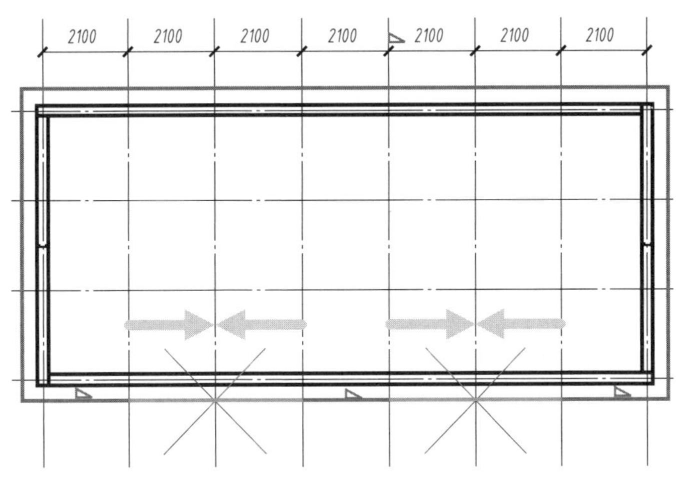

图 13－40　绘制坡度箭头

如图 13－41 所示，选中 4 个坡度箭头，将【属性】面板中的【指定】设置为【坡度】，然后如图 13－42 所示，依次单击【修改｜编辑迹线】选项卡→【模式】面板→【完成编辑模式】按钮，完成屋顶的编辑。编辑后的屋顶平面图如图 13－43 所示，其立体图如图 13－44所示。

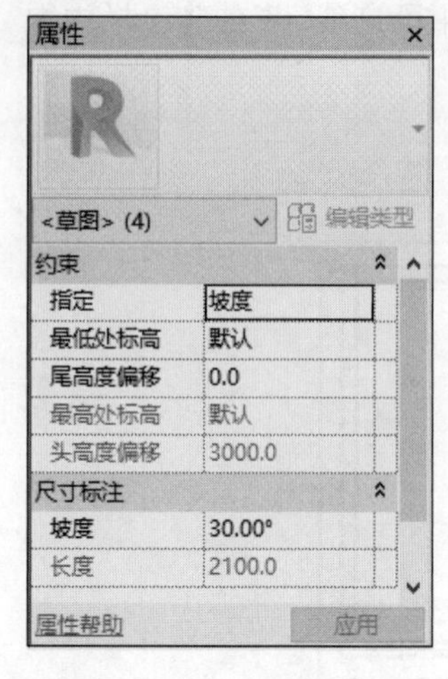

图 13－41　设置约束

图 13－42 单击【完成编辑模式】按钮

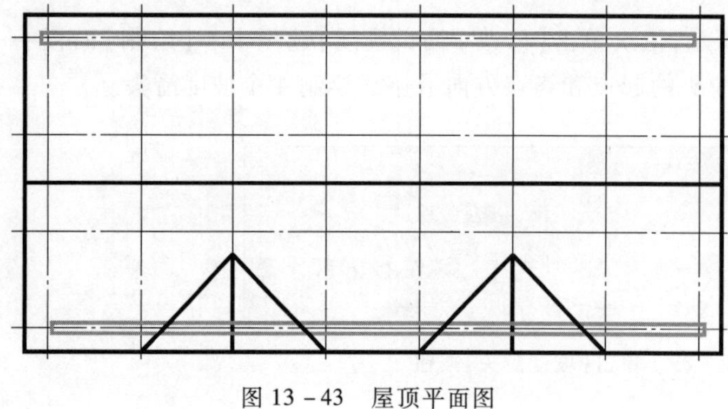

图 13－43　屋顶平面图

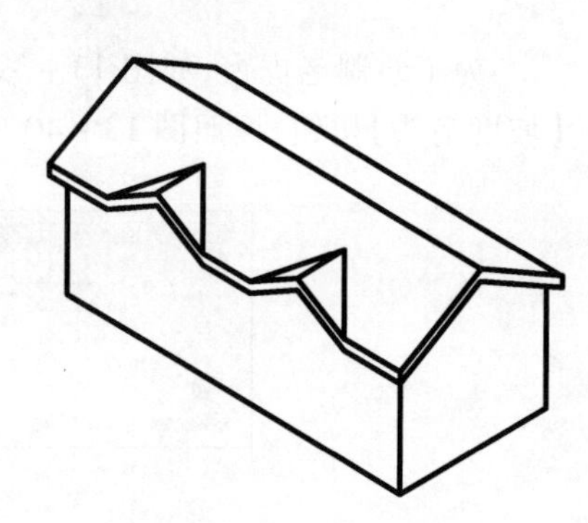

图 13－44　屋顶立体图

13.4　拉伸屋顶

创建屋顶时，除了前面提及的方法，也可先绘制其断面，然后拉伸形成屋顶。

由于前面已经提及此部分内容，下面的例子中省略了不少操作中的细节步骤，请读者自行补充并完成屋顶的创建。

步骤 01　依次单击【建筑】选项卡→【构建】面板→【屋顶】下拉列表中的【拉伸屋顶】按钮，如图 13－45 所示。

为了绘制屋顶横截面，首先应确定一个参考面。

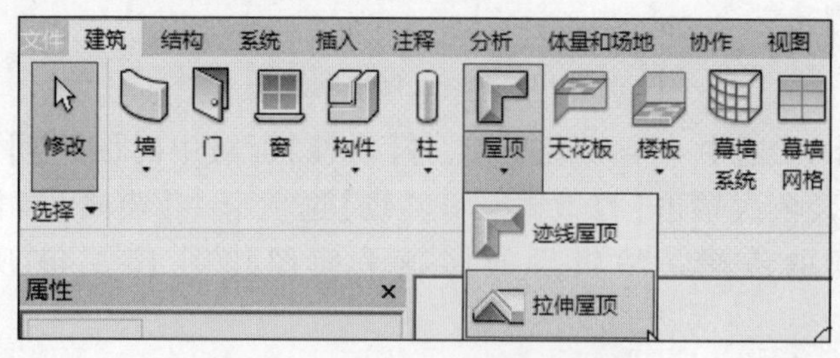

图 13－45　单击【拉伸屋顶】按钮

步骤 02　如图 13－46 所示，在弹出的对话框中选择【拾取一个平面】单选按钮并单击【确定】按钮。

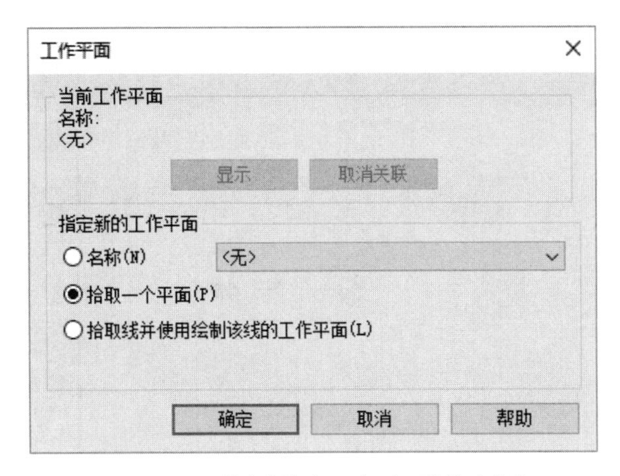

图 13－46　单击【拾取一个平面】单选按钮

步骤 03　在图 13－47 所示的平面图中选择墙体外轮廓作为参考面。

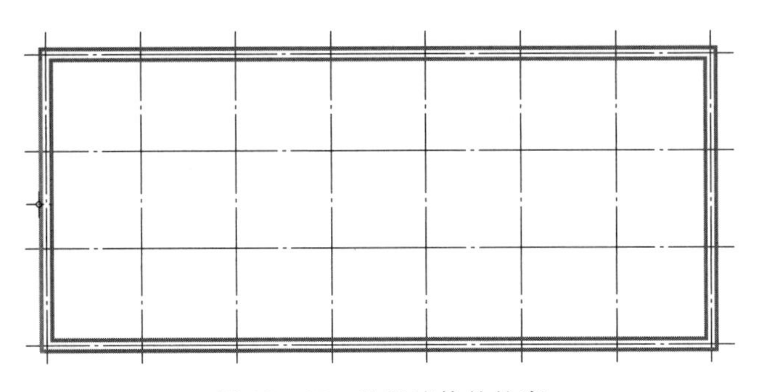

图 13－47　选择墙体外轮廓

步骤 04　在图 13－48 所示的对话框中选择【立面：东】并单击【打开视图】按钮，在弹出的对话框中将【标高】设置为【标高 2】，如图 13－49 所示。

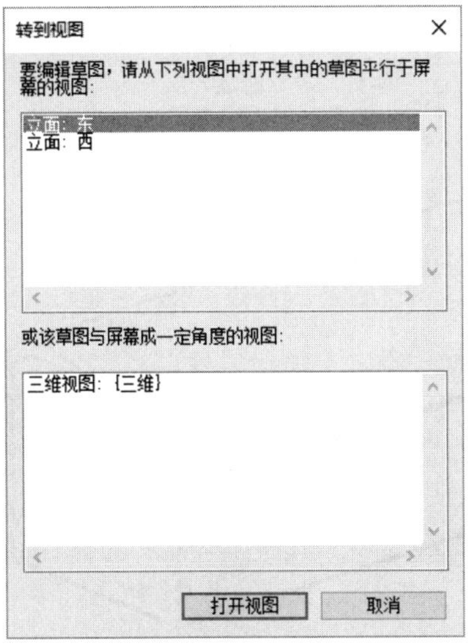

转到视图
要编辑草图，请从下列视图中打开其中的草图平行于屏幕的视图:
立面: 东
立面: 西
或该草图与屏幕成一定角度的视图:
三维视图: {三维}
打开视图
取消

图 13－48　选择【立面：东】

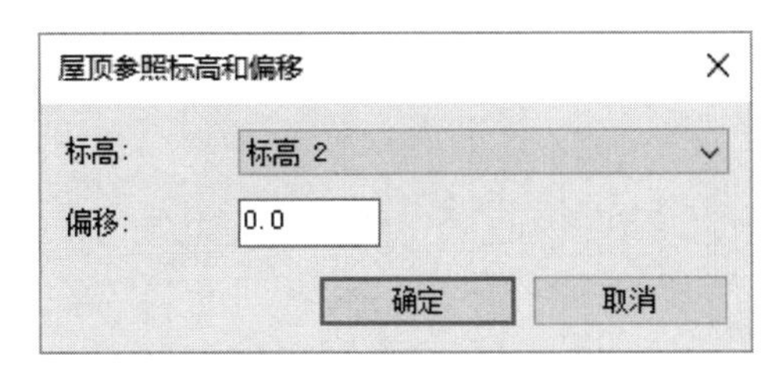

图 13－49　设置【标高】为【标高 2】

步骤 05　这时绘图区如图 13－50 所示。

如果需要设置屋顶悬挑值，应以当前的参考面为准，在图 13－51 所示的对话框中设置【拉伸起点】和【拉伸终点】的值。

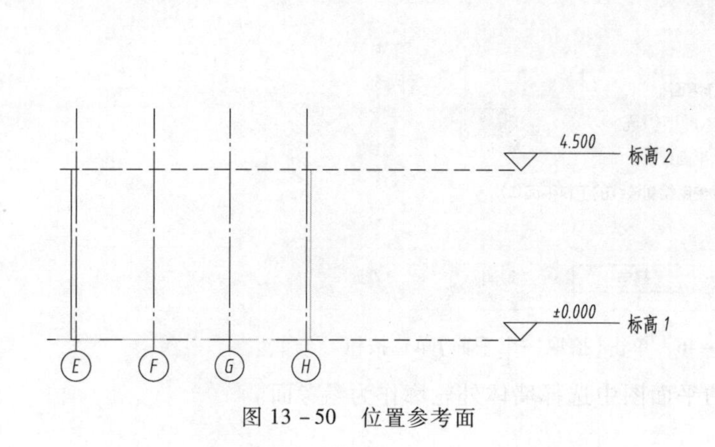

图 13－50　位置参考面

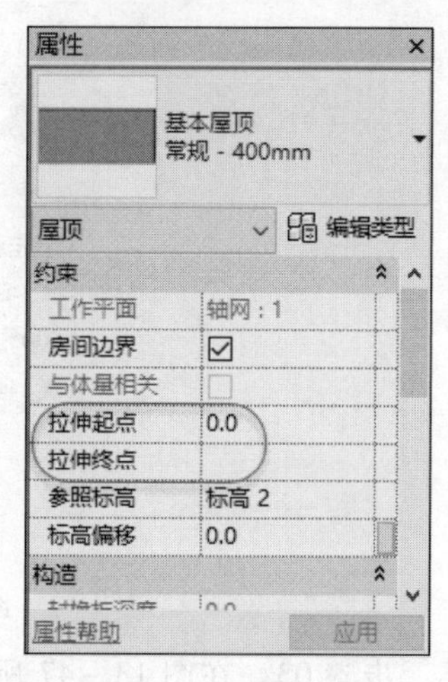

图 13－51　设置拉伸参数

步骤 06　按照图 13－52 所示的顺序绘制样条曲线，然后单击图 13－53 所示的【完成编辑模式】按钮。

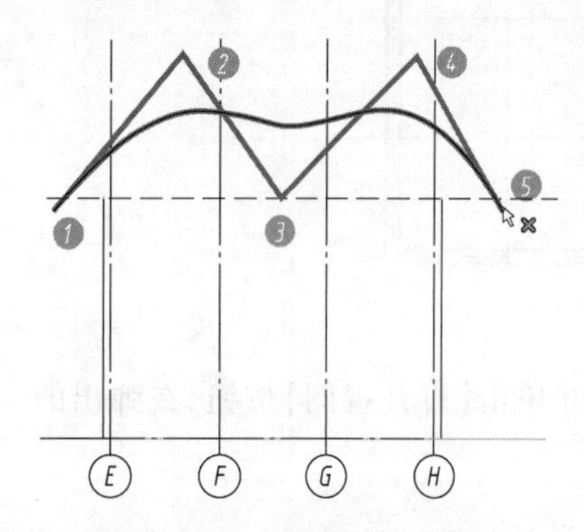

图 13－52　绘制屋顶横截面

图 13－53　单击【完成编辑模式】按钮

步骤 07　绘制完成后，屋顶的横截面如图 13－54 所示。

将视图切换到三维视图，则屋顶的立体效果如图 13－55 所示。

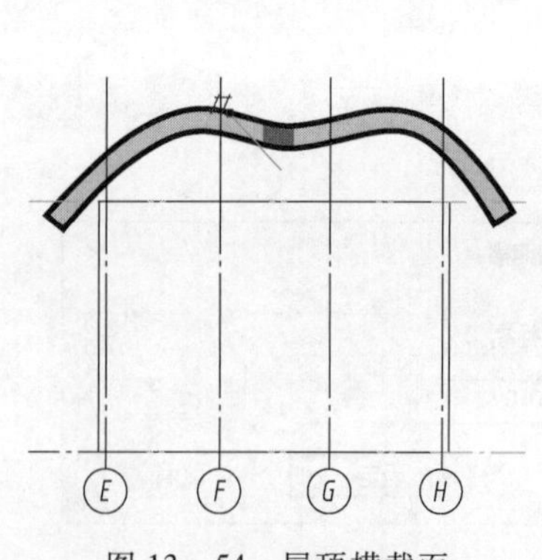

图 13－54　屋顶横截面

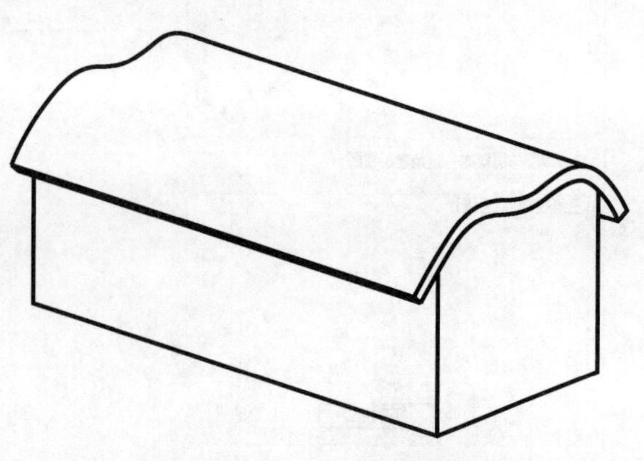

图 13－55　屋顶立体图

13.5　创建楼板

在很多情况下,楼板的表面是一个平面。但是在卫生间等间隔中,楼板表面往往出现一定的坡度,而且在坡度的汇集处应该有地漏。

下面是一个楼板创建的例子。

步骤 01　如图 13 - 56 所示,依次单击【建筑】选项卡→【构建】面板→【楼板】下拉列表中的【楼板:建筑】按钮。

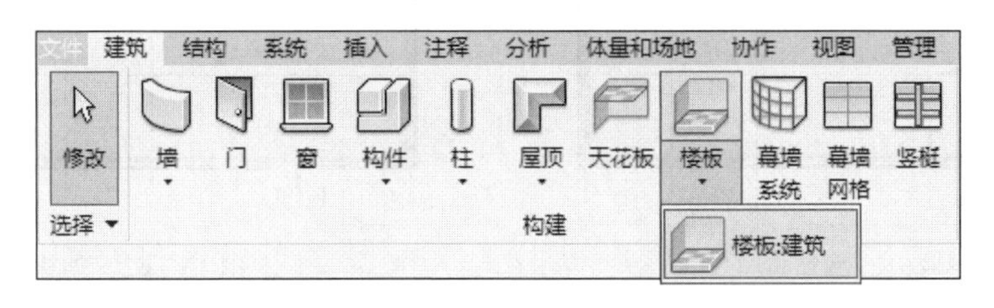

图 13 - 56　单击【楼板:建筑】按钮

步骤 02　如图 13 - 57 所示,将鼠标移至墙体上,当该面墙体高亮显示时,按下 TAB 键选中所有墙体并用鼠标单击。

步骤 03　如图 13 - 58 所示,依次单击【修改 | 创建楼层边界】选项卡→【模式】面板→【完成编辑模式】按钮。

为了给楼板设置坡度,可通过向楼板平面内添加不同高程位置的点来实现。

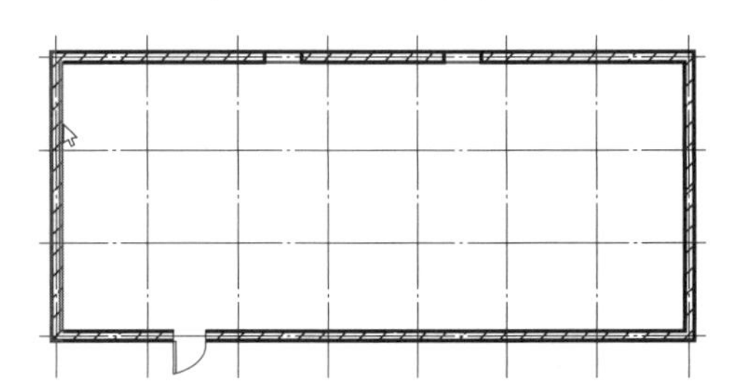

图 13 - 57　将鼠标移至墙体

图 13 - 58　单击【完成编辑模式】按钮

步骤 04　如图 13 - 59 所示,依次单击【修改 | 楼板】选项卡→【形状编辑】面板→【添加点】按钮。

图 13 - 59　单击【添加点】按钮

步骤 05　在选项栏中,将【高程】设置为 - 30,如图 13 - 60 所示。

设置完成后,后面添加的点的高程比楼板表面低 30。如果将楼板的轮廓顶点和添加点相连接,则楼板表面自动形成了面坡。

步骤 06　回到绘图区,将鼠标移至楼板范围内单击一次,则添加的点如图 13 - 61 所示。按下【ESC】键退出编辑状态,则结果如图 13 - 62 所示。

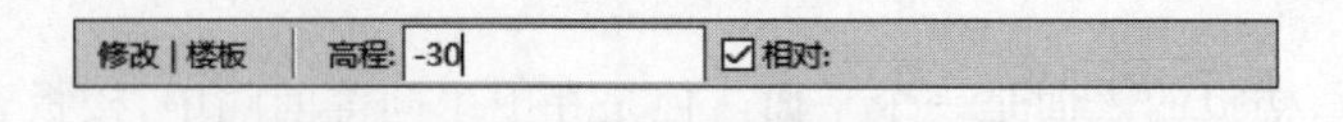

图 13 - 60　设置高程

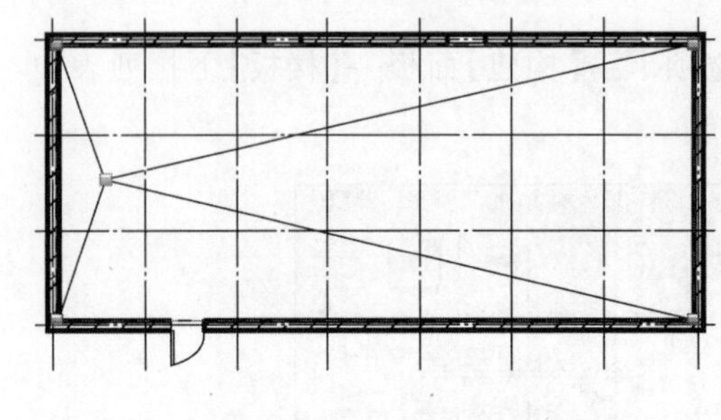

图 13 - 61　添加点

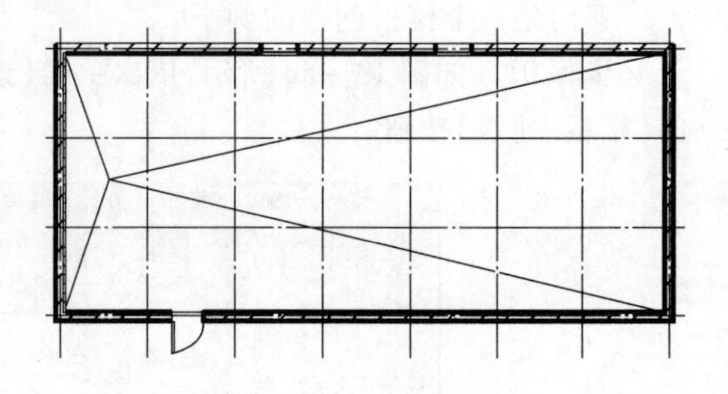

图 13 - 62　创建坡度

为了在楼板坡面相交处设置排水孔,还应在相应位置创建竖向孔洞。

步骤 07　如图 13 - 63 所示,依次单击【建筑】选项卡→【洞口】面板→【竖井】按钮,弹出图 13 - 64 所示面板,然后单击【绘制】面板中的【圆】按钮。

图 13 - 63　单击【竖井】按钮

图 13 - 64　单击【圆】按钮

步骤 08　如图 13 - 65 所示,将鼠标移至坡面相交处,绘制圆并单击【完成编辑模式】按钮,将视图切换至三维空间,则结果如图 13 - 66 所示。

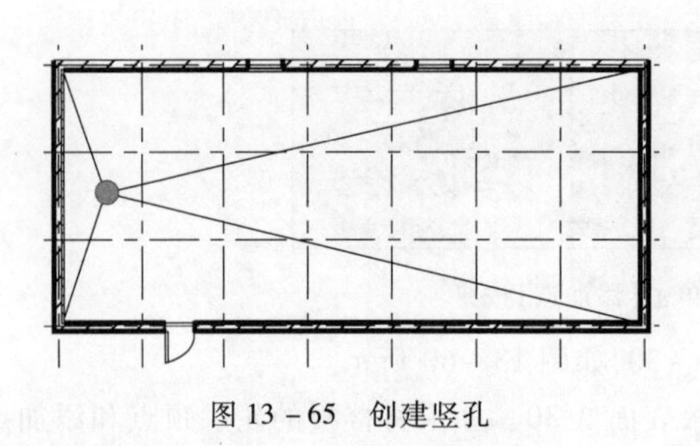

图 13 - 65　创建竖孔

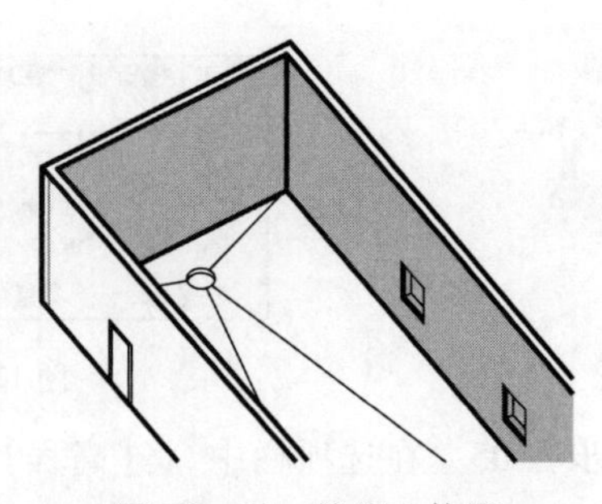

图 13 - 66　楼板立体图

第14章 房屋建筑模型创建实例

在掌握了基本构件的建模方法后，本章以实际模型为例，讨论房屋建筑模型的建模过程。

【例题】已知建筑的内外墙厚均为240，且沿轴线居中布置。请按照建筑平、立、剖面图建立房屋模型。对于未给定尺寸的构件，请参照图样自定义尺寸进行建模并生成建筑平、立、剖面图，如图14－1所示。

其中：

窗户的型号为：C1815（1800×1500）、C0615（600×1500）。

门的型号为：M0620（600×2000）、M1521（1500×2100）、M1822（1800×2200）、JLM3022（3000×2200）、YM1824（1800×2400）。

棚架梁的横截面尺寸为：100×150。

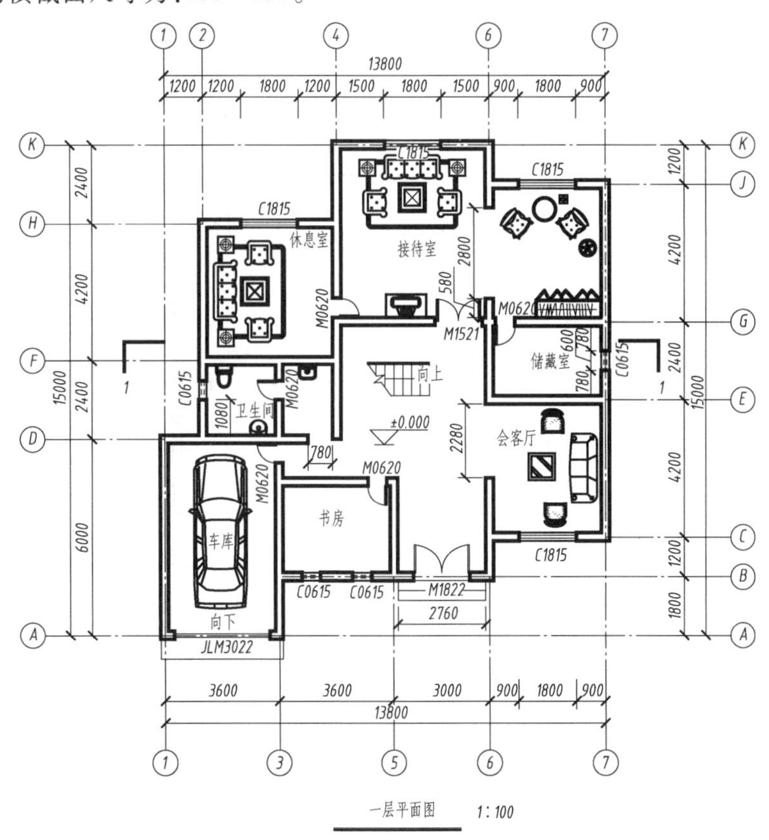

图14－1　房屋建筑平、立、剖面图

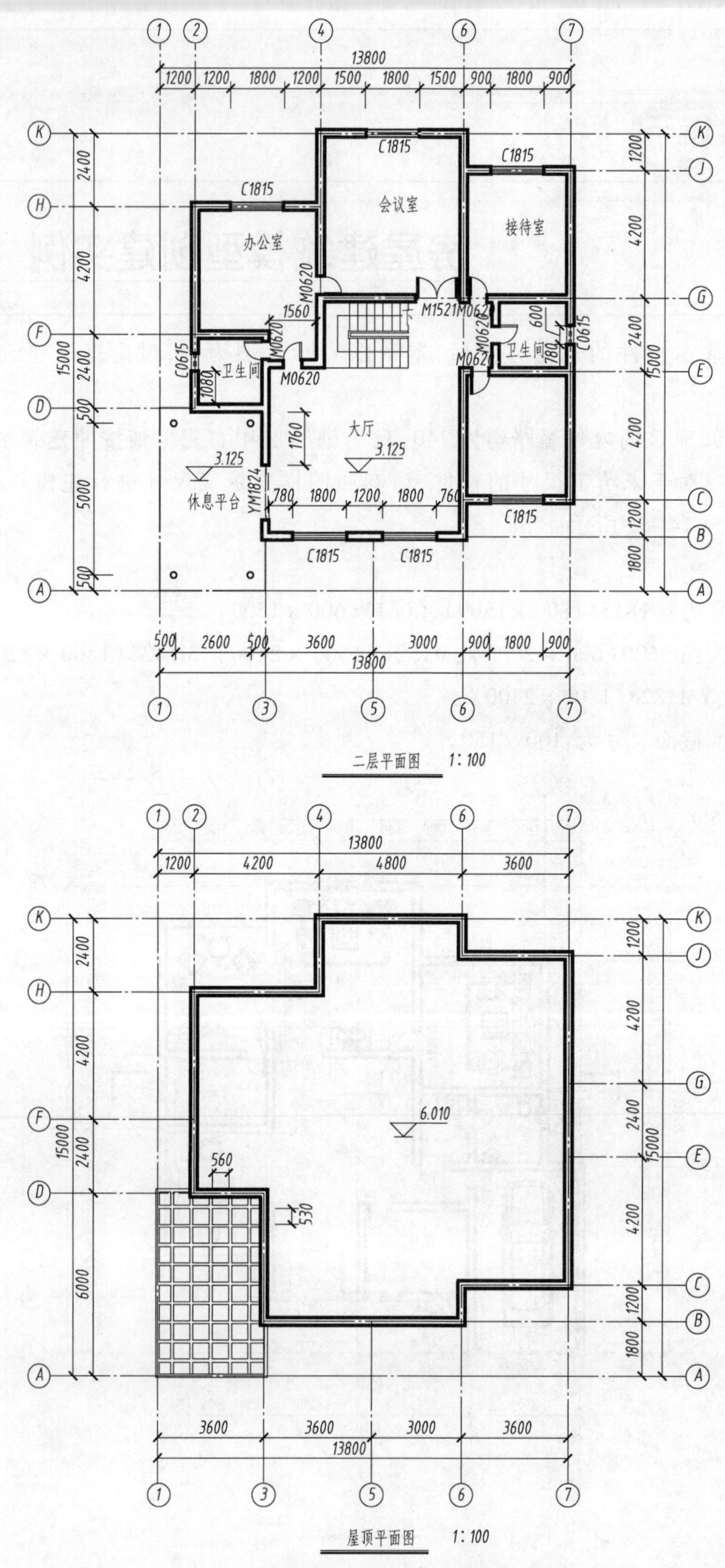

图 14－1 房屋建筑平、立、剖面图(续 1)

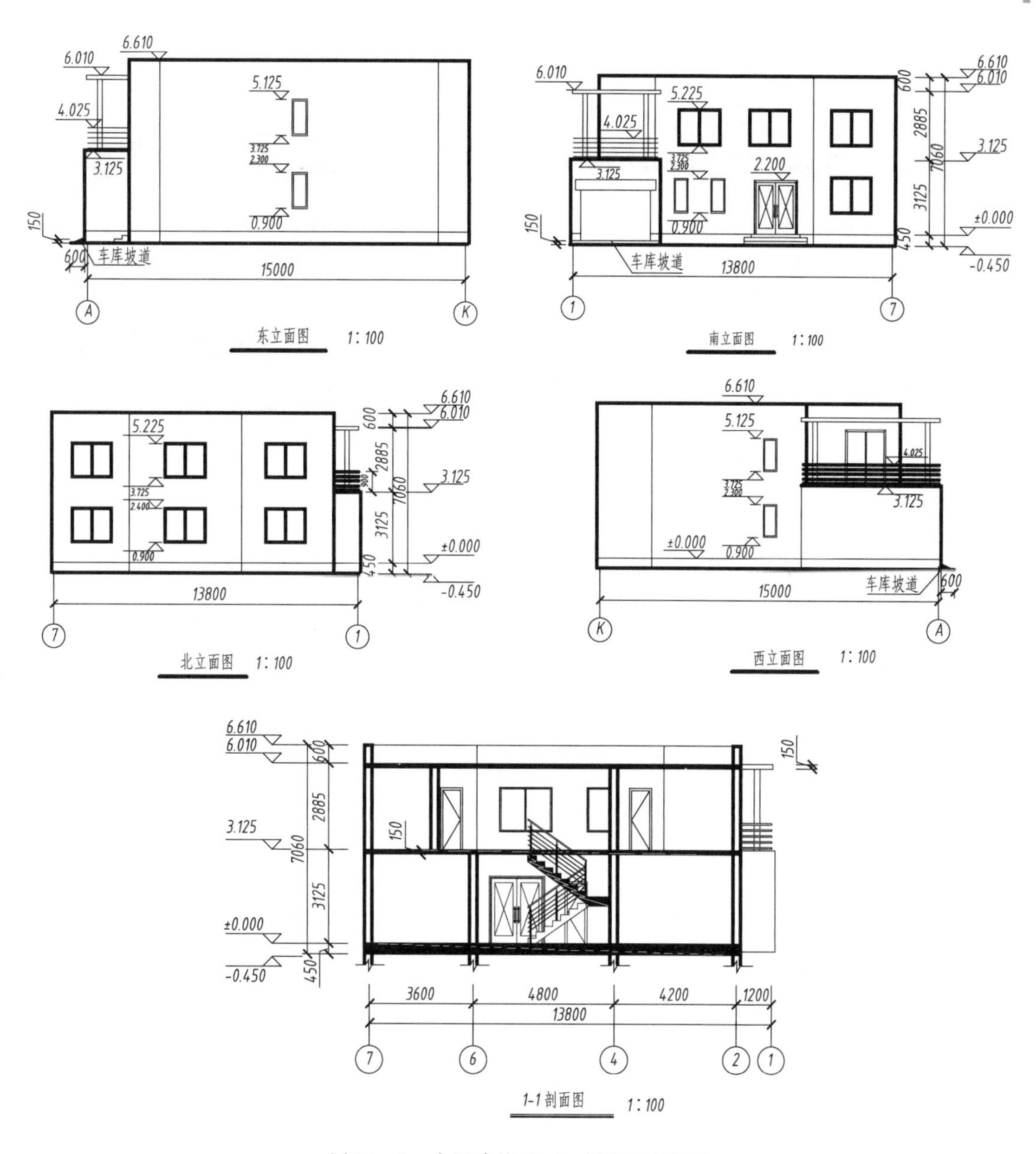

图 14－1　房屋建筑平、立、剖面图(续 2)

由图样可知,该房屋建筑共有 2 层。一、二层的房间分隔稍有不同,一层西南方位为车库,二层相应的位置为阳台。

建模中,将会顺序涉及标高、轴网、墙体、门窗、楼板楼梯、栏杆、台阶等。

下面是详细的建模过程。

14.1　新 建 项 目

步骤 01　双击 Revit 2018 图标,打开软件,默认界面如图 14－2 所示;

图 14－2　默认界面

步骤 02　单击图 14－2 中的【建筑样板】选项，则出现图 14－3 所示的建模空间。

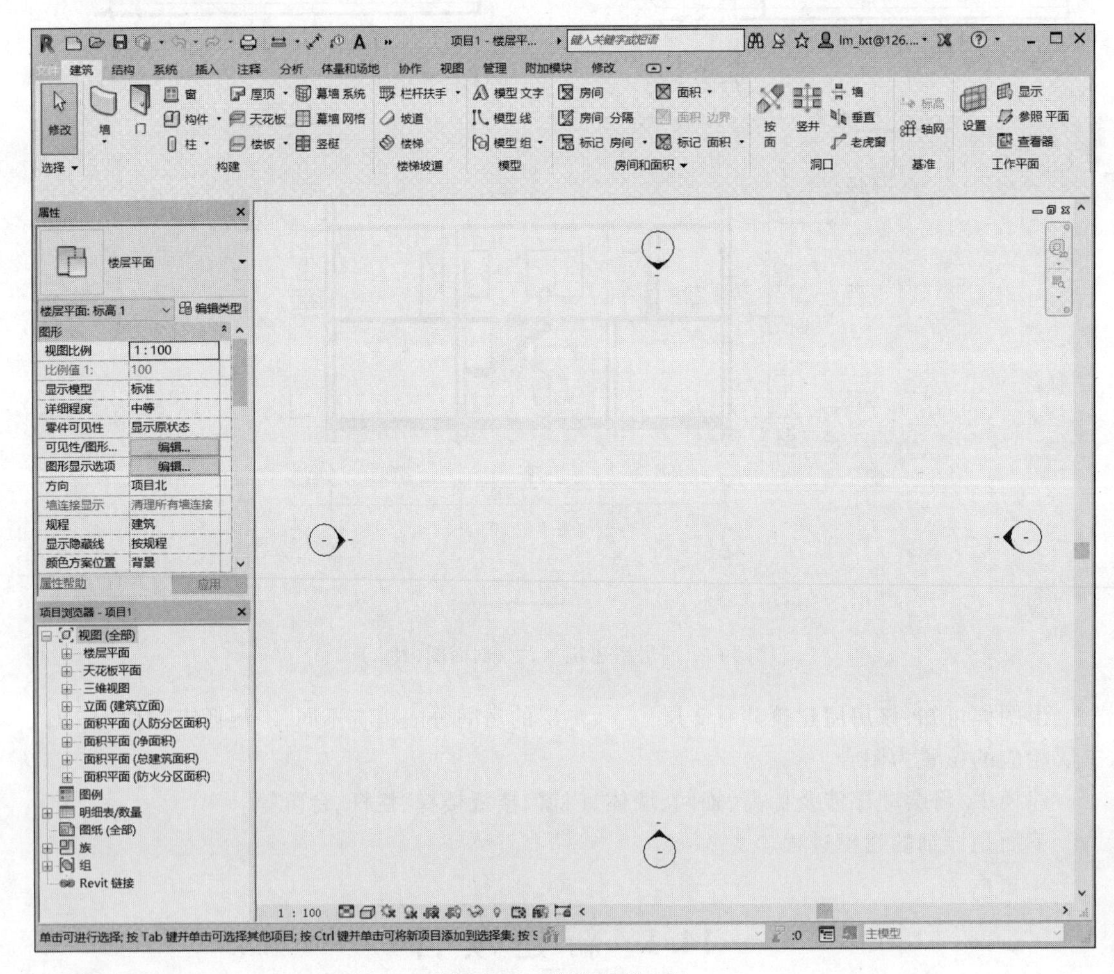

图 14－3　建筑建模空间

14.2　创建标高

由图 14－1 中的建筑立面图可知，项目中应创建标高值为－0.45、0.000、3.125、6.010、6.610 的 5 个标高，下面是具体的创建过程。

步骤 01　如图 14－4 所示，在【项目浏览器】中，展开【立面（建筑立面）】树形目录，双击【东】选项，则绘图区如图 14－5 所示。

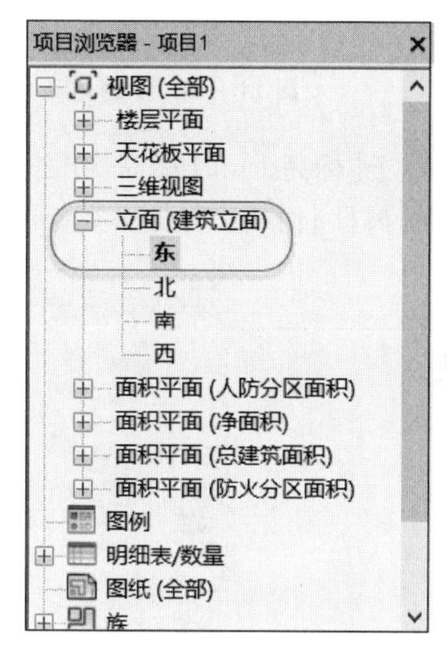

图 14－4　双击【东】选项

步骤 02　如图 14－6 所示，双击【标高 2】的标高值 4.000，当数字可编辑时，将其改为 3.125。修改后的标高如图 14－7 所示。

步骤 03　创建负标高。

如图 14－8 所示，用鼠标单击【标高 1】按钮，然后依次单击【修改 | 标高】选项卡→【修改】面板→【复制】按钮，如图 14－9 所示。

接着将鼠标移至【标高 2】上并单击，然后竖直向下移动鼠标，在合适的位置单击一次完成标高的复制，结果如图 14－10 所示。

最后，双击【标高 3】中的标高数字，将其改为－0.450，结果如图 14－11 所示。

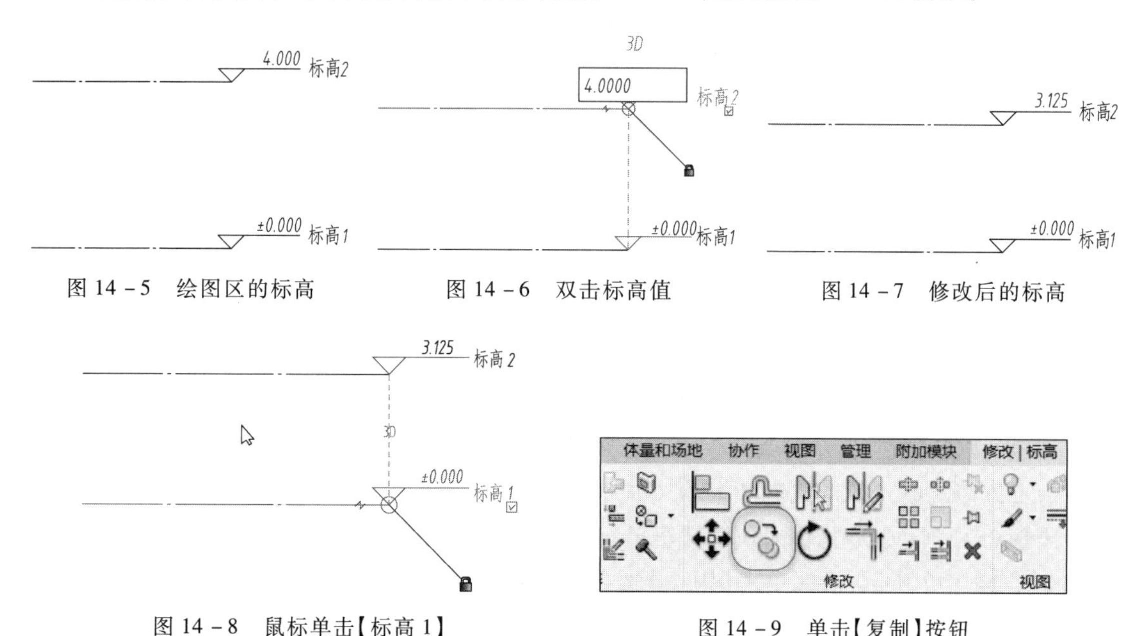

图 14－5　绘图区的标高

图 14－6　双击标高值

图 14－7　修改后的标高

图 14－8　鼠标单击【标高 1】

图 14－9　单击【复制】按钮

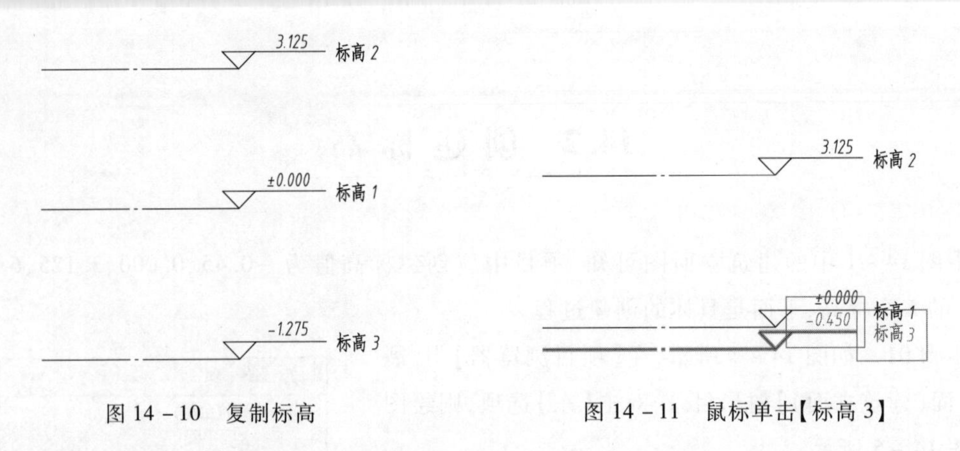

图 14－10　复制标高　　　　图 14－11　鼠标单击【标高 3】

由于【标高 1】和【标高 3】之间的距离太小，其标头接近重合。为此，用鼠标单击【标高 3】，在【属性】面板中将标头类型选为【下标头】，如图 14－12 所示。

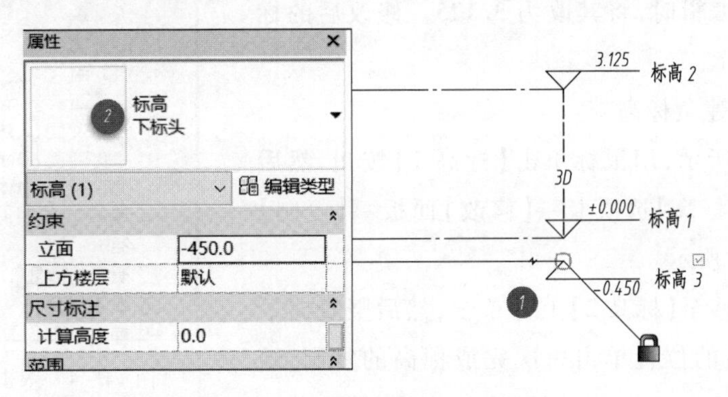

图 14－12　改变标头类型

步骤 04　利用【复制】命令，创建其他两个标高。

用鼠标单击【标高 2】，然后依次单击【修改 | 标高】选项卡→【修改】面板→【复制】按钮。为了方便绘制标高，请选中选项栏中的【多个】复选框，如图 14－13 所示。

图 14－13　勾选【多个】复选框

然后将鼠标移至【标高 2】上，单击后并向上移动，在合适的位置单击一次。将鼠标再次向上移动，在合适的位置再单击一次，完成标高复制，结果如图 14－14 所示。最后，双击标高值和标高名称，按要求的标高值和编号顺序进行修改，结果如图 14－15 所示。

回到【项目浏览器】面板，展开【楼层平面】树形目录，结果如图 14－16 所示。显然，除了系统创建的默认楼层，这里并未出现新建标高对应的楼层平面。

为了方便建模，我们应创建和标高对应的楼层平面。

步骤 05　创建新建标高对应的楼层平面。

如图 14－17 所示，依次单击【视图】选项卡→【创建】面板→【平面视图】下拉列表中的【楼层平面】按钮，弹出图 14－18 所示的【新建楼层平面】对话框。

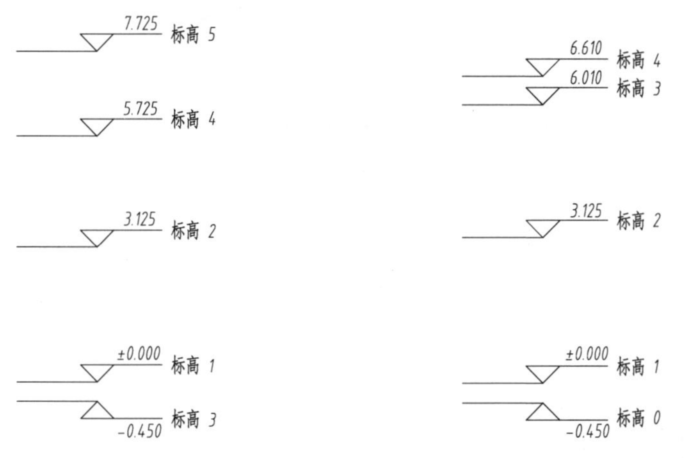

图 14－14　复制其他标高

图 14－15　调整后的标高

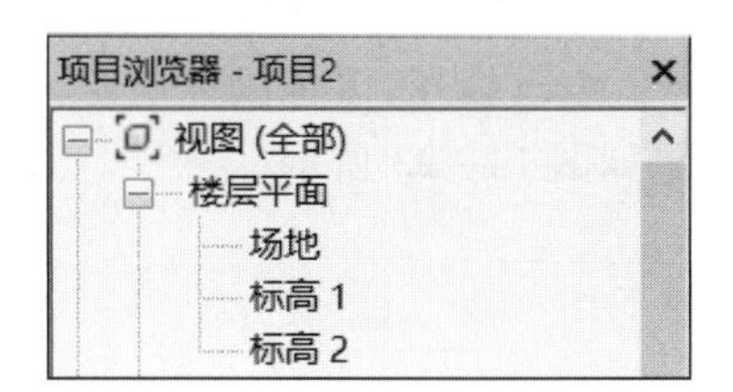

图 14－16　【项目浏览器】面板

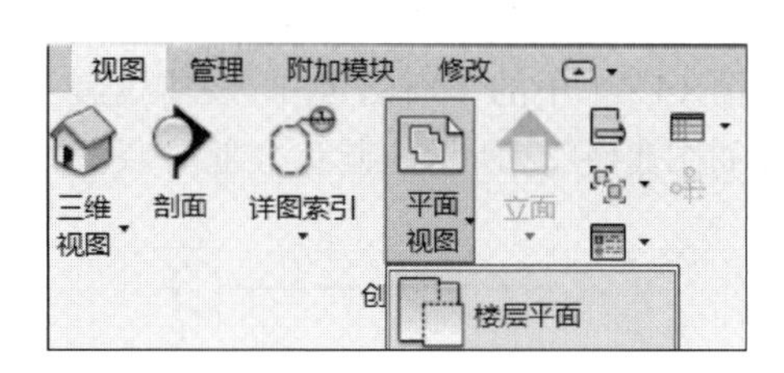

图 14－17　单击【楼层平面】按钮

在该对话框中，选中所有标高，单击【确定】按钮，则【项目浏览器】中出现了和所选标高对应的楼层平面，如图 14－19 所示。

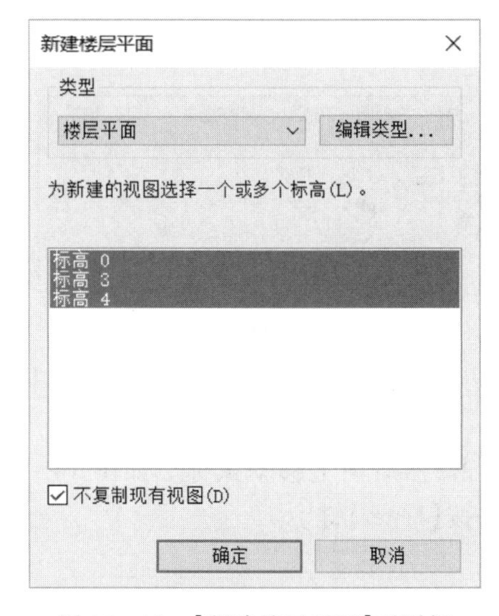

图 14－18　【新建楼层平面】对话框

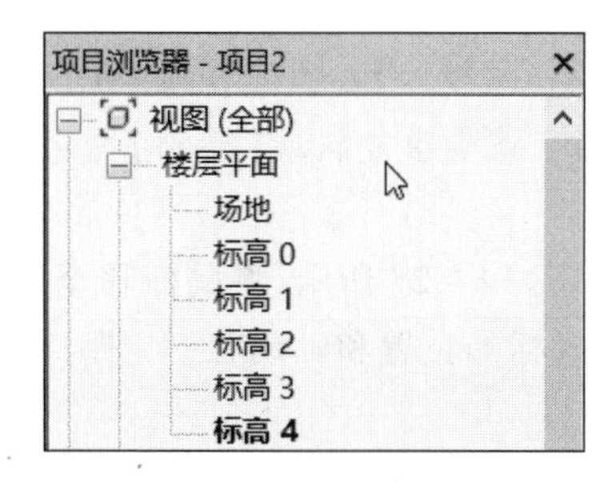

图 14－19　新建楼层平面

14.3 绘制轴网

创建墙体前，应绘制墙体中轴线。下面是轴网的创建过程：

步骤 01 在【项目浏览器】面板中，展开【楼层平面】树形目录并双击【标高 1】，进入楼层平面。

步骤 02 如图 14－20 所示，依次单击【建筑】选项卡→【基准】面板→【轴网】按钮，在绘图区绘制一条水平方向的轴线，如图 14－21 所示。

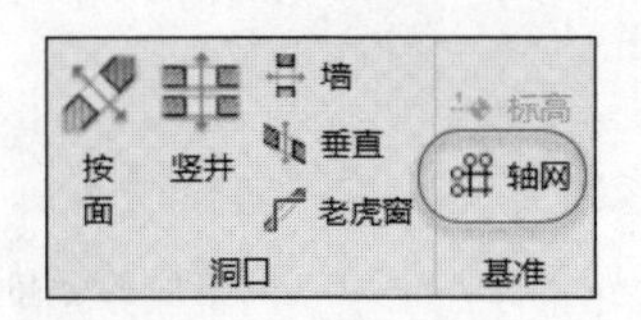

图 14－20 单击【轴网】按钮

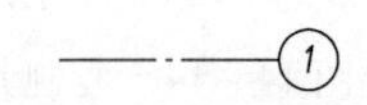

图 14－21 墙体轴线

由图 14－1 中的平面图可知，该轴线编号应为 A。为了修改编号，请将鼠标移至标头上，当出现如图 14－22 所示的蓝色方框时双击并键入 A，结果如图 14－23 所示。

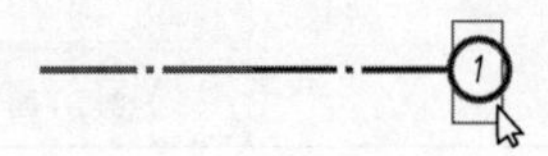

图 14－22 将鼠标移至标头上

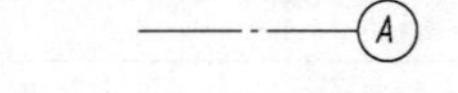

图 14－23 修改后的编号

步骤 03 按照距离 1800、1200、3000、1200、1200、1200、3000、1200 和 1200 的顺序向上复制轴线【A】，得到水平方向的其他轴线。具体做法是：

如图 14－24 所示，用鼠标单击轴线【A】，然后依次单击【修改 | 轴网】选项卡→【修改】面板→【复制】按钮，如图 14－25 所示。

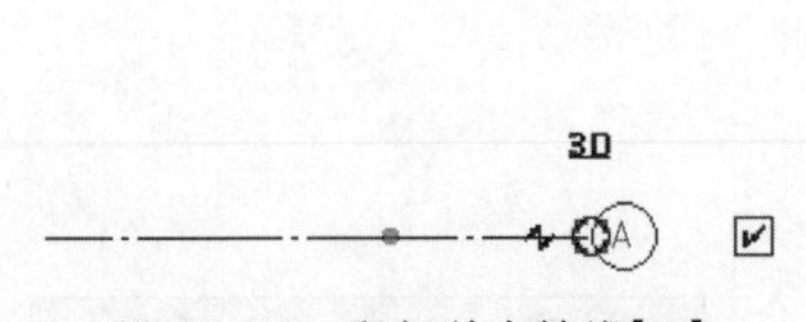

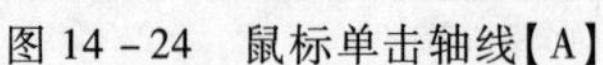

图 14－24 鼠标单击轴线【A】

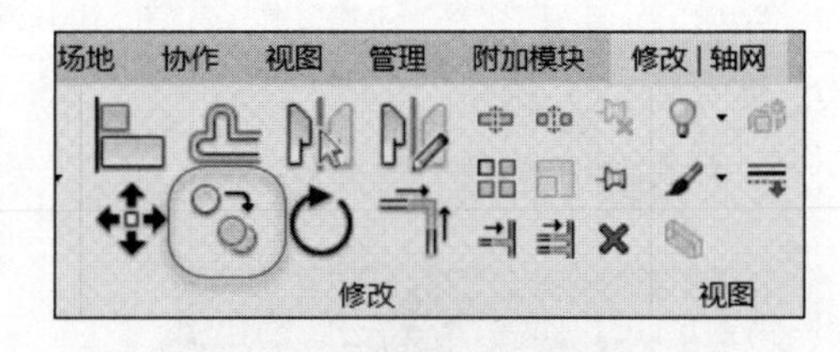

图 14－25 单击【复制】按钮

为了减少重复启动【复制】命令的次数，请在选项栏中选中【多个】复选框，如图 14－26 所示。

如图 14－27 所示，将鼠标移至轴线【A】上并单击，然后向上移动鼠标。如图 14－28 所示，当鼠标的位置和轴线有一定距离时，键入 1800 并按【Enter】键。

图 14－26 选中【多个】复选框

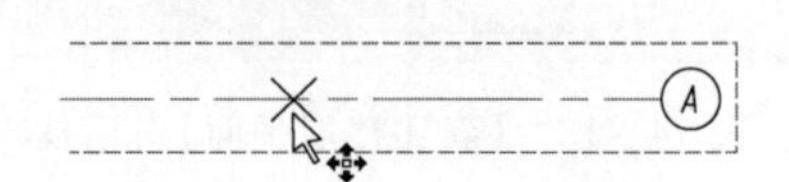

图 14－27 鼠标单击轴线

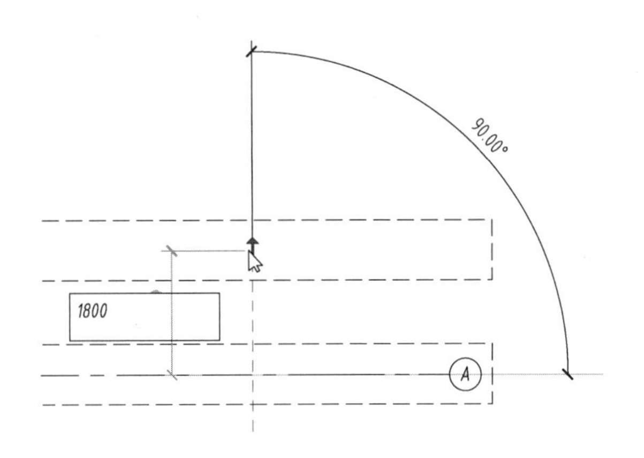

图 14－28　向上移动鼠标并输入距离

重复“向上移动鼠标并输入距离”的动作，直到水平轴线复制结束。

注意：为了快速绘制轴线，启动【复制】命令后，应将鼠标竖直向上移动到足够远的位置，然后重复“输入距离并按【Enter】键”的动作即可。

复制结束后，请将轴线【J】、【I】改为【K】【J】，结果如图 14－29 所示。

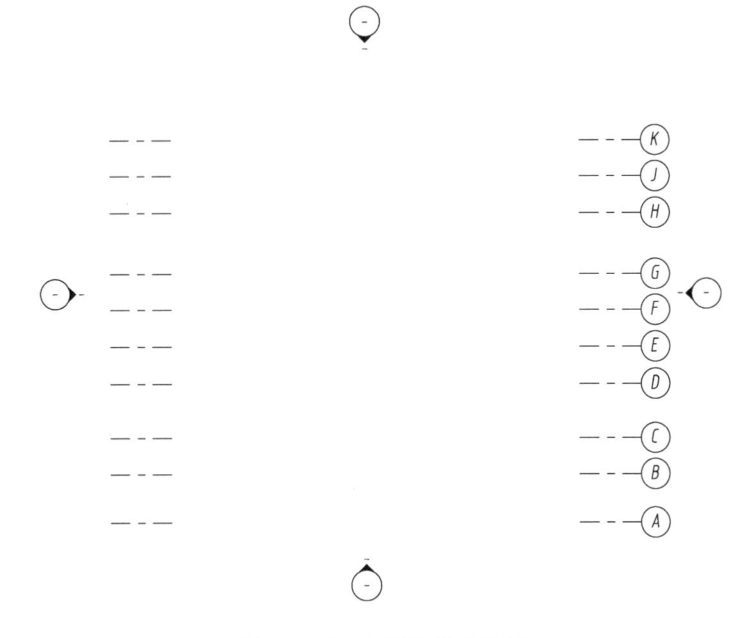

图 14－29　水平轴线的绘制

步骤 04　如图 14－30 所示，绘制一条竖直方向的轴线并将其名称改为【1】。

图 14－30　绘制轴线【1】

步骤 05 启动【复制】命令，按照 1200、2400、1800、1800、3000 和 3600 的距离创建竖向轴线，结果如图 14－31 所示。

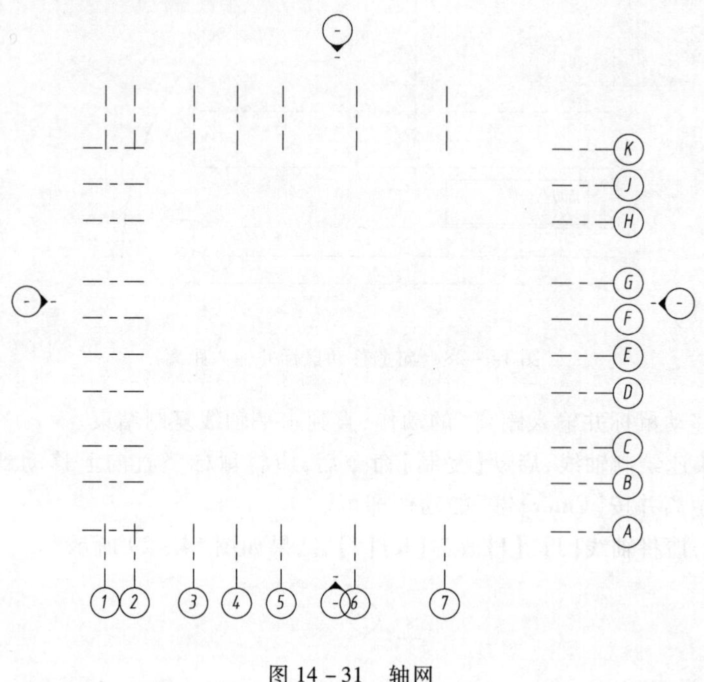

图 14－31 轴网

步骤 06 调整轴网的显示状态和位置。

首先调整轴网的显示状态，使其轴线两端均显示编号且中间显示为连续的图线。

如图 14－32 所示，用鼠标单击轴线【A】，然后单击【属性】面板中的【编辑类型】按钮。弹出图 14－33 所示的对话框后，按照图中所示，将【轴线中段】设置为【连续】；【平面视图轴号端点 1（默认）】设置为选中状态。单击【确定】按钮，结果如图 14－34 所示。

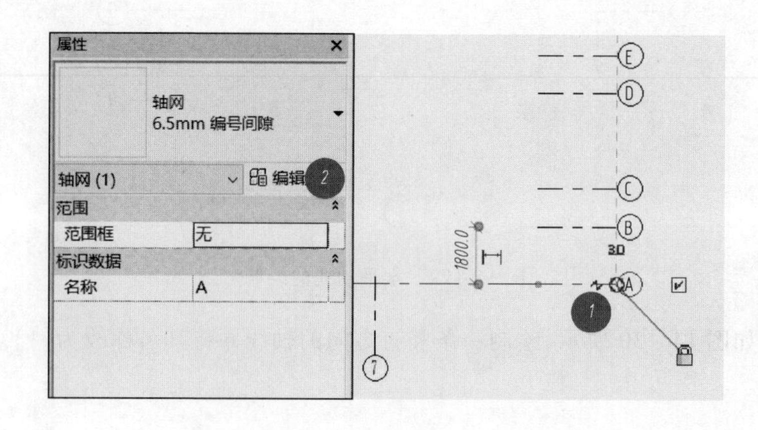

图 14－32 选择轴线【A】

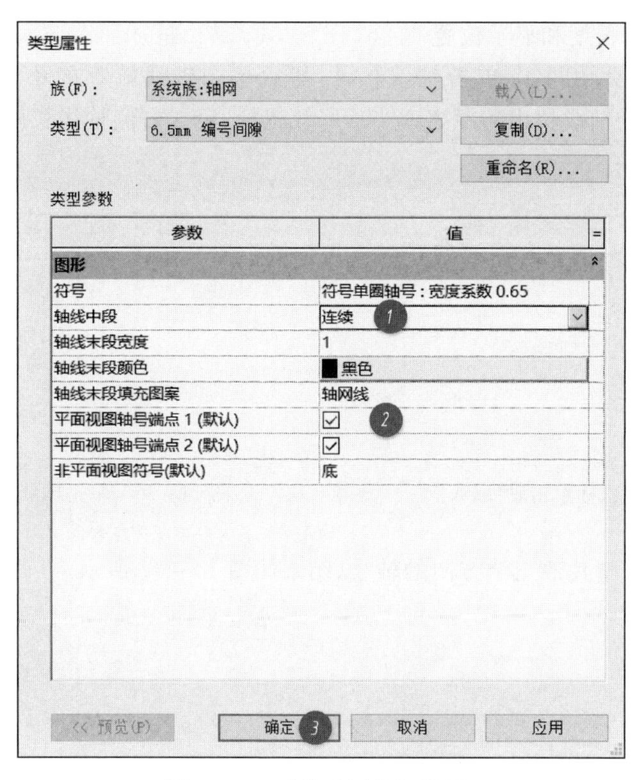

图 14－33　【类型属性】对话框

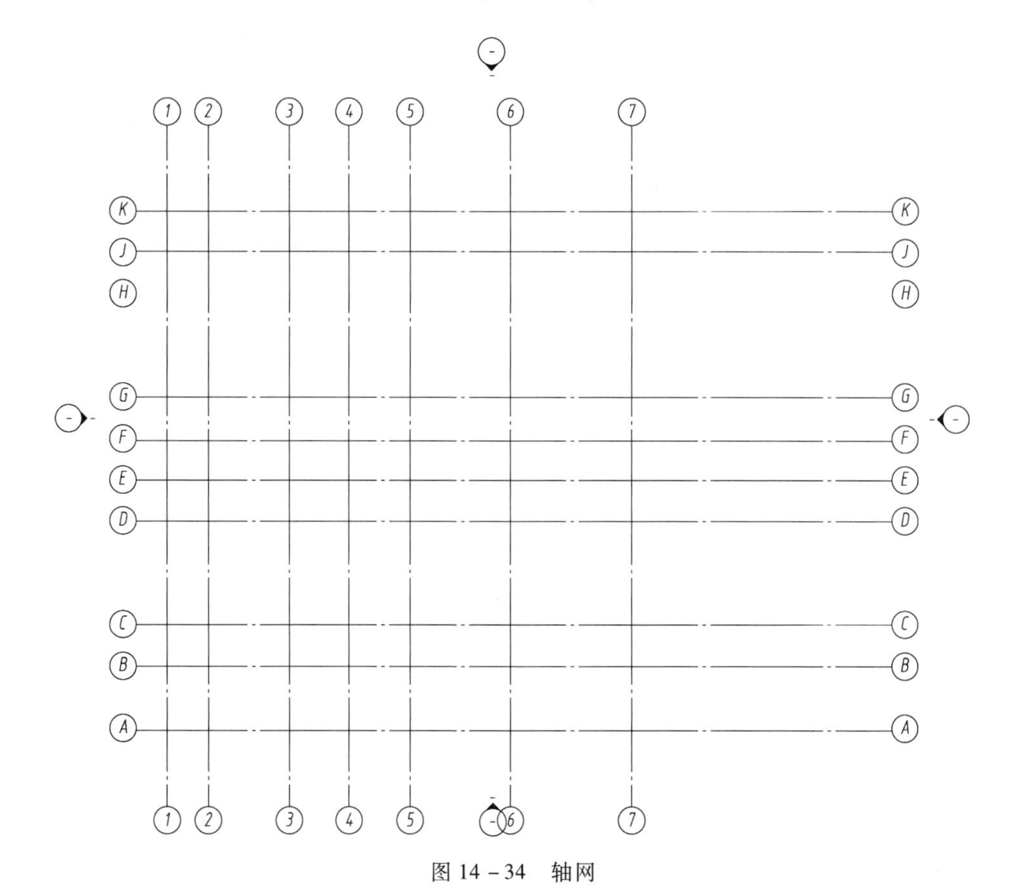

图 14－34　轴网

接着调整轴线的长度和显示位置。

如图 14－35 所示，用鼠标单击轴线【A】，然后单击轴线端部的小圆圈并拖动鼠标，如图 14－36所示。直到轴线超出的距离适当后释放鼠标，完成右侧轴线长度的调整。

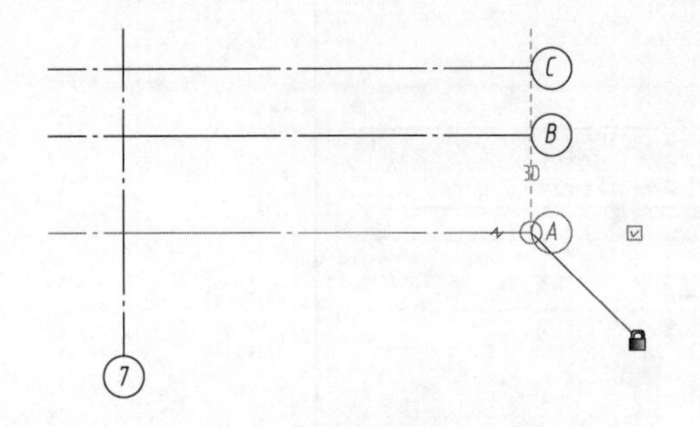

图 14－35　用鼠标单击轴线【A】

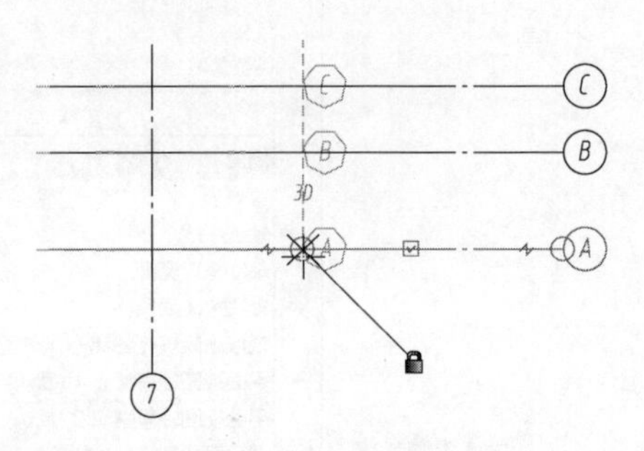

图 14－36　单击轴线端部圆圈并拖动鼠标

用同样的方法调整其他三个方向的轴线，结果如图 14－37 所示。

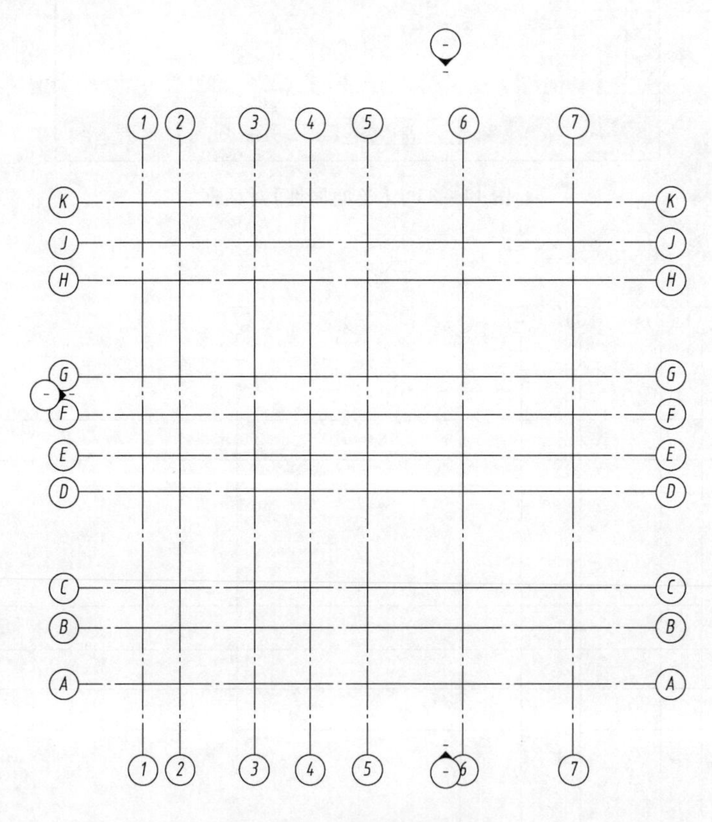

图 14－37　调整轴线的长度

最后，移动轴网的位置，使其位于 4 个立面视图符号之间。具体做法如下：

如图 14－38 所示，将鼠标移至轴网右下角，然后按下鼠标左键并向左上角移动。选中所有轴线后，将鼠标移至任意一条轴线上，如图 14－39 所示，然后按下鼠标并移动，完成轴网位置的调整，结果如图 14－40 所示。

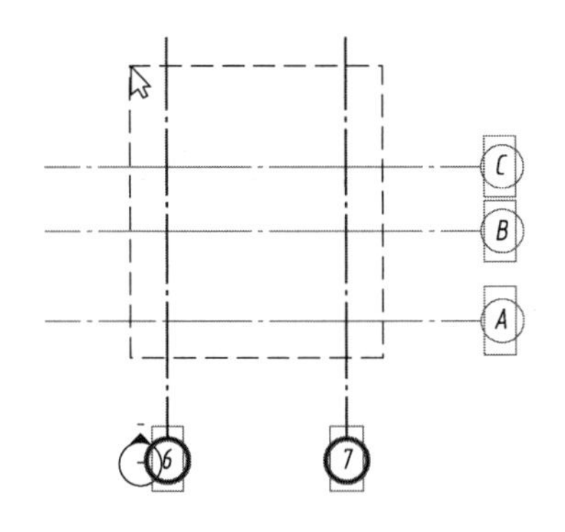

图 14－38　按下鼠标并拖动，选中所有轴线

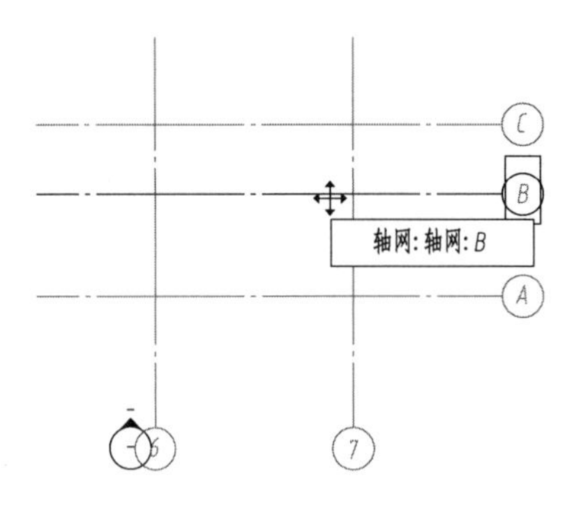

图 14－39　将鼠标移至轴线上

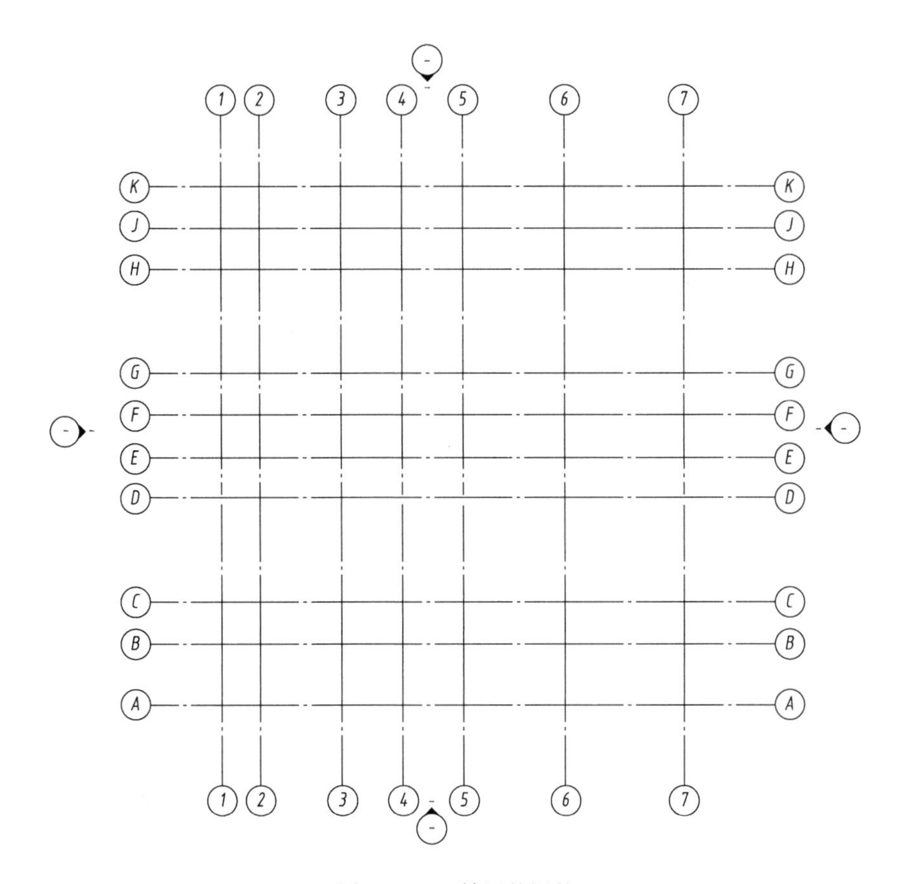

图 14－40　轴网的调整

回到【项目浏览器】，展开【立面（建筑立面）】树形目录，双击【东】选项，则建筑立面如图 14－41所示。

由图可知，平面图中的轴线不但出现在建筑立面图中，而且其高度均超过了所有标高。这就说明，跟标高对应的任意一个平面图中，都能观察到轴网。

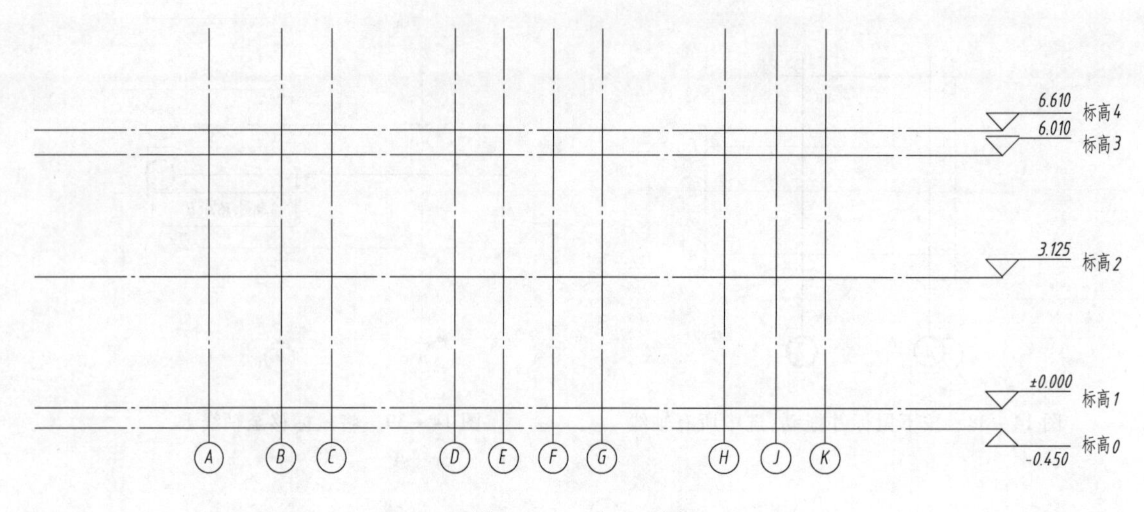

图 14－41 东立面图

14.4 一层外墙

一楼墙体的外墙从【标高 0】到【标高 2】，内墙从【标高 1】到【标高 2】。

为方便绘制，首先对外墙进行建模。

如图 14－42 所示，在【项目浏览器】中，展开【楼层平面】树形目录，双击【标高 0】。将视图切换到该楼层平面后，所绘墙体将默认从【标高 0】开始向上延伸。

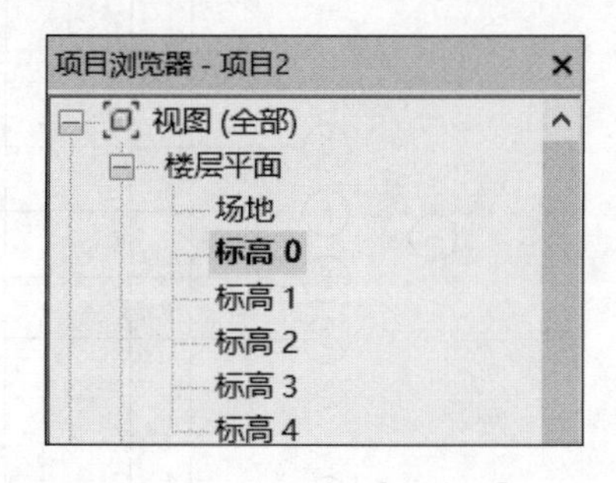

图 14－42 双击【标高 0】

如图 14－43 所示，依次单击【建筑】选项卡→【构建】面板→【墙】按钮。然后在选项栏中设置【高度】为【标高 2】，如图 14－44 所示。

经此设置，所绘墙体的范围是【标高 0】到【标高 2】之间。

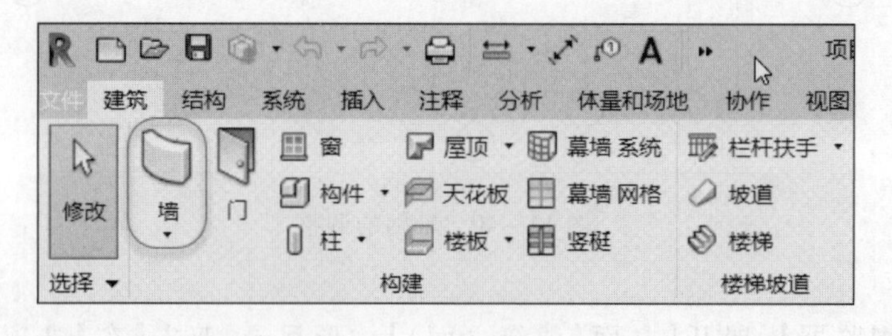

图 14－43 单击【墙】按钮

图 14－44 设置墙体高度

由于系统默认并没有出现厚度为 240 的墙体,所以,下面将从系统提供的基本类型中复制一种墙体类型,然后将其厚度改为 240 即可。

直接更改系统提供的墙体类型参数也是可行的,但这将造成一定的混乱。所以,复制并更改基本类型的参数,然后在项目中使用是个良好的习惯。

如图 14 – 45 所示,单击【属性】面板中的【编辑类型】按钮,然后在图 14 – 46 所示的【类型属性】对话框中单击【复制 ...】按钮,输入墙体名称后单击【确定】按钮,返回到【类型属性】对话框。

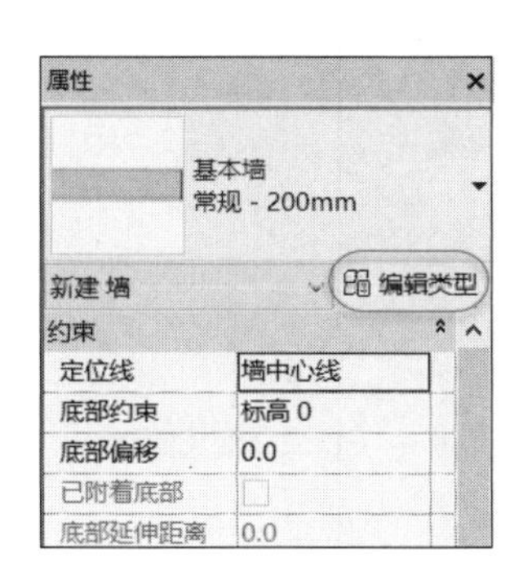

图 14 – 45　单击【编辑类型】按钮

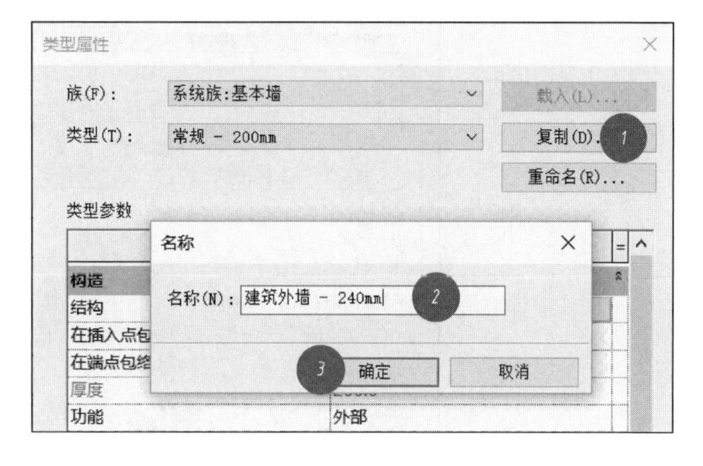

图 14 – 46　墙体命名

前面仅复制了系统提供的基本类型的墙体,其厚度并未发生变化。因此,还应将其厚度改为 240。

如图 14 – 47 所示,单击【类型属性】对话框中的【编辑 ...】按钮,弹出图 14 – 48 所示的【编辑部件】对话框后,将墙体厚度设置为 240 并单击【确定】按钮。

再次单击【确定】按钮,关闭【类型属性】对话框。

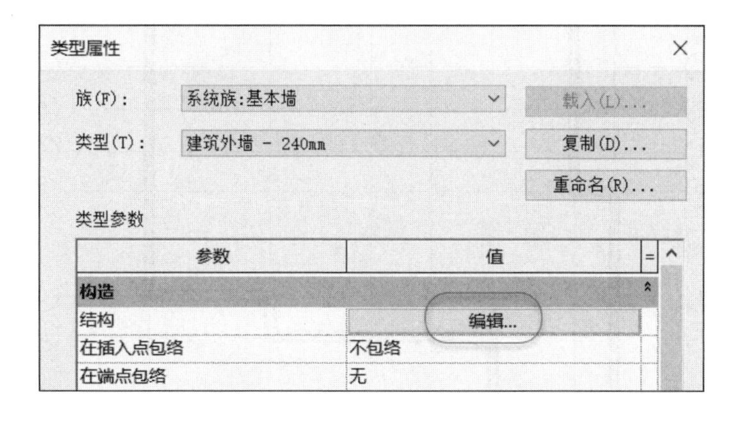

图 14 – 47　单击【编辑 ...】按钮

最后,根据图 14 – 1 中的一层平面图,捕捉轴线交点并绘制一楼外墙,结果如图 14 – 49 所示。

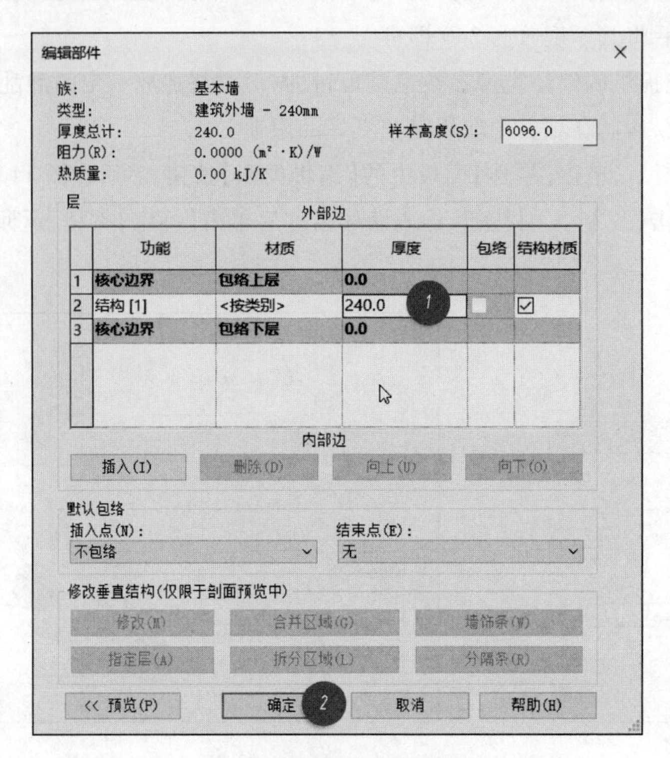

图 14－48 设置墙体厚度

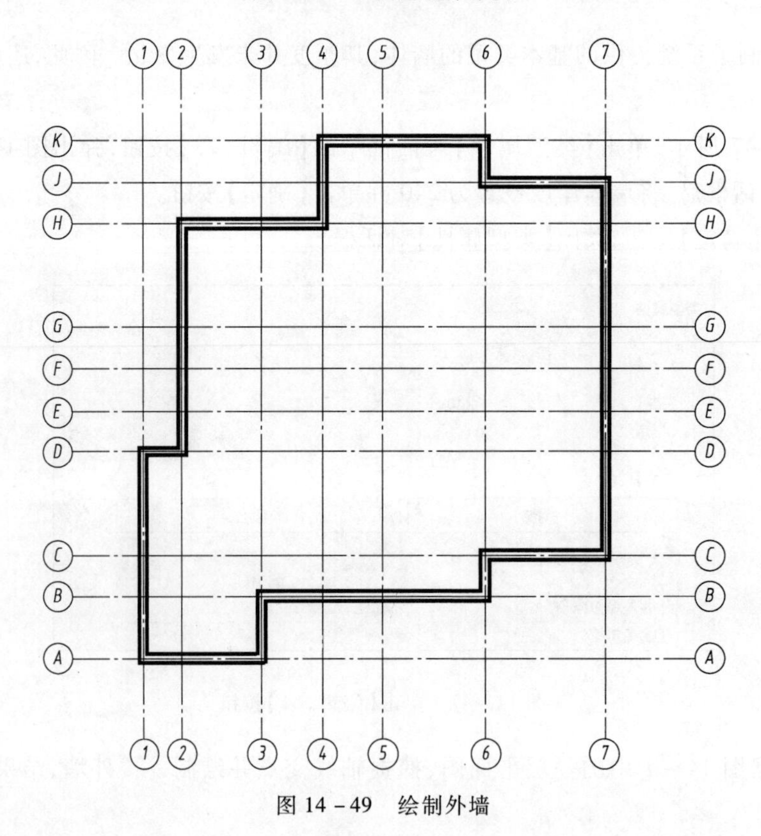

图 14－49 绘制外墙

如图 14－50 所示,单击快速工具栏中的【三维视图】按钮,则墙体的三维效果如图 14－51 所示。

图 14－50　单击【三维视图】按钮

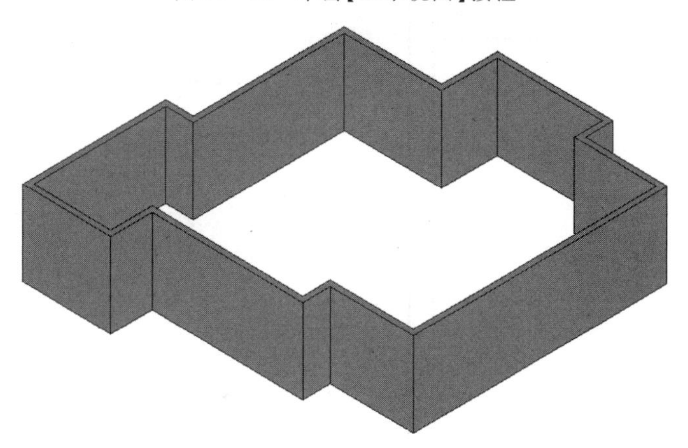

图 14－51　外墙三维效果

14.5　内部墙体

在【项目浏览器】中,展开【楼层平面】树形目录,双击【标高 0】,将视图切换到该楼层平面。

阅读图 14－1 中的一层平面图,忽略内墙面上的所有门洞,然后创建内墙。

启动墙体创建命令,如图 14－52 所示,完成内墙的创建。为了利用临时尺寸标注调整墙体的长度尺寸,图中第 1、2 和 3 段墙体的长度可任意绘制。

下面将针对每一段墙体,通过修改临时尺寸数字的方式来调整墙体尺寸。

如图 14－53 所示,用鼠标单击第 1 段墙体,然后单击图中所示的临时尺寸,将其尺寸数字改为 2280 并按【Enter】键,如图 14－54 所示。

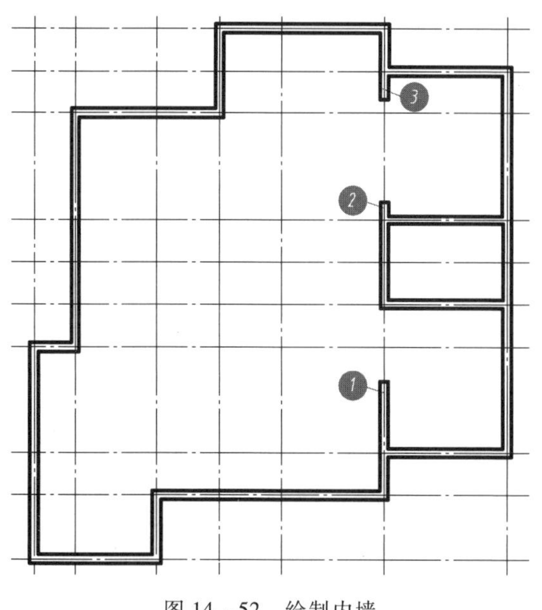

图 14－52　绘制内墙

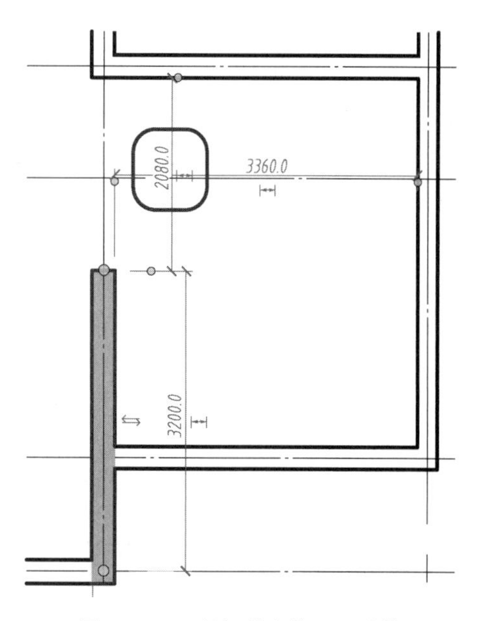

图 14－53　鼠标单击第 1 段墙体

如图 14－55 所示，用鼠标单击第 3 段墙体，然后单击图中所示的临时尺寸，将其尺寸数字改为 3500 并按【Enter】键，如图 14－56 所示。

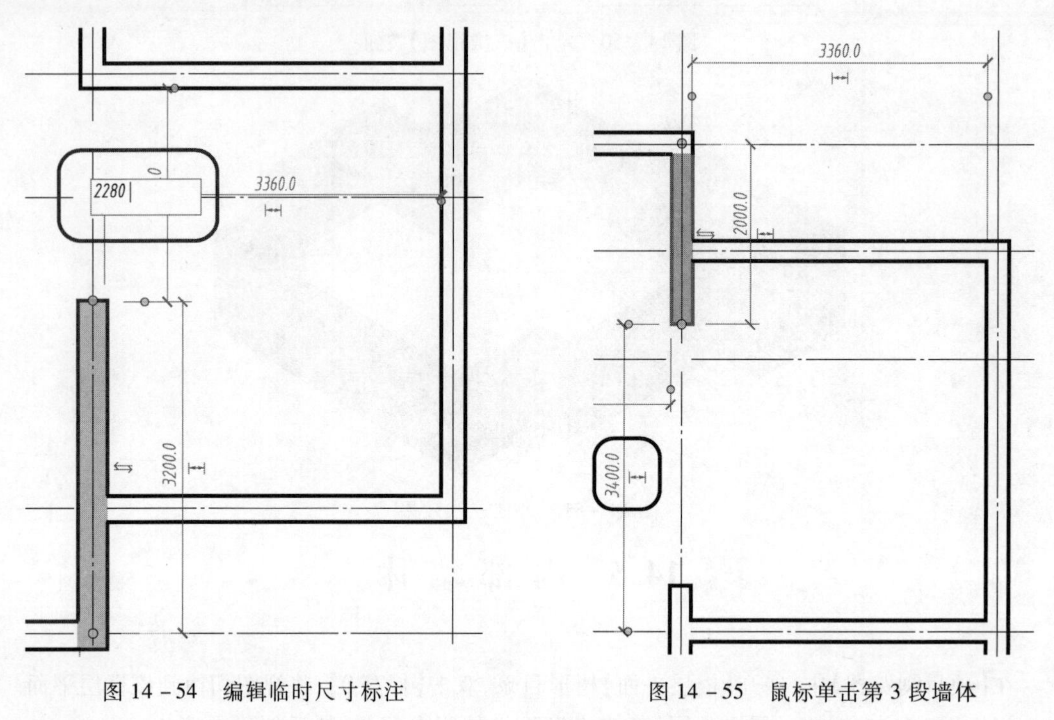

图 14－54 编辑临时尺寸标注　　图 14－55 鼠标单击第 3 段墙体

如图 14－57 所示，用鼠标单击第 2 段墙体，用鼠标单击并拖动尺寸界线上的小圆点，将其移动到第 3 段墙体的端部，如图 14－58 所示。然后将其尺寸数字改为 2800，如图 14－59 所示。

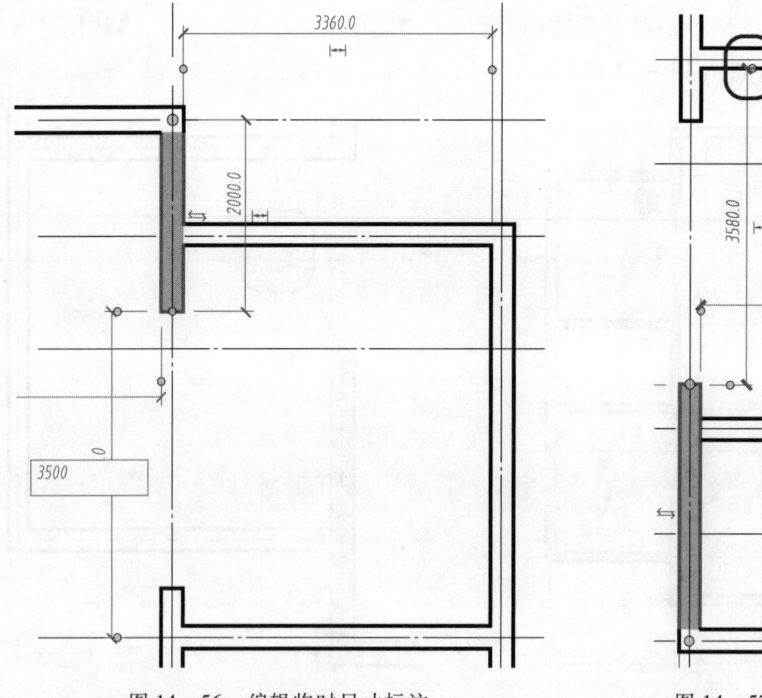

图 14－56 编辑临时尺寸标注

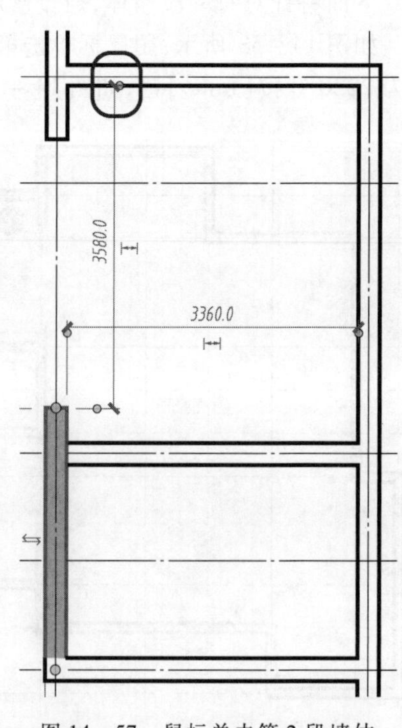

图 14－57 鼠标单击第 2 段墙体

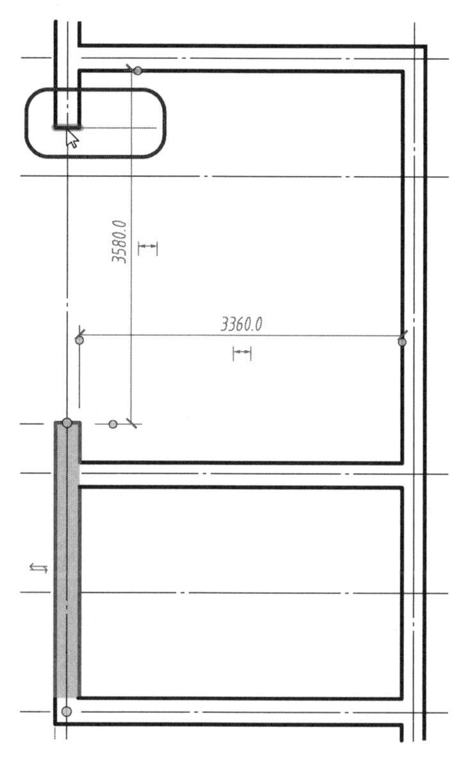

图 14－58　调整临时尺寸标注

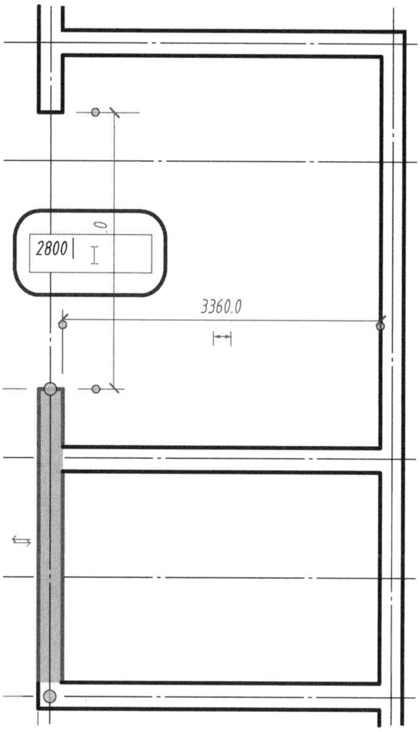

图 14－59　编辑临时尺寸标注

调整后的墙体如图 14－60 所示。用同样的方法绘制其他部分墙体，结果如图 14－61 所示。

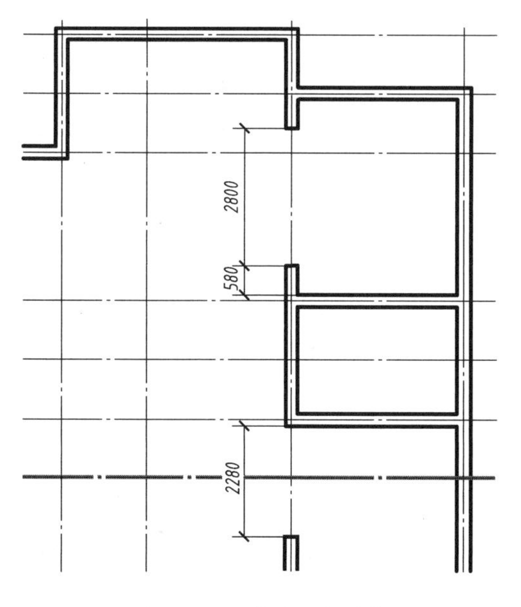

图 14－60　修改后的墙体

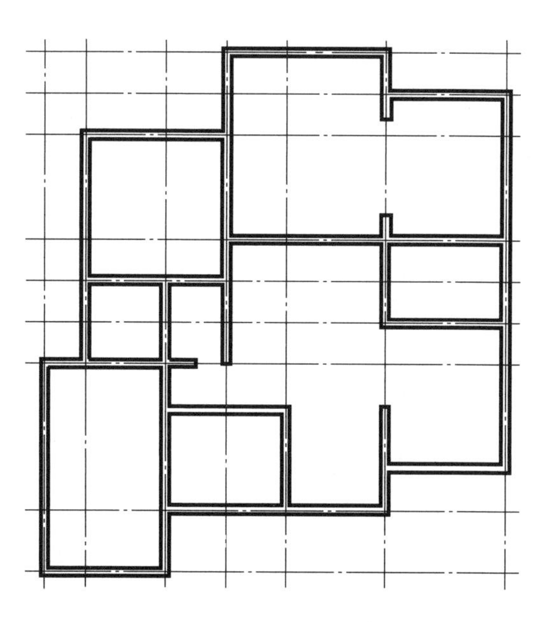

图 14－61　内墙建模

14.6 创建门窗

可利用系统提供的门窗族快速创建门窗。

根据题目的要求,门窗包括单开(门窗)、双开(门窗)、卷帘门和移动门。下面将通过插入系统族的方式来创建门窗结构。

在【项目浏览器】中,展开【楼层平面】树形目录,双击【标高 1】,将视图切换到该楼层平面。

如图 14-62 所示,依次单击【插入】选项卡→【从库中载入】面板→【载入族】按钮,在图 14-63所示的对话框中选择卷帘门族所在的路径,然后双击【滑升门】载入门族,如图 14-64所示。

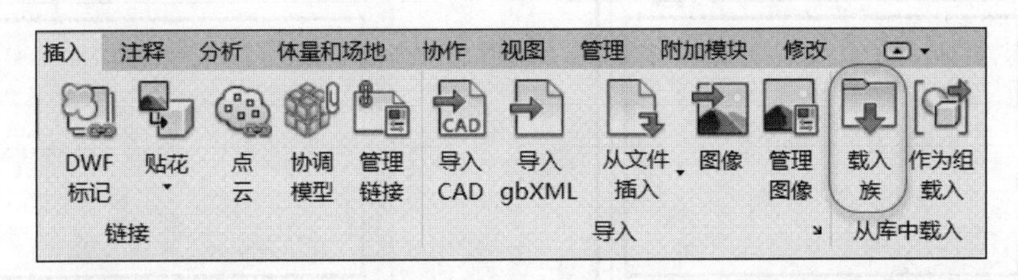

图 14-62 单击【载入族】按钮

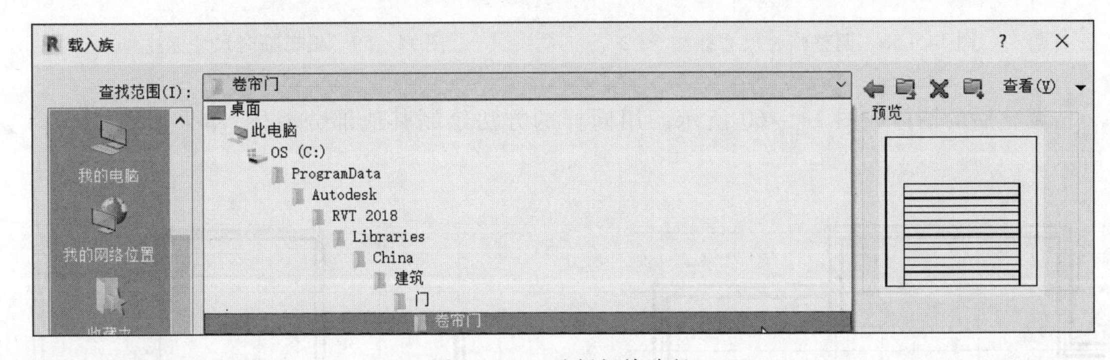

图 14-63 选择门族路径

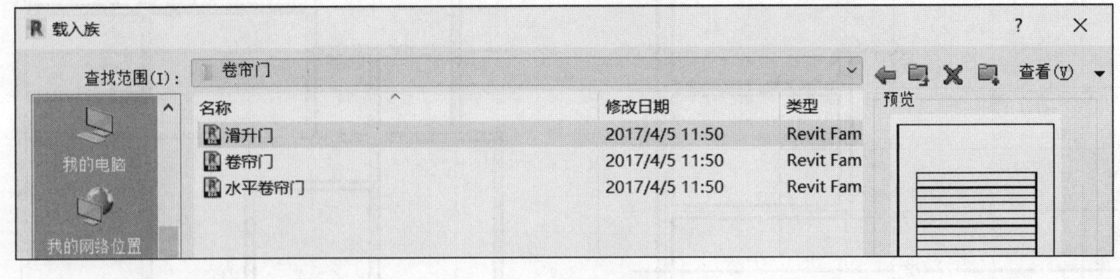

图 14-64 双击【滑升门】

载入门族后,依次单击【建筑】选项卡→【构建】面板→【门】按钮,如图 14-65 所示。然后在【属性】面板中单击【编辑类型】按钮,如图 14-66 所示。

弹出如图 14-67 所示的对话框后,单击【复制...】按钮,输入门的名称并单击【确定】按钮。

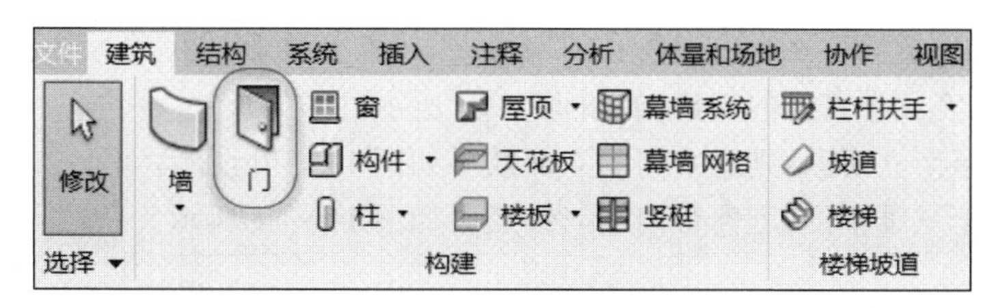

图 14－65　单击【门】按钮

图 14－66　单击【编辑类型】按钮

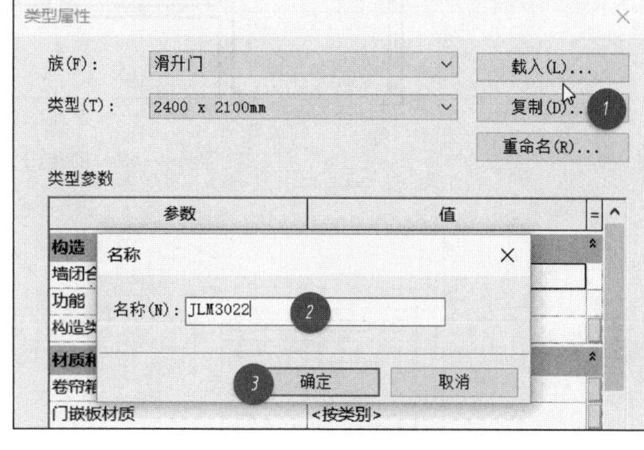

图 14－67　复制门类型并命名

回到【类型属性】对话框后，将门的宽度和高度设置为题目要求的值，如图 14－68 所示。最后单击【确定】按钮，退出对话框。

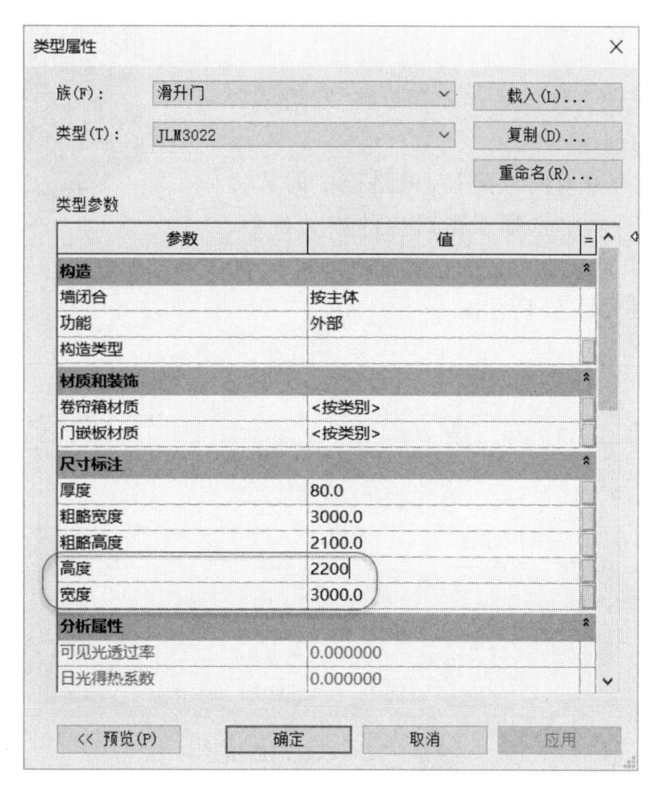

图 14－68　设置门的宽度和高度

回到绘图区，将鼠标移至卷帘门所在的墙体，当门两侧的临时尺寸标注数字相等时，用鼠标左键单击一次，完成卷帘门的创建，如图 14－69 所示。

将视图切换至南立面图，则卷帘门的立面效果如图 14－70 所示。

将视图切换至三维视图，则卷帘门的三维效果如图 14－71 所示。

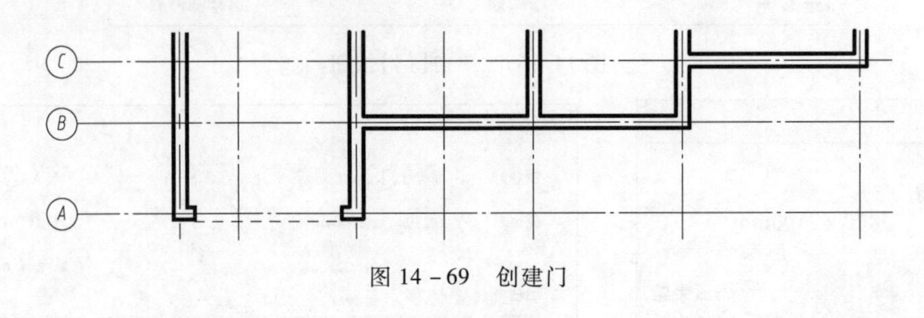

图 14－69　创建门

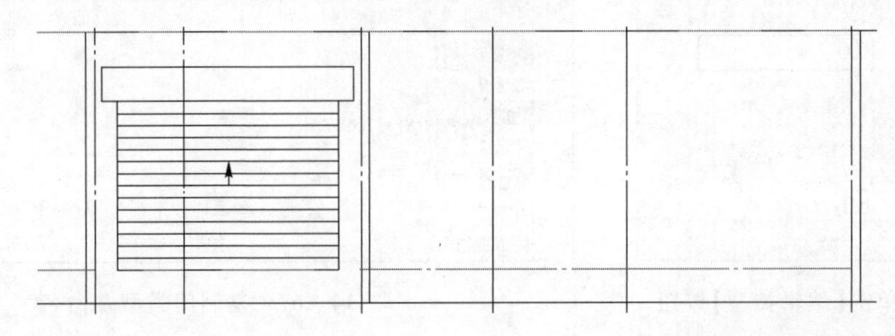

图 14－70　门的南立面图

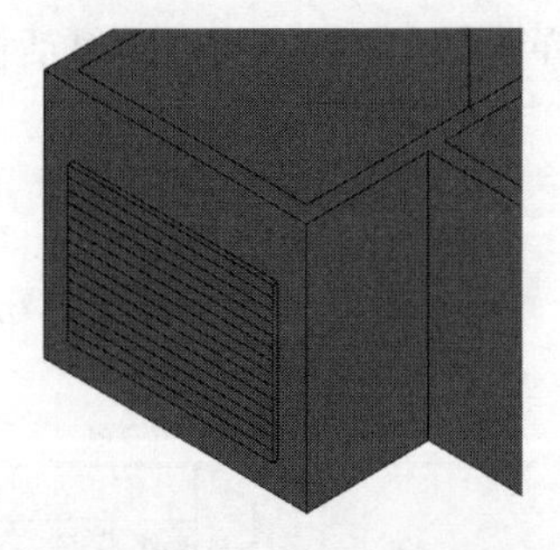

图 14－71　门的立体效果

前面已经描述了卷帘门的创建过程。后面所有门窗的创建过程都是相同的。

下面仅给出有关族文件的名称和存放路径，请读者自行完成其他门窗的创建。

图 14－72 所示为单扇门族路径，该路径中的族文件如图 14－73 所示。从中选择双击对应的族文件后，复制并命名为 M0620，然后在合适的位置插入即可。

最终的结果如图 14－74 所示。

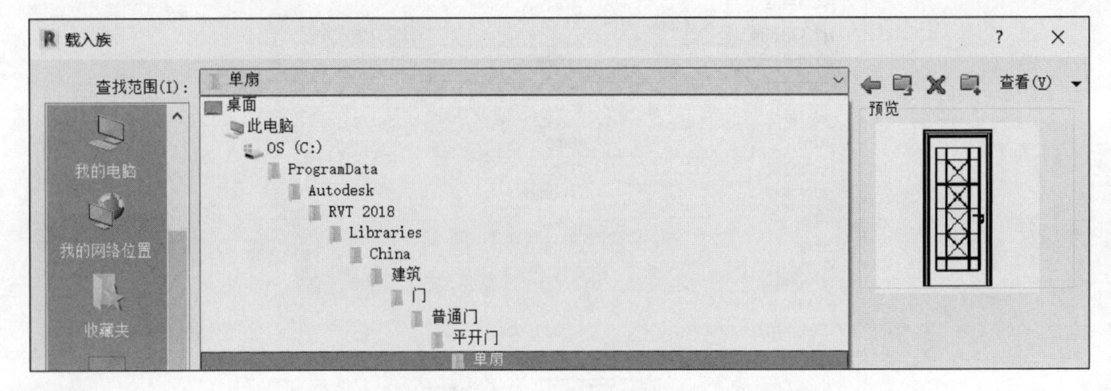

图 14－72　单扇门族路径

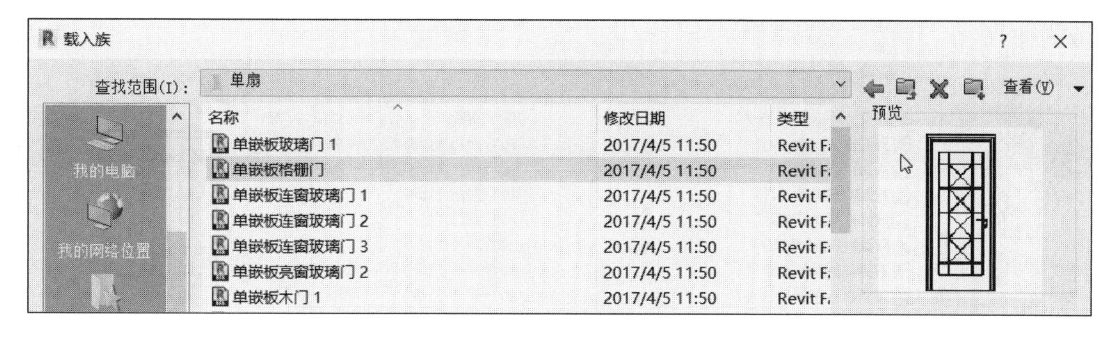

图 14－73　双击单扇门族

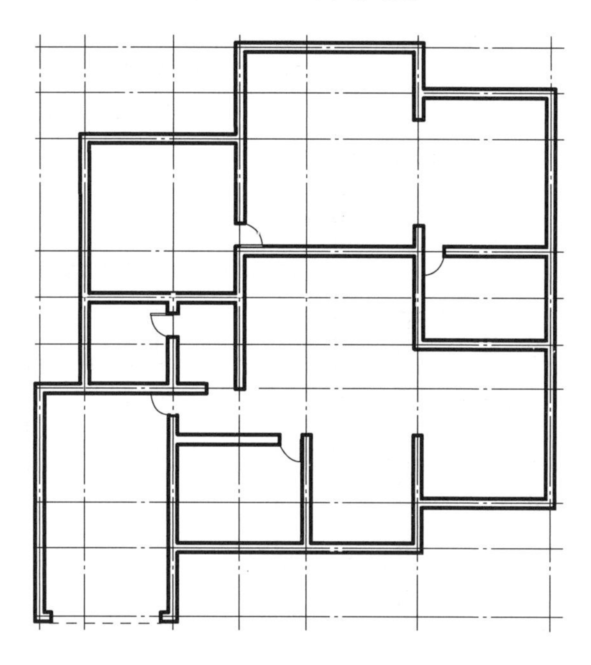

图 14－74　创建单扇门

图 14－75 所示为双扇门族路径，该路径中的族文件如图 14－76 所示。从中选择双击对应的族文件后，复制并命名为 M1822、M1521，然后在合适的位置插入即可。

最终的结果如图 14－77 所示。

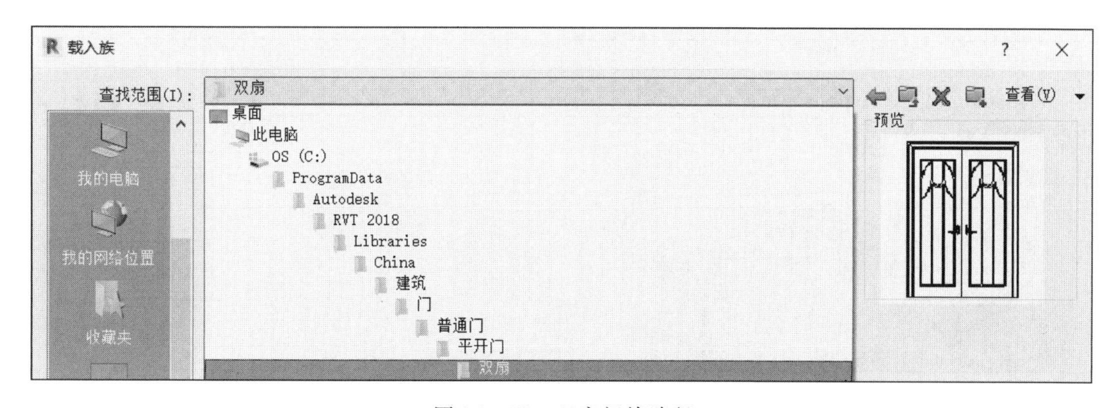

图 14－75　双扇门族路径

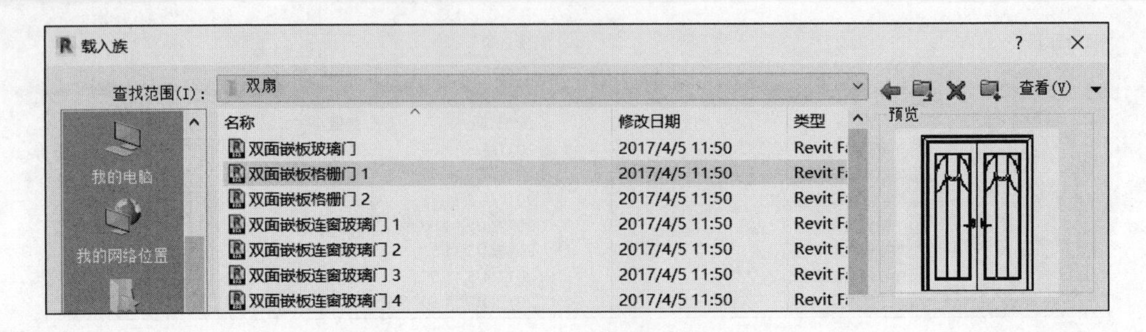

图 14－76　双击双扇门族

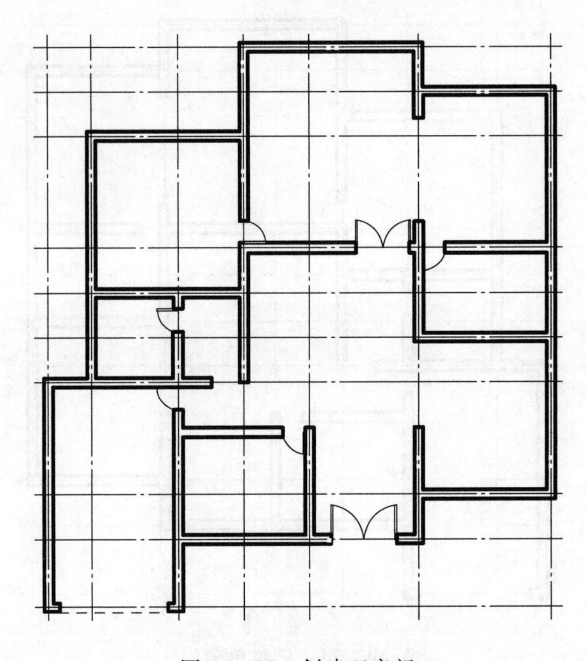

图 14－77　创建双扇门

图 14－78 所示为双扇窗族路径，该路径中的族文件如图 14－79 所示。从中选择双击单扇、双扇窗族文件后，复制并命名为 C0615、C1815，然后在合适的位置插入。

最终的结果如图 14－80 所示。

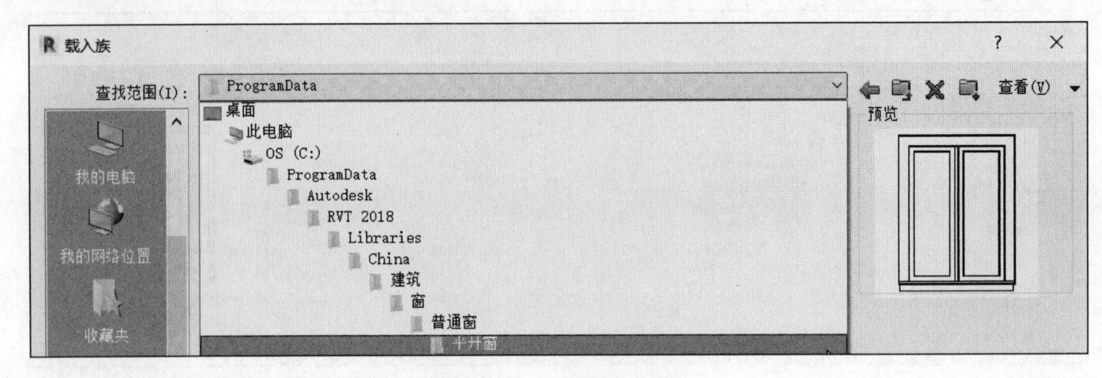

图 14－78　双扇窗族路径

图 14 - 79　双击双扇窗族

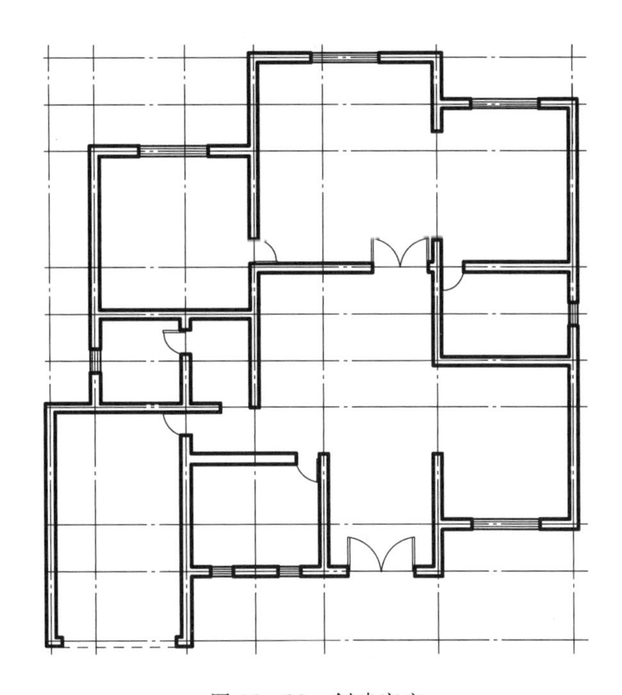

图 14 - 80　创建窗户

将视图切换到三维视图，则可观察到带有门窗的墙体如图 14 - 81 所示。

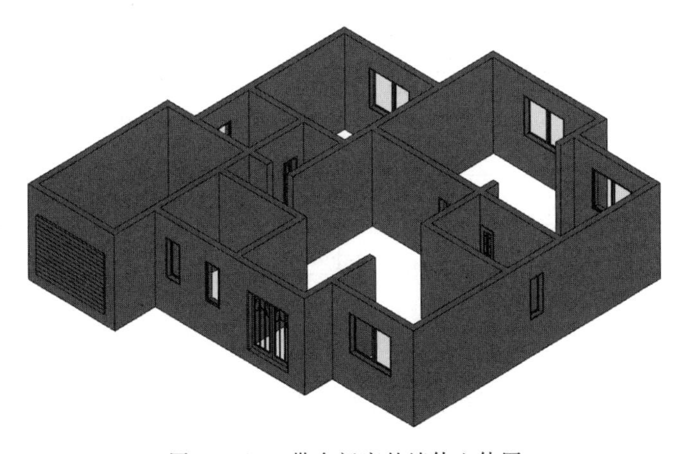

图 14 - 81　带有门窗的墙体立体图

14.7 一层室内地面

如图 14-82 所示，依次单击【建筑】选项卡→【构建】面板→【楼板】按钮，然后单击【修改|创建楼层边界】选项卡→【绘制】面板→【线】按钮，如图 14-83 所示。然后按照图 14-84所示，沿着墙体轴线捕捉并绘制楼板边界。

图 14-82 单击【楼板】按钮

图 14-83 单击【线】按钮

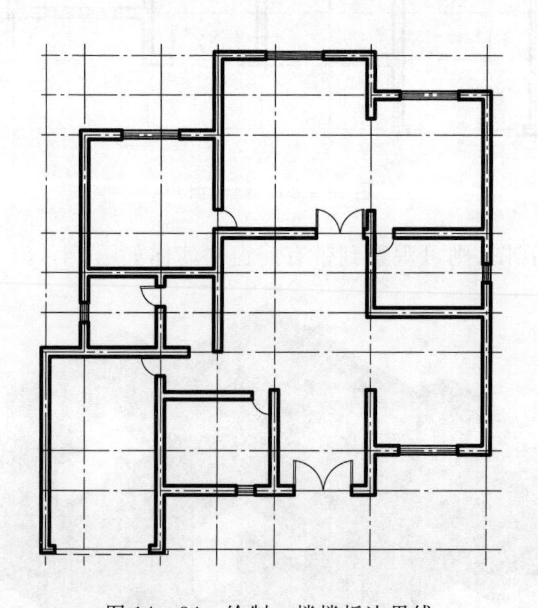

图 14-84 绘制一楼楼板边界线

绘制结束后，单击【完成编辑模式】按钮，如图 14-85 所示，完成楼板的创建。

图 14－85　单击【完成编辑模式】按钮

为了便于观察，单击【视图控制栏】中的【视觉样式】按钮，弹出图 14－86 所示的菜单后，选择【着色】选项，则房屋的三维效果如图 14－87 所示。

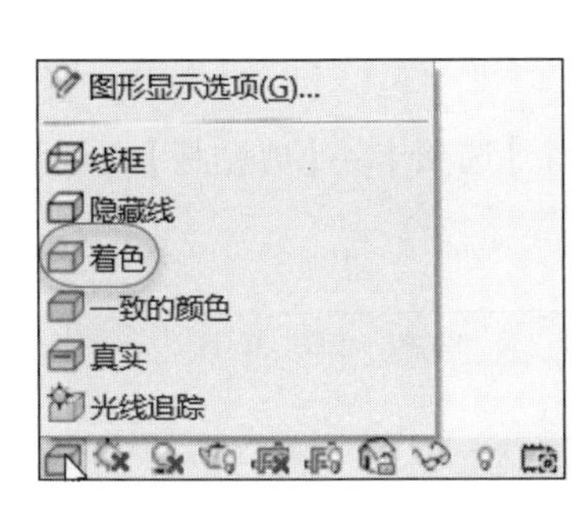

图 14－86　单击【着色】按钮

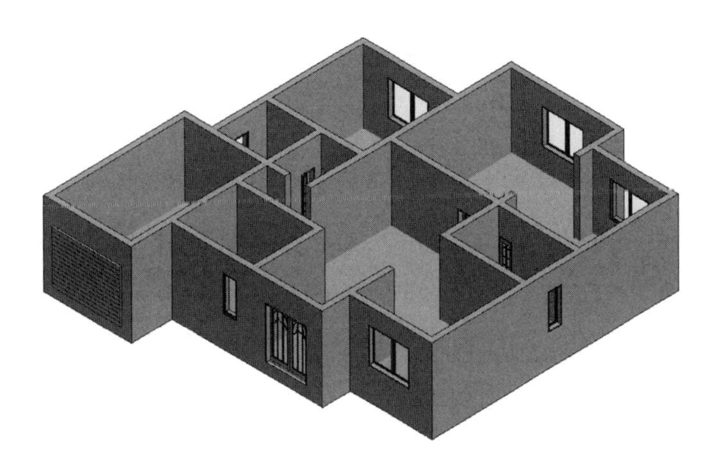

图 14－87　房屋立体图

14.8　创建二层墙体和门窗

根据图 14－1 中的一、二层平面图可知，一、二层的房间布置大体相同，只有局部需要调整。

为了快速建模，可将一层的所有墙体和门窗复制到二层，然后对其进行局部调整。

首先用鼠标框选所有图元，如图 14－88 所示，依次单击【修改 | 选择多个】选项卡→【选择】面板→【过滤器】按钮，在弹出图 14－89 所示的对话框后，取消勾选【楼板】复选框并单击【确定】按钮。

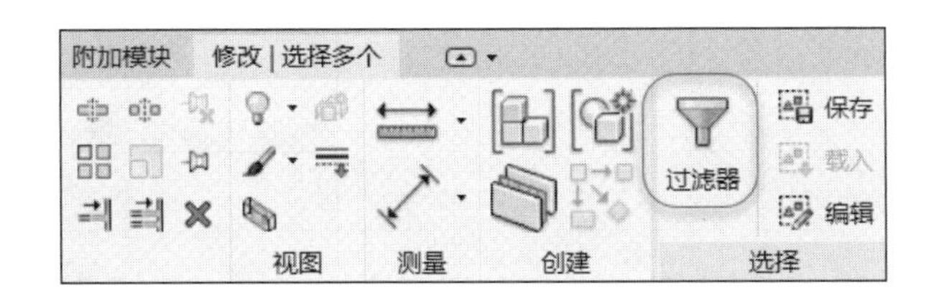

图 14－88　单击【过滤器】按钮

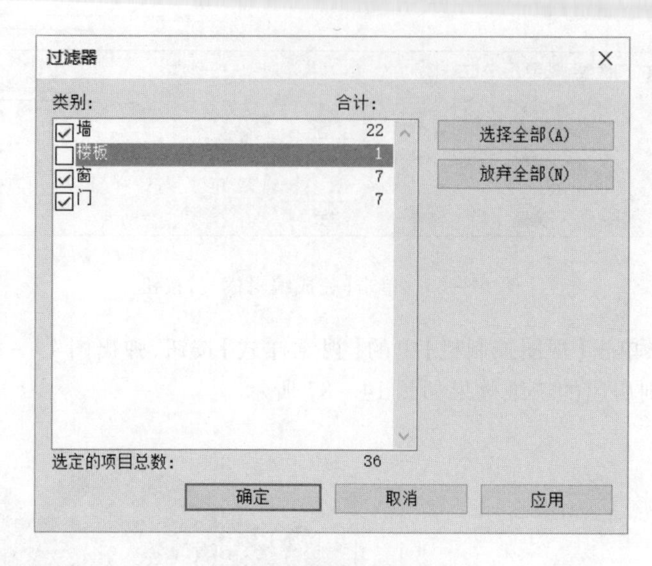

图 14－89 【过滤器】对话框

当选中一层所有墙体和门窗时,请依次单击【修改 | 选择多个】选项卡→【剪贴板】面板→【复制】按钮,如图 14－90 所示。

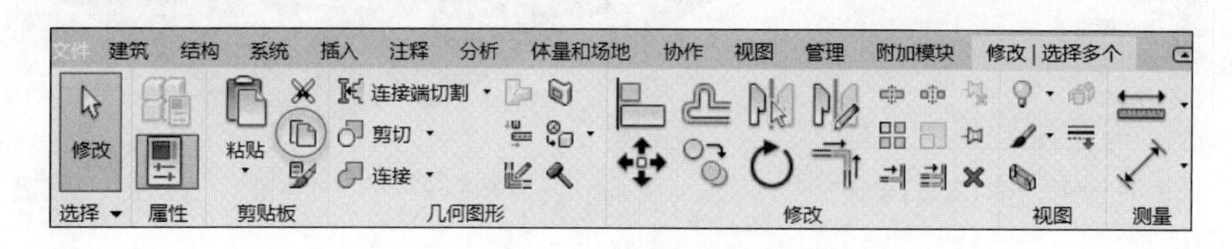

图 14－90 单击【复制】按钮

为了将墙体和门窗复制到二层,应在【项目浏览器】中双击【标高 2】,将视图切换至二层平面图,如图 14－91 所示。

然后,依次单击【修改 | 选择多个】选项卡→【剪贴板】面板→【粘贴】下拉列表中的【与当前视图对齐】按钮,如图 14－92 所示。最后,完成复制后的结果如图 14－93 所示。

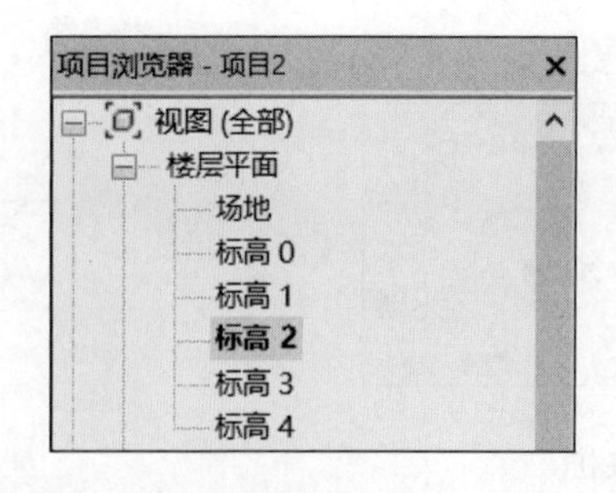

图 14－91 双击【标高 2】

图 14－92 单击【与当前视图对齐】按钮

复制结束后，如图 14－94 所示，再次单击【过滤器】按钮，选中图 14－95 中的【墙】复选框并单及【确定】按钮。

选中墙体后，在图 14－96 所示的【属性】面板中将墙体的【底部偏移】设置为 0。此时，墙体仅在【标高 2】和【标高 3】之间。

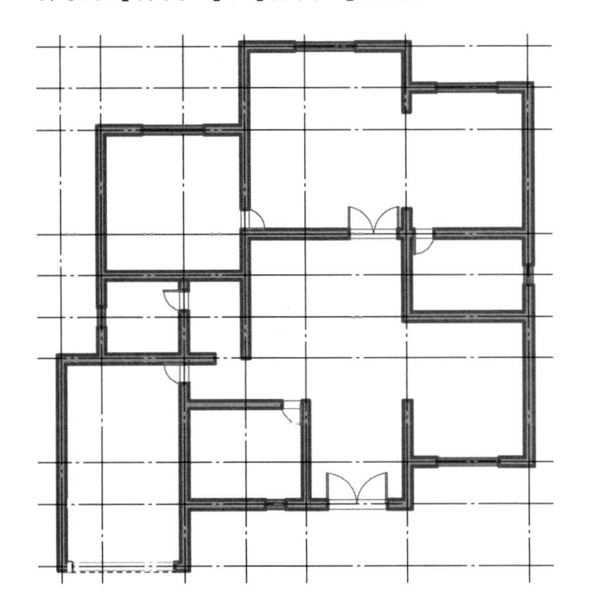

图 14－93　二层墙体和门窗

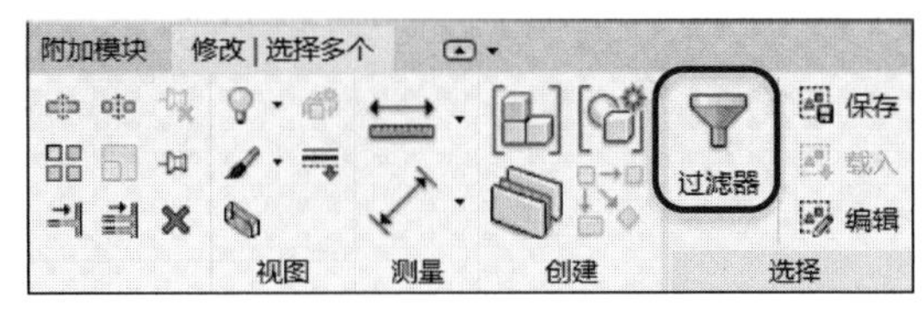

图 14－94　单击【过滤器】按钮

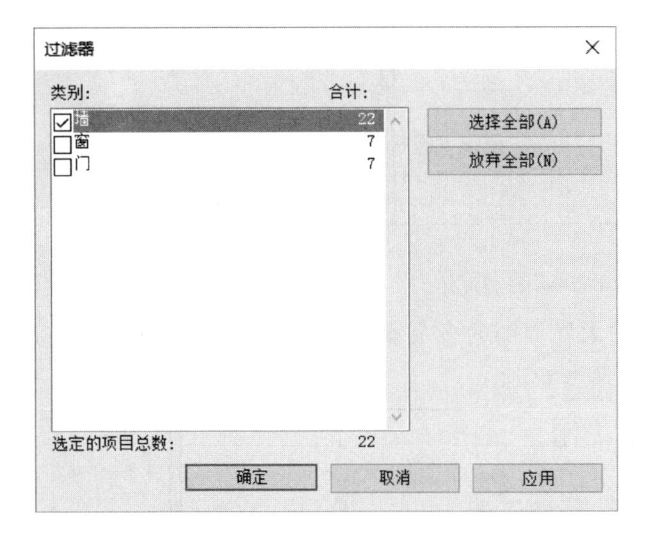

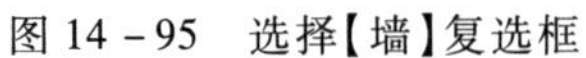

图 14－95　选择【墙】复选框

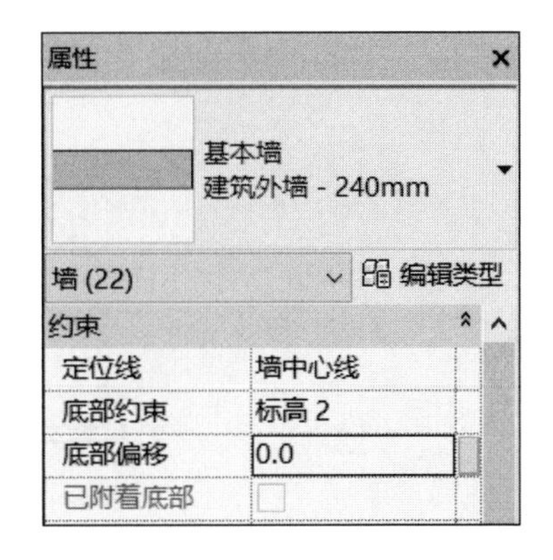

图 14－96　设置墙体底部偏移

对照图 14－1 中的二层平面图，需要对当前的房间布局进行调整。

如图 14－97 所示，用鼠标单击选中车库上方二层平面中的墙体和门，按【DEL】键，则结果如图 14－98 所示。

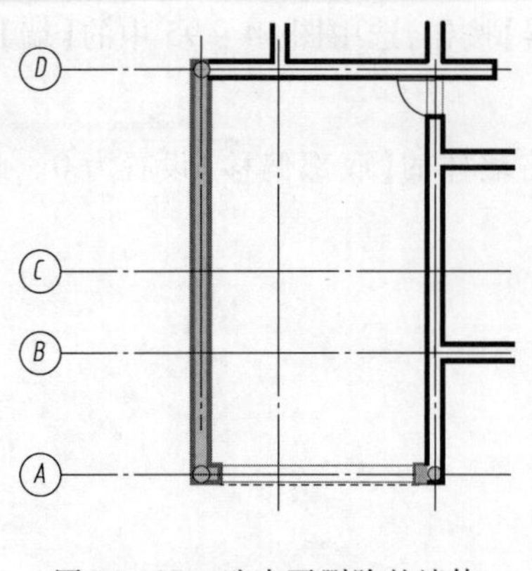

图 14－97 选中要删除的墙体

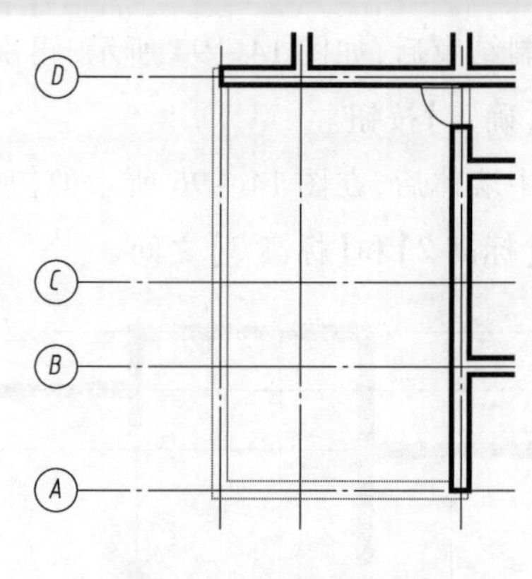

图 14－98 删除墙体

依次单击【修改】选项卡→【修改】面板→【修剪/延伸为角】按钮,然后按照图 14－99 中所标注的顺序单击墙体,完成多余墙体的修剪。

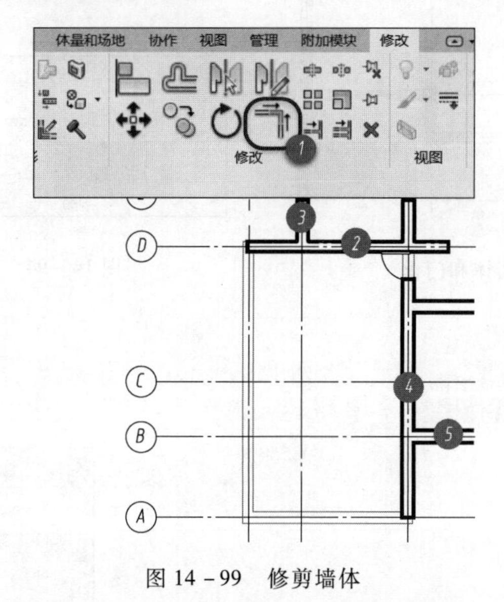

图 14－99 修剪墙体

如图 14－100 所示,用鼠标单击选中大厅周围的多余墙体和门窗,然后按【DEL】键完成删除。

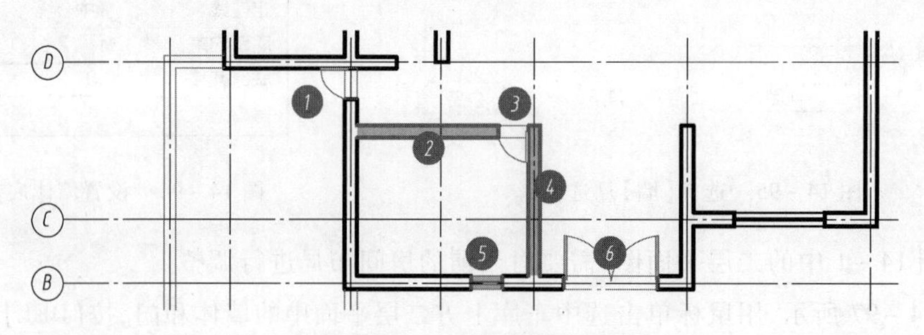

图 14－100 选中要删除的图元

为了延伸墙体,如图 14－101 所示,依次单击【修改】选项卡→【修改】面板→【修剪/延伸单个图元】按钮,然后按照图 14－102 中标注的顺序单击墙体完成墙体延伸。

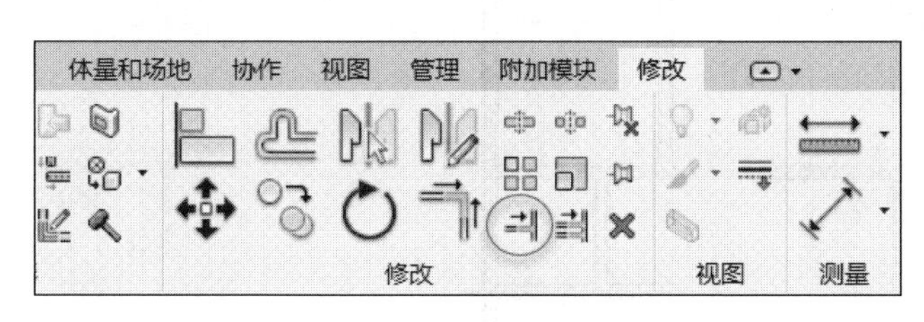

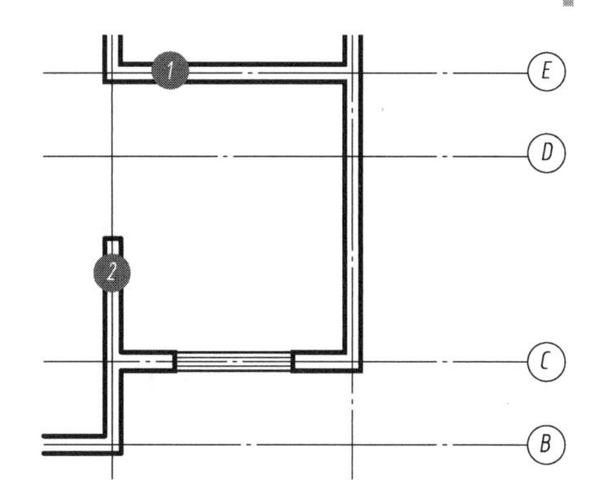

图 14－101　单击【修剪/延伸单个图元】按钮

图 14－102　延伸图元

如图 14－103 所示，依次单击【修改】选项卡→【修改】面板→【修剪/延伸为角】按钮，按照图 14－104 中标注的顺序单击墙体完成修剪。

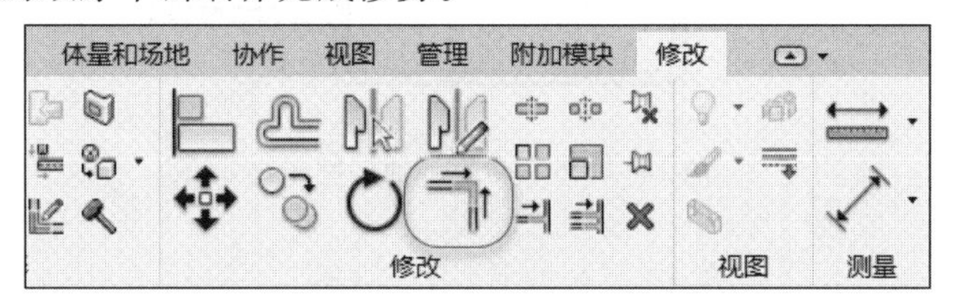

图 14－103　单击【修剪/延伸为角】按钮

如图 14－105 所示，用鼠标单击选中墙体，然后用鼠标单击墙体端部的蓝色小点并将其向下拖动至另一段墙体端部，使其呈闭合状态。

至此，右侧卫生间周围的墙体修改完毕。

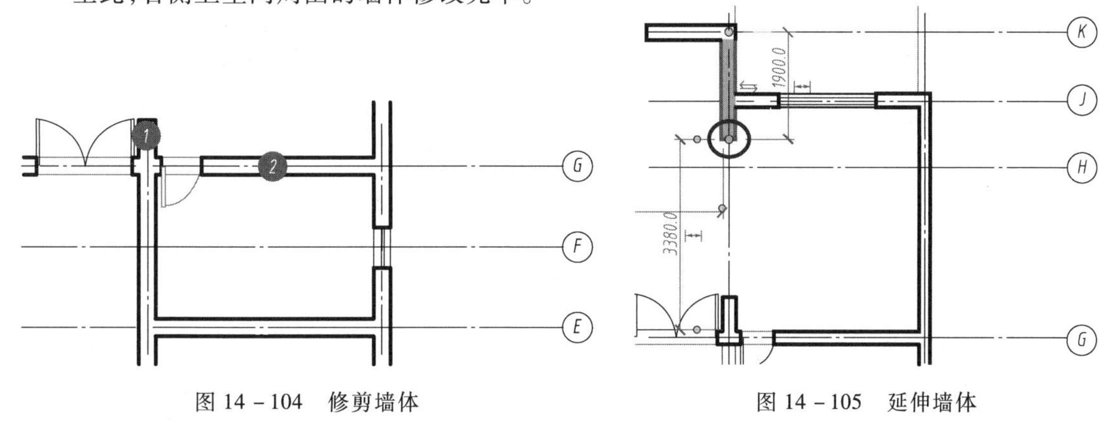

图 14－104　修剪墙体

图 14－105　延伸墙体

用同样的方法可完成左侧卫生间周围墙体的调整和修剪。限于篇幅，省略详细的步骤，请读者自行完成。

修改后的二层平面图如图 14－106 所示。

房间布局的调整结束后，还应在相应位置插入门窗图元。其他门窗类型已经在前面的篇幅中介绍过，所以直接使用即可。

为了插入阳台门，请读者按照图 14－107 所示的文件路径，选择图 14－108 所示的双扇推拉门族并将其载入项目中。

经过复制并调整参数后，将其插入墙体。

完成所有门窗创建后，二层平面图的效果如图 14－109 所示。

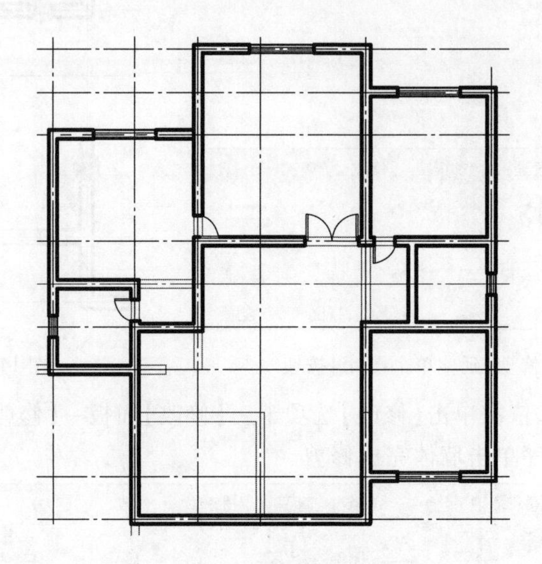

图 14－106　调整后的房间布局

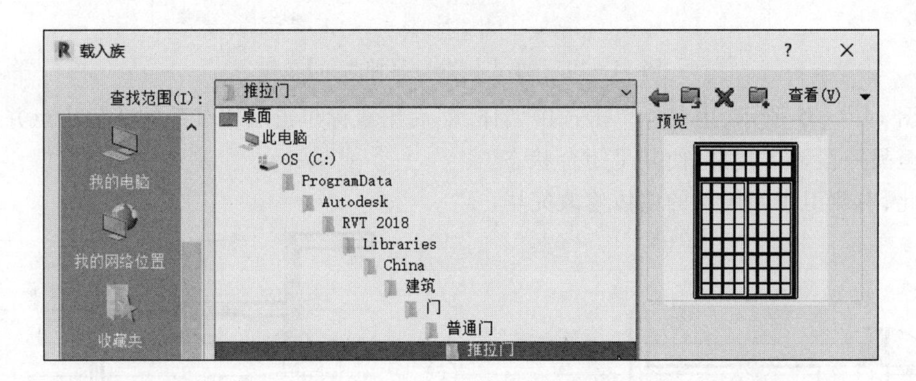

图 14－107　推拉门族路径

图 14－108　双击推拉门族

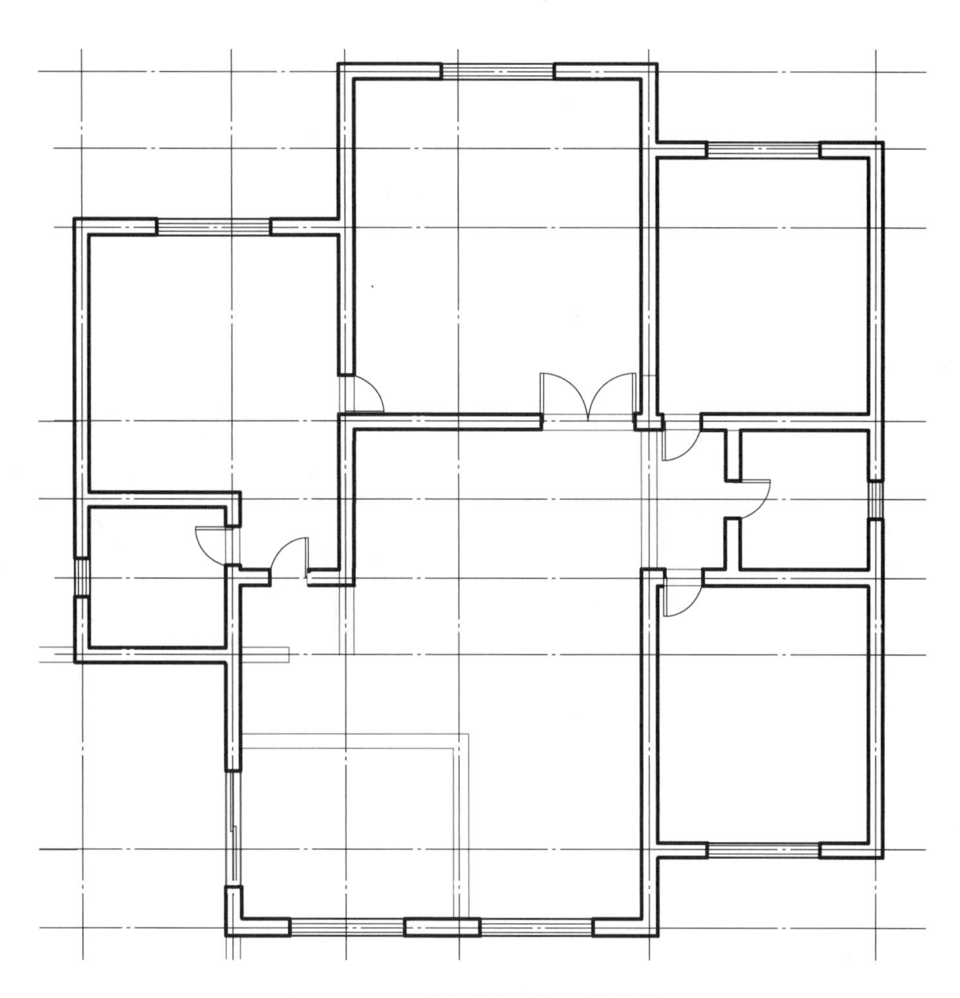

图 14－109　添加门窗后的二层平面图

为了保证二层窗户高度符合立面图的要求,应该在选择二层窗户后,在【属性】面板中将窗户的【底高度】设置为 600,如图 14－110 所示。

切换到三维视图,则房屋的立体图如图 14－111 所示。

图 14－110　设置二层窗户的高度

图 14－111　房屋立体图

14.9 二层楼板

在【项目浏览器】中,展开【楼层平面】树形目录,双击【标高2】,则绘图区将显示该平面视图。然后按照图14-112所示,创建二层楼板,其立体图如图14-113所示。

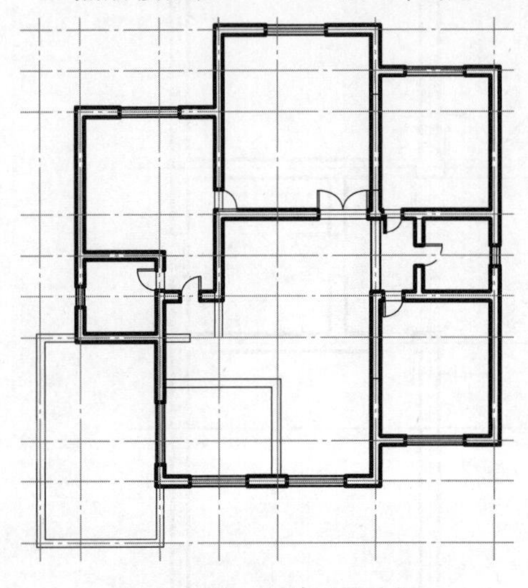

图14-112 创建二层楼板

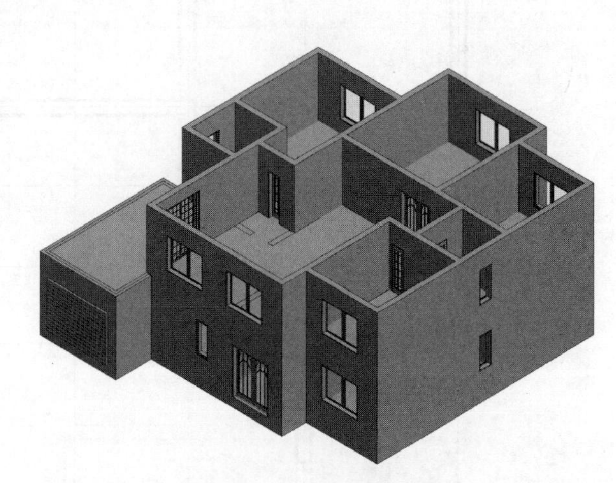

图14-113 房屋立体图

14.10 女儿墙和屋顶

在【项目浏览器】中,展开【楼层平面】树形目录,双击【标高3】,则绘图区将显示该平面视图。

如果在该视图中无法观察到二层墙体的轮廓线,则应如图14-114所示,在【属性】面板中,将基线范围设置为【标高2】到【标高3】。

创建女儿墙和屋顶后,房屋模型如图14-115所示。

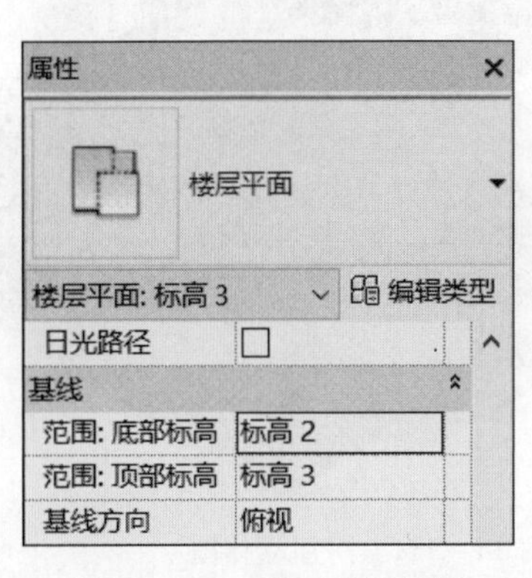

图14-114 设置基线范围

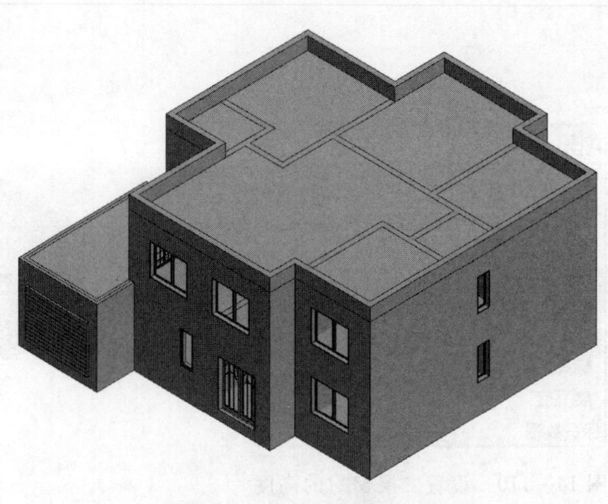

图14-115 房屋立体图

14.11　创建棚架梁和立柱

1. 载入矩形截面的梁族

如图 14－116 所示，在该文件路径下找到图 14－117 所示的矩形截面梁族文件并双击载入项目。

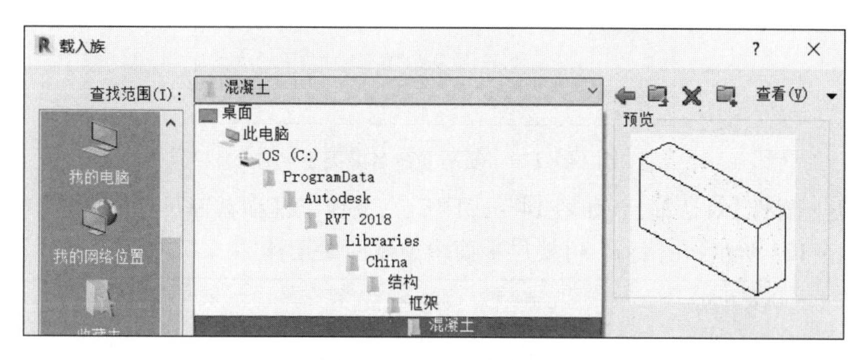

图 14－116　梁族路径

图 14－117　载入梁族

如图 14－118 所示，依次单击【结构】选项卡→【结构】面板→【梁】按钮，然后在【属性】面板中单击【编辑类型】按钮，如图 14－119 所示。

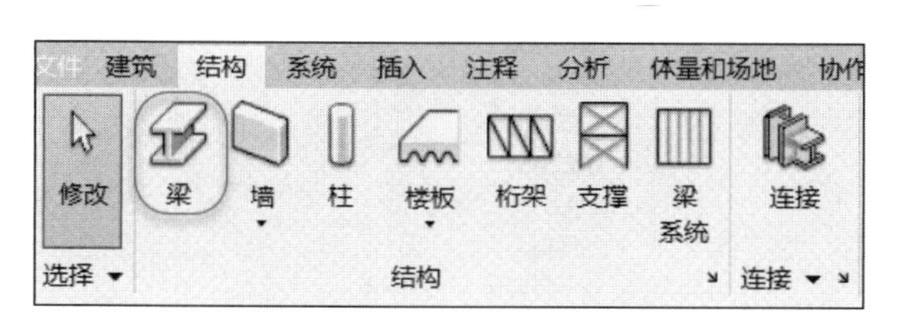

图 14－118　单击【梁】按钮

图 14－119　单击【编辑类型】按钮

在图 14－120 所示的【类型属性】对话框中，单击【复制...】按钮，输入梁类型的名称并单击【确定】按钮。

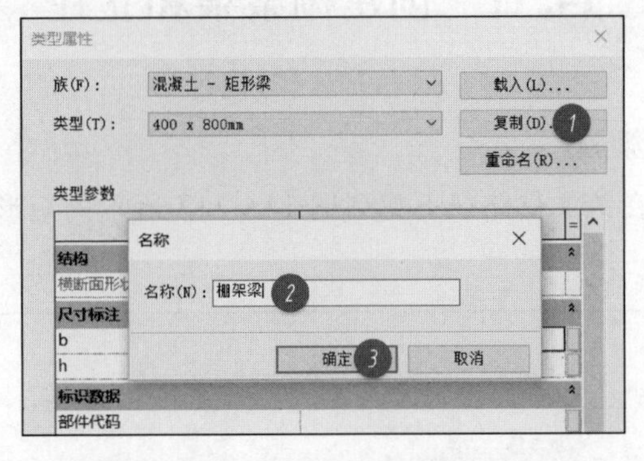

图 14－120　复制并命名梁类型名称

回到【类型属性】对话框后，如图 14－121 所示，完成梁的横截面尺寸的设置。

如图 14－122 所示，在【标高 3】楼层平面中绘制两段梁体。

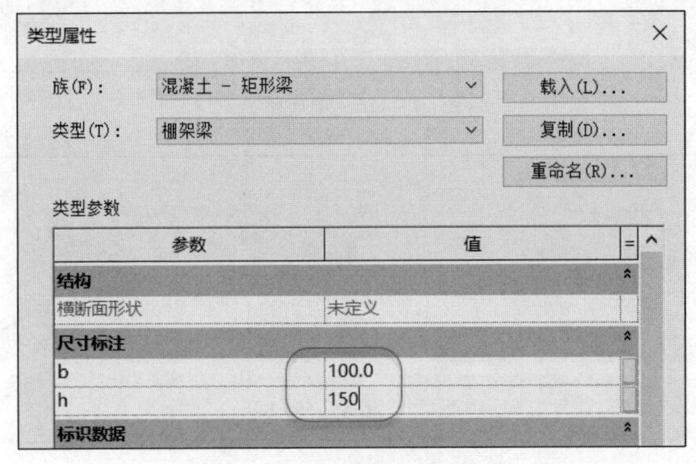

图 14－121　设置梁横截面尺寸

梁体绘制后，如果在该平面视图中无法拾取梁体图元，则如图 14－123 所示，单击【属性】面板中的【编辑...】按钮，弹出图 14－124 所示的【视图范围】对话框后，将【标高】和【底部】的偏移均设置为－500，单击【确定】按钮，关闭对话框。

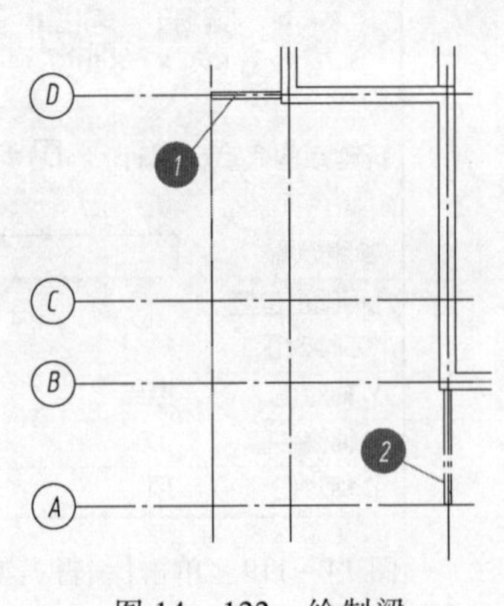

图 14－122　绘制梁

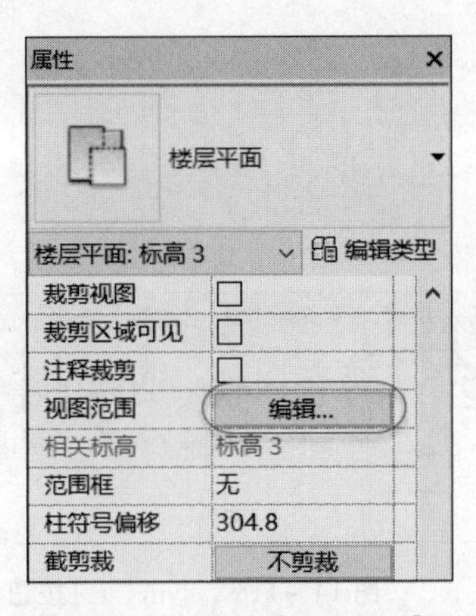

图 14－123　单击【编辑...】按钮

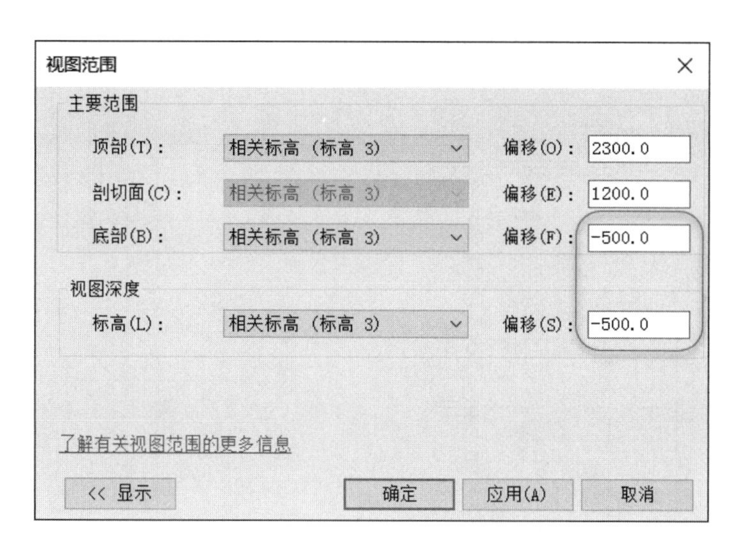

图 14－124　设置视图范围

这样做的目的是：将可视范围从【标高 3】的位置向下移动 500，则梁体将出现在可视范围内，用鼠标拾取将不再困难。

创建了两个方向的梁体图元后，下面将对其进行阵列，完成棚架的创建。

如图 14－125 所示，用鼠标单击选中梁体，然后依次单击【修改 | 结构框架】选项卡→【修改】面板→【阵列】按钮，如图 14－126 所示。

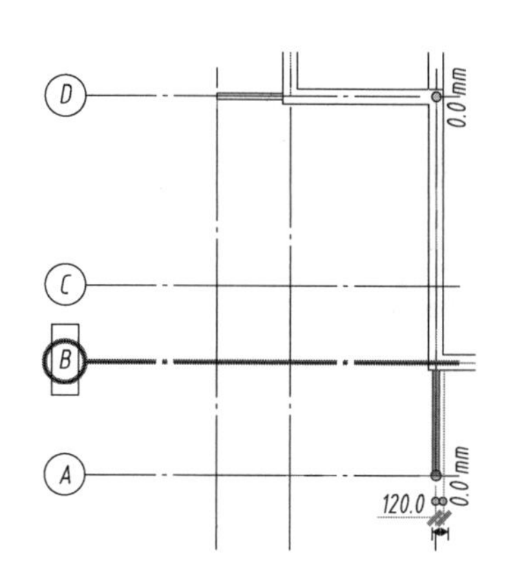

图 14－125　单击选择梁

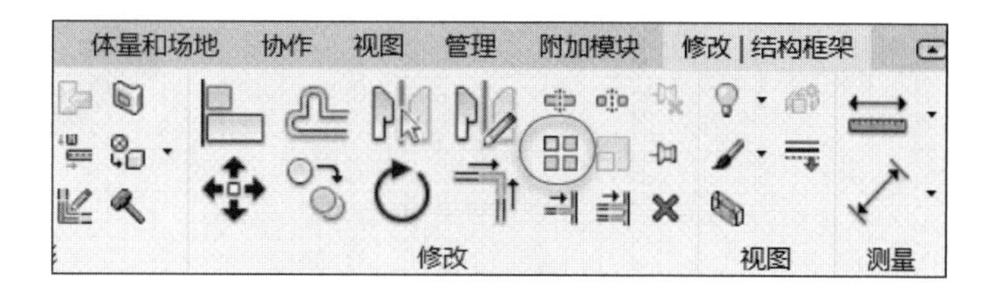

图 14－126　单击【阵列】命令

阵列命令启动后，还应进一步设置阵列个数，如图 14－127 所示。

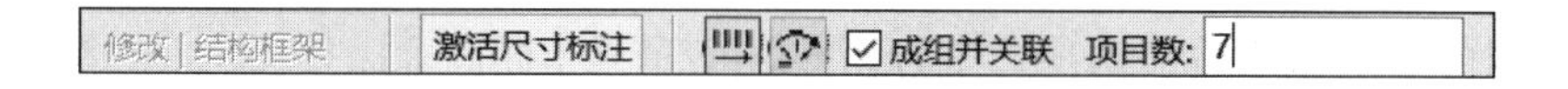

图 14－127　设置阵列数目

回到绘图区，用鼠标单击选中的梁体，然后向左移动鼠标。当出现临时尺寸标注时，输入阵列间距 600 并按【Enter】键，如图 14－128 所示。

接着按【Enter】键确认阵列数目,结果如图 14-129 所示。

用同样的方法对另一方向的梁体完成阵列,则棚架梁平面图如图 14-130 所示,立体图如图 14-131 所示。

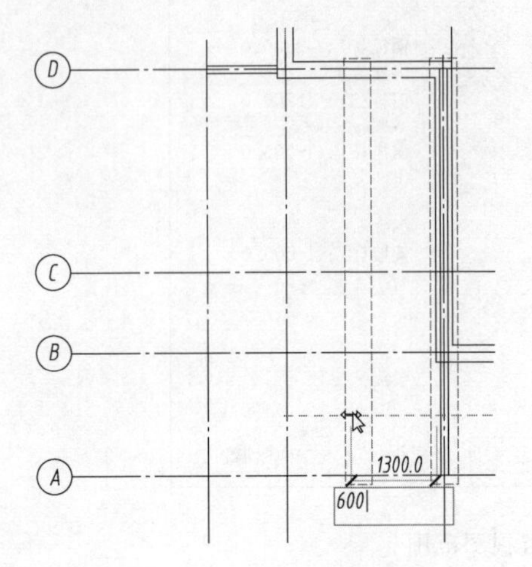

图 14-128　输入阵列间距

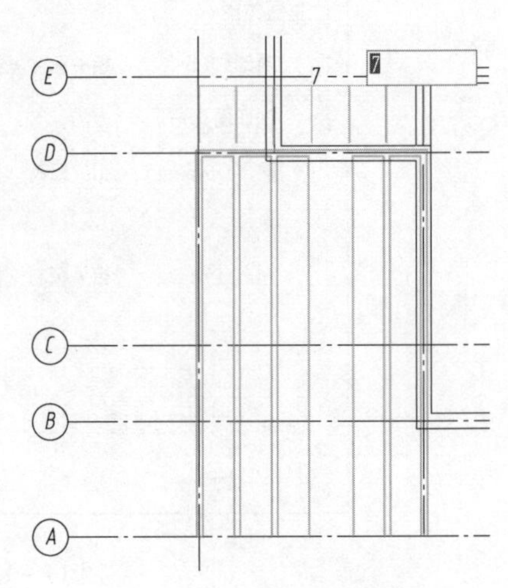

图 14-129　确认阵列数目

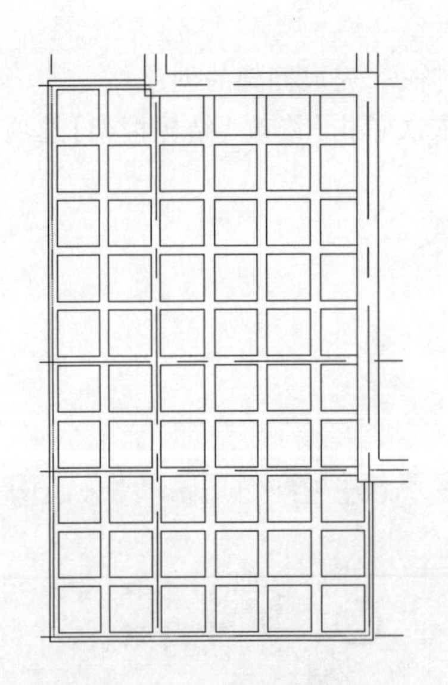

图 14-130　棚架梁平面图

图 14-131　棚架梁立体图

2. 创建立柱

依次单击【建筑】选项卡→【构建】面板→【柱】下拉列表中的【柱:建筑】按钮,复制默认类型并更改柱截面尺寸。然后在选项栏中将【深度】设置为【标高 2】,如图 14-132 所示。回到绘图区,用鼠标捕捉梁体交点并单击,完成立柱创建,结果如图 14-133 所示。

图 14-132　设置立柱的位置范围

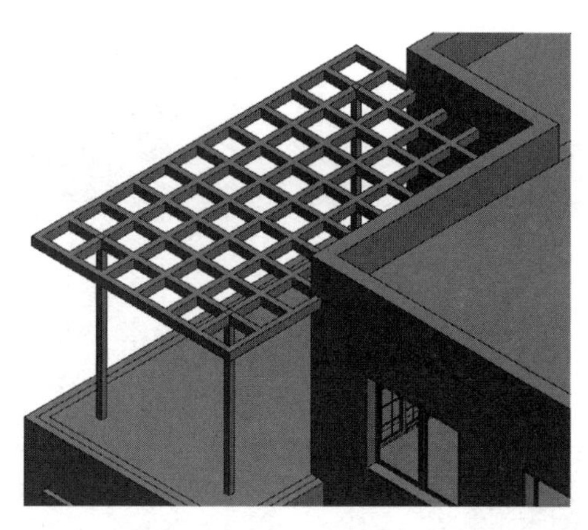

图 14－133　立柱立体图

3. 创建栏杆

如图 14－134 所示，双击【标高 2】进入楼层平面视图，然后依次单击【建筑】选项卡→【楼梯坡道】面板→【栏杆扶手】按钮，如图 14－135 所示。

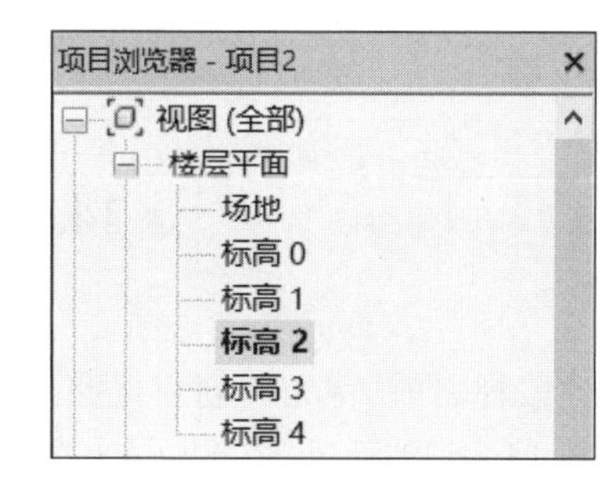

图 14－134　双击【标高 2】

图 14－135　单击【栏杆扶手】按钮

在绘图区中，如图 14－136 所示，用鼠标捕捉交点并创建栏杆路径，创建结束后单击【完成编辑模式】按钮，如图 14－137 所示。栏杆的立体图如图 14－138 所示。

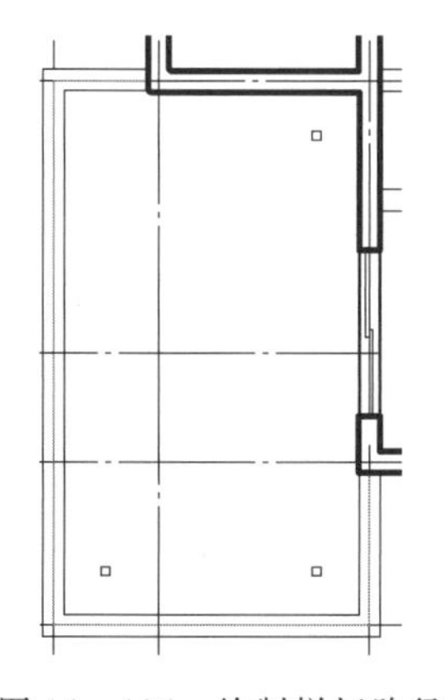

图 14－136　绘制栏杆路径

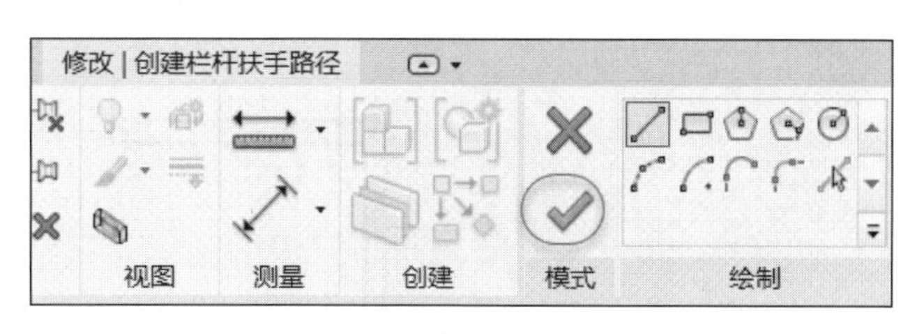

图 14－137　单击【完成编辑模式】按钮

图 14－138　栏杆立体图

14.12　创建楼梯

创建楼梯之前，首先应创建楼梯井，否则各层楼板将会遮挡楼梯的上升通道。

如图 14－139 所示，依次单击【建筑】选项卡→【洞口】面板→【竖井】按钮，然后选择【修改 | 绘制竖井洞口草图】选项卡→【绘制】面板→【矩形】按钮，如图 14－140 所示。

图 14－139　单击【竖井】按钮

图 14－140　单击【矩形】按钮

绘制如图 14－141 所示的矩形，其长度为 2900，宽度为 2400。

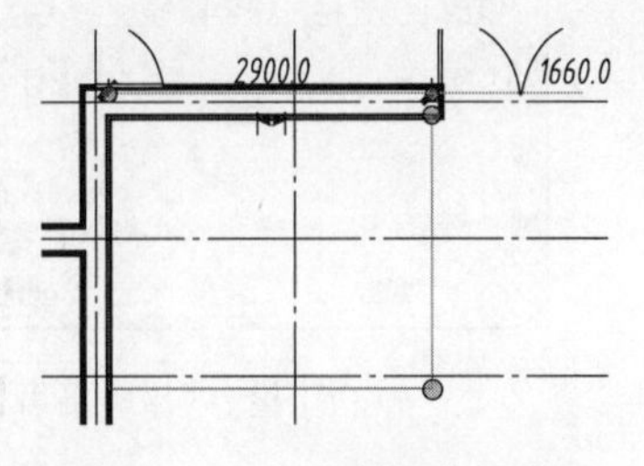

图 14－141　绘制竖井的范围

绘制结束后,依次单击【修改 | 绘制竖井洞口草图】选项卡→【模式】面板→【完成编辑模式】按钮,完成竖井创建,如图 14 - 142 所示。

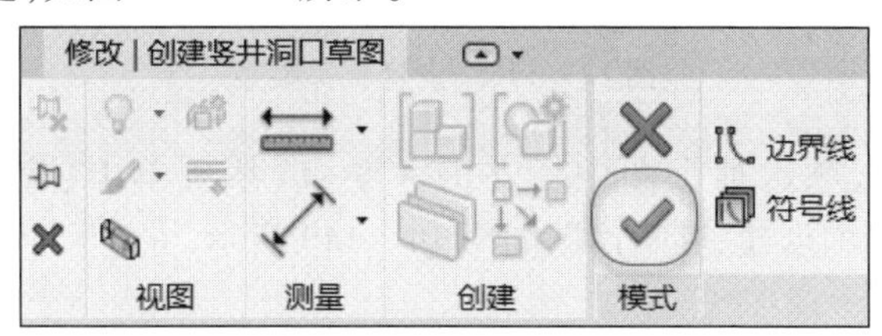

图 14 - 142　单击【完成编辑模式】按钮

将视图切换到三维空间状态,则竖井的立体效果如图 14 - 143 所示。

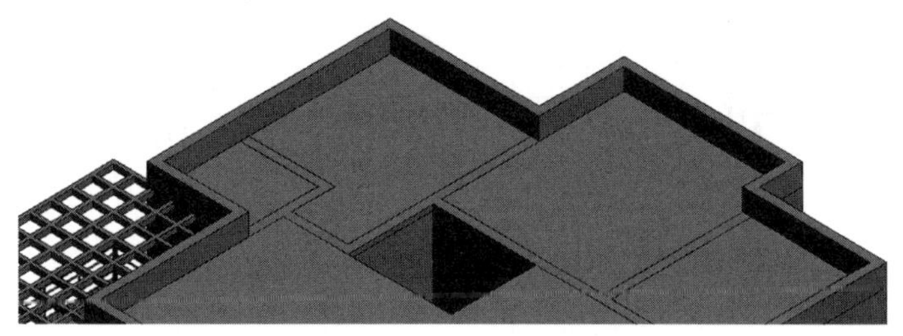

图 14 - 143　竖井开孔

显然,默认情况下的竖井将会贯通建筑物的高度。由于实例中只需对二层楼板开孔,所以应将竖井的竖向范围进行调整。

回到【标高 1】平面视图,如图 14 - 144 所示,用鼠标单击竖井,将【属性】对话框中的【底部偏移】设置为 0、【顶部约束】设置为【标高 2】,然后单击【应用】按钮完成竖井调整。

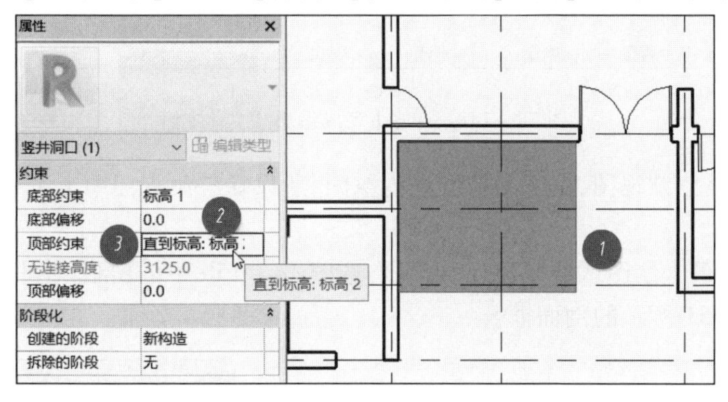

图 14 - 144　设置竖井高度范围

竖井完成后,下面将创建楼梯。

如图 14 - 145 所示,依次单击【建筑】选项卡→【楼梯坡道】面板→【楼梯】按钮,在选项栏中将【定位线】设为【梯段:左】,【实际梯段宽度】设为 1150,如图 14 - 146 所示。

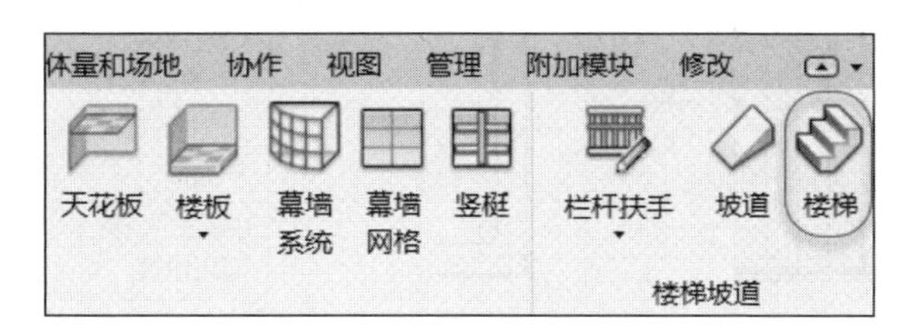

图 14 - 145　单击【楼梯】按钮

定位线: 梯段: 左　偏移: 0.0　实际梯段宽度: 1150.0　☑自动平台

图 14－146　设置楼梯参数

如图 14－147 所示，顺次捕捉图中标注的 4 个点，然后单击【完成编辑模式】按钮，如图 14－148所示，完成楼梯创建，其平面图如图 14－149 所示。

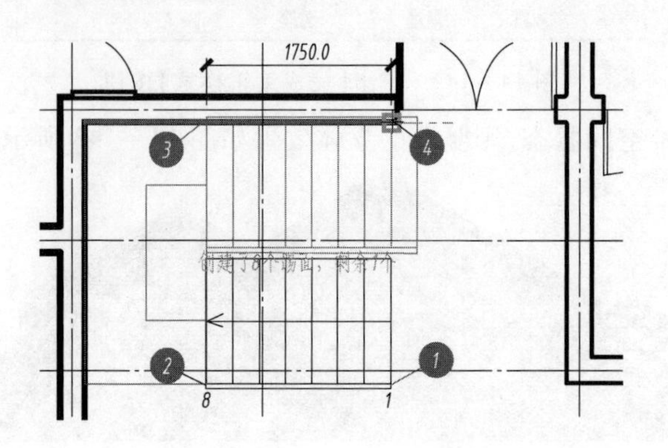

图 14－147　创建楼梯

图 14－148　单击【完成编辑模式】按钮

将视图切换至三维视图，由于楼梯在室内空间，所以在三维视图中无法观察到楼梯的立体效果。

为此，用鼠标单击绘图区的空白处，然后勾选图 14－150 中的【剖面框】复选框，这时绘图区将出现图 14－151 所示的剖面框。

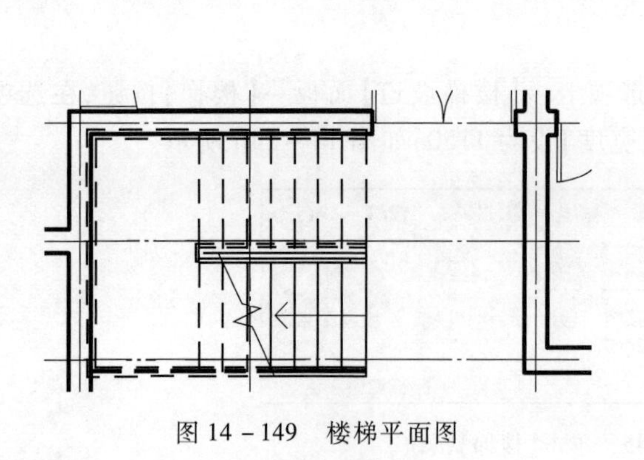

图 14－149　楼梯平面图

属性
三维视图
三维视图: {三维}　编辑类型
裁剪区域可见 ☐
注释裁剪 ☐
远剪裁激活 ☐
远剪裁偏移 304800.0
剖面框 ☑
相机
渲染设置 编辑...

图 14－150　勾选【剖面框】复选框

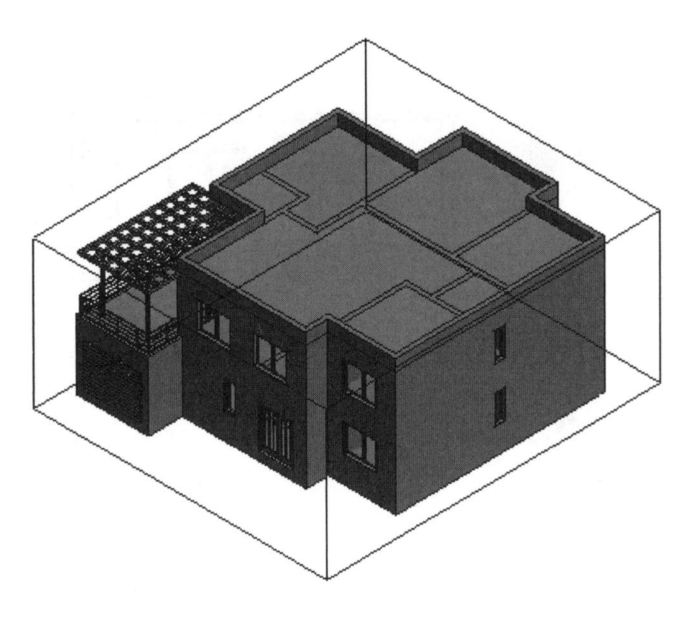

图 14－151　剖面框

用鼠标单击剖面框，在其表面将出现图 14－152 所示的控制箭头。用鼠标单击并拖动控制箭头，直到能较好地观察到楼梯的三维效果，如图 14－153 所示。

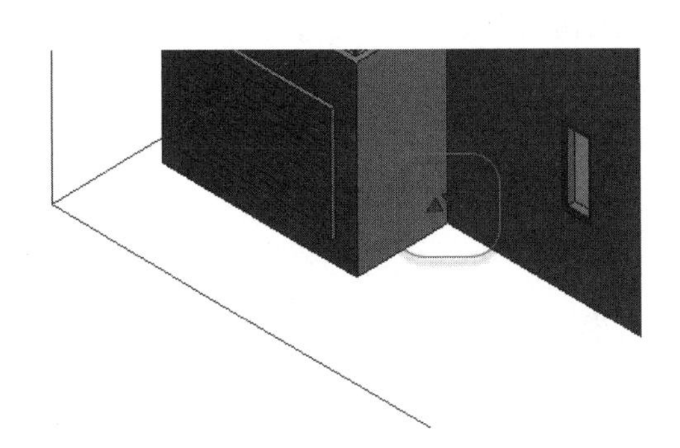

图 14－152　剖面框的控制箭头

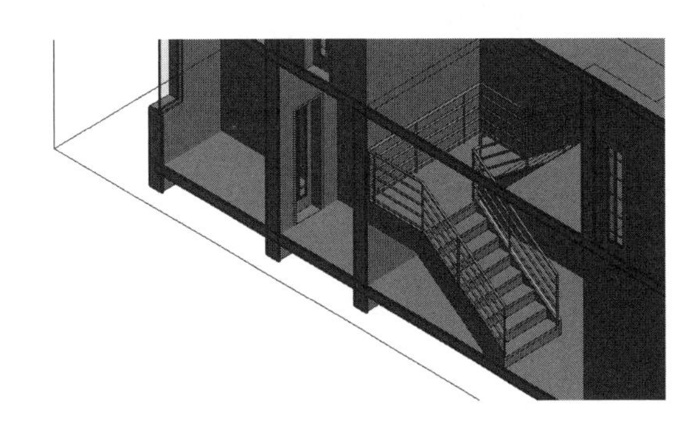

图 14－153　楼梯立体图

为了查看楼梯立面图，我们还需要生成建筑剖面图。

如图 14－154 所示，依次单击【视图】选项卡→【创建】面板→【剖面】按钮，如图 14－155 所示，在【标高 1】平面视图中绘制剖面线并单击【翻转】按钮，然后在【项目浏览器】中双击【剖面 1】选项，如图 14－156 所示，则建筑剖面图如图 14－157 所示。

图 14－154　单击【剖面】按钮

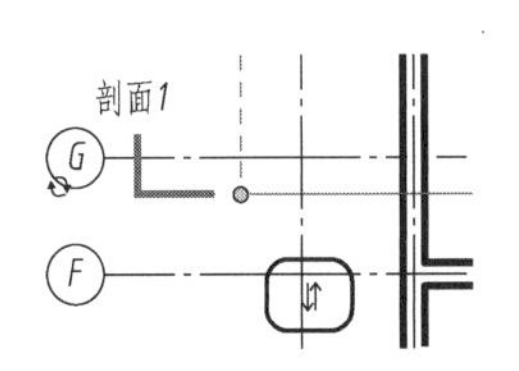

图 14－155　单击【翻转】按钮

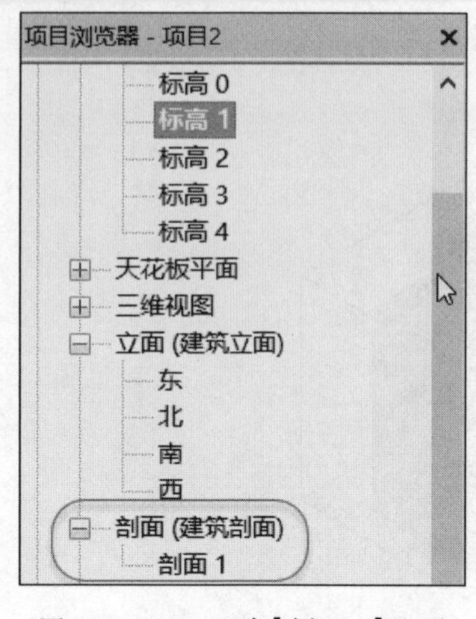

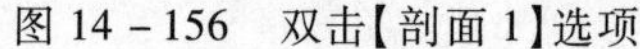

图 14－156　双击【剖面 1】选项

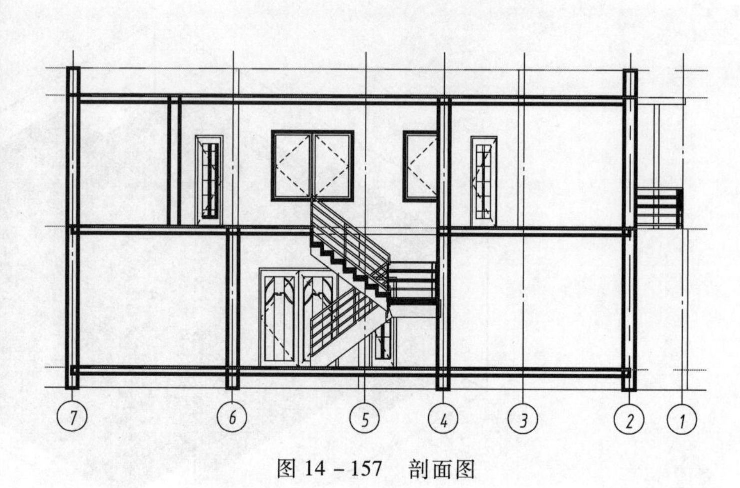

图 14－157　剖面图

14.13　室外台阶和车库坡道

室外台阶和车库坡道可通过拉伸截面的方法完成创建。

如图 14－158 所示，依次单击【建筑】选项卡→【构建】面板→【构件】下拉列表中的【内建模型】按钮，弹出图 14－159 所示的对话框后，选择【常规模型】选项并单击【确定】按钮，然后键入模型名称并单击【确定】按钮，如图 14－160 所示。

告知系统要创建内建模型后，为了方便拉伸操作，还应确定绘制台阶横截面的基准面。

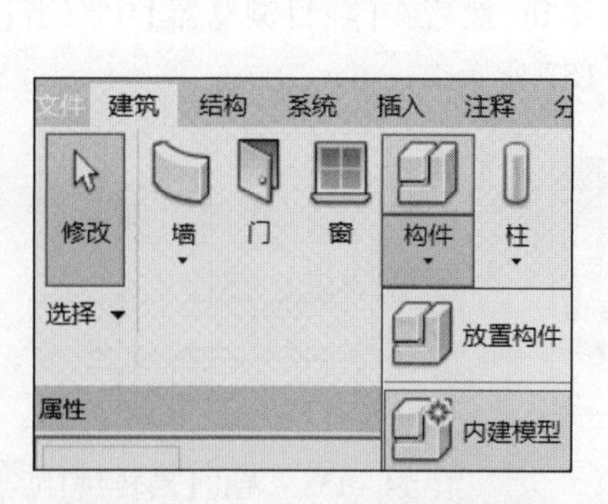

图 14－158　单击【内建模型】按钮

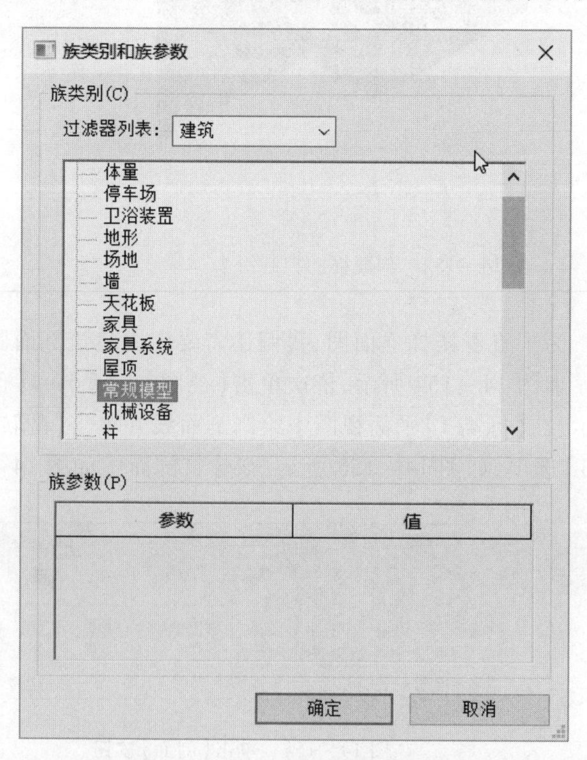

图 14－159　选择【常规模型】选项

如图 14－161 所示，依次单击【创建】选项卡→【工作平面】面板→【设置】按钮，弹出图 14－162所示的对话框后，单击选择【拾取一个平面】单选按钮。

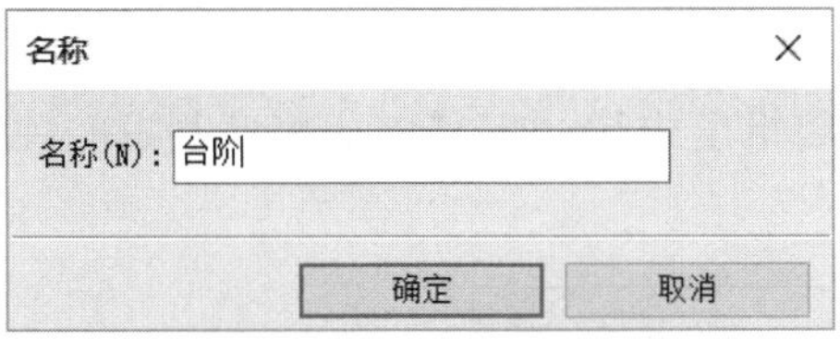

图 14－160　键入名称

图 14－161　单击【设置】按钮

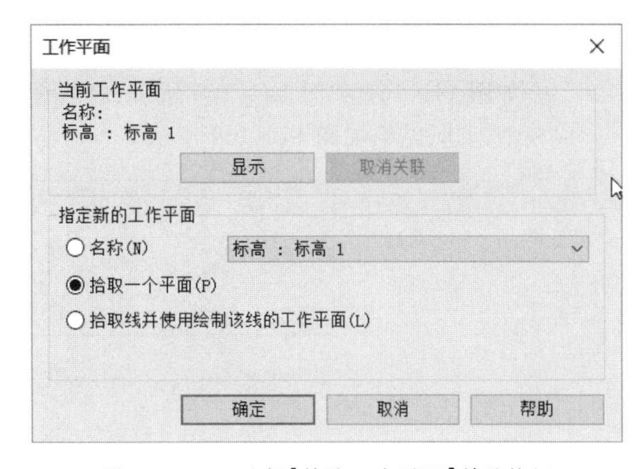

图 14－162　选择【拾取一个平面】单选按钮

回到绘图区，将鼠标移至外墙面，当出现蓝色的方框时进行单击，如图 14－163 所示。此时，该外墙面将作为绘制台阶横截面的工作平面。

下面将启动拉伸命令，绘制横截面并完成台阶创建。

如图 14－164 所示，依次单击【创建】选项卡→【形状】面板→【拉伸】按钮，回到绘图区，在前面创建的工作平面内绘制踏面宽度为 300，台阶高度为 225 的台阶横截面如图 14－165 所示。

图 14－163　拾取墙面

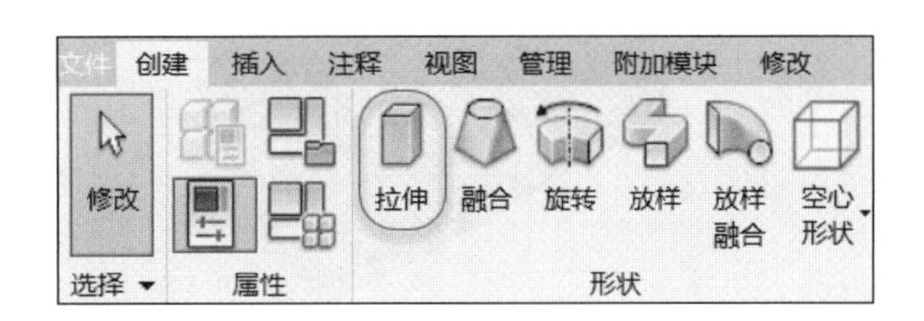

图 14－164　单击【拉伸】按钮

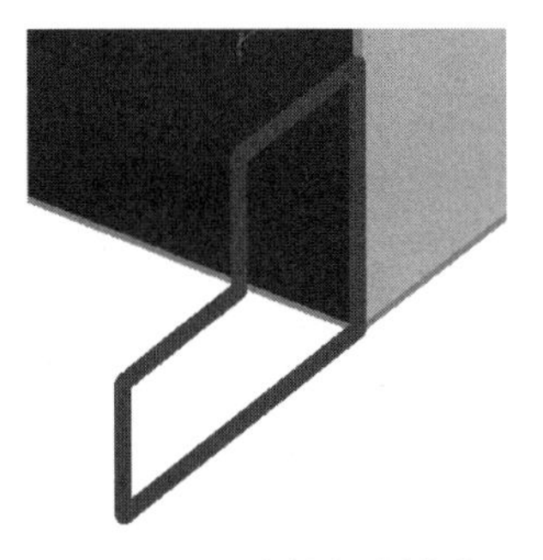

图 14－165　绘制台阶横截面

同时在选项栏中将拉伸距离设置为－2760，如图 14－166 所示。

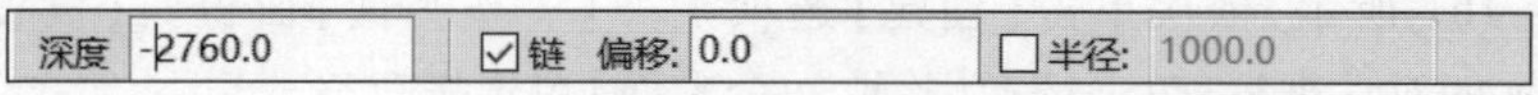

深度 -2760.0 ☑链 偏移: 0.0 ☐半径: 1000.0

图 14－166　设置拉伸距离

如图 14－167 和图 14－168 所示，顺次单击【完成编辑模式】按钮和【完成模型】按钮，完成模型创建，结果如图 14－169 所示。

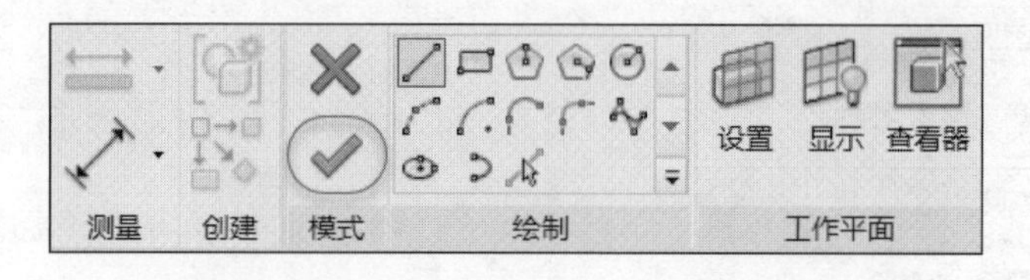

图 14－167　单击【完成编辑模式】按钮

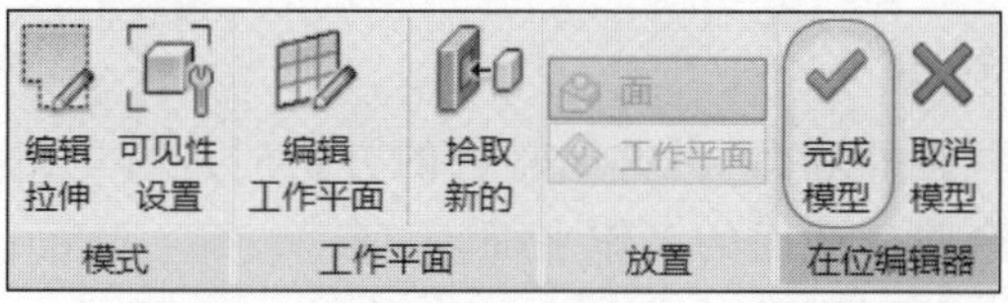

图 14－168　单击【完成模型】按钮

由图可知，台阶模型的位置靠右。所以，还应利用平移命令将其移动至合适的位置。

如图 14－170 所示，双击【标高 0】选项，回到绘图区后，用鼠标单击选中台阶，然后单击【平移】按钮，勾选选项栏中的【分开】复选框，如图 14－171 所示。

图 14－169　台阶模型

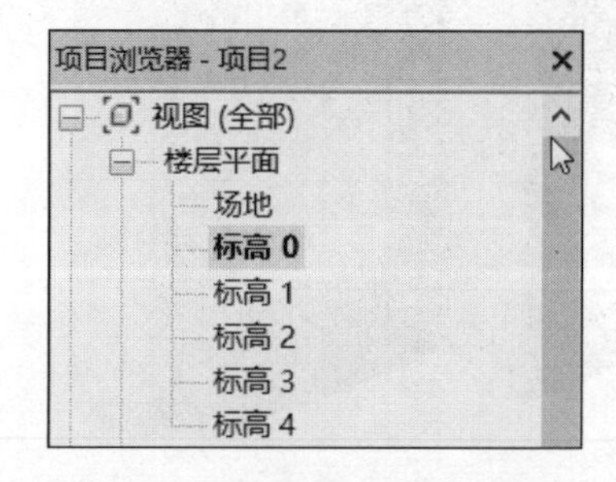

图 14－170　双击【标高 0】选项

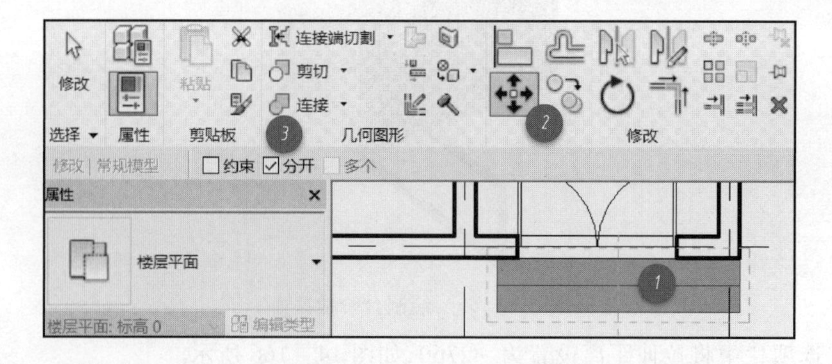

图 14－171　平移台阶

最后，单击台阶并向左移动，键入移动距离 240 并按【Enter】键，完成位置的调整。

到此为止，台阶创建完毕。请读者用同样的方法完成车库坡道的创建。

完成后的结果如图 14－172 所示。

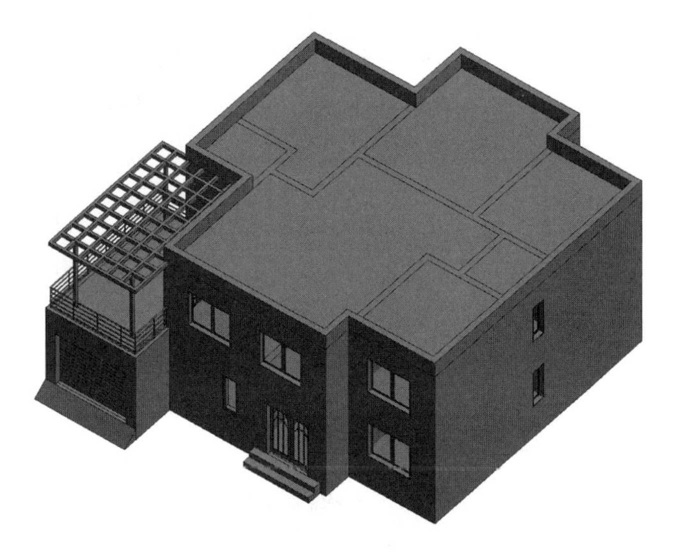

图 14－172　台阶和坡道

14.14　标注一层平面图

创建了立体模型后，在平面视图中已经能观察到房屋建筑的轮廓投影，但是由于该平面图中缺少很多图形中应有的标记，所以还需要进一步创建图形标记并完善平面图。

1. 标记门窗

如图 14－173 所示，双击【标高 1】选项，然后依次单击【注释】选项卡→【标记】面板→【全部标记】按钮，如图 14－174 所示。

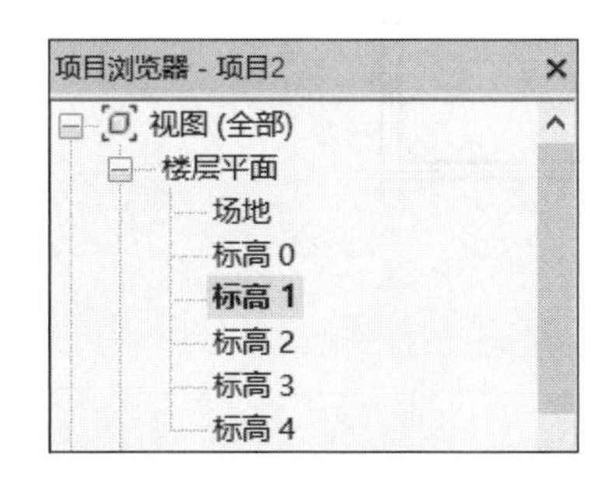

图 14－173　双击【标高 1】

图 14－174　单击【全部标记】按钮

当弹出图 14－175 所示的对话框后，单击选中【当前视图中的所有对象】单选按钮，然后在【类别】列表中选择【窗标记】和【门标记】并单击【确定】按钮。

此时，门窗标记自动出现，结果如图 14－176 所示。由图可知，这些标记的文本内容、文字字头的方向和显示位置都存在问题,所以还需对此进行逐一调整。

为了改变标记的内容,首先将鼠标移至标记文字上,当出现蓝色的外框时,用鼠标双击并键入合适的文字。然后按【Enter】键,此时将弹出图 14 - 177 所示的确认对话框,单击【是】按钮即可。

当完成一类族标记的更改后,利用同一个族创建的所有图元将自动更新文本标记。请读者用同样的方法修改其他门窗的标记(**注意**:同类中只修改一个即可)。

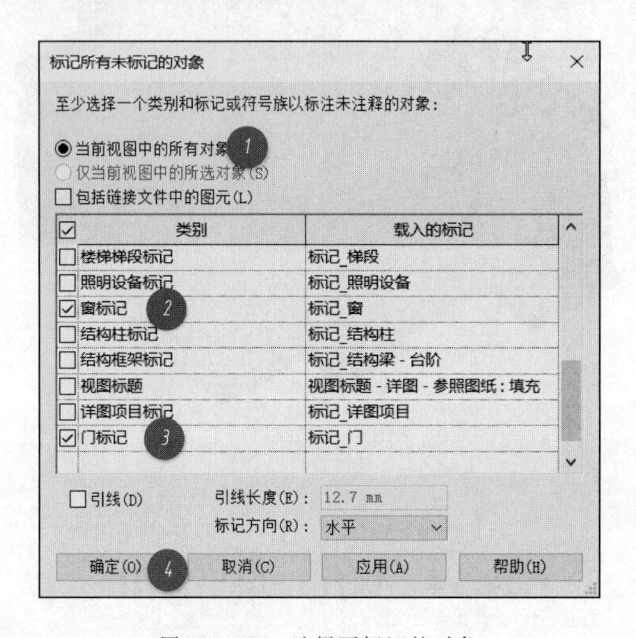

图 14 - 175　选择要标记的对象

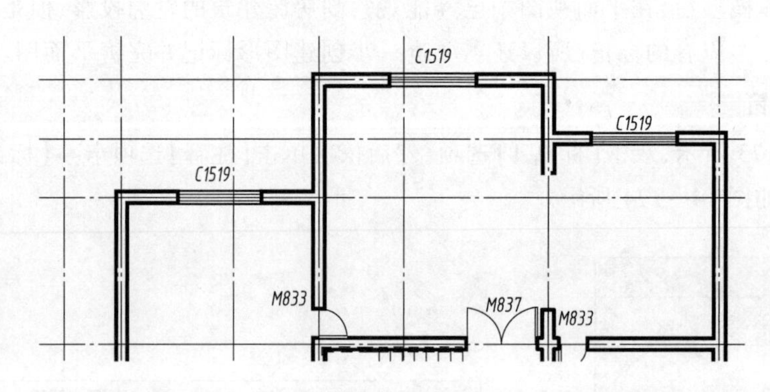

图 14 - 176　门窗标记

如果需要改变文字的注写方向,请用鼠标单击选中标记文字且按下空格键即可。为了调整标记显示的位置,请将鼠标移至门窗标记上,当出现蓝色的文字包围框时,按下鼠标并拖动至合适的位置。经过一系列调整后,门窗标记的效果如图 14 - 178 所示。

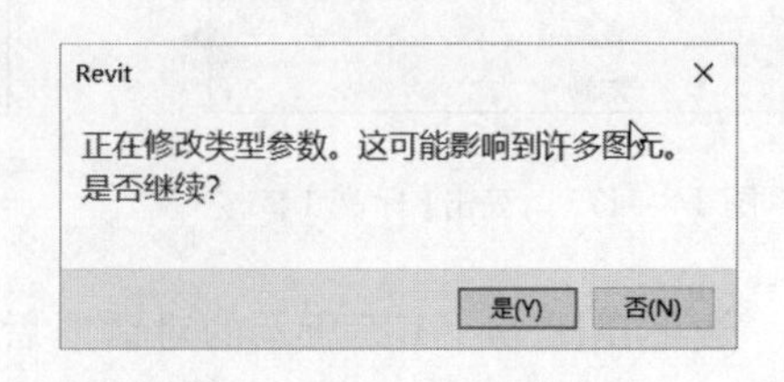

图 14 - 177　单击【是】按钮

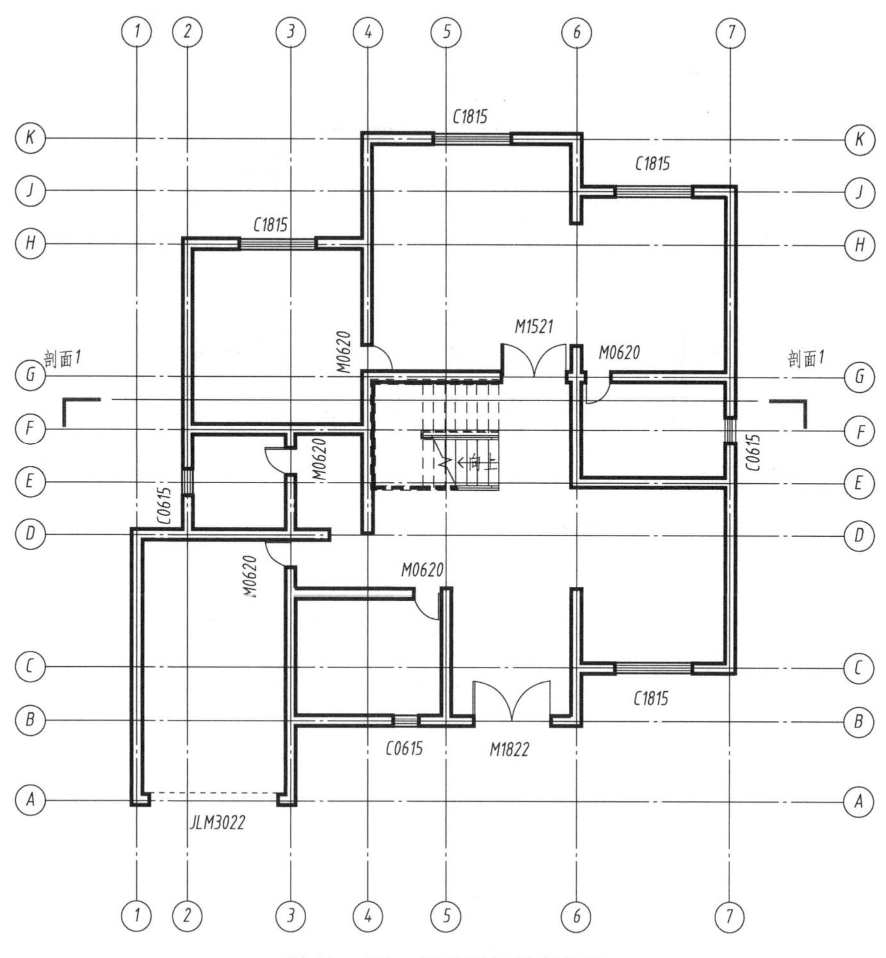

图 14 - 178　调整后的门窗标记

2. 创建房间并标记

按照 AutoCAD 中绘图的思维，只需要在房间内标注对应的文字即可完成房间的创建。但是在 Revit 中，由于涉及房间数量和面积的统计等工作，必须手工创建房间并完成标记。

如图 14 - 179 所示，依次单击【建筑】选项卡→【房间和面积】面板→【房间】按钮，将鼠标移至如图 14 - 180 所示的一个房间内，当跟随鼠标出现两条相交直线时，单击鼠标一次，完成房间的创建。

图 14 - 179　单击【房间】按钮

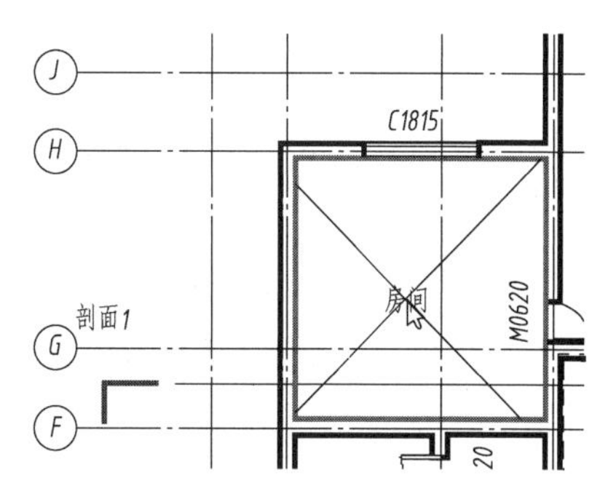

图 14 - 180　创建房间

如图 14－181 所示,如果在右侧创建房间,则系统将两块面积区域视为一个房间。为了将空间进行分隔,在创建房间前应在两个空间分隔处创建房间分隔线。

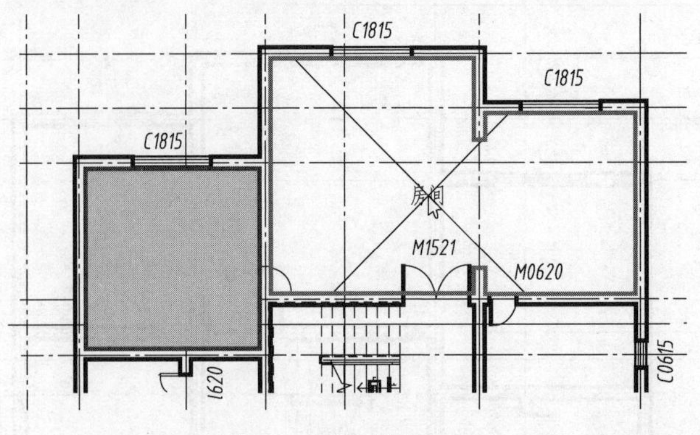

图 14－181　创建房间

如图 14－182 所示,依次单击【建筑】选项卡→【房间和面积】面板→【房间分隔】按钮,然后在房间分隔处绘制一条房间分隔线,如图 14－183 所示。

图 14－182　单击【房间分隔】按钮

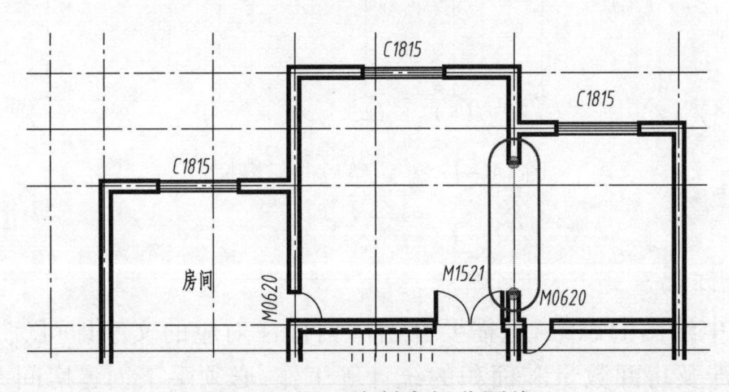

图 14－183　绘制房间分隔线

然后按照前面的方法创建房间即可,结果如图 14－184 所示。

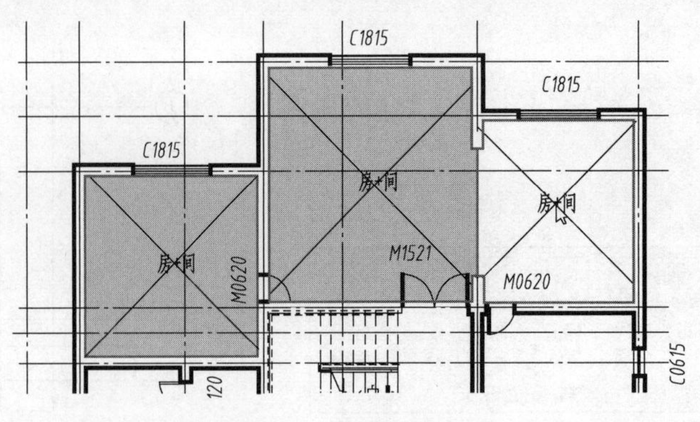

图 14－184　创建房间

但是，有时可能需要忽略隔墙而将相邻的两部分视为一个房间。此时，需要设置隔墙的属性，使系统在创建房间时自动忽略。

如图 14－185 所示，用鼠标单击隔墙，然后在【属性】面板中取消【房间边界】属性的勾选。之后创建房间，如图 14－186 所示。

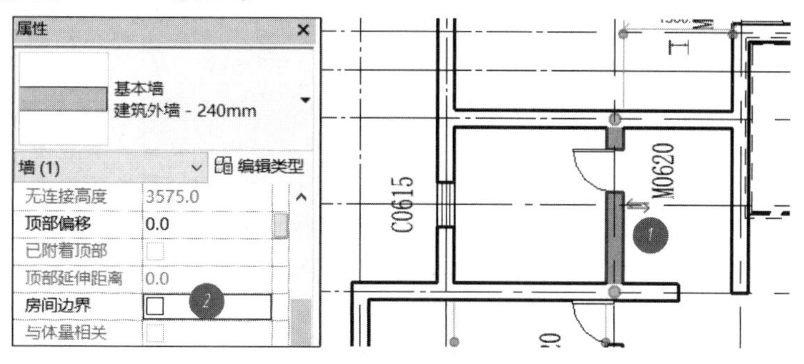

图 14－185 取消房间边界

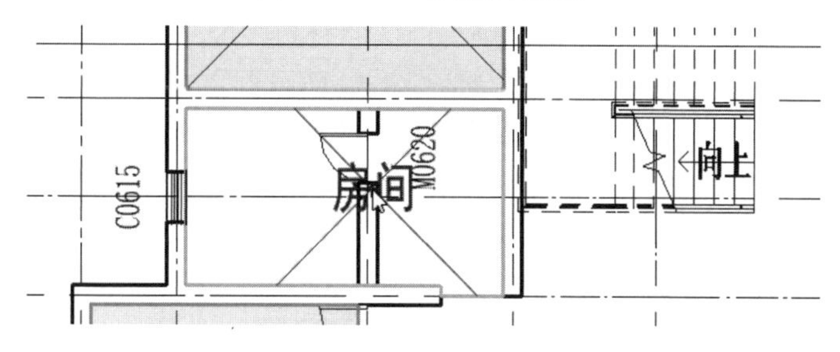

图 14－186 创建房间

由于每个房间的用途有所不同，所以应将房间的标记文字进行调整，方法是：将鼠标移至文字标记上，当出现蓝色的方框时，双击文字并输入新的文字即可。

修改所有房间标记后，将鼠标移至其中一个标记上并单击右键，在弹出的快捷菜单中依次选择【选择全部实例】→【在视图中可见】选项，如图 14－187 所示。

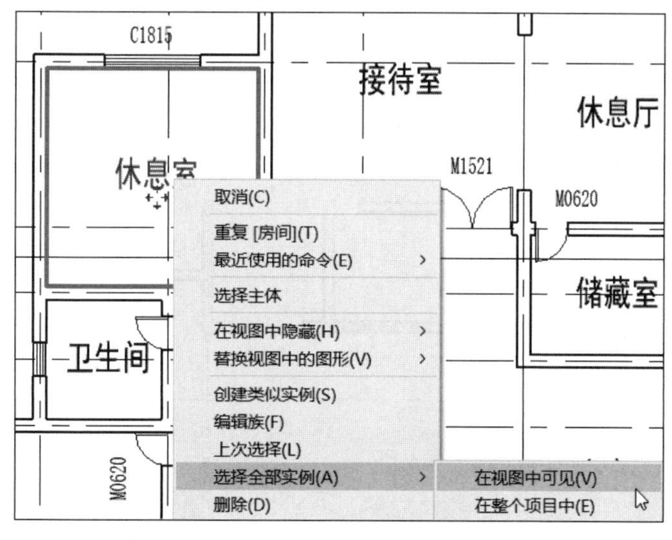

图 14－187 选择全部房间标记

选中所有标记后，在【属性】面板中选择【标记_房间－无面积－施工－仿宋－3mm－0－67】，如图 14－188 所示。

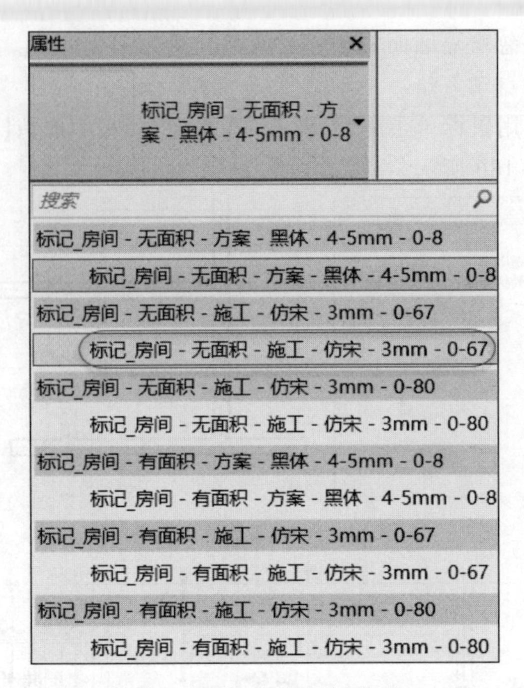

图 14－188　选择标记类型

调整结束后,房间标记如图 14－189 所示。

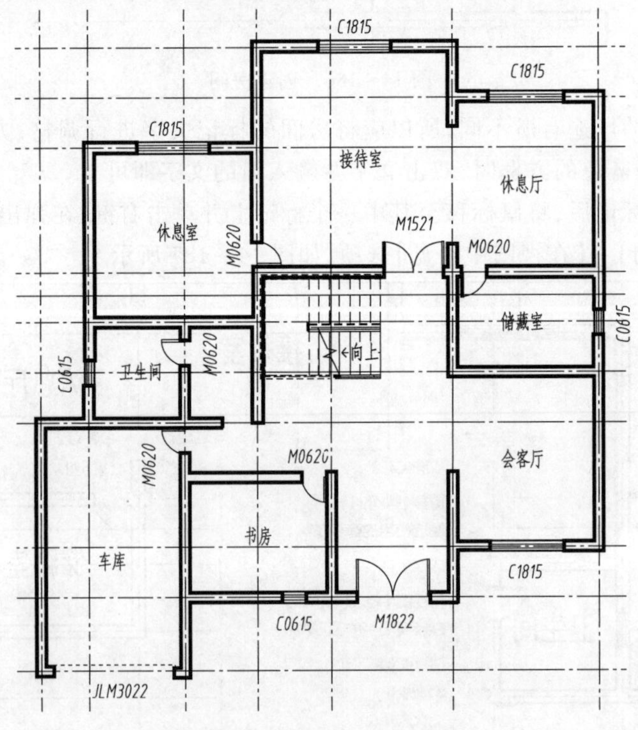

图 14－189　修改后的房间标记

3. 调整轴网

由图 14－1 中的平面图可知,轴网中轴线的长度并非相同。所以,在标注尺寸之前,应完成轴网的长度调整。

如图 14－190 所示，用鼠标单击选中一条轴线，依次单击【3D】按钮和端部的复选框，然后用鼠标拖动其端点移动至合适的位置。

完成所有轴线的调整后，结果如图 14－191 所示。

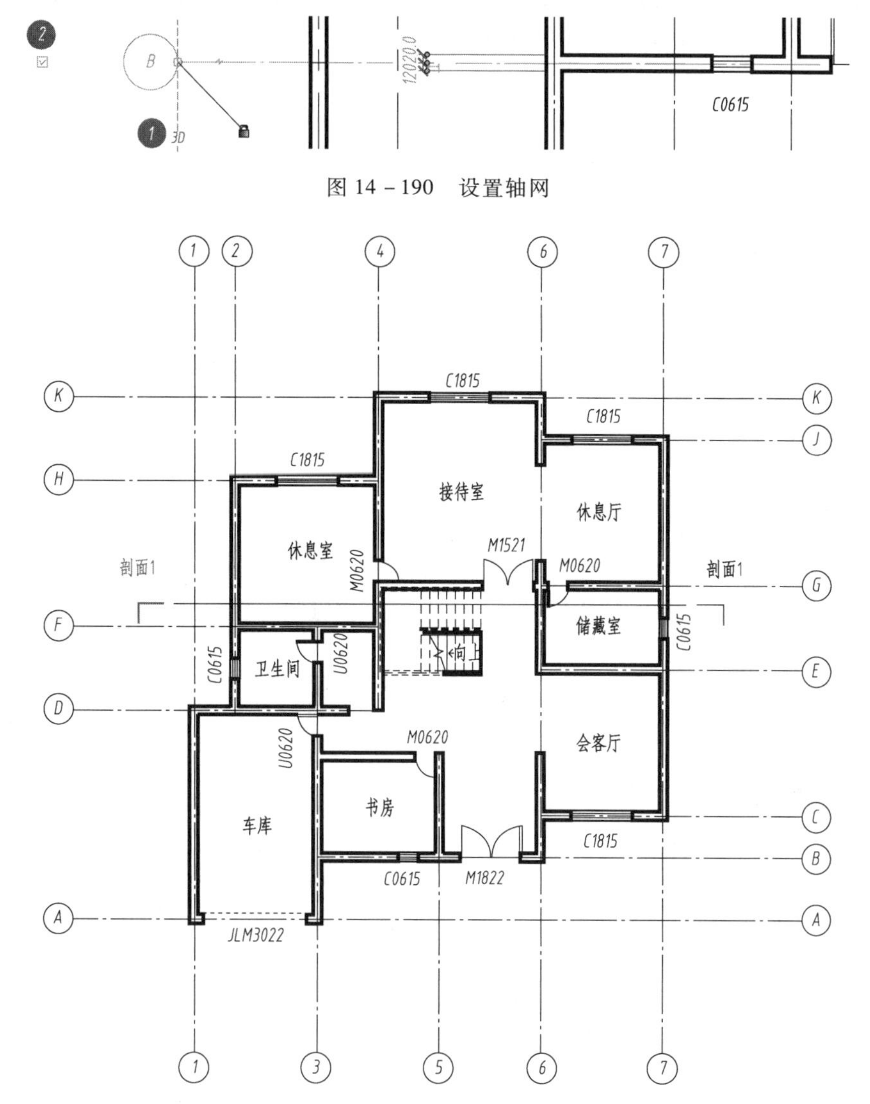

图 14－190　设置轴网

图 14－191　调整后的轴网

4. **完成平面图形的尺寸标注**

如图 14－192 所示，依次单击【注释】选项卡→【尺寸标注】面板→【对齐】按钮，在选项栏中将【拾取】设置为【整个墙】，如图 14－193 所示。

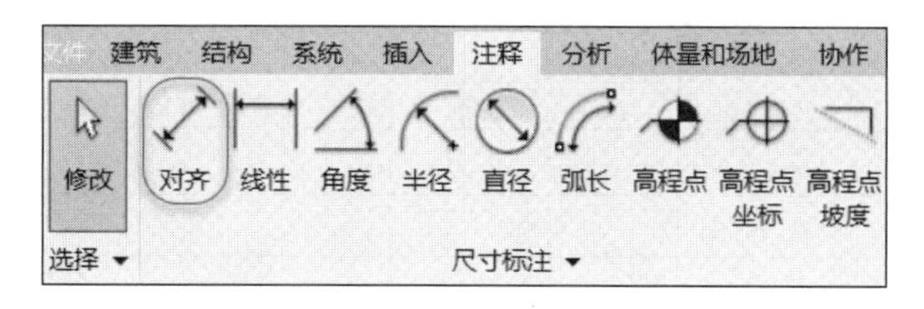

图 14－192　单击【对齐】按钮

图 14－193　设置选项栏

接着单击选项栏中的【选项】按钮，弹出图 14－194 所示的对话框。如图选中相关选项后，用鼠标拾取外墙完成第 1 道尺寸的标注。

再用鼠标顺序拾取轴线，完成第 2、3 道尺寸的标注，结果如图 14－195 所示。

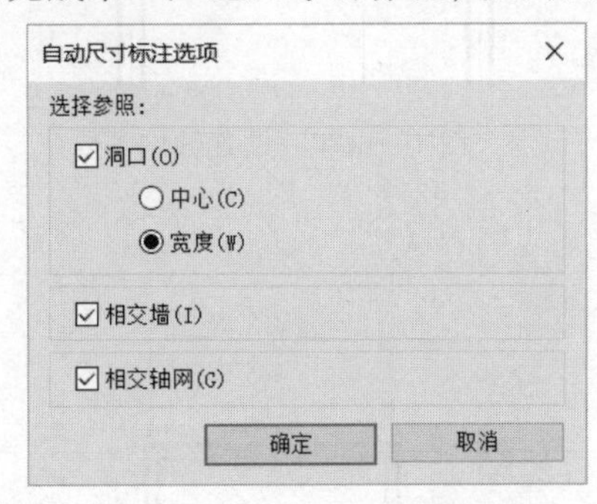

图 14－194　设置标注选项

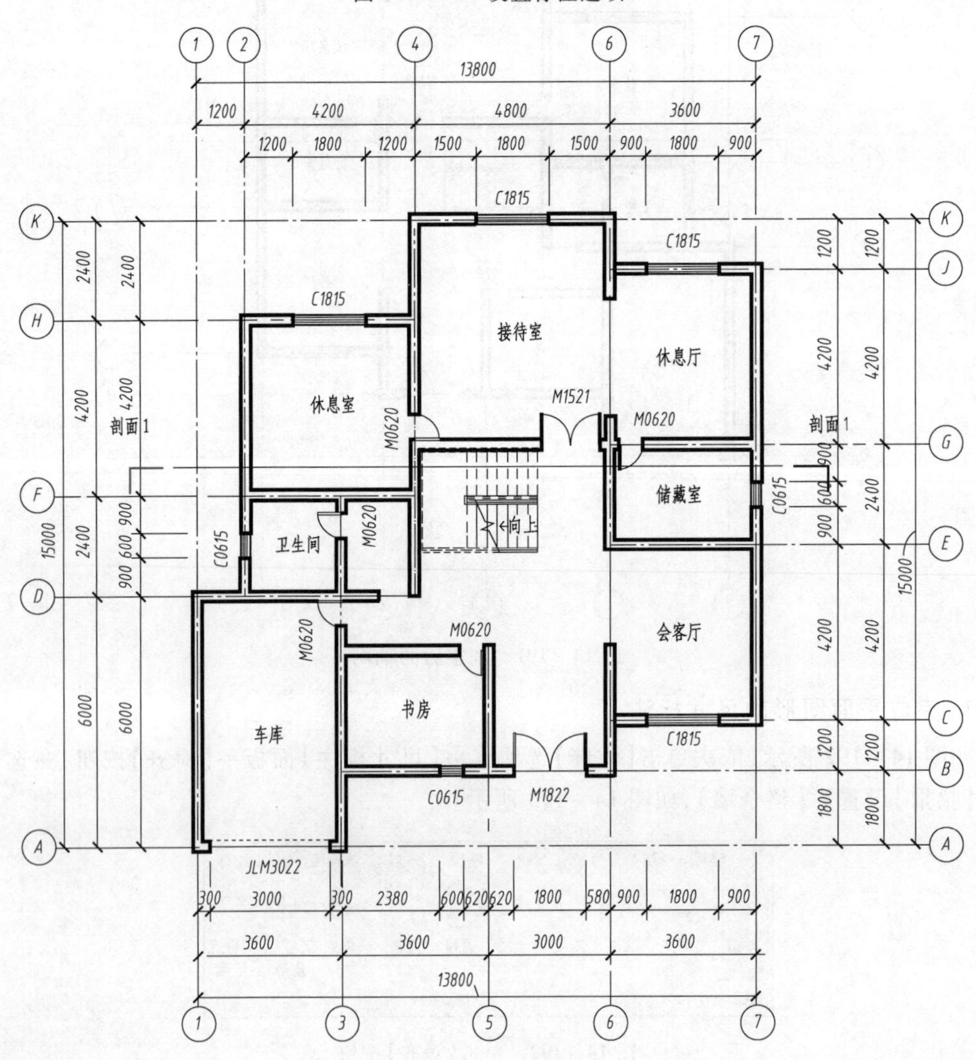

图 14－195　尺寸标注

到此为止,我们完成了一层平面图的创建。为了创建其他各层平面图,可用同样的方法完成创建和标注。

为了提高效率,可复制一层平面图中的门窗标记和尺寸标注至其他层,然后进行必要的调整即可。

为了复制一层平面图中的门窗标记和尺寸标注,首先用鼠标框选一层中的全部图元,然后如图 14－196 所示,依次单击【修改 | 选择多个】选项卡→【选择】面板→【过滤器】按钮,弹出图 14－197 所示的对话框后,选中【尺寸标注】、【窗标记】和【门标记】并单击【确定】按钮。

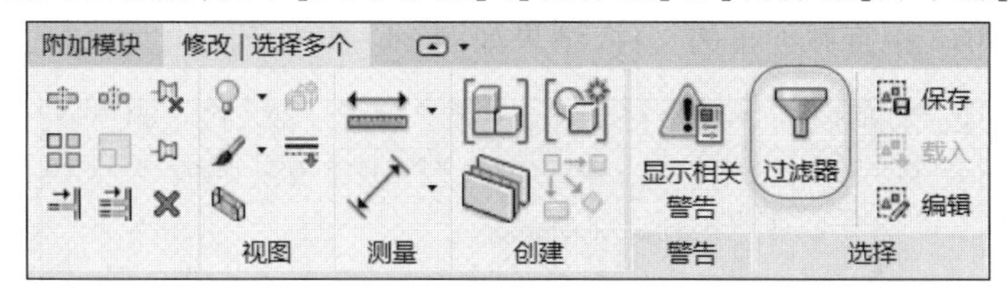

图 14－196　单击【过滤器】按钮

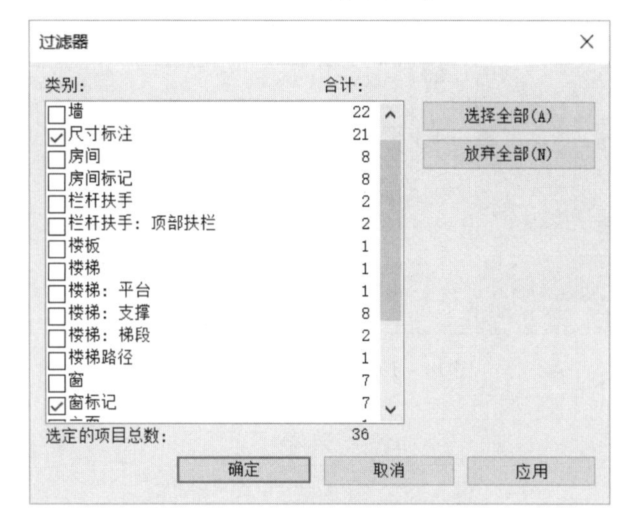

图 14－197　选择要复制的类别

在【项目浏览器】面板中,双击【标高 2】,然后依次单击【修改 | 选择多个】选项卡→【剪贴板】面板→【复制】和【粘贴】下拉列表中的【与当前视图对齐】按钮,如图 14－198 所示,完成图元的复制。

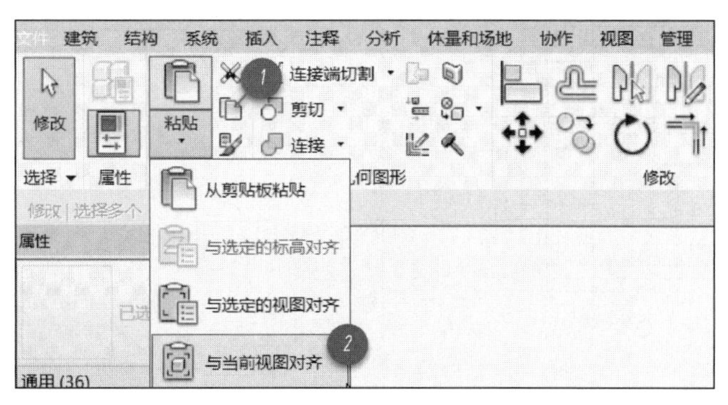

图 14－198　复制并粘贴

复制结束后,请读者对其中的图元进行调整,直至满足要求。此处省略有关的操作步骤。

14.15　导出 DWG 格式的平面图

如图 14－199 所示，依次单击【文件】→【导出】→【CAD 格式】→【DWG】选项，弹出图 14－200所示的对话框后，单击【下一步...】按钮。

指定保存路径并输入文件名后单击【保存】按钮。

在 AutoCAD 2018 中打开导出的文件，结果如图 14－201 所示。

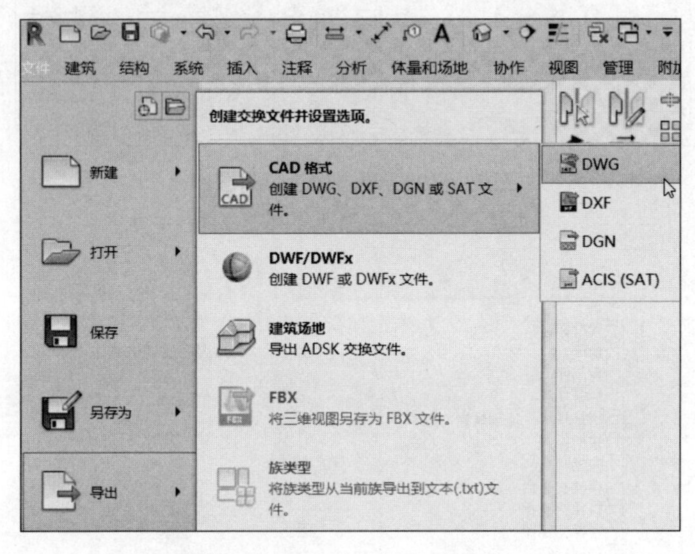

图 14－199　单击【DWG】选项

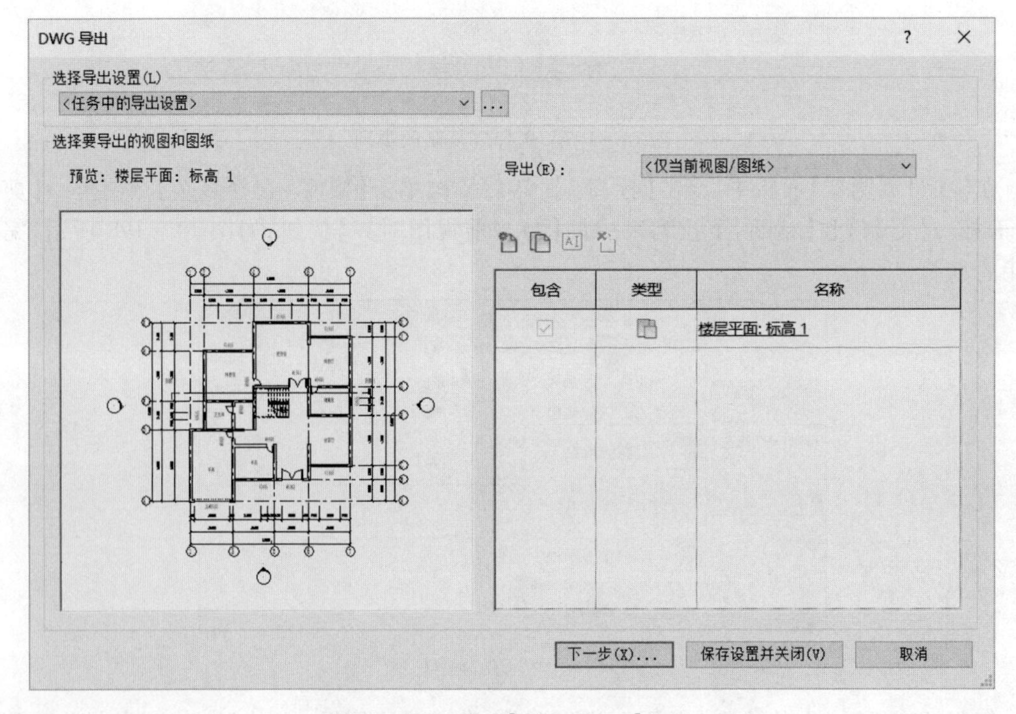

图 14－200　单击【下一步...】按钮

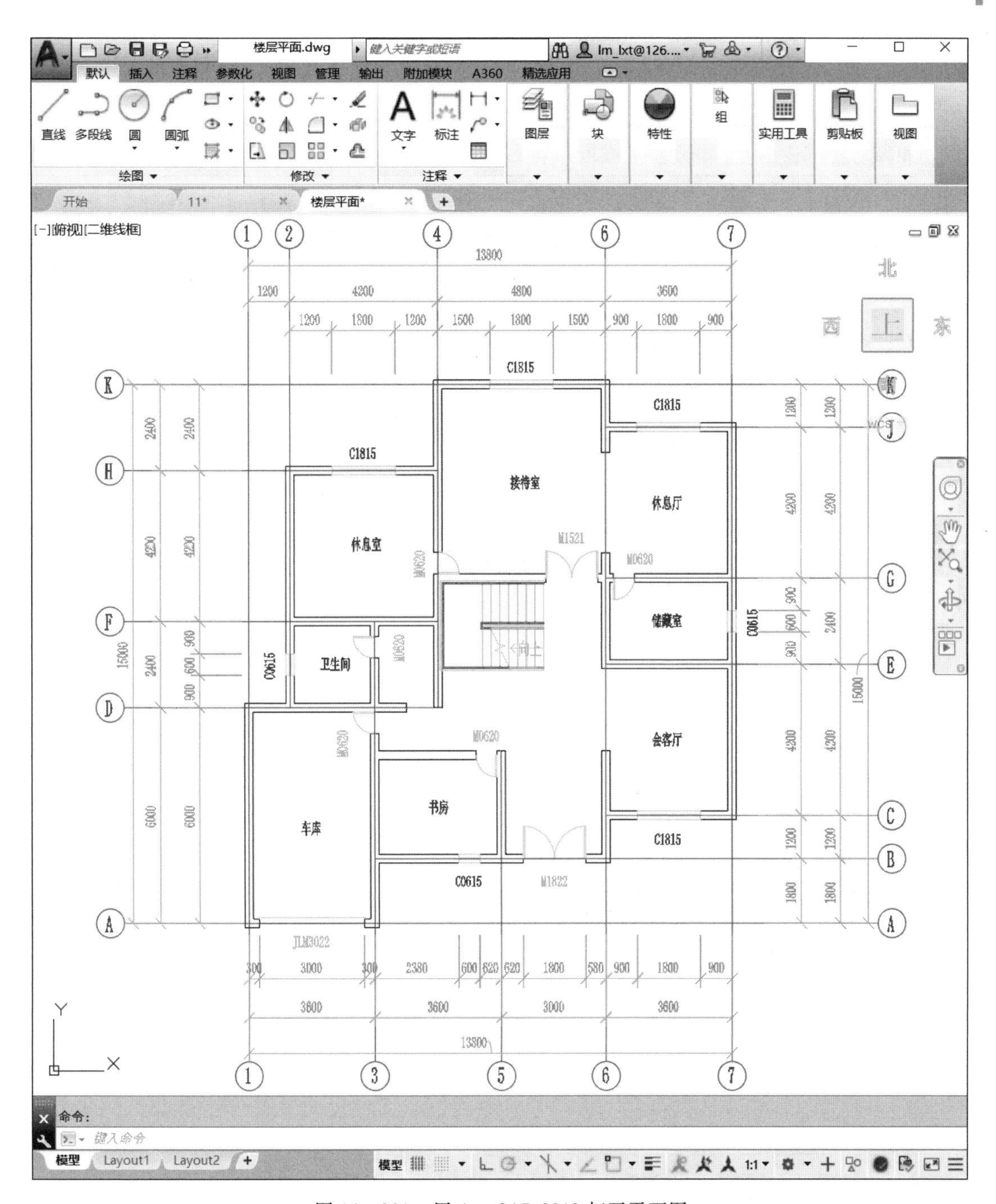

图 14－201　用 AutoCAD 2018 打开平面图

第15章 Dynamo可视化编程

Dynamo 是适用于设计人员的可视化程序设计平台。

就像 AutoCAD 中的脚本语言 Visual Lisp 一样,这种编程语言不但能很好地扩充 Revit 的功能,还能使一些重复性高的工作完全自动化,提高工作效率。

不同的是,在 Visual Lisp 中,所有程序语句均为文本,程序加载后,AutoCAD 内部的脚本解释器将逐行读取并解释执行每一句程序语句。但是在 Dynamo 中,编程更多地表现为可视化的节点。

通过创建各种节点并用图线相连,形成程序中数据的传输路线,最后实现想要表达的模型或完成要求的任务。为了获得较为清晰的轮廓,请读者按照本章的内容,逐步了解并运用 Dynamo进行程序设计。

15.1 Dynamo 的安装

如果读者安装的是 Revit 2018 及以上版本,则软件中已经集成了 Dynamo,不再需要单独安装。

如果 Revit 的版本低于 2017,则需要手动下载并安装 Dynamo,相关地址为:

http://dynamobim.org/download/

打开网址后,可见图 15-1 所示的下载选项。左侧为免费的依赖于 Revit 的安装包,右侧为收费的可独立使用的安装包。建议读者下载并安装左侧的安装包。

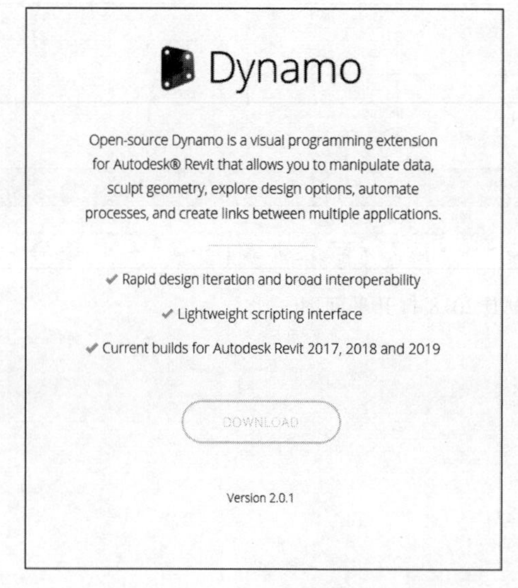

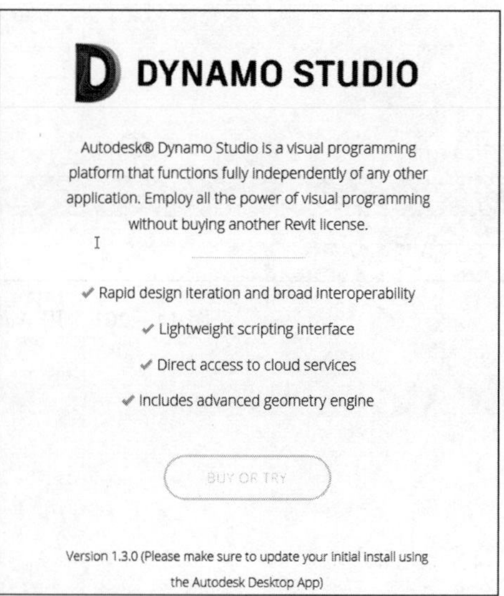

图 15-1 Dynamo 下载选项

15.2　运行 Dynamo

安装 Dynamo 后，首先创建建筑样板项目，然后如图 15－2 所示，依次单击【管理】选项卡→【可视化编程】面板→【Dynamo】按钮，则 Dynamo 的初始界面如图 15－3 所示。

为了进行可视化编程，在图 15－3 中单击【新建】按钮，则出现图 15－4 所示的工作界面。其中，右侧白色背景区域为可视化节点和模型的显示区。

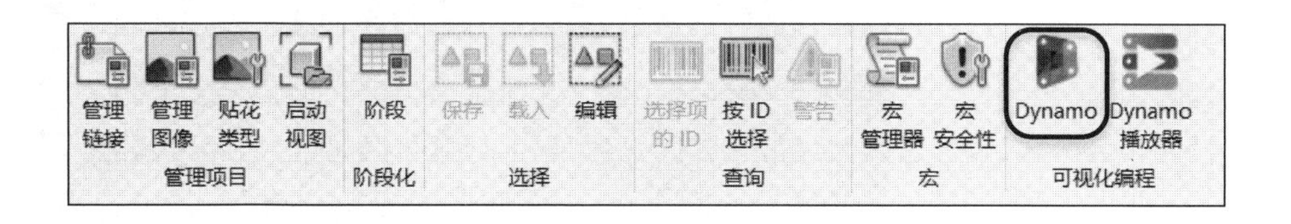

图 15－2　单击【Dynamo】按钮

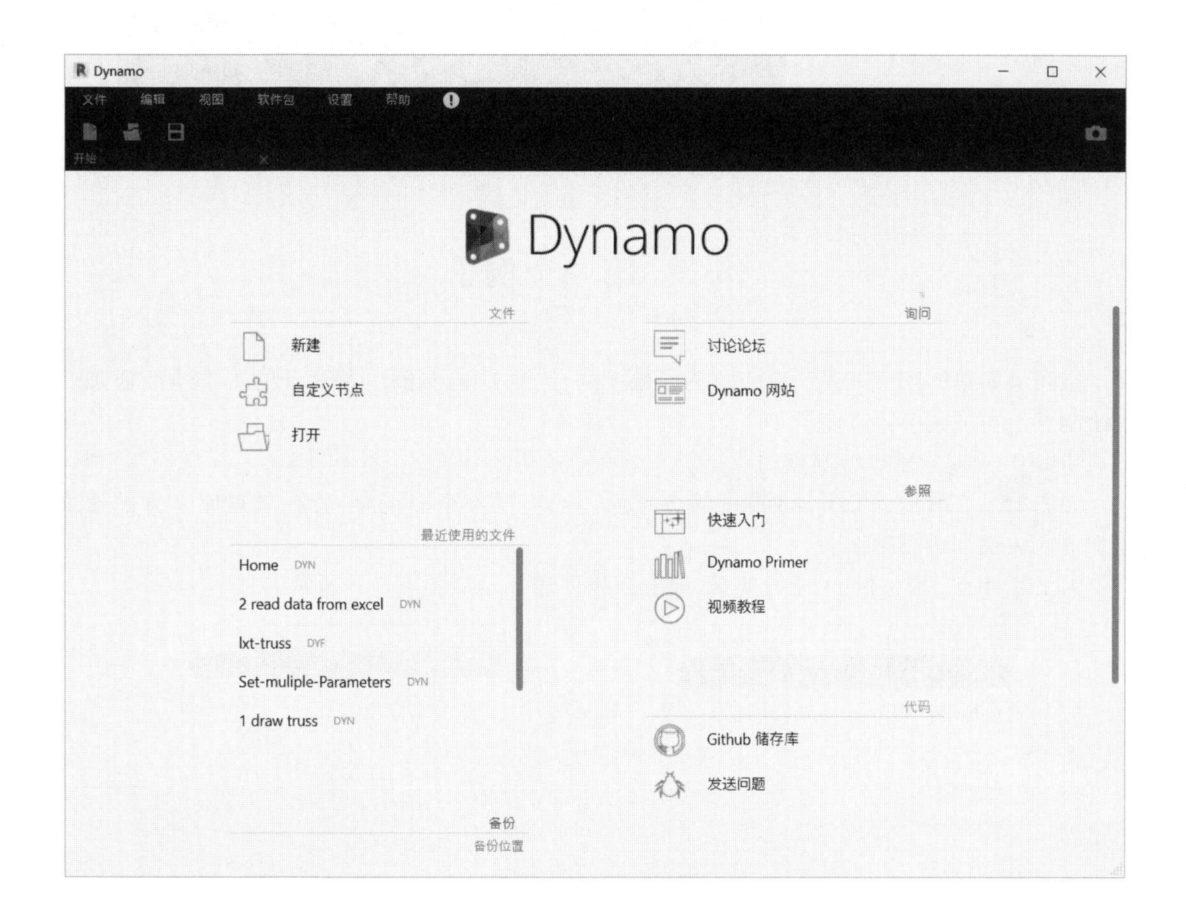

图 15－3　Dynamo 初始界面

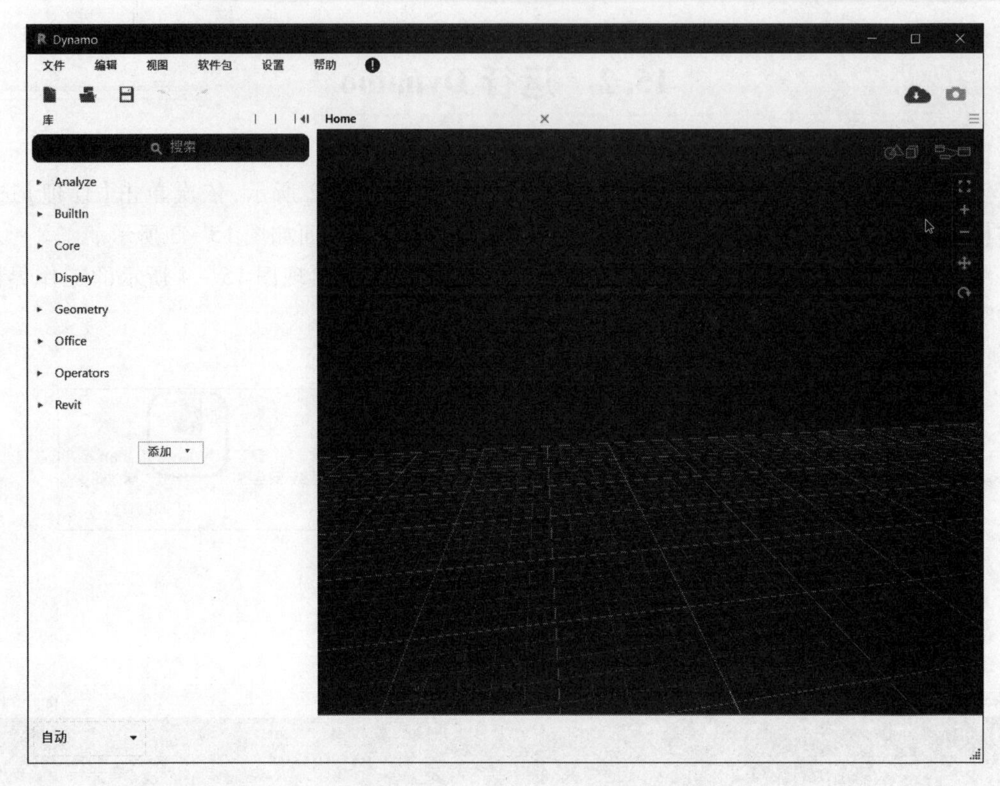

图 15－4 Dynamo 工作界面

15.3 第一个例子

空间最简单的图元就是一个点。为了绘制一个点,应向右侧白色背景的工作空间添加一个绘制点的可视化节点。步骤如下:

步骤 01 搜索用于绘制点的节点。

如图 15－5 所示为 Dynamo 提供的节点库。当需要某个节点时,可在节点库上方的搜索框中键入关键词进行搜索。

为了绘制点,键入 point 进行搜索,搜索结果列表显示如图 15－6 所示。

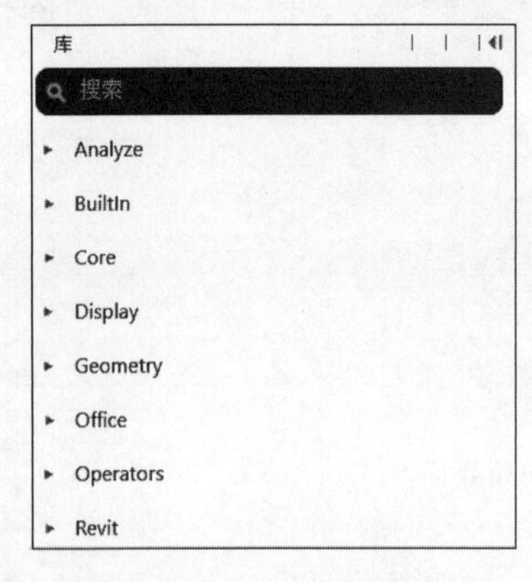

图 15－5 节点库

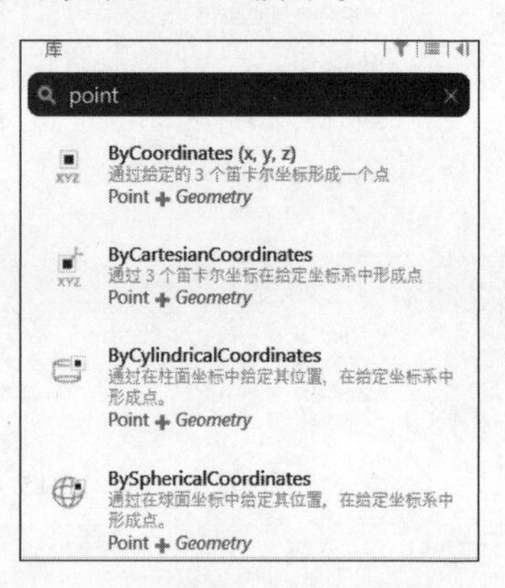

图 15－6 键入 point 进行搜索

步骤 02 创建节点。

将鼠标移至列表中第一个选项上稍作停留，则其右侧弹出该节点的使用说明，如图 15－7 所示。

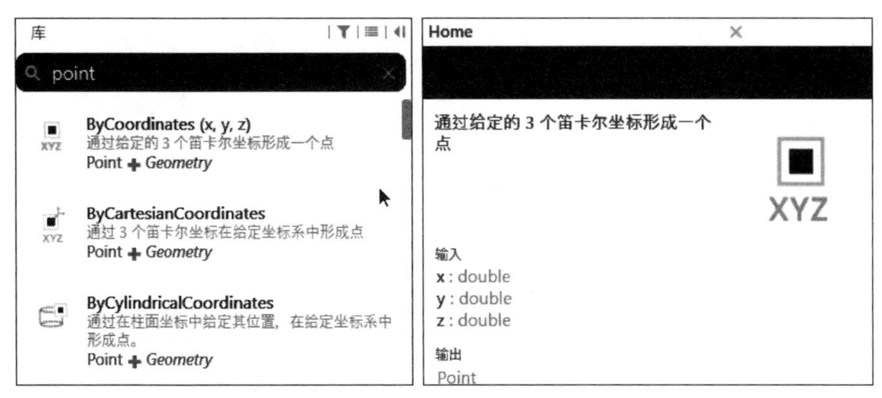

图 15－7 节点使用说明

用鼠标单击节点，则该节点出现在工作空间中，同时在坐标系原点处绘制了一个点，如图 15－8所示。

到此为止，我们已经绘制了一个点。为了更好地理解这个简单的程序，让我们看看节点的结构。

图 15－9 所示是一个常见的节点。该节点一共包括 5 部分：

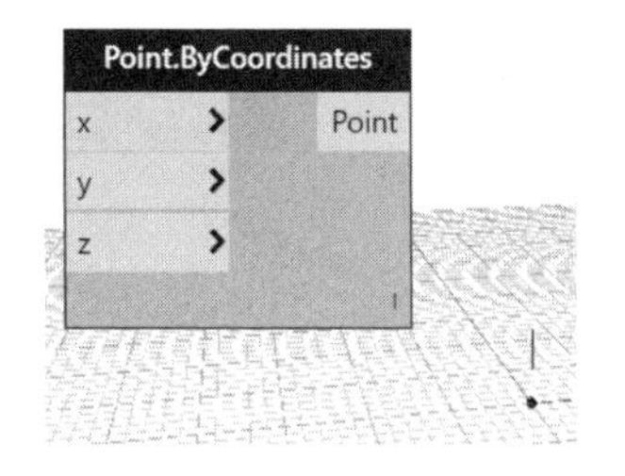

图 15－8 绘制点

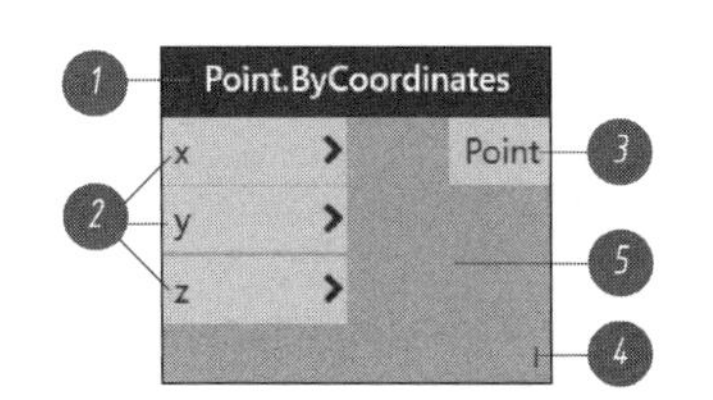

图 15－9 节点构成

① 节点名称：初次创建节点时，节点都有一个默认的名称。为了重新命名节点，可用鼠标双击节点名称，然后在弹出的对话框中键入新的名称即可。

由于默认节点名能很好地表明该节点的用途，所以建议初学者采用默认名称。

② 节点输入项：该节点的输入项包括 3 项，也就是直角坐标系中的 3 个坐标分量。默认情况下，x、y、z 的值均为 0。

将鼠标移至输入项上稍作停留，系统将弹出该输入项的数据类型和默认值。

③ 节点输出项：节点输出项表明该节点将会输出什么内容。图 15－9说明，当指定 3 个坐标分量后，节点将在绘图区绘制一个点。

④ 连缀图标：表明节点的连缀状态。通过改变连缀方式，就会得到完全不同的运算结果。由于该节点较为抽象，读者可暂时忽略。

⑤ 节点面板：用来放置以上项目。当右键单击面板时，系统弹出图 15－10所示的快捷菜单。通过菜单项的选择，可完成对节点的相关操作。

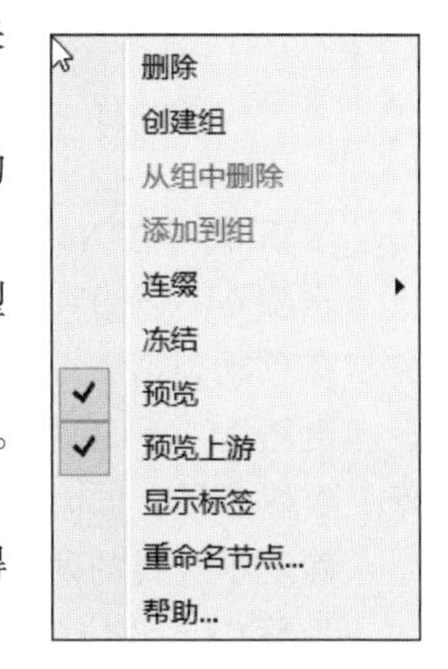

图 15－10 快捷菜单

15.4 直线的绘制

看过前面的例子,读者可能马上想到了直线的绘制。

绘制直线时,首先应确定直线的两个端点,然后将两个点相连即可。在前面的例子中,我们已经创建了一个点,如果将已有的节点进行复制,则工作空间中将出现一个新的节点,如图 15－11所示。

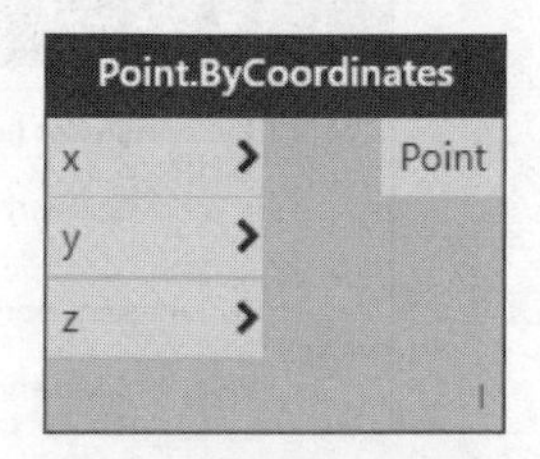

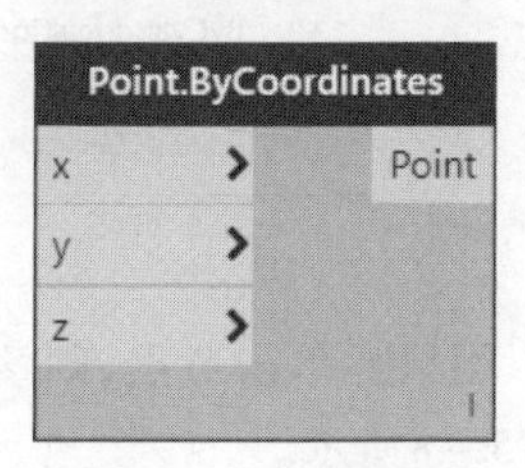

图 15－11 复制节点

默认情况下,两个节点将分别在坐标系原点处绘制一个点。为了使第二个节点在不同位置绘制点,就需要改变坐标分量的默认值。

为了更改某个节点中坐标分量的默认值,应在工作空间中创建新的节点并将其值赋给节点坐标分量。方法如下:

步骤 01 在节点库的搜索框中输入 number,当列表中出现如图 15－12 所示的 Number 节点名时,用鼠标单击一次,完成新节点的创建。

步骤 02 节点被创建后,其位置是任意的。为了方便后面的操作,请用鼠标将其拖动到合适的位置,如图 15－13 所示。

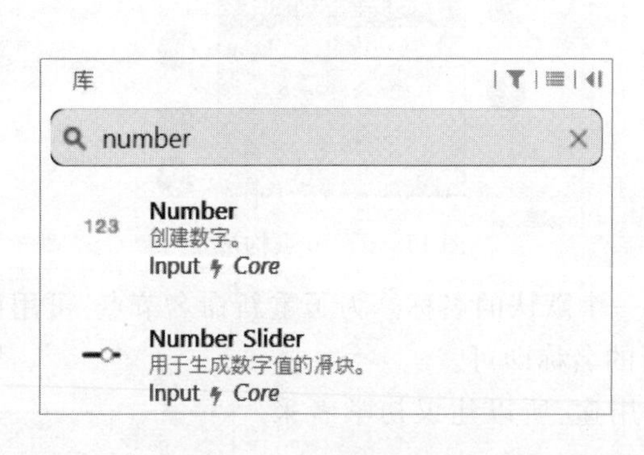

图 15－12 搜索 Number 节点

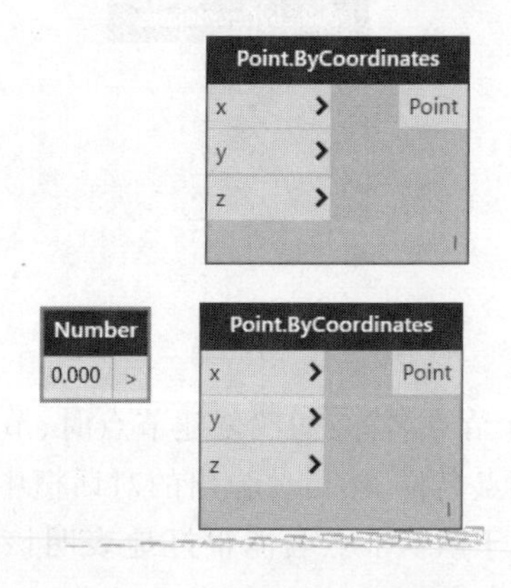

图 15－13 创建 Number 节点

步骤 03 在 Number 节点中,用鼠标单击默认值,然后键入想要的数字,比如 10。

步骤 04 为了将 10 赋值给 x 坐标分量,请先用鼠标单击 Number 节点右侧的箭头,然后将鼠标移动到第二个 Point. ByCoordinates 节点上并单击 x,结果如图 15－14 所示。

由图 15－14 可知,这两个节点之间已经出现了一条连线,这就说明 10 已经被成功地赋值给 x 坐标分量。同时在工作区的右侧出现了两个点,其坐标分别为(0,0,0)和(10,0,0)。

确定了直线的两个端点后,只需要将两个端点相连便可生成一条直线。具体的做法如下:

步骤 01 效仿前面的方法,首先在节点库的搜索框中键入 line 进行搜索,搜索结果如图 15－15所示。

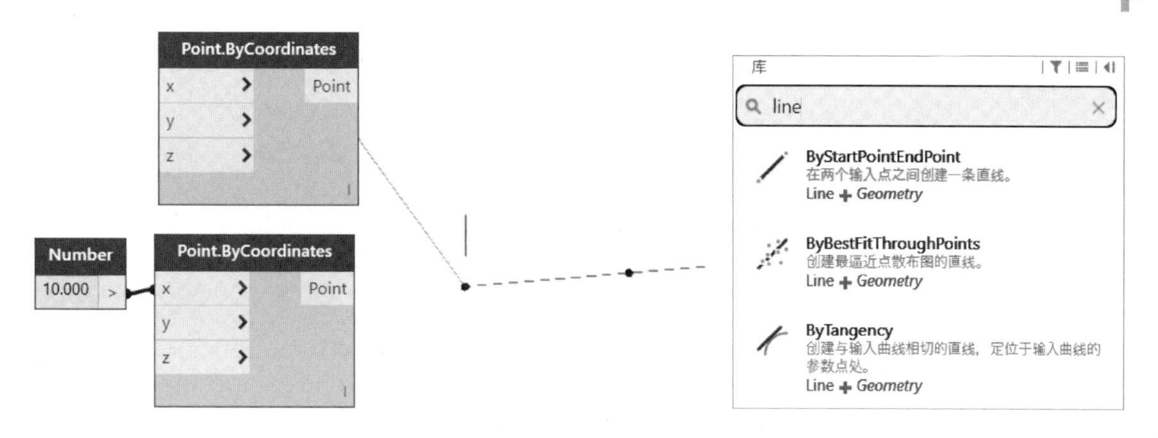

图 15－14　绘制两个点　　　　图 15－15　搜索绘制直线的节点

步骤 02　用鼠标单击第 1 个列表项，则工作空间中出现了一个新的节点，如图 15－16 所示。由图可知，该节点有两个输入项，分别为直线的起点和端点。

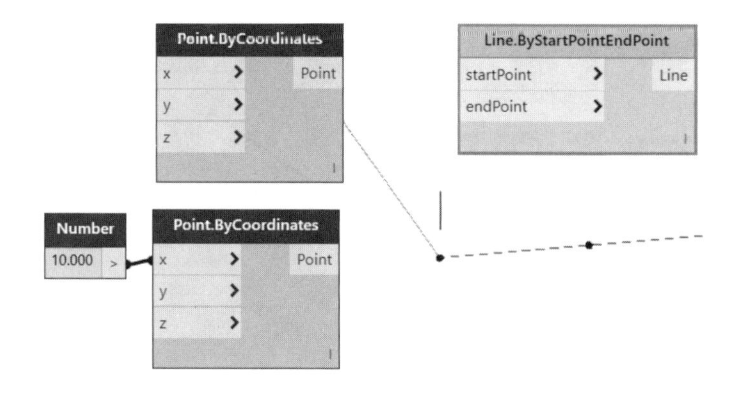

图 15－16　创建新的节点

步骤 03　用鼠标单击第一个 Point. ByCoordinates 节点的输出项 Point，然后单击新节点 Line. ByStartPointEndPoint 的输入项 startPoint，连线如图 15－17 所示。

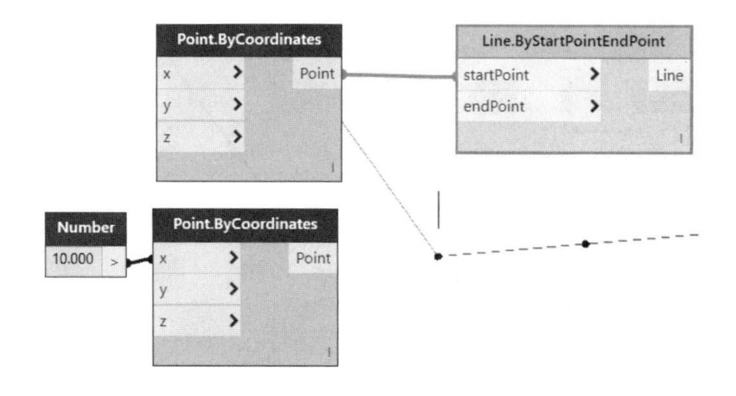

图 15－17　连接节点

步骤 04　同样地，用鼠标单击第二个 Point. ByCoordinates 节点的输出项 Point，然后单击新节点 Line. ByStartPointEndPoint 的输入项 endPoint，直线如图 15－18 所示。

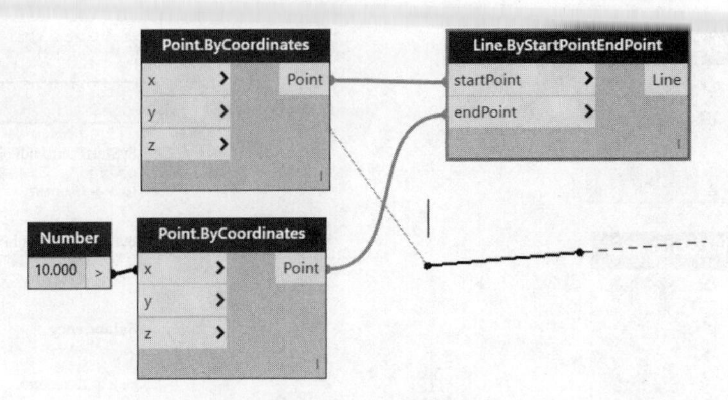

图 15-18 绘制直线

到此为止，我们就完成了一条自定义直线的绘制。

如果需要将直线端点的 y 坐标分量设为 10，则可以按照图 15-19 所示进行连接。

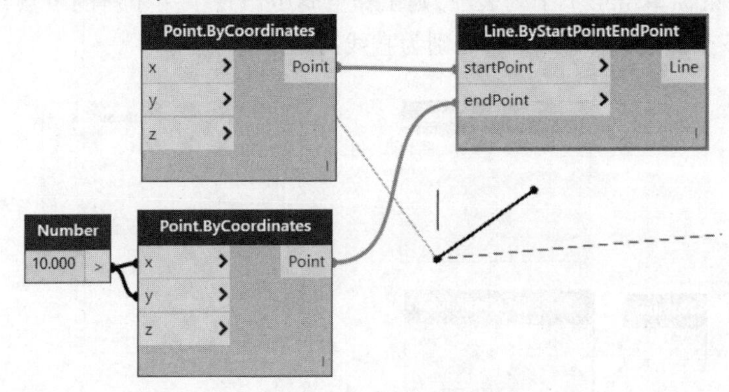

图 15-19 多次赋值

当然，如果点的坐标分量各不相同，则应创建三个 Number 节点，然后完成对应赋值。下面从(0,0,0)到(10,5,9)绘制一条直线，相应的节点程序如图 15-20 所示。

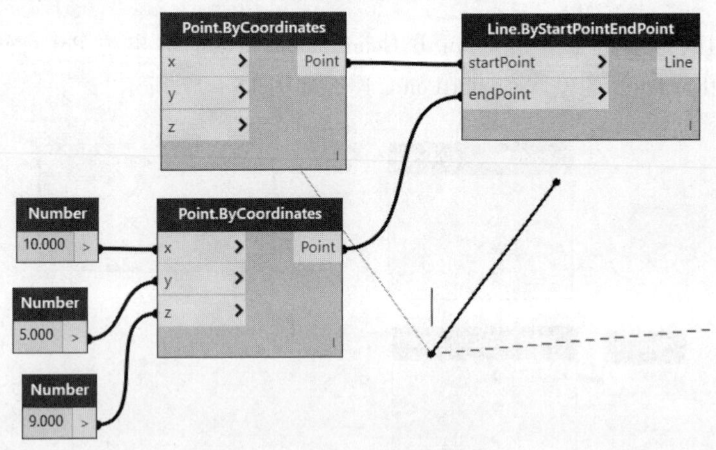

图 15-20 绘制空间直线

注意：(1)为了取消连线，请先单击目标节点的输入项，然后在工作空间的空白区单击完成取消；

(2)如果要对齐某些节点，可先用鼠标框选所有要对齐的节点，然后将鼠标移动到空白处单击右键，当弹出图 15-21 所示的快捷菜单时，依次选择【对其所选项】→【左侧】选项，对齐之后的结果如图 15－22 所示。

（3）节点之间的连接线可以是曲线，也可以是折线。默认情况下，其连接线为曲线；要改为折线时，如图 15－23 所示，依次选择【视图】→【连接件】→【连接件类型】→【多段线】选项，连线效果如图 15－24 所示。

（4）为了对模型进行平移和旋转等三维操作，应首先用鼠标单击工作空间中右上角的【模型预览】按钮，如图 15－25 所示，然后单击【平移】或【旋转】按钮，对模型进行三维操作。

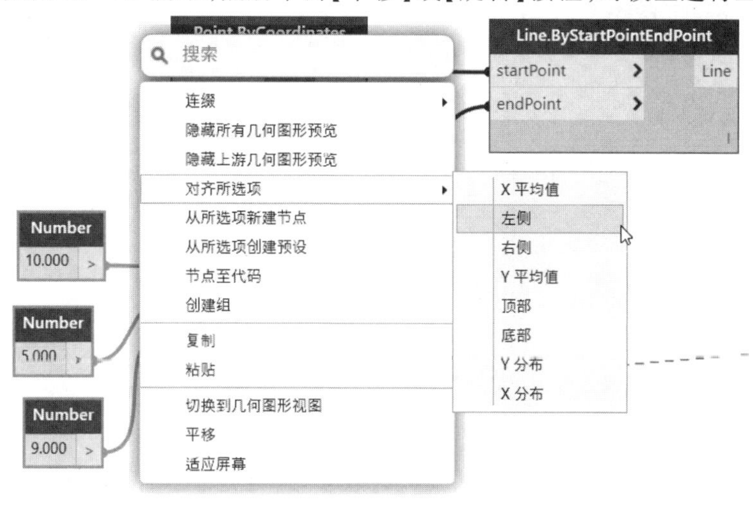

图 15－21 单击【左侧】选项

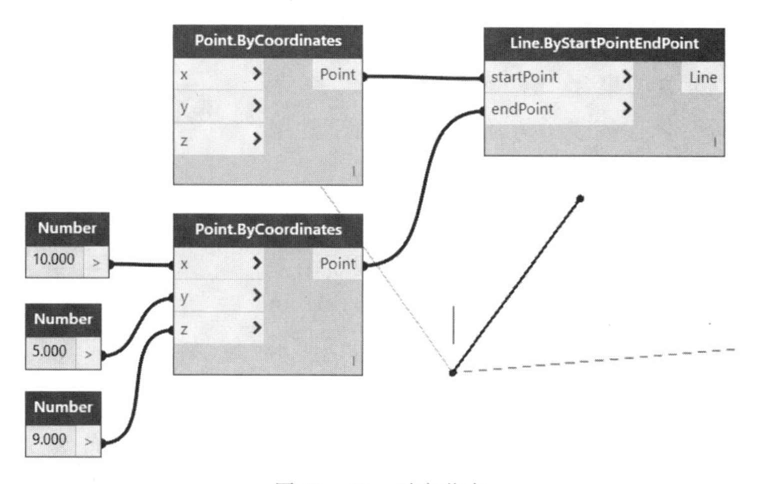

图 15－22 对齐节点

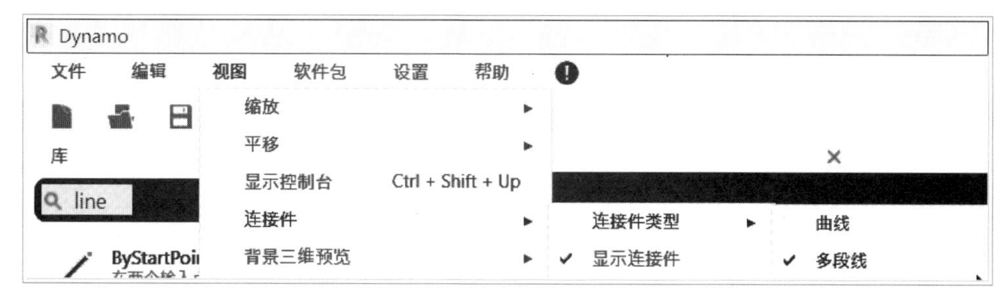

图 15－23 单击【多段线】选项

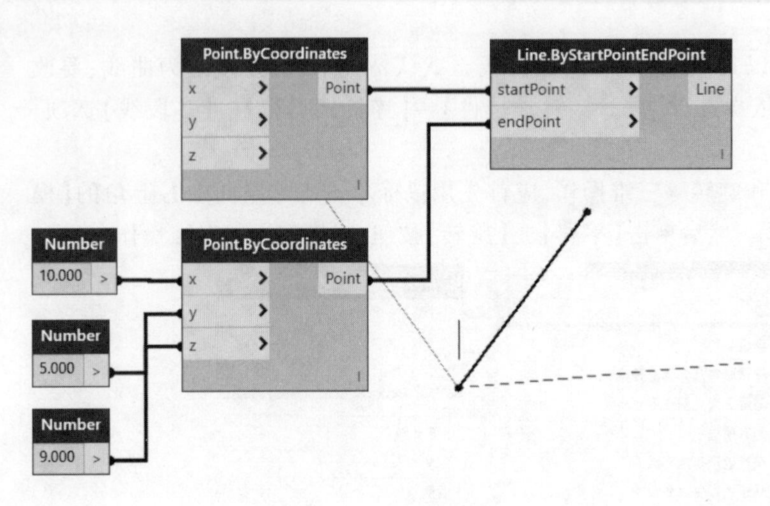

图 15 - 24 多段线连接

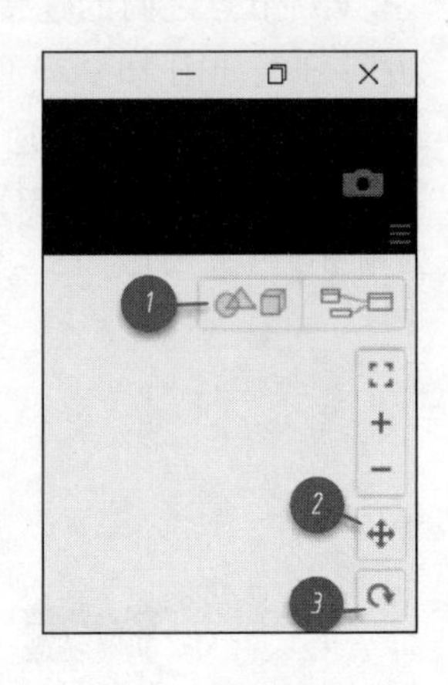

图 15 - 25 模型操作按钮

15.5 列 表

绘制一条直线是非常简单的。但是,当直线较多时,通过手工赋值坐标的方式是低效的。所以,将点的坐标整理到 Excel 工作表中,然后用程序读入并连续绘制直线。

为了完成这个任务,首先要弄清楚两个方面的问题:一是如何从 Excel 工作表中读取数据;二是如何操作列表。

列表是一系列元素的集合,这些元素可以是数字、字符串或几何形体等。创建列表的方法较多,下面是常用的三种:

(1)利用 Range 节点创建列表

在节点库的搜索框中键入 range,然后单击搜索结果中的 Range 节点完成新节点的创建。回到工作空间,将鼠标移至新节点的输出项 seq 上,如图 15 - 26 所示。当节点面板的下方出现 List 选项时,再将鼠标移至其右侧,新的列表如图 15 - 27 所示。

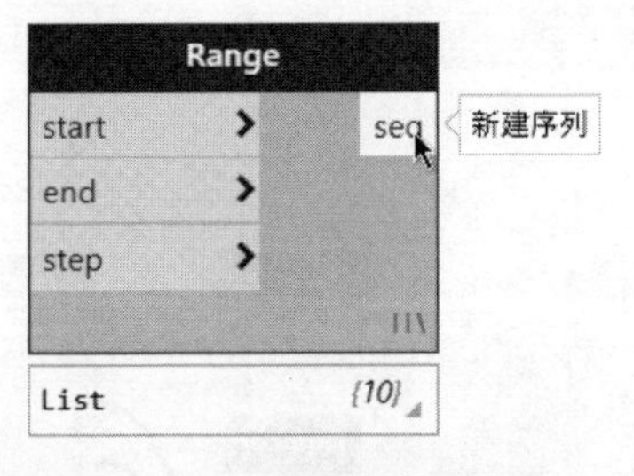

图 15 - 26 将鼠标移至输出项

如果将鼠标移至 Range 节点的输入项,可获得每个输入项的默认值为:start = 0、end = 9、step = 1。由于列表的索引号从零开始,所以图 15 - 27 中的列表第一项 list[0]为零,最后一项 list[9]的值为 9。

(2)利用 Sequence 节点创建列表

和 Range 节点一样,创建默认的 Sequence 节点后,其列表内容如图 15 - 28 所示。将鼠标移至 Sequence 节点的每个输入项上,可得每个输入项的默认值为:start = 0、amount = 10、step = 1。也就是用来生成起始项为 0、步长为 1、总数为 10 的列表项。

(3)利用 Code Block 节点创建列表

创建 Code Block 节点没有前面那么复杂,只需要用鼠标在工作空间的空白处双击一次,即可完成新节点的创建。

初始情况下，Code Block 节点是空白的。为了生成新的列表数据，需要在 Code Block 节点中按照下面的格式输入初始条件：

0··50··5;

这个条件的目的是创建 start＝0、end＝9、step＝1 的数据列表，结果如图 15－29 所示。

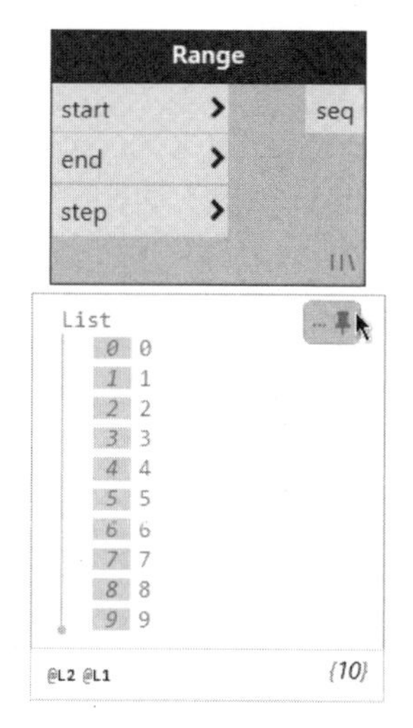

图 15－27　新建列表

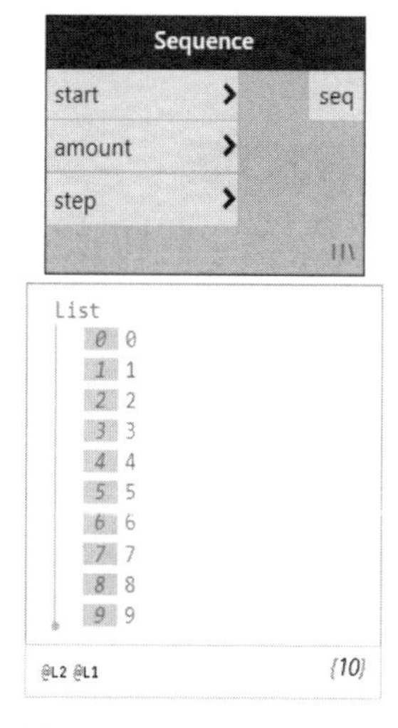

图 15－28　Sequence 节点

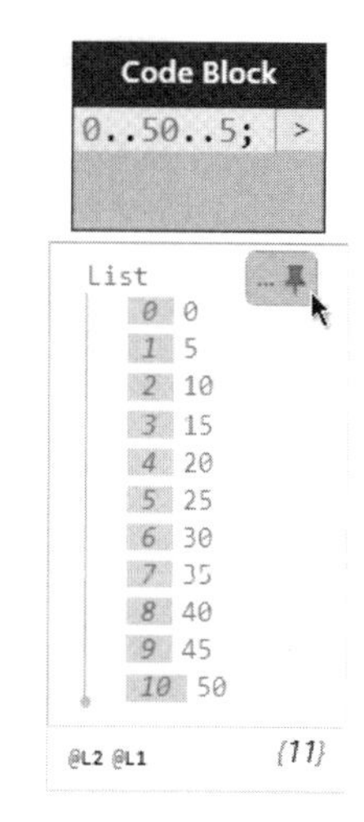

图 15－29　Code Block 节点

有了数据列表，程序中经常需要对其进行相关操作，下面是一些常用的操作方法。

（1）列表的合并

List. Create 节点可将多个子列表合并为一个大列表，下面是一个列表合并的例子。

首先创建如图 15－30 所示的三个子列表；然后创建如图 15－31 所示的 List. Create 节点。为了合并左侧的三个列表，需要用鼠标单击一次 List. Create 节点面板中的【＋】按钮，用鼠标将左侧三个节点的输出项和 List. Create 节点的输入项对应相连，如图 15－32 所示。

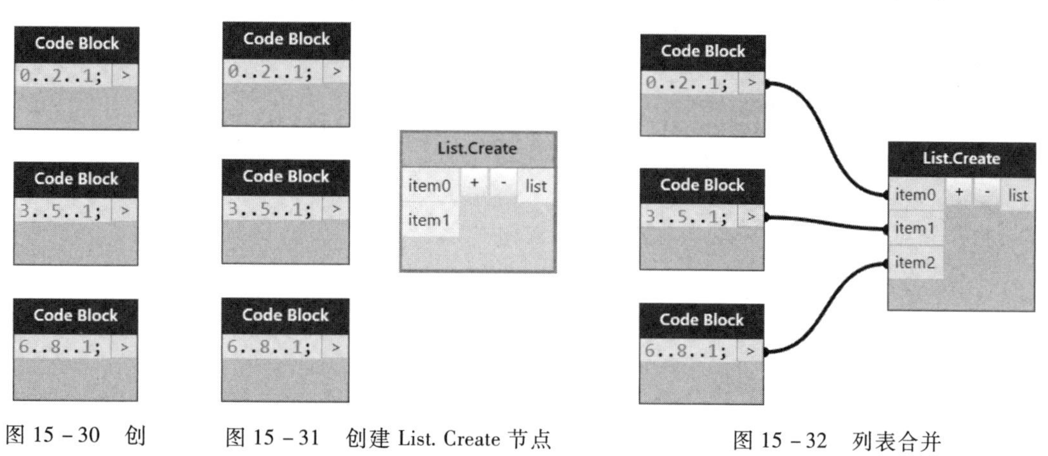

图 15－30　创建三个列表

图 15－31　创建 List. Create 节点

图 15－32　列表合并

合并前后的数据对比如图 15－33 所示。由此可见，列表合并后形成了一个嵌套的大列表，原列表中的数据在大列表中呈现并列关系。

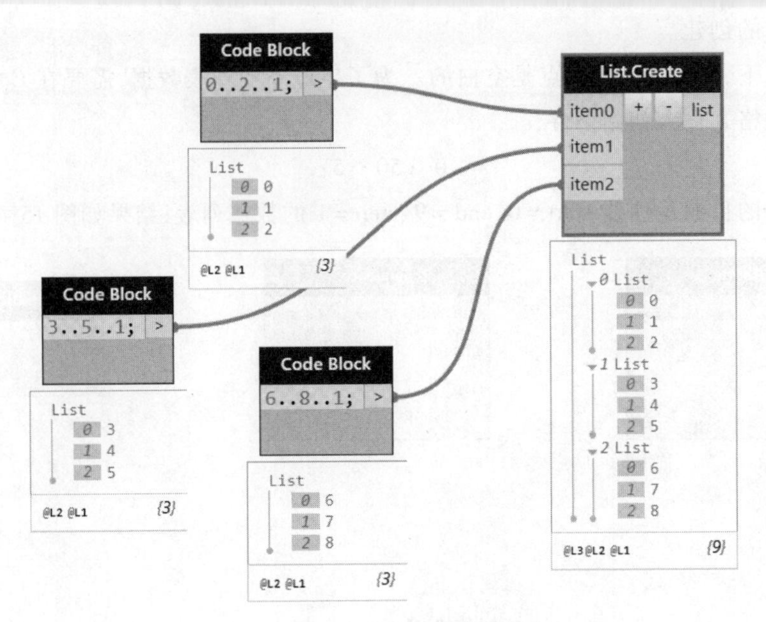

图 15 - 33 合并前后的数据对比

(2)列表的转置

转置常用于多级列表,也就是将每一个子列表的第一项取出来,组成新列表的第一项。如果在前一例子的基础上添加 List. Transpose 节点,并将 List. Create 节点的输出项和其输入项连接,则得到列表的转置,结果如图 15 - 34 所示。

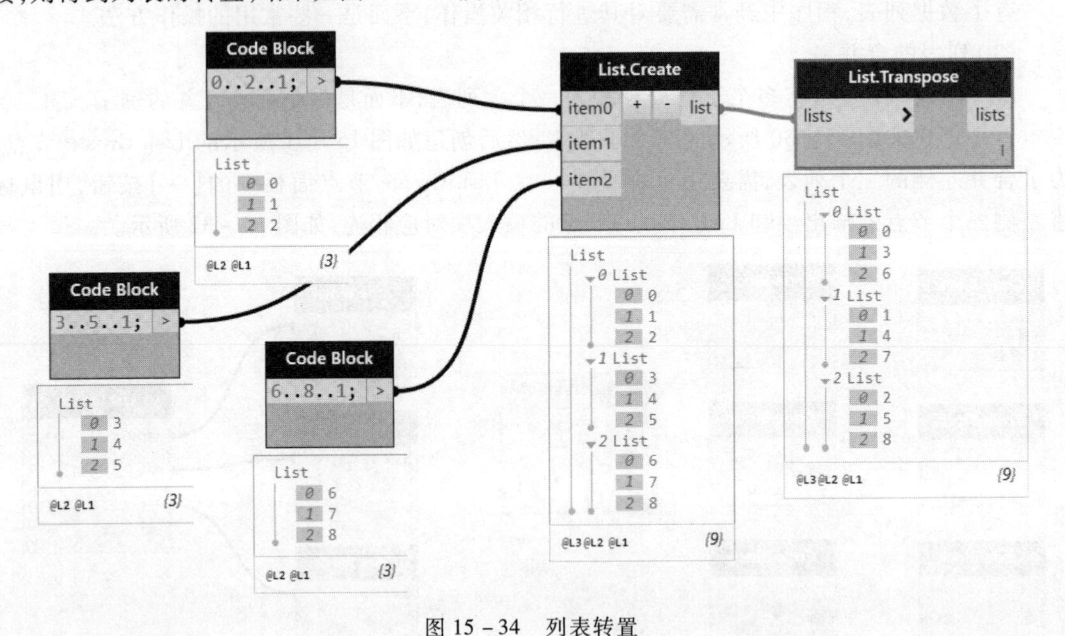

图 15 - 34 列表转置

(3)获取子列表

List. TakeEveryNthItem 节点用来获取子列表。

如图 15 - 35 所示,如果在前面例子的基础上添加该节点,则可获得大列表中的子列表项。

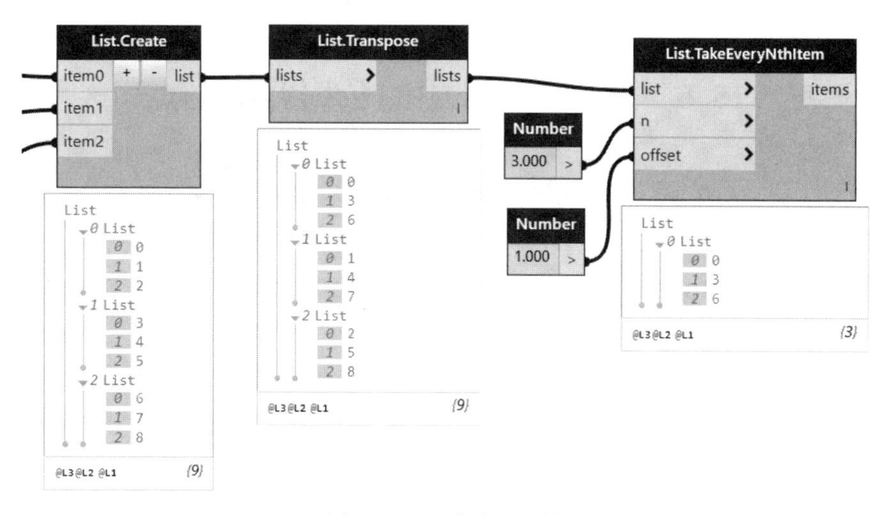

图 15 – 35　获取子列表

List. TakeEveryNthItem 节点将 list 列表中的每 n 个子列表组成一组，然后提取每组中的第 offset 个子列表。

(4)列表的展开

经常需要将多层嵌套的列表展开为一维列表，可通过添加节点 Flatten 来实现。

在前面例子的基础上添加节点 Flatten，则可将多层列表展开为一维列表，结果如图 15 – 36所示。

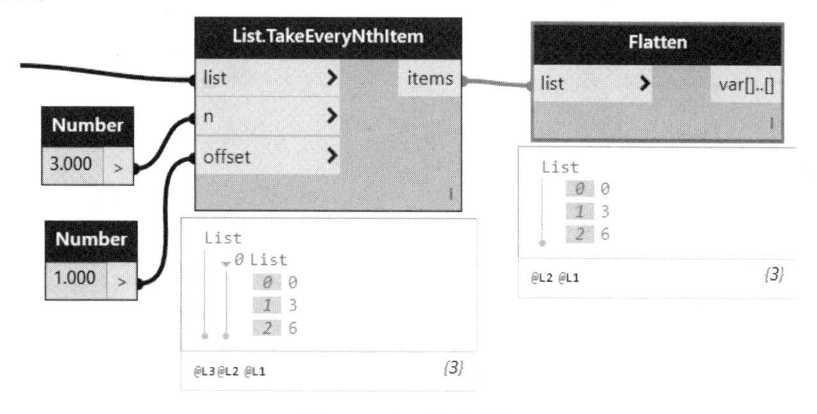

图 15 – 36　展开列表

(5)获取指定索引的列表项

List. GetItemAtIndex 节点用于获取指定索引的列表项，其用法如图 15 – 37 所示。

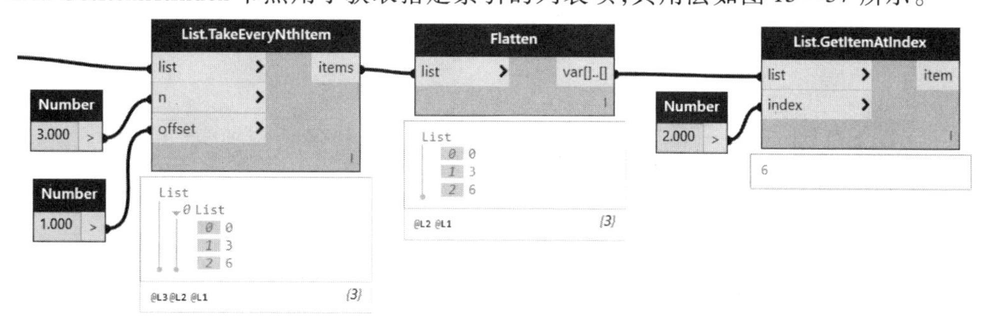

图 15 – 37　获取指定索引的列表项

15.6 获取 Excel 中的数据并绘制点

当点或直线的数量较多时，通过节点给定坐标的方法是不可取的。经常采用的方法是，将点的坐标和直线的连线方式输入 Excel 表格，然后用节点读取点的坐标并绘制图形。

为了绘制一个长为 10，宽为 5 的长方形，首先创建如图 15－38 所示的 Excel 工作表，然后录入长方形四个顶点的坐标如图 15－39 所示。

图 15－38 Excel 文件名

	A	B	C
1	0	0	0
2	10	0	0
3	10	5	0
4	0	5	0

图 15－39 Excel 数据文件中的数据

将数据录入并保存后，退出 Excel 软件。下面将创建合适的节点，完成点坐标的读取。

读取文件中的数据之前，首先要告诉系统相关数据文件所在的路径。为此，请搜索并创建如图 15－40 所示的节点。

File Path 节点用来获取文件所在的路径。Dynamo 中，文件的获取是非常简单的，只要单击 File Path 节点中的【浏览...】按钮，在弹出的对话框中找到相应的数据文件并双击即可，结果如图 15－41 所示。

图 15－40 创建节点

图 15－41 指定文件路径

指定文件的保存路径后，就可以获取该路径位置的 Excel 文档。在节点库中搜索并创建如图 15－42 所示的 File. FromPath 节点，并将 File Path 节点的输出项和其输入项相连。

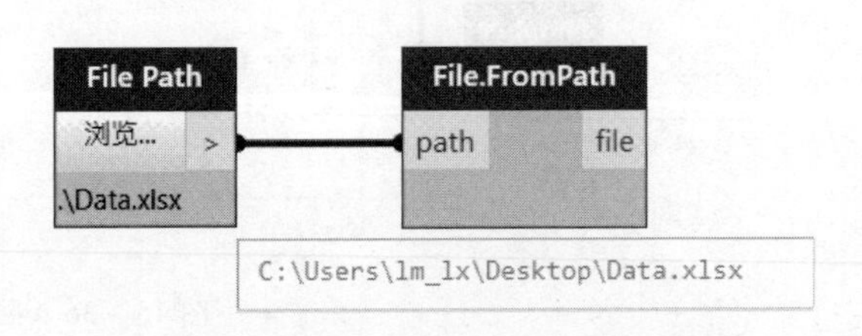

图 15－42 添加 File. FromPath 节点

做好准备工作后，下面应该添加 Excel. ReadFromFile 节点来读取数据。在节点库中搜索并创建如图 15－43 所示的Excel. ReadFromFile 节点，并将 File. FromPath 节点的输出项和其输入项相连。

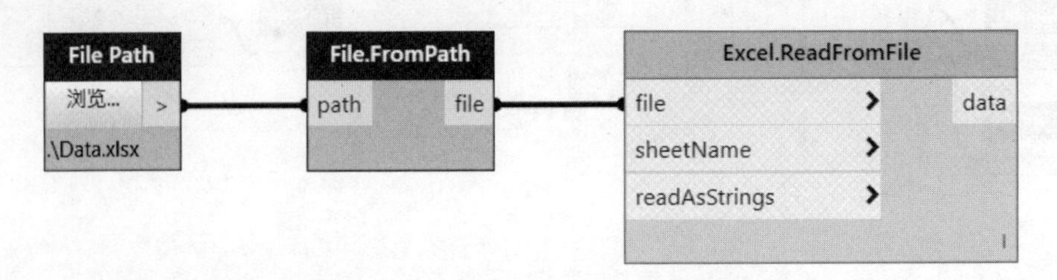

图 15－43 添加 Excel. ReadFromFile 节点

一个 Excel 文件中可能包含多个工作表。所以，在读取数据时，一定要指定工作表中的名称。因此，还需要搜索并创建 String 节点，用来指定工作表的名称，结果如图 15 - 44 所示。

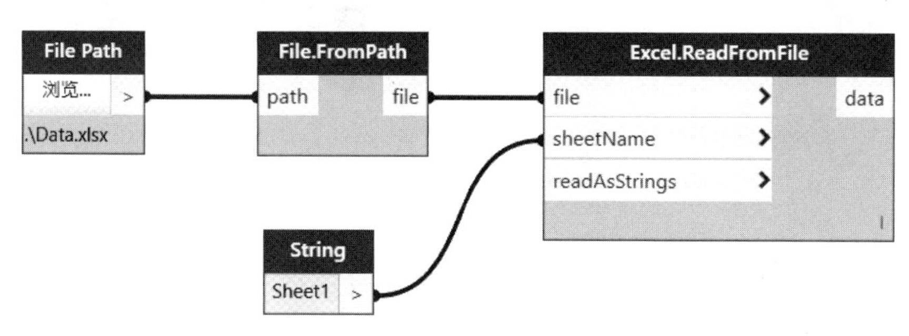

图 15 - 44　创建 String 节点

将鼠标移至 Excel. ReadFromFile 节点的输出项，可得数据的读取结果如图 15 - 45 所示。

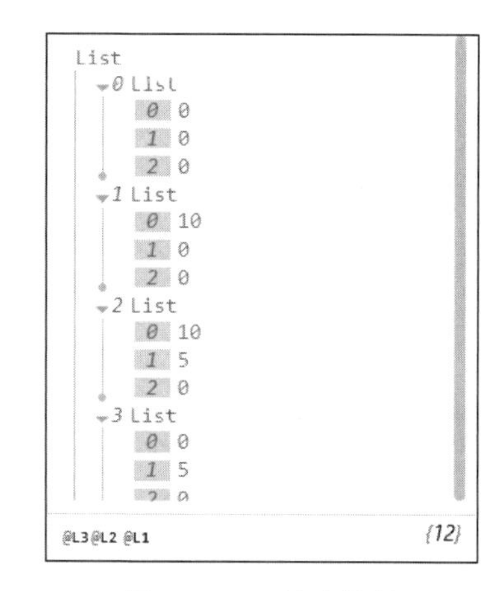

图 15 - 45　读取结果

接着前面的工作，在工作空间绘制四个点。如果读者还没有任何绘图的思路，请回看图 15 - 8。由图可知，只要从图 15 - 45 中获取每个坐标点的三个坐标分量，然后将其分别赋值给图 15 - 8 中的三个输入项，则系统将在对应坐标点处绘制点。所以，问题的关键在于如何获取每个坐标点的三个坐标分量。而这恰恰是在列表中讲过的内容，如图 15 - 46所示。

比较图 15 - 45 和图 15 - 46 中左侧的列表，发现它们的结构是一样的。因此，用图 15 - 45 所示的列表替换图 15 - 46 中左侧的列表，可得到所有点的 x 坐标分量，结果如图 15 - 47所示。

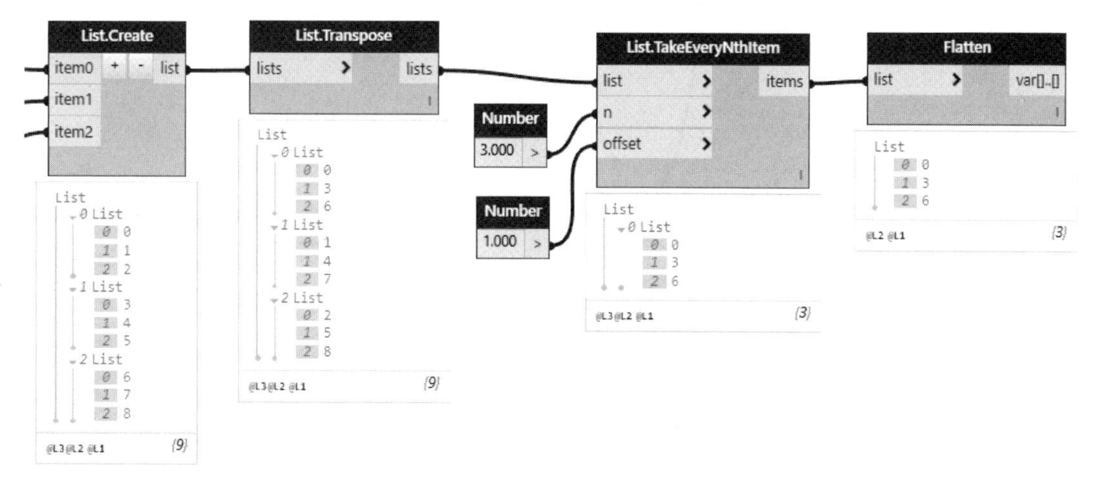

图 15 - 46　列表的操作

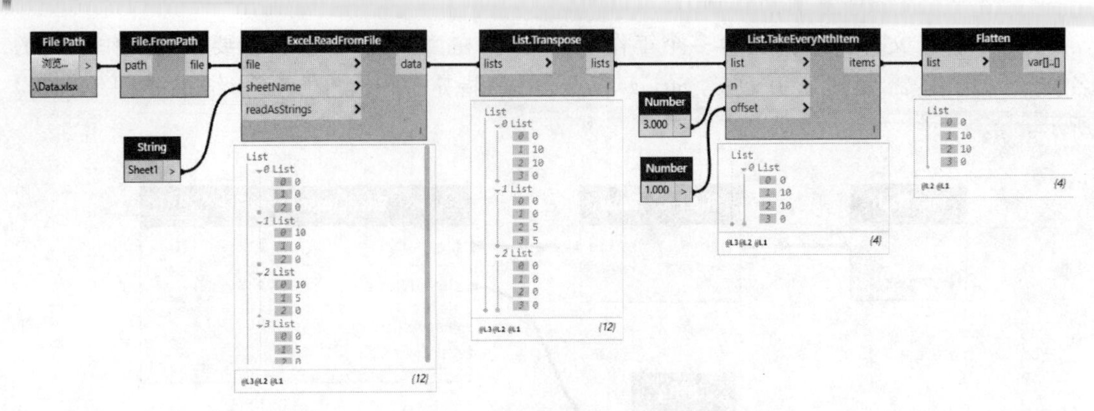

图 15－47　提取点的 x 坐标分量

用同样的方法可以获得所有点的 y、z 坐标分量，可视化程序如图 15－48 所示。

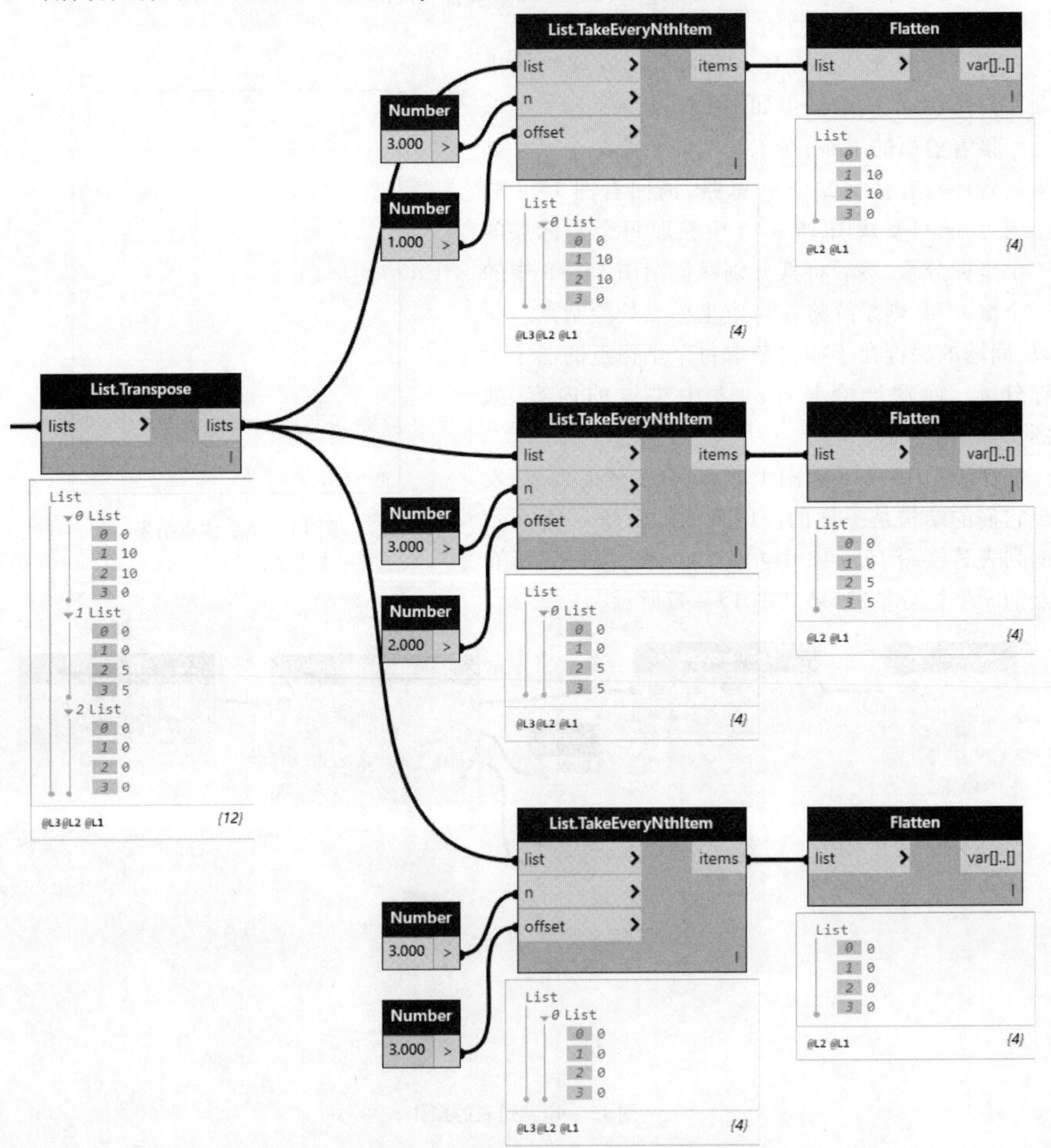

图 15－48　分别提取点的三个坐标分量

最后,将点的坐标分量分别赋值给图 15－8 中的三个输入项,完成点的绘制。程序如图 15－49所示,绘制结果如图 15－50 所示。

为了方便阅读,图 15－51 给出了完整的可视化程序节点图。

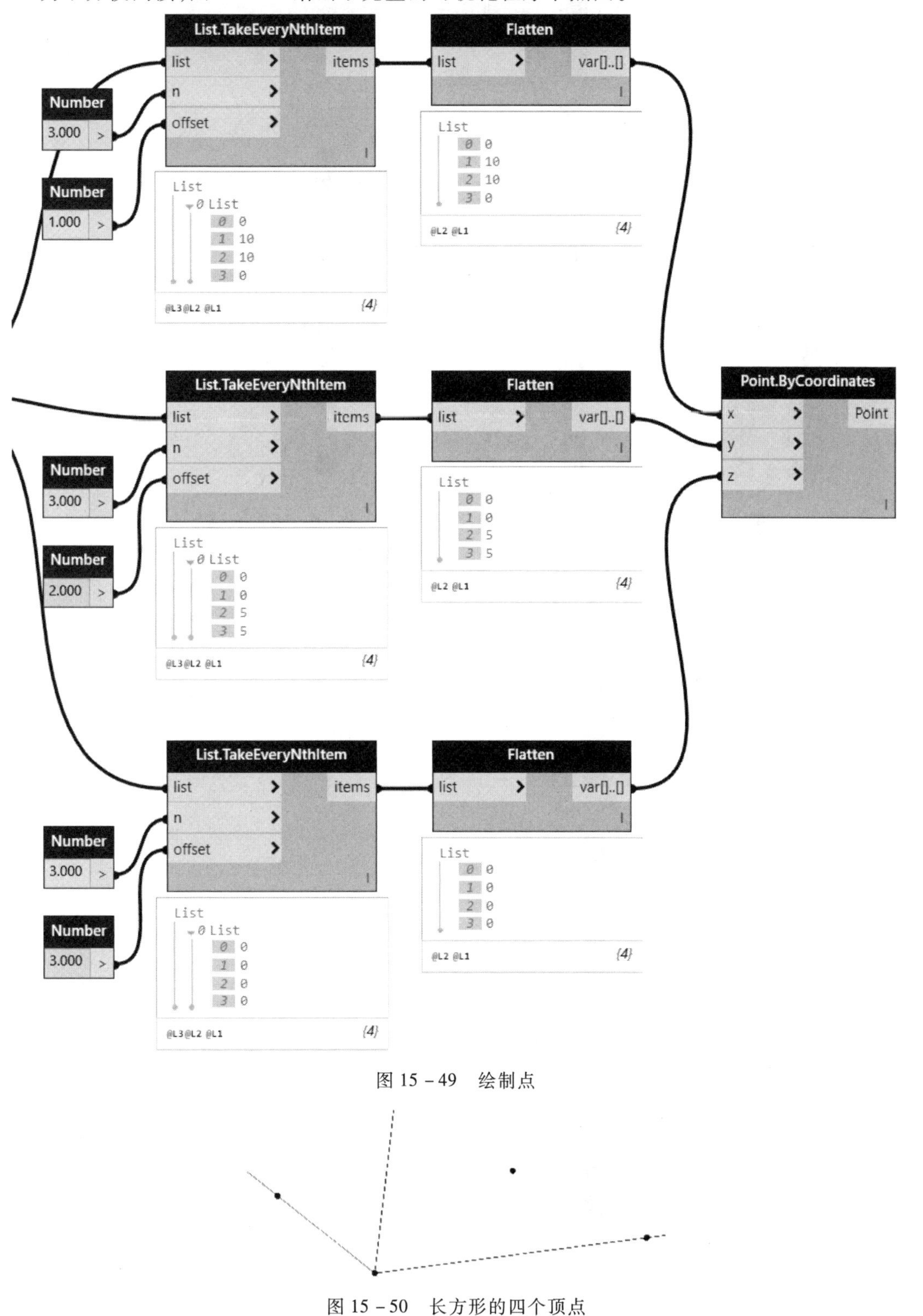

图 15－49　绘制点

图 15－50　长方形的四个顶点

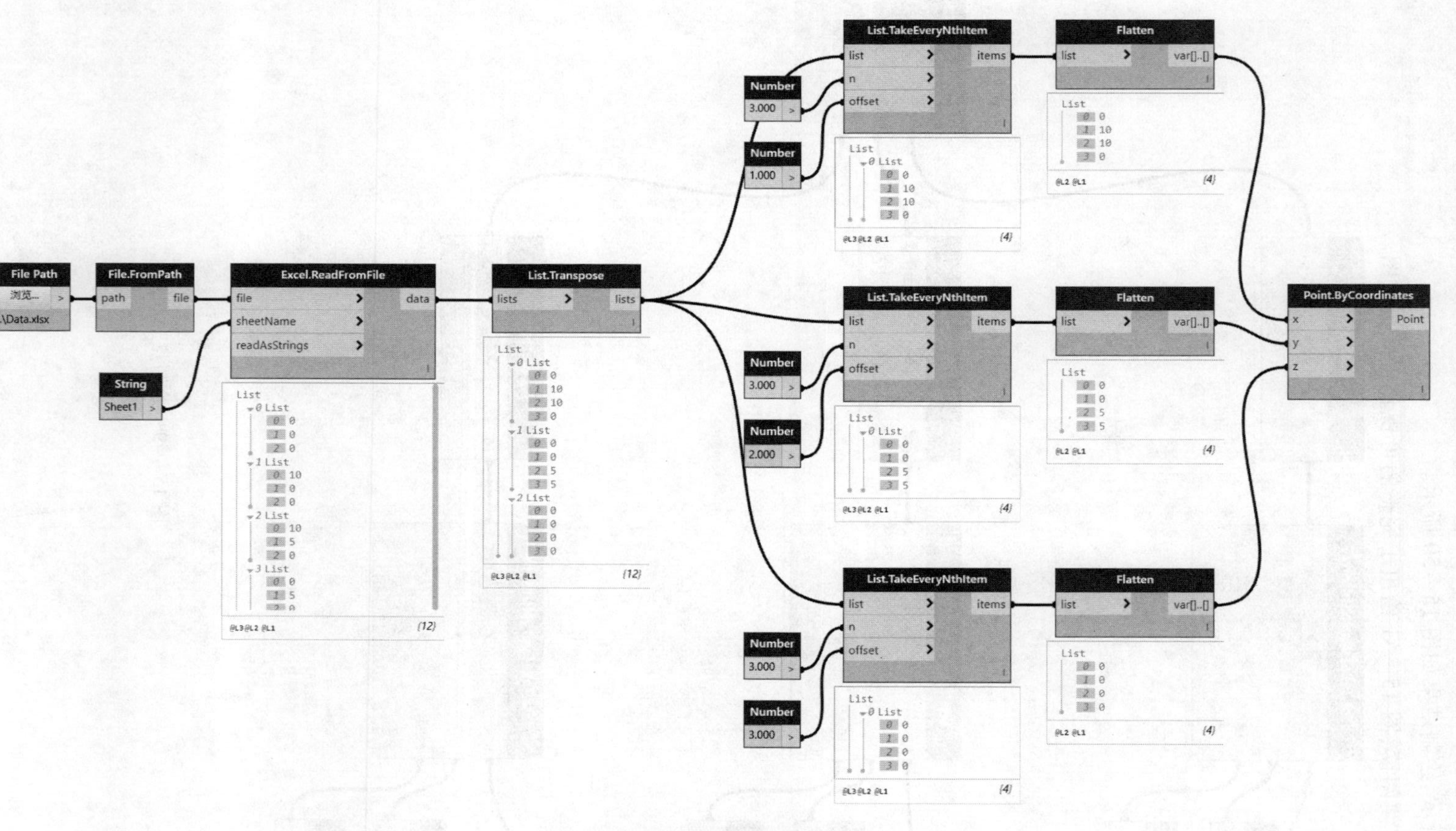

图15-51 完整的可视化程序节点图

15.7 从 Excel 获取数据并连线

当点和直线的数目较多且没有连线规律可循时，除了需要指定点的坐标以外，还应指定连线顺序。

图 15－52 中，长方形的顶点编号、顶点坐标、连线顺序等相关数据见表 15－1。已知顶点坐标并绘制点的问题已经讨论过，下面重点讨论如何根据连线顺序绘制直线？

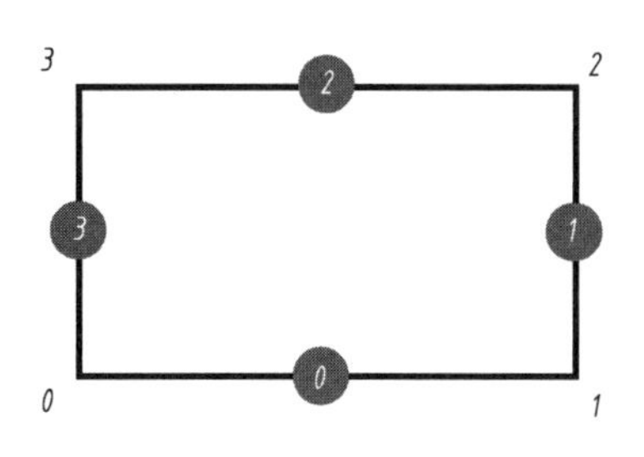

图 15－52 长方形的顶点编号和连线顺序

表 15－1 长方形数据列表

编号	顶点坐标	直线端点编号	
		端点 1 的编号	端点 2 的编号
0	(0,0,0)	0	1
1	(10,0,0)	1	2
2	(10,5,0)	2	3
3	(0,5,0)	3	0

为了方便程序设计和绘图，将长方形的建模数据放在同一个 Excel 文件中。如将顶点坐标放在工作表 Sheet1 中，将直线的连线顺序放在工作表 Sheet2 中，如图 15－53、图 15－54 所示，然后读取数据并绘制直线即可。

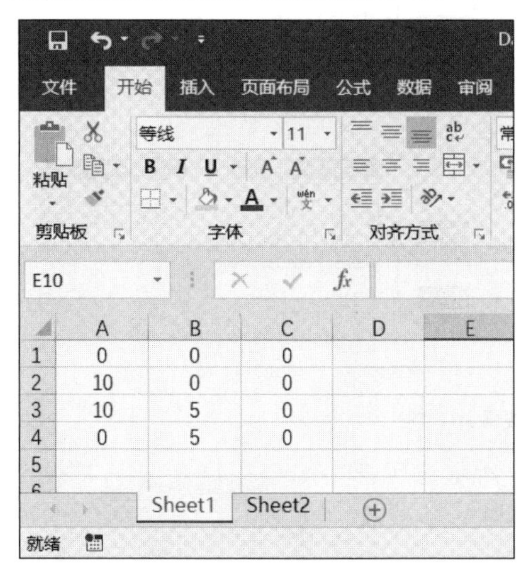

图 15－53 顶点坐标

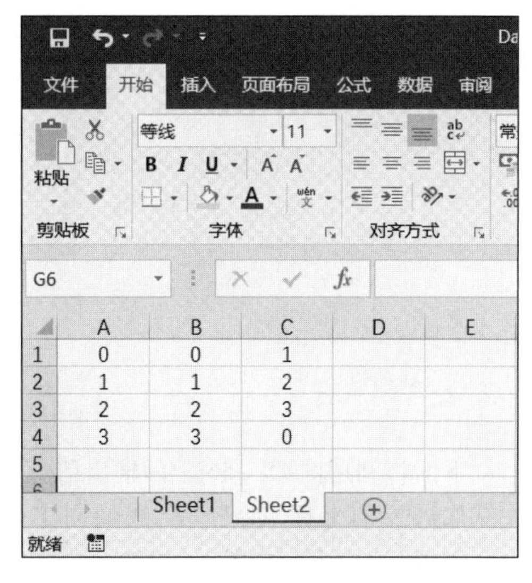

图 15－54 直线编号和连线顺序

回看图 15－51，其右侧节点的输出结果如图 15－55 所示。如果将该列表中的第 1、2 项取出并输入直线的绘制节点，则可完成直线绘制。

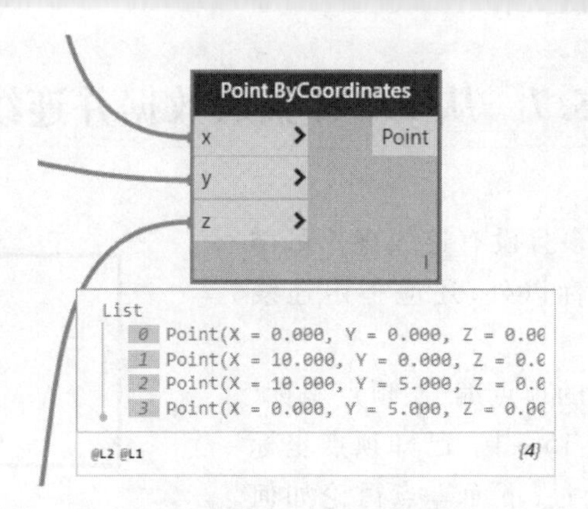

图 15 - 55　节点输出列表

为此,首先效仿前面读取 Excel 文件中数据的方法,将连线顺序的数据读取并显示出来,程序节点如图 15 - 56 所示。由图可知,右侧 3 个节点中,第 1 个节点输出的是直线的编号;第 2 个节点输出的是直线第一个端点的编号;第 3 个节点输出的是直线第二个端点的编号。

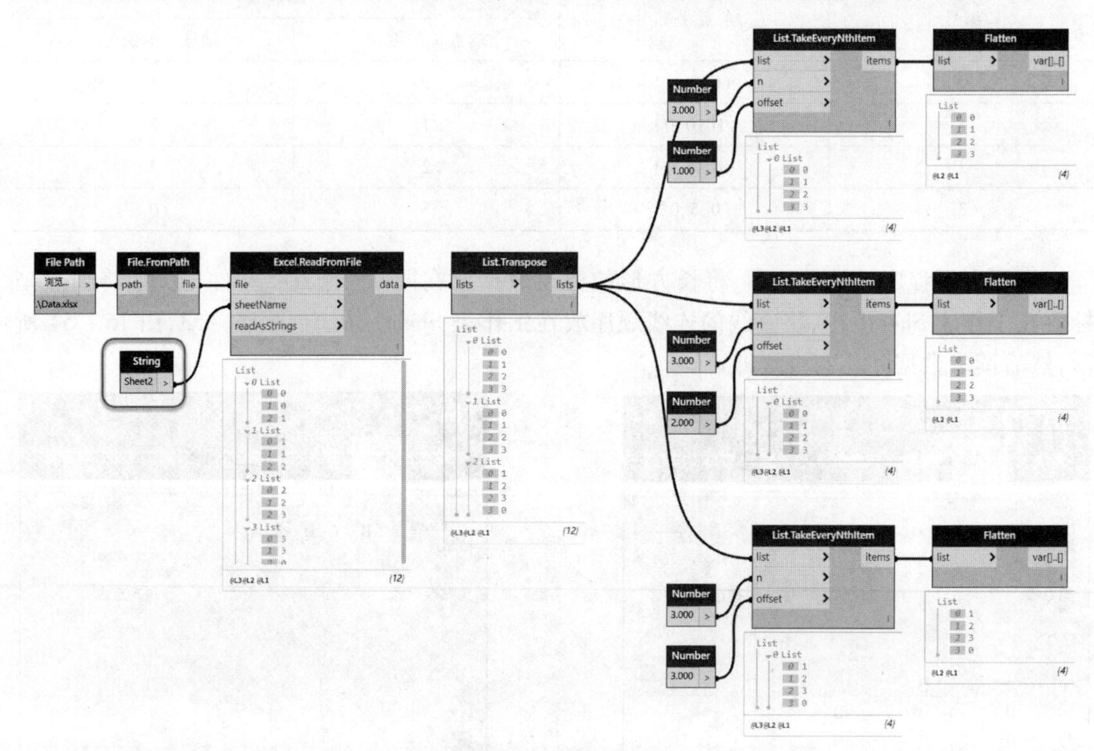

图 15 - 56　读取连线顺序

下面将利用图 15 - 56 中的输出信息从图 15 - 55 所示的列表中获取需要的坐标点。于是,我们向工作空间再添加一个节点 List. GetItemAtIndex,如图 15 - 57 所示。

该节点可从 list 列表中根据 index 提供的索引号获取列表项。

将图 15 - 55 所示的节点数据输入图 15 - 57 所示的 list 项,将图 15 - 56 中右侧的第 2 项输入图 15 - 57 所示的 index 项,结果如图 15 - 58 所示,完成了所有直线第 1 个端点的坐标的提取。

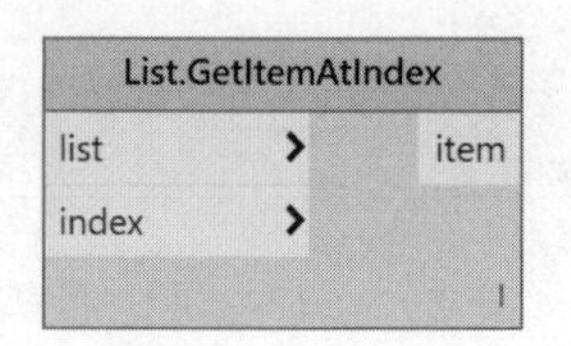

图 15 - 57　创建 List. GetItemAtIndex 节点

用同样的方法可获得直线上第 2 个端点的坐标,如图 15 - 59 所示。

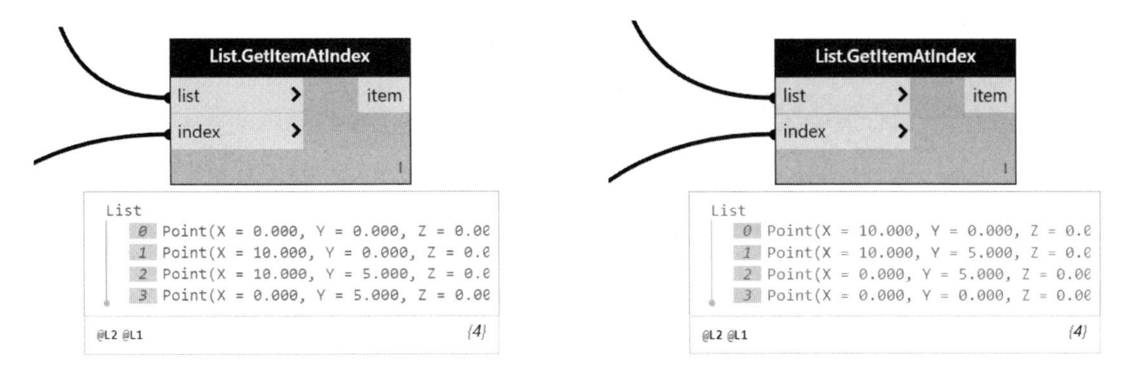

图 15 - 58　提取直线上第 1 个端点的坐标　　图 15 - 59　提取直线上第 2 个端点的坐标

将图 15 - 58、图 15 - 59 所示的列表输入绘制直线的节点,可得直线的绘制结果。图 15 - 60为可视化的程序,图 15 - 61 为绘制结果。

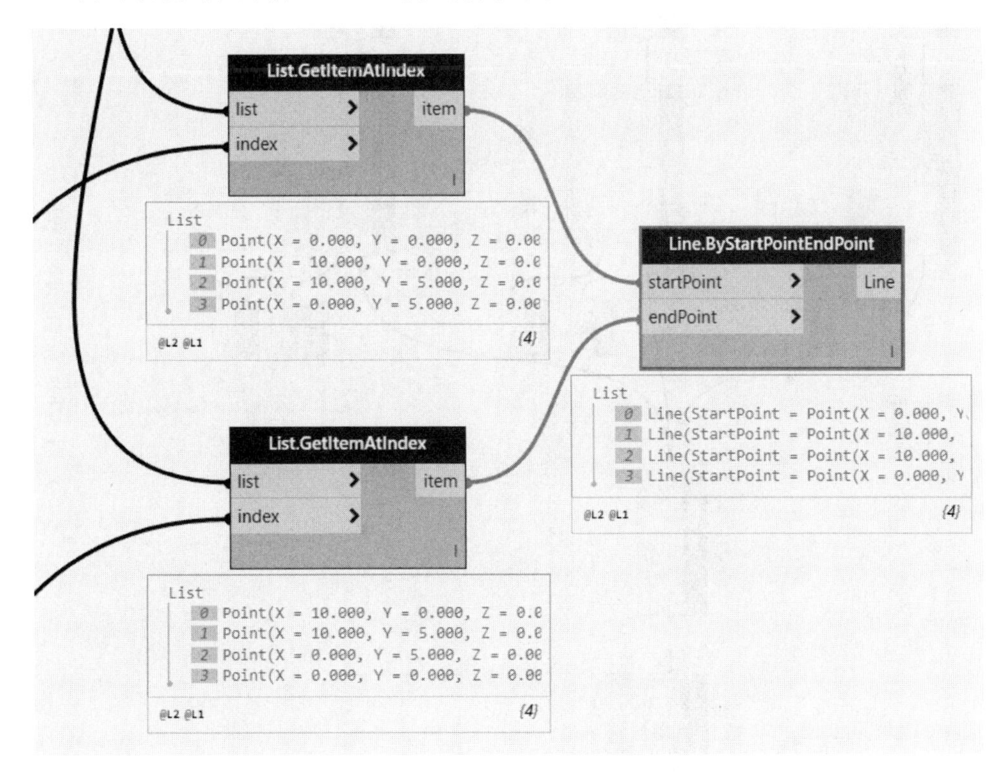

图 15 - 60　可视化程序

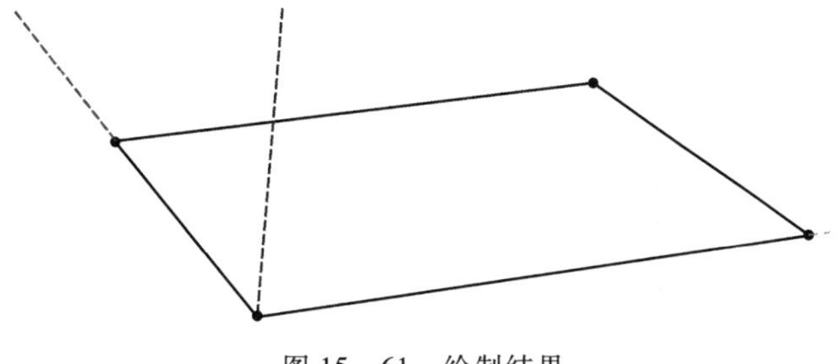

图 15 - 61　绘制结果

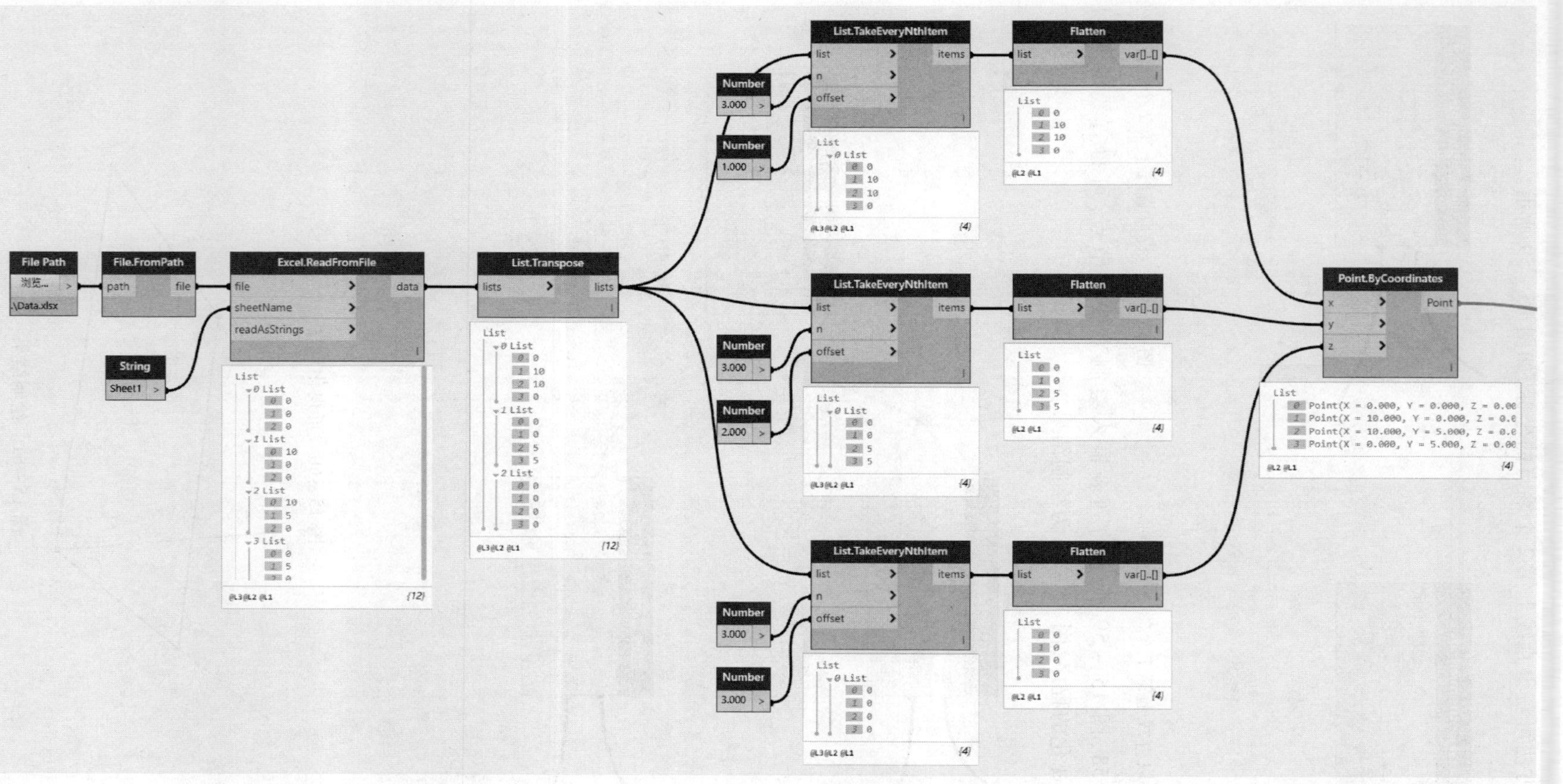

图15-62 完整的可视化程序（一）

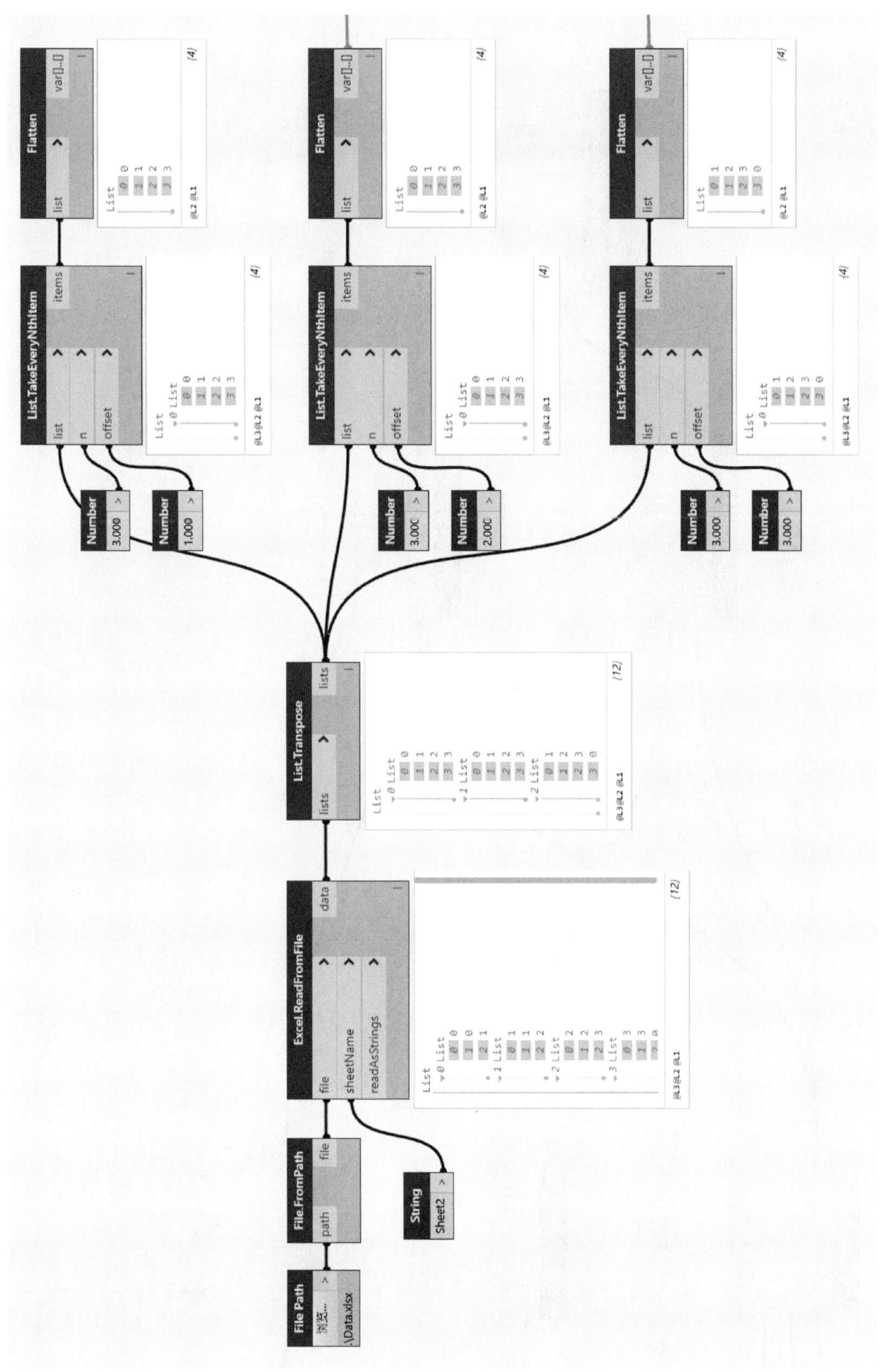

图15-63　完整的可视化程序（二）

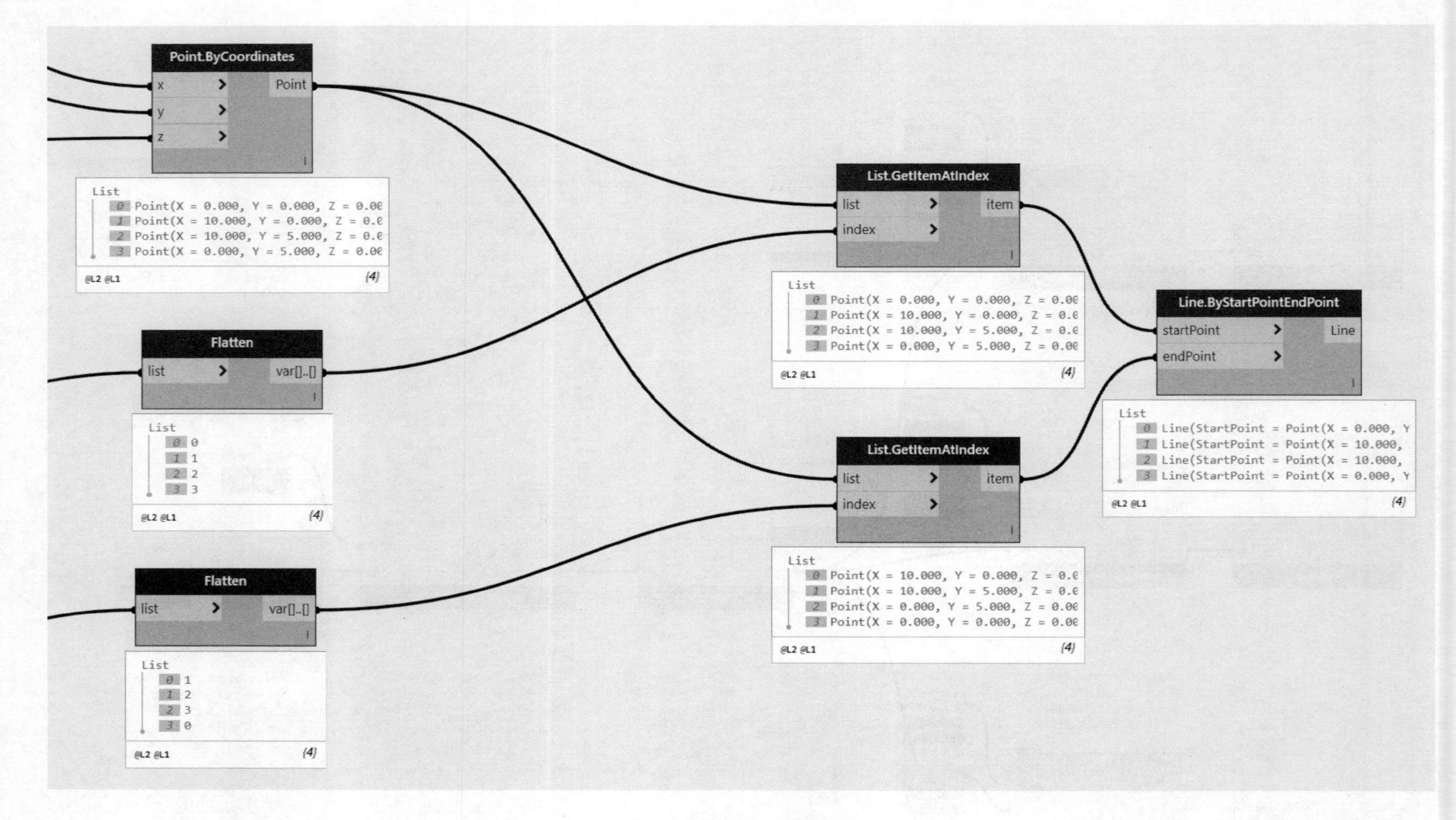

图15-64 完整的可视化程序（三）

15.8　钢桁梁轴线建模

如图 15－65 所示为一钢桁梁，尺寸标注如图 15－65(a)、图 15－65(b)所示。如果将三维坐标系的原点置于钢桁梁的纵梁梁端，使 X 轴正向沿纵梁方向向右、Y 轴正向沿横梁方向向后、Z 轴正向竖直向上，各个顶点的坐标数见表 15－2。

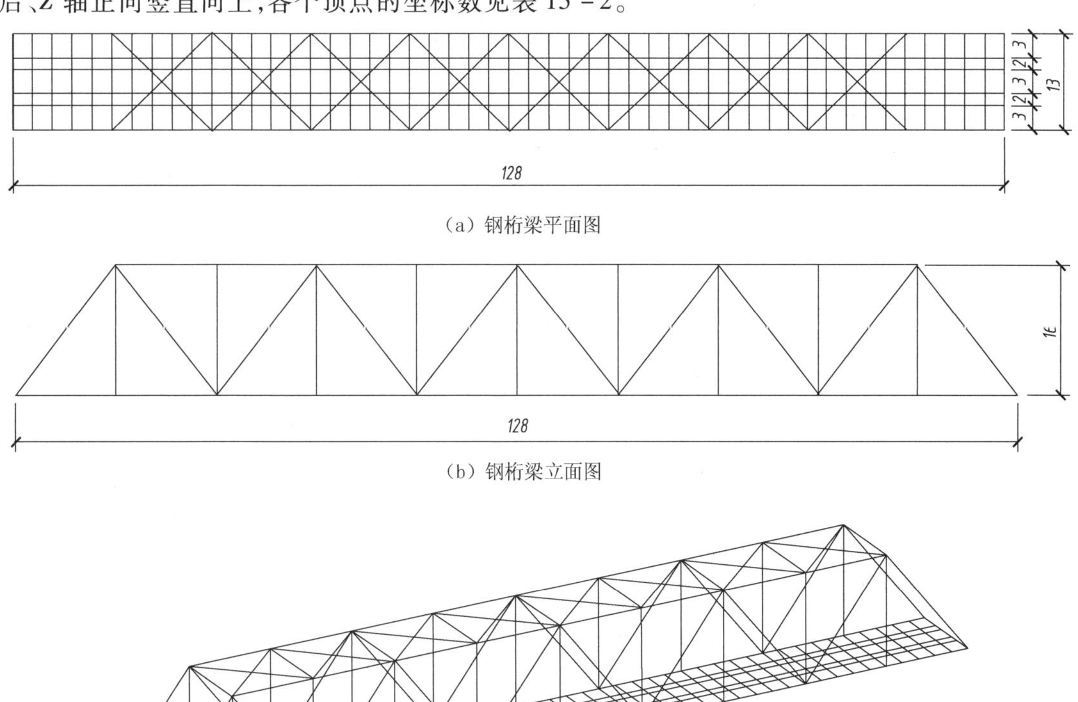

(a) 钢桁梁平面图

(b) 钢桁梁立面图

(c) 钢桁梁轴测图

图 15－65　钢桁梁

表 15－2　钢桁梁顶点坐标

编号	X	Y	Z	编号	X	Y	Z	编号	X	Y	Z	编号	X	Y	Z
0	0	0	0	8	20.48	0	0	16	40.96	0	0	24	61.44	0	0
1	2.56	0	0	9	23.04	0	0	17	43.52	0	0	25	64	0	0
2	5.12	0	0	10	25.6	0	0	18	46.08	0	0	26	66.56	0	0
3	7.68	0	0	11	28.16	0	0	19	48.64	0	0	27	69.12	0	0
4	10.24	0	0	12	30.72	0	0	20	51.2	0	0	28	71.68	0	0
5	12.8	0	0	13	33.28	0	0	21	53.76	0	0	29	74.24	0	0
6	15.36	0	0	14	35.84	0	0	22	56.32	0	0	30	76.8	0	0
7	17.92	0	0	15	38.4	0	0	23	58.88	0	0	31	79.36	0	0

续表

编号	X	Y	Z	编号	X	Y	Z	编号	X	Y	Z	编号	X	Y	Z
32	81.92	0	0	56	12.8	13	0	80	74.24	13	0	104	0	8	0
33	84.48	0	0	57	15.36	13	0	81	76.8	13	0	105	0	10	0
34	87.04	0	0	58	17.92	13	0	82	79.36	13	0	106	128	3	0
35	89.6	0	0	59	20.48	13	0	83	81.92	13	0	107	128	5	0
36	92.16	0	0	60	23.04	13	0	84	84.48	13	0	108	128	8	0
37	94.72	0	0	61	25.6	13	0	85	87.04	13	0	109	128	10	0
38	97.28	0	0	62	28.16	13	0	86	89.6	13	0	110	12.8	0	16
39	99.84	0	0	63	30.72	13	0	87	92.16	13	0	111	25.6	0	16
40	102.4	0	0	64	33.28	13	0	88	94.72	13	0	112	38.4	0	16
41	104.96	0	0	65	35.84	13	0	89	97.28	13	0	113	51.2	0	16
42	107.52	0	0	66	38.4	13	0	90	99.84	13	0	114	64	0	16
43	110.08	0	0	67	40.96	13	0	91	102.4	13	0	115	76.8	0	16
44	112.64	0	0	68	43.52	13	0	92	104.96	13	0	116	89.6	0	16
45	115.2	0	0	69	46.08	13	0	93	107.52	13	0	117	102.4	0	16
46	117.76	0	0	70	48.64	13	0	94	110.08	13	0	118	115.2	0	16
47	120.32	0	0	71	51.2	13	0	95	112.64	13	0	119	12.8	13	16
48	122.88	0	0	72	53.76	13	0	96	115.2	13	0	120	25.6	13	16
49	125.44	0	0	73	56.32	13	0	97	117.76	13	0	121	38.4	13	16
50	128	0	0	74	58.88	13	0	98	120.32	13	0	122	51.2	13	16
51	0	13	0	75	61.44	13	0	99	122.88	13	0	123	64	13	16
52	2.56	13	0	76	64	13	0	100	125.44	13	0	124	76.8	13	16
53	5.12	13	0	77	66.56	13	0	101	128	13	0	125	89.6	13	16
54	7.68	13	0	78	69.12	13	0	102	0	3	0	126	102.4	13	16
55	10.24	13	0	79	71.68	13	0	103	0	5	0	127	115.2	13	16

对各顶点进行编号后，可得到每一条直线两个端点的编号情况，汇总结果见表 15 - 3。

表 15 - 3　钢桁梁轴线的连接顺序

直线编号	横截面方向	端点 1	端点 2	直线编号	横截面方向	端点 1	端点 2	直线编号	横截面方向	端点 1	端点 2	直线编号	横截面方向	端点 1	端点 2
0	1	51	101	3	0	50	101	6	1	104	108	9	0	2	53
1	0	0	51	4	1	102	106	7	1	105	109	10	0	3	54
2	1	0	50	5	1	103	107	8	0	1	52	11	0	4	55

续表

直线编号	横截面方向	端点 1	端点 2	直线编号	横截面方向	端点 1	端点 2	直线编号	横截面方向	端点 1	端点 2	直线编号	横截面方向	端点 1	端点 2
12	0	5	56	40	0	33	84	68	1	119	111	96	1	116	30
13	0	6	57	41	0	34	85	69	1	120	112	97	1	116	35
14	0	7	58	42	0	35	86	70	1	121	113	98	1	116	40
15	0	8	59	43	0	36	87	71	1	122	114	99	1	117	40
16	0	9	60	44	0	37	88	72	1	123	115	100	1	118	40
17	0	10	61	45	0	38	89	73	1	124	116	101	1	118	45
18	0	11	62	46	0	39	90	74	1	125	117	102	1	118	50
19	0	12	63	47	0	40	91	75	1	126	118	103	1	119	51
20	0	13	64	48	0	41	92	76	1	110	120	104	1	119	56
21	0	14	65	49	0	42	93	77	1	111	121	105	1	119	61
22	0	15	66	50	0	43	94	78	1	112	122	106	1	120	61
23	0	16	67	51	0	44	95	79	1	113	123	107	1	121	61
24	0	17	68	52	0	45	96	80	1	114	124	108	1	121	66
25	0	18	69	53	0	46	97	81	1	115	125	109	1	121	71
26	0	19	70	54	0	47	98	82	1	116	126	110	1	122	71
27	0	20	71	55	0	48	99	83	1	117	127	111	1	123	71
28	0	21	72	56	0	49	100	84	1	110	0	112	1	123	76
29	0	22	73	57	1	110	118	85	1	110	5	113	1	123	81
30	0	23	74	58	1	119	127	86	1	110	10	114	1	124	81
31	0	24	75	59	0	110	119	87	1	111	10	115	1	125	81
32	0	25	76	60	0	118	127	88	1	112	10	116	1	125	86
33	0	26	77	61	0	111	120	89	1	112	15	117	1	125	91
34	0	27	78	62	0	112	121	90	1	112	20	118	1	126	91
35	0	28	79	63	0	113	122	91	1	113	20	119	1	127	91
36	0	29	80	64	0	114	123	92	1	114	20	120	1	127	96
37	0	30	81	65	0	115	124	93	1	114	25	121	1	127	101
38	0	31	82	66	0	116	125	94	1	114	30				
39	0	32	83	67	0	117	126	95	1	115	30				

将表 15 – 2 和图 15 – 3 中的数据按列存放在名为 truss data 的 Excel 文件中，结果如图 15 – 66 所示。

	A	B	C	D
1	0	0	0	
2	2.56	0	0	
3	5.12	0	0	
4	7.68	0	0	
5	10.24	0	0	
6	12.8	0	0	
7	15.36	0	0	
8	17.92	0	0	
9	20.48	0	0	
10	23.04	0	0	
11	25.6	0	0	
12	28.16	0	0	
13	30.72	0	0	
14	33.28	0	0	
15	35.84	0	0	
16	38.4	0	0	
17	40.96	0	0	
18	43.52	0	0	
19	46.08	0	0	
20	48.64	0	0	

Coordinates　TrussLines

（a）顶点坐标列表

	A	B	C	D
1	1	51	101	
2	0	0	51	
3	1	0	50	
4	0	50	101	
5	1	102	106	
6	1	103	107	
7	1	104	108	
8	1	105	109	
9	0	1	52	
10	0	2	53	
11	0	3	54	
12	0	4	55	
13	0	5	56	
14	0	6	57	
15	0	7	58	
16	0	8	59	
17	0	9	60	
18	0	10	61	
19	0	11	62	
20	0	12	63	

Coordinates　TrussLines

（b）连线顺序列表

图 15－66　钢桁梁数据表

将完整的可视化程中的文件名和工作表名用上述名称进行替换，得到钢桁梁的建模结果。首先替换顶点坐标，如图 15－67 所示，得到顶点的绘图结果如图 15－68 所示。

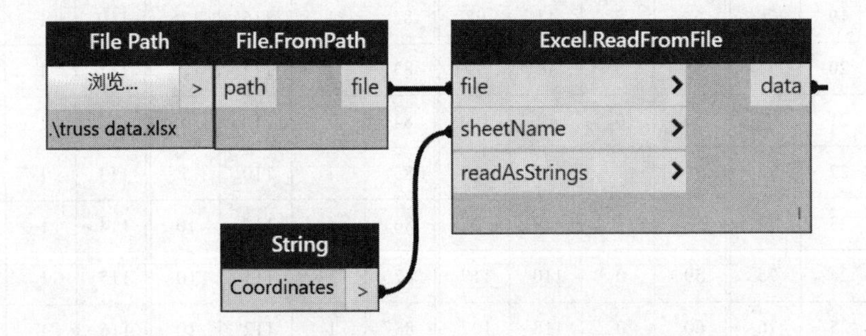

图 15－67　读取顶点坐标数据

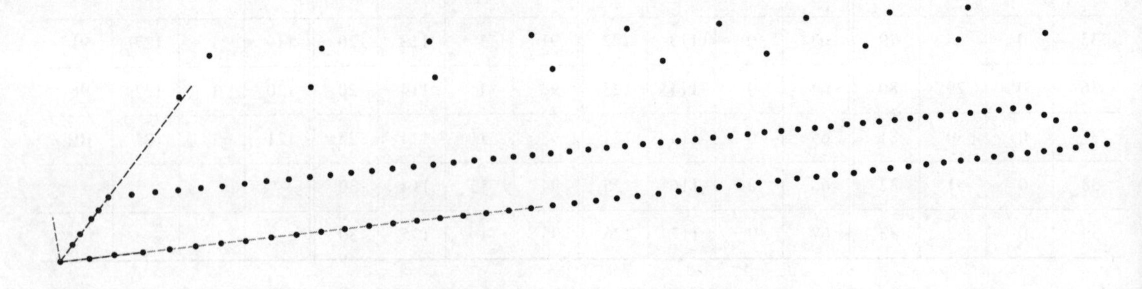

图 15－68　绘制顶点

如图 15－69 所示，替换直线的连线顺序，钢桁梁的建模结果如图 15－70 所示。

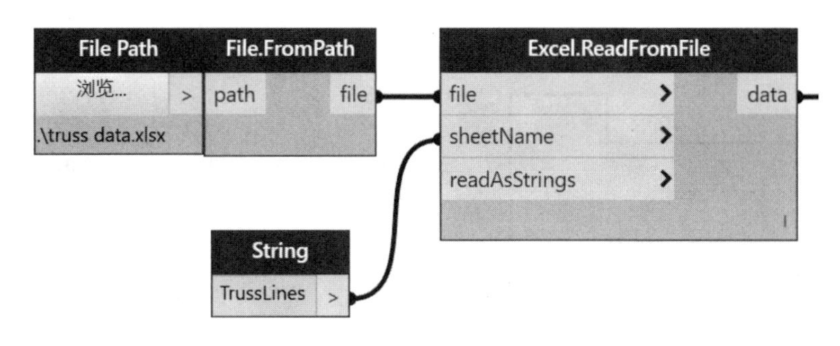

图 15－69　读取直线的连线顺序

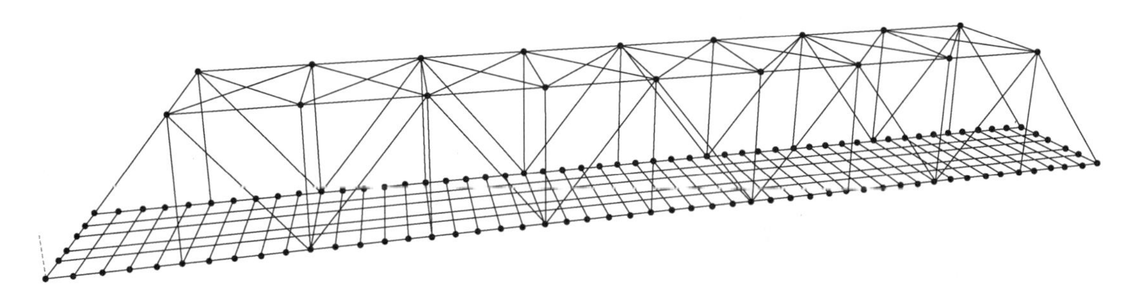

图 15－70　钢桁梁建模

注意：节点中和 Excel 文件中的工作表名其大小写要一致，否则将出现不能运行的情况。

这个例子是简化之后的钢桁梁模型（实际的桥梁建设中，应该有不少横向连接和端横连），这就在一定程度上省略了一个较为麻烦的问题。也就是说，在桥梁的实体建模中，端横连横截面方向的设置稍显麻烦，因为需要手动指定点来进一步确定连接杆件的局部坐标系。

当然，这个问题在整个内容结束后都将看不到解决方案，请读者留意思考，并在学习结束后提出自己的解决方案。事实上，该问题对目前的学习可能并没有什么影响，但是在有限元的分析和计算中，就显得相当重要。

在完成了钢桁梁的轴线建模后，下面将讨论钢桁梁的实体建模。

15.9　拉伸横截面

如果将横截面沿钢桁梁的轴线进行拉伸，则可以得到钢桁梁的整体模型。

首先讨论横截面的生成方法。

已知钢桁梁的横截面如图 15－71 所示，由图中所示的坐标系可以得到各个顶点的坐标，然后顺序输入 Excel 文件以备读取。图 15－72 所示为各顶点的坐标数据列表。根据前面的思路，可容易地读取 Excel 表中的顶点数据并绘制各点的图形。关于详细的操作，这里就不再加以讨论，请读者复习前面的内容并自行完成。

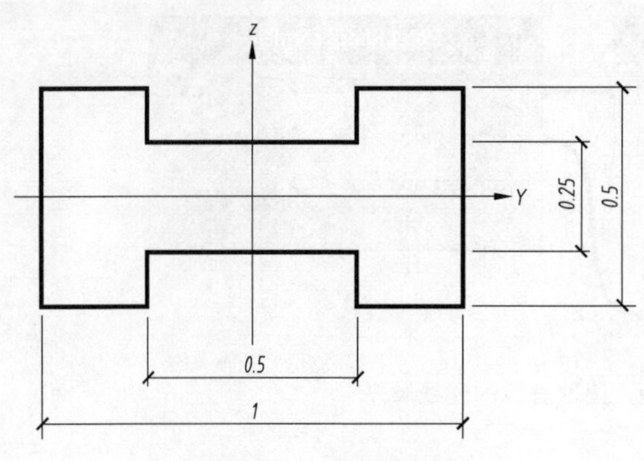

图 15－71　梁的横截面

	A	B	C
1	0	0.5	-0.25
2	0	0.5	0.25
3	0	0.25	0.25
4	0	0.25	0.125
5	0	-0.25	0.125
6	0	-0.25	0.25
7	0	-0.5	0.25
8	0	-0.5	-0.25
9	0	-0.25	-0.25
10	0	-0.25	-0.125
11	0	0.25	-0.125
12	0	0.25	-0.25

图 15－72　顶点数据

读入数据并绘制得到各个顶点的图形后，可将顶点列表输入绘制多边形的节点，完成工字形截面的绘制。

程序可视化节点如图 15－73 所示。这里出现了两处不同的地方，一是将左侧节点中的文件名和工作表名替换为新的名称；二是在右侧增加了一个新的节点 Polygon. ByPoints，该节点将其左侧输入的列表中的点按照顺序连成一个多边形。

绘图结束后，横截面如图 15－74 所示。

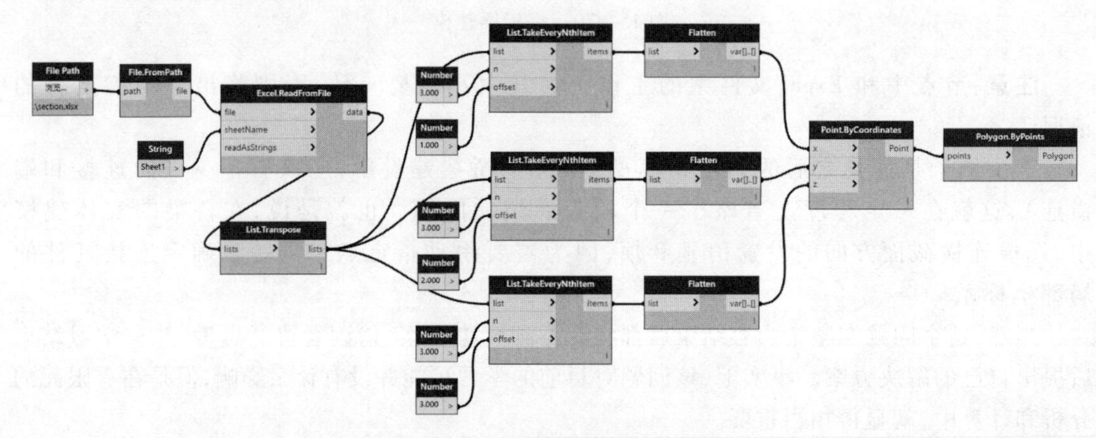

图 15－73　钢桁梁横截面的绘制

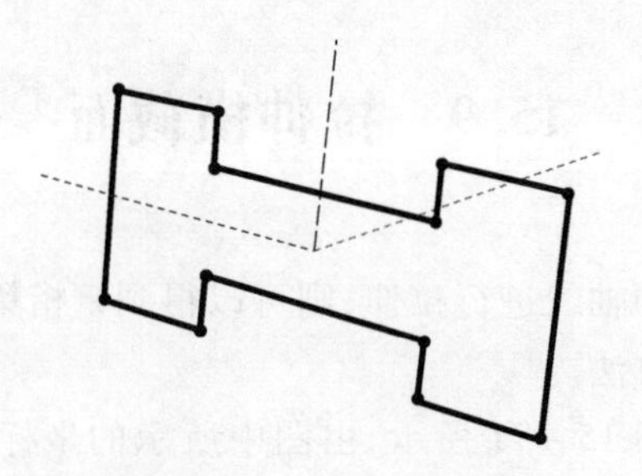

图 15－74　梁体横截面

如果给图 15－73 中节点的右侧创建一个新的节点 Curve. ExtrudeAsSolid 并相连，如图 15－75所示，则系统将会沿着横截面法线的方向进行拉伸，结果如图 15－76 所示。

图 15－75　拉伸横截面

到此为止，我们可将横截面沿着其法线的方向进行拉伸。但是在桥梁的建模中，横截面跟梁体中轴线应该相互垂直，所以下面讨论如何将空间平面经过几何变换后，使其成为梁轴线的垂直面。Dynamo 中，Geometry. Transform 节点正是为此而生。

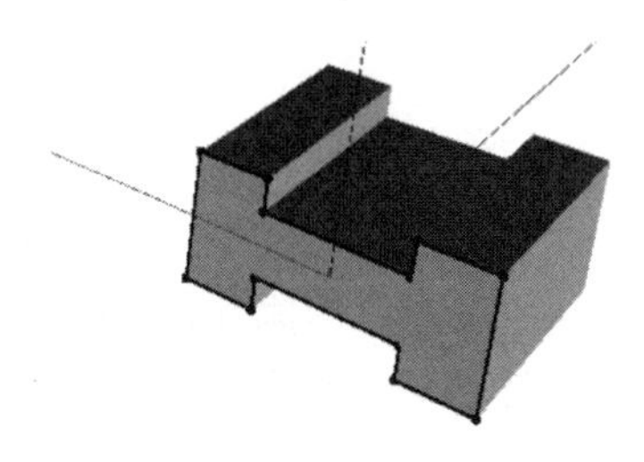

图 15－76　拉伸后的工字形梁

15.10　坐标变换

如图 15－77(a)所示，将建模时默认的坐标系称为整体坐标系；其中粗线为梁轴线，将依附于每个梁体的坐标系称为局部坐标系。

坐标变换时，需要指定局部坐标系的坐标原点以及各坐标轴轴向的单位向量。所以，要根据图 15－77(a)所示的情况来确定以上未知量。不管绘制哪根梁体，其局部坐标系的坐标原点就是轴线上两个端点之一，x 轴是轴线同方向的单位向量。

为了确定横截面的放置方向和局部坐标系中的 z 轴，需要在局部坐标系 xOy 平面内找一点 F，如图 15－77(a)所示。此时，F 和轴线端点的连线就形成了一个向量。如果将该向量和轴线所代表的向量进行叉乘运算，则可得到局部坐标系中 z 轴的方向向量，结果如图 15－77(b)所示。

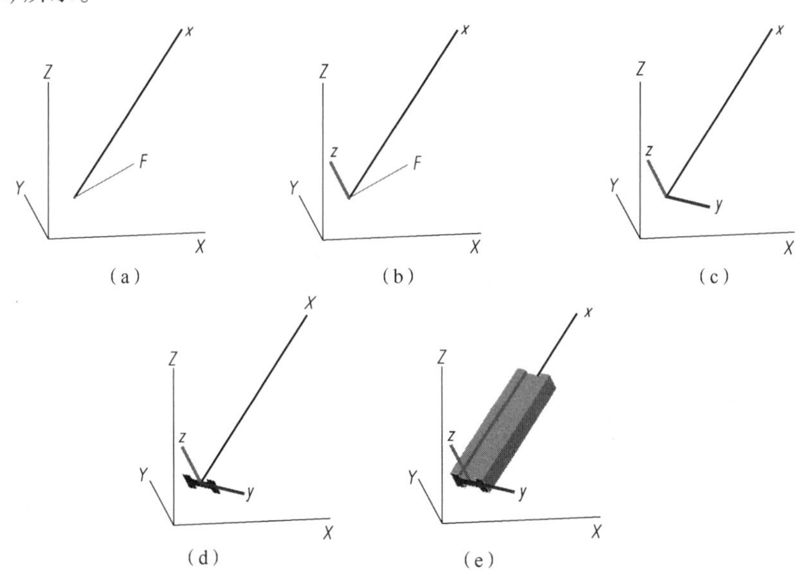

图 15－77　局部坐标系的形成过程

如果将局部坐标系的 x 轴方向的向量和 z 轴方向的向量进行叉乘，可得到 y 轴的方向向量，结果如图 15－77(c)所示。

到目前为止，已经确定了局部坐标系的原点及其坐标轴的方向。

如果按照图 15－72 所示的数据绘制截面，然后将此截面、局部坐标系的原点及其坐标轴的方向一并输入 Geometry. Transform 节点，就会得到图 15－77(d)所示的跟轴线垂直的横截面。

最后将横截面的拉伸长度设定为轴线的长度，结果如图 15－77(f)所示。

注意：多数情况下，F 点可用整体坐标系中各坐标轴方向的单位向量进行替换，这将较大地简化程序设计的流程，下面的例子中也是这样做的。

这就是坐标变换的思路。如果读者想从数学的角度进行求证，请自行参阅有关的计算机图形学、结构有限元分析等相关著作。

下面以前例中横截面的数据为例，沿(0,0,0)到(5,0,5)的梁轴线进行拉伸试验。

步骤 01　绘制梁轴线。

根据前面讲述的内容，梁体轴线的绘制代码如图 15－78 所示。

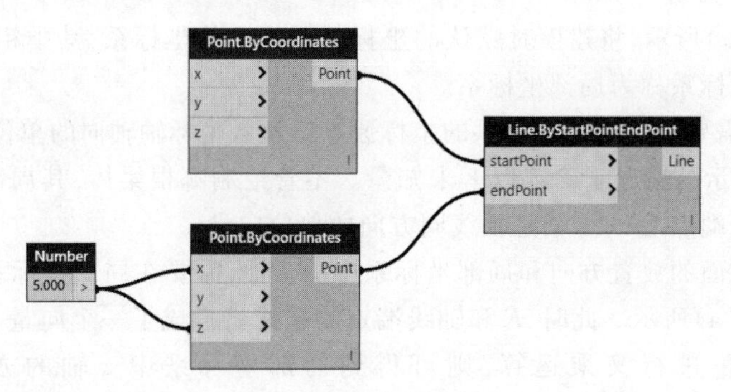

图 15－78　绘制梁体轴线

步骤 02　确定 x 轴方向的单位向量。

获取梁轴线所在的向量并将其单位化。

如图 15－79 所示，在节点库中搜索并创建 Line. Direction 和 Vector. Normalized 节点。前者用来获取直线的方向向量，后者用来将方向向量单位化。

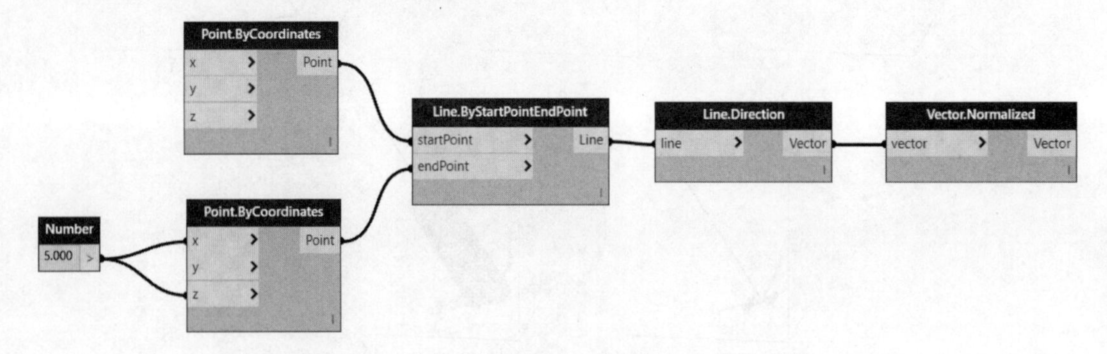

图 15－79　获取梁轴线所在的向量并将其单位化

步骤 03　创建梁的局部坐标系。

获得 x 轴的方向向量后，可通过指定 F 点的坐标或方向向量来确定 z 轴的方向。为了简化程序,此处通过指定方向向量来确定 z 轴的方向。

向工作空间创建并添加 Vector. YAxis 节点,该节点自动生成整体坐标系统 Y 轴方向的单位向量。

再向工作空间创建用于向量叉乘的节点 Vector. Cross,将 Y 轴方向的单位向量和图 15 - 79中的运算结果连接至其输入项,如图 15 - 80 所示。

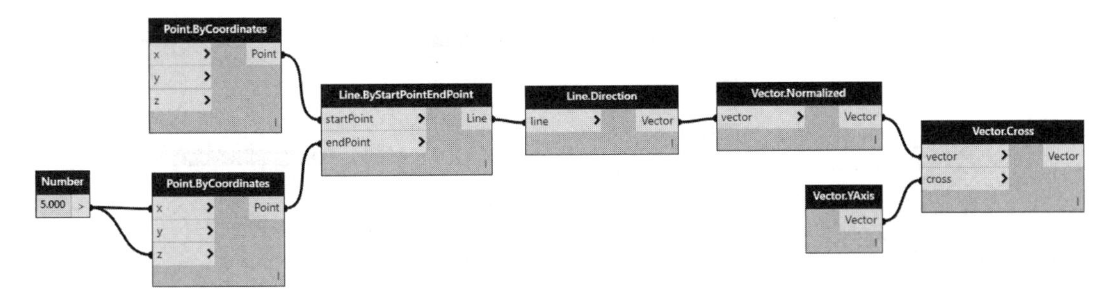

图 15 - 80 z 轴的方向的计算

注意:如果将局部坐标系中的 y 轴和 z 轴进行互换,坐标变换后,横截面仅方向发生变化,其和轴线垂直的性质并不会改变。所以,为了使程序更加简单,我们将图 15 - 80 中计算所得的 z 轴视作 y 轴。

这时,向工作空间创建 CoordinateSystem. ByOriginVectors 节点,并将前面的已知条件输入该节点,完成局部坐标系的创建,程序如图 15 - 81 所示。

此时,在工作空间也将出现新创建的局部坐标系,请读者自行观察。

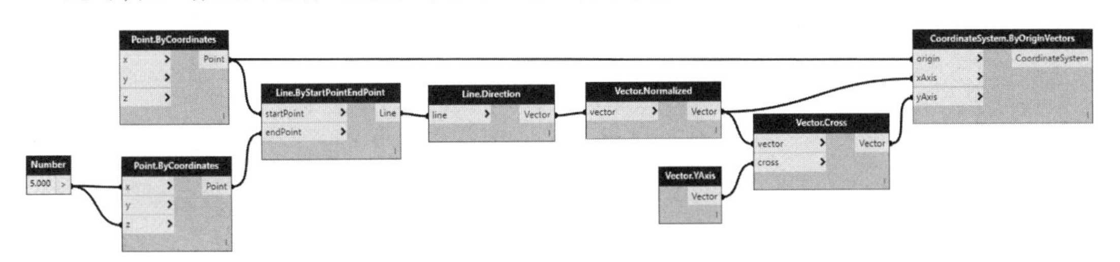

图 15 - 81 创建局部坐标系

步骤 04 坐标转换。

坐标转换的目的是将桥梁整体坐标系内的一般位置面转换到和梁轴线垂直,为此,需要创建并添加 Geometry. Transform 节点。

该节点将自动提取局部坐标系和整体坐标系中各坐标轴之夹角的余弦矩阵。然后用该矩阵和横截面中每个顶点的坐标相乘,即可得到转换之后的点的坐标。

为了方便阅读,我们列出了完整的可视化程序,如图 15 - 82 所示,程序的运行结果如图 15 - 83所示。

步骤 05 沿路径拉伸。

将转换后的横截面沿梁轴线拉伸,就可以得到梁的立体模型。为此,向工作空间创建 Curve. ExtrudeAsSolid 节点,如图 15 - 84 所示。拉伸之后的梁体模型如图 15 - 85 所示。

由于 Curve. ExtrudeAsSolid 节点中输入项 distance 的默认值为 1,所以立体模型的长度还不够。因此,还需要计算轴线的长度并按此拉伸。

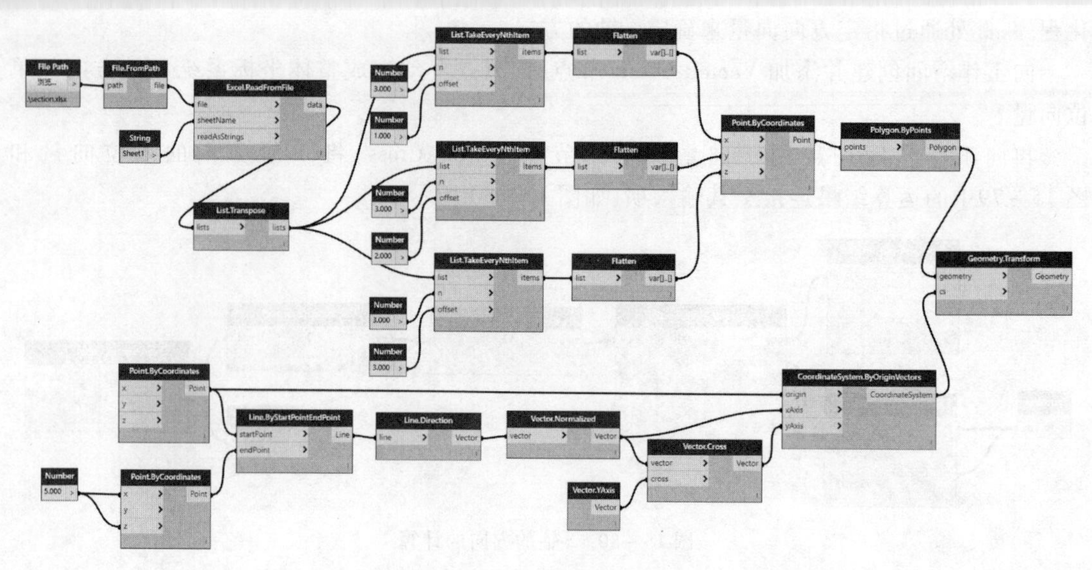

图 15－82　横截面的几何变换

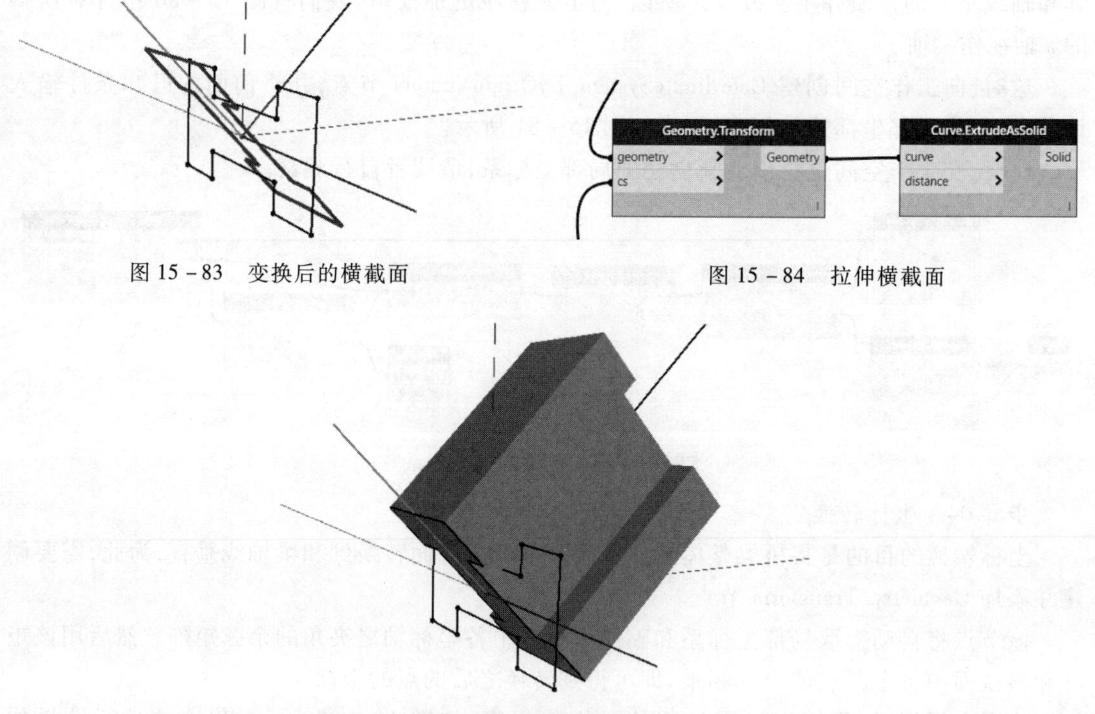

图 15－83　变换后的横截面

图 15－84　拉伸横截面

图 15－85　梁的立体模型

步骤 06　计算轴线的长度并拉伸。

为了计算轴线的长度，需要向工作空间创建并添加 Vector. Length 节点，该节点用来计算轴线的长度。

将横截面沿着轴线方向拉伸轴线长后，即完成梁体的建模。完整的可视化程序如图 15－86所示，其运算结果如图 15－87 所示。

为了更好地理解坐标变换，请读者将图 15－80 中的 Y 轴方向的向量换成 X 轴或 Z 轴方向的向量，然后运行程序并观察梁体横截面的放置位置。

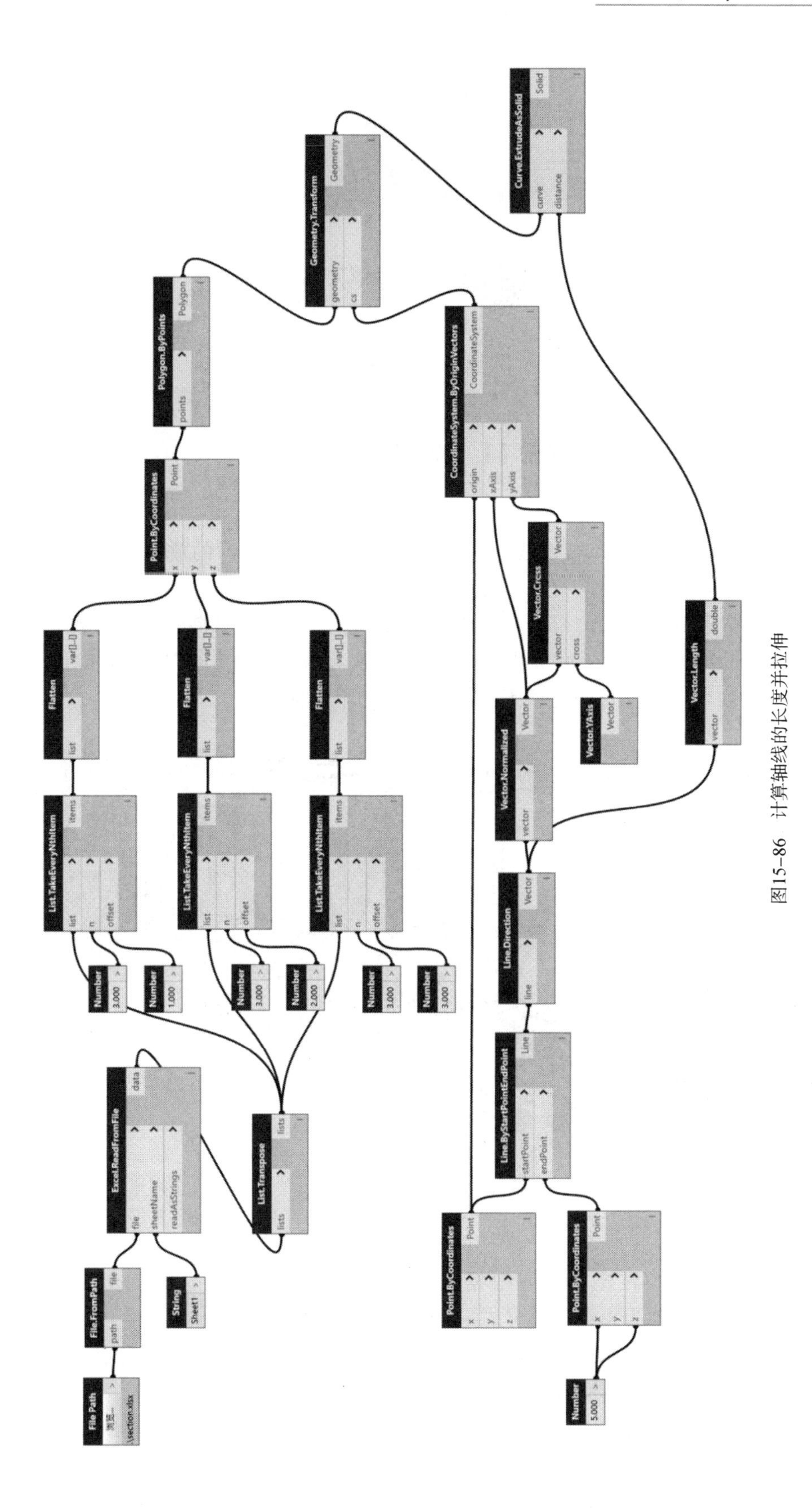

图15-86　计算轴线的长度并拉伸

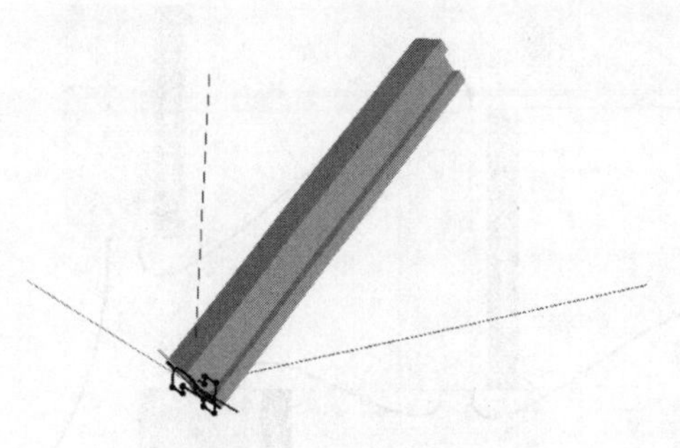

图 15－87　梁体建模

15.11　钢桁梁建模

为钢桁梁轴线模型中的每根轴线创建局部坐标系、指定横截面的放置方向、计算轴线的长度后，将横截面沿着轴线的方向拉伸，最终形成钢桁梁的整体模型。

将图 15－62、图 15－63、图 15－64 和图 15－86 连起来，则生成钢桁梁的模型如图 15－88 所示。由图可知，跟整体坐标系中 Y 轴平行的梁均没有被绘制，其原因是程序中所提供的向量平行于 Y 轴，两个互相平行的向量无法确定另一个坐标轴。

图 15－88　钢桁梁模型

为了解决这个问题，在建模前应根据梁的放置位置判断 F 点的坐标或辅助向量的值。表 15－3 中，左侧第 1 列为直线的编号，第 2 列为辅助向量。

为了方便记录和引用数据，我们将辅助向量简记为 0、1 或者 2。其中零代表辅助向量沿着 X 轴方向、1 代表辅助向量沿着 Y 轴方向、2 代表辅助向量沿着 Z 轴方向。

举例：对下平纵联中的纵梁而言，可使辅助向量沿着 Y 或 Z 轴方向，在 Excel 文件中应填入 1 或 2。

用上述方法判断可得每段梁体的辅助向量并将其代号填入 Excel 表格。

但是到目前为止，程序并不能自动判断应该采用哪个辅助向量。

于是，我们还需要根据 Excel 文件中的第 2 列值进行判断，从而计算合适的辅助向量。相关步骤如下：

步骤 01　向工作空间添加运算节点。

如图 15 - 89 所示，向工作空间添加运算节点，将节点输入项 y 的值设为 0；取出 Excel 文件中的第 2 列值并赋值给节点输入项 x。

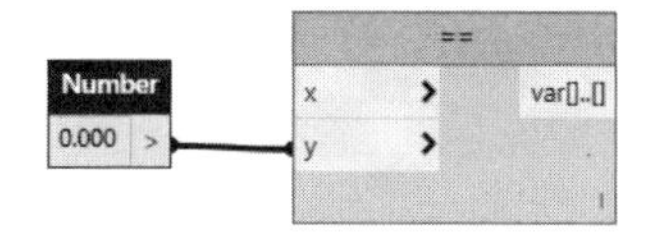

图 15 - 89　创建运算节点

步骤 02　如图 15 - 90 所示，创建并添加条件判断节点，将图 15 - 89 中的运算节点赋值给 if 节点的 test 输入项。如果两个值相等，则 if 节点输出 X 轴方向的单位向量；否则输出零向量。

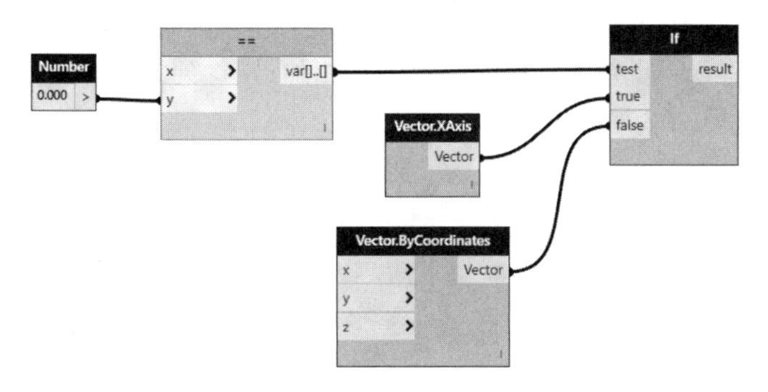

图 15 - 90　创建条件判断节点

步骤 03　将图 15 - 90 中的左侧节点的默认值分别改为 1 和 2，将 X 轴方向的单位向量分别改为 Y、Z 轴的方向向量，可得到另外两种结果，程序如图 15 - 91 所示。

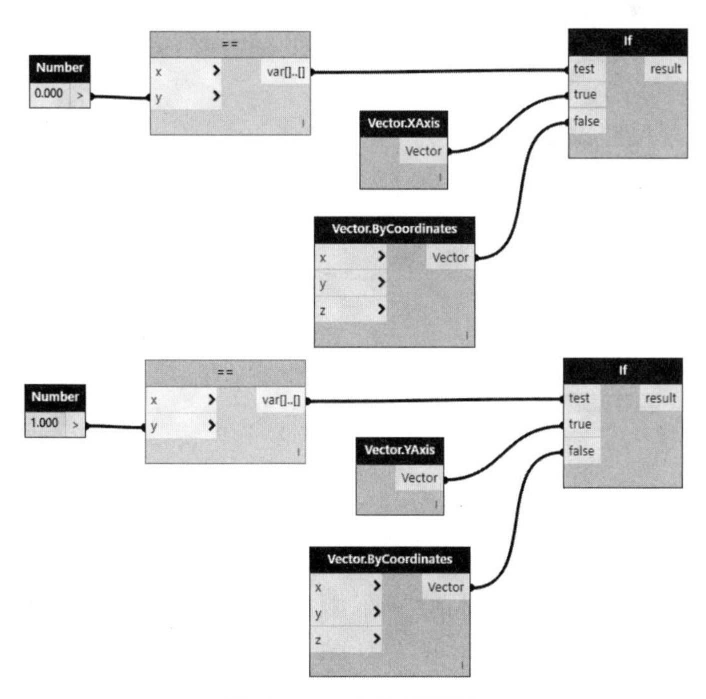

图 15 - 91　条件判断语句

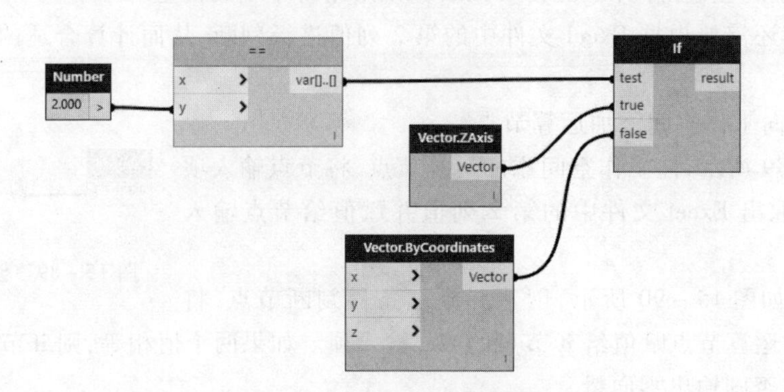

图 15-91 条件判断语句(续)

步骤 04 最后将每一步判断所得的向量进行相加,则得到跟 Excel 文件中的数据相对应的向量列数据,如图 15-92 所示。

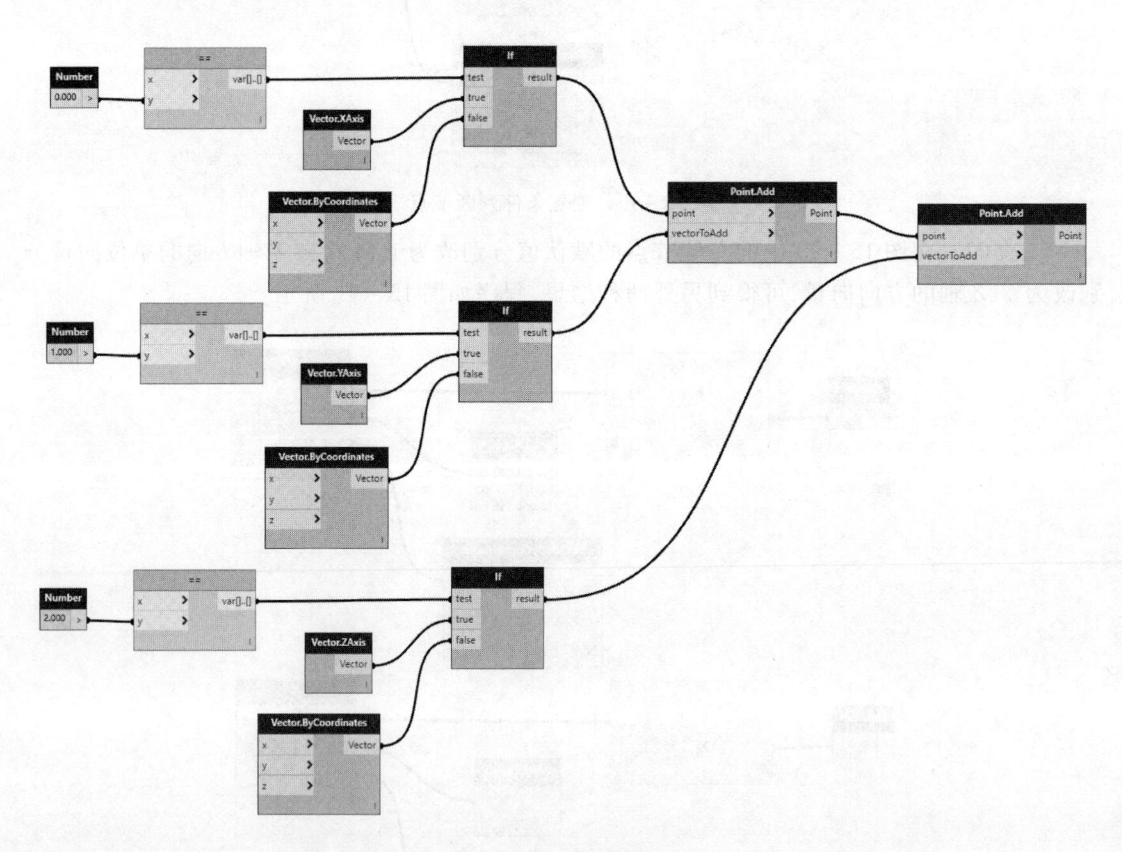

图 15-92 向量相加

到此为止,我们已经得到每段梁体的空间位置所需要的辅助向量。用图 15-92 中的向量替换原来的固定向量(也就是 X 轴方向的单位向量),可得钢桁梁的整体模型。

为了方便读者阅读,下面给出整体可视化程序,如图 15-93 所示,其运行结果如图 15-94所示。

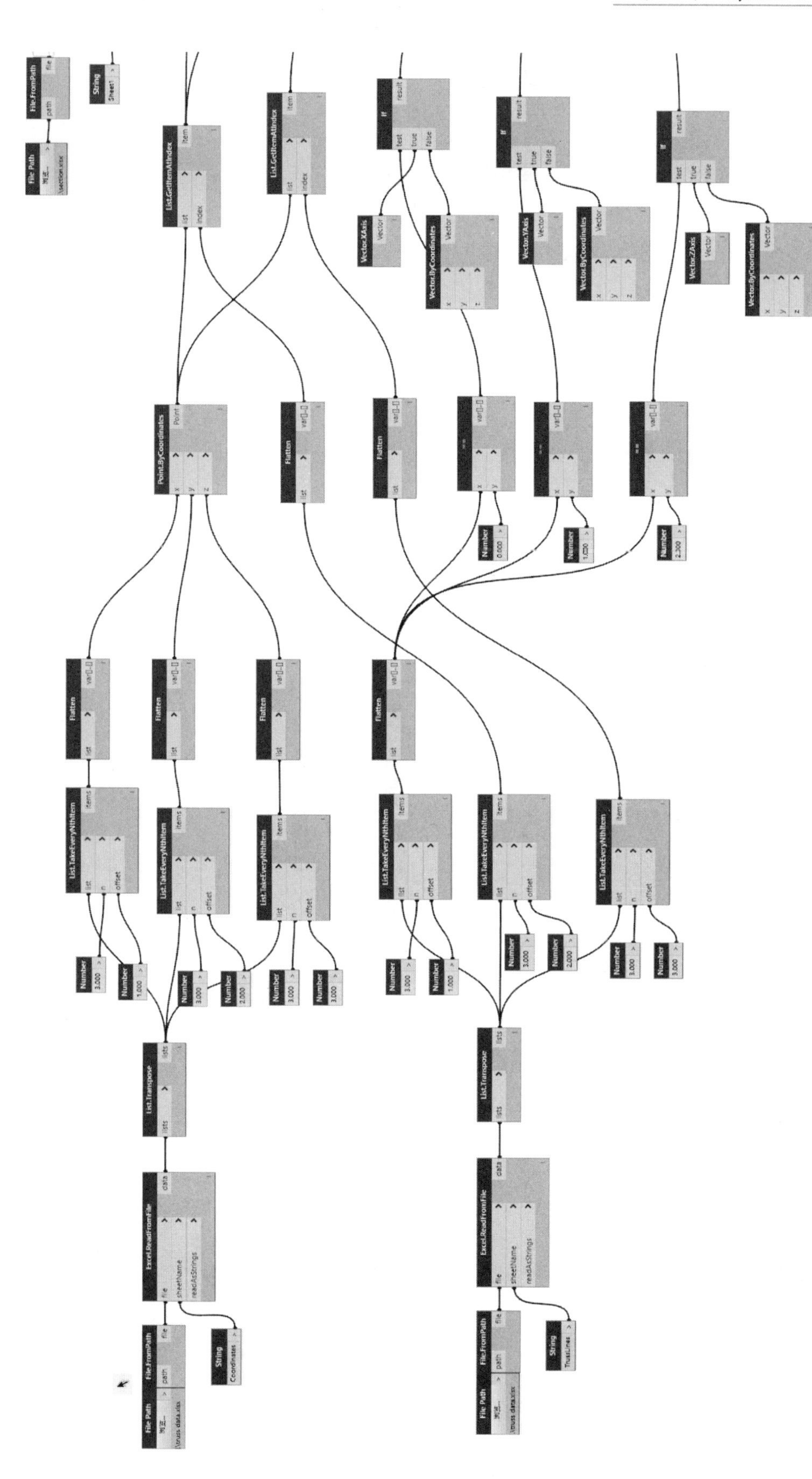

图15-93 完整的可视化程序

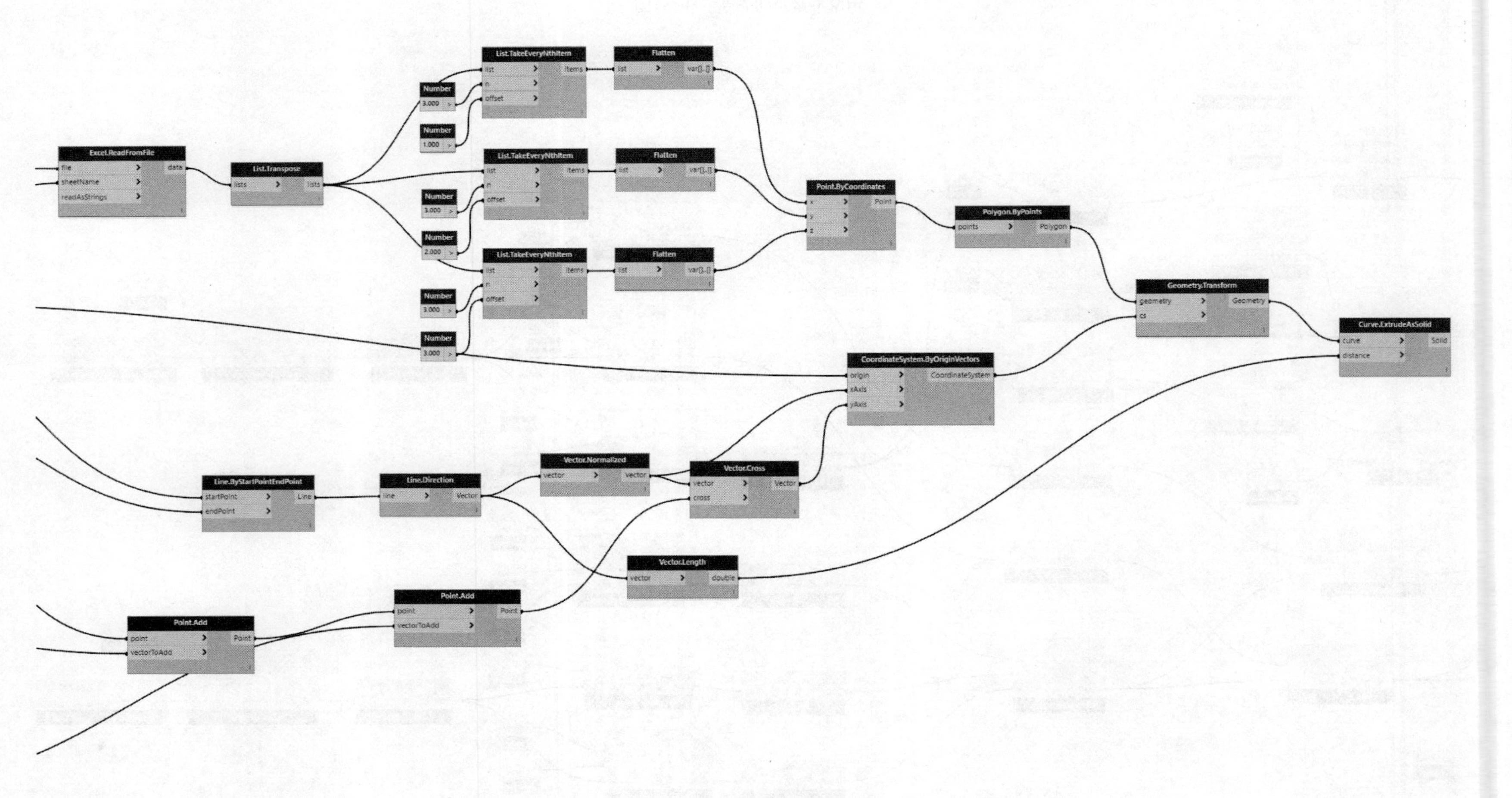

图15-93 完整的可视化程序（续）

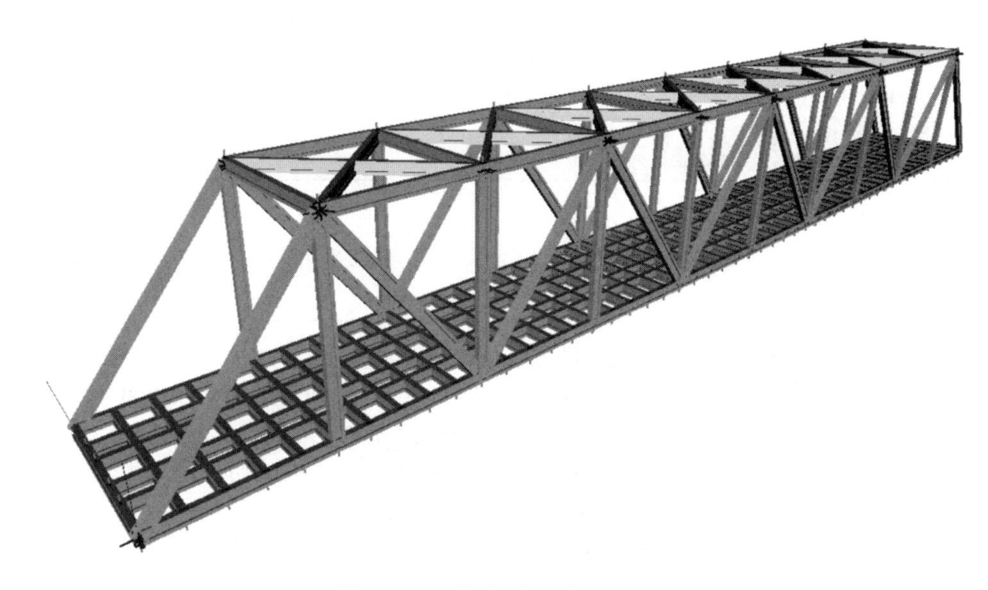

图 15 - 94　钢桁梁桥的空间模型

桥梁的整体模型出现了，但是程序中还有改进的地方。比如，如何提供辅助向量，使钢桁梁桥的建模程序能够通用化；如何压缩节点数目，使程序具有更高的可读性等。

关于程序的改善和优化，本书就不再讨论，希望读者能进一步学习，将其改造成通用性强的可复用程序。如果足够完善，可将其发布为自定义节点供他人学习和借鉴。

Dynamo 的内容很多，涉及面也很广。但是限于篇幅，本书的讨论到此为止。

[1] 吴永进,林美樱. AutoCAD 完全应用指南[M]. 北京:科学出版社,2011.
[2] 吴永进,林美樱. AutoCAD2011 中文版完全应用指南入门与提高篇[M]. 北京:科学出版社,2011.
[3] 冯健,蒋永生,吴京. 土木工程 CAD[M]. 2 版. 南京: 东南大学出版社, 2012.
[4] CAD 辅助设计教育研究室. 中文版 AutoCAD2014 实用教程[M]. 北京:人民邮电出版社, 2015.
[5] 吴慕辉,马朝霞. 土木工程制图与 CAD/BIM 技术[M]. 北京:化学工业出版社, 2017.
[6] 郭秀娟,于全通,范小鸥. AUTOLISP 语言程序设计[M]. 北京:化学工业出版社, 2008.
[7] 李学志,方戈亮,孙力红. Visual LISP 程序设计 [M]. 2 版. 北京:清华大学出版社, 2010.
[8] 周乐来,马婧. AutoCAD2008 Visual LISP 二次开发入门到精通[M]. 北京:机械工业出版社, 2008.
[9] 罗嘉祥,宋姗,田宏钧. Autodesk Revit 炼金术:Dynamo 基础实战教程[M]. 上海:同济大学出版社, 2017.
[10] 李鑫. 中文版 Revit 2016 完全自学教程[M]. 北京:人民邮电出版社, 2016.
[11] 欧特克软件(中国)有限公构件开发组. Autodesk Revit 2013 族达人速成[M]. 上海:同济大学出版社, 2013.
[12] 朱溢镕, 焦明明. BIM 概论及 Revit 精讲[M]. 北京:化学工业出版社, 2018.
[13] 欧特克软件(中国)有限公构件开发组. Autodesk Revit 二次开发基础教程[M]. 上海:同济大学出版社, 2015.
[14] 平经纬. Revit 族设计手册[M]. 北京:机械工业出版社, 2016.
[15] 黄亚斌,徐钦,杨容,等. Autodesk Revit 族详解[M]. 北京:中国水利水电出版社, 2013.
[16] 王言磊,张祎男,陈炜. BIM 结构:Autodesk Revit Structure 在土木工程中的应用[M]. 北京:化学工业出版社, 2016.
[17] 中国建设教育协会. BIM 建模[M]. 北京:中国建筑工业出版社, 2016.
[18] 黄强. 论 BIM[M]. 北京:中国建筑工业出版社, 2016.
[19] 楚仲国,王全杰,王广斌. BIM5D 施工管理实训[M]. 重庆:重庆大学出版社, 2017.